Allgemeine Betriebswirtschaftslehre

Herausgegeben von
F. X. Bea, E. Dichtl und M. Schweitzer

Band 3: Leistungsprozess

Mit Beiträgen von

Prof. Dr. Franz Xaver Bea, Eberhard-Karls-Universität, Tübingen
Prof. Dr. Marcell Schweitzer, Eberhard-Karls-Universität, Tübingen
Prof. Dr. Ernst Troßmann, Universität Hohenheim, Stuttgart
Prof. Dr. Dr. h. c. Jürgen Bloech, Georg-August-Universität, Göttingen
Prof. Dr. Dr. h. c. Wolfgang Lücke, Georg-August-Universität, Göttingen
Prof. Dr. Dr. h. c. Erwin Dichtl, Universität Mannheim, Mannheim
Prof. Dr. Roland Helm, Friedrich-Schiller-Universität, Jena
Prof. Dr. Horst Seelbach, Universität Hamburg, Hamburg
Prof. Dr. Jochen Drukarczyk, Universität Regensburg, Regensburg
Prof. Dr. Hugo Kossbiel, Johann Wolfgang Goethe-Universität, Frankfurt

8., neu bearbeitete und erweiterte Auflage

119 Abbildungen und 31 Tabellen

Lucius & Lucius · Stuttgart

Anschriften der Herausgeber:

Professor Dr. Franz Xaver Bea
Lehrstuhl für Betriebswirtschaftslehre, insbesondere Planung und Organisation,
Universität Tübingen
Sigwartstraße 18, 72076 Tübingen

Professor Dr. Marcell Schweitzer
Lehrstuhl für Betriebswirtschaftslehre, insbesondere Industriebetriebslehre,
Universität Tübingen
Nauklerstraße 47, 72074 Tübingen

1. Auflage 1983
2. Auflage 1985
3. Auflage 1988
4. Auflage 1990
5. Auflage 1991
6. Auflage 1994
7. Auflage 1997

Die Deutsche Bibliothek – CIP-Einheitsaufnahme

Allgemeine Betriebswirtschaftslehre / hrsg. von F. X. Bea ... –
Stuttgart : Lucius und Lucius
   (Grundwissen der Ökonomik : Betriebswirtschaftslehre)
Bd. 3. Leistungsprozess / mit Beitr. von Franz Xaver Bea ... –
   8., neubearb. und erw. Aufl. – 2002
   (UTB für Wissenschaft ; 1083)
   ISBN 3-8252-1083-9
   ISBN 3-8282-0217-9

© Lucius & Lucius Verlagsgesellschaft mbH · Stuttgart · 2002
Gerokstr. 51 · D-70184 Stuttgart

Gesamtherstellung: Graph. Großbetrieb Friedrich Pustet, Regensburg
Umschlaggestaltung: Atelier Reichert, Stuttgart
Printed in Germany
ISBN 3-8252-1083-9 (UTB-Bestellnummer)

Vorwort

Das Wissen zur Allgemeinen Betriebswirtschaftslehre ist in den letzten Jahren so stark gewachsen, dass es nur wenige Wissenschaftler gibt, die das gesamte Fach beherrschen. Ein Lehrbuch zur Allgemeinen Betriebswirtschaftslehre, das den Ansprüchen nach Kompetenz, Systematik, Vollständigkeit und Gründlichkeit genügen will, lässt sich daher in der Regel nur durch ein Team von Experten verfassen. Diese Erkenntnis hat uns veranlasst, Wissenschaftler mit der Bearbeitung einzelner Kapitel bzw. Abschnitte zu betrauen, die auf dem entsprechenden Gebiet als Autoren und Dozenten reiche Erfahrung gesammelt haben. Als Herausgeber haben wir uns von dem Ziel leiten lassen, einen systematischen und umfassenden Überblick über den gegenwärtigen Wissensstand der Allgemeinen Betriebswirtschaftslehre zu vermitteln. Dass diesem Vorhaben vom Umfang her, selbst eines dreibändigen Werkes, Grenzen gesetzt sind, ist verständlich. Auf einige Randgebiete der Allgemeinen Betriebswirtschaftslehre wird deshalb verzichtet.

Band 1 führt in die wichtigsten **Grundfragen** der Allgemeinen Betriebswirtschaftslehre ein. Er beginnt mit einer Darstellung des Gegenstands, der Methoden und der Wissenschaftsprogramme der Betriebswirtschaftslehre. Da sich die Betriebswirtschaftslehre hauptsächlich mit den unternehmerischen Entscheidungen befasst, werden anschließend die Rahmenbedingungen (Wirtschaftsordnung, Steuersystem, Unternehmensordnung) und die theoretischen Grundlagen der Entscheidungen sowie die konstitutiven Entscheidungen erörtert. Fragen der Wirtschafts- und Unternehmensethik binden die behandelten Grundfragen in die sittliche Wertediskussion ein.

Band 2 ist den Instrumenten der **Unternehmensführung** gewidmet, zunächst der Planung und Steuerung, dem Controlling und der Organisation. Danach wird die Information zum Gegenstand gewählt, d. h., es werden die Grundlagen der Informationsbeschaffung, der Informationstechnologie, des Rechnungswesens (Bilanzen und Kostenrechnung) sowie der Prognosen und Prognoseverfahren dargestellt.

Band 3 behandelt Probleme des **Leistungsprozesses**. Ausgangspunkt sind die Grundlagen des Innovationsmanagements, an welche die Erörterung der Beschaffung anschließt. Auf sie folgen die Kapitel Produktionswirtschaft, Marketing, Investition, Finanzierung und Personalwirtschaft.

Für jeden am Wissen der Betriebswirtschaftslehre Interessierten ist es gewiss eine große Hilfe, wenn ihm die Materie in einer überschaubaren, systematischen und prägnanten Weise dargeboten wird. Diesem Ziel fühlen sich Autoren und Herausgeber verpflichtet. Erfreulicherweise ist es gelungen, für das Vorhaben Hochschullehrer zu gewinnen, die dank der Verschiedenheit von Alter, Herkunft und Wissenschaftsauffassung die Gewähr dafür bieten, dass keine bestimmte Schulrichtung den Charakter der drei Bände dominiert, sondern dass diese bei allem Streben nach Einheitlichkeit in der Darstellung ein möglichst getreues Abbild der Wissenschaftsvielfalt vermitteln und damit den pluralistischen Charakter der Ideen und Ansätze dokumentieren.

Zur **8. Auflage** des 3. Bandes wurden alle Kapitel gründlich überarbeitet und inhaltlich auf den neuesten Stand gebracht. Das Kapitel «Fertigungswirtschaft» wurde in «Produktionswirtschaft» umbenannt und um Fragen der Dienstleistungen, der Güterqualität sowie des technischen Fortschritts erweitert. Völlig neu ist das 1. Kapitel zu den Grundlagen des Innovationsmanagements. Mit ihm erfährt dieser Band eine wesentliche Bereicherung um Fragen der Planung und Steuerung von Forschung und Entwicklung unter strategischen, taktischen und operativen Aspekten.

Von der 8. Auflage an bekommt die dreibändige Allgemeine Betriebswirtschaftslehre ein neues Format und eine neue typografische Gestalt. Auch in der neuen Aufmachung wird besonderes Gewicht auf die gute Lesbarkeit dieser Einführung gelegt. Unterschiedliche Hervorhebungen sollen die visuelle Aufnahme erleichtern. Zentrale Begriffe bzw. Aussagen sind im fortlaufenden Text durch Umrahmungen markiert. Weitere Hervorhebungen werden durch Fett- oder Kursivdruck in einer Weise vorgenommen, dass der Lesefluss gefördert und die Effizienz der Wissensaufnahme erhöht wird. Außerdem erleichtert diese Textgestaltung das Wiederfinden von Begriffen und Sachfragen, wodurch wirkungsvolles Lernen deutlich unterstützt wird.

Unsere dreibändige Allgemeine Betriebswirtschaftslehre ist in den letzten Jahren auch international auf Interesse gestoßen. So freuen wir uns über die Übersetzungen ins Chinesische durch *Prof. Dr. Sanduo Zhou*, Nanjing, ins Russische durch *Prof. Dr. Anatolij Pavlov*, Moskau, mit *Prof. Dr. Knut Richter*, Frankfurt/Oder, als Evaluator, ins Japanische durch *Prof. Dr. Akio Mori* und *Prof. Dr. Tetsuo Kobayashi*, beide Kobe, und *Prof. Dr. Susumu Tabuchi*, Osaka, sowie ins Ungarische durch *Prof. Dr. Ferenc Tóth*, Budapest, und Prof. Dr. *Gyula László*, Pécs.

Zahlreiche Hochschullehrer und Studierende, die mit den drei Bänden der Allgemeinen Betriebswirtschaftslehre arbeiten, haben uns wertvolle Ratschläge für Verbesserungen gegeben. Wir konnten sie weitgehend berücksichtigen. Ihnen allen sei an dieser Stelle herzlich gedankt.

Für Hinweise und Verbesserungsvorschläge jeder Art bedanken wir uns im Voraus.

Tübingen, Frühjahr 2002   *F. X. Bea*
                                                           M. Schweitzer

Inhaltsverzeichnis

2. Kapitel
Beschaffung und Logistik
(Ernst Troßmann)

3. Kapitel
Produktionswirtschaft
(Jürgen Bloech und Wolfgang Lücke)

4. Kapitel
Marketing
(Erwin Dichtl und Roland Helm)

5. Kapitel
Investition
(Horst Seelbach)

6. Kapitel
Finanzierung
(Jochen Drukarczyk)

7. Kapitel
Personalwirtschaft
(Hugo Kossbiel)

Allgemeine Betriebswirtschaftslehre

Kurzübersicht über das Gesamtwerk

Band 1: Grundfragen

Band 2: Führung

Band 3: Leistungsprozess

Einleitung: Leistungsprozess

Franz Xaver Bea und Marcell Schweitzer

1 Kennzeichnung des Leistungsprozesses

Wirtschaften bedeutet, wie wir in Band 1 dieser Allgemeinen Betriebswirtschaftslehre zeigen, Entscheidungen über knappe Güter in Betrieben zu treffen. Dazu müssen zunächst die institutionellen Voraussetzungen für alle Aktivitäten geschaffen, d. h. Betriebe gegründet werden. Die wesentlichen Entscheidungen, die dafür zu treffen sind, werden in **Band 1** ausführlich erörtert: Standortentscheidung, Rechtsformentscheidung und Entscheidung über Unternehmenszusammenschlüsse. Gleichermaßen werden dort die Rahmenbedingungen wirtschaftlichen Handelns und die entscheidungstheoretischen Grundlagen erarbeitet.

Das Wirtschaften darf in einer dynamischen und komplexen Unternehmensumwelt nicht dem Zufall überlassen bleiben, sondern muss zielorientiert gestaltet werden. Damit befasst sich die Unternehmensführung in **Band 2**. Dort werden insbesondere die Führungsinstrumente erörtert: Planung und Steuerung, Organisation, Controlling und Information (einschließlich Rechnungswesen mit Bilanz und Kostenrechnung).

Wirtschaften bezieht sich im Kern auf Prozesse der Bereitstellung, Kombination und Verwertung von Sachgütern und Dienstleistungen. In diesen Prozessen werden Leistungen erbracht, die entweder der weiteren Produktion oder der Befriedigung der Nachfrage dienen. Die Gesamtheit dieser Prozesse wird als **Leistungsprozess** bezeichnet, der aufgefächert Innovations-, Beschaffungs-, Produktions-, Personal-, Investitions-, Finanzierungs- und Marketingprozesse umfasst. Mit den sachlichen und wirtschaftlichen Fragen dieses komplexen und dynamischen Leistungsprozesses befasst sich **Band 3**.

> **Leistungsprozess** ist die Beschaffung und Kombination (Transformation) von Produktionsfaktoren zur Erzeugung und zum Absatz von Gütern.

Um den Leistungsprozess abwickeln zu können, muss sich ein Unternehmen in die Prozesse der sie umgebenden Märkte eingliedern, also alle benötigten Produktionsfaktoren erwerben, diese kombinieren bzw. transformieren und die von ihm erzeugten Güter am Markt absetzen. Diesem Realgüterstrom fließt ein Nominalgüterstrom entgegen; denn in einer Marktwirtschaft werden Güter bzw. Werte nur für eine Gegenleistung, i. d. R. Geld, bereitgestellt, was auch für die Veräußerung der Fertigprodukte am Markt gilt. Sowohl der Real- als auch der Nominal-

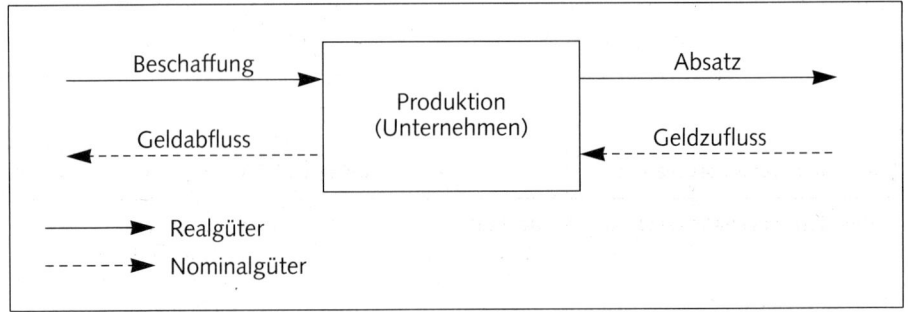

Abbildung 1: Leistungsprozess

güterstrom unterliegen dem allgemeinen Kriterium der Wirtschaftlichkeit. Abb. 1 beschreibt den Leistungsprozess in vereinfachter Form.

Unter **Realgütern** sind – grob betrachtet – entweder Produktionsfaktoren (Input), die in den Produktionsprozess eingehen, oder Produkte (Output) für die Absatzmärkte zu verstehen. **Nominalgüter** umfassen dagegen Geld und Geldsurrogate (geldnahe Güter), wie z. B. Schecks und Wechsel.

Abb. 2 gibt einen Überblick über verschiedene Arten von Gütern, auf die sich Wirtschaften beziehen kann. Diese Abbildung macht deutlich, dass Güter als Bestandteile des Leistungsprozesses nach verschiedenen Kriterien klassifiziert werden können, je nachdem, welches Problem zu lösen ist.

Jedes Gut verkörpert einen **Wert**, der seine Zweckeignung, Verfügbarkeit, Übertragbarkeit, Knappheit und Begehrtheit ausdrückt. Im Zuge des Leistungsprozesses kommt es im Unternehmen zu einer Wertschöpfung, die einen Beitrag zur gesamtwirtschaftlichen Wertschöpfung, nämlich zum Sozialprodukt, leistet. Die Wertschöpfung eines Unternehmens wird folgendermaßen ermittelt:

Wertschöpfung = Umsatz – Vorleistungen

Vorleistungen sind dadurch gekennzeichnet, dass sie von anderen Unternehmen bezogen werden. Dazu rechnen alle von Geschäftspartnern gekauften Roh-, Hilfs- und Betriebsstoffe, ferner Maschinen, Anlagen, Bauteile und Dienstleistungen. Die Wertschöpfung verkörpert also jene Steigerung des Wertes, die ein Unternehmen dem bisherigen Wert der erworbenen Güter durch Be- und Verarbeitung hinzufügt. Im Englischen nennt man diesen Beitrag treffend «value added».

Addiert man alle Werte, die in einem Land im Laufe eines Jahres geschaffen werden, erhält man die Bruttowertschöpfung dieses Landes. Hieraus kann durch einige kleinere Korrekturen das **Bruttosozialprodukt** (BSP) errechnet werden. Dieses stellt die zentrale Maßzahl für die wirtschaftliche Leistung einer Volkswirtschaft dar und betrug im Jahre 2000 beispielsweise:

2.017,89 Mrd. € für Deutschland   (24.542 €/Einwohner),
296,33 Mrd. € für die Schweiz   (41.273 €/Einwohner),
221,15 Mrd. € für Österreich   (27.306 €/Einwohner).

Kriterium der Klassifikation	Arten von Gütern	
Funktion im Leistungsprozess	**Realgüter** (stiften unmittelbaren Nutzen, z. B. Rohstoffe)	**Nominalgüter** (dienen als Organisationsmittel für den Tausch und als Recheneinheit, z. B. Geld, Schecks, Wechsel)
Gegenständlichkeit	**Materielle Güter** (körperliche Güter, Sachgüter, z. B. Brot, Benzin)	**Immaterielle Güter** (unkörperliche Güter, z. B. Dienstleistungen, Informationen)
Nutzungsdauer	**Gebrauchsgüter** (langlebige Güter, z. B. Presswerk)	**Verbrauchsgüter** (kurzlebige Güter, z. B. Bier)
Verwendungszweck	**Konsumgüter** (zum Verbrauch bestimmt, z. B. Obst)	**Investitionsgüter** (zur Herstellung anderer Güter bestimmt, z. B. Maschinen)
Stellung im Leistungsprozess	**Einsatzgüter** (Produktionsfaktoren, Input, z. B. Arbeit)	**Ausbringungsgüter** (erzeugte Güter, Output, z. B. Fernseher)
Anbieter	**Private Güter** (private Anbieter, z. B. Bäcker)	**Öffentliche Güter** (öffentliche Anbieter, z. B. Nahverkehr einer Gemeinde)
Beziehungen zwischen den Gütern	**Komplementäre Güter** (ergänzen sich gegenseitig bei der Nutzung, z. B. Auto und Treibstoff)	**Substitutionsgüter** (ersetzen sich gegenseitig bei der Nutzung, z. B. Auto und Bahn)
Grad der Ähnlichkeit	**Homogene Güter** (völlig gleiche Güter, z. B. elektrischer Strom mit einer Spannung von 110 Volt)	**Heterogene Güter** (verschiedenartige Güter, z. B. Markenartikel und namenlose Ware eines bestimmten Lebensmittels)

Abbildung 2: Arten von Gütern

Ein in diesem Zusammenhang auch verwendeter Begriff ist der des **Volkseinkommens**. Dieses wird berechnet, indem das Bruttosozialprodukt um die Abschreibungen und indirekten Steuern gekürzt sowie um die Subventionen erhöht wird. Das Volkseinkommen soll zum Ausdruck bringen, wem die Wertschöpfung zugeflossen bzw. wo sie zu Einkommen geworden ist. Es verteilt sich auf das Nettoeinkommen aus Unternehmertätigkeit und Vermögen sowie aus unselbständiger Arbeit (ca. 70%). Wegen der Nichtberücksichtigung der Abschreibungen ist das Volkseinkommen im Allgemeinen deutlich niedriger als das Bruttosozialprodukt.

2   Wirtschaftlichkeit des Leistungsprozesses

Wirtschaften ist das **Entscheiden** über Güter, insbesondere über **knappe Güter**. Daraus ergibt sich, dass der Leistungsprozess nach dem Kriterium der Wirtschaftlichkeit gestaltet werden muss. **Wirtschaftlichkeit** liegt vor, wenn

- mit einem gegebenen Gütereinsatz ein maximaler Güterertrag erreicht (**Maximumprinzip**),
- ein gegebener Güterertrag mit einem minimalen Einsatz an Produktionsfaktoren realisiert (**Minimumprinzip**) bzw. allgemein
- durch die gewählte Alternative der Leistungserstellung (Zuordnung von Gütereinsatz und Güterertrag) eine **optimale Ausprägung** der gesetzten Ziele realisiert wird.

Je nachdem, wie «Gütereinsatz» und «Güterertrag» in Abhängigkeit vom verfolgten Zweck definiert werden, erhalten wir verschiedene Ausprägungen des Begriffes, also etwa:

$$\text{Wirtschaftlichkeit} = \frac{\text{Ertrag}}{\text{Aufwand}} \text{ oder } \frac{\text{Erlöse}}{\text{Kosten}}$$

Wählt man als Output die produzierte Menge und als Input die Menge an Einsatzfaktoren, erhält man einen Wirtschaftlichkeitsbegriff, der auch als Produktivität bezeichnet wird:

$$\text{Produktivität} = \frac{\text{Ausbringungsmenge}}{\text{Faktoreinsatzmenge}}$$

Wird die Ausbringungsmenge ausschließlich auf den Arbeitseinsatz (gemessen in Arbeitsstunden) bezogen, so ergibt sich die Arbeitsproduktivität:

$$\text{Arbeitsproduktivität} = \frac{\text{Ausbringungsmenge}}{\text{Arbeitsstunden}}$$

Welche Variante der Wirtschaftlichkeit im konkreten Entscheidungsfall verwendet wird, hängt von der jeweiligen Entscheidungssituation ab. Will man die Wirtschaftlichkeit des Leistungsprozesses unabhängig von der **Bewertung** des Einsatzes und des Ergebnisses messen, bietet sich die Produktivität an; hier geht man von einem Mengenverhältnis aus und bezeichnet diese Kennzahl daher auch als technische Effizienz.

Steht dagegen die wertmäßige Wirtschaftlichkeit im Blickpunkt, so kommen die Relationen Ertrag/Aufwand oder Erlös/Kosten infrage. Beide Ausdrücke unterscheiden sich in der Bewertung von Einsatz und Ergebnis.

Wählt man als Ergebnisgröße den Gewinn und setzt ihn ins Verhältnis zum eingesetzten Kapital, erhält man die **Rentabilität**. Von ihr gibt es folgende Varianten:

$$\text{Eigenkapitalrentabilität} = \frac{\text{Gewinn}}{\text{Eigenkapital}}$$

$$\text{Gesamtkapitalrentabilität} = \frac{\text{Gewinn + Fremdkapitalzinsen}}{\text{Eigenkapital + Fremdkapital}}$$

Will man wissen, welchen Beitrag der Umsatz zur Gewinnerzielung leistet, wird die Umsatzrentabilität ermittelt:

$$\text{Umsatzrentabilität} = \frac{\text{Gewinn}}{\text{Umsatz}}$$

3 Phasen des Leistungsprozesses

Der Leistungsprozess kann in verschiedene voneinander abgrenzbare **Funktionen** oder, wenn man den zeitlichen Aspekt des Leistungsprozesses ins Auge fasst, in unterschiedliche **Phasen** untergliedert werden. Wir gehen von einer Phaseneinteilung aus, wie sie in Abb. 3 dargestellt ist.

1. Der Leistungsprozess beginnt mit der Suche nach neuen Ideen zu Produkten, Verfahren und Anwendungen. Für die Existenz und Fortentwicklung eines Unternehmens sind Innovationen von so großer Bedeutung, dass Innovationsprozesse nicht dem Zufall überlassen bleiben dürfen, sondern durch ein **Innovationsmanagement** gesteuert werden müssen. Daraus ergibt sich die Notwendigkeit, Innovationsprozesse zu organisieren und systematisch zu planen und zu steuern. Innovationen können sich auf alle Potenziale, Produkte und Prozesse des Unternehmens beziehen. Grundsätzlich kann das gesamte Unternehmen von Innovationen durchdrungen werden (1. Kapitel).

2. Der Leistungsprozess wird mit der **Beschaffung** von Einsatzgütern fortgesetzt. Die Aufgabe der Beschaffung kann darin gesehen werden, die Verfügungsgewalt über jene Güter zu erlangen, die in den Produktionsprozess eingehen sollen. Zu den Einsatzgütern zählen die Arbeitskraft, externe Dienstleistungen, die Leistungsabgabe von Maschinen und anderen materiellen Potenzialgütern, externe Informationen und Material. Sowohl die Beschaffung von Personal wie auch von Investitionsgütern und Kapital unterliegt besonderen Bedingungen. Wegen dieser Besonderheiten empfiehlt es sich, die Personalbeschaffung, die Beschaffung von Investitionsgütern und die Kapitalbeschaffung organisatorisch von sonstigen Beschaffungsaufgaben zu trennen und eigenen Abteilungen zuzuweisen. Es verbleibt dann die Materialbeschaffung als das im Tagesgeschäft vorherrschende Teilgebiet der Beschaffung. Die mit der Beschaffung verbundene Überbrückung von Raum und Zeit ist Aufgabe der **Logistik** (2. Kapitel).

3. Die Be- und Verarbeitung der über die Beschaffung und die Logistik bereitgestellten Einsatzgüter vollziehen sich im Rahmen der **Produktionswirtschaft**. Diese befasst sich mit der Analyse und Gestaltung des Transformationsprozesses von Sachgütern und Dienstleistungen, also der Umwandlung von Produktionsfaktoren in marktreife oder wiedereinsatzfähige Produkte (3. Kapitel).

4. Alle im Rahmen der Produktion entstandenen marktfähigen Produkte müssen über den Absatzmarkt vertrieben werden. Darum geht es im **Marketing**, das indessen bereits mit der Entdeckung von Bedarf beginnt und insoweit den drei bisher genannten Phasen teilweise schon vorgelagert ist (4. Kapitel).

5. Entscheidungen über Güter, die über mehrere Perioden Leistungen abgeben (sog. Potenzialfaktoren, wie z. B. Maschinen) und zu einer längeren Kapitalbindung führen, werden i. d. R. als Spezialaufgaben behandelt und aus der unter 2. erörterten Beschaffungsaufgabe ausgegliedert. Man bezeichnet sie als **Investition** (5. Kapitel).

6. Innovation, Investition, Beschaffung, Produktion und Absatz lösen Finanzierungsvorgänge, d. h. Maßnahmen der Geld- bzw. Kapitalbeschaffung und -rückzahlung aus. Mit ihnen, speziell der Gestaltung von Zahlungs-, Informations-, Kontroll- und Sicherungsbeziehungen zwischen Unternehmen und Kapitalgebern, befasst sich die **Finanzierung** (6. Kapitel).

7. Der Leistungsprozess im Unternehmen wird zu großen Teilen von Personen getragen und gestaltet. Sie allein sind auf Grund von Wissen und Fähigkeiten in der Lage, diesen Prozess so auszurichten, dass die gesetzten Ziele erreicht werden. Die hiermit angesprochene **Personalwirtschaft** widmet sich der Bereitstellung von und dem Umgang mit Personal (7. Kapitel).

In den Kapiteln des 3. Bandes werden bereichsspezifische Fragestellungen behandelt, wobei die Auswahl teils sachlich, teils historisch bedingt ist. Weitgehend ausgespart bleibt hier das Informationswesen, das jeden güter- oder finanzwirtschaftlichen Vorgang tangiert. Dies ist zu rechtfertigen, weil in Bd. 2 das Phänomen

Führung einschließlich der damit verbundenen Informationsprobleme in allen wichtigen Facetten durchleuchtet wird. Ebenso kann hier nicht auf die Rahmenbedingungen, innerhalb deren sich der Leistungsprozess vollzieht, und auf Grundfragen der Entscheidungstheorie eingegangen werden. Beides geschieht in Bd. 1.

Abb. 3 kann nur eine Grobübersicht über die Phasen des Leistungsprozesses liefern, in der notwendigerweise eine Vielzahl von Details ausgespart bleibt. So ist z. B. die Lagerhaltung zwischen den und innerhalb der verschiedenen Phasen nicht erfasst. Bewusst wird auch darauf verzichtet, weitere zwischen den sieben identifizierten Phasen bestehende Beziehungen anzudeuten, weil dies die Grafik überladen und das Verständnis der Grundstruktur über Gebühr erschweren würde. Manche Trennlinie, die zu ziehen war, mag fremd erscheinen, so z. B. wenn das Kapitel «Marketing» der «Marktforschung» (Bd. 2, 3. Kap.) entäußert und damit auf nur ein Bein gestellt oder wenn die Logistik, die auch im Vertriebsbereich von großer Bedeutung ist, aus darstellungstechnischen Gründen dem Beschaffungswesen (2. Kap.) zugeordnet wird. In diesen und anderen Fällen, die zu bedenken wären, erwies sich die letztlich gewählte Lösung als der aus unserer Sicht bestmögliche Kompromiss zwischen Vollständigkeit und Zweckmäßigkeit.

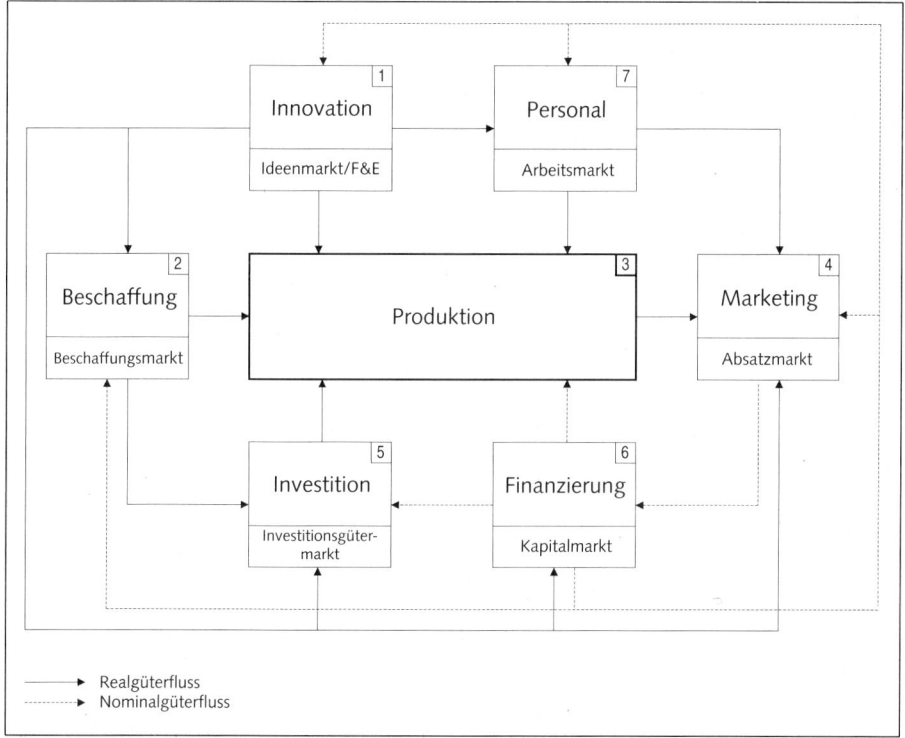

Abbildung 3: Phasen des Leistungsprozesses

Innovationsmanagement

Kapitel 1

Marcell Schweitzer

1 Bedeutung von Innovationen für das Unternehmen

Etymologisch stammt das Wort «Innovation» aus dem Lateinischen (innovare: = entdecken, erfinden, nach Neuerungen suchen). Als Begriff kommt die Innovation in der Technik (z. B. Produktinnovation), in der Botanik (z. B. pflanzlicher Erneuerungsspross) oder im Sozialbereich (z. B. Organisationsinnovation) vor.

> Wenn in der Betriebswirtschaftslehre von **Innovationen** gesprochen wird, sind allgemein **Veränderungen** gemeint, die einen **Neuheitswert** (eine Neuartigkeit) besitzen (zur Vielfalt der Definitionen vgl. Hauschildt [Innovationsmanagement] 3 ff.)

Das **Spektrum der Neuheit** reicht von einfachen Verbesserungen (Variationen) bis zu epochalen Erfindungen (Inventionen). In einem Unternehmen können sich Innovationen auf alle Potenziale, Produkte und Prozesse beziehen. Grundsätzlich kann das **gesamte Unternehmen** von Innovationen durchdrungen werden.

Für die Existenz und die Fortentwicklung eines Unternehmens sind Innovationen von so großer Bedeutung, dass sich die Erkenntnis durchgesetzt hat, Innovationsprozesse nicht dem Zufall zu überlassen, sondern sie als existenzsichernde Aufgabe in das Führungssystem zu integrieren. Daraus ergibt sich die Notwendigkeit, Innovationsprozesse zu organisieren und systematisch zu planen und zu steuern (vgl. Hauschildt [Innovationsmanagement] 241 ff.; Helm [Innovationen] 52). Die Summe der Führungsaufgaben, die sich auf Innovationen bezieht, wird als **Innovationsmanagement** bezeichnet. Innovationsprozesse sind nur teilweise beherrschbar und i. d. R. mit erheblichen Risiken verbunden. Andererseits stehen diesen Risiken bei erfolgreicher Prozessrealisation hohe Chancen gegenüber. Diese Chancen finden ihren Ausdruck in Wettbewerbsvorteilen, d. h. in Forschungsergebnissen mit hohem Neuheitswert und profitablen Verwertungsmöglichkeiten in den Märkten. Die Risiken der Innovationen sind u. a. darin begründet, dass Innovationsprozesse sog. «reifende Prozesse» sind. Dies bedeutet, dass die Inhalte und Strukturen dieser Prozesse zu ihrem Startzeitpunkt häufig nur vage und unpräzise bestimmt sind. Mit zunehmendem Prozessfortschritt verbessert sich (jedoch nicht zwangsläufig) der Wissens- und Erkenntnisstand über das gewählte Innovationsobjekt. Dieser **Reifungscharakter** eines Innovationsprozesses dauert an, bis das neue Produkt, das neue Verfahren oder die neue Anwendung vollständig erforscht, systematisch entwickelt und präzise konstruiert ist.

Die einen Innovationsprozess begleitenden **Risiken** können u. U. dazu führen, dass er abgebrochen werden muss, weil sich das zentrale Problem als unlösbar erweist. Organisatorisch bedeuten diese Risiken, dass Innovationsprojekte nach ihren Aufgaben, ihrem Personalbedarf, ihrem Mitteleinsatz und ihrem Zeitbedarf nur grob strukturiert werden können. Ein Risiko laufender Innovationsprojekte liegt auch darin, dass sie, wenn sie einen bestimmten Durchführungsgrad erreicht haben, nicht mehr abgebrochen werden können (Point of no Return) und trotz niedriger Ergebniserwartung fortgeführt werden müssen. Meist entsteht dieser Druck bzw. Zwang zur Fortführung durch die hohen Ausgaben und Personaleinsätze, die bis zu diesem Zeitpunkt getätigt wurden, oder durch die Möglichkeit eines drohenden Prestigeverlustes. Innovationen haben daher häufig den Charakter umfangreicher Investitionen mit großen Risiken.

Technische Innovationsprozesse können nicht nur Naturwissenschaftlern überlassen werden, sondern sie müssen durch Betriebswirte systematisch «bewirtschaftet» werden. Zweckmäßigerweise wird diese Bewirtschaftung durch eine umfassende **Planung** und **Steuerung** aller Innovationsprozesse betrieben. Innovationen werfen damit auch weitreichende wirtschaftliche Fragen auf. Außerdem verbessern erfolgreiche Innovationen die Wettbewerbslage des Unternehmens im Markt und erschließen neue Erfolgspotenziale. Es kommt hinzu, dass neue Produkte, neue Verfahren und neue Anwendungen die Finanz- und Kapitalsituation des Unternehmens verbessern und auf diese Weise den Grundstein für ein mögliches Wachstum legen können. Dabei ist neben dem quantitativen Wachsen der technischen Kapazitäten auch an das qualitative Wachstum in Form einer innovationsfördernden Organisation, einer Qualitätsverbesserung des Personals sowie der Produkte und Verfahren und einer Steigerung der Marktmacht zu denken (vgl. Schweitzer [Fertigungswirtschaft] 627). Da diese möglichen Wirkungen der Innovationen über den operativen Handlungsbereich hinausgehen, erlangen sie für jedes Unternehmen eine wichtige strategische und taktische Bedeutung.

Ob Innovationen zu den oben genannten Wirkungen führen, hängt in erster Linie von ihrem **Neuheitswert** ab. Es kommt hinzu, dass in einer Marktwirtschaft die Wettbewerber mit vergleichbarer Intensität um Innovationen bemüht sind. Dies bedeutet wiederum, dass sich z. B. neue Produkte in den Märkten auch durchsetzen müssen. Dabei können erhebliche Widerstände auftreten, die zu überwinden sind. Bei der **Durchsetzung** der Innovationen können sogar unternehmensinterne Widerstände so groß werden, dass erfolgversprechende Innovationsprozesse aus persönlichen oder finanziellen Gründen abgeblockt, in ihrem Umfang stark reduziert, zeitlich verschoben oder vollständig unterbunden werden. Es gehört daher zu den Aufgaben des Innovationsmanagements, interne und externe Widerstände wirkungsvoll abzubauen und die Realisation erfolgversprechender Innovationsprozesse zu sichern (vgl. Hauschildt [Innovationsmanagement] 125 ff.). Ob ein

Innovationsprojekt überhaupt begonnen wird, hängt ebenfalls vom Neuheitswert der erwarteten Ergebnisse ab. Unter betriebswirtschaftlichen Gesichtspunkten bestimmen aber auch die gewählte Zielart und die Möglichkeit, einzelnen Innovationen Teilerfolge zuzurechnen, das Schicksal dieser Prozesse. Soweit einzelnen Innovationen keine Erlöskomponente zugerechnet werden kann, orientiert sich die **Messung ihrer Vorteilhaftigkeit (Bewertung)** ersatzweise an Qualitäts-, Kosten- oder Zeitzielen. Es gibt auch Innovationsprojekte, die sich einer monetären Bewertung völlig entziehen. In diesen Fällen muss nach Ersatzmaßstäben gesucht werden, um zu rational begründeten Entscheidungen über diese Prozesse zu gelangen. Wie die Erfahrung zeigt, gibt es durchaus Beispiele für Innovationen mit Weltgeltung, über deren Durchführung rein irrational befunden wurde.

2 Planung und Steuerung von Forschung und Entwicklung als Kernaufgaben des Innovationsmanagements

Große Entdeckungen und Erfindungen können auf sehr verschiedene Ursachen zurückgehen. Diese Ursachen reichen von methaphysischen Eingebungen über menschliche Neugier und vergleichende Beobachtungen bis zu rational strukturierten Innovationsprozessen. Für die nachfolgenden Ausführungen wird von einer **rationalen Orientierung** und Strukturierung der Innovationsprozesse ausgegangen. Dabei sind gelegentliche Eingebungen und rational nur bedingt nachvollziehbare Einfälle nicht ausgeschlossen. Zahlreiche Erfindungen und Entdeckungen des 20. Jahrhunderts, die wesentliche Beiträge zur Mehrung unseres Wissens über den Menschen, über unseren Planeten und über den Kosmos geliefert haben, sind zweifellos auf die systematische und akribische Forschungstätigkeit hochbegabter Forscher und ihrer Mitarbeiter zurückzuführen.

An Universitäten und Hochschulen wird **Grundlagenforschung** betrieben, um den menschlichen Wissens- und Erkenntnisbestand zu mehren. Regierungen, Organisationen, Unternehmen und Stiftungen stellen beachtliche finanzielle Mittel zur Verfügung, um den Erkenntnisfortschritt zu sichern bzw. zu beschleunigen. Das ursprüngliche Anliegen der Unternehmen ist die **angewandte Forschung** für ihre Produkte, Verfahren und Anwendungen. Zunehmend übernehmen sie jedoch auch Aufgaben der Grundlagenforschung, um ihre Verwertungsinteressen auch an speziellem Grundlagenwissen zu sichern. In besonderem Maße haben sich industrielle Unternehmen der angewandten Forschung zugewandt, weil sie sehr früh erkannt haben, dass angewandte Forschung eine Investition in zukünftiges Wissen darstellt, das nicht nur ihre Existenz sichert, sondern auch das Erkennen und Ausschöpfen zukünftiger Erfolgspotenziale ermöglicht. In Deutschland beliefen sich 1999 die internen und externen Forschungsaufwendungen der Unternehmen und Institutionen für Gemeinschaftsforschung auf ca. 20 Mrd. €. Die vorderen Plätze nahmen dabei im verarbeitenden Gewerbe die elektrotechnische, die chemische sowie die Kraftfahrzeug- und Raumfahrtindustrie ein.

Um zu marktreifen Produkten und Dienstleistungen zu gelangen, werden an den Forschungsbereich die Bereiche der **Entwicklung** und **Konstruktion** angehängt. Nur durch die Erfüllung dieser Aufgaben gelangen Unternehmen zu Gütern, die sie tatsächlich herstellen und vermarkten können. Im Rahmen der Innovationsprozesse nehmen daher Forschung und Entwicklung eine besondere Stellung ein, die es rechtfertigt, diese Bereiche sowohl unter strategischen und taktischen als auch unter operativen Gesichtspunkten bevorzugt darzustellen. Was die Einbettung dieser Aufgabenbereiche in den größeren Innovationszusammenhang angeht, sei der interessierte Leser auf die grundlegende Schrift von Hauschildt [Innovationsmanagement] verwiesen.

Die Aufgaben des Forschungs- und Entwicklungsmanagements lassen sich in ihrem Aufbau grob durch das **Phasenschema der Planung und Steuerung** erfassen (vgl. Schweitzer [Planung] Band 2, S. 26).

Abb. 1.1 lässt erkennen, dass auch Forschungs- und Entwicklungsprozesse geplant und gesteuert werden können. Dabei umfasst die **Planung** die Phasen der Zielbildung, Problemfeststellung, Alternativensuche, Prognose, Bewertung und Entscheidung. Die an die Planung anschließende **Steuerung** (der Prozessrealisation) umschließt die Phasen der Durchsetzung (Veranlassung), Kontrolle (Überwachung) und Sicherung. Ob und in welchem Umfang bei Forschungs- und Entwicklungsprozessen dieses Phasenschema für Planung und Steuerung präzise eingehalten werden kann, wird in den nachfolgenden Abschnitten 3 und 4 erörtert.

3   Planung von Forschung und Entwicklung

3.1   Zielbildung für Forschung und Entwicklung

Wie Abb. 1.1 zeigt, ist die erste Phase des Planungsprozesses die Zielbildung.

> Unter **Zielbildung** ist das Feststellen und Festlegen eines präzisen, strukturierten und realisierbaren Systems von Verhaltensnormen zu verstehen.

Ohne eine Vorstellung davon, welche Ziele in einem Unternehmen zu verfolgen sind, auch wenn diese Zielvorstellungen nur vage sind, kann das Unternehmen nicht zielorientiert geführt werden. Dasselbe gilt für die Planung. Im Rahmen der Planung hat die Phase der Zielbildung besonderes Gewicht, wenn in Unternehmen

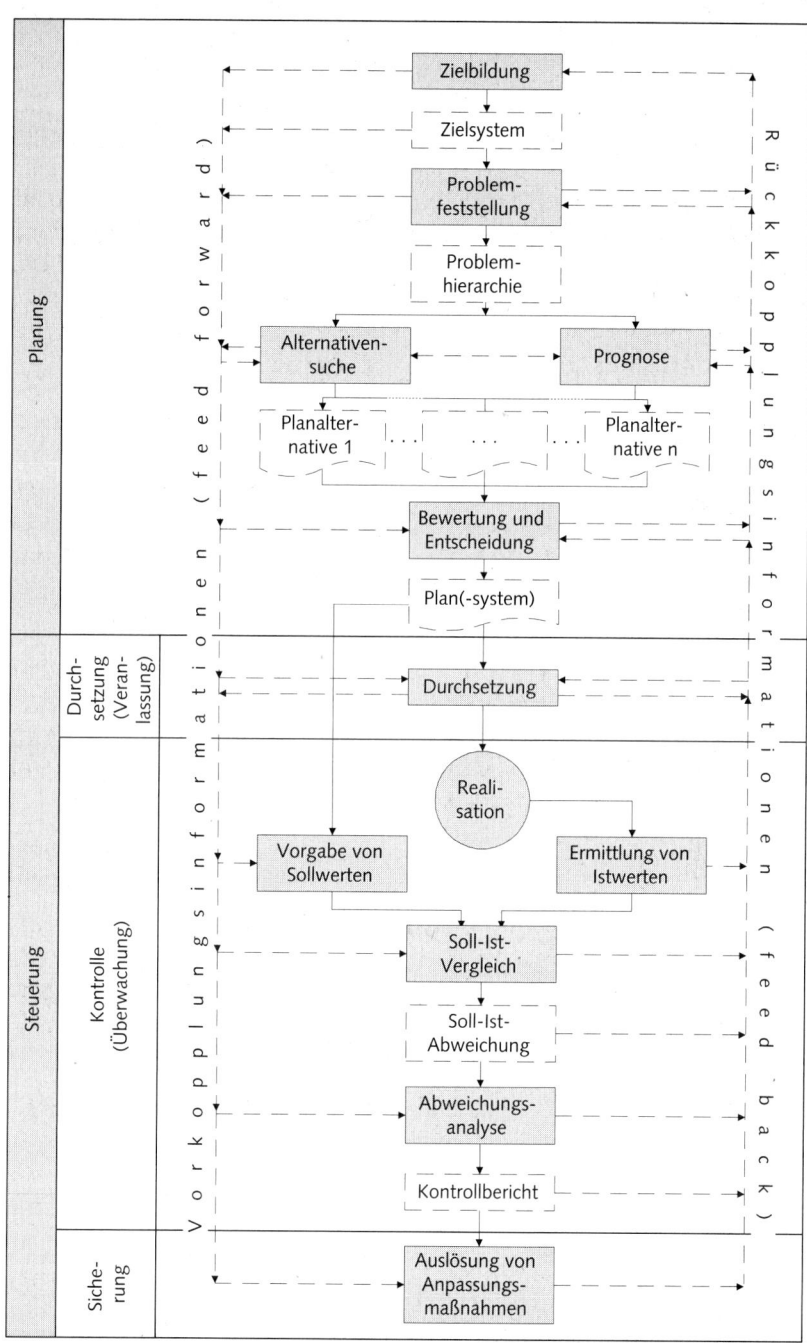

Abbildung 1.1: Phasenschema der Planung und Steuerung

kein formuliertes Zielsystem existiert. Umfassende Planung zwingt daher dazu, über die eigenen Ziele nachzudenken und diese so präzise wie möglich zu formulieren. Soweit ein Zielsystem im Unternehmen bereits besteht, kann die erste Phase des Planungsprozesses verkürzt bzw. übersprungen werden. In der Planungslehre wird meist davon ausgegangen, dass die Zielbildung folgende **Aufgaben** umfasst (vgl. Schweitzer [Planung] Band 2, S. 50 f.):

- Zielfindung,
- Zielpräzisierung,
- Zielstrukturierung,
- Realisierbarkeitsprüfung der Ziele,
- Zielauswahl.

Soweit einzelne Ziele nicht präzise formuliert und vorgegeben sind, muss zunächst geprüft werden, welche Ziele sich das Unternehmen setzen und verfolgen will. Wenn die einzelnen Teilprozesse des Unternehmensprozesses gut zu überblicken und zu strukturieren sind, können die einzelnen Teilaufgaben der Zielbildung, wie sie oben aufgezählt werden, schrittweise abgearbeitet werden. Das Ergebnis ist dann i. d. R. ein formuliertes Ziel bzw. Zielsystem.

Sind die Teilprozesse eines speziellen Funktionsbereichs jedoch schlechter zu überblicken oder zu strukturieren, ergeben sich für die Zielbildung dieses Bereichs Probleme. Ein typischer Problembereich dieser Art ist die Forschung und Entwicklung. Insbesondere die Forschung ist in vielen Fällen ein **hochkomplexer Aufgabenbereich**. Für einen erteilten Forschungsauftrag können häufig weder der Anfangszustand noch die Transformationsprogramme oder der angestrebte Endzustand präzise formuliert werden. Dasselbe gilt für eine Reihe von Teilfunktionen und Komponenten des Forschungsprojekts. Ist jedoch ein Problem in seiner Struktur unklar, sind die Problemkomponenten nicht überschaubar und treten in dieser unsicheren Handlungs- und Entscheidungssituation außerdem Interessengegensätze auf, muss dies zu Rückwirkungen auf die angestrebte Zielbildung führen (vgl. Hauschildt [Innovationsmanagement] 273 f.). In Kurzform lassen sich *Hauschildts* Aussagen zur **Interdependenz** von Zielbildungs- und Problemlösungsprozess wie folgt darstellen (vgl. Hauschildt [Innovationsmanagement] 276 ff.):

- Für Innovationen müssen spezifische Ziele formuliert werden, die nicht ohne weiteres aus anderen Zusammenhängen übernommen werden können;
- Eine Zielbildung ist kein zeitlich abgeschlossener Normsetzungsakt, sondern ein Reifungsprozess, der Zeit beansprucht;
- Zielbildungsprozess und Problemlösungsprozess verlaufen in unterschiedlichen Formen weitgehend parallel;
- Zielbildungsprozess und Problemlösungsprozess sind wechselbezüglich verknüpft.

Diese Aussagen *Hauschildts* lassen sich weiter präzisieren: Die Schritte der Zielbildung laufen nicht nur parallel zum Problemlösungsprozess ab, sondern die Zielartikulation (Zielpräzisierung) kann unterschiedliche Verlaufsformen annehmen.
Was an Wechselbeziehungen geschildert wurde, lässt vermuten, dass mit fortschreitender Problemlösung auch die Zielartikulation zunimmt. Diese Aussage steht in
krassem Gegensatz zur **Grundannahme der Entscheidungstheorie**, dass die Zielbildung weitestgehend abgeschlossen sein muss, bevor der Problemfeststellungspro-
zess einsetzen kann (vgl. Hauschildt 1997, 278). Den zunächst vagen, jedoch immer
präziser werdenden Zielvorstellungen entspricht es außerdem, dass i. d. R. als Maß
der Zielerreichung ordinale Nutzengrößen verwendet werden müssen. Insbesondere bei konfliktären technischen und wirtschaftlichen Einzelzielen wird zur groben Lösung des Konflikts die Überführung beider Ziele (Zielfunktionen) in eine
übergeordnete Nutzenfunktion vorgenommen. Auf diese Weise wird den Entscheidungsträgern eine gewisse Zielorientierung und Rationalität ihres Handelns sugge-
riert, da durch ein Nutzenmaß relativ einfach und plausibel festgestellt werden
kann, ob die (geschätzte) Zielwirkung einer Alternative eher positiv oder negativ
ist. Für eine Führungskraft im Forschungs- und Entwicklungsbereich ist eine derartige Aussage oft hinreichend, um den Wert (die Vorteilhaftigkeit) der gewählten
Forschungs- und Entwicklungsalternative überprüfen zu können. Bemerkenswert
ist schließlich die Ausprägung des gewählten **Entscheidungskriteriums** einer Nutzenfunktion. Ihre **Maximierung** (in 2% der Fälle) kann praktisch vernachlässigt
werden. Ein Denken in Extremwerten scheint dem Entscheidungsträger in Forschung und Entwicklung fremd zu sein. Auch dies dürfte den formalen Entschei-
dungstheoretiker überraschen. Anders sieht es bereits bei einem gewählten **Anspruchsniveau** der Nutzenfunktion aus. In 24% der Zielartikulationen wird diese
Ausprägung des Entscheidungskriteriums angegeben. Noch häufiger (in 28%
der Fälle) wird als Kriterium das «**Streben nach graduel ler Verbesserung des
Status quo**» angegeben (vgl. Hauschildt [Innovationsmanagement] 280 f.). Diese
schwächere Ausprägung des Satisfizierungskriteriums deckt sich voll mit der
bereits beschriebenen Einstellung der Entscheidungsträger, mit einer bestimmten
Alternative strategisch auf dem richtigen Weg zur Problemlösung zu sein. Diese
Denkform steht auch in Einklang mit den schrittweise reifenden Hypothesen, den
an Präzision zunehmenden Zielfunktionen und der zunehmenden Qualität der
Einzelentscheidung im Forschungs- und Entwicklungsprozess.

3.2   Problemfeststellung für Forschung und Entwicklung

Aus den bisherigen Ausführungen ist zu erkennen, dass Problemfeststellung und
Zielbildung bei Innovationen besonders eng verknüpft sind. Daraus folgt u. a., dass
ein **Problem**, das sich in Forschung und Entwicklung ergibt, keineswegs immer klar
erkannt, präzise definiert und Schritt für Schritt gelöst werden kann. In der pharmazeutischen Industrie kann beispielsweise ein Problem so gekennzeichnet werden,
dass für die Bekämpfung einer schweren Krankheit ein neuer Wirkstoff bzw. eine

Wirkstoffkombination erforscht und entwickelt werden soll. Über die Höhe des Forschungsbudgets, den Ressourceneinsatz und die Projektdauer werden nur grobe Vorgaben getroffen, da über sie große Unsicherheiten herrschen. Handelt es sich dagegen eher um ein Routineprojekt, fallen diese Vorgaben wesentlich präziser aus. Zudem kann ein Problem technisch, wirtschaftlich oder aus beiden Kategorien kombiniert festgelegt werden. Zumindest aus einer der beiden Kategorien muss das intendierte Forschungs- und Entwicklungsziel, auch wenn es nur sehr vage formuliert wird, ausgewählt werden.

Die **Abgrenzung eines Problems** kann selbst zum Problem werden, wenn sich erst nach mehreren Forschungsschritten herausstellt, dass die zentrale Fragestellung weder theoretisch noch technisch beantwortet werden kann. Außerdem können falsche personelle und sachliche Ressourcen bereitgestellt werden. Zur Überraschung aller kann sich für die Lösung eines Forschungsproblems gegen Ende des Projekts herausstellen, dass ein «Stellvertreterproblem» gelöst wurde, die Problemlösung nur erheblich später auf den Markt gebracht werden kann als durch Wettbewerber oder dass die gefundene Problemlösung im Vergleich zur Problemlösung eines Konkurrenten viel zu teuer ist.

Jedes Problem, das zu lösen ist, muss sowohl in die bisherigen Probleme und Problemlösungen als auch in die zukünftig erwarteten Probleme und deren Lösungen eingebettet werden. Dies ist bei individuellen Großforschungsaufträgen besonders schwierig. Dennoch ist diese **Kontinuität** über die Forschungsprojekte aus Gründen einer angestrebten Effizienz und Effektivität zweckmäßig. Die aus dieser Einbettung resultierenden Lern- und Erfahrungsprozesse sind im Forschungs- und Entwicklungsbereich Kernaktivitäten, die nach Fürsorge und Pflege verlangen.

> Für eher routinemäßige Projekte mit einer relativ klaren Zielvorstellung kann eine **Problemfeststellung** als die Ermittlung der **Lücke** zwischen dieser Zielvorstellung und der erwarteten Lage bzw. Entwicklung verstanden werden.

Bei relativ präziser Zielvorgabe kann auch leichter herausgefunden werden, welche Maßnahmen ergriffen werden müssen, um das gesetzte Ziel möglichst genau zu erreichen bzw. die Zielabweichungen möglichst niedrig zu halten. Die Erkenntnis und Analyse eines Problems kann in mehreren **Teilschritten** erfolgen (vgl. Schweitzer [Planung] Band 2, S. 52 f.):

- Festlegung des Ist-Zustandes (Lageanalyse),
- Prognose der wichtigsten Größen (Lageprognose),
- Gegenüberstellung der Ziele mit den Ergebnissen von Lageanalyse oder/und Lageprognose (Feststellung der Problemlücke),
- Feststellung von abgeleiteten Problemen,
- Problemfeldanalyse (Zusammenhang der implizierten Teilprobleme),
- Problemstrukturierung (Aufbau einer Problemhierarchie).

Die Lösung eines gestellten Problems ist einfacher, wenn vorweg die Problemlücke bestimmt werden kann.

> Als **Problemlücke** lässt sich die Abweichung der erwarteten Lage (Lageprognose) zum Soll-Zustand festlegen, die durch zielführende Maßnahmen der Entscheidungsträger geschlossen werden soll.

In Abb. 1.2 wird angenommen, dass es gelingt, die Gewinnwirkung von Forschungsergebnissen in die mittelfristige (dreijährige) Gewinnplanung einzubeziehen. Für die einfachste Form einer **Problemlückenbestimmung** sind in Bezug auf den Gewinn eine Wirkungskurve (Wird), eine Zielkurve (Soll) und eine Entwicklungskurve (Lageprognose) erforderlich. Während die Zielkurve den gesamten kumulierten Gewinn als geplante Sollgröße ausdrückt, informiert die Entwicklungskurve über eine erwartete Gewinnentwicklung ohne nennenswerte Forschungs- und Entwicklungserkenntnisse. Die Wirkungskurve zeigt, wie der kumulierte Gewinn sich entwickeln würde, wenn bestimmte Forschungs- und Entwicklungsergebnisse ihren marktlichen Niederschlag fänden. Die jahresbezogene Differenz zwischen Soll und Lageprognose drückt die zu schließende Problemlücke aus. Im Beispiel der Abb. 1.2 wird die aufgedeckte Problemlücke erst zwischen dem

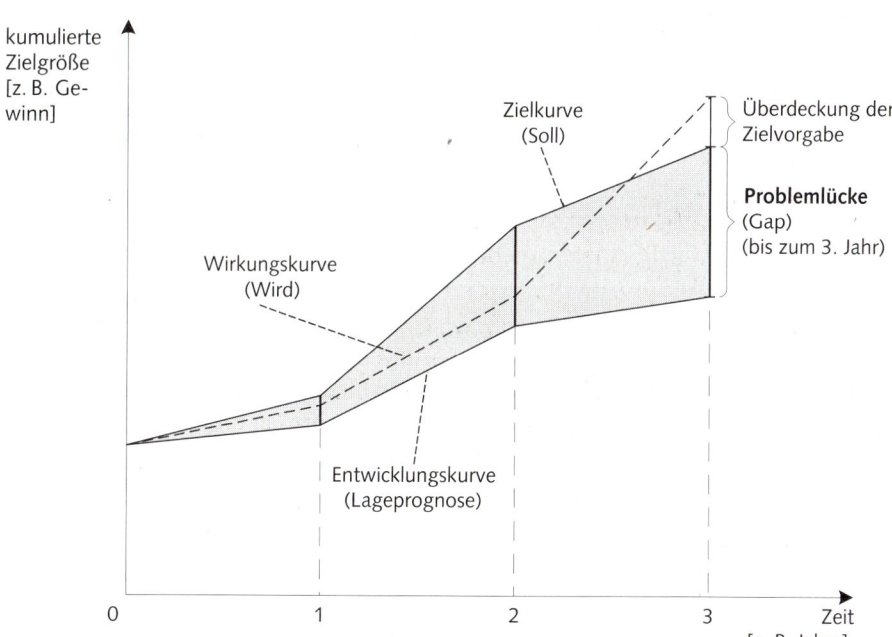

Abbildung 1.2: Problemlücke und ihre Deckung im Zeitablauf (Planungszeitraum drei Jahre)

zweiten und dritten Jahr geschlossen und bis zum Ende des dritten Jahres sogar deutlich überdeckt. Die zielführenden Maßnahmen sind in dem hier dargestellten Zusammenhang Forschungs- und Entwicklungsergebnisse, die durch weitere Konstruktionsarbeiten zu konkretisieren und produktionsreif zu machen sind. Aus strategischer Sicht handelt es sich um die **Innovationslücke des Unternehmens.** Diese kann nicht nur dadurch geschlossen werden, dass nach Forschungsergebnissen gesucht wird, welche die Lageprognose an den Soll-Zustand (Zielvorgabe) annähert. Vielmehr kann auch die Zielvorgabe selbst bei erwarteten Forschungshemmnissen bzw. -fehlschlägen, Durchsetzungsschwierigkeiten oder Marktwiderständen an die Lageprognose angeglichen werden. Dieses Vorgehen ist insbesondere dann erforderlich, wenn die Zielvorgabe überzogen formuliert wurde und keine Forschungsergebnisse gefunden werden konnten, welche die Lageprognose verbessern. Eine derartige Zielrevision kann im äußersten Fall auch dazu führen, ein altes Ziel aufzugeben und ein neues Ziel an seine Stelle zu setzen.

Forschungs- und Entwicklungsprobleme können sehr **komplex** sein. Das bedeutet, dass ihre Teilprobleme zahlreich und die Beziehungen zwischen ihnen dicht sein können. Zum Beginn eines Projekts kann das Wissen über Teilprobleme, Methoden und Beziehungen unvollständig, unvollkommen und unsicher sein. Außerdem hat ein abgegrenztes Problem häufig Schnittstellen zu anderen Randproblemen. Für das Herangehen an die Problemlösung ist es daher von großer Bedeutung, sich umfassende Informationen mit Problembezug zu beschaffen. In der pharmazeutischen Industrie beginnt beispielsweise jeder neue Forschungs- und Entwicklungsprozess mit einer umfassenden Literaturrecherche und Literaturauswertung. Hilfreich ist es auch, das aufgeworfene Problem durch eine schrittweise Ausgrenzung nicht zu behandelnder Nachbarprobleme zu präzisieren. Soweit es ein Leitkonzept für die Suche nach Problemlösungen gibt, ist dieses mit seinen wichtigsten Annahmen und Gestaltungsprinzipien explizit zu benennen. Nach Möglichkeit ist das abgegrenzte Gesamtproblem in seine Teilprobleme zu zerlegen, und erkennbare Strukturen zwischen diesen sind zu beschreiben. Es ist häufig hilfreich, auch wenn dies nur sehr vage geschehen kann, eine erste Problemhierarchie aufzubauen, um für alle beteiligten Entscheidungsträger das Bewusstsein und den Blick für das Gesamtproblem zu schärfen.

3.3   Alternativensuche für Forschung und Entwicklung

Unter **Alternativensuche** ist das systematische Aufspüren, Formulieren und Analysieren von Vorgehensweisen zur Zielerreichung zu verstehen.

Forschung und Entwicklung sind Aufgaben des Suchens und Findens wirksamer Lösungen für gestellte Probleme. Die Dynamik eines unternehmerisch denkenden Entscheidungsträgers in Forschung und Entwicklung drückt sich dadurch aus, dass er eine besondere Kompetenz für die Strukturierung der Prozesse des **Suchens und Findens von Lösungen** besitzt. Die Welten der Wirtschaft und der Technik zeigen uns, dass es für ein und dasselbe Problem häufig mehrere gleichwertige Lösungen gibt. Aber auch für den Fall nur einer einzigen Lösung besteht der Kern der Suchprozesse im Aufdecken und Aufbereiten zulässiger Lösungsalternativen. Formal stellt jede **Alternative** eine Vorgehensweise zum Erreichen des gewählten Zieles dar. Jede Alternative muss die Eigenschaft besitzen, von allen anderen Alternativen **unabhängig** zu sein. Meist besteht eine Alternative aus einer Kombination von Entscheidungsvariablen bestimmter Ausprägung, die auch als Maßnahmen interpretiert werden. Jede Änderung einer Variablenausprägung führt stets zu einer neuen Alternative, wobei zu beachten ist, dass i. d. R. unterschiedliche Alternativen auch zu unterschiedlichen Graden der Zielerreichung (Problemlösung) führen. Letztlich interessieren diejenigen Alternativen, die unter wirtschaftlichen, technischen, sozialen, rechtlichen sowie ökologischen Bedingungen überhaupt realisierbar sind. Aus der Menge dieser realisierbaren Alternativen, sie wird auch **zulässiger Bereich** genannt, wird schließlich diejenige gewählt, die den gesetzten Zielen möglichst gut entspricht. In Einzelfällen kann es sich erweisen, dass der zulässige Bereich leer ist. Dies bedeutet für den Forscher den Zwang zum Neubeginn seines Suchprozesses. Insbesondere wegen knapper Ressourcen und Finanzen kann der Forscher in anderen Fällen gezwungen werden, seinen Suchprozess nach weiteren Alternativen abzubrechen. Dieses Abbruchkriterium birgt das Risiko in sich, dass Wettbewerber, die nur wenige Schritte weiterforschen, auf gute Problemlösungen stoßen können und damit erhebliche Wettbewerbsvorteile erringen.

Nach ihrem Verbund lassen sich einfache und kombinierte Alternativen unterscheiden. Eine **einfache Alternative** ist weder hierarchisch noch zeitlich in Teilalternativen oder Einzelmaßnahmen gegliedert. Sie ist kein Element einer Alternativenkette, sie bleibt im Zeitablauf unveränderlich und hängt nicht von der Entscheidung über nachfolgende Alternativen ab. Im Regelfall hängt sie jedoch vom Eintritt bestimmter Ereignisse oder Bedingungen (Prämissen) ab, die selbst ungewiss sind, sodass auch eine einfache Alternative für verschiedene Ausprägungen der Bedingungen zu verschiedenen Wirkungen (Problemlösungen) führen kann. Anders liegt dagegen der Sachverhalt bei **kombinierten Alternativen.** Diese können in hierarchisch über- bzw. untergeordnete und zeitlich vor- bzw. nachgeordnete Teilalternativen gegliedert oder als Glied einer Alternativenkette mit vorangehenden und nachfolgenden Alternativen verknüpft sein. Sie hängen – wie die einfachen Alternativen – vom Eintreten ungewisser Ereignisse oder Bedingungen ab, sodass auch sie für verschiedene Bedingungen unterschiedliche Wirkungen, d. h. Problemlösungen, herbeiführen können. Die Teilalternativen sind i. d. R. durch unsichere Ereignisse bedingt, über deren Eintreten nur mehrwertige Erwartungen bestehen. Eine Gesamtalternative kann daher als komplexe, mehrstufig bedingte Vorgehensweise gekennzeichnet werden.

Es ist bereits gesagt worden, dass Alternativen mittels eines **geordneten Such-**

prozesses gefunden werden können. Dieser besteht aus folgenden Aufgaben (vgl. Schweitzer [Planung] Band 2, S. 55):

- Systematische und umfassende Suche nach Einzelideen (Hinweisen, Ansätzen und Einfällen zur Lösung des Problems),
- Kombination der Einzelideen zu (unabhängigen) Alternativen,
- Präzise Kennzeichnung der gefundenen Alternativen,
- Analyse des Alternativenaufbaus und der Beziehungen zwischen den Alternativen,
- Abgrenzung der Alternativen zu einem zulässigen Bereich (d. h. Aussonderung der bei auftretenden Nebenbedingungen nicht realisierbaren Alternativen),
- Überprüfung der Vollständigkeit des zulässigen Bereichs.

Mit der Feststellung des zulässigen Bereichs ist die Alternativensuche zunächst abgeschlossen. Das durch den Suchprozess als Lösungsbereich gefundene Ergebnis bildet die Grundlage für die Erfüllung weiterer Phasen bzw. Aufgaben des Planungsprozesses der Forschung und Entwicklung.

3.4   Prognosen für Forschung und Entwicklung

Für den Aufgabenbereich der Forschung und Entwicklung ist im Planungs- und Steuerungsprozess einzelner Projekte eine Reihe von Prognosen durchzuführen.

> **Prognosen** sind Wahrscheinlichkeitsaussagen über das Auftreten von Ereignissen (Wirkungen, Daten) in der Zukunft, die auf Beobachtungen und theoretischen Aussagen beruhen.

Zur Durchführung einer Prognose benötigt man eine **theoretische Aussage** sowie eine Reihe von **Randbedingungen**, mit deren Hilfe bestimmte **Konsequenzen** vorhergesagt werden können. Diese Konsequenzen sind Ausprägungen einzelwirtschaftlicher Sachverhalte, die durch singuläre Aussagen beschrieben werden. Entscheidungslogisch handelt es sich bei den prognostizierten Konsequenzen um die Ausprägungen abhängiger Entscheidungsvariablen. Sie sind Wirkungen einer getroffenen Wahl über die zugehörigen unabhängigen Entscheidungsvariablen. Bekannte Prognosen der Volkswirtschaft sind beispielsweise die Prognose des Wirtschaftswachstums, der Beschäftigung oder der Preisentwicklung. In Einzelunternehmen können sich Prognosen auf den Absatz, auf Erlöse, auf Kosten, auf die Beschäftigung, auf Lagerbestände, auf die Entwicklung von Rohstoffpreisen u. a. beziehen.

Im Aufgabenbereich von Forschung und Entwicklung treten als Gegenstände von Prognosen auf: Forschungsergebnisse, Ergebniszeitpunkte, Ressourcenbedarfe,

Qualitätsniveaus, Kostenstrukturen, Forschungsbudgets, Zeitpunkt eines Projektwechsels u. a. Vor Beginn eines Forschungsprojekts liegt die wichtigste Prognose darin, abzuschätzen, ob das gesamte Projekt überhaupt erfolgreich werden kann. Diese Erfolgswirkung hängt natürlich davon ab, welche die leitende Zielvorstellung des Projekts ist. Je nach Zielvorstellung kann ein Projekt unter wirtschaftlichen, technischen, sozialen oder ökologischen Wirkungen mehr oder weniger erfolgreich sein. Prognosen können sich jedoch auch auf Wirkungen beziehen, die von einzelnen Entscheidungsträgern unterschiedlich beeinflusst werden können. Unter diesem Aspekt lassen sich Prognosen beeinflussbarer und nicht beeinflussbarer Konsequenzen trennen:

- Die **beeinflussbaren Konsequenzen** sind stets Ausprägungen abhängiger Variablen, auf die ein Entscheidungsträger, hier ein Forscher und Entwickler, durch seine Entscheidung einwirken kann. Die auftretenden abhängigen Variablen heißen auch «endogene Erwartungsvariablen». Eine Vorhersage ihrer Ausprägung wird **Wirkungsprognose** genannt. In Kurzform bezeichnet man diese Prognose als «Wird».

- Bei den **nicht beeinflussbaren Konsequenzen** handelt es sich um Ausprägungen abhängiger Variablen, auf die ein Entscheidungsträger durch seine Entscheidung (zumindest für den jeweiligen Prognosezeitraum) nicht einwirken kann. Die in diesem Zusammenhang auftretenden abhängigen Variablen tragen auch die Bezeichnung «exogene Erwartungsvariablen». Die Vorhersage ihrer Ausprägungen heißt **Lage- oder Entwicklungsprognose**.

In Abb. 1.2 wurde bereits gezeigt, dass die Vorausberechnung der «Forschungslücke» eine Prognose darstellt. Um diese durchführen zu können, werden eine Zielkurve, eine Entwicklungskurve und eine Wirkungskurve benötigt. Für einfachere Prognosen wird mindestens eine Hypothese gebraucht, die sich bei früheren Prognosen bereits gut bewährt hat. Zu der Prognose der Gesamtkosten eines bestimmten Forschungsprojekts benötigt man daher eine **Kostenfunktion** mit relativ gutem Bewährungsgrad in der Vergangenheit.

Während die durch eine **Wirkungsprognose** vorhergesagten Konsequenzen (Wird-Größen) darüber informieren, zu welchen Auswirkungen, Ergebnissen oder Zielerreichungen ergriffene bzw. ergreifbare Alternativen, Variablen oder Maßnahmen führen, liefert eine **Lageprognose** Informationen über Konstanten, Parameter oder allgemeine Daten, die im Prognosezeitraum ohne das Eingreifen zielführender Maßnahmen zu erwarten sind und die den zulässigen Bereich der Alternativenwahl begrenzen.

Etwas präziser wird eine Vorhersage **Prognose** genannt, wenn sie wissenschaftlich begründet ist. Als wissenschaftlich begründet gelten im Allgemeinen **realwissenschaftliche Theorien**, die ihre Fundierung im **Erfahrungsmaterial** der Wirtschaftspraxis finden. Dazu rechnet man objektive Sachverhalte, wie Vergangenheitserfahrungen, Beobachtungen und Messungen. Daraus folgt, dass Prognosen, die mittels realwissenschaftlicher Theorien getroffen werden, auf objektiven Grundlagen beruhen und daher als **objektiv begründete Vorhersagen** anzusehen sind. Durch diese empirische Fundierung unterscheiden sich Prognosen von allen anderen Vorhersagearten, insbesondere von solchen, die nur subjektiv begründet sind. **Subjektiv begründete Vorhersagen** stützen sich nur auf persönliche Erfahrungen, Einstellungen, Überzeugungen, Hoffnungen oder Befürchtungen und haben den Charakter von **Erwartungen** ohne empirische Fundierung. Bei unbegründeten Vorhersagen handelt es sich andererseits um zukunftsbezogene Aussagen, die ihre Fundierung in spekulativen, wirklichkeitsunverbindlichen und -neutralen **Annahmen** finden. Derartige Annahmen werden gelegentlich in Ermangelung begründeter Aussagen fiktiv unterstellt, um überhaupt zu einer Voraussage zu gelangen. Damit reicht die Spannweite möglicher Vorhersagen von Prognosen über Erwartungen bis zu Annahmen, wobei nur objektiv begründete Prognosen als wissenschaftlich zu charakterisieren sind. Jedoch ist anzumerken, dass der Bestand an realwissenschaftlichen Theorien im Bereich von Forschung und Entwicklung wegen des «Reifungscharakters» der Forschungs- und Entwicklungsprojekte einen besonderen Status einnimmt.

Es klang bereits an, dass die Qualität einer Prognose neben der wissenschaftlichen Begründung auch vom **Bestätigungsgrad** der verwendeten realtheoretischen Aussagen abhängt. Die zutreffendsten Prognosen können nach aller Erfahrung mit Hypothesen bzw. Theorien gewonnen werden, die wissenschaftlich begründet und empirisch gut bestätigt sind. Derartige Gesetzmäßigkeiten spielen im Bereich der Forschung und Entwicklung eine hervorragende Rolle. Approximativ werden sie häufig als deterministische Aussagen formuliert. Faktisch sind die meisten jedoch unsicher.

Bei der Abwicklung von Routineprojekten in Forschung und Entwicklung lässt sich für die Durchführung einer Prognose folgende **Aufgabenliste** formulieren (vgl. Schweitzer [Planung] Band 2, 56 ff.):

- Kennzeichnung der gewünschten Prognose nach Gegenstand, Genauigkeit, Qualität und zeitlicher Reichweite,
- Analyse der Vergangenheitserfahrungen und deren Ursache-Wirkungszusammenhänge sowie die Prognose der Ursachenkonstellation für den Prognosezeitpunkt bzw. -zeitraum,
- Herleitung der Prognose nach Auswahl einer geeigneten Hypothese bzw. Theorie und Vorgabe der unabhängigen Entscheidungsvariablen sowie Formulierung der sonstigen Bedingungen für die Geltung der Prognose, einschl. einer Angabe über die Prognosewahrscheinlichkeit (zu Fragen des optimalen Prognoseverfahrens vgl. Brockhoff [Prognoseverfahren] 22 ff.),
- Überprüfung aller durchgeführten Einzelprognosen auf ihre Widerspruchsfreiheit,
- Durchführung von Alternativprognosen; diese können sich auf eine einzelne Alternative oder auf mehrere Alternativen beziehen. Bei einer einzelnen Alter-

native können für denselben Sachverhalt auch alternative Teilprognosen erstellt werden. Über diese ist eine Auswahl und Kombination so zu treffen, dass sie alle verträglich sind und einem aufgestellten Gütekriterium entsprechen. Analoge Überlegungen sind für den Fall der Erstellung mehrerer Alternativen durchzuführen.

Prognosen für ein innovatives Einzelprojekt sind wesentlich schwieriger als diejenigen für Routineprojekte. Die größte Schwierigkeit liegt bei ersterer Projektart darin, dass der gesamte Forschungs- und Entwicklungsprozess ein «reifender Vorgang» ist und durch eine schrittweise Wissensmehrung geprägt ist. Die im Laufe dieses Prozesses eingesetzten **Prognoseverfahren** sind zu Prozessbeginn meist grobe Verfahren, die einzelne Wirkungen nur als tendenzielle Konsequenzen vorausberechnen. Mit zunehmendem Erkenntnisfortschritt im Projekt können die verwendeten Hypothesen mitlaufend vervollständigt und präzisiert werden. Auf diese Weise ergibt sich das häufig unbefriedigende Ergebnis, dass präzise Prognosen über die Wirkungen des Forschungsprozesses erst an seinem Ende möglich sind. Orientiert man sich jedoch an den Anforderungen der nachfolgenden Aufgaben der Entwicklung und Konstruktion bzw. der Produktion, sind für die gefundenen Forschungsergebnisse und die formulierten Hypothesen i. d. R. weitere Präzisierungen erforderlich, die wiederum den Charakter «reifender Prozesse» besitzen.

Je innovativer die Ergebnisse eines erfolgreichen Forschungs- und Entwicklungsprozesses sind, umso eher wird der angesprochene Reifungsprozess der Erkenntnisse bis in die Produktion hineinreichen. Hat ein Forschungs- und Entwicklungsprojekt bis zum Vorliegen verwertbarer Erkenntnisse hohe Forschungs- und Entwicklungskosten verursacht, ist außerdem die Errichtung zugehöriger Produktionsanlagen sehr kostenintensiv und steht das Unternehmen vor unsicheren Erwartungen der Nachfrage bzw. des Kundenverhaltens, ist sehr leicht nachzuvollziehen, dass verantwortliche Entscheidungsträger vor äußerst komplexen und **risikoreichen Einzelentscheidungen** stehen. Tendenziell wird daher jedes Unternehmen versuchen, für seine neuen Produkte vom Absatzmarkt einen möglichst hohen Preis zu erlangen, um das von der Forschung bis zum Absatz angefallene Kostenvolumen möglichst schnell zu decken und darüber hinaus noch Gewinn zu erzielen. Soweit es der Absatzmarkt erlaubt, wird dieser Gewinn möglichst nach oben getrieben, um das nächste Forschungs- und Entwicklungsprojekt, das vergleichbare Ausgaben und Kostenbelastungen aufwirft, wirtschaftlich finanzieren zu können.

3.5 Bewertung von Forschung und Entwicklung

Nach einer systematischen Abwicklung der Zielbildung, Problemfeststellung, Alternativensuche und Prognose sind Entscheidungsträger im Forschungs- und Entwicklungsbereich i. d. R. in der Lage, sich ein Bild über den Wert des jeweiligen Forschungsprojekts zu machen. Stehen mehrere Planalternativen zur Wahl, ist jeder von ihnen ein Wert zuzuordnen. Dieser **Wert** ist als Zielwirksamkeit bzw. Zielerreichungsgrad zu interpretieren und wird durch die Wirkungsprognosen ausgedrückt. Durch den Wert einer Projektalternative wird zugleich die Vorzugswürdigkeit dieser Alternative gemessen, sodass eine rationale Wahl über alle Alternativen möglich wird. Eine Alternativenbewertung ist nur möglich, wenn es vorab (oder mitlaufend) gelingt, eine Zielvorstellung für das fragliche Projekt zu formulieren.

Allgemein ist **Bewertung** die Zuordnung einer Zielwirkung zu einer Alternative.

Auch dann, wenn mehrere Zielwirkungen einer Alternative approximativ durch eine übergeordnete **Nutzenfunktion** gemessen werden, ist die anstehende Entscheidung als rationaler Wahlakt zu klassifizieren. Die Bewertung einer Forschungsalternative erweist sich häufig als besonders schwierig, weil bei ihrer Lösung mehrere unsichere Wirkungsprognosen zu einer Gesamtwirkung (Nutzengröße) aggregiert werden müssen. Zum Zeitpunkt der Entscheidung über die Durchführung eines bestimmten Forschungs- und Entwicklungsprojekts kann nicht präzise gesagt werden, zu welchem ökonomischen Beitrag (beispielsweise Gewinn) das Projekt insgesamt führen wird. Diese Aussage bezieht sich insbesondere auf das Erreichen des Gewinnmaximums. Der Prozess der Bewertung und Entscheidung lässt sich in folgende **Teilprozesse** gliedern (vgl. Schweitzer [Planung] Band 2, 58 ff.):

• **Festlegung der Bewertungskriterien und der Kriteriengewichte**

Bei der Festlegung eines Bewertungskriteriums handelt es sich um die Bestimmung der Maßgröße, durch welche ein Zielerreichungsgrad ausgedrückt werden soll. Durch diese Maßgröße sollen alle alternativen Wirkungen möglichst präzise und einfach, direkt oder indirekt, gemessen werden können. Sobald mehrere Bewertungskriterien verwendet werden, können sie untereinander verschiedenes Gewicht haben, was damit zusammenhängt, dass auch die Teilziele, auf welche sich die einzelnen Bewertungskriterien beziehen, verschieden gewichtet sein können.

• **Ermittlung der Kriterienwerte**

Sobald feststeht, welche Alternativenwirkung durch welches Bewertungskriterium gemessen werden soll, sind für jede Alternative mittels eines gewählten Prognoseverfahrens Kriterienwerte (Wird-Größen) zu ermitteln (zu prognostizieren).

• **Ermittlung des Gesamtwertes der Alternative**

Aus den einzelnen Kriterienwerten, die verschiedene Wirkungen einer Alternative ausdrücken, ist im nächsten Schritt ein gesamter Wert der betrachteten Alternative zu ermitteln. Der Gesamtwert (Wird) drückt aus, zu welchem Erreichungsgrad der übergeordneten Zielvorstellung die bewertete Alternative zu führen verspricht. Diese Erwägungen gelten sowohl für das Verfolgen einer einzigen als auch mehrerer Zielvorstellungen. Da es im Forschungs- und Entwicklungsbereich häufig darum geht, ordinale und kardinale Kriterienwerte zu einem Gesamtwert einer Alternative zu verdichten, begnügt man sich häufig mit ordinal skalierten Gesamtwerten (Nutzenwerten) und damit mit ordinal skalierten Rangordnungen der bewerteten Alternativen.

- **Wahl der Erfolg versprechenden Forschungs- und Entwicklungsalternative**

Mit Hilfe der prognostizierten Gesamtwerte der Alternativen gelingt es, eine Rang- oder Präferenzordnung über einbezogene Alternativen nach steigenden (bzw. fallenden) Gesamtwerten herzustellen. Auf der Grundlage dieser Rangordnung kann diejenige Alternative gewählt werden, welche der Zielvorstellung des Entscheidungsträgers genügt.

Nach dem beschriebenen Auswahlakt gelangt der Entscheidungsträger zu derjenigen Alternative, für welche er einen präziseren Projektplan erstellen kann. In der Wirtschaftspraxis ist dieser Plan mit dem Steuerungssystem der Organisation und dem Informationssystem in allen auftretenden Wechselbeziehungen so abzustimmen, dass ein koordinierter Einsatz dieser Instrumente zur effizienten und effektiven Abwicklung des gesamten Projekts sichergestellt wird. Diese Aufgabe übernimmt das **Forschungs- und Entwicklungs-Controlling** (vgl. Brockhoff [Forschung] 425 ff.).

«**Controlling** umfasst die Gesamtheit der Aufgaben der zielorientierten Koordination von Führungsentscheidungen durch die Umsetzung von Koordinationskonzepten sowie die Sicherstellung der Informationsversorgung der Unternehmensführung» (Friedl [Controlling] Band 2, S. 218).

4   Steuerung von Forschung und Entwicklung

4.1   Durchsetzung von Forschungs- und Entwicklungsergebnissen

Nachdem die Planung von Forschung und Entwicklung abgeschlossen ist, muss die Realisation der geplanten Forschungs- und Entwicklungsaktivitäten zielführend gesteuert werden. Diese Steuerung umfasst die Durchsetzung, die Kontrolle und die Sicherung.

Als **Steuerung** wird ein geordneter informationsverarbeitender Prozess zielführender Eingriffe (Anpassungsmaßnahmen) in den Prozess von Forschung und Entwicklung definiert.

Da beim Vollzug geplanter Prozesse stets **Fehler** oder **Störungen** auftreten, muss in die Prozessrealisation laufend korrigierend eingegriffen werden. Die weiter oben beschriebenen Unsicherheiten und Reifungsstrukturen von Forschungs- und Entwicklungsprojekten sowie unbefriedigende Zwischenergebnisse und Fehlschläge verlangen laufend nach Steuerungsmaßnahmen. Wenn ein Planungsprozess als Instrument zum **Erkennen einer Problemlücke** angesehen wird, kann der nachfolgende Steuerungsprozess als Instrument zum **Schließen einer Problemlücke** angesehen werden. Dabei ist wiederum ein präzises Erreichen der Planvorgaben (der Planziele) in der Wirtschaftspraxis eher die Ausnahme. Steuernde Maßnahmen müssen daher als Instrumente angesehen werden, mit deren Hilfe alle erforderlichen Prozesse zielführend korrigiert und in ihren Ergebnissen möglichst nahe an die Planvorgaben herangeführt werden. Steuerung ist in ihren unterschiedlichsten Ausprägungen sowohl ein adaptiver als auch ein kreativer **Lernvorgang**. Bei den Trägern der Steuerung führt er zu neuem Wissen über Störungen und Fehler (einschl. ihrer Ursachen) in der Planrealisation sowie zu Verhaltensänderungen im Sinne eines möglichst guten Erreichens vorgegebener Forschungs- und Entwicklungsziele.

Nach der Entscheidung für einen bestimmten Forschungs- und Entwicklungsplan und nach seiner Freigabe durch die Unternehmensleitung muss dieser Plan bei allen eingebundenen Entscheidungsträgern durchgesetzt werden.

Die **Plandurchsetzung** (Veranlassung) umfasst alle Maßnahmen der Information, Beratung und Motivation betroffener Mitarbeiter zur Planrealisation.

Die Individualität und Intelligenz der Entscheidungsträger im Bereich Forschung und Entwicklung machen es erforderlich, ihre individuellen Ziele, Instrumente, Methoden usw. zweckmäßig zu koordinieren. Trotz aller Unbestimmtheiten und wachsender (reifender) Wissensstände muss das Verhalten der eingebundenen Entscheidungsträger eine einheitliche Ausrichtung erfahren, und mögliche Konfliktpotenziale sind auf ein möglichst niedriges Niveau abzusenken. Instrumente, die zu einer entsprechenden Verhaltensbeeinflussung eingesetzt werden, reichen von der Stärkung des Gemeinschaftsbewusstseins über unterschiedliche Ressourcenzuweisungen bis zur Gewährung von Anerkennungen und Belohnungen. Hierher gehören ebenso Maßnahmen zur pünktlichen Bereitstellung von Informationen, Mitteln und Instrumenten. Auch die Verbesserung der Fachkompetenz, die Förderung der Kreativität und die Beteiligung an Führungsentscheidungen sind geeignete Maßnahmen zur **Überwindung von Durchsetzungsbarrieren**.

4.2   Kontrolle von Forschung und Entwicklung

Kontrolle ist ein geordneter, laufender, informationsverarbeitender Prozess zur Ermittlung und Analyse von Abweichungen zwischen Plangrößen (Prognose- oder Vorgabegrößen) und Vergleichsgrößen.

In Forschung und Entwicklung gibt es mehrere **Kontrollobjekte.** Dazu gehören die projektbezogenen Ziele (z. B. Kosten für Forschung und Entwicklung, Entwicklungsdauer) sowie die produktbezogenen Ziele (z. B. Obergrenze der Produktkosten). An **Kontrollarten** in Forschung und Entwicklung lassen sich trennen: die Realisationskontrolle (Durchführungskontrolle) und die Planungskontrolle (vgl. Abb. 1.3).

Die **Realisationskontrolle** findet während oder spätestens unmittelbar nach der Planrealisation statt. Sie hat das Ziel, den erwarteten bzw. realisierten Planerfüllungsgrad möglichst früh festzustellen, um aus den auftretenden Abweichungen zügig Anpassungsmaßnahmen herleiten und veranlassen zu können. Je nach Wahl der Planungs- und Vergleichsgrößen ergeben sich folgende **Kontrollarten** (vgl. Schweitzer [Planung] 73 f.): Ergebniskontrolle (Gegenüberstellung von Sollgröße und Istgröße), Planfortschrittskontrolle (Gegenüberstellung von Sollgröße mit der prognostizierten Zielerreichung) und Prämissenkontrolle (Überprüfung, ob alle Prämissen, die in die Pläne eingegangen sind, mit den Bedingungen des gegenwärtigen Istzustandes übereinstimmen). Für die Kontrolle von Forschung und Entwicklung in der Praxis hat die Planfortschrittskontrolle größere Bedeutung als die Ergebniskontrolle.

Die **Planungskontrolle** ist ein Bestandteil des Planungsprozesses selbst. Diese Kontrolle findet vor der Plandurchsetzung statt und hat den Planungsprozess und dessen Ergebnisse zum Gegenstand. Sie bezweckt das frühzeitige Feststellen von Fehlentwicklungen, die während des Planungsprozesses aufgetreten sind. D. h., sie sorgt dafür, dass noch vor der Durchsetzung der Pläne erforderliche Plananpassungen durchgeführt werden. Ihre Kriterien sind die Realitätsnähe, Vollständigkeit, Konsistenz und Abgestimmtheit aller Planbestandteile, die Vollständigkeit, Aktualität und Richtigkeit der Informationsauswertung sowie das Einhalten der vorgeschriebenen Struktur des Planungsprozesses.

Als **Instrumente der Forschungs- und Entwicklungskontrolle** sind zu nennen: die integrierte Kosten- und Leistungsanalyse zur Budgetkontrolle (vgl. Coenenberg/ Raffel [Kostenanalyse] 199 ff.), der Meilenstein-Überwachungsplan zur Unterstützung der Durchführungskontrolle (vgl. Brockhoff [Forschung] 451 ff.) sowie die Projektdeckungsrechnung zur Kontrolle des Wirtschaftlichkeitsziels (vgl. Commes/ Lienert [Controlling] 352).

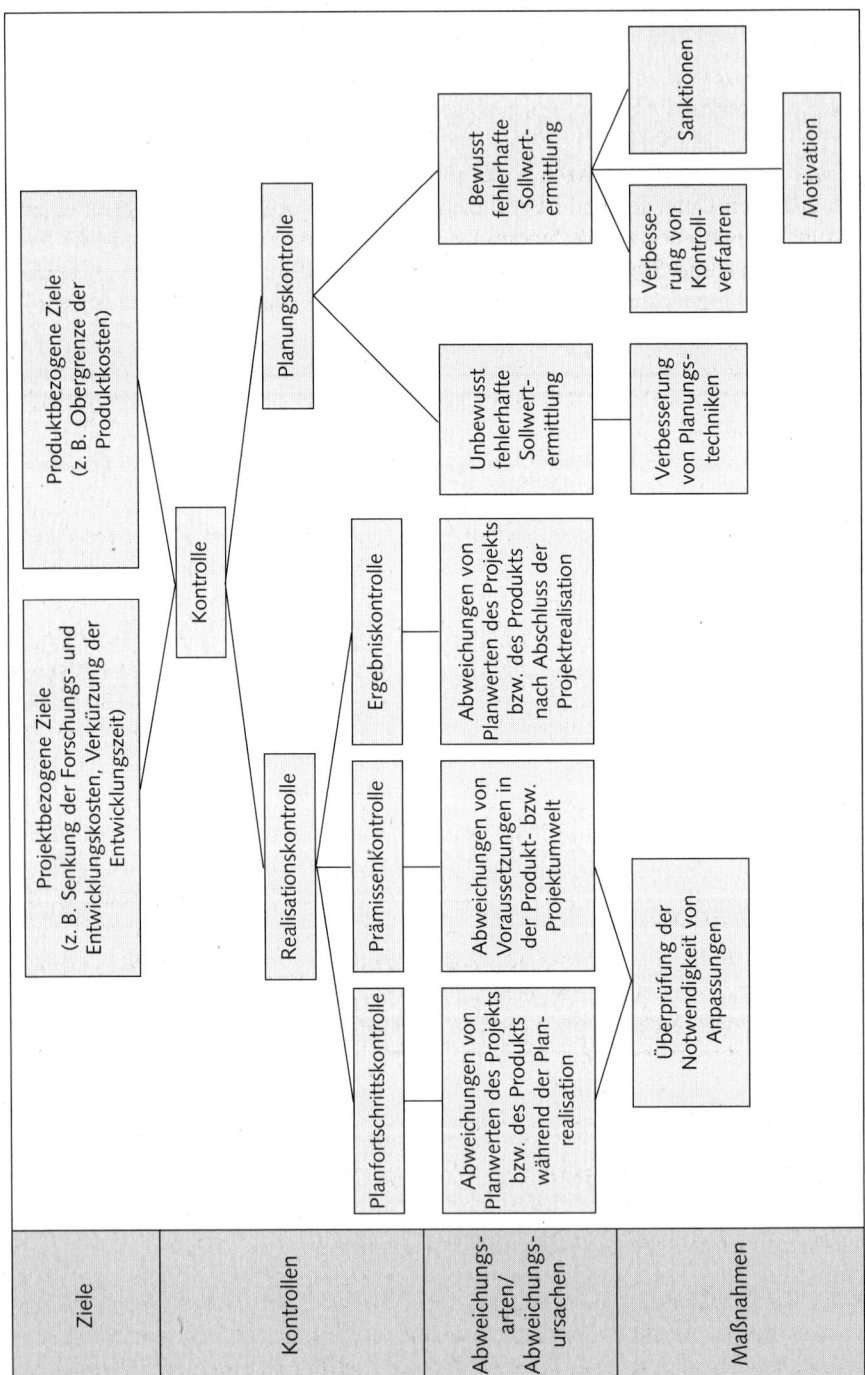

Abbildung 1.3: Forschungs- und Entwicklungskontrolle (in Anlehnung an Brockhoff [Forschung] 450)

4.3 Sicherung von Forschung und Entwicklung

Neben der Durchsetzung und der Kontrolle umfasst die Steuerung auch die Sicherung. I.d.R. ergibt die Kontrolle (Überwachung) von Forschung und Entwicklung, dass eine Fülle von Einzelmaßnahmen geändert bzw. angepasst werden muss. Ein zweckmäßig angelegter **Kontrollbericht** gibt dafür zahlreiche Hinweise. Insbesondere in größeren Unternehmen ist rechtzeitig dafür zu sorgen, dass vorgeschlagene Anpassungsmaßnahmen zur Verhinderung, Minderung oder zur Beseitigung der festgestellten Fehler und Störungen auch tatsächlich ergriffen werden. Die zu ergreifenden Maßnahmen können **vorsorgenden** oder **nachsorgenden** Charakter haben.

> **Sicherung** umfasst alle Maßnahmen zur vorherigen Abwehr bzw. zur nachträglichen Beseitigung von Störungen bzw. Fehlern im Prozess der Realisation von Forschung und Entwicklung.

Voraussetzung für die zügige Durchführung von Anpassungsmaßnahmen ist eine **sicherungsorientierte Denkhaltung** aller Entscheidungsträger im Forschungs- und Entwicklungsprozess. Zur Sicherung effizienter und effektiver Forschungs- und Entwicklungsprozesse ist es dringend erforderlich, Anpassungsnotwendigkeiten so früh wie möglich zu erkennen und einer Lösung zuzuführen. Eine zügige Durchführung zielführender Anpassungsmaßnahmen trägt zur Senkung von Einzelrisiken bei und liefert einen Beitrag zur Wirtschaftlichkeit des gesamten Unternehmens. Bei der Durchführung einzelner Anpassungsmaßnahmen sollten die wesentlichen Abweichungsursachen bekannt sein, um den Anpassungsprozess rational gestalten zu können. Das Sicherungsbewusstsein der Entscheidungsträger sollte von der Erfahrung ausgehen, dass jeder Forschungs- und Entwicklungsprozess einer besonderen Dynamik und speziellen Unsicherheiten unterliegt.

Da keine Phase des Planungs- und Steuerungsprozesses von Anpassungsmaßnahmen verschont wird, muss ein Sicherungskonzept den gesamten Planungs- und Steuerungsprozess von Forschung und Entwicklung fortlaufend begleiten. Planung und Steuerung werden auf diese Weise in den Dienst eines **flexiblen Forschungs- und Entwicklungsmanagements** gestellt. Sie leisten einen Beitrag zur Existenzsicherung und zur Verbesserung der Wirtschaftlichkeit des Unternehmens.

5 Aufgaben der Forschung, Entwicklung und Konstruktion

5.1 Aufgaben der Forschung und Entwicklung

Systematisiert und organisiert man die Suchprozesse nach neuen Ideen, gelangt man zu planvollen Forschungs- und Entwicklungsarbeiten. In industriellen Unternehmen zielen Forschung und Entwicklung auf die Entdeckung neuer Produkte, neuer Verfahren oder neuartiger Anwendungen. Neben Produkten, Verfahren und Anwendungen können aber auch Organisationsstrukturen und das menschliche Verhalten Gegenstände von Innovationen sein. Forschungsaufgaben sind in der Regel langfristiger Natur, während Entwicklungsaufgaben eher mittelfristiger bzw. auch kurzfristiger Natur sind.

> Unter **Forschung** versteht man das nachprüfbare Suchen, Formulieren und Lösen von Grundproblemen nach wissenschaftlichen Methoden.

Nach dem Anwendungsbezug unterscheidet man Grundlagenforschung und angewandte Forschung. **Grundlagenforschung** ist stets darauf ausgerichtet, ein vorhandenes Wissenspotenzial durch neue Erkenntnisse zu erweitern, ohne dass eine spätere praktische Verwertbarkeit der gefundenen Forschungsergebnisse von vornherein spezifiziert ist. Soweit Grundlagenforschung in den Industrieunternehmen selbst betrieben wird, ist eine gewisse Zweckorientierung zu vermuten.

Sobald Forschung anwendungsorientiert betrieben wird, bezeichnet man sie als angewandte Forschung oder Zweckforschung. **Angewandte Forschung** ist stets auf das Ziel der praktischen Anwendbarkeit der gefundenen Forschungsergebnisse zugeschnitten. In Industrieunternehmen verfolgt die angewandte Forschung in der Regel die Konzipierung verwertbarer technischer Innovationen und den Aufbau eines Ertragspotenzials für das gesamte Unternehmen. Sie übernimmt das neu gewonnene Wissen aus der Grundlagenforschung und überprüft es auf seine Anwendungsmöglichkeiten und Anwendungsbedingungen im konkreten Unternehmen. Dadurch ist stets der unverkennbare Bezug zu einem Produkt oder einem Produktionsverfahren gegeben.

Die Forschung kann mittel- und langfristig zum Aufbau von Wettbewerbsvorteilen beitragen. Strategien zur Bildung von Wettbewerbsvorteilen sind die **Differenzierung** und die **Kostenführerschaft** (vgl. Bea/Haas [Management] 176 ff.). Durch das Konzipieren kostengünstiger Produktionsverfahren oder Produkte können durch die Forschung Kostenvorteile geschaffen werden. Das setzt voraus, dass während des späteren Entwicklungsprozesses die Kostenwirkungen der Verfahrens- bzw. Produktentwürfe konsequent geplant und gesteuert werden. Zur Differenzierung kann die Forschung durch die Gestaltung von Produkten beitragen, die im Vergleich zu den Produkten der Wettbewerber einzigartig sind und dem Kunden einen Zusatznutzen stiften. Die Differenzierung kann sich prinzipiell auf alle Merkmale eines Produkts beziehen (Lebensdauer, Qualität u. a.).

> **Entwicklung** bedeutet das Überführen von Forschungsergebnissen zur Fabrikationsreife unter Beachtung wissenschaftlicher Erkenntnisse und vorhandener Techniken.

Im Einzelnen heißt dies, dass Forschungsergebnisse so ausgewertet und umgeformt werden müssen, bis unter Berücksichtigung des bisherigen Wissens und der vorhandenen Techniken neue, nutzbare Systeme und Produkte entstehen. Diese Tätigkeit kann sich auch auf Verfahren, Stoffe oder Geräte beziehen. Sie wird **Neuentwicklung** genannt. Führt die Entwicklungsarbeit dagegen zu verbesserten Produkten, Stoffen usw., spricht man von einer **Weiterentwicklung.** Die Überprüfung von Eigenschaften der entwickelten Güter und der Vergleich mit dem gesetzten Entwicklungsziel nennt man **Erprobung.** Abb. 1.4 zeigt die besprochene Untergliederung der Aufgabenbereiche Forschung und Entwicklung.

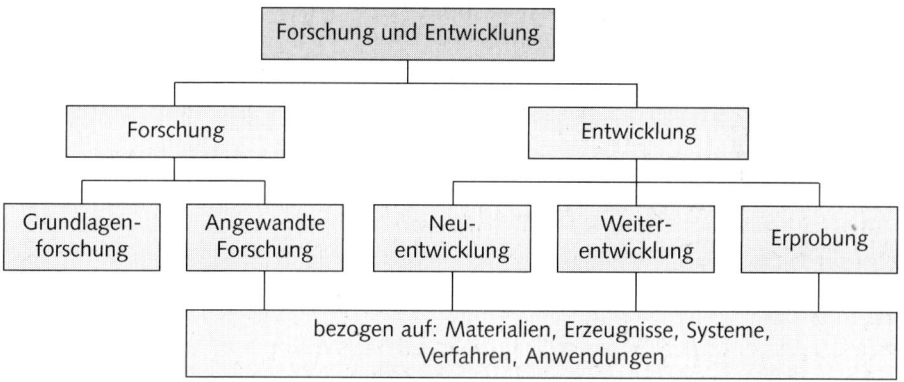

Abbildung 1.4: Gliederung von Forschung und Entwicklung
(Kern [Produktionswirtschaft] 104)

Mittel- und langfristig müssen **Forschungs- und Entwicklungsstrategien** konzipiert werden, wobei sich programmbezogene und projektbezogene Strategien unterscheiden lassen. Die **programmbezogenen Strategien** beziehen sich auf die Gesamtheit der Forschungs- und Entwicklungsvorhaben innerhalb eines Planungszeitraums. Sie lassen sich weiter unterteilen in offensive und defensive Strategien. Gegenstände **projektbezogener Strategien** sind einzelne Forschungs- und Entwicklungsvorhaben. Sie können in ergebnisorientierte und einsatzorientierte Strategien gegliedert werden (vgl. Kern/Schröder [Forschung] 82 ff.).

5.2 Aufgaben der Konstruktion

Produktkonzeptionen, die Ergebnisse der Entwicklung sind, müssen der Konstruktion unterzogen werden.

Unter **Konstruktion** versteht man die Vorbereitung der Produkte auf die Fertigung.

Die Konstruktion ist mittel- bzw. kurzfristiger Natur. Angestrebtes Ergebnis ist stets die präzise Beschreibung eines anwendungsreifen Produkts. Fruchtbare Konstruktionsarbeit findet u. a. ihren Niederschlag in Konstruktionszeichnungen und Konstruktionsstücklisten. Während sich die Entwicklung mehr mit der Klärung der Aufgabenstellung und dem Konzipieren (Herausfinden der Funktionsstruktur, Erarbeitung geeigneter Lösungsprinzipien) befasst, umschließt die Konstruktion schwerpunktmäßig die Teilaufgaben:

- Entwerfen und
- Ausarbeiten.

Unter **Entwerfen** versteht man jene Tätigkeit, die vom entwickelten Produkt- konzept ausgeht und dieses nach technischen und wirtschaftlichen Merkmalen so weit ausformt, dass das «Ausarbeiten», das sich daran anschließt, ohne Schwierigkeiten möglich ist.

Der Aufgabenbereich des **Entwerfens** umfasst zunächst das Festlegen der gestal- tungsbestimmenden Anforderungen. Diese können u. a. die Funktion, die Sicher- heit, die Ergonomie, die Kosten, die Umweltverträglichkeit (z. B. Lang- und Kurz- lebigkeit, stoffliche Verwertbarkeit, Reparaturfreundlichkeit, Zerlegbarkeit), den Transport und den Gebrauch des zu konstruierenden Produkts betreffen. Weitere Bearbeitungsschritte beim Entwerfen sind: das Erarbeiten von Grobentwürfen, die Fortentwicklung zu Feinentwürfen sowie das Bewerten der Feinentwürfe.

Das **Ausarbeiten** präzisiert den Produktentwurf unter verschiedenen Gesichts- punkten weiter und erarbeitet alle erforderlichen Unterlagen für die Fertigung.

Zu diesen Unterlagen zählen insbesondere Zeichnungen, Vorschriften für Prüfung, Montage sowie Transport, Anweisungen für Betrieb und Instandhaltung sowie sonstige Unterlagen für die Fertigungsvorbereitung. Das Ausarbeiten wird i. d. R. in folgenden Schritten vollzogen:

- Detaillierung des Produktentwurfs,
- Berücksichtigung von Standardisierungsvorschriften,
- Kennzeichnung von Zukaufteilen,
- Bildung von Baugruppen,
- Überprüfung sämtlicher Fertigungsunterlagen.

Durch das Ausarbeiten wird der spätere Fertigungsablauf zu großen Teilen festge- legt, und das Auftreten späterer Fertigungsfehler wird weitgehend vermieden.

Nach dem Kreativitätsanspruch lassen sich folgende **Konstruktionsarten** unter- scheiden:

- Neukonstruktion,
- Anpassungskonstruktion,

- Variantenkonstruktion,
- Konstruktion mit festem Prinzip.

Zusätzlich kennt man in der Industriepraxis die Konstruktionsarten:

- Angebotskonstruktion (technische Angebotsbearbeitung),
- Auftragskonstruktion (kundenauftragsbezogene Konstruktion),
- Betriebsmittelkonstruktion (Konstruktion eigener Sondermaschinen, Vorrichtungen und Werkzeuge).

Auf die Konstruktion der Produkte folgt die bereits angesprochene **Erprobung.** Wenn in der Konstruktion so genannte **Prototypen** (bei Serienfertigung) gebaut werden, werden diese in einen Test gebracht, um herauszufinden, in welchem Umfang im praktischen Einsatz erzielte Werte von den vorausberechneten abweichen. Bei Großanlagen ist diese Feststellung allein durch einen Probelauf der fertigen Anlage möglich. Gewicht haben in diesem Zusammenhang die Überprüfungen von Materialfestigkeiten und Produktlebensdauer. Unsystematisch oder zu spät durchgeführte Erprobungen können sich nachteilig auf die Änderungskosten auswirken.

Sichtbare **Ergebnisse der Konstruktionsarbeit** sind Zeichnungen, Erzeugnisgliederungen und Stücklisten. Während **technische Zeichnungen** unter betriebswirtschaftlichen Gesichtspunkten weniger bedeutsam sind, haben **Erzeugnisgliederungen** und **Stücklisten** höheres Gewicht (z. B. für die Materialbedarfsprognose mittels Stücklistenauflösung sowie für die Vor- und Nachkalkulation von Produkten). Unter einer **Erzeugnisgliederung** versteht man die Zerlegung eines Produkts bzw. Erzeugnisses in mehreren Ebenen bis hin zu seinen Einzelteilen. Abb. 1.5 zeigt ein Beispiel für eine Erzeugnisgliederung (vgl. Schweitzer [Fertigungswirtschaft] 634).

Erzeugnisgliederungen der hier dargestellten Art führen u. a. zu einer Vereinfachung der Auftragsabwicklung, sie erleichtern die Angebotskalkulation, sie geben Anstöße zur Wiederverwendung von Baugruppen bei konstruktiven Arbeiten, sie erleichtern Materialbedarfsplanungen und sind eine geeignete Grundlage für den Stücklistenaufbau. Eine **Stückliste** ist eine geordnete Zusammenstellung von Fertigungsteilen, Bezugsteilen und Normteilen mit Mengenangaben, Abmessungen und Güteangaben, die für die Fertigung einer Einheit eines Produkts benötigt werden.

In der Industriepraxis zeigt sich, dass in den Funktionsbereichen Entwicklung und Konstruktion alle wesentlichen Komponenten der Produkte (und Verfahren) festgelegt werden. Dies trifft ganz besonders für die Konstruktion zu. Bis zu 70% der Selbstkosten der Produkte werden in der Konstruktion vorweg bestimmt. Dies ist der Grund dafür, dass die Produktkosten geplant und parallel zum Konstruktionsprozess kontrolliert und gesichert werden müssen. Die Phasen eines **kostenorientierten Konstruktionsprozesses** (einschl. des Konzipierens) mit seiner wirtschaftlichen und technischen Dimension zeigt Abb. 1.14 S. 56.

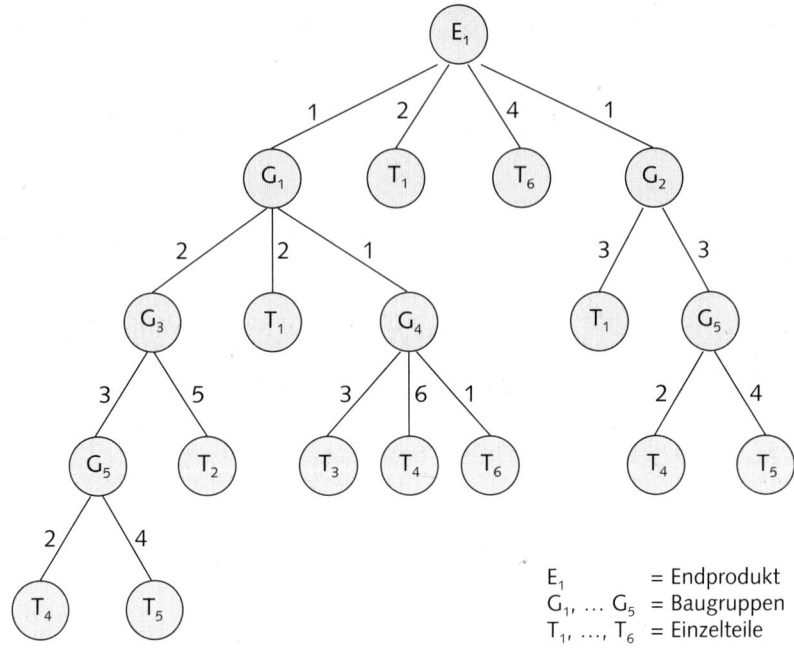

Abbildung 1.5: Beispiel für eine Erzeugnisgliederung

Zur **Bildung von Kostenzielen**, z. B. von angestrebten Produktkosten, können Kostenträgerstückrechnungen (Kalkulationen) auf der Basis von Ist- oder Plankostenrechnungen bzw. das **Target Costing** eingesetzt werden. In den einzelnen Phasen des **technischen Konstruktionsprozesses** sind zur Unterstützung konstruktiver Entscheidungen Kosteninformationen bereitzustellen. Auf diese Weise wird es möglich, für jede Phase des technischen Konstruktionsprozesses kostengünstige Lösungen zu finden. Instrumente, die im technischen Konstruktionsprozess eingesetzt werden können, dienen einmal der Ermittlung von Kostenschwerpunkten (z. B. Kostenstrukturanalysen, ABC-Analysen) und zum anderen der Unterstützung bei der Wahl kostengünstiger Konstruktionsalternativen (z. B. Konstruktionsrichtlinien, Grenzstückzahlen, Relativkostenkataloge). Die **Kostenkontrolle** setzt die Prognose der zukünftigen Produktkosten voraus. Für diese Prognose können speziell Verfahren der konstruktionsbegleitenden Kalkulation Verwendung finden (vgl. Schweitzer/Friedl [Konstruktion] und S. 53 ff.).

6. Strategische Forschungs- und Entwicklungsplanung

6.1 Aufgaben der strategischen Forschungs- und Entwicklungsplanung

6.1.1 Planung des strategischen Forschungs- und Entwicklungsprogramms

Die **Aufgabenbereiche der strategischen Forschungs- und Entwicklungsplanung** sind: Planung des strategischen Forschungs- und Entwicklungsprogramms, Planung des Umfangs von Eigen- und Fremdforschung, Planung des Schutzes von Wissen und Planung der Verwertung von Wissen (Kenntnissen, Ergebnissen) (vgl. Schweitzer [Fertigungswirtschaft] 637).

Die **strategische Planung des Forschungs- und Entwicklungsprogramms** ist im Wesentlichen eine artmäßige und globale Festlegung von Schwerpunkten zwischen

- Produkt- und Prozessforschung sowie
- verschiedenen Technologien.

Technologiestrategien bringen Formen der Schwerpunktbildung zwischen Produkt- und Prozessforschung zum Ausdruck. Je nachdem, ob die Fertigungsprozesstechnik bzw. die Produkttechnik bekannt oder neu sind, ergeben sich vier Typen von **Technologiestrategien.** Um zu einer Entscheidung über die Produkt- oder Prozessforschung zu gelangen, ist zum einen Klarheit über den Wettbewerbsverlauf in der Branche zu gewinnen. Neben dieser Branchenentwicklung sind zum anderen auch die verfolgten Marketing- und Wettbewerbsstrategien zu berücksichtigen (vgl. Brockhoff [Forschung] 185 ff.; Schröder [Innovationsplanung] 1050 ff.).

Entscheidungen über mögliche Technologieschwerpunkte können u. a. durch **S-Kurven** unterstützt werden (vgl. Abb. 1.6). Mit Hilfe von S-Kurven (vgl. Brockhoff [S-Kurven-Konzept] 327 ff.) kann eine anstehende Entscheidung über Forschungs- und Entwicklungsmaßnahmen aber nur global unterstützt werden. Abgesehen davon, dass sowohl die Leistungsfähigkeit als auch die zugerechneten kumulierten Forschungs- und Entwicklungsaufwendungen nur grob abgeschätzt werden können, kann eine Entscheidungshilfe dieser Kurven darin liegen, für die Forschung und Entwicklung Technologien zu präferieren, die noch in der Anfangsphase ihrer Entwicklung stehen oder diejenigen Technologien aus der Forschung zu eliminieren, die an der oberen Grenze ihrer Leistungsfähigkeit angelangt sind. Insbesondere kann aus S-Kurven nicht geschlossen werden, wann der günstigste Zeitpunkt für einen **Technologiewechsel** bei Forschung und Entwicklung erreicht ist. Die globale Indikatorfunktion der S-Kurven entspricht dem globalen Ansatz der strategischen Planung.

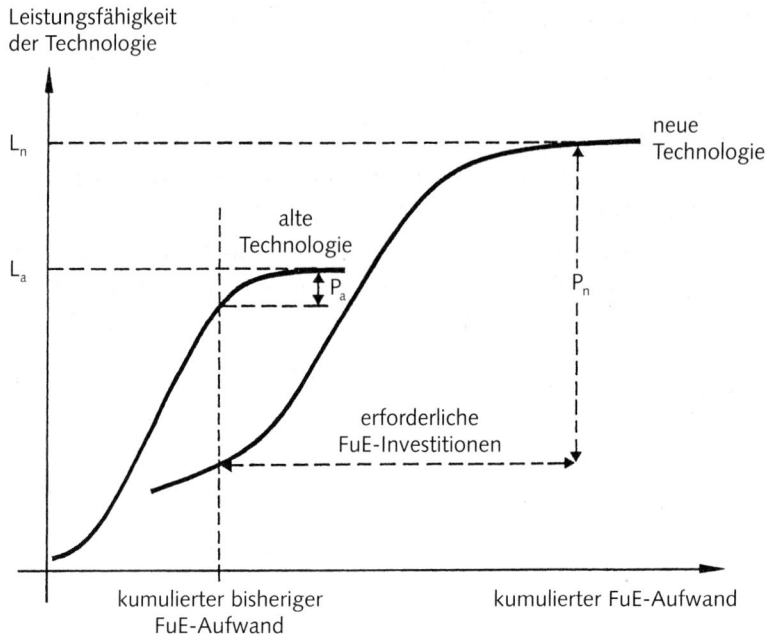

L_a = maximal erreichbare Leistungsfähigkeit der alten Technologie
L_n = maximal erreichbare Leistungsfähigkeit der neuen Technologie
P_a = Potenzial der alten Technologie
P_n = Potenzial der neuen Technologie

Abbildung 1.6: S-Kurven-Konzept

6.1.2   Planung von Eigen- und Fremdforschung

Zu den Aufgaben der strategischen Forschungs- und Entwicklungsplanung gehört neben der Forschungs- und Entwicklungsprogrammplanung auch die **Planung des Umfangs von Eigen- und Fremdforschung.**

Eigenforschung wird stets autonom in eigenen Forschungseinrichtungen betrieben. Ihre **Vorteile** liegen darin, dass sie auf besondere betriebliche Erfordernisse gut zugeschnitten werden kann. Sie kann außerdem unabhängig von der Richtung und von der Intensität des exogenen technischen Fortschritts betrieben werden und lässt es zu, über bestimmte Zeiträume einen Wissensvorsprung zu erlangen sowie damit Wettbewerbsvorteile aufzubauen. Außerdem gibt sie die Möglichkeit zu einer intensiven Forschungskontrolle und erlaubt eine Geheimhaltung der gefundenen Erkenntnisse. Die **Nachteile** der Eigenforschung liegen in der Regel in einem höheren Zeitbedarf, in vergleichbar höheren Kosten und höheren Risiken. Es kommt hinzu, dass Grundlagenforschung in mittleren und kleineren Unternehmen wegen der hohen Kosten und hohen Risiken nur bedingt selbst betrieben wird, obwohl das Grundproblem, das zu erforschen ist, meist präzise definiert werden kann. Eigenforschung kann in Unternehmen einmal als **Daueraufgabe** verstanden werden, die in eigenständigen Forschungsabteilungen oder in Mehr-Projektform realisiert wird. Eigenforschung kann aber auch als befristete Aufgabe in Einzel-Projektform auftreten.

Bei **Fremdforschung** handelt es sich stets um eine Ausgliederung von Forschungs- und Entwicklungsaufgaben aus dem Unternehmen (Hauschildt [Innovationsmanagement] 67 ff.). Sie kann auftreten als

- Auftragsforschung,
- Innovationskooperation sowie
- Gemeinschaftsforschung.

Auftragsforschung (Vertrags- oder Kontraktforschung) liegt vor, wenn ein bestimmtes Unternehmen einer Forschungsinstitution den Auftrag erteilt, im Namen und auf Rechnung des Unternehmens eine wohldefinierte Problemstellung zu erforschen. Auf diese Weise erfolgt gegen Entgelt ein Wissenstransfer vom Auftragnehmer zum Auftraggeber. Partner in diesem Sinne können sein: einzelne Erfinder, Forschungsinstitute, Auftragsforschungsunternehmen, aber auch unterbeschäftigte und verselbstständigte Forschungs- und Entwicklungsabteilungen anderer Unternehmen. Diese Kooperationsform ist vorteilhaft, wenn das Unternehmen keine eigenen Forschungskapazitäten besitzt, die Forschungsinstitution das Projekt kostengünstig und zügig abwickeln kann oder bei ihr ein Wissensvorsprung vermutet wird.

Wenn Auftragsforschung sich bewährt und dauerhaft sowie institutionalisiert fortgeführt wird, entsteht daraus eine **Innovationskooperation** (im engeren Sinne) (Hauschildt [Innovationsmanagement] 72). Hier ist die Verwertung der Ergebnisse von Forschung und Entwicklung auf den Kreis der Kooperationspartner beschränkt. Die Initiative zu einzelnen Forschungsprojekten kann von allen Kooperationspartnern ausgehen. Die Kooperationspartner können auch in **Innovationsnetzen** zusammenarbeiten. Für diese Kooperationsform lassen sich struktur-, anwendungs-, und technologiebasierte Netzwerke unterscheiden (vgl. Hauschildt [Innovationsmanagement] 447; Wissema/Euser [Networks] 35 ff.).

Erweist sich eine Innovationskooperation als fruchtbar und intensiv, kann daraus ein Gemeinschaftsunternehmen für Forschung und Entwicklung gegründet werden. Man spricht dann von **Gemeinschaftsforschung**, deren Erkenntnisse nicht nur allen Auftraggebern, sondern gelegentlich auch Dritten zur Verfügung gestellt werden können. Die Institutionen der Gemeinschaftsforschung sind häufig eingetragene Vereine oder Industrieverbände. Daher wird in diesem Zusammenhang auch von **Verbandsforschung** gesprochen. Dachverband der unabhängigen «Forschungsgesellschaften» ist die «Arbeitsgemeinschaft industrieller Forschungsvereinigungen e. V.». Die Formen der Fremdforschung reichen also vom gelegentlichen Erfahrungsaustausch, über Expertengespräche im Partnerkreis, Auftragsvergabe, bis zu selbständigen Forschungsgesellschaften.

6.1.3   Planung der Übernahme externer Forschungs- und Entwicklungs-erkenntnisse

Neben den bisher besprochenen Formen der Eigen- und Fremdforschung gibt es noch die Form der **Übernahme von Forschungs- und Entwicklungserkenntnissen von Dritten**. Dabei wird das innovative Produkt oder Verfahren beim Hersteller gekauft.

Der Beschaffungsbereich übernimmt hier die Aufgabe der Markterkundung nach Innovationen und der Anwendungsprüfung für das eigene Unternehmen. Bei diesem **Kauf von Erkenntnissen** steht die unmittelbare Verwendung der Innovation im Vordergrund.

Eine weitere Form der Übernahme von Forschungs- und Entwicklungserkenntnissen von Dritten ist die **Lizenznahme.** Hier geht es um die Beschaffung des Rechtes auf Nutzung eines Verfahrens oder Produktes, wobei das Patent oder Gebrauchsmuster bei einem Dritten liegt. Die Gründe für eine Lizenznahme können sehr verschieden sein (Hauschildt [Innovationsmanagement] 51 ff.). In der Regel liegen beim Lizenznehmer Defizite vor, die ihren Ausdruck in einem **technologischen Defizit** finden (es wird der Zugang zu einer neuen Technologie gesucht), in einem **Kapazitätsdefizit** (es fehlen fachliche oder personelle Kapazitäten zur Entwicklung einer neuen Technologie), in einem **Zeitdefizit** (der Lizenznehmer will Forschungs- und Entwicklungszeiten senken, um früh auf dem Absatzmarkt zu sein) sowie im **Kapitaldefizit** (dem Lizenznehmer fehlt das Kapital, eigene Forschungs- und Entwicklungsprojekte zu finanzieren).

Eine dritte Form der Beschaffung von Forschungs- und Entwicklungserkenntnissen kann im **Kauf ganzer innovativer Unternehmen** gesehen werden. Es ist jedoch festzustellen, dass die Motive für den Kauf (Unternehmensakquisition) in erster Linie nicht Innovationsziele, sondern Gewinn- oder Absatzziele sind. Meistens folgen dann Rationalisierungs- und Diversifikationsziele. **Innovationsziele** rangieren bei den Kaufmotiven häufig erst an dritter Stelle. Diese Ziele sind häufig die Leitmotive für so genannte Direktinvestitionen in Ländern, in welchen fortgeschrittene Innovationspotenziale vermutet werden. Neuerdings scheint das innovative bzw. technologische Kaufmotiv einen höheren Stellenwert zu bekommen (vgl. Süverkrüp [Wissenstransfer] 19 f.).

Auch die **Nachahmung** (Imitation) von Innovationen ist eine weit verbreitete Form zur Übernahme von Forschungs- und Entwicklungserkenntnissen von Dritten. Ein Nachahmer lässt sich bei seiner Übernahme von Erkenntnissen in erster Linie von absatzpolitischen Gründen leiten. Der Nachahmung geht stets eine fremde

Innovation voraus, die entweder rechtlich nicht genügend geschützt oder deren Schutz abgelaufen ist, was nicht ausschließt, dass Nachahmung bereits betrieben wird, während gewerbliche Schutzrechte noch gelten. Nachahmungen treten in allen Industrien auf und fügen dem Erfinder häufig erheblichen Schaden zu. Unter den Gesichtspunkten der Einsparung von Forschungs- und Entwicklungskosten sowie der Sicherung bzw. Schaffung von Arbeitsplätzen hat Nachahmung jedoch volkswirtschaftlich auch einen positiven Aspekt. Erhebungen in der Wirtschaftspraxis zeigen, dass erfolgreiche Unternehmen Innovation und Imitation durchaus kombinieren (vgl. Albach [Imitation] 61; Schewe [Innovationsmanagement] 57 ff.). Daraus folgt, dass ein flexibles **Imitationsmanagement** in vielen Unternehmen ein Teilgebiet des **Innovationsmanagements** darstellt (Hauschildt [Innovationsmanagement] 63). Ein Nachahmer kann seine Marktchancen jedoch nur nutzen, wenn er relevante Märkte und neue Technologien systematisch beobachtet und ein flexibles Entwicklungspotenzial aufbaut, das ihn in die Lage versetzt, die Imitation technologisch schnell und wirtschaftlich zu realisieren. Ein guter Nachahmer wird die Qualität und die Funktionen der kopierten Innovation verbessern oder selbst zu Innovationen gelangen. Für einen weiteren Nachahmer kann er Barrieren dadurch aufbauen, dass er Kapazitäten für die Großproduktion bereithält und ein flächendeckendes Distributionsnetz aufbaut. Durch seine Preispolitik kann er ebenfalls eine weitere Nachahmung verhindern.

6.1.4   Planung des Schutzes von Forschungs- und Entwicklungserkenntnissen

In zahlreichen Ländern herrscht die Konvention vor, dass Erfinder, Entdecker und Neuerer **ihre Ideen gegen Missbrauch durch Fremde sichern** können. Dies geschieht durch **Gesetze.**

Zu nennen sind das Patentgesetz, das Gebrauchsmustergesetz, das Gesetz betreffend das Urheberrecht an Mustern und Modellen (Geschmacksmustergesetz), das Warenzeichengesetz sowie das Urheberrechtsgesetz. Das tragende Prinzip dieser Gesetze ist das **Ausschließlichkeitsprinzip der Wissensnutzung.** Die Sicherung dieses Prinzips kann einmal durch die genannten Schutzrechte erfolgen, zum anderen aber durch eine faktische Hinderung des Wissenstransfers. Durch konstruktive Vorkehrungen an den Produkten oder durch Geheimhaltung von Rezepten, Prozessen, Formeln usw. kann der Wissenstransfer an Dritte verhindert bzw. behindert werden. Im Allgemeinen muss der Schutz von Kenntnissen systematisch **geplant** werden, um einen Missbrauch durch Dritte wirkungsvoll auszuschalten.

Abb. 1.7 gibt einen Überblick über die wichtigsten Maßnahmen zur **Sicherung des Ausschließlichkeitsprinzips** der Wissensnutzung. Dieses Ausschließlichkeitsprinzip kann in der Wirtschaftspraxis sachlich und zeitlich nur bedingt realisiert werden. In der Schutzperiode kann der Innovator jedoch einen Wettbewerbsvorsprung bzw. eine Monopolstellung aufbauen.

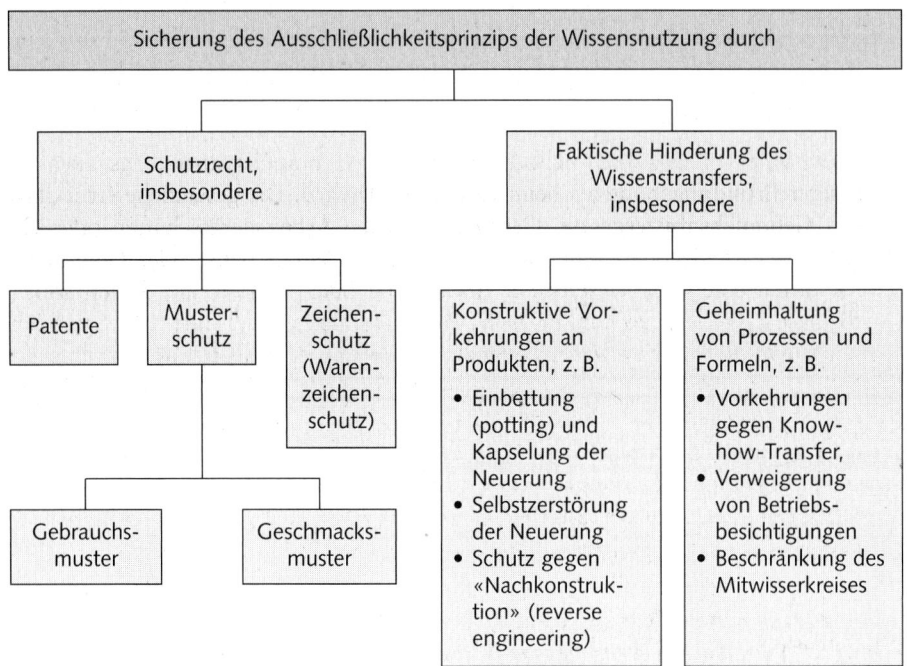

Abbildung 1.7: Sicherung des Ausschließlichkeitsprinzips der Wissensnutzung (Brockhoff [Forschung] 95)

Das **Patentgesetz** gibt Rechtschutz durch ein Patent.

Ein **Patent** ist ein zeitlich begrenztes Monopol, das einem Erfinder oder seinem Rechtsnachfolger für eine begrenzte Zeit die alleinige wirtschaftliche Nutzung der Erfindung sichert. Ein Patent wird von einer staatlichen Behörde (Patentamt) erteilt. Über das verbriefte Recht wird eine Urkunde ausgefertigt.

Ein erteiltes Patent gibt allein dem Inhaber das Recht, den Gegenstand der Erfindung gewerblich herzustellen, in Verkehr zu bringen, feilzuhalten oder zu gebrauchen (PatG §9). Notfalls kann dieses Recht eingeklagt werden. Patentfähig sind nur technische Erfindungen, die durch Neuheit gekennzeichnet sind. **Neuheit** der Erfindung ist dann gegeben, wenn der Gegenstand der Erfindung national und international über den Stand der Technik hinausgeht. Darüber hinaus muss die Erfindung gewerblich anwendbar sein. Dies heißt, dass Erkenntnisse aus der Grundlagenforschung nicht patentfähig sind. Die Erteilung eines Patents muss beim Patentamt (München) schriftlich beantragt werden. Die beizufügende Beschreibung der Erfindung muss so präzise sein, dass sie es einem Sachverständigen möglich macht, die Benutzung nachzuvollziehen. Die Schutzdauer beträgt von der Anmeldung an zwanzig Jahre. Für das erteilte Patent sind jährlich steigende Gebühren zu entrichten. Für ein Patent dominiert das Merkmal der gewerblichen Anwendbarkeit. Europaweit gibt es ein Patentübereinkommen von 1973 und ein europäisches Patentamt (München).

Ein dem Patent verwandtes Schutzrecht ist das **Gebrauchsmuster,** das auch bei geringerer Erfindungshöhe als beim Patent erteilt wird. Die gesetzliche Grundlage ist das **Gebrauchsmustergesetz.** Geschützt werden Arbeitsgerätschaften oder Gebrauchsgegenstände oder Teile davon, soweit sie dem Arbeits- oder Gebrauchszweck durch eine neue Gestaltung, Anordnung oder Vorrichtung dienen sollen. Auch diese Gegenstände müssen beim Patentamt schriftlich angemeldet werden. Dort werden sie in die **Rolle der Gebrauchsmuster** eingetragen. Die Wirkung der Eintragung ist, dass allein der Inhaber das Recht hat, gewerbsmäßig das Muster zu verwerten (GebrMG § 5). Der Gebrauchsmusterschutz währt drei Jahre. Gegen Verlängerungsgebühr kann die Schutzfrist bis auf acht Jahre erweitert werden.

> Ein **Geschmacksmuster** gibt das Recht der Nachbildung und der gewerbsmäßigen Verwertung von Mustern und Modellen.

Die Rechtsgrundlage ist das Gesetz betreffend das Urheberrecht an Mustern und Modellen (**Geschmacksmustergesetz**). Geschützt werden neue, ästhetisch wirkende gewerbliche Muster (Flächenformen) und Modelle (Raumformen), wie Schmuckgegenstände, Tapetenmuster, Kleiderschnitte, Porzellanwaren u. a. Für Geschmacksmuster wird beim Patentamt ein **Musterregister** geführt. Zu diesem Register ist auch eine Sammelanmeldung möglich, die bis zu fünfzig Muster umfassen kann. Die Schutzdauer beträgt fünf Jahre, eine mehrfache Verlängerung um jeweils fünf Jahre bis zu maximal zwanzig Jahren ist möglich.

Auch **Warenzeichen** können geschützt werden. Dies geschieht durch das **Warenzeichengesetz.** Warenzeichen dienen zur Unterscheidung der eigenen von fremden Waren. Das Warenzeichen kann zur Eintragung in die **Zeichenrollen** angemeldet werden. Die Zeichenrolle wird beim Patentamt geführt. Anmeldungen haben eine genaue Bezeichnung des Geschäftsbetriebs zu enthalten, in welchem das Zeichen verwendet werden soll. Es ist ein Verzeichnis der Waren beizufügen, für welche es bestimmt ist, außerdem muss das Zeichen selbst präzise beschrieben werden. Die Schutzdauer für das Warenzeichen beträgt zehn Jahre und kann jeweils um weitere zehn Jahre verlängert werden. Typische Warenzeichen sind der «Mercedes-Stern», der «Erdal-Frosch», die «Solinger Zwillinge» u. a. Häufig wird auf den Schutz eines Warenzeichens durch das Symbol ® hingewiesen. Der Schutz des eingetragenen Warenzeichens bezieht sich nur auf den Bereich des registrierenden Staates. Daher ist es zweckmäßig, Warenzeichen in mehreren Staaten registrieren zu lassen. Die **Pariser Verbandsübereinkunft** regelt die Zulassung zur Registrierung in anderen Staaten. Eine vergleichbare Funktion hat das **Madrider Markenabkommen.**

Das **Arbeitnehmererfindungsgesetz** regelt die Rechte und Pflichten für den Fall einer **Erfindung durch Arbeitnehmer** im Rahmen ihres Dienstvertrages. Nach diesem Gesetz werden die Arbeitsergebnisse grundsätzlich dem Arbeitgeber zugesprochen. Dies bedeutet, dass der Arbeitgeber das alleinige Nutzungsrecht der Erfindung hat. Jedoch ist der Arbeitgeber verpflichtet, dem Arbeitnehmer eine angemessene Vergütung zu zahlen und die Diensterfindung zur Erteilung des entsprechenden Schutzrechtes anzumelden. In bestimmten Fällen kann der Arbeitgeber von der Anmeldungsverpflichtung befreit werden.

Die unterschiedlichen Rechte und Pflichten, welche die Schutzrechte festlegen, verlangen eine Reihe von Entscheidungen, die grundsätzlichen Charakter besitzen und daher in den Aufgabenbereich der **strategischen Forschungs- und Entwicklungsplanung** fallen. Beispielsweise ist zu entscheiden, ob ein Schutzrecht überhaupt beantragt werden soll. Wenn dies bejaht wird, ist eine Entscheidung über die Art des Schutzrechtes zu treffen. Außerdem ist der Zeitpunkt der Anmeldung von Bedeutung. Festzulegen sind auch die Schutzrechtsdauern. Ebenfalls befunden werden muss über die nationale bzw. internationale Ausdehnung der Schutzrechte. Die Erlangung von Schutzrechten hat stets den Vorteil einer Schaffung bzw. Verlängerung der Monopolperiode. Andererseits müssen die zu schützenden Erkenntnisse offengelegt werden und erlauben dem Wettbewerber einen Einblick in die gesamte Forschungs- und Entwicklungspolitik. Der **Nachahmer** bekommt auf diese Weise frühzeitig Informationen für seine eigene Nachahmungspolitik.

6.2. Instrumente der strategischen Forschungs- und Entwicklungsplanung

6.2.1 Technologie-Portfolio-Analyse

Die wichtigsten **Instrumente der strategischen Forschungs- und Entwicklungsplanung** sind die Technologie-Portfolio-Analyse, die technologische Vorhersage und die Technologie- und Wirkungsanalyse.

Gegenstand der **Portfolio-Analyse** ist die systematische Erfassung von Informationen zur Bewertung der Stärken und Schwächen eines Unternehmens und der Umweltsituation zur Beurteilung der gegenwärtigen und zukünftigen Chancen sowie Risiken (vgl. Brockhoff [Forschung] 213 ff.). Sie liefert Anhaltspunkte darüber, wie knappe Ressourcen auf unterschiedliche Erfolgsobjekte zu verteilen sind. Die Portfolio-Analyse unterstützt damit im strategischen Planungsprozess die erforderlichen Lageanalysen und Lageprognosen, die Problemidentifikation, die Ursachenanalyse sowie die Strategieformulierung durch die Herleitung von Normstrategien.

Eine Sonderform der Portfolio-Analyse ist die **Technologie-Portfolio-Analyse**. Diese ist besonders geeignet für einen Einsatz in der strategischen Forschungs- und Entwicklungsprogrammplanung. Eine Technologie-Portfolio-Analyse liefert Informationen darüber, welche Aussichten eine Technologie zukünftig im Branchenwettbewerb hat. Sie lässt auch erkennen, welche spezifische Position das Unternehmen bezüglich der betreffenden Technologie hat. Außerdem lässt sie es zu, Handlungsempfehlungen für Forschungs- und Entwicklungsprioritäten sowie Ressourcenzuteilungen abzuleiten.

Für die Formulierung von Technologie-Portfolios sind mehrere Ansätze gewählt worden (Pfeiffer, McKinsey, A. D. Little, Michel, Wildemann). Hier soll der Technologie-Portfolio-Ansatz nach Pfeiffer et al. (vgl. Pfeiffer [Technologie-Portfolio]; Schröder [Innovationsplanung] 1047 ff.) kurz skizziert werden. Als **Erfolgsobjekte** treten hier alle Produkt- und Prozesstechnologien auf, die im Unternehmen Verwendung finden. Die beiden zentralen **Erfolgsfaktoren** sind die Technologieattraktivität und die Ressourcenstärke. Die **Technologieattraktivität** ist die Fähigkeit einer Technologie, die Wettbewerbsposition in der Branche zu verändern. Die Technologieattraktivität setzt sich aus einzelnen Komponenten zusammen, die in Abb. 1.8 wiedergegeben werden.

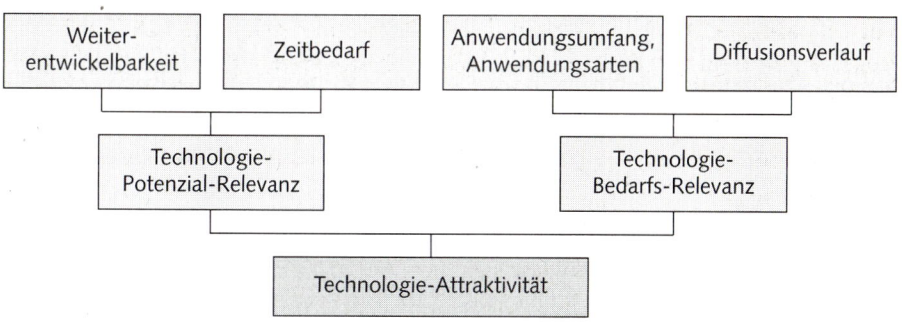

Abbildung 1.8: Komponenten der Technologieattraktivität (Pfeiffer [Technologie-Portfolio] 88)

Die **Ressourcenstärke** drückt die technische und wirtschaftliche Beherrschung eines Technologiegebietes im Verhältnis zum wichtigsten Konkurrenten aus. Als Erfolgsfaktor ist sie unternehmensbezogen, d. h. sie kann als Aktionsparameter gestaltet werden. Abb. 1.9 zeigt die Komponenten, aus welchen sich die Ressourcenstärke aufbaut.

Bei drei Wertausprägungen der beiden Erfolgsfaktoren Technologieattraktivität und Ressourcenstärke lässt sich die **Technologie-Portfoliomatrix** der Abb. 1.10 entwickeln.

Neue Technologien beeinflussen die Technologieposition im abgeleiteten Ist-Portfolio. Das Ist-Portfolio muss unter Berücksichtigung dieser Einflüsse in ein

Wird-Portfolio überführt werden. Die **Wird-Technologie-Portfoliomatrix** lässt die Ableitung von **Normstrategien** zu. Diese sind Investitionsstrategien, Desinvestitionsstrategien und selektive Strategien. Auf diesem Wege können Schlüsse gezogen werden, in welche Technologie investiert bzw. welche Technologie aufgegeben werden soll.

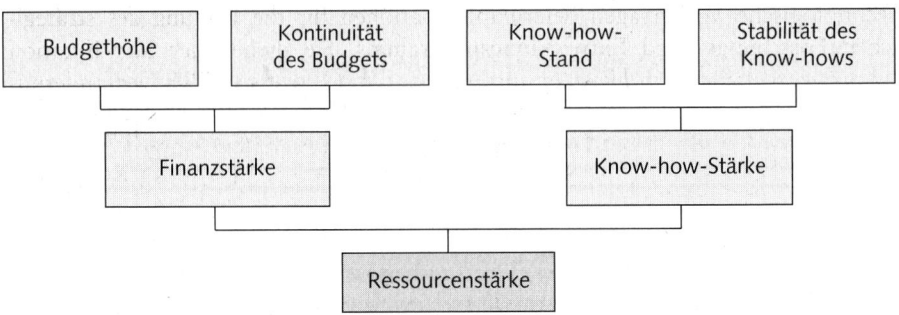

Abbildung 1.9: Komponenten der Ressourcenstärke
(Pfeiffer [Technologie-Portfolio] 91)

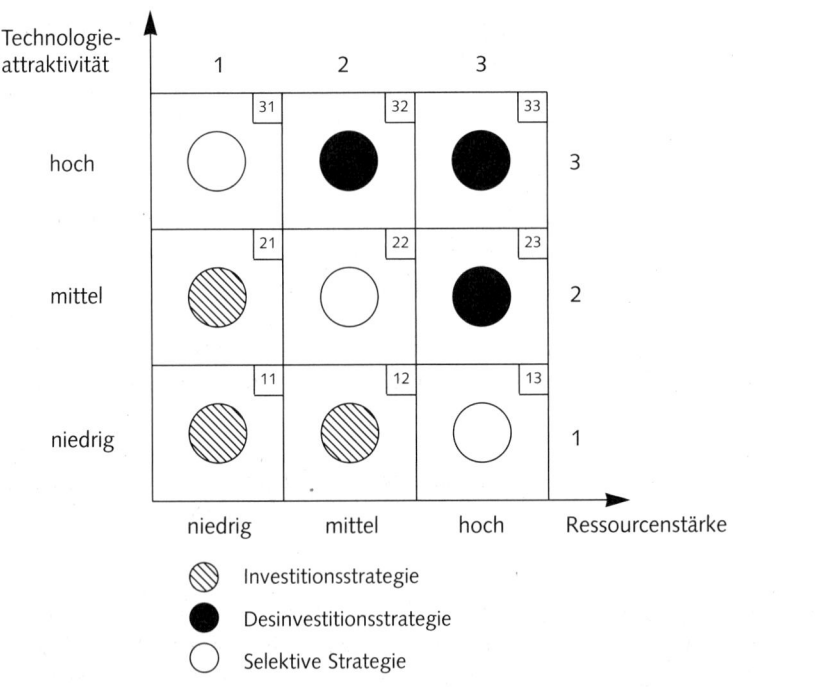

Abbildung 1.10: Technologie-Portfolio

6.2.2   Technologische Vorhersagen

Technologische Vorhersagen sind prognostische Aussagen über zukünftige Entwicklungen in Wissenschaft und Technik. Gegenstände dieser Vorhersagen können Objekte, Ereignisse oder Leistungskenngrößen sein.

Technologische Vorhersagen liefern Informationen für die Planung des **strategischen Forschungs- und Entwicklungsprogramms.** Sie dienen der Identifikation zukünftiger Chancen und Risiken für Produkte und Prozesse bei Umweltänderungen, dem Erkennen technologischer Bereiche mit schnellen Entwicklungen sowie signifikanter Konsequenzen zukünftiger Entwicklungen für das Unternehmen. Sie sollen Informationen für die Strategieentwicklung bereitstellen, die eine schnelle Anpassung ermöglichen. Unter dem Blickwinkel der strategischen Forschungs- und Entwicklungsplanung sind an technologische Prognosen die Anforderungen zu stellen, dass die Prognosedaten adäquat aufbereitet werden, Planungs- und Prognosezeiträume aufeinander abgestimmt werden, dass sie auch die Entwicklung von Wettbewerber- und Substitutions-Technologien umfassen und dazu zwingen, alle Prämissen offenzulegen, unter welchen die jeweilige technologische Prognose erfolgt (Kern/Schröder [Forschung] 131 ff.).

Die **Verfahren der technologischen Vorhersage** können in bedarfsorientierte, potenzialorientierte und gemischte Verfahren gegliedert werden. **Bedarfsorientierte Verfahren** leiten Aussagen über die zukünftige Entwicklung aus dem Bedarf an Erkenntnissen ab. Vorhandene Wissenspotenziale bilden die Grundlage **potenzialorientierter Verfahren.** Die Verfahren können zeitpunkt- oder zeitraumbezogen sein. Da es sich bei diesen Aussagen um **Prognosen** handelt, muss für jede Voraussage eine zugehörige Eintrittswahrscheinlichkeit formuliert werden. Zu den **Verfahren der technologischen Vorhersage** gehören die Relevanzbaum-Analyse, die Extrapolation, die Delphi-Methode, Kreativitätstechniken, die Cross-Impact-Technik. Weitere Prognosemethoden werden dargestellt bei *Schröder* [Innovationsplanung] 1037 ff. Stellvertretend für diese Verfahren soll hier die **Relevanzbaumanalyse** kurz besprochen werden. Sie zählt zu den bedarfsorientierten Verfahren. Einen Relevanzbaum mit seinen Baumelementen und seinen Gliederungsebenen gibt Abb. 1.11 wieder.

Ein **Relevanzbaum** dient der strukturellen Beschreibung komplexer Systeme, die in ihren Elementen vollständig und systematisch erfasst werden.

Der **Relevanzbaum** zeigt, welche Unterziele geeignete Mittel für die Erreichung übergeordneter Ziele sind. Damit stellt ein Relevanzbaum eine Mittel-Zweck-Struktur dar. In dieser Darstellungsform müssen die Elemente einer bestimmten Ebene eine vollständige Liste der möglichen Lösungen darstellen. Außerdem müssen die Elemente einer Ebene voneinander unabhängig sein. Nach Möglichkeit

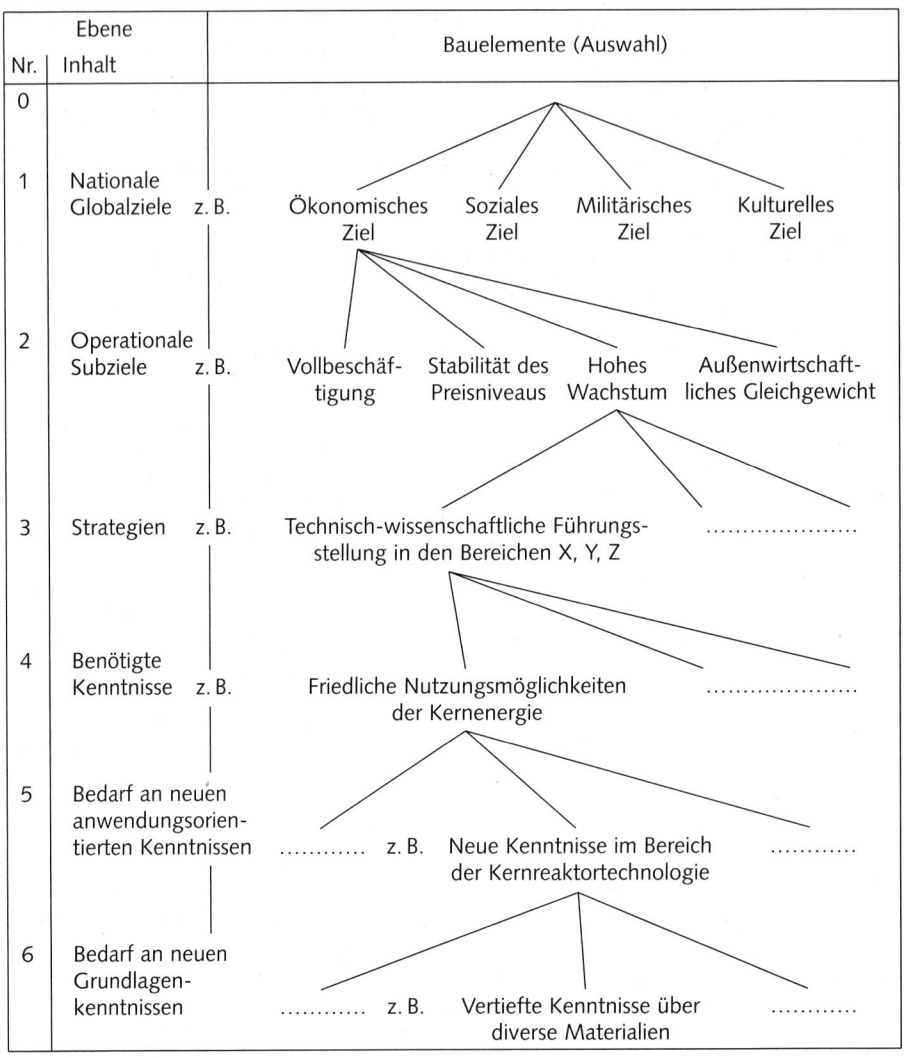

	Ebene	Bauelemente (Auswahl)
Nr.	Inhalt	
0		
1	Nationale Globalziele z. B.	Ökonomisches Ziel Soziales Ziel Militärisches Ziel Kulturelles Ziel
2	Operationale Subziele z. B.	Vollbeschäftigung Stabilität des Preisniveaus Hohes Wachstum Außenwirtschaftliches Gleichgewicht
3	Strategien z. B.	Technisch-wissenschaftliche Führungsstellung in den Bereichen X, Y, Z ....
4	Benötigte Kenntnisse z. B.	Friedliche Nutzungsmöglichkeiten der Kernenergie ....
5	Bedarf an neuen anwendungsorientierten Kenntnissen	.... z. B. Neue Kenntnisse im Bereich der Kernreaktortechnologie ....
6	Bedarf an neuen Grundlagenkenntnissen	.... z. B. Vertiefte Kenntnisse über diverse Materialien ....

Abbildung 1.11: Beispiel für einen Relevanzbaum (Kern/Schröder [Forschung] 136)

sollen die Beziehungen zwischen den Elementen eines Relevanzbaumes quantitativ ausgedrückt werden. Die Bewertung der Baumelemente geschieht durch Zuordnung von Relevanzzahlen, die zielabhängig ermittelt werden. Die **Relevanzzahl** eines Elements drückt dessen Bedeutung für die Realisierung der Ziele in der obersten Ebene aus. Die Schwächen der Relevanzbaumanalyse liegen darin, dass nur wünschenswerte technische Entwicklungen erfasst werden, von denen nicht gesagt wird, ob und wann sie verwirklicht werden. Es kommt hinzu, dass die obersten

Ziele in der Regel nur fiktiven Charakter haben. Dennoch hat die Relevanzbaumanalyse für die strategische Forschungs- und Entwicklungsplanung einige Bedeutung, indem sie Informationen für die Identifikation der oben beschriebenen Größen liefert (vgl. Kern/Schröder [Forschung] 134 ff.).

7 Taktische Forschungs- und Entwicklungsplanung

7.1 Planung des taktischen Forschungs- und Entwicklungsprogramms

Die **Aufgaben der taktischen Forschungs- und Entwicklungsplanung** liegen in der Planung des taktischen Forschungs- und Entwicklungsprogramms sowie in der Planung des taktischen Forschungs- und Entwicklungsbudgets.

Der Rahmen für die **Planung des taktischen Forschungs- und Entwicklungsprogramms** ist durch die Planung des **strategischen** Forschungs- und Entwicklungsprogramms vorgegeben. Im Einzelnen sind taktisch neue Projekte auszuwählen und darüber zu befinden, ob Forschung und Entwicklung sequentiell oder parallel durchgeführt werden sollen.

Vor der eigentlichen Projektauswahl liegen jedoch die Phasen der Projektentstehung und der Projektbewertung. Als **Projektentstehung** werden Aktivitäten verstanden, die erforderlich sind, um einen detaillierten Projektvorschlag formulieren zu können. Die Projektentstehung vollzieht sich in den Aufgaben der Erzeugung von Produktideen und der Formulierung von Projektvorschlägen.

Zur Generierung neuer Produktideen müssen systematische Suchprozesse durchgeführt werden. Anregungen können durch

- eine Bedarfsanalyse,
- eine Konkurrenzanalyse sowie
- eine Verwendungsanalyse

gewonnen werden. Im Rahmen der **Bedarfsanalyse** versucht man herauszufinden, ob bestimmte Berufsgruppen, Einwohner bestimmter Regionen, soziale Schichten, Verbände, Vereine oder sonstige Personengruppen finanziell gedeckte Bedürfnisse haben. Aber auch ein Blick auf mögliche Konkurrenten und deren Produkte kann Anregungen zu neuen Produktideen geben. Systematisiert man dieses Vorgehen, spricht man von einer **Konkurrenzanalyse.** Mit ihr wird versucht, herauszufinden, welche Konkurrenten welche Produkte anbieten und wie diese bei den Konsumenten ankommen. Von besonderem Interesse ist der Marktanteil der Konkurrenten bzw. deren Umsatz. Im Rahmen der **Verwendungsanalyse** werden bereits vorliegende, aber noch nicht bzw. nicht vollständig genutzte Forschungs- und Entwicklungsergebnisse (z. B. Ergebnisse der Grundlagenforschung, Neben- oder Abfallergebnisse der angewandten Forschung bzw. der Entwicklung) im Hinblick auf neue Auswertungsmöglichkeiten untersucht.

Alle Daten, welche durch die genannten Analysen gesammelt werden, können zu **Ideen** über neue Produkte verdichtet werden. Außerdem liefern die Bedarfs- und Konkurrenzanalyse bereits Hinweise auf Marktnischen, Produktfelder und Preisentwicklungsmöglichkeiten in den Märkten. Eine neue Produktidee sollte in jedem Fall so entwickelt werden, dass das gefundene Produkt von seiner Gestalt und Funktion her nicht nur in den Augen der Konsumenten eine Neuheit, sondern für sie auch begehrenswert ist. Nach Möglichkeit ist für dieses neue Produkt eine **Identität** zu entwickeln, die es gegenüber allen Konkurrenzprodukten unverwechselbar macht.

Um in der Projektentstehungsphase die Suche nach neuen Produkten möglichst systematisch zu gestalten, sind mehrere Kreativitätstechniken entwickelt worden. Es lassen sich systematisch-logische und intuitiv-kreative Techniken unterscheiden (vgl. Kern/Schröder [Forschung] 147):

Als **systematisch-logische** Techniken werden angesehen:

- Funktionsanalysen,
- morphologische Methode,
- progressive Abstraktionen,
- Bionik.

Zu den **intuitiv-kreativen** Techniken zählen:

- Brainstorming,
- Methode 635,
- Synektik.

Die Anwendung dieser Lösungstechniken kann zu:

- völlig neuen Produkten,
- wesentlichen Produktverbesserungen,
- verbesserten Produktionsverfahren,
- völlig neuen Produktionsverfahren oder
- neuen Anwendungen

führen.

Als Nebenprodukt der Anwendung der genannten Techniken können zudem Hinweise für neue Produktgestaltungen, neue Verpackungen, Kostensenkungen u. a. gewonnen werden.

Die **Projektbewertung** prognostiziert auf der Grundlage der gewählten Forschungs- und Entwicklungsziele alle relevanten Konsequenzen der Projektvorschläge. Ihrer

Art nach ist sie als **Wirkungsprognose** der Alternativen zu kennzeichnen. Als Kriterien der Bewertung kommen in Frage (Brockhoff [Forschung] 327 ff.): Forschungs- und Entwicklungskriterien (z. B. Einsatzbreite der angestrebten Kenntnisse, Patentsituation), produktions- und verfahrenstechnische Kriterien (z. B. erforderliche Sachinvestitionen, Vertrautheit mit dem Produktionsverfahren), finanzwirtschaftliche Kriterien (z. B. Amortisationszeit des in Sachanlagen investierten Kapitals) sowie Marketingkriterien (Absatzmöglichkeiten an gegenwärtige Abnehmer, vorhandene Marktwiderstände).

Nach der Bewertung der zulässigen Projekte erfolgt die **Projektauswahl.** Dabei unterscheidet man eine Vorauswahl und eine Endauswahl. In der **Vorauswahl** wird die Menge der zulässigen Projekte abgegrenzt. Als zulässig gelten diejenigen, die vorab formulierte Restriktionen (Mindesterfolgswahrscheinlichkeit, Höchstbetrag für den Forschungs- und Entwicklungsaufwand, Höchstbetrag für die erforderlichen Sekundärinvestitionen) nicht verletzen. In der **Endauswahl** wird aus der Menge der zulässigen Projekte die Menge der tatsächlich durchzuführenden Projekte ermittelt. Abb. 1.12 gibt einen Überblick über die einsetzbaren Verfahren zur Projektbewertung bei unterschiedlichen Zielfunktionen und Nebenbedingungen. Das Ergebnis ist eine typologische Zuordnung von Projekten und Bewertungsverfahren, die der Auswahl günstiger (bzw. optimaler) Projekte dient.

Die am weitesten verbreiteten sind die **finanzwirtschaftlichen Bewertungsverfahren.** Zu ihnen zählen die verschiedenen Verfahren der Investitionsrechnung. Die finanzwirtschaftlichen Verfahren berücksichtigen nur die Gewinn- oder Rentabilitätswirkungen und nehmen die Aufwendungen der Projektrealisation sowie die Aufwendungen und Erträge der Kenntnisverwertung als bekannt an. **Nutzwertanalysen** in der Form von Scoringmodellen erlauben dagegen auch die Berücksichtigung nichtmonetärer Entscheidungskriterien. Die **Scoringmodelle** haben jedoch den Nachteil, dass sie eine Nutzenabhängigkeit der Zielkriterien unterstellen, sowohl beim Teil- als auch beim Gesamtnutzen eine kardinale Messung verlangen und letztlich nur zulässige Forschungs- und Entwicklungsprojekte berücksichtigen. Sie leiden außerdem unter den Mängeln subjektiver Nutzenbewertung und eines hohen Anwendungsaufwandes. Letztlich sind sie keine geschlossenen Auswertungsrechnungen, sondern bieten nur einen offenen Entscheidungsrahmen zur Herstellung von Transparenz und Nachvollziehbarkeit beim Entscheidungsprozess.

Stehen für die Erreichung eines Ergebnisses mehrere Lösungswege zur Verfügung, muss neben der Auswahl neuer Projekte auch darüber entschieden werden, ob diese Lösungskonzeptionen sequentiell oder parallel verfolgt werden sollen. Forschungs- und Entwicklungsrisiken kann man mindern, indem Parallelforschung betrieben wird. Bei **paralleler Überprüfung** werden mehrere Lösungskonzeptionen gleichzeitig geprüft. Für den Fall, dass dann mehrere Lösungswege gangbar sind, wird diejenige mit dem höchsten Zielerfüllungsgrad gewählt und realisiert. Die gesamten Forschungskosten steigen dabei jedoch erheblich an. Bei **sequentieller Auswahl** wird in Ausrichtung auf die verfolgten Ziele zunächst die beste Lösungskonzeption aus-

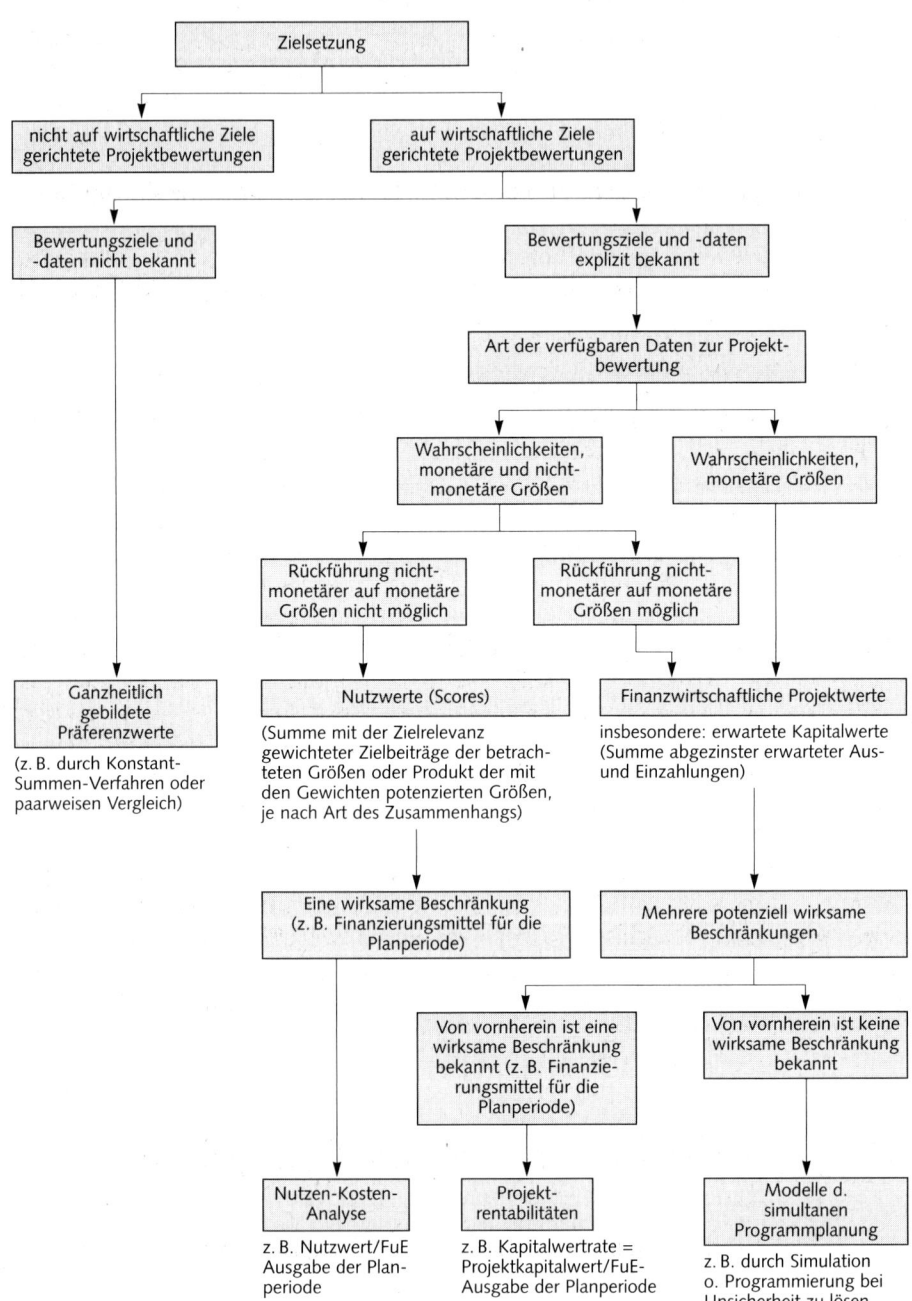

Abbildung 1.12: Grundtypen von Bewertungsverfahren (Brockhoff [Forschung] 337); (vgl. auch Schneider/Dittrich [F & E-Management] 109 ff.).

gewählt und geprüft. Erweist sie sich nicht als gangbar, wird die zweitbeste Lösungskonzeption ausgewählt und geprüft usw. Zwischen sequentieller und paralleler Überprüfung sind auch Mischformen denkbar (vgl. Brockhoff [Forschung] 358 ff.).

7.2 Planung des taktischen Forschungs- und Entwicklungsbudgets

Die Höhe der Kosten für den Forschungs- und Entwicklungsbereich muss periodenbezogen geplant werden, um sämtliche Projekte und Prozesse dieses Bereichs in ihrem Finanzgebaren planen und steuern zu können.

> Das **taktische Forschungs- und Entwicklungsbudget** erfasst in schriftlicher Form sämtliche Kosten, die dem Forschungs- und Entwicklungsbereich für eine Planperiode vorgegeben werden.

Neben der Steuerungsfunktion hat ein Forschungs- und Entwicklungsbudget eine Koordinationsfunktion, eine Bewilligungsfunktion sowie eine Informations- und Motivationsfunktion der Planungsträger. Bei der Budgetfestlegung sind der **Budgetumfang** (Höhe des gesamten Budgets) und die **Budgetstruktur** (Verteilung der verfügbaren Ressourcen auf die verschiedenen Formen von Forschung und Entwicklung, auf Wissenschaftsgebiete, auf Produktlinien sowie auf Projekte) zu bestimmen. Bestimmungsgrößen für Forschungs- und Entwicklungsbudgets sind die Unternehmensziele, der erwartete Beitrag der Forschungs- und Entwicklungsaktivitäten zur Realisierung der Unternehmensziele, die verfügbaren Finanzmittel sowie die Rentabilitätserwartungen an Investitionen in anderen Unternehmensbereichen. An diese Bestimmungsgrößen knüpfen die Verfahren zur **Bestimmung eines Forschungs- und Entwicklungsbudgets** an. Zu unterscheiden sind ein zielorientierter, ein projektorientierter, ein kapazitätsorientierter, ein finanzierungsorientierter, ein konkurrenzorientierter, ein umsatzbezogener sowie ein an der Planungslücke orientierter Ansatz (vgl. z. B. Kern/Schröder [Forschung] 101 ff.). Zu Modellen der Planung des Forschungs- und Entwicklungsbudgets vgl. (Schröder [Innovationsplanung] 1059 f.).

8 Operative Forschungs- und Entwicklungsplanung

8.1 Planung der Forschungs- und Entwicklungsprojektdurchführung

> Die **Aufgaben der operativen Forschungs- und Entwicklungsplanung** umfassen die Planung der Projektdurchführung und die Planung des Ergebnistransfers.

Voraussetzung für die Planung der Projektdurchführung ist eine präzise **Projekt-definition**. Dazu zählen die Festlegung der Projektziele durch Anforderungskatalog bzw. Pflichtenheft, die Ermittlung des gegenwärtigen wissenschaftlichen und technischen Standes, eine präzise Formulierung der Problemstellung, das Formulieren einer Problemhierarchie, die Formulierung und Auswahl von Lösungshypothesen sowie der Test dieser Hypothesen. Sobald das Projekt präzise definiert ist, kann die eigentliche Planung der Projektdurchführung einsetzen. Ihrem Wesen nach ist sie eine **Vollzugsplanung** von Forschungs- und Entwicklungsprojekten. Diese umfasst die Ablaufplanung von Forschungs- und Entwicklungsprojekten durch Aktivitätenplanung, Terminplanung und Reihenfolgeplanung, die Bereitstellungsplanung sowie die Kostenplanung. Die Kostenplanung schließt die Planung der Kosten einzelner Aktivitäten sowie die Planung des Kostenverlaufs der Projektdurchführung ein. Sie stellt die Grundlage für die Budgetkontrolle während der Projektdurchführung dar (vgl. Kern/Schröder [Forschung] 266 ff.).

Die wichtigsten **Instrumente der operativen Forschungs- und Entwicklungsplanung** sind Checklisten, Balkendiagramme und Netzpläne. Von den **Netzplänen** sind diejenigen besonders geeignet, die sowohl ablauf- als auch zeitstochastisch sind. Netzpläne sind durch eine hohe Einsatzflexibilität gekennzeichnet, sie haben jedoch einen sehr großen Informationsbedarf. Ihre laufende Anwendung und Interpretation stellen nicht geringe Anforderungen an den Benutzer, und sie führen zu relativ hohen Planungskosten.

8.2   Planung des Forschungs- und Entwicklungsergebnistransfers

Als **Ergebnistransfer** bezeichnet man die Übermittlung und den Austausch des (wachsenden) Erkenntnisstandes.

Ein Ergebnistransfer kann zwei verschiedene Zielrichtungen haben. Entweder ist er ein innerbetrieblicher oder ein zwischenbetrieblicher Ergebnistransfer.

Der **innerbetriebliche Ergebnistransfer** vollzieht sich zwischen den verschiedenen Forschungs- und Entwicklungsabteilungen des Unternehmens. In ihn können auch die Beschaffung, die Produktion und der Absatz einbezogen werden. Der **zwischenbetriebliche Ergebnistransfer** wird mit einem oder mehreren unternehmensexternen Partnern vollzogen. In der **Suchphase** ist der Anbieter von Erkenntnissen bemüht, einen Partner für die Nutzung seiner neuen Technologie zu finden. Während der anschließenden **Verhandlungsphase** werden Vereinbarungen über den Erkenntnisaustausch getroffen und vertraglich fixiert. In der nachfolgenden **Abwicklungsphase** erfolgt die eigentliche Erkenntnisübermittlung, die Sicherung der Zweckeignung sowie der Abbau von Willens- und Fähigkeitsbarrieren. Die **Planungsgegenstände** eines Ergebnistransfers sind die Auswahl des Partnerunternehmens, die Entscheidung über den Erkenntnistransfer sowie die Gestaltung der vertraglichen Vereinbarungen. **Gegenstände dieser Vereinbarungen** können sein: die Art der Nutzungsrechte, die Form der Überlassung der Nutzungsrechte sowie Art, Höhe und zeitliche Verteilung der von beiden Partnern zu erbringenden Leistungen. Letztlich können auch Sicherungsmaßnahmen zur Ergebnisübermittlung und die Zeitplanung Planungsgegenstände sein (vgl. Kern/Schröder [Forschung] 291 ff.).

9. Konstruktionsbegleitende Kostenrechnung als Instrument zur Planung und Steuerung der Produktkosten

9.1 Aufgaben und Ziele der Kostenplanung und -steuerung in der Konstruktion

Der **Lebenszyklus** eines Produkts lässt sich in einen Entstehungszyklus, einen Marktzyklus und einen Auslaufzyklus unterteilen. Der Entstehungszyklus umfasst die Phasen Produktplanung, Produktentwicklung sowie langfristige Fertigungs- und Absatzvorbereitung. In der **Produktplanung** wird ein konkreter Entwicklungs- bzw. Konstruktionsauftrag festgelegt. Dieser umschließt die Gewinnung neuer Ideen und deren Prüfung. Die anschließende **Produktentwicklung** nutzt vorhandenes technisches Wissen, um neue bzw. verbesserte Produkte präzise zu beschreiben. Nach dem Neuheitsgrad kann zwischen der experimentellen und der konstruktiven Produktentwicklung unterschieden werden. In der konstruktiven Entwicklung, auch als **Konstruktion** bezeichnet, wird technisch bereits genutztes Wissen systematisch kombiniert (vgl. Schneider/Dittrich [F & E-Management] 105 ff.).

Die **Produktentwicklung** setzt sich aus drei **Teilaufgaben** zusammen:
- dem Konzipieren,
- Entwerfen sowie
- Ausarbeiten.

Beim **Konzipieren** werden die Funktionsstruktur des Produkts sowie die Lösungs-prinzipien erarbeitet, d. h. die Prinzipien der Funktionserfüllung. Die Aufgabe des Konzipierens wird nicht zur Konstruktion gerechnet. Zur **Konstruktion** gehören nur das Entwerfen und das Ausarbeiten als Teilaufgaben. Die Aufgabe des **Entwerfens** umfasst die Teilaufgaben: Erstellen eines maßstäblichen Entwurfs, dessen Bewertung und Verbesserung, die Optimierung der Gestaltzonen und das Festlegen des bereinigten Entwurfs. Zur Aufgabe des **Ausarbeitens** zählen die Gestaltung und

Optimierung der Einzelteile, die Erarbeitung der Ausführungsunterlagen sowie die Herstellung und Prüfung eines Prototyps. Die Konstruktion stellt damit das Bindeglied zwischen Entwicklung und Fertigungsvorbereitung dar.

Nach dem Kreativitätsanspruch der formulierten Konstruktionsaufgabe lassen sich folgende **Konstruktionsarten** unterscheiden:

- Neukonstruktion,
- Anpassungskonstruktion,
- Variantenkonstruktion,
- Konstruktion mit festem Prinzip.

Während eine **Neukonstruktion** stets die Erarbeitung neuer Lösungsprinzipien voraussetzt und nach einem sehr hohen Kreativitätsniveau verlangt, stellt die **Konstruktion mit festem Prinzip** den niedrigsten Kreativitätsanspruch. Sie ist im Wesentlichen eine Anpassungskonstruktion von Produkten, die auf die Dimensionierung von Einzelteilen beschränkt ist. Entwicklungs- und Konstruktionsaufgaben können durch fünf **Merkmale** gekennzeichnet werden: Komplexität, Neuartigkeit, Variabilität und Strukturiertheitsgrad der Konstruktionsaufgabe sowie Ähnlichkeit mit bereits bekannten Produkten. Abb. 1.13 zeigt die Ausprägungen dieser Merkmale für verschiedene Entwicklungs- und Konstruktionsarten.

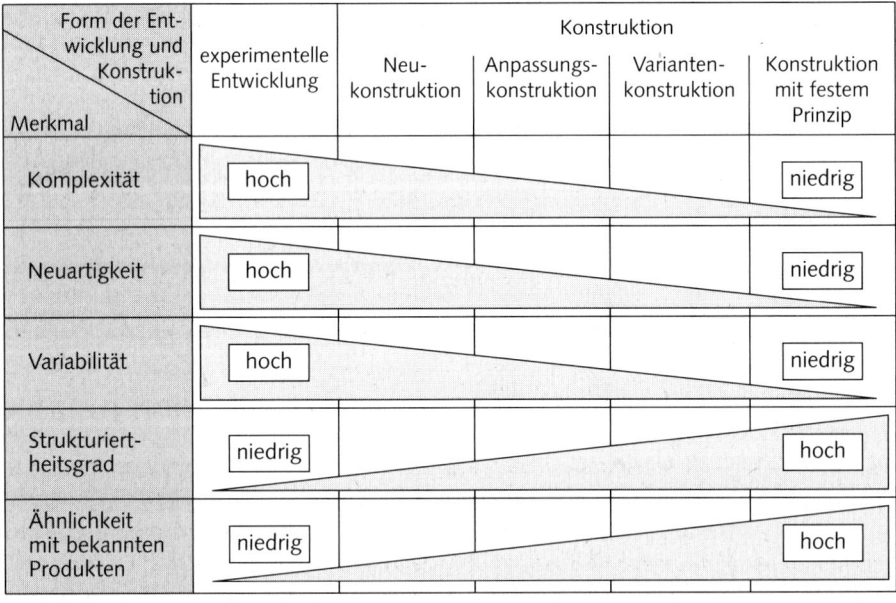

Form der Entwicklung und Konstruktion / Merkmal	experimentelle Entwicklung	Konstruktion			
		Neukonstruktion	Anpassungskonstruktion	Variantenkonstruktion	Konstruktion mit festem Prinzip
Komplexität	hoch				niedrig
Neuartigkeit	hoch				niedrig
Variabilität	hoch				niedrig
Strukturiertheitsgrad	niedrig				hoch
Ähnlichkeit mit bekannten Produkten	niedrig				hoch

Abbildung 1.13: Merkmale von Entwicklungs- und Konstruktionsaufgaben (in Anlehnung an Picot, A./Reichwald, R./Nippa, M. [Entwicklungsaufgabe] 121)

Gegenstände der **Kostenplanung und -steuerung** in der Konstruktion sind:
- Konstruktionskosten und
- Produktkosten.

Unter **Konstruktionskosten** sind Kosten zu verstehen, die bei der Ausführung von Konstruktionsaufgaben anfallen. Je nach Industriebereich sind diese Kosten verschieden hoch. Im Durchschnitt über alle Industrien wird geschätzt, dass sie etwa 6% der Selbstkosten eines Produkts ausmachen. Durch Kostenplanung und -steuerung sollen die Kosten der Konstruktionsprozesse auf einem möglichst niedrigen Niveau gehalten werden. Dieses Ziel kann beispielsweise mit der Vorgabe von **Kostenbudgets** erreicht werden.

Im Gegensatz zu den Konstruktionskosten werden die **Produktkosten** durch die Herstellung, den Absatz, die Nutzung und die Entsorgung eines Produkts im Produktlebenszyklus verursacht. Sie entstehen im herstellenden Unternehmen, beim Nutzer oder beim Entsorger des Produkts. Ihre besondere Bedeutung als Gegenstand der Planung und Steuerung liegt in dem Umstand, dass die Konstruktion bis zu 70% der Herstellkosten bzw. bis zu 90% der Lebenszykluskosten des Produkts festlegt (vgl. Tanaka [Design Phase] 49). Wegen der großen Einflussnahme der Konstruktion auf die Produktkosten ist die Planung von Kostenvorgaben für die Konstruktion zur Sicherung der Wirtschaftlichkeit eines Unternehmens unverzichtbar. Um eine Planung und Steuerung der Produktkosten in der Konstruktion effizient umsetzen zu können, sollten entsprechend Abb. 1.14 folgende Aufgabenbereiche abgegrenzt werden (vgl. Schweitzer/Friedl [Konstruktion] 1110 ff.):

- Planung von Produktkosten, die der Konstruktion vorgegeben werden,
- Gestaltung des Produkts unter Kostengesichtspunkten während des Konstruktionsprozesses sowie
- Steuerung (Durchsetzung, Kontrolle und Sicherung) der Produktkosten parallel zum Konstruktionsprozess.

Ansätze zur Planung und Steuerung der Produktkosten in der Konstruktion werden in der Fachliteratur als

- ‹Kostengünstiges Konstruieren›,
- ‹mitlaufende Kostenkontrolle› oder
- ‹Kostenbeeinflussung in der Konstruktion›

bezeichnet. Die Gestaltbarkeit der Produktkosten hängt wesentlich von der Komplexität, der Neuartigkeit, der Variabilität und dem Strukturiertheitsgrad der Entwicklungs- bzw. Konstruktionsaufgabe sowie der Ähnlichkeit mit bekannten Produkten ab. Während eine Kostenplanung und -steuerung im Rahmen der experimentellen Entwicklung nur bedingt durchgeführt werden kann, ist der gesamte Konstruktionsbereich bevorzugter Schwerpunkt dieser Aufgabenstellung.

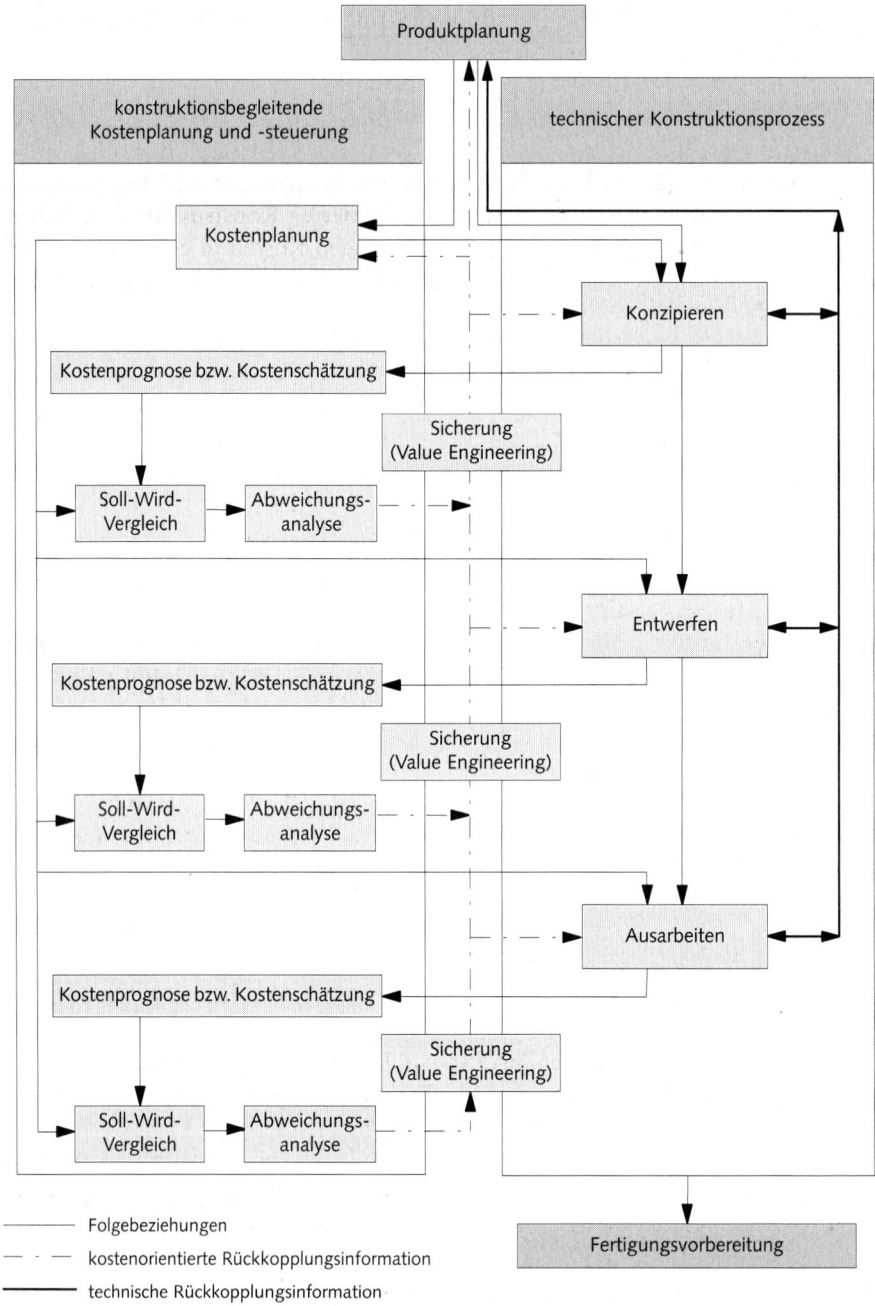

Abbildung 1.14: Planung und Steuerung der Produktkosten in der Konstruktion (Aufgabenbereiche)

9.2 Konzepte der Planung und Steuerung von Produktkosten in der Konstruktion

Bei der Planung und Steuerung von Produktkosten in der Konstruktion lassen sich die fertigungsorientierte und die kostenorientierte Konstruktion unterscheiden. Wählt man nur die Materialeinzelkosten sowie die fertigungszeitabhängigen Kosten als Ansatz, spricht man von der **fertigungsorientierten Konstruktion** (vgl. Scheer/ Becker/Bock [Expertensystem] 240). Bei ihr werden Kosten in einer Höhe vorgegeben, die sich bei gegebenem Fertigungspotenzial und wirtschaftlicher Aufgabenerfüllung realisieren lässt. Im Ergebnis soll das jeweilige Produkt im Konstruktionsprozess kostenoptimal an die fertigungstechnischen Gegebenheiten sowie die gegebenen Eigenschaften der Anlagen und Materialien angepasst werden. Da die fertigungsorientierte Gestaltung des Produkts an gegebenen Potenzialen, Programmen und Prozessen anknüpft, ist sie durch einen eher statischen Charakter gekennzeichnet. Dennoch herrscht dieses Konzept zur Planung und Steuerung der Produktkosten in der Konstruktion vor.

Die technische und ökonomische Entwicklung der letzten Jahre ist durch eine Steigerung der **Produkt- und Programmkomplexität** gekennzeichnet. Als Folge sank der Anteil der Einzelkosten sowie der fertigungszeitabhängigen Kosten an den Unternehmenskosten. Daher wird die Kostenplanung und -steuerung in der Konstruktion um die Gemeinkosten erweitert, die von der Produkt- und Programmkomplexität abhängen. Hierzu zählen z. B. die Materialgemeinkosten und die Logistikkosten. Dementsprechend kann von einem Übergang von der fertigungsorientierten zur **kostenorientierten Konstruktion** gesprochen werden. Im Vordergrund steht hier die Gestaltung neuer funktionsgerechter Produkte unter Berücksichtigung aller Kosten, die in der Herstellung, im Vertrieb, bei der Nutzung sowie für die Entsorgung entstehen und von Gestaltungsmerkmalen des Produkts abhängen. Dieser Ansatz ist darüber hinaus durch eine bewusste Zielausrichtung gekennzeichnet. Die Kostenvorgaben orientieren sich an den verfolgten Unternehmenszielen (z. B. einem Erfolgsziel) und nicht am verfügbaren Fertigungspotenzial. Vom Kostenumfang her geht dieser zweite Ansatz deutlich über den ersten hinaus.

Damit genügt die **kostenorientierte Konstruktion** der steigenden Produkt- und Programmkomplexität und einer Orientierung am Zielsystem des Unternehmens.

Die Orientierung am Zielsystem des Unternehmens kann eine deutliche Anpassung der Potenziale, Programme und Prozesse zur Realisation des neuen Produkts erforderlich machen. Im Gegensatz zur fertigungsorientierten kann die kostenorientierte Konstruktion als dynamisches Konzept bezeichnet werden.

9.3. Phasen des Planungs- und Steuerungsprozesses von Produktkosten in der Konstruktion

9.3.1 Planung von Kostenvorgaben für das Produkt

Im Rahmen der **kostenorientierten Konstruktion** hat die Kostenvorgabe für ein neues Produkt stets den Charakter einer **Kostenobergrenze.**

Der **Gegenstand der Kostenvorgaben** für die kostenorientierte Konstruktion eines neuen Produkts kann durch drei Merkmale abgegrenzt werden:
- Unternehmensziele, die mit der Kostenvorgabe erreicht werden sollen,
- Inhalt der Kostenvorgabe sowie
- Gliederung der Kostenvorgabe für das Endprodukt in Kostenvorgaben für Produktfunktionen und -komponenten.

Die Kostenobergrenze kann entweder ökonomisch oder technisch orientiert sein. Sie ist ökonomisch orientiert, wenn bei ihrer Berechnung von einem **wirtschaftlichen Unternehmensziel** (z. B. von einem geplanten Gewinn oder von einer geplanten Kostensenkung) ausgegangen wird. Die Kostenobergrenze ist dagegen technisch orientiert, wenn bei ihrer Berechnung von einem **technischen Unternehmensziel** ausgegangen wird (z. B. von einem Qualitätsziel). Ein besonderer Ansatz zur Planung einer ökonomischen Kostenvorgabe für ein Produkt ist das **Target Costing** (vgl. Band 2, S. 660 ff.). Bei diesem Ansatz ist die Kostenvorgabe für die Erreichung des wirtschaftlichen Unternehmensziels (Erfolgsziels) eine Nebenbedingung. Dominiert dagegen ein technisches Qualitätsziel, so kann dessen Erreichung unterstützt werden, indem der Konstruktion Qualitätskosten als Obergrenze vorgegeben werden. Für die Berechnung dieser Kostenvorgabe bietet sich weniger das Target Costing als vielmehr das **Benchmarking** an, bei dem es sich um einen wiederkehrenden Vergleichsprozess des Unternehmens mit dem «besten» Unternehmen der gleichen oder einer anderen Branche hinsichtlich Zielerreichung, Potenzialen, Programmen und Prozessen handelt. Zwecke des Benchmarking sind die Unterstützung der Zielplanung sowie die Identifikation von Ursachen für bestehende Unterschiede in der Zielerreichung. Inhalt dieser Ziele können neben Kosten auch Qualität, Zeit (z. B. Lieferzeit, Entwicklungsdauer) und Kundenzufriedenheit sein (vgl. Camp [Benchmarking] 13; Pryor [Benchmarking] 28).

Bei der Entscheidung über den Inhalt der Kostenvorgaben ist festzulegen, welche **Kostenkategorien** in die Vorgabe einbezogen werden sollen. In diesem Zusammenhang ist zu bestimmen, ob die Kostenvorgabe auf der Basis von Herstellkosten, Selbstkosten, Nutzerkosten oder Entsorgungskosten festgelegt werden soll. Ist zu beobachten, dass die Produkt- oder Programmkomplexität als Kosteneinflussgrößen an Bedeutung zunehmen, stellt sich die Frage, in welchem Umfang Gemeinkosten des indirekten Leistungsbereichs, die durch die Produkt- bzw. Programmkomplexität beeinflusst werden, bei der Kostenvorgabe berücksichtigt werden müssen, z. B. die Kosten der Fertigungsvorbereitung, der Beschaffung und der Qualitätssicherung (vgl. Franz [Kostenbeeinflussung] 129). Geht man noch einen Schritt weiter und ist bereit, bei der Konstruktion eines neuen Produkts auch Anforderungen des Nutzers und der Entsorgung zu berücksichtigen, ist darüber zu entscheiden, in welchem Umfang Nutzerkosten und Entsorgungskosten eines Produkts bei der Kostenvorgabe für die Konstruktion berücksichtigt werden müssen. Als Zielvorstellung verfolgt man auf diese Weise nicht nur die kostenoptimale Fertigung, sondern auch die kostenoptimale Nutzung und Entsorgung eines Produkts.

Gegenstand der Kostenplanung ist zunächst die **Kostenvorgabe für das Endprodukt**. Diese Kostenvorgabe kann anschließend in untergeordnete Kostenvorgaben für einzelne Produktfunktionen, Baugruppen/Teile des Produkts oder Prozesse aufgespalten werden, die vom Produkt beansprucht werden. **Zwecke der Spaltung von Kostenvorgaben** für das Endprodukt sind

- die eindeutige Abgrenzung der Verantwortung für die Erreichung von Kostenvorgaben,
- die Identifikation von Kostenbeeinflussungsschwerpunkten sowie
- die Vereinfachung der Kostenkontrolle und -sicherung.

Bei einer Neukonstruktion eignen sich für die frühen Phasen des Konstruktionsprozesses vor allem **funktionsorientierte Kostenvorgaben**. Da komponentenorientierte Kostenvorgaben den Gestaltungsspielraum der Konstrukteure einengen, ist es zweckmäßig, erst in den späten Phasen aus den funktionsorientierten Kostenvorgaben **komponentenorientierte Kostenvorgaben** herzuleiten. Im Falle von Anpassungs- und Variantenkonstruktionen sowie Konstruktionen mit festem Prinzip kann dagegen auf die Herleitung funktionsorientierter Kostenvorgaben verzichtet werden.

9.3.2   Kostenorientierte Produktgestaltung

Bezweckt man in der Konstruktion die **kostenorientierte Gestaltung** eines Produkts, ist es erforderlich, alle kostenbeeinflussenden Merkmale des Produkts zu kennen. Zu diesen zählen u. a.: Fertigungsverfahren, Anzahl und Art der verwendeten Teile (Kauf-, Norm-, Gleichteile), Art und Anzahl der Baugruppen, Funktionsstruktur, Wirkstruktur, Geometrie, Werkstoffe u. a. Die Konstruktion besteht zum großen Teil darin, alternative Ausprägungen dieser Produktmerkmale zu untersuchen, den Beitrag zur Zielerreichung zu bewerten und schließlich für alle Merkmale diejenigen Ausprägungen auszuwählen und festzulegen, die den gesetzten Zielvorstellungen am besten entsprechen. In jeder Phase des Konstruktionsprozesses sind vergleichbare Entscheidungen zu treffen.

Formal kann gesagt werden, dass sich jede Phase des Konstruktionsprozesses aus einzelnen **Entscheidungsprozessen** der beschriebenen Art zusammensetzt, die entweder zeitlich parallel oder aufeinander folgend realisiert werden.

Seiner Natur nach ist der Konstruktionsprozess daher ein **komplexer Planungs-prozess**, der sich auf die Gestaltungsmerkmale eines Produkts bezieht. Die kosten-orientierte Produktgestaltung verlangt, dass für jede dieser Teilentscheidungen prognostische Informationen vorliegen, die darüber Auskunft geben, zu welchen Kostenwirkungen alternative Ausprägungen der Produktmerkmale führen werden. An die Genauigkeit dieser prognostischen Informationen können unterschiedliche Anforderungen gestellt werden. Häufig genügt eine **relative Genauigkeit**, die sicher-stellt, dass die vergleichsweise günstigere Kostenlösung gefunden wird. Als Instru-ment zur Unterstützung dieses Vergleichs kann u. a. das Benchmarking herangezo-gen werden (vgl. Ehrlenspiel/Kiewert/Lindemann [Konstruieren] 320 ff.). Weitere Instrumente sind:

- ABC-Analysen,
- Konstruktionsrichtlinien,
- Grenzstückzahlen,
- Kostentabellenkataloge und
- Relativkostenkataloge.

Gelingt es beispielsweise, die Kostenstrukturen eines Produkts in der Weise zu ana-lysieren, dass relative Kosten von Baugruppen/Teilen, Kostenarten, Prozessen usw. ermittelt werden können, lässt sich die **ABC-Analyse** einsetzen. Sie dient der Iden-tifikation von Kostenschwerpunkten, auf welche sich geplante Kostensenkungs-maßnahmen in erster Linie beziehen sollen. Kostenorientierte **Konstruktionsricht-linien** indessen informieren über Gestaltungsformen des Produkts, welche unter bestimmten Bedingungen zu einer kostengünstigen Lösung führen. In diesem Zusammenhang werden bevorzugt Gut/Schlecht-Beispiele oder überschlägige Kal-kulationen von Kostenwirkungen verwendet. Will man dagegen ein kostengüns-tiges Fertigungsverfahren bestimmen, können **Grenzstückzahlen** als Kriterium herangezogen werden. Diese informieren über Produktionsmengenintervalle, in welchen ein bestimmtes Fertigungsverfahren mit seiner Kostenstruktur vorteil-hafter ist als ein alternatives Verfahren (vgl. Ehrlenspiel/Kiewert/Lindemann [Konstruieren] 197 f.).

In Japan findet häufig das Verfahren der **Kostentabellenkataloge** (Cost Tables) Anwendung (vgl. Tani/Kato [Target Costing] 209). Sie enthalten die Kosten eines Kalkulationsobjekts (Produkt, Baugruppe, Einzelteil) bei alternativen Ausprägun-gen wichtiger Kosteneinflussgrößen, des Fertigungsverfahrens, der Fertigungs-anlagen, der Produktfunktionen und weiterer Produktmerkmale. Kostentabellen-kataloge umfassen mehrere Kostentabellen, die nach Fertigungsverfahren und Anlagen gebildet werden können. Abb. 1.15 zeigt einen Ausschnitt aus einem Kostentabellenkatalog. Kennzeichnend ist für ihn, dass bei der Berechnung der Kostentabellen auch Anlagen und Fertigungsverfahren berücksichtigt werden, die im Unternehmen nicht vorhanden, jedoch beschaffbar sind. Derartige Kosten-tabellenkataloge stellen sowohl für den Konstruktionsprozess als auch für die konstruktionsbegleitende Kostenplanung und -steuerung wichtige Informationen bereit. Voraussetzung ist, dass die Kostentabellen diejenige Kosteneinflussgröße als Variable enthalten, über welche in der entsprechenden Phase eine Entscheidung herbeizuführen ist. In der Regel vereinfachen sie die Suche nach kostengünstigen Lösungen sowie die zweckorientierte Kostenbewertung und beschleunigen den Konstruktionsprozess. Außerdem können sie einen Beitrag zur kostenorientierten Gestaltung des technischen Fertigungspotenzials leisten (vgl. Yoshikawa/Innes/ Mitchell [Cost Tables] 30 ff.).

Eine spezielle Ausprägung der Kostentabellenkataloge sind **Relativkostenkataloge**. Bei den in ihnen zusammengefassten **Relativkostenzahlen** handelt es sich um Bewertungszahlen, die einen Kostenvergleich von Lösungsalternativen zulassen. Eine Relativkostenzahl informiert über die Kostenrelation einer Lösungsalternative zu einem Bezugsobjekt. Dieses kann entweder die kostengünstigste oder die am häufigsten verwendete Lösungsalternative sein. Die Bildung von Relativkostenzahlen lässt sich für Komponenten, Funktionen, Prozesse oder Einsatzgüter vornehmen (vgl. Eberle/Heil [Konstruktion] 784 ff.). Da Relativkostenkataloge nicht über

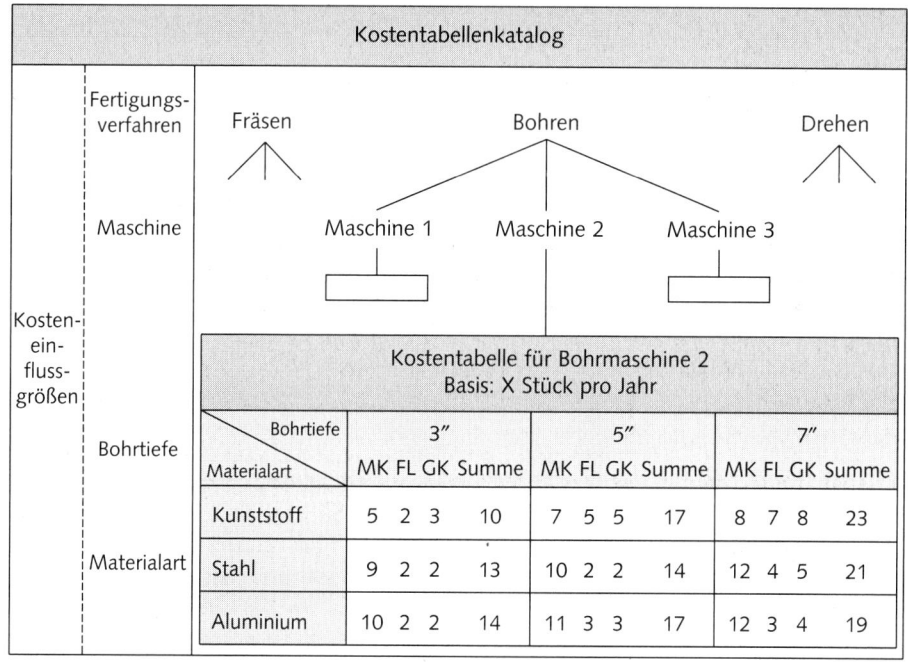

MK = Materialeinzelkosten
FL = Fertigungslohn
GK = Gemeinkosten

Abbildung 1.15: Aufbau eines Kostentabellenkatalogs einer Kostentabelle (in Anlehnung an ein Beispiel von Yoshikawa/Innes/Mitchell [Cost Tables] 31 f.)

die absoluten Kosten einer Lösungsalternative informieren, eignen sie sich nicht zur Unterstützung der konstruktionsbegleitenden Kostenplanung und -steuerung. Ihre Informationen sind damit nur für kostenorientierte Gestaltungsentscheidungen aussagekräftig.

9.3.3 Steuerung der Produktkosten

Neben die Planung von Kostenvorgaben und die kostenorientierte Produktgestaltung tritt als dritte Phase die Steuerung der Produktkosten.

> Die **Steuerung der Produktkosten** umfasst die Aufgaben:
> - Veranlassung der Produktkostenvorgabe,
> - Kontrolle der Produktkosten sowie
> - Sicherung der Produktkosten.

Die Konstruktion vollzieht sich als Planungsprozess über einen längeren Zeitraum hinweg. In mehreren Teilplanungsprozessen sowie einzelnen Planungsphasen werden Entscheidungen über verschiedene Merkmale von Produktteilen getroffen und damit Kosten festgelegt (vgl. Ehrlenspiel/Kiewert/Lindemann [Konstruieren] 137 ff.). Konstruktion ist durch einen ständig **reifenden Informationsstand** über das Produkt gekennzeichnet. Mit ihrem Fortschreiten steigen jedoch der Zeitbedarf und die Kosten für Änderungen des Produktentwurfs. Als Konsequenz daraus muss die Kontrolle der Produktkosten bereits in sehr frühen Phasen des Konstruktionsprozesses einsetzen, um erforderliche Anpassungsmaßnahmen so früh wie möglich auszulösen (vgl. Jehle [Kostenfrüherkennung] 264 ff.). Zweckmäßig wird die Kontrolle der Produktkosten deshalb **konstruktionsbegleitend** durchgeführt. Hierbei handelt es sich um einen Soll-Wird-Vergleich, d. h. eine **Planfortschrittskontrolle**. Das bedeutet, dass die Produktkosten in jeder Phase des Konstruktionsprozesses kontrolliert werden. Diese Kontrolle bezieht sich nicht nur auf die Kosten der Produktfunktionen bzw. Produktkomponenten, sondern auch auf die Kosten des Endprodukts. Durch die Kontrolle der Kosten des Endprodukts soll sichergestellt werden, dass konstruktive Maßnahmen zur Senkung der Produktkosten einzelner Funktionen oder Komponenten des Produkts nicht zu Gestaltungsanforderungen an andere Funktionen oder Komponenten führen, die mit einer Erhöhung der Produktkosten des Endprodukts verbunden sind. Für die Durchführung der Planfortschrittskontrolle müssen neben der Kostenvorgabe (Soll-Kosten) die Kostenwirkungen des Konstruktionsobjekts (Wird-Kosten) prognostiziert bzw. geschätzt werden.

Gegenstand einer **Sicherung der Produktkosten** ist die Anpassung des Produktentwurfs beim Auftreten von Kostenabweichungen. Soweit **Toleranzgrenzen** zugelassen sind, müssen erst beim Überschreiten dieser Toleranzgrenzen Anpassungsmaßnahmen erarbeitet werden. Letztlich bedeutet eine Anpassung im Konstruktionsprozess das Erarbeiten eines neuen Lösungsvorschlags mit günstigeren Kostenstrukturen. Bei einer Orientierung an den Produktfunktionen kann in diesem Zusammenhang die **Wertgestaltung** (Value Engineering) eingesetzt werden. Die **Sicherung** sorgt dafür, dass alle Erkenntnisse aus der Abweichungsanalyse bei der Erarbeitung von Anpassungsmaßnahmen möglichst umfassend berücksichtigt werden.

9.4. Rechnungssysteme zur Planung und Steuerung von Produktkosten in der Konstruktion

9.4.1 Grundfragen der Rechnungssysteme

9.4.1.1 Anforderungen an die Rechnungssysteme

Ein Rechnungssystem für die Konstruktion hat das Ziel, relevante Kosteninformationen für **Gestaltungsentscheidungen von Produkten** sowie für die **Kostenplanung und -steuerung** während der Entstehungsphase der Produkte bereitzustellen. Der Informationsbedarf der Kostenplanung und -steuerung hat die Wird-Produktkosten von geplanten Produkten sowie von Produkten zum Gegenstand, die sich bereits in der Marktphase des Produktlebenszyklus befinden. Nach ihrem Inhalt und Umfang müssen die berechneten Kosten des Produkts einen präzisen Bezug zur jeweiligen Gestaltungsalternative und damit zu speziellen Merkmalen des Produkts besitzen. Damit werden die einzelnen **Produktmerkmale** einer Gestaltungsalternative zu Einflussgrößen von Kostenarten und -kategorien in kurz-, mittel- und langfristiger Sicht. Bei den merkmalsabhängigen Kosten eines Produkts sollten nicht nur Kosten des direkten Leistungsbereichs (Materialkosten, Lohnkosten), sondern möglichst auch Kosten des indirekten Leistungsbereichs (anteilige Kosten der Arbeitsvorbereitung, der Logistik, des Einkaufs usw.) berücksichtigt werden.

Durch umfassende Kostenanalysen ist sicherzustellen, dass möglichst alle Kosten erfasst werden, die von den **Entscheidungen über die Merkmalsausprägungen der Produkte** abhängen.

Die Kostenrechnung benötigt für die Prognose der Kosten eines Produkts Informationen aus **Stücklisten** und **Arbeitsplänen**. Diese Informationen sind jedoch erst nach Abschluss der Konstruktion verfügbar. Zur konstruktionsbegleitenden Produktkostenkontrolle muss die Kostenrechnung deshalb um die konstruktionsbegleitende Kalkulation erweitert werden. Aufgabe der **konstruktionsbegleitenden Kalkulation** ist die Bereitstellung von Prognoseinformationen über die Kosten von Produkten, die noch nicht in allen Produktmerkmalen festliegen. Dieses Instrument ist dadurch gekennzeichnet, dass Produktkosten auf der Grundlage von Ausprägungen der Produktmerkmale im Produktentwurf prognostiziert bzw. geschätzt werden. Ein **Rechnungssystem** zur Planung und Steuerung von Produktkosten in der Konstruktion muss damit zwei Bestandteile umfassen:

- eine Kostenrechnung sowie
- eine konstruktionsbegleitende Kalkulation.

Systeme der Kostenrechnung zur Unterstützung der Produktkostenplanung und -steuerung in der Konstruktion müssen der Forderung nach Entscheidungsrelevanz und Verursachungsgerechtigkeit genügen. Als Grundlage für die Produktkostenplanung und -steuerung in der Konstruktion wurden bisher die Grenzplankostenrechnung (vgl. Gröner [Vorkalkulation] 81; Lackes [Plankostenrechnung] 322 ff.), die Prozesskostenrechnung (vgl. Wäscher [Gemeinkosten-Management] 312; Franz [Konstruktion] 37 ff.) sowie die ressourcenorientierte Kostenrechnung vorgeschlagen (vgl. Schuh [Produktvarianten] 102 ff.; Eversheim/Kümper/Gupta [Vorkalkulation] 241 ff.).

Um eine wirkungsvolle Steuerung der Produktkosten zu ermöglichen, muss die **konstruktionsbegleitende Kalkulation** folgenden Anforderungen genügen (vgl. Schweitzer/Friedl [Konstruktion] 1121):

- Präzision,
- Flexibilität sowie
- Auswertbarkeit.

Unter **Präzision** ist in diesem Zusammenhang der Sachverhalt zu verstehen, dass kostenverursachende Produktmerkmale möglichst zahlreich bei der Produktkostenprognose berücksichtigt werden. Konstruktionsbegleitende Produktkostenkontrollen in verschiedenen Phasen des Konstruktionsprozesses sind nur dann zweckmäßig, wenn der Informationszuwachs über das geplante Produkt während der Konstruktion berücksichtigt wird. Zu diesem Zweck müssen in jeder Phase des Konstruktionsprozesses Prognoseinformationen über die Produkte bereitgestellt werden, die den aktuellen Konkretisierungsgrad (Reife) des Produktentwurfs widerspiegeln. Die **Flexibilität** der konstruktionsbegleitenden Kalkulation umfasst den Sachverhalt, dass unterschiedliche Informationsstände über das Produkt, die im fortschreitenden Konstruktionsprozess reifen, angemessen berücksichtigt werden können (vgl. Becker [Kalkulation] 355). Als Ergebnis wird verlangt, dass die Kalkulationsgenauigkeit in Abhängigkeit vom steigenden Detaillierungsgrad schrittweise verbessert werden kann. Um der Forderung nach Flexibilität zu genügen, muss ein Verfahren der konstruktionsbegleitenden Kalkulation zwei Bestandteile aufweisen:

- Verfahren der Kostenvorhersage sowie
- Regeln für die Flexibilisierung der Vorhersage.

Unter der **Auswertbarkeit** der konstruktionsbegleitenden Kalkulation ist der Sachverhalt zu verstehen, dass mitlaufend mit dem Konstruktionsprozess eine systematische Analyse der auftretenden Abweichungen durchgeführt werden kann. Wenn die Abweichungen zwischen den Produktkosten, die in den verschiedenen Phasen des Konstruktionsprozesses prognostiziert wurden, auf Entscheidungen über einzelne Produktmerkmale zurückführbar sind, genügt die konstruktionsbegleitende Kalkulation der Forderung nach Auswertbarkeit. Diese Eigenschaft soll die Identifikation von Produktkomponenten bzw. -funktionen erleichtern, für die bei der Kostensicherung kostengünstigere Lösungsalternativen gesucht werden müssen.

9.4.1.2 Abgrenzung zwischen konstruktionsbegleitender Kalkulation und Kostenrechnung

Nach dem **Integrationsgrad** von Prognose- bzw. Schätzverfahren in die Kostenrechnung lassen sich zwei Formen von Rechnungssystemen für die Kostenplanung und -steuerung bei der Konstruktion unterscheiden:
- die **konstruktionsbegleitende Kalkulation** sowie
- die **konstruktionsbegleitende Kostenrechnung**.

Die Ansätze der **konstruktionsbegleitenden Kalkulation** sind nicht in die Kostenrechnung integriert. Bei ihnen handelt sich um ein- oder mehrvariablige Kostenfunktionen mit den Produktkosten als abhängigen Variablen. Daneben werden kostenbeeinflussende Produktmerkmale als unabhängige Variablen berücksichtigt. Die Ansätze der konstruktionsbegleitenden Kalkulation greifen auf Kosteninformationen zurück, die sich aus der Nachkalkulation bereits früher konstruierter und gefertigter Produkte ergeben. Auf der Grundlage dieser Informationen werden die genannten Kostenfunktionen bestimmt.

Die Istkosten aus der Nachkalkulation früherer Produkte haben für die Neukonstruktion eines Produkts nur geringe Aussagekraft. Zweckmäßiger als Ansätze der konstruktionsbegleitenden Kalkulation sind deshalb Rechnungssysteme, welche die Produktkosten auf der Grundlage von Informationen einer **Plankostenrechnung** prognostizieren. Die traditionellen Prognosekostenrechnungen gehen allerdings von der Annahme aus, dass das zu fertigende Produkt bereits vollständig konstruiert ist und die Fertigungsvorbereitung wesentliche Merkmale des Produktionsprogramms und des Produktionsprozesses bereits festgelegt hat (z. B. Art und Menge des Produktionsprogramms, Auflagengrößen, Prozessbedingungen usw.). Sie berücksichtigen also Einfluss- bzw. Bezugsgrößen, die erst nach Abschluss der Konstruktionsarbeiten bekannt und erfassbar sind, wie z. B. Fertigungs-, Montage- und Rüstzeiten.

Bei der **konstruktionsbegleitenden Kostenrechnung** sind dagegen die Prognose- und Schätzverfahren so in die Prognosekostenrechnung integriert, dass für jede Bezugsgröße einer Kostenstelle bzw. eines Kostenplatzes ein Verfahren zur **konstruktionsbegleitenden Mengenkalkulation** zur Verfügung steht. Mit ihnen können die Ausprägungen der Bezugsgrößen beim geplanten Produkt auf der Grundlage der Produktinformationen aus dem Produktentwurf prognostiziert werden. Die konstruktionsbegleitende Kostenrechnung ist im Gegensatz zur konstruktionsbegleitenden Kalkulation kostenstellen- bzw. kostenplatzbezogen. Die Kosten eines geplanten Produkts können mit ihr daher erst dann prognostiziert werden, wenn die Kostenstellen bzw. -plätze bekannt sind, deren Leistungen das geplante Produkt im Leistungserstellungs- und -verwertungsprozess beanspruchen wird. In einer konstruktionsbegleitenden Kostenrechnung können die Kosten eines geplanten Produkts deshalb erst in den späteren Phasen des Konstruktionsprozesses prognostiziert werden. Die Unterschiede zwischen konstruktionsbegleitender Kalkulation und konstruktionsbegleitender Kostenrechnung verdeutlicht Abb. 1.16.

Die Gemeinsamkeiten beider Rechnungskonzepte liegen darin, dass beide von den Produktmerkmalen der Gestaltungsalternative ausgehen, auf Produktmerkmale bereits gefertigter Produkte zurückgreifen und eine Prognose bzw. Schätzung der Kostenwirkungen von Gestaltungsalternativen bezwecken. Beide Konzepte unterscheiden sich jedoch in der Behandlung von Mengen- und Wertkomponenten mit ihren Bezugszeiträumen. Während die **konstruktionsbegleitende Kalkulation** auf die Nachkalkulation bereits gefertigter Produkte mit ihren realisierten Mengen- sowie Wertstrukturen zurückgreift und diese mittels eines Vorhersageverfahrens für das geplante Produkt fortschreibt, beschreitet die **konstruktionsbegleitende Kostenrechnung** einen anderen Weg. Letztere berücksichtigt zwar Produktmerk-

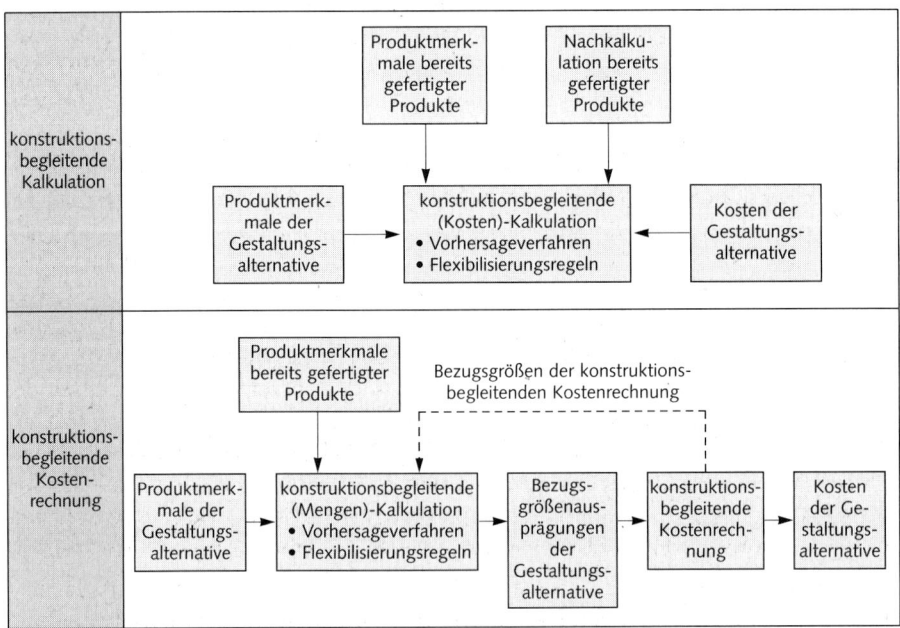

Abbildung 1.16: Prozess der Informationsgewinnung bei der konstruktionsbegleitenden Kalkulation und bei der konstruktionsbegleitenden Kostenrechnung

male bereits gefertigter Produkte, verzichtet jedoch auf deren Nachkalkulation. Mit der konstruktionsbegleitenden «Mengenkalkulation» werden vielmehr zunächst für die geplante Gestaltungsalternative die quantitativen Ausprägungen der Bezugsgrößen prognostiziert bzw. geschätzt. Auf der Basis dieser prognostizierten Bezugsgrößenausprägungen und der Wertinformationen aus der konstruktionsbegleitenden Kostenrechnung werden schließlich die Prognose-Kosten der Gestaltungsalternative vorausberechnet.

9.4.2   Arten der konstruktionsbegleitenden Kalkulation

Die zentrale **Aufgabe der konstruktionsbegleitenden Kalkulation** liegt darin, für ein neues Produkt die zugehörigen Produktkosten zu prognostizieren bzw. zu schätzen. Für diese Vorhersage sind mehrere Verfahren entwickelt worden, die sich nach folgenden Kriterien klassifizieren lassen:
- Anzahl der Produktmerkmale,
- Grad der theoretischen Fundierung sowie
- Differenzierungsgrad.

Knüpft man bei der **Anzahl der berücksichtigten Produktmerkmale** an, können ein- und mehrvariablige Kalkulationsverfahren (Vorhersageverfahren) unterschieden werden. **Einvariablige Kalkulationsverfahren** arbeiten sehr grob mit einem einzigen Produktmerkmal und lassen nur eine globale Kostenprognose zu. Erhöht man dagegen die Zahl der kostenverursachenden Produktmerkmale, d. h., formuliert man **mehrvariablige Kalkulationsverfahren**, dann steigt im Normalfall die Präzision der Kostenprognose. Die Höhe der Produktkosten hängt nicht nur von den Gestaltungsmerkmalen des Produkts ab, über welche in der Konstruktion entschieden wird, sondern auch von denjenigen Merkmalen, die später in der Fertigungsvorbereitung festgelegt werden. Zu diesen zählen die Losgröße, die Maschinenbelegung, die Bearbeitungsreihenfolge usw. Diese fertigungstechnischen Merkmale sind in den frühen Reifungsphasen des Konstruktionsprozesses noch nicht bekannt. Kostenprognosen in den frühen Reifungsphasen des Konstruktionsprozesses berücksichtigen deshalb für diese Größen nur Durchschnitts- oder Standardwerte. Daher sind sie wenig präzise. Erst in den späteren Reifungsphasen des Konstruktionsprozesses können die fertigungstechnischen Merkmale explizit als unabhängige Variablen berücksichtigt werden. Dabei ist es zweckmäßig, für unterschiedliche Merkmalsausprägungen mehrfache Berechnungen der Produktkosten durchzuführen, damit ein klareres Bild beim Konstrukteur darüber entsteht, welche fertigungstechnischen Alternativen zu welchen Produktkosten führen können.

Wählt man die **theoretische Fundierung** der Kalkulationsverfahren als unterscheidendes Merkmal, werden bei der konstruktionsbegleitenden Kalkulation
- Prognoseverfahren und
- Schätzverfahren

unterschieden. Bei den **Prognoseverfahren** werden zur Vorausberechnung der Produktkosten stets gut bestätigte **Produktions- und Kostenfunktionen** verwendet, durch welche die Einsatzgütermengen bzw. die Kosten in Abhängigkeit von den Produktmerkmalen betrachtet werden. In einfachster Form kann es sich dabei um **Kennzahlen** (beispielsweise: Herstellkosten pro Gewichtseinheit) handeln. Ferner kann man **technisch-physikalische Funktionen** mit mehreren unabhängigen Einflussgrößen für Kostenfunktionen verwenden, die mit Hilfe statistischer Auswertungsverfahren ermittelt werden. Ein Beispiel für eine derartige Funktion ist die folgende Bestimmungsgleichung für die Hauptzeit t_h beim «Langdrehen» eines Werkzeugs (vgl. Ehrlenspiel/Kiewert/Lindemann [Konstruieren] 427):

$$t_h = \frac{d \cdot \pi \cdot l \cdot i}{v \cdot f}.$$

Dabei bezeichnen d den Durchmesser, $d \cdot \pi$ den Umfang, l die Drehlänge, i die Anzahl der Schnitte, v die Schnittgeschwindigkeit und f den Vorschub. Die hierfür erforderliche Datenbasis liefern ähnliche Produkte, die in früheren Perioden konstruiert und gefertigt wurden. Eine besondere Kalkulationsform, die auf Kostenfunktionen beruht, ist die sog. **Kurzkalkulation**. Bei ihr zieht man Kostenfunktionen heran, in welchen nur konstruktive Produktmerkmale als unabhängige Variablen berücksichtigt werden, während fertigungstechnische Merkmale außer Acht bleiben. Die Kürze dieser Kalkulation liegt darin, dass von den wirksamen Kosteneinflussgrößen nur diejenigen einbezogen werden, die in der Konstruktion unmittelbar verfügbar sind.

Bei den **Schätzverfahren** werden keine Produktions- und Kostenfunktionen verwendet, sondern **Ähnlichkeitsannahmen**. Diese bringen zum Ausdruck, dass Produkte mit ähnlichen Produktmerkmalen zu Kosten führen, die den erwarteten Produktkosten des neuen Produkts in ihrer Höhe annähernd gleich sind. Auf Ähnlichkeitsannahmen beruhen beispielsweise alle Vorhersageverfahren der **Suchkalkulation**. Diese suchen aus der Menge früher gefertigter Produkte dasjenige aus, welches dem neu zu konstruierenden Produkt in ausgewählten Produktmerkmalen am ähnlichsten ist. Aus dieser Ähnlichkeit wird geschlossen, dass eine entsprechende Kostenverursachung sowie eine vergleichbare Kostenhöhe erwartet werden können. Die einfachste Variante der Suchkalkulation setzt sogar die realisierten Produktkosten des ähnlichsten als Kosten des zu konstruierenden Produkts an. In der Regel werden jedoch mehrere ähnliche, früher konstruierte und hergestellte Produkte in die Überlegung einbezogen. Aus deren Produktkosten werden die Produktkosten des zu konstruierenden Produkts durch **Inter- bzw. Extrapolation** entwickelt. Diese Variante der Suchkalkulation kann noch verfeinert werden, indem man über die realisierten Produktkosten der ähnlichen Produkte mit Hilfe einer Regressionsanalyse eine **mehrvariablige lineare Kostenfunktion** berechnet, die der Prognose der Produktkosten des neuen Produkts mit seinen spezifischen Merkmalsausprägungen zu Grunde gelegt wird. Damit kommt man i. d. R. zu einer präzisen Prognose der Produktkosten (vgl. Pickel [Kostenmodelle] 45 ff.).

Nach dem **Differenzierungsgrad der Kostenprognose** lassen sich summarische und analytische Verfahren der Kostenvorhersage auseinanderhalten. In **summarischen Verfahren der Kostenvorhersage** werden die Produktkosten des zu konstruierenden Produkts undifferenziert berücksichtigt. Nach dem **analytischen Verfahren der Kostenvorhersage** werden die wichtigen Kostenarten oder spezifischen Kosten der Produktkomponenten bzw. Produktfunktionen berücksichtigt und separat prognostiziert bzw. geschätzt. Bei ihrem Einsatz sind daher in der Regel mehrere Prognoseverfahren bzw. Schätzverfahren erforderlich. Die prognostizierten Kosten werden dann in einem zweiten Kalkulationsschritt zu den gesamten Produktkosten des zu konstruierenden Produkts aggregiert.

An die konstruktionsbegleitende Kalkulation wird ferner die Forderung nach **Flexibilität** gestellt. Hiermit ist gemeint, dass in jeder Phase des Konstruktionsprozesses der Informationszuwachs über das reifende Produkt ergänzend zur vorhergehenden Phase in die Prognose der Produktkosten einbezogen werden kann. Um eine derartige Flexibilität zu erreichen, gibt es prinzipiell zwei Vorgehensweisen:

- die Verwendung eines einzigen mehrvariabligen Vorhersageverfahrens oder
- die Kombination mehrerer Vorhersageverfahren.

Wird von der Konzipierungsphase bis zur Ausarbeitungsphase ein **einziges Vorhersageverfahren** verwendet, muss dieses die Fähigkeit besitzen, auch in späteren Phasen des Konstruktionsprozesses hinreichend präzise Produktkosten zu berechnen. Um dieses Ziel zu erreichen, muss ein mehrvariabliges Verfahren entwickelt werden, das in der Lage ist, nicht nur konstruktionspezifische, sondern auch fertigungstechnische Merkmale zu berücksichtigen. Diesen Anforderungen genügt u. a. das **flexible Kalkulationsmodell** nach Pickel (vgl. [Kostenmodelle] 78 ff.). In ihm werden die jeweils noch fehlenden Ausprägungen kostenverursachender Produktmerkmale durch ein spezielles **wissensbasiertes Transformationsmodul** erzeugt. Anknüpfungspunkt sind die bereits festgelegten Ausprägungen bestimmter Produktmerkmale, aus welchen bei Verwendung mathematischer oder logischer Beziehungen auf die noch fehlenden Merkmalsausprägungen geschlossen wird. Soweit sich einzelne Merkmale dieser Berechnung entziehen, werden vereinfachend **Standardwerte** (Werte ähnlicher Produkte oder besonders häufig auftretende Werte) eingesetzt. Im Verlauf des Konstruktionsprozesses werden dann diese vorläufigen Ausprägungen durch endgültige ersetzt. Abweichungen zwischen den Prognoseergebnissen verschiedener Phasen des Konstruktionsprozesses können bei dieser Vorgehensweise auf Unterschiede zwischen vorläufigen und endgültigen Ausprägungen der Produktmerkmale zurückgeführt werden. Dieses flexible Kostenmodell genügt damit der Forderung nach **Auswertbarkeit**.

Die Flexibilisierung der Kostenvorhersage kann auch dadurch erreicht werden, dass **mehrere Vorhersageverfahren** kombiniert werden. Eine derartige Kombination ist nur zweckmäßig, wenn die Hintereinanderschaltung der einzelnen Verfahren genau diejenige Reihenfolge wiedergibt, in welcher im Konstruktionsprozess über die Ausprägung des jeweiligen Produktmerkmals befunden wird. Um diesen Weg zur Flexibilisierung beschreiten zu können, muss eine bestimmte **Standardisierung** des Konstruktionsprozesses vorausgesetzt werden. Das Problem, das sich bei einer derartigen Verfahrenskombination zur Kostenvorhersage ergibt, liegt in den Kostenabweichungen, die auf die unterschiedlichen Verfahren zurückzuführen sind. Darin ist der Grund zu sehen, dass derartige Kombinationen, die in einzelnen Phasen der Konstruktion unterschiedliche Vorhersageverfahren zulassen, nicht als auswertbar angesehen werden können.

9.4.3   Grundrechnungen für die konstruktionsbegleitende Kostenrechnung

9.4.3.1   Grenzplankostenrechnung als Grundlage

Eine **konstruktionsbegleitende Kostenrechnung** kann auf der Grundlage einer Grenzplankostenrechnung oder einer Prozesskostenrechnung entwickelt werden.

In der herkömmlichen **Grenzplankostenrechnung** werden nicht einzelne Produktmerkmale als Einflussgrößen berücksichtigt, sondern beispielsweise Fertigungs-, Rüst- oder Montagezeiten als Ersatzmaß für die Ausbringungsmengen einer Kostenstelle. Es ist daher erforderlich, die Transformationsfunktionen der Grenzplankostenrechnung zunächst auf Produktmerkmale als Einflussgrößen umzuwandeln. Danach erweist es sich als zweckmäßig, für die konstruktionsbegleitende Kostenrechnung eine konstruktionsbegleitende **Mengenkalkulation** einzurichten. Die Grenzplankostenrechnung liefert dann für die vorausberechneten Mengenverbräuche Wertansätze und ermöglicht auf diese Weise die Vorausberechnung der Kosten einer Gestaltungsalternative.

Ansätze der **konstruktionsbegleitenden Kostenrechnung auf der Grundlage der Grenzplankostenrechnung** sind von *Lackes* und *Gröner* vorgeschlagen worden. Der **Ansatz von *Lackes*** (vgl. [Kosteninformationssystem] 322 f.) greift auf Prognosefunktionen zurück, in welchen die Abhängigkeit der Bezugsgrößen von den Produktmerkmalen erfasst wird. Für jede Bezugsgröße einer Kostenstelle wird mit Hilfe einer Regressionsanalyse eine derartige Prognosefunktion bestimmt. Flexibilisierungsregeln für die Vorhersage einzelner Bezugsgrößen werden nicht formuliert. Im **Ansatz von *Gröner*** (vgl. [Vorkalkulation] 209 ff.) wird auf eine Suchkalkulation zurückgegriffen, mit deren Hilfe aus der Menge bereits gefertigter Produkte dasjenige ausgewählt wird, das dem zu konstruierenden Produkt am ähnlichsten ist. Materialbedarf und Bezugsgrößen des ähnlichsten Produkts sind bekannt, sodass dessen Herstellkosten mit den Wertinformationen der Grenzplankostenrechnung kalkuliert werden können. Aus den Herstellkosten des ähnlichsten Produkts werden dann die Herstellkosten des zu konstruierenden Produkts durch Inter- bzw. Extrapolation über die Produktmerkmale berechnet. Im Unterschied zum Ansatz von *Lackes* wird bei *Gröner* die Kostenprognose durch die Anwendung zweier Regeln flexibilisiert: (1) Für Produktmerkmale, deren Ausprägungen im Kalkulationszeitpunkt nicht bekannt sind, gehen Werte des ähnlichsten Produkts in die Kostenprognose ein. (2) Die Kosten des zu konstruierenden Produkts werden mit zunehmender Konkretisierung (Reifung) differenziert nach einzelnen Produktkomponenten berechnet.

Gemeinsam ist beiden Ansätzen, dass in ihnen **proportionale Gemeinkosten** des indirekten Leistungsbereichs über Zuschlagssätze auf Einzel- oder Herstellkosten verrechnet werden. In beiden Fällen werden jedoch Abhängigkeiten zwischen den kostenverursachenden Produktmerkmalen und den Kosten des indirekten Leistungsbereichs nicht erfasst. Im Ergebnis werden daher bei der Konstruktion Gestaltungsalternativen bevorzugt, für welche niedrige Material- und Lohnkosten anfallen, weil deren tatsächliche Auswirkungen auf die proportionalen Kosten des indirekten Leistungsbereichs vernachlässigt werden. Des Weiteren fehlt in beiden Ansätzen eine Analyse der Wirkungen kostenverursachender Produktmerkmale auf die fixen Kosten des indirekten Leistungsbereichs. Die von den Gestaltungsalternativen auf die Kosten des indirekten Leistungsbereichs ausgelösten Wirkungen werden also nicht erfasst. Beide Ansätze sind daher eher dazu geeignet, eine fertigungsorientierte Konstruktion zu unterstützen.

9.4.3.2 Prozesskostenrechnung als Grundlage

In jüngster Zeit wird in der betriebswirtschaftlichen Literatur auch die **Prozesskostenrechnung als Grundlage einer konstruktionsbegleitenden Kostenrechnung** vorgeschlagen (vgl. z. B. Wäscher [Gemeinkosten-Management] 312; Foster/Gupta [Activity Accounting] 233; Franz [Konstruktion] 37 ff.). Die Prozesskostenrechnung erfasst und verrechnet die Kosten des indirekten Leistungsbereichs. Sie kann damit nur der zielorientierten Gestaltung der Gemeinkosten des indirekten Leistungsbereichs dienen. Um diesem Rechnungszweck zu genügen, müssen die bekannten Ansätze der Prozesskostenrechnung angepasst werden (vgl. hierzu auch Banker/Datar/Kekre/Mukhopadhyay u. a. [Complexity] 220 f.). Die **Modifikationen** betreffen vor allem

- die Abgrenzung der Prozesse,
- den Verrechnungsumfang und
- die Auswahl der Prozessbezugsgrößen (Driver).

Zur Unterstützung der kostenorientierten Konstruktion sind Informationen über **relevante** Kosten bereitzustellen. Relevant sind die von den Produktmerkmalen abhängigen Kosten, über die in der Konstruktion entschieden wird. Die Prozesse im indirekten Leistungsbereich müssen deshalb nach der Abhängigkeit der Prozessmengen von **Produktmerkmalen** abgegrenzt werden. Da die Verrechnung auf die Produkte in diesem System der Prozesskostenrechnung jeweils über eine einzige Bezugsgröße erfolgt, müssen die Prozesse so abgegrenzt werden, dass die Prozess-

kosten allein von einer Prozessbezugsgröße abhängig sind. Nur die Kosten einflussgrößenabhängiger Prozesse sind für Konstruktionsentscheidungen relevant und
durch die Konstruktion beeinflussbar. Deshalb dürfen nur die Kosten **einflussgrößenabhängiger Prozesse** auf die Produkte verrechnet werden. Eine **verursachungsgerechte Verrechnung** der Kosten einflussgrößenabhängiger Prozesse auf die
Produkte setzt voraus, dass die Prozessbezugsgrößen zwei Anforderungen genügen:

- Die Produktmerkmale und die Prozessbezugsgrößen der Prozesse müssen
  durch einen **funktionalen Zusammenhang** verknüpft sein.
- Zwischen den Prozessmengen und dem Produkt muss ein Zusammenhang
  bestehen (Prozesskoeffizient), der eine **eindeutige Zuordnung von Prozessmengen zu Produkten** ermöglicht.

Diese Anforderungen verlangen, dass die **Prozessbezugsgrößen** Maßgrößen der
Kostenverursachung sind, durch welche sich die Unterschiede der Produkte in
kostenbeeinflussenden Produktmerkmalen abbilden lassen. Nur wenn bei der
Abgrenzung der Prozesse und der Auswahl der Prozessbezugsgrößen eine Vielzahl
konstruktiver Produktmerkmale berücksichtigt werden kann, ist es möglich, die
Produktkomplexität und die Heterogenität des Produktionsprogramms durch das
Rechnungskonzept zu erfassen.

Mit der Prozesskostenrechnung werden überwiegend **beschäftigungsfixe Kosten**
auf die Produkte verrechnet. In der Konstruktion wird neben den beschäftigungs-
variablen Kosten und einigen Sondereinzelkosten (z. B. Werkzeugkosten) zunächst
der Bedarf an Leistungsabgaben fixkostenverursachender Potenzialgüter beeinflusst. Eine Verringerung des Bedarfs an Leistungsabgaben fixkostenverursachender Potenzialgüter führt jedoch nur dann zu Kostenänderungen, wenn die Potenzialgüter selbst in ihrem Bestand verändert oder einer anderen Nutzung zugeführt
werden können. In allen anderen Fällen kann die undifferenzierte Verrechnung
beschäftigungsfixer Kosten zu Fehlurteilen führen.

Der **Prozesskostenrechnung** liegen u. a. folgende einschränkende **Annahmen** zugrunde:

- Konstanz der Prozesskostensätze,
- Proportionalität zwischen den Prozessbezugsgrößen und den Prozesskosten
  sowie
- lineare Kostenfunktionen.

Darüber hinaus können stets nur die Wirkungen einiger wichtiger Produktmerkmale abgebildet werden. Die Kosteninformationen der Prozesskostenrechnung sind
deshalb nicht unmittelbar für die Bewertung von Gestaltungsalternativen geeignet.
Sie bilden lediglich eine globale Grundlage für die Formulierung von **Konstruktionsrichtlinien** über mögliche Kostenwirkungen von Produktmerkmalen (vgl.
Cooper/Turney [Activity-Based Cost Systems] 295 f.). Für die Zwecke der kosten-

orientierten Konstruktion braucht die Prozesskostenrechnung deshalb nicht als laufende Rechnung ausgestaltet zu werden. Die kostenverursachenden Produktmerkmale müssen nur in bestimmten Zeitabständen identifiziert werden, um die Konstruktionsrichtlinien anpassen zu können.

9.5 Aussagefähigkeit betriebswirtschaftlicher Kostenrechnungssysteme für die Planung und Steuerung von Produktkosten in der Konstruktion

In den traditionellen Systemen der Kostenrechnung werden nur die Materialeinzelkosten sowie die fertigungszeitabhängigen Gemeinkosten nach kostenbeeinflussenden Produktmerkmalen auf die Produkte verrechnet. Sie sind deshalb für die Kostenplanung und -steuerung bei der Konstruktion nur dann aussagefähig, wenn ein homogenes Produktionsprogramm angeboten wird, das sich aus Produkten mit geringem Komplexitätsgrad zusammensetzt. Diese Merkmale weist das Produktionsprogramm eines Unternehmens in der Regel nur dann auf, wenn eine **Kostenführerschaftsstrategie** verfolgt wird.

Wird dagegen eine **Differenzierungsstrategie** verfolgt, ist das Produktionsprogramm durch eine hohe Programm- oder Produktkomplexität gekennzeichnet. Um dessen Kosten gestalten zu können, müssen bei der Kostenplanung und -steuerung in der Konstruktion neben den Materialeinzelkosten und den fertigungszeitabhängigen Gemeinkosten auch die Kosten produkt- bzw. programmkomplexitätsabhängiger Prozesse des indirekten Leistungsbereichs berücksichtigt werden. Zur Unterstützung ist ein Kostenrechnungssystem zu konzipieren, das die Kosten dieser Prozesse nach kostenbeeinflussenden Produktmerkmalen auf die Produkte verrechnet. Die bisher vorgeschlagenen Ansätze der Prozesskostenrechnung genügen diesem Auswertungszweck jedoch nicht.

Die Produktkosten setzen sich aus Vorleistungs-, Leistungserstellungs- und Nachleistungskosten zusammen. Die traditionellen Verfahren der Kostenrechnung beziehen sich jedoch auf kalendermäßig abgegrenzte Abrechnungseinheiten. Bei mehrperiodigen Produktlebenszyklen hat das zur Folge, dass die Vorleistungs- und Nachleistungskosten einer Periode durch andere Produkte verursacht sein können als die Leistungserstellungskosten. Um die Vorleistungs- und Nachleistungskosten verursachungsgerecht auf Produkte verrechnen zu können, muss eine konstruktionsbegleitende Kostenrechnung als **lebenszyklusorientiertes Rechnungssystem** ausgestaltet werden, d. h., sie muss die folgenden Merkmale aufweisen:

- Die Nachleistungskosten müssen als prognostisch antizipierte Größen erfasst und verrechnet werden.
- Die Vorleistungs-, Leistungserstellungs- und Nachleistungskosten müssen getrennt erfasst, dokumentiert und verrechnet werden.

- Die Vorleistungs- und Nachleistungskosten müssen über die Produktionsmenge im Produktlebenszyklus auf die Produkte verrechnet werden.

Zusammenfassend kann festgehalten werden, dass die bekannten Systeme der Kostenrechnung für die Unterstützung der Kostenplanung und -steuerung bei der Konstruktion nur begrenzt aussagefähig sind. Ein System der Kostenrechnung, dessen Rechnungsziel die Bereitstellung von Kosteninformationen für die Kostenplanung und -steuerung in der Konstruktion zum Inhalt hat, ist bis zur Gegenwart noch nicht entwickelt worden. Das kostenrechnerische Instrumentarium des Innovationsmanagements muss daher nachhaltig weiterentwickelt werden, um präzise entscheidungsrelevante Informationen für die im Innovationsbereich anfallenden Entscheidungen bereitstellen zu können.

Literaturhinweise

Albach, H.: Innovation und [Imitation] als Produktionsfaktoren. In: Technologischer Wandel – Analyse und Fakten. Hrsg. von G. Bombach, B. Gahlen und A. E. Ott. Tübingen 1986, S. 47–63.

Banker, R. u. a.: Costs of Product and Process [Complexity]. In: Measures for Manufacturing Excellence. Hrsg. von R. S. Kaplan. Boston/Mass. 1990, S. 269–290.

Bea, F.X., J. Haas: [Strategisches Management]. 3. Aufl., Stuttgart 2001.

Becker, J.: Entwurfs- und konstruktionsbegleitende Kalkulation. In: Kostenrechnungspraxis 1990, S. 353–358.

Brockhoff, K.: [Forschung] und Entwicklung. 5. Aufl., München/Wien 1999.

Brockhoff, K.: [Prognoseverfahren] für die Unternehmensplanung. Wiesbaden 1977.

Brockhoff, K.: [S-Kurven-Konzept] Technologiemanagement – Das S-Kurven-Konzept. In: Ergebnisse empirischer betriebswirtschaftlicher Forschung. Hrsg. von J. Hauschildt und O. Grün. Stuttgart 1993, S. 327–353.

Camp, R. C.: [Benchmarking]. München, Wien 1998.

Coenenberg, A. G., A. G. Raffel: [Kostenanalyse] Integrierte Kosten- und Leistungsanalyse für das Controlling von Forschungs- und Entwicklungsprojekten. In: Kostenrechnungspraxis 1988, S. 199–207.

Commes, M. T., R. Lienert: [Controlling] im F&E-Bereich. In: ZFO 1983, S. 347–354.

Cooper, R., P. B. Turney: Internally Focused [Activity-Based Cost Systems]. In: Measures for Manufactoring Excellence. Hrsg. von R. S. Kaplan. Boston/Mass. 1990, S. 291–305.

Eberle, P., H.-G. Heil: Relativkosten-Informationen für die [Konstruktion]. In: Handbuch Kostenrechnung. Hrsg. von W. Männel. Wiesbaden 1992, S. 782–790.

Ehrlenspiel, K., A. Kiewert, U. Lindemann: Kostengünstig Entwickeln und [Konstruieren]: Kostenmanagement bei der integrierten Produktentwicklung. 3. Aufl., Berlin u. a. 2000.

Eversheim, W., R. Kümper, C. Gupta: Verursachungsgerechte [Vorkalkulation]. In: Kostenrechnungspraxis 1994, S. 239–244.

Foster, G., M. Gupta: [Activity Accounting]: An Electronics Industry Implementation. In: Measures for Manufacturing Excellence. Hrsg. von R. S. Kaplan. Boston (Mass.) 1990, S. 225–268.

Franz, K.-P.: Kostenorientierte [Konstruktion] und Entwicklung mit Hilfe der Prozesskostenrechnung. In: Thexis 1992, S. 36–38.

Franz, K.-P.: Methoden der [Kostenbeeinflussung]. In: Kostenrechnungspraxis 1992, S. 127–134.

Friedl, B.: [Controlling]. In: Allgemeine Betriebswirtschaftslehre, Band 2: Führung. Hrsg. von F. X. Bea, E. Dichtl und M. Schweitzer. 8. Aufl., Stuttgart 2001, S. 217–317.

Gröner, L.: Entwicklungsbegleitende [Vorkalkulation]. Heidelberg, Berlin, New York 1991.

Hauschildt, J.: [Innovationsmanagement]. 2. Aufl., München 1997.

Helm, R.: Planung und Vermarktung von [Innovationen]. Stuttgart 2001.

Jehle, E.: [Kostenfrüherkennung] und Kostenfrühkontrolle. Mitlaufende Kontrolle während des Konstruktions- und Entwicklungsprozesses. In: Internationale und nationale Problemfelder der Betriebswirtschaftslehre. Hrsg. von G. von Kortzfleisch und B. Kaluza. Berlin 1984, S. 263–285.

Kern, W., H. H. Schröder: [Forschung] und Entwicklung in der Unternehmung. Reinbek bei Hamburg 1977.

Lackes, R.: Herausforderungen an ein fortschrittliches [Kosteninformationssystem]. In: Kostenrechnungspraxis 1990, S. 327–338.

Lackes, R.: EDV-orientiertes Kosteninformationssystem. Flexible Plankostenrechnung und neue Fertigungstechnologien. Wiesbaden 1989.

Pfeiffer, W.: [Technologie-Portfolio] zum Management strategischer Zukunftsgeschäftsfelder. 6. Aufl., Göttingen 1991.

Picot, A., R. Reichwald, M. Nippa: Zur Bedeutung der [Entwicklungsaufgabe] für die Entwicklungszeit. Ansätze für die Entwicklungszeitgestaltung. In: Zeitmanagement in Forschung und Entwicklung. Sonderheft 23 der Zeitschrift für betriebswirtschaftliche Forschung. Hrsg. von K. Brockhoff, A. Picot und C. Urban. Düsseldorf, Frankfurt/M. 1988, S. 112–133.

Pickel, H.: [Kostenmodelle] als Hilfsmittel zum kostengünstigen Konstruieren. München, Wien 1989.

Pryor, L. S.: [Benchmarking]. A Self-Improvement Strategy. In: The Journal of Business Strategy (10) 1989, Nov./Dec., S. 28–32.

Scheer, A.-W., J. Becker, M. Bock: Ein [Expertensystem] zur konstruktionsbegleitenden Kalkulation. In: Innovative Informations-Infrastrukturen. Ergebnisse einer Kooperation der Universität des Saarlandes und der Siemens AG. Hrsg. von B. Gollan, W. J. Paul und A. Schmitt. Berlin u. a. 1988, S. 236–254.

Schewe, G.: [Imitationsmanagement]: Nachahmung als Option des Technologiemanagements. Stuttgart 1992.

Schneider, H., H. Dittrich: [F&E-Management]. In: Produktionsmanagement in kleinen und mittleren Unternehmen. Hrsg. von H. Schneider. Stuttgart 2000, S. 89–148.

Schröder, H.-H: Technologie- und [Innovationsplanung]. In: Betriebswirtschaftslehre. Hrsg. von H. Corsten und M. Reiß. 3. Aufl., München, Wien 1999, S. 989–1114.

Schuh, G.: Gestaltung und Bewertung von [Produktvarianten]. Ein Beitrag zur systematischen Planung von Serienprodukten. Diss. Aachen 1988.

Schweitzer, M.: Industrielle [Fertigungswirtschaft]. In: Industriebetriebslehre. Hrsg. von M. Schweitzer. 2. Aufl., München 1994, S. 569–746.

Schweitzer, M.: [Planung] und Steuerung. In: Allgemeine Betriebswirtschaftslehre, Band 2: Führung. Hrsg. von F. X. Bea, E. Dichtl und M. Schweitzer. 8. Aufl., Stuttgart 2001, S. 217–317.

Schweitzer, M., B. Friedl: [Konstruktion]. In: Handwörterbuch des Rechnungswesens. Hrsg. von K. Chmielewicz und M. Schweitzer. 3. Aufl., Stuttgart 1993, Sp. 1108–1122.

Süverkrüp, Ch.: Internationaler technologischer [Wissenstransfer] durch Unternehmens-akquisitionen – Eine empirische Untersuchung am Beispiel deutsch-amerikanischer und amerikanisch-deutscher Akquisitionen. Frankfurt/M. et al. 1992.

Tanaka, M.: Cost Planning and Control Systems in the [Design Phase] of a New Product. In: Japanese Management Accounting. Hrsg. von Y. Monden und M. Sakurai. Cambridge, Mass. 1989, S. 49–71.

Tani, T., Y. Kato: [Target Costing] in Japan. In: Neuere Entwicklungen im Kostenmanagement. Hrsg. von K. Dellmann und K.-P. Franz. Bern, Stuttgart 1994, S. 191–222.

Wäscher, D.: [Gemeinkosten-Management] im Material- und Logistik-Bereich. In: Zeitschrift für Betriebswirtschaft (57) 1987, S. 297–315.

Wild, J.: Grundlagen der [Unternehmungsplanung]. 4. Aufl., Opladen 1982.

Wissema, J. G., L. Euser: Successful Innovation Through Inter-Company [Networks]. In: Long Range Planning, (24) 1991, S. 33–39.

Yoshikawa, T., J. Innes, F. Mitchell: [Cost Tables]. A Foundation of Japanese Cost Management. In: Journal of Cost Management for Manufactoring Industry (3) 1990, Fall, S. 30–36.

Beschaffung und Logistik

Kapitel 2

Ernst Troßmann

1 Grundlagen der Beschaffung und Logistik

1.1 Merkmale der betrieblichen Beschaffung

1.1.1 Die Funktion der betrieblichen Beschaffung

Im betrieblichen Umsatzprozess lassen sich zwei entgegengesetzt verlaufende Güterströme erkennen. Es werden Einsatzgüter beschafft und be- oder verarbeitet. Sie durchlaufen den Betrieb in einem längeren und mehrstufigen Prozess mit verschiedenen Veredelungsstufen. Die entstandenen Produkte fließen schließlich an die Abnehmer. Diesem Realgüterprozess entgegengerichtet ist der Finanz- oder Nominalgüterstrom. Von den Abnehmern fließt Geld in den Betrieb. Ein Teil davon verlässt ihn auf der anderen Seite wieder als Entgelt für die Einsatzgüter.

> Der **Realgüterprozess** umfasst alle Güterbewegungen im Betrieb, die nicht aus geldlichen Leistungen bestehen. Er ist der eigentliche Leistungsprozess des Betriebes.

In grober Einteilung lassen sich die Realgüterfunktionen der Beschaffung, der Fertigung und des Absatzes trennen. An verschiedenen Stellen können ferner **Lagerprozesse** eingeschaltet sein. Die drei Basisfunktionen sind durch grundsätzlich verschiedene Aufgabenstellungen gekennzeichnet: So besteht die **Fertigung** aus rein innerbetrieblichen Transformationsprozessen. Ihr Marktbezug ist nur mittelbar. Beispielsweise sind hier Arbeitsreihenfolgen, Maschinenbelegungen, Losgrößen, Fertigungsverfahren und zahlreiche andere innerbetriebliche zeit- und mengenpolitische sowie organisatorische Maßnahmen festzulegen.

Beschaffung und **Absatz** sind demgegenüber Realgüterphasen mit unmittelbarer Verbindung zu den Märkten. Daraus ergibt sich eine Reihe von Gemeinsamkeiten. Sie erscheinen umso größer, je mehr die Marktbeziehungen selbst sowie die Analyse der Märkte in den Vordergrund treten. Deshalb bietet sich ein gesamtbetriebliches **Marketing** an, um die dabei entstehenden Probleme gemeinsam zu untersuchen und zu lösen. Das Absatzmarketing einerseits sowie das Beschaffungsmarketing andererseits bilden dann spezielle Varianten hiervon. Unbeschadet der gemeinsamen marketingpolitischen Fragestellung und des grundsätzlich symmetrischen Handlungsinstrumentariums ergeben sich indessen schon dadurch zahlreiche Unterschiede in den Einzelaspekten, dass beim Absatz Produkte an den Markt abfließen sollen, während die Beschaffung für den Zufluss der Einsatzgüter zu sorgen hat.

Die Beschaffungsaufgabe ist damit allerdings erst sehr grob beschrieben. Sie ist im Folgenden zu präzisieren. Als **erste betriebliche Realgüterphase** ist sie eine Funktion mit besonderer Bedeutung für den gesamten Prozess: Engpässe an dieser Stelle behindern das Zustandekommen einer angestrebten Produktion von vornherein. Was bedeutet die Sicherung des Realgüterzuflusses im Einzelnen? Der typische Fall besteht gewiss nach wie vor darin, benötigte Güter zu kaufen, in den betrieblichen Einflussbereich zu bringen und für den Einsatz in der Produktion bereitzuhalten.

Allerdings ist dies nur eine von mehreren Möglichkeiten. Neben den schon herkömmlich bestehenden Alternativen zum Kauf, wie Miete, Pacht, Leasing, Leihe, Dienst- oder Werkvertrag, haben sich in der Wirtschaftspraxis zahlreiche Formen entwickelt, Einsatzgüter in Arbeitsteilung zwischen Lieferant und beschaffendem Betrieb bereitzustellen. Daher erscheint es zweckmäßig, die Aufgabe der Beschaffung nicht unbedingt darin zu sehen, in jedem Fall das juristische Eigentum oder die körperliche Präsenz der Einsatzgüter zu erlangen.

> Die **Aufgabe** der Beschaffung besteht darin, die **Verfügungsgewalt** über die Güter zu erlangen, die in den Produktionsprozess eingehen sollen.

1.1.2 Einsatzfelder der Beschaffung

Zu den Einsatzgütern zählen

- die Arbeit des betrieblichen Personals,
- externe Dienstleistungen,
- die Leistungsabgabe von Maschinen und anderen materiellen Potenzialgütern,
- externe Informationen,
- Material.

(1) Bei der **Personalbeschaffung** sind besonders soziale Ziele und Nebenbedingungen zu beachten. Ein weiterer Unterschied zu anderen Beschaffungsaktivitäten liegt in ihrer rechtlichen Gestaltung. Arbeitsrecht und Tarifvertrag einerseits sowie die Wünsche der Arbeitnehmer und die Ziele des betrieblichen Produktionsbereichs andererseits bestimmen und begrenzen die Möglichkeiten dafür. Wegen dieser Besonderheiten empfiehlt es sich, die Personalbeschaffung organisatorisch von sonstigen Beschaffungsaufgaben zu trennen und einer Personalabteilung zuzuweisen.

(2) **Leistungen von Potenzialgütern** lassen sich nur ausnahmsweise isoliert beschaffen. So benötigt man etwa zur Herstellung von verkaufsfähigem Mineralwasser eine Abfüllanlage. Anstelle der einzelnen Abfüllleistung wird man i.d.R. die Be-

schaffungsaktivitäten auf die ganze Abfüllanlage richten, also ein ganzes Potenzial von Abfüllleistungen beschaffen. Das Beispiel der – möglicherweise sogar nur stundenweisen – Anmietung einer derartigen Anlage zeigt aber, dass es im Kern tatsächlich nur darauf ankommt, über eine genügend große Abfüllkapazität zu verfügen. Der Kauf einer Abfüllanlage ist nur eine von mehreren Möglichkeiten, allerdings nahe liegend. Statt einzelner Leistungen wird also ersatzweise das Potenzialgut selbst beschafft.

Diesen Tatbestand beobachtet man bei allen materiellen Potenzialgütern. Dazu gehören Grundstücke, Gebäude, Betriebsausstattung, Maschinen und Anlagen, Werkzeuge und Vorrichtungen, Transportmittel und Fördereinrichtungen. Die gemeinsame Besonderheit der Beschaffung dieser Potenzialgutleistungen liegt im Wesentlichen darin, dass i. d. R. ein größerer Vorrat an Möglichkeiten zur Leistungsabgabe bereitgestellt wird (vgl. Troßmann [Potenzialgestaltung]). Diese Beschaffungsteilaufgabe wird daher ebenfalls häufig ausgegliedert und organisatorisch einer Investitions- oder Anlagenabteilung zugewiesen.

(3) Unter den Beschaffungsgütern kommt den **externen Informationen** eine Sonderrolle zu. Zunächst ist festzustellen, dass die allgemeine Versorgung des Betriebes mit Informationen nicht zum betrieblichen Leistungsbereich gehört – jedenfalls soweit sie nicht die eigentlichen Zwischen- oder Endprodukte sind, wie etwa bei Beratungsunternehmen. Vielmehr zählen die Bereitstellung von Informationen wie auch ihre Aufbereitung, Verwendung und Weitergabe zu den betrieblichen Führungsfunktionen. Mit Informationen wird der Güterprozess geplant, in Gang gesetzt, gesteuert und kontrolliert. Es handelt sich also um eine andere Ebene eines betrieblichen Prozesses. Der Informationsprozess bildet einen Teil der **betrieblichen Führung**. Zu den Fragen der Informationswirtschaft als Teil der betrieblichen Führung vgl. Band II, 4. Kapitel.

(4) Die **Materialbeschaffung** ist das im Tagesgeschäft vorherrschende Teilgebiet der Beschaffung. Verschiedene Autoren engen die Beschaffungsaufgabe sogar von vornherein auf das Material ein.

> Unter dem Begriff **Material** fasst man folgende Güterarten zusammen: Rohstoffe, Halb- und Fertigfabrikate, die in den weiteren Produktionsprozess eingehen, Hilfsstoffe, Betriebsstoffe sowie Handelswaren.

Die Frage, zu welcher der aufgeführten Materialarten ein bestimmtes Einsatzgut gehört, hängt vom Produktionsprozess ab. Größere Produktionsprozesse lassen sich in mehrere Stufen untergliedern. Für jede davon kann man die Einsatzgüter zunächst danach unterscheiden, ob sie in vorgelagerten Stufen selbst hergestellt worden sind oder ob sie dem betrieblichen Produktionsprozess von außen zufließen. Im ersten Fall handelt es sich um selbst produzierte Zwischenprodukte, sog. **derivative** Einsatzgüter. Nur die zuletzt genannten, die sog. **originären** Einsatzgüter, sind zu beschaffen.

Für einen bestimmten Produktionsprozess (und wenn man tiefer differenziert: für eine bestimmte Fertigungsstufe eines Produktionsprozesses) kann man die einzelnen **Materialarten** wie folgt kennzeichnen:

(a) **Rohstoffe** gehen in das Produkt ein, und zwar als mengen- oder wertmäßig bedeutender Bestandteil. In der Regel bezeichnet man nur jene originären Einsatzgüter, die eine noch geringe Veredelungsstufe aufweisen, als Rohstoffe. Sie stammen als Anbau- bzw. Züchtungsprodukte aus der Land- und Forstwirtschaft oder aus der Fischerei. Als Abbauprodukte und nach Aufbereitung bzw. aus speziellen Herstellungsprozessen werden sie in Bergwerken und Hütten sowie durch physikalische oder chemische Umwandlung gewonnen. Einsatzgüter, die wie Rohstoffe zu bedeutenden Bestandteilen des hergestellten Produkts werden, jedoch schon einen größeren Reifegrad aufweisen, wie etwa Elektromotoren oder vormontierte Einbauteile, bezeichnet man als **Vorprodukte** oder **Teile, Halb-** und **Fertigfabrikate**, bei genauerer Differenzierung auch als Baugruppen, Montage- oder Systemkomponenten. Soweit es sich um originäre Einsatzgüter handelt, sind sie für die Beschaffung letztlich genauso zu behandeln wie (andere) Rohstoffe.

(b) **Hilfsstoffe** gehen in das Produkt ein, haben daran aber mengen- und wertmäßig nur einen unbedeutenden Anteil. Gleichwohl kann ihre funktionelle Bedeutung hoch sein. Beispiele für Hilfsstoffe bilden Nähgarn für die Konfektion von Kleidungsstücken, Schrauben bei Montageprozessen oder Draht zur Befestigung von Bauelementen an Waschmaschinen. Diese Beispiele zeigen auch, dass die Zuordnung zu einer Materialart vom betrachteten Produktionsprozess abhängt. So wird möglicherweise die gleiche Art von Garn in einem anderen Produktionsprozess als Rohstoff zum Weben von Stoffen verwendet. Aus Draht der angeführten Art als Rohstoff können auch Büroklammern hergestellt werden.

(c) **Betriebsstoffe** gehen im Unterschied zu den Roh- und Hilfsstoffen nicht in das Produkt ein, sind aber zur Durchführung des Fertigungsprozesses erforderlich. Sie dienen zur Ingangsetzung und Aufrechterhaltung der Produktion. Beispiele bilden Schmiermittel für Maschinen, Kältemittel bei Bohrprozessen sowie Putzmaterial zur Reinigung von Rohstoffen, Produkten, Maschinen und Werkzeugen. **Energie** gehört ebenfalls zu den Betriebsstoffen, wird aber häufig wegen der hohen Bedarfsmengen und -werte von den sonstigen Betriebsstoffen getrennt betrachtet.

(d) **Handelswaren** sind Güter, die gar nicht oder nur sehr geringfügig bearbeitet werden. Sie werden allenfalls umsortiert, in anderen Einheiten abgepackt, erhalten zusätzlich Etiketten o. ä.

Rohstoffe, Halb- und Fertigprodukte sowie Hilfsstoffe werden zusammenfassend als **Werkstoffe** bezeichnet, da sie in der Fertigung be- oder verarbeitet werden. Die Systematik der Materialarten zeigt zusammenfassend Abb. 2.1.

Der Überblick über die Einsatzfelder der Beschaffung soll mit zwei Abgrenzungsüberlegungen abgerundet werden. Zunächst wird die Bereitstellung von Geld, die man häufig kurz als **Kapitalbeschaffung** bezeichnet, hier nicht der Beschaffung zugerechnet. Die Beschaffung wird zwar weit verstanden und umfasst so alle Arten von Einsatzgütern des Produktionsprozesses. Gleichzeitig lässt sie sich aber auch auf Realgüter beschränken. Der betriebliche Finanzprozess (Nominalgüterprozess) bildet einen eigenen Güterumlauf mit besonderen Aufgabenbereichen.

Bei der zweiten Abgrenzungsfrage geht es um den Zusammenhang zwischen Beschaffung und **Materialwirtschaft**. Beide Bereiche überschneiden sich in der Aufgabe der Materialbeschaffung. Diese kann aus der Sicht sowohl der Beschaffung als

Abbildung 2.1: Gliederung der Materialarten

auch der Materialwirtschaft als eine Hauptaufgabe angesehen werden. Dies macht verständlich, warum in der betrieblichen Praxis, aber auch in der Literatur Beschaffung und Materialwirtschaft oft als weitgehend identische Aufgabenbereiche aufgefasst werden. Beschaffung kennzeichnet allerdings eine **Funktion** des Realgüterprozesses.

> **Materialwirtschaft** umfasst alle betriebswirtschaftlichen Aufgaben, die das Material betreffen. Sie ist somit **objektbezogen**.

Zum Aufgabenbereich der Materialwirtschaft rechnet man neben der Materialbeschaffung die technische Materialprüfung, die Materiallagerung und den Materialtransport sowie die Abfallverwertung bzw. die Entsorgung und das Recycling (vgl. auch Grün [Materialwirtschaft] 450 ff.).

Recycling umfasst alle Maßnahmen, Güter in Produktionsprozesse zurückzuführen, die ansonsten als Abfall oder überschüssige Energie zu beseitigen wären. Ein Hauptansatzpunkt liegt im Fertigungsbereich. Es gibt kaum einen Produktionsprozess, bei dem außer dem primär gewünschten Produkt nicht auch andere Stoffe entstehen. Man betrachtet sie entweder als Nebenprodukte oder als Abfall. Soweit Nebenprodukte zwangsläufig anfallen, handelt es sich um **Kuppelproduktion**. **Fertigungs-Recycling** bedeutet, die Prozesse stärker als Kuppelproduktion zu behandeln; anfallende Zusatzstoffe oder -energie bilden dann Nebenprodukte. Angestrebt werden eine bessere Ausnutzung der Einsatzgüter, eine kleinere Abfallmenge, eine verringerte Schadstoffabgabe, eine bessere Verwertungsmöglichkeit durch Sortieren oder Reinigen sowie möglicherweise ein Zusatzerlös bzw. geringere Beseitigungskosten für diese Nebenprodukte.

Auch außerhalb der eigentlichen Fertigungsprozesse bieten sich Möglichkeiten für **betriebliche Recycling-Maßnahmen,** so beim mehrfachen Verwenden von Verpackungsmaterial oder allgemeinen Zusammenführen von sortiertem Abfall und Abwärme zur weiteren Nutzung. Das **Non-Abfall-Recycling** setzt bei den Produkten selbst an. Sie bzw. die Überreste von ihnen sollen nach Nutzung beim Verbraucher wieder zurückgeführt werden. Hieran wird besonders deutlich, dass neben die materialwirtschaftliche Seite der Recycling-Aufgabe auch Aspekte der Fertigung, der Produktgestaltung und des Marketing treten können.

1.2   Merkmale der betrieblichen Logistik

1.2.1   Die Funktion der betrieblichen Logistik

Der Begriff Logistik stammt aus dem militärischen Bereich. Er bezeichnet dort die Versorgung von Truppen mit allen erforderlichen Gütern, d. h. die Regelung des Nachschubs mit Verpflegung und militärischer Ausrüstung. Nach dem Zweiten Weltkrieg ist der Begriff der Logistik zunehmend auf eine Reihe analoger Probleme aus dem betriebswirtschaftlichen, teilweise auch aus dem volkswirtschaftlichen Bereich übertragen worden. Mitunter wird die gesamte Versorgung des Betriebes mit Einsatzgütern unter den Begriff der Logistik gefasst. Diese Versorgungsaufgabe ist dabei sehr weit zu interpretieren: Es genügt nicht, die Einsatzgüter in den Verfügungsbereich des Betriebes zu bringen. Vielmehr sieht man das Schwergewicht der logistischen Aufgabenstellung vor allem darin, die Einsatzgüter an den einzelnen Produktionsstellen mengen- und termingerecht verfügbar zu machen. Eine noch weitere Auffassung rechnet zur Logistikaufgabe auch die Versorgung der betrieblichen Absatzstellen und der Kunden sowie darüber hinaus die Entsorgung.

Diese sehr weitreichende Interpretation der Logistik vermischt Beschaffungsaufgaben im oben beschriebenen Sinn mit anderen Teilaufgaben, die in den weiteren Phasen des Betriebsprozesses anfallen. Dies ist nicht nur für die Betrachtungssystematik, sondern vor allem auch in praktisch-organisatorischer Hinsicht unzweckmäßig. Will man in einem Betrieb Abteilungen für die Beschaffungs- und die Logistikfunktion bilden, müssen deren Aufgabenbereiche unterscheidbar festgelegt und abgegrenzt sein – freilich unbeschadet dessen, dass zwischen den Aufgabenbereichen in vielfältiger Hinsicht Zusammenhänge bestehen können.

Nun sind die Probleme der geschilderten betriebsumfassenden Güterversorgung in den vergangenen Jahren sowohl im betrieblichen Bereich stärker beachtet, als auch in der Wissenschaft intensiver behandelt worden. Die Versorgung der betrieblichen Stellen mit Gütern ist eine Aufgabe, die den gesamten Produktionsprozess durchzieht. Sie wird aber in der herkömmlichen Funktionsaufgliederung nur «stückchenweise» gesehen und gelöst: in der Beschaffungsphase, in den verschiedenen Fertigungsstufen sowie in der Absatzphase. Entsprechendes gilt für die Entsorgung von Rückständen. Dies lässt sich vermeiden, wenn man die angesprochenen Aufgaben über alle Phasen des Betriebsprozesses zusammenfasst und dafür eine besondere **Querschnittsfunktion** bildet: die Logistik.

Diese sicherlich sinnvolle Überlegung wird allerdings verwischt, wenn man die Teilfunktionen, die hierbei berührt werden, mit den Gesamtaufgaben der Beschaffung oder der Materialwirtschaft verbindet. Die gemeinsame Problematik der Güterver- und -entsorgung in allen betrieblichen und auch betriebsexternen Lieferungs- oder Empfangsstellen umfasst nämlich primär Transport- und Lagerprobleme sowie direkt damit zusammenhängende Fragen. Es empfiehlt sich deswegen, die Logistik hierauf zu beschränken. Andererseits tritt diese Problematik beim Transport und Aufenthalt von Personen in entsprechender Form auf wie beim Transport und bei der Lagerung von Gütern. Lösungsansätze für den einen Problemkreis sind deshalb vielfach auf den anderen übertragbar. Es ist demnach insgesamt zweckmäßig, Logistik als betriebliche Funktion wie folgt zu definieren:

Logistik umfasst alle Aktivitäten zur Raum- und Zeitüberbrückung bei Personen und Gütern, einschließlich deren Umgruppierung.

Logistische Teilfunktionen sind

- **Transport** (Raumüberbrückung),
- **Aufenthalt** (Zeitüberbrückung von Personen),
- **Lagerung** (Zeitüberbrückung von Gütern)
- sowie **Umgruppierungen.**

Letztere werden erforderlich, weil Raum- und Zeitüberbrückungsmaßnahmen i. d. R. jeweils einer Personengruppe bzw. einer Menge von Gütern gleichzeitig gelten. Für verschiedene Transport-, Aufenthalts- oder Lagerungsmaßnahmen sind indessen im Allgemeinen jeweils andere Gruppierungen zweckmäßig. Daher umfassen logistische Aktivitäten auch Änderungen der Gruppenzusammensetzung. Solche Umgruppierungen vollziehen sich z. B. im Umsteigen beim Personentransport sowie im Umschlagen, Umladen bzw. Umsortieren beim Gütertransport.

1.2.2   Einsatzfelder der Logistik

Logistische Teilfunktionen sind in allen Realgüterphasen zu erfüllen. So kann man eine Beschaffungslogistik, eine (innerbetriebliche) Fertigungslogistik sowie eine Distributionslogistik (Absatzlogistik) unterscheiden. Beschaffungs- und Distributionslogistik beschäftigen sich einerseits mit innerbetrieblichen, andererseits aber auch mit außerbetrieblichen Güterströmen. Die Einsatzfelder der Logistik führen somit quer durch alle anderen Realgüterfunktionen.

Logistik ist **keine zusätzliche Funktion** neben Beschaffung, Fertigung und Absatz. Vielmehr entsteht Logistik als eigene, übergreifende Aufgabe erst dadurch, dass man aus den Leistungsprozessen jeweils die Aufgaben der physischen Raum- und Zeitüberbrückung herausnimmt und in einer neuen **Querschnittsfunktion** zusammenfasst.

Für die organisatorische Aufgabenzuordnung in der betrieblichen Praxis hat dies folgende Konsequenz: Wenn eine eigene organisatorische Einheit für die logistischen Fragen geschaffen wird, werden damit die Aufgabenbereiche der herkömmlichen Leistungsprozesse um diese Elemente reduziert. Eine derartige organisatorische Zusammenfassung aller logistischen Aufgaben empfiehlt sich häufig schon wegen der Möglichkeit, Kapazität gemeinsam zu nutzen. Dies gilt beispielsweise für Transportmittel, die in Beschaffungs-, Fertigungs- und Distributionslogistik gleichermaßen eingesetzt werden können.

Neben der Zuordnung zu Realgüterphasen ist ein zweites Kriterium für die Kennzeichnung logistischer Aufgaben bedeutend: der **Gegenstand der Logistik**. Hieran richtet sich die Einteilung in Personen- und Güterlogistik aus. Insbesondere bei der Güterlogistik werden einzelne Güterarten oft wegen ihrer besonderen logistischen Behandlung herausgehoben. Allgemein ist die Logistik beweglicher Sachgüter, die **Warenlogistik**, als wichtigster Bereich anzusehen. Daneben bildeten sich in den letzten Jahren auch eine **Energielogistik** und eine **Informationslogistik** als eigene Bereiche heraus. In Abb. 2.2 ist die Logistik nach Gegenständen und Teilfunktionen aufgegliedert.

Logistische Funktion / Logistikart nach Gegenständen	Physische Raumüberbrückung	Physische Zeitüberbrückung	Physische Umgruppierung
Personenlogistik	Personen-beförderung	Aufenthalt	Umsteigen
Gü-ter-logis-tik — Warenlogistik — Material-logistik, Endprodukt-logistik (= Distri-butions-logistik)	Gütertransport	Lagerung	Umschlag
Gü-ter-logis-tik — Energielogistik	Energietransfer	Speicherung	Umschlag (evtl. Energie-transformation)
Gü-ter-logis-tik — Informationslogistik	Informations-übermittlung	Speicherung	Umspeicherung (evtl. Um-codierung)

Abbildung 2.2: Gliederung der Logistik nach Gegenständen und Teilfunktionen

Besondere praktische Bedeutung hat eine tiefere Untergliederung der Warenlogistik erlangt. Die speziellen Fragen des Materialflusses von Einsatzgütern, Zwischen- und eventuell Endprodukten auf der Beschaffungsseite und innerhalb des Betriebs bis zum Absatzlager werden zur **Materiallogistik** zusammengefasst. Zu ihrer Abgrenzung werden damit Merkmale der Güterart und des Umsatzprozesses gleichzeitig verwendet. Soweit es sich bei den Produkten um Sachgüter handelt, bildet der verbleibende Teil die **Distributionslogistik**.

Eine andere Untergliederung der Warenlogistik lässt neben der Versorgungs- eine **Entsorgungslogistik** erkennen. Sie richtet sich allgemein auf Rückstände der Bereitstellung, der Herstellung oder auch des Verbrauchs. Ihr Gegenstand sind einerseits Sekundärstoffe – soweit handelt es sich um die logistische Seite des Recycling –, andererseits Abfälle. Zu ersteren zählen Leergut und Verpackungen, Austauschelemente und sonstige Rücklaufteile, Verschnitt und andere Produktionsrückstände sowie im **Non-Abfall-Recycling** die zurückzuführenden Produkte und Produktteile nach dem Verbrauch.

Die **innerbetriebliche** Entsorgungslogistik kann man dem Materialbereich zurechnen. Die beim oder nach dem Absatz anfallenden Rückstände sind aus verschiedenen Gründen ebenfalls in die betriebliche Logistik einzubeziehen. Zum einen kann dies aus betrieblichen Gründen so gewollt sein. Zum anderen sorgen dafür zahlreiche **Verordnungen** zur Verpackung allgemein, zu PET-Getränkeflaschen, zu Altfahrzeug-, Elektrogeräte- und Elektronikschrott usw. Ferner gibt es verschiedene **Selbstverpflichtungen der Industrie,** etwa zu Altpapier, gebrauchten Batterien oder zum sog. dualen System des Verpackungsmüllrecycling.

Die dadurch entstehenden Aufgaben der Entsorgungslogistik liegen **außerhalb** des eigenen Betriebs. Sie werden zeitlich und institutionell weitgehend ohne Rückgriff auf die ursprüngliche Lieferanten-Kunden-Beziehung realisiert. Daher bietet sich für sie noch deutlicher als für die Absatzversorgungslogistik eine Delegation an spezielle Entsorgungs- und Recyclingbetriebe an.

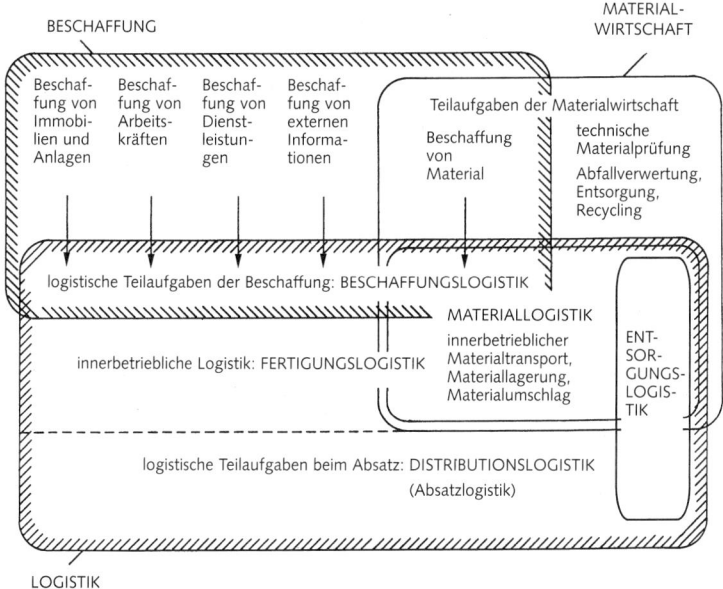

Abbildung 2.3: Abgrenzung von Beschaffung, Materialwirtschaft und Logistik

Die Einteilung in Material- und Distributionslogistik orientiert sich an der in Betrieben üblichen organisatorischen Zuordnung der Logistik-Aufgaben. Die Materiallogistik wird der Materialwirtschaft zugeordnet, die Distributionslogistik dem Absatzmarketing. Da die Beschaffungsaufgabe über Material hinausgeht, ist ein Teil der Beschaffungslogistik durch die angesprochene Einteilung ausgegrenzt. Das gleiche gilt für jene Teile der Fertigungslogistik, die sich nicht auf Material beziehen. Wie die Aufgaben von Beschaffung, Materialwirtschaft und Logistik abgegrenzt werden können, illustriert Abb. 2.3.

2. Das Supply Chain Management als Rahmen betrieblicher Beschaffungs- und Logistikentscheidungen

2.1   Begriff des Supply Chain Managements

Um die Beschaffungsfunktion zielentsprechend zu erfüllen, kann es zweckmäßig sein, nicht nur die Beziehungen zu den unmittelbaren Marktpartnern, den Lieferanten, zu gestalten, sondern die Überlegungen auf die Zulieferer der Lieferanten und gegebenenfalls weitere Betriebe früherer Stufen auszudehnen. So kann man die gewünschte Qualität eines Rohstoffs, die der eigene Lieferant verarbeiten soll, sicherstellen, die terminliche Verlässlichkeit erhöhen oder Kosten fundierter planen. Die Beschaffungspolitik weitet sich dann auf eine mehrere Betriebe umfassende **Lieferkette**, die **Supply Chain**, aus. Eine solche umfassende Betrachtung legt auch nahe, die Art der Arbeitsteilung unter den beteiligten Betrieben generell zu überdenken und gegebenenfalls neu zu ordnen. Alle derartigen Entscheidungen werden unter dem Begriff Supply Chain Management zusammengefasst:

> **Supply Chain Management** ist die zielorientierte Gestaltung der Lieferungs-Empfangs-Beziehungen zwischen den Betrieben einer Lieferkette (eines Beschaffungsweges).

Dazu gehören z. B. typische Logistikentscheidungen, wie die Abstimmung von Mengen und Zeiten der Produktions- und Lieferprozesse über die Kette hinweg, und damit die Bestandspolitik der beteiligten Betriebe. Ferner umfasst Supply Chain Management auch strategische Beschaffungsentscheidungen, so die Verteilung der Entwicklungsarbeit für eine Neukomponente.

Im Gegensatz zu anderen Managemententscheidungen ist beim Supply Chain Management ein autonomer Entscheidungsbereich des Betriebes prinzipiell so gut wie nicht vorhanden – wenn überhaupt, dann nur auf Grund besonderer Machtverhältnisse, wie etwa bisweilen zwischen einzelnen Kraftfahrzeugherstellern und

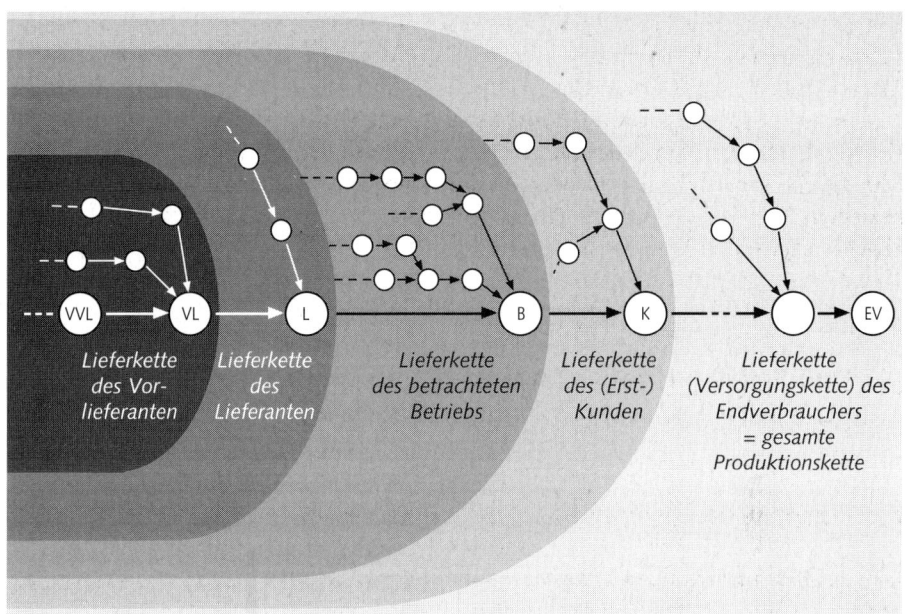

Abbildung 2.4: Verschachtelung der Lieferketten von Betrieben aufeinanderfolgender Produktionsstufen

manchen ihrer Zulieferer. Nur zu unmittelbaren Lieferanten hat der Betrieb direkten Kontakt, in die weiteren Vorstufen kann er im Allgemeinen nur indirekt einwirken. Hinzu kommt, dass der beschaffende Betrieb selbst Teil der Lieferkette seiner Kunden ist und insoweit auch Planungselement in deren Supply Chain Management (vgl. Abb. 2.4). Es ist eine unternehmungspolitische Frage, ob und inwieweit das eigene Supply Chain Management in ein übergreifendes Produktionskettenmanagement über Lieferanten und Kunden eingegliedert wird, das dann auch die betriebliche Absatzseite in den abzustimmenden Komponenten umfasst. Im hier verstandenen Sinn ist dies das Supply Chain Management aus Sicht des Endverbrauchers. Häufig wird in der Literatur als Supply Chain Management nur diese Variante verstanden (vgl. Weber/Dehler/Wertz [Supply Chain Management] 265 sowie Pfohl [Supply Chain Management]). Diese Auffassung erklärt auch den Vorschlag, statt von Supply Chain besser von «Demand Chain» oder «Chain of Customers» zu sprechen. Hier wird die Lieferkette des Endverbrauchers als dessen **Versorgungskette** oder als **gesamte Produktionskette** bezeichnet.

2.2 Ansatzpunkte für das Supply Chain Management

Die Möglichkeiten eines Supply Chain Management sind erst knapp vor der Jahrtausendwende stärker in das Bewusstsein getreten. Ein erster über die Branchen hinweg beachteter Anwendungsfall waren integrierte Logistikkonzepte in der Kraftfahrzeugindustrie mit dem Ziel der Bestandsreduzierung in der Lieferkette des Herstellers, die sog. überbetriebliche Just-in-Time-Logistik (vgl. Abschnitt 4.3.3). Ebenso wie das weitergreifende Konzept der «schlanken Produktion» (Lean Production), das ab Anfang der neunziger Jahre diskutiert wurde, gingen die Anwendungsfälle von der Kraftfahrzeugindustrie aus. Sie wurden anfangs noch nicht unter ein Supply Chain Management eingeordnet. Eines der Kernelemente schlanker Produktion ist die umfassende Auslagerung ganzer Bauteile auf die Zulieferer. Durch die geringe Fertigungstiefe soll u. a. mehr Flexibilität bei Mengen und Terminen erreicht werden. Die beim Lean-Konzept angestrebte Auslagerung von Vorproduktion unterscheidet sich jedoch in zweierlei Hinsicht von dem in Europa und den USA vorher verbreiteten Prinzip: Zum einen sind nicht nur einfache Bauteile, sondern ganze Systemeinheiten Gegenstand der Lieferverträge. Zum anderen agiert der zuliefernde Betrieb nicht in der Rolle eines Auftragnehmers, der Standardprodukte liefert oder exakte Vorgaben einzuhalten hat, sondern wirkt auch bereits bei der Entwicklung und laufenden Produktgestaltung mit. Ziel ist es, die Möglichkeiten der Zusammenarbeit in der Lieferkette gemeinsam optimal zu nutzen.

Hierfür werden Teams aus Fachkräften des Lieferanten und des abnehmenden Betriebs gebildet, die in einem Prozess des Simultaneous Engineering Produkt und zugehörige Werkzeuge entwickeln. Da es sich teilweise um spezifische und hoch komplexe Einheiten handelt, entsteht eine intensive Bindung beider Seiten aneinander, die insoweit einen Wettbewerb mit anderen Marktteilnehmern ausschließt.

Der Begriff Lean Production stammt aus einer Studie des Massachusetts Institute of Technology (MIT). Dort wurde die Situation der Kraftfahrzeugproduktion in einem Ländervergleich untersucht. Das markante Ergebnis waren typische Unterschiede zwischen US-amerikanischen und europäischen Produzenten einerseits sowie japanischen andererseits. Während hier die klassische Fließfertigung mit starker Arbeitsteilung und ihrer Ausrichtung auf große Stückzahlen vorherrscht, kommt man dort – der Studie zufolge – mit deutlich weniger Personal, Produktionsfläche, Kapitaleinsatz sowie Entwicklungs- und Fertigungszeit aus. Die damit verbundene Art der Produktion bezeichnen die Autoren als «lean» (vgl. Womack u. a. [Revolution]). Sie umfasst allerdings nicht nur eine bestimmte Strategie des Supply Chain Managements, sondern ist ein Gesamtkonzept für die Struktur eines Industriebetriebes (Lean Management).

So soll auch innerhalb des Betriebes ein Simultaneous Engineering in abteilungsübergreifenden Teams Entwicklungszeit abkürzen und ein ressortbezogenes Denken vermeiden helfen. Insbesondere soll es zu arbeitstechnisch günstiger Konstruktion führen. Die Programmpolitik, in die sich die Beschaffung eingliedert, zielt darauf ab, trotz jeweils mittlerer oder kleinerer Stückzahlen kostengünstig eine gewisse Programmbreite zu bieten. Um bei Bauteilen und Einzelgruppen dennoch Mengenvorteile nutzen zu können, erstellt man Produkte weitgehend nach dem Baukastenprinzip.

In der Fertigung dominiert die Arbeit in selbststeuernden Gruppen. Ihnen obliegt vor allem auch die Qualitätskontrolle. Verschiedene Maßnahmen eines Qualitätsmanagements (regelmäßige Sitzungen in Qualitätszirkeln, Null-Fehler-Programme u. ä.) fördern den Prozess einer laufenden Produkt- und Prozessverbesserung. Die größere Eigenverantwortung solcher Arbeitsgruppen erlaubt es, in der Organisation mit weniger Hierarchiestufen auszukommen. Auf Reservekapazität wird generell verzichtet und eine Just-in-Time-Logistik angestrebt.

Schließlich arbeitet man auch auf der Kundenseite auf eine «schlanke» Struktur hin. Der Absatz soll über möglichst wenig Zwischenstufen verlaufen. Mit verschiedenen Formen eines Direktmarketing will man ähnlich wie auf der Lieferantenseite eine starke Kundenbindung mit günstigen Rückwirkungen auf die Prognostizier- und Beeinflussbarkeit des Absatzprogramms erreichen.

Insbesondere bei manchen Konsumgütern ist es sinnvoll, die **gesamte mehrstufige Produktionskette bis zum Endverbraucher** zu betrachten. Im zugehörigen verallgemeinerten Supply Chain Management kann etwa der gesamte Warenfluss über alle Betriebe hinweg optimiert werden, indem

- mehrfaches Halten von Sicherheitsbeständen vermieden wird,
- Produktions- und Lieferrhythmen abgestimmt werden,
- Informationen über Maßnahmen nur mittelbarer Kettenvorgänger oder -nachfolger Eigenerhebungen ersparen und Fehlinterpretationen vermeiden helfen; etwa, wenn eine Sonderangebotsaktion eines Einzelhändlers zu Mengenbewegungen führt, die bei Vorlieferanten eines Rohstoffs als grundsätzliche Nachfrageänderung aufgefasst werden könnten.

Bekannte Anwendungsfälle hierzu sind zum einen die Warenwirtschaftssysteme im Handel, zum anderen die Konzepte der Efficient Consumer Response. Die **Warenwirtschaftssysteme** decken zwar eine Reihe von Betriebsstufen vom Supermarkt rückwärts bis zum Einzelmateriallieferanten ab, beschränken sich aber andererseits weitgehend auf eine Abstimmung und Integration des Informationsflusses. Nicht unbeträchtliche Optimierungspotenziale werden dabei indessen allein dadurch erzielt, dass Informationen von den Einzelhändlern verzögerungsfrei übermittelt werden und damit teilweise zentralisierte Dispositionen erlauben.

Unter der **Efficient Consumer Response** versteht man die Idee, auf Nachfrageänderungen der Endverbraucher von Konsumgütern auf allen Stufen der Produktionskette möglichst rasch und abgestimmt zu reagieren. Sie kann daher auch als Vervollkommnung von Warenwirtschaftssystemen gelten. Bezeichnung und erste Realisierungen sind aus verschiedenen US-amerikanischen Produzenten-Händler-Supermarkt-Lieferketten bekannt geworden (zu Einzelheiten und ihrer Analyse vgl. z. B. Corsten/Gössinger [Supply Chain Management] 112 ff.).

Allgemein zeigt Abb. 2.5 wichtige Gestaltungsgegenstände im Supply Chain Management. Im weitestgehenden Fall wird dabei ein Gesamtoptimum für den jeweiligen Prozess über alle Betriebe der Kette angestrebt.

2.3 Strategische Supply-Chain-Management-Entscheidungen

2.3.1 Faktoren zur Konfiguration der Lieferkette

Prinzipiell ist für jede Beschaffungsgüterart eine eigene Lieferkette denkbar. In der Regel ist es zweckmäßig, Gruppen von Einsatzgütern zu **Beschaffungseinheiten**

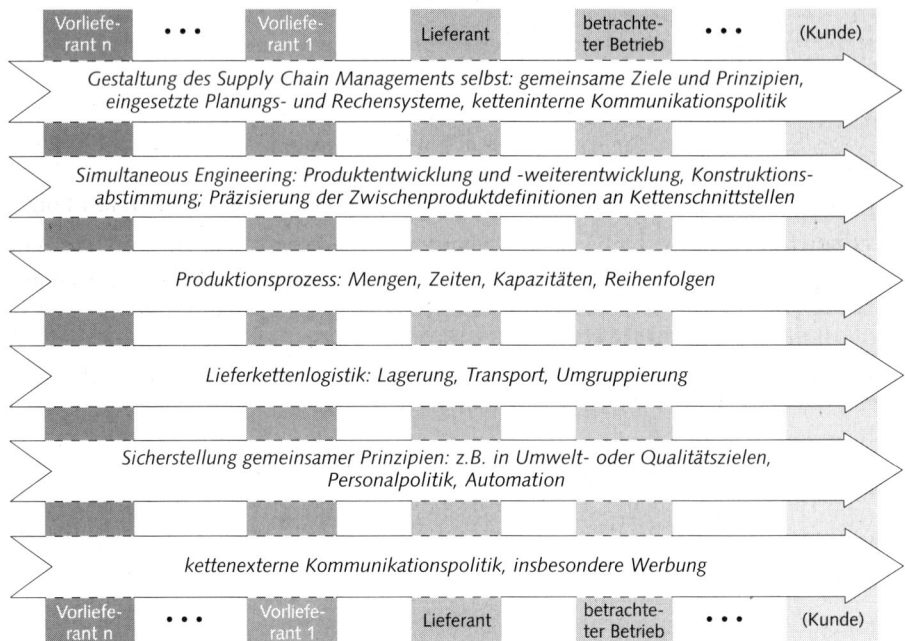

Abbildung 2.5: Typische Prozesse zur Optimierung im Supply Chain Management

zusammenzufassen, für die gemeinsam entschieden wird. Dennoch hat der Betrieb im Allgemeinen mehrere verschiedene Lieferketten mit jeweils eigener Konfiguration.

> Die **Konfiguration** (oder Architektur) einer Lieferkette bestimmt sich nach
> • der Anzahl der Stufen (der Länge der Kette)
> • sowie der Anzahl komplementärer Zulieferer der Stufe (der Breite der Kette).

Obwohl als Kette bezeichnet, ist die Struktur i. a. nicht linear, sondern netzwerk-, insbesondere baumartig. Länge und Breite hängen vom **Beschaffungsobjekt** ab. Dies ist beim Unit Sourcing ein Einsatzgut geringerer Komplexität, beim Modular Sourcing dagegen bereits eine komplette Baugruppe, die der Lieferant nach vorgegebenen Konstruktionsmerkmalen bereits montiert liefert. Beim System Sourcing schließlich übernimmt der Lieferant zusätzlich auch die Produktentwicklung ganz oder teilweise (vgl. Arnold [Beschaffungsmanagement] 101).

Bei der Präzisierung der Beschaffungsobjekte spielen verschiedene strategische Überlegungen eine Rolle, so zur grundsätzlichen Positionierung der eigenen Produktion und zur Standardisiertheit der Produkte. Sie werden in den folgenden beiden Abschnitten behandelt.

2.3.2   Positionierung der Produktion

Zur **Positionierungsstrategie der Produktion** gibt es unterschiedliche Grundrichtungen mit zahlreichen Mischformen. Die Extremstrategie der Autonomie strebt an, möglichst viel in eigener Regie zu produzieren. Der Weg dazu ist die **Rückwärtsintegration,** d. h. ein Wechsel von bisheriger Beschaffung auf die Eigenfertigung. Dies hat allgemein eher ein Unit Sourcing mit kurzen Lieferketten zur Folge.

Dagegen führt der Gedanke der «schlanken Produktion» tendenziell eher zum Modular Sourcing oder System Sourcing. Wenn der Betrieb im Bestreben, sich auf seine Kernkompetenzen zu beschränken, andere Leistungen möglichst komplett von außen bezieht, kann sich die gleiche Wirkung ergeben. Sieht er jedoch eine Kernkompetenz gerade in Konstruktion und Montage eines Produkts, nicht aber von dessen Komponenten, kann ein verstärktes Beschaffen von weniger komplexen Teilen die Folge sein. Im ersten Fall werden die Lieferketten länger, im zweiten Fall auch breiter. Beides verstärkt sich, soweit auch Lieferanten und Vorlieferanten die gleiche Strategie verfolgen. Bemerkenswert ist, dass ein konsequentes Umsetzen des «Lean»-Konzepts zu langen Ketten führt, die sich aber an irgendeiner Stelle wegen der Beschaffung von Komponenten auch in die Breite verzweigen werden, also keineswegs durchweg besonders einfach oder «schlank» sein können.

> Das Auslagern bisher selbst produzierter Güter auf externe Lieferanten wird als **Outsourcing** bezeichnet, einem aus «Outside Resource Using» gebildeten Kunstwort.

Für das Outsourcing sind drei typische Fälle möglich:

- Soweit es sich dabei um eine Leistung handelt, für die ohnehin ein hinreichend zugänglicher Beschaffungsmarkt besteht, bedeutet Outsourcing dabei nur, die **üblichen Beschaffungsmaßnahmen** zu ergreifen, also Lieferanten auszuwählen usw.
- Wenn das Produkt in der nachgefragten Art bisher von keinem Anbieter überhaupt produziert wird, sind Verhandlungen mit **potenziellen Outsourcing-Partnern** aufzunehmen. Je nach Marktlage und Produkt ist dabei auch an Anfangszahlungen in beide Richtungen zu denken, z. B. eine Lizenzpauschale bzw. eine Starthilfe für die Erstinvestitionen.
- Wenn kein externer Outsourcing-Partner zu finden ist oder wenn der bisher interne Unternehmensbereich als Teileinheit erhalten werden soll, bietet sich ein «**spin off**», eine Ausgründung, an. In diesem Fall sind regelmäßig auch Personal und Anlagen in die Auslagerung einbezogen. In den anderen beiden Fällen erfordern die freiwerdenden Kapazitäten eigene Dispositionen.

Allgemein ist das Supply Chain Management umso schwieriger, je länger und breiter die Lieferkette ist. Bei entsprechender Produktionsauslagerung wird also betriebsinterne Produktionskoordination durch das externe Supply Chain Management ersetzt.

2.3.3   Standardisiertheit der Produkte

Mit der **Standardisiertheit** ist zunächst eine Eigenschaft der Güter angesprochen, die in einer Lieferkette produziert werden. Dennoch handelt es sich nicht um ein untergeordnetes Merkmal. Bei isolierter Betrachtung werden in jeder Stufe einer Lieferkette zwischen lieferndem und empfangendem Betrieb Standardprodukte und kunden- (= nachfrager-) individuelle Produktvarianten abgegrenzt. Eine Analyse der gesamten Produktionskette gestattet es indessen, die Grenze zwischen Standard und kundenbezogener Ausprägung einheitlich statt stufenindividuell zu ziehen. Dies ist eine der Ursachen für das Optimierungspotenzial im Supply Chain Management. In allen Betrieben der Lieferkette bis zur angesprochenen Grenze werden Standardprodukte bzw. -zwischenprodukte definiert und die Produktionsplanung auf sie ausgerichtet. Erst danach geht es um die Erfüllung individuell spezifizierter (End-)Kundenaufträge. Die Grenze heißt daher **Kundenauftragsentkopplungspunkt** (customer order decoupling point, order penetration point).

Ein Optimierungsprinzip im Supply Chain Management, die **Postponement-Strategie,** besteht darin, den Kundenauftragsentkopplungspunkt möglichst weit nach hinten in die Kette zu positionieren, um in vielen Stufen die Vorteile standardisierter Produktion nutzen zu können. Ziel ist ein **Mass Customizing,** d. h. eine Produktion in großen Stückzahlen, bei der dennoch die individuellen Wünsche jedes einzelnen Nachfragers berücksichtigt werden.

Dies gelingt beispielsweise durch Definition von anpassbaren Grundvarianten einer Produktfamilie, die durch entsprechende Arbeitsteilung erst in den letzten Stufen der Lieferkette auf die Kundenwünsche angepasst werden. Wie Abb. 2.6 zeigt, können je nach Lage des Kundenauftragsentkopplungspunkts fünf Typen von Lieferketten unterschieden werden (vgl. Zäpfel [Architekturen] 10 sowie Corsten/ Gössinger [Supply Chain Management] 101). Jeweils vor dem Entkopplungspunkt richten sich die Bemühungen im Supply Chain Management eher auf die **Effizienz** der Leistungserstellung; das jeweilige Produktionsprogramm ist zu prognostizieren. Danach stehen die Kundenspezifikationen im Vordergrund, weshalb in diesem Teil der Produktionskette Flexibilität (hier auch **Agilität** genannt) angestrebt wird.

2.3.4   Verhältnis zwischen den Lieferkettenpartnern

Mit dem Supply Chain Management strebt der Betrieb an, bestimmte Aspekte der Produktionspolitik der Lieferanten und ihrer Vorlieferanten zu beeinflussen. Auf welchem Weg dies geschieht und inwieweit sich der Betrieb selbst an Bedingungen der Lieferkettenpartner anpasst, ist eine strategische Festlegung. Dabei ist auch von Bedeutung, zu welchen Lieferketten der Betrieb seinerseits gehört und wie seine Marktposition ist. Extremformen im Verhältnis zu den Lieferkettenpartnern sind die traditionelle **Verkäufer-Käufer-Situation** einerseits sowie die **Kooperation**

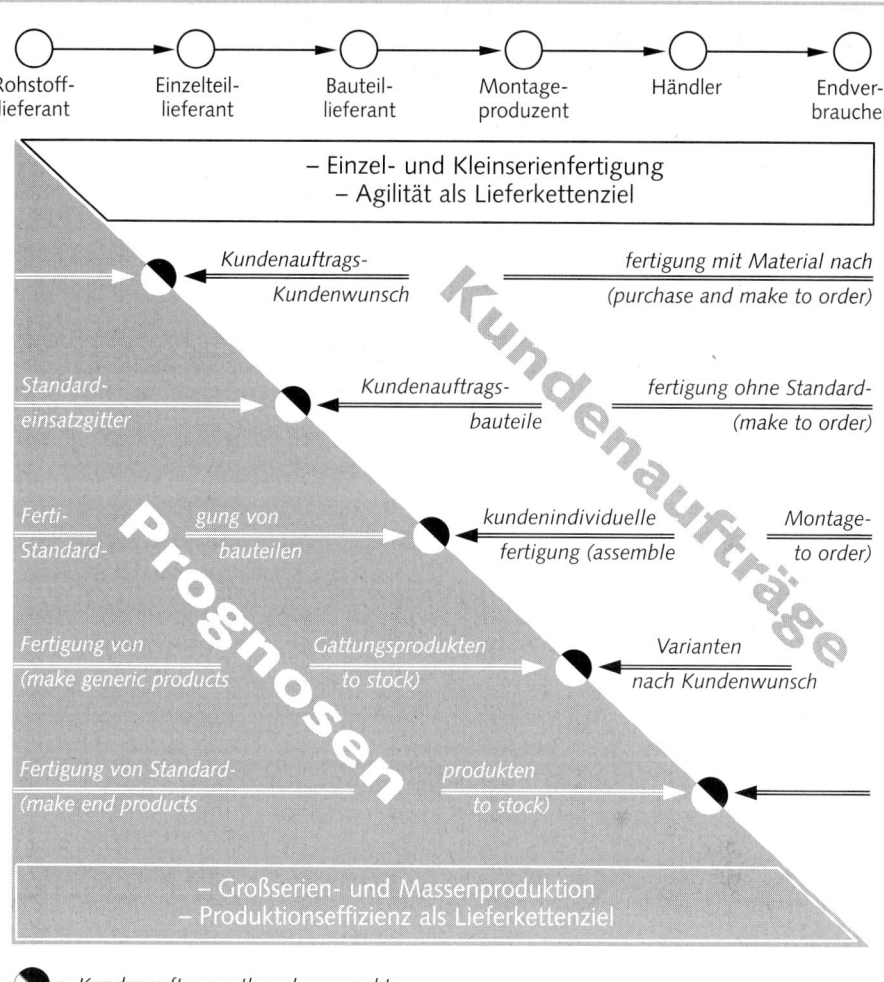

Abbildung 2.6: Lage des Kundenauftragsentkopplungspunktes in der Produktionskette

andererseits. Im einen Fall sollen Konkurrenz und Marktmechanismus für die Abstimmung sorgen, im anderen die Orientierung an einem gemeinsamen Ziel.

Immer aber wird sich ein Lieferkettenpartner nur dann in der gewünschten Weise beteiligen, wenn es für ihn angesichts seiner Alternativen günstig ist. Beispielsweise mag ein insgesamt vorteilhafter Bereitstellungsrhythmus in einer Versorgungskette für einen Vorlieferanten zu einem isoliert ungünstigen Produktionsrhythmus führen. Er wird dazu nur bereit sein, wenn er einen entsprechenden Mindestanteil an dem gemeinsam erreichbaren Erfolg erhält.

> Zur betriebsübergreifenden Optimierung im Supply Chain Management gehört eine zielorientierte **Erfolgsverteilung,** bei der Untergrenzen einzuhalten sind.

Ein erfolgreiches Supply Chain Management setzt daher für die Konkurrenzstrategie entsprechende **Angebote** voraus, für die Kooperationsstrategie dagegen die **Formulierung gemeinsamer Ziele.** Sie müssen für alle Beteiligten vorteilhaft erscheinen, wie etwa das Ziel, die gemeinsam erwirtschaftbaren finanziellen Überschüsse zu erhöhen. Typische Sekundärzielgrößen, wie Durchlaufzeitverkürzung, Bestandsverringerung, Lagerkostenersparnis oder Erhöhung der Kundenzufriedenheit sind dafür im Allgemeinen nicht geeignet, da sie naturgemäß nur für manche Beteiligte der Lieferkette unmittelbar vorteilhaft sind. Je mehr der erreichbare Erfolg von einem koordinierten Verhalten aller Lieferkettenpartner abhängt, desto eher ähnelt die Entscheidungslage einer spieltheoretischen Situation, im Extremfall sogar dem Gefangenendilemma (vgl. Band I, 4. Kapitel).

Das besondere Merkmal des Supply Chain Managements liegt darin, die Verhältnisse auf der gesamten Lieferkette in die eigenen Gestaltungsbemühungen einzubeziehen. Je mehr dies über die Kooperationsstrategie geschieht, desto weiter weicht das Supply Chain Management vom traditionellen einstufigen Einkaufsmanagement ab. In der Literatur wird teilweise lediglich im Falle der Kooperationsstrategie vom Supply Chain Management gesprochen (vgl. zum Überblick Corsten/Gössinger [Supply Chain Management] 97, zu weiteren Prinzipien auch Otto/Kotzab [Beitrag] 166). Hier wird einer weiteren Definition gefolgt, insbesondere da auch zahlreiche Zwischenformen («hybride Koordinationsformen») möglich sind.

Neben der grundsätzlichen Koordinationsform ist die Wahl der beteiligten Lieferkettenpartner von strategischer Bedeutung. Der beschaffende Betrieb kann alleine (Individual Sourcing) oder in Kooperation mit anderen (Collective Sourcing) handeln. Beispiel für Letzteres sind die klassische **Einkaufsgenossenschaft** und **industrielle Beschaffungskooperationen.** Sie gestatten, Nachfragemengen zu bündeln, und verstärken so die Markmacht. Auf der anderen Seite kann durch die strategische Lieferantenstrukturpolitik die Auswahl möglicher Partner der Lieferkette mehr oder weniger weit gefasst werden.

> Die **Lieferantenstrukturpolitik** regelt
> • wie viele Lieferanten für die gleiche Beschaffungseinheit vorgesehen sind
> • und welche Vorgaben für die Wahl der Lieferanten bestehen.

Nach der Anzahl konkurrierender Lieferanten unterscheidet man «**Single Sourcing**» und «**Multisourcing**». Multisourcing bedeutet den Aufbau alternativer Lieferketten zur gleichen Beschaffungseinheit. Es soll den Wettbewerb zwischen den Lieferanten fördern. Dagegen entspricht die Konzentration auf wenige oder nur einen

Lieferanten eher der Kooperationsvorstellung im Supply Chain Management. Eine grobe heuristische Standardregel, in die zwei Faktoren eingehen, gibt folgende Empfehlung (vgl. Homburg [Lieferantenzahl] 163): Eine hohe Lieferantenzahl ist desto vorteilhafter, je größer die wirtschaftliche Bedeutung des Beschaffungsguts für den nachfragenden Betrieb und je niedriger gleichzeitig die Komplexität der Beschaffungssituation ist. Dann profitiert der Betrieb von der entstehenden Wettbewerbssituation am ehesten. Im strikt entgegengesetzten Fall bietet sich ein Single Sourcing an. Geografisch schließlich unterscheidet man «Local», «Domestic» und «Global Sourcing». Die Ausdehnung des erfassten Beschaffungsmarktes erweitert sich dabei von der unmittelbaren Umgebung über das gesamte Inland bis hin zum Weltmarkt.

2.4 Beschaffungs- und Logistikentscheidungen zur Ausgestaltung der Lieferkette

Das strategische Supply Chain Management ist der betrieblichen Beschaffungs- und Logistikpolitik vorgelagert, da es Beschaffungsaufgaben und zugehörige -märkte erst definiert. Möglicherweise wird darüber hinaus über die weiter gefasste, ganze Produktionskette die Unternehmung insgesamt in ihrer Sachaufgabe positioniert, und es werden die Absatzmärkte abgegrenzt.

Das operative Supply Chain Management ist dagegen Teil der betrieblichen Beschaffungs- und Logistikpolitik. Jene umfasst zahlreiche Einzelaspekte. Vielfältiger stellt sich dabei das Instrumentarium der Beschaffungspolitik dar, da sich die Beschaffungsfunktion in mehrere Teilaufgaben aufgliedern lässt, zu denen die Beschaffungslogistik gehört. Logistik umfasst demgegenüber in allen Güterprozessphasen prinzipiell gleichartige Aufgaben, sodass sich auch die Handlungsalternativen weitgehend entsprechen. In den beiden nächsten Abschnitten werden die Instrumentarien der Beschaffung und Logistik im Einzelnen behandelt.

3 Das beschaffungspolitische Instrumentarium

3.1 Überblick

Das Spektrum beschaffungspolitischer Alternativen lässt sich systematisch·erfassen, wenn man die Beschaffung als marktbezogene Funktion ansieht. Die Beschaffungspolitik konkretisiert das Beschaffungsmarketing. Dazu gehören sowohl auf die Lieferkette gerichtete, betriebsexterne als auch betriebsinterne Maßnahmen.

Beschaffungsmarketing umfasst die Beziehungen des Betriebes zu seinen Beschaffungsmärkten sowie alle beschaffungsmarktorientierten betrieblichen Entscheidungen.

Beschaffungsmarketing bildet damit einen Teil des betrieblichen Gesamtmarketing und das Gegenstück zum Absatzmarketing. Es lässt sich in die Teilgebiete Personal-, Anlagen-, Informations- und Materialmarketing gliedern. Gerade bei Letzterem bestehen vielfältige Analogien zum Absatzmarketing. Wie dort lässt sich insbesondere auch die betriebliche Beschaffungspolitik als Kombination («Mix») verschiedener Instrumente auffassen. Das **beschaffungspolitische Instrumentarium** umfasst die

- Beschaffungsprogrammpolitik,
- Beschaffungskonditionenpolitik,
- Kommunikationspolitik und
- Bezugspolitik.

Diese Gliederung stimmt im Kern mit der üblichen Systematik des absatzpolitischen Instrumentariums überein (vgl. S. 249 ff., ferner auch Koppelmann [Beschaffungsmarketing] 280 ff.). Die inhaltlich unterschiedenen Teilpolitiken umfassen jeweils sowohl strategische als auch operative Elemente, wobei deren Zuordnung bisweilen situationsabhängig ist. Grundsatzentscheidungen aus dem Supply Chain Management betreffen in erster Linie die strategische Programm- und Bezugspolitik. Kombiniert man die strategischen Festlegungen aller vier Teile der Beschaffungspolitik, enthält man das Mix der so genannten **Sourcing-Konzepte** des Betriebs (vgl. hierzu Arnold [Beschaffungsmanagement] 93 ff. sowie Arnold/Eßig [Sourcing-Konzepte]).

3.2   Die Beschaffungsprogrammpolitik

Die **Beschaffungsprogrammpolitik** bestimmt das auf den verschiedenen Märkten zu beschaffende Programm an originären Einsatzgütern, d. h. die art- und mengenmäßige Zusammensetzung sowie die zeitliche Verteilung der Güternachfrage.

Im Einzelnen geht es um Folgendes:

(1) Welche Einsatzgü**arten** sind zu beschaffen? Wie sind die Güterarten zu kombinieren? Welches Beschaffungsprogramm ergibt sich daraus?

(2) Welche **Eigenschaften,** insbesondere welche **Qualität** sollen die einzelnen Einsatzgüter aufweisen?

(3) Wie ist die vom Betrieb entwickelte Nachfrage auf den Beschaffungsmärkten **zeitlich** zu verteilen?

Diese Fragen werden in den folgenden drei Abschnitten behandelt.

3.2.1   Das Beschaffungssortiment

Die erste Frage verlangt, die Arten der originären Einsatzgüter, d. h. das **Beschaffungssortiment**, festzulegen. Dieses hängt von der gesamten Programmpolitik des Betriebes ab und kann nur in Abstimmung mit dem Programm der herzustellenden und abzusetzenden Produktarten festgelegt werden. Grundsätzlich folgt dies den strategischen Entscheidungen zur Konfiguration der Lieferkette, insbesondere zur Fertigungstiefe.

> Die Fertigungstiefe wird im Einzelnen durch **Make-or-buy-Entscheidungen** festgelegt, d. h. der Wahl zwischen Eigenfertigung und Fremdbezug.

Die hierbei ins Auge gefassten Alternativen Beschaffung oder Fertigung bestehen aber nicht generell, sondern nur jeweils im Hinblick auf ein bestimmtes Einsatzgut. Es geht also nicht um die Entscheidung, **ob** überhaupt, sondern nur darum, **was** beschafft werden soll. Wird etwa ein bestimmtes Teil selbst produziert, richten sich die Beschaffungsaufgaben nunmehr auf die Einsatzgüter zu seiner Herstellung, sodass die Beschaffung nicht entfällt, sondern sich lediglich das Beschaffungsprogramm verändert. In der Regel wird es dadurch sogar an Positionen umfangreicher, die Lieferkette wird breiter.

Make-or-buy-Entscheidungen betreffen nicht nur die Materialbeschaffung. Bei den anderen Einsatzgütern sind folgende Fälle typisch:

- Sollen eine Maschine, ein Werkzeug oder ein anderes Betriebsmittel selbst hergestellt werden?
- Soll an die Stelle der Beschaffung einer externen Dienstleistung die Ausführung durch eigenes Personal treten? Steuerberatung, Entwicklung von Software für computergestützte Lösungen, Forschungs- und Entwicklungsaufgaben im Produktionsbereich oder auch Fensterreinigung bilden einige Beispiele für die hier bestehende Vielfalt.
- Soll anstelle extern zu beschaffender Informationen deren Gewinnung im eigenen Hause treten? Auch hier wird das erforderliche Einsatzgut bei der Eigenfertigungsalternative vor allem Arbeitsleistung eigenen Personals sein. Beispielsweise mag bei einer Rundfunkanstalt die Frage aufkommen, ob man aktuelle Informationen über das Land X von einem Pressedienst kauft oder einen eigenen Korrespondenten dorthin entsendet.

Wie die Beispiele zeigen, wird die Entscheidung über die Fertigungstiefe vielfach mit längerfristigen Festlegungen verbunden sein, da Kapazität auf- oder abgebaut werden muss. Dennoch verbleibt auch ein Bereich von **kurzfristigen Make-or-buy-Entscheidungen**. Sie finden sich insbesondere dort, wo beschränkte Kapazität für einen kurzfristigen Wechsel von der Eigenfertigung zum Fremdbezug sorgt. Mitunter werden beide Varianten nebeneinander realisiert, sodass lediglich der Mengenanteil variiert.

Wenn die bisherige Eigenfertigung auf einen Zulieferer verlagert wird, ist es bisweilen – gerade im kurzfristigen Fall – erforderlich oder zumindest zweckmäßig, ihm auch Konstruktions- oder Herstellungsinformationen bzw. Werkzeuge oder

sogar Produktionsanlagen zur Verfügung zu stellen. Diesen Fall bezeichnet man als
«verlängerte Werkbank». Weitergreifende Fälle des Outsourcing, etwa hin zum
System Sourcing, betreffen die grundsätzliche Gestaltung der Lieferkette und sind
in Abschnitt 2.3.1 besprochen (vgl. S. 89).

3.2.2 Die Güterqualität

Beschaffungsgüter haben im betrieblichen Produktionsprozess eine bestimmte
Funktion zu erfüllen. Daher steht am Anfang der Beschaffungsüberlegungen nicht
die Aufgabenstellung, etwa eine bestimmte bereits nach sachlich-technischen
Merkmalen beschriebene Materialart in exakt festgelegter Qualität bereitzustellen.
Vielmehr wird ein Einsatzgut gebraucht, das für den Fertigungsprozess genau zu
definierende Eigenschaften aufweist. Die Suche richtet sich gemäß dieser Auffassung auf **keine bestimmte Güterart,** sondern eine **produktionswirtschaftliche Leistung.** Erst durch die Analyse, welche konkret am Markt nachfragbaren Stoffe in
welcher Qualität die erforderlichen Leistungsmerkmale aufweisen, konkretisiert
sich die Beschaffungsaufgabe auf marktgängige Güterarten.

Um die Vorteilhaftigkeit bestimmter Materialien zu beurteilen, bedient man sich
häufig der Wertanalyse.

> Die **Wertanalyse** ist eine genormte Methode zur Senkung der Kosten bzw. zur
> Erhöhung des Wertes eines Produkts.

Ansatzpunkte bilden dabei u. a. die Einsatzgüter. Für sie werden zuerst die gefragten Funktionen umschrieben. Im zweiten Schritt sucht man – unabhängig von
einem vielleicht bisher verwendeten Material – nach Möglichkeiten, diese Funktionen (kostengünstig) zu erfüllen. Erst daraus ergibt sich die zu beschaffende
Materialart (zu Einzelheiten vgl. DIN 69910 sowie z. B. VDI [Wertanalyse]).

Die Untersuchung von Eigenschaften einzelner Einsatzgüter macht nur einen Teil
der Aufgabe aus. Um ein optimales Beschaffungsprogramm zusammenstellen zu
können, sind insbesondere auch **Güterverbundwirkungen** zu analysieren. Dabei ist
zu klären, welcher Zusammenhang zwischen den zu beschaffenden Güterarten
besteht. Analog zum Absatzbereich lassen sich zwei Arten von Verbundwirkungen
unterscheiden:

(a) Ein **Angebotsverbund** zwischen zwei Gütern liegt vor, wenn die Nachfrage nach
dem einen die Angebotssituation des anderen beeinflusst. Im einfachsten Fall werden zwei Güterarten vom selben Marktpartner angeboten. Hat man sich ent-
schlossen, die eine zu kaufen, wird der Bezug der anderen bei diesem Lieferanten
vergleichsweise günstig. Dann bietet sich ein **Cross Buying** an, d. h. deren Zusammenfassung zu einer Beschaffungseinheit. Andere Beispiele für einen Angebotsverbund ergeben sich aus folgenden Situationen:

- Die eigene Nachfrage lässt sich in ihrem Mengenverhältnis genau einer vorbereiteten Sortimentszusammenstellung des Lieferanten anpassen.
- Es wird von verschiedenen Lieferanten gekauft, die aber in der gleichen Region ihren Standort haben, sodass sich Vorteile bei der Anlieferung ergeben.

(b) **Innerbetriebliche Verbundwirkungen** sind Interdependenzen, die sich aus den Lager- oder Fertigungsprozessen ergeben. So kann das Zusammentreffen verschiedener Qualitäten, Normensysteme, Formen, Verpackungen oder Farbnuancen problematisch sein (Konkurrenzbeziehung). Andererseits ergänzen sich manche Güterarten gegenseitig und empfehlen sich daher zur gemeinsamen Verwendung (Komplementärbeziehung). Für das Anlegen von Sicherheitsbeständen interessiert, inwieweit eine Materialart durch andere ersetzt werden kann, wenn sie im Bedarfsfall nicht greifbar ist (Substitutionsbeziehung).

3.2.3   Die zeitliche Nachfrageverteilung

Die zeitliche Nachfrageverteilung ist im Gegensatz zu den beiden anderen Teilfragen der Beschaffungsprogrammpolitik immer wieder aufs neue zu lösen. Sie bestimmt sich hauptsächlich nach sachlichen und formalen Zielen. **Sachlich** sind zum einen die Bedarfsmengen und -termine der Fertigungsbereiche bzw. der externen Abnehmer wichtig; zum anderen kann es Mengenbeschränkungen auf seiten der Anbieter geben. Als **formales** Ziel in der Beschaffung kommt beispielsweise die kostengünstigste Deckung einer ermittelten Bedarfsmenge für einen festgelegten Zeitraum in Frage. Die Verfolgung formaler Ziele führt dazu, aus Kostengründen eine bestimmte zeitliche Zusammenfassung oder Verteilung des gegebenen Periodenbedarfs zu wählen, in Erwartung von Preissteigerungen Spekulationsläger aufzubauen oder zur Vermeidung von Fehlmengen höhere Sicherheitsbestände anzulegen. Da sich die wesentlichen Komponenten derartiger Entscheidungsprobleme in Zahlen ausdrücken lassen, eröffnet sich hier ein geeignetes Feld für **Optimierungsrechnungen**. Typische Beispiele werden in Abschnitt 6 (S. 123 ff.) vorgestellt.

Grundlage derartiger Optimierungsrechnungen ist eine Vorentscheidung darüber, nach welchen **Bereitstellungsprinzipien** überhaupt beschafft werden soll. Sie grenzen den Spielraum ab, der für eine Mengenoptimierung der Beschaffung besteht. Man unterscheidet (vgl. Grochla [Materialwirtschaft] 24):

- Vorratshaltung,
- Einzelbeschaffung im Bedarfsfall und
- einsatzsynchrone Anlieferung.

(1) Nach dem **Prinzip der Vorratshaltung** legt man Bestände an, ohne bereits präzise deren Verwendung zu kennen. Anwendbar ist dieses Konzept also dort, wo der Bedarf dem Grunde nach und (für einen größeren Zeitraum, z.B. für ein Jahr) zumindest ungefähr auch der Höhe nach bekannt ist, während die konkrete Mengen- und Zeitaufteilung noch nicht vorliegen. Hier gibt es umfassende Optimie-

rungsmöglichkeiten, besonders wenn für eine ohnehin lediglich pauschal bekannte Bedarfsmenge nur wenige terminliche Vorgaben bestehen.

(2) Die **fallweise Einzelbeschaffung** setzt voraus, dass ein konkreter Bedarf, ein Auftrag, vorliegt. Der Bedarf ist damit nach Menge und Termin fixiert. Dennoch gibt es auch hier erheblichen Spielraum für eine Optimierung, da späterer Bedarf auch früher gedeckt werden kann. Statt mehrmals wegen kleiner Einzelmengen tätig zu werden, fasst man mehrere Aufträge zusammen und bestellt zum ersten Bedarfstermin.

(3) Die **einsatzsynchrone Anlieferung** ist das einzige Bereitstellungsprinzip, bei dem kein Raum für eine isolierte Beschaffungsmengenoptimierung besteht. Die Einsatzgüter sind hier nach Menge und Termin so zu ordern und anzuliefern, dass eine Lagerung vermieden wird. Die einsatzsynchrone Anlieferung lässt sich deshalb nur bei einer ausgereiften Produktionsplanung realisieren. Sie kommt vor allem bei der Fließfertigung vor.

3.3   Die Beschaffungskonditionenpolitik

Die Konditionenpolitik ist weit zu interpretieren. Neben den eigentlichen Preis des Beschaffungsgutes treten zahlreiche weitere Elemente.

Die **Beschaffungskonditionenpolitik** umfasst die Gestaltung folgender Komponenten:

- Unmittelbare **Geldleistungen** an den Lieferanten: der Preis beim Kauf, Anzahlung und Raten bei Leasinggeschäften, die Pacht bzw. Miete; bei Kompensationsgeschäften anstelle einer unmittelbaren Geldleistung der Wert der im Gegenzug zu liefernden Waren oder Dienstleistungen,
- **Rabatte,**
- **Kreditgewährung** vom Lieferanten in Form von allgemeinen Ausstattungs- oder einzelfallbezogenen Lieferungskrediten,
- **Lieferungs- und Zahlungsbedingungen** des Lieferanten.

Wie die Regelung im Einzelfall aussieht, hängt vor allem von der Marktposition des nachfragenden Betriebes und des Lieferanten ab. Die Beschaffungskonditionenpolitik ist somit in erster Linie eine Sache des **Verhandelns.** Auf beiden Seiten mag durch Vorgaben des eigenen Betriebes, durch langfristig einzuhaltende Prinzipien oder auf Grund der Marktsituation der Spielraum bei einzelnen Konditionen eingeschränkt sein. Daher ist von besonderer Bedeutung, dass im Verhandlungsprozess auf andere Bedingungen ausgewichen werden kann. So mag etwa der Kaufpreis durch Gewährung eines großzügigen Zahlungsziels oder Skontos indirekt reduziert werden, ohne dass eine Preisuntergrenze, die der Lieferant aus marktpolitischen Gründen einhalten will, verletzt wird.

Die Konditionenpolitik findet insgesamt ihren Niederschlag in einem **Vertrag** zwischen Lieferant und abnehmendem Betrieb. Je nach beschafftem Einsatzgut und gewählter Beschaffungsart handelt es sich dabei um einen Kauf-, Miet-, Pacht-, Leih-, (Realgüter-)Darlehens-, Werk-, Werklieferungs- oder Arbeitsvertrag. Die hier genannten Vertragsarten sieht das deutsche Rechtssystem als Hauptformen vor. Abgesehen vom Arbeitsvertrag, für den eigene Gesetze gelten, sind sie grundlegend im BGB definiert. Besonderen Regeln der Preisbildung unterliegen der Kauf über eine **Warenbörse** sowie – je nach Festlegung – gegebenenfalls eine **Ausschreibung**.

Im Geschäftsleben haben sich daneben Vertragstypen entwickelt, die im Recht nicht speziell vorgesehen sind. Das bekannteste Beispiel bilden **Leasingverträge**. Dabei handelt es sich meist um eine Kombination mehrerer Standardvertragsarten. Beispielsweise könnte das Leasing eines Gabelstaplers wie folgt gestaltet sein: Der Leasinggeber stellt gegen ein monatliches Entgelt, die Leasingrate, einen Gabelstapler zur Verfügung. Er sorgt daneben für eine entsprechende Versicherung, für Wartung und Reparaturen und stellt bei Ausfall des geleasten Gabelstaplers ein Ersatzfahrzeug zur Verfügung. Das Beispiel deutet an, dass der rechtliche Kern eines Leasinggeschäftes regelmäßig ein Mietvertrag ist, der aber durch eine Reihe von weiteren Vereinbarungen ergänzt wird. Kann der Leasingnehmer den Leasinggegenstand später erwerben, wobei ein besonders günstiger Preis gilt bzw. die gezahlten Leasingraten teilweise angerechnet werden, dann liegt eine Spielart eines Mietkaufs vor. Auch verschiedene andere Einzelheiten können darauf hinweisen, dass ein Leasingvertrag in manchen Fällen wirtschaftlich als (verdeckter) Kauf zu interpretieren ist. Dies hat Konsequenzen für die Bilanzierung, die steuerliche Behandlung und die finanzielle Beurteilung insgesamt. Die Sonderform des **sale and lease back** hat ausschließlich liquiditätspolitische und steuerliche Gründe.

Eine Besonderheit von Leasingverträgen liegt in ihrer oft **komplexen Rechtsstruktur**. Ähnliches gilt für Ratenkaufverträge, Verträge mit Vorbehaltsklauseln (z.B. «berechnet wird der am Tag der Lieferung geltende Listenpreis») oder solche mit Preisgleitklauseln (der endgültige Preis wird z.B. auf Grund der Preisentwicklung wichtiger Einsatzmaterialien festgelegt). Diese Eigenheiten der Konditionengestaltung wirken sich auf die anderen beschaffungspolitischen Instrumente allerdings prinzipiell nicht stärker aus als ein höherer oder niedrigerer Preis bei einem gewöhnlichen Kauf.

Manche Vertragstypen weisen hingegen umfassende Wechselbeziehungen mit den sonstigen beschaffungspolitischen Instrumenten auf, teilweise bildet sich in ihnen die übergreifende **Beschaffungsstrategie** rechtlich ab. Erkennbar wird dies an Regelungen, die bestimmte **Risikoaspekte** abdecken, oder eine **längerfristig** angelegte Beziehung zwischen Lieferant und abnehmendem Betrieb berücksichtigen. Bei Letzteren gelten einzelne Konditionen für einen längeren Zeitraum, als es die augenblickliche Bedarfsdeckung erfordern würde. Damit verfestigt sich einerseits die Geschäftsbeziehung, andererseits bieten sich hierdurch auch neue Möglichkeiten eines Konditionenmix, indem bei der Vertragsgestaltung jetzige Nachteile durch spätere Vorteile ausgeglichen werden können.

Das Erfüllungsrisiko reduziert der **Fixhandelsbezug,** insbesondere als Vertrag mit Konditionalstrafenvereinbarung im Falle des Lieferungsverzugs.

Termin- und Optionsverträge erlauben es, Konditionen für ein später zu realisierendes Geschäft bereits vorab festzulegen. Im **Termingeschäft** werden – im Gegensatz zum gewöhnlichen, so genannten **Kassageschäft** – Lieferung und Zahlung für einen späteren Zeitpunkt vereinbart. Menge, Zeit, Preis und alle weiteren Größen sind jedoch für beide Seiten verbindlich.

Beim **Optionsvertrag** dagegen kann der Abnehmer (gegen Zahlung des Optionspreises) bis spätestens zum Ende der Optionsfrist entscheiden, ob er das preislich bereits fixierte Geschäft durchführen möchte. Bei bestimmten Vertragsvarianten kann er dabei gegebenenfalls auch Menge und Lieferzeit noch präzisieren. In jedem Fall entsteht hier durch einseitige Erklärung des Abnehmers die einklagbare Verpflichtung des Lieferanten. Da man Optionen verfallen lassen kann, erhöhen sie außerdem die Flexibilität. Für gängige Güter können standardisierte Termin- und Optionskontrakte an Warenterminbörsen abgeschlossen werden.

Beim **Vormerkvertrag** werden alle Konditionen bis auf die Menge (seltener auch bis auf den Termin) fest vereinbart. Dass Bestellung und Lieferung erfolgen werden, steht ebenfalls fest. Die Menge wird kurzfristig vom Abnehmer genannt.

Im **Kauf auf Abruf** wird auch die Menge verbindlich vereinbart. Offen bleibt zunächst nur der Liefertermin. Er wird kurzfristig vom Abnehmer bestimmt; i. d. R. wird dann die Gesamtmenge auf einmal abgerufen.

Ein **Rahmenvertrag** regelt die Geschäftsbeziehungen auf längere Zeit. Vielfach legt er sämtliche Konditionen außer Liefermengen und Lieferterminen fest. Allerdings werden oft Jahresliefermengen vereinbart, ohne dass diese rechtlich verbindlich wären. Sie sind lediglich als Orientierungsgröße für beide Seiten zu begreifen.

Der **Sukzessivlieferungsvertrag** stimmt mit dem Kauf auf Abruf prinzipiell überein; allerdings kommt es hier in jedem Fall zu mehreren Teillieferungen. Deren Termine werden entweder kurzfristig vom Abnehmer festgelegt oder bereits bei Vertragsabschluss verbindlich vereinbart. Die Teillieferungen sind häufig gleich groß.

Noch weiter gehen Vereinbarungen über eine für den Abnehmer lagerlose Versorgung. Hiervon gibt es drei Formen (vgl. Spohrer [Risikofelder] 37):

* Fremdbevorratung beim Lieferanten,
* Fremdbevorratung in Form des Konsignationslagers sowie
* «Just-in-Time»-Anlieferung.

(1) **Fremdbevorratung** liegt vor, wenn der Lieferant sich verpflichtet, in einem von ihm betriebenen Lager ständig eine bestimmte Menge des Liefergutes bereitzuhalten. Im einen Fall befindet sich der reservierte Lagerbereich auf dem Betriebsgelände des Lieferanten oder ist eigens von ihm zu diesem Zweck errichtet oder angemietet worden (**Fremdbevorratung beim Lieferanten**). Der Abnehmer ruft kurzfristig die von ihm gewünschten Mengen ab, der Lieferant sorgt für die Anlieferung und füllt bei Unterschreiten der vereinbarten Mindestlagerhöhe das reservierte Lager wieder auf.

(2) Im anderen Fall der Fremdbevorratung liegt das Lager auf dem Betriebsgelände oder zumindest im unmittelbaren Einflussbereich des Abnehmers: Es handelt sich um ein **Konsignationslager.** Hieraus entnimmt der abnehmende Betrieb zu beliebigen Terminen nach Bedarf. Er fasst periodisch die Entnahmen zu einer nachträglichen Bestellung zusammen. Der Lieferant füllt das Lager wieder auf die festgelegte Höhe auf (**continuous replenishment**). Im Übrigen hat er regelmäßig auch für die Pflege des Lagergutes, dessen Versicherung und

ähnliche Lagerleistungen zu sorgen. Daher sind Konsignationsläger i. d. R. räumlich vom sonstigen Lager abgetrennt und besonders gekennzeichnet.

(3) Bei der «**Just-in-Time**»-**Anlieferung** schließlich wird über eine Lagerung nichts vereinbart. Sie gilt als internes Problem des Lieferanten. Festgelegt wird vielmehr, dass der Lieferant den Abnehmer nach einem genauen Mengen- und Terminplan beliefert. Prinzip dabei ist, dass die angegebenen Mengen jeweils denkbar knapp vor ihrer Verwendung («just in time») eintreffen, um eine Lagerung beim Abnehmer möglichst völlig zu vermeiden. Dies setzt eine rechtzeitige Übergabe von Bedarfsplänen an den Lieferanten voraus. Zu den wichtigsten Vertragsgegenständen einer solchen Just-in-Time-Regelung gehören daher immer die Vorlauffristen der Planungsinformationen sowie die Mindestfrist für die Mitteilung von kurzfristigen Änderungen oder besonderen Eilabrufen, für die eine Just-in-Time-Lieferung noch zugesichert werden kann.

3.4   Die Kommunikationspolitik im Beschaffungsbereich

Mit der **Beschaffungs-Kommunikationspolitik** gestaltet man die Kontaktaufnahme zu gegenwärtigen und potenziellen Lieferanten und sonstigen Beschaffungs-Vertragspartnern (z. B. Arbeitnehmern) sowie die Informationsübermittlung an sie.

Wie bei der absatzbezogenen Kommunikationspolitik (vgl. z. B. Böcker [Marketing] 361) kann man vier **Arten** unterscheiden:

(1) Die **Direktkommunikation** ist das im Beschaffungsbereich vorherrschende Instrument. Einzelne namentlich schon bekannte (potenzielle) Anbieter oder vorgelagerte Mitglieder einer bereits existierenden Lieferkette werden direkt angesprochen. Ansonsten gewinnt man Adressen möglicher Lieferanten z. B. aus eigenen Dateien, Einkaufshandbüchern, Katalogen, Messeinformationen, durch Zeitungsauswertung, Nutzen von Datenbanken der Branchenverbände oder allgemein über die Möglichkeiten des Internet. Hier gibt es eine Reihe von Angebotsverzeichnissen (z. B. die Online-Version des Bezugsquellennachweises «Wer liefert was?» über die Adresse *http://www.wlw.wlwonline.de*), elektronischen Produktkatalogen und speziellen Suchmaschinen, die zumindest bei häufiger gefragten Güterkategorien rasch einen Überblick über (die dort erfassten) Bezugsquellen gestatten. Mit einer solchen vorgeschalteten Adressensuche kann bei Bedarf ein **Informationsbroker** beauftragt werden (vgl. Weinhardt/Krause/Herchenhein [Perspektiven] 713).

Zur Direktkommunikation gehört auch der sonstige Informationsaustausch mit bekannten Lieferbetrieben, sowohl innerhalb einer bestehenden Lieferkette als auch mit potenziellen neuen Marktpartnern.

(2) Die zweite Art der Beschaffungskommunikation entspricht der Verkaufsförderung (Sales Promotion) im Absatzbereich. Wie jene ist sie dadurch gekennzeichnet, dass man zwar zunächst an den anonymen Markt herantritt, jedoch in einer Form,

die bereits während der Kommunikation zu einem individualisierten Kontakt führt. Da dies im Beschaffungsbereich nur bei einem organisierten Zusammentreffen der Anbieter geschehen kann, soll hier von **Marktplatzkommunikation** gesprochen werden. Ein Beispiel ist die Kontaktaufnahme mit potenziellen Arbeitnehmern an Universitäten, auf Kongressen und bei Verbandstagungen, aber auch bei speziell dafür organisierten Präsentationen und Betriebsführungen. Noch deutlicher erkennbar ist der Marktplatzcharakter bei speziell dafür geschaffenen Veranstaltungen wie Messen, Ausstellungen und Warenbörsen. Ferner gehören die z. B. in Fischerei und Landwirtschaft zeitweise anzutreffenden Aufkaufstände hierher, mit denen Konservenproduzenten an Fischer, Wollfabrikanten an Schäfer oder Versafter an Obstbauern herantreten.

Allgemein werden u. a. **Business-to-Business-** (B-to-B-) sowie **Business-to-Customer-** (B-to-C-)Marktplätze unterschieden, je nachdem, ob nur Unternehmen oder auch endverbrauchende Haushalte teilnehmen (vgl. Band II, 4. Kapitel, Abschnitt 2). In der betrieblichen Beschaffung kommen daher **B-to-B-Marktplätze** in Frage. Die Nutzbarkeit solcher Marktplätze für die laufende Beschaffung war traditionell in fast allen Fällen in irgendeinem Punkt eingeschränkt. So finden viele der entsprechenden Veranstaltungen nur in größeren zeitlichen Abständen, z. B. jährlich statt. Schon deshalb hat man sie stets eher für die prinzipielle Kontaktaufnahme und gegebenenfalls grundsätzliche Vereinbarungen genutzt – es sei denn, der jeweilige Marktplatz dient nur als Treffpunkt ohnehin bereits im Verhandlungsprozess befindlicher Marktpartner. Für **Ausschreibungen** gilt ähnliches, sofern sie herkömmliche Kommunikationswege nutzen. Wird z. B. per Inserat zur Angebotsabgabe aufgefordert sowie der Ausschreibungstext und die Bieterunterlagen per Post versandt, gestaltet sich die Kommunikation so schwerfällig, dass dieser Weg ebenfalls nur bei Beschaffungen spezieller Art oder größeren Volumina beschritten wird.

Häufiger oder ständig installiert sind herkömmliche Marktplätze nur in jeweils regional begrenztem Umfeld oder als Warenbörsen. Erstere erlauben kaum das Ausschöpfen neuer Bezugsquellen, letztere dagegen finden zwar laufend überregional statt, beschränken sich aber auf wenige Güterarten, insbesondere Rohstoffe der Urerzeugung oder Aufbereitung, wie Erdöl, Metalle, Kaffee, Tabak oder Schweinehälften.

Im **Electronic Business** (**E-Business**) bestehen die angeführten Einschränkungen nicht. Da die körperliche Präsenz von Personen oder Produkten wegfällt, kann hier der Marktplatz **virtuell** realisiert werden. Damit reduzieren sich i. d. R. die Kosten erheblich, die für Anbieter und Nachfrager ein ständiges Teilnehmen an herkömmlichen Messen und Ausstellungen unattraktiv machen. Elektronische Marktplätze werden daher auch für Güter mit kleineren Nachfragemengen oder geringerer Standardisiertheit lohnend. Als **elektronische B-to-B-Marktplätze** (Handelsplattformen) kommen insbesondere schwarze Bretter, elektronische Börsen sowie Internet-Auktionen und Internet-Ausschreibungen in Frage (vgl. Gardon [Electronic

Commerce] 312 ff. sowie allgemein Schmid [Märkte]). Abgesehen von der Internet-auktion, die sich für die beschaffende Unternehmung letztlich als Direktkommunikation mit besonderem Preisbildungsmechanismus darstellt, sind alle diese Formen prinzipiell auf die Suche nach mehreren Anbietern ausgelegt. Bei **schwarzen Brettern** handelt es sich um eine dem Modell einer «Newsgroup» folgende Internet-Veröffentlichung von Nachfragen und Angeboten einer bestimmten Güterkategorie. Sowohl Güterart als auch die Gebote müssen nicht zwingend standardisiert sein. Demgegenüber wird bei **elektronischen Börsen** soweit standardisiert – zudem sind die Gebote innerhalb der angegebenen Preislimits verbindlich –, dass die Kommunikation bis zum Handelsabschluss ohne weitere Verhandlungen automatisiert möglich ist. **Internet-Ausschreibungen** («Reverse Auctions») schließlich sind die elektronische Form einer gezielten Suche nach Anbietern exakt definierter Produkte. Hier ist die Möglichkeit der beschaffenden Unternehmung, die Kommunikation zu steuern, am größten.

Für alle Arten der Marktplatzkommunikation ist von Bedeutung, inwieweit die **Zugangsmöglichkeit** der Anbieter zum Marktplatz beschränkt werden kann. Für die virtuellen Marktplätze gilt dies wegen des potenziell größeren, möglicherweise weltweiten Suchraums verstärkt. Insbesondere wenn die spätere Lieferantenwahl nur noch formalen Kriterien folgt (z. B. dem Preis) kann es wichtig sein, bestimmte Mindestbedingungen vorab sicherzustellen. Technisch kann dies durch Definition eines geschlossenen Benutzerkreises realisiert werden, zu dem nur zugelassen wird, wer eine bestimmte Zertifizierung nachweist (vgl. S. 120) oder eine Vorprüfung seiner Lieferfähigkeit nach Menge, Qualität oder Flexibilität erfolgreich durchlaufen hat.

(3) Die dritte Form der Beschaffungskommunikation, die **Mediawerbung**, richtet sich ausschließlich an den anonymen Markt. Mit Hilfe von einkanaligen Kommunikationsmitteln (Anzeigen in Zeitungen oder Zeitschriften, Werbespots in Hörfunk oder Fernsehen, Bannerwerbung auf Internetseiten, Plakate, Flugblätter usw.) werden Anbieter für konkrete Beschaffungsgüter gesucht. Sie kommt, abgesehen etwa von der Arbeitskräftesuche, nur seltener in Frage, und dann vor allem für jene Güter, bei denen kaum Kenntnis über mögliche Anbieter besteht oder die Anbieter nur jeweils kleine Mengen liefern können. Beispiele sind die Suche nach Antiquitäten, Sammlerobjekten und bestimmten Gebrauchtwaren.

(4) Mit der **Öffentlichkeitsarbeit** versucht der Betrieb durch vielfältige Einzelmaßnahmen eine positive Einstellung der Allgemeinheit ihm gegenüber zu erreichen. Sie gilt somit weder bestimmten Einsatzgütern noch einzelnen Fertigerzeugnissen, richtet sich auf den gesamten Betrieb und ist daher ein gemeinsames Instrument von Beschaffungs- und Absatzmarketing.

3.5   Die Bezugspolitik

Die **Bezugspolitik** betrifft die Verbindung zwischen Lieferant und Betrieb. Sie umfasst zwei Aspekte: den Beschaffungsweg sowie die Beschaffungslogistik.

Der **Beschaffungsweg** beschreibt die Zwischenstufen für die rechtlichen Vereinbarungen und den Informationsfluss bei der Beschaffung. Damit ist er der konkret gewählte oder speziell aufgebaute Teil einer Lieferkette. Hier ist festzulegen, welche Beschaffungsorgane eingeschaltet werden. Möglich sind der Direktbezug beim Hersteller, der Kauf über Groß- und Einzelhändler oder Einkaufsgenossenschaften, die Inanspruchnahme von Maklern, Abschluss- oder Vermittlungsvertretern, Einkaufsagenturen und Kommissionären oder der Einsatz eigener Einkäufer. Soweit die kommunikationspolitischen Maßnahmen als Geschäftsanbahnung anzusehen sind, gehen sie oft einem Direktbezug mit diesem Marktpartner voraus. Im Beschaffungsweg können aber auch mögliche Lieferkettenmitglieder übersprungen werden oder zusätzliche neu auftreten (z. B. Kontaktaufnahme mit einem Hersteller, Bezug über dessen mehrstufigen Absatzkanal). Zur Gestaltung der Beschaffungswege gehören ferner die **Lieferantenstrukturpolitik** (vgl. S. 94) sowie innerhalb von deren Vorgaben die konkrete **Lieferantenwahl.**

Für die **Beurteilung** einzelner Beschaffungswege ist neben ihrem Aufbau und der Anzahl konkurrierender Möglichkeiten auch die Art der Geschäftsabwicklung wichtig. Hier nimmt das **E-Commerce** eine besondere Stellung ein. Zu ihm zählen neben der schon seit längerem praktizierten elektronischen Gestaltung des Beschaffungswegs bei Direktbezug vor allem die Formen der elektronischen B-to-B-Marktplatz-Kommunikation. Da auf dem Beschaffungsweg ohnehin ausschließlich Informationen und Rechte ausgetauscht werden, empfiehlt er sich für eine Erweiterung zur vollständigen elektronischen Abwicklung. Damit entstehen elektronische Beschaffungswege.

Das Nutzen elektronischer Beschaffungswege wird als **Electronic Procurement (E-Procurement)** bezeichnet.

Bessere informationstechnische und rechtliche Voraussetzungen, z. B. durch das **Signaturgesetz** (vgl. [Signaturgesetz]), führen generell zu einer breiteren Nutzung der elektronischen Beschaffungsalternative.

Als spektakulär gilt die Gründung der Online-Plattform **Covisint** als gemeinsamer elektronischer Beschaffungsweg von General Motors, Ford und DaimlerChrysler im Jahr 2000. Kurz nach Gründung haben sich Renault, Toyota, Nissan und Peugeot-Citroën angeschlossen. Es handelt sich um einen elektronischen Marktplatz mit kontrolliertem Zugang auf der Anbieterseite, der im Regelfall über Ausschreibungen und Angebote (Reverse Auctions) zu Handelsabschlüssen führt. Ausgefeilte Software mit zahlreichen Funktionen steht den Teilnehmern zur Verfügung. Bis Mitte 2001 war knapp die Hälfte der 150 größten Kraftfahrzeugzulieferer dem Marktplatz beigetreten. Sie können die Plattform nicht nur als

Absatzweg, sondern auch für ihre eigenen Beschaffungen nutzen. Einer Umfrage aus dem Jahr 2001 zufolge herrscht allerdings bei ihnen teilweise eine erhebliche Skepsis vor. Etwa die Hälfte der Befragten begründet die Teilnahme nicht mit Vorteilhaftigkeitserwägungen, sondern sieht sie als unabdingbar für entsprechende Absatzgeschäfte an (vgl. Konicki/ Gilbert [Covisint]).

In der **Beschaffungslogistik** sind Probleme des physischen Transports und der Lagerung der Einsatzgüter zu klären (Einzelheiten werden ab S. 108 behandelt). Vielfach fallen der rechtliche und der physische Weg der Einsatzgüter zusammen. Dennoch erscheint es zweckmäßig, sie getrennt zu untersuchen. Für beide gelten eigene Beurteilungskriterien. In manchen Fällen stimmen die Wege daher nicht überein. Bei verderblicher Ware (Obst, Gemüse, Milch) und bei schwer oder nur sehr aufwändig transportierbaren Gütern (Kohle, Erze, Steine, Bauteile) empfiehlt es sich bisweilen, in der Logistik den kürzesten Weg vom Hersteller zum abnehmenden Betrieb zu nehmen, auch wenn rechtlich mehrere Organe dazwischenliegen. Rechtlicher und physischer Weg fallen dann auseinander. Es liegt ein **Streckengeschäft** vor. Beim Internetbezug materieller Güter ist es unvermeidlich.

Die verschiedenen Einzelinstrumente des Beschaffungsmarketing müssen zielgerichtet kombiniert werden, damit sie sich gegenseitig in ihrer Wirkung unterstützen. Es ist ein optimales **Beschaffungsmarketing-Mix** zu finden.

4   Das logistikpolitische Instrumentarium

4.1   Überblick

Die logistische Funktion umfasst die Raum- und Zeitüberbrückung sowie die Umgruppierung. Bei ihrer Erfüllung sind vier Arten von Problemen zu lösen. Inhalte sind:

(1) **Mengen:** Wie viel soll transportiert, gelagert oder umgruppiert werden?
(2) **Termine:** Wann sollen die einzelnen logistischen Teilprozesse beginnen und enden?
(3) **Instrumente:** Mit welchen Mitteln sollen die logistischen Teilfunktionen erfüllt werden, z.B. welche Transportmittel, Aufenthalts- und Lagerräume sowie Hilfsmittel beim Güterumschlag sollen eingesetzt werden?
(4) **Orte und Wege:** Auf welchem Weg soll transportiert werden? Welche Standorte kommen für den Aufenthalt bzw. die Lagerung in Frage? Wo befinden sich Umsteige- bzw. Umschlagsorte?

Für die einzelnen Logistikarten führen diese Probleme zu zahlreichen konkreten Einzelfragen. Einige Beispiele dazu finden sich in Abb. 2.7.

Logistikart	Teilproblem der Logistik / Logistische Funktion	Raumüberbrückung	Zeitüberbrückung	Umgruppierung
Personenlogistik	**Gesamtfunktion**	**Personenbeförderung**	**Aufenthalt**	**Umsteigen**
	Beispiele zum – Mengenproblem	– Gruppenzusammensetzung, Abteilgröße	– Zusammensetzung von Wartegruppen	– Zahl der Umsteigenden
	– Terminproblem	– Abfahrts-/Ankunftszeiten	– Aufenthaltsbeginn/-ende/-dauer	– Umsteigetermine
	– Instrumentalproblem	– Transport-, Verkehrsmittel, Beförderungskomfort	– Einrichtung von Aufenthaltsräumen	– Umsteigehilfen (z. B. Flughafenbus)
	– Orts- und Wegeproblem	– Transport-, Verkehrswege	– Aufenthaltsorte	– Umsteigeorte
Warenlogistik	**Gesamtfunktion**	**Gütertransport**	**Lagerung**	**Umschlag**
	Beispiele zum – Mengenproblem	– Transportmenge	– gelagerte Menge	– umzusortierende Menge, umzulagernde Teilmengen
	– Terminproblem	– Transportbeginn/-ende/-dauer	– Lagerzeiten	– Umlagerungszeiten
	– Instrumentalproblem	– Transportmittel, -behältnisse	– Lagerarten, Lagerbehältnisse	– Entladehilfen, Verpackungsmaschinen
	– Orts- und Wegeproblem	– Transport-, Verkehrswege	– Lagerplätze (fest zugeordnete Lagerplätze – chaotische Lagerung)	– Umschlagplätze
Energielogistik	**Gesamtfunktion**	**Energietransfer**	**Energiespeicherung**	**Energietransformation**
	Beispiele zum – Mengenproblem	– Transfermenge	– gespeicherte Energiemenge	– zu transformierende Energiemenge
	– Terminproblem	– Beginn/Ende/Dauer des Transfers	– Speicherzeiten	– Transformationszeiten
	– Instrumentalproblem	– Transportbehälter, -mittel, Pipelines	– Speichermedium (z. B. Batterie, Kraftspeicher)	– Energie-Umsetzaggregate, Kraftwerke
	– Orts- und Wegeproblem	– Übertragungswege, Führung von Überlandleitungen	– Standort von Energiespeichern	– Standort von Umsetzaggregaten
Informationslogistik	**Gesamtfunktion**	**Informationsübermittlung**	**Informationsspeicherung**	**Informationsumspeicherung**
	Beispiele zum – Mengenproblem	– gleichzeitig übertragene Datenmenge	– Aufteilung der Speicherung in Datenteilmengen	– zu reorganisierende Datenteilmengen
	– Terminproblem	– Übertragungstermine (online)	– Beginn/Ende der Speicherung	– Abrufzeiten, Umspeicherzeiten
	– Instrumentalproblem	– Direktverbindung oder fallweiser Verbindungsaufbau, Art des Transports von Dokumenten	– Speichermedien, z. B. Karteikästen, Disketten, CD-ROM, Hauptspeicher von EDV-Anlagen	– verwendete Codes, verwendete Ein-/Ausgabeeinheiten
	– Orts- und Wegeproblem	– Verbindungsweg, z. B. im Telefonnetz Netztopologie	– Aufbewahrungsort körperlicher Externspeicher	– Umcodierung am Sende- oder Empfangsort

Abbildung 2.7: Beispiele für logistische Probleme in den einzelnen Einsatzfeldern

4.2 Lösungsprinzipien für einzelne Logistikbereiche

Die typischen Probleme der Logistik und Prinzipien ihrer Lösung werden nachfolgend für den Bereich der **Warenlogistik** vorgestellt. Die logistischen Funktionen umfassen hier Lagerung, Transport und Umgruppierung von Waren.

4.2.1 Prinzipien der Lagerung

Im Leistungsprozess ist an mehreren Stellen eine **Lagerbildung** zu beobachten. Es gibt Kurzzeit-Zwischenläger, die im Fertigungsprozess entstehen und eine kontinuierliche Produktion sicherstellen oder sonstige vorübergehende (Puffer-)Bestände enthalten. Vor allem aber sind es Langzeit-Läger, die die Funktion der physischen Zeitüberbrückung von Waren übernehmen. Dazu gehören Eingangs- und Absatzläger (Fertigerzeugnisläger, Ausgangsläger). Die Eingangsläger sind für die originären Einsatzgüter die erste innerbetriebliche Station, die Absatzläger für die Fertigprodukte die letzte.

> Läger entstehen aus verschiedenen **Gründen**. Man unterscheidet das Ausgleichs-, das Vorsichts- und das Spekulationsmotiv.

Allgemein kann ein Lager als Puffer zwischen verschiedenen betrieblichen Teilprozessen aufgefasst werden. Daher nimmt jedes Lager eine **Ausgleichsfunktion** wahr. Vor allem sind unterschiedliche Rhythmen von Beschaffung und Fertigung auszugleichen. Sie ergeben sich dabei teils aus den Gegebenheiten der Lieferanten bzw. des Marktes, teils aber auch aus Kostenerwägungen. Darüber hinaus erstreckt sich das Ausgleichsmotiv auch auf die Qualität: Der Lagerbestand erlaubt es, Schlechtstücke zu ersetzen. Nach dem **Vorsichtsmotiv** wird ein Teil der Lagerbestände durch das Bemühen, unvorhergesehene Engpässe zu kompensieren, gerechtfertigt. Solche Engpässe entstehen durch ungeplant hohe Entnahme, termin- oder mengenungenaue Anlieferung und Fehllieferung. Schließlich können vermutete Preisschwankungen oder eine Verknappung auf dem Beschaffungsmarkt Anlass zu zusätzlicher **spekulativer Lagerhaltung** sein. Erwartet man steigende Preise, kann es sich als günstig erweisen, Bestellungen vorzuziehen und die beschafften Mengen bis zum Bedarfszeitpunkt zu lagern.

Vereinzelt werden als weitere Lagerhaltungsmotive verschiedene Fälle einer möglichen **Produktivfunktion** eines Lagers angeführt. So bedarf etwa ein frisch eingekellerter Whisky zur Ausreifung etlicher Jahre, bis er verkaufsfertig ist. In solchen Fällen wird zwar von Lagerung gesprochen und auch ein Lagerraum verwendet, doch handelt es sich genau genommen bei der hier stattfindenden Lagerung um eine Stufe des Fertigungsprozesses.

Lagerhaltungsmotive und Beschaffungsprinzipien stehen in einer engen Beziehung zueinander. Dispositionsabhängig, d. h. nicht zufällig oder ungeplant entstehende

Lagerbestände sind stets auf bestimmte Bereitstellungsprinzipien und Lagerhaltungsmotive zurückzuführen. Insgesamt kann man den Gesamtbestand eines Lagers gemäß Abb. 2.8 aufgliedern.

Bereitstellungs-prinzip / Lager-haltungsmotiv	Vorrats-haltung	einsatz-synchrone Anlieferung	Einzelbeschaffung bei Bedarf	Summe	
Ausgleich	Vorrat i. e. S.	/////	regulärer Auftragslagerbestand	regulärer, zum Verbrauch bestimmter Lagerbestand	antizi-pativer Bestand
Spekulation	spekulativer Vorrat		spekulativ vorgezogener Auftragslagerbestand	Spekulations-bestand	
Vorsicht	Sicherheitsvorrat		aus Sicherheitsgründen vorgezogener Auftragslagerbestand	gesamter Sicherheitsbestand	
Summe	Vorrat im weiteren Sinne		gesamter Auftragslagerbestand	Gesamtlagerbestand	

Abbildung 2.8: Aufgliederung der Lagerbestände nach Lagerhaltungsmotiven und Bereitstellungsprinzipien

Die Entscheidung über **Menge** und **Zeit** der Eingangslieferung bildet nur teilweise ein logistisches Problem, da damit gleichzeitig das Beschaffungsprogramm festgelegt wird. Das **räumliche Problem** der Lagerung ist dann gelöst, wenn eindeutig ein hierzu vorgesehener Raum zur Verfügung steht. Wenn, was sich im Interesse eines logistischen Gesamtoptimums empfiehlt, die gesamtbetriebliche Lagerfläche beliebig verwendet werden kann, ist zu klären, ob Teile des Eingangslagers auch im ursprünglichen Absatzlager oder an anderen Orten untergebracht werden sollen.

Bei Mehrgüterlägern stellt sich schließlich die weitere logistische Frage, ob für jede Güterart eigene Lagerplätze reserviert werden oder ob chaotisch gelagert wird. Bei der chaotischen Lagerung (Open Warehouse System) erhält jede ankommende Lieferung einen beliebigen, gerade freien Lagerplatz zugewiesen. Dies spart insgesamt Lagerkapazität, erfordert jedoch ein ausgereiftes und verlässliches Lagerinformationssystem.

Was die Auswahl eines geeigneten Lagerortes sowie die logistischen **Instrumentalprobleme**, also etwa Einzelfragen des Lagerbaus und der Lagereinrichtung, betrifft, sind zahlreiche technische Aspekte zu berücksichtigen (vgl. z. B. Schulte [Logistik] 177 ff.). Die Alternativen und ihre Bewertung hängen von den Eigenschaften des Lagergutes sowie von baulichen und technischen Möglichkeiten ab. Daher fällt diese Problematik nur teilweise in den betriebswirtschaftlichen Bereich.

4.2.2   Prinzipien des Transports

Welche logistischen Fragen beim **Transport** zu klären sind, hängt davon ab, zwischen welchen Stellen Transportleistungen erbracht werden müssen und ob überhaupt Alternativen bestehen. Im einfachsten Fall stehen Liefer- und Empfangsstelle sowie die zu transportierende Menge bereits auf Grund übergeordneter Vorentscheidungen fest. Dann ist allenfalls die Steuerung des Transports offen.

> Je nachdem, welche Stelle den Transport veranlasst, spricht man vom **Bring-** oder vom **Holprinzip**. Eine dritte Möglichkeit bildet die **zentrale (Transport-) Steuerung,** die weder von der liefernden noch von der empfangenden Stelle beeinflusst wird.

Umfangreiche Optimierungsfragen sind zu lösen, wenn die gleiche Güterart an mehreren Lieferstellen verfügbar ist und auch an mehreren Bedarfsstellen gebraucht wird. Bestehen außerdem Obergrenzen für die jeweiligen Absende- und Empfangsmengen und unterscheiden sich die Transportkosten auf den einzelnen Verbindungswegen, muss für jede Absendestelle entschieden werden, welche Menge sie an welchen Empfangsort liefert. Dies bildet den Gegenstand des klassischen **Transportproblems**. Es ist in zahlreichen Varianten einer der traditionellen Ansatzpunkte der logistischen Optimierung (vgl. dazu S. 123 ff.).

Weitere Optimierungsprobleme ergeben sich, wenn zusätzlich u. a. folgende Sachverhalte zu beachten sind:

- Die **Transportkapazität** ist beschränkt. Dann müssen Steuerungspläne für die Transportmittel aufgestellt werden, z. B. Gabelstapler-Fahrpläne.
- Die **Zuordnung von Lagerinhalt und Lagerorten** ist noch offen. Es gibt zwar eine genügend große Anzahl innerbetrieblicher Lagerorte, und es ist auch grob bekannt, wie oft vom Lagerplatz eines Gutes zu welchem Bedarfsort zu fahren ist. Da sich jedoch sowohl die lagergutbezogene Transporthäufigkeit als auch die lagerort- und bedarfsortbezogenen Transportkosten unterscheiden, entsteht ein kombiniertes Lagerzuordnungs- und Transportwege-Problem.

Die instrumentellen Fragen des Transports, wie etwa die Wahl geeigneter Transportmittel und Fördereinrichtungen sowie die Ausstattung der Transportwege und -behälter, ferner die der Lade- und Entladeeinrichtungen, sind wiederum überwiegend technischer Natur.

4.3   Lösungsprinzipien für die mehrstufige Logistik

4.3.1   Eingliederung der mehrstufigen Logistik in die inner- und überbetriebliche Gesamtplanung

Die typischen Probleme der mehrstufigen Logistik treten nicht nur in jedem Betrieb mit mehrstufigen Fertigungsprozessen auf, sondern auch überbetrieblich in der

Lieferkette. In jedem Fall entstehen an zahlreichen Stellen Zwischenläger, die Gelegenheit zur Umgruppierung geben oder eine solche wegen des Fertigungsablaufs erforderlich machen. Die logistischen Aufgaben erweisen sich dabei als Teil einer umfassenden Produktionsplanung und -steuerung, in der neben den logistischen Alternativen zahlreiche weitere Parameter der allgemeinen Beschaffungs- und gesamten Produktionspolitik festzulegen sind. Sie werden daher in den meisten Fällen mit Hilfe entsprechender Softwaresysteme gelöst.

Für den innerbetrieblichen Bereich handelt es sich um **Produktionsplanungs-** und **-steuerungs- (PPS-)** bzw. **Enterprise-Resource-Planning- (ERP-)Systeme**. Die Komponente für die Mengen- und Zeitplanung von Materialbeschaffung, -transport, -lagerung und -umgruppierung wird als **MRP-System (Material Requirements Planning)** bezeichnet. Mit derartigen Planungssystemen versucht man, ein gesamtbetriebliches Optimum der Produktions- und der logistischen Prozesse, die einen Teil davon bilden, zu erreichen. Alle gegenwärtig in der Praxis installierten Systeme sind freilich im Kern als sukzessive Verfahren konzipiert, die heuristisch gefundene Teilbereichslösungen kombinieren. Insbesondere die Materialplanung schöpft dadurch die bestehenden Optimierungsmöglichkeiten nicht annähernd aus. Sie steht im Sukzessivlösungskonzept weit hinten und nutzt die dort dann ohnehin kleinen Gestaltungsreserven zudem nur über oft schwache Heuristiken.

Seit einiger Zeit wird das aus den frühen achtziger Jahren stammende **MRP-II-Konzept (Manufacturing Resource Planning)** zunehmend stärker in die Produktionsplanungssoftware eingebracht. Solche Systeme enthalten dann eine stärkere Koppelung der verschiedenen Teilplanungen, insbesondere über Ressourcenrestriktionen. Die Art der Materialplanung ändert sich dadurch nicht prinzipiell (vgl. z. B. Schütte/Siedentopf/Zelewski [Koordinationsprobleme] 160 ff.).

Für das Supply Chain Management gibt es spezielle Softwaresysteme. Sie lässt sich in zwei Kategorien einteilen. Zur ersten gehört insbesondere das **Supply-Chain Operations-Reference-(SCOR-)System,** das vom Supply Chain Council entwickelt wurde, einer Vereinigung von mehreren hundert US-amerikanischer Unternehmungen. Es dient vorwiegend zur Detailmodellierung von Lieferketten und zur Analyse alternativer Konfigurationen (vgl. Meyr/Rohde/Stadtler/Sürie [Chain] 36 ff.). Die zweite Kategorie dient der eigentlichen Lieferkettenabstimmung. Lösungskonzepte hierzu werden als **Advanced Planning Systems (APS)** bezeichnet. Sie bezwecken die Abstimmung von Programmplanung und Produktionsablauf über die Lieferkette hinweg und greifen hierzu auf die betrieblichen ERP-Systeme zurück. Sie ersetzen daher die einzelnen betrieblichen Systeme nicht, sondern ergänzen und verknüpfen sie. In den nächsten Jahren wird mit einem steigenden Angebot neu entwickelter APS-Konzepte gerechnet (vgl. zum generellen Überblick [Supply Chain Management], zu einer kritischen Einordnung Corsten/Gössinger [Supply Chain Management] 151 ff., zum Optimierungspotenzial z. B. Zäpfel [Lenkung]).

Schon wegen der Komplexität des Gesamtproblems kann sowohl inner- als auch überbetrieblich bei den gegenwärtigen Softwarelösungen von einer Optimierung nicht die Rede sein. Daher ist es immer möglich, mit speziellen Konzepten für bestimmte Teilbereiche Lösungen zu verbessern. Bekannt sind hierzu vor allem die Kanban- und die Just-in-Time-Logistik. Obwohl im Folgenden speziell für den innerbetrieblichen Bereich beschrieben, eignen sich beide generell für mehrstufige Produktions- und Liefersysteme.

4.3.2   Die Kanban-Logistik

Eine **Kanban-Logistik** umfasst eine Kombination von Verfahrensregeln zur Steuerung des betrieblichen Materialflusses.

Die Kanban-Logistik wurde in Japan in den fünfziger Jahren beim Autohersteller Toyota entwickelt und hat sich seit Beginn der achtziger Jahre auch in Deutschland durchgesetzt. Sie lässt sich durch folgende Merkmale beschreiben (vgl. z. B. Wildemann [Werkstattsteuerung], Fandel/François [Just-in-Time]):

(1) Der Produktionsprozess wird (gedanklich) in eine Anzahl von **Liefer-Empfangs-Beziehungen** untergliedert. In jeder von ihnen muss Material transportiert werden.

(2) Aus jeder der gefundenen Liefer-Empfangs-Beziehungen wird ein **selbststeuernder Regelkreis** gebildet. Die vordem zentral (oder zumindest von einer Planungsstelle) vorgegebene Steuerung der Materialweitergabe ersetzt eine dezentrale Steuerung am Ort des Materialflusses. Dabei verknüpft man den Informationsfluss so mit dem Materialfluss, dass sich beide auf derselben Ebene befinden. Eine übergeordnete (zentrale) Informationsverarbeitung ist insoweit überflüssig.

(3) Für den Transport wird das **Hol-Prinzip** eingeführt. Es ersetzt ein vorher realisiertes Bring-Prinzip bzw. eine zentrale Transportsteuerung. Die jeweils empfangende Stelle hat die benötigten Materialien von der bereitstellenden Stelle abzuholen.

(4) Hierzu werden standardisierte Transportbehälter verwendet. Jeder von ihnen trägt ein besonderes Schild, einen **Kanban** (jap. Kanban: Schild, Karte). Wird ein Behälter abgeholt, verbleibt der Kanban am Abholort. Er gibt die Information über die Verwendung weiter. Die abgenommenen Kanbans werden gesammelt und von der liefernden Stelle laufend kontrolliert. Je nach Vorgabe stellt bereits ein einziger Kanban oder erst eine gewisse Zahl von ihnen einen Produktions- oder Beschaffungsauftrag für diese Stelle dar.

(4) Der abgeholte Behälter wird nach Entfernung des ursprünglichen Kanbans mit einem vom Abholer mitgebrachten Transportkanban versehen, der am Verwendungsort eine entsprechende Rolle spielt wie der abgenommene (Produktions-)Kanban am Bereitstellungsort. Die Kanbans enthalten alle zur Identifikation, Nachbestellung oder Nachproduktion erforderlichen Informationen. Sie ermöglichen daher neben der dezentralen Materialflusssteuerung gleichzeitig eine dezentralisierte Informationsbereitstellung am Fertigungsort.

(5) Die umlaufende Materialmenge, insbesondere auch die Bestände an Halbfabrikaten werden indirekt dadurch gesteuert und vor allem nach oben begrenzt, dass für jede Stelle und Materialart nur eine vorab genau berechnete **Zahl an Kanbans** ausgegeben wird.

Abb. 2.9 zeigt das Prinzip der Kanban-Steuerung im Vergleich zu einer zentralen Materialfluss-Steuerung (abgeändert entnommen aus Wildemann [Werkstattsteuerung] 34).

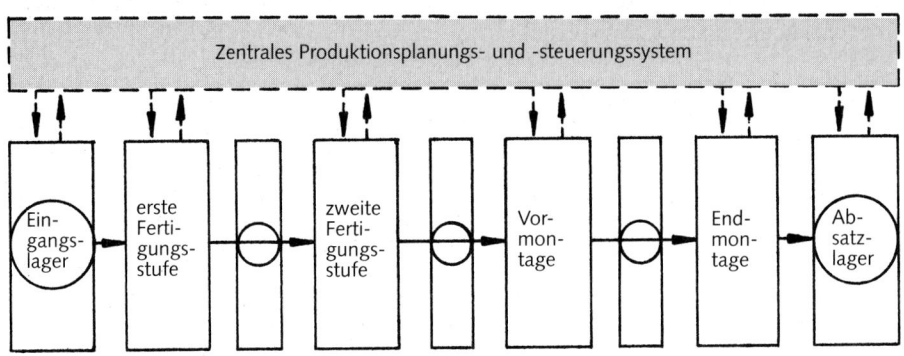

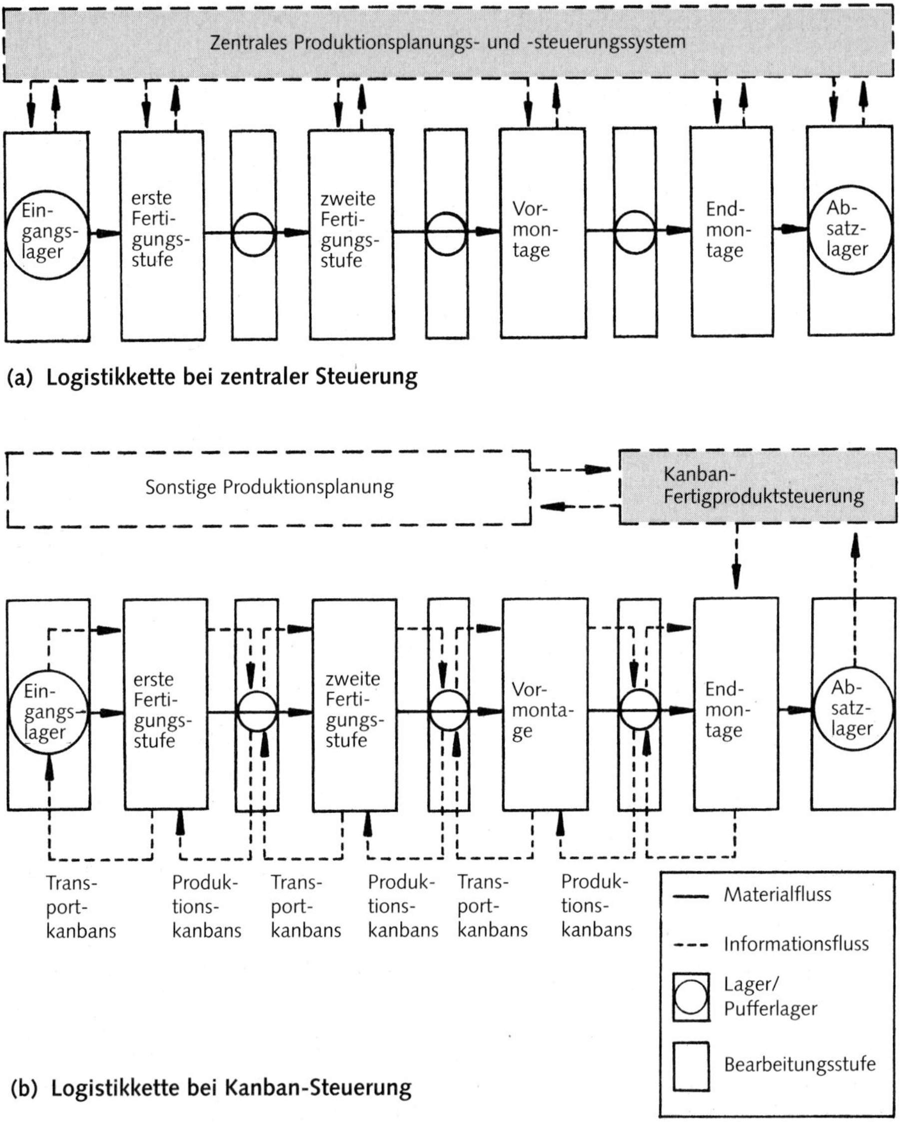

(a) **Logistikkette bei zentraler Steuerung**

(b) **Logistikkette bei Kanban-Steuerung**

Abbildung 2.9: Schematischer Vergleich des zentralen Systems und des Kanban-Prinzips zur Logistiksteuerung

Bei der Beurteilung der Kanban-Steuerung ist zu beachten, dass der geschilderte Ablauf nur in bestimmten Fällen realisierbar und nicht in allen davon zweckmäßig sein wird. Eine der wesentlichen Auswirkungen der Kanban-Steuerung bildet die Tatsache, dass für kanbangesteuerte Beschaffungs- und Fertigungsprozesse der Bedarf nicht längerfristig exakt geplant wird. Der Anwendungsbereich der Kanban-Logistik liegt also dort, wo Optimierungsüberlegungen zur Rüstkostenersparnis keine große Rolle spielen.

4.3.3   Die Just-in-Time-Logistik

Die Befürworter einer Kanban-Steuerung betonen die Möglichkeit, die Bestände in Eingangs-, Zwischen- und Absatzlägern zu reduzieren, indem die Materialien jeweils erst knapp vor dem Bedarfszeitpunkt abgerufen werden. Dieses übergeordnete Prinzip – für den Beschaffungsbereich handelt es sich um die einsatzsynchrone Bereitstellung – lässt sich auch unabhängig von einer Kanban-Steuerung realisieren. Es wird in jüngster Zeit unter dem Begriff **Just-in-Time-Logistik** in zahlreichen Betrieben angestrebt.

> Bei der **Just-in-Time-Logistik** wird das Material erst unmittelbar vor seinem Einsatztermin bereitgestellt.

Die Kanban-Logistik ist damit eine spezielle Ausprägungsform einer Just-in-Time-Logistik. Hinter dem Just-in-Time-Prinzip steht die Annahme, dass der weitgehende Abbau von Puffer- und sonstigen Zwischenlägern mehr Kosten einspart, als durch häufiges Umrüsten sowie kleinere Beschaffungs- und Fertigungslose zusätzlich entstehen. Die Realisierung einer Just-in-Time-Logistik ist mit folgenden Einzelmaßnahmen in der Fertigung verbunden (vgl. Wildemann [Lösungskonzepte] 36 f.):

(1) Man organisiert die Fertigung weitgehend nach dem **Fließprinzip**.

(2) **Bestände** werden abgebaut. Dadurch werden Engpässe und Probleme der Fertigung sichtbar, die vorher durch eine ständige Rückgriffsmöglichkeit auf Bestandsreserven verdeckt geblieben waren.

(3) Durch den Bestandsabbau gewonnene Mittel werden zur **Kapazitätserhöhung** bei den Produktionsanlagen verwendet, um Engpässe in der mengen- und qualitätsmäßigen Fertigungsbereitschaft zu beseitigen.

(4) Die **Umrüstzeiten** werden reduziert, z. B. durch Einsatz flexibler Fertigungssysteme.

Hierzu bedarf es ähnlicher **Voraussetzungen** wie für die Kanban-Steuerung. Daher kann eine durchgängige Just-in-Time-Logistik für den gesamten Produktionsprozess meist nicht erwartet werden. In diesen Fällen bietet es sich beispielsweise an, den Produktionsprozess so aufzuteilen, dass in Teilbereichen eine Just-in-Time-Logistik möglich wird.

Im **Beschaffungsbereich** erfordert die Einführung des Just-in-Time-Prinzips vor allem entsprechende Verhandlungen mit Lieferanten (vgl. S. 94, 103). Die Eingangsläger werden dann bis auf ein Mindestniveau zur Überbrückung der Lieferzeit abgebaut.

Flankierende Maßnahmen bilden die Sicherstellung der Lieferqualität sowie eine frühzeitige Lieferanteninformation über Bedarfsmengen und -termine. Die Realisierung setzt daher neben einer entsprechenden Bereitschaft des Lieferanten die Standardisierbarkeit der Bestellungen und eine informationstechnische Integration von Abnehmer und Zulieferer voraus, ferner die Verlagerung der Qualitätsprüfung in den Betrieb des Lieferanten, die Verlässlichkeit des Transportsystems sowie eine zügige Abfertigung in der eigenen Materialannahme (vgl. Fandel/François [Just-in-Time] 538 ff.). Besonders günstig erweist sich die Ansiedlung der Lieferanten in unmittelbarer räumlicher Nähe des abnehmenden Betriebes, oft auch direkt auf dessen Betriebsgelände. Ein solcher **Industriepark** wird z. B. bei neuen Produktionsstandorten in der Automobilindustrie angestrebt, so etwa bei DaimlerChrysler für die A-Klasse-Herstellung in Rastatt und bei BMW am Standort Leipzig.

Die skizzierten Bedingungen erklären, warum Just-in-Time-Konzepte in vielen Fällen auf **Realisierungshindernisse** stoßen. Zudem ist ihre tatsächlich zu erwartende **Vorteilhaftigkeit** gegenüber Alternativkonzepten in umfassenden Investitionsrechnungen zu prüfen. Da Risiko- und Qualitätsaspekte in erheblichem Ausmaße in die Überlegungen einbezogen werden müssen, sind solche Vergleichsrechnungen nicht einfach. Erfolgsberichte über eine Kostensenkung von 50% und mehr sollten daher mit Vorsicht zur Kenntnis genommen werden.

5   Planungsgrundlagen in Beschaffung und Logistik

5.1   Entscheidungsrelevante Informationen in Beschaffung und Logistik

Voraussetzung für die Lösung von Entscheidungsproblemen sind Informationen. Klarheit muss zum einen bestehen über die Zielvorstellungen, zum anderen über Gegebenheiten des eigenen Betriebs und der Märkte. Die erstgenannten Informationen sind **normativer,** die letztgenannten **faktischer** Art. Zahlreiche der für Planungszwecke benötigten faktischen Informationen muss man auf der Basis entsprechender Hypothesen aus Prognosen gewinnen.

Zentrale Grundlage für Entscheidungen sind brauchbare Informationen über die realisierbaren **Handlungsmöglichkeiten.** Für sie gibt es betriebsinterne und -externe Quellen. **Betriebsextern** verschafft man sich vor allem Kenntnisse über gegenwärtige und potenzielle Marktpartner. Von Interesse sind die Angebotsprogramme von

Lieferanten, ihre Preise und sonstigen Konditionen, ferner ihre Zuverlässigkeit, was Menge, Termin und Qualität anbelangt. Darüber hinaus spielen oft auch Einzelheiten über die ebenfalls nachfragenden Konkurrenten eine wichtige Rolle sowie die gesamte Lage und die Entwicklung auf den Beschaffungs- und ihren Vormärkten. Alle derartigen Informationen erhält man durch eine systematische **Beschaffungsmarktforschung.**

Zur Einschätzung der eigenen bisherigen Lösungen und zur Aufdeckung von Optimierungsspielraum wird vielfach **Benchmarking** empfohlen. Eine Benchmark kann als externe Ziel- oder Orientierungsgröße verstanden werden. Für eine bestimmte Aktivität, etwa das Einlagern, die Auslieferung oder sonstige Einzelprozesse der Beschaffung und Logistik, sucht man zunächst Betriebe (beliebiger Branchen), die hierin besonders effektiv arbeiten. Gelingt es, an Kennzahlen dazu heranzukommen (z. B. «durchschnittliche Lieferzeit pro Auftrag»), kann man sie als Benchmarks in der eigenen Planung verwenden.

Betriebsinterne Quellen liefern Informationen über Einzelheiten der Aufgabenstellung. Für die Beschaffung sind dies Mengen, Termine und Qualität des Güterbedarfs. Je nach ihrer Detailliertheit und Präzision geben diese Vorgaben Anstöße, etwa was die genaue Ausgestaltung des Beschaffungsprogramms angeht. Oft benötigt man außerdem zahlreiche Informationen über betriebsinterne **Nebenbedingungen,** die bei der Planung zu beachten sind. Beispiele bilden die Kapazität von Lägern und Transportmitteln, das Finanzierungsbudget, Substitutionsmöglichkeiten zwischen Gütern sowie die erlaubte Toleranz für bestimmte Eigenschaftsabweichungen.

Alle entscheidungsrelevanten Größen müssen für den Planungszeitraum prognostiziert werden. Hierzu stehen verschiedene Verfahren zur Verfügung; teilweise handelt es sich um einfache Berechnungen, teilweise um komplizierte stochastische Prognosetechniken.

Nachfolgend wird als Beispiel für betriebsinterne Informationsbeschaffung die Bedarfsprognose genauer besprochen. Abschnitt 5.3 vermittelt anschließend einen Überblick über die Ziele, die als normative Informationen für die Planung in Beschaffung und Logistik herangezogen werden. Sowohl die Auswahl geeigneter Prognoseverfahren als auch die adäquate Präzisierung bereichsspezifischer Ziele ist eine Aufgabe des Controlling (vgl. dazu Band II, 3. Kapitel, zum Beschaffungscontrolling speziell Friedl [Beschaffungscontrolling]).

5.2   Die Bedarfsprognose

Die zentrale betriebsinterne Information für den Beschaffungs- und Logistikbereich bildet der Bedarf. Zu seiner Vorhersage gibt es zwei Klassen von Verfahren (vgl. im Einzelnen Tempelmeier [Material-Logistik]), die programmorientierten und die verbrauchsorientierten Prognosen.

5.2.1   Die programmorientierte Prognose

Programmorientierte Prognosen leiten den Bedarf aus dem künftigen Produktionsprogramm ab. Dieses muss als Plangröße bekannt sein; es bildet den **Primärbedarf.**

Für die Materialbedarfsprognose geht man wie folgt vor: Aus dem Primärbedarf wird der Bedarf an zu beschaffenden (originären) Materialien berechnet. Bei mehrstufigen Produktionsprozessen ist dazu in Zwischenschritten auch der Gesamtbedarf an selbst produzierten Zwischenprodukten zu ermitteln. Für jedes Einsatzgut, Zwischen- und Endprodukt setzt sich der Gesamtbedarf aus zwei Summanden zusammen:

- Menge, die direkt an den Markt bzw. in das eigene Absatzlager gehen soll (Primärbedarf),
- Menge, die als Einsatzgut zur Produktion anderer (Zwischen- oder End-)Produkte erforderlich ist (Sekundärbedarf).

Gibt es abbaubare Lagerbestände, zieht man sie vom so ermittelten Brutto-Gesamtbedarf ab, um den zu produzierenden bzw. zu beschaffenden Netto-Gesamtbedarf zu erhalten.

Zu der skizzierten Berechnung bedarf es genauer Kenntnisse über den Zusammenhang zwischen Output und Input jeder Produktionsstufe. Dabei sind Produktionsmenge, Verfahrensbedingungen, voraussichtlicher Ausschuss und zahlreiche weitere Einflussgrößen zu berücksichtigen. Der gesuchte Zusammenhang wird durch eine **Produktionsfunktion** abgebildet. Im einfachsten Fall bestehen in allen Fertigungsstufen proportionale Beziehungen zwischen Input und Output. Dann kann man das Ausbringungsprogramm als Primärbedarf nach dem Gozinto-Prinzip in das Beschaffungsprogramm umrechnen (vgl. S. 176 f.). Dieser Fall tritt in der industriellen Anwendung am häufigsten auf.

Das proportionale Input-Output-Verhältnis für jede Liefer-Empfangs-Beziehung zwischen Produktionsstellen wird durch einen Leontief-Produktionskoeffizienten erfasst. Er gibt den Einsatzgüterbedarf pro Ausbringungs-Mengeneinheit der betrachteten Produktionsstelle an. Solche Koeffizienten finden sich in der industriellen Fertigungsplanung als stückbezogene (bzw. auf eine sonstige Produktionseinheit bezogene) Mengenangaben in den **Stücklisten** bzw. **Rezepturen** wieder (vgl. S. 176). Die darauf basierende Bedarfsrechnung, die sog. **Stücklistenauflösung,** ist in Software-Systeme zur computergestützten Produktionsplanung und -steuerung integriert.

Als problematisch erweist sich die Zuordnung von Bedarfsterminen. Nur bei kurzer Produktionszeit und nicht weit reichendem Planungshorizont kann auf eine solche zeitliche Differenzierung verzichtet werden. Eine einfache Möglichkeit besteht darin, für jede Materialart eine eigene **Vorlaufzeit** zu berücksichtigen, um die der Bedarfs- vor dem Produktionstermin liegt. Kumuliert man die Bedarfsmengen eines

Einsatzgutes für verschiedene Aufträge, erhält man für jeden Zeitpunkt eine sog. **Fortschrittszahl.** Sie erlaubt es, Soll- und Isteindeckung im Zeitablauf zu verfolgen. In manchen Anwendungen werden Fortschrittszahlen auch unmittelbar zur Fertigungssteuerung herangezogen (vgl. Schweitzer [Fertigungswirtschaft] 711).

Ungenauigkeiten, die durch die einfache Rückrechnung nach dem Gozinto-Prinzip mit konstanten Produktionskoeffizienten entstehen, fängt man gegenwärtig noch vielfach durch hohe Pufferbestände in den Lägern und zwischen den Fertigungsstellen auf. Dasselbe gilt für eine allzu pauschale Erfassung des zeitlichen Vorlaufs (vgl. Troßmann [Bedarfsplanung]). Eine präzisere Rückrechnung zum Beschaffungsprogramm erfordert im Allgemeinen kompliziertere Produktionsfunktionen. Dies dürfte sich im Zuge der Verbreitung des Just-in-Time-Gedankens noch deutlicher erweisen.

5.2.2   Die verbrauchsorientierte Prognose

Verbrauchsorientierte Prognosen basieren auf der Hypothese, dass der Verbrauch in der Vergangenheit und der künftige Bedarf von Einflussgrößen abhängen, die zwar im Einzelnen unbekannt, aber prinzipiell gleichbleibend sind.

Daher versucht man, im bisherigen Verbrauchsverlauf eine Gesetzmäßigkeit zu erkennen, wie etwa einen Trend oder eine Saisonkomponente. Auf dieser Grundlage prognostiziert man dann den Bedarf für die Planperiode. Hierzu gibt es zahlreiche Verfahren. Für die verbrauchsorientierte Materialbedarfsprognose ist eine der am häufigsten angewandten die exponentielle Glättung (vgl. Band II, 4. Kapitel, Abschnitt 4.4).

In manchen Fällen wird man beide Klassen von Bedarfsprognoseverfahren auch miteinander **kombinieren.** Neben den genannten Typen von Prognosetechniken sind auch andere denkbar. So kann bei der Bedarfsplanung für ein neues Produkt eine Indikatorprognose zweckmäßig sein, etwa auf der Basis eines Analogieschlusses oder einer Hochrechnung.

5.3   Ziele in Beschaffung und Logistik

5.3.1   Zur Bedeutung verschiedener Zielarten

Beschaffung und Logistik bilden spezifisch abgegrenzte betriebliche Teilbereiche. Ihre Ziele lassen sich aus dem gesamtbetrieblichen Zielsystem ableiten; sie untergliedern sich dementsprechend in sachliche, formale sowie ergänzend in soziale und ökologische (vgl. Band I, 1. Kapitel).

Als operatives **Sachziel** der Beschaffung wird allgemein die Aufgabe angesehen, die vom Betrieb benötigten Einsatzgüter bereitzustellen. Art, Menge, Ort und Zeit des

Bedarfs sind dabei mehr oder weniger genau festgelegt. Je weniger präzise die Vorgaben sind, desto größer ist der Handlungsspielraum der Beschaffung. Er kann dazu genutzt werden, für die anderen Ziele ein möglichst günstiges Ergebnis zu erreichen. Die Zielrangfolge mag im Einzelfall unterschiedlich sein; häufig dürfte jedoch ein **formales Ziel**, etwa die Erzielung eines bestimmten Überschusses oder die Einhaltung bzw. Reduzierung einer Kostensumme, im Vordergrund stehen. Bestehen also mehrere Möglichkeiten, die Sachaufgabe zu erfüllen, sollen jene bevorzugt werden, welche die formalen Ziele möglichst gut erfüllen.

Dies muss nicht eine Dominanz monetärer Aspekte bedeuten. Die Sachvorgaben können so weitreichend sein, dass eine anschließende Kostenoptimierung kaum mehr etwas bewirkt. So wird in vielen Industriebetrieben seit einigen Jahren der **Qualität** der Produkte verstärkte Bedeutung beigemessen. Dies setzt sich in besonderen Qualitätsanforderungen an die bezogenen Materialien fort und mündet in eine darauf ausgerichtete Bezugspolitik. Gerade Betriebe mit technisch hochentwickelter Produktion lassen vielfach nur noch Lieferanten zu, die ein **Qualitätszertifikat** nach **DIN/ISO 9001 ff.** vorweisen können. Dies ist der durch die International Standards Organisation (ISO) genormte Nachweis eines qualitätsbetonten Produktionskonzepts, das standardisierte Mindestbedingungen erfüllt. Dazu gehören qualitätssichernde Maßnahmen in der Produktentwicklung, die Anwendung von Qualitätshandbüchern, die Einrichtung von Prüfverfahren sowie eine umfassende Qualitätsschulung der Mitarbeiter. Der Prozess der Zertifizierung ist langwierig und wird mit einer Prüfung durch unabhängige Gutachter abgeschlossen. Auch die Aufrechterhaltung der Zertifizierung verlangt i. d. R. nicht unerhebliche Anstrengungen.

Auf entsprechende Weise kann man **ökologische Ziele** umsetzen. Auch hier bietet der Beschaffungs- und Logistikbereich einen ersten Ansatzpunkt in einem größeren Prozess. Viele umweltbezogene Ziele richten sich auf Produkte und ihre Verpackung. Die bei deren Herstellung, Verwendung und Beseitigung anfallenden Emissionen sollen reduziert oder kleingehalten werden. Zugehörige Techniken etwa einer Abfallbehandlung, Abgasentgiftung oder sonstige Schadstofffilterung wirken demgemäß auf die Outputseite. Einem solchen «End-of-the-pipe»-Ansatz steht das Konzept gegenüber, bereits bei den Einsatzgütern auf eine ökologisch erwünschte Zusammensetzung zu achten. Ein «ökologischer Filter» beim Input erspart spätere Reinigungs- und Beseitigungsprozesse. Neben den unmittelbaren Eigenschaften der Beschaffungsgüter können weiterreichende Vorgaben an die gesamte Bezugspolitik ökologisch begründet sein.

Mit der **EG-Öko-Audit-Verordnung** von 1993 steht ein überbetriebliches Zertifizierungssystem zur Verfügung, mit dem der einzelne Produktionsstandort einer **Umweltbetriebsprüfung** (einem Öko-Audit) unterzogen werden kann. Hierfür speziell zugelassene Umweltgutachter beurteilen das Ergebnis dieser freiwilligen Analyse von Umweltschutz und Umweltmanagementsystem. Sie erlauben jeweils für drei Jahre die Aufnahme in die Liste öko-auditierter Standorte bei der IHK. Daneben ist seit 1996 auch eine Umweltzertifizierung des Betriebs nach DIN/ISO 14001 möglich, die vor allem auf das betriebliche Umweltmanagement abhebt. Obwohl die Mess- und Beurteilungsproblematik bei ökologischen Zielkriterien bislang weniger klar gelöst ist als etwa bei der Qualitätszertifizierung, kann man sich vorstellen, dass künftig manche Betriebe von ihren Lieferanten die Teilnahme an einer Öko-Auditierung verlangen, und sei es nur, um dies selbst als Marketing-Argument verwenden zu können.

In den besonderen Fällen gibt es inhaltliche Vorgaben für Beschaffungsgüter, Lieferanten oder deren Herstellungsprozesse, um Qualitäts- oder Umweltziele zu erreichen. Auch vielfältige Bedingungen an Transportmittel, -termine, -wege oder sonstige Logistik sind entsprechend begründbar. Immer ist hier innerhalb des verbleibenden Lösungsraumes anzustreben, weitere, vor allem formale Ziele zu erreichen. Je nach Zielsetzung kann die Optimierungssituation jedoch auch dadurch gekennzeichnet sein, dass eine formale Größe vorgegeben ist, etwa ein Budget, innerhalb dessen dann z. B. die bestmögliche Qualität oder die günstigere Umweltwirkung anzustreben sind. Dann erscheint es unumgänglich, die nichtmonetären Ziele operational zu messen, etwa mit einem Punktbewertungssystem. Die Entscheidung kann mit einer **Nutzwertanalyse** vorbereitet werden.

5.3.2   Kosten und Leistungen in Beschaffung und Logistik

Im Folgenden werden die bei der Optimierung im Beschaffungs- oder Logistikbereich typischerweise auftretenden formalen Ziele genauer betrachtet. Formale Ziele dienen der einheitlichen Bewertung von Alternativen, um sie vergleichbar zu machen. Nach ihrer Wirkung darauf kann man Positiv- und Negativkomponenten unterscheiden. Sie werden als Leistungen bzw. Kosten bezeichnet.

(1) **Kosten** entstehen für Beschaffung, Lagerhaltung und Transport.

(a) Die **Beschaffungskosten** lassen sich nach ihrer Abhängigkeit von der beschafften Menge in unmittelbare und mittelbare einteilen. Die wichtigste unmittelbare Beschaffungskostenart ist der **Kaufpreis**. Die mittelbaren Beschaffungskosten entstehen dagegen unabhängig von der Bestellmenge. Üblicherweise zählen dazu diejenigen Kosten, die proportional zur Bestellhäufigkeit sind. Die bestellfixen Kosten fallen bei jedem Bestellakt an und erfassen u. a. das Bestellen, die Wareneingangs- und Rechnungsprüfung sowie das Verbuchen.

(b) Die **Lagerhaltungskosten** betreffen die eigentliche Lagerung sowie die (kalkulatorischen) Zinsen für das im Lager gebundene Kapital. Die Lagerungskosten werden u. a. für Raum, Lagerbewegungen und Versicherung angesetzt. Häufig bezieht man sie vereinfachend auf Lagermengen- oder -werteinheiten. Sie berechnen sich dann auf der Basis eines Lagerkostensatzes pro Mengeneinheit oder eines solchen für die Lagerung eines Wertes von 100,– €, jeweils für die Dauer eines Jahres. Für die Berechnung der Zinsen benötigt man den situationsentsprechenden betrieblichen Kalkulationszinssatz.

(c) Wie Lagerungskosten fallen auch **Transportkosten** vielfach nicht ausschließlich proportional zur Menge oder zum Wert der Güter an. Vielmehr gibt es Kostensprünge, z. B. wenn ein weiteres Transportfahrzeug benötigt wird. Dennoch werden oft auch die Transportkosten vereinfachend mit Hilfe eines konstanten Transportkostensatzes pro Mengeneinheit berechnet.

(2) Den Kosten stehen die **Leistungen** gegenüber. Sie geben den positiven Effekt der Beschaffung bzw. der logistischen Maßnahmen wieder. Dies könnte beispielsweise ein zusätzlicher Deckungsbeitrag sein, der auf Grund der erfolgreichen Beschaffungsaktivität erzielt werden kann. Allerdings ist es im Beschaffungsbereich und auch in der Logistik unüblich, eine solchermaßen definierte Erfolgsgröße als Ziel zu wählen und in Modellen zu verwenden. Vielmehr geht man davon aus, dass die Positivkomponenten des Erfolgsziels nicht berechnet zu werden brauchen, da der Bedarf (bzw. die zu erfüllende Transportleistung) vorgegeben und damit der Wert der Arbeitsergebnisse unbeeinflussbar sind. Immerhin aber kann man die Aufgaben mehr oder weniger vorteilhaft ausführen. Statt die Differenz von konstanter Leistung und Kosten zu maximieren, minimiert man daher die Kosten. Diese Überlegung ist freilich nur dann richtig, wenn in jedem Fall die erbrachte Leistung mit der vorgegebenen übereinstimmt. Wird ein Teil davon nicht erfüllt, stimmt die Annahme des konstanten Betrags der positiven Erfolgskomponente nicht mehr. Die Leistung ist vielmehr um den Wert der fehlenden Menge kleiner. Rechnet man dennoch nur mit den Kosten, müssen sie um diesen Korrekturbetrag erhöht werden. Obwohl es sich dabei also um entgangene Leistungen handelt, werden sie als **Fehlmengenkosten** bezeichnet.

Allgemein sind zwei Fälle zu unterscheiden, nach denen sich die Berechnung der Fehlmengenkosten richtet. Entweder ist der Empfänger bereit, auf eine Nachlieferung zu warten (**Backorder**), oder er akzeptiert eine verspätete Lieferung nicht (**Lost Sale**). Im konkreten Fall werden beide Situationen jeweils mit einem bestimmten Anteil auftreten. Dann müssen zwei Berechnungen durchgeführt und aus deren Ergebnissen anschließend die erwarteten Fehlmengenkosten ermittelt werden.

An der unvollkommenen Information über die Bedarfsmenge wird deutlich, dass Formalziele häufig auch dazu dienen, Sachziele näher zu bestimmen. Beispielsweise wird die benötigte Materialmenge oft erst so kurz vor dem gewünschten Bereitstellungstermin bekannt, dass ein vorheriges **Bereithalten** des Materials unumgänglich ist. Wie groß muss in diesem Fall die verfügbare Menge sein, wie lässt sich also das entsprechende Sachziel der Beschaffung präzise fassen? Ein Weg dazu besteht darin, die Menge mit Hilfe des **Lieferbereitschaftsgrades** indirekt festzulegen.

Der **Lieferbereitschaftsgrad** (Service Level) gibt an, welcher Anteil des Bedarfs unmittelbar befriedigt werden kann.

Er lässt sich auf verschiedene Weise operationalisieren (vgl. Troßmann [Wissens-basis] 140). So können die Bedarfsmengen gemessen oder nur die Bedarfsfälle gezählt werden. Als befriedigten Bedarf kann man lediglich die sofortige oder auch noch eine geringfügig verspätete Bereitstellung akzeptieren.

Zur Beschaffungsplanung muss man ferner eine Vorstellung darüber entwickeln, mit welcher Wahrscheinlichkeit eine bestimmte Bedarfsmenge auftritt. Damit lässt sich die erforderliche Beschaffungsmenge eher berechnen. Man muss aber wissen, welcher Lieferbereitschaftsgrad anzustreben ist. Dies wird z. B. nach den Kosten, insbesondere den Lagerhaltungs- und Fehlmengenkosten entschieden. Man zieht also letztlich formale Ziele (Kostengesichtspunkte) heran, um die Sachaufgabe konkret festzulegen. Analoge Fälle einer gegenseitigen Präzisierung von Sach- und Formalzielen findet man im Logistikbereich.

Die hier behandelten Zielkomponenten kommen bei Entscheidungen im Beschaf-fungs- und Logistikbereich am häufigsten vor. Je nach behandelter Problemstellung sind jedoch im Einzelfall andere Kosten- (oder Leistungs-)Komponenten wichtiger. Einige Beispiele konkreter Zielvorstellungen enthalten die **Optimierungsmodelle,** die im folgenden Abschnitt skizziert werden.

6 Ausgewählte Planungsmethoden in Beschaffung und Logistik

6.1 Überblick

Für die bisher angesprochenen Entscheidungsprobleme sind vielfältige Lösungs-konzepte entwickelt worden. Darunter sind verschiedene Methoden zur Lösung von **Standardproblemen,** die in fast identischer Form in vielen Betrieben auftreten können. Sie dienen z. B. zur

(1) Beurteilung und Auswahl von Lieferanten,
(2) Analyse der eigenen Bedarfsstruktur,
(3) Festlegung der Bestellmengen- und Lagerhaltungspolitik,
(4) Wahl von inner- und außerbetrieblichen Standorten für Läger und Umlade-stationen,
(5) Lösung von Standardproblemen der Transportplanung.

Von den genannten Methoden sind einige lediglich Varianten allgemeiner Lösungs-konzepte. Dies gilt etwa für die unter (1) fallenden Methoden zur **Lieferantenbeur-teilung** und **-auswahl.** Die hierzu vorgeschlagenen Lieferantenanalyse-Systeme stel-len sich letztlich als Spezialfall der allgemeinen Nutzwertanalyse heraus (vgl. dazu Band I, 4. Kapitel). Als Kriterien werden u. a. verwendet: Preis und weitere Kondi-tionen, art-, mengen- und terminmäßige Liefergenauigkeit, Qualität, Lieferkapazität, Serviceangebot, finanzielle Lage, Ruf und spezielle Risiken des Lieferanten, mögliche Abhängigkeiten sowie Dauer der Zusammenarbeit. Baut man mit diesen und ähnlichen Kriterien eine Beurteilungstabelle für eine Nutzwertanalyse auf, erhält man unmittelbar ein typisches Lieferantenbeurteilungsschema. Auch typische **Methoden zur Standortwahl** gemäß (4) sind Anwendungen der Nutzwertanalyse. Als Beurteilungskriterien fungieren die relevanten Standortfaktoren.

Das Einsatzfeld einer Reihe von Planungsmethoden zu den anderen Punkten liegt ursprünglich und typischerweise in Beschaffung und Logistik, reicht aber darüber hinaus. Markante Beispiele hierfür sind u. a. die unter (2) zuzuordnende ABC-Analyse sowie die unter (5) erfassten mathematischen Optimierungsmethoden (vgl. dazu im Einzelnen z. B. Domschke [Transport]). Obwohl nicht auf diese Anwendung beschränkt, heißen sie **Transportmodelle.**

Die ständige operative Mengen- und Zeitplanung, wie sie unter (3) angesprochen ist, gliedert sich in die gesamte Produktionsplanung ein. Das Potenzial der hierzu entwickelten Lösungsansätze wird allerdings in den entsprechenden Planungsmodulen der Standardsoftware nur unvollkommen genutzt (vgl. S. 112).

Als typische Planungsmethoden werden in den folgenden Abschnitten die ABC-Analyse (zu Punkt (2) der obigen Einteilung) sowie verschiedene Methoden der Bestelloptimierung (zu Punkt (3)) ausführlicher behandelt.

6.2   Die ABC-Analyse

Die **ABC-Analyse** ist eine Methode, mit der untersucht wird, wie stark sich eine bestimmte Eigenschaft auf die einzelnen Elemente einer betrachteten Menge konzentriert. Im Beschaffungsbereich dient sie zur Analyse der mengen- und wertmäßigen Struktur des benötigten Einsatzmaterials.

Gefragt wird danach, wie sich der Wert des eingesetzten Materials auf die einzelnen Materialarten konzentriert. Hierzu wird folgende Rechnung durchgeführt:

(1) Man stellt für alle Materialarten («Positionen») die Bedarfsmenge fest, die in der betrachteten Periode angefallen ist. Im Allgemeinen nimmt man den Materialverbrauch des vergangenen Jahres. Die Rechnung lässt sich aber auch auf der Basis des für das laufende Jahr prognostizierten Bedarfs durchführen. Für jede Position ermittelt man den Einkaufsumsatz im Jahr. Für ein Beispiel mit lediglich 12 Positionen zeigt dies Abb. 2.10 in den Spalten 2 bis 4.

(2) Man ordnet die Materialpositionen nach ihrem Einkaufsumsatz, beginnend mit dem größten Wert (vgl. Spalte 5 in Abb. 2.10).

(3) Gemäß der sich ergebenden Rangfolge werden für jede Position zwei Anteilssätze ermittelt: Zum einen berechnet man, welcher Prozentsatz aller Positionen bis hierher erfasst ist. Zum anderen bestimmt man, welcher Prozentsatz an der Wertsumme aller Positionen inzwischen erreicht ist. Dies zeigen die Spalten 3 und 6 der Abb. 2.11.

Beschaffungsgut Nr.	Jahresbedarf in Mengen	Preis	Jahresbedarf in Werten (in €)	Rang
(1)	(2)	(3)	(4)	(5)
101	1.250 ME	30,— €/ME	37.500,—	4
102	10 kg	75,— €/kg	750,—	10
103	15.000 m	2,50 €/m	37.500,—	4
104	80.000 Rollen	12,— €/Rolle	960.000,—	1
105	5 t	7.000,— €/t	35.000,—	6
106	2.000 Stück	2,12 €/Stück	4.240,—	8
107	850 hl	65,— €/hl	55.250,—	3
108	1.000.000 Ex.	0,02 €/Ex.	20.000,—	7
109	275 Stück	1,— €/Stück	275,—	12
110	17.200 m³	0,05 €/m³	860,—	9
111	220 Packg.	2,85 €/Packg.	627,—	11
112	600 Paletten	1.200,— €/Palette	720.000,—	2

Abbildung 2.10: Ermittlung der wertmäßigen Rangordnung der Beschaffungsgüter bei der ABC-Analyse

Rang	Beschaffungsgut Nr.	kumulierter Positionenanteil (in %)	absoluter Einkaufsumsatz (in €)	relativer Einkaufsumsatz (als Anteil an der Jahressumme)	
				isoliert (in %)	kumuliert (in %)
(1)	(2)	(3)	(4)	(5)	(6)
1	104	8,33	960.000,—	51,28	51,28
2	112	16,67	720.000,—	38,46	89,74
3	107	25,00	55.250,—	2,95	92,69
4	101	33,33	37.500,—	2,00	94,70
5	103	41,67	37.500,—	2,00	96,70
6	105	50,00	35.000,—	1,87	98,57
7	108	58,33	20.000,—	1,07	99,64
8	106	66,67	4.240,—	0,23	99,87
9	110	75,00	860,—	0,05	99,92
10	102	83,33	750,—	0,04	99,96
11	111	91,67	627,—	0,03	99,99
12	109	100,00	275,—	0,01	100,00

Abbildung 2.11: Ermittlung der Positions- und Wertanteile bei der ABC-Analyse

Als Ergebnis erhält man Aussagen der folgenden Art: Nur 25% der eingesetzten Materialarten verursachen bereits 92,69% des gesamten Jahreseinkaufswertes an Material (vgl. Zeile 3 in Abb. 2.11). Die Ergebnisse der Bedarfsstruktur-Analyse lassen sich übersichtlich als **Konzentrations-Kurve** («Lorenz-Kurve»; benannt nach dem Statistiker Lorenz) darstellen. Für das Zahlenbeispiel zeigt dies Abb. 2.12.

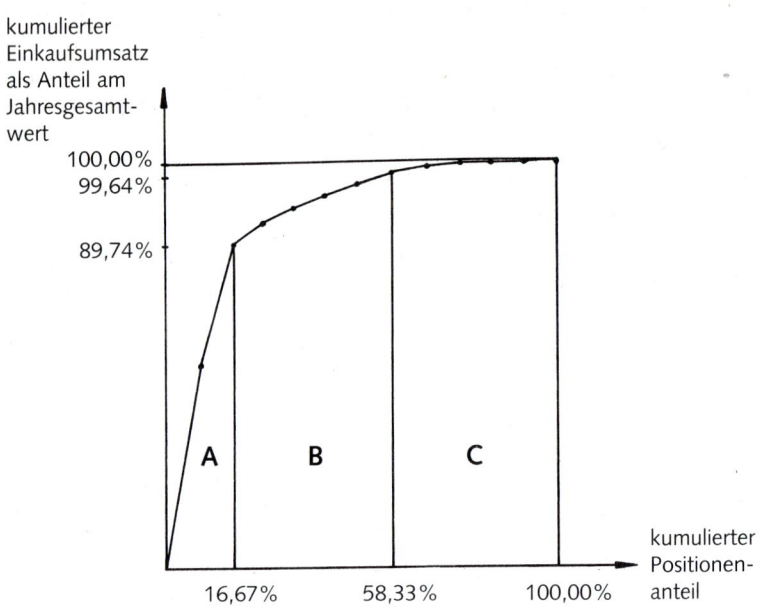

Abbildung 2.12: Grafisches Abbild der wertmäßigen Bedarfskonzentration

Tragen alle Materialpositionen in gleichem Maße zum Gesamtwert bei, wird die Lorenz-Kurve zu einer Geraden zwischen Null- und 100%-Punkt. Je ungleichmäßiger (konzentrierter) die Verteilung ist, desto mehr verläuft die Kurve in Richtung der linken oberen Ecke.

Auf der Grundlage der errechneten Konzentrationswerte teilt man die Materialarten in **drei Klassen** ein:

- **A-Güter:** Ihre Anzahl ist klein (z.B. 20%); sie machen aber den größten Teil (z.B. 60–80%) des Wertes aus.
- **C-Güter:** Zu ihnen gehören sehr viele (z.B. 70% der Positionen); sie bringen es indessen nur auf einen verschwindend kleinen Anteil am Gesamtwert (z.B. 2–5%).
- **B-Güter:** Sie liegen nach Anzahl und Wertanteil zwischen den A- und C-Gütern.

Der Grund für diese Einteilung und damit für die Durchführung der ABC-Analyse liegt darin, dass man für die A-Güter einen größeren Planungsaufwand rechtfertigen kann als für B-Güter und für diese wieder einen größeren als für C-Güter.

Er umfasst die Bedarfsermittlung, die Bestellmengenoptimierung, die Einkaufspolitik sowie die Behandlung im weiteren Fertigungsprozess. So setzt man z. B. für A-Güter häufig programmorientierte, für C-Güter dagegen vor allem verbrauchsorientierte Verfahren der Bedarfsprognose ein.

Das Kernproblem der ABC-Analyse besteht deswegen darin, zweckmäßige **Grenzen zwischen den Klassen** zu finden. Zwar ist die Konsequenz einer Zuordnung prinzipiell klar, nämlich ein größerer oder kleinerer Planungsaufwand, jener aber lässt sich nicht in Zahlen fassen (vgl. Tempelmeier [Material-Logistik] 14). Dennoch bildet er letztlich das entscheidende Abgrenzungskriterium. So ist im Zweifel zu prüfen, ob beispielsweise die Hinzunahme einer weiteren Position zur A-Klasse mehr an Kostenersparnis bringen kann, als sie zusätzlich an Planungsaufwand erfordert.

Die ABC-Analyse ist als typisches **Controllinginstrument** einzustufen, da mit ihrer Klassifikation das Ausmaß der Planung für die einzelnen Elemente koordiniert wird. Daher verwundert auch das vom Ergebnis her definierte Abgrenzungsprinzip nicht. Die Methode erlaubt aber durch ihre eindeutige Reihung der Güterarten, die Klassenbildung auf Grenzüberlegungen zwischen je zwei Güterarten zu reduzieren.

Für das Beispiel der Abb. 2.12 bilden die Materialarten 104 und 112 (rund 17% der Positionen) die A-Güter. Sie umfassen 89,74% des gesamten Jahresbedarfswertes. Die Güter 107, 101, 103, 105 und 108 gehören zur B-Klasse. Sie bestimmen weitere 9,90% des Wertes. Die verbleibenden 41,67% der Güter bringen es nur auf 0,36% des Wertes.

6.3   Das Grundmodell der optimalen Bestellmenge

Eines der Hauptprobleme im Bereich der Beschaffung und Logistik liegt in der **Optimierung der Bestellmenge.** Sie gehört zur Beschaffungsprogrammpolitik, aber insbesondere auch zur Beschaffungslogistik, da größere Bestellmengen eine erhöhte Lagerhaltung bedingen. Die Lösungsmethoden hängen in starkem Maß davon ab, welche Informationen über den Bedarf vorhanden sind. Insbesondere hat man hier deterministische und nichtdeterministische Planungsansätze zu unterscheiden.

Das älteste, bekannteste und zugleich am weitesten verbreitete Modell zur Bestellmengenoptimierung geht auf den Anfang des vorigen Jahrhunderts zurück. Um 1915 haben es *Arrow, Harris* und *Marschak* (vgl. [Policy]) in den USA entwickelt. Unabhängig davon wurde das gleiche Modell im deutschen Sprachraum 1927 von *Stefanič-Allmayer* (vgl. [Bestellmenge]) sowie 1929 von *Andler* (vgl. [Losgröße]) formuliert. Obwohl *Andler* streng genommen eine Problemstellung des Fertigungsbereichs behandelt hat – allerdings ist sie völlig analog –, wird in der Literatur häufig auch für den Beschaffungsbereich vom **Andler-Modell** gesprochen. In der amerikanischen Literatur ist die Abkürzung **AHM-Modell** (nach Arrow, Harris und Marschak) üblich. Dieses Grundmodell der optimalen Bestellmenge geht von folgender **Problemsituation** aus:

Für eine bestimmte Güterart ist die Bestellpolitik festzulegen. Dabei stehen der Lieferant und die verschiedenen Beschaffungskonditionen nicht zur Diskussion. Offen ist lediglich die Frage, zu welchen Zeitpunkten welche Mengen zu beschaffen sind. Man kennt den Jahresbedarf mit M Mengeneinheiten (ME). Von ihm wird angenommen, dass er sich gleichmäßig über das Jahr verteilt und sich auf unbestimmte Zeit nicht ändert. Beschafft werden kann jede gewünschte Menge zu jedem beliebigen Termin. Der Einstandspreis pro Mengeneinheit ist konstant, er betrage p €/ME. Neben dem Nettokaufpreis sind darin Verpackungs-, Transport- und sonstige Bezugskosten enthalten, soweit sie einheitsbezogen sind.

Um bei diesen Voraussetzungen eine Bestellpolitik zu finden, konzentriert man sich auf eine einzige Größe: die in rhythmischen Abständen zu beschaffende, konstante Menge x. Sie soll so bestimmt werden, dass die mit der Beschaffung verbundenen Jahresgesamtkosten möglichst klein werden. Diese setzen sich aus zwei Komponenten zusammen. Zum einen sind dies die bestellfixen Kosten k^f, zum anderen die Lager- und Zinskosten. Die Lagerkosten werden als Prozentsatz auf den Lagerwert bezogen. Der Lagerkostensatz l gibt die Kosten an, die anfallen, wenn ein Bestand im Wert von 100,– € ein Jahr lang vorgehalten wird. Die Zinskosten werden durch den Zinssatz z erfasst.

Das Entscheidungsproblem wird deutlich, wenn man zwei extreme Verhaltensweisen betrachtet: Lässt man den gesamten Jahresbedarf auf einmal anliefern, fallen zwar die bestellfixen Kosten nur einmal an, wegen des hohen Lagerbedarfs wird diese Verfahrensweise aber insgesamt ungünstig sein. Bestellt man umgekehrt täglich, sind zwar die Lagerhaltungskosten sehr niedrig; dieser Vorteil wird jedoch durch die täglich erneut anfallenden bestellfixen Kosten überkompensiert.

Mit den fünf Parametern Jahresbedarf M, Einstandspreis p pro Mengeneinheit, bestellfixe Kosten k^f, Lagerkostensatz l und Zinssatz z lassen sich die Jahresgesamtkosten K in Abhängigkeit von der jeweils bestellten Menge x bestimmen. Pro Jahr wird M/x mal bestellt. Damit entstehen $(M/x) \cdot k^f$ € bestellfixe Kosten pro Jahr. Die jährlichen Lager- und Zinskosten sind nach dem durchschnittlichen Lagerbestand zu berechnen, der sich bei einer Bestellmenge von x ergibt. Den Verlauf des Lagerbestandes zeigt Abb. 2.13.

Der durchschnittliche Lagerbestand beträgt $\frac{x}{2}$. Der Lagerbestandswert, auf den Lager- und Zinskosten zu berechnen sind, ist damit $\frac{x}{2} \cdot p$ €. Die **Gesamtkosten** in € pro Jahr belaufen sich somit auf:

$$(1) \qquad K(x) = \underbrace{\frac{M}{x} \cdot k^f}_{\substack{\text{bestellfixe} \\ \text{Kosten}}} + \underbrace{\frac{x}{2} \cdot p \cdot \frac{z+l}{100}}_{\substack{\text{Lager- und} \\ \text{Zinskosten}}}.$$

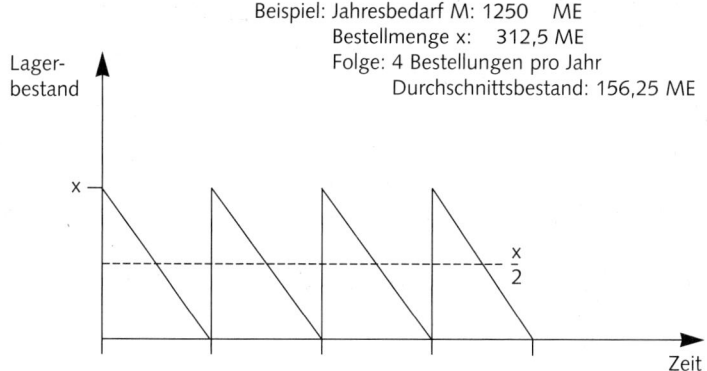

Abbildung 2.13: Lagerbestandsverlauf bei gleichmäßigem Lagerabgang und rhythmischer Bestellung der Menge x

Der Kaufpreis für die beschafften Mengen ist hierin nicht enthalten. Er beträgt in jedem Fall M · p € pro Jahr und ist damit nicht entscheidungsrelevant. Das Minimum für die in (1) berechneten Kosten wird mit der einfachen Differentialrechnung ermittelt. Man bildet die erste Ableitung

$$(2) \qquad \frac{dK}{dx} = -\frac{M}{x^2} \cdot k^f + p \cdot \frac{z+l}{200}$$

und stellt deren positive Nullstelle x_0 fest. Da die zweite Ableitung dort positiv ist, liegt in x_0 ein Minimum vor. Als Lösung errechnet man aus (2):

$$(3) \qquad \textbf{optimale Bestellmenge } x_0 = \sqrt{\frac{200 \cdot M \cdot k^f}{p \cdot (z+l)}}$$

Abb. 2.14 zeigt den Verlauf der Gesamtkosten und ihrer Summanden für folgende Parameterwerte:

M = 1250 ME   l = 15
p =   30,– €/ME   z = 9
k^f = 100,– €

Im Beispiel ergibt sich x_0 = 186 ME als optimale Bestellmenge. Es wird 6,7mal pro Jahr bestellt. Die Gesamtkosten betragen 1341,64 €. Dem Kostenverlauf vor und nach dem gefundenen Punkt x_0 entnimmt man auch, dass bei einer Abweichung von der optimalen Bestellmenge nach oben im Allgemeinen die Kosten geringer ansteigen als bei einer Abweichung nach unten. Dies ist vor allem dann wichtig, wenn nachträglich gerundet wird.

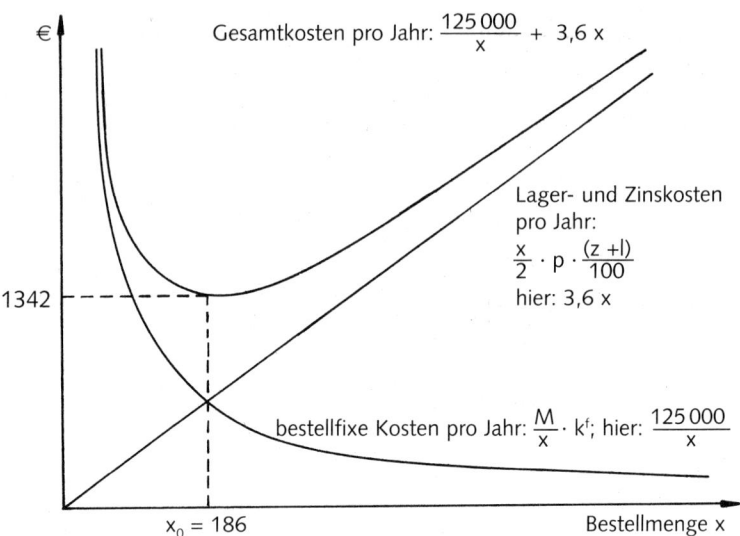

Abbildung 2.14: Verlauf der Kosten pro Jahr in Abhängigkeit von der Bestellmenge x

Das dargestellte Grundmodell unterliegt zahlreichen **Anwendungsbedingungen** (zu einem Überblick vgl. z. B. Schweitzer [Fertigungswirtschaft] 683). Viele davon stellen die Einsetzbarkeit des Modells allerdings nicht grundsätzlich in Frage und können durch **Modellerweiterungen** aufgehoben werden. So wird beispielsweise ein konstanter Einstandspreis vorausgesetzt. Wenn sich die Preise nur in größeren Abständen ändern (z. B. jährlich), könnte vor und nach einer Preisänderung das Modell (mit dem jeweils gültigen Einstandspreis) angewandt werden. Lediglich für die letzte Bestellung vor Wirksamwerden des neuen Preises wäre eine besondere Rechnung erforderlich, etwa um bei steigendem Preis einmalig größere Bestellmengen zu berücksichtigen.

Ähnliche Überlegungen gelten für **Mengenrabatte.** Hier kann für jedes Intervall gleichen Preises mit dem Modell ein Bestellvorschlag ermittelt werden. Liegt die rechnerisch kostenminimale Menge außerhalb des betrachteten Intervalls, wird sie durch die jeweilige Intervallgrenze ersetzt. Ein einfacher Vergleich aller Bestellvorschläge ergibt hier die optimale Bestellmenge.

Allerdings können nicht alle Anwendungsbedingungen durch derart einfache Modellerweiterungen abgeschwächt werden. Insbesondere eine Voraussetzung stellt die Anwendbarkeit des Grundmodells häufig in Frage: die des **bekannten, gleichmäßigen Lagerabgangs.** Schon wenn der Bedarf eine geringe Saisonkomponente aufweist oder aus anderen Gründen im Jahresablauf schwankt, trifft die Modellableitung nicht mehr zu. Zum einen ist der durchschnittliche Lagerbestand dann nicht gerade halb so groß wie die Bestellmenge, zum anderen – und das wiegt noch schwerer – genügt es nun nicht mehr, eine einzige Menge zu bestimmen, die immer wieder bestellt wird. Vielmehr werden im Allgemeinen sowohl die Bestellmenge als auch die Eindeckungszeit jeder Bestellung variieren. Gerade den nichtkonstanten Bedarf findet man im praktischen Anwendungsfall jedoch häufig vor. Daher sollen auch für diesen Fall typische Lösungsmöglichkeiten besprochen werden.

6.4   Die dynamische Bestellmengenoptimierung

Soll die Bedingung des stets gleichbleibenden und gleichmäßigen Lagerabgangs aufgehoben werden, kann von folgenden **allgemeinen Voraussetzungen** ausgegangen werden:

(a) Der Bedarf ist nicht sicher bekannt.

(b) Er ist zu verschiedenen Zeitpunkten bzw. in Teilperioden des Planungszeitraums verschieden hoch.

(c) Es kann nur zu bestimmten Terminen im Planungszeitraum beschafft werden.

Eine Erweiterung nach (a) führt zu **stochastischen** Modellen der Bestellmengenoptimierung. Hierauf wird im nächsten Abschnitt eingegangen.

Aus Ansatzpunkt (b) folgen **dynamisch-deterministische** Modelle der Bestellmengenoptimierung. Solche werden im Folgenden besprochen.

Voraussetzung (c) erfordert **Periodenmodelle**. Im Gegensatz zur zeitkontinuierlichen Betrachtung im Grundmodell wird bei ihnen der Planungszeitraum von vornherein in Perioden untergliedert. Dies geschieht zweckmäßig so, dass die Zeitpunkte, zu denen bestellte Güter geliefert werden, mit dem jeweiligen Periodenanfang übereinstimmen. In jedem Intervall ist dann nur eine einzige Beschaffung möglich. Daher genügt es auch, den Bedarf für jede Periode in einer Zahl anzugeben. Seine genauere zeitliche Verteilung interessiert nicht, da ohnehin zu Periodenbeginn die gesamte Menge bereitzustellen ist.

Die Voraussetzung **periodenweiser Beschaffung** trifft in praktischen Anwendungsfällen häufig zu. So kommt es vor, dass der Lieferant nur zu bestimmten Terminen ausliefert, sei es wegen seiner eigenen Produktionsweise oder sei es auf Grund einer stets gleichen Auslieferungstour, nach der jeder Abnehmer zu bestimmten Terminen aufgesucht wird. Vorgegebene Anlieferungstermine können aber auch die Folge eigener Entscheidungen des Beschaffungsbereichs sein. Man legt fest, wann Bestellungen für welche Güter zu veranlassen sind. Sie ergeben sich außerdem häufig aus dem Planungsrhythmus der abnehmenden Bereiche, vor allem also der Fertigung. Abb. 2.15 zeigt, welche Kombinationsfälle von Bedarfsvorgabe und zugelassenen Beschaffungsterminen im deterministischen Fall denkbar sind.

Beschaffungs-möglichkeit \ Bedarf	konstant	veränderlich
permanent	Fall 1	Fall 2
periodisch	Fall 3	Fall 4

Abbildung 2.15: Kombinationsfälle von Bedarfsverlauf und möglichen Beschaffungsterminen

Auf Fall 1 lässt sich das Grundmodell der optimalen Bestellmenge anwenden. Im Übrigen gibt es vor allem für Fall 4 besondere Lösungsvorschläge. Fall 3 kennzeichnet ein praxisrelevantes Problem, dessen Lösung naheliegt: Man bestellt den Periodenbedarf oder ein Mehrfaches davon. Entsprechend erstreckt sich die Eindeckungszeit jeder Bestellung auf eine oder mehrere Perioden. Eine einfache Vergleichsrechnung zeigt hier, wo die optimale Bestellmenge liegt.

Zu Fall 2 sind kaum Lösungsansätze bekannt. Die Bestellmengenoptimierung bei dynamischem Bedarfsverlauf und beliebigen Bestellterminen dürfte für die Praxis von weniger großer Bedeutung sein und wird auch nur vereinzelt in Modellansätzen behandelt (vgl. z.B. Steiner [Bedarfsverlauf] 61 ff.). Im Übrigen kann Fall 2 beliebig genau angenähert werden, indem man Periodenmodelle heranzieht, die für Fall 4 gelten, und die einzelnen Perioden sehr kurz wählt. Eine Periodenlänge von einem Tag entspricht faktisch einer kontinuierlichen Zeitabbildung.

Das Problem der **Bestellmengenoptimierung bei veränderlichem Bedarf und periodischer Beschaffungsmöglichkeit** (Fall 4) ist bisher noch nicht präzise genug gekennzeichnet, um unmittelbar Lösungsansätze formulieren zu können. Schwierigkeiten bereitet vor allem die zeitliche Abgrenzung des Problems. Im Allgemeinen ist der Bedarf in jeder Periode verschieden hoch. Es bleibt also nicht gleichgültig, welche Länge der Planungszeitraum aufweist. Denkbar sind zwei Möglichkeiten: Man sucht eine optimale Bestellpolitik entweder für einen bestimmten Kalenderzeitraum (z.B. für das folgende Jahr) oder für eine bestimmte Anzahl aufeinanderfolgender Bestellungen (z.B. jeweils die nächsten fünf Bestellungen). Beide Vorgehensweisen könnten in ein Konzept rollender Planung eingehen, indem man jeweils nur die erste Bestellung tatsächlich tätigt und den Planungszeitraum vor der nächsten wieder entsprechend ergänzt. Tatsächlich sind beide Varianten der Problemoperationalisierung gebräuchlich. Die zweitgenannte tritt jedoch nur in der Form auf, dass lediglich eine, d.h. die erste Bestellung betrachtet wird.

Zur Optimierung der ersten Bestellung im hier behandelten Fall werden vor allem heuristische Verfahren angewandt. Eines der bedeutendsten hiervon ist der **Stückperiodenalgorithmus.**

Mit der Bezeichnung «Stückperiodenalgorithmus» spricht man eine ganze Klasse von Verfahren an, die alle auf demselben Prinzip aufbauen. Eine einfache Variante geht auf *DeMatteis* ([Algorithm]) und *Mendoza* ([Analysis]) zurück. Ansatzpunkt ist eine Eigenschaft, die die Lösung im Grundmodell der optimalen Bestellmenge aufweist: Im Optimum haben die pro Bestellung anfallenden Lagerhaltungskosten die gleiche Höhe wie die bestellfixen Kosten (vgl. den entsprechenden Schnittpunkt in Abb. 2.14). Obwohl die Bedingungen dafür nur im Grundmodell vorliegen und im hier betrachteten Anwendungsfall nicht gegeben sind, zieht man diese Gleichheit als (unbegründetes) Optimierungskriterium heran. Im Stückperiodenalgorithmus einfachster Art wird folgender Quotient berechnet:

$$\nabla = \frac{\text{bestellfixe Kosten}}{\substack{\text{Lager- und Zinskosten für eine} \\ \text{Mengeneinheit und eine Periode}}} = \frac{k^f}{p \cdot (l + z) \cdot \tau}$$

Dabei bezeichnet τ die Periodenlänge als Bruchteil eines Jahres. Die Zahl ∇ hat die Dimension Mengeneinheiten (ME) mal Perioden; man spricht von **Stückperioden.**

Als **Beispiel** sei ein Planungszeitraum von einem Jahr angenommen, das in Perioden zu je einem Monat untergliedert ist. Hierfür seien folgende Bedarfsmengen festgestellt:

Monat	Bedarf (in ME)	Monat	Bedarf (in ME)
Januar	30	Juli	60
Februar	50	August	105
März	140	September	20
April	20	Oktober	70
Mai	60	November	540
Juni	95	Dezember	60

Die Kostenparameter haben folgende Werte:

bestellfixe Kosten	k^f	=	100,– €/Bestellung
Lagerkostensatz	l	=	15% p.a.
Zinssatz	z	=	9% p.a.
Einstandspreis	p	=	30,– €/ME

Mit diesen Zahlen erhält man:

$$\nabla = \frac{100\ \text{€}}{30\ \text{€/ME} \cdot (15 + 9)\%/\text{Jahr} \cdot \dfrac{1}{12} \cdot \text{Jahr/Periode}} = 167\ \text{Stückperioden.}$$

Angestrebt wird, dass bei jeder Bestellung möglichst 167 Stückperioden an Lagerhaltungskosten entstehen. Die bestellfixen Kosten von 100,– € sind also z. B. durch eine einperiodige Lagerung von 167 ME oder eine zweiperiodige von 83 ME abzudecken. Da mit den gegebenen Mengen nur im Ausnahmefall der angestrebte Stückperiodenausgleich erzielt werden kann, geht es darum, die Bestellmengen jeweils so festzulegen, dass die mit ihnen verbundenen Stückperioden der Lagerung möglichst wenig vom Wert ∇ abweichen. Andere Verfahrensanweisungen sehen jedoch auch vor, diejenige Bedarfsperiode als letzte in eine Bestellung einzubeziehen, bei der der Wert ∇ letztmals noch nicht überschritten wird. Je nachdem, wie dabei vorgegangen wird, ergeben sich mehrere Spielarten von Stückperiodenalgorithmen.

Auch zur Frage, auf welche Weise die Stückperioden der Lagerung berechnet werden, gibt es mehrere Verfahrensvorschläge (vgl. im Einzelnen Knolmayer [Kostenausgleichsprinzip] 414 ff.). Sie unterscheiden sich hauptsächlich darin, ob die Lagerung in der Bedarfsperiode gar nicht, ganz oder zur Hälfte berücksichtigt wird. Im Folgenden wird die Lagerung in der Bedarfsperiode nicht mitgezählt.

Die Rechnung für die Januarbestellung im oben skizzierten Beispiel verläuft wie folgt:

Alternative 1:
(Eindeckung nur für Januar)   0 Stückperioden

Alternative 2:
(Eindeckung für Januar und   0 Stückperioden für den Januarbedarf
Februar)   + 50 Stückperioden für den Februarbedarf
                                      _____
                                        50 Stückperioden

Alternative 3:
(Eindeckung für Januar bis März)   50   Stückperioden wie bei Alternative 2
                                      + 2 · 140 Stückperioden für den Märzbedarf
                                      _____
                                       330 Stückperioden

Damit liegt die Stückperiodenzahl für Alternative 2 sowohl letztmals unter dem Sollwert von 167 als auch am nächsten bei ihm. In der Januarbestellung werden also die Bedarfsmengen für Januar und Februar bestellt; das sind 80 ME. Die weitere Rechnung ist in Abb. 2.16 ausgeführt.

Die Vorteilhaftigkeit der Stückperiodenverfahren mag erstaunen, da ihnen genau genommen keine Optimierungsüberlegung zugrunde liegt. Vielmehr besteht jeder Stückperiodenalgorithmus im Kern lediglich aus einem Abbruchkriterium. Dies zeigt deutlich, dass für die Güte heuristischer Verfahren bisweilen Plausibilitätsüberlegungen eine weniger zentrale Rolle spielen als eine «gute Idee», nach der sie konstruiert sind. Für den hier besprochenen Fall liegt es beispielsweise nahe, die **durchschnittlichen Kosten pro Stück** zu minimieren («least unit cost»-Kriterium). Die danach bestimmten, sog. **wirtschaftlich gleitenden Bestellmengen** sind allerdings in den meisten Fällen weniger kostengünstig als die nach einem Stückperiodenverfahren gefundenen Lösungen. Gute Ergebnisse erhält man dagegen im Allgemeinen auch, wenn man die **durchschnittlichen Kosten pro Zeiteinheit** des jeweils erfassten Eindeckungszeitraums minimiert. Hierauf basieren die auf Silver/Meal (vgl. [Heuristic]) zurückgehenden Verfahren, die zu den besten Heuristiken einfacher Bauart gehören.

Bestellung	Alternative: Eindeckung bis Ende …	Stück- perioden	Bestell- menge (in ME)	Kosten (in €)
1 (Januar)	Januar	0		
	→ Februar	50	80	130,–
	März	330		
2 (März)	März	0		
	April	20		
	→ Mai	140	220	184,–
	Juni	425		
3 (Juni)	Juni	0		
	→ Juli	60	155	136,–
	August	270		
4 (August)	August	0		
	September	20		
	→ Oktober	160	195	196,–
	November	1780		
5 (November)	November	0		
	→ Dezember	60	600	136,–
			Gesamtkosten im Jahr:	782,– €

Abbildung 2.16: Bestellpolitik für den Beispielfall nach einem Stückperiodenverfahren

6.5   Lagerhaltungssysteme

Die bisher besprochenen Modelle setzen voraus, dass die Bedarfsmengen eindeutig bekannt sind. Handelt es sich um sichere Daten, so ist eine deterministische Planung des Beschaffungsprogramms mit derartigen Modellen möglich. Oft sind die Bedarfsmengen aber lediglich geschätzte, erwartete oder nur vermutete Größen. Auch dann kann durchaus – vor allem aus Gründen der Vereinfachung und der Lösbarkeit – mit deterministischen Modellen geplant werden.

Bei der Umsetzung der Planungsergebnisse ist jedoch zu berücksichtigen, dass der Endzustand nach einer Bestellung und den darauffolgenden Lagerabgängen im Allgemeinen nicht dem im Modell berechneten Zustand entspricht. Der Anfangszustand vor der nächsten Entscheidung stimmt nicht mehr mit den Modellvoraussetzungen überein. Jede Entscheidung muss daher an den aktuellen Lagerbestand angepasst werden. Dies führt zu unterschiedlichen Konsequenzen, je nachdem, welche Art von stochastischem Bedarfsverlauf vorliegt. Hierbei sind **drei Fälle** zu unterscheiden:

(1) **Stationärer Bedarf:** Er bewegt sich im Zeitverlauf mit zufälligen Abweichungen um eine konstante Höhe.

(2) **Dynamisch-stationärer Bedarf:** Es liegt eine saisonale Bewegung der Bedarfs-höhe vor, die sich rhythmisch wiederholt. Der tatsächliche Bedarf weicht in zufälliger Höhe davon ab.

(3) **Dynamisch-evolutorischer Bedarf:** Der Bedarfsverlauf ist weder konstant, noch wiederholt er sich in irgendeiner Form. Er kann zwar auch hier einem bestimmten Entwicklungsgesetz folgen und damit prinzipiell verlässlich prog-nostizierbar sein, doch gibt es keinerlei Regelmäßigkeit, nach der die zu er-wartende Bedarfshöhe mit der irgendeines früheren Zeitpunkts (oder -raums) übereinstimmen würde.

Wie bei der analogen Einteilung der deterministischen Bedarfssituationen aus Abb. 2.15 ist es für die Untersuchung möglicher Bestellpolitiken im stochastischen Fall vor allem wichtig, zwischen dem stationären Bedarf einerseits (Fall 1) und dem nichtstationären Bedarf andererseits (Fälle 2 und 4) zu unterscheiden. Bei **nicht-stationärem Bedarf** hat man für jede einzelne Bestellung eine besondere Optimie-rungsrechnung durchzuführen. Da stochastische Einflüsse zu berücksichtigen sind, werden derartige Kalküle rasch sehr kompliziert.

In praktischen Anwendungsfällen vernachlässigt man daher häufig die Zufalls-einflüsse und wendet hilfsweise eines der deterministischen Verfahren an. Dadurch entstehen mehr oder minder große Abweichungen vom Optimum.

Der **stochastisch-stationäre** Fall (Fall 1) weist gegenüber seinem deterministischen Gegenstück, der Situation bekannten und gleichbleibenden Lagerabgangs, zusätz-liche Schwierigkeiten auf. Übernehmen kann man zunächst die Überlegung, dass es genügt, **einmal** eine optimale Politik festzulegen. Bis auf zufällige Schwankungen bleiben die Verhältnisse solange identisch, wie sich die Parameter nicht ändern. Deshalb besteht prinzipiell zu jedem Zeitpunkt die gleiche Entscheidungssituation. Sie wird stets die gleiche Lösung haben. Dennoch besteht ein wesentlicher Unter-schied zur Situation des deterministischen Bedarfs. Gemeinsam mit der Bestell-menge sind dort auch der Eindeckungszeitraum und der Lagerbestand nach Anlie-ferung festgelegt. Dann spielt es keine Rolle, welche der drei Größen man für die konkrete Disposition heranzieht. Das Ergebnis wird stets dasselbe sein.

Im nichtdeterministischen Fall allerdings stimmen die Voraussetzungen spätestens ab der zweiten Bestellung nicht mehr: Das Lager ist entweder früher als zum vo-rausberechneten Termin leer, oder es besteht zu diesem Termin noch ein Lager-bestand. In diesem Fall muss man sich überlegen, an welchen Größen die weitere Bestelldisposition ausgerichtet werden soll. Dies führt zu Regeln, die **Lager-haltungssysteme** genannt werden.

> Ein **Lagerhaltungssystem** ist eine Dispositionsregel, die angibt, wann und in welcher Höhe eine Bestellung zu veranlassen ist. Die Auslösung der Bestellung kann vom Lagerbestand abhängen oder terminlich festgelegt sein. Ebenso richtet sich die Bestellmenge entweder nach dem Lagerbestand, oder sie ist absolut vorgegeben.

Insgesamt sind sechs Typen von Lagerhaltungssystemen denkbar. Sie lassen sich durch die **Parameter** kennzeichnen, an denen sich die Disposition ausrichtet. In Frage kommen:

– **Bestellauslösebestand s:** Er wird häufig auch als **Meldebestand** oder (unpräzise) als Bestellpunkt bezeichnet. Erreicht oder unterschreitet der Lagerbestand nach einer Entnahme die Größe s, wird eine Bestellung ausgelöst.

– **Richtbestand S:** Er gibt die Lagerbestandshöhe an, die rechnerisch mit einer anstehenden Bestellung erreicht werden soll.

– **Bestellmenge q:** Auf sie lautet die einzelne Bestellung.

– **Bestellrhythmus τ:** Dies ist die Länge τ des Zeitintervalls zwischen zwei (möglichen) Bestellterminen.

Die einzelnen Lagerhaltungssysteme, die durch Kombination solcher Parametervorgaben entstehen, lassen sich wie folgt kennzeichnen:

(1) Bestellpunktsysteme

Bei Bestellpunktsystemen besteht eine permanente Lagerkontrolle; es wird nach jeder Lagerentnahme rechnerisch oder physisch der Lagerbestand kontrolliert. Erreicht oder unterschreitet er mit einer Entnahme den Bestellauslösebestand (oder «Bestellpunkt»), ist zu bestellen. Beim (s,q)-System lässt man die immer gleichbleibende Menge q liefern, beim (s,S)-System dagegen die Differenz zwischen Richtbestand S und aktuellem Lagerbestand. Beide Lagerhaltungssysteme unterscheiden sich somit nur dann nennenswert, wenn diskontinuierlich entnommen und mit einer einzigen Entnahme der Auslösebestand deutlich unterschritten wird. Abb. 2.17a und b zeigen typische Lagerbestandsverläufe für Bestellpunktsysteme.

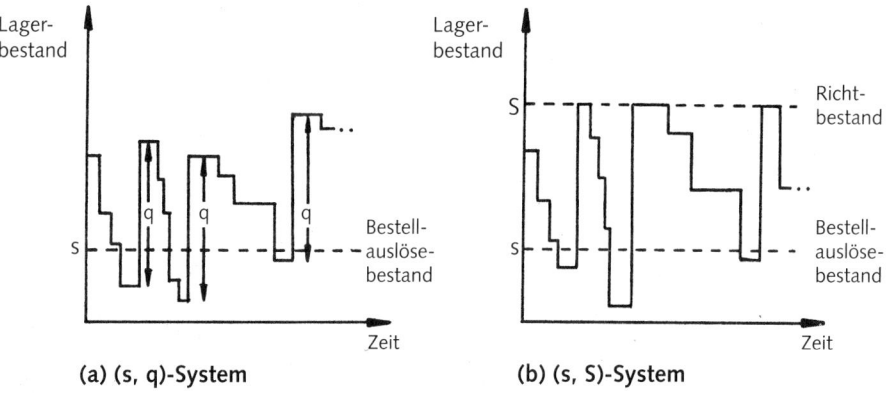

(a) (s, q)-System   **(b) (s, S)-System**

Abbildung 2.17: Typische Lagerbestandsverläufe bei Bestellpunktsystemen

Ein (s,q)-System empfiehlt sich gegenüber einem (s,S)-System dann, wenn z. B. wegen der Ausnutzung von Verpackungs-, Lieferungs- und Transporteinheiten oder der Preisgestaltung eine konstante Beschaffungsmenge wichtiger ist als ein gleichbleibender Ausgangsbestand für jede nachfolgende Lagerentnahme. Für die innerbetriebliche Planung, im Fall beschränkter Lagerkapazität sowie im Hinblick auf etwa gleich große Anfangsbestände der Eindeckungsintervalle weist dagegen ein (s,S)-System Vorteile auf.

Die Anwendung von Bestellpunktsystemen setzt voraus, dass zu jedem beliebigen Termin Bestellungen sinnvoll sind. Anlieferung und Lagerung dürfen also nicht nur zu bestimmten Zeitpunkten möglich sein. Die gesamte Lagerkontrolle lässt sich leicht bewerkstelligen, wenn ohnehin eine zeitnahe **EDV-Lagerbuchführung** vorliegt. Dann muss lediglich eine Programmkomponente (ein «Trigger») eingebaut werden, die eine Routine-Abfrage durchführt und unter bestimmten Bedingungen automatisch einen Bestellvorschlag erstellt. Dies findet sich als typischer Baustein in modernen **Warenwirtschaftssystemen.** Dabei können Standardbestellungen durch Intervallvorgabe definiert und bereits vorab für ein E-Procurement zugelassen werden. Fällt eine vorgeschlagene Bestellung in diese Kategorie, wird sie vom System automatisch dem Vorstufenbetrieb der Lieferkette übermittelt und gegebenenfalls dort direkt in dessen Auftragsabwicklungssystem aufgenommen. Die Voraussetzung, den Lagerabgang permanent zu erfassen, erfüllt auch der Einzelhandel zunehmend. Möglich wird dies durch die Warenkennzeichnung mit der **Europäischen Artikel-Nummer (EAN)** als Strichcode und den Einsatz von Scanner-Kassen.

Eine andere typische Realisierung kann auf die laufende Lagerbuchführung verzichten. Es ist das «Two-bin-Verfahren», wie es etwa bei Baumaterialien vorkommt. Hier werden zwei Lagerplätze oder -behälter verwendet, wovon der eine genau die Menge s enthält. Entnommen wird zunächst vom anderen Vorrat. Das Anbrechen der Reservemenge s muss dem Bestelldisponenten mitgeteilt werden, damit er die Folgebestellung auslösen kann. Dies erklärt die Bezeichnung **Meldebestand** für die Menge s.

(2) Bestellrhythmussysteme

Bestellrhythmussysteme kommen ohne laufende Lagerbestandsprüfung aus. Bei ihnen werden im zeitlichen Abstand von τ Zeiteinheiten (z. B. Tagen) Beschaffungsaufträge erteilt. Beim (τ,q)-System wird stets die konstante Menge q bestellt. Beim (τ,S)-System ergibt sich die Bestellmenge als Differenz zwischen Richtbestand S und aktuellem Lagerbestand. Nur beim (τ,S)-System wird also der Lagerbestand berücksichtigt, allerdings lediglich zur Festlegung der Bestellmenge. Typische Lagerbestandsverläufe zeigen die Abb. 2.18a und b.

Da bei den Rhythmussystemen alle τ Zeiteinheiten bestellt wird, sind sie nur dann sinnvoll, sofern immer ein gewisser Mindestlagerabgang vorliegt. Das (τ,q)-System empfiehlt sich naturgemäß nur dann, wenn aus dem Lager regelmäßig und gleichbleibend entnommen wird. Die Entnahmemenge muss bei der Festlegung der Para-

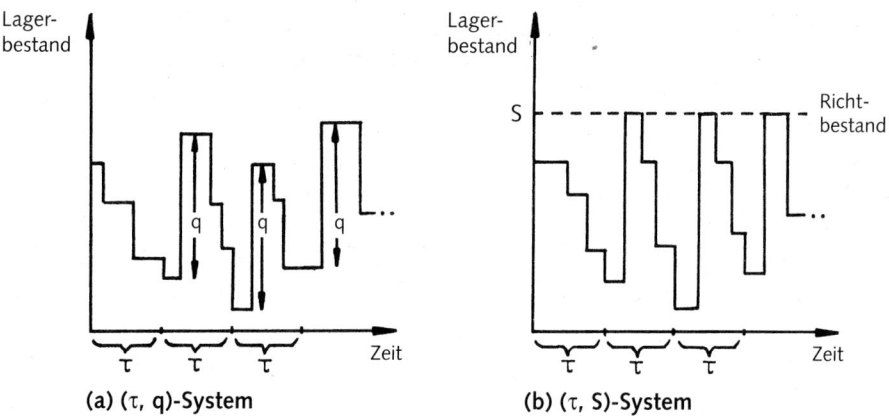

Abbildung 2.18: Typische Lagerbestandsverläufe bei Bestellrhythmussystemen

meter prinzipiell berücksichtigt worden sein. Das (τ, q)-System hat somit einen sehr eingeschränkten Anwendungsbereich. Es eignet sich insbesondere bei Fließ-Massenfertigung und einer einsatzsynchronen Anlieferung.

Das (τ, S)-System hat dagegen ein breites Einsatzfeld. Es erweist sich immer dann als zweckmäßig, wenn rhythmisch bestellt werden soll (oder nur so bestellt werden kann) und der Lagerabgang seit der vorhergehenden Bestellung nicht bekannt ist. Es ist im Groß- und Einzelhandel weit verbreitet. Gegenüber Bestellpunktsystemen erscheint bemerkenswert, dass Bestellrhythmussysteme weder eine permanente Lagerkontrolle noch eine laufende, tagesgenaue Lagerbuchführung voraussetzen. Es genügt vielmehr eine rhythmische (notfalls physische) Lagerkontrolle im Zeitabstand τ.

(3) Optionalsysteme

Optionalsysteme sind durch drei Parameter gekennzeichnet. Sie stellen eine Erweiterung der beiden anderen Lagerhaltungssysteme dar. In konkreten Zeitabständen der Länge τ wird das Lager überprüft. Unterschreitet der Lagerbestand das Niveau s oder hat er es gerade erreicht, dann wird bestellt. Die beiden Varianten, das (τ, s, q)-System und das (τ, s, S)-System, unterscheiden sich in der oben beschriebenen Weise in der Bestellmenge. Abb. 2.19a und b zeigen beispielhaft Lagerbestandsverläufe bei Optionalsystemen.

Optionalsysteme weisen gegenüber Rhythmussystemen den Vorteil auf, dass Kleinstbestellungen vermieden werden. Sie erlauben Bestellungen zu vorgegebenen Terminen, auch wenn nicht von einem regelmäßigen Abgang auszugehen ist. Im Vergleich zu Bestellpunktsystemen ist günstig, dass auf eine permanente Restbestandsprüfung verzichtet werden kann. Die Bestellungen können in einen gleichbleibenden Rhythmus eingefügt werden.

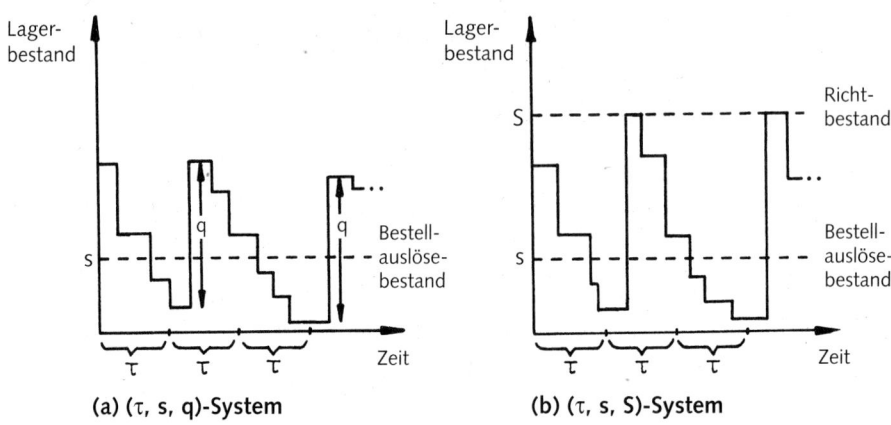

Abbildung 2.19: Typische Lagerbestandsverläufe bei Optionalsystemen

Welches der skizzierten Lagerhaltungssysteme anzuwenden ist, bestimmt sich i. d. R. nach äußeren Gegebenheiten. Von vorherrschender Bedeutung sind dabei die möglichen Bestelltermine, das Erfordernis einer Lagerbestandskontrolle sowie Eigenschaften des Lagerabgangs, d. h. des Bedarfsverlaufs.

Nach dieser Vorentscheidung sind die jeweiligen **Parameter** so zu bestimmen, dass ein Optimum erreicht wird. Zielvorstellung kann dabei etwa sein, dass der Erwartungswert der Kosten eines Planungszeitraums von z. B. einem Jahr möglichst klein wird. Modelle zur Bestimmung optimaler Parameter für Lagerhaltungssysteme werden jedoch auch bei einfachen Voraussetzungen rasch kompliziert. So erklärt es sich, dass Lagerhaltungssysteme in der betrieblichen Praxis zwar beliebt sind, die eigentlich dazu erforderlichen Optimierungsrechnungen aber eher selten durchgeführt werden. Die Parameter werden vielmehr häufig nach Faustregeln oder auf Grund von Erfahrung festgelegt.

Die letztgenannte Vorgehensweise bedeutet streng genommen nichts anderes als den Ersatz einer (billigeren) Optimierungsrechnung durch ein (möglicherweise teures) Realexperiment. Denn der Programmier- und Rechenaufwand zur Optimierung der Parameter von Lagerhaltungssystemen fällt nicht laufend an, sondern lediglich einmal bei Einführung des Systems. Bei Datenänderungen findet man mit dem gleichen Programmablauf neue Parameter.

Den Schwierigkeiten, für Lagerhaltungssysteme optimale Parameter zu berechnen, steht im Vergleich zu vielen anderen Entscheidungsmodellen der Vorteil gegenüber, dass die konkrete Festsetzung der Bestellmenge keinerlei Optimierungsrechnung bedarf. Insbesondere kann sie unproblematisch delegiert werden.

7   Ausblick: Entwicklungen in der Bedeutung von Beschaffung und Logistik

Die Bedeutung, die der Beschaffung und der Logistik für die betriebliche Führung beigemessen wird, hat sich in den vergangenen Jahrzehnten deutlich verschoben. Ursprünglich sind vielfach nur die rein operativen Erfüllungsaufgaben dieser Funktionsbereiche betrachtet worden. Ihre Rolle hat man darin gesehen, die Realisation von Plänen aus anderen Bereichen (Produktion, Absatz) zu unterstützen. Lediglich Situationen der Knappheit, der von Schmalenbach so bezeichneten «gehemmten Beschaffung», ließen einen eigenständigen Planungsbereich durchscheinen. Umfassend erkannt wird das Gestaltungspotenzial der ersten betrieblichen Güterfunktionsphasen erst im **Beschaffungsmarketing**. Während auch hier zuerst die operativen Elemente betont werden, hat sich schließlich in jüngerer Zeit die Aufmerksamkeit auf die strategische Bedeutung gerichtet.

Sowohl für operative wie auch für strategische Planungen in Beschaffung und Logistik ist die Problematik der bereichsübergreifenden Güterflüsse charakteristisch. Sie schlägt sich in der **typischen Komplexität der Planung** in diesen Bereichen nieder: strategisch z. B. bei der Beurteilung von Supply-Chain-Management-Alternativen sowie generell von Sourcingkonzepten, operativ vor allem bei der mehrstufigen Programmoptimierung. Für die Modellkonstruktion und Optimierungsmethodik liegt gerade darin ein Reiz. Neben der praktischen Relevanz ist dies ein Grund für den hohen Entwicklungsstand anspruchsvoller Planungsmethoden für unterschiedliche Anwendungsfälle dieses Bereiches. In den immensen Größenordnungen praktischer Anwendungen liegt eine der Ursachen dafür, dass deren Umsetzung in Software nur verzögert gelingt.

Wegen des durchgehenden Güterflusszusammenhangs sind die Entwicklungen in Beschaffung und Logistik eng mit denen in anderen Funktionsbereichen verknüpft. In der **Produktionstechnik** entstehen ausgefeilte Systeme flexibler Fertigung, automatisierten Handlings und Transports. Sie erlauben Produktindividualität in den absatznahen Produktionsstufen bei gleichzeitig hohem Grad an Automation. In den letzten Produktionsstufen kann sich daher die Variantenzahl erhöhen, die Losgrößen werden kleiner. Wegen technisch vereinfachter Umrüstungen könnte diese Tendenz auch generell gelten. Andererseits versucht das Supply Chain Management übergreifend, den Kundenauftragsentkopplungspunkt möglichst spät zu positionieren, was wiederum größere Mengen gestattet. Die gesamte inner- und überbetriebliche Programmplanung erhält dadurch ein erweitertes Alternativenspektrum.

Allgemein beeinflusst eine stärkere **Kunden-** und **Marktorientierung** die Planung der Güterflüsse in vielen Aspekten. Kurzfristige Reaktionsfähigkeit, Terminsicherheit, Qualität und andere kundenrelevante Kriterien treten neben den Kosten im

Bewertungssystem stärker hervor. Schließlich eröffnen die Entwicklungen in der **Informations-** und **Kommunikationstechnik** neue Qualitäten der inner- und überbetrieblichen Planung in Produktionsketten. Im Beschaffungsmarketing erschließen elektronische Wege und Marktplätze neue Bezugsquellen und bieten zeiteffizientere Kommunikationsformen.

In den skizzierten Entwicklungslinien zeigt sich die je spezifische und gleichzeitig interdependente Stellung der Beschaffung als erster betrieblichen Prozessphase und der Logistik als übergreifende Leistungsfunktion in operativer und strategischer Sicht.

Literaturhinweise

Andler, Kurt: Rationalisierung der Fabrikation und optimale [Losgröße]. München 1929.

Arnold, Ulli: [Beschaffungsmanagement]. 2. Aufl., Stuttgart 1997.

Arnold, Ulli, Michael Eßig: [Sourcing-Konzepte] als Grundelemente der Beschaffungsstrategie. In: Wirtschaftswissenschaftliches Studium (29) 2000, S. 122–128.

Arrow, Kenneth J., Theodore Harris, Jacob Marschak: Optimal Inventory [Policy]. In: Econometrica (19) 1951, S. 250–272.

Böcker, Franz: [Marketing]. 6. Aufl., Stuttgart 1996.

Corsten, Hans, Ralf Gössinger: Einführung in das [Supply Chain Management]. München, Wien 2001.

DeMatteis, John J.: An Economic Lot-Sizing Technique I. The Part-Period [Algorithm]. In: IBM System Journal (7) 1968, S. 30–38.

Domschke, Wolfgang: Logistik. Bd. 1: [Transport]. Grundlagen, lineare Transport- und Umladeprobleme. 4. Aufl., München, Wien 1995.

Fandel, Günter, Peter François: [Just-in-Time]-Produktion und -Beschaffung. Funktionsweise, Einsatzvoraussetzungen und Grenzen. In: Zeitschrift für Betriebswirtschaft (59) 1989, S. 531–544.

Friedl, Birgit: Grundlagen des [Beschaffungscontrolling]. Berlin 1990.

Gardon, Otto W.: [Electronic Commerce]. Grundlagen und Technologien des elektronischen Geschäftsverkehrs. Marburg 2000.

Grochla, Erwin: Grundlagen der [Materialwirtschaft]. Das materialwirtschaftliche Optimum im Betrieb. 3. Aufl., Wiesbaden 1978 (Nachdruck 1986).

Grün, Oskar: Industrielle [Materialwirtschaft]. In: Industriebetriebslehre. Das Wirtschaften in Industrieunternehmungen. Hrsg. v. M. Schweitzer. 2. Aufl., München 1994, S. 447–568.

Homburg, Christian: Bestimmung der optimalen [Lieferantenzahl] für Beschaffungsobjekte: Konzeptionelle Überlegungen und empirische Befunde. In: Handbuch industrielles Beschaffungsmanagement. Hrsg. von D. Hahn und L. Kaufmann. Wiesbaden 1999, S. 149–167.

Knolmayer, Gerhard: Zur Bedeutung des [Kostenausgleichsprinzip]s für die Bedarfsplanung mit PPS-Systemen. In: Zeitschrift für betriebswirtschaftliche Forschung (37) 1985, S. 411–427.

Konicki, Steve, Alorie Gilbert: [Covisint] nur Stückwerk. In: Informationweek (o. Jg.) 2001, S. 16–20.

Koppelmann, Udo: [Beschaffungsmarketing]. 3. Aufl., Berlin u. a. 2000.

Mendoza, Armando G.: An Economic Lot-Sizing Technique II. Mathematical [Analysis] of the Part-Period Algorithm. In: IBM System Journal (7) 1968, S. 39–46.

Meyr, Herbert, Jens Rohde, Hartmut Stadtler, Christopher Sürie: Supply [Chain] Analysis. In: [Supply Chain Management] 29–77.

Otto, Andreas, Herbert Kotzab: Der [Beitrag] des Supply Chain Management zum Management von Chains. Überlegungen zu einer unpopulären Frage. In: Zeitschrift für betriebswirtschaftliche Forschung (53) 2001, S. 157–176.

Pfohl, Hans-Christian: [Supply Chain Management]: Konzept, Trends, Strategien. In: Supply Chain Management: Logistik plus? Hrsg. von H.-C. Pfohl. Berlin 2000, S. 1–42.

Schmid, Beat F.: Elektronische [Märkte]. In: Handbuch Electronic Business. Hrsg. von R. Weiber. Wiesbaden 2000, S. 179–207.

Schulte, Christof: [Logistik]. 3. Aufl., München 1999.

Schütte, Reinhard, Jukka Siedentopf, Stephan Zelewski: [Koordinationsprobleme] in Produktionsplanungs- und -steuerungskonzepten. In: Einführung in das Produktionscontrolling. Hrsg. von H. Corsten und B. Friedl. München 1999, S. 141–187.

Schweitzer, Marcell: Industrielle [Fertigungswirtschaft]. In: Industriebetriebslehre. Das Wirtschaften in Industrieunternehmungen. Hrsg. v. M. Schweitzer. 2. Aufl., München 1994, S. 569–746.

[Signaturgesetz]: Gesetz zur digitalen Signatur (Artikel 3 des Gesetzes zur Regelung der Rahmenbedingungen für Informations- und Kommunikationsdienste), Fassung Mai 2001.

Silver, E. A., H. C. Meal: A [Heuristic] for Selecting Lot Size Quantities for the Case of a Deterministic Time Varying Demand Rate and Discrete Opportunities for Replenishment. In: Production and Inventory Management (14) 1973, S. 64–74.

Spohrer, Hans: [Risikofelder] bei Verträgen für lagerlose Versorgung. In: Beschaffung aktuell (2) 1988, S. 36–39.

Stefanič-Allmayer, Karl: Die günstigste [Bestellmenge] beim Einkauf. In: Sparwirtschaft. Zeitschrift für wirtschaftlichen Betrieb 1927, S. 504–508.

Steiner, Jürgen: Optimale Bestellmengen bei variablem [Bedarfsverlauf]. Wiesbaden 1975.

[Supply Chain Management] and Advanced Planning. Concepts, Models, Software and Case Studies. Hrsg. von H. Stadler und C. Kilger. Berlin u. a. 2000.

Tempelmeier, Horst: [Material-Logistik]. Modelle und Algorithmen für die Produktionsplanung und -steuerung und das Supply Chain Management. 4. Aufl., Berlin u. a. 1999.

Troßmann, Ernst: Betriebliche [Bedarfsplanung] auf der Grundlage einer dynamischen Produktionstheorie. In: Zeitschrift für Betriebswirtschaft (56) 1986, S. 827–847.

Troßmann, Ernst: Planungs- und Steuerungssysteme für die [Potenzialgestaltung]. In: Einführung in das Produktionscontrolling. Hrsg. von H. Corsten und B. Friedl. München 1999, S. 107–139.

Troßmann, Ernst: [Wissensbasis] quantitativer Management-Instrumente. In: Wissensmanagement. Hrsg. von H. D. Bürgel. Berlin, Heidelberg 1998, S. 129–151.

VDI: [Wertanalyse]. Idee, Methode, System. Hrsg. v. Verein Deutscher Ingenieure, Zentrum Wertanalyse der VDI-Gesellschaft Systementwicklung und Projektgestaltung (VDI-GSP). 5. Aufl., Düsseldorf 1995.

Weber, Jürgen, Markus Dehler, Boris Wertz: [Supply Chain Management] und Logistik. In: Wirtschaftswissenschaftliches Studium (29) 2000, S. 264–269.

Weinhardt, Christof, Ralf Krause, Sven Herchenhein: Informationstechnologische [Perspektiven] für die Beschaffung. In: Handbuch industrielles Beschaffungsmanagement. Hrsg. von D. Hahn und L. Kaufmann. Wiesbaden 1999, S. 707–721.

Wildemann, Horst: Flexible [Werkstattsteuerung] nach KANBAN-Prinzipien. In: Flexible Werkstattsteuerung durch Integration von KANBAN-Prinzipien. Hrsg. v. H. Wildemann. 2. Aufl., München 1989, S. 33–93.

Wildemann, Horst: Just-in-Time-[Lösungskonzepte] in Deutschland. In: HARVARDmanager (8) 1986, S. 36–48.

Womack, James P., Daniel T. Jones, Daniel Roos: Die zweite [Revolution] in der Automobilindustrie. 8. Aufl., Frankfurt/Main 1994.

Zäpfel, Günther: Bausteine und [Architekturen] von Supply Chain Management-Systemen. In: PPS Management (6) 2001, S. 9–18.

Zäpfel, Günther: Supply Chain Planungs- und Steuerungssystem (SCPS) zur wirtschaftlichen [Lenkung] von Lieferketten. In: Das Rechnungswesen im Spannungsfeld zwischen strategischem und operativen Management. Festschrift für Marcell Schweitzer zum 65. Geburtstag. Hrsg. von H.-U. Küpper und E. Troßmann. Berlin 1997, S. 325–352.

Produktionswirtschaft

Kapitel 3

Jürgen Bloech und Wolfgang Lücke

1 Begriffliche Grundlagen

Im vorausgehenden Kapitel 2 werden u. a. die Probleme der Beschaffung von Produktionsfaktoren erörtert. In diesem Kapitel sind Fragen der Produktion durch Einsatz dieser Produktionsfaktoren Gegenstand der Betrachtung.

Im allgemeinen Sprachgebrauch wird unter **Produktion** die Herstellung, Fabrikation oder Fertigung von Gütern verstanden. In der Betriebswirtschaftslehre ist die Produktion eine von mehreren betrieblichen Funktionen, neben der Beschaffung, dem Absatz, der Finanzierung usw. Im Rahmen der Betriebswirtschaftslehre der Produktion kommt der Terminus Produktion in verschiedenen **Ausdeutungen** vor:

(1) Der Begriff Produktion ist abgeleitet von producere (lat.), d. h. unter anderem hervorbringen, emporheben, befördern und exploitieren. Der Produktion als dem Hervorbringen von Material ist dann nur die Abbauwirtschaft (beispielsweise Tätigkeiten von Bergwerken und Grubenbetrieben) zugeordnet.

(2) Eine Erweiterung der eben genannten Ausdeutung bezieht die Güterbe- und -verarbeitung in den Begriff Produktion ein. Produktion ist somit die Gewinnung, Be- und Verarbeitung von Material einschließlich der Teilefertigung, Montage und Konfektion.

(3) Eine Einengung des in Frage stehenden Begriffes ergibt sich dann, wenn unter Produktion nur auf Bearbeitung und Verarbeitung von Werkstoffen, Materialien und dergleichen abgestellt wird. Hierfür werden auch die Begriffe **Fertigung**, **Herstellung** oder **Fabrikation** verwendet.

(4) In der weitesten Fassung ist Produktion **der gelenkte Einsatz von Gütern und/oder Dienstleistungen, um andere Güter und/oder Dienstleistungen zu erzeugen.** Hier werden neben Abbau von Material sowie Be- und Verarbeitung industrieller und handwerklicher Produkte auch Dienstleistungen der verschiedensten Art erfasst, wie z. B. Bank-, Versicherungs- und Wirtschaftsprüferleistungen. In der Sprache der Produktionstheorie handelt es sich dabei um den Einsatz von Produktionsfaktoren und deren Kombination zu Ausbringungsgrößen (materielle, immaterielle Güter sowie Dienste). In der Literatur wird dieser erweiterte Produktionsbegriff auch mit Leistungserstellung gleichgesetzt. Der Begriff stellt somit im Wesentlichen auf die Schaffung von Gütern und damit auch von Werten ab. Als Gegensatz dazu wird die Konsumtion gesehen.

Unter **Produktion** werden der industrielle Abbau von Material, die Be- und Verarbeitung (einschließlich Teilefertigung, Montage und Konfektion) und die Ausführung von Dienstleistungen verstanden.

Im Sinne eines weitgefassten Begriffs der Produktion umfassen die Ergebnisse der Leistungserstellung Sachgüter (Commodities) und Dienstleistungen (Services). Die Produktionswirtschaft in Industriebetrieben erstellt entweder nur Sachgüter als Produkte oder Sachgüter und Dienstleistungen sowie Kombinationen daraus. Ausschließlich Dienstleistungen oder überwiegend Dienstleistungen werden in Dienstleistungsbetrieben hervorgebracht oder vollbracht.

2   Basis der Produktionswirtschaft

2.1   Ziele

Ein Betrieb wählt aus den nachgefragten Gütern und Dienstleistungen die Bestandteile seines Produktionsprogramms aus. Die Produktion dieses Programms ist sein **Sachziel**, sein Zweck, dessen Erfüllung mengen-, qualitäts- und zeitgerecht am vorgesehenen Ort erfolgen soll.

Da die Produktion i.d.R. arbeitsteilig betrieben wird, übernehmen die betrieblichen Teilbereiche die Erfüllung von Teilaufgaben aus der Gesamtaufgabe. Die Produktion im engeren Sinne besteht in der Kombination der Produktionsfaktoren zur Erstellung der Fertigprodukte, Halbfabrikate bzw. Zwischenprodukte sowie Dienstleistungen. Die Leistungserstellung kann auch der Aufrechterhaltung und Verbesserung der Leistungsbereitschaft dienen.

Im Produktionsbereich wird zur wirtschaftlichen Aufgabenerledigung aus den möglichen Organisationstypen der Fertigung (Fließfertigung, Straßenfertigung, Gruppenfertigung, Werkstattfertigung usw.) eine zweckmäßige Organisation ausgewählt und verwirklicht, wobei in der betrieblichen Praxis häufig Mischformen auftreten. Die Zweckerfüllung ist in verschiedenen Zuständen möglich, denen bestimmte Betriebserträge und Kosten zugeordnet sind. Aus der Menge der zweckmäßigen Produktionssituationen erfolgt die Auswahl unter Beachtung der Zielsetzungen für die gesamte Unternehmung (z.B. Rentabilitäts-, Wirtschaftlichkeits-, Liquiditäts- oder Sicherheitsziele). Diese Ziele werden von der Geschäftsführung, der Technischen Leitung oder einem anderen Zentrum der Willensbildung und gegebenenfalls unter Beachtung von Mitbestimmungsvorschriften festgelegt.

Aus den Unternehmungszielen lassen sich **produktionswirtschaftliche Teilziele** ableiten. Je nach Entscheidungssituation können beispielsweise folgende Varianten formuliert werden:

[handwritten: • Minimierung von Work-in-Process]

- Minimierung der Produktionskosten, *[handwritten: → Hauptziel]*
- Verbesserung der Produktivität,
- Verkürzung von Durchlauf- oder Produktionszeiten,
- Steigerung der Ausbringungsmenge,
- Steigerung des Qualitätsniveaus und der Zuverlässigkeit sowie
- Verbesserung der Arbeitsbedingungen oder des Umweltschutzes.

Die Produktionsbereiche arbeiten dann zielgerecht, wenn sie die aufgestellten Teilziele des Betriebes erfüllen. Eine optimale Verwirklichung der aufgeführten produktionswirtschaftlichen Teilziele wird jedoch erschwert, wenn die Ziele miteinander in **Konflikt** stehen. So kann beispielsweise die Verkürzung von Produktionszeiten eine Erhöhung der Produktionskosten nach sich ziehen. Zur Lösung von derartigen Zielkonflikten sind Anspruchsniveaus festzulegen, Ziele zu gewichten oder Methoden der Planung unter mehrfacher Zielsetzung einzusetzen.

Die Verknüpfung der Zielgrößen (Zielvariablen) mit der Produktionssituation im Rahmen der **Zielfunktion** wird in analytischer Weise soweit aufgelöst, dass die Zusammenhänge dargestellt werden können. Aus diesen ergeben sich auch die Einflüsse der Produktionsmengen, Produktionsprozesse und Faktoreinsatzmengen sowie anderer Wirkgrößen der einzelnen Produktionsstufen auf die Zielvariablen. Einer Maximierungsvorschrift der unternehmerischen Zielsetzung kann eine Maximierungsvorschrift (z. B. Maximierung der Ausbringungsmenge) oder Minimierungsvorschrift (z. B. Minimierung der Stückkosten) als Teilziel im Produktionsbereich zugeordnet sein (Herunterbrechen von Unternehmenszielen).

Gelingt die Abbildung der Zusammenhänge zwischen Zielvariablen (Zielgrößen) und Produktionseinflussgrößen in Formelstruktur oder anderer Struktur, so ergeben sich Möglichkeiten der Konstruktion von **Modellen**, die gegebenenfalls eine zielorientierte Optimierung erlauben. Die optimale Produktionssituation, welche die Zielsetzung unter Einhaltung der betrieblichen Beschränkungen erfüllt, ist dann durch Programmzusammensetzung, Prozessplan und Zeitplan beschrieben.

Die Teilbereiche der Produktionswirtschaft streben ihre Teilziele im Rahmen ihrer Aufgabenstellung und ihrer Nebenbedingungen an. So sind z. B. den Bereichen der Materialwirtschaft, der physischen Distribution, der Anlagenwirtschaft und der Personalwirtschaft der Produktion eigene Teilziele zuzuordnen.

2.2   Produktionsfaktoren

Die Produktion von Gütern und Dienstleistungen wird durch die Kombination der Produktionsfaktoren Werkstoffe, Betriebsmittel und menschliche Arbeit ermöglicht und durchgeführt (Gutenberg [Grundlagen]) (vgl. Abb. 3.1).

Produktionsfaktoren	
Elementarfaktoren	**Dispositiver Faktor**
Werkstoffe –	Dispositive menschliche Arbeit = Betriebs- und Geschäftsleitung
Betriebsmittel –	Umsetzung des betriebspolitisch Gewollten –
Ausführende menschliche Arbeit	Planung – Organisation

Abbildung 3.1: System der Produktionsfaktoren

Verfeinerungen dieser durch *Gutenberg* vertretenen Einteilung der Produktionsfaktoren wurden unter anderem von *Busse v. Colbe/Laßmann* [Betriebswirtschaftslehre], *Kern* [Industrielle Produktionswirtschaft], *Kilger* [Kostentheorie] und *Wittmann* [Produktionstheorie] vorgeschlagen.

> Der Faktor **Werkstoff** verkörpert die Gesamtheit der Roh-, Hilfs- und Betriebsstoffe, die für die Produktion, Beschaffung, Verwertung sowie Aufrechterhaltung der Betriebsbereitschaft eingesetzt werden.

(1) In diesem Sinn umfasst der Begriff **Rohstoff** alle Sachgüter, die am Anfang des spezifischen betrieblichen Produktionsprozesses eingesetzt werden und die als Hauptbestandteile in die Halb- oder Fertigprodukte eingehen. So ist es möglich, dass z. B. ein Motor in einem weiterverarbeitenden Betrieb als Rohstoff, in einer speziellen Motorenfabrik als Endprodukt zu betrachten ist. Bei der Produktion materieller Güter kann Rohstoff auch als Einsatzmaterial bezeichnet werden.

Unter den Rohstoffen sind sowohl solche zu finden, die aus Betrieben der Urproduktion (Gewinnungsbetriebe) stammen, als auch solche, die Fertigprodukte anderer Industriebetriebe sind. Diese Sachgüter werden auf Grund ihres Einsatzes in einem weiterverarbeitenden Betrieb dort den Rohstoffen zugeordnet. Im Sprachgebrauch werden sie auch Konstruktionsteile genannt. Typische Beispiele für Rohstoffe in der Form von Konstruktionsteilen sind Armaturen, Getriebe, Elektromotoren, Verstärker, Kabel, Stanzteile und Transistoren.

Die Rohstoffe können je nach Art der Produkte und der eingesetzten Produktionsverfahren (Produktionstechnik) unverändert in das Produkt eingehen, eine Formveränderung durch betriebliche Einwirkung erfahren oder in ihrer Stoffzusammensetzung variiert werden.

(2) Als **Hilfsstoffe** werden Werkstoffe bezeichnet, welche in das Produkt eingehen, jedoch kein wesentlicher Bestandteil von diesem werden. Dazu zählen etwa Klebstoffe, Farben, Nägel und Schrauben. Auch die Materialteile, welche der Durchführung des Produktionsprozesses dienen und dabei verbraucht werden, ohne Teil

des Produktes zu bleiben, können unter die Hilfsstoffe eingeordnet werden. Deren Einsatz variiert in Abhängigkeit von der Produktmenge. Es ist eine betriebliche Entscheidung, ob ein Einsatzgut Roh- oder Hilfsstoff ist.

(3) Als **Betriebsstoffe** werden die Materialarten bezeichnet, die eingesetzt werden, um den Betriebsmitteleinsatz zu ermöglichen. Zu ihnen zählen Kraftstoffe, elektrische Energie, Schmiermittel, Brennstoff usw. Auf Grund der Tatsache, dass die Betriebsstoffe während des Produktionsprozesses durch die Betriebsmittel verbraucht werden, bezeichnet man sie auch als Betriebsmittelrepetierfaktoren.

Der Produktionsfaktor **Betriebsmittel** umfasst Boden, Gebäude, Anlagen, Aggregate, Einrichtungen, Rechte und das Wissen des Betriebes. Betriebsmittel sind also Güter, die bei der Produktion genutzt werden; sie sind Träger des Produktionsprozesses.

Betriebsmittel ermöglichen die Gestaltung des Produktionsprozesses und werden zur Durchführung der Produktionsaktivitäten eingesetzt. Sie bilden ein Potenzial zur Verwirklichung der Produktion und werden daher auch **Potenzialfaktoren** genannt.

Der Einsatz der Betriebsmittel über eine gewisse Zeitspanne, verbunden mit dem Einsatz des Faktors Werkstoff in einer bestimmten Menge, erfolgt mit dem Zweck der Erstellung einer quantifizierbaren Ausbringung (Halb- oder Fertigprodukte). Die Ausbringungsmenge des Betriebsmittels kann als die von ihm erbrachte Arbeit (Nutzung) interpretiert werden und steht in Analogie zur physikalischen Arbeit. Die Arbeitsveränderung pro Zeiteinheit wird dementsprechend als **Leistung** bezeichnet. Die Leistung, auch Intensität genannt, wird dem einzelnen Potenzialfaktor zugeordnet und in Ausbringungseinheiten pro Zeiteinheit gemessen. Betriebsmittel mit steuerbarer Leistung können mit verschiedener Geschwindigkeit fertigen.

Die Darstellung verschieden hoher Faktoreinsätze bei alternativer Leistungsschaltung eines Faktorpotenzials geschieht über **Verbrauchsfunktionen**. Der Faktorverbrauch für jeweils eine Produkteinheit ist eine Funktion der Betriebsmittelleistung.

Der Faktor **menschliche Arbeit** ist entweder als objektbezogene **ausführende** Arbeit im Produktionsprozess oder als **dispositive Arbeit** bei der Gestaltung des Produktionsprozesses und -programms ebenso wie bei der Führung von Mitarbeitern zu sehen.

Typische Tätigkeiten ausführender (objektbezogener) Arbeit sind Drehen, Fräsen, Montieren, Reparieren, Fahren usw. Dispositive Arbeit besteht im Planen, Entscheiden, Organisieren und Führen (Gutenberg [Grundlagen]).

Aus den Funktionen des Produktionsbereiches können die von den Personen zu erfüllenden objektbezogenen und dispositiven Tätigkeiten abgeleitet und Arbeitsplätzen zugeordnet werden. Träger der dispositiven und objektbezogenen Arbeit sind **Personen**. Dabei kann eine Person Träger beider Komponenten sein. Das Potenzial des Produktionsfaktors Arbeit besteht aus der Fähigkeit und der Einsatzzeit des Faktors zur Erfüllung betrieblicher Aufgaben. Die personenbezogenen Probleme der Produktion lassen sich anderen Gebieten der Betriebswirtschaftslehre zuordnen. In der Regel ist dies die spezielle Betriebswirtschaftslehre der Personalwirtschaft (vgl. Kapitel 7).

2.3 Produktionsstrategien

Das Produktionssystem der Unternehmung wird durch strategische Maßnahmen in die Lage versetzt, seine Potenziale so aufzubauen, dass sie den zukünftig auftretenden Anforderungen gerecht werden. Im Rahmen ihrer strategischen Planung erfasst die Unternehmung nach Möglichkeit die strategische Situation ihres Produktionssystems und entscheidet über Strategien zu seiner weiteren Ausgestaltung. Die Erfassung der strategischen Situation erfolgt vielfach über eine Analyse der wesentlichen Umweltkomplexe sowie der Produktionspotenziale des Unternehmens.

Beispielsweise führt eine **Umweltanalyse** zu Informationen über die Auftragslage, die zukünftig erwarteten Nachfragemengen und die daraus abzuleitenden Produktionsmengen. Bezüglich der Nachfragestruktur wird im Rahmen der Wettbewerbsanalyse nach den Schlüsselgrößen der Auftragserteilung oder Kundenentscheidung (*Hill*'s order winners, vgl. Hill [Manufacturing Strategy]) gefragt. Richten sich Auftragserteilung und Kundenentscheidung überwiegend an der Produktqualität, dem Preis, der Zuverlässigkeit oder Liefergeschwindigkeit oder anderen Kriterien aus? Weiterhin werden Informationen über notwendige Innovationen, Entwicklungen der Technik und Angebotsveränderungen der Lieferanten untersucht. Hinsichtlich der zukünftigen Qualitätserwartung, der Anforderungen aus Umweltschutzansprüchen und Haftung können ebenfalls Analysen durchgeführt werden. Erfasst werden auch Informationen über neue verfügbare Produktionstechnologien, Kommunikations- und Informationssysteme sowie Standortfaktoren.

Die **Unternehmensanalyse** stellt den Umweltanforderungen die Potenziale des Produktionssystems gegenüber und entscheidet dementsprechend über durchzusetzende Strategien. Diese Strategien betreffen die Produktionskapazitäten, die nachhaltige Zusammensetzung des Produktionsprogramms, die Fertigungsverfahren, die Fertigungstiefe, die Organisationstypen der Fertigung, das Qualitätsmanagement, die Standortverteilung und Standortwahl, die Produktionslogistik und verbundene Bereiche der übrigen Logistik, Planungs- und Kontrollsysteme, Informations- und Kommunikationssysteme und die Personalentwicklung.

Hinsichtlich der oben erwähnten Schlüsselgrößen der Auftragserteilung und Kundenentscheidung lassen sich besonders intensiv verfolgte Teilstrategien gestalten. Gelten Preis und Zahlungskonditionen als order winner, so konzentriert sich ein

Bündel der Teilstrategien auf die Möglichkeiten zur Senkung der Stückkosten. Gilt eher die Produktqualität als order winner, so werden qualitätssichernde und -verbessernde Teilstrategien gewählt.

Auch aus den Schlüsselgrößen Zuverlässigkeit oder Liefergeschwindigkeit lassen sich entsprechende Teilstrategien für Produktionssysteme ableiten.

Die Gesamtheit der Teilstrategien muss sich zu einer **Gesamtstrategie** für die Produktion der Unternehmung zusammenfügen lassen. Dementsprechend können Teilstrategien auch nach der Festlegung einer Gesamtstrategie heruntergebrochen werden. Beispielsweise kann eine Unternehmung, die ihre Produkte international anbietet, eine Produktions- und Standortstrategie festlegen. Sie wählt anhand der in der Umweltanalyse erhobenen Nachfrageerwartung die strategische Ausrichtung des Produktionsprogramms und entscheidet danach über die Verteilung der Standorte für eine verteilte Produktion und in diesem Zuge auch über die Wahl der Standorte und die zu errichtenden Produktionskapazitäten. Parallel dazu wird untersucht, in welcher Tiefe die Fertigung an den einzelnen Standorten erfolgen soll und wie eine gegenseitige Transportverbindung zu gestalten ist.

2.4   Produktionsverfahren

Die wirtschaftliche Durchführung der Produktion ist in Abhängigkeit von der Auftragssituation und der Struktur der Produktionsprozesse zu gestalten.

> Die Struktur von Produktionsprozessen wird als **Produktionsverfahren** bezeichnet.

Produktionsverfahren lassen sich u. a. nach folgenden **Kriterien** einteilen:

(1) Faktorintensität,
(2) Art und Häufigkeit der Leistungswiederholung,
(3) Organisation des Produktionsablaufs.

zu (1) Nach der **Faktorintensität** lassen sich arbeits-, maschinen-, kapital-, werkstoff- und energieintensive Verfahren unterscheiden.

zu (2) Nach der **Art und Häufigkeit der Leistungswiederholung** können

a) Massenfertigung,
b) Sortenfertigung,
c) Serienfertigung,
d) Chargenfertigung,
e) Partiefertigung,
f) Einzelfertigung

genannt werden.

zu a) **Massenfertigung** ist nicht unbedingt mit der Produktion großer Mengen gleichzusetzen. Entscheidend für diesen Begriff ist die Produktion eines **homogenen Gutes,** das meist für den anonymen Markt erstellt wird (z. B. Streichhölzer). Ein und derselbe Produktionsprozess wird ständig wiederholt. Ob der Produktionsprozess ein- oder mehrstufig ist oder ob Zwischenlagerungen erfolgen, ist für den Begriff Massenproduktion irrelevant, wohl aber bedeutsam für die Kostenrechnung.

zu b) Werden Erzeugnisse erstellt, die sowohl nach der Art ihrer Herstellung als auch nach der Art des verwendeten Einsatzmaterials unterschiedlich, jedoch verwandt sind, so wird von **Sortenfertigung** gesprochen (z. B. Zigaretten, Nägel, Schrauben). Durch Umstellung der Maschinen werden die verschiedenen Sorten nacheinander auf den gleichen Anlagen erzeugt.

zu c) Bei der **Serienfertigung** werden gleichartige Güter in größerer Menge produziert. Die Stückzahl ist jedoch im Gegensatz zur Massenproduktion begrenzt (z. B. Möbel). Nach der Höhe der Stückzahl unterscheidet man zwischen Klein- und Großserie.

zu d) Die **Chargenfertigung** ist als spezielle Ausprägung der Serienfertigung zu verstehen. Nach der Herstellung einer bestimmten Menge einer Produktart wird die Produktion einer anderen Produktart aufgenommen (z. B. Stahl). Für die einzelnen Produktarten lassen sich Produktionslose festlegen. Auch die Charge stellt ein Produktionslos dar, welches z. B. durch die maximale Beschickungsmöglichkeit von Öfen oder Mischsilos bestimmt wird.

zu e) Bei der **Partiefertigung** führen qualitative Unterschiede des Materials (z. B. Baumwolle einer bestimmten Ernte) zu leicht unterschiedlichen Endprodukten (z. B. Stoffen). Während die Chargenfertigung auf den Produktionsprozess abstellt, kommt bei der Partiefertigung als weiteres Merkmal die Art der Abrechnung hinzu; jede Partie ist für sich zu bearbeiten und abzurechnen.

zu f) Bei der **Einzelfertigung** wird im Prinzip jede Erzeugnisart nur einmal produziert; im Laufe der Zeit kann sich die gleiche oder eine ähnliche Produktion wiederholen. Die Einzelfertigung wird nach Vorliegen des Käuferauftrages begonnen (z. B. Maßanzug).

zu (3) Nach der **Organisation des Produktionsablaufs** (Organisationstypen) können

a) Fließfertigung,
b) Gruppenfertigung,
c) Werkstattfertigung,
d) Baustellenfertigung

genannt werden.

zu a) In der **Fließfertigung** bedingen die Produkte zu ihrer Herstellung stets die gleichen Arbeitsgänge. Die entsprechend dem Produktionsplan angeordneten Betriebsmittel und Handarbeitsplätze werden in einer festen Reihenfolge durchlaufen (z. B. Automobilindustrie). Die Aufeinanderfolge der Arbeitsgänge erfordert eine zeitliche Abstimmung der Arbeiten. Ist die Arbeitsfolge unabdingbar, so wird von naturbedingter Fließfertigung gesprochen, die sich durch die Gegebenheiten des chemischen und/oder technischen Prozesses ergibt. Bei nicht naturbedingter Fließproduktion wird der Produktionsprozess organisatorisch bewusst in zeitlich aufeinander abgestimmte und örtlich aneinandergereihte Arbeitsgänge zergliedert. Nur ausgereifte Erzeugnisse und Produktionsverfahren lassen sich im Fließfertigungsprozess organisieren. Wesentliche Voraussetzung ist die Produktion größerer Mengen von verwandten Erzeugnissen. Die Ausbringung und die zur Verfügung stehende Arbeitszeit bestimmen die sog. **Taktzeit** des Fließfertigungsprozesses, das Verhältnis Arbeit je Periode zur Sollausbringung je Periode. An den so bestimmten Zeittakt müssen die einzelnen Arbeitsverrichtungen angepasst werden.

zu b) Bei **Gruppenfertigung** (Fließinselfertigung) ist die Organisation nach dem Produktionsablauf nur noch unvollkommen erhalten. Die Einzelteile eines Produktes, die in einem gleichen oder ähnlichen Produktionsprozess entstehen, werden gruppenweise auf der gleichen Produktionsapparatur hergestellt. Alle erforderlichen Maschinen gleicher oder ähnlicher Produktionsprozesse werden zu Funktionsgruppen räumlich zusammengefasst. Die Gruppenfertigung wird wegen der relativ großen Erzeugungsbreite besonders auch im Hinblick auf die Kapazität als anpassungsfähig bezeichnet. Außerdem lassen sich in der Gruppenfertigung die sozialen Beziehungen zwischen den Mitarbeitern verbessern.

zu c) Bei häufigem Wechsel der Produktarten, die unterschiedliche Arbeitsgänge und Arbeitsfolgen aufweisen, ist die Organisation der Produktion nach dem Fließprinzip nicht mehr möglich. Maschinen und Handarbeitsplätze gleicher Arbeitsverrichtungen werden zusammengefasst (z. B. Werkstätte Bohrerei, Dreherei). Diese Organisation geschieht nach dem Verrichtungsprinzip und heißt **Werkstattfertigung**. Sie ist auf die wechselnden Anforderungen der Produktion in Menge und Qualität ausgerichtet und erscheint somit als anpassungsfähigste Organisationsform. Die Maschinen können von unterschiedlicher Leistungsfähigkeit und die Arbeitskräfte müssen vielseitig sein. Das Problem bei der Organisation der Werkstattfertigung liegt einmal in der richtigen Auslegung der Kapazität der einzelnen Werkstätten und aller Werkstätten zusammen, zum anderen in deren zweckmäßiger Anordnung. Diese soll der hauptsächlich vorkommenden Arbeitsfolge nicht widersprechen.

zu d) Für Produkte, welche als Gebäude oder Einrichtung ortsfest zu errichten sind und sich nach ihrer Fertigstellung nicht mehr bewegen lassen, wird eine **Baustellenfertigung** durchgeführt. Die Betriebsmittel, Personen und Werkstoffe werden an den Ort der Produkte gebracht (Baustelle) und dort eingesetzt. Für die Planung ergeben sich Probleme der Bereitstellung der Produktionsfaktoren und Reihenfolgeprobleme bei deren Einsatz (Projektplanung). Auch die Erfassung der Faktoreinsatzmengen für die Kostenermittlung kann besondere Verfahren notwendig machen.

2.5   Gestaltung von Produktionsprogramm und -prozess

Zu den wesentlichen Planungsaufgaben der Produktionswirtschaft gehört die Gestaltung des Produktionsprogramms und der Produktionsprozesse.

Für die kurzfristig angelegte Gestaltung des Produktionsprogramms sind das Verkaufsprogramm, die Ausstattung des Produktionsbereiches mit Personal und Betriebsmitteln, die einsetzbaren Zahlungsmittel, die räumliche Lage und die Organisation die entscheidenden Determinanten.

(1) Im Rahmen einer gegebenen Situation wird aus einer Teilmenge aller möglichen Produkte und Dienstleistungen das **Produktionsprogramm** zusammengesetzt. Aus der Zielsetzung des Betriebes ist jene des Produktionsbereiches abzuleiten. Komponenten des Produktionsprogramms sind die Produktionsmengen der einzelnen Produktarten. Die Analyse der Beschränkungen und der Zielfunktion muss deswegen auch die Abhängigkeit zwischen den Produktmengen und den Produktionsmöglichkeiten aufzeigen. Analytisch werden die Beschränkungen als Funktionen der Produktionsmengen dargestellt.

Zu den quantitativ formulierbaren Nebenbedingungen können zusätzliche nichtquantifizierbare Bedingungen hinzutreten, die den Planungsrahmen weiter einschränken. Ein Produktionsprogramm, das beispielsweise durch Einsatz eines Verfahrens der Unternehmensforschung (Lineare Optimierung, Nichtlineare Optimierung, Dynamische Optimierung u.a.) rechnerisch ermittelt worden ist, muss anschließend auch in Übereinstimmung mit den nichtquantifizierbaren Bedingungen gebracht werden, um zulässig zu sein.

(2) Für die betriebswirtschaftliche Betrachtung der Gestaltungsmöglichkeiten der **Produktionsprozesse** sind alle Situationen und Veränderungsmöglichkeiten von besonderem Interesse, die auf die Zielfunktion und die Nebenbedingungen einwirken. Besonders zu erwähnen sind **Gestaltungsmöglichkeiten** durch:

- Wahl der innerbetrieblichen Standorte,
- Wahl des Organisationstyps der Produktion,
- Wahl der Verhältnisse der Faktoreinsatzmengen,
- Festlegung der Anzahl der einzelnen Produktionsstufen und der zugehörigen Kapazitäten,
- Festlegung der Produktionsstationen (Arbeitsplätze) in den Produktionsstufen und der zugehörigen Kapazitäten,
- Mechanisierung und Automatisierung der Produktionsstationen, Zuordnung der Personen zu den Arbeitsplätzen,
- Bildung von Gruppen und Abteilungen,
- Festlegung der Reihenfolge der Produkte in den einzelnen Produktionsstationen (Reihenfolgeplanung, Produktionssteuerung).

Die Planung von Fertigungsabläufen kann sich – je nach dem zugrundeliegenden

Organisationstyp – ganz unterschiedlich darstellen. So steht im Rahmen einer Projektplanung, wie sie beispielsweise in Branchen wie dem Schiffsbau zu finden ist, eher eine Strukturierung des Fertigungsablaufs mit seinem Netz aus teilweise parallel durchzuführenden Teilvorgängen und seine zeitliche Planung im Vordergrund, während in der Fließbandfertigung die Ablaufplanung Aspekte wie die Festlegung der Zahl von Bandstationen, der Taktzeit oder der Zahl und Positionierung von Pufferlägern umfasst. Im Rahmen der «Klassischen Ablaufplanung» (in der Werkstattfertigung oder der Fließfertigung ohne Zeitzwang) wird ein Bestand an Aufträgen betrachtet, die eine Gruppe von Maschinen in einheitlicher (flow shop) oder unterschiedlicher Reihenfolge (job shop) durchlaufen. Das Planungsproblem besteht hier in der Bestimmung einer (mit Blick auf die verfolgte Zielsetzung) möglichst guten Reihenfolge, in der die Aufträge auf den einzelnen Maschinen bearbeitet werden.

Eine solche Zielsetzung stellt in diesem Zusammenhang in erster Linie die Minimierung derjenigen Kosten dar, die durch die Entscheidung für eine Auftragsfolge beeinflusst werden können. Als Kostengrößen lassen sich beispielsweise Lagerkosten (mit Blick auf das in wartenden Aufträgen gebundene Kapital), Leerkosten der Maschinen, Terminabweichungskosten bei verspätet oder gar nicht ausgelieferten Aufträgen sowie Rüstkosten, sofern sie in Abhängigkeit von der Reihenfolge der Aufträge variieren, nennen. Probleme bei der Festlegung von Kostensätzen (z. B. für eine Terminabweichung) oder der Identifizierung direkter Kostenwirkungen von Reihenfolgeentscheidungen haben dazu geführt, dass vorrangig Zeitziele Verwendung finden. Eine Auswahl von **Zeitgrößen** soll im Folgenden kurz erläutert werden:

- **Durchlaufzeit:** Zeitraum von der Einsteuerung eines Auftrags in den betrachteten Fertigungsbereich bis zum Ende seiner letzten Bearbeitung.
- **Wartezeit:** Dauer der Nichtbearbeitung eines Auftrags, die beispielsweise dadurch verursacht wird, dass die in der Maschinenfolge nächste Maschine noch (durch einen anderen Auftrag) blockiert ist.
- **Terminüberschreitungszeit:** Positive Differenz zwischen der Durchlaufzeit eines Auftrags und dem für diesen vereinbarten Fertigstellungstermin.
- **Leerzeit:** Zeit, während der eine Maschine nicht arbeitet, da beispielsweise die Bearbeitung des nächsten Auftrags auf der vorhergehenden Maschine noch nicht abgeschlossen ist.
- **Zykluszeit:** Zeitraum zwischen dem Bearbeitungsbeginn des ersten Auftrags eines gegebenen Auftragspakets und dem Bearbeitungsende des letzten.

Als Instrumente der Ablaufplanung haben sich – neben Auftragsfolge-, Maschinenfolge- und Ablaufgraf – insbesondere Gantt-Diagramme durchgesetzt, die den Fertigungsablauf in einer Auftrags-/Zeit-Darstellung (bzw. einer Maschinen-/Zeit-Darstellung) mit Hilfe von Balken abbilden, sodass sich die einzelnen Bearbeitungszeiträume und die Maschinenfolgen (bzw. Auftragsfolgen) direkt ablesen lassen.

Mit Hilfe dieser Gantt-Diagramme können Vorschläge für **Auftragsreihenfolgen,** wie sie beispielsweise mit Hilfe von Prioritätsregeln ermittelt worden sind, visualisiert und im Hinblick auf die verfolgte Zielsetzung bewertet werden. Aus der Vielzahl der entwickelten **Prioritätsregeln** seien hier einige herausgegriffen:

- **Kürzeste Operationszeit:** als nächster wird derjenige Auftrag bearbeitet, der auf der betrachteten Maschine die kürzeste Bearbeitungszeit benötigt.
- **First come first served:** die Reihenfolge der Aufträge richtet sich nach ihrem Ankunftszeitpunkt vor der betrachteten Maschine.
- **Frühester Liefertermin:** derjenige Auftrag wird als nächster bearbeitet, der zuerst ausgeliefert werden muss.
- **Kürzeste Gesamtbearbeitungszeit:** die Bearbeitungsreihenfolge orientiert sich an der Summe der Bearbeitungszeiten eines jeden Auftrags auf den einzelnen Maschinen.
- **Critical ratio:** für jeden Auftrag wird sein Liefertermin ins Verhältnis gesetzt zu der noch notwendigen Restbearbeitungszeit, und die Aufträge werden in der Reihenfolge aufsteigender Quotientenwerte bearbeitet.

Exakte Lösungsverfahren lassen sich angesichts der mathematischen Komplexität des Planungsproblems lediglich bei sehr restriktiven Prämissen sinnvoll einsetzen; für den Zwei-Maschinen-flow shop arbeitet z. B. der Algorithmus von *Johnson* [Production Schedules] effizient, und für einen flow shop mit drei Maschinen lässt sich der Branch-and-Bound-Algorithmus von *Lomnicki* [Branch-and-Bound Algorithm] einsetzen.

Die Ausführungen über Fertigungsabläufe beziehen sich fast ausschließlich auf die Produktion von Sachgütern. Auf Grund der zunehmenden Bedeutung von Dienstleistungen sollen deren Merkmale im Rahmen des Erstellungsprozesses im folgenden Abschnitt gesondert dargestellt werden.

2.6   Produktion von Dienstleistungen

Obwohl eine enge Deutung des Begriffs der Produktion allein die Fertigung von Sachgütern umfasst, erfährt diese Betrachtungsweise in der Literatur eine stärkere Beachtung als die Produktion von Dienstleistungen. Sachgüter ziehen auch nach ihrer Fertigstellung die Aufmerksamkeit an, wenn sie gelagert, transportiert, gebraucht oder konsumiert werden. Dienstleistungen weisen jedoch ebenfalls eine hohe Bedeutung auf und verdienen eine eingehende Darstellung.

Da der Begriff der Dienstleistungen eine Vielzahl von Objekten umfasst, die in unterschiedlicher Erscheinungsform auftreten, ist eine eindeutige, scharf abgrenzende Definition noch nicht erreicht worden. Unternehmungen und Betriebe finden Dienstleistungen sowohl unter den von ihnen eingesetzten Gütern als auch unter ihren Produkten vor. Die Aufzählung einiger Beispiele gehört zu dem Ansatz der enumerativen Definitionen und kann keine Vollständigkeit erreichen. **Dienstleistungen sind beispielsweise:**

Transportleistungen, Pflegeleistungen, Lagerhaltung, Sortierungen, Bereitstellungen, Montagen, Anmeldungen bei Behörden, Reinigungen, Instandhaltungen, Prüfungen, Kontrollen, Versicherungsdienstleistungen, Berechnungen, Beratungen und viele mehr.

Viele Industriebetriebe erstellen Sachgüter und Dienstleistungen in einem engen Zusammenhang. Für die Produktion der Sachgüter und die Versorgung des Kunden werden Dienstleistungen hervorgebracht. Beispielsweise wird in den Produktionsprozessen planmäßig kontrolliert, transportiert und bereitgestellt. Im Versorgungsprozess für den Kunden eines Industrieproduktes wird wieder transportiert, außerdem wird bereitgestellt, beraten, informiert und geholfen. Die Nachfrage des Kunden und das Angebot des Betriebes umfassen einen Komplex aus Sachgütern und Dienstleistungen. *Engelhardt* et. al. [Leistungsbündel] sprechen in diesem Zusammenhang von Leistungsbündeln, welche durch eine hochgradige Komplexität gekennzeichnet sein können. Die Produktion dieser Dienstleistungen obliegt dem anbietenden Industriebetrieb. In einigen Fällen versuchen Industriebetriebe, die Produktion von Dienstleistungen auf externe Institutionen zu verlagern. Dieses Phänomen wird auch als **Outsourcing** bezeichnet. Als externe Institutionen können Einheiten gebildet werden, die zu der produzierenden Industrieunternehmung gehören, oder das Dienstleistungsangebot wird von anderen Unternehmungen in Abstimmung mit der produzierenden Unternehmung übernommen. Die produzierende Industrieunternehmung reduziert ihre Dienstleistungsproduktion durch Outsourcing.

Die **Dienstleistungsunternehmen** beschränken ihre Produktion auf Dienstleistungen und bieten kaum Sachgüter an. Zu den Dienstleistungsunternehmen gehören Banken, Versicherungen, Großhändler, Einzelhandelsunternehmen, Reinigungsbetriebe, Beratungsunternehmen, Speditionen, Reparaturbetriebe und weitere.

Ein positiv beschriebener Dienstleistungsbegriff ist das Ergebnis der Bemühungen, seine Merkmale so zusammenzustellen, dass auch zukünftig geleistete neuartige Dienstleistungen einbezogen sind. Im Sinne einer derartigen positiven Dienstleistungsdefinition ist eine Dienstleistung eine Leistung an einer Person, Gruppe, Sache oder Institution, die einer Bedarfsdeckung dient und deren Vollzug und Nutzung einen Kontakt zwischen Leistungsgeber und Leistungsnehmer oder dessen Verfügungsobjekt bedingt.

Zur Erstellung einer Dienstleistung bedarf es

* eines **Potenzials**,
* eines **Prozesses** und
* eines **Ergebnisses**.

(1) Nach *Corsten* [Dienstleistungsproduktion] stellt das direkte Angebot eines Leistungspotenzials (Leistungsfähigkeit und -bereitschaft des Dienstleistungsunterneh-

mens) – im Unterschied zum Produktionsprozess eines Industrieunternehmens – den Ausgangspunkt der Leistungserstellung dar. Eine Begutachtung des Absatzgutes vor der tatsächlichen Produktion einer Dienstleistung ist somit nicht möglich, lediglich das Leistungspotenzial des Dienstleisters kann im Vorfeld der Produktion durch den Abnehmer beurteilt werden. Dabei ist das Leistungspotenzial das Ergebnis der sog. **Vorkombination** interner Produktionsfaktoren durch das dienstleistende Unternehmen.

(2) In der darauffolgenden Phase der **Endkombination** dieses Leistungspotenzials, welche dadurch charakterisiert werden kann, dass der Nachfrager sich selbst oder sein Verfügungsobjekt als sog. externen Faktor einzubringen hat, findet dann die eigentliche Produktion der Dienstleistung statt. In dieser Phase erfolgt die Synthese des vorkombinierten Leistungspotenzials mit dem externen Faktor, der in der Literatur auch als Objekt-, Fremd- oder kundenseitiger Faktor bezeichnet wird und in stoffliche und unstoffliche Objekte eingeteilt werden kann. Die stofflichen Objekte differenziert *Corsten* [Dienstleistungsproduktion] weiter in Real- und Nominalobjekte, wobei er erstgenannte zudem in lebende Objekte (Menschen und Tiere) sowie sachliche Objekte systematisiert. Anders als bei der Erstellung eines Sachgutes kann die zwingend erforderliche Integration des externen Faktors einen beachtlichen Einfluss auf den Produktionsprozess der dienstleistenden Unternehmung und folglich auch auf dessen Ergebnis ausüben. Die interaktiven Prozesse zwischen Leistungsgeber und -nehmer rücken somit in das Zentrum der Produktionsplanungs- und -steuerungsaktivitäten in Dienstleistungsunternehmen.

(3) Den Abschluss des Dienstleistungsproduktionsprozesses bildet das **Ergebnis** der Leistungserstellung, welches sich am Objektfaktor konkretisiert. Dieses Ergebnis kann häufig durch ein hohes Maß an Immaterialität gekennzeichnet sein, was zu Schwierigkeiten bei der abschließenden Beurteilung der Qualität durch den Dienstleister, aber auch den Nachfrager führen kann.

Zentrale Unterschiede bei der Produktion von Dienstleistungen gegenüber der der Sachguterstellung sind folglich:

- das direkte Angebot des Leistungspotenzials an den Nachfrager im Vorfeld der Leistungserstellung,
- die unabdingbare Integration des Nachfragers oder dessen Verfügungsobjektes während der Produktion (Endkombination) sowie
- ein Dienstleistungsergebnis, welches sich am eingebrachten externen Faktor konkretisiert.

Dies führt zu vielfältigen Besonderheiten bei der Erstellung einer Dienstleistung. So können Dienstleistungen vielfach nicht im voraus produziert werden, was eine Ausrichtung der Produktionskapazitäten in solchen Unternehmen auf Nachfragespitzen erforderlich werden lassen kann. Der häufig notwendige zeitlich und räumlich synchrone Kontakt zwischen Dienstleister und Objektfaktor hat zudem entscheidende Konsequenzen für die Standortwahl solcher Unternehmen. Auch den

Standardisierungsmöglichkeiten des Produktionsprozesses sind auf Grund der Beteiligung eines außerhalb des Dispositionsbereiches der Dienstleistungsunternehmung befindlichen externen Faktors engere Grenzen gesetzt als denen eines Sachguterstellers, welcher die Produktion seiner Produkte weitgehend autonom planen und steuern kann.

Die Produktionswirtschaft nimmt sich einer Vielzahl von Steuerungs- und Planungsproblemen an, die gemeinsam auf Zusammenhängen beruhen, welche in einer Theorie der Produktion modellhaft ausgedrückt werden können. Diese können sowohl die Produktion von Sachleistungen als auch der Dienstleistungen, als auch Kombinationen von beiden umfassen. Aus der Fülle dieser unterschiedlichen Probleme sollen im folgenden Abschnitt diejenigen eingehender dargestellt werden, die Untersuchungsgegenstand **der betriebswirtschaftlichen Produktionstheorie** sind.

3   Betriebswirtschaftliche Produktionstheorie

3.1   Theorie der Produktion

Die **Produktionstheorie** befasst sich mit den wirtschaftlichen Prozessen der Herstellung von Sachgütern und Dienstleistungen (Produktion), insbesondere den quantitativen Beziehungen zwischen den eingesetzten und ausgebrachten Gütern.

Die Produktionstheorie zielt als theoretisches Aussagensystem darauf ab, Regelmäßigkeiten abzubilden, welche **Einsatz-Ausbringungsbeziehungen** zum Inhalt haben. Diese Beziehungen erfassen grundsätzlich alternative Qualitäten von Einsatz- und von Ausbringungsgütern sowie Produktionsverfahren (Schweitzer/Küpper [Produktionstheorie] 24 ff.). Da die Produktion einer Reihe von Neben- und Randbedingungen unterliegt, sind diese ebenfalls zu berücksichtigen.

Zu den **Nebenbedingungen** gehören z.B. Absatz- und Beschaffungsbeschränkungen, Restriktionen aus vor- und nachgelagerten Produktionsstufen (kapazitative Beschränkungen), Qualitätsanforderungen und finanzielle Nebenbedingungen. Einige dieser Nebenbedingungen gelten in der Produktionstheorie als gegebene Größen, andere dagegen, wie die Kapazitätsbeschränkungen und die Verknüpfungen von Produktionsstufen, sind selbst Untersuchungsgegenstand der Produktionstheorie. Weiter gehören in den Bereich der Produktionstheorie Fragen nach den zeitlichen Implikationen der Produktion, nach **Anpassungsformen** und nach der produktionstechnischen **Flexibilität**.

Wirtschaftliche Prozesse verursachen **Kosten**, die sich als Summe der mit den zugehörigen Preisen bewerteten Einsatzmengen der Produktionsfaktoren ergeben.

Die bewerteten Gütereinsätze sind Gegenstand der in Abschnitt 4 zu behandelnden **Kostentheorie.** Kosten sind dem Prinzip der Wirtschaftlichkeit unterworfen. Dieses zeigt sich entweder in der Minimierung des Kosteneinsatzes bei fixiertem Produktionsziel (Minimierungsprinzip) oder bei gegebenem Kosteneinsatz in der Maximierung des Produktionszieles (Maximierungsprinzip).

3.2   Produktionsfunktion

Die Produktionsfunktion besitzt zentrale Bedeutung für die Kennzeichnung der effizienten Produktionsmöglichkeiten einer Produktionstechnologie.

> **Produktionsfunktionen** beschreiben den Zusammenhang zwischen den Einsatzgüter- und Ausbringungsgütermengen einer Unternehmung.

Statt von **Einsatzgütern** wird auch von **Produktionsfaktoren,** Inputs oder Eingangsprodukten gesprochen. **Ausbringungsgüter** sind Halb- und Fertigerzeugnisse, Dienstleistungen, Zwischen- und Enderzeugnisse, Produkte, Ausbringungen oder Outputs. Die Anzahl der Einheiten, in denen die Güter gemessen werden, wird als Quantität bezeichnet. Die qualitative Ausprägung eines Gutes heißt Güterart (Faktorart oder Produktart). Die Benennung der der Produktion entstammenden Güter ist das Ergebnis von Entscheidungen über die Zugehörigkeit zum Industriezweig, die Branchenzugehörigkeit und das Produktartenprogramm. Alle Produkte entstammen einer Kombination von Produktionsfaktoreinsätzen; sie besitzen Absatzreife oder werden innerbetrieblich wieder als Inputs im Produktionsprozess verwendet. Bestimmte Einsatzgüter werden dem produzierenden Betrieb zur Be- oder Verarbeitung von außen überlassen. Dafür findet sich häufig der Begriff **Lohnarbeit** (verlängerte Werkbank).

Die formale Darstellung der Kombination von Einsatzgütern zum Zwecke der Transformation zu Produkten geschieht mittels der **Produktionsfunktion:**

(1) $f(r_1, r_2, ..., r_m, x_1, x_2, ..., x_n) = 0.$

Diese implizite Schreibweise der Produktionsfunktion enthält m Faktorarten (i = 1, 2, ..., m) mit den zugehörenden Mengen r und n Produktarten (j = 1, 2, ..., n) mit den Mengen x. Die Gleichung (1) kennzeichnet eine Produktion mit beliebig vielen Produktarten. Existiert nur eine Produktart n = 1, liegt Monoproduktion vor. Gleichung (1) wird dann in expliziter Schreibweise mit $x_1 = x$ zu:

(2) $x = f(r_1, r_2, ..., r_m)$ (**Produktionsfunktion**)

Diese Produktionsfunktion besagt, dass die Produktionsmenge in einer ganz bestimmten, charakteristischen Weise von den Einsatzmengen abhängt. Statt die Ausbringung als von den Einsätzen abhängige Variable anzusehen, kann es auch zweckmäßig sein, die Einsatzgüter als abhängige und die Produktionsmenge als unabhängige Variable darzustellen.

In·den genannten Produktionsfunktionen sind folgende **Bedingungen** enthalten:

a) Die **Qualität der Produkte** und **Einsatzgüter** ist genau definiert und findet ihren Ausdruck in den Produkten j mit den Mengen x_j und den Faktorarten i mit den Mengen r_i. Für den Betriebswirt ergibt sich das Problem, jede Qualität durch Qualitätsmerkmale festzulegen (vgl. Abschnitt 5).

b) Einsatz und Ausbringung geschehen in der **Kalenderzeit.** In der Betriebswirtschaftslehre wird die Kalenderzeit in Perioden – z. B. Jahre für die Bilanzierung oder Monate für die Kosten- und Leistungsrechnung – zerlegt. Die Einsätze und Ausbringungen werden solchen Perioden zugerechnet. Daraus folgt die Dimensionierung von r_i als Einsatzgütermenge pro Periode und von x_j als Ausbringungsmenge pro Periode (z. B. Monat oder Jahr).

c) Da in den Produktionsfunktionen nach den Gleichungen (1) und (2) keine Angabe über die Zeit enthalten ist, welche vom Einsatz bis zur Ausbringung verstreicht (Transformationszeit), muss von einer **Momentanproduktion** mit einer Transformationszeit von Null ausgegangen werden.

d) Die **Dimensionierung** aller Größen in den Produktionsfunktionen richtet sich auf eine bestimmte Periode (Strömungsgrößen). Einflüsse aus früheren Perioden und Auswirkungen auf nachfolgende Perioden werden vernachlässigt.

e) Die Produktionsfunktion gibt einen Kombinationsprozess wieder, der räumlich gesehen einen ganzen Betrieb, einen Betriebsteil, eine Betriebsstelle, einen Platz in einer Betriebsstelle oder ein Betriebsmittel beziehungsweise ein Aggregat ausmacht. Wird diese Einheit bei vorausgesetzter Identität der Funktionen gleicher Einheiten (homogene Betriebsmitteleinheiten) ganzzahlig mit M vervielfacht, dann wird (2) zu:

$$(3) \qquad x \cdot M = f(r_1, r_2, ..., r_m) \cdot M.$$

Wegen der Multiplikation der Betriebsmitteleinheit mit dem Vervielfacher M wird ₋von **multipler Anpassung** gesprochen.

f) Die Produktionsfunktion gibt eine bestimmte charakteristische Verknüpfung von Einsatzgüter- und Ausbringungsgütermengen an. Die Art dieser Verknüpfung wird determiniert durch biochemische, physikalische oder sonstige Prozesse, die entweder ohne wesentliche Mitwirkung des dispositiven Faktors ablaufen oder aber entscheidend des Einsatzes dieses Faktors bedürfen. Im letzteren Fall ist es auch üblich, den Begriff des **Produktionsverfahrens** zu verwenden. Die Produktionsfunktionen (1) und (2) repräsentieren zugleich ein bestimmtes Produktionsverfahren, welches wesentlich bestimmt sein kann durch die Qualität des Potenzialfaktors Betriebsmittel.

g) In Gleichung (1) oder (2) ist nicht als Bedingung enthalten, dass mit vermehrtem Einsatz von Faktoren auch zugleich stets eine erhöhte Ausbringung zu erwarten ist. Wird eine gleiche Richtung von Einsatz- und Ausbringungsmengenänderungen angenommen und wird von einem Ausgangszustand, der durch den Index c markiert wird, eine Vermehrung der Faktoreinsätze um das λ-fache vorgenommen, so können Produktionsverfahren existieren, bei denen hieraus eine Vermehrung der Ausbringung um das λ^ε-fache erfolgt:

$$(4)\qquad x_c\lambda^\varepsilon = f(r_{1c} \cdot \lambda,\, r_{2c} \cdot \lambda,\, \ldots,\, r_{mc} \cdot \lambda).$$

Eine Produktionsfunktion dieser Art wird als **homogen vom Grade ε** bezeichnet.

Die volkswirtschaftliche **Cobb-Douglas-Produktionsfunktion** für zwei Faktorarten lautet:

$$(5)\qquad x = r_1^a \cdot r_2^b,\qquad \text{mit}\qquad a,b > 0 \qquad \text{und}\qquad a + b = 1.$$

Die Homogenitätsprüfung ergibt:

$$x\lambda^\varepsilon = r_1^a\lambda^a \cdot r_2^b\lambda^b = r_1^a \cdot r_2^b \cdot \lambda^{a+b}$$

$$x \cdot \lambda^1 = r_1^a \cdot r_2^b \cdot \lambda^1$$

Die obige Cobb-Douglas-Funktion ist **homogen vom Grade 1.**

h) Die Produktionsfunktion (1) weist n Produktarten auf, gibt aber in der allgemeinen Fassung keine Auskunft darüber, wie die Erzeugnisse produktionsmäßig miteinander verbunden sind. Die Produktionstheorie kennt drei Arten der **Produktionsverbundenheit:**

- Die Produktarten sind das Ergebnis einer **alternativen Produktion,** d. h. auf dem betrachteten Aggregat kann gleichzeitig immer nur die eine oder die andere Produktart erzeugt werden. Verschiedene Produktarten können also nur nacheinander produziert werden. Wird in einer Periode nur eine Produktart erzeugt, so liegt **Monoproduktion** vor; bei zeitlicher Aufeinanderfolge verschiedener Produktarten in einer Periode wird von **alternativer Produktion** gesprochen. Wird die ursprüngliche Periode OB in Abb. 3.2 in die Teilperioden OA und AB zerlegt, so liegen für jede Teilperiode Monoproduktion und für die Gesamtperiode **Mehrproduktartenproduktion** vor. Als Beispiel hierfür könnte die Produktion von Graubrot und Toastbrot in einem Tunnelbackofen angeführt werden. Die in Abb. 3.2 vorliegende alternative Produktion kann als dispositionsbedingte Monoproduktion bezeichnet werden. Lässt das Aggregat nur die Produktion einer Produktart zu, so ist die Monoproduktion technisch bedingt.

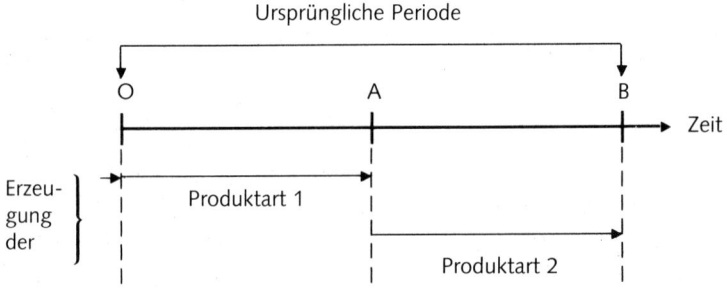

Abbildung 3.2: Produktion über die Zeit

- Werden aus einer bestimmten Einsatzgüterkombination zwangsläufig mehrere Produktarten gleichzeitig, also gekuppelt ausgebracht, so liegt **Kuppelproduktion oder kumulative Produktion** vor. Die Mengen der einzelnen Produktarten stehen in einem bestimmten Verhältnis zueinander. Beispielsweise werden aus Steinkohle gleichzeitig Gas, Koks, Teer, Benzol und viele andere Produkte gewonnen. Variationen im Produktionsverfahren oder -ablauf können zu einer Veränderung des Mengenverhältnisses führen.

- In der wirtschaftswissenschaftlichen Literatur ist auch von **paralleler Produktion** die Rede: Unterschiedliche Produktarten werden unverbunden, nebeneinander (parallel) erzeugt. Da die Produktionsfunktion für ein Aggregat oder für eine Gruppe von M homogenen Aggregaten gilt, kann eine parallele Produktion nicht durch eine Produktionsfunktion allein abgebildet werden. Die formale Darstellung der parallelen Produktion erfordert also die Angabe entsprechend vieler Produktionsfunktionen. Die Berücksichtigung gegebenenfalls vorliegender Interdependenzen kann sich schwierig gestalten.

3.3 Durchschnittsprodukt, Grenzproduktivität und Grenzprodukt

Der Quotient $x : r_i$ mit $i = 1, 2, \ldots, m$ stellt das sog. **Durchschnittsprodukt** dar. Durchschnittsprodukte können für jede Faktorart gebildet werden. Statt von Durchschnittsprodukt wird auch von **Produktivität** gesprochen.

Die **Grenzproduktivität** bezogen auf die Faktorart i mit $i = 1, 2, \ldots, m$ lautet für (2):

$$(6) \qquad \frac{\partial x}{\partial r_i} = \frac{\partial f(r_1, r_2, \ldots, r_m)}{\partial r_i} \qquad \text{(Grenzproduktivität)}$$

Wegen des Bezuges auf die ausgewählte Faktorart i wird von **partieller Grenzproduktivität** gesprochen. $\partial x : \partial r_i$ stellt ein Maß für die Steigung der Produktionsfunktion dar und gibt an, wie sich die Produktmenge verändert, wenn die Einsatzmenge der Faktorart i infinitesimal vermehrt oder vermindert wird und alle übrigen Faktoreinsatzmengen konstant gehalten werden. Die Bildung partieller Grenzproduktivitäten bedingt, dass die Produktionsmengenänderung ∂x allein der Veränderung ∂r_i, der Einsatzmenge der i-ten Faktorart zugerechnet werden kann. Um die Produktionsmengenänderung zu erhalten, ist das **Grenzprodukt** (partielles Grenzprodukt) zu berechnen:

$$(7) \qquad (dx)r_i = \frac{\partial f}{\partial r_i} \, dr_i \qquad \text{(Grenzprodukt)}$$

Häufig werden zur Vereinfachung Grenzprodukt und Grenzproduktivität gleichgesetzt; das bedeutet, dass dann $dr_i = 1$ gesetzt wird. Werden die Einsätze aller Produktionsfaktorarten gleichzeitig verändert, so lässt sich das **totale Differential** bilden:

$$(8) \qquad dx = \frac{\partial f}{\partial r_1} \, dr_1 + \frac{\partial f}{\partial r_2} \, dr_2 + \ldots + \frac{\partial f}{\partial r_m} \, dr_m$$

3.4   Ausprägungen der Produktionsfunktion

Die in Abschnitt 3.2 vorgetragene allgemeine Fassung einer Produktionsfunktion kann verschiedene Ausprägungen annehmen. **Die Volkswirtschaftslehre** arbeitet mit einer Anzahl von konkreten Produktionsfunktionen, die für die gesamte Volkswirtschaft gelten sollen. Genannt seien folgende Formen, in den die Symbole x oft das Sozialprodukt, r_1 den Arbeitseinsatz und r_2 den Kapitaleinsatz repräsentieren:

Cobb-Douglas-Produktionsfunktion:

(5) $x = r_1^a \cdot r_2^b$ mit a,b > 0   und a + b = 1

Constant Elasticity of Substitution-Produktionsfunktion (CES-Produktionsfunktion):

(9) $x = (c_1 r_1^{-a} + c_2 r_2^{-a})^{-\frac{1}{a}}$ mit $c_1, c_2 > 0$ und a > –1, a ≠ 0

Leontief-Produktionsfunktion:

(10) $r_1 = a_1 x;\ r_2 = a_2 x$ mit $a_1, a_2 > 0$

v. Thünen-Produktionsfunktion:

(11) $x = c_0 + c_1 \sqrt{r}$ mit den Konstanten c_0 und c_1.

Auch in der **Betriebswirtschaftslehre** gibt es eine Reihe von Ausprägungen der allgemeinen Produktionsfunktion. Drei häufig genannte **Typen** sollen hier dargestellt werden:

- Produktionsfunktion vom Typ A
- Produktionsfunktion vom Typ B
- Produktionsfunktion vom Typ C.

3.4.1   Produktionsfunktion vom Typ A

Die erste systematische Herleitung einer Produktionsfunktion für die Landwirtschaft erfolgte durch *Jacques Turgot*, der 1727–1781 lebte und Finanzminister unter *Ludwig XVI* war. Eine bedeutsame Weiterentwicklung erfuhr die Produktionstheorie durch den Gutsbesitzer *Johann Heinrich von Thünen* (1783–1850). Er entwickelte die sog. ertragsgesetzliche Produktionsfunktion.

Die **ertragsgesetzliche Produktionsfunktion** (auch Produktionsfunktion vom Typ A genannt) beruht auf der Erkenntnis, dass mit vermehrtem Arbeitseinsatz auf einer gegebenen Bodenfläche, die mit einer bestimmten Menge an Saatgut besät und mit einer gegebenen Menge an Düngemitteln gedüngt wurde, der Bodenertrag (Produktionsmenge x) zuerst progressiv, dann degressiv steigend wächst und u. U. auch abnehmen kann.

Um eine grafische Darstellung zu ermöglichen, seien nur zwei variable Faktorarten mit den Mengen r_1 und r_2 betrachtet (Abb. 3.3, 3.4). Die Mengen dieser Faktoren

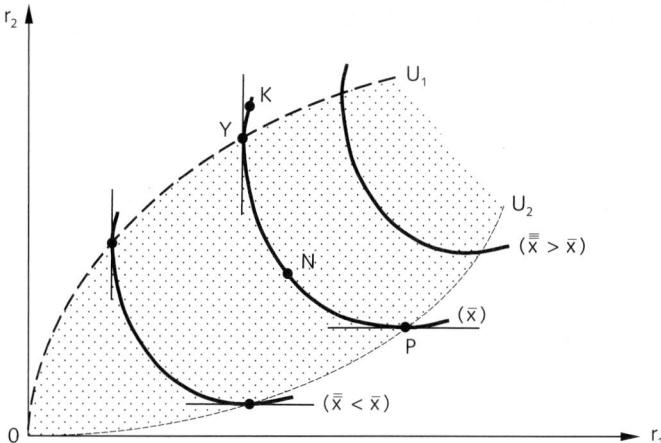

Abbildung 3.3: Substitutionsfeld zwischen den Ridge Lines

sollen gegeneinander substituiert werden können, ohne dass der Output variiert; das Einsatzmengenverhältnis verändert sich dann bei gegebenem Output.

Da die Produktionsfunktion $x = f(r_1, r_2)$ nur variable Größen enthält, ist vorstellbar, dass die darin nicht ausgewiesenen Konstanten solche Faktoreinsätze enthalten, die einen sog. Basisertrag x_B produzieren, ohne dass r_1 und r_2 zum Einsatz kommen. Beispielsweise ist dies damit der Fall, wenn der fixe Einsatz Saatgut, die erste Faktorart der Dünger und die zweite Faktorart die Bodenpflege sind. Die r_1- und r_2-Achsen in Abb. 3.4 sind um $x_B = \overline{00}'$ nach unten verschoben worden.

Auf der Oberfläche des sog. **Ertragsgebirges** ergibt sich bei einem Schnitt in Höhe von $\overline{x}$ = const. = $\overline{BK}$ = $\overline{QN}$ = $\overline{MP}$ parallel zur $r_1 r_2$-Ebene die Randkurve BQM. Die

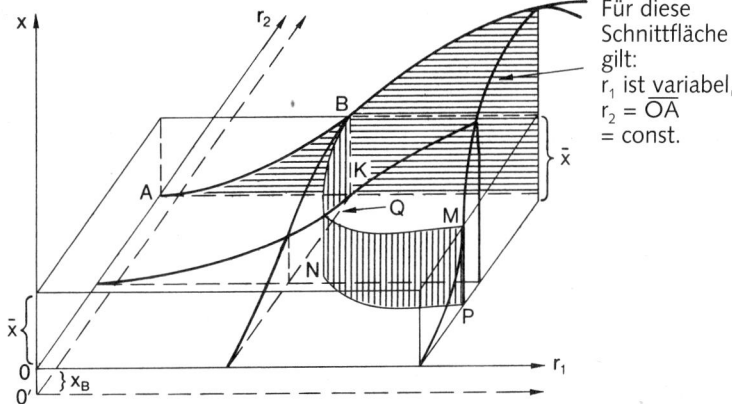

Abbildung 3.4: Produktionsmenge in Abhängigkeit von zwei substitutionalen Einsatzfaktoren

Projektion zu BQM ist die Kurve KNP, die die Produktionsmenge x als Parameter enthält (vgl. Abb. 3.3). KNP wird als **Isoquante** bezeichnet.

Zwischen Y und P (vgl. Abb. 3.3) können auf der Kurve für $\bar{x}$ die Faktorarten 1 und 2 teilweise gegeneinander ausgetauscht werden, indem ein verringerter Einsatz einer Faktorart durch einen vermehrten Einsatz der anderen Faktorart ausgeglichen wird. Dieser Vorgang wird als **periphere Substitution** bezeichnet. Weitere Isoquanten können durch Schnitte parallel zur r_1, r_2-Ebene ober- oder unterhalb $\bar{x}$ konstruiert werden; damit ergeben sich höher- oder tieferliegende Isoquanten (vgl. dazu auch Abb. 3.3).

Diese hier angeführte Substitution ist nur in dem durch die sog. **Ridge-Lines** OU_1 und OU_2 begrenzten Substitutionsfeld $OU_1 U_2$ effizient. Die Kurve OU_1 (OU_2) ist der geometrische Ort aller r_1, r_2-Kombinationen, bei denen die Tangenten an die Isoquanten parallel zur r_2-Achse (r_1-Achse) verlaufen (Paralleltangenten). Je näher eine Isoquante beim Ursprungspunkt liegt, desto geringer ist die zugeordnete Produktionsmenge. Ob die Isoquanten für gleiche Produktionsmengenveränderungen gleiche oder unterschiedliche Abstände voneinander aufweisen, hängt von der Produktionsfunktion ab.

> Eine **Isoquante** ist der geometrische Ort aller Faktorkombinationen, die zur selben Ausbringungsmenge führen.

Ein Schnitt parallel zur r_1-Achse in Höhe von $r_2 = \overline{OA}$ = const. durch das Ertragsgebirge ergibt die «Ertragskurve» in Abb. 3.5.

Die Durchschnittsproduktion (**Durchschnittsertrag, Produktivität**) resultiert aus x/r_1, und die Grenzproduktivität (**Grenzertrag**) errechnet sich aus dx/dr_1. Die Durchschnittsertragskurve und die Grenzertragskurve sind in Abb. 3.5 wiedergegeben. Grafisch erhält man die Durchschnittsertragskurve durch Bestimmung

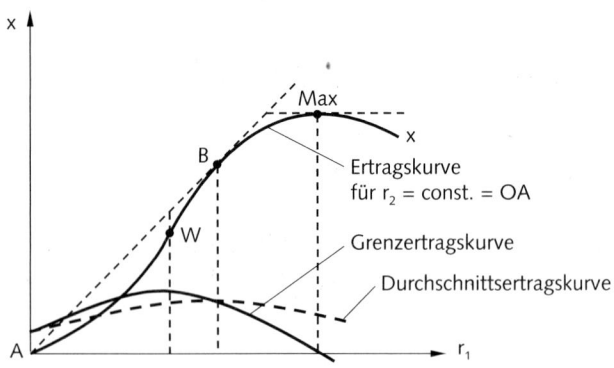

Abbildung 3.5: Produktionsmenge in Abhängigkeit von einem variablen Einsatzfaktor (Ertragsgesetz)

des Tangens der Winkel aller Fahrstrahlen, die vom Nullpunkt aus an die Ertragskurve gezogen werden können. Der Fahrstrahl an den Berührungspunkt B hat den größten Winkel. Die Durchschnittsertragskurve hat hier ihr Maximum. Die Grenzertragskurve ergibt sich durch die Tangenten an die Ertragskurve; sie hat im Wendepunkt W den größten Winkel. Die Grenzertragskurve erreicht hier ihr Maximum; sie schneidet die Durchschnittsertragskurve im Maximum des Durchschnittsertrages (vgl. Abb. 3.5).

Dieser Zusammenhang zwischen dem Maximum des Durchschnittsertrags und dem Grenzertrag lässt sich auch mathematisch begründen:

Der Durchschnittsertrag sei $e(r_1)$

$$e(r_1) = x(r_1)/r_1$$

Für das Maximum von $e(r_1)$ verschwindet die zugehörige erste Ableitung ($e' = 0$).

$$\frac{de}{dr_1} = \frac{x' \, r_1 - x}{r_1^2}$$

Dieser Ausdruck ist Null, wenn der Zähler den Wert Null annimmt.

$$x' r_1 - x = 0$$

Daraus ergibt sich: $x : r_1 = x'$. Also sind im Maximum von e die Größen e und x' gleich.

In einem **Zahlenbeispiel** für eine Produktionsfunktion des Typs A sei folgender Zusammenhang gegeben:

$$x = -0{,}001 \, r_1^3 + 0{,}15 \, r_1^2 + 3{,}3 \, r_1$$

Die Einsatzmengen anderer substitutionaler Faktoren seien konstant.

Diese Produktionsfunktion verläuft mit zunehmender Einsatzmenge r_1 zunächst progressiv, dann degressiv steigend und erreicht ein Maximum.

Der Grenzertrag $x'(r_1)$ weist folgende Form auf:

$$x' = -0{,}003 \, r_1^2 + 0{,}3 \, r_1 + 3{,}3$$

Im Maximum des Ertrages erreicht der Grenzertrag den Wert Null. Dies gilt für $r_1 = 110$; der Ertrag erreicht in diesem Maximum den Wert $x = 847$. Maximal ist der Grenzertrag $x'(r_1)$ bei dem Wert $r_1 = 50$. Dort ist $x''(r_1) = 0$. Der Durchschnittsertrag, die Produktivität $e(r_1)$, ergibt sich aus $x : r_1$.

$$e(r_1) = -0{,}001 \, r_1^2 + 0{,}15 \, r_1 + 3{,}3$$

Das Maximum des Durchschnittsertrags liegt bei der Einsatzmenge r_1, für die $e'(r_1)$ den Wert Null erreicht und die Bedingung $e(r_1) = x'(r_1)$ erfüllt ist. Für $r_1 = 75$ wird das Maximum des Durchschnittsertrages erreicht; er beträgt 8,925.

3.4.2　Produktionsfunktion vom Typ B

Die von Gutenberg [Grundlagen] entwickelte Produktionsfunktion vom Typ B wird mit Hilfe von **Verbrauchsfunktionen** für ein Betriebsmittel beziehungsweise für ein Aggregat hergeleitet. Die Produktionsmenge x hängt ab von:

- der Leistung d des betrachteten Aggregates,
- der Produktionszeit bzw. Laufzeit t des Aggregates,
- allen übrigen technischen Eigenschaften des Aggregates, die als unveränderlich angenommen werden und
- den Faktoreinsätzen r_1 bis r_m, wobei die Einsatzmengen entweder direkt von x oder aber über die Aggregatsleistung d indirekt von x abhängen. Die von d unabhängigen, aber von x abhängigen Faktoreinsätze können dann über d als konstante Verbräuche dargestellt werden. Die Einsatzmengen der m Faktorarten in Abhängigkeit von d tragen die Dimension Einsatzmenge pro guter Produkteinheit und werden mit v_i (i = 1, 2, ..., m) bezeichnet.

Die Einsatzfaktoren sind limitational und nicht substitutional wie in der Produktionsfunktion vom Typ A. Bei limitationalen Produktionsfunktionen existiert für jede Leistung ein bestimmtes Einsatzmengenverhältnis der Faktorarten.

Abb. 3.6 zeigt vier **typische Verbrauchsfunktionen** v_1 bis v_4. Die Leistung soll zwischen einer minimalen (d_{min}) und einer maximalen (d_{max}) stufenlos schaltbar sein.

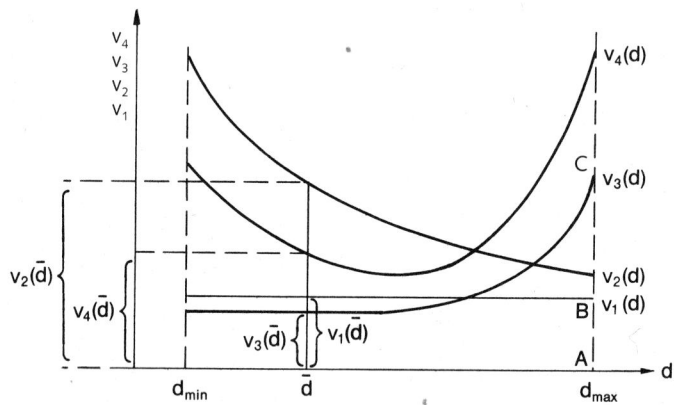

Abbildung 3.6: Verschiedene Verbrauchsfunktionen

Die Verbrauchsfunktion $v_1(d)$ könnte für einen Leistungslohn ermittelt worden sein. Die Funktion $v_2(d)$ zeigt einen Faktoreinsatz, der mit zunehmender Leistung monoton abnimmt. Ein spezifischer Werkstoffverbrauch, der von einer gewissen Leistung an pro Ausbringungsmengeneinheit ansteigt, wird durch $v_3(d)$ dargestellt. Ein typischer Betriebsstoffverbrauch zeigt sich bei $v_4(d)$.

Die Auswahl der wirtschaftlichen Leistungsschaltung erfolgt erst nach Aggregation der **bewerteten Verbrauchsfunktionen**. Bewertet wird mit dem Faktorpreis q = const. Der Verlauf der aggregierten, bewerteten Faktoreinsätze pro Produkteinheit k(d) ergibt sich wie folgt: $k(d) = v_1(d)q_1 + v_2(d)q_2 + v_3(d)q_3 + v_4(d)q_4$.

Die Leistung, bei der k(d) minimal wird, heißt **optimale Leistung** (d_{opt}).

Der Zusammenhang zwischen Faktoreinsätzen und Produktionsmenge wird hergestellt über:

(12) $x = d \cdot t$.

Der Faktoreinsatz (r_i) pro Periode errechnet sich dann aus:

(13) $r_i = v_i(d) \cdot x$ für i = 1, 2, ..., m.

Für eine gegebene Leistung $\overline{d}$ ist $v(\overline{d})$ = const. Der höchstmögliche Ausstoß ergibt sich für $\overline{d}$, indem in (12) die höchstmögliche Produktionszeit t_{max} eingeführt wird: $\overline{x} = \overline{d} \cdot t_{max}$.

Der höchstmögliche Ausstoß insgesamt, auch **kapazitativer Ausstoß** (x_{Kap} = Kapazität) genannt, setzt neben t_{max} das maximale Leistungsvermögen d_{max} voraus:

(14) $x_{Kap} = d_{max} \cdot t_{max}$.

Die Produktionstheorie beschränkt sich bei der Darstellung der Produktionsfunktion vom Typ B bisweilen auf zwei Faktorarten (Zwei Faktoren-Modell). Abb. 3.7 stellt die Produktionsfunktion vom Typ B im Zwei-Faktoren-Modell für die Leistung d_{max} dar.

Die Produktionsmenge $\overline{x}$ = 1 wird mit den Einsatzmengen $\overline{AB}$ und $\overline{AC}$ erzeugt. Würde beispielsweise lediglich die Faktorart 1 (2) um $\overline{BD}$ ($\overline{CF}$) vermehrt eingesetzt, so entstünde keine größere Produktionsmenge als $\overline{x}$ = 1. Die Mengen $\overline{BD}$ bzw. $\overline{CF}$

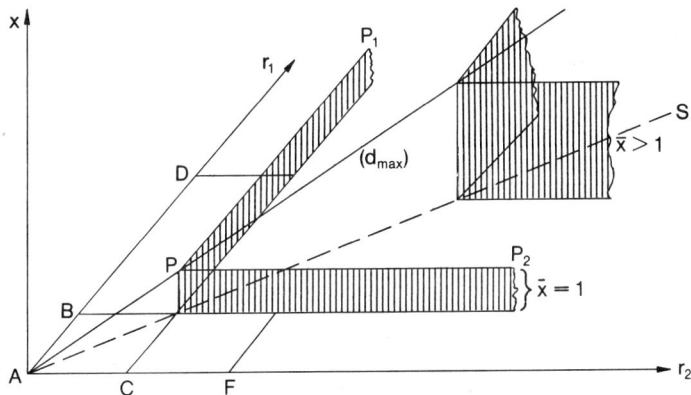

Abbildung 3.7: Produktionsmenge in Abhängigkeit von zwei limitationalen Einsatzfaktoren

sind in Bezug auf $\overline{x} = 1$ **Überschussmengen.** P gibt somit die effiziente Faktorkombination bei d_{max} für $\overline{x} = 1$ an. Der Linienzug P_1PP_2 lässt sich als Kurve gleicher Produktionsmengen bezeichnen und auf die r_1r_2-Ebene projizieren.

Analog zu den gekrümmten Isoquanten bei substitutionalem Faktoreinsatz handelt es sich bei **limitationalen** Faktoreinsätzen um sog. rechtwinklige Isoquanten.

Gab das Substitutionsfeld zwischen den Ridge Lines die effizienten Kombinationen an, so liegen diese bei limitationalem Faktoreinsatz und konstanter Leistung allein auf dem Strahl AS (Abb. 3.7). Die Kapazitätsgrenze ist bei $d_{max} \cdot t_{max}$ ein Punkt auf AS.

3.4.3   Produktionsfunktion vom Typ C

Heinen [Kostenlehre] hat das produktionstheoretische System durch Einführung des Begriffs Elementarkombination verfeinert.

Eine **Elementarkombination** ist ein Produktionsprozess mit eindeutiger Beziehung zwischen der technischen Leistung des Aggregates und der ökonomischen Leistung (Kombinationsleistung).

Heinen [Kostenlehre] führt verschiedene Elementarkombinationen auf und typisiert sie. Wenn mit einer Elementarkombination nur eine bestimmte Ausbringungsmenge erzeugt werden kann, dann wird sie als **outputfixe E-Kombination** bezeichnet; werden die Einsatzfaktoren zugleich auch limitational verknüpft, so liegt eine **outputfixe limitationale E-Kombination** vor, die für die industrielle Produktion wohl den bedeutsamsten Kombinationstyp darstellt.

Heinen [Kostenlehre] unterscheidet zwischen **Repetierfaktoren** (Werkstoffe) und **Potenzialfaktoren** (Betriebsmittel, menschliche Arbeit). Die technische Verbrauchsfunktion ergibt den Verbrauch des i-ten **Repetierfaktors** für eine physikalische Arbeitseinheit in Abhängigkeit von der technischen Aggregatsleistung an. Da in der Realität die Aggregatsleistungen schwanken (z. B. Leistungen in der Anlauf-, Leerlauf-, Bearbeitungs- und Bremsphase), ist es zweckmäßig, den **momentanen Mengenverbrauch** (dr_1) des i-ten Repetierfaktors in Abhängigkeit von der **Momentanleistung** des Aggregates (dA : dt) zu beschreiben; dazu bezeichnet A die **technisch-physikalische Arbeit** des Aggregates:

$$(15) \qquad \frac{dr_i}{dt} = f_i \left(\frac{dA}{dt} \right).$$

Die Bestimmung des Faktorverbrauchs für eine Elementarkombination j erfolgt über die Produktionszeit t dieser Elementarkombination. Das **Zeitbelastungsbild** (vgl. 1. Quadrant der Abb. 3.8) gibt an, wie sich die Momentanleistung im Zeitablauf der Produktion einer Elementarkombination darstellt. Verläuft die Funktion (15) gemäß der Darstellung im 2. Quadranten der Abb. 3.8, so lässt sich der gesamte **Verbrauch** der Faktorart i für eine Elementarkombination j mit:

$$(16) \qquad r_{ij} = \int_{t_0}^{t_1} f_{ij}\left(\frac{dA}{dt}\right) dt \qquad \text{für} \quad i = 1, 2, ..., m$$

als Flächeninhalt unter der Kurve im 3. Quadranten errechnen.

Für die Erstellung einer gegebenen Produktionsmenge ist eine bestimmte Anzahl von Wiederholungen der Elementarkombinationen erforderlich. Die Häufigkeit der Wiederholungen je Elementarkombination j wird mit w_j bezeichnet und ist aus dem Strukturbild eines Produktionsprozesses ableitbar. Die **Einsatzmenge** für die Faktorart i errechnet sich bei $\bar{j}$ verschiedenartigen Elementarkombinationen aus:

$$(17) \qquad r_i = \sum_{j=1}^{\bar{j}} r_{ij}\, w_j \qquad \text{für} \quad i = 1, 2, ..., m.$$

Bei konstanter Momentanleistung dA:dt (vgl. $\overline{CB}$ in Abb. 3.8) ergibt sich der Faktoreinsatz als mathematisches Produkt aus $\overline{DC}$ und der **Elementarkombinationszeit** t.

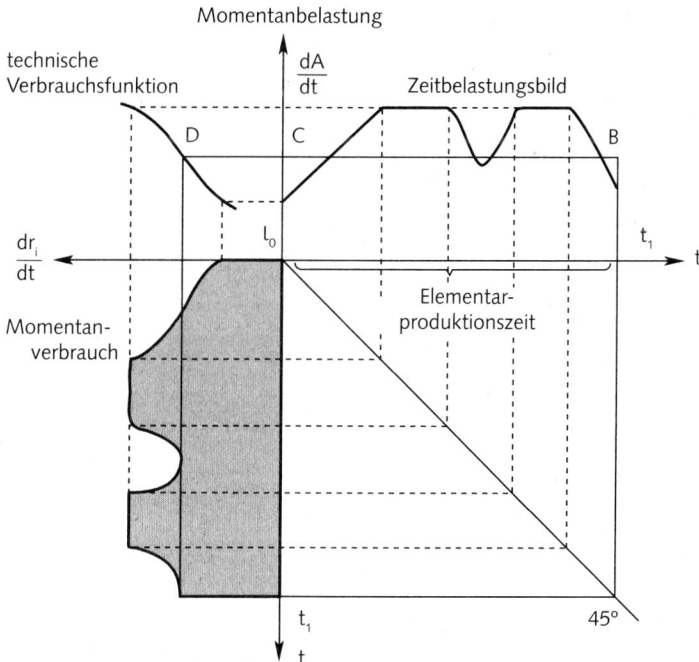

Abbildung 3.8: Technische und ökonomische Verbrauchsfunktion der Produktionsfunktion vom Typ C

Der Verbrauch von Repetierfaktoren kann auch, z. B. bei Rohstoffen, in direktem Zusammenhang mit dem Output stehen. Solche **direkt output-abhängigen** Faktoreinsätze lassen sich unmittelbar in einer

(18) $r_i = g_i(x)$ (**Faktoreinsatzfunktion**)

erfassen.

Die Zurechnung des Einsatzes von Potenzialfaktoren zu einer Elementarkombination ist nur indirekt möglich. Wird beispielsweise der Faktor Arbeit nach einem Zeitlohnsystem entgolten, so sind die Zeiteinheiten Schlüsselgröße der Zuordnung; bei Akkordentlohnung können die Ausbringungseinheiten als solche fungieren.

Der vom Einsatz der Potenzialfaktoren abhängige Repetierfaktoreinsatz (vgl. Gleichung (17)), der unmittelbar output-abhängige Repetierfaktoreinsatz $g_i(x)$ sowie die Nutzung des Potenzialfaktors in Abhängigkeit von der Zeit $r_i(t)$ bilden die Produktionsfunktion vom Typ C:

(19) $r_i = \sum_{j=1}^{\bar{j}} r_{ij}\, w_j + g_i(x) + r_i(t)$ für $i = 1, 2, ..., m.$ (**Produktionsfunktion vom Typ C**)

3.4.4   Input-Output-Beziehungen bei Mehrproduktartenproduktion

Wir sind bisher von der Einproduktunternehmung ausgegangen; es soll nunmehr der (realistische) Fall behandelt werden, dass in einem Unternehmen mehrere Produktarten hergestellt werden.

Es gibt zwei Arten von Input-Output-Beziehungen in der Mehrproduktartenproduktion:

(1) die starre Kuppelproduktion (kumulative Produktion) und

(2) die alternative Produktion, in die auch die Kuppelproduktion mit variablem Verhältnis der Ausbringungsmengen einzuordnen ist.

Kuppelproduktion liegt vor, wenn bei einem Produktionsprozess zwingend mehrere Produktarten gleichzeitig entstehen. **Alternative Produktion** ist gegeben, wenn mehrere Produktarten um begrenzte Kapazitäten, z. B. eine Maschine, konkurrieren.

zu (1) Die Mehrproduktartenproduktion als **starre Kuppelproduktion** setzt eine konstante Ausbringungsrelation $\bar{x}_1 : \bar{x}_2$ der Produktarten (Kuppelprodukte) voraus. In Abb. 3.9 ist dieses Ausbringungsverhältnis als Steigungsmaß $\tan \alpha$ des Produktionsstrahles angegeben.

Bei starrer Kuppelproduktion kann die Ausbringung in Einheiten der Produktart 1 oder 2 angegeben werden. Es ist auch möglich, den Produktionsausstoß der Produktarten 1 und 2 als «Päckchen» zu definieren und dabei die Strecke $\overline{OR}$ in Abb. 3.9 als Päckcheneinheit aufzufassen.

zu (2) Die Kuppelproduktion lässt sich über $x = \tan \alpha \cdot x_2$ in Monoproduktion überführen. Bei **alternativer Produktion** gelingt dies nur, wenn für die unterschiedlichen

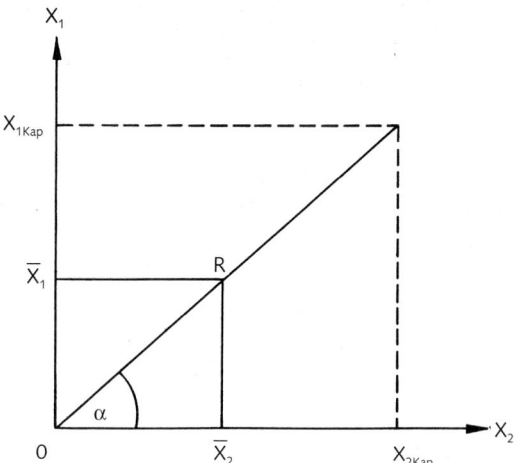

Abbildung 3.9: Produktionsmengen zweier Produktarten in starrer Koppelung

Produktionsmengen x_1 bis x_n ein gemeinsamer Ausdruck gefunden wird. Ersatzausdruck könnte beispielsweise die geplante Aggregatlaufzeit T sein. Die Umrechnung zweier Produktarten 1 und 2 mit den Mengen x_1 und x_2 erfolgt über t_1 und t_2, womit die geplante Aggregatlaufzeit pro einer Einheit der Produktart 1 und der Produktart 2 gemeint ist:

(20) $T = x_1 \cdot t_1 + x_2 \cdot t_2.$

Die Aggregatlaufzeit für eine Einheit der beiden Produktarten hängt von der jeweils geschalteten Aggregatleistung ab:

$$t_1 = \frac{1}{d_1} \quad \text{und} \quad t_2 = \frac{1}{d_2}.$$

Aus (20) wird:

(21) $T = \dfrac{x_1}{d_1} + \dfrac{x_2}{d_2}$

und für $d_{1\,max}$ sowie $d_{2\,max}$ also:

$$T = \frac{x_1}{d_{1\,max}} + \frac{x_2}{d_{2\,max}}$$

Sie ist für variable x_1 und x_2 die Gleichung einer Kapazitätsbeschränkung (vgl. Abb. 3.10, Linie $\overline{PQ}$). Die Steigung dieser Kapazitätslinie ist durch den Quotienten $(d_{1\,max} : d_{2\,max})$ gegeben. Der Abstand $\overline{OP} = x_{1\,max}$ ergibt sich aus $T_{max} \cdot d_{1\,max}$. Jede Kombination der Ausbringungsmengen auf der Geraden $\overline{PQ}$ und im Bereich 0PQ ist mit $d_{1\,max}$ und $d_{2\,max}$ produzierbar.

Wird für die Herstellung eines jeden Produktes auf z. B. drei Aggregaten eine maximale Leistung vorgegeben, so existiert für jedes Aggregat eine Beschränkungslinie.

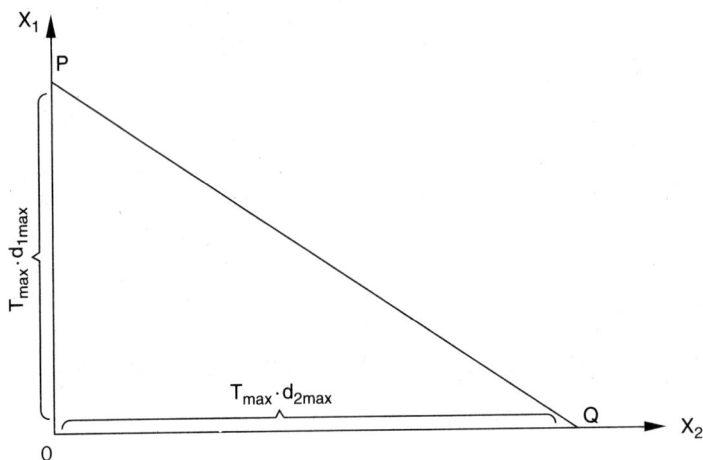

Abbildung 3.10: Kapazitätslinie bei der Produktion zweier Produktarten

Für drei Aggregate (I bis III) und zwei Produktarten 1 und 2 liegen, wie Abb. 3.11 deutlich macht, die Produktionsmöglichkeiten nur im eingezeichneten **Beschränkungspolyeder** 0ABCD bzw. auf dessen Rand.

Mit Hilfe von Verfahren des **Operations Research** lässt sich unter einer gegebenen Zielsetzung die dazugehörende optimale Produktionsmengenkombination ermitteln.

Beispiel

Eine einfache **Aufgabenstellung** soll diese Zusammenhänge grafisch verdeutlichen:

Die Zielsetzung sei Gewinnmaximierung, fixe Kosten seien Null:

$$G = 10x_1 + 20x_2 \rightarrow \text{max!}$$

Dies kann jedoch nur im Rahmen folgender Beschränkungen erreicht werden:

(I) $x_1 + 4x_2 \leq 280$
(II) $10x_1 + 10x_2 \leq 1000$
(III) $6x_1 + 2x_2 \leq 480$
(IV) $x_1 \geq 0; x_2 \geq 0$.

Es können nur diejenigen Produktionsmengen gefertigt werden, die keine der drei Kapazitäten überschreiten. In der grafischen Darstellung sind diese zulässigen Produktionskombinationen durch den Bereich 0ABCD wiedergegeben (Abb. 3.11). Jeder Punkt außerhalb dieses Polyeders verletzt mindestens eine Restriktion. Beispielsweise verstößt die Produktionsmengenkombination $x_1 = 30$, $x_2 = 120$ (Punkt E in Abb. 3.11) gegen die erste und die zweite Beschränkung.

Jeder Punkt auf einer Restriktion erfüllt diese als Gleichung. Im Punkt D lautet das Produktionsprogramm

$$x_1 = 0; x_2 = 70;$$

denn die Relation (I) $x_1 + 4x_2 = 280$ ist für $x_1 = 0$, $x_2 = 70$ gerade als Gleichung erfüllt:

(I) $1 \cdot 0 + 4 \cdot 70 = 280$

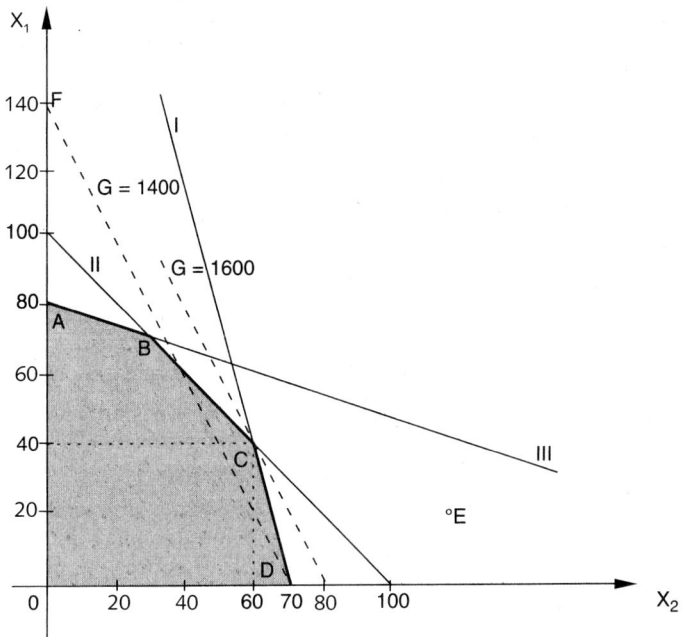

Abbildung 3.11: Feld der zulässigen Produktionsmengenkombinationen

Dieses Produktionsprogramm ist auch im Rahmen der anderen Beschränkungen zulässig, allerdings sind diese nicht ausgelastet, d. h. sie sind als Ungleichungen erfüllt:

(II) $\qquad 10 \cdot 0 + 10 \cdot 70 < 1000$

(III) $\qquad 6 \cdot 0 + 2 \cdot 70 < 480.$

Der dieser Produktionsmengenkombination zugehörige Gewinn beträgt:

$\qquad G = 10 \cdot 0 + 20 \cdot 70 = 1400.$

In Abb. 3.11 verläuft diese Gewinngerade durch die Punkte D und F. Durch Rechtsverschiebung der Gewinngeraden bis zum Tangentialpunkt mit dem Polyederrand kann jedoch ein noch höherer Gewinn erzielt werden. Diese Gewinngerade geht durch C ($x_1 = 40$; $x_2 = 60$).

In diesem Punkt werden die erste und die zweite Nebenbedingung als Gleichungen erfüllt, die dritte Restriktion ist hingegen nicht ausgelastet:

(I) $\qquad 1 \cdot 40 + 4 \cdot 60 = 280$

(II) $\qquad 10 \cdot 40 + 10 \cdot 60 = 1000$

(III) $\qquad 6 \cdot 40 + 2 \cdot 60 < 480$

Der Gewinn beträgt $G = 10 \cdot 40 + 20 \cdot 60 = 1600$. Ein höherer Gewinn kann wegen der vorliegenden Beschränkungen nicht realisiert werden.

Für mehr als 2 Produktarten lässt sich die grafische Darstellung nicht mehr ohne Weiteres verwenden. Zur Lösung solcher linearen Optimierungsprobleme bietet sich die **Simplex-Methode** an.

3.4.5   Input-Output-Beziehungen bei mehrstufiger Produktion

Für die einstufige Monoproduktion wurde der Faktoreinsatz einschließlich des Materials gezeigt. Für eine mehrstufige Mehrproduktartenfertigung lässt sich der Materialbedarf ebenfalls ermitteln.

Der Teil des Materials, der direkt in die Produkte eingeht, zeigt in seinem Mengenverbrauch einen nachprüfbaren Zusammenhang mit den Produktionsmengen des Produktionsprogramms (**programmgesteuerter Materialverbrauch**). Ein anderer Teil, der nicht in die Produkte eingeht, weist einen abschätzbaren indirekten Zusammenhang mit den Produktionsmengen des Produktionsprogramms auf (**verbrauchsgesteuerter Materialbedarf**). Der restliche Teil lässt keinen Zusammenhang zwischen Produktionsprogramm und Faktorverbrauch erkennen (vgl. Kapitel 2).

Die Materialbedarfsplanung benutzt unterschiedliche Verfahren zur Ermittlung des programmgesteuerten und des verbrauchsgesteuerten Materialbedarfs. Im Zusammenhang mit der Bestimmung des programmgesteuerten Materialbedarfs wird das vorgegebene Programm der Produkte auch als **Primärbedarf** bezeichnet. Für die Bedarfsplanung an Material und Halbfabrikaten ist der **Sekundärbedarf** zu bestimmen. Grundlage der Ermittlung des Sekundärbedarfs sind außer dem Primärbedarf noch die Informationen über Stücklisten bzw. Rezepturen der Produkte und Halbfabrikate.

Als **Stückliste** wird die Zusammenstellung der Halbfabrikate und Werkstoffe aller Art bezeichnet, die zur Zusammensetzung des betrachteten Fertig- oder Halbfabrikates pro Mengeneinheit gehören.

Je nach ihrem Informations- und Verwendungszweck lassen sich verschiedene Stücklisten unterscheiden (z. B. Baukastenstücklisten, Produktionsstufenstücklisten, Dispositionsstücklisten). Aus den meisten dieser Stücklisten kann man mittels geeigneter Verfahren den dem Primärbedarf zugehörigen Gesamtbedarf berechnen (Stücklistenauflösung). In einer Direktbedarfsmatrix wird die Erzeugnisstruktur so abgebildet, dass für jedes Halb- und Fertigfabrikat sein direkter Bedarf an Werkstoffen und Halbfabrikaten aufgezeichnet ist. Diese Matrix gibt in einem Element a_{ij} an, welche Rohstoff- bzw. Halbfabrikatemenge der Art i direkt in eine Einheit der hergestellten Produkt- oder Halbfabrikateart j eingeht.

Der Direktbedarfsmatrix entspricht in einer grafischen Darstellung ein gerichteter Graf aus Knoten und Pfeilen, der **Gozintograf** (Verballhornung von «goes into») (vgl. Abb. 3.12).

Es sei r_{ij} die als **Sekundärbedarf** in Gut j verwendete Menge der Material bzw. Halbfabrikateart i und r_{ip} der Primärbedarf der Art i. Der **Bruttobedarf** r_i ergibt sich dann als Summe der Verwendungsmengen:

(22) $r_i = r_{i1} + r_{i2} + \ldots + r_{ip}$ für i = 1, 2, ..., m.

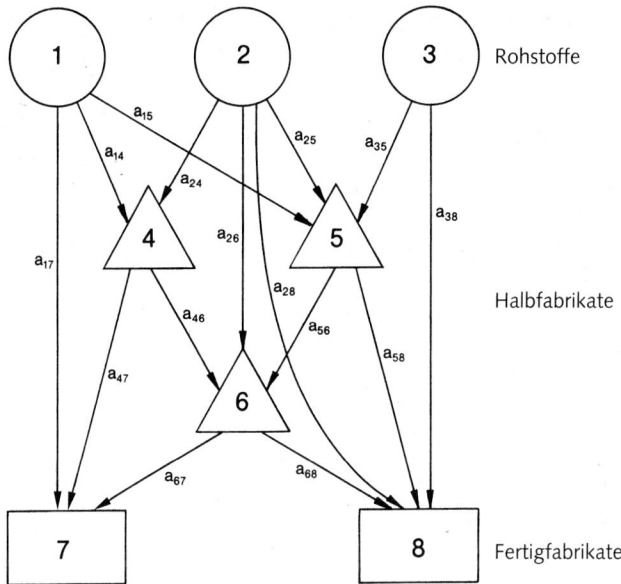

Abbildung 3.12: Gozintograf des Direktbedarfs

Aus der Direktbedarfsmatrix A mit den Elementen a_{ij} resultiert jeder Einsatz (r_{ij}) eines Gutes i in der Menge (r_j) des Gutes j:

(23) $r_{ij} = a_{ij} \cdot r_j$

Dieser Ausdruck für r_{ij} wird in die Verwendungsgleichungen eingesetzt:

(24) $r_i = a_{i1}r_1 + a_{i2}r_2 + \ldots + a_{in}r_n + r_{i,p}$ für i = 1, 2, ..., m.

Unter der Voraussetzung m = n werden die Gleichungen nach dem Primärbedarf aufgelöst und ergeben:

$$r_{1,p} = (1 - a_{11})r_1 - a_{12}r_2 - \ldots - a_{1n}r_n$$
$$2_{2,p} = - a_{21}r_1 + (1 - a_{22})r_2 - \ldots - a_{2n}r_n$$
$$\begin{matrix} \cdot & \cdot & \cdot \\ \cdot & \cdot & \cdot \\ \cdot & \cdot & \cdot \end{matrix}$$
$$r_{n,p} = - a_{n1}r_1 - a_{n2}r_2 - \ldots + (1 - a_{nn})\, r_n.$$

Dieses Gleichungssystem enthält üblicherweise für alle a mit i ≤ j nur Nullwerte (der Gozintograf ist dann zyklenfrei und nach aufsteigenden Indizes geordnet). Die Lösung des Gleichungssystems führt zum Bruttobedarf r_i für jede Art des Rohstoffs bzw. der Halbfabrikate.

In **Matrizenschreibweise** lautet das obige Gleichungssystem:

$$R_p = (E - A) \cdot B.$$

Darin bedeuten: R_p = Vektor des Primärbedarfs

B = Vektor des Bruttobedarfs.

Damit kann der Bruttobedarf errechnet werden mittels:

(25) $(E - A)^{-1} \cdot R_p = B$

Zur Bestimmung von B können beispielsweise Algorithmen von *Vazsonyi* [Planungsrechnung] benutzt werden. Der Nettobedarf ergibt sich aus dem Bruttobedarf durch Abzug der Lagervorräte.

Eine einfachere Stufenrechnung als die Matrixalgorithmen verfolgt das **Gozinto-Listen-Verfahren**. Die Pfeile des Gozintografen werden in einer Gozinto-Liste geordnet, und zwar nach den Knoten j (Endknoten), in welche die Pfeile einmünden. Diese Liste beschreibt somit den direkten Produktionszusammenhang der Stufen, Halbfabrikate und Materialarten (Müller-Merbach [Operations Research]).

4   Betriebswirtschaftliche Kostentheorie

4.1   Kostenfunktion

Kosten sind der wertmäßige Ge- und Verbrauch von Gütern und Dienstleistungen, die zur Erfüllung des Betriebszwecks und zur Aufrechterhaltung der Leistungsbereitschaft eingesetzt werden.

Die in der betrieblichen Produktionswirtschaft verwendeten Produktionsfaktoren bilden das **Mengengerüst** der Produktionskosten, das mit den Faktorpreisen (= Wertgerüst) bewertet ist. Bedeuten r_i die Einsatzmenge der Faktorart i und q_i den Preis der Faktorart i, dann lautet die faktormengenabhängige **Kostenfunktion** K:

(26) $$K = \sum_{i=1}^{m} r_i \cdot q_i$$

Für konstante Preise der Produktionsfaktoren ergeben sich **lineare Kostenfunktionen** K und auch eine lineare Struktur der Funktionen bestimmter konstanter Kostenniveaus. Eine von zwei Faktormengen abhängige Kostenfunktion kann wie in Abb. 3.13 abgebildet werden.

Die Kostenfunktion $K = r_1 q_1 + r_2 q_2$ wird durch die Ebene OFH repräsentiert. In der Kostenebene sind Linien gleicher Kosten als «**Isokostengeraden**» parallel angeordnet (z. B. die Geraden durch A und B sowie C und D).

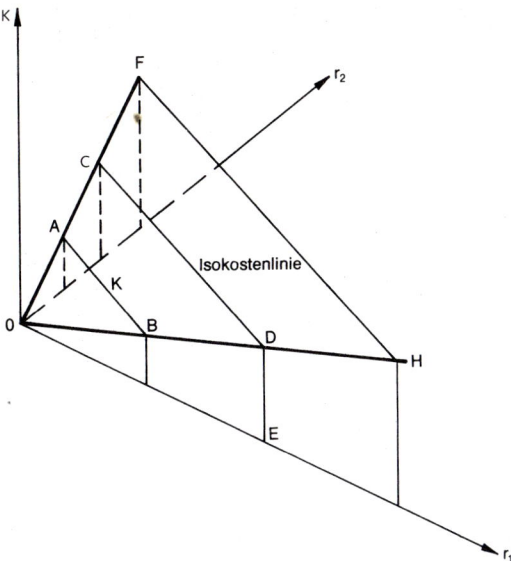

Abbildung 3.13: Kostenfunktion in Abhängigkeit von zwei Faktoren

Die **Funktion einer Isokostengeraden** lautet:

$$r_1 q_1 + r_2 q_2 = \overline{K} = \text{const.}$$

Im System aus m Produktionsfaktoren mit konstanten Preisen existieren Isokosten-funktionen als parallel angeordnete Hyperebenen.

Lässt sich eine bestimmte Produktionsmenge durch den Einsatz von verschiedenen Mengenkombinationen fertigen (**substitutionale Produktionsfaktoren**), dann kann mit Hilfe der faktormengenabhängigen Kostenfunktion die **Minimalkostenkombi-nation (MKK)** ermittelt werden.

Die **Minimalkostenkombination** stellt diejenige Faktorzusammensetzung dar, die eine gegebene Produktionsmenge zu minimalen Kosten hervorbringt.

Liegen beispielsweise alle möglichen Faktoreinsatzmengenkombinationen (r_1, r_2) auf einer Kurve $\overline{x} = x\,(r_1, r_2)$, so stellt sich die Minimalkostenkombination (MKK) als Tangentialpunkt dieser Isoquante $\overline{x}$ mit einer Isokostengeraden dar (vgl. Abb. 3.14, Punkt P).

Jeder andere Punkt auf der Isoquanten $x\,(r_1, r_2) = \overline{x}$ markiert eine Mengenkombi-nation (r_1, r_2) mit höheren Kosten als P. Jede Isokostenlinie mit geringeren Kosten als K_3 enthält keine Faktorkombination, welche zur Produktion der Menge $x = \overline{x}$ ausreicht.

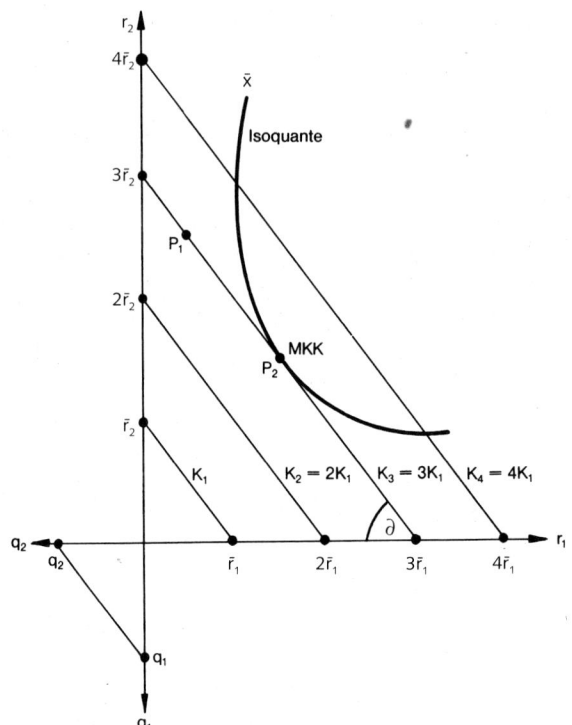

Abbildung 3.14: Minimalkostenkombination für eine Isoquante

Im Tangentialpunkt P = MKK sind die Steigung der Isoquante $\left(= \dfrac{dr_2}{dr_1} = \mathrm{tg}\,\partial = \textbf{Grenz-}\right.$ **rate der Substitution**$\left.\vphantom{\dfrac{dr_2}{dr_1}}\right)$ und jene der Isokostenlinie $\left(= -\dfrac{q_1}{q_2}\right)$ gleich.

Wird die Isoquante als eine Verknüpfung von r_2 und r_1 ausgedrückt, $r_2 = r_2(r_1)$ so gilt für P:

(27) $\dfrac{dr_2}{dr_1} = -\dfrac{q_1}{q_2}$ **(Minimalkostenkombination)**

Die Steigerung der Produktionsmenge x durch eine infinitesimale Erhöhung eines Faktors kann durch die Grenzproduktivität $(\partial x : \partial r_i)$ ausgedrückt werden.

Für die Minimalkostenkombination (P) gilt auch ein bestimmtes **Verhältnis der Grenzproduktivitäten**:

(28) $\dfrac{q_1}{q_2} = -\dfrac{dr_2}{dr_1} = \dfrac{\dfrac{\partial x}{\partial r_1}}{\dfrac{\partial x}{\partial r_2}}$ **(Minimalkostenkombination)**

In der Minimalkostenkombination ist das Verhältnis der Grenzproduktivitäten gleich dem Verhältnis der Faktorpreise.

Wenn zwischen Produktions- und Einsatzfaktormengen definierte Verknüpfungen (wie eine Produktionsfunktion) bestehen, sind die Kosten auch wie folgt von den Produktionsmengen abhängig:

$$K = K(x_1, x_2, ..., x_n).$$

Diese Kostenfunktion beschreibt den für die Produktionsplanung wesentlichen Zusammenhang zwischen einem Teil der Kostenentstehung und der Ausbringung. Als Bestandteile der ausbringungsabhängigen Kosten K(x) werden fixe und variable unterschieden:

$$K = K^{(f)} + K^{(v)}.$$

Die fixen Kosten $K^{(f)}$ entstehen durch den Faktorverzehr, der sich unabhängig von der Mengenstruktur des Produktionsprogrammes allein durch die Aufrechterhaltung der Produktionsbereitschaft ergibt. **Variable Kosten $K^{(v)}$** werden in Abhängigkeit von den produzierten Mengen verursacht.

In den Modellen, die isolierte Teile der betrieblichen Produktionswirtschaft abbilden, werden stets nur diejenigen Kosten variabel genannt, welche in Abhängigkeit von den Aktionsparametern variieren.

Für ein Produktionsprogramm gilt also die **Kostenfunktion:**

$$K = K^{(f)} + K^{(v)} (x_1, ..., x_n).$$

Für eine Einproduktartenfertigung lassen sich die variablen Kosten als Funktion der Produktionsmenge x darstellen.

Entsprechend der Anzahl der Produktionsstufen h werden auch die fixen und variablen Kosten aus den entsprechenden Komponenten zusammengesetzt:

$$(29) \qquad K = \sum_{h=1}^{\overline{h}} (K_h^{(f)} + K_h^{(v)}).$$

Zur Analyse der fixen und variablen Kosten sind wegen der verschiedenen betrieblichen Produktionssituationen unterschiedliche Instrumente einzusetzen. In den Fällen einstufiger und mehrstufiger Monoproduktion lassen sich Kostenverläufe grafisch entwickeln. Die einstufige Zweiproduktartenfertigung und spezielle Fälle der mehrstufigen Zweiproduktartenfertigung können durch grafische Abbildungen im Produktionsmengendiagramm (x_1, x_2) dargestellt werden. Für die Abbildung vielstufiger Mehrproduktartenfertigung dienen oft mathematische Funktionensysteme.

4.2   Kostenverlauf

4.2.1   Linearer Kostenverlauf

Zur Kostenanalyse gehören außer der Darstellung der Kosten auch Aussagen über die **Kostenveränderung** und über **durchschnittliche Kosten**. Im einfachsten Fall geht man von einer **einstufigen Monoproduktion** aus. Soweit die produzierende Stufe nicht in der Lage ist, die Produktion mit verschiedener Geschwindigkeit durchzuführen, kann in der ersten Betrachtung ein linearer Verlauf der Kosten angenommen werden (vgl. Abb. 3.15).

(30) $K = k^{(v)} \cdot x + K^{(f)}$.

Mit $k^{(v)}$ werden die **variablen Stückkosten** bezeichnet. Diese sind im linearen Gesamtkostenverlauf konstant und verweisen darauf, dass sich die Menge jedes variabel eingesetzten Faktors proportional zu der Produktionsmenge x verhält.

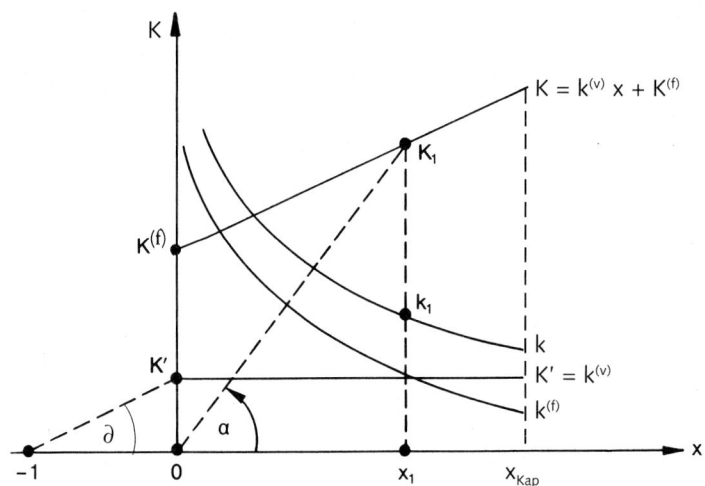

Abbildung 3.15: Linearer Kostenverlauf in Abhängigkeit von der Produktionsmenge

(1) Die **Grenzkosten** geben an, um wie viel sich im betrachteten Punkt die Kosten verändern, wenn die Produktionsmenge um eine einzige Einheit erhöht wird. Vereinfachend wird auch das Steigungsmaß der Kosten, die erste Ableitung K', als Grenzkosten bezeichnet:

(31) $K' = \dfrac{dK}{dx}$ (**Grenzkosten**)

Die Grenzkosten der linearen Kostenfunktion sind konstant und besitzen den gleichen Wert wie die variablen Stückkosten (vgl. Abb. 3.15):

$K' = K^{(v)\prime} = k^{(v)}$ für $k^{(v)} = $ const.

Um die Grenzkosten in einem Punkt (z.B. $K_1(x_1)$) in Form eines Abschnitts der Ordinate zu messen, ist es möglich, eine Parallele zu der Kostengeraden durch den Punkt x = –1 zu ziehen (vgl. Abb. 3.15).

(2) Die **durchschnittlichen Kosten**, auch **Stückkosten** oder **Einheitskosten** genannt, ergeben sich aus der Division der Kosten durch die Produktionsmenge x. Zu unterscheiden sind totale Stückkosten k, variable Stückkosten $k^{(v)}$ und Stückkosten aus fixen Kosten $k^{(f)}$:

$$(32) \qquad k = \frac{K}{x}; \qquad k = k^{(v)} + k^{(f)}; \qquad k^{(v)} = \text{tg}\,\partial = \frac{dK}{dx}$$

Die totalen Stückkosten geben den Tangens des Winkels α wieder, den der Fahrstrahl vom Nullpunkt an einen Punkt der Kostenkurve mit der x-Achse bildet (Abb. 3.15, z.B. bei $K_1(x_1)$):

$$k_1 = \text{tg}\,\alpha = \frac{K_1}{x_1} \qquad \text{(Stückkosten)}$$

Die Stückkosten aus fixen Kosten $k^{(f)}$ sinken monoton mit steigender Ausbringung (Hyperbel $K^{(f)} : x$). Die totalen Stückkosten k sinken monoton mit steigender Ausbringung und nähern sich den variablen Stückkosten $k^{(v)}$. Der senkrechte Abstand zwischen k und $k^{(f)}$ ist gleich $k^{(v)}$.

4.2.2 Ertragsgesetzlicher Kostenverlauf

Liegt eine Produktionsfunktion des Typs A vor, so lässt sich ihr der ertragsgesetzliche Kostenverlauf zuordnen. Zur Ausweitung der Produktionsmenge x wird die Menge r_1 eines substitutionalen Produktionsfaktors variabel eingesetzt, während die übrigen Faktormengen konstant gehalten werden. Dies entspricht einem senkrechten Schnitt durch das Ertragsgebirge, der parallel zur r_1-Achse verläuft (vgl. Abb. 3.4 und 3.5). Wegen des nichtlinearen Verlaufs der Produktionsfunktion in dieser Situation verlaufen auch die Kosten nichtlinear.

Die variablen Kosten $K^{(v)}$ ergeben sich als bewerteter Einsatz der Faktorenenge r_1. Die fixen Kosten resultieren aus dem konstanten Einsatz der übrigen Produktionsfaktoren. Die Gesamtkosten betragen:

$$(33) \qquad K = q_1 \cdot r_1(x) + \sum_{i=2}^{m} q_i r_i$$

Folgende **Phasen des Kostenverlaufs** sind zu unterscheiden:

1. Phase

Die Gesamtkosten steigen für Produktionsmengen zwischen Null und dem Wendepunkt W bei x_1 degressiv an (vgl. Abb. 3.16). In diesem Bereich der Produktionsmenge fallen die Grenzkosten und alle Stückkosten. Die zweite Ableitung der Kosten ist für fallende Grenzkosten kleiner als Null. Die Grenzkosten selbst sind positiv.

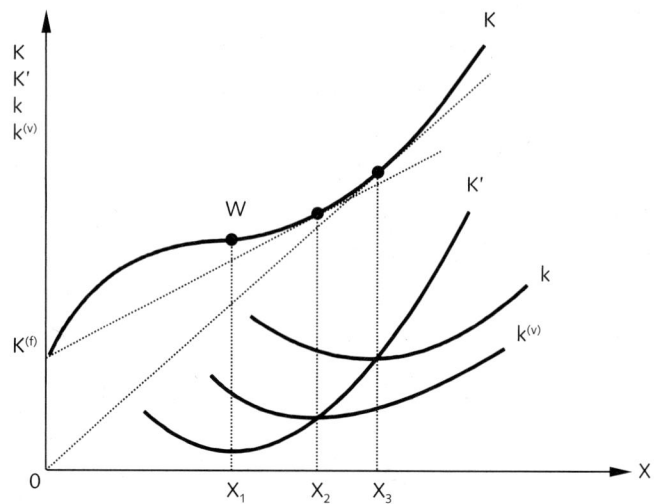

Abbildung 3.16: Ertragsgesetzlicher Kostenverlauf

$$\frac{d^2K}{dx^2} < 0; \qquad \frac{dK}{dx} > 0 \qquad \text{für} \quad 0 < x < x_1$$

$$\frac{dk}{dx} < 0; \qquad \frac{dk^{(v)}}{dx} < 0 \qquad \text{für} \quad 0 < x < x_1$$

Für die Menge $x = x_1$, weisen die Grenzkosten ein Minimum auf. Die Gesamt-kostenkurve hat an dieser Stelle einen Wendepunkt:

$$\frac{d^2K}{dx^2} = 0; \qquad \frac{dK}{dx} > 0 \qquad \text{für} \quad x = x_1$$

2. Phase

Zwischen den Produktionsmengen x_1 und x_2 steigen die Gesamtkosten progressiv, die Grenzkosten steigen, die Stückkosten fallen:

$$\frac{d^2K}{dx^2} > 0; \qquad \frac{dK}{dx} > 0 \qquad \text{für} \quad x_1 < x < x_2$$

$$\frac{dk}{dx} < 0; \qquad \frac{dk^{(v)}}{dx} < 0 \qquad \text{für} \quad x_1 < x < x_2$$

Die variablen Stückkosten $k^{(v)}$ weisen bei Produktion der Menge x_2 ein Minimum auf.

Im Minimum der variablen Stückkosten sind die variablen Stückkosten gleich den Grenzkosten. Die Tangente der Kostenfunktion über x_2 verläuft durch $K^{(f)}$. Dieses Minimum wird auch als **kurzfristige Preisuntergrenze** bezeichnet:

$$\frac{dk^{(v)}}{dx} = 0 \qquad \text{für} \quad x = x_2$$

$$\frac{d\left(\dfrac{K^{(v)}}{x}\right)}{dx} = 0 = \frac{\dfrac{dK^{(v)}}{dx} \cdot x - K^{(v)}}{x^2}$$

$$\frac{dK^{(v)}}{dx} \cdot x - K^{(v)} = 0 \qquad \frac{dK^{(v)}}{dx} = \frac{K^{(v)}}{x} = k^{(v)}$$

3. Phase

Zwischen den Produktionsmengen x_2 und x_3 steigen die Grenzkosten und die variablen Stückkosten, während die totalen Stückkosten (k) sinken, bis sie für die Menge x_3 ihr Minimum erreichen:

$$\frac{dk}{dx} = 0; \qquad k = \frac{dK}{dx} \qquad \text{für} \quad x = x_3$$

Die Tangente der Kostenkurve über x_3 verläuft durch den Nullpunkt. Das Minimum der Stückkosten nennt man auch **langfristige Preisuntergrenze** bzw. **Betriebsoptimum**. Im Minimun der Stückkosten sind die Stückkosten gleich den Grenzkosten. Der algebraische Nachweis kann in gleicher Weise für die Stückkosten wie für die variablen Stückkosten erfolgen.

4. Phase

Die Gesamtkosten steigen progressiv, ebenso die Durchschnittskosten und die Grenzkosten (vgl. Tab. 3.1).

Aus der Betrachtung des ertragsgesetzlichen Kostenverlaufs lassen sich gewisse Informationen auf andere Kostenverläufe übertragen. Beispielsweise gilt für viele Kostenverläufe, dass die Stückkosten ein Minimum aufweisen, wenn die Grenzkosten gleich den Stückkosten (bzw. variablen Stückkosten) sind. Eine Tangente an die entsprechende Kostenkurve geht in diesem Fall durch den Nullpunkt.

4.2.3 Kostenverlauf auf der Basis von Verbrauchsfunktionen

Die häufig anzutreffende Eigenschaft der Produktionsaggregate, die Leistung zu verändern, ist in der Produktionsfunktion von *Gutenberg* [Grundlagen] berücksichtigt worden. Die **Produktionsfunktion vom Typ B** zeigt in den **Verbrauchsfunktionen** den Zusammenhang zwischen der Leistung des Aggregates und dem spezifischen Verbrauch an Produktionsfaktoren. Die **Leistung** wird in Ausbringungseinheiten pro Zeiteinheit angegeben, während der spezifische Verbrauch jeweils in Mengeneinheiten des Faktors pro Ausbringungseinheit gemessen wird. Die spezifischen Faktorverbrauchsmengen können bewertet werden und ergeben $\prod$:

(34) $\qquad \prod_i = v_i \cdot q_i.$ $\qquad$ (**Faktorkosten**)

Es ist zweckmäßig, den mengenunabhängigen Faktorverbrauch, wie Zeitlöhne und einen Teil des Energieverzehrs, nicht über Verbrauchsfunktionen zu ermitteln, da er in die fixen Kosten eingeht. Die addierten bewerteten, leistungsabhängigen Ver-

Tabelle 3.1: Charakteristika der Kostenfunktionsverläufe beim Ertragsgesetz

Phase	Gesamtkosten $K(x)$	variable Durchschnitts-kosten $k^{(v)}(x)$	gesamte Durchschnitts-kosten $k(x)$	Grenzkosten $K'(x)$	Endpunkte
I	positiv, degressiv steigend	positiv, degressiv fallend	positiv, degressiv fallend	positiv, degressiv fallend bis zum Minimum	Wendepunkt Minimum der Grenzkosten $K'' = 0$
II	positiv, progressiv steigend	positiv, degressiv fallend bis zum Minimum	positiv, degressiv fallend	positiv, progressiv steigend $K' < k^{(v)}$ $K' < k$	Minimum der variablen Durchschnitts-kosten $K' = k^{(v)}$
III	positiv, progressiv steigend	positiv, progressiv steigend	positiv, degressiv fallend bis zum Minimum	positiv, progressiv steigend $K' > k^{(v)}$ $K' < k$	Minimum der gesamten Durchschnitts-kosten $K' = k$
IV	positiv, progressiv steigend	positiv, progressiv steigend	positiv, progressiv steigend	positiv, progressiv steigend $K' > k^{(v)}$ $K' > k$	

brauchsmengen ergeben variable Stückkosten $k^{(v)}(d)$ Die Leistung d kann beispielsweise stetig zwischen der Unter- und Obergrenze (d_{min} und d_{max}) variiert werden:

$$(35) \qquad k^{(v)}(d) = \sum_{i \in M} v_i \cdot q_i.$$

Darin ist M die Menge der Faktorarten, die sich mit variierenden Produktionsmengen verändert. Für die meisten Verbrauchsfunktionen liegt ein konvexer Verlauf vor. Die variablen Stückkosten $k^{(v)}(d)$ als Summe der bewerteten Verbrauchsfunktionen verlaufen dann ebenfalls konvex (vgl. Abb. 3.17).

Falls ein Minimum der variablen Stückkosten vorliegt, wird die zugehörige Leistung in der Literatur oft als **optimale Leistung** d_{opt} bezeichnet.

Die **Kostenfunktion** ergibt sich aus den Verbrauchsfunktionen durch Berücksichtigung der Produktionszeit t und folgende Umrechnungen:

$$x = d \cdot t \qquad\qquad (\text{z. B. } x_1 = d_{opt} \cdot t_{max})$$
$$K^{(v)} = k^{(v)} \cdot x$$
$$K = K^{(v)} + K^{(f)} \qquad (\text{bei } x_1 \text{ gilt: } K = x_1 \cdot k^{(v)}(d_{opt}) + K^{(f)}; \text{ Punkt B})$$

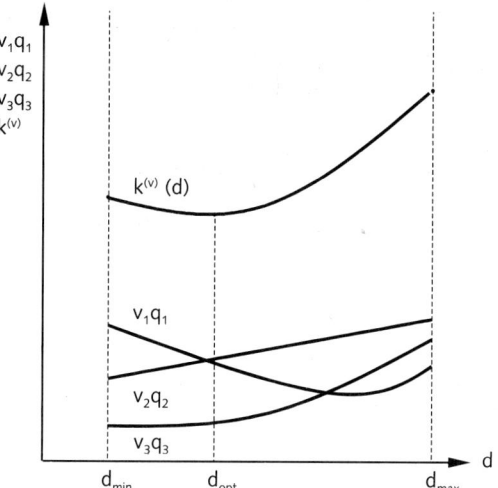

Abbildung 3.17: Typische Verläufe bewerteter Verbrauchsfunktionen

Für jede Wertekombination von Zeit t und Leistung d ergeben sich eine Produktionsmenge x und ein Kostenbetrag K. Alle Kosten für variable Leistungsschaltungen bei der maximalen Betriebszeit ($t = t_{max}$) liegen auf der Kurve A-B-C in Abb. 3.18.

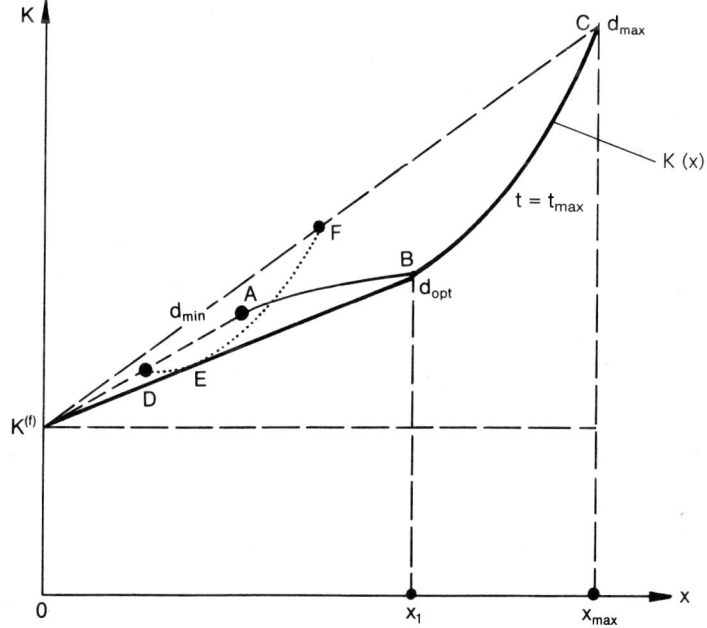

Abbildung 3.18: Kostenverlauf in Abhängigkeit von der Produktionsmenge

Für die Kapazität gilt:

$$x_{max} = d_{max} \cdot t_{max} \text{ (vgl. Punkt C).}$$

Der (punktierte) Kostenverlauf bei halbierter Produktionszeit ($t = 0,5 \cdot t_{max}$) enthält die Punkte D-E-F.

Zwischen der Kurvenform $K(x) = K(d, t)$ und $k^{(v)}(d)$ lassen sich folgende Zusammenhänge feststellen: Soweit $k^{(v)}(d)$ konstant verläuft, nimmt $K(x)$ mit zunehmendem d einen linearen Verlauf an (Kostengerade). Verändert sich $k^{(v)}(d)$ mit wachsendem d linear, so folgt daraus ein parabolischer Verlauf für $K(x)$ (bei $t = $ const.).

Da bei fest eingestellter Leistung die Produktionsmenge und die Kosten mit veränderter Betriebszeit t variieren, kann in einem Produktionsbereich zwischen $x = 0$ und $x = x_1$ die Menge durch verschiedene Zeit-Leistungs-Kombinationen gefertigt werden. Für den Kostenverlauf sind wegen der Berücksichtigung des Wirtschaftlichkeitsprinzips für die Mengen $x = 0$ bis $x = x_1$ die Leistung als d_{opt} und die Zeit als variabel angenommen (**zeitliche Anpassung**). Diese Kostengerade ist die untere Grenze des Kostenbereichs (vgl. Abb. 3.18) zwischen $K^{(f)}$ und $K(d_{opt}, t_{max}) = B$.

Für die Produktion zwischen $x = x_1$ und $x = x_{max}$ wird bei maximaler Betriebszeit die Leistung variiert (**intensitätsmäßige bzw. leistungsmäßige Anpassung**). Als typischer Kostenverlauf auf der Grundlage der Verbrauchsfunktionen ist daher eine Kostenkurve mit einem linearen und einem nichtlinearen Teil anzusehen (Verlauf $K^{(f)}$-E-B-C in Abb. 3.18).

Aus diesen Gesamtkosten ergeben sich typische Verläufe für Grenzkosten und Durchschnittskosten. Sie sind in Abb. 3.19 dargestellt. Die Grenzkosten K' sind für

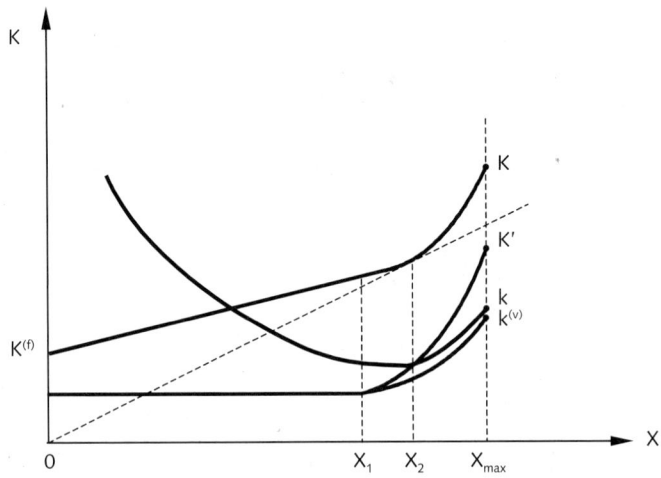

Abbildung 3.19: Gesamtkosten, Durchschnittskosten und Grenzkosten in Abhängigkeit von der Produktionsmenge

den Bereich $0 \leq x \leq x_1$ konstant und haben den Wert $k^{(v)}$. Für Werte $x > x_1$ erhöhen sich die Grenzkosten. Die variablen Stückkosten steigen für Werte $x > x_1$ flacher als die Grenzkosten an. In Abhängigkeit von den fixen Kosten fallen die Stückkosten k auch noch im Bereich $x_1 < x < x_2$ und durchlaufen über dem Wert $x = x_2$ ein Minimum.

$$k(x) = \frac{K^{(f)}}{x} + k^{(v)}.$$

Im **Minimum der Stückkosten** sind die Stückkosten gleich den Grenzkosten. Der Fahrstrahl von 0 zu K (x_2) ist gleichzeitig Tangente der Kostenkurve.

Für $k(x) = \dfrac{K(x)}{x}$ gilt im Minimum:

$$\frac{dk(x)}{dx} = 0 = \frac{K'(x) \cdot x - K(x)}{x^2}$$

$$K'(x) \cdot x - K(x) = 0$$

$$(36) \qquad K'(x) = \frac{K(x)}{x} = k \qquad \text{für} \quad k = k_{min}.$$

Beispiel

Zur **Demonstration der Zusammenhänge** sei beispielhaft folgende Gesamtkostenfunktion K(x) gegeben, die sich aus $K_1(x)$ und $K_2(x)$ zusammensetzt:

$$K(x) = K_1(x) \text{ und } K_2(x).$$

Ferner gilt:

$$K_1(x) = K_1^{(v)}(x) + K^{(f)} = 60\,x + 2000 \qquad \text{für } 0 \leq x \leq 30$$

$$K_2(x) = K_2^{(v)}(x) + K^{(f)} = 150\,x - 6x^2 + \frac{1}{10}\,x^3 + 2000$$
$$\text{für } 30 < x \leq 50 \text{ mit } x_{max} = 50.$$

$K_1(x)$ und $K_2(x)$ sind außerhalb der angegebenen Bereiche nicht definiert. Aus diesen Gesamtkosten erhält man die folgenden Kostenverläufe (vgl. auch Tab. 3.2):

a) Fixe Kosten $K^{(f)}$:

$$K^{(f)} = 2000$$

b) Variable Kosten $K^{(v)}(x)$:

$$K_1^{(v)}(x) = 60\,x \qquad\qquad\qquad \text{für } 0 \leq x \leq 30$$

$$K_2^{(v)}(x) = 150\,x - 6x^2 + \frac{1}{10}\,x^3 \qquad \text{für } 30 < x \leq 50$$

c) Grenzkosten $K'(x)$

$$K_1'(x) = \frac{dK_1(x)}{dx} = 60 \qquad\qquad \text{für } 0 \leq x \leq 30$$

$$K_2'(x) = \frac{dK_2(x)}{dx} = 150 - 12\,x + \frac{3}{10}\,x^2 \qquad \text{für } 30 < x \leq 50$$

d) Stückkosten aus fixen Kosten $k^{(f)}(x)$:

$$k^{(f)}(x) = \frac{K^{(f)}}{x} = \frac{2000}{x} \qquad\qquad \text{für } 0 \leq x \leq 50$$

e) Variable Stückkosten $k^{(v)}(x)$:

$$k_1^{(v)}(x) = \frac{K_1^{(v)}(x)}{x} = 60 \qquad\qquad \text{für } 0 \le x \le 30$$

$$k_2^{(v)}(x) = \frac{K_2^{(v)}(x)}{x} = 150 - 6x + \frac{1}{10}x^2 \qquad \text{für } 30 < x \le 50$$

f) Totale Stückkosten $k(x)$:

$$k_1(x) = \frac{K_1(x)}{x} = 60 + \frac{2000}{x} \qquad\qquad \text{für } 0 \le x \le 30$$

$$k_2(x) = \frac{K_2(x)}{x} = 150 - 6x + \frac{1}{10}x^2 + \frac{2000}{x} \qquad \text{für } 30 < x \le 50$$

Die Tabelle 3.2 zeigt für ausgewählte Produktionsmengen die Werte der Kostenfunktion sowie der Grenz- und Stückkosten für das Beispiel.

Tabelle 3.2: Numerisches Beispiel für verschiedene Kostenverläufe

x	$K_1(x)$	$K_2(x)$	$K^{(f)}$	$K_1^{(v)}(x)$	$K_2^{(v)}(x)$	$K'_1(x)$	$K'_2(x)$	$k^{(f)}(x)$	$k_1^{(v)}(x)$	$k_2^{(v)}(x)$	$k_1(x)$	$k_2(x)$
5	2300		2000	300		60		400	60		460	
10	2600		2000	600		60		200	60		260	
15	2900		2000	900		60		133,83	60		193,33	
20	3200		2000	1200		60		100	60		160	
25	3500		2000	1500		60			60		120	
30	3800	(3800)	2000	1800	(1800)	60	(60)	66,67	60	(60)	126,67	(126,67)
35		4187,2	2000		2187,5		97,5			57,14		62,5	119,64
40		4800	2000		2800		150			50		70	120
45		5712,5	2000		3712,5		217,5			44,44		82,5	126,94
50		7000	2000		5000		300			40		100	140

Außer der linearen Kostenfunktion, der ertragsgesetzlichen Kostenfunktion und der Kostenfunktion aus Verbrauchsfunktionen werden in der Literatur zur Produktions- und Kostentheorie noch andere Verläufe dargestellt. Stets lassen sich in der hier gezeigten Weise den Kostenverläufen die ihnen zugehörigen Funktionen der Grenzkosten und der Stückkosten zuordnen.

4.3 Kostenverlauf bei verschiedenen Formen der Anpassung

Der Übergang von der Produktionsmenge einer Periode auf eine andere Produktionsmenge in der Folgeperiode wird als **Anpassung** bezeichnet.

Die Anpassung der Produktionsmenge unter Beachtung des Wirtschaftlichkeitsprinzips führt zu Punkten geringster Kosten für die geplanten Mengen. Beispielhaft seien Anpassungen eines einstufigen Betriebes mit einem Kostenverlauf der Produktionsfunktion vom Typ B dargestellt. Die Produktionsstufe soll zwei Maschinen enthalten. Der Übergang von einer Produktionsmenge auf eine andere kann durch

- **zeitliche,**
- **leistungsmäßige (intensitätsmäßige)** oder
- **quantitative Anpassung** erfolgen.

(1) Die **zeitliche Anpassung** ist für die Erstellung einer Produktionsmenge innerhalb der Bereiche $0 \le x \le x_1$ und $x_2 \le x \le x_3$ wirtschaftlich (vgl. Abb. 3.20). Dabei wird für den ersten Bereich der Produktionsmenge eine Maschine mit konstanter Leistung ($d = d_{opt}$) genutzt, während für den zweiten Bereich zwei Maschinen mit konstanter Leistung ($d = d_{opt}$) eingesetzt werden. Die Menge ändert sich in diesen Bereichen proportional zur Betriebszeit, die Kosten verlaufen über diesen Bereichen **linear**. Eine leistungsmäßige Anpassung würde zu höheren Kosten als den der zeitlichen Anpassung führen. Die Betriebszeit der Produktionsabteilung kann entweder in Einheiten der Tageszeit oder in Maschinenstunden gemessen werden. Die Messung der Betriebszeit in Maschinenstunden ist insofern von Vorteil, als sich für unterschiedlich große Produktionsstätten (in Maschinenzahl gemessen) auch verschiedenartige Betriebszeiten ergeben.

(2) Die **Leistungsanpassung (intensitätsmäßige Anpassung)** erfolgt durch Veränderung der Leistung d der Aggregate. Der wirtschaftliche Bereich der Leistungsanpassung eines Aggregates beginnt bei der Menge x_1 die mit der Leistung d_{opt} bei maximaler Betriebszeit produziert wird (vgl. $x_1 \le x \le x_2$, in Abb. 3.20). Die zugehörigen Kosten verlaufen **nichtlinear.** Die Leistungsanpassung beider Maschinen führt zu den Mengen $x \ge x_3$.

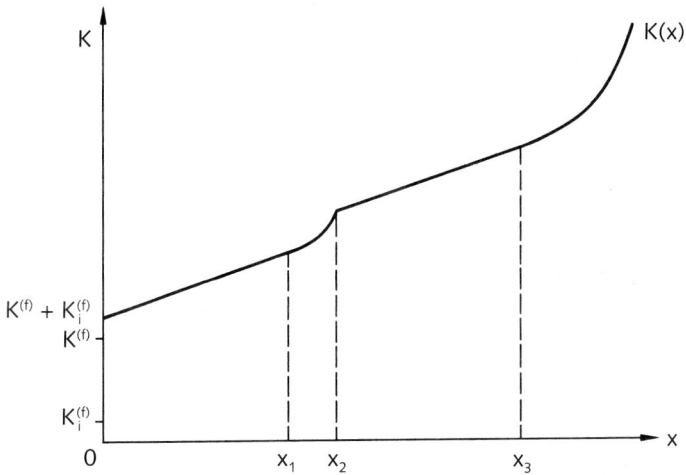

Abbildung 3.20: Kostenverlauf in Abhängigkeit von der Art der Anpassung

(3) Die **quantitative Anpassung** bietet sich an, wenn die Produktionsstufe mehrere Maschinen umfasst. Für die Produktion kann ein Teil der Maschinen u. U. ungenutzt bleiben. Eine Veränderung der Anzahl der beanspruchten Maschinen wird quantitative Anpassung genannt. Diese ist **multipel**, wenn zusätzlich eingesetzte Maschinen von der gleichen Art wie die übrigen genutzten Maschinen sind. Werden verschiedenartige Maschinen im Rahmen der quantitativen Anpassung eingesetzt, wird von **mutativer** oder **selektiver** Anpassung gesprochen. In vielen Fällen erhöhen sich die fixen Kosten sprunghaft, wenn quantitativ angepasst wird (sprungfixe = intervallfixe Kosten). In Abb. 3.20 ist vorausgesetzt, dass der Einsatz jedes Aggregates zu einem Fixkostensprung in Höhe von $K_i^{(f)}$ führt. $K^{(f)}$ stellt die fixen Kosten ohne Aggregateinsatz dar, $K_i^{(f)}$ kennzeichnet den Fixkostenbetrag bei Einsatz eines Aggregates. Aus der wirtschaftlichen **Kombination der Anpassungsmöglichkeiten** ergeben sich die in Abb. 3.20 dargestellten Kostenverläufe.

In Produktionssystemen für mehrere Produktarten entstehen Kosten, deren Zusammenhang mit den Produktionsmengen als Konturen in mehrdimensionalen Räumen vorstellbar ist. Im Rahmen der Markt-/Produktionsbeschränkungen werden mit der Ausrichtung auf operative Zielsetzungen die Produktionsprogramme bestimmt.

Die Entscheidungen über die Gestaltung des Produktionssystems und die laufende Steuerung der Produktionsabläufe im Rahmen des Produktionsprogramms führen zu weiteren Fragestellungen, die nur in speziellen Darstellungen erörtert werden können. Die Verfügbarkeit großer Computerleistung hat einen vielfältigen Einsatz dieser Systeme zur Planung und Steuerung von Produktionskomplexen und der diese umgebenden Logistik ausgelöst. Komponenten einer computergestützten Produktionswirtschaft sind CAD (Computer Aided Design), CAQ (Computer Aided Quality Assurance), CAM (Computer Aided Manufacturing), CAL (Computer Aided Logistics), CIM (Computer Integrated Manufacturing), PPS (Produktionsplanung und -Steuerung) und andere. Auch haben Erfahrungen mit den Bestrebungen um eine Prozessorientierung der Produktionswirtschaft, die Just-in-time-Steuerung und eine schlanke Produktion, neue Planungsansätze für komplexe ökonomische Probleme der Produktionswirtschaft hervorgebracht.

5   Qualität von Produktionsfaktoren, Produktionsprozessen und Produkten

5.1   Zur Bedeutung der Qualität

Neben den oben dargestellten quantitativen Aspekten in der Produktionswirtschaft gibt es in der Betriebswirtschaftslehre auch Beiträge zu Fragen der Qualität und des Qualitätsmanagements. Im Vordergrund stehen Fragen der Qualitätssicherung und -kontrolle sowie des Total-Quality-Management (TQM) (Lücke [Qualitätsprobleme]).

Das Wort «Qualität» entstammt dem lateinischen Ausdruck «qualis» und lässt sich übersetzen mit «wie beschaffen»: es wird implizite nach Zuständen und Eigenschaften von Produktionsfaktoren, Produktionsprozessen und Produkten (Güter und Dienstleistungen) gefragt und zwar nach Eigenschaften, die wirklich oder auch nur scheinbar vorhanden sind, ausdrückbar in Beschaffenheitsmerkmalen und auch Nutzenstiftungen, denen von Wirtschaftssubjekten eine Bedeutung beigelegt wird (Subjekt-Objekt-Beziehungen). Die Eigenschaften sind stets in Verbindung mit dem Verwendungszweck zu sehen.

> **Qualität** lässt sich als eine Menge von Eigenschaften (Qualitätsmerkmale) sehen, die einem Produktionsfaktor, einem Produktionsprozess oder einem Produkt zugeordnet sind.

Wenn diese Eigenschaften den Vorstellungen eines Subjektes mehr oder weniger gut entsprechen, kann die Qualität als gut, mittelmäßig oder schlecht bezeichnet werden; die verbale Skala reicht von: «das Gut oder der Prozess erfüllen nicht den gesetzten Zweck» bis zum Werturteil: «das Gut oder der Prozess erfüllen den gesetzten Zweck hervorragend.»

Die Faktor-, Prozess- und Produktqualitäten sind in der Produktionsfunktion (1) oder (2) implizite als gegeben eingeschlossen. Die Funktion (2) müsste, um dies explizite zum Ausdruck zu bringen, wie folgt geschrieben werden.

$$(37) \qquad x_{Qx} = f_{Qf} \left(r_{1, Qr1}, r_{2, Qr2}, ..., r_{m, Qrm} \right)$$

mit Q_x = Qualitätsvektor für den Output,

mit Q_f = Qualitätsvektor für den Prozess und

mit Q_{ri} = Qualitätsvektor für den Faktor i mit i = 1, 2, ..., m.

Die Qualitätsvektoren sind die Zusammenfassung aller Qualitätsmerkmale. Die vorgegebenen Q_x, Q_f und Q_{ri} sind zu gewährleisten. Dafür ist ein geeignetes Qualitätssicherungssystem aufzubauen.

Das britische Warenzeichengesetz von 1887 hat die Kennzeichnung aller Importgüter aus Deutschland verlangt; diese Kennzeichnung lautete «**Made in Germany**» und wurde aber bald eine Qualitätsmarkierung im positiven Sinne. In Deutschland dienten die RAL-Markierungen verschiedenster Art und die Einordnung der Produkte in Handelsklassen (Güteklassen) der qualitativen Abstufung bei Produkten. Die «**International Organisation for Standardisation**» (ISO) in Genf bemüht sich seit 1946 weltweit um Qualitätsnormen für Produktion, Handel und Kommunikation (ISO-Normen), die unter der Nummer 9000 bis 9004 geführt werden. Diese Normen sind auch vom «Deutschen Institut für Normierung e.V.» (DIN) übernommen worden.

> Bei der **ISO-Normeneinführung** geht es primär nicht um Qualitätsfragen im Sinne von guter oder schlechter Qualität, sondern um die Sicherung einer festgelegten (geplanten) Qualität, die garantiert werden kann.

Qualitätsmängel müssen frühzeitig erkannt und abgestellt werden, denn sie stören die Betriebsprozesse erheblich und verursachen zusätzliche Kosten.

Mit Qualität ist der Gesamteindruck von Produktionsfaktoren, Produktionsprozessen und Produkten umschrieben. Dieser Qualitätsbegriff kann in verschiedene **Teilqualitäten** gegliedert werden: Die

a) **funktionale Qualität** erfasst alle Eigenschaften, welche die Eignung zur Erfüllung festgelegter Aufgaben bestimmt,

b) **Integralqualität** meint Eigenschaften eines Investitionsgutes, sich mit anderen Investitionsgütern zu einem umfassenden Prozess integrieren zu lassen. Mit Integralqualität wird die Kompatibilität mit anderen Gütern und Prozessen angesprochen,

c) **ökologische Qualität**, die dann vorliegt, wenn das Produkt oder der Prozess bei der Herstellung, beim Gebrauch oder beim Ausscheiden aus der wirtschaftlichen Nutzung die Umwelt nicht über das notwendige Maß hinaus belastet und

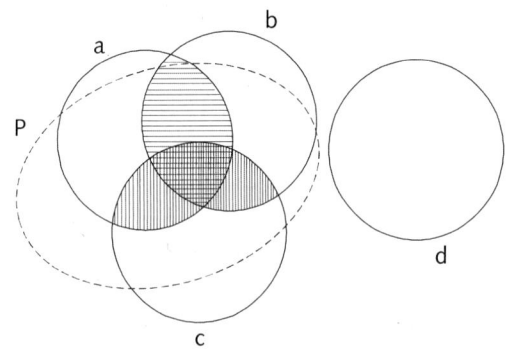

Abbildung 3.21: Qualitätsmerkmalsmengen von vier Produktkäufern (Lücke [Qualitätsprobleme])

d) **Konzept- oder Entwurfsqualität,** welche die Qualitätsvorstellungen von Käufern mehr oder weniger berücksichtigt. Zur Veranschaulichung werden in der Abb. 3.21 vier potenzielle Produktkäufer a bis d mit den von ihnen gewünschten Qualitätsmerkmalen in Mengendiagrammen abgebildet.

In den Schnittmengen sind die Qualitätsmerkmale von a und b beziehungsweise von b und c sowie a und c gleich. Lediglich d hat von allen abweichende Vorstellungen. Der Produzent P hat die in der Ellipse befindlichen Merkmale in sein Produkt eingebracht also auch solche, die beim Käufer nicht vorstellbar waren; es ist Aufgabe des Marketing, solche Eigenschaften beim Käufer mit Bedeutung zu versehen; beispielsweise können sich in der Menge P, die nicht Schnittmenge mit a, b und c ist, modische Aspekte verbergen.

5.2   Qualitätsansätze in der Produktions- und Kostentheorie

Ausgehend von der **Produktionsfunktion** (37) bestehen die Möglichkeiten, die Qualitätsmerkmale Q_{r1} bis Q_{rm}, das Qualitätsmerkmal Q_f oder das Merkmal Q_x einzeln zu variieren, oder aber zwischen allen Qualitätsmerkmalen besteht eine Interdependenz; das heißt: die Qualitätsvariation bei einem Merkmal führt zwangsläufig zu Variationen bei anderen Qualitätsmerkmalen (Objekt-Objekt-Beziehung). Geplante, aber auch ungeplante Variationen zeigen sich in den Vergleichen der Soll-Vektoren mit den Ist-Vektoren, also der Entwurfsqualität mit der Ausführungsqualität. Die Abb. 3.22 zeigt für zwei Produktionsfaktoren und der Variation der Qualität des Produktionsprozesses im nicht-interdependenten Fall beispielsweise eine Lageveränderung der sog. Isoquanten, wenn die Faktoren sich limitational verhalten.

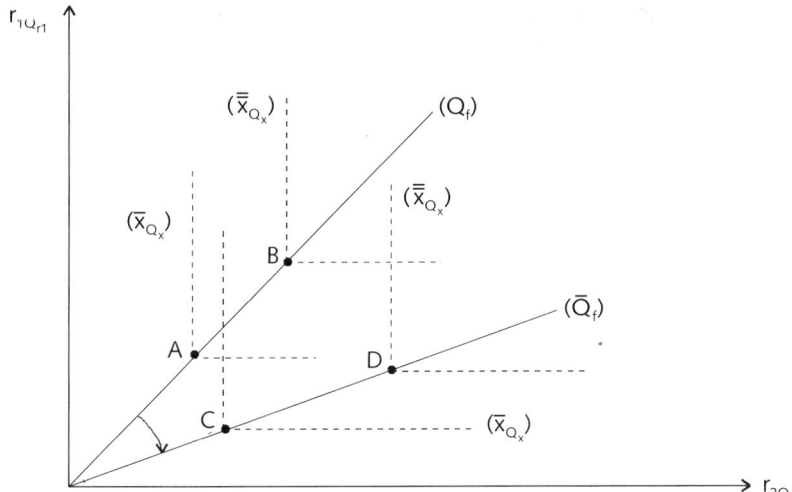

Abbildung 3.22: Isoquantenverkürzung bei Veränderung der Prozessqualität

Die effizienten Faktorkombinationen wechseln von A auf C und von B auf D. Die wachsenden Outputmengen sind durch $\bar{x}$ und $\bar{\bar{x}}$ wiedergegeben. Im Interdependenzfall kann eine Variation von Q_f auf $\overline{Q_f}$ auch eine Veränderung der Qualität bei den Produktionsfaktoren zur Folge haben, doch lassen sich diese in Abb. 3.22 nicht unterbringen, da die Achsen nur homogene Qualitäten zulassen.

Qualitätsveränderungen können auch zu Änderungen im System der Verbrauchsfunktionen führen, also zu anderen Verläufen der Kurven v_1 und v_2 in Abb. 3.6.

Die sog. z-Situation bei *Gutenberg* [Grundlagen] ist als Sammelbegriff für nicht primär mengenbezogene Größen anzusehen; mit z bezeichnet *Gutenberg* [Grundlagen] die technischen Eigenschaften, also die Qualitätsmerkmale von Aggregaten, Arbeitsplätzen und so weiter. Variationen der z-Situation müssen die Art des Aggregates nicht vollständig ändern (periphere qualitative Anpassung), wohingegen eine totale qualitative Anpassung zu einem vollständig neuen, technisch veränderten Produktionsprozess führt. Der Übergang von Q_f auf $\overline{Q_f}$ kann die eine oder andere Anpassungsart sein (zur z-, V- und Q-Situation vgl. Pressmar [Kosten- und Leistungsanalyse] S. 120 ff.).

Bevor die Kostenwirkungen bei Qualitätsvariationen betrachtet werden, sind die spezifischen **Qualitätskosten** nach DIN 55 350 zu nennen:

a) Kosten durch die Tätigkeit der Fehlerverhütung,

b) Kosten der plan- und außerplanmäßigen Qualitätsprüfungen und

c) Kosten, die durch Fehler- oder Mängelbeseitigung entstehen.

Interne Fehlerkosten entstehen durch Ausschuss, der nicht nachbearbeitet werden kann, durch Mehr- oder Nacharbeit, durch Sortierprüfungen, durch Fehlerursachenforschung, durch Wertminderungen und durch sonstige Ursachen. Kosten durch Wertminderungen entstehen, wenn Produkte mit Qualitätsmängeln nur zu einem geringeren Preis als dem ursprünglich beabsichtigten verkauft werden können. Externe Fehlerkosten haben ihre Verursachung meistens in Gewährleistungszusagen, im Kulanzverhalten und in der externen Nachbearbeitung.

Diese spezifischen Qualitätskosten resultieren aus Qualitätsmängeln und aus Vorsorge zur Vermeidung von Mängeln. Qualitätsvariationen bei den Produktionsfaktoren, bei den Produktionsprozessen und bei den Produkten lösen Kosten aus, die nicht aus Qualitätsmängeln oder aus der Qualitätsvorsorge entstehen, sondern es sind Kosten der geänderten Produktionsfunktion, also Kosten durch Änderungen von Q_{ri} (mit i = 1, 2, ..., m), von Q_f und Q_x. Ob die Kostenveränderungen Erhöhungen oder Senkungen (negative Kostenänderungen) sein werden, stellt eine Tatfrage dar. Sog. Qualitätsverbesserungen führen aus der Sicht der Käufer oft zu höheren Kosten. Qualitätsveränderungen können aber auch Kostenrationalisierungen bewirken.

Im **System der Verbrauchsfunktionen** ist eine Situation denkbar, wie sie Abb. 3.23 wiedergibt, vorausgesetzt der Qualitätsvektor

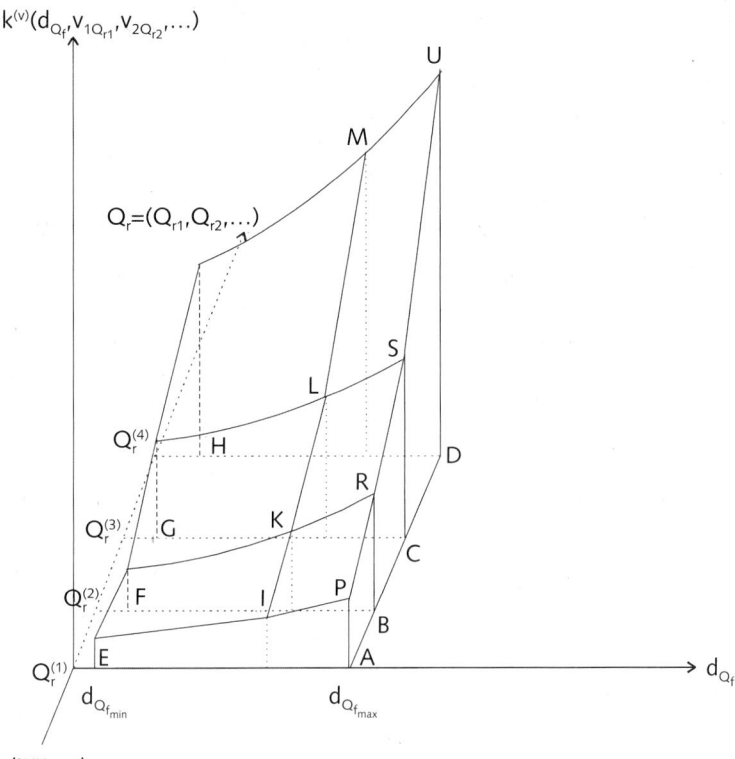

Qualitätsachse

Abbildung 3.23: Aggregierte, bewertete Verbrauchsfunktionen in Abhängigkeit von der Leistung und den Faktorqualitäten

(38) $Q_r = \{Q_{r1}, Q_{r2}, ..., Q_{rm}\}$

lasse sich ordinal ordnen, um die Qualität auf der dritten Achse eintragen und mit «Platznummern» versehen zu können.

In Abb. 3.23 sind die Kosten pro eine gute Produkteinheit mit $k^{(v)}$ bezeichnet, die von der Leistung d_{Qf} und von den Faktoreinsatzmengen und -qualitäten abhängen. Die vier Platzziffern geben die ordinal gestaffelten Faktorqualitätsbündel Q_r an. Die Leistungsspanne zwischen d_{Qfmin} und d_{Qfmax} soll aus Gründen der Vereinfachung konstant bleiben. Jede Kurve in der variablen Stückkosten-Leistungsebene ist Folge der leistungsmäßigen Anpassung. Dagegen sind beispielsweise die Kurven IKLM oder PRSU Folge von qualitativen Anpassungen. Diese Verläufe müssen nicht ganz oder teilweise linear sein. Je nach Leistungsschaltung und Qualitätsvektor für die Produktionsfaktoren ergeben sich unterschiedliche Kostenverläufe K(x), ähnlich wie dies im Abschnitt 4.2.3 dargelegt wurde.

5.3   Qualität und Preis

Die Änderung von Faktor- und Prozessqualitäten kann zu Veränderungen von Produktqualitäten führen. Statt die Produktqualität durch Q_x zu beschreiben, wird häufig der Produktpreis als Ausdruck für die Qualität gewählt; allerdings ist damit oft eine Wertung der Qualität verbunden; der Leser möge sich an die Phrase erinnern, «was nichts kostet, taugt nichts!» Je höher also der Preis, desto hochwertiger wird die Produktqualität beurteilt. Auch *von Stackelberg* [Theorie] sieht in der Höhe des Preises einen Ausdruck für Produktqualität. Hinter höheren Preisen stehen danach höhere Kosten, ausgelöst durch «bessere» Qualität des Produktes. Mit immer hochwertigeren Qualitäten steigen nach *von Stackelberg* [Theorie] die Kosten progressiv an. Eine Preis- beziehungsweise Qualitätssenkung ist wahrscheinlich auch nur bis zu einer gewissen Grenze möglich. Das **Funktionsgesetz** nach Abschnitt 4.2.3 lautet nunmehr:

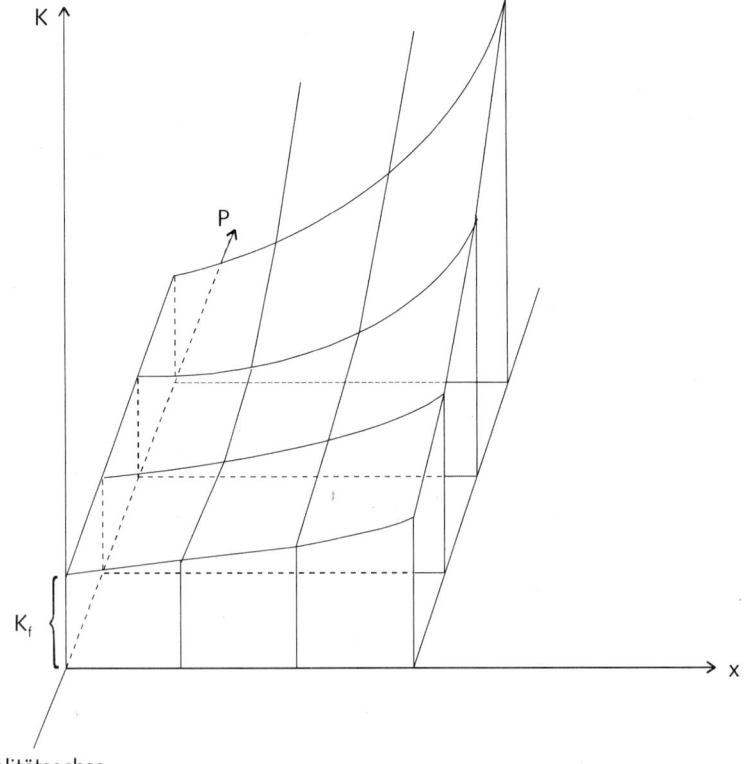

Abbildung 3.24: Gesamtkosten in Abhängigkeit von der Absatzmenge und dem Produktpreis als Ausdruck für die Produktqualität

(39) $K = K(x, P)$

mit: K = gesamte Kosten pro Periode, die durch die Absatzmenge verursacht
           werden

         x = Absatzmenge, die hier mit der Produktionsmenge identisch sein soll

         P = Produktpreis

         K_f = fixe Kosten pro Periode, die in diesem Modell bei veränderter
           Qualität gleich bleiben sollen.

Die Qualitätsachse ist gleich der Preisachse; die Qualität wird jetzt kardinal ausgedrückt; Qualität ist identisch mit dem Preis.

Bei mengenunabhängigem aber qualitätsabhängigem Preis P ergibt
sich der Umsatz U aus:

(40) $U = P \cdot x$

Grafisch gesehen ergibt sich wegen der Veränderbarkeit
des Preises ein «Umsatzgebirge» (Abb. 3.25).

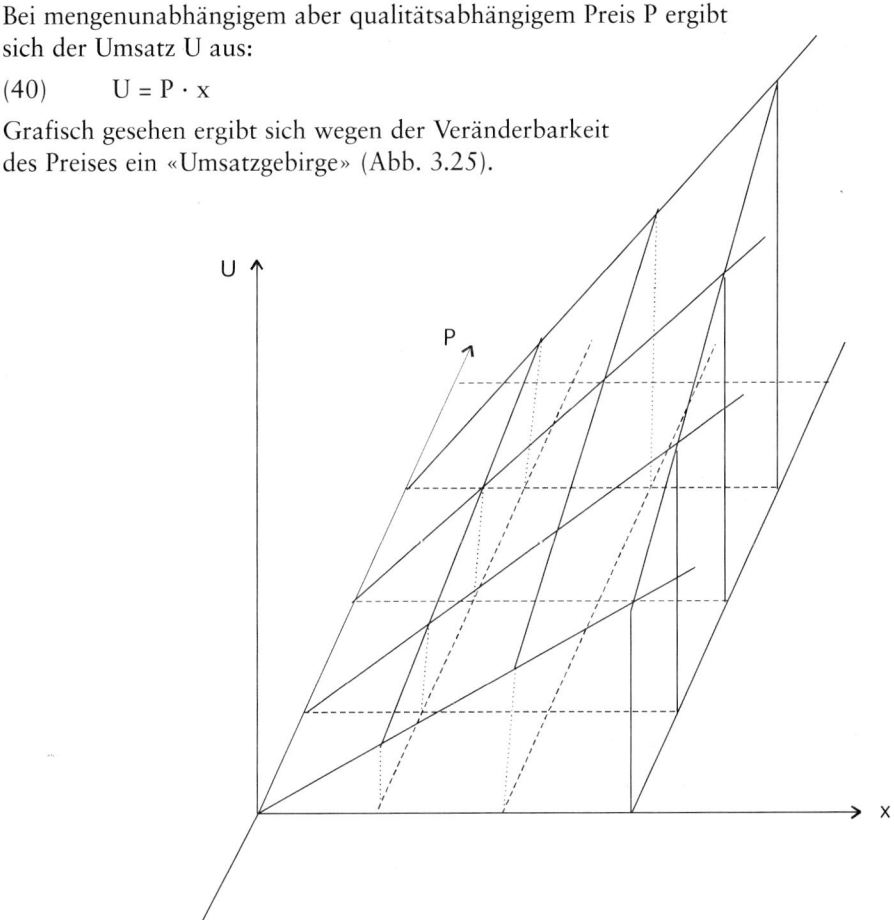

Qualitätsachse

Abbildung 3.25: Umsatz in Abhängigkeit von der Absatzmenge und von der
             Produktqualität

Der Gewinn G ist von x und P abhängig und zu maximieren:

$$G(x, P) = U(x, P) - K(x, P)$$

(41) $$dG(x, P) = \left(\frac{\partial(x, P)}{\partial x} - \frac{\partial K(x, P)}{\partial x} \right) dx + \left(\frac{\partial(x, P)}{\partial P} - \frac{\partial K(x, P)}{\partial P} \right) dP = 0$$

Damit diese Bedingung erfüllt ist, muss im Maximum gelten:

$$\frac{\partial(x, P)}{\partial x} = \frac{\partial K(x, P)}{\partial x}$$

und

$$\frac{\partial(x, P)}{\partial P} = \frac{\partial K(x, P)}{\partial P}$$

Die Umsatzebene «durchschlägt» die Kostenebene von unten; die Break-Even-Punkte A bis D für die Qualitäten P_A bis P_D des Produktes markieren die **Qualitäts-Mengen-Break-Even-Linie**. Die schraffierten Bereiche geben die Gewinnbereiche an. Wenn eine stetige Qualitätsvariation – wie beispielsweise in (41) unterstellt – nicht möglich ist, so lässt sich das Gewinnmaximum auf dem Wege der Enumeration finden (z. B. IL). Wegen unterschiedlicher Produktqualitäten müssen die x-Achsen mit x_A bis x_D markiert werden, weil die Produkte durch die Qualitätsvariationen nicht mehr homogen sind. In der Abb. 3.26 wird nur die Produktqualität herausgehoben. Die Faktor- und Prozessqualitäten sind verdeckt in den Kostenverläufen enthalten. Ein allgemein gefasstes Modell muss alle Qualitätskategorien enthalten, und die **Gewinnfunktion** muss lauten:

(42) $$G = G(x, Q_x, Q_f, Q_r)$$

Allerdings müssen die Q-Größen quantitativ ausdrückbar sein, um das Gewinnmaximum über das Differential ermitteln zu können.

5.4   Einige Aspekte zur Normenreihe DIN EN ISO 9000 ff.

Die jeweils festgelegte Qualität ist durch organisatorische Handlungen zu sichern. Das Normenwerk ISO 9000 bis 9004 gibt dazu einige Anleitungen, das heißt, Hinweise für den Aufbau sowie die Anwendung von Qualitätssicherungssystemen und die unternehmerischen Sorgfaltspflichten im Qualitätswesen. ISO 9000 dient der Klärung verschiedener Grundbegriffe und ist zugleich ein Leitfaden zur Anwendung. Auch finden sich Hinweise für die Auswahl und Benutzung von ISO 9001 bis 9004. ISO 9001 ist überschrieben als «Qualitätssicherungs-Nachweisstufen für Entwicklung, Konstruktion, Produktion, Montage und Kundendienst». ISO 9002 behandelt die Qualitätssicherungs-Nachweisstufen für Produktion und Montage. ISO 9003 bezieht sich auf Qualitätssicherungselemente für Endprüfungen von Produkten. ISO 9004 ist ein übergeordneter Leitfaden für das Qualitätsmanagement. In den ISO-Normen werden eine Reihe von Elementen behandelt, die für die Qualitätssicherung unverzichtbar sind.

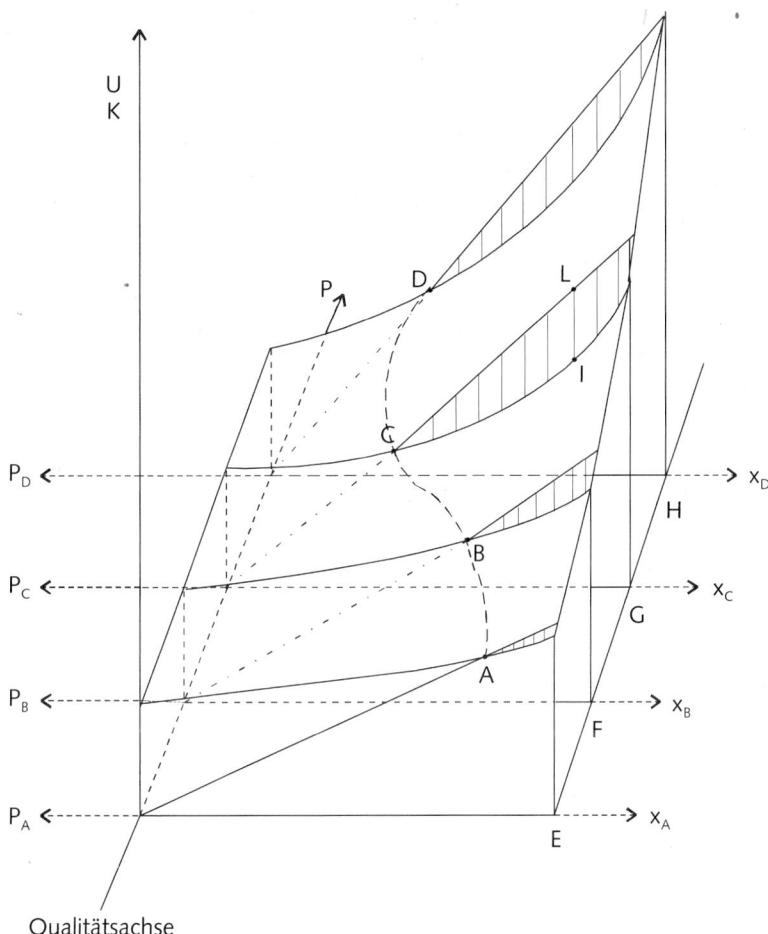

Abbildung 3.26: Gewinne in Abhängigkeit von der Menge x und der Qualität des Produktes, ausgedrückt im Verkaufspreis

Ein Unternehmen wird **zertifiziert,** wenn das Unternehmen – also das Qualitätsmanagementsystem – die Dokumentations- und Leistungsanforderungen von ISO 9000 ff. erfüllt. Eine akkreditierte Organisation (Zertifizierungsstelle) führt die Zertifizierung mit Hilfe von unabhängigen Prüfern durch und ist nach einem bestimmten Zeitraum zu wiederholen. Das Zertifikat sagt etwas über das Qualitätssicherungssystem des Unternehmens aus, nicht aber über die gute oder schlechte Produktqualität.

Die Qualitätsorientierung eines Unternehmens zeigt sich im Einsatz eines integrierten Qualitätsmanagements, das unter anderem auch als «**Total Quality Management**» (TQM) bezeichnet wird. Mit «Total» soll gekennzeichnet werden, dass das

Unternehmen mit allen seinen Mitarbeitern ohne Ausnahme in die Qualitätssicherung einbezogen ist. Beim TQM steht die Zufriedenheit der Käufer im Mittelpunkt der unternehmerischen Aktivitäten. Die darauf ausgerichtete Strategie umfasst die Erkennung der Qualitätswünsche der Käufer, aber auch die Aufgaben zur Fehlerbeseitigung und -vermeidung, die Rationalisierung der Abläufe im Unternehmen, die Verkürzung der Produktentstehungszeiten, die Einhaltung von Terminen, die Service-Freundlichkeit, die Schaffung von Quality Circles und vieles mehr.

6   Technischer Fortschritt in der Produktions- und Kostentheorie

6.1   Zum Begriff Technischer Fortschritt

Der technische Fortschritt bezeichnet im Allgemeinen Sprachgebrauch die Veränderung und zugleich technische Verbesserung von Produktionsfaktoren, Produktionsprozessen und Produkten. Es handelt sich um eine Qualitätsveränderung bei Q_{ri}, Q_f und Q_x, wird nunmehr aber wegen des besonderen Interesses losgelöst vom Abschnitt 5 behandelt. Ob das Ergebnis des technischen Fortschritts eine Verbesserung gegenüber der Vorsituation darstellt, kann nur bei Kenntnis der Bewertungskriterien gesagt werden. Den Auswirkungen des technischen Fortschritts wird große Aufmerksamkeit gewidmet und in Themenkreisen wie z. B. Technik und Ethik, Technik und sozialer Wandel, und Technik und Recht diskutiert.

Technischer Fortschritt (TF) setzt Forschung und Entwicklung (FuE, Research and Development, RaD) voraus.

> **Forschung und Entwicklung** in den Unternehmen kann beschrieben werden als systematische Gewinnung neuer wissenschaftlicher und technischer Erkenntnisse, mit deren Hilfe die unternehmerischen Ziele besser als bisher erreicht werden können.

Es werden drei Kategorien von FuE unterschieden: die **Grundlagenforschung** (basic research), die zu fundamentalen Erkenntnissen und naturwissenschaftlichen Gesetzmäßigkeiten verhelfen sollen; die **angewandte Forschung** (applicable research) mit Ausrichtung auf neue Produktionsfaktoren, -verfahren und Produkte; die **Weiterentwicklung** (further development) schon vorhandener Qualitäten Q_{ri}, Q_f und Q_x.

Die Ergebnisse von FuE werden Invention, Innovation und Diffusion genannt. Der Begriff Invention beschreibt Erfindungen und Entdeckungen; das Ergebnis von

Invention kann abstrakt, theoretisch oder rein wissenschaftlich sein. Invention produziert Wissen, das für konkrete Belange im Unternehmen erst umgesetzt werden muss.

Von **Innovation** wird dann gesprochen, wenn für das Angebot an Ergebnissen aus FuE eine Nachfrage besteht (vgl. Abb. 3.27).

Das schwierige Problem für Unternehmen besteht darin zu entscheiden, wann eine Innovation – also eine neue Qualität – die alte Qualität ersetzen soll. An dieser Stelle ist nur darauf einzugehen, wie sich der technische Fortschritt – das Ergebnis von FuE oder die Innovation – auf wichtige Inhalte der Produktions- und Kostentheorie auswirkt.

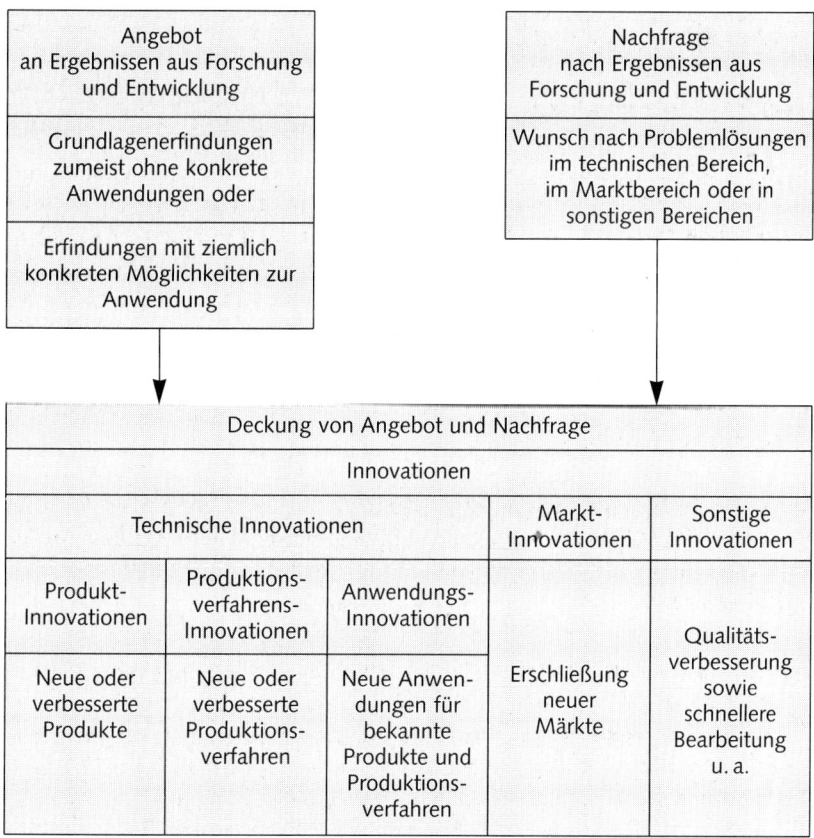

Abbildung 3.27: Die Deckung von FuE-Angebot und FuE-Nachfrage als Merkmal für die Innovation

6.2   Auswirkungen des technischen Fortschritts auf das System der Verbrauchsfunktionen

Die Produktionsfaktoreinsätze v_i mit $i = 1, 2, \ldots$, m hängen von der Leistungs-schaltung d des Produktionsaggregates ab. Die Perioden-Einsatzmenge r_i des Faktors i ergibt sich nach Gleichung (13) aus $r_i = v_i(d) \cdot x$. Auswirkungen des tech-nischen Fortschritts auf $v_i(d)$ haben somit Auswirkungen auf die Produktionsfunk-tion (vgl. Gleichung (2)). Veränderungen der $v_i(d)$-Verläufe führen zu Veränderun-gen der bewerteten Verbrauchsfunktionen $v_i(d) \cdot q_i$ (vgl. Gleichung (35) und Abb. 3.17) sowie zur Veränderung der aggregierten bewerteten Verbrauchsfunktionen:

$$(43) \qquad k^{(v)} = v_1(d)q_1 + v_2(d)q_2 + \ldots + v_m(d)q_m$$

Im Allgemeinen lassen sich folgende **Tendenzen** von Auswirkungen des technischen Fortschritts feststellen:

a) Verbrauchsfunktionen liegen nach dem technischen Fortschritt ganz oder par-tiell niedriger als vorher.

b) Bisher eingesetzte Faktorqualitäten werden durch neue Qualitäten total substi-tuiert.

c) Die Preise der eingesetzten Produktionsfaktoren ändern sich.

d) Die $k^{(v)}$-Kurve bekommt einen neuen Verlauf, der teilweise unter dem bisherigen Verlauf liegt. Die variablen Einheitskosten bei optimaler Leistung sinken.

e) Die optimale Leistung kann gegenüber der Situation vor dem technischen Fort-schritt größer sein.

f) Die Äste der $k^{(v)}$-Kurve können steiler abfallen und steiler ansteigen, wodurch bei einem Verlassen des Optimums stärkere Kostensteigerungen eintreten.

g) Die Spanne zwischen d_{min} und d_{max} kann sich verändern; häufig erhöht sich die maximal mögliche Leistungsschaltung.

In Abb. 3.28 sind einige dieser Aspekte eingebracht worden.

In der Abbildung zeigt die Beistellung von TF an, dass es sich um Größen nach Ein-satz des technischen Fortschritts handelt; die Auswirkungen sind durch Pfeile mar-kiert worden. Wegen der größeren Steilheit der Äste von $k^{(v)}_{TF}(d)$ zeigt sich, dass ein Abweichen von der optimalen Leistungsschaltung einen höheren $\Delta k^{(v)}_{TF}$-Betrag ergibt als bei $k^{(v)}(d)$. $\Delta k^{(v)}_{TF} > \Delta k^{(v)}$ stellt ein größeres Kostenrisiko dar. Es muss aber noch darauf hingewiesen werden, dass die semantische Dimension in d bekanntlich lautet:

$$(44) \qquad d = \frac{\text{Anzahl der verkaufsfähigen Produkte}}{\text{Einheit der Aggregatslaufzeit}}$$

Die Qualität der verkaufsfähigen Produkte ist vor und nach dem technischen Fort-schritt in der Abb. 3.28 gleich geblieben. Dies muss aber keinesfalls so sein; wenn von $d \neq d_{TF}$ ausgegangen und die Qualität des Zählers in (44) geändert wird, müs-sen $k^{(v)}(d)$ und $k^{(v)}_{TF}(d_{FT})$ in unterschiedlichen Abbildungen dargestellt werden.

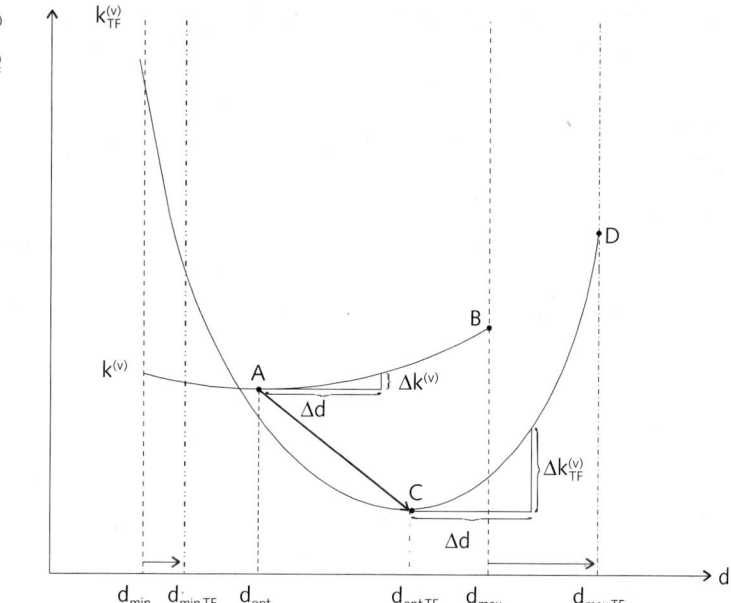

Abbildung 3.28: Technischer Fortschritt im System der Verbrauchsfunktionen

6.3 Auswirkungen des technischen Fortschritts auf den Gesamtkostenverlauf in Abhängigkeit von der Produktionsmenge

Die variablen Gesamtkosten $k^{(v)}(x)$ vor dem technischen Fortschritt sind von den variablen Gesamtkosten $k_{TF}^{(v)}(x)$ nach dem technischen Fortschritt unterschiedlich. Dies wird anhand der Kostenverläufe AB und CD aus Abb. 3.28 in der folgenden Abb. 3.29 gezeigt.

Die Abbruchpunkte der linearen Kostenverläufe ergeben sich aus Leistung multipliziert mit der maximalen Betriebslaufzeit t des Aggregates und sind in Abb. 3.29 nicht eingezeichnet worden.

Der technische Fortschritt zeigt sich aber häufig noch in einem weiteren Phänomen: Die fixen Kosten $k_{TF}^{(f)}$ erhöhen sich. Werden flachere Verläufe der variablen Periodenkosten und erhöhte Fixkostenverläufe kombiniert, wie es in der Betriebs- und Volkswirtschaftslehre dargestellt ist, dann ergibt sich die Abb. 3.30, wenn jeweils eine Leistungsschaltung vorgegeben ist (z. B. d_{opt} bzw. $d_{opt\,TF}$).

Ähnliche Verläufe gibt es bei anderen Leistungsschaltungen. Der Schnittpunkt beider Kostenkurven gibt die **Nutzschwelle** NS an.

Die Tendenz des technischen Fortschritts, dass nämlich fallende variable Einheitskosten mit wachsenden Fixkosten zusammentreffen, hat *Jantzen* [Voxende Udbytte]

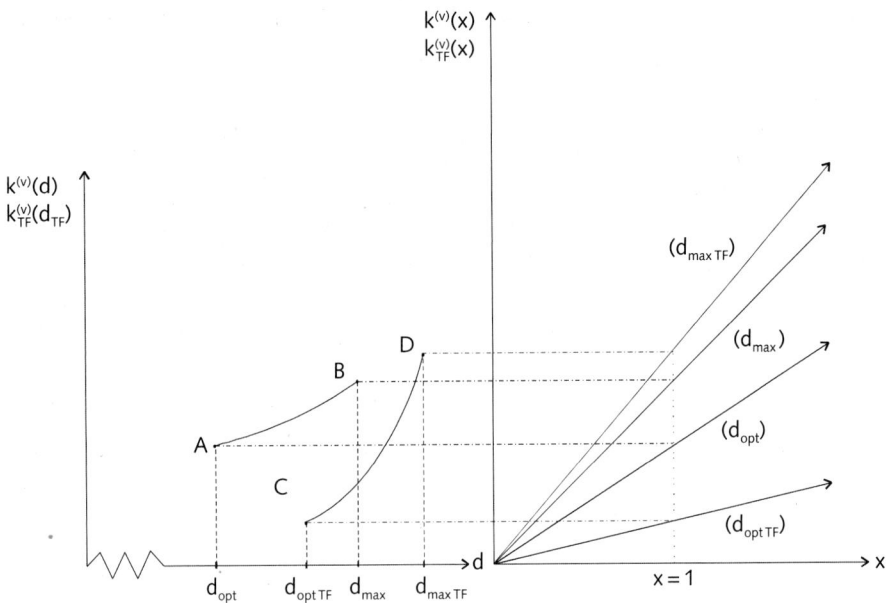

Abbildung 3.29: Die durch den technischen Fortschritt veränderten Steigungen der variablen Kosten in Abhängigkeit von der Ausbringungsmenge

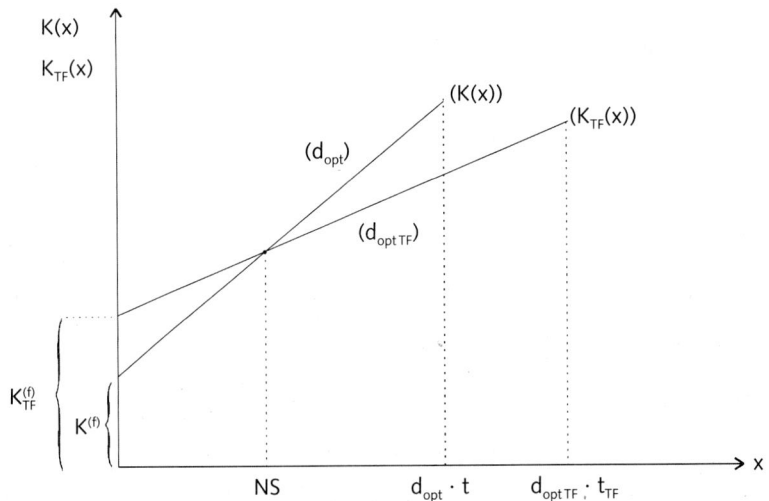

Abbildung 3.30: Gesamtkostenverläufe vor und nach dem technischen Fortschritt

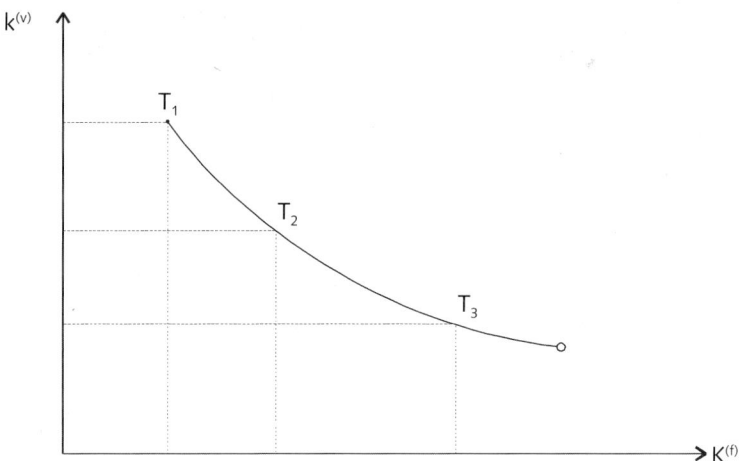

Abbildung 3.31: Kurve der *Jantzen*schen Technologiepunkte

zu der Darstellung der Technikpunkte T veranlasst (vgl. Abb. 3.31). Zu jedem Technikpunkt gehören ein $k^{(v)}$- und ein $K^{(f)}$-Betrag.

Ob die derzeitige Tendenz in der Kurve der Technologiepunkte anhält, bleibt fraglich, da in 3.31 bei technischem Fortschritt eine Substitution von variablen Einheitskosten durch fixe Kosten stattfindet. Es ist zu fragen, ob durch den technischen Fortschritt weiterhin noch variable Einheitskosten eingespart werden können und steigende fixe Kosten in Kauf genommen werden können.

Zurückkommend auf die Abb. 3.30 wäre vorstellbar, dass bei Substitution der variablen Einheitskosten durch die fixen Kosten pro Periode eine Abfolge von Kostenverläufen existieren könnte. Bei qualitativ gleichbleibender, aber wachsender Ausbringungsmenge x muss aus Gründen der Wirtschaftlichkeit jeweils zur «neueren» Technologie – also zu veränderten Qualitäten – übergegangen werden (vgl. Abb. 3.32).

Die qualitativ unterschiedlichen Prozesstechniken sind mit I bis IV markiert. Die zu den Punkten B, C und D gehörenden Ausbringungsmengen stellen die sog. **Nutzschwellen** dar. *Bücher* [Gesetz der Massenproduktion] spricht in diesem Zusammenhang von dem «**Gesetz der Massenproduktion**». Da aber das auf ständiges Wachstum ausgerichtete x in der Realität durch Schrumpfungsphasen unterbrochen wird und da ein ständiger Wechsel der technisch unterschiedlichen Prozesse nicht zweckmäßig ist, muss für einen vorgegebenen Optimierungszeitraum, der in der Abb. 3.32 aus fünf Perioden bestehen möge, der über diese gesamte zeitliche Erstreckung geltende optimale Produktionsprozess gefunden werden.

Die der Ausbringungsmenge x beigefügten Indizes geben die zugehörenden Perioden an, also die Menge x_1 beispielsweise gilt für die Periode 1. Wenn ein Prozess

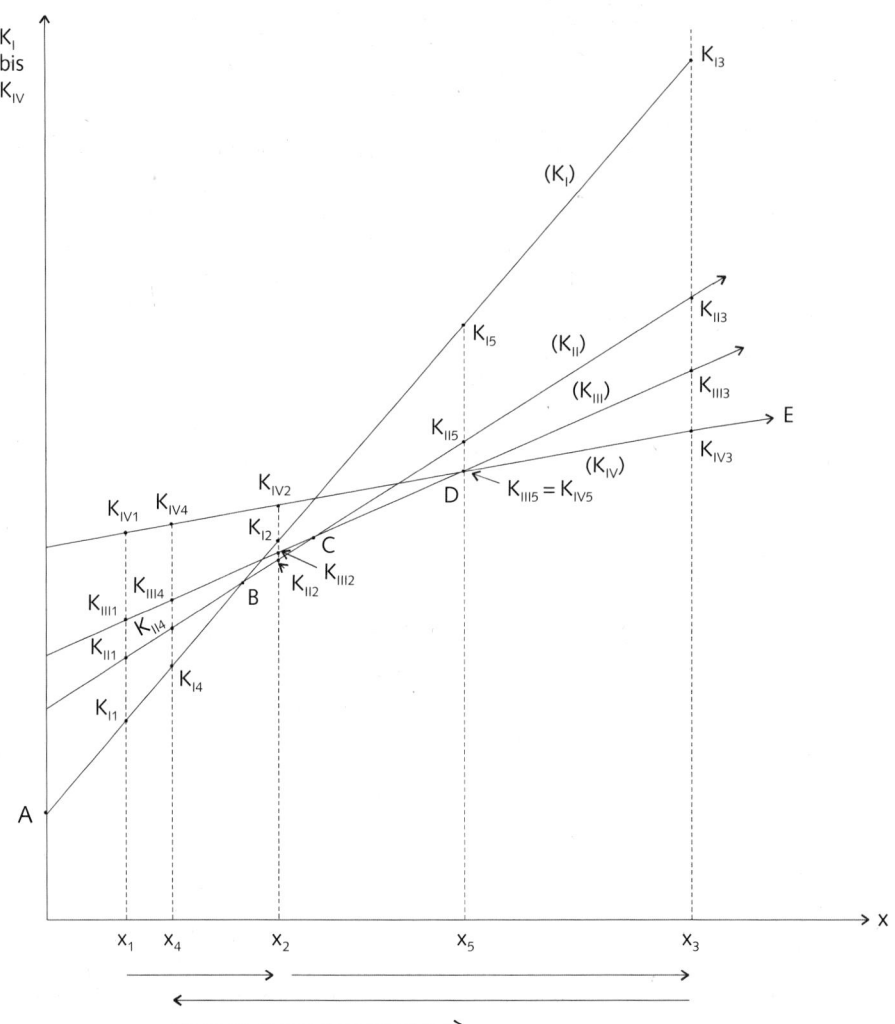

Abbildung 3.32: Kostenverläufe bei unterschiedlichen Prozesstechniken

(I, II, III oder IV) über fünf Perioden produzieren soll, ergibt sich der Gesamt-kostenbetrag als auf den Zeitpunkt Null bezogenen Gegenwartswert mit K_0, also

$$K_{I0} = K_{I1}q^{-1} + K_{I2}q^{-2} + K_{I3}q^{-3} + K_{I4}q^{-4} + K_{I5}q^{-5}$$

Soll dagegen der Produktionsprozess II fünf Perioden hindurch angewandt werden, gilt:

$$K_{II0} = K_{II1}q^{-1} + K_{II2}q^{-2} + K_{II3}q^{-3} + K_{II4}q^{-4} + K_{II5}q^{-5}$$

Entsprechend wird für III und IV vorgegangen.

$$K_{III0} = K_{III1}q^{-1} + K_{III2}q^{-2} + K_{III3}q^{-3} + K_{III4}q^{-4} + K_{III5}q^{-5}$$
$$K_{VI0} = K_{VI1}q^{-1} + K_{VI2}q^{-2} + K_{VI3}q^{-3} + K_{VI4}q^{-4} + K_{VI5}q^{-5}$$

Wegen des zeitlich unterschiedlichen Anfalls der Kosten sind diese mit dem Diskontierungsfaktor

$$q^{-t} = \frac{1}{(1 + i)^t}$$

abzuzinsen. Die Addition der Kosten über fünf Jahre ergibt die Gegenwartswerte K_{I0} bis K_{IV0}; es gilt, den Prozess mit dem niedrigsten Gegenwartswert auszuwählen.

(45) $K_0 = \text{Min} \{K_{I0}, K_{II0}, K_{III0}, K_{IV0}\}$

Damit entfällt der ständige Prozesswechsel von Periode zu Periode. Die Vorgehensweise nach (45) stellt aber schon den Übergang zur Investitionsrechnung dar.

6.4 Produktionspolitik

Gegenstand der Unternehmenspolitik sind die Zielsetzungen und Entscheidungen im Unternehmen durch den dispositiven Produktionsfaktor beziehungsweise durch das Management. Die obersten Grundsätze, nach denen das Unternehmen handeln soll, steuern alle Unternehmensprozesse und haben Auswirkungen auf Mitarbeiter, Kapitalgeber und Absatz- wie auch Beschaffungsmarktpartner.

Die Produktionspolitik ist ein Teil der Unternehmenspolitik und ordnet sich in diese ein. Die auf die Produktionsebene «heruntergebrochenen» Ziele des Unternehmens finden in der Produktionspolitik ihre Gestaltungs- und Entscheidungsmodelle (Schweitzer [Industriebetriebslehre] S. 617 ff.). Von der Gewinn-, der Rentabilitätsmaximierung oder von der Maximierung des Shareholder Value ausgehend, ist das Produktionspotenzial festzulegen; dabei geht es um die Bestimmung der Anlagenart, den Umfang des Personals, die Materialversorgung, die Energiepotenziale und die Intensität der Energieversorgung. Planungen dieser Art erstrecken sich sowohl auf Quantitäten wie auch auf Qualitäten (Faktor-, Prozess- und Produktqualitäten).

Produktionswirtschaftliche Ziele lassen sich verschiedenen Problemfeldern zuordnen (Kahle [Produktionswirtschaftliche Ziele] Sp. 2317):

- Strategische Produktionsplanung,
- Produktionsprogrammplanung,
- Bereitstellungsplanung,
- Planung der Produktionsstätten.

Jedes Problemfeld hat seine eigene Zielsetzung wie z. B.:

- die optimale Stoffeversorgung,
- die optimale Ausbeute,

- die Einhaltung von Rechtsvorschriften, welche die Produktion betreffen,
- die Festlegung von Haupt- und Nebenprodukten,
- die Typung und Normung,
- die Kooperationsmöglichkeiten erfassen und nutzen,
- die Minimierung von Lagern,
- die Reihenfolgeplanung in dem Prozessablauf,
- die Prozessauswahl,
- die Minimierung der Durchlaufzeiten,
- die Einhaltung der Termine,
- die Diversifizierung,
- die Beachtung von Käuferanforderungen.

Die gleichzeitige Beachtung des gesamten Zielsystems und der in den verschiedenen Problemfeldern auftretenden Beschränkungen führt zu einem Planungs- und Entscheidungsbereich hoher Komplexität. Verantwortliche Führungspersonen in der Produktionspolitik bemühen sich um einen Auf- und Ausbau ihres Wissens über die Produktion, um gute Planungsergebnisse zu gewährleisten.

Literaturhinweise

Adam, D.: Produktions- und Kostentheorie. 2. Aufl., Tübingen, Düsseldorf 1977.

Adam, D.: Produktionspolitik-Management. 7. Aufl., Wiesbaden 1993.

Albach, H.: Zur Verbindung von Produktionstheorie und Investitionstheorie. In: Koch, H. (Hrsg.): Zur Theorie der Unternehmung. Wiesbaden 1962, S. 137–204.

Bloech, J.: Zum Problem der Rentabilitätsmaximierung. In: Schwinn, R. (Hrsg.): Beiträge zur Unternehmensführung und Unternehmensforschung. Festschrift für Wilhelm Friedrich Riester zum 70. Geburtstag. Würzburg, Wien 1972, S. 185–210.

Bloech, J., W. Lücke: Produktionswirtschaft. Stuttgart, New York 1982.

Bloech, J., G. B. Ihde: Betriebliche Distributionsplanung. Würzburg, Wien 1972.

Bloech, J., G. B. Ihde (Hrsg.): Vahlens Großes Logistiklexikon. München 1997.

Bloech, J., R. Bogaschewsky, U. Götze, F. Roland: Einführung in die Produktion. 4. Aufl., Heidelberg 2001.

Bogaschewsky, R., B. Sierke: Optimale Aggregatkombination bei zeitlich-intensitätsmäßiger Anpassung und bei Kosten der Inbetriebnahme. In: Zeitschrift für Betriebswirtschaft 57 (1987), S. 978–1000.

Bohr, K.: Zur Produktionstheorie der Mehrproduktunternehmung. Köln, Opladen 1967.

Bücher, K.: Das [Gesetz der Massenproduktion]. In: Zeitschrift für die gesamte Staatswissenschaft 1910, Heft 3.

Busse v. Colbe, W., G. Laßmann: [Betriebswirtschaftstheorie]. 1. Bd., 3. Aufl., Berlin 1986.

Corsten, H.: Die Produktion von Dienstleistungen. Berlin 1985.

Corsten, H.: Dienstleistungsmanagement. 3. Aufl., München 1997.

Corsten, H.: [Dienstleistungsproduktion]. In: Wittmann, W., Kern, W., Köhler, R., Küpper, H.-U., Wysocki, K. (Hrsg.): Handwörterbuch der Betriebswirtschaft. 5. Aufl., Stuttgart 1993, Sp.765–776.

Daub, A.: Ablaufplanung. Bergisch-Gladbach 1994.

Dellmann, K.: Betriebswirtschaftliche Produktions- und Kostentheorie. Wiesbaden 1980.

Dinkelbach, W.: Zum Problem der Produktionsplanung im Ein- und Mehrproduktunternehmen. Würzburg, Wien 1964.

Dlugos, G.: Unternehmenspolitik. In: Grochla, E., Wittmann, W. (Hrsg.): Handwörterbuch der Betriebswirtschaft. 4. Aufl., Stuttgart 1976, Sp. 4093–4103.

Dyckhoff, H.: Betriebswirtschaftliche Produktion, 2. Aufl., Berlin u. a. 1994.

Engelhardt, W. H., M. Kleinaltenkamp, M. Reckenfelderbäumer: [Leistungsbündel] als Absatzobjekte. In: Zeitschrift für betriebswirtschaftliche Forschung und Praxis (1993), S. 395–426.

Engelhardt, W.H., M. Kleinaltenkamp, M. Reckenfelderbäumer: Dienstleistungen als Absatzobjekt. Arbeitsbericht Nr. 52 des Instituts für Unternehmensführung und Unternehmensforschung. Ruhr Universität Bochum 1992.

French, S.: Sequencing and Scheduling. Chichester 1982.

Grochla, E.: Grundlagen der Materialwirtschaft. 3. Aufl., Wiesbaden 1978.

Günther, H.-O.: Produktionsmanagement. Berlin u. a. 1993.

Gutenberg, E.: [Grundlagen] der Betriebswirtschaftslehre. 1. Bd.: Die Produktion. 24. Aufl., Berlin, Heidelberg, New York 1983.

Hahn, D., G. Laßmann: Produktionswirtschaft-Controlling industrieller Produktion, 1. Bd.: Grundlagen, Führung und Organisation, Produkte und Produktprogramm, Material und Dienstleistungen. 2. Aufl., Heidelberg, Wien, Zürich 1990.

Hansmann, K.-W.: Industriebetriebslehre. 2. Aufl., München, Wien 1987.

Haupt, R.: A Survey of Priority Rule-Based Scheduling. In: OR-Spektrum, Vol. 11 (1989), S. 3–16.

Hax, H.: Die Koordination von Entscheidungen. Köln, Berlin, Bonn, München 1965.

Heinen, E.: Betriebswirtschaftliche [Kostenlehre]. 6. Aufl., Wiesbaden 1983.

Hill, T.: [Manufacturing Strategy]. Boston 1989.

Hoitsch, H.-J.: Produktionswirtschaft. 2. Aufl., München 1993.

Ichle, E., K. Müller, H. Michael: Produktionswirtschaft. 3. Aufl., Heidelberg 1990.

Ihde, G. B.: Distributions-Logistik. Stuttgart, New York 1978.

Jacob, H.: Produktionsplanung und Kostentheorie. In: Koch, H. (Hrsg.): Zur Theorie der Unternehmung. Wiesbaden 1962, S. 205 ff.

Jantzen, I.: [Voxende Udbytte] in Industrien. In: Nationaløkonomisk Tidschrift, Kopenhagen 1924. Übersetzt von Erich Schneider. In: Theorie der Produktion. Wien 1934, Anhang.

Johnson, S. M.: Optimal Two- and Three-Stage [Production Schedules] with Setup Times Included. In: Naval Research Logistics Quarterly, Vol. 1 (1954), S. 61–68.

Kahle, E.: Produktion. 3. Aufl., München, Wien 1991.

Kahle, E.: [Ziele, produktionswirtschaftliche]. In: Kern, W., Schröder, H.-H., Weber, J. (Hrsg.): Handwörterbuch der Produktionswirtschaft. 2. Aufl., Stuttgart 1996, Sp. 2315–2324.

Kampköller, H.: Einzelwirtschaftliche Ansätze der Produktionstheorie. Königstein/Ts. 1981.

Kern, W.: [Industrielle Produktionswirtschaft]. 5. Aufl., Stuttgart 1992.

Kilger, W.: Produktions- und [Kostentheorie]. Wiesbaden 1958.

Kistner, K.-P., M. Steven: Produktionsplanung. 2. Aufl., Heidelberg 1993.

Krycha, K.-T.: Produktionswirtschaft. Bielefeld, Köln 1978.

Lomnicki, Z. A.: A [Branch-and-Bound Algorithm] for the Exact Solution of the Three-Machine Scheduling Problem. In: Operational Research Quarterly, Vol. 16 (1965), S. 89–100.

Lücke, W.: [Qualitätsprobleme] im Rahmen der Produktions- und Absatztheorie. In: Koch, H. (Hrsg.): Zur Theorie des Absatzes. Festschrift zum 75. Geburtstag von Erich Gutenberg. Wiesbaden 1973, S. 263–300.

Lücke, W.: [Produktions- und Kostentheorie]. 3. Aufl., Würzburg, Wien 1973.

Lücke, W.: [Long Run] Produktions- und Kostentheorie unter Berücksichtigung des Technischen Fortschritts. In: Lücke, W., Dietz, J.W. (Hrsg.): Problemorientiertes Management. Wiesbaden 1990, S. 203–256.

Meffert, H., M. Bruhn: Dienstleistungsmarketing. 2. Aufl., Wiesbaden 1997.

Müller-Merbach, H.: [Operations Research]. 3. Aufl., München 1973.

Müller-Merbach, H.: Die Konstruktion von Input-Output-Modellen. In: Bergner, H. (Hrsg.): Planung und Rechnungswesen in der Betriebswirtschaftslehre. Berlin 1981, S. 19–113.

Neumann, K.: Produktions- und Operations-Management. Berlin, Heidelberg 1996.

Pack, L.: Die Elastizität der Kosten. Wiesbaden 1966.

Pressmar, D.: Kosten- und Leistungsanalyse im Industriebetrieb. Wiesbaden 1971.

Rück, H. R. G.: Dienstleistungen in der ökonomischen Theorie. Wiesbaden 2000.

Schneeweiß, C.: Einführung in die Produktionswirtschaft. 5. Aufl., Berlin u. a. 1993.

Schweitzer, M.: Industrielle Fertigungswirtschaft. In: Schweitzer, M. (Hrsg.): Industriebetriebslehre. 2. Aufl., München 1994, S. 596–746.

Schweitzer, M., H.-U. Küpper: [Produktionstheorie] Produktions- und Kostentheorie. Grundlagen – Anwendungen. 2. Aufl., Wiesbaden 1997.

Schweitzer, M.: [Industriebetriebslehre]. 2. Aufl., München 1994.

Seelbach, H.: Ablaufplanung. Würzburg, Wien 1975.

Stackelberg, H. v.: [Theorie] der Vertriebspolitik und der Qualitätsvariation. In: Schmollers Jahrbuch. 63. Jahrgang (1939), 1. Halbband.

Steffen, R.: Produktions- und Kostentheorie. 2. Aufl., Stuttgart, Berlin, Köln 1993.

Vazsonyi, A.: Die [Planungsrechnung] in Wirtschaft und Industrie. Wien, München 1962.

Wittmann, W.: [Produktionstheorie]. Berlin, Heidelberg, New York 1968.

Zäpfel, G.: Produktionswirtschaft – Operatives Produktions-Management. Berlin 1982.

Marketing

Kapitel 4

Erwin Dichtl und Roland Helm

1 Marketing und betriebliche Wertschöpfung

1.1 Ursprung des Marketing

Bis Mitte der fünfziger Jahre erforderte es in allen Wirtschaftsbereichen nur bescheidene Anstrengungen, um die produzierten Güter auch abzusetzen. Ein aktives Marketing war demnach nicht notwendig, es beschränkte sich vielfach auf die werbliche Bekanntmachung und Verteilung des eigenen Angebots. Bei einem Großteil der Unternehmen der meisten Branchen hat sich seitdem die Situation in ihren angestammten Märkten drastisch verändert. Nicht mehr die Herstellung, sondern der Absatz der Sach- und Dienstleistungen bildet jetzt den Dreh- und Angelpunkt des unternehmerischen Bemühens.

Dies stellt den Ausgangspunkt für die weiteren Überlegungen dar, die eng mit der sog. arbeitsteiligen Wirtschaft verbunden sind. Diese ist dadurch charakterisiert, dass der Einzelne weder all das hervorbringen kann, was er benötigt, noch das zu verbrauchen vermag, was er produziert. Die **Erstellung** von Leistungen im Unternehmen muss demnach zwingend um die **Verwertung** ergänzt werden. Letztere stellt für die Betroffenen solange keine ernsthafte Herausforderung dar, wie die Nachfrage das Angebot übersteigt. Die Anstrengungen dessen, der etwas abgeben will, beschränken sich in diesem Fall im Wesentlichen – wie eingangs bereits dargestellt – auf die Erfüllung der Kommunikations- und Verteilungsfunktion. Nichts anderes hat der Begriff Marketing ursprünglich zum Ausdruck gebracht. Es ging also lediglich um die Vermarktung von Erzeugnissen, die mit nur geringem Aufwand abgesetzt werden konnten.

Diese Phase ist aber auch in Märkten, die im Allgemeinen in den westlich orientierten Industrieländern als gesättigt bezeichnet werden können, noch nicht völlig vorüber. Noch immer fehlt es in weiten Teilen der Welt an einem adäquaten Angebot an Konsum- und Investitionsgütern, und zwar gerade deswegen, weil nicht genügend kaufkräftige Nachfrage existiert. Nicht selten liegt dies daran, dass der ordnungspolitische Rahmen und die Infrastruktur für eine wirtschaftliche Betätigung keine Basis bieten. Der Wettbewerb ist insoweit nur spärlich entwickelt, sodass es i. d. R. nicht einmal bescheidener Bemühungen bedarf, Abnehmer für das oft qualitativ unzureichende und überteuerte Angebot zu finden.

Neu entstehende Branchen in westlichen Industrieländern kämpfen dagegen trotz gegebener Nachfrage um die Gunst und die Geldmittel potenzieller Kunden, die sich bei einem attraktiven Gesamtangebot für oder gegen den Konsum einer neuen Leistung bzw. die Investition in diese neue Leistung entscheiden und dabei gleichzeitig Einsparungen in anderen Konsum- bzw. Investitionsbereichen vornehmen müssen. Auch hier stellt dann nicht nur die Erstellung des innovativen Angebots, sondern auch deren Vermarktung eine Herausforderung dar.

Mit dem beschriebenen Übergang von einer **Knappheitswirtschaft zur Überflussgesellschaft** war man demnach in zunehmendem Maße gezwungen, Märkte systematisch zu erschließen und zu pflegen.

Marketing ist deshalb immer mehr zu einem Schlagwort für eine gewisse **Grundhaltung** der für ein Unternehmen Verantwortlichen und der in ihm Tätigen geworden, die sich mit einer konsequenten Ausrichtung aller unmittelbar und mittelbar den Markt berührenden Entscheidungen an den Erfordernissen und Bedürfnissen der Verbraucher bzw. Bedarfsträger umschreiben lässt (Marketing als **Maxime**). Man sieht sich dabei unablässig herausgefordert, sich auf den Nutzen, den eine Leistung den Abnehmern vermittelt, zu konzentrieren und ein Höchstmaß an Kundenzufriedenheit zu erreichen. Dies ist nicht nur eine Frage der Mentalität, der grundsätzlichen Einstellung gegenüber den Marktpartnern, sondern auch ein Ergebnis des gezielten Einsatzes von Instrumenten (Marketing als **Mittel**) und einer systematischen Entscheidungsfindung (Marketing als **Methode**), die bewusst auf Erkenntnisse von Nachbarwissenschaften (z. B. Psychologie, Soziologie und Volkswirtschaftslehre) zurückgreift und sich vielfältiger Hilfsmittel (z. B. Statistik, Kostenrechnung) bedient (Dichtl [Strategische Optionen]).

Allerdings ist es nicht bei der einseitigen Ausrichtung des Denkens und Handelns an den Belangen der Bedarfsträger (**Kundenorientierung**) geblieben. Ein Hersteller von Konsumgütern z. B., der sich des indirekten Absatzes bedient, muss sich mittlerweile mindestens ebenso stark um den Handel als Mittler zwischen Produktion und Konsumtion kümmern wie um die Endverbraucher. Der Akzent wird dabei von der Überlegung, welchen Nutzen er Letzteren stiftet, auf die Frage verlagert, weshalb ein Absatzmittler just jenes Produkt in seinem Sortiment führen soll. Insofern ist eine klassische Front, an der Marketing betrieben wird, hinzugekommen.

In dem Maße, in dem die horizontale Dimension des Wettbewerbs (Anbieter – Konkurrenten), die bis in die sechziger Jahre hinein das Bild geprägt hatte, von einer vertikalen (Lieferanten – Hersteller – Handel) ebenso wie von gesellschaftlichen Zwängen bis dahin unbekannter Art überlagert wurde, verschärfte sich die Notwendigkeit einer integrativen Sichtweise. Von daher erscheint es verständlich, wenn Marketing heute von vielen schlechthin als **Führungskonzeption** verstanden wird (Näheres dazu in Abschnitt 1.2).

Nach der Epoche der Vermarktung mit der im Grunde unproblematischen «Verwertung» bereits erstellter Leistungen ist der **Absatz zum Engpasssektor,** mithin zu

Merkmal	Verkäufermarkt	Käufermarkt
Wirtschaftliches Entwicklungsstadium	Knappheitswirtschaft	Überflussgesellschaft
Verhältnis Angebot zu Nachfrage	Nachfrage > Angebot (Nachfrageüberhang), Nachfrager aktiver als Anbieter	Angebot > Nachfrage (Angebotsüberhang) Anbieter aktiver als Nachfrager
Engpassbereich des Unternehmens	Beschaffung und/oder Produktion	Absatz
Primäre Anstrengungen des Unternehmens	Rationelle Erweiterung der Beschaffungs- und Produktionskapazität	Weckung von Nachfrage und Schaffung von Präferenzen für eigenes Angebot
Langfristige Gewichtung der betrieblichen Grundfunktionen	Primat der Beschaffung/Produktion	Primat des Absatzes

Abbildung 4.1: Verkäufer- und Käufermarkt im Vergleich

einem Problem geworden. Der Verkäufermarkt von einst wurde vom Käufermarkt abgelöst (siehe Abb. 4.1).

Mit dem Begriff **Verkäufermarkt** kennzeichnet man eine Marktsituation, bei der sich der Verkäufer in der verhandlungstaktisch besseren Position befindet, mit einem **Käufermarkt** die entgegengesetzte Konstellation.

Diese Entwicklung hat in der Bundesrepublik Deutschland keineswegs alle Wirtschaftszweige gleichzeitig und mit gleicher Intensität erfasst. Vorreiter war die Konsumgüter-, insbesondere die Markenartikelindustrie, der im Laufe der Zeit die Hersteller von Investitions- und Produktionsgütern, schließlich mit einigem Abstand der Tertiäre und der Primäre Sektor folgten.

1.2 Marketing als marktorientierte Führung von Unternehmen

Aus der für den Verkäufer- und Käufermarkt typischen **unterschiedlichen Engpasslage** ergeben sich jeweils zwingende Konsequenzen!

Die für die Unternehmensplanung i. d. R. maßgebende **Dominanz des Minimumsektors** impliziert, dass kurzfristig alle Maßnahmen der Unternehmensplanung am Minimumsektor ausgerichtet werden. Dies bedeutet, dass im Falle eines Käufermarktes der Absatzsektor den Ausgangspunkt aller betrieblichen Planungsmaßnahmen darstellt, man demnach eine systematische, zielgerichtete, **am Absatzmarkt**

orientierte Gesamtunternehmenspolitik betreiben muss. Eine solche Zentrierung des Planungs- und Führungsverhaltens wird üblicherweise mit dem Attribut **marketingorientierte Unternehmensführung** belegt.

Es entspricht allerdings keineswegs der Realität, wenn gewissermaßen ein natürlicher Trend hin zum Käufermarkt postuliert wird. So haben beispielsweise Kartellabsprachen oder kriegerische Ereignisse den Erdölmarkt bisweilen in einen Verkäufermarkt zurückverwandelt. Auch bei bestimmten Handwerksdienstleistungen besteht in manchen Gebieten ein ausgeprägter Verkäufermarkt.

Ursprünglich war Marketing, wie beschrieben, mit einfacher Vermarktung gleichzusetzen. Darauf folgte eine Phase, die sich mit konsequenter **Kundenorientierung** kennzeichnen ließ. Diesem Ziel sollten sich alle Mitarbeiter eines Unternehmens, vom Vorstand bis zum Pförtner, quer durch alle betrieblichen Funktionen hindurch unterwerfen und verpflichtet fühlen. Es würde nicht angehen, wenn zwar die für den Absatz Verantwortlichen marktbezogen dächten und handelten, während Konstrukteure, Einkäufer, Arbeiter am Fließband etc. ganz verschiedene Vorstellungen davon entwickeln dürften, woran man sich zu orientieren habe. Aus dieser Sicht wird oft darauf hingewiesen, ein Unternehmen **verfüge nicht** über eine, sondern **sei eine Marketing-Organisation**. Ein guter Geist liegt gewissermaßen über dem Geschehen. Der Marketinggedanke muss in alle Bereiche der betrieblichen Wert-

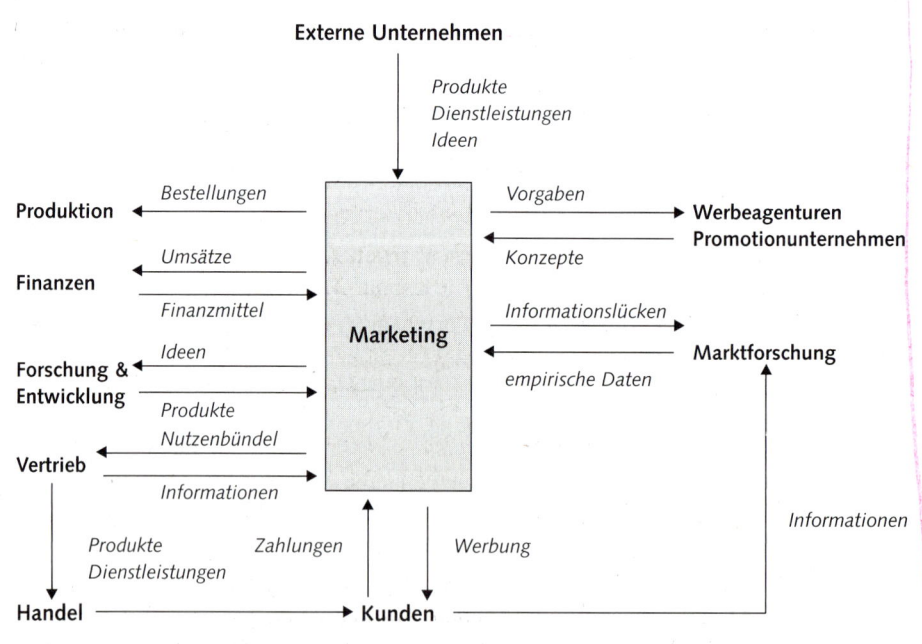

In Anlehnung an Dalrymple/Parsons [Basic], S. 9.

Abbildung 4.2: Einbindung des Marketing in den Wertschöpfungsprozess

schöpfung einbezogen werden, die Marketingabteilung koordiniert lediglich die Aktivitäten. In Abb. 4.2 sind diese Überlegungen zusammenfassend dargestellt, nähere Ausführungen folgen in Abschnitt 4.

Doch blieb es nicht bei dieser Perspektive. Eine dritte Entwicklungsstufe sieht Marketing als eine Konzeption zur Bewältigung von Engpässen. Seit Überwindung der Knappheitswirtschaft war man es gewohnt, dabei zunächst an den Absatzsektor zu denken. Insoweit wären wir wieder bei dem angelangt, was wir bisher beschrieben haben, beim **Business Marketing**.

Nun treten aber immer wieder Situationen ein, in denen **nicht der Absatz** der produzierten Güter, sondern Restriktionen im Bereich von Rohstoffen, Maschinen, Kapital und Mitarbeitern oder Maßnahmen des Staates die Entfaltungsmöglichkeiten eines Unternehmens behindern. Ob aus aktuellem Anlass oder auch nur prophylaktisch wird ein Unternehmen deshalb stets alles daran setzen, sich etwa als verlässlicher Abnehmer, solider Schuldner, vorbildlicher Arbeitgeber oder ordentlicher Steuerzahler zu präsentieren. Man profiliert sich als Partner, der es gut mit einem meint. Zusammenfassend bedeutet dies, dass die Wettbewerbs- und Überlebensfähigkeit eines Unternehmens nicht nur vom Absatzmarkt abhängt. Das Marketing beinhaltet damit das Ziel, alle **Anspruchsgruppen** (Bea/Haas [Management] 91 ff.) vor dem Hintergrund potenzieller Konkurrenz möglichst gut zu bedienen, sodass ein umfassendes, positives Bild des Unternehmens entsteht. So sind beispielsweise verschiedene Handelsunternehmen deswegen erfolgreich, weil sie über einzigartige **Beschaffungsquellen** und -**systeme** verfügen (z. B. Aldi). Manche Dienstleistungsunternehmen beziehen ihre Wettbewerbsfähigkeit aus den hervorragenden Fähigkeiten ihrer **Mitarbeiter** (z. B. Unternehmensberatungen, Softwareunternehmen), andere Unternehmen sind insbesondere auf Grund ihrer überragenden Handlungsmöglichkeiten auf den **Kapitalmärkten** überlebensfähig. Abb. 4.3 fasst die Anspruchsgruppen eines Unternehmens zusammen.

Insofern spricht man z. B. auch von **Finanz-Marketing** (auch als Investor Relations bezeichnet) und von **Beschaffungs**- oder **Personal-Marketing**, mit dem Ziel, die jeweils besten Vertragspartner zu günstigen Konditionen zu gewinnen und langfristig an sich zu binden. Von einiger Bedeutung ist zunehmend auch das sog. **Interne Marketing** bzw. das **Interne-Kunden-Prinzip**. Innerhalb der Wertschöpfungskette eines Unternehmens sind bei dieser Betrachtungsweise nachgelagerte Funktionsbereiche (z. B. Endmontage) als Kunden der jeweils vorgelagerten Funktionsbereiche (z. B. Materiallager) zu verstehen und entsprechend zu behandeln.

Marketing wird heute weithin auch von nicht erwerbswirtschaftlich ausgerichteten Einrichtungen betrieben (**Non-Profit-Marketing**), wobei diese Spielart von ganz anderen Faktoren bestimmt wird. Relativ weit gediehen ist die Übernahme von Ideen und Maßnahmen des kommerziellen Marketing bei all jenen öffentlichen Organisationen, die prinzipiell auch mit Hilfe des erwerbswirtschaftlichen Prinzips gesteuert werden können. Man denke etwa an Unternehmen der Ver- und Entsorgung (Energie, Wasser, Müllabfuhr), an Verkehrsunternehmen, Spar- und Bauspar-

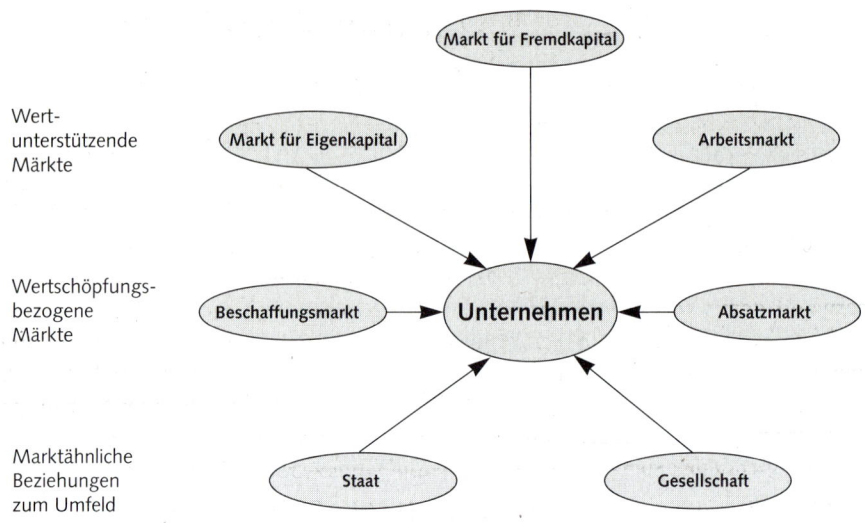

Abbildung 4.3: Anspruchsgruppen eines Unternehmens

kassen, ferner an Post, Rundfunk- und Fernsehanstalten. In zunehmendem Maße bemühen sich auch Parteien, Theater, Bildungseinrichtungen und auch Landkreise auf eher unkonventionelle Weise um Wähler, Besucher, Studenten als auch Investoren.

Das Marketing ist indessen immer wieder Anfeindungen und einer harschen Kritik ausgesetzt, dass es Menschen zu unsinnigem Konsum verführe, übervorteile oder schädige. Dies hat unter den davon betroffenen Unternehmen bzw. Branchen zu der Einsicht geführt, dass man sich mindestens in gleichem Maße wie über das **Wie** («Can it be Sold?») über das **Ob** («Should it be Sold?») Gedanken machen muss. In vielen Fällen ist deshalb nicht an die Stelle, aber an die Seite von Gewinnprinzip, Wirtschaftlichkeitskriterien und Nutzenerwägungen eine Haltung getreten, die von **zwischenmenschlicher und gesamtwirtschaftlicher Verantwortung** durchdrungen ist (vgl. auch Abschnitt 1.3). Davon müssen alle in einem Unternehmen Tätigen erfüllt sein, was eine entsprechende Überzeugungsarbeit voraussetzt.

Im Zuge der Bestrebungen, den Marketing-Begriff zu entmythologisieren, ist oft auch darauf hingewiesen worden, dass diese Art von Unternehmensführung seit Jahrhunderten praktiziert werde, somit nichts Neues darstelle. Es sei deshalb überflüssig, die deutsche Sprache um ein weiteres Schlagwort angelsächsischer Herkunft zu bereichern. Die Sprachpuristen vermochten sich indessen nicht durchzusetzen.

Als **Marketing** wird gemäß der American Marketing Association «the process of planning and executing the conception, pricing, promotion, and distribution of ideas, goods, and services to create exchanges that satisfy individuals, organizations, and society» verstanden.

1.3   Social Marketing zur Förderung prosozialen Verhaltens

Ein weiteres Anwendungsfeld des Marketinggedankens eröffnete sich Anfang der fünfziger Jahre. In diesem Zeitraum wurde erstmals die Frage gestellt, ob man nicht genauso wie Seife auch Nächstenliebe «verkaufen» könne (Wiebe [Citizenship]). Dahinter steckt der Gedanke, dass man Marketing noch sehr viel weiter, als dies bis dahin der Fall gewesen war, nämlich als **Sozialtechnik,** als technologische Beeinflussungskonzeption (Raffée [Nichtkommerzielles Marketing]), verstehen könne. Diese Auffassung hat seit etwa 1970 rasch an Boden gewonnen. Das Marketing überwand damit seinen vormals spezifisch absatzwirtschaftlichen Charakter und wurde mehr und mehr zu einer Schlüsselvariable im Rahmen der Steuerung zwischenmenschlicher und gesellschaftlicher Prozesse (Generic Marketing). Es geht um das Eintreten für bestimmte Ideen («issues»), für **Anliegen, die zum Nutzen der Gesellschaft** verfolgt werden (sollten). Dies ist der Bereich des auch im Deutschen oft so bezeichneten **Social Marketing** (Bruhn/Tilmes [Social Marketing]).

Mit Marketing können demnach vier verschiedene Sachverhalte gemeint sein: Der Begriff **Marketing** umschreibt die **Vermarktung** von Gütern, die dabei praktizierte konsequente **Kundenorientierung**, eine auf die Bewältigung von Engpässen abzielende **Führungskonzeption** und ein Instrument zur **Förderung öffentlicher Anliegen** im Wege der Information und Überzeugung.

Welche Bewandtnis es mit dem Social Marketing hat, lässt sich am besten durch einen Vergleich mit anderen Konzepten, mit denen man soziale Veränderungen herbeiführen will, demonstrieren. Angenommen, man möchte den Verbrauch an fossilen Brennstoffen nachhaltig eindämmen: Wenn der Staat dies wirklich wollte (und z. B. nicht auf die Einnahmen aus der Mineralöl- und Ökosteuer angewiesen wäre), könnte er einmal den Verbrauch schlechthin oder denjenigen bei bestimmten Anwendungen verbieten (**juristische Perspektive**). Ein **technologisches Mittel** bestünde demgegenüber darin, dass die Industrie ermuntert wird, technische Neuerungen zu entwickeln (beispielsweise Heizungsanlagen mit höheren Wirkungsgraden oder Autos mit geringerem Verbrauch), durch die es den Menschen erleichtert wird, fossile Brennstoffe einzusparen. Aus **ökonomischer** bzw. **fiskalischer Sicht** läge es nahe, den Verbrauch bei bestimmten Gelegenheiten zu einem nur noch schwer erschwinglichen Vergnügen zu machen, indem die darauf erhobene Steuer massiv erhöht wird. Bleibt schließlich das Instrument der persönlichen Einflussnahme, der **Information und Überzeugung,** mit deren Hilfe man den Bürgern die gesundheitlichen und wirtschaftlichen Risiken, die mit dem Verbrauch der Brennstoffe verbunden sind, vor Augen führt und sie zu einer Verhaltensänderung bewegen kann. Dieser Weg hätte gegenüber den anderen den Vorzug sozialer Gerechtigkeit, da eine drastische Verteuerung der Brennstoffe die sog. Vielverdiener nur marginal, die sozial Schwächeren dagegen umso härter träfe.

Auf ähnliche Weise, oft auch als flankierende Maßnahme zu einer gesetzlichen Regelung, versucht man, die Menschen dazu zu veranlassen, beispielsweise übermäßigem Alkohol- und jeder Art von Drogenkonsum zu entsagen, Städte und Natur sauber zu halten («Keep Britain tidy») sowie Staatsanleihen zu zeichnen. Wichtige Einsatzfelder des **Social Marketing** sind weiterhin die Familienplanung in Entwicklungsländern, die Sensibilisierung der Menschen für gesellschaftliche Belange (stärkere Rücksichtnahme auf Alte, Kranke und Behinderte) sowie häufig in Verbindung damit, die Spendenbereitschaft der Bürger zu erhöhen.

Mit Social Marketing wird aber noch ein anderer Sachverhalt belegt, nämlich ein gesellschaftlich verantwortungsbewusstes Handeln bei allem, was im herkömmlichen Sinne mit Marketing etikettiert wird. Dieser Fall, oft auch **Societal Marketing** (El-Ansary [Societal Marketing]; Koslowski [Unternehmensethik]) genannt, unterscheidet sich von den zuletzt geschilderten Beispielen dadurch, dass das **gesellschaftliche Anliegen** nicht mehr im Mittelpunkt der Überlegungen und Bemühungen steht, sondern nur noch eine – oftmals durchaus bedeutsame – **Restriktion** bei der Verfolgung einzelwirtschaftlicher Ziele darstellt (Satzinger [Aktivierung]).

Als gesellschaftlich verantwortungsbewusst können prinzipiell alle Fälle deklariert werden, bei denen ein Unternehmer darauf verzichtet, egoistische Ziele zu Lasten der Belange der Allgemeinheit zu verwirklichen. Dies ist nichts Spektakuläres und wird seit jeher praktiziert. Eine neue Dimension erhält der Tatbestand allerdings dadurch, dass ein Unternehmen nicht mehr nur darauf verzichtet, ein lukratives Geschäft wahrzunehmen, sondern aktiv und unter Hinnahme von nicht unbeträchtlichen Kosten für eine Sache eintritt. Gesellschaftlich verantwortungsbewusst in diesem Sinne handelt z. B. eine Mineralölgesellschaft, die in aufwändigen Anzeigen dafür wirbt, mit Benzin und Heizöl sparsam umzugehen (Demarketing).

Aus dem Umstand, dass sich solche Maßnahmen letztlich zu Gunsten des fraglichen Unternehmens auswirken werden, sollte man nicht vorschnell folgern, dass es ein gesellschaftlich verantwortungsvolles Marketing überhaupt nicht gibt. Überhaupt nicht selbstlos, aber nicht minder wirksam i. S. der Erreichung gesellschaftlicher Ziele, ist beispielsweise die Gepflogenheit einzelner Elektrogerätehersteller, jeweils die Höhe des Strombedarfs (als Qualitätsindikator) auszuweisen.

2   Phasen einer Marktorientierung

Marktorientierung äußert sich in drei verschiedenen Stoßrichtungen, die gleichzeitig die Phasen der Entwicklung kennzeichnen. Es handelt sich dabei um die Schaffung von neuen Märkten, die gezielte Absatzausweitung sowie die Erfolgssicherung durch Kundenbindung und andere Sicherungsinstrumente.

Alle drei grundsätzlichen Ausrichtungen der Marktorientierung sind dadurch zu charakterisieren, dass man sich nicht damit begnügt, auf eine Entwicklung zu reagieren – also Fakten zu registrieren und Gegenmaßnahmen einzuleiten, sondern danach strebt, selbst relevante Orientierungspunkte am Markt zu setzen. Letztendlich wird das Marketing dadurch mit einer schöpferischen, systematischen und zuweilen auch aggressiven Note versehen.

2.1 Schaffung neuer Märkte

Einer der innovativsten Vorgänge im Marketing ist ohne Zweifel die Schaffung eines neuen Marktes, d. h. das Erkennen eines neuen Bedürfnisses und die Schaffung eines entsprechenden Angebots (**nachfrageorientierte Innovation**). Dabei sind Preiswürdigkeit, hohe Qualität, vorbildlicher Kundendienst etc. nur eine Seite der unternehmerischen Leistung. Wenn der Ausgangspunkt aller betrieblichen Maßnahmen die Interessen, Wünsche und Sorgen der Verbraucher bzw. Verwender ist, muss das Unternehmen zunächst beharrlich darum bemüht sein, ihren Abnehmern sog. **Problemlösungen** als Summe aller entscheidungsrelevanten Produkt- bzw. Leistungseigenschaften zu bieten. Unter Problem ist dabei schlechthin alles zu verstehen, was die Menschen bewegt und das sie egalisieren wollen. So sollten die Produkte beispielsweise so konzipiert sein, dass sie dem Wunsch nach Bequemlichkeit Rechnung tragen, das Haushaltsbudget entlasten, über den ursprünglich intendierten Zweck hinaus zusätzliche Verwendungsmöglichkeiten eröffnen, also ein reichhaltiges Bündel an **materiellen** und **immateriellen Nutzenkomponenten** bereithalten.

Man denke etwa an die immer wieder auftauchenden Neuheiten im Bereich der Nahrungsmittel, die z. B. viele Arbeiten überflüssig machen, die vormals in der Küche verrichtet werden mussten (Fertiggerichte, Konserven, Teebeutel etc.), an den Komfort, den wir im Bereich des Wohnens, der Fortbewegung und der Unterhaltung genießen, und an die vielfältigen Möglichkeiten, Kredite zu erlangen, was eine zeitliche Vorwegnahme des Konsums erlaubt («Reise jetzt, zahle später!»).

Symptomatisch für das Marketing sind somit die meist systematisch betriebene Erforschung der Bedürfnisse der Menschen bzw. der – auch industriellen – Abnehmer ganz allgemein und die darauffolgende Suche nach Wegen, wie jene bestmöglich befriedigt werden können. Zumeist ist damit die **Erschließung** bzw. **Schaffung** eines **völlig neuen Marktes verbunden.** Dass dazu immer Kreativität und oft gewaltige Forschungsanstrengungen, verbunden mit einem beträchtlichen Kapitaleinsatz, gehören, liegt auf der Hand. Gelegentlich genügt aber schon Cleverness.

Außerordentlich geschickt verhält sich ein spanischer Verleger, dem Dutzende von Verlagshäusern gehören. Er verleiht in periodischen Abständen einen mit rund 350.000 Euro dotierten Preis an einen in spanischer Sprache schreibenden Autor, der von der iberischen Halbinsel oder aus Lateinamerika stammt. Allein der Nobelpreis für Literatur bringt noch mehr an irdischem Lohn ein. Den Ausschlag für die Zuerkennung der Auszeichnung gibt in aller Regel ein angeblich sensationelles neues Werk des oft kaum bekannten Verfassers, das freilich von einem dem Stifter gehörenden Verlag herausgebracht wurde. Das Ereignis wird in einem Maße vermarktet, dass von dem Buch auf Anhieb zwischen 250.000 und 300.000 Exemplare abgesetzt werden. Auch ohne die Kalkulation zu kennen, ist davon auszugehen, dass der großherzige Mäzen letztlich keine einzige Pesete zuschießen muss. Bei allen, die die Zusammenhänge nicht durchschauen, wird er darüber hinaus an Ansehen gewinnen.

Vielfach verdanken neue Produkte ihr Entstehen keineswegs Versuchen der Unternehmer, neue Bedürfnisse zu wecken, sondern **soziologischem Wandel** und **ökonomischen Sachzwängen**. Ein typisches Beispiel dafür stellen die immer höheren Personalkosten dar, denen andererseits eine wachsende Nachfrage speziell nach Dienstleistungen gegenübersteht. Für das marketingbewusste Unternehmen ergeben sich daraus zweierlei Konsequenzen:

Es besteht die Notwendigkeit, die Produkte so zu gestalten, dass sie den zunehmenden Arbeitskosten, dem Zeitmangel und dem Preisanstieg entgegenwirken, dass sie also Arbeiten im oder für den Haushalt wegfallen lassen bzw. verbilligen. Beispiele dafür bilden Wasch- und Geschirrspülmaschine, Staubsauber und Wäschetrockner. Daraus resultiert gleichzeitig die Forderung, bei der **Produktgestaltung** darauf zu achten, dass die Geräte möglichst wenig störanfällig, dazu noch umweltfreundlich sind und keiner aufwändigen Wartung bedürfen.

Menschen kaufen aber nicht nur Produkte, durch die sie entlastet werden, sei es physisch, zeitlich oder finanziell. In der sog. Wohlstandsgesellschaft besteht auch lebhafter Bedarf an Gegenständen und Gelegenheiten, die eine passive oder aktive (Freizeit-) Beschäftigung ermöglichen (Fernsehen, Hobbys, Sport, Reisen etc.). Auch hieraus ergibt sich eine Fülle von Anregungen für ideenreiche Unternehmen.

Schließlich entstehen neue Märkte aber auch durch die geschickte Vermarktung von Inventionen aus den Forschungs- und Entwicklungsabteilungen der Unternehmen (**angebotsorientierte Innovation**). Dies bedeutet, der neue Markt resultiert nicht aus der Nachfrage nach Lösungen für bestehende Probleme, sondern durch die Anwendung der Invention auf Probleme, die bisher durch andere Lösungen in brauchbarer Weise behoben wurden bzw. deren Bestand lediglich latent vorhanden war. Die Nachfrager sind hier demnach vom Nutzen der Innovation erst zu überzeugen, während bei der nachfrageorientierten Innovation der Nutzen vom Nachfrager auf Grund seines bereits bestehenden Bedürfnisses leichter erkannt und (finanziell) honoriert wird. Der berühmte Nationalökonom *Joseph A. Schumpeter* hielt vor diesem Hintergrund die konkrete **Verwertbarkeit** einer Invention für einen wesentlichen Teil der erfinderischen Leistung, erst dadurch wurde sie für ihn zu einer tatsächlichen Innovation.

Diese Problematik kann durch ein Beispiel aus der amerikanischen Chemieindustrie veranschaulicht werden. Auf einer Pressekonferenz wurde der Öffentlichkeit ein neuer, dem Leder hinsichtlich seiner Eigenschaften sehr ähnlicher Kunststoff präsentiert. In Bezug auf die konkreten Anwendungsmöglichkeiten fiel folgender Ausspruch: «We have the world's greatest answer. Now let's start looking for the problems!» (Dichtl [Strategische Optionen]). Dass die Wahrscheinlichkeit eines Erfolgs hier relativ gering ist, dieser aber im Erfolgsfall deutlich höher ist als bei nachfrageorientierten Innovationen ist offensichtlich (Helm [Innovationen]).

2.2 Ausweitung des Absatzes

Auf die Markterschließung folgt als zweites Hauptanliegen des Marketing die Absatzausweitung, wobei sich die Geschehnisse im Wirtschaftsalltag häufig keineswegs eindeutig der einen oder der anderen Phase zuordnen lassen. Grundsätzlich ist die Absatz- bzw. Marktausweitung durch folgende Ansatzpunkte gekennzeichnet:

Zunächst kann man versuchen, mit vorhandenen Produkten das Absatzvolumen auf den angestammten Märkten zu erhöhen, sei es dadurch, dass man die **Verbrauchsintensität** erhöht, die (physische oder psychische) Lebenszeit eines Gutes verkürzt und so den **Ersatzbedarf** stimuliert (Stumpp [Ersatzkaufverhalten]), oder sei es dadurch, dass man die eigene Wettbewerbskraft zu stärken und über einen **höheren Marktanteil** zusätzlichen Umsatz zu erzielen oder aber **Substitutionsprodukte** zu verdrängen vermag.

Daneben besteht die Möglichkeit, für ein bestimmtes Erzeugnis, gelegentlich unter gewissen Abwandlungen von Aussehen und Eigenschaften, neue Absatzmärkte zu erschließen, etwa indem man **neue Abnehmerschichten** aktiviert, **neue Einsatzfelder und Verwendungszwecke** entdeckt oder in **neue Absatzgebiete** eindringt, wie dies z. B. bei Aufnahme bzw. Ausweitung von Exportlieferungen der Fall ist.

Es gibt, bezogen auf ein bestimmtes Produkt, folglich zwei grundsätzliche Möglichkeiten einer Gewinn- und/oder Umsatzerhöhung:

- **Marktausweitung:**
  - Erhöhung der Verbrauchsintensität,
  - Stimulierung des Ersatzbedarfs,
  - Zurückdrängung von Substitutionsprodukten,
  - Gewinnung zusätzlicher Abnehmerschichten,
  - Entdeckung neuer Einsatzfelder,
  - Erschließung weiterer (geografischer) Absatzgebiete.
- **Marktanteile** auf Kosten der Konkurrenz gewinnen.

Denkbar erscheint aber auch, dass ein Unternehmen seine Funktion als Lieferant einer bestimmten Abnehmergruppe dadurch zu erhalten trachtet, dass es deren Bedarf durch **geeignete Gestaltung des Angebotsprogramms** (Sortiment), d. h. durch neue Produkte, in umfassender Weise abzudecken sucht. So produziert Hollywood beispielsweise längst nicht mehr nur Filme, sondern Unterhaltung jeglicher Art.

Mannesmann stellte zwar nach wie vor Stahlrohre, im Übrigen aber Leitungen für jeden Verwendungszweck und aus jedem geeigneten Material her. Bekleidungs- und Möbelhäuser decken im Gegensatz zu früher den gesamten einschlägigen Bedarf ihrer Abnehmer. Vielfach ist damit auch eine (unechte) **Diversifikation** (Näheres dazu in Abschnitt 4.1.3) verbunden, d. h. die Anbieter dringen in für sie neuartige Produktbereiche ein, die jedoch jeweils insofern dafür prädestiniert erscheinen, als dabei beispielsweise material- bzw. produktionstechnische Erfahrungen verwertet, vorhandene Absatzkanäle genutzt und bestehende Beziehungen zu Kunden ausgebaut werden können.

Letztlich kann es sich auch empfehlen, mit **neuen Produkten in neue Märkte** vorzustoßen (manche Autoren nennen allein dies – echte – Diversifikation). Dies ist z. B. der Fall, wenn ein deutscher Medienkonzern Varianten (nicht nur Übersetzungen!) eines in unserem Lande erfolgreichen Magazins in anderen Sprachen herausbringt und so fast schlagartig sein Marktpotenzial vervielfacht. Ähnlich lassen sich dadurch beträchtliche Umsatzsteigerungen erzielen, dass man tropische Länder mit bestimmten Pharmaprodukten beliefert, für die es bei uns überhaupt keinen Markt gibt. Gelegentlich liegt dieser Marketing-Strategie allerdings nicht ein Wachstumsziel zugrunde, sondern das Motiv der Risikoreduktion bzw. -streuung. Man prüft beispielsweise auf einem «ungefährlichen» Markt, welche Auswirkungen der Vertrieb eines für ein Unternehmen aus welchen Gründen auch immer riskanten Produktes auf dessen ökonomische Situation und Image in der Öffentlichkeit hat, ehe man sich der dann zumeist besser kalkulierbaren Gefahr eines Fehlschlags auf dem heimischen Markt aussetzt.

2.3   Sicherung des bisherigen Markterfolgs

Die Absatzausweitung ist stets von dem Bemühen um Erfolgssicherung begleitet. Häufig geschieht dies nicht ohne Ausübung eines mehr oder minder massiven Drucks auf die Abnehmer und Konkurrenten.

Rechtlich und moralisch unbedenklich erscheint dabei im Allgemeinen beispielsweise das **Angebot von Systemen**, d. h. von aufeinander abgestimmten (Bau-) Teilen im Rahmen eines größeren Ganzen, wie dies bei Büchern, Möbeln, Küchengeschirr, Maschinen, Werkzeugen, Anlagen der elektronischen Datenverarbeitung, Mehrzweckfahrzeugen und Versicherungsdiensten der Fall ist. Ähnliche Effekte werden durch Erlangung von Schutzrechten, wie Patenten für technisch innovative Güter, oder durch den Abschluss von langfristigen (Service- oder Liefer-) Verträgen erzielt. Konkurrenten wird dadurch die Übernahme einer bestehenden Geschäftsverbindung erschwert.

Auch eine – nur zum Teil durch Kostendegression und höhere Produktivität legitimierte – **Niedrigpreispolitik**, die sowohl etablierten Anbietern als auch neuen Marktteilnehmern unweigerlich zu schaffen macht, kann eine Erfolgssicherung bewirken. Ungleich problematischer sind Versuche marktstarker Unternehmen, die Kunden etwa durch Einräumung überzogener (Jahres-) Umsatzrückvergütungen an sich zu binden, sowie Strategien, durch unangemessen hohe **Werbeaufwendungen** Märkte gegenüber schwächeren Konkurrenten oder «newcomers» zu verteidigen bzw. zu sperren, die sich solche Ausgaben in aller Regel nicht zu leisten und damit die Hürden des Marktzugangs (Markteintrittsbarrieren) nicht zu nehmen vermögen. Jedoch geht vieles an Goodwill der Konsumenten verloren, wenn man sich und das eigene Angebot nicht immer wieder durch (Aktualisierungs-)Werbung ins Gedächtnis bringt (Gierl [Werbung]), sog. Regallücken im Handel entstehen lässt und wichtige Kunden oder Absatzmittler nicht regelmäßig besucht.

Gerade bei Letzterem werden **persönliche Bindungen** hergestellt bzw. intensiviert. So werden beispielsweise wichtige Kunden von Unternehmen zu oft mehrtägigen Jagdausflügen eingeladen etc. Man erhält «persönliche» Glückwunschschreiben bzw. auch Geburtstagskarten, wobei mancher doch «irgendwie» daran glaubt, der Gratulant – und nicht der Computer – würde sich dabei etwas denken. In vielen Bereichen gehören Kundenclubs und -zeitschriften zum Standard, denn nicht immer wandern diese ungelesen in den Papierkorb. Ziel ist, eine emotionale Bindung zum jeweiligen Anbieter zu erreichen und ihn dadurch beim Wiederkauf leichter für sich zu gewinnen bzw. im Falle einer Beschwerde (oder allgemeiner bei Unzufriedenheit) eher zur Artikulation eben dieser (anstatt zum Anbieterwechsel) zu bewegen. Auch das Beseitigen der Ursachen von Unzufriedenheit sollte dadurch leichter ermöglicht werden.

Der zuverlässigste Weg zur Erfolgssicherung und Kundenbindung wird indessen immer darin bestehen, dass man durch Qualität und Preiswürdigkeit der eigenen Leistung und durch Zuverlässigkeit des Kundendienstes die Zufriedenheit der Abnehmer fördert und das Eindringen von Konkurrenten in bestehende Geschäftsbeziehungen erschwert. Dies setzt voraus, dass es gelingt, **geschlossene Marketing-Konzeptionen** zu entwickeln. Wenn alle absatzpolitischen Instrumente, die zur Erzeugung von Präferenzen eingesetzt werden, also Produktgestaltung, Preis, Distribution und Kommunikation, zu einer Einheit zusammengefügt werden, verhindert man das Entstehen von Angriffsflächen, die Wettbewerbern einen Einbruch erleichtern. Je exklusiver und durchdachter die Marketing-Konzeption ist, desto geringer sind die Chancen der anderen.

3   Grundlegende Aspekte des strategischen Marketing

3.1   Zum Ablauf der Planung im Marketing

Um an die nachfolgenden grundlegenden Aspekte des Marketing (Abschnitte 3.2 und 3.3) herangehen zu können, erscheint es angebracht, vorab die prinzipielle Vorgehensweise der Marketingplanung aufzuzeigen.

Der Ausgangspunkt der Planungen im Marketing liegt immer bei der Analyse der relevanten Einflussfaktoren auf den Erfolg der Unternehmen. Als Systematik dient hierzu das in Abb. 4.4 dargestellte sog. **strategische Dreieck**.

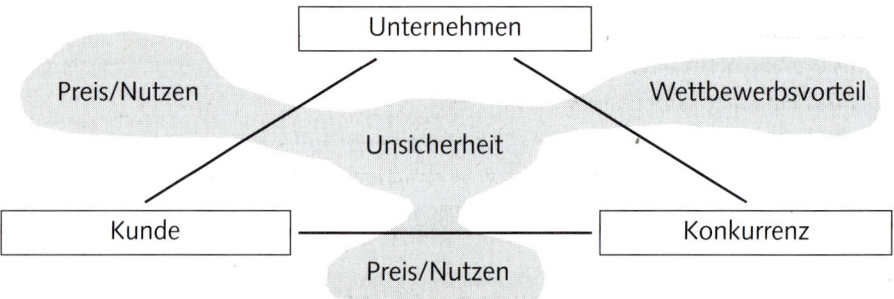

Abbildung 4.4: Das strategische Dreieck und die damit verbundene Unsicherheit als Ausgangspunkt der Marketingplanung

Die Strategieformulierung basiert demnach auf der Kenntnis der eigenen Fähigkeiten und Schwächen in Relation zu denen der relevanten Konkurrenz. Unter diesem Konkurrenzaspekt sind sowohl die aktuellen als auch die potenziellen Wettbewerber zu subsumieren. Des Weiteren sind gleichzeitig die Bedürfnisse der Kunden sowie die aktuellen und zukünftigen Möglichkeiten der Bedürfnisbefriedigung sowohl des eigenen Unternehmens als auch der Konkurrenz mit einzubeziehen.

Diese Einschätzung der Stärken und Schwächen der relevanten Konkurrenz und der Bedürfnisse der Kunden ist naturgemäß mit einer großen Unsicherheit behaftet, d. h. im Unternehmen existieren üblicherweise keine genauen Vorstellungen bezüglich der beiden anderen Eckpunkte. Auch das Ausmaß dieser Unsicherheit, d. h. der Korrektheit der Situationsanalyse, ist zu determinieren.

Der Vergleich der drei Eckpunkte resultiert somit in einem System der **strategischen Analyse**

- des eigenen Unternehmens im Rahmen einer **Potenzialanalyse** («Wo liegen unsere Stärken, wo liegen unsere Schwächen?»),
- der relevanten Konkurrenz im Rahmen einer **Konkurrenzanalyse** («Was kann diese besser, was können wir besser, ist dies relevant?») und

- der relevanten Kunden im Rahmen einer **Bedürfnisanalyse** sowie deren Veränderungen («Was wollen die Kunden, welche Leistungsaspekte sind wichtig?»).

Auf Käufermärkten ist es grundsätzlich jedem Kunden möglich, aus mehreren Anbietern auszuwählen. Diese Gelegenheiten zum Anbieterwechsel werden auf Kundenseite durch den ansteigenden Aufwand an Informationssuche nach potenziellen Alternativanbietern und auf Unternehmensseite durch das Angebot einzigartiger Leistungen beschränkt. Dies führt dazu, dass es für ein Unternehmen nicht genügt, lediglich die **Bedürfnisse** seiner aktuellen und potenziellen Kunden zu kennen, sondern es muss auch in einem oder mehreren **Leistungsmerkmalen** eindeutig **besser** sein als die **Konkurrenz**. Dies ist gleichbedeutend mit der Schaffung und Erhaltung von mindestens einem **Wettbewerbsvorteil** des Unternehmens (Simon [Wettbewerbsvorteile]) gegenüber der relevanten Konkurrenz i. S.

- einer dauerhaften,
- für die Kunden substanziellen und
- wahrnehmbaren überlegenen Leistung.

Nur wenn diese drei Charakteristika **gleichzeitig** auf ein Leistungsmerkmal des Produkts zutreffen, kann von einem wirklichen Wettbewerbsvorteil gesprochen werden. Für den Marketingprozess ergibt sich schließlich der in Abb. 4.5 dargestellte Ablauf.

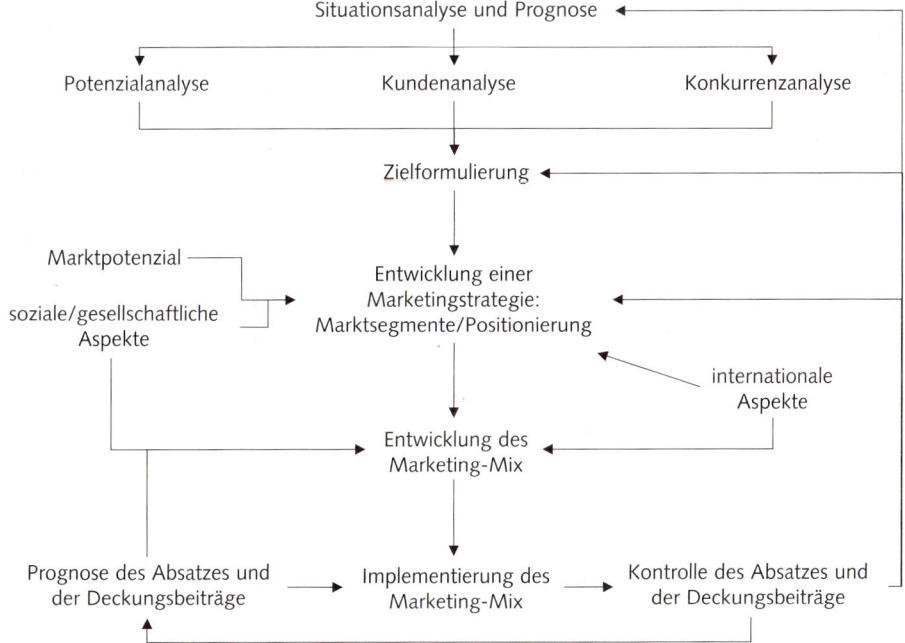

Abbildung 4.5: Der Marketingprozess

Daraus ergeben sich folgende **Teilaufgaben** (im Einzelnen: Schweitzer [Planung] 61 ff.):

Zuerst erfolgt eine Analyse der Marketing-Situation des Unternehmens im zu planenden Produktbereich sowie eine Durchführung von Prognosen zur Schaffung einer geeigneten Informationsbasis für den Entwurf der Marketing-Strategie. Innerhalb der Planungen zur Marketingstrategie werden danach die zu erreichenden **Ziele** (Frage: «Was soll erreicht werden?») definiert. Betrachten wir z. B. einen Hersteller von Kosmetikprodukten, so könnte ein entsprechendes Ziel in einem Produktbereich lauten: «Der Marktanteil soll im mittel- bis hochpreisigen Aftershave-Markt innerhalb von drei Jahren mindestens 5% betragen!».

Vor dem Hintergrund des festgelegten Ziels wird anschließend eine **zieladäquate Marketing-Strategie** («Was ist generell zu tun?») entworfen. Bei obigem Beispiel könnte dies im Angebot eines hochwertigen Aftershave für 25- bis 40-jährige mit mittlerem Einkommen bestehen. Die angestrebte Positionierung, d. h. der Wettbewerbsvorteil, auf Basis der Konsumenten- und Konkurrenzanalyse (vgl. dazu die Abschnitte 3.2.2 und 3.2.3) könnte hier auf den Merkmalen «Hautpflege» und «dezenter Duft» liegen. Bei den Überlegungen, ob diese Strategie weiterentwickelt werden soll, gehen auch die Erkenntnisse bezüglich der Größe dieses (Teil-) Marktes, übergreifende soziale und gesellschaftliche Aspekte (vgl. dazu die Abschnitte 1.2 und 1.3) sowie die Möglichkeiten einer internationalen Vermarktung (vgl. dazu Abschnitt 3.2.4) ein.

Bei der Ausgestaltung der Strategie in Form konkreter Marketing-Maßnahmen kann prinzipiell auf vier **Instrumente des Marketing-Mix** (Produkt-, Preis-, Distributions- und Kommunikationspolitik) zurückgegriffen werden (Näheres dazu in Abschnitt 4). Bei der entsprechenden Ausgestaltung der Instrumente (u. a. Produktinhaltsstoffe und Preis in obigem Aftershavebeispiel) ergeben sich auch die korrespondierenden Absatz- und Deckungsbeitragsprognosen. Nach Beendigung der Planungsphase folgt die **Implementierung des Marketing-Mix**, wobei auf das Vorliegen geeigneter personeller und organisatorischer Voraussetzungen zu achten ist. Im letzten Schritt des Marketingprozesses, der **Marketing-Kontrolle**, erfolgt sodann eine Überprüfung der Ergebnisse sowie gegebenenfalls eine Revision der Marketing-Strategie. Die Ergebnisse der Marketing-Kontrolle fließen in den Prozess der Marketing-Planung in Form einer Rückkopplung wieder ein.

3.2 Determinierung des Sach- und Dienstleistungsangebots

3.2.1 Festlegung des Betätigungsfeldes

Ein Unternehmen muss bei der Marketingplanung zunächst die Felder festlegen, auf denen es tätig sein bzw. werden möchte. Dies hat nicht nur juristische Konsequenzen, etwa im Hinblick darauf, welche Entscheidungen der Vorstand allein oder nur im Einvernehmen mit dem Aufsichtsrat treffen darf, sondern auch praktische. Es werden dadurch alle Kräfte auf bestimmte Fixpunkte hin ausgerichtet. Die **Konzentration der betrieblichen Ressourcen** sensibilisiert die Betroffenen für relevante Stärken und Schwächen, Chancen und Risiken. Sie bestimmt die nötige Qualifikation der Mitarbeiter, erhöht deren Motivation und erleichtert die Koordination von Strategien und Maßnahmen.

Welchen Betätigungsfeldern man sich zuwendet, hängt von einer Reihe von Faktoren ab:

- spezifische Kompetenz, über die man verfügt oder deren es bedarf, um auf einem Markt aktiv tätig werden zu können,
- vorhandene oder über einen Ausbau erreichbare Produktions- und Distributionskapazität,
- Marktzutrittschancen oder -barrieren faktischer Art, z. B. Widerstand von Absatzmittlern (Handel) oder Konkurrenten,
- Investitionsanreize der öffentlichen Hand,
- staatliche Restriktionen, z. B. Verbot der Forschung, Produktion oder Ausfuhr bei bestimmten Produktkategorien, sowie
- Ertragsaussichten etc.

3.2.2   Nutzung der differenzierten Nachfrage der Konsumenten

Angenommen, ein Unternehmen sieht seine Aufgabe (Business Mission) darin, Fahrzeuge für den Individualverkehr herzustellen und zu vermarkten. Damit ist dessen Tätigkeitsfeld aber noch nicht hinreichend fixiert, denn während beispielsweise General Motors in den USA bestrebt ist, mit den Marken Chevrolet, Pontiac, Oldsmobile, Buick und Cadillac «a car for every pocket and taste» verfügbar zu haben, fehlen beispielsweise den deutschen Anbietern BMW ein Angebot im unteren und Ford ein solches im obersten Preissegment. Porsche beschränkt sich gar auf einen ganz kleinen Ausschnitt des Marktes, einen Sektor, der gleichzeitig durch Sportlichkeit und Luxus geprägt ist. Offenkundig gibt es also mehrere Möglichkeiten, Marktpotenzial in Firmenumsatz umzuwandeln.

Dies liegt daran, dass tatsächliche und potenzielle Nachfrager weithin divergierende Bedarfsvorstellungen und Merkmalsprofile aufweisen, was zugleich ihren Lebensstil prägt.

Der **Lebensstil** ist Ausdruck eines spezifischen Konsumverhaltens und einer Konstellation grundlegender Einstellungen sowie der äußeren Umstände.

Bereits zu Beginn wurde das Primat des Absatzmarktes im Allgemeinen und der Kundenorientierung im Speziellen eingehend thematisiert. Daher bietet es sich an, den Erwerb einer Sach- oder Dienstleistung einer näheren Betrachtung zu unterziehen (Abb. 4.6).

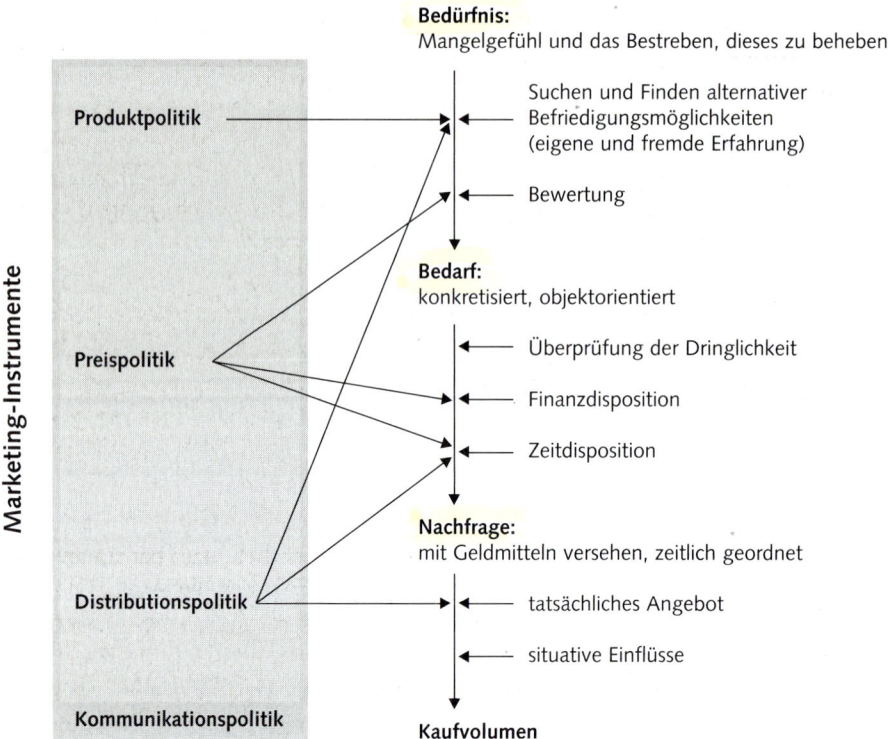

Abbildung 4.6: Stufen der Konkretisierung eines Kaufvorgangs und Einflussmöglichkeiten der Marketing-Instrumente

Bedürfnisse stellen den gedanklichen Ausgangspunkt des Kaufentscheidungsprozesses dar (Kroeber-Riel/Weinberg [Konsumentenverhalten] 143 ff.; Trommsdorff [Konsumentenverhalten] 108 f.). Sie kennzeichnen einen Mangelzustand, auf dessen Überwindung der Konsument hinarbeitet. Im Gegensatz dazu ist der **Bedarf** bereits auf bestimmte Mittel der Bedürfnisbefriedigung hin orientiert; er ist gewissermaßen das durch die Konfrontation mit Objekten, die grundsätzlich zur Bedürfnisbefriedigung geeignet sind, konkretisierte Bedürfnis. So kann ein Wanderer bzw. Bergsteiger zu einem bestimmten Zeitpunkt ein Bedürfnis nach Erfrischung empfinden, das er nach Analyse der in Frage kommenden Formen der Abhilfe (Bier, Mineralwasser, Eis, Freibad, etc.) durch ein Bad in einem Gebirgssee (Bedarf) konkretisiert. Verantwortlich für die Umformung von Bedürfnissen zum Bedarf sind insbesondere eigene Erfahrungen hinsichtlich der Eignung verschiedener Objekte, das entsprechende Bedürfnis zu befriedigen, und Erfahrungen oder Meinungen anderer Personen, die das Entscheidungsverhalten des betroffenen Individuums beeinflussen.

Der Bedarf ist lediglich objektorientiert, nicht aber auf einen bestimmten Zeitpunkt oder Ort bezogen. Damit es zu einer weiteren Konkretisierung hin zu einer **Nach-**

frage kommt, sind vom Individuum bestimmte Beschaffungsdispositionen zu treffen. Zunächst einmal müssen entsprechende finanzielle Mittel vorhanden sein bzw. bereitgestellt werden, was stets eine Abwägung der Dringlichkeit alternativer Kaufwünsche voraussetzt. Insofern konkurrieren etwa Ausgaben für einen Theaterbesuch mit solchen für den Erwerb eines wissenschaftlichen Lehrbuchs. Es geht aber auch um die Zeit, was sich etwa in der Frage niederschlägt: «Kann ich mir angesichts der bevorstehenden Klausur einen Theaterbesuch (zeitlich) leisten?» bzw. «Wann kann ich mir einen Theaterbesuch (zeitlich) leisten?»

Aus der Gegenüberstellung von Nachfrage und Angebot ergibt sich schließlich die Entscheidung bezüglich Kauf oder Nichtkauf. Aggregiert man den bisher individuell betrachteten Verlauf des Entscheidungsprozesses mit einem für das eigene Angebot positiven Ergebnis hinsichtlich aller Kunden in einem Markt, so erhält man das **Kaufvolumen**. Dividiert man die Zahl aller Konsumenten mit einer Entscheidung für einen Kauf durch die soeben ermittelte Anzahl ergibt sich der eigene **Marktanteil**.

Betrachtet man die vielfältigen Möglichkeiten, aus denen eine konkrete Nachfrage eines Konsumenten entstehen kann, so wird leicht ersichtlich, dass bei einem identischen Bedürfnis zu Beginn des Kaufentscheidungsprozesses die verschiedensten Nachfragekonstellationen entstehen können. Der Marketing-Mix (linke Seite von Abb. 4.6) ist dementsprechend so zu gestalten, dass die **Bedürfnisse** der Konsumenten zu einer **Nachfrage** nach dem eigenen Angebot am Markt führt. Die Ausgestaltung der verschiedenen Instrumente (Näheres dazu in Abschnitt 4) setzt dabei an verschiedenen Punkten des Kaufentscheidungsprozesses an.

Das **Verhalten der Käufer** ist somit naturgemäß nicht nur hinsichtlich seines Entstehens und des Prozessablaufs, sondern auch hinsichtlich der bei einzelnen Personen auftretenden Unterschiede von Interesse.

Dies kann z. B. bei Personenkraftwagen folgende Gründe haben: Die Menschen bevorzugen verschiedene Autotypen (Komfortlimousine vs. Sportwagen). Sie stufen diese aber auch ganz verschieden ein: So erblickt etwa der eine Kunde auf Grund seiner Erfahrungen in einem bestimmten PKW-Typ ein Mängelauto («Montagsauto»), ein anderer Kunde dagegen ein höchst zuverlässiges Fahrzeug. Aus ähnlichen Gründen bestehen zwischen den einzelnen Käufern unterschiedliche Vorstellungen über die Vorziehenswürdigkeit der verschiedenen angebotenen Varianten. Die Wunschvorstellungen der Kunden bzw. der Anteil der Wünsche, der bereits erfüllt wurde, prägen neben weiteren grundlegenden Wertvorstellungen und Einstellungen zu einem großen Teil den oben bereits thematisierten **Lebensstil**.

Ein typisches Bild bietet in diesem Sinne ein Konsument, der sich mit altdeutschen Möbeln umgibt, gedeckte Anzüge bevorzugt, am Wochenende regelmäßig die Sportschau sieht und in geregelten finanziellen Verhältnissen lebt. Solche Lebens- und Konsumstile, seien es nun solche allgemeiner oder solche produktspezifischer Art, stellen einen natürlichen Ansatzpunkt für die Unternehmenspolitik dar.

Gleichwohl ist die Allgemeingültigkeit solcher (durchaus einleuchtender) Lebensstiltypologien zu bezweifeln. So ist z. B. das Modediktat deutlich abgebröckelt, oder es sind Verhaltensweisen offenkundig geworden, die mit solchen Mustern nicht übereinstimmen. Die Frau im Nerzmantel fährt per Porsche vor, um bei Aldi oder einem anderen Discounter Nahrungsmittel einzukaufen, und bemängelt an der Kasse, dass ein Artikel um einige Pfennige teurer als bei einem Konkurrenten sei. Der Geschäftsmann verschlingt mittags bei McDonalds einen Hamburger und speist abends im Münchner Nobelrestaurant Tantris. Die Widersprüche im Kaufverhalten gehen noch weiter: In ein und demselben Haushalt finden sich IKEA-Mitnahmemöbel neben Stilmöbeln. Manche Konsumentin ersteht ein teures Kostüm in einem eleganten Spezialgeschäft, um kurz darauf die noch fehlende Bluse bei C&A zu erwerben. Nicht wenige konsumieren sowohl Kaffee von Aldi als auch Espresso von Illy (Schmalen [Preispolitik] 151 ff.).

Zusammenfassend kann man somit festhalten:

- Abnehmer gehen mit **unterschiedlichen Bedarfsvorstellungen** an den Markt heran.
- Der Bedarf der potenziellen Abnehmer ist stark von deren subjektiven Erfahrungen und Beurteilungskriterien geprägt. Sie **reagieren** daher **unterschiedlich** auf bestimmte Aktionen der Anbieter.

Bezieht man diese Erkenntnisse auch auf Produkte, so bedeutet dies, dass Abnehmer die Leistungen von Herstellern unterschiedlich einschätzen, d. h. das Urteil der Konsumenten bezüglich ein und desselben Produkts ist heterogen!

- Personen haben bei gleichen Objekten unterschiedliche **Wahrnehmungen** und
- Personen messen den subjektiv wahrgenommenen Merkmalen unterschiedliche **Bedeutung** zu.

Die Folge dieser Erkenntnis ist, dass der Markt (d. h. die Summe der potenziellen Abnehmer) **differenziert** zu bearbeiten ist.

Die beschriebenen, verschiedenen **Bedarfsvorstellungen** und auch **Lebensstile** eröffnen die Möglichkeit der **Marktsegmentierung,** d. h. man verzichtet darauf, allen Wünschen von Abnehmern mit einem einheitlichen, standardisierten Angebot gerecht zu werden. Statt dessen bemüht man sich, durch eine sog. Line extension (Erweiterung der Produktpalette), durch Setzen unterschiedlicher Preise, Nutzung verschiedenartiger Absatzwege und Wahl zielgruppenorientierter Kommunikationskonzepte spezifischen Bedürfnissen von Gruppen potenzieller Käufer stärker Rechnung zu tragen, um auf diese Weise Nachfrage zu aktivieren und einen möglichst großen Teil davon an sich zu ziehen.

> **Marktsegmentierung** bedeutet einerseits die systematische Aufteilung eines Marktes in möglichste homogene Teile, andererseits deren differenzierte Bearbeitung mit Hilfe des Marketing-Mix (Produkt-, Preis-, Distributions- und Kommunikationspolitik).

Um Segmente zu identifizieren bzw. voneinander abzugrenzen, gibt es eine Vielzahl von Anknüpfungspunkten, von denen die wichtigsten, bezogen auf Konsumgüter, in Abb. 4.7 zusammengestellt sind.

Soziodemografische Merkmale

Alter – Geschlecht – Familienstand – Stellung in der Familie – Größe der Familie – Einkommen (Familien-/persönliches/disponibles Einkommen) – Beruf – Ausbildungsabschluss – Soziale Schicht – Physiologische Gegebenheiten (Diätregeln, Körperschäden etc.) – Rasse/Religion

Geografische Merkmale

Regionen (Bundesländer, Staaten) – Überörtliche Siedlungsstruktur (Ort mit < 500 Einwohnern/ .../Ort mit >1 Mio. Einwohnern) – Örtliche Siedlungsstruktur (Stadtrandlage/.../Citylage) – Klimatische und topographische Bedingungen (Verkehrsanbindung)

Allgemeine psychografische Merkmale («Persönlichkeit»)

Leistungsstreben – Geselligkeitsstreben – Risiko- und Innovationsbereitschaft – Beeinflussbarkeit durch formale oder personale Kommunikation – Wertvorstellungen

Objektive Merkmale im Hinblick auf bestimmte **Produktbereiche**

Besitz bestimmter Gebrauchsgüter – Realisierte Kaufkraft – Intensiv-/Wenig-/Nichtkäufer einer Produktgruppe – Markenwechsler/markentreuer Käufer – Kaufrhythmus und jeweiliges Beschaffungsvolumen – Informationsverhalten vor dem Kauf (intensiv/wenig intensiv)

Psychografische Merkmale im Hinblick auf bestimmte **Produktbereiche**

Lebensstil – Periphere und zentrale Einstellungen – Informationsinteresse – Wissen über angebotene Objekte – Aktivitätsvorlieben (Hobbys etc.)

Reaktionsmerkmale auf absatzpolitische Anstrengungen der Anbieter in einem bestimmten Produktbereich

Qualitätsbewusstsein – Preisbewusstsein – Werbeempfänglichkeit – Bereitschaft, Beschaffungsanstrengungen auf sich zu nehmen

---

Abbildung 4.7: Merkmale zur Beschreibung von Käufergruppen

Am häufigsten herangezogen werden dabei Kriterien soziodemografischer Art; ihr besonderer Vorzug liegt darin, dass sie unmittelbar einsichtig und relativ leicht zu erheben bzw. zu beobachten sind. Gleichwohl erscheinen sie häufig wenig geeignet, Nachfrager verschiedener Marken zu identifizieren. Weiterhin geben sie in vielen Fällen auch keine Hinweise auf für den Kauf relevante Einstellungen, die für das Marketing (Zielgruppenansprache) verwendet werden können. Sollte sich beispielsweise bei einer Zielgruppenidentifikation herausstellen, dass die Personen in jenem Segment einen besonderen Wert auf Qualität legen (hohes Qualitätsbewusstsein), so kann – vielmehr muss – diese Information in der kommunikativen Ansprache verwertet werden. Bei Segmentierungsstudien im gewerblichen Bereich kommen zu den Merkmalen von Managern noch unternehmensbezogene Daten und Spezifika der jeweiligen Beschaffungsorganisation hinzu. Dass indessen selbst bei Verfügbarkeit aller nur wünschbaren Daten das Problem noch nicht gelöst ist, verdeutlichen folgende Überlegungen:

Angenommen, wir kennen auf Grund einer auf Stichprobenbasis durchgeführten empirischen Erhebung im Umfang von 500 Befragten von jedem 20 Eigenschaften, Ansichten, Einstellungen etc., so erhalten wir eine Datenmatrix im Umfang von 500 mal 20, also 10.000 Werten. Unsere Aufgabe besteht nun darin, Gruppen von Befragten zu identifizieren, die untereinander möglichst homogen, von Segment zu Segment aber so verschieden wie möglich sind. Wie viele derartige Gebilde man bei diesem Unterfangen erhält, hängt, abgesehen von dem logischen Extremfall, dass alle Matrixeinträge identische Werte enthalten, allein davon ab, was der Forscher unter «ähnlich» bzw. – dem Komplement dazu – «verschieden» versteht. Man ist dabei mit einem Kontinuum konfrontiert, das von 1 (alle Probanden bilden zusammen ein Segment) bis 500 (keiner ist wie der andere, jeder verkörpert ein Segment) reicht. Es gibt mathematische Methoden, nämlich **Clusterprogramme,** die für jede vom Forscher bzw. Marketing-Manager vorgegebene Anzahl von Segmenten (< Anzahl von Elementen) die erforderliche Aufteilung der Elemente liefern. Dies bedeutet, dass man eine Liste erhält, die genau ausweist, welche Probanden Segment 1 (1, 7, 8, 11, …), welche Segment 11 (2, 6, 10, 12, …) und welche Segment 111 (3, 4, 5, 9, …) angehören. Letztlich wird man sich für die Bildung so vieler Segmente entscheiden, wie man sinnvoll interpretieren und beschreiben kann.

3.2.3   Positionierung der absatzwirtschaftlichen Leistung

Wenn sich in einem konkreten Fall eine bestimmte Zahl von Segmenten herauskristallisiert, bedeutet dies noch lange nicht, dass ein Unternehmen auch alle davon zu bearbeiten gewillt ist. Es könnte sich – im Gegensatz zu General Motors, einem Konzern, der das gesamte Nachfragespektrum abzudecken bestrebt ist – nur Teilbereichen des Marktes oder auch nur einer Nische zuwenden.

Es wird aber wohl kaum einen Anbieter geben, der bei der Wahl der Teilmärkte nicht bestrebt wäre, ein vernünftiges Preis-Leistungs-Verhältnis zu erreichen. Gleichwohl wird diese Relation von zwei Größen gebildet, vom Preis und von der Leistung, die nicht beide zugleich minimiert bzw. maximiert werden können.

Viele Unternehmen haben eine ziemlich klare Vorstellung davon, wo das Schwergewicht liegen soll. Das Spektrum reicht von «Nur das Beste oder nichts», das *Gottlieb Daimler* zu seinem Wahlspruch erkoren hat, bis hin zu «We are the cheapest in town». Manche amerikanischen Einzelhändler versprechen einem Kunden, sollte dieser einen Artikel irgendwo am Ort billiger angeboten sehen, ihm jenen zu schenken. Die Lufthansa warb zeitweise mit dem Slogan «Wir wollen unübertroffen sein», was nicht zu Discountpreisen zu schaffen ist, während manch andere Gesellschaft den Fluggast spüren lässt, er könne bei dem bisschen Geld, das er bezahlt hat, nicht noch mehr erwarten, als mitgenommen zu werden. Deutlich in Richtung Mittelfeld beim Leistungsanspruch tendiert C&A, dessen Firmenphilosophie auf den Nenner «hochwertig wirkende Ware zu erschwinglichen Preisen» zu offerieren, gebracht werden kann.

Anspruchsvolle Leitmotive der angedeuteten Art prägen das Verhalten eines Unternehmens gegenüber Abnehmern, Mitarbeitern und Öffentlichkeit. Wer in dieser Hinsicht ein bestimmtes Image kultiviert, muss sich bei allen Aktivitäten daran messen lassen. Umgekehrt wird von einem Anbieter, der sich rühmt, dass es keinen preiswerteren im weiten Umkreis gibt, nicht erwartet werden, dass er auch noch ein aufwändiges Servicepaket schnürt.

Der Leistungsanspruch, den ein Anbieter für sich erhebt, ist eng mit der Frage der **Positionierung** seines Angebots verknüpft (Brockhoff [Produktpolitik]).

> Unter **Positionierung** eines Produktes versteht man die im Interesse der Profilierung erforderliche gezielte Festlegung des Standortes, den jenes im Wettbewerbsumfeld einnehmen soll.

Welche Bewandtnis es damit hat, lässt sich leicht unter Zuhilfenahme formaler Modelle verdeutlichen. Es ist möglich, Märkte in (mehrdimensionalen) geometrischen Räumen abzubilden, deren Dimensionen zentrale **image- oder präferenzbildende** Faktoren verkörpern, aus Gründen der leichteren Darstellung beschränkt man sich meist auf zwei – aus darstellungstechnischen Gründen voneinander unabhängigen – Dimensionen (siehe dazu Abb. 4.8). Diese Faktoren resultieren nicht unbedingt aus technischen Gegebenheiten. Produkte sind vielmehr Bündel von wahrgenommenen bzw. erwarteten Nutzengrößen aus Produktmerkmalen, die teilweise nur mittelbar mit dem Produkt per se zusammenhängen (Marke, Verkaufsstelle etc.).

> Ein **Produkt** verkörpert eine **absatzwirtschaftliche Leistung**, die anhand der mit ihr verbundenen Nutzenerwartungen beurteilt wird.

Weiterhin können für jedes als Wettbewerber in Betracht zu ziehende Produkt dessen Koordinatenwerte bestimmt werden (Im Folgenden werden Produkte und die sie anbietenden Unternehmen synonym verwendet). Die Distanzen zwischen den Objekten reflektieren die **Wettbewerbsintensität**. Aus der Sicht des Marketing kommt es zunächst entscheidend darauf an, dass sich ein Produkt von anderen in seiner Umgebung deutlich abhebt. Es geht darum, eine unverwechselbare Stellung einzunehmen, die Nachbarn auf «Distanz» zu halten, über ein prägnantes Profil mit positiven Konturen zu verfügen.

Abb. 4.8 zeigt die Grundform eines derartigen Marktmodells.

Im betrachteten Beispielmarkt von Abb. 4.8 existieren neben dem eigenen Unternehmen acht Konkurrenten, die mit ihren Leistungen am Markt aktiv sind. Die Positionierungen der Anbieter aus der Sicht der Kunden ergeben sich direkt aus der

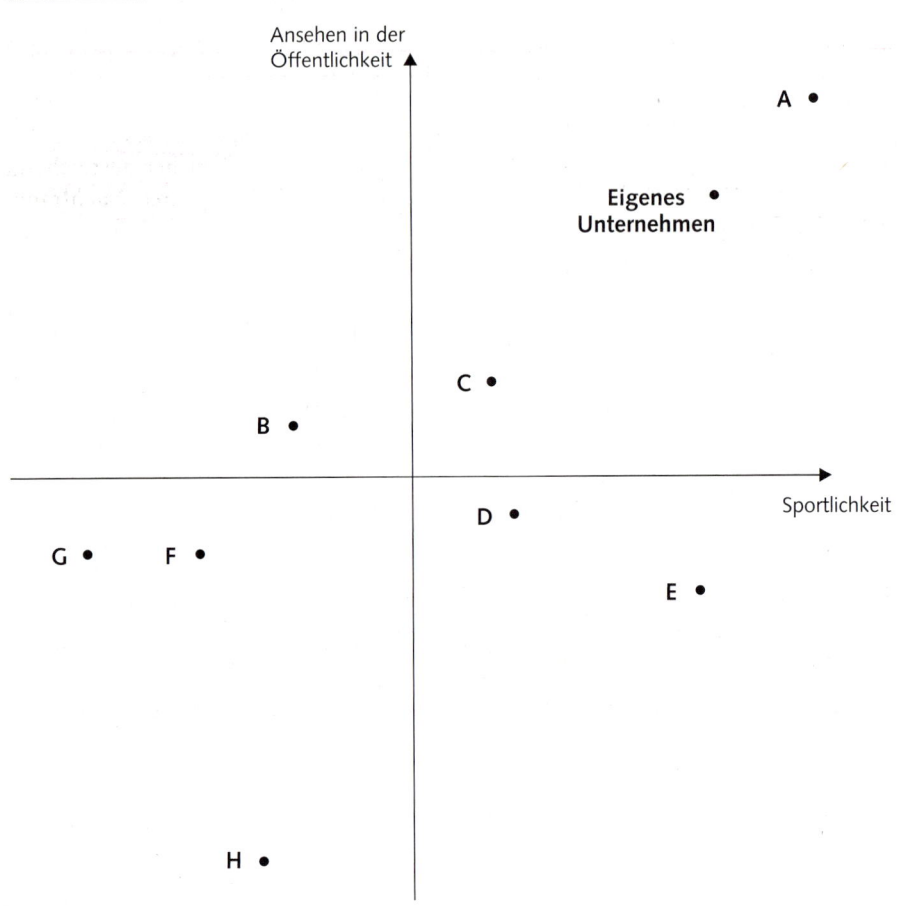

Abbildung 4.8: Grundform eines Marktmodells mit Konkurrenzbeziehungen

Position im Koordinatensystem. So wird beispielsweise das eigene Unternehmen hinsichtlich des Ansehens in der Öffentlichkeit (Reputation, Prestige) als etwas schlechter wahrgenommen als Konkurrent A, jedoch besser als alle anderen Konkurrenten. Diese Bewertung ergibt sich direkt aus dem Ordinatenwert der Koordinate. Ebenso kann für alle Unternehmen die Bewertung der Kunden in Bezug auf das zweite präferenzdeterminierende Merkmal, das auf der Abszisse angetragen ist, abgelesen werden. Auch hier wird das eigene Unternehmen geringfügig weniger sportlich eingeschätzt als Konkurrent A, es wird jedoch hinsichtlich dieses Merkmals besser bewertet als die übrigen Wettbewerber. Stärkster Konkurrent des eigenen Unternehmens ist dementsprechend Konkurrent A, weil er als am ähnlichsten (d. h. am ehesten austauschbar) wahrgenommen wird.

Ob das Ergebnis, nämlich eine bestimmte Koordinatenkonstellation, auch ökonomisch sinnvoll erscheint, steht auf einem ganz anderen Blatt; denn Idealvorstellungen, Kaufkraft, Nachfrageintensität etc. werden innerhalb des Systems höchst unterschiedlich verteilt sein. Insofern vermag eine eindrucksvolle Positionierung den Marketing-Manager erst dann zufrieden stellen, wenn sich um sein(e) Produkt(e) eine stattliche Käuferschaft schart. Der auf ein spezifisches Leistungsversprechen ansprechende Teil des Marktes muss vom Volumen her ausreichend attraktiv sein. Der Umkehrschluss, dass man immer nach der größten Nachfragedichte im Raum suchen sollte, wäre indessen falsch, weil sich dort erfahrungsgemäß auch die meisten Wettbewerber tummeln.

Das mit diesem methodischen Hilfsmittel verbundene Erkenntnispotenzial kann wesentlich erhöht werden, indem die **Idealvorstellungen** von Konsumenten bzw. Konsumentengruppen (Marktsegmente) als Punkte hinzugenommen werden (siehe dazu Abb. 4.9). Hierfür sind Probanden auf geeignete Weise danach zu fragen, welche Merkmalsausprägungen ein idealer Vertreter des entsprechenden Produktbereichs haben sollte.

Die Distanzen zwischen den einzelnen Produkten und einer bestimmten Gruppe von Nachfragern geben unmittelbar den **Grad der Vorziehenswürdigkeit** der betreffenden Objekte im Urteil dieser Personengruppe an (kleine Distanz = hohe Vorziehenswürdigkeit). Vergegenwärtigt man sich nun noch die Größe der einzelnen Personengruppen (Marktsegmente), so wird klar, wo Marktchancen bestehen.

Marktnischen sind demnach dadurch gekennzeichnet, dass hier zwar potenzielle Käufer, aber keine geeigneten Angebote zu finden sind.

Abb. 4.9 führt dazu das Beispiel aus Abb. 4.8 fort.

Die Idealvorstellungen hinsichtlich eines Leistungsangebots auf diesem Markt sind durch fünf verschiedene «Kreise» (Marktsegmente) erkennbar. So wollen Konsumenten in Segment 2 bezüglich der beiden in diesem Markt kaufentscheidenden Leistungsmerkmale am liebsten mit einem Anbieter zusammenarbeiten, der bei beiden Merkmalen hohe Ausprägungen aufweist, d. h. der sowohl über ein hohes Ansehen in der Öffentlichkeit verfügt als auch als sehr sportlich wahrgenommen wird. Hier ist natürlich von Interesse, wie groß dieses Segment ist (angedeutet durch die Größe der Kreise) und wie man die Konsumenten anhand der in Abschnitt 3.2.2 angeführten Merkmale beschreiben kann, sodass diese auch eindeutig identifiziert und angesprochen werden können.

Die relative Position des eigenen Unternehmens bzw. der Konkurrenzunternehmen hinsichtlich der Idealvorstellungen der Kunden in diesem Markt lässt sich direkt aus der Entfernung der Position des Unternehmens im Koordinatenkreuz und der Position der Marktsegmente ablesen. So ist in dieser Hinsicht erkennbar, dass das betrachtete Unternehmen bei der Leistungsgestaltung die Vorstellungen der Kunden in Segment 2 relativ gut trifft und es sich mit Konkurrent A um die Kunden dieses Segments bemüht. In ähnlicher Weise können auch die anderen Unterneh-

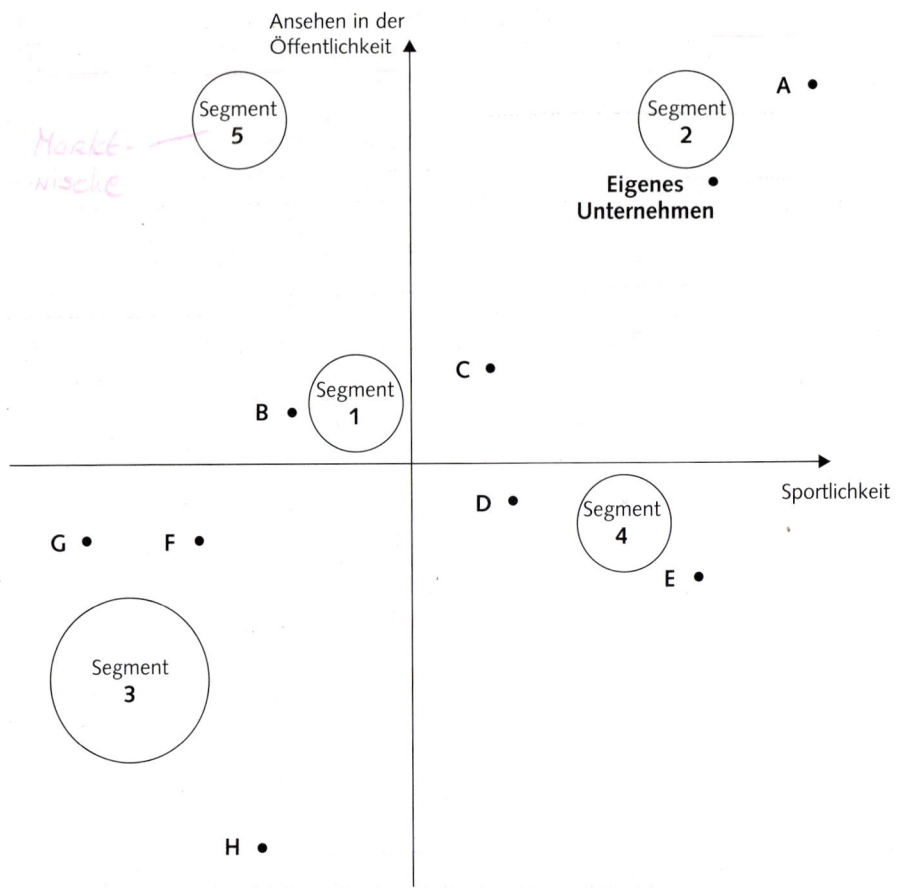

Abbildung 4.9: Marktmodell mit Konkurrenz- und Nachfragebeziehungen

men bewertet werden. Auffällig ist hier noch, dass die Vorstellungen eines idealen Leistungsangebots bei den Kunden von Segment 5 von keinem existierenden Unternehmen in adäquater Weise befriedigt werden. Dementsprechend liegt hier eine Marktnische vor, die nach Prüfung der Segmentgröße durchaus bedient werden könnte.

3.2.4 Geografische Dimensionen des Marktes

Auch der Markt im territorialen Sinn muss festgelegt werden, wobei wir von einem oder mehreren gegebenen Standorten eines Unternehmens ausgehen. In Wirklichkeit kommt dabei noch ein zweiter Aspekt hinzu, nämlich die Größe der Kunden, die man sich zu beliefern zutraut; denn z. B. vermag nicht jeder kleine Bäcker die gesamte Bundeswehr zu versorgen.

Die Absatzreichweite wird einerseits von kurzfristig als Fakt zu behandelnden **Restriktionen**, andererseits von **Ertragserwartungen** bestimmt. Eine erste Einschränkung stellt das **Liefervermögen** dar, das seinerseits von der Produktions- und der Distributionskapazität auf der einen sowie etwaigen Zukaufmöglichkeiten auf der anderen Seite bestimmt wird. Eine weitere Hürde für die Ausdehnung des unternehmensspezifischen Marktes bilden die **Transportkosten**. Die Ware kann nur eine bestimmte Strecke befördert werden, weil dann die Distanzüberwindung so stark zu Buche schlägt, dass die Gesamtkosten zu groß werden.

Vor einem ähnlichen Problem steht beispielsweise ein Handwerker, der bei Kunden zu Hause Dienstleistungen (Malerarbeiten, Reparaturen etc.) erbringt, ferner ein Unternehmen, das ein hohes Maß an **Abnehmernähe** erreichen muss, etwa weil sich seine Erzeugnisse als störungsanfällig erweisen oder regelmäßig gewartet werden müssen. Wo es dies aus Entfernungsgründen nicht mehr gewährleisten kann, tendieren seine Verkaufschancen gegen Null.

Eine Kapazität, die **nicht** ausgelastet ist, wirkt genau umgekehrt; denn durch sie wird der Absatzradius vergrößert. So dürfte ein Gewerbebetrieb, der nur in diskreten Schritten wachsen oder schrumpfen kann, nicht zögern, seine Marketinganstrengungen auf Gebiete auszudehnen, die bislang nicht auf dem Programm standen, um die Mitarbeiter und Anlagen auszulasten.

Wenn man modernste Fertigungsanlagen auslasten will, benötigt man Stückzahlen, die zumeist nur der Weltmarkt aufzunehmen vermag. Insofern präjudiziert das Streben nach Effizienz ein **Global Marketing**. Wer als Erster bestimmte Schlüsselländer erobert, verschafft sich, wie wir auch noch in Abschnitt im Kontext der Kundennähe sehen werden, Vorteile im Einkauf, in der Produktion und in der Distribution, kann damit, falls es der Markt verlangt, die Abnehmerpreise senken und dadurch auch Konkurrenten aus dem Rennen werfen (Nieschlag/Dichtl/Hörschgen [Marketing] 94 f.). Von daher führt zumindest für größere Unternehmen kein Weg daran vorbei, von vornherein die **Internationalisierung** des Absatzes ins Auge zu fassen (Helm [Institutionelle Formen]; Hollensen [Global]). Das Global Marketing postuliert somit den Vertrieb eines Erzeugnisses in allen wichtigen Ländern der Welt und die Steigerung der Effektivität der Marktbearbeitung durch weitgehende Standardisierung von Produkt und Marketingkonzeption.

3.3   Art des Wettbewerbsvorteils

Das Betätigungsfeld eines Unternehmens in der in Abschnitt 3.2 skizzierten Weise festzulegen, entscheidet oft schon darüber, ob das ständige Streben, den Wettbewerbskampf zu bestehen, von Erfolg gekrönt ist oder nicht. Solche – **strategischen** – Festlegungen werden immer für eine **längere Zeit** getroffen und sind **schwer revidierbar**, während die Alltagsarbeit dadurch gekennzeichnet ist, dass man die erreichte Position zu sichern sucht (siehe Abschnitt 2.3), beharrlich auf Verbesserungen hinarbeitet, behutsam Stützpunkte ausbaut und unablässig die Effizienz der Marketingarbeit zu steigern bestrebt ist.

Wo setzt man dabei am besten an? Welche **strategischen Stoßrichtungen** kommen in Frage?

3.3.1   Qualitätsführerschaft

Die meisten Menschen, die ein Produkt zu erwerben gedenken, werden darauf achten, dass dieses von «guter» bzw. «angemessener» Qualität ist. Damit kann Verschiedenes gemeint sein.

Bei Produktions- und Investitionsgütern gibt es meistens, bei Konsumwaren und Dienstleistungen oft objektive Kriterien dafür, wie ein Erzeugnis beschaffen sein sollte. Um etwa die Belastbarkeit von Stoßdämpfern eines Autos vor Aufnahme der Serienfertigung zu überprüfen, wird dessen Hersteller Tests durchführen und danach wissen, woran er ist.

Die Ansprüche, die ein Käufer an ein Produkt stellt, erschöpfen sich jedoch **nicht** in der Art von Anforderungen, die etwa auch die Stiftung Warentest ihren Prüfungen zugrunde legt. Ein Erzeugnis muss zumeist auch ansprechend aussehen, sympathisch stimmen, anmutend wirken. Dafür existieren **keine** objektiven Messkriterien.

Schließlich gibt es Fälle, in denen sich die Beteiligten durchaus über die Existenz bzw. Ausprägung einer bestimmten Eigenschaft, nicht aber darüber einig werden, ob der Befund nun gut oder schlecht zu werten ist. Für den einen ist z. B. die Existenz eines automatischen Getriebes in einem Auto eine conditio sine qua non, für den anderen dagegen ein höchst überflüssiger und damit verzichtbarer Bestandteil.

Im Marketing richtet sich die Aufmerksamkeit vorrangig **nicht** auf die **objektive**, sondern auf die **subjektive** Seite der Qualität von Produkten, d. h. wie oben bereits erwähnt, werden diese als absatzwirtschaftliche Leistungen mit einer Vielzahl nutzenstiftender Eigenschaften betrachtet. **Ausgangspunkt der Qualitätseinschätzung** ist demnach die subjektiv gefärbte Wahrnehmung (**Perzeption**) der Konsumenten (Böcker [Marketing]). Als Bezugsebenen kommen somit Material, Funktionalität, Verarbeitung und äußere Gestaltung, als Beurteilungskriterien technische Angemessenheit, Umweltfreundlichkeit, Wirtschaftlichkeit, Komfort und Sicherheit in Betracht. Bei Dienstleistungen geht es vor allem um die Annehmlichkeit des Umfeldes, in dem sie erbracht werden, sowie um Verlässlichkeit, Reaktionsgeschwindigkeit, Leistungskompetenz und Einfühlungsvermögen derjenigen, die für sie verantwortlich sind (Pasch/Helm [Dienstleistungsqualität], Stauss/Hentschel [Dienstleistungsqualität]).

Das Ziel der Qualitätsführerschaft als Quelle des eigenen Wettbewerbsvorteil ist demnach nicht in Bezug auf absolute und/oder «objektiv gemessene» Ausmaße bzw. bei unternehmensintern als bedeutsam betrachteten Leistungsmerkmalen zu verfolgen. Zwingend zu betrachten sind vielmehr die aus Konsumentensicht relativen Ausmaße (an bevorzugtem Qualitätsniveau), deren Messkriterien sowie deren zur Präferenzbildung herangezogenen Merkmale. Anderenfalls wird man sich in den meisten Fällen hinsichtlich der Ausprägungen der Qualität an den Anforderungen des Marktes vorbei bewegen!

3.3.2   Kundennähe

Die Unternehmen in Deutschland sind weltweit mit den höchsten Arbeitskosten pro Stunde im gewerblichen Bereich konfrontiert, die Jahresarbeitszeit liegt um Hunderte von Stunden unter der von maßgeblichen Wettbewerbern wie Japan und den USA. Außerdem sind die Umweltschutzkosten und die Steuern so hoch wie kaum in einem anderen Land. Damit stellt sich unweigerlich die Frage, wie man es erreicht, dennoch konkurrenzfähig zu bleiben. Dieser Herausforderung kann man sich vor allem deshalb nicht entziehen, weil ein knappes Drittel der Arbeitsplätze in der Bundesrepublik Deutschland vom Export abhängt.

Es liegt auf der Hand, dass sich Unternehmen unter diesen Bedingungen auf Produkte bzw. Leistungen konzentrieren müssen, deren Bereitstellung ein hohes Maß an Kreativität, Kompetenz, Kapitalkraft und Kundennähe bedingt. Damit nimmt die Bedeutung der Kosten relativ zum Produktionswert ab. Wenn namhafte deutsche Unternehmen Werke in Übersee errichten, ist darin deshalb keine Flucht vor Widrigkeiten zu Hause zu erblicken, sondern ein Reflex des Bemühens, mit der Produktion näher an die Kunden heranzurücken. Dies dient nicht primär der Einsparung von Transport- oder auch Herstellungskosten, sondern der Absatzsicherung, einem Ziel, das durch Exporte allein nicht zu schaffen wäre. Man denke hier exemplarisch an die Bedeutung von Herkunftslandinformationen («Country-of-origin»- bzw. «Made-in»-Effekte) bei Kaufentscheidungen sowie entsprechender Kampagnen («Buy domestic») in verschiedenen Ländern (Hausruckinger/Helm [Country-of-Origin-Effekt]) .

Ein Anbieter verfügt z.B. regelmäßig dann über einen Wettbewerbsvorteil, sofern er Kundenwünsche schneller und deutlicher erkennt oder von Interessenten, mit denen er in Kontakt steht, zu Neuerungen gedrängt wird. Vor allem, wenn sich Abnehmer, die man im Blick hat, als anspruchsvoll erweisen, verhelfen sie sensiblen Herstellern insofern zu einem Vorsprung, als sie das, was der Markt später in anderen Ländern verlangt, vorwegnehmen oder sogar prägen (Porter [Wettbewerbsstrategie]).

Auch Service setzt Nähe voraus; denn weder primäre noch sekundäre Dienstleistungen können aus der Ferne angeboten werden, sondern erfordern die Vorhaltung entsprechender Ressourcen vor Ort. Hierin – und nicht bei den Produkten – sehen sich deutsche Weltmarktführer im Vorteil gegenüber ihren Konkurrenten. Sie halten es für unabdingbar, in allen wichtigen Abnehmerländern mit Tochtergesellschaften vertreten zu sein, da sich nur mit eigenen Mitarbeitern die erforderliche hohe Qualität der Dienstleistungen gewährleisten lässt.

Kundennähe fordert, durch körperliche Präsenz und Nutzung von Kommunikationskanälen die physische und psychische Distanz zu den Abnehmern zu verringern, um auf diese Weise Kundenbedürfnisse rascher erkennen und sie besser befriedigen zu können.

Keine Ebene der Kundennähe ist so bedeutsam wie die Bereitschaft, auf die spezifischen Bedürfnisse bestimmter Abnehmergruppen oder gar jedes einzelnen Kunden einzugehen. Dies entspricht natürlich nicht den gängigen Vorstellungen von Standardisierung und Kostenbewusstsein, aber sich nur an den Kosten zu orientieren, könnte sich als fataler Fehler erweisen. In der Produktions- und Investitionsgüterindustrie waren schon immer individuelle, kundenspezifische Lösungen, die dann freilich auch etwas teurer sein durften, gefragt (Backhaus [Investitionsgütermarketing] 4).

Der Weg zum Ziel führt indessen nicht nur über die Technik. *Th. Watson*, unter dessen Ägide die IBM Weltgeltung erlangt hat, erhob folgende Forderung zum Dogma: «Unter allen Unternehmen der Welt wollen wir den besten Kundendienst bieten». Somit wurde nicht die «Hardware», sondern Service und **Kundennähe** zum Dreh- und Angelpunkt aller Marketingbemühungen erhoben. Dies hatte zur Folge, dass man dabei sogar soweit ging, bei Einführung des IBM-Service für Notfälle zu erklären: «Auf Wunsch der Kunden gießen wir auch deren Blumen».

Kundennähe konkretisiert sich nicht nur darin, seinen Abnehmern im wörtlichen wie im übertragenen Sinne «entgegen zu kommen». In vielen Fällen ist Präsenz im Markt unabdingbar, dies vor allem dann, wenn Käufer nicht bereit sind, weite Wege auf sich zu nehmen. Der Standort erfährt hier eine hohe Bedeutung (Bea [Entscheidungen] 335 ff.) Kundennähe kann sich aber auch im Abbau zeitlicher Hürden äußern, die Geschäftspartner normalerweise zu überwinden haben. Man denke hierbei beispielsweise an die rund um die Uhr reichende Liefer- und Servicebereitschaft von Apotheken und Reparaturdiensten. Kommunikative Nähe demonstriert auch, wer Verbrauchern bei Anfragen und Bestellungen die Möglichkeit einräumt, gebührenfrei oder zum Ortstarif zu telefonieren oder wer sie zu bestimmten Zeiten Beschwerden bei leitenden Mitarbeitern des Unternehmens loswerden lässt.

Kundennähe und zugleich größere Effizienz der Marktbearbeitung dank geringer Fehlstreuung von kommunikativen Maßnahmen resultieren aus einem Konzept, das heute allgemein als **Data-base-Marketing** bekannt ist (vgl. dazu Abschnitt 4.3.2).

3.3.3   Imagevorsprung

Manche Produkte werden überhaupt nur deswegen erworben und nicht wenige Dienstleistungen allein deshalb in Anspruch genommen, weil das Umfeld des Käufers weiß, welch stattliche Beträge im Einzelfall für sie zu bezahlen sind. Man denke hier an Modeartikel, Markenkleidung, Schmuck, Kosmetika, Luxusautos und Sportgeräte, an exotische Urlaubsländer, die gehobene Gastronomie, traditionsreiche Hotels und Warenhäuser. Vieles verdankt seine Attraktivität vornehmlich dem **Image** des Besonderen, Elitären und Teuren, das die Verantwortlichen zu erringen und zu kultivieren verstehen. Manche Artikel profitieren auch von der mit ihnen verbundenen Erlebnisqualität, so beispielsweise Zigaretten, die den «Duft der großen, weiten Welt» verströmen, oder Swatch-Uhren, die auf Grund ihres Designs dem Träger Modebewusstsein bescheinigen und so aus dem Rahmen des Üblichen fallen.

> Kaufentscheidend ist in den allermeisten Fällen die **Perzeption**, die subjektive Wahrnehmung der angebotenen Leistung!

Nach einem Imagevorsprung zu streben empfiehlt sich vor allem dort, wo die für die Erbringung einer bestimmten Leistung erforderlichen Rohstoffe knapp sind, wo es zu deren Erstellung selten vorhandener Kenntnisse oder Fähigkeiten bedarf und wo es nicht oder kaum zu technischem Fortschritt kommt. Weiterhin bietet sich diese Strategie auch in jenen Produktbereichen an, in denen man unter einer «Motivenge» leidet, d.h. für eine eher rational, an Kaufgründen ausgerichtete Kommunikationspolitik zu wenige konkrete Argumente zur Hand hat (z.B. bei Zigaretten), in denen Statussymbole benötigt werden oder in denen dem Wunsch nach demonstrativem Konsum, einem exklusiven Life-Style oder dem Zeitgeist Tribut gezollt werden muss.

Die **Imagestrategie** eignet sich aber auch dazu, die Spielregeln, nach denen der Wettbewerb in einer Branche ausgetragen wird, zu verändern. Wenn beispielsweise ein Anbieter von Alltagsartikeln in einem Hochlohnland einsehen muss, dass er die Kostennachteile, unter denen er leidet, kaum überwinden kann, sollte er versuchen, den Spieß umzudrehen, d.h. Nutzendimensionen zu kreieren, die das Kaufverhalten verändern, Kosten in den Hintergrund treten und niedrige Preise als irrelevant erscheinen lassen.

Die Uhrenindustrie gibt hierzu ein gutes Beispiel. Vor dem Hintergrund der Existenzgefährdung durch die Hersteller von Quarzuhren, bei denen ein hochwertiger Chip kaum mehr als einige Euro kostet, waren die europäischen Uhrenhersteller vor einigen Jahrzehnten gezwungen, sich hinsichtlich der Absatzsicherung «etwas einfallen zu lassen». Die Idee war, die Konsumenten von der kreativen und technischen Leistung mechanischer Uhren zu überzeugen und sie so zum Tragen dieser edlen Stücke zu animieren. Gefragt ist seitdem (in einigen Käuferschichten) nicht mehr die preiswerte, sondern die besondere Uhr mit allen möglichen mechanischen (auch unnötigen) Funktionalitäten. Zu diesem Zweck wurden «alte» **Marken** mit Geschichte, wie beispielsweise Blancpain («Seit 1735 gibt es bei Blancpain keine Quarzuhren. Es wird auch nie welche geben») oder Breguet, wieder zum Leben erweckt.

Gut beobachtbar ist dies auch in der Automobilindustrie, in der sich beispielsweise die Firma AUDI durch den USP (= Unique Selling Proposition) «Vorsprung durch Technik» seit Jahren äußerst erfolgreich behauptet.

3.3.4   Kosten- und Preisvorteile

Qualitätsführerschaft, Kundennähe und Imagevorsprung bedingen sich z. T. gegenseitig und bilden insofern keine miteinander rivalisierenden Strategien. Gleichwohl sollten im Marketing deutliche Akzente gesetzt werden, um jeder Fehlwahrnehmung im Markt vorzubeugen. Ein Ansatzpunkt ganz anderer Art, sich dem Wettbewerb zu stellen, liegt im Streben nach **Kostenführerschaft**, dem zwei verschiedene **Motive** zugrunde liegen können:

Zum einen verursacht das Ziel, anderen in der Leistung überlegen sein zu wollen, einen gewaltigen Aufwand, der, wie die Erfahrung zeigt, leicht außer Kontrolle geraten kann. Insofern stützt das Ringen um niedrige Kosten die Verfolgung übergeordneter Ziele, weil der Schritt etwa von hoher zu noch höherer Qualität zumeist mit einer überproportionalen Aufwandssteigerung verbunden sein wird.

Zum anderen gibt es aber auch Anbieter, die gezielt eine Tiefstpreispolitik verfolgen. Sie erachten es als ihre vordringlichste Aufgabe, das Preis-Leistungs-Verhältnis jedes Artikels, ausgehend von einem bescheidenen bis mittleren Qualitätsniveau, nach unten zu drücken. Da Produkte der in Frage kommenden Art gewissermaßen jeder bereitstellen kann, konkretisieren sich Leistungsvermögen und Wettbewerbsstärke vorrangig im geforderten Preis am Markt. Um hierbei mithalten zu können, muss die Kostenschraube immer noch stärker angezogen werden.

Ein probates Mittel dazu besteht zunächst darin, die Fixkosten, die in einem Unternehmen anfallen, insoweit abzubauen, als Leerkapazität gegeben ist. Eine stärkere Auslastung vorhandener Ressourcen lässt sich aber auch dadurch erreichen, dass man für Menschen, Maschinen, Immobilien etc. weitere Finanz- bzw. Nutzungsmöglichkeiten findet («**Economies of Scope**»). Wenn man sich der Kapazitätsgrenze nähert und allem Anschein nach auf Dauer Einiges mehr am Markt absetzen kann, wird man eine Erweiterung der Anlagen ins Auge fassen, dabei aber einen **Technologiesprung** zu erzielen versuchen. Dies bedeutet, dass nunmehr «im größeren Stil», auf leistungsfähigeren Anlagen («**Economies of Scale**») produziert wird. Einen weiteren Ansatzpunkt, Stückkosten zu senken, bildet schließlich die Erlangung höherer **Mengenrabatte** im Einkauf.

Chancen, von den skizzierten Möglichkeiten zu profitieren, eröffnen sich selbst dann, wenn man nicht ein einziges Stück mehr als bisher absetzt. Es liegt beispielsweise nahe, Komponenten eines Artikeltyps, insbesondere solche, die die Käufer des Endprodukts nicht sehen, über möglichst viele Varianten hinweg zu **standardisieren** («**Plattformstrategie**») und so zu geringeren Stückkosten zu gelangen. Demselben Zweck dient der **Gemeinschaftseinkauf**, der vor allen im Handel weit verbreitet ist.

Wenn der Wettbewerb härter wird und Stückzahlen und auch Stückkosten nicht mehr zu steigern bzw. zu senken sind, muss man andere Wege beschreiten. Eine erste Überlegung richtet sich darauf, ob es **Kostenarten oder -stellen** gibt, die sich völlig **ausmerzen** lassen. Schlagworte wie Lean Production und Lean Management deuten darauf hin, dass manch ein Unternehmen in guten Zeiten Speck angesetzt hat, der nunmehr verschwinden muss.

Zumindest eine **Reduktion** sollte indessen möglich sein, beispielsweise dadurch, dass man leistungsfähigere Lieferanten findet, an allen Ecken und Enden automatisiert, die Fertigungstiefe vermindert, preisgünstigere Materialien verwendet, die Produktion ins Ausland verlagert oder Vertriebsfunktionen ausgliedert, z. B. auf die Unterhaltung eines eigenen Fuhrparks verzichtet und statt dessen mit Spediteuren zusammenarbeitet. Auch organisatorische Mängel, die finanziell zu Buche schlagen, lassen sich beseitigen, beispielsweise Schwachstellen und Engpässe erkennen, unnötige Wege und Wartezeiten abbauen, ferner Abläufe vereinfachen sowie Fähigkeiten und Geschicklichkeit der Mitarbeiter steigern.

Einen Versuch wert erscheint auch die **Überwälzung von Kosten** auf Marktpartner. Das «Burden Sharing» lässt sich gegenüber fast allen, zu denen man Geschäftsbeziehungen unterhält, betreiben. Beim just-in-time-Konzept wird zum Beispiel die Lagerhaltung anderen aufgebürdet und beim POS (Point of Sale = Verkaufsstellen)-Banking teilen sich Einzelhandel und Geldinstitute den Aufwand, der mit dem elektronischen Zahlungsverkehr verbunden ist. Eng mit all dem verknüpft ist die Auslösung **synergetischer Effekte,** die nichts anderes als Economies of Scope verkörpern.

Was bei all diesen Bemühungen herauskommt, lässt sich i. S. einer groben Annäherung sogar quantifizieren. Das Ergebnis schlägt sich in der sog. **Erfahrungskurve** nieder.

In den dreißiger Jahren hat *T. P. Wright* erstmals auf den Umstand hingewiesen, dass mit jeder Verdoppelung der kumulierten Ausbringungsmenge eines Produktes ein Kostensenkungspotenzial von 20–30% einhergeht (logarithmierte, d. h. linearisierte Form in Abb. 4.10). Wenn es also ein Automobilhersteller im Laufe der Zeit auf zwei Millionen Exemplare eines bestimmten Modells bringt, so werden (müssen aber nicht!) die Kosten des letzten Stückes um Einiges niedriger als diejenigen sein, die er bei Erreichen der Millionen-Grenze verzeichnete.

Diese als **Boston-Effekt** bekannte Gesetzmäßigkeit, die bereits in einer Vielzahl von Fällen nachgewiesen werden konnte, theoretisch indessen noch nicht überzeugend begründet ist, gehört heute zum festen Inventar der strategischen Planung (Bauer [Erfahrungskurvenkonzept]). Wer ganz gezielt darauf setzt, verfügt über eine echte **Alternative zur Marktsegmentierung,** die ihrem Wesen nach kleinere Stückzahlen bedingt. Es gibt Unternehmen, die in Verfolgung einer Marktdurchdringungsstrategie so niedrige Entgelte fordern, dass diese unter den Stückkosten von heute liegen, und zwar im Vertrauen darauf, auf diese Weise schnell große Stückzahlen zu

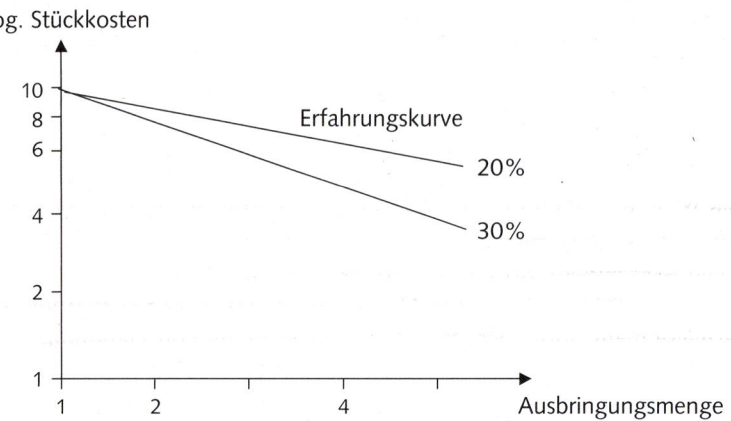

Abbildung 4.10: Idealtypische Form der Erfahrungskurve

erzielen. Damit gelangt man alsbald in die Gewinnzone, doch – und dies ist der entscheidende Gesichtspunkt – bei Preisen, die den meisten möglichen Konkurrenten von vornherein die Lust nehmen, in diesem Markt mitzumischen (vgl. dazu Abschnitt 4.2).

3.4 Zur Notwendigkeit informationsbasierter Entscheidungen im Marketing

Es ist nicht zu übersehen, dass Entscheidungen in den oben diskutierten Bereichen («Was soll ich wie tun?») auf Basis einer adäquaten Informationsgrundlage gefällt werden müssen, sollen sie nicht aus reinem Zufall entstehen.

Erfolgreiches Marketing wird jedoch in der betrieblichen Praxis häufig weniger als Ergebnis einer systematischen Vorgehensweise denn als Resultat von Kunstfertigkeit und Intuition angesehen. Ohne Zweifel ist eine derartige Einschätzung überzogen, doch ist nicht zu übersehen, dass das Produktions-, Personal- oder Beschaffungswesen keinem vergleichbaren Maß an Geringschätzung ausgesetzt ist. Was unterscheidet also das Marketing etwa von der Produktion? Intuition und Kunstfertigkeit sind in beiden Bereichen gefordert, wenn es darum geht, Lösungen für bestimmte Probleme zu entwickeln. Der entscheidende Unterschied liegt in der Bedeutung des **Informationsproblems** bzw. in der Problematik, adäquate Informationen zur Entscheidungsfundierung zu bekommen (Erichson/Hammann [Information]; Schweitzer [Planung]).

Diese Problemstellung lässt sich an einem Exempel anschaulich darstellen: Greifen wir beispielsweise einen Manager im Einzelhandel heraus, der vor der Aufgabe steht, die Verkaufspreise für Damenoberbekleidung eines bestimmten Lieferanten festzulegen. Einen erheblichen Anteil seiner Zeit wird dieser darauf verwenden, herauszufinden, welche Preise die Wettbewerber verlangen und wo für die betreffenden Produkte die Preisschwelle liegt oder – anders ausgedrückt – was eine normale Kundin in seinem Geschäft für das entsprechende Produkt zu zahlen bereit ist. Hat er Informationen darüber vorliegen, wird es für ihn ein Leichtes sein, den «optimalen» Preis für diese Kundin festzusetzen. Ein Manager dagegen, der in einem größeren Werk für die Produktionssteuerung verantwortlich ist, verfügt zwar über alle notwendigen Informationen (z. B. Fertigungsdauer für eine Einheit auf verschiedenen Maschinen), doch hat er Mühe, daraus die optimale Lösung des Problems abzuleiten. Während also dem Marketing-Manager die Beschaffung von Daten üblicherweise mehr Sorge bereitet als die Entwicklung von Handlungsempfehlungen, stellt sich für den Produktions-Manager die Situation genau umgekehrt dar.

Da das Informationsproblem des Marketing-Managers auch in absehbarer Zukunft nicht viel besser bewältigt werden kann, geht es nicht ohne das bewährte Fingerspitzengefühl. Dass allerdings ein gezieltes Informationswesen trotz seiner Mängel im Detail letztlich den Erfolg mitbestimmt, liegt auf der Hand. Eine, am Engpass orientierte – auf Käufermärkten dementsprechend absatzmarktorientierte – Unternehmensführung verlangt somit zwingend eine Vielzahl detaillierter, zeitnaher und aufeinander abgestimmter Informationen. **Marketing ohne Marktforschung** ist demnach nicht denkbar!

Diesen Anforderungen kann in aller Regel nur entsprochen werden, wenn das Informationswesen sowohl hinsichtlich der Gewinnung als auch der Auswertung von Daten systematisch geplant ist. Im Gegensatz dazu stehen ad-hoc durchgeführte Marktstudien, aus denen häufig wichtige Detailergebnisse resultieren, selten aber ein umfassendes Verständnis des Marktes erwächst. Die Folge einer solchen, im Wege von Einzelstudien betriebenen Informationsgewinnung sind zudem Einzelergebnisse, die im Zeitablauf bzw. über verschiedene Produkte hinweg nicht vergleichbar sind, weil beispielsweise dieselben Märkte in verschiedenen Untersuchungen jeweils anders abgegrenzt oder Preiswirkungen und Präferenzen unterschiedlich gemessen werden.

Alle Informationsaktivitäten eines Unternehmens – konkrete Marktforschungsstudien, die von der zuständigen Abteilung initiiert werden, Entnahme von Daten aus dem Rechnungswesen und der Absatzstatistik, Gewinnung von Informationen aus allgemein zugänglichen Publikationen – sind Teil eines allgemeinen Erkenntnisgewinnungsprozesses, der als Ganzes gezielt gestaltet werden muss. Kaum zu überschätzen ist dabei das Informationspotenzial, das in bereits ermittelten bzw. früher erhobenen Daten ruht. Dessen systematische Auswertung («Sekundärforschung») hat stets am Anfang spezifischer Datenerhebungsaktivitäten («Primärforschung») zu stehen. Mittels einer gezielt durchgeführten Sekundärforschung wird vermieden, dass zum einen identische oder zumindest ähnliche Informationen mehrfach beschafft und aufbereitet werden und dass zum anderen Fehler bei der Datenerhebung und -auswertung wiederholt werden.

3.5   Kennzeichen eines Marketingprozesses

Vor dem Hintergrund der bisher angestellten Überlegungen bietet es sich an, die gewonnenen Erkenntnisse nochmals in prägnanter Form zusammenzufassen. Damit ergeben sich folgende **Leitsätze** als Kennzeichen eines Marketingprozesses.

Das erste Kennzeichen besteht darin, dass der Absatzmarkt als der Ausgangspunkt strategischer und taktischer Planung angesehen wird. Die Orientierung der Bemühungen eines Unternehmens an den **Bedürfnissen der tatsächlichen oder potenziellen Nachfrager** geschieht dabei keineswegs aus altruistischen Motiven, sondern aus der Annahme heraus, dass allein eine systematische Berücksichtigung der Bedürfnisse und der Konkurrenzverhältnisse dem jeweiligen Anbieter die Möglichkeit gibt, Absatz- und damit Unternehmenserfolg zu erzielen.

Die Erkenntnis, dass Nachfrager ein Objekt hinsichtlich seiner relevanten Merkmale häufig unterschiedlich wahrnehmen, lässt vermuten, dass nicht das **objektive Bild** eines Produktes, sondern dessen **Perzeption** (als Nutzenbündel) Ablauf und Ergebnis eines Kaufentscheidungsprozesses bestimmt. Daraus folgt für das Marketing als zweiter Leitsatz, dass es nicht genügt, objektiv gute Produkte anzubieten. Man muss auch dafür sorgen, dass diese als gut beurteilt werden. Auf Wettbewerbsmärkten zeichnen sich erfolgreiche Unternehmen dadurch aus, dass sie ein **unverwechselbares Profil** aufweisen, das von den Konsumenten nicht nur erkannt wird, sondern auch anerkannt ist.

Wenn sich, wie bereits erwähnt, die möglichen Interessenten eines Produktes in mehrfacher Weise unterscheiden, dann folgt daraus zwingend, nicht alle als einheitliche Masse zu behandeln, sondern sie in homogene Gruppen einzuteilen. Daraus folgt der Grundgedanke der **Marktsegmentierung**, die das Pendant zur undifferenzierten Marktbearbeitung darstellt. Die Notwendigkeit einer segmentweisen Marktbearbeitung ergibt sich vor allem dann, wenn die Vorstellungen der Nachfrager überaus stark divergieren, wie dies an einem in Abb. 4.11 wiedergegebenen, einfachen Beispiel deutlich wird. Mit einem **Produkt für alle** würde man sich quasi zwischen die Stühle setzen!

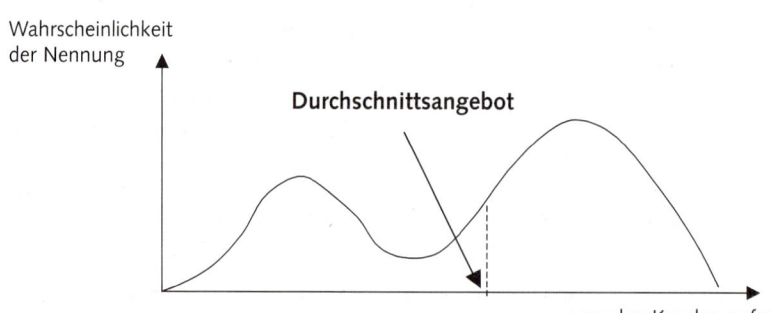

Abbildung 4.11: Problem der Produktgestaltung nach dem Durchschnittsprinzip

Die **segmentweise Marktbearbeitung** als dritter Leitsatz zielt darauf ab, durch ein Angebot, das für das entsprechende Marktsegment «maßgeschneidert» ist, eine Art Monopolstellung zu erlangen und damit weniger anfällig für Angriffe von Konkurrenten zu sein.

Lässt man die Vielfalt der Möglichkeiten im Marketing-Mix Revue passieren, die etwa einem Hersteller von Bekleidung offen stehen, so bedarf es einer bewussten **Integration der Einzelaktionen,** um mit einem widerspruchsfreien Maßnahmenbündel an den Markt heranzutreten. Die Entwicklung einer hochwertigen, teuren Kollektion und die Einschaltung von Discountläden als Vertriebsstellen würden von den Konsumenten mit Sicherheit als nicht miteinander vereinbar beurteilt, mit der Folge, dass ein Anbieter weder die Käufer hochwertiger Bekleidung noch die, die preiswerte Varianten bevorzugen, für sich gewinnen könnte.

Im Bekleidungsbereich kaufen Konsumenten vielfach nicht einfach Kleidungsstücke, um beispielsweise Wind und Regen abzuhalten, sondern auch Eleganz und Prestige. Besteht das Bedürfnis also in dem umfassenden Streben nach Prestige, so muss dies auch das Angebot versprechen, wozu vor allem das Produkt selbst (beispielsweise in seiner Funktionalität oder Haltbarkeit), dessen Verpackung, das Einzelhandelsgeschäft und die Werbung jeweils ihren Teil beizutragen haben. Das **Denken in kompletten Problemlösungen** statt in Produkten verkörpert somit den vierten Leitsatz.

Die skizzierten Kennzeichen verlangen schließlich als fünften Leitsatz, wie bereits vorher diskutiert und leicht einsichtig ist, nach einer **wissenschaftlich betriebenen Informationssammlung.** Last but not least lässt sich festhalten, dass natürlich auch eine Berücksichtigung der **gesellschaftlichen Auswirkungen** der Aktivitäten innerhalb der Planungen erfolgen muss.

4   Instrumente des Marketing-Mix

Ein Hersteller kommt mit Abnehmern, Konkurrenten, Handel, Dienstleistungsunternehmen und Behörden nicht schon dadurch in Berührung, dass er strategische Entscheidungen fällt, sondern erst durch sein Bemühen, das Marktgeschehen mit Hilfe sog. **Marketing-Instrumente** zu beeinflussen. Er bietet Produkte – genauer: Leistungen – an, verlangt für sie jeweils einen bestimmten Preis, schafft sie in den Verfügungsbereich der Bedarfsträger bzw. Abnehmer und treibt für sie in der Öffentlichkeit Werbung. Als **Marketing-Instrumente** werden üblicherweise folgende Teilbereiche bezeichnet:

- **Produktpolitik** zur Gestaltung der Sach- oder Dienstleistung («Was wird angeboten, in welchen Qualitätslagen wird angeboten, durch was zeichnen sich die Leistungen konkret aus?»),

- **Preispolitik** («Zu welchen Bedingungen wird angeboten – Preise, Garantien, Zahlungs- und Finanzierungsmodalitäten?»),
- **Distributionspolitik** («Wo und wann wird angeboten?»),
- **Kommunikationspolitik** («Welche Informationen werden darüber (wo, wie, wann) angeboten?»).

4.1   Produktpolitik

4.1.1   Produktinnovationsprozess und produktpolitischer Gestaltungs-spielraum

Die Entwicklung **marktneuer** und **marktbeständiger** Produkte ist das wesentliche **Ziel der produktpolitischen Bestrebungen** von Unternehmen. Sie lässt ein einheitliches Umsatz- und Gewinnpotenzial entstehen, ist üblicherweise aber auch mit einem erheblichen Risiko verbunden.

Die Entwicklung eines neuen Produktes, das einen hohen technischen Perfektionsgrad aufweist und die im Rahmen der Positionierung gesetzten Anforderungen erfüllt, beansprucht in aller Regel viel Zeit – *Urban/Hauser* [New Products] geben eine Spannweite zwischen 18 und 35 Monaten an. Die einzelnen Stufen eines idealtypischen Prozesses sind in Abb. 4.12 nachgezeichnet.

Der Produktinnovationsprozess kann demnach als eine Folge ineinandergreifender Entscheidungs- und Ausführungsphasen gekennzeichnet werden. Erhebliche Bedeutung kommt dabei zunächst der Analyse der Verträglichkeit von Produktvorhaben mit marktbezogenen und betrieblichen Gegebenheiten zu. Mit Letzteren sind etwa die Dimensionierung der Produktions- und der finanziellen Kapazität oder Möglichkeiten der Beschaffung der jeweils notwendigen Vorprodukte gemeint. In dieser Phase geht es im Wesentlichen um die Entscheidung «möglich/nicht möglich». Gegebenenfalls werden aufwändigere Analysen durchgeführt, deren Ergebnis die Entwicklungsphase bestimmt. Während bis zur zweiten Phase häufig alle als möglich eingestuften Produktideen nebeneinander verfolgt werden, bedarf es danach aus Kostengründen zumeist einer Auswahl der erfolgversprechendsten Ideen.

Von der Gesamtheit der ausformulierten Produktideen werden etwa 10–15% bis zur Markteinführung weiterverfolgt. Von diesen wiederum erreichen die meisten nicht die Marktbedeutung, die alle mit der Entwicklung zusammenhängenden Kosten abzugelten gestatten würde.

Zur **Ausgestaltung der neuen Leistung** bzw. zur Veränderung eines vorhandenen Produkts stehen eine Fülle von Ansatzpunkten zur Verfügung. Einige Ideen dazu sind im Folgenden angeführt (Abb. 4.13).

Grundsätzlich kann man davon ausgehen, dass sich mit zunehmender Komplexität der Produkte und mit schärferem Wettbewerb eine zusätzliche Leistungskompo-

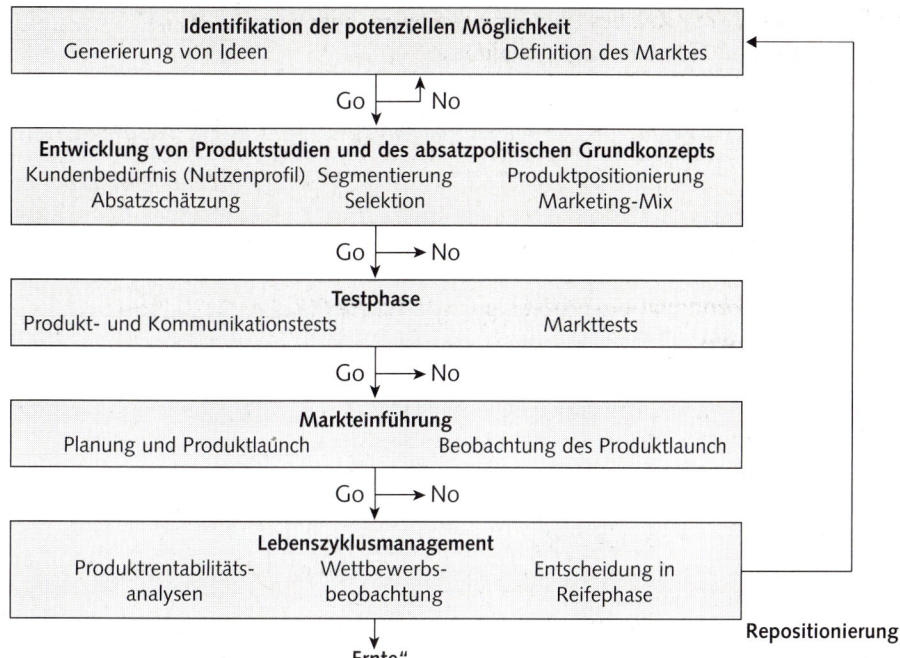

Abbildung 4.12: Ablauf des Produktinnovationsprozesses

nente in den Vordergrund schiebt: der **Service.** Dieser erstreckt sich von der Bereitstellung von Informationen vor dem Kauf bis hin zur permanenten Betreuung von
Kunden und zur Erbringung erheblicher Zusatzleistungen. Der Wettbewerb wird
immer mehr zu einem Beratungswettlauf, bei dem Spezialisten unter Einsatz
moderner Technik komplexe Systeme verkaufen. Manche Erzeugnisse ließen sich
überhaupt nicht absetzen, würde sich der Hersteller nicht zu einem weitreichenden
Service bereitfinden.

4.1.2   Produktlebenslauf und programmpolitische Optionen

Der Lebenslauf eines Produktes nach der Markteinführung wird von den Bemühungen um Durchdringung eines Marktes bis hin zum Zeitpunkt seiner Entnahme bestimmt. Idealtypisch nehmen die Umsätze und die Produktdeckungs-
beiträge den in Abb. 4.14 skizzierten Verlauf.

Der **Lebenszyklus** eines Produktes spiegelt somit den bei diesem typischer-
weise zu erwartenden Verlauf der Umsatz- und Deckungsbeitrags- bzw. Ge-
winnkurve wider, und zwar ab dessen Einführung in den Markt bis zu dessen
Entfernung aus dem Angebot eines Unternehmens.

Problemadäquanz

Funktionale Angemessenheit
Erfüllt der Fleckentferner seinen Zweck? Reicht die Motorstärke für die Größe des Autos aus?

Ergonomische Gestaltung
Wie müssen Cockpits, Maschinen oder Arbeitsplätze an der Kasse eines Lebensmittelgeschäftes gestaltet sein, um die physische Belastung der Menschen so weit wie möglich zu reduzieren?

Kompatibilität
Sind Computer und periphere Geräte aufeinander abgestimmt? Passen alle Elemente einer Einrichtung zusammen? Sind das Baukastenprinzip oder der Set-Gedanke dem Absatz förderlich?

Individualisierbarkeit des Angebots
Ist es möglich, eine maßgeschneiderte Lösung zu bieten? Lassen sich die Standardversion mit Ausstattungselementen, die Hardware mit Software anreichern?

Komplexität
Wie viel Hightech oder Highchem muss ein Produkt enthalten?

Darreichungsform
In welchen Varianten ist das Produkt verfügbar? Ein Medikament kann man z. B. als Tablette, Dragee, Flüssigkeit, Zäpfchen, Kapsel, Salbe, Spritze, Infusionslösung oder durch Inhalation verabreicht bekommen.

Haltbarkeit
Wann verderben Nahrungsmittel? Wie lange halten Polstermöbel?

Convenience

Verwendungsreife
Welchen Aufwandes bedarf es, um Gerichte zuzubereiten (Fertiggerichte), Möbel aufzustellen (Ikea-Konzept) oder Daten analysieren zu können (Diskette statt Papier)?

Flexibilität
Ist das Produkt vielseitig einsetzbar (z. B. beim ISDN-Netz alle Kommunikationsdienste aus einer Steckdose), leicht kombinierbar oder umrüstbar? Macht es seinen Benutzer unabhängig von einem Anschluss (schnurloses Telefon), vom Stromnetz (Walkman) oder vom Zeitpunkt der Ausstrahlung eines bestimmten Fernsehprogramms (Videorekorder)?

Reparaturfreundlichkeit
Besteht das Produkt aus Modulen, die leicht ausgetauscht werden können? Sind kritische Elemente gut zugänglich (wie der Motor bei einem MAN-Lkw, weil sich das Führerhaus kippen lässt)?

Sicherheit

Bedienungssicherheit
Ist der Benutzer bei gewöhnlichem und auch bei nicht bestimmungsgemäßem Gebrauch geschützt (Elektrogeräte, Maschinen)?

Störungssicherheit
Sind Stör- bzw. Ausfälle weitgehend ausgeschlossen? Sucht das System im Ernstfall nach einer alternativen Lösung (Notstromaggregat)?

Diebstahlsicherheit
Ist ein Objekt gegen unbefugte Benutzung oder gar Entwendung geschützt?

Wirtschaftlichkeit

Wie viel Liter Benzin benötigt ein bestimmtes Auto pro 100 km? Wie lange lässt sich ein Fahrzeug ohne größere Reparaturen benützen? Wie viel Aufwand verursacht der Unterhalt einer Ferienwohnung, einer Yacht oder eines Textverarbeitungssystems?

Kennzeichnung

Herkunftsangabe
Aus welchem Land stammt das Erzeugnis? Ist die Ursprungsangabe als Auszeichnung («Made in Germany») oder als Diskriminierung («Made in …») zu werten?

Gütesiegel
Zu welcher Güteklasse gehört das (landwirtschaftliche) Produkt? Verfügt es über Prüfzeichen, z. B. vom VDE, TÜV, von der CMA oder einer Umweltbehörde (Umweltengel)?

Marke
Es gibt Hersteller-, Handels-, Zweit- und Dachmarken, nationale und internationale Marken, aber auch sog. No-names. Typisch sind Markierung, gleichbleibende Aufmachung, konstante Menge, Verbraucherwerbung, hoher Bekanntheitsgrad und mehr oder minder weite Verbreitung. Wo ist das eigene Produkt einzuordnen? Ist das Potenzial an Möglichkeiten ausgeschöpft?

Umweltfreundlichkeit

Wie stark wird die Umwelt durch die Erstellung und/oder die Verwendung eines Produktes belastet? Wie viel Verpackungsmüll fällt an? Auf welche Weise wird das Erzeugnis entsorgt? Wirtschaftlichkeit und Umweltfreundlichkeit verbinden sich in der Ökorationalität. Wie viel Wasser, Strom und Waschpulver benötigt eine Waschmaschine, um eine Ladung wenig oder stark verschmutzter Wäsche zu waschen?

Anmutungsqualität

Material
Welches Material wird für den Teil eines Erzeugnisses, den ein Verbraucher wahrnimmt, verwendet (Holz, Plastik oder Metall bei Fernsehapparaten)?

Farbe
Welche Farben bzw. Farbkombinationen sind lieferbar? Kann der Käufer das von ihm bestellte Auto in seiner Traumfarbe erhalten?

Form
Wie ansprechend erscheint die Formgebung? Fällt das Produkt (positiv) aus dem Rahmen? Kann der Käufer (wie bei einem Haus) die Gestaltung beeinflussen?

Packungsgestaltung

Stimmt die Umhüllung mit dem Inhalt der Packung überein? Welche Erwartungen werden geweckt (aufwendig eingewickelte Kernseife, hochwertige Pralinen in unscheinbarer Aufmachung)?

Abbildung 4.13: Differenzierungsmöglichkeiten bei der Leistungsgestaltung

Die Umsatzkurve wird üblicherweise in einzelne Phasen unterteilt, für die spezifische absatzpolitische Anstrengungen typisch sind. Ein Produkt wird entwickelt und zu gegebener Zeit in den **Markt eingeführt.** Erweist es sich als Erfolg, durchläuft es nacheinander die Phasen des **Wachstums, der Sättigung** (der Nachfrage) und schließlich der **Degeneration,** d. h. es verliert an Marktbedeutung und wird irgendwann aus dem Angebot herausgenommen.

Der aufgezeigte idealtypische Verlauf des **Produktlebenszyklus** gilt nur für erfolgreiche neue Produkte. Als wesentliche Gründe für Misserfolge (Flops) werden vor, allem mangelhafte Produktqualität, falscher Einführungszeitpunkt und die

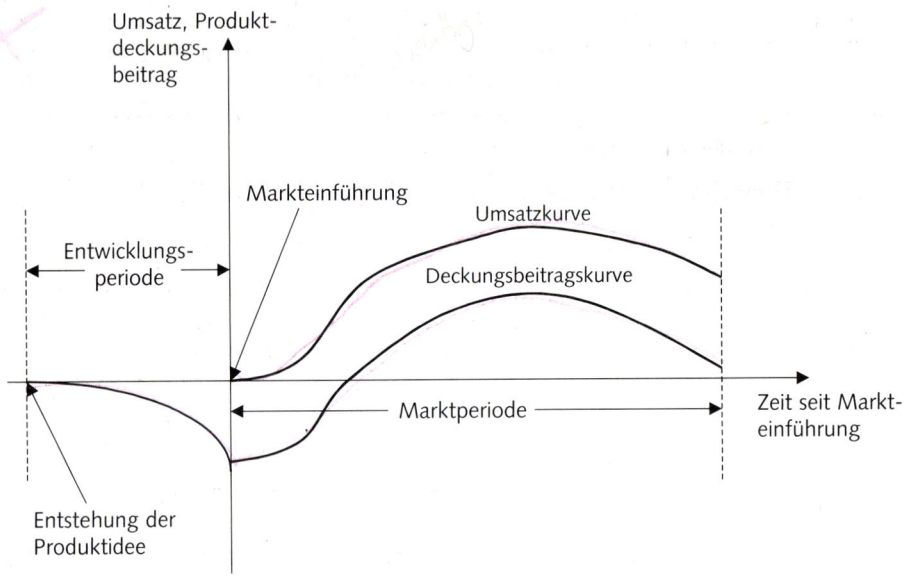

Abbildung 4.14: Idealtypische Form des Produktlebenszyklus

Unfähigkeit des Herstellers, die Vorzüge seines Produktes den potenziellen Kunden nahe zu bringen, genannt. In einschlägigen empirischen Untersuchungen werden je nach (Miss-) Erfolgskriterium und Produktbereich Flopraten zwischen 40 und 90% nachgewiesen (Helm [Innovationen]).

Es leuchtet ein, dass sich ein Unternehmen nur dann seiner Sache sicher sein kann, wenn es einerseits über eine gesunde Mischung von Innovationen und gut eingeführten Produkten, andererseits über möglichst wenige solche Produkte verfügt, die keine Zukunftsperspektive mehr genießen oder sich gar schon auf dem absteigenden Ast befinden.

Damit wird verständlich, dass ein Unternehmen laufend **programmbezogene Entscheidungen** zu treffen hat. Es muss

- dafür sorgen, dass es immer wieder über neue Produkte verfügt, um diese als Ersatz für «auslaufende Modelle» jeweils zum günstigsten Zeitpunkt auf dem Markt lancieren zu können,
- bestehende verändern, um deren «Leben» so lang wie ökonomisch vertretbar zu verlängern, und
- Produkte aus dem Angebot entfernen, sobald sie, in der Degenerationsphase angelangt, Verluste abwerfen oder durch ertragreichere ersetzt werden können.

Im **Handel** war man sich der Herausforderung, vor die man sich durch die Sortimentspolitik, wie das Fachwort hier heißt, gestellt sieht, schon immer bewusst. Orientierte man sich ursprünglich am **Material** (z. B. bei Textilien, Möbeln, Leder-

und Eisenwaren), richtete man sich später immer mehr an **Bedarfskreisen** aus (z. B. «Alles für das Kind», Einrichtungs-, Bekleidungs- und Autohaus). Daneben gibt es nach wie vor Sonderformen, wie beispielsweise die Orientierung an der Preislage (Einheitspreisgeschäfte wie Woolworth), an der Eignung für den Absatz über Automaten oder an der Kühlbedürftigkeit der Ware.

Auch die **Hersteller** hingen ursprünglich am **Material,** doch verstehen sie sich heute überwiegend als sog. **Problemlöser.** Als *Charles Revlon*, der Gründer der gleichnamigen Firma, einmal von einem unbedarften Bekannten gefragt wurde, womit er denn so sein Geld verdiene, soll er diesem geantwortet haben: «In den Fabriken fertigen wir Kosmetika, in den Läden verkaufen wir Hoffnung». Nichts bringt treffender zum Ausdruck, was es mit dem Wandel von der Material- zur Problemorientierung auf sich hat.

Gleichwohl gibt es noch weitere Möglichkeiten. Manche Unternehmen vermarkten systematisch spezifisches **Wissen,** das sie beispielsweise durch die ursprünglich möglicherweise nicht beabsichtigte Beschäftigung mit der Elektronischen Datenverarbeitung, durch Forschung auf den Gebieten der Raumfahrt und Rüstung oder durch Erfüllung von gesetzlichen Auflagen im Bereich des Umweltschutzes erworben haben. Resultat ist dann beispielsweise, dass eine bestimmte Legierung eines Metalls oder ein Kunststoff, die man beide erfunden hat, nicht nur für Orbitalstationen, sondern auch für Bratpfannen hervorragend geeignet sind.

4.1.3   Diversifikation des Angebots

Diversifikation ist die Ausweitung der Leistungspalette eines Unternehmens auf bedarfsverwandte oder auch andere Erzeugnisse, die mit dem vorhandenen Know-how hergestellt und vertrieben werden können, oft auch das Eindringen in Betätigungsfelder ganz neuer Art.

Üblicherweise werden drei **Arten der Diversifikation** unterschieden:

Die **horizontale Diversifikation** ist dadurch gekennzeichnet, dass man sich mit einer weiteren Leistung an dieselbe Zielgruppe wie bisher wendet, die Ware über dieselben Absatzkanäle lenkt oder spezifische Kenntnisse nutzt, wie z. B. solche über die Technik des Vertriebs von Markenartikeln. Dies geschieht vor allem aus Gründen des Umsatzwachstums, zumal dann, wenn das Potenzial auf den angestammten Märkten ausgeschöpft zu sein scheint. Bedeutsame Motive stellen aber auch der Zwang, die vorhandene Produktions- oder Vertriebskapazität auszulasten, sowie das Bestreben, synergetische Effekte zu erzielen, dar.

Bei der **vertikalen Diversifikation** wagt sich ein Unternehmen auf die **vor**- oder die **nachgelagerte** Leistungsebene. Dies ist z. B. dann der Fall, wenn ein Handelsunternehmen einen bisherigen Lieferanten auf der Herstellerstufe aufkauft (et vice versa). Maßgebend für einen solchen Schritt sind zumeist das Streben nach Sicherung der Rohstoffversorgung oder des Absatzes, das Bemühen um höhere Wertschöpfung oder wiederum der Wunsch nach Erzielung von economies of scope.

Bei der **lateralen Diversifikation** schließlich ist überhaupt kein Zusammenhang mehr zwischen dem bisherigen Betätigungsbereich und dem neuen Aktivitätsfeld zu erkennen. Ein typisches Beispiel dafür bieten **Mischkonzerne.** Die dominante Triebkraft liegt hier im Streben nach Risikostreuung (die allerdings auch mit einer Renditesenkung verbunden ist), in der Wahrnehmung interessanter Möglichkeiten der Geldanlage sowie in der Ausschöpfung von steuerlichen Vorteilen. Nicht selten ist das seltsame Bild, das sich Außenstehenden bietet, auch das Ergebnis von Hobbys des Eigentümers.

Sinnvoll erscheint eine laterale Diversifikation allerdings nur dann zu sein, wenn eine Übertragung vorhandener Fähigkeiten auf andere Bereiche möglich erscheint. Keinesfalls ist darin ein Patentrezept zu sehen. So hat beispielsweise VW bei seinem Ausflug in die elektronische Datenverarbeitung rund eine Milliarde Euro an Lehrgeld bezahlen müssen, bis es Triumph-Adler an Olivetti verkaufen konnte. Im Allgemeinen wird diese Option als **defensiv** betrachtet bzw. dahingehend gewertet, dass eine Mittelverwendung in den angestammten Bereichen des Unternehmens nur zu schlechteren Bedingungen möglich ist.

4.2   Preispolitik

Das Angebot eines Unternehmens auf einem umkämpften Markt besteht in einer bestimmten Sach- bzw. Dienstleistung, die durch kommunikative Maßnahmen vorbereitet und flankiert wird. Als Gegenleistung dafür fordert der Anbieter einen bestimmten Preis, der natürlich aufs Engste mit der gebotenen **absatzwirtschaftlichen Leistung** verbunden ist. Sofern der Preis (möglichst knapp) unter dem von einem Nachfrager veranschlagten Gegenwert liegt, kommt es zum Kaufabschluss.

4.2.1   Bestimmungsgrößen des Preises

Das Entgelt, das ein Unternehmen für eine von ihm offerierte bzw. erbrachte Leistung für angemessen hält, hängt von einer Reihe von **Bestimmungsgrößen** ab:

- Kosten
- Nachfrager
- Absatzmittler und Absatzhelfer
- Wettbewerber
- Zahlungsbedingungen
- Gesetzliche Vorschriften
- Spezifische Risiken
- Unternehmensziele

(1) Kosten

Ein Unternehmen vermag auf Dauer nicht zu überleben, wenn es nicht «auf seine Kosten kommt». Wie hoch diese sind, wird im Rahmen von Kostenrechnung und Kalkulation ermittelt. Gleichwohl gibt es die verschiedensten Gründe dafür, bei bestimmten Artikeln, Abnehmern, Absatzbezirken, Auftragsgrößen oder zu gewissen Zeiten von der Forderung nach voller Kostendeckung abzuweichen. Beispielsweise tätigen Unternehmen im Einzelhandel zuweilen ganz gezielt sog. Unter-Einstandspreis-Verkäufe, um so ihre Leistungsfähigkeit zu demonstrieren und Kunden anzulocken.

Ausgangspunkt dieser Aktivitäten sind **Mischkalkulationen**, bei denen ein Teil des Sortiments einen anderen Teil subventioniert. Dies erfreut sich nicht nur deshalb großer Beliebtheit, weil nicht immer kostendeckende Preise am Markt zu erzielen sind, wobei eine Elimination der defizitären Erzeugnisse aus Gründen des Sortimentsverbundes oder der sich bereits abzeichnenden besseren Zeiten nicht in Betracht kommt. Dies wird auch deswegen akzeptiert, weil eine verursachungsgerechte Zurechnung von Kosten zu Produkten, Absatzgebieten, Vertriebskanälen etc. oftmals nicht vollständig möglich ist oder unwirtschaftlich wäre.

Die Kostenorientierung der Preisbildung wird überall dort deutlich, wo dies auch schon in der Bezeichnung des Kalkulationsverfahrens zum Ausdruck kommt. Das **Cost-plus-Pricing** z. B. ist dadurch gekennzeichnet, dass man zunächst von den Kosten ausgeht und den Marktverhältnissen lediglich in der Bemessung des «Plus», des Gewinnaufschlags, Rechnung trägt. Noch konsequenter geschieht dies beim **Target costing**. Hier wird bei einem End- oder Halbfertigprodukt für alle Unternehmensteile verpflichtend vorgegeben, wie viel dieses (am besten aus Kundensicht) kosten darf. Angenommen, ein bestimmter Artikel muss im Einzelhandel knapp unter der Schwelle von 10 Euro angeboten werden, so gehen davon ca. 1,38 Euro MwSt und die Handelsspanne von beispielsweise ca. 3 Euro ab. Strebt der Hersteller einen Gewinn von etwa 1 Euro an, muss das Erzeugnis zu rund 4,62 Euro produziert und an den Verkaufspunkten bereitgestellt werden können. Gelingt dies nicht, gibt es einen Wettbewerber weniger am Markt.

(2) Nachfrager

Welchen Preis man fordert, hängt aber auch davon ab, was die **Nachfrager** für ein Produkt zu bezahlen bereit sind. Eine Chance, relativ hoch einzusteigen, bietet sich oft bei neuen Produkten, die von den Konsumenten stark begehrt werden und noch keiner nennenswerten Konkurrenz unterliegen. Mitunter ist dabei auch die Produktionskapazität noch so klein, dass es nahe liegt, die Gunst der Stunde zu nutzen und bei den von der Diffusionstheorie als Innovatoren bezeichneten Nachfragern Kaufkraft abzuschöpfen. In dem Maße, in dem, bedingt durch Kapazitätsausweitung, Verkauf größerer Stückzahlen und Ausnutzung der Erfahrungskurve, im Laufe der Zeit die Stückkosten sinken und Konkurrenten aufkommen, wird man den Preis schrittweise nach unten korrigieren. Man nennt diese Strategie **Marktabschöpfung** bzw. **Skimmingstrategie.**

Wenn die Nachfrage erst aktiviert werden muss, verfahren die Betroffenen genau umgekehrt und versuchen, diese über einen niedrigen Preis zu erschließen. Bei dieser Art des Eindringens in den Markt spricht man von einer **Penetrationsstrategie.** Man interessiert auf diese Weise wesentlich mehr potenzielle Abnehmer für das Erzeugnis, regt zum Erst- und Wiederkauf an und kann über von Anfang an größere Stückzahlen doch noch auf einen stattlichen Gewinn kommen.

> Werden für identische Sach- oder Dienstleistungen unterschiedliche Preise gefordert, liegt **Preisdifferenzierung** vor.

Das Ziel ist, Kaufkraft abzuschöpfen und zugleich Konsumenten, die auf den Pfennig schauen müssen, zur Nachfrage anzuregen. Damit soll die so genannte **Käuferrente** möglichst weitgehend abgeschöpft werden. Dies ist derjenige Betrag, den ein Nachfrager für ein bestimmtes Gut weniger zu zahlen hat, als er auf Grund seiner Präferenzen zu zahlen bereit wäre. Wenn somit Preise differenziert werden können, was die Abgrenzung der verschiedenen Käufergruppen voraussetzt, resultiert daraus im Allgemeinen ein vergleichsweise höherer Gewinn. Teilweise dient das Unterfangen auch dazu, aus Gründen kontinuierlicher Kapazitätsauslastung Nachfrage in umsatzschwächere Zeiten zu verlagern. Die **Preisdifferenzierung** kann an verschiedenen Punkten anknüpfen:

- **Räumliche** Preisdifferenzierung: Maßgebend ist der Ort, an dem es zu einem Kaufabschluss kommt oder an dem die Leistung erbracht wird. Wird Ware in einem Exportland zu einem ungleich niedrigeren Preis als im Inland verkauft, spricht man von **Dumping.**
- **Zeitliche** Preisdifferenzierung: Hierbei verlangt man je nach Tageszeit (Tag- und Nachttarife), Wochentag oder Jahreszeit einen unterschiedlichen Preis.
- **Personelle** Preisdifferenzierung: Je nach Zugehörigkeit eines Abnehmers zu einer bestimmten sozialen Gruppe wie Rentnern, Schwerbeschädigten, Arbeitslosen oder Studierenden werden verschiedene Preise gefordert.
- **Verwendungsbezogene** Preisdifferenzierung: Hier kommt es darauf an, wofür das Produkt eingesetzt wird (z. B. Salz als Speise-, Vieh- oder Streusalz).
- **Mengenbezogene** Preisdifferenzierung: Preiszugeständnisse (Rabatte) werden hierbei mit der Abnahme vergleichsweise größerer Stückzahlen, Gewichtseinheiten etc. begründet.

Ob die Preisdifferenzierung den Erfolg, den man sich von ihr erhofft, mit sich bringt, hängt vor allem davon ab, inwieweit es gelingt, die einzelnen Teilmärkte voneinander abzuschotten, also Missbrauch und unerwünschte Arbitrageprozesse zu verhindern.

(3) Absatzmittler und Absatzhelfer

Ein Hersteller muss sich genau überlegen, welche Rabatte nach Art und Höhe **Absatzmittler** und welche Vergütung **Absatzhelfer** (Handelsvertreter und Dienstleistungsunternehmen jeder Art) von ihm erwarten. In vielen Fällen hat er es nicht in der Hand zu bestimmen, zu welchem Preis sein Produkt den Verbrauchern angeboten wird. Zwar kann er über das Instrument der **Preisempfehlung** versuchen, steuernd einzugreifen, doch darf er schon von Gesetzes wegen (Verbot der vertikalen Preisbindung) die Entscheidungsfreiheit des Handels nicht einengen (Schmalen [Preispolitik] 147 ff.).

Das Kalkulationsproblem stellt sich für einen Hersteller von Konsumgütern so dar, dass er zunächst prüfen muss, zu welchem Preis sein Erzeugnis in die Hände der Endverbraucher gelangen sollte, und dann diese Marke in Form einer «unverbindlichen Preisempfehlung» oder eines «Listenpreises» fixiert. Daraufhin hat er festzulegen, welche **Rabatte** er Absatzmittlern einräumt, um diese genügend für den Vertrieb seines Produktes zu motivieren und ihnen auch ein Auskommen zu sichern.

Es gibt im Grunde Dutzende von Rabattarten, doch sind es letztlich immer dieselben – wenigen – Anliegen, die ein Anbieter mit diesem Steuerungsinstrument verfolgt: Er will einen Abnehmer dazu bewegen, größere Mengen zu übernehmen (Mengenrabatt), ihm die Treue zu halten (Jahresumsatzvergütung, Treuerabatt) oder sich für ein Erzeugnis vorübergehend besonders intensiv einzusetzen (Einführungs-, Aktionsrabatt). Oftmals honoriert er auch lediglich den Umstand, dass ein Abnehmer Distributionsaufgaben übernimmt, die er sonst selbst wahrzunehmen hätte (Wiederverkäuferrabatt).

(4) Wettbewerber

Je nach Konkurrenzstrategie, die man verfolgt, wird man **Preisführer** sein, sich nach diesem richten oder sich an das, was in der Branche «üblich» ist, halten. Letzteres kommt insbesondere in der Beachtung branchenüblicher **Kalkulationsgrundsätze** zum Ausdruck, wodurch nicht nur schwierige Zurechnungsprobleme umgangen, sondern auch gravierende Abweichungen von den im Durchschnitt von den einzelnen Anbietern geforderten Entgelten vermieden werden.

Dominant ist die **Orientierung** der Preisbildung an den **Wettbewerbern** bei Ausschreibungen der öffentlichen Hand, wo es darum geht, an Stelle eines Konkurrenten den Zuschlag zu erhalten. Natürlich will man auch hier seine Kosten vergütet bekommen, doch ist der Blick darüber hinaus nicht so sehr auf die finanzielle Potenz bzw. Zahlungsbereitschaft des Auftraggebers wie auf die mutmaßlichen Preisforderungen der Mitbewerber gerichtet.

(5) Zahlungsbedingungen

Was für den Verbraucher der **Barzahlungsrabatt** darstellt, ist für den gewerblichen Abnehmer der **Skonto**. Ein solcher wird gewährt, um den Käufer dazu zu bringen, die ihm eingeräumte Zahlungsfrist von beispielsweise 30 Tagen nicht auszuschöpfen, sondern die Rechnung schon früher zu begleichen. Ein solches Angebot ist für den Verkäufer relativ teuer, aber zur Aufrechterhaltung der Liquidität ggf. erforderlich, und für den Abnehmer lukrativ, sodass die Erlösminderung von vornherein in die im Rahmen der Preisbildung anzustellenden Überlegungen einbezogen werden muss.

Häufig hängt die Erlangung eines Auftrags entscheidend davon ab, dass man dem potenziellen Auftraggeber nicht nur ein attraktives Güterangebot unterbreitet, sondern diesem auch dabei hilft, den **Kaufpreis zu finanzieren.** Der Anbieter bemüht sich z. B. um die Bereitstellung eines Kredits durch die Weltbank, initiiert die Bildung eines Bankenkonsortiums, verhandelt mit Regierungsstellen oder stimmt halbherzig einem **Gegen- oder Kompensationsgeschäft** zu. Hierbei liefert beispielsweise ein Stahlwerk Röhren, die von einer Bank zwischenfinanziert werden, wobei diese letztlich ihr Geld aus dem Verkauf des Erdöls oder Erdgases erhält, das durch die Leitung hindurchfließen wird.

Der Gründe dafür, dass ein Teil des Außenhandels in dieser Form abgewickelt wird, gibt es mehrere: Vielfach ist die Ware, die statt Devisen geboten wird, nicht weltmarktfähig, sodass sie kein «normaler» Abnehmer erwerben will. Zuweilen stellt auch für Kunden in der Dritten Welt der Umstand, dass sie nicht über das nötige Marketing-Know-how und damit über keinen Zugang zu den Märkten der Industrieländer verfügen, eine unüberwindliche Hürde dar.

Preispolitisch bedeutsam ist all dies deswegen, weil Kompensationsware zumeist zu einem überhöhten Preis entgegengenommen werden muss. Die Stützungsprämie hat man deshalb von vornherein in den Preis des Exportgutes einzukalkulieren.

(6) Gesetzliche Vorschriften

Der Staat verfügt über ein reichhaltiges Instrumentarium, um in den Mechanismus der Preisbildung einzugreifen, der nach den Vorstellungen der ökonomischen Theorie eigentlich nur durch Angebot und Nachfrage gesteuert sein sollte. Er kann z. B. Richtpreise erlassen, Interventionspreise festlegen, Höchst- und Mindestpreise vorschreiben, die Einhaltung hoheitlicher Kalkulationsrichtlinien erzwingen, ja sogar einen Preisstopp verhängen, etwa um einer galoppierenden Inflation Einhalt zu gebieten. Außerdem behält er sich das Recht vor, bestimmte Preise zu genehmigen, so z. B. Krankenhauspflegesätze, die Prämien von Versicherungsgesellschaften sowie die Tarife im öffentlichen Straßen-Personen- und Straßen-Güterverkehr. Es gibt noch eine Fülle weiterer gesetzlicher Grundlagen, die den Preisbildungsspielraum eines Anbieters zum Schutz der Verbraucher z. T. beträchtlich beschränken.

(7) Spezifische Risiken

Es gibt noch einen leicht zu übersehenden, außerordentlich wichtigen Einflussfaktor für die betriebliche Preisbildung, der vielen deutschen Unternehmen in den achtziger Jahren schmerzlich bewusst geworden ist. Etwa ein Drittel ihrer Umsätze erzielen sie im Ausland, wobei nicht nur die USA eines der bedeutendsten Abnehmerländer darstellen, sondern auch ein beachtlicher Teil der übrigen Ausfuhr auf Dollarbasis abgewickelt wird.

In der fraglichen Zeit ist der Wert des US-Dollars gegenüber der DM innerhalb eines halben Jahrzehnts um mehr als die Hälfte gefallen. Solche drastischen Veränderungen der Weltleitwährung beeinträchtigen nicht nur die Wettbewerbsfähigkeit jedes einzelnen deutschen Anbieters im In- und Ausland, sondern werfen auch, wenn er sich der Herausforderung nicht mit der nötigen Sorgfalt widmet, alle seine Umsatz- und Ertragsschätzungen über den Haufen.

Das **Währungsrisiko** bildet nur eine von vielen Gefahren, denen speziell das Auslandsgeschäft ausgesetzt ist. Um welche weiteren es geht (z. B. Transport-, Montage-, Steuer-, Verzugs- und Gewährleistungsrisiko) und welche Maßnahmen zu deren Handhabung zur Verfügung stehen, behandelt ausführlich *Zimmermann* [Risiken].

(8) Unternehmensziele

Wie viel jemand für eine von ihm zu erbringende Leistung verlangt, hängt zu guter Letzt auch davon ab, wie stark sein **Gewinnerzielungsmotiv** ausgeprägt ist. Ein Unternehmer oder Manager braucht nicht unbedingt Sozialreformer zu sein, um darauf zu verzichten, alles, was möglich erscheint, aus seinen Kunden, ob generell oder in einer spezifischen Situation, herauszuholen. Nicht wenige Betroffene geben sich beispielsweise neben anderen Zielen (Image, Absatz) mit einem «angemessenen» Gewinn zufrieden, was auch immer dies bedeuten und sie im Einzelfall dazu veranlassen mag.

4.2.2   Optimierung der Preisforderung

Keinem absatzpolitischen Instrument hat die ökonomische Theorie mehr Aufmerksamkeit geschenkt als dem Preis. Der Grund dafür ist einfach: Er ist – etwa im Gegensatz zur Qualität – wegen seiner eindimensionalen Natur leicht quantifizierbar und optimierbar. Gleichwohl gelingt es nur unter äußerst restriktiven Bedingungen, den im konkreten Fall optimalen Preis abzuleiten. An dieser Stelle soll lediglich ein einziges Beispiel dafür, wie die ökonomische Theorie an das Problem herangeht, vermittelt werden.

Grundlage aller Ansätze für eine Optimierung von Preisen ist die Unterscheidung zwischen monopolistischen, oligopolistischen und polypolistischen Märkten. Ein **Monopolist** braucht lediglich die mutmaßlichen Reaktionen der Nachfrager im Auge zu behalten. Der **Polypolist** dagegen ist auf Grund der vergleichsweise bescheidenen Rolle, die er am Markt spielt, zu einer Anpassung an die Marktgegebenheiten gezwungen. Für ihn wäre es nicht sinnvoll, preispolitisch aktiv zu werden, da er sich im Falle einer Anhebung seines Preises über das Niveau seiner

Konkurrenten einem totalen Nachfrageausfall gegenübersähe, während er bei einer Senkung sofort die gesamte Nachfrage auf sich zöge, die er jedoch nicht befriedigen könnte. Der **Oligopolist** ist demgegenüber in der Lage, auf Grund seiner relativen Größe den Markt selbst zu gestalten, wobei er aber die Reaktionen seiner Mitbewerber in sein Kalkül einbeziehen muss.

Wie bildet z. B. der **Monopolist** seinen Preis? Er benötigt dazu neben der Zielsetzung der Gewinnmaximierung, die man in der Marktwirtschaft unweigerlich mit seiner Rolle verbindet, eine **Preis-Absatz-** und eine **Kostenfunktion**. Sind beide gegeben, löst sich das Problem durch einfache mathematische Operationen fast von selbst (siehe auch Abb. 4.17). Erstere bringt zum Ausdruck, zu welchem Preis jeweils welche Menge abgesetzt werden kann, während die Zweite signalisiert, wie viel dies in jedem dieser Fälle kostet.

Zur Ableitung des optimalen Preises werden folgende Symbole verwendet:

p	= Preis	a, b	= Parameter
p_a	= Prohibitivpreis	G	= Gewinn
y	= Menge	k	= variable Stückkosten
y_s	= Sättigungsmenge	F	= Fixkosten
U	= Umsatzerlös	K	= Gesamtkosten

Üblicherweise unterstellt man eine (1) lineare oder eine (2) multiplikative Preis-Absatz-Funktion. Welche der beiden Funktionen den Gegebenheiten besser entspricht, bedarf der Überprüfung im Einzelfall; beide sind in Abb. 4.15 wiedergegeben.

In der realen Welt verfügt ein Anbieter wegen mangelnder Vergleichbarkeit seiner Leistung zumeist über einen gewissen **preispolitischen Spielraum;** er ist also Mono-

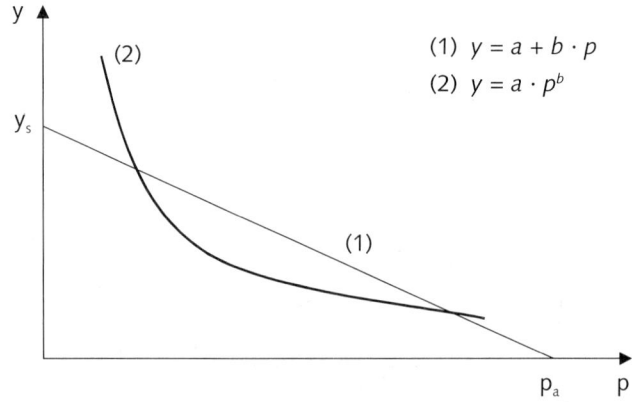

$$(1)\ y = a + b \cdot p$$
$$(2)\ y = a \cdot p^b$$

Abbildung 4.15: Lineare und multiplikative Preis-Absatz-Funktion im Monopolfall

polist und Polypolist zugleich. Diesem Fall entspricht modellmäßig am ehesten die sog. **doppelt geknickte Preis-Absatz-Funktion** (Gutenberg-Funktion), wie sie in Abb. 4.16 wiedergegeben ist. Insofern hat auch der einfache Fall der linearen Preis-Absatz-Funktion eine Praxisrelevanz, wobei unbestritten ist, dass die multiplikative Form auch vor diesem Hintergrund noch realitätsnäher ist.

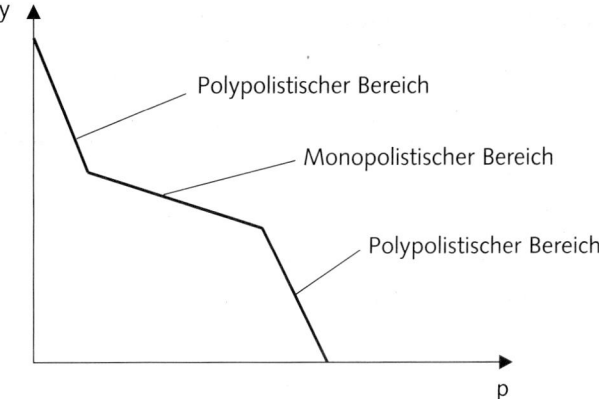

Abbildung 4.16: Doppelt geknickte Preis-Absatz-Funktion

Bei Unterstellung einer **linearen Preis-Absatz-Funktion** lässt sich der durch Absatz eines bestimmten Produktes zu erzielende **Umsatzerlös** wie folgt bestimmen (siehe auch Abb. 4.17):

$$U = p \cdot y = p \cdot (a + b \cdot p)$$

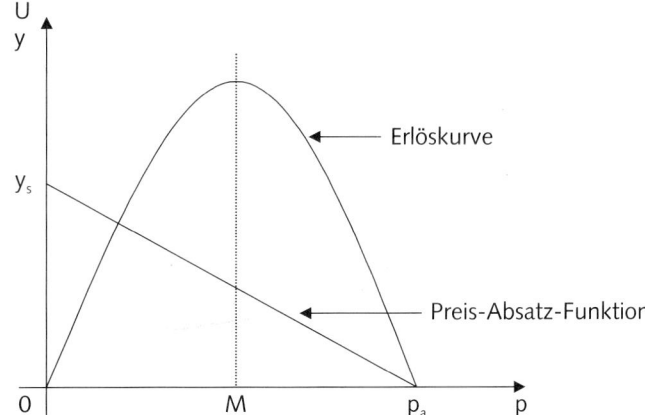

Abbildung 4.17: Bestimmung des Umsatzmaximums

Wollten wir der Einfachheit halber den Umsatzerlös maximieren, ergibt sich Folgendes:

$$U = a \cdot p + b \cdot p^2$$

$$\frac{dU}{dp} = a + 2 \cdot b \cdot p = 0$$

$$p = \frac{-a}{2 \cdot b} \qquad\qquad y = a + b \cdot p = a + b\,\frac{-a}{2 \cdot b} = \frac{a}{2}$$

Da b und dementsprechend auch 2b < 0 sind, ist auch die zweite Bedingung für das Vorliegen eines Maximums erfüllt.

Der den Umsatzerlös maximierende Preis liegt im Monopolfall genau auf halber Höhe des sog. Prohibitivpreises (p_a), bei dem die Preis-Absatz-Funktion die Ordinate schneidet, also kein einziges Stück des fraglichen Erzeugnisses verkauft werden kann. Die zugehörige Menge (M) bildet ihrerseits genau die Mitte zwischen dem Nullpunkt (0) und der sog. Sättigungsmenge ($y_s = a$), die auch durch das Verschenken der Ware nicht überschritten werden könnte.

Zum Gewinnmaximum gelangt man dadurch, dass man die Differenz zwischen Umsatzerlösen und Kosten maximiert (Domschke/Scholl [Grundlagen] 188). Die Kosten seien der Einfachheit halber wie folgt bestimmt:

$$K = F + k \cdot y$$

Damit erhält man:

$$G = U - K = p \cdot y - k \cdot y - F$$

$$G = (p - k)\, y - F = (p - k)\, (a + b \cdot p) - F$$

Der größte Gewinn wird an der Stelle auf der Abszisse («**Cournot-Preis**») erzielt, an der der Grenzerlös genau den **Grenzkosten** entspricht oder, einfacher ausgedrückt, wo es genau so viel kostet, noch ein weiteres Stück her- bzw. bereitzustellen, wie man am Markt für dieses erzielt.

$$\frac{dG}{dp} = a + 2 \cdot b \cdot p - b \cdot k = 0$$

$$p = \frac{-a + b \cdot k}{2 \cdot b}$$

Preis-Absatz-Funktionen geben Marktgesetzmäßigkeiten in relativ umfassender Form wieder. Ein einfacheres methodisches Instrument zur Beschreibung stellen **Elastizitätskoeffizienten** dar. Sie setzen die relative Änderung der Wirkungsgröße (Erwartungsgröße) zur relativen Änderung der Einflussgröße (Stellgröße) in Beziehung. Betrachtet man in diesem Sinne den Preis als Einfluss- und den Absatz als Wirkungsgröße, so gilt für die **Preiselastizität der Nachfrage**:

$$\varepsilon_{p/y} = \lim_{\Delta p \to 0} \frac{\dfrac{\Delta y}{y}}{\dfrac{\Delta p}{p}}$$

Die Preiselastizität drückt also die relative Veränderung der Nachfrage durch die relative Veränderung des Preises aus. Für verschiedene Produktgruppen wurden Koeffizienten zwischen −4 (z. B. für Möbel), −1,1 (z. B. für Bücher und Zeitungen) und −0,2 für sog. Consumer Durables ermittelt. Der Preiselastizitätskoeffizient nimmt an sich üblicherweise negative Werte an, wird jedoch häufig positiv (um-) definiert.

Während sich bei einer preisstarren Nachfrage (Preiselastizitätskoeffizient = 0) keinerlei Mengenänderungen ergeben, wirken sich bei einer sehr preiselastischen Nachfrage schon minimale Preisvariationen in extremer Weise auf die nachgefragte bzw. abgesetzte Menge aus. Es ist offensichtlich, dass mit (absolut gesehen) zunehmender Preiselastizität der Nachfrage der optimale Preis vermindert wird, d. h. je preissensitiver die Käufer reagieren, desto niedriger ist der für den Verkäufer günstigste Preis.

Preiskalküle dieser Art sind für **Mehrproduktunternehmen** mit begrenzter Kapazität naturgemäß wesentlich komplexer. An der grundlegenden Erkenntnis, dass der für einen Anbieter mit Blick sowohl auf den Umsatz als auch auf den Gewinn optimale Preis umso niedriger liegt, je elastischer die Nachfrage reagiert, ändert sich jedoch nichts.

4.2.3   Besonderheiten der Preispolitik

In der Realität trifft man häufig auf Fälle, bei denen das Qualitätsurteil des Konsumenten in Abhängigkeit von der Höhe des Preises gebildet wird (Diller [Preispolitik] 162 f.).

Die Ausstrahlung des Preises auf die Qualitätswahrnehmung wird als **Preis-Qualitäts-Irradiation** bezeichnet.

Ein solches Verhalten ist vor allem dort üblich, wo die Konsumenten mit technisch komplizierten (komplexen) und deshalb schwer zu beurteilenden Objekten konfrontiert sind. Ein enger Zusammenhang zwischen Preis und Qualität wird insbesondere dort vermutet, wo von einem Hersteller verschiedene Typen angeboten werden. Dass höhere Preise mit einer entsprechend höheren Produktqualität einhergehen, glauben viele Konsumenten auch deshalb, weil in einem Unternehmen in aller Regel einheitlich kalkuliert wird.

Von besonderer Bedeutung ist dieses Phänomen bei Innovationen, bei denen sich die Verbraucher zu Beginn der Marktperiode kaum vorstellen können, was diese wohl kosten werden. Insofern erlangt die Fixierung des Preisniveaus auch strategische Bedeutung.

Die Preis-Qualitäts-Irradiation ist ein Grund dafür, dass häufig statt eines bestimmten Nettopreises ein wesentlich höherer Bruttopreis gefordert und darauf ein großzügiger Rabatt gewährt wird. Dem liegt die Überzeugung zugrunde, dass die Qualitätsvermutung durch den Bruttopreis und nicht durch den Nettopreis gebildet wird.

Weiterhin ist der Preis ein relativ **schnell** und **einfach** zu modifizierender absatz-politischer Parameter. Während das Preisniveau zumeist in einer relativ frühen Phase der Produktentwicklung bestimmt wird, wird der am Markt zu fordernde Preis zumeist erst kurz vor Einführung des Produkts festgelegt, da alle anderen absatzpolitischen Entscheidungen zu diesem Zeitpunkt bereits getroffen sind.

Diese Einfachheit einer Preisänderung bedingt, dass durch den Preis vielfach nicht nur die Positionierung eines Produkts determiniert wird (**strategischer** Aspekt), sondern dass dieses Instrument im Marketing-Mix auch im **operativen** Sinne ver-wendet werden kann. Dies ist etwa dann der Fall, wenn Konkurrenten die Preise senken oder die Lager überquellen etc.

In beiden Fällen wird man dazu neigen, die einfachste Reaktionsmöglichkeit zu wählen: die Preissenkung! Sinnvoll ist dies jedoch nur dann, wenn man gegenüber seinen direkten Konkurrenten (d. h. die potenziellen Kunden ziehen die Produkte dieser Anbieter im Kaufentscheidungsprozess zum Vergleich heran) die niedrigsten Kosten hat (vgl. dazu Abschnitt 3.3.4), denn auch die Wettbewerber können ihre Preise senken. Hat man die komparativ geringsten Kosten, kann man den Preis auch längerfristig auf ein Niveau senken, bei dem es der Konkurrenz schwer fällt, mitzuhalten. In allen anderen Fällen empfiehlt es sich jedoch, andere Instrumente zu verändern.

4.3   Distributionspolitik

Die wichtigste Aufgabe der Distributionspolitik des Unternehmens besteht darin, den **Kontakt** mit den tatsächlichen und potenziellen Abnehmern zu pflegen. Die Nachfrager tendieren dazu, ihren Bedürfnissen entsprechende Leistungen typischer-weise in nächster Nähe zur Wohnung bzw. Betriebsstätte und möglichst zum Zeit-punkt des Auftretens von Bedarf zu fordern. Nur selten sind sie bereit, «meilen-weit» zu gehen bzw. längere Lieferzeiten hinzunehmen. Ein Anbieter muss ihnen deshalb im doppelten Sinne des Wortes entgegenkommen, seine Leistungen am Markt bereitstellen.

Hinzu kommt, dass die produktionstechnisch bedingten großen Mengen in ver-brauchsgerechte Größenordnungen umgeformt werden müssen. Die zunehmende Warenvielfalt und das Bestreben der Käufer, Problemlösungen zu erlangen, haben im Übrigen auch die **Sortimentsbildungsfunktion** der Distribution immer mehr in den Vordergrund treten lassen. Sie kommt darin zum Ausdruck, dass, um den Käu-fern gerecht zu werden, Produkte nicht nur mengenmäßig (von groß zu klein), son-dern auch qualitativ (vom Vertriebsprogramm – eventuell eines Herstellers – zum Bedarfsbündel eventuell aus Produkten mehrerer Hersteller) umgeschichtet werden müssen. Der Distribution kommt daher in vielen Branchen – auch hinsichtlich der Kosten – eine erhebliche Bedeutung zu (Ahlert [Distributionspolitik] 14 f.).

4.3.1   Akquisitorische Distribution – Wahl des Absatzweges

Ein Unternehmen hat grundsätzlich zwei Möglichkeiten, seine Leistungen abzusetzen, d. h. Abschlüsse zu akquirieren. Es kann den **direkten** und/oder den **indirekten** Weg wählen.

«Direkt» bedeutet, dass man mit den Bedarfsträgern unmittelbar Verbindung aufnimmt sowie mit diesen ohne Mittelsmänner verhandelt und Verträge abschließt. Gleichwohl können die Transportleistung und manch andere Aufgabe von speziell damit beauftragten Dienstleistungsunternehmen durchgeführt werden. Einigermaßen typisch ist dies für den Absatz von Investitions- und Produktionsgütern.

Der Verkauf «direkt ab Fabrik», dem die Vorstellung besonderer Preiswürdigkeit anhaftet, hat in Deutschland eine lange Tradition. Gleichwohl werden Konsumgüter noch weit überwiegend indirekt vertrieben. Sie finden ihren Weg zu den Verbrauchern über den **Groß- und Einzelhandel,** wobei diese beiden Stufen in manchen Branchen, wie z. B. im Lebensmittelhandel, oder bei Großbetriebsformen des Handels, wie Warenhaus- und Verbrauchermarktketten, in einer Hand liegen und von außen nicht mehr als getrennte Funktionen wahrgenommen werden.

Einzelhandelsunternehmen agieren unter eigenem Namen sowie auf eigenes Risiko und setzen Ware ohne wesentliche Be- und Verarbeitung vorzugsweise an Endverbraucher ab.

Im Einzelhandel findet sich eine Fülle von Erscheinungsformen, von denen jede die jeweilige unternehmenspolitische Konzeption oder ein Stück davon widerspiegelt. So kennen wir Kaufhäuser, Discounter, Super-, Fach- und Verbrauchermärkte, Versandhäuser, Fachgeschäfte, «Bioläden», Boutiquen und Tankstellen etc. Auch innerhalb dieser Erscheinungsformen vollzieht sich eine immer stärkere Differenzierung. Jede der großen Gruppen im deutschen Lebensmittelhandel beispielweise hat mehrere Vertriebsschienen (= Geschäftstypen) gelegt, auf denen sie die verschiedenen Verbrauchersegmente zu erreichen versucht.

Großhandelsunternehmen agieren unter eigenem Namen sowie auf eigene Rechnung und setzen vornehmlich Konsum- und Produktivgüter ohne wesentliche Be- oder Verarbeitung an andere Unternehmen, andere Großhändler, Einzelhändler und Großverbraucher ab.

Im Großhandel hat sich eine geringere Formenvielfalt herausgebildet. Die beiden Wichtigsten stellen der Zustellgroßhandel sowie die sog. Cash & Carry-Unternehmen dar. Für Letztere ist typisch, dass man bar bezahlt und die Ware selbst abholt.

Während Einzelhandelsunternehmen ehedem weitgehend unabhängig voneinander operierten, haben sich z. T. schon im vorigen Jahrhundert, z. T. aber auch in den letzten Jahrzehnten, Zusammenschlussformen herausgebildet, so beispielsweise

Filialunternehmen (Tengelmann), Einkaufsgenossenschaften (Edeka, Rewe) und Freiwillige Ketten (Spar). Ein **Filialunternehmen** besteht aus einer Reihe von Betriebsstätten auf der Einzelhandelsstufe sowie einem Dachorgan, das zentrale Managementaufgaben erfüllt und die Großhandelsfunktion wahrnimmt. Die beiden anderen Gebilde verkörpern lockere Formen der **Kooperation** von Einzelhändlern, jeweils unter Führung eines sog. Leitgrossisten oder einer Managementzentrale. Obgleich rechtlich unabhängig, herrscht unter den Mitgliedern bzw. «Genossen» doch Fraktionsdisziplin, dies vor allem bei der Sortimentsgestaltung und der Preispolitik. Eine besondere Form dieser koordinierten Handelstätigkeit stellen die **Franchisesysteme** (OBI, Benetton) dar. Grundidee ist hierbei, dass ein erfolgreiches Konzept des Franchisegebers möglichst schnell mit geeigneten Partnern (Franchisenehmern) in der Breite umgesetzt wird, und diese für die Nutzung dieses Konzepts und anderer Dienstleistungen eine Gebühr bezahlen.

Im **Dienstleistungsbereich** vollzieht sich bei den Vertriebsbemühungen ein grundlegender Wandel. Früher begnügte man sich damit, einen «Apparat» zu unterhalten, der von den Kunden bei Bedarf genutzt werden konnte. Heute ist man bestrebt, auf jene zuzugehen und dabei höchst unkonventionelle Wege zu beschreiten, z.B. durch das Internet. Man denke in diesem Zusammenhang etwa an Banken, Bausparkassen, Versicherungsgesellschaften und Warenhäuser.

Welchen «**channel of distribution**» (= Absatzweg, Vertriebsweg) ein Produkt durchläuft, hängt von einer Vielzahl von Faktoren ab. Das Ziel ist, die durch das Marketing-Mix geweckte Nachfrage in konkrete Kaufakte zu überführen. Dies geschieht vor allem mittels einer adäquaten Marktpräsenz. Eine wichtige Größe in diesem Zusammenhang ist die sog. Distributionsquote, dem Quotienten aus der Anzahl der Geschäfte, die ein bestimmtes Produkt führen, und der Anzahl an Geschäften, die generell geeignet sind, das betreffende Produkt zu führen.

Den Zusammenhang zwischen Distributionsquote und Absatzvolumen verdeutlicht in idealtypischer Form Abb. 4.18. Wie die Alltagserfahrung zeigt, können Marken, die in der Gunst der Verbraucher hoch angesiedelt sind, auch bei geringerer Distributionsquote außerordentlich erfolgreich sein.

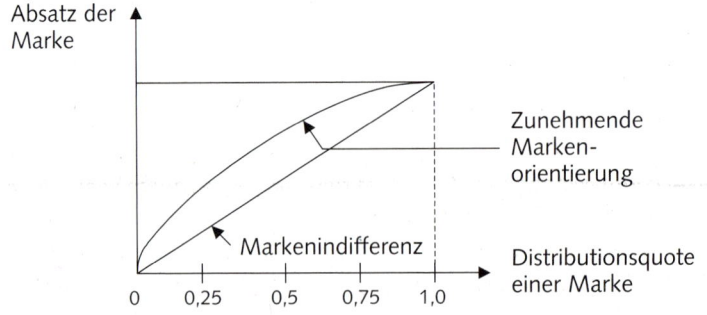

Abbildung 4.18: Einfluss der Distributionsquote auf das Absatzvolumen

Dass die Aufrechterhaltung einer höheren Distributionsquote zusätzliche Aufwendungen verursacht, liegt nahe; insofern leuchtet auch ein, dass es eine optimale Distributionsquote gibt, die von unten angeführten Faktoren abhängt.

Die anzustrebende Distributionsquote hat aber auch eine qualitative Seite. Ausgangspunkt einer Entscheidung können keineswegs die Kosten sein, die mit einem bestimmten Vertriebsweg verbunden sind, da Kosten und Erlöse einander gegenseitig bedingen. Ehe man prüft, wo die Differenz zwischen beiden Variablen am größten ist, gilt es Einiges zu klären:

- Für welche Zielgruppe ist das zur Diskussion stehende Produkt gedacht?
- Welche Absatzmittler bzw. Betriebsformen erscheinen am besten geeignet, das ins Auge gefasste Marktsegment zu erreichen?
- Entsprechen sich die Stückzahlen bzw. Mengen, die gegebenenfalls pro Jahr der eine Hersteller absetzen, der Händler beschaffen möchte?
- Welche Konditionen, insbesondere Nebenleistungen (z. B. Regalpflege), erwartet der potenzielle Handelspartner? Ist der Lieferant überhaupt in der Lage und bereit, Zugeständnisse, wie sie jener fordert, zu machen?

4.3.2   Kundenmanagement

Ein Anbieter kommt nicht umhin, seine «Adressen» zunächst nach Alt-, Neu-, Nichtkunden usw., sodann nach Maßgabe deren tatsächlicher oder potenzieller Umsatzbedeutung zu ordnen (ABC-Analyse). In engem Zusammenhang damit steht der Betreuungsmodus. Welche Geschäftspartner sollen durch die unternehmensinternen Absatzorgane (Unternehmensleitung, Vertriebsleiter, Außendienstmitarbeiter etc.) besucht werden, und zwar jeweils wann bzw. in welchem Rhythmus? Vernünftigerweise wird man nur jene Abnehmer intensiv bewerben oder gar bei ihren eigenen Absatzbemühungen unterstützen, die in der Prioritätenliste ganz weit oben stehen, also **Schlüsselkunden** darstellen. Man spricht deshalb in diesem Zusammenhang auch von **Key-Account-Management** (Diller [Beziehungs-Marketing]).

Schon der Aufwand, der mit einem einzigen Kundenbesuch verbunden ist, zeigt die Notwendigkeit einer differenzierten Behandlung der Abnehmer. Wenn man die Gesamtkosten pro Monat eines im Außendienst tätigen Mitarbeiters des Unternehmens (Reisender) durch die von ihm erreichte Zahl von persönlichen Kontakten dividiert, gelangt man leicht zu Beträgen in der Größenordnung von 250 Euro.

Im **Key-Account-Management** konkretisiert sich in augenfälliger Weise der Wandel von der Transaktionsökonomie zum **Beziehungsmanagement**. Der Key-Account-Manager bildet als Glied der Vertriebsorganisation die Schnittstelle zwischen dem Unternehmen und oft nur einem oder aber ganz wenigen ihrer Großkunden.

An welchen Abnehmern einem liegt, richtet sich nicht nur nach deren Beschaffungsvolumen bzw. Umsatzbedeutung, sondern auch nach deren Image.

Gute Kundenbeziehungen und zugleich größere Effizienz der Marktbearbeitung resultieren aus dem so genannten **Data-base-Marketing**, das auf Grund fortschreitender Möglichkeiten der Informatik immer bedeutender wird (Link/Hildebrand [Database-Marketing]). Sicherlich ist die Notwendigkeit, jeden Kunden und jeden Kontakt mit diesem festzuhalten, je nach Wirtschaftszweig unterschiedlich ausgeprägt. Banken, Bausparkassen, Versandhäuser oder Versicherungsgesellschaften z. B. können auf keinen Fall darauf verzichten. Wenn allerdings ein Handelsunternehmen wie METRO in seinen REAL-Märkten über den Pay-back-Kundenclub der üblichen Anonymität entgegenwirkt, steckt dahinter etwas anderes: nicht das Unabdingbare, das Archivieren von Daten, weil es anders nicht geht, sondern die Erkenntnis, dass sich mit Wissenspartikeln wie Namen, Haushaltsstruktur und Kaufgeschichte etwas anfangen lässt.

Es ist unmöglich, hier mehr als anzudeuten, in welch vielfältiger Weise sich kundenbezogene Informationen für akquisitorische Zwecke nutzen lassen. Ein Versender z. B. erkennt damit auf Anhieb, welche Abnehmer lange nicht mehr bei ihm Waren bezogen haben, was ihm insbesondere bei Artikeln, die dem periodischen Bedarf zuzurechnen sind, Sorge bereiten muss. Was erwerben diese von ihm, was offensichtlich bei anderen? Wie viel Geld steht ihnen für Konsumzwecke zur Verfügung? Wie reagieren sie auf die Zusendung eines Katalogs?

4.3.3   Electronic Commerce

Das Internet hat in der kurzen Zeit seiner kommerziellen Existenz für das Marketing erheblich an Bedeutung gewonnen (Zahn [Informationstechnologie] 402 ff.). So wurden bereits im Jahr 2000 im gewerblichen (B2B)-Bereich 60 Milliarden Euro mit einer Prognose von 250 Milliarden für 2003, im Privatkundenbereich (B2C) 430 Milliarden Euro mit einer Prognose von 3.600 Milliarden für 2003 umgesetzt (Quelle: Gardner Group 2001).

Unzweifelhaft ist das Internet eine wichtige **Transaktions-** und **Informationsbasis** für das Marketing geworden. Dies sollte jedoch nicht darüber hinwegtäuschen, dass dieser Absatz- und Informationskanal für die meisten Unternehmen **einer unter vielen** Kanälen bleiben und für manche Unternehmen auch in Zukunft nur in geringem Umfang in Frage kommen wird (z. B. im Seniorenmarkt). Ist dieser Absatzkanal jedoch nutzbar, kommt man dadurch dem oben angeführten Ziel der Distributionspolitik um Einiges näher:

- die Standortfrage wird unwichtig,
- maximale Ort- und Zeitpräsenz des Anbieters,
- Sortimentsfunktion und Transparenz des Angebots,
- zum Teil hohe Informationsfunktion (aber: Komplexität der Seiten etc.),
- Organisation von Verbunddienstleistungen.

Oft scheitern die Internetambitionen von Herstellern jedoch nicht (nur) an langsamen, nicht aktuellen oder generell nicht ansprechenden Internetseiten, sondern an der **Logistik**. So hat beispielsweise Karstadt-Quelle seine Internet-Aktivitäten zum Verkauf von Lebensmitteln wieder eingestellt, da die Logistik bei den gegebenen Bestellmengen der Kunden nicht kostendeckend im gewünschten (kurzfristigen) Zeitraum erbracht werden konnte.

Zusammenfassend kann festgehalten werden, dass das **Internet als Vertriebskanal** dann in Frage kommt, wenn

- die Produkte **standardisiert** sind und einfach erklärt werden können (z. B. Bücher, Schrauben),
- **digitale** Produkte vorliegen (in aller Regel hohe fixe und sehr geringe variable Kosten, z. B. Adressen in Online-Datenbanken),
- die Zustellung der gekauften Waren **nicht kurzfristig** erfolgen muss,
- ein **Überblick** durch Menüauswahl leichter erfolgen kann als im Handel und
- **Konflikte** mit bisherigen Absatzkanälen vermieden oder adäquat gehandhabt werden können.

4.3.4   Physische Distribution – die logistische Herausforderung

Waren die Bemühungen innerhalb der akquisitorischen Distribution erfolgreich, kommt das Komplement dazu, die physische Distribution, d. h. das tatsächliche Bereitstellen der Ware, ins Spiel. Früher verstand man darunter nicht viel mehr als **Logistik,** und man erblickte darin primär ein (verkehrs-) technisches und organisatorisches Problem, dessen Bewältigung noch dazu Kosten verursacht. Dass man durch rasche Belieferung und hohe Servicebereitschaft auch einen Wettbewerbsvorteil zu erzielen vermag, wurde erst mit dem Übergang vom Verkäufer- zum Käufermarkt erkannt.

Eine Verkürzung der **Lieferzeit** oder die Gewährleistung eines exzellenten **Kundendienstes** bedingen i. d. R. hohe Kosten. Dies ist darin begründet, dass man Personal und Fahrzeuge vorhalten, zusätzliche Zwischenläger errichten, die Vorratshaltung ausdehnen, schnellere Transportmittel einsetzen oder die Auftragsbearbeitung, z. B. im Wege von Überstunden, beschleunigen muss. Während die **Kosten,** die einem Unternehmen aus der Verbesserung der Distributionsleistung für die Kunden erwachsen, relativ leicht erfasst werden können, lässt sich nur schwer quantifizieren, wie sich ein solcher Schritt auf die Erträge auswirkt. Dies ist das Dilemma.

Im Rahmen der Gestaltung der physischen Distribution sind deshalb u. a. folgende Fragen von Bedeutung:

- Welche **Lieferzeit** und welcher Grad an **Servicebereitschaft** sind unter Abwägung von Kosten und Erträgen anzustreben? Daraus abgeleitete Überlegungen erstrecken sich beispielsweise darauf, wie lange **Ersatzteile vorgehalten** werden sollen oder wann die **Vorratshaltung** teurer kommt, als die Bestände, z. B. an Butter, zu verschenken.

- Wie viele **Auslieferungspunkte,** jeweils mit welcher **Umschlagskapazität und Ausstattung,** erweisen sich, um den angestrebten Lieferbereitschaftsgrad zu erreichen, als notwendig? Welche **Orte** sind dafür vorzusehen?
- Welches sind die in Abhängigkeit von Auftragsgröße, Beschaffenheit des zu befördernden Gutes, Entfernung usw. **günstigsten Transportmittel?** Soll man z. B., statt einen eigenen Fuhrpark zu unterhalten, mit Spediteuren zusammenarbeiten?
- Inwieweit sind **Querverbindungen zur Produkt- und Packungsgestaltung** zu beachten? Beispielsweise ist die Luftfracht teurer als die Beförderung per Schiff, doch müssen im letzteren Fall die zu transportierenden Güter seefest verpackt werden. Auf Grund der damit höheren Kosten könnte die Entscheidung anders ausfallen, ganz abgesehen von dem Zeitgewinn, den die Nutzung des Flugzeugs mit sich bringt.

4.4   Kommunikationspolitik

Der Kern der Produktpolitik besteht darin, zunächst ein den erkannten Bedürfnissen entsprechendes Angebot zu konzipieren und diese sodann in eine Sach- bzw. Dienstleistung umzusetzen. Mit Recht wird daher die Produktpolitik als das «Herz des Marketing» bezeichnet. Genauso unverzichtbar wie die Produktpolitik ist die Kommunikationspolitik des Anbieters, die häufig als das «Sprachrohr des Marketing» bezeichnet wird.

Diese ist umso intensiver zu verfolgen, je mehr sich die Konsumenten durch eine gewisse Passivität hinsichtlich des gesamten Kaufvorganges auszeichnen. Im Gegensatz zu der Situation, die bei einer Knappheitswirtschaft gegeben ist, sind die Konsumenten in aller Regel nicht gewillt, systematisch zu erkunden, welche neuen Angebote der Markt für sie bereithält. Wie bereits bekannt, genügt es deshalb nicht, objektiv gute Leistungen anzubieten, die potenziellen Abnehmer müssen vielmehr durch gezielte Maßnahmen darüber informiert werden, welche Leistungen erhältlich sind und zu welchen Bedingungen sie an welchen Orten erstanden werden können.

> Insgesamt betrachtet, zielt die **Kommunikationspolitik** darauf ab, bei den tatsächlichen und potenziellen Abnehmern ein den Zielen des Unternehmens förderliches Bild von dessen Angebot und von ihm als Ganzes zu erzeugen und bestimmte von ihm getroffene Maßnahmen an den als relevant erachteten Teil der Öffentlichkeit heranzutragen.

4.4.1   Formen der Kommunikation

Die Entscheidungen innerhalb der Kommunikationspolitik bzw. die Ausgestaltung der vier grundlegenden Arten der Kommunikation eines Unternehmens sind in den

Rahmen der so genannten **Corporate Identity** einzuordnen. Innerhalb dieser wird das Ziel verfolgt, zum Zweck der leichteren Wiedererkennung allen Maßnahmen des Unternehmens eine gewisse Einmaligkeit und Eigenständigkeit zu verleihen, indem «Werbekonstanten» einheitlich verwendet werden. Die einzelnen Bausteine dieser Überlegungen gibt Abb. 4.19 grafisch wieder.

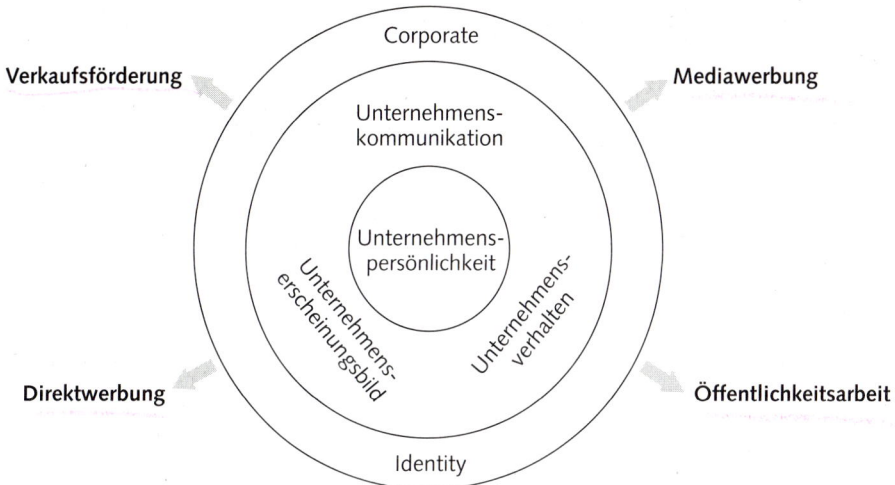

Abbildung 4.19: Grundsätzliche Möglichkeiten der kommunikationspolitischen Instrumente

Das Bestreben muss im Einzelnen darauf gerichtet sein, das gesamte Erscheinungsbild des Unternehmens (Corporate Design), ihr **Kommunikationskonzept** sowie das Verhalten aller Beschäftigten auf ein Soll-Image hin auszurichten. Dazu dienen unter anderem die Entwicklung und Kodifizierung von Unternehmensgrundsätzen (Unternehmenspersönlichkeit), Maßnahmen der Mitarbeiterführung ebenso wie beispielsweise die durchgängige Verwendung eines Firmenemblems und die Vereinheitlichung aller Gestaltungselemente der Kommunikation nach innen und außen (Logos, Farben (-konstellationen) etc.).

(1) Mediawerbung

Die hinsichtlich der Höhe der eingesetzten finanziellen Mittel bedeutendste Form der Marktkommunikation stellt die Mediawerbung dar.

> **Mediawerbung** bedient sich spezieller **Werbeträger und Werbemittel**, mit deren Hilfe sie die Konsumenten **ohne direkte Ansprache** (anonym) zu einem bestimmten, unternehmenspolitischen Zielen dienenden Verhalten zu motivieren versucht.

Die Unterscheidung zwischen Träger und Mittel ist nicht von sehr großer Bedeutung. Gemeint sind einerseits die gedruckte, gesprochene oder in die Form des Films gebrachte Botschaft, andererseits das Vehikel, dessen es zur Übermittlung der Botschaft bedarf. Typische Begriffspaare bilden Anzeige – Zeitung, Werbespot – Fernsehsender sowie Plakat – Anschlagtafel.

Innerhalb der Mediawerbung wird im Allgemeinen zwischen **Image-** und **Aktionswerbung** unterschieden. Im ersten Fall ist man meist nicht an einer kurzfristigen Wirkung, sondern eher am langfristigen Aufbau einer bestimmten Positionierung interessiert. Demgegenüber werden im zweiten Fall Aktionswerbemaßnahmen vor allem durchgeführt, um kurzfristig (Umsatz-) Erfolge zu verbuchen, wobei diese zumeist noch von anderen (meist preispolitischen) Maßnahmen flankiert werden. Es ist offensichtlich, dass beide Spielarten innerhalb des Marketing-Mix verfolgt werden müssen.

(2) Direktwerbung

Im Gegensatz zur Mediawerbung wird Zielgruppe namentlich und einzeln umworben (**Direkt-Marketing**), d. h. ohne Einschaltung von Massenmedien.

> **Direkt-Marketing** ermöglicht eine sehr gezielte Absatzpolitik im Sinne eines «kundenorientierten» Marketing.

Große Bedeutung bei der effizienten Gestaltung des Direkt-Marketing haben einerseits so genannte Adressvermittler bzw. spezielle Direkt-Marketing Agenturen, aber auch die firmeneigene Kundendatenbank im Rahmen des **Data-base-Marketing**. Ein besonderes Kennzeichen dieser Form der Kommunikationspolitik ist die einfache, flexible und kostengünstige Handhabung, sodass es auch kleineren Unternehmen möglich ist, dieses Instrument zu nutzen.

(3) Verkaufsförderung

Die klassische Mediawerbung reicht heute zumeist nicht mehr aus, um die Marketingziele zu erreichen. Hier muss mit zusätzlichen Instrumenten nachgeholfen werden, die meist auch preis-, produkt- oder distributionspolitische Züge aufweisen. Gemeint ist damit die **Verkaufsförderung** (= Absatzförderung, Sales Promotion).

> **Verkaufsförderung** subsumiert Maßnahmen überwiegend kommunikativer, aber auch anderer Art, die kurzfristig den Absatz eines Erzeugnisses stimulieren sollen. Als Zielgruppen fungieren dabei Verbraucher, der Außendienst eines Unternehmens und der Handel bzw. die Absatzmittler.

Konsumenten erhalten beispielsweise Produktproben, Gutscheine oder Preisnachlässe. Nicht selten werden sie auch mit sog. «self liquidating offers» umgarnt, d. h.

mit einer Gelegenheit, etwas zu einem relativ günstigen Preis zu erwerben, was überhaupt nicht in das normale Sortiment des Anbieters passt (z. B. Bücher in der Tchibo-Filiale). Damit wird zwar praktisch kein Gewinn erzielt, dafür werden aber viele Leute in die Läden gelockt, die dann auch Kaffee kaufen. Der **Außendienst** wird zumeist mit Incentive-Reisen zu noch größeren Taten angespornt. **Absatzmittler** schließlich werden u. a. mit Preiszugeständnissen überzeugt, mit Display-Material versorgt oder von Propagandist(inn)en unterstützt, die Produktproben verteilen oder ihnen bei Degustationen (= Verkostung von Mustern) zur Hand gehen.

Alle diese Maßnahmen dienen dazu, die konkreten Verkaufsvorgänge effizienter zu gestalten oder dazu beizutragen, dass die, vor allem durch die Mediawerbung geschaffenen günstigen Einstellungen zu den Absatzobjekten entsprechende Kaufakte nach sich ziehen.

(4) Öffentlichkeitsarbeit und Sponsoring

Die Öffentlichkeitsarbeit (= **Public Relations**) dient dazu, durch eine systematische Pflege der Beziehungen, die ein Unternehmen zur Außenwelt unterhält, den Boden für andere Maßnahmen des Marketing zu schaffen bzw. zu erhalten.

Dazu pflegt man beispielsweise die Kontakte zu den Medien, hält Pressekonferenzen ab, veröffentlicht gediegen gestaltete Geschäftsberichte, erstellt Sozialbilanzen oder gibt Jubiläumszeitschriften heraus. Beliebt sind auch Betriebsbesichtigungen und ähnliche Veranstaltungen, der Bau und die Unterhaltung von Sportstätten, die Errichtung von Stiftungen sowie die Förderung von Wissenschaft und Kunst.

Eine indirekte Form der Werbung, die eng mit der Öffentlichkeitsarbeit zusammenhängt, bildet eine relativ neue Erscheinung in der Marketingszene, das **Sponsoring**. Wie schon das englische Wort («sponsor» = Bürge, Förderer, Schirmherr, Geldgeber) erahnen lässt, hilft hier jemand mit finanziellen Mitteln nach, dass beispielsweise ein bestimmtes Sportereignis stattfindet (Sportsponsoring), eine aufwändige Operninszenierung realisiert werden kann (Kunstsponsoring) oder eine im Interesse der Gesellschaft liegende Bewegung an Durchschlagskraft (Sozio-, Öko-sponsoring) gewinnt. Im Gegensatz zum Mäzenatentum verbindet der Geldgeber mit seiner nur vordergründigen Großzügigkeit handfeste kommerzielle Absichten, d. h., er hält sich nicht diskret im Hintergrund, sondern es liegt ihm daran, dass die von ihm gewährte ideelle und materielle Unterstützung einer Sache der Öffentlichkeit bekannt und bewusst wird.

Es ist noch schwieriger als ohnedies schon in der Werbung, die Wirkung derartiger Maßnahmen zu beurteilen, zumal diese nur z. T. auf die unmittelbaren Nutznießer (z. B. Zuschauer oder Besucher), sondern in weit größerem Umfang darauf abzielen, dass sich die Massenmedien derartiger Ereignisse annehmen und sich so als für den Sponsor zwar letztlich nicht kostenlose, aber unbezahlte Multiplikatoren erweisen. Es ist aber unbestritten, dass gute Öffentlichkeitsarbeit, in welcher Form auch immer, die Wirkung anderer Maßnahmen positiv beeinflusst.

4.4.2 Planungs- und Entscheidungsebenen der Kommunikationspolitik

Ein Unternehmen, das Kommunikationspolitik betreibt, hat eine Reihe von Entscheidungen zu treffen. Dass es um wesentlich mehr geht, als Einfälle zu haben und diese umzusetzen, sollen die folgenden Hinweise verdeutlichen.

(1) Kommunikationsziel

Was genau soll die Kommunikation bewirken? Ein Unternehmen wird sich zunächst vor allem darum bemühen, seine sonstigen Marketingaktivitäten zu unterstützen. Das überzeugendste neue Produkt und die drastischste Preissenkung nützen nichts, wenn nur wenige potenzielle Abnehmer davon erfahren. Oft wird es auch darum gehen, zu Wiederholungskäufen anzuregen, den Bekanntheitsgrad, den man genießt, zu erhöhen, das Image zu retuschieren oder die Öffentlichkeit über Hintergründe von Kampagnen bzw. über Vorkommnisse aufzuklären, die das Unternehmen ins Gerede gebracht haben.

(2) Kommunikationsobjekt

Nicht zu trennen vom Kommunikationsziel ist das Kommunikationsobjekt. Wofür oder für wen wendet man sich an die relevante Öffentlichkeit? Den ersten Bezugspunkt stellen einzelne Leistungen des Unternehmens dar, deren Vorzüge bekannt und deutlich gemacht werden müssen (**Produktwerbung**). Oft wird man auch das ganze Unternehmen ins rechte Licht zu rücken versuchen und beispielsweise darauf hinweisen, dass sich dieses dem Gemeinwohl, dem Fortschritt oder der Umwelt verpflichtet fühlt (**Firmenwerbung**). Im Rahmen der **Gemeinschaftswerbung** geht es gar um eine ganze Branche, zum Beispiel die Agrarwirtschaft oder die Pharmaindustrie.

(3) Zielgruppe und Zielgebiet

Festzulegen sind auch Zielgruppe und Zielgebiet. Wen will man mit den kommunikationspolitischen Maßnahmen erreichen? Je nach Kommunikationsziel wird man sich abwechselnd oder parallel auf bestimmte Abnehmersegmente, bisherige Nicht-Kunden, Meinungsführer, Bedarfsmultiplikatoren oder auf den eigenen Abnehmern nachgelagerte Märkte konzentrieren. **Meinungsführer** versucht man für sich einzunehmen, weil diese eine Leitbildfunktion erfüllen oder auf andere Weise auf die Öffentlichkeit einwirken, d. h. sie prägen das Urteil anderer mehr oder minder stark. **Bedarfsmultiplikatoren** sind Leute, die Kaufentscheidungen anderer maßgeblich beeinflussen oder diesen überhaupt abnehmen, also zum Beispiel Ärzte (Medikamente) und Lehrer (Schulbücher).

(4) Kommunikationsbudget

Was man mittels der Kommunikationspolitik erreicht, hängt empirischen Untersuchungen zufolge von der «Qualität» des Werbemittels und der Auswahl geeigneter Werbeträger ab, aber natürlich auch davon, wie hoch das zur Verfügung stehende Budget ist. Das damit verbundene zentrale Problem besteht darin, dass sich Werbemaßnahmen und Budget aus zeitlichen Gründen nicht simultan bestimmen lassen, sondern nacheinander festgelegt werden müssen. Angesichts dieser Entscheidungslage ist es nicht verwunderlich, dass sich einige theoretisch nicht befriedigende, aber dennoch nützliche Heuristiken zur **Budgetfixierung** in der Praxis eingebürgert haben:

- **«All you can afford»-Methode:** Das, was man für Zwecke der Kommunikation ausgeben zu können glaubt, stellt gewissermaßen den Restposten dar, der nach Abzug aller sonstigen voraussehbaren Kosten von dem erwarteten Erlös bei Zugrundelegung eines gewünschten Gewinns übrigbleibt.
- **«Percentage of sales»-Methode:** Der gesuchte Betrag ergibt sich als Prozentsatz des im Vorjahr erzielten oder für die laufende Periode erwarteten Umsatzes.
- **Wettbewerbs-Paritäts-Methode:** Ein Unternehmen hält sich hier an das, was in einer Branche bzw. einem Wirtschaftszweig üblich ist, und bestimmt danach den auch für die «Percentage of sales»-Methode maßgebenden Prozentsatz.
- **«Per unit»-Methode:** Hier hat man relativ genaue Vorstellungen davon, wie viel es im Durchschnitt kostet, einen Auftrag zu gewinnen, und richtet sein Kommunikationsbudget daran aus, welche Absatzsteigerung man im Referenzzeitraum anstrebt.

(5) Werbemittel und Werbeträger

Steht fest, welches Budget für die Kommunikationspolitik zur Verfügung steht, lässt sich entscheiden, welche konkreten Werbemittel und Werbeträger eingesetzt werden können. Die entsprechenden Möglichkeiten wurden im letzten Abschnitt angedeutet (Schweiger/Schrattenecker [Werbung]). Wofür man sich letztendlich entscheidet, hängt von den beiden Faktoren Kosten und Kontaktanzahl ab.

Kosten unterschiedlicher Höhe verursachen bei jedem Medium die Gestaltung (z. B. künstlerischer Entwurf eines Plakats), die Herstellung (z. B. Druck von Prospekten und Katalogen) und die sog. Streuung (Verteilung von Handzetteln, Schaltung einer Anzeige etc.). Gleichzeitig verfügt jedes davon über eine spezifische **Reichweite**.

Unter **Reichweite** versteht man die Anzahl von Personen, die bei einem einmaligen Einsatz (= Schaltung einer Anzeige in einer einzigen Ausgabe eines Blattes, einmalige Ausstrahlung eines Werbespots etc.) erreicht werden.

Setzt man beide Größen zueinander in Beziehung, gelangt man zu einer Produktivitätskennzahl wie dem Tausenderpreis.

Der **Tausenderpreis** ist der Betrag, der für 1000 Leserkontakte mit einer ganzseitigen Anzeige bezahlt werden muss.

Beispielsweise wurde 1997 eine Ausgabe des Spiegel von ca. sechs Millionen Menschen gelesen. Im konkreten Fall lag der Tausenderpreis bei ca. 7,5 Euro. Wird nicht nur einmal, sondern mehrfach geworben, ist zwischen Brutto- (Summe der Kontakte) und Nettoreichweite (Anzahl der Personen, die mindestens einmal kontaktiert werden) zu unterscheiden. Numerisch stimmen Brutto- und Nettoreichweite überein, wenn nur eine Schaltung vorgenommen wird.

Größen dieser Art kommt einige Bedeutung bei der Gestaltung von sog. **Streuplänen** zu, in denen festgelegt wird, welche Medien ausgewählt und wie oft bzw. an welchen Tagen diese mit dem Werbemittel belegt werden.

(6) Beeinflussungsstrategie

Der Kommunikationspolitik sind drei Aufgaben zugewiesen, nämlich zu aktivieren, zu informieren und zu motivieren. Zunächst hat man das Interesse derjenigen, denen die Bemühungen gelten, zu wecken, sie somit anzuhalten, sich mit einem Appell, einer Botschaft, auseinander zu setzen. Sodann will man etwas mitteilen, und schließlich soll all dies dazu führen, dass die Zielgruppe den Intentionen des Unternehmens gemäß reagiert, z.B. weiteres Informationsmaterial anfordert oder das beworbene Produkt unmittelbar erwirbt.

Damit sich ein Adressat überhaupt mit einer «Message» (= Werbebotschaft) auseinandersetzt, muss diese den Filter seiner – selektiv wirkenden – Wahrnehmung passieren, also von ihm bewusst zur Kenntnis genommen werden. Dies zu erreichen ist angesichts der die Konsumenten konfrontierenden Informationsflut außerordentlich schwierig (Gierl [Marketing] 189). Um sich deshalb als Anbieter aus der Masse herauszuheben, bedarf es eines großen Maßes an Einfallsreichtum und handwerklichem Geschick. So setzt man beispielsweise auf Sex und Humor, versieht eine ganze Seite einer Zeitung mit wenigen winzigen Worten, bedient sich grotesker Bilder oder macht sich die natürliche Neugierde der Menschen zunutze.

Da bekannt ist, dass insbesondere die Werbung am ehesten dann wirkt, wenn sie nicht als solche erkannt oder empfunden wird, greifen die Verantwortlichen zu mancherlei Tricks. Sie schaffen beispielsweise **Leitbilder,** denen das «einfache Volk» nacheifern soll, stellen lebensechte Situationen nach, etwa wenn eine Hausfrau ihrer Nachbarin von den Vorzügen des neuen Waschmittels vorschwärmt (= «slice-of-life»Technik), lassen einen Zahnarzt verraten, welche Zahncreme er seiner Familie empfiehlt (**Testimonial Werbung**), oder kaschieren Anzeigen als redaktionelle Beiträge.

Bedeutend sind weiterhin die zwei folgenden Varianten akquisitorischen Bemühens:

- Schleichwerbung und
- Product Placement.

Schleichwerbung betreibt jemand, der seine akquisitorische Absicht verhüllt und/oder schmarotzt, d. h. die Öffentlichkeit aus Eigennutz zu beeindrucken oder zu etwas zu veranlassen sucht, ohne dafür zu bezahlen. Oft ist das eine vom anderen nicht zu trennen. Es gibt Publikumslieblinge, die in Talk-Shows oder Unterhaltungssendungen nur unter der – vertraglich vereinbarten – Bedingung auftreten, dass sie danach gefragt werden, welchen Film sie soeben fertiggestellt, welches Buch sie jüngst geschrieben, welche CD sie in diesen Tagen auf den Markt gebracht haben oder auf welcher Bühne sie derzeit stehen.

Mit **Product Placement** schließlich hat es folgende Bewandtnis: Welche Requisiten in einem Film oder einer Fernsehsendung verwendet werden, ist keineswegs ein Ergebnis des Zufalls. Deren Hersteller bezahlen dafür in der Regel viel Geld. Während Filmemacher keine Skrupel empfinden, auf diese Weise einen beträchtlichen Teil ihrer Produktionskosten von vornherein abzudecken, verteidigen Fernsehmanager ihre mindestens zwiespältige Haltung mit dem Argument, die Anstalten könnten nun einmal kein eigenes «Traumschiff» kaufen und auch nicht ihre Kriminalkommissare Ganoven mit Fahrrädern einfangen lassen. Außerdem seien der Sportwagen, der Whisky und die Kleidung mit der allseits bekannten Marke Teil der Realität, die das Fernsehen darstelle.

(7) Das Timing

Eine letzte Überlegung gilt dem Timing. Wann genau man kommunikationspolitische Maßnahmen trifft, hängt von den Zielen und Objekten, um die es geht, ab. Man steht dabei auch vor der Frage, ob man stoßweise, kontinuierlich oder pulsierend werben soll. Mit Letzterem ist gemeint, dass man auf einen permanent durchgehaltenen «Geräuschpegel» aufbauend in periodischen Abständen kräftige Ausschläge und so ein Höchstmaß an Wirkung zu erzeugen versucht. Eine Besonderheit stellt hier das mehrmalige Schalten einer Anzeige in einem Werbeblock dar.

5   Intuitive verşus analytische Entscheidungsfindung

Wenn man, ob als Praktiker oder als Forscher, Marketing zu seinem Metier gemacht hat, fällt es einem nicht leicht, sich einzugestehen, dass derjenige, der über ein akademisches Rüstzeug verfügt, gegenüber einem Konkurrenten, der lediglich ein Gespür für den Markt hat und mit Engagement bei der Sache ist, nicht grundsätzlich im Vorteil, sondern nicht selten sogar im Nachteil ist. Dazu kommt es namentlich dann, wenn man zu lange analysiert und sich zu spät entscheidet. Alle großen Würfe im Vertrieb und im Handel der Nachkriegszeit gelangen so genannten Vollblutunternehmern, die oft nur über Volksschulbildung verfügten.

Nicht, dass es etwa an Teilgebieten fehlte, wo man mit seiner Intuition am Ende ist. So mancher gewiefte Praktiker, der sich auf seinen Instinkt und seine Erfahrung verlässt, begibt sich freilich erst gar nicht auf Felder, auf denen Vergleiche möglich sind. An dieser Stelle muss aber auch angeführt werden, dass diejenigen «Vollblutunternehmer», denen ihre Sache nicht gelang, unerkannt in der Versenkung verschwanden. Insofern sind auch «Erfolgsstories» mit der notwendigen Vorsicht zu interpretieren. Was macht also die Sache so kompliziert?

Der Anfänger sollte sich beim Nachfolgenden nicht entmutigen lassen, wenn ihm das Verständnis der Darlegungen Schwierigkeiten bereitet. Der Fortgeschrittene wird auf Anhieb erkennen, wie viel methodischer Sprengstoff sich hier hinter mancher salopper Formulierung verbirgt.

(1) Die Problemfeststellung

Das Dilemma beginnt schon bei der Frage, ob ein **Problem** vorliegt. Wie bewertet jemand starke und schwache Signale des Marktes oder aus dem eigenen Hause? Wann besteht Veranlassung zu handeln? Und ist das, was er für des Pudels Kern hält, wirklich das Problem? Ein **Beispiel** dazu:

Von der Marktforschungsabteilung erfahren wir, dass unsere Produkte von den Kunden zwar als ganz gut, aber überteuert eingestuft werden. Was liegt hier im Argen? Denkbar sind folgende **Möglichkeiten:**

- Die Marktforschung irrt sich. Ihre Befunde sind nicht valide. Wir verfügen über kein zutreffendes Bild der Lage. Es muss eine neue Studie erstellt werden.
- Unsere Erzeugnisse sind in der Tat teurer als andere, aber nicht ohne Grund. Wir bieten mehr Qualität, Extras, Informationen, Service, Garantie usw., was der Öffentlichkeit in geeigneter Form zu vermitteln wäre.
- Unser Angebot ist wirklich zu teuer, weil unsere (Stück-) Gewinne zu hoch sind.
- Unsere Preise liegen über denen der Wettbewerber, aber wir erwirtschaften kaum noch unsere Kosten, sodass wir unsere Preise nicht zurückschrauben können, ohne in beträchtlichem Ausmaß Leistungen abzubauen oder die Produktivität zu erhöhen.

Oft wäre es schön, wenn wir nur genau wüssten, was wir wollen. Es liegt uns daran, unsere Umsätze zu erhöhen, die Marktposition auszubauen, ein erstklassiges Image in der Öffentlichkeit zu genießen, am Jahresende in der Bilanz stolze Gewinne auszuweisen usw. Aber leider können wir nicht alles auf einmal erlangen. Manche Ziele stehen im Widerstreit miteinander, sie konfligieren. Beispielsweise kann man oftmals kurzfristig Marktanteile hinzugewinnen, wenn man Wettbewerber unterbietet, doch beeinträchtigt dies fast immer den Gewinn. Oder: Hohe Lieferbereitschaft erfreut die Kunden, doch geht diese zu Lasten der Logistikkosten.

(2) Die Modellbildung

Sobald wir das Problem erkannt und die komplexe Zielsetzung auf ein ganz bestimmtes Anliegen reduziert haben, beginnt die eigentliche **Analysephase.** Dazu benötigt man ein **Modell.**

Ein **Modell** ist ein gedankliches, grafisches oder mathematisches, vereinfachtes Abbild jenes Ausschnitts der Realität, für den wir uns interessieren. Verdeutlichen wir uns an einem Exempel, worum es geht:

Unser Unternehmen verliert bei einem Produkt kontinuierlich an Marktanteil, ohne eine Erklärung dafür zu haben. Wüssten wir warum, könnten wir die Bestimmungsgrößen des Marktanteils u. U. zu unseren Gunsten beeinflussen. Was aber sind die (wichtigen) Determinanten? Liegt es an den Kunden, den Konkurrenten, an der unzulänglichen Weise, wie wir Marketing betreiben? Haben wir an alles Wichtige gedacht? Wie viele Einflussfaktoren können wir in diesem Modell verarbeiten? Zu wie vielen lassen sich aus finanziellen oder aus praktischen Gründen überhaupt Informationen beschaffen?

Um den Dingen auf den Grund zu gehen, benötigen wir **Informationen** (vgl. Abschnitt 3.4), deren Beschaffung mit finanziellem Aufwand verbunden ist. Dass dabei unserem Streben aber auch praktische Grenzen gesetzt sind, verdeutlicht folgende Variante unseres Exempels:

Die Vermutung erscheint begründet, dass mit unserer Marketingkonzeption einiges nicht mehr stimmt, was das Absinken des Marktanteils erklären würde. Wir könnten nun unser Produkt selbst, den Preis, den Vertriebsweg und die Schwerpunkte in der Kommunikation in jeweils bis zu zehn Details verändern. Allein in diesem, noch viel zu klein angelegten Fall gäbe es 10.000 theoretische Möglichkeiten, die einzelnen Optionen miteinander zu verknüpfen. Welche davon ist aber die beste?

Da wir Vergleichbares in der Vergangenheit nicht versucht haben, müssen wir, um dies herauszufinden, einen **Markttest** durchführen. Auch wenn die mathematische Statistik vielfältige Tricks entwickelt hat, um die Testsituation zu vereinfachen und die Anzahl der zu prüfenden Konstellationen auf drastische Weise zu verringern, lässt sich nur ein **Bruchteil der Möglichkeiten** durchspielen.

Die meisten der im Marketing verwendeten Variablen müssen erst **operationalisiert,** d. h. messbar gemacht werden. Wenn wir wissen wollen, wie viele Fahrzeuge eine Straße an einer bestimmten Stelle in einem genau definierten Zeitraum passieren, gibt es nicht viel zu «messen», zählen genügt. Ungleich schwieriger ist es, sog. theoretische Konstrukte wie «Zufriedenheit mit dem Produkt», «Image des Produkts» oder «Wertewandel der Konsumenten» und deren Einfluss auf das Kaufverhalten methodisch in den Griff zu bekommen. Ein großer Teil der Marketingforschung ist im Grunde **Messtheorie,** was sich auch an der Ausrichtung der in der Welt führenden Fachzeitschriften ablesen lässt.

Haben wir all dies bewältigt, stellt sich die weitere Frage, in welcher Weise die **abhängige Variable** «Marktanteil» mit den zu ihrer Erklärung herangezogenen, als **unabhängig** verstandenen Faktoren **verknüpft** werden soll. Die Beziehung könnte linear oder nichtlinear, additiv oder multiplikativ, statisch oder dynamisch, einfach oder komplex verzögert sein usw. Dabei sind die als unabhängig deklarierten Bestimmungsgrößen, was eigentlich unabdingbar ist, keineswegs unabhängig voneinander, vielmehr hat man mit dem Phänomen der Interkorrelation zu kämpfen.

Vollends verfangen in der Interdependenz ist unser Fall, wenn wir realistischerweise davon ausgehen, dass nicht nur Qualität, Preis, Werbung usw. den Marktanteil beeinflussen, sondern dieser umgekehrt auch das Preisgebaren prägt: Je höher der erreichte Marktanteil ist, desto mehr nähern wir uns der Position eines Monopolisten. Dieser kann bekanntlich seinen Preis autonom festlegen, wobei in der Praxis aus vielen Gründen vermieden wird, den Bogen zu überspannen. Damit sind wir, methodisch gesprochen, bei **zirkulären Beziehungen** und **Mehrgleichungssystemen** angelangt, die rechentechnisch nicht so ohne weiteres zu bewältigen sind.

Haben wir trotz allen Widrigkeiten das Modell in einer bestimmten Weise spezifiziert, sind wir immer noch nicht am Ziel. Ein solches Gebilde enthält auch eine Reihe von Koeffizienten, die, wie es in der Sprache der Statistik heißt, «**geschätzt**» werden müssen. Dabei sollten diese ebenso wie das Gesamtergebnis **statistisch signifikant**, d.h. über fast (bis auf einen numerisch bestimmbaren Fehler) jeden Zweifel erhaben sein (Bamberg/Baur [Statistik] 173 f.).

Bei weitem nicht alle Funktionen können indessen analytisch bewältigt werden, was zwangsläufig zu Vereinfachungen führt oder zur (**Computer-**) **Simulation** greifen lässt. Und was schließlich als Ergebnis herauskommt, unterliegt, was der nächste Abschnitt zeigt, einem zweifachen Vorbehalt, der Angemessenheit eines doppelten induktiven Schlusses.

(3) Die Validität der Ergebnisse

In Forschung und Praxis des Marketing werden zumeist Daten verarbeitet, die auf **Stichprobenbasis** gewonnen wurden. Insofern hängt die Qualität eines Befundes erstens davon ab, dass es gelungen ist, eine unverzerrte, d.h. für die Grundgesamtheit **repräsentative** Stichprobe zu ziehen (Gierl [Marketing]). Dies ist in der Praxis fast nie zu schaffen.

Zweitens verkörpern Daten bei ihrer Verarbeitung bereits **Geschichte**. Damit kommt das **Prognoseproblem** ins Spiel (Brockhoff [Prognosen]). Wenn also unseren Erkenntnissen irgendwelche Aussagekraft für die Zukunft zukommen soll, müssen wir nicht nur mit vielerlei Prognosetechniken vertraut und zu ihrem Einsatz bereit sein, sondern auch davon ausgehen können, dass sich die Verhältnisse, die unser Modell widerspiegelt, und die Bedingungen, unter denen sie gewonnen wurden, einstweilen nicht ändern. Wer will dafür schon seine Hand ins Feuer legen?

(4) Die Implementierung

Haben wir allen Schwierigkeiten zum Trotz doch noch eine Lösung für unser Problem gefunden, d. h. wir wissen, wie wir unseren Marktanteil stabilisieren oder sogar steigern können, und wollen wir nunmehr die nötigen Maßnahmen ergreifen, stellt sich die sog. Implementierungsproblematik. Dies bedeutet, dass die Verwirklichung der als richtig oder sogar als optimal erachteten, analytisch gewonnenen Lösung mit vielfältigen Schwierigkeiten verbunden ist. Wenn damit größere Veränderungen gegenüber dem Gewohnten oder dem Althergebrachten verbunden sind, kommt Widerstand von allen Seiten.

Dem **Wandel** im Wege stehende, lange andauernde Bindungen lassen sich nicht leicht lösen. Viele Betroffene, insbesondere Mitarbeiter, legen sich quer. Es kommt zu Störungen bei der technischen Umsetzung. Man entdeckt, dass man bedeutsame Aspekte außer Acht gelassen hat, und ist zur Modifikation des Konzepts, oft bis hin zu seiner Verwässerung, gezwungen.

Es hat lange gedauert, bis man in den Wirtschaftswissenschaften erkannte, dass sich Entscheidungstheorie nicht in Entscheidungslogik erschöpfen kann. Man muss sich auch um die Wahrnehmung und Bewertung von Problemen kümmern und deren organisatorische Bewältigung bedenken. Weiterhin kann nicht davon ausgegangen werden, dass alle Betroffenen an einem Strang und gar noch in dieselbe Richtung ziehen.

(5) Grenzen wissenschaftlicher Erkenntnis

Derlei Probleme stellen sich natürlich nicht nur auf dem Marketingsektor. Unter ähnlichen Schwierigkeiten leiden im Grunde alle Disziplinen, die man zu den Wirtschafts- und Sozialwissenschaften zählt. Im Hinblick darauf kann es kaum verwundern, wenn man sich über die Nationalökonomen gelegentlich mit dem Hinweis darauf lustig macht, sie wüssten immer ganz genau, wie man den letzten Konjunktureinbruch hätte verhindern können.

Auch aus einem ganz anderen Grund wird es immer eine große Kluft zwischen dem Praktiker und dem Theoretiker geben. Der Marketingforscher ist gehalten, Ideen und Instrumente zu entwickeln bzw. bereitzustellen, die Wirkung von Maßnahmen vorauszusagen und Gesetzmäßigkeiten im Verhalten von Akteuren zu entdecken. Jeder einzelne Akteur wird aber unter Nutzung eben dieser Erkenntnisse und Methoden nach völlig individuellen Lösungen streben, die vor ihm noch keinem eingefallen, möglichst nur ihm allein zugänglich, von anderen nicht zu durchschauen und schon gar nicht von diesen zu durchkreuzen sind. Wäre dem nicht so, wüsste man auch immer, was bei der Veranstaltung, die wir Wettbewerb nennen, herauskommt.

Hinzu kommt, dass Markterfolg geradezu **Intransparenz** und **asymmetrischen Informationsstand** für einige bedingt; denn wenn jeder über dasselbe Wissen verfügen würde, könnte keiner mehr einen Vorsprung vor dem anderen erlangen.

Damit aber wäre unser Wirtschaftssystem aus den Angeln gehoben. Die zentrale Antriebsfeder, nämlich der Anreiz, der darin liegt, den Konkurrenten einen Schritt voraus zu sein und dadurch Vorteile für sich selbst zu erlangen, wäre dahin.

Doch ist die Sorge unbegründet, dass es je dazu kommt. Auch wenn Wissen jedermann **zugänglich** ist, bedeutet dies noch lange nicht, dass sich jeder **bemüht**, daran teilzuhaben, und, wenn schon, den darin für ihn liegenden Nutzen angemessen zu würdigen weiß. Leider scheitern an solchen Fehleinschätzungen auch viele sinnvolle Innovationen in der Praxis.

Es scheint also, dass der auf diesem Gebiet tätige Forscher den Marketing-Manager immer nur **einen Teil des Weges** begleiten kann, ganz abgesehen davon, dass er für ihn nicht neue Produkte entwickeln, allenfalls den Anstoß dazu geben kann, danach zu suchen. Wie wenig er im Grunde auszurichten vermag, zeigte sich bei Versuchen, computergestützte Expertensysteme zur Auffindung von simplen Strategien zu entwickeln.

Literaturhinweise

Ahlert, D.: [Distributionspolitik]. 2. Aufl., Stuttgart 1991.

Backhaus, K.: [Investitionsgütermarketing]. 5. Aufl., München 1997.

Bamberg, G., F. Baur: [Statistik]. 10. Aufl., München 1998.

Bauer, H. H.: Das [Erfahrungskurvenkonzept] – Möglichkeiten und Problematik der Ableitung strategischer Handlungsalternativen. In: Wirtschaftswissenschaftliches Studium, 15. Jg. (1986), S. 1–10.

Bea, F. X.: [Entscheidungen] des Unternehmens. In: Allgemeine Betriebswirtschaftslehre. Bd. 1: Grundfragen. Hrsg. von Franz X. Bea, Erwin Dichtl und Marcell Schweitzer, 8. Aufl., Stuttgart 2000, S. 303–410.

Bea, F. X., J. Haas: Strategisches [Management]. 3. Aufl., Stuttgart 2001.

Böcker, F.: [Marketing]. 6. Aufl., Stuttgart 1996.

Brockhoff, K.: [Produktpolitik]. 4. Aufl., Stuttgart 1999.

Brockhoff, K.: [Prognosen]. In: Allgemeine Betriebswirtschaftslehre. Bd. 2: Führung. Hrsg. von Franz X. Bea, Erwin Dichtl und Marcell Schweitzer, 8. Aufl., Stuttgart 2001, S. 715–752.

Bruhn, M., J. Tilmes: [Social Marketing]. Einsatz des Marketing für nichtkommerzielle Organisationen. 2. Aufl., Stuttgart 1994.

Dalrymple, D. J., L. J. Parsons: [Basic] Marketing Management. 2nd Ed., New York 2000.

Dichtl, E.: [Strategische Optionen] im Marketing – Durch Kompetenz und Kundennähe zu Konkurrenzvorteilen. 3. Aufl., München 1994.

Diller, H.: [Beziehungs-Marketing]. In: Wirtschaftswissenschaftliches Studium, 24. Jg. (1995), S. 442–447.

Diller, H.: [Preispolitik]. 3. Aufl., Stuttgart 2000.

Domschke, W., A. Scholl: [Grundlagen] der Betriebswirtschaftslehre. Berlin 2000.

El-Ansary, A. I.: Towards a Definition of Social and [Societal Marketing]. In: Journal of the Academy of Marketing Science, Vol. 2 (1974), S. 316–321.

Erichson, B., P. Hammann: [Information]. In: Allgemeine Betriebswirtschaftslehre. Bd. 2: Führung. Hrsg. von Franz X. Bea, Erwin Dichtl und Marcell Schweitzer, 8. Aufl., Stuttgart 2001, S. 319–375.

Gierl, H.: [Werbung], die aktualisiert. In: Absatzwirtschaft, 37. Jg. (1994), S. 74–75.

Gierl, H.: [Marketing]. Stuttgart 1995.

Hausruckinger, G., R. Helm: Die Bedeutung des [Country-of-Origin-Effekts] vor dem Hintergrund der Internationalisierung von Unternehmen: Eine teilweise individualisierte Conjoint-Analyse. In: Marketing ZFP, 18. Jg. (1996), S. 267–278.

Helm, R.: [Institutionelle Formen] des internationalen Markteintritts durch den Vertrieb. In: Wirtschaftswissenschaftliches Studium, 30. Jg. (2001), S. 2–9.

Helm, R.: Planung und Vermarktung von [Innovationen]. Stuttgart 2001.

Hollensen, S.: [Global] Marketing. 2nd Ed., Harlow 2001.

Koslowski, P.: Wirtschafts- und [Unternehmensethik]. In: Allgemeine Betriebswirtschaftslehre. Bd. 1: Grundfragen. Hrsg. von Franz X. Bea, Erwin Dichtl und Marcell Schweitzer, 8. Aufl., Stuttgart 2000, S. 411–451.

Kroeber-Riel, W., P. Weinberg: [Konsumentenverhalten]. 7. Aufl., München 1999.

Link, J., V. Hildebrand: [Database-Marketing] und Computer-Aided Selling – Strategische Wettbewerbsvorteile durch neue informationstechnologische Systemkonzeptionen. München 1993.

Nieschlag, R., E. Dichtl, H. Hörschgen: [Marketing]. 18. Aufl., Berlin 1997.

Pasch, H., R. Helm: Darstellung des Kundenkontaktes und der Messung von [Dienstleistungsqualität] und ihre möglichen Grenzen am Beispiel der Steuerberatung. In: Kundenorientierung durch Qualitätsmanagement: Perspektiven – Konzepte – Praxisbeispiele. Hrsg. von Roland Helm und Helmut Pasch, Frankfurt am Main 2000, S. 89–116.

Porter, M. E.: [Wettbewerbsstrategie]. 10. Aufl., Frankfurt am Main 1999.

Raffée, H.: [Nicht-kommerzielles Marketing] – Möglichkeiten, Chancen, Risiken. In: Marketing für Erwachsenenbildung. Hrsg. von Werner Sarges und Reinhold Bergler, Hannover 1980, S. 272–290.

Satzinger, M.: [Aktivierung] von Normen durch Werbeappelle: Möglichkeiten der Aufwertung von Fast-Moving-Consumergoods durch die Kommunikation sozialer Zusatznutzen. Lohmar 2001.

Schmalen, H.: [Preispolitik]. 2. Aufl., Stuttgart 1995.

Schweiger, G., G. Schrattenecker: [Werbung]. 5. Aufl., Stuttgart 2001.

Schweitzer, M.: [Planung] und Steuerung. In: Allgemeine Betriebswirtschaftslehre. Bd. 2: Führung. Hrsg. von Franz X. Bea, Erwin Dichtl und Marcell Schweitzer, 8. Aufl., Stuttgart 2001, S. 16–126.

Simon, H.: Management strategischer [Wettbewerbsvorteile]. In: Zeitschrift für Betriebswirtschaft, 58. Jg. (1988), S. 461–480.

Stauss, B., B. Hentschel: [Dienstleistungsqualität]. In: Wirtschaftswissenschaftliches Studium, 20. Jg. (1991), S. 238–244.

Stumpp, S.: [Ersatzkaufverhalten] bei langlebigen Konsumgütern: Eine verhaltenswissenschaftliche Erklärung der Entstehung und anbieterbezogene Möglichkeiten zur Beeinflussung der Ersatzkaufabsicht. Lohmar 2000.

Trommsdorff, V.: [Konsumentenverhalten]. 3. Aufl., Stuttgart 1998.

Urban, G. L., J. R. Hauser: Design and Marketing of [New Products]. 2nd Ed., New Jersey 1993.

Wiebe, G. D.: Merchandising Commodities and [Citizenship] on Television. In: Public Opinion Quarterly, Vol. 15 (1951/52), S. 679–691.

Zahn, E.: [Informationstechnologie] und Informationsmanagement. In: Allgemeine Betriebswirtschaftslehre. Bd. 2: Führung. Hrsg. von Franz X. Bea, Erwin Dichtl und Marcell Schweitzer, 8. Aufl., Stuttgart 2001, S. 376–428.

Zimmermann, A.: Spezifische [Risiken] des Auslandsgeschäfts. In: Exportnation Deutschland. Hrsg. von Erwin Dichtl und Otmar Issing, 2. Aufl., München 1992, S. 71–100.

Investition

Kapitel 5

Horst Seelbach

1 Grundlagen

1.1 Investitionstheoretische Grundbegriffe

1. **Investition** ist die in einem Unternehmen mit der Beschaffung von Produktionsfaktoren, insbesondere Betriebsmitteln (Sachinvestitionen), von Wertpapieren und Forderungen (Finanzinvestitionen) verbundene Kapitalbindung, die sich über mehrere Perioden erstreckt. Im Mittelpunkt der betrieblichen Investitionsplanung stehen Sachinvestitionen, während Finanzinvestitionen in diesem Zusammenhang ergänzenden Charakter haben.

Sachinvestitionen lassen sich nach verschiedenen Kriterien einteilen (vgl. z. B. Kern [Investitionsrechnung]). Die gebräuchliche Einteilung in **Neu-, Erweiterungs-, Rationalisierungs-** und **Ersatzinvestionen** (vgl. Abb. 5.1) führt in vielen Fällen zu Abgrenzungsproblemen, da etwa der Ersatz von Betriebsmitteln häufig mit einer Verbesserung der Wirtschaftlichkeit des Leistungserstellungsprozesses (Rationalisierung) oder einer Erweiterung der betrieblichen Kapazitäten oder auch mit beiden Wirkungen verbunden ist.

Eine Sachinvestition lässt sich durch ihre güterwirtschaftlichen und finanzwirtschaftlichen Konsequenzen kennzeichnen.

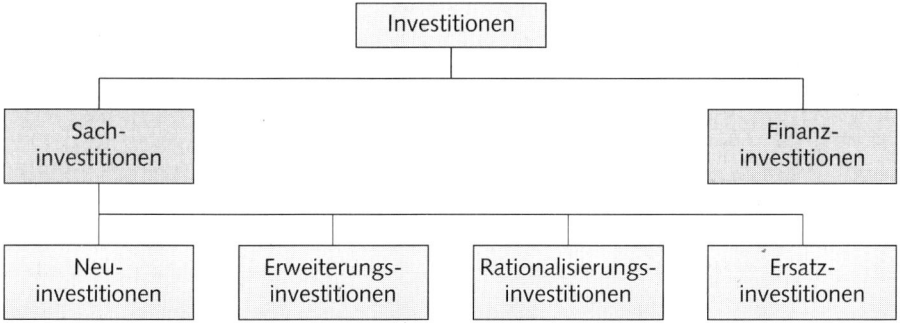

Abbildung 5.1: Einteilung der Investitionen

2. Unter **Planung** wird die Erstellung eines Entwurfs verstanden, welcher Alternativen für das Erreichen vorgegebener Ziele vorausschauend festlegt (vgl. 2. Bd.).

Da Planung häufig mit Modellen durchgeführt wird und Modelle als Abstraktionen die Wirklichkeit nicht vollständig abbilden, können Modellergebnisse nicht unmittelbar zu den richtigen, d. h. den vorgegebenen Zielsetzungen entsprechenden, Entscheidungen in der Realität führen.

3. Unter einem **Investitionsmodell** wird ein mathematisches Planungsmodell verstanden, mit dessen Hilfe unter Berücksichtigung eines mehr oder weniger umfassenden Teils der quantitativen Parameter und funktionalen Zusammenhänge eine Beurteilung der Investition im Hinblick auf ein vorgegebenes Ziel oder Zielsystem vorgenommen werden kann.

Neben der Ergebniswirkung treten bei Sachinvestitionen quantitative Konsequenzen im güterwirtschaftlichen und finanziellen Bereich des Unternehmens ein, da sich beispielsweise die Produktionskapazität verändern kann und finanzielle Mittel beansprucht werden. Finanzinvestitionen beeinflussen dagegen unmittelbar nur die finanzielle Sphäre des Unternehmens.

4. Den Inhalt der betriebswirtschaftlichen **Investitionstheorie** bilden die Entwicklung und die Diskussion von Investitionsmodellen.

5. Zur **Einteilung von Investitionsmodellen** werden in der Literatur zahlreiche Kriterien genannt und verwendet. In den folgenden Ausführungen soll zwischen isolierter und simultaner Investitionsplanung unterschieden werden. In der **isolierten Investitionsplanung** stellen allein die Investitionsalternativen Entscheidungsvariablen dar, während in der **simultanen Investitionsplanung** Interdependenzen der Investitionsentscheidungen mit den Entscheidungen in mindestens einem anderen Bereich der Unternehmensplanung berücksichtigt werden.

Gegenstand der isolierten Investitionsplanung können die Beurteilung und Auswahl **einzelner** voneinander unabhängiger **Investitionsobjekte** oder die Bestimmung von **Investitionsprogrammen** sein. In simultane Investitionsmodelle werden insbesondere Finanzierungs- und Produktionsentscheidungen einbezogen (vgl. Abb. 5.2).

6. Die Planung bezieht sich auf einen bestimmten **Zeitraum**, der im Idealfall die gesamte Lebensdauer eines Unternehmens, i. d. R. aber nur einen Teilabschnitt umfasst.

Die Frage der Länge des **Planungszeitraums** ist eingehend diskutiert worden. Die theoretisch richtige Forderung, den Planungshorizont so zu wählen, dass gegenwärtige Entscheidungen durch Handlungsmöglichkeiten, die nach dem Ende des

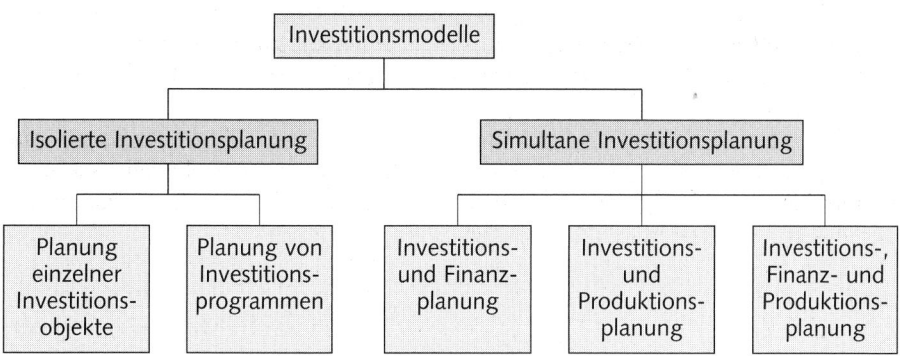

Abbildung 5.2: Einteilung der Modelle zur Investitionsplanung

Planungszeitraums gegeben sind, nicht beeinflusst werden (Albach [Investition]), erscheint nicht operational, da zum einen erst mit Vorliegen der Ergebnisse die Auswirkungen zukünftiger Investitionen erkennbar sind, zum anderen der begrenzte Informationsstand des Unternehmens die Länge des Planungszeitraums begrenzt (vgl. u. a. Rosenberg [Investitionsplanung]).

7. Der kontinuierliche Zeitablauf wird in äquidistante Intervalle eingeteilt, die **Perioden** genannt werden. Der Planungszeitraum besteht aus T derartigen Perioden.

Die quantitativen Konsequenzen von Entscheidungen, die eine Periode betreffen, werden zusammengefasst einem Zeitpunkt, entweder dem Beginn oder dem Ende der jeweiligen Periode, zugeordnet. Die Wahl zwischen Periodenbeginn und -ende wirkt sich inhaltlich nicht aus, sondern beeinflusst lediglich die Numerierung (Indizierung) der periodenbezogenen Parameter.

8. **Planungszeitpunkt** ist der Beginn der ersten Periode des Planungszeitraums.

Das ist der Zeitpunkt $t = 0$ (Ende der nullten Periode), wenn – wie hier – das Periodenende als Bezugszeitpunkt für eine Periode gewählt wird.

9. Zu den quantitativen Konsequenzen der Investitionsentscheidung gehören Zahlungen des Investors an andere Wirtschaftseinheiten, die **Auszahlungen**, und Zahlungen anderer Wirtschaftseinheiten an den Investor, die **Einzahlungen** heißen.

10. Periodengleiche Ein- und Auszahlungen werden zu **Zahlungen** saldiert. Positive Zahlungen stellen Einzahlungsüberschüsse, negative Zahlungen Auszahlungsüberschüsse dar. Eine Folge von Einzahlungsüberschüssen heißt **Zahlungsreihe** einer Investition.

11. Die Zahl der Perioden, während derer die Wirkungen einer Investition explizit berücksichtigt werden, heißt **Nutzungsdauer** einer Investition, wenn es sich um eine Sachinvestition, und **Laufzeit** einer Investition, wenn es sich um eine Finanzinvestition handelt.

Diese Zeitspanne kann als Datum oder als Entscheidungsvariable betrachtet werden. Eine Verkürzung der mit einer Investition geplanten Nutzungsdauer bzw. Laufzeit wird als **Desinvestition** bezeichnet.

12. Ein **Kapitalmarkt** heißt **vollkommen**, wenn

1. keine Beschränkungen bezüglich Kapitalaufnahme und Kapitalanlage,
2. ein einheitlicher Kapitalmarktzins für Kapitalaufnahme und Kapitalanlage und
3. vollkommene Information gegeben sind.

1.2 Finanzmathematische Grundbegriffe

Den folgenden Ausführungen liegt eine Zahlungsreihe e_t $(t = 0(1)T)$[1] zugrunde. Die Zahlung e_t fällt am Ende der t-ten Periode an, e_0 ist die – i. d. R. negative – Zahlung im Planungszeitpunkt.

Der **Barwert** ($bw_{t'}$) einer Zahlungsreihe e_t $(t = 0(1)T)$, bezogen auf den Bezugszeitpunkt t' $(t' = 0(1)T)$, ist definiert als:

$$(1.1) \qquad bw_{t'} := \sum_{t=0}^{T} e_t \cdot q^{t'-t} = q^{t'} \cdot \sum_{t=0}^{T} e_t \cdot q^{-t}, \qquad \text{mit } q := 1 + i.$$

Dabei heißt i **Kalkulationszinssatz** und q **Zinsfaktor**. Der Ausdruck

$$(1.2) \qquad q^{t'-t} \qquad (t, t' = 0(1)T)$$

heißt **Abzinsungs-** oder **Diskontierungsfaktor** für $t' \leq t$ und **Aufzinsungsfaktor** für $t' \geq t$, jeweils mit dem Bezugszeitpunkt t'. Für $t' = t$ nimmt der Faktor den Wert Eins an und kann ebenso Aufzinsungs- wie Abzinsungsfaktor sein.

Die Summe der Diskontierungsfaktoren wird (nachschüssiger) **Rentenbarwertfaktor** (RBF_{iT}),

$$(1.3) \qquad RBF_{iT} := \sum_{t=t'+1}^{t'+T} = q^{t'-t} = \sum_{t=1}^{T} q^{-t} = \frac{q^T - 1}{i \cdot q^T} = \frac{1 - q^{-T}}{q - 1},$$

genannt. Der reziproke Wert des Barwertfaktors wird als (nachschüssiger) **Wiedergewinnungsfaktor** (WF_{iT}),

---

[1] Die Schreibweise $t = 0(1)T$ ist gleichbedeutend mit $t = 0, 1, \ldots, T$.

(1.4) $\mathrm{WF_{iT}} : = \dfrac{1}{\mathrm{RBF_{iT}}} = \dfrac{i \cdot q^T}{q^T} - 1 = \dfrac{q - 1}{1 - q^{-T}},$

bezeichnet. Zinst man den Barwertfaktor auf den Zeitpunkt T auf, so erhält man den (nachschüssigen) **Rentenendwertfaktor** ($\mathrm{REF_{iT}}$),

(1.5) $\mathrm{REF_{iT}} : = \mathrm{RBF_{iT}} \cdot q^T = \sum\limits_{t=1}^{T} q^{T-t} = \dfrac{q^T - 1}{q - 1}.$

Der Barwert einer Zahlungsreihe mit dem Bezugszeitpunkt $t' = 0$ heißt **Kapitalwert** (kw),

(1.6) $\mathrm{kw} : = \mathrm{bw}_0 = \sum\limits_{t=0}^{T} e_t \cdot q^{-t}.$

Der mit dem Wiedergewinnungsfaktor multiplizierte Kapitalwert heißt **Annuität** (an),

(1.7) $\mathrm{an} : = \mathrm{kw} \cdot \mathrm{WF_{iT}} = \mathrm{kw} \cdot \dfrac{i \cdot q^T}{q^T - 1} = \mathrm{kw} \cdot \dfrac{q - 1}{1 - q^{-T}}.$

Da die Annuität die gleichförmige Zahlung ist, die zu demselben Kapitalwert führt wie die Zahlungsreihe e_t ($t = 0(1)T$), wird sie auch **äquivalente** Annuität genannt.

Ein Zinssatz, für den der Kapitalwert einer Zahlungsreihe den Wert Null annimmt, heißt **interner Zinssatz** (r) der Zahlungsreihe. Er wird durch die Gleichung

(1.8) $0 = \sum\limits_{t=0}^{T} e_t \, (1 + r)^{-t}$

definiert.

Der **Vermögenswert** ($v_{t'}$) einer Zahlungsreihe im Zeitpunkt t' ist für einen (einheitlichen) Zinssatz definiert als:

(1.9) $v_{t'} : = \sum\limits_{t=0}^{t'} e_t \cdot q^{t'-t} \qquad (t' = 0(1)T).$

Für die Vermögenswerte gilt die Rekursionsbeziehung

(1.10) $v_t = v_{t-1} \cdot q + e_t \qquad (t = 1(1)T; \; v_0 = e_0).$

Der Vermögenswert im Zeitpunkt T heißt **Vermögensendwert** oder **Endwert** (ew). Er entspricht dem Barwert einer Zahlungsreihe mit dem Bezugszeitpunkt T,

(1.11) $\mathrm{ew} : = v_T = \mathrm{bw}_T = \sum\limits_{t=0}^{T} e_t \cdot q^{T-t}.$

Der Endwert unter Berücksichtigung einer **gleichbleibenden Entnahme** (en) in den Zeitpunkten $t = 1(1)T$ ist

(1.12) $\mathrm{ew} : = e_0 \cdot q^T + \sum\limits_{t=1}^{T} (e_t - en) \, q^{T-t}.$

Verwendet man statt des einheitlichen Kalkulationszinssatzes i einen Habenzinssatz h, um $v_t > 0$, und einen Sollzinssatz s, um $v_t < 0$ auf den Zeitpunkt $t + 1$ aufzuzinsen, mit $h < s$, dann erhält man unter Berücksichtigung einer Periodenentnahme die Rekursionsbeziehung

(1.13) $v_t = \max \{v_{t-1}, 0\} (1 + h) - \max \{- v_{t-1}, 0\} (1 + s) + e_t - en$
$$(t = 1(1)T; v_0 = e_0).$$

Der Vermögensendwert lässt sich in diesem Fall nicht als Summe der aufgezinsten Zahlungen angeben, da positive und negative Vermögenswerte in wechselnder Folge auftreten.

Der **kritische Sollzinssatz** (sk) ist der Zinssatz, bei dem für einen gegebenen Habenzinssatz der Endwert ew einer Zahlungsreihe den Wert Null annimmt. Entsprechend (1.13) ist die Rekursionsgleichung für sk

(1.14) $0 = \max \{v_{T-1}, 0\} (1 + h) - \max \{- v_{T-1}, 0\} (1 + sk) + e_T - en,$

wobei die Vermögenswerte v_t analog zu (1.13) schrittweise zu errechnen sind.

Beispiel

Für die in Tab. 5.1 angegebene Zahlungsreihe sollen für einen Kalkulationszinssatz von $i = 0{,}1$ bzw. für einen Habenzinssatz von $h = 0{,}05$ und Sollzinssatz von $s = 0{,}1$ die genannten finanzmathematischen Begriffe veranschaulicht werden.

Tabelle 5.1: Zahlungsreihe (in GE)

t	0	1	2	3	4	5 = T
e_t	−500	220	200	180	150	100

(1.1)   Der **Barwert** beträgt für $t' = 1$:

bw_1 = $- 500 (1 + 0{,}1)^{1-0} + 220 (1 + 0{,}1)^{1-1} + 200 (1 + 0{,}1)^{1-2}$
$+ 180 (1 + 0{,}1)^{1-3} + 150 (1 + 0{,}1)^{1-4} + 100 (1 + 0{,}1)^{1-5}$

= $- 500 \cdot 1{,}1 + 220 \cdot 1{,}0 + 200 \cdot 0{,}9091 + 180 \cdot 0{,}8264 + 150$
$\cdot 0{,}7513 + 100 \cdot 0{,}6830$

= $181{,}58.$

(1.2)   **Abzinsungs-** bzw. **Diskontierungsfaktoren** sind für $t' = 2$:

q^{2-t} $(t = 2, 3, 4, 5)$,

Aufzinsungsfaktoren sind:

q^{2-t} $(t = 0, 1, 2)$.

(1.3)   Der **Rentenbarwertfaktor** ist für $T = 5$:

$RBF_{0,1;5} = 1{,}1^{-1} + 1{,}1^{-2} + 1{,}1^{-3} + 1{,}1^{-4} + 1{,}1^{-5}$
$= 0{,}9091 + 0{,}8264 + 0{,}7513 + 0{,}6830 + 0{,}6209$

$= 3{,}7907 = \dfrac{(1 + 0{,}1)^5 - 1}{0{,}1 (1 + 0{,}1)^5}.$

(1.4)   Der zugehörige **Wiedergewinnungsfaktor** beträgt:

$$WF_{0,1;5} = \frac{1}{3,7907} = 0,2638.$$

(1.5)   Der **Rentenendwertfaktor** ist:

$$REF_{0,1;5} = 3,7907 \cdot 1,1^5 = 6,105.$$

(1.6)   Als **Kapitalwert** ergibt sich:

$$\begin{aligned} kw = bw_0 &= -500 \cdot 1 + 220 \cdot 0,9091 + 200 \cdot 0,8264 \\ &\quad + 180 \cdot 0,7513 + 150 \cdot 0,6830 + 100 \cdot 0,6209 = 165,07. \end{aligned}$$

(1.7)   Die **Annuität** ist:

$$an = 165,07 \cdot 0,2638 = 43,55.$$

(1.8)   Aus der Bestimmungsgleichung für den **internen Zinssatz**

$$\begin{aligned} 0 &= -500\,(1+r)^0 + 220\,(1+r)^{-1} + 200\,(1+r)^{-2} + 180\,(1+r)^{-3} + 150\,(1+r)^{-4} \\ &\quad + 100\,(1+r)^{-5} \end{aligned}$$

erhält man $r = 0,2394$. Auf die rechnerische Ermittlung wird in Abschn. 2.2.1.4 noch eingegangen.

(1.10)   Die **Vermögenswerte** $(t' = 0(1)5)$ ergeben sich rekursiv:

$$\begin{aligned} v_0 &= e_0 & &= -500 \\ v_1 &= -500 \cdot 1,1 & +220 &= -330 \\ v_2 &= -330 \cdot 1,1 & +200 &= -163 \\ v_3 &= -163 \cdot 1,1 & +180 &= 0,70 \\ v_4 &= 0,70 \cdot 1,1 & +150 &= 150,77 \\ v_5 &= -150,77 \cdot 1,1 & +100 &= 265,85. \end{aligned}$$

(1.11)   Der **Vermögensendwert** ist $ew = v_5 = 265,85$.

(1.12)   Wenn man eine **Entnahme** in den Perioden $t = 1(1)5$ in Höhe von $en = 10$ berücksichtigt, ist der Endwert:

$$\begin{aligned} ew &= -500 \cdot 1,1^5 + (220-10)\,1,1^4 + (200-10)\,1,1^3 \\ &\quad + (180-10)\,1,1^2 + (150-10)\,1,1^1 + (100-10) = 204,80. \end{aligned}$$

(1.13)   Die **Rekursionsbeziehungen** für die Vermögenswerte mit Entnahme bei unterschiedlichem Soll- und Habenzinssatz ergeben:

$$\begin{aligned} v_0 &= e_0 & & & &= -500 \\ v_1 &= \max\{-500,\,0\} \cdot 1,05 & -\max\{500,\,0\} \cdot 1,1 & +220-10 &= -340 \\ v_2 &= \max\{-340,\,0\} \cdot 1,05 & -\max\{340,\,0\} \cdot 1,1 & +200-10 &= -184 \\ v_3 &= \max\{-184,\,0\} \cdot 1,05 & -\max\{184,\,0\} \cdot 1,1 & +180-10 &= -32,40 \\ v_4 &= \max\{-32,40,\,0\} \cdot 1,05 & -\max\{32,40,\,0\} \cdot 1,1 & +150-10 &= 104,36 \\ v_5 &= \max\{-104,36,\,0\} \cdot 1,05 & -\max\{104,36,\,0\} \cdot 1,1 & +100-10 &= 199,58. \end{aligned}$$

(1.14)   Der **kritische Sollzinssatz** $sk = 0,2093$ erfüllt die Beziehung:

$$v_5 = 0 = \max\{-74,43,\,0\} \cdot 1,05 - \max\{74,43,\,0\} \cdot 1,2093 + 100 - 10.$$

Seine Berechnung wird in Abschn. 2.2.4 erläutert.

1.3   Investitionsmodelle

Die Art der Formulierung und der Umfang von Investitionsmodellen hängen von der Entscheidung ab, welche Bereiche der Unternehmensplanung in den Kalkül einbezogen und welche Zielsetzungen gewählt werden sollen. Die Menge der zulässigen Entscheidungsalternativen lässt sich durch Nebenbedingungen in Form von Gleichungen und/oder Ungleichungen beschreiben. Die für Investitionsmodelle typischen Restriktionen, die, um einen Vergleich der verschiedenen Investitionsmodelle zu erleichtern, einheitlich bezeichnet werden, sind

- **Investitionsbedingungen** (I), die Interdependenzen zwischen Investitionsalternativen erfassen;
- **Desinvestitionsbedingungen** (D), die Desinvestitionen auf die zuvor getätigten Investitionen beschränken;
- **Finanzierungsbedingungen** (F), die den Zusammenhang zwischen dem Investitions- und gegebenenfalls dem Produktionsprogramm einerseits sowie der Finanzierung andererseits abbilden sollen;
- **Produktionsbedingungen** (P), die der Abstimmung des Kapazitätsbedarfs mit der bereitzustellenden Kapazität dienen;
- **Gleichgewichtsbedingungen** (G) zur Wahrung des Produktionsflusses bei mehrstufiger Produktion;
- **Absatzgrenzen** (A) für die verschiedenen Erzeugnisarten;
- **Variablenbegrenzungen** (B), die den Bereich zulässiger Werte einzelner Entscheidungsvariablen beschränken.

Welche der Nebenbedingungen erforderlich und wie sie dann auszugestalten sind, hängt von der jeweils zugrundeliegenden Entscheidungssituation ab. Diese wird außerdem durch die gewählte Zielsetzung charakterisiert.

Bewertungskriterium für Investitionen soll das **erwerbswirtschaftliche Prinzip** (Gutenberg [Grundlagen]) sein. Auf der Grundlage von Zahlungen ist der **langfristige Gewinn** – als erzielbarer Vermögenszuwachs oder als Strom der Perioden-Entnahmen – oder die **Rentabilität** des je Periode durch die Investition gebundenen Kapitals zu maximieren. Die Kapitalbindung kann während des Planungszeitraums variieren. Der Zeitpräferenz von Entscheidungsträgern – zeitlich frühere Zahlungen werden späteren Zahlungen vorgezogen – wird durch Verzinsung Rechnung getragen. Entsprechend sind die alternativen Zielfunktionen zu formulieren.

2   Isolierte Investitionsplanung

Isolierte Investitionsplanung heißt, dass ausschließlich Entscheidungen über Investitionen getroffen werden sollen, entweder über einzelne Investitionsobjekte oder über Investitionsprogramme bei vorgegebenem Budget. Bei der Beurteilung einzelner Investitionsobjekte wird unterschieden zwischen gegebener und variabler Nutzungsdauer einerseits, vollkommenem und unvollkommenem Kapitalmarkt andererseits. Die Unvollkommenheit des Kapitalmarktes soll allein in unterschiedlichen Zinssätzen für Kapitalaufnahme und -anlage zum Ausdruck kommen. Finanzielle Begrenzungen bei der Planung von Investitionsprogrammen können sich auf den Investitionszeitpunkt beschränken oder sich auf alle Perioden des Planungszeitraumes beziehen.

2.1   Prämissen

Ausgangspunkt bilden Investitionsmodelle zur Beurteilung einzelner Investitionsobjekte mit **gegebener Nutzungsdauer** unter den Bedingungen eines **vollkommenen Kapitalmarktes** (Abschn. 2.2.1). Für sie gelten die folgenden Prämissen:

Prämisse 1:   Die Entscheidungsvariablen beziehen sich ausschließlich auf die Investitionsalternativen.

Prämisse 2:   Es kann höchstens eine Investition ausgewählt und realisiert werden.

Prämisse 3:   Eine Investitionsalternative wird allein durch eine Zahlungsreihe gekennzeichnet.

Prämisse 4:   Die Zahlungen sind in Höhe und zeitlicher Verteilung fest gegeben und im Planungszeitpunkt bekannt.

Prämisse 5:   Die Zahlungen sind der Investition eindeutig zurechenbar. Für Sachinvestitionen (Betriebsmittel) wird damit vorausgesetzt, dass das Produktionsprogramm für jede Investition festgelegt und auf den mit der Investition verbundenen Betriebsmitteln herstellbar sein muss.

Prämisse 6:   Die Zahlungsreihe einer Investition enthält alle mit einer Investition verbundenen Zahlungen, also auch eine Investitionsauszahlung im Investitionszeitpunkt und einen eventuellen Liquidationserlös am Ende der Nutzungsdauer.

Prämisse 7:   Zu einem einheitlichen, festen Zinssatz können jederzeit die zur Durchführung der Investition benötigten finanziellen Mittel bereitgestellt werden.

Prämisse 8:   Aus der Investition freigesetzte, nicht benötigte finanzielle Beträge können in beliebigem Umfang zu einem einheitlichen, konstanten Zinssatz am Kapitalmarkt angelegt werden.

Prämisse 9:   Die Zinssätze für Kapitalaufnahme und Kapitalanlage stimmen überein, d. h., es werden keine Transaktionskosten berücksichtigt.

Prämisse 10: Der Investitionszeitpunkt ist der Zeitpunkt, zu dem die erste durch
eine Investition verursachte Zahlung erfolgt.

Prämisse 11: Steuern werden nicht berücksichtigt.

Ist die **Nutzungsdauer** der Investitionsobjekte **variabel** (Abschn. 2.2.3), so sind drei
Prämissen zu modifizieren. Neben den Investitions- sind Desinvestitionsvariablen
zu definieren, die den Zeitpunkt der Desinvestition einer getätigten Investition
beschreiben (Prämisse 1). Aus der Zahlungsreihe einer Investition ist der Liquidationserlös am Ende der Nutzungsdauer auszugliedern und zu einer Zeitreihe potenzieller Liquidationserlöse in Abhängigkeit vom Zeitpunkt der Desinvestition zu
ergänzen (Prämissen 4 und 6).

Für die in Abschn. 2.2.4 beschriebenen Investitionsmodelle bei **unvollkommenem
Kapitalmarkt** und **gegebener Nutzungsdauer** gelten dagegen alle ursprünglich
gesetzten Prämissen mit Ausnahme von Prämisse 9, die aufgehoben wird, da unterschiedliche Zinssätze für Kapitalaufnahme und Kapitalanlage als Folge von Transaktionskosten unterstellt werden.

Sollen **Investitionsprogramme** bestimmt werden (Abschn. 2.3), gilt Prämisse 2
nicht, da aus der Menge der Investitionsalternativen im Rahmen begrenzt vorgegebener finanzieller Mittel mehrere Investitionsvorhaben ausgewählt werden können. Prämisse 7 wird entweder für den Investitionszeitpunkt (Abschn. 2.3.1) oder
für alle Perioden des Planungszeitraumes aufgehoben (Abschn. 2.3.2).

2.2   Entscheidungen über einzelne Investitionsobjekte

Da i. a. mehrere Investitionsalternativen zu beurteilen sind, müssen die Daten eines
Investitionsprojektes durch eine Indizierung gekennzeichnet werden. Unterstellt
man, dass der Investitionszeitpunkt jeweils in $t = 0$, dem Anfang der ersten Periode,
liegt, dann entspricht das Ende der vorgegebenen Nutzungsdauer der **n-ten Investition** (INV_n) dem Zeitpunkt T_n. Die zugehörige Zahlungsreihe ist e_{nt} ($n = 1(1)N$;
$t = 0(1)T_n$). Die erste mit einer Investition verbundene Zahlung, e_{n0}, wird i. d. R. der
Investitionsauszahlung entsprechen und der letzte Einzahlungsüberschuss, e_{nT_n},
einen eventuellen Liquidationserlös enthalten. Auch die verschiedenen gewinn-
oder rentabilitätsorientierten Zielkriterien sind für die Investitionsobjekte zu indi-
zieren. Ihre Berechnung erfolgt nach den in Abschn. 1.2 gegebenen Definitionen.

Für die Modellformulierungen werden – zunächst binäre – Entscheidungsvariablen
z_n definiert, die angeben, ob die INV_n realisiert ($z_n = 1$) oder abgelehnt werden soll
($z_n = 0$). Unter Verwendung dieser Größen lassen sich die Investitionsmodelle zur
Beurteilung einzelner Investitionen als lineare ganzzahlige Modelle formulieren
(Seelbach [Investitionsplanung]). Die Forderung, dass aus der Alternativenmenge

höchstens eine Investition ausgewählt werden soll (Prämisse 2), wird durch die Restriktionen

(I1) $\sum_{n=1}^{N} z_n \leq 1$

und

(B1) $z_n \in \{0,1\}$ (n = 1(1)N)

erreicht, die damit Bestandteil aller Modelle sind.

2.2.1 Investitionsmodelle bei vollkommenem Kapitalmarkt und gegebener Nutzungsdauer

Die auch als **finanzmathematisch** bezeichneten Investitionsmodelle bei vollkommenem Kapitalmarkt und gegebener Nutzungsdauer unterscheiden sich durch die jeweils unterstellte Zielsetzung. Folgende Entscheidungskriterien werden verwendet:

- Kapitalwert,
- Vermögensendwert oder Endwert,
- Entnahme und Annuität sowie
- interner Zinssatz.

2.2.1.1 Kapitalwertmodell

Der nach (1.11) berechnete Vermögensendwert ew_n von INV_n bringt die durch diese Investition bis zum Ende der Nutzungsdauer erzielbare Vermögensänderung eines Unternehmens zum Ausdruck, wenn die zur Finanzierung benötigten finanziellen Mittel zum Zinssatz i aufgenommen und freigesetzte Beträge zu demselben Zinssatz je Periode angelegt werden können. Dieser Zinssatz heißt **Kalkulationszinssatz** (zu seiner Bestimmung vgl. Solomon [Management]; Moxter [Bestimmung]). Verfügt das Unternehmen über eigene – für die Finanzierung der Investitionsauszahlung erforderliche – liquide Mittel, so ist der Kalkulationszinssatz als Kostensatz im Sinne von Opportunitätskosten zu interpretieren, und der Endwert gibt die Vermögenswertänderung im Vergleich zur Anlage der Mittel zum Kalkulationszinssatz am Kapitalmarkt wieder. Diskontiert man diese Vermögenswertänderung auf den Planungszeitpunkt, so erhält man den Kapitalwert.

Der **Kapitalwert** gibt die auf den Planungszeitpunkt bezogene Vermögenswertänderung, d. h. den gesamten durch die Investition unter Berücksichtigung von Zinsen zu erzielenden langfristigen Gewinn, wieder.

Das allgemeine mit Hilfe des **Kapitalwertmodells** zu lösende Entscheidungsproblem besteht darin, aus mehreren Investitionsalternativen diejenige auszuwählen, die zum höchsten Kapitalwert führt. Dabei ist gleichzeitig zu gewährleisten, dass die ausgewählte Alternative keinen negativen Kapitalwert aufweist; denn ein negativer Kapitalwert bedeutet, dass sich die entsprechende Investition nicht lohnt, da eine negative Vermögensänderung erzielt wird bzw. die Anlage verfügbarer Beträge am Kapitalmarkt günstiger wäre.

Das Kapitalwertmodell

$$(M1) \qquad (Z1) \sum_{n=1}^{N} kw_n \cdot z_n \rightarrow max!$$

unter den Nebenbedingungen (u. d. N.) (I1) und (B1)

erfasst diese Aufgabenstellung. Als Spezialfall enthält es auch die Beurteilung einer einzelnen Investition. Als Lösung erhält man die kapitalwertmaximale der N Investitionsalternativen bzw., wenn alle Kapitalwerte negativ sind, die Lösung $z_n = 0$ für $n = 1(1)N$.

Zwei Fälle werden in der Literatur unterschieden, die Beurteilung einer einzelnen Investition und der Vergleich mehrerer Alternativen. Während die Beurteilung der Vorteilhaftigkeit einer einzelnen Investition nicht als problematisch anzusehen ist, wird im zweiten Fall das Problem der Vergleichbarkeit der Investitionen diskutiert. Diese wird verneint, wenn die Alternativen nicht zu der gleichen Kapitalbindung hinsichtlich Höhe und Dauer führen, wenn also die Nutzungsdauer und die Zahlungen, insbesondere die Investitionsauszahlung, nicht übereinstimmen (vgl. u. a. Schneider, E. [Wirtschaftlichkeitsrechnung]; Kern [Investitionsrechnung]; Blohm, Lüder [Investition]). Unterstellt man jedoch, dass die Menge der Investitionsalternativen alle Möglichkeiten enthält, die sich dem Unternehmen bieten, dann können die bei Realisation der Investitionen mit der geringeren Kapitalbindung verfügbaren Differenzbeträge ausschließlich am Kapitalmarkt zum Zinssatz i angelegt werden, sodass ihr Kapitalwert stets den Wert Null annimmt. Derartige ergänzende Investitionen können deshalb unter der Prämisse eines vollkommenen Kapitalmarktes unbeachtet bleiben (vgl. hierzu auch das Konzept vollständiger Finanzpläne; u. a. Grob [Investitionsrechnung]).

2.2.1.2   Endwertmodell

Der **Vermögensendwert** als Entscheidungskriterium setzt wie der Kapitalwert die Wahl eines für alle Investitionsalternativen gleichen Bezugszeitpunkts voraus. Da die Nutzungsdauer der Investitionen unterschiedlich sein kann, wird als Bezugszeitpunkt $T = max\{T_n | n = 1(1)N\}$ gewählt. **Endwertmodelle** werden i. d. R. unter Berücksichtigung einer für alle Investitionsobjekte gleichen vorgegebenen periodischen Entnahme $\overline{en} > 0$ formuliert (Kruschwitz [Investitionsrechnung]), sodass der Endwert ew_n für die n-te Investitionsalternative entsprechend (1.12) zu berechnen ist. Die Höhe der Entnahme kann jedoch nur dann einen Einfluss auf die Investitionsentscheidung haben, wenn durch sie alle Vermögenswerte negativ und deshalb alle Investitionsalternativen abgelehnt werden. Anderenfalls ist sie für die Entscheidung unerheblich, da sie die Vermögensendwerte aller Investitionsobjekte um den Faktor $\overline{en} \cdot REF_{iT}$ mindert. Das Endwertmodell

(M2)   (Z2) $\displaystyle\sum_{n=1}^{N} ew_n \cdot z_n \rightarrow$ max!

u. d. N. (I1) und (B1)

unterscheidet sich nur in der Zielfunktion vom Kapitalwertmodell. Seine Lösung führt stets zu denselben Ergebnissen wie die des Kapitalwertmodells.

2.2.1.3   Entnahme- und Annuitätenmodell

Das gilt auch für die **Entnahme** als Entscheidungskriterium auf vollkommenem Kapitalmarkt. Die Entnahmemaximierung setzt voraus, dass ein für alle Investitionsobjekte gleiches Mindestendvermögen $\overline{ew} \geq 0$ gefordert wird. Die Entnahme en_n der INV_n lässt sich aus der Beziehung (1.12) bestimmen:

(2.1) $en_n = \dfrac{\displaystyle\sum_{t=0}^{T} e_{nt} \cdot q^{T-t} - \overline{ew}}{REF_{iT}} = \dfrac{kw_n \cdot q^T - \overline{ew}}{REF_{iT}} = kw_n \cdot WF_{iT} - \dfrac{\overline{ew}}{REF_{iT}}$ (n = 1(1)N).

Das **Entnahmemodell**,

(M3)   (Z3) $\displaystyle\sum_{n=1}^{N} en_n \cdot z_n \rightarrow$ max!

u. d. N. (I1) und (B1)

entspricht dem **Annuitätenmodell**, bei dem für $\overline{ew} = 0$ das Entscheidungskriterium die nach (1.7) definierte Annuität ist.

> Inhaltlich lässt sich die **Annuität** somit als periodenbezogene Vermögensänderung bzw. als unter Berücksichtigung einer Verzinsung zum Kalkulationszinssatz durchschnittlich je Periode erzielbarer Einzahlungsüberschuss interpretieren.

Entnahme und Annuität sind als Entscheidungskriterien nur geeignet, wenn die zeitliche Bezugsgröße gleich gewählt wird. Bei unterschiedlicher Nutzungsdauer der zu vergleichenden Investitionsobjekte kann diese Forderung auch durch die Annahme unendlich vieler Wiederholungen identischer Investitionen (vgl. Abschn. 2.2.3) erfüllt werden.

Zielkonflikte treten zwischen den gewinnorientierten Kriterien auf vollkommenem Kapitalmarkt nicht auf, da die Kriterien sich nur durch positive Proportionalitätsfaktoren bzw. durch eine alternativenunabhängige Konstante unterscheiden.

2.2.1.4   Modell des internen Zinssatzes

Zu anderen Entscheidungen kann dagegen der rentabilitätsorientierte **interne Zinssatz** führen. Nach (1.8) entspricht r einer der Nullstellen eines Polynoms T-ten Grades, das bis zu T reelle, aber auch ausschließlich komplexe Lösungen enthalten kann. Ein wesentlicher Teil der Diskussion des internen Zinssatzes als Kriterium für Investitionsentscheidungen befasst sich folglich mit Bedingungen für die Existenz und Eindeutigkeit interner Zinssätze (vgl. hierzu insbes. Kilger [Kritik]; Teichroew, Robichek, Montalbano [Rates], [Analysis]; Witten, Zimmermann [Eindeutigkeit]), ein weiterer Teil mit der «Brauchbarkeit» der Kapitalrentabilität bzw. des internen Zinssatzes als Entscheidungskriterium, wenn dieses zu anderen Ergebnissen als der Kapitalwert führt (vgl. z.B. Albach [Wirtschaftlichkeitsrechnung]; Heister [Rentabilitätsanalyse]; Kilger [Kritik]; Kern [Investitionsrechnung]; Kruschwitz [Investitionsrechnung]).

Im Zusammenhang mit Existenz und Eindeutigkeit des internen Zinssatzes hat *Kilger* ([Kritik]) dessen für Investitionsentscheidungen relevanten Zulässigkeitsbereich eingeschränkt, indem er nur einen Zinssatz $r > -1$ als **ökonomisch sinnvoll** bezeichnet. Daneben hat es sich als zweckmäßig erwiesen, Investitionen anhand der zeitlichen Entwicklung ihrer Vermögenswerte in Abhängigkeit vom internen Zinssatz zu klassifizieren. Danach heißt eine Investition n **isoliert durchführbar** (Kilger [Kritik]) oder **rein** (Teichroew, Robichek, Montalbano [Rates]), wenn für den internen Zinssatz die Bedingungen

$$(2.2) \qquad v_{nt'}(r_n) \leq 0 \qquad (t' = 0(1)T_n - 1),$$

$$\text{mit} \qquad v_{nt'}(r_n) = \sum_{t=0}^{t'} e_{nt}(1 + r_n)^{t'-t}$$

erfüllt sind, d.h., wenn in allen Perioden Kapital gebunden ist. Sonst heißt eine Investition **zusammengesetzt**.

Die für die Investitionsplanung wesentlichen Ergebnisse lassen sich zusammenfassen (vgl. insbesondere Witten, Zimmermann [Eindeutigkeit]):

(1)   Für eine Investition INV_n existiert **mindestens ein**

- ökonomisch sinnvoller interner Zinssatz, wenn die Zahlungsreihe der Investition eine ungerade Zahl von Vorzeichenwechseln aufweist;
- positiver interner Zinssatz, wenn $e_{n0} < 0$ und das Deckungskriterium erfüllt ist, d.h. für die Zahlungsreihe der Investition

$$(2.3) \qquad \sum_{t=0}^{T_n} e_{nt} > 0 \text{ gilt.}$$

(2)   Für eine Investition INV_n existiert **genau ein**

- ökonomisch sinnvoller interner Zinssatz, wenn die Zahlungsreihe genau einen Vorzeichenwechsel aufweist;

- positiver interner Zinssatz, wenn $e_{n0} < 0$ gilt, die Zahlungsreihe genau einen Vorzeichenwechsel aufweist und das Deckungskriterium erfüllt ist;
- positiver interner Zinssatz, wenn es ein t' gibt, für das gilt:

$$(2.4) \qquad \sum_{t=0}^{\tau} e_{nt} \leq 0 \qquad\qquad (\tau = 0(1)t' - 1),$$

$$\sum_{t=0}^{t'} e_{nt} > 0$$

und $\qquad e_{nt} \geq 0 \qquad\qquad (t = t'(1)T_n);$

- positiver interner Zinssatz, wenn die Investition isoliert durchführbar (rein) und das Deckungskriterium erfüllt ist;
- positiver interner Zinssatz, wenn $e_{n0} < 0$ ist, die Zahlungsreihe der Investition zwei Vorzeichenwechsel aufweist und das Deckungskriterium erfüllt ist.

Das Modell des internen Zinssatzes,

$$(M4) \qquad (Z4) \sum_{n=1}^{N} r_n \cdot z_n \rightarrow \max!$$

$$\text{u. d. N.} \qquad (I1) \sum_{n=1}^{N} z_n \leq 1$$

$$(B2) \; z_n \in \{0,1\} \qquad (n = 1(1)N)$$

$$(r_n - i) \, z_n \geq 0 \qquad (n = 1(1)N),$$

benötigt gegenüber den bisherigen Modellen zusätzlich die Restriktionen $(r_n - i)$ $z_n \geq 0$, die gewährleisten, dass die optimale Investitionsalternative eine interne Verzinsung aufweist, die nicht geringer ist als die einer Anlage am Kapitalmarkt.

> Der **interne Zinssatz** gibt die Rentabilität des durch die Investition gebundenen Kapitals wieder.

Diese Interpretation ist nur dann möglich, wenn während der Nutzungsdauer stets Kapital durch das Investitionsvorhaben gebunden ist. Diese Voraussetzung ist bei einer isoliert durchführbaren Investition erfüllt, da $-v_{nt}$ die im Zeitablauf variierende Kapitalbindung darstellt. Deshalb ist für den internen Zinssatz als Ausdruck der **Kapitalrentabilität** die Prämisse einer Wiederanlage freigesetzter finanzieller Beträge zum internen Zinssatz in diesem Fall nur notwendig, wenn die Kapitalbindung konstant gehalten werden soll. Somit sind bei isoliert durchführbaren Investitionen abweichende Ergebnisse zwischen der Maximierung des Kapitalwertes und des internen Zinssatzes auf den möglichen Zielkonflikt zwischen

Gewinn- und Rentabilitätsmaximierung bei variabler Kapitalbindung zurückzuführen (Seelbach [Entscheidungskriterien]).

Unterschiede hinsichtlich der Verzinsung von außerhalb des Investitionsprojektes angelegten Einzahlungsüberschüssen ergeben sich, wenn die Investition nicht isoliert durchführbar ist. Bei der Kapitalwert-Methode wird unterstellt, dass die Beträge auf dem Kapitalmarkt zum Kalkulationszinssatz angelegt werden können, bis sie zur Deckung eines späteren Auszahlungsüberschusses herangezogen werden. Die Bestimmung des internen Zinssatzes beruht dagegen in diesem Fall auf der – unrealistischen – Prämisse einer Zwischenanlage zum internen Zinssatz. Hiermit lässt sich ökonomisch die Mehrdeutigkeit des internen Zinssatzes erklären (vgl. z. B. Kilger [Kritik]).

Unter der Voraussetzung, dass ein eindeutiger interner Zinssatz existiert, führt dieser dagegen bei Beurteilung der Vorteilhaftigkeit einer einzelnen Investition stets zu demselben Ergebnis wie die Anwendung des Kapitalwert-, Endwert- oder Entnahmekriteriums, da eine positive Rentabilität einen positiven Gewinn voraussetzt.

Da sich der interne Zinssatz nicht allgemein analytisch bestimmen lässt, ist man auf iterative Verfahren – wie beispielsweise die lineare Interpolation oder das Newton-Verfahren – angewiesen.

Zur Ermittlung der optimalen Entscheidungen ist es nicht erforderlich, die linearen ganzzahligen Modelle mit Hilfe geeigneter Algorithmen zu lösen, sondern die jeweiligen Entscheidungskriterien sind zu berechnen und die optimalen Alternativen auszuwählen.

Beispiel

Ein Beispiel mit 3 Investitionsalternativen – gekennzeichnet durch die jeweiligen Zahlungsreihen (vgl. Tab. 5.2) – soll die Ausführungen zu Investitionsmodellen bei vollkommenem Kapitalmarkt und gegebener Nutzungsdauer erläutern.

Tabelle 5.2: Zahlungen (in GE)

t	0	1	2	3	4	5
e_{1t}	–500	220	200	180	150	100
e_{2t}	–500	180	170	155	133	263
e_{3t}	–300	230	200	150	100	–400

Nach (1.6) lassen sich die Kapitalwerte, nach (1.11) die Endwerte (ohne Entnahmen), und nach (2.1) die Entnahmen, die bei dem geforderten Endvermögen $\overline{ew} = 0$ den Annuitäten entsprechen, für die Investitionen bestimmen. Für einen Kalkulationszinssatz von 10% (i = 0,1) erhält man die in Tab. 5.3. zusammengestellten Ergebnisse.

Aus Gleichung (1.8) lassen sich die internen Zinssätze beispielsweise mit Hilfe der linearen Interpolation iterativ beliebig genau annähern. Um eine erste Näherung für r_n ($\hat{r}_n$) nach

$$(2.5) \quad \hat{r}_n = i_1 - kw_n(i_1) \cdot \frac{i_1 - i_2}{kw_n(i_1) - kw_n(i_2)}$$

Tabelle 5.3: Zielkriterien

INV$_n$	kw$_n$	ew$_n$	en$_n$	r$_n$	
INV$_1$	165,07	265,85	43,55	0,2394	
INV$_2$	174,73	281,40	46,09	0,2240	
INV$_3$	7,01	11,29	1,85	0,0545	0,2406

zu bestimmen, sind für zwei Versuchszinssätze i_1 und i_2 die Kapitalwerte $kw_n(i_1)$ und $kw_n(i_2)$ zu berechnen, wobei die Kalkulationszinssätze möglichst so zu wählen sind, dass $kw_n(i_1) \cdot kw_n(i_2) < 0$ ist. Die Genauigkeit der gefundenen Näherung kann durch Berechnung des zugehörigen Kapitalwertes überprüft werden. Gegebenenfalls können die Werte für eine Verbesserung der gefundenen Lösung genutzt werden.

Für INV$_1$ führen die Versuchszinssätze $i_1 = 0,22$; $i_2 = 0,25$ mit den Kapitalwerten $kw_1(0,22) = 18,537$ und $kw_1(0,25) = -9,632$ zu einer 1. Näherung:

$$(2.5) \quad \hat{r}_1^{(1)} = 0,22 - 18,537 \cdot \frac{0,22 - 0,25}{18,537 + 9,632} = 0,23974.$$

Für diesen Zinssatz ist der Kapitalwert $kw_1(\hat{r}_1^{(1)}) = -0,303$. Ersetzt man i_2 und $kw_1(i_2)$ durch diese Werte, so ergibt sich die 2. Näherung $\hat{r}_1^{(2)} = 0,23942$, mit $kw_1(\hat{r}_1^{(2)}) = -0,007$. Da der Kapitalwert nahe bei Null liegt, kann $r_1 = \hat{r}_1^{(2)}$ gesetzt werden. Die internen Renditen von INV$_2$ und INV$_3$ (vgl. Tab. 5.3) lassen sich entsprechend ermitteln.

Alle Investitionen sind isoliert betrachtet nach den gewinnorientierten Kriterien als vorteilhaft anzusehen, da die Kapital- und Endwerte sowie die Entnahmen, die mit den Annuitäten übereinstimmen, positiv sind. Lohnend sind wegen $r_n > i$ die INV$_1$ und INV$_2$ auch nach dem Kriterium des internen Zinssatzes, während für INV$_3$ eine Beurteilung der Rentabilität nicht möglich ist, weil sich zwei interne Zinssätze ergeben, wobei $\hat{r}_3^{(1)} < i$ und $\hat{r}_3^{(2)} > i$ ist.

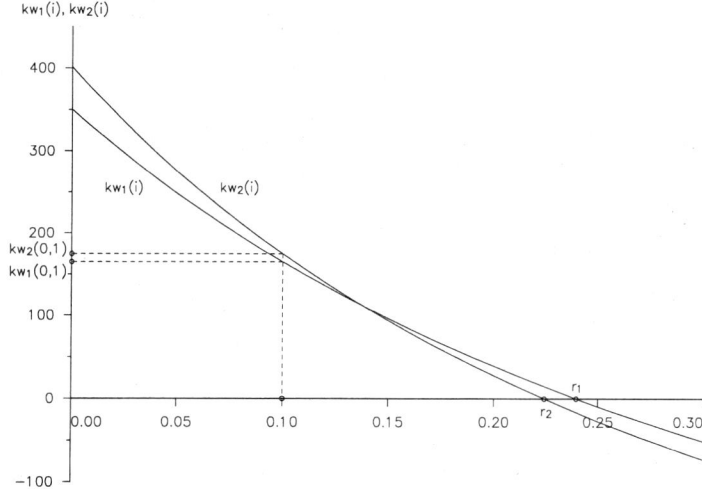

Abbildung 5.3: Kapitalwertfunktionen beim Alternativenvergleich

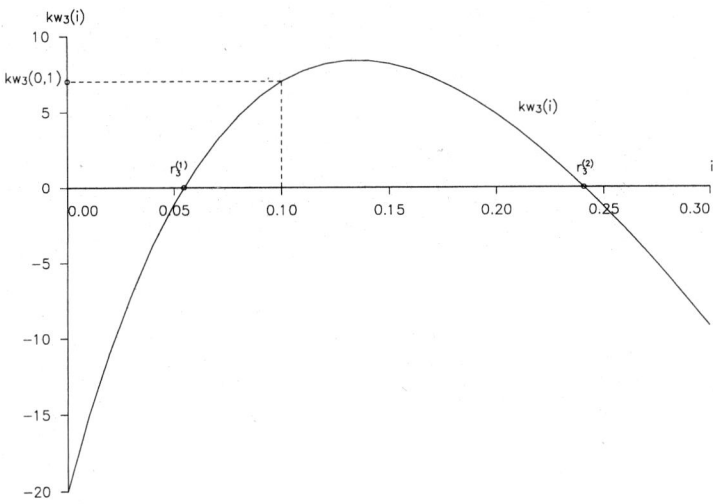

Abbildung 5.4: Kapitalwertfunktion einer zusammengesetzten Investition

Wählt man die kapitalwertmaximale Investition, so ist INV_2 optimal. Das gilt wegen der Zielkongruenz auch für die Endwert- und Entnahmemaximierung. Legt man dagegen den internen Zinssatz als Entscheidungskriterium zugrunde und lässt INV_3 wegen der fehlenden Eindeutigkeit außer acht, so ist INV_1 optimal. Die grafische Darstellung (Abb. 5.3) der Kapitalwertfunktionen in Abhängigkeit von i, $kw_1(i)$ und $kw_2(i)$, veranschaulicht die abweichenden Ergebnisse, die nicht auf die Wiederanlageprämisse zurückzuführen sind; denn INV_1 und INV_2 sind **isoliert durchführbar** oder **rein**. Man erhält z. B. für INV_1 negative Vermögenswerte $v_{1t}(r_1)$ für $t = 0(1)4 = T_1 - 1$

(2.2) v_{10} (0,2394) $= -500$
v_{11} (0,2394) $= -500 \cdot 1,2394 \quad + 220 = -399,71$
v_{12} (0,2394) $= -399,71 \cdot 1,2394 \quad + 200 = -295,40$
v_{13} (0,2394) $= -295,40 \cdot 1,2394 \quad + 180 = -186,12$
v_{14} (0,2394) $= -186,12 \cdot 1,2394 \quad + 150 = - \quad 80,64.$

INV_1 und INV_2 erfüllen vier der genannten Voraussetzungen für die Eindeutigkeit des internen Zinssatzes und damit auch die Existenzbedingungen. Anders verhält es sich bei INV_3. Da die Investition **zusammengesetzt** ist (vgl. Tab. 5.4), wird unterstellt, dass die finanziellen Mittel, die für die Auszahlungen in $t = 5$ benötigt werden, ab Periode 2 zum jeweiligen internen Zinssatz angelegt werden können.

Tabelle 5.4: Vermögenswerte der INV_3

t	0	1	2	3	4	5
$v_t(r_3^{(1)})$	−300	−86,36	108,93	264,87	379,32	0
$v_t(r_3^{(2)})$	−300	−142,12	23,60	179,28	322,42	0

Auch die übrigen Voraussetzungen für Existenz und Eindeutigkeit des internen Zinssatzes sind nicht gegeben, da bei zwei Vorzeichenwechseln das Deckungskriterium mit

(2.3) $\quad \sum\limits_{t=0}^{5} e_{3t} = -20$

und die Bedingung

(2.4) $\quad \begin{aligned} e_{30} & \qquad\qquad = -300 \\ e_{30} + e_{31} & \qquad\qquad = -70 \\ e_{30} + e_{31} + e_{32} & \qquad\qquad = 130 \ (t' = 2) \\ e_{33}, e_{34} & > 0, \text{ aber } e_{35} < 0, \end{aligned}$

nicht erfüllt sind. Der Kapitalwertverlauf $kw_3(i)$ ist in Abb. 5.4 wiedergegeben.

2.2.2   Exkurs: Statische Verfahren der Investitionsrechnung

Statische Verfahren der Investitionsrechnung sind Näherungsverfahren zur Bestimmung der Vorteilhaftigkeit von Investitionen bei vollkommenem Kapitalmarkt und gegebener Nutzungsdauer.

Sie berücksichtigen die zeitliche Struktur der durch eine Investition verursachten Zahlungsreihe nicht, sondern gehen von durchschnittlichen wertmäßigen Konsequenzen **je Periode der Nutzungsdauer** aus. Hierzu zählen neben den Betriebskosten und gegebenenfalls den Erlösen aus dem Verkauf der auf dem Investitionsobjekt erstellten Produkte auch die periodisierte Investitionsauszahlung sowie die Zinsen auf das in der Investition durchschnittlich gebundene Kapital. Periodisierte Investitionsauszahlung und Zinsen werden zum **Kapitaldienst** zusammengefasst. Zinseszinseffekte bleiben unberücksichtigt.

Nach den verwendeten Zielkriterien unterscheidet man drei Varianten der statischen Investitionsrechnung,

- die **Kosten**vergleichsrechnung,
- die **Gewinn**vergleichsrechnung und
- die **Rentabilitäts**vergleichsrechnung.

Die Verwendung periodenbezogener Entscheidungskriterien legt den Vergleich mit dem Annuitäten-(Entnahme-)Modell für die Kosten- bzw. die Gewinnvergleichsrechnung und dem Modell des internen Zinssatzes für die Rentabilitätsvergleichsrechnung nahe. Die Tatsache, dass in der statischen Investitionsrechnung keine zahlungsorientierten Parameter (z. B. Einzahlungsüberschüsse, Kapitalwert) verwendet werden, hat wegen der Durchschnittsbildung und der eingeschränkten bzw. vereinfachten Zinsrechnung für die Gegenüberstellung der Verfahren keine Bedeutung.

Die in Abschnitt 2.1 für die Entscheidung über einzelne Investitionsobjekte auf vollkommenem Kapitalmarkt gesetzten Prämissen gelten – modifiziert entsprechend den vorstehenden Überlegungen – auch hier. Die Investitionsauszahlung und ein eventueller Liquidationserlös am Ende der vorgegebenen Nutzungsdauer einer Investition werden jedoch abweichend von Prämisse 6 zur Ermittlung des Kapitaldienstes explizit erfasst. Die durchschnittliche Kapitalbindung wird unter der Annahme, dass das Kapital gemäß linearer Abschreibung während der Nutzungsdauer freigesetzt wird, berechnet.

2.2.2.1 Ermittlung des Kapitaldienstes

Vernachlässigt man zunächst einen Liquidationserlös am Ende der Nutzungsdauer und geht von einer **kontinuierlichen** Freisetzung der Investitionsauszahlung a_{n0}, die $-e_{n0}$ entspricht, während der Nutzungsdauer T_n aus, dann ist im Durchschnitt und damit in jeder Periode Kapital in Höhe des halben Investitionsbetrages gebunden. Die Zinsbelastung beträgt $(a_{n0}/2)i$. Fasst man diese mit dem Abschreibungsbetrag je Periode a_{n0}/T_n zusammen, so erhält man den **Kapitaldienst** (KD_n^*),

$$(2.6) \qquad KD_n^* := a_{n0} \left(\frac{1}{T_n} + \frac{i}{2} \right).$$

Den gesetzten Prämissen dagegen entsprechen **diskrete** Einzahlungsreihen, sodass bei linearer Abschreibung in den Zeitpunkten $t = 1(1)T_n$ jeweils eine Einzahlung in Höhe von a_{n0}/T_n erfolgt. Damit ist die Kapitalbindung in Periode t, d. h. zwischen den Zeitpunkten $t-1$ und t,

$$a_{n0} - \frac{a_{n0}\,(t-1)}{T_n} = a_{n0} \left(1 - \frac{t-1}{T_n} \right).$$

Die durchschnittliche Kapitalbindung (KB_n) während der Nutzungsdauer ergibt sich dann mit

$$(2.7) \qquad KB_n := \frac{a_{n0}}{T_n} \sum_{t=1}^{T_n} \left(1 - \frac{t-1}{T_n} \right) = \frac{a_{n0}}{T_n} \left(T_n - \frac{1}{T_n} \sum_{t=1}^{T_n} (t-1) \right)$$

$$= \frac{a_{n0}}{T_n} \left(T_n - \frac{T_n\,(T_n-1)}{2\,T_n} \right) = a_{n0} \frac{T_n + 1}{2\,T_n}.$$

Dieser Betrag, verzinst mit i, führt, zusammengefasst mit der Abschreibung, zum **Kapitaldienst** (KD_n)

$$(2.8) \qquad KD_n := a_{n0} \left(\frac{1}{T_n} + \frac{T_n + 1}{2\,T_n} \cdot i \right).$$

Der Ausdruck

$$(2.9) \qquad \frac{1}{T_n} + \frac{T_n + 1}{2\,T_n}\, i$$

wird als **Kapitaldienstfaktor** bezeichnet und in der Literatur (vgl. z.B. Blohm, Lüder [Investition]) häufig als Näherungswert des Wiedergewinnungsfaktors interpretiert; denn die der Investitionszahlung äquivalente Annuität

$$(2.10) \qquad a_{n0} \cdot WF_{iT_n} = a_{n0} \frac{i \cdot q^{T_n}}{q^{T_n} - 1}$$

setzt sich für jede Periode aus einem Teilbetrag für die Kapitalfreisetzung und einem Teilbetrag für Zinsen auf das in der Periode gebundene Kapital zusammen. Da das gebundene Kapital im Zeitablauf fällt, sinkt auch der Zinsanteil, während der Anteil des Kapitalrückflusses steigt. So betragen im Zeitpunkt $t = 1$ die Zinsen $a_{n0} \cdot i$ und die Tilgung $a_{n0} \cdot (WF_{iT_n} - i)$. In $t = 2$ sinken die Zinsen auf

$$a_{n0} (1 - WF_{iT_n} + i) i = a_{n0} (q - WF_{iT_n}) i = a_{n0} \cdot i \, \frac{q^{T_n} - q}{q^{T_n} - 1}$$

und die Tilgung erhöht sich auf

$$a_{n0} (WF_{iT_n} - (q - WF_{iT_n}) i) = a_{n0} \cdot i \, \frac{q}{q^{T_n} - 1}$$

Für Periode t (t $= 1(1)T_n$) erhält man die Aufteilung der Investitionsauszahlungsannuität in den Zinsanteil

(2.11) $a_{n0} \cdot i \, \dfrac{q^{T_n} - q^{t-1}}{q^{T_n} - 1}$

und den Tilgungsanteil

(2.12) $a_{n0} \cdot i \, \dfrac{q^{t-1}}{q^{T_n} - 1}$.

Beispiel

Für INV_4 mit einer Investitionsauszahlung $a_{40} = 100$ und einer Nutzungsdauer $T_4 = 5$ sind in Tab. 5.5 für den Kalkulationszinssatz $i = 0{,}1$ der Kapitaldienst bei statischer, die Annuität der Investitionsauszahlung bei dynamischer Investitionsrechnung sowie deren Aufteilung in Zins- und Tilgungsanteile gegenübergestellt.

Tabelle 5.5: Kapitaldienst und Annuität

t	Statisch			Dynamisch		
	KD_4	Zinsen	Tilgung	Annuität	Zinsen	Tilgung
1	26	6	20	26,38	10,00	16,38
2	26	6	20	26,38	8,36	18,02
3	26	6	20	26,38	6,56	19,82
4	26	6	20	26,38	4,58	21,80
5	26	6	20	26,38	2,40	23,98

Die durchschnittlichen Zinsen betragen je Periode bei dynamischer Rechnung 6,38.

Die Aufteilung der Annuität in Zinsen und Tilgung ist – anders als beim Kapitaldienst – nicht konstant. Der im Zeitablauf steigende Kapitalrückfluss entspricht nicht einer linearen, sondern einer progressiven Abschreibung. Um die Qualität der statischen als Näherungsverfahren der dynamischen Methoden einschätzen zu können, ist es sinnvoll, den zugrundeliegenden Sachverhalt zu vereinheitlichen. Es soll deshalb auch für die dynamische Zinsberechnung von gleichen, d. h. im Zeitablauf konstanten, Freisetzungsbeträgen je Periode ausgegangen werden. Die Zinsbelastung während der gesamten Nutzungsdauer eines Investitionsobjektes lässt sich dann ermitteln, indem eine Zahlungsreihe mit einer Auszahlung a_{n0} im Investitionszeitpunkt und Einzahlungen $-a_{n0}/T_n$ in den Perioden $t = 1(1)T_n$ unterstellt wird und diese auf den Zeitpunkt T_n aufgezinst werden. Nur bei Wahl des Endwertes der Zinsen erhält man in der statischen Investitionsrechnung die insgesamt während der Nutzungsdauer berücksichtigten Zinsen, die dann als Teil des Kapitaldienstes (2.8) auf die Perioden verteilt werden; denn der Endwert der Zinsen für die Investitionsauszahlung und die Rückflüsse in Höhe der Abschreibungsbeträge ist bei Vernachlässigung von Zinseszinsen:

$$(2.13) \qquad a_{n0}(1 + T_n \cdot i) - \frac{a_{n0}}{T_n} \sum_{t=1}^{T_n} (1 + (t - 1)i)$$

$$= a_{n0}(1 + T_n \cdot i) - \frac{a_{n0}}{T_n}\left(T_n + \frac{T_n(T_n - 1)}{2}i\right) = a_{n0} \cdot i\,\frac{T_n + 1}{2}.$$

Dem Ausdruck (2.13) ist der Endwert der Zinsen einer Zinseszinsrechnung bei linearer Abschreibung gegenüberzustellen.[1] Man erhält

$$(2.14) \qquad a_{n0} \cdot q^{T_n} - \frac{a_{n0}}{T_n} \cdot REF_{iT_n} = a_{n0}\left(q^{T_n} - \frac{REF_{iT_n}}{T_n}\right).$$

Die Differenz zwischen (2.13) und (2.14) bringt die durch den statischen gegenüber dem dynamischen Ansatz verringerte berücksichtigte Zinsbelastung zum Ausdruck.

Beispiel

Für INV_4 ergeben sich die Endwerte der Gesamtzinsen während der Nutzungsdauer

- für die statische Investitionsrechnung (2.13)

  $$100 \cdot 0{,}1\,\frac{(5 + 1)}{2} = 30;$$

- für die dynamische Investitionsrechnung bei linearer Abschreibung (2.14)

  $$100 \cdot (1{,}6105 - 6{,}105/5) = 38{,}95.$$

Zusammenfassend lässt sich feststellen, dass der **Kapitaldienst** im Rahmen der **statischen** Verfahren den periodisierten Endwert der Investitionsauszahlung einschließlich Zinsen darstellt, wobei keine Zinseszinsen berücksichtigt werden. Die Zinsbelastung wird hierdurch zu niedrig bemessen.

---

[1] Allein eine solche Endwertbetrachtung der Zinsen lässt einen Vergleich zwischen statischen und dynamischen Verfahren zu, nicht aber die näherungsweise Festlegung des Wiedergewinnungsfaktors, wie sie beispielsweise von *Küpper* und *Knoop* ([Investitionsplanung], S. 39) über den binomischen Satz vorgeschlagen wird.

Auch wenn ein am Ende der Nutzungsdauer verbleibender Liquidationserlös l_{nT_n} einbezogen wird, lassen sich die zu verrechnenden Zinsen über eine Endwertbetrachtung herleiten. Die relevante Zahlungsreihe besteht nunmehr aus der Investitionsauszahlung a_{n0} im Investitionszeitpunkt, Einzahlungen entsprechend den Abschreibungsbeträgen $(a_{n0} - l_{nT_n})/T_n$ in den Perioden $t = 1(1)T_n$ und einer Einzahlung in Höhe des Liquidationserlöses im Zeitpunkt T_n. Dem Endwert dieser Zahlungsreihe bei einfacher Zinsrechnung

$$(2.15) \qquad a_{n0}\,(1 + T_n \cdot i) - \frac{a_{n0} - l_{nT_n}}{T_n} \sum_{t=1}^{T_n} (1 + (t - 1)\,i) - l_{nT_n}$$

$$= (a_{n0} - l_{nT_n})\,\frac{T_n + 1}{2}\,i + l_{nT_n} \cdot T_n \cdot i$$

entspricht die periodisierte Zinsbelastung

$$(2.16) \qquad = (a_{n0} - l_{nT_n})\,\frac{T_n + 1}{2\,T_n}\,i + l_{nT_n} \cdot i$$

der statischen Verfahren. Zusammengefasst mit der Abschreibungsrate $(a_{n0} - l_{nT_n})/T_n$ ergibt sich der üblicherweise (vgl. z. B. Blohm, Lüder [Investition]) verwendete Kapitaldienst

$$(2.17) \qquad KD_n : = (a_{n0} - l_{nT_n}) \left(\frac{1}{T_n} + \frac{T_n + 1}{2\,T_n}\,i \right) + l_{nT_n} \cdot i.$$

Als Vergleichsgröße soll wieder die Zinsbelastung bei linearer Abschreibung unter Berücksichtigung von Zinseszinsen herangezogen werden. Ihr Endwert ist

$$(2.18) \qquad a_{n0} \cdot q^{T_n} - \frac{a_{n0} - l_{nT_n}}{T_n} \cdot REF_{iT_n} - l_{nT_n}$$

$$= (a_{n0} - l_{nT_n}) \left(q^{T_n} - \frac{REF_{iT_n}}{T_n} \right) + l_{nT_n}\,(q^{T_n} - 1).$$

Setzt man in diesen Beziehungen $l_{nT_n} = 0$, so ergeben sich die unter Vernachlässigung des Liquidationswertes hergeleiteten Formulierungen für die einfache Zins- (2.13), die Zinseszinsrechnung (2.14) und für den Kapitaldienst (2.8).

Beispiel

Nimmt man für INV_4 bei sonst unveränderten Daten einen Liquidationserlös von $l_{45} = 20$ an, so beträgt die Gesamtzinsbelastung

- bei einfacher Zinsrechnung (2.16)

  $$(100 - 20)\,\frac{5 + 1}{2} \cdot 0{,}1 + 20 \cdot 5 \cdot 0{,}1 = 34 \text{ und}$$

- bei Zinseszinsrechnung (2.18)

  $$(100 - 20)\,(1{,}1^5 - 6{,}1051/5) + 20\,(1{,}1^5 - 1) = 43{,}37$$

Auch für einen kontinuierlichen Einzahlungsstrom in Höhe der Abschreibungsrate a_{n0}/T_n (vgl. (2.6)) kann die Zinsbelastung über eine Endwertbetrachtung hergeleitet werden. An die Stelle der **Summe** der aufgezinsten Einzahlungen tritt das **Integral** über einen entsprechenden Einzahlungsstrom der Intensität a_{n0}/T_n. Bezieht man einen Liquidationserlös ein, so erhält man den Endwert der Zinsen

$$(2.19) \qquad a_{n0} (1 + T_n \cdot i) - \frac{a_{n0} - l_{nT_n}}{T_n} \int_0^{T_n} (1 + t \cdot i) \, dt - l_{nT_n}$$

$$= a_{n0} (1 + T_n \cdot i) - (a_{n0} - l_{nT_n}) \left(1 + \frac{T_n}{2} i \right) - l_{nT_n}$$

$$= (a_{n0} - l_{nT_n}) \frac{T_n}{2} i + l_{nT_n} \cdot T_n \cdot i.$$

Aus den Zinsen und der Abschreibungsrate $(a_{n0} - l_{nT_n})/T_n$ ergibt sich der Kapitaldienst

$$(2.20) \qquad KD_n^* = (a_{n0} - l_{nT_n}) \left(\frac{1}{T_n} + \frac{i}{2} \right) + l_{nT_n} \cdot i,$$

der (2.6) als Spezialfall enthält.

2.2.2.2   Varianten der statischen Investitionsrechnung

Von der gewählten Variante hängt es ab, welche periodisierten Erfolgsgrößen außer dem Kapitaldienst zur Bewertung der Investitionen herangezogen werden.

Die **Kostenvergleichsrechnung** beschränkt sich auf die durch eine Investition beeinflussten Auszahlungen oder Kosten.

Bezeichnet man die jährlichen Betriebskosten für das Investitionsobjekt mit a_n, so lautet das Entscheidungskriterium der Kostenvergleichsrechnung

$$(2.21) \qquad K_n := a_n + (a_{n0} - l_{nT_n}) \left(\frac{1}{T_n} + \frac{T_n + 1}{2 \, T_n} i \right) + l_{nT_n} \cdot i$$

bzw. bei kontinuierlicher Kapitalfreisetzung

$$(2.22) \qquad K_n^* := a_n + (a_{n0} - l_{nT_n}) \left(\frac{1}{T_n} + \frac{i}{2} \right) + l_{nT_n} \cdot i,$$

wenn wie im Folgenden stets ein Liquidationserlös am Ende der Nutzungsdauer berücksichtigt wird. Der Kostenvergleich erlaubt nur Aussagen über die **relative**, nicht über die **absolute** Vorteilhaftigkeit einer Investition. Er kann deshalb ausschließlich zum Vergleich mehrerer Alternativen herangezogen werden. Zudem muss gewährleistet sein, dass die Einzahlungs- oder Erlösseite durch die Wahl zwischen den Alternativen nicht beeinflusst wird. Als Spezialfall der Wahl zwischen Investitionen ist die Frage des Ersatzes einer vorhandenen durch eine Neuinvestition zu sehen (vgl. Abschn. 2.2.3). Auch hier kann die Kostenvergleichsrechnung als Näherungsverfahren angewendet werden (vgl. z.B. Kern [Investitionsrechnung], S. 123 f.).

> Soll die absolute Vorteilhaftigkeit einer Investition beurteilt werden oder sind die Einzahlungen von der Wahl zwischen mehreren Investitionsobjekten abhängig, so kann der **Periodengewinn**, der mit der Durchführung einer Investition verbunden ist, als Entscheidungskriterium gewählt werden.

Für die **Gewinnvergleichsrechnung** wird unterstellt, dass die Verkaufserlöse die Betriebskosten stets um einen konstanten Betrag überschreiten, der – in Anlehung an die Bezeichnung der Einzahlungsüberschüsse der dynamischen Investitionsrechnung – mit e_n' bezeichnet werden soll. Der Periodengewinn einer Investition ist

$$(2.23) \qquad G_n := e_n' - (a_{n0} - l_{nT_n}) \left(\frac{1}{T_n} + \frac{T_n + 1}{2 T_n} i \right) - l_{nT_n} \cdot i$$

bei diskreter bzw.

$$(2.24) \qquad G_n^* := e_n' - (a_{n0} - l_{nT_n}) \left(\frac{1}{T_n} + \frac{i}{2} \right) - l_{nT_n} \cdot i$$

bei kontinuierlicher Kapitalfreisetzung.

> Die **Rentabilitätsvergleichsrechnung** soll die durchschnittliche Rentabilität des in der Investition gebundenen Kapitals zum Ausdruck bringen.

Da die Prämisse des vollkommenen Kapitalmarktes beibehalten worden ist, muss die Rentabilität als Gesamtkapitalrentabilität interpretiert werden. Das hat zur Konsequenz, dass die durchschnittliche Verzinsung des gebundenen Kapitals nicht wie in der Gewinnvergleichsrechnung gewinnmindernd berücksichtigt wird. Der relevante Gewinn ist dann

$$(2.25) \qquad e_n' - \frac{a_{n0} - l_{nT_n}}{T_n}.$$

Bezugsgröße dieses Gewinns bildet das durchschnittlich gebundene Kapital, das in gleicher Weise definiert wird wie für die Berechnung der Zinsen. Bei diskreter Kapitalfreisetzung beträgt die durchschnittliche Kapitalbindung nach (2.16)

$$(2.26) \qquad \frac{(a_{n0} - l_{nT_n})(T_n + 1)}{2 T_n} + l_{nT_n}$$

und bei kontinuierlicher Freisetzung (vgl. 2.19)

$$(2.27) \qquad \frac{a_{n0} - l_{nT_n}}{2} + l_{nT_n}.$$

Die Rentabilität (R_n) als Quotient aus (2.25) und (2.26) bzw. R_n^* als Quotient aus (2.25) und (2.27) kann – wie der interne Zinssatz – zur Beurteilung der Vorteilhaftigkeit einer Investition durch Vergleich mit dem Zinssatz i, aber auch zur Wahl zwischen mehreren Investitionen dienen.

Beispiel

Für INV_4 mit $T_4 = 5$, $a_{40} = 100$, $l_{45} = 20$ soll ein Einzahlungsüberschuss $e = 35$ Betriebskosten in Höhe von $a_4' = 15$ enthalten. Für den Zinssatz $i = 0,1$ sind in Tab. 5.6 die Ergebnisse für die statische Investitionsrechnung – jeweils bei diskretem und bei kontinuierlichem Rückfluss der Abschreibungsbeträge – wiedergegeben. Zum Vergleich sind auch die Annuitäten und der interne Zinssatz von INV_4 aufgeführt.

Tabelle 5.6: Bewertung der INV_4

	statische Rechnung		dynamische Rechnung	
Kriterium	diskret	kontinuierl.	Kriterium	Wert
Kapitaldienst	22,8	22	–	–
Kosten	37,80	37	Kostenannuität	38,10
Gewinn	12,20	13	Annuität	11,90
Rentabilität	0,2794	0,3167	interner Zins	0,2531

Falls die durch eine Investition verursachten Zahlungen nicht – wie für die statische Investitionsrechnung gefordert – im Zeitablauf konstant sind, sondern variieren, muss ein mittlerer Wert gebildet werden. Die zeitliche Struktur der Zahlungsreihe beeinflusst die Abweichung der Durchschnittszahlung von der Annuität, die den korrekten Wert darstellt. Höhere Zahlungen zu Beginn der Nutzungsdauer führen zu einer zu niedrigen Durchschnittszahlung, höhere Zahlungen gegen Ende der Nutzungsdauer zu einem zu hohen Mittelwert. Dies bedingt eine weitere Ungenauigkeit der statischen gegenüber den finanzmathematischen Investitionsmodellen.

2.2.3 Investitionsmodelle bei vollkommenem Kapitalmarkt und variabler Nutzungsdauer

Zu den traditionell in der Investitionsplanung bei vollkommenem Kapitalmarkt behandelten Entscheidungsproblemen gehört die Planung der zeitlichen Ausdehnung von Investitionen. Zielkriterium ist i. d. R. der Kapitalwert (vgl. u. a. Schneider, E. [Wirtschaftlichkeitsrechnung]; Jacob [Investitionsrechnung]; Mao [Analysis]; Swoboda [Entscheidungen], [Investition]; Kern [Investitionsrechnung]).

Ist die Nutzungsdauer von Investitionen nicht gegeben, sondern variabel, so lassen sich die Fragestellungen danach differenzieren, ob ein Investitionsvorhaben mit oder ohne Berücksichtigung sich daran anschließender Folgeinvestitionen betrachtet wird. Die Bestimmung der **optimalen Nutzungsdauer** einer im Planungszeitpunkt durchzuführenden Investition erfolgt unter der Voraussetzung, dass es sich bei den zur Wahl stehenden Investitionsalternativen um einmalig zu tätigende Investitionen handelt. Wird dagegen unterstellt, dass sich am Ende der Nutzungsdauer eine Ersatzinvestition oder eine Folge – i.d.R identischer – Investitionen anschließt, geht es um die Ermittlung **optimaler Investitionsketten.** Dazu zählt auch die Frage nach dem **optimalen Ersatzzeitpunkt** einer im Planungszeitpunkt bereits vorhandenen Anlage, auf die eine einzelne oder eine Reihe von Investitionen folgt. Als optimal wird hier immer die kapitalwertmaximale Lösung bezeichnet.

Da sich die zu treffenden Entscheidungen nicht nur – mit der Auswahl des Investitionsobjektes – auf den Planungszeitpunkt beziehen, sondern – mit der Bestimmung der Nutzungsdauer der Investitionsalternativen und gegebenenfalls der Planung von Folgeinvestitionen – auch auf spätere Perioden des Planungszeitraumes, handelt es sich um ein mehrperiodiges Entscheidungsproblem.

Mehrperiodige Entscheidungsmodelle enthalten nicht nur Entscheidungsvariablen, die sich auf den Planungszeitpunkt, sondern auch solche, die sich auf spätere Perioden des Planungszeitraumes beziehen. Die Festlegung der Werte dieser Variablen kann sich auf Entscheidungen im Planungszeitpunkt auswirken.

Bei konstanter Nutzungsdauer einer Investition ist ein möglicher Liquidationserlös fest gegeben und im letzten Einzahlungsüberschuss enthalten. Bei variabler Nutzungsdauer ist der Liquidationserlös vom Zeitpunkt der Desinvestition abhängig und deshalb explizit zu erfassen. Folglich ist die Zahlungsreihe der INV_n durch die möglichen Liquidationserlöse l_{nt} einer Desinvestition in den Zeitpunkten $t = 1(1)T_n$ zu ergänzen, wobei der Zeitpunkt T_n jetzt die technisch maximale Nutzungsdauer und damit das Ende der beiden Datenreihen kennzeichnet. Der ursprüngliche Einzahlungsüberschuss e_{nT_n} ist um den Liquidationserlös l_{nT_n} zu mindern, da er nur erzielt werden kann, wenn die Desinvestition in T_n vorgenommen wird.

Die verschiedenen Entscheidungsprobleme bei variabler Nutzungsdauer lassen sich wie auch die Investitionsmodelle bei gegebener Nutzungsdauer als ganzzahlige lineare Modelle formulieren. Dazu sind zusätzliche Desinvestitionsvariablen zd_{nt} zu definieren, mit $zd_{nt} = 1$, wenn die Desinvestition von INV_n im Zeitpunkt t erfolgt, und $zd_{nt} = 0$, sonst.

Weil l_{nT_n} lediglich getrennt ausgewiesen wird, ist der inhaltlich unveränderte Kapitalwert einer im Zeitpunkt t = 0 zu tätigenden Investition bei technisch maximaler Nutzungsdauer

$$(2.28) \quad kw_n := \sum_{t=0}^{T_n} e_{nt} \cdot q^{-t} + l_{nT_n} \cdot q^{-T_n} \quad (n = 1(1)N).$$

In einem **Nutzungsdauermodell,** das die gleichzeitige Bestimmung einer kapitalwertmaximalen Investition und deren zugehöriger optimaler, d.h. kapitalwertmaximaler, Nutzungsdauer beschreibt, bilden die Kapitalwerte bei maximaler Nutzungsdauer die Zielfunktionskoeffizienten der Investitionsvariablen. Die Korrektur im Fall einer früheren Desinvestition muss über die den Desinvestitions-variablen zugeordneten Kapitalwerte (kwd$_{nt}$) erfolgen. Wird die Desinvestition von INV$_n$ im Zeitpunkt t vorgenommen, so ist der zu subtrahierende Kapitalwert

$$(2.29) \quad kwd_{nt} := \sum_{\tau=t+1}^{T_n} e_{n\tau} \cdot q^{-\tau} + l_{nT_n} \cdot q^{-T_n} - l_{nt} \cdot q^{-t} \quad (n = 1(1)N; \, t = 1(1)T_n - 1).$$

Das Nutzungsdauermodell lautet dann:

(M5) $\quad$ (Z5) $\displaystyle \sum_{n=1}^{N} \left(kw_n \cdot z_n - \sum_{t=1}^{T_n-1} kwd_{nt} \cdot zd_{nt} \right) \to$ max!

u. d. N. $\quad$ (I1) $\displaystyle \sum_{n=1}^{N} z_n \leq 1$

$\qquad$ (D1) $\displaystyle \sum_{t=1}^{T_n-1} zd_{nt} - z_n \leq 0$ $\qquad$ (n = 1(1)N)

$\qquad$ (B3) $z_n \in \{0,1\}$ $\qquad\qquad$ (n = 1(1)N)

$\qquad\qquad zd_{nt} \in \{0,1\}$ $\qquad\qquad$ (n = 1(1)N; t = 1(1)T$_n$ - 1).

Die Bedingungen (D1) gewährleisten, dass eine Desinvestition von INV$_n$ nur zuläs-sig ist, wenn diese Investition ausgewählt wurde, und – in Verbindung mit (B3) – dass eine Desinvestition höchstens einmal vorgenommen werden kann.

Beispiel

Für eine Investition (INV$_5$) mit einer technisch maximalen Nutzungsdauer T$_5$ = 7 sollen die Zielfunktionskoeffizienten der Investitionsvariablen z$_5$ und der Desinvestitionsvariab-len zd$_{5t}$ (t = 1(1)6) sowie die Desinvestitionsbedingung formuliert werden. Der Kalku-lationszinssatz ist i = 0,1. Einzahlungsüberschüsse und Liquidationserlöse sind in Tab. 5.7 angegeben, die Kapitalwerte in Tab. 5.8.

Tabelle 5.7: Daten der INV$_5$

t	0	1	2	3	4	5	6	7
e$_{5t}$	−150	100	80	56	27	−7	−49	−99
l$_{5t}$	–	100	80	64	51	41	33	26

Tabelle 5.8: Kapitalwerte der INV$_5$

kw$_5$	kwd$_{51}$	kwd$_{52}$	kwd$_{53}$	kwd$_{54}$	kwd$_{55}$	kwd$_{56}$
−1,93	−33,74	−75,07	−99,11	−104,30	−90,58	−56,09

Für den die INV$_5$ betreffenden Teil der Zielfunktion (Z5) erhält man also

− 1,93 z$_5$ + 33,74 zd$_{51}$ + 75,07 zd$_{52}$ + 99,11 zd$_{53}$ + 104,30 zd$_{54}$ + 90,58 zd$_{55}$ + 56,09 zd$_{56}$

und die Desinvestitionsbedingung (D1)

zd$_{51}$ + zd$_{52}$ + zd$_{53}$ + zd$_{54}$ + zd$_{55}$ + zd$_{56}$ − z$_5$ ≤ 0.

Wie bei allen Investitionsproblemen mit unbegrenztem Budget lässt sich auch hier die optimale Entscheidung sukzessiv ohne Lösung des ganzzahligen Programms finden. Für jede Investitionsalternative sind isoliert die optimale Nutzungsdauer und der zugehörige Kapitalwert zu bestimmen, um dann die optimale Alternative auszuwählen.

Um die optimale Nutzungsdauer zu bestimmen, werden die Kapitalwerte kw_n von Investitions- und kwd_{nt} von Desinvestitionsvariablen der Investitionsalternative n zu einer **Kapitalwertfunktion** $kw_n(t)$ in Abhängigkeit von der Nutzungsdauer t zusammengefasst:

$$(2.30) \qquad kw_n(t) : = kw_n - kwd_{nt} = \sum_{\tau=0}^{t} e_{n\tau} \cdot q^{-\tau} + l_{nt} \cdot q^{-t} \qquad (t = 1(1)T_n).$$

Diese Kapitalwertfunktion ist eine Treppenfunktion, die an der Stelle t* ein relatives Maximum aufweist, wenn die (hinreichenden) Bedingungen

$$(2.31) \qquad \Delta kw_n(t^* - 1) : = kw_n(t^*) - kw_n(t^* - 1) > 0 \text{ und}$$

$$\Delta kw_n(t^*) \qquad : = kw_n(t^* + 1) - kw_n(t^*) < 0$$

erfüllt sind (vgl. z. B. Sasieni, Yaspan, Friedman [Methoden] S. 302 ff.). Setzt man die Zahlungen gemäß (2.30) in (2.31) ein, so erhält man die **Optimalitätsbedingungen**:

$$(2.32) \qquad e_{nt^*} + l_{nt^*} - l_{n,t^*-1} \cdot q > 0$$

$$e_{n,t^*+1} + l_{n,t^*+1} - l_{n,t^*} \cdot q < 0.$$

Existieren mehrere relative Maxima, so sind durch Vergleich der Kapitalwerte das absolute Maximum und damit die optimale Nutzungsdauer zu bestimmen.[1] Von Mehrfachlösungen wird abgesehen.

Beispiel

Tab. 5.9 enthält für INV_5 noch einmal die Einzahlungsüberschüsse (Zeile 1) und die Liquidationserlöse (Zeile 2). In den Zeilen 3 und 4 sind die Werte für die Optimalitätsbedingungen (2.32) für $t = 1(1)7 = T_5$ und $i = 0,1$ zusammengestellt. Die Optimalitätskriterien sind nur für t* = 4 erfüllt. Der Kapitalwert bei optimaler Nutzungsdauer ist mit $kw_5(4) = 102,37$ maximal. Die anderen in Zeile 5 angegebenen Kapitalwerte $kw_5(t)$ brauchen für die Bestimmung des Optimums nicht berechnet zu werden, sondern dienen nur der Erläuterung.

Die übrigen Zeilen von Tab. 5.9 beziehen sich auf weitere Optimierungsprobleme bei variabler Nutzungsdauer.

Der Bestimmung **optimaler Investitionsketten** und dem **Ersatzproblem** ist gemeinsam, dass nicht nur über Desinvestitionen, sondern auch über Investitionen für Zeitpunkte t > 0 zu entscheiden ist. Auch diese Fragestellungen lassen sich als

---

[1] Die Bedingungen (2.31) bzw. (2.32) gelten für ein Optimum im Inneren des Intervalls. Im Zeitpunkt t = 1 liegt ein relatives Optimum, wenn $\Delta kw_n(1) < 0$ ist, in $t = T_n$, wenn $\Delta kw_n(T_n-1) > 0$ ist.

Tabelle 5.9: Optimale Nutzungsdauer und optimaler Ersatzzeitpunkt[1]

Zeile	t	0	1	2	3	4	5	6	7
1	e_{5t}	-150	100	80	56	27	-7	-49	-99
2	I_{5t}	-	100	80	64	51	41	33	26
3	$e_{5t} + I_{5t} - I_{5,t-1} \cdot q$	-	-	50	32	**7,60**	-22,10	-61,10	-109,30
4	$e_{5,t+1} + I_{5,t+1} - I_{5t} \cdot q$	-	50	32	7,60	**-22,10**	-61,10	-109,30	-
5	$kw_5(t)$	-	31,82	73,14	97,18	**102,37**	88,65	54,16	-1,93
6	$e_{5t} + I_{5t} - I_{5,t-1} \cdot q - i \cdot kw_5(t_1^*)$	-	-	39,76	**21,76**	-2,64	-32,34	-71,34	-119,54
7	$e_{5,t+1} + I_{5,t+1} - I_{5t} \cdot q - i \cdot kw_5(t_1^*)$	-	39,76	21,76	**-2,64**	-32,34	-71,34	-119,54	-
8	$kw_5(t_2) + kw_5(t_1^*) \cdot q^{t_2}$	-	124,88	157,75	**174,10**	172,30	152,22	111,95	50,61
9	$e_{5t} + I_{5t} - I_{5,t-1} \cdot q - WF_{i,t-1} \cdot kw_5(t-1)$	-	-	**15**	-10,14	-31,48	-54,40	-84,49	-121,74
10	$e_{5,t+1} + I_{5,t+1} - I_{5t} \cdot q - WF_{it} \cdot kw_5(t)$	-	15	**-10,14**	-31,48	-54,40	-84,49	-121,74	-
11	$Kw_5(t)$	-	350	**421,43**	390,79	322,96	233,86	124,36	-3,96
12	e_{at}	-	80	56	27	-	-	-	-
13	I_{at}	100	80	64	51	-	-	-	-
14	$e_{at} + I_{at} - I_{a,t-1} \cdot q - i \cdot Kw_5(t^*)$	57,86	**7,86**	-10,14	-34,54	-	-	-	-
15	$e_{a,t+1} + I_{a,t+1} - I_{at} \cdot q - i \cdot Kw_5(t^*)$	7,86	**-10,14**	-34,54	-	-	-	-	-
16	$Kw_a(t_a)$	521,43	**528,57**	520,19	494,24	-	-	-	-

[1] Die **fett** gedruckten Werte kennzeichnen den jeweiligen Zeitpunkt t*.

lineare ganzzahlige Modelle darstellen. Da sie in verallgemeinerter Form im Rahmen der mehrperiodigen simultanen Investitionsmodelle (vgl. Abschn. 3.1.3 und 3.2) diskutiert werden, soll auf eine Modellformulierung an dieser Stelle verzichtet werden.

Der Kapitalwert einer Neuinvestition bzw. der Restkapitalwert einer vorhandenen Anlage, über deren Ersatz entschieden werden soll, ist um den Kapitalwert nachfolgender Investitionen zu einem Gesamtkapitalwert Kw_n, der zu maximieren ist, zu ergänzen. Bezeichnet man den auf das Ende der Nutzungsdauer der ersten Investition bzw. die Restnutzungsdauer einer vorhandenen Anlage bezogenen Barwert der nachfolgenden Investition oder nachfolgender Investitionen mit bw, dann ist der **Gesamtkapitalwert** in Abhängigkeit von der Nutzungsdauer der ersten Investition bzw. der Restnutzungsdauer der vorhandenen Anlage:

$$(2.33) \qquad Kw_n(t) := kw_n(t) + bw \cdot q^{-t}.$$

Ist der Barwert bw kapitalwertmaximal hinsichtlich der Nutzungsdauer nachfolgender Investitionen bestimmt, dann hängt das Maximum von Kw_n allein von t ab. Aus

$$(2.34) \qquad \Delta Kw_n(t^* - 1) := Kw_n(t^*) - Kw_n(t^* - 1) > 0$$
$$\Delta Kw_n(t^*) \qquad := Kw_n(t^* + 1) - Kw_n(t^*) < 0$$

lassen sich

$$(2.35) \qquad e_{nt^*} + 1_{nt^*} - 1_{n,t^*-1} \cdot q - i \cdot bw > 0$$
$$e_{n,t^*+1} + 1_{n,t^*+1} - 1_{nt^*} \cdot q - i \cdot bw < 0$$

als Bedingungen für ein lokales Maximum des Gesamtkapitalwerts an der Stelle t^* herleiten.[1]

Bei dem **Problem endlicher Ketten** identischer Investitionen hat die letzte Investition keinen Nachfolger, sodass ihre optimale Nutzungsdauer auf der Grundlage der Optimalitätskriterien (2.32) zu bestimmen ist. Bezeichnet man diese mit t_1^*, dann ist für eine zweigliedrige Investitionskette der kapitalwertmaximale Barwert der Folgeinvestition

$$bw = kw_n(t_1^*).$$

Mit Hilfe der Kriterien (2.35) lässt sich die optimale Nutzungsdauer t_2^* der Vorgängerinvestition ermitteln. Der Barwert

$$bw = kw_n(t_2^*) + kw_n(t_1^*) \cdot q^{-t_2^*},$$

ist wiederum für eine Investitionskette mit drei identischen Investitionen kapitalwertmaximal, sodass er für die Ermittlung der ersten dieser Investitionen gemäß (2.35) verwendet werden könnte, während t_2^* für die zweite und t_1^* für die letzte Investition die optimale Nutzungsdauer darstellen.

---

[1] Die Anmerkung zu den Optimalitätsbedingungen für die Nutzungsdauer einer Investition gilt analog für (2.34) bzw. (2.35).

Für INV_5 ist bei einmaliger Wiederholung für die zweite Investition der Kapitalwert $kw_5(t_1^*) = kw_5(4) = 102,374 = bw$ maximal und damit eine Nutzungsdauer von 4 Perioden optimal. Die Zeilen 6 und 7 der Tab. 5.9 enthalten die zur Bestimmung der optimalen Nutzungsdauer der ersten der beiden Investitionen erforderlichen Werte. Es ergeben sich eine optimale Nutzungsdauer von $t_2^* = 3$ und damit ein maximaler Gesamtkapitalwert der zweigliederigen Investitionskette in Höhe von:

$$Kw(t_2^*) = kw_5(t_2^*) + kw_5(t_1^*) \cdot q^{-t_2^*}$$
$$= 97{,}183 + 102{,}374 \cdot 1{,}1^{-3} = 174{,}10.$$

Auch hier sind in Tab. 5.9 (Zeile 8) als zusätzliche Information die übrigen Kapitalwerte angegeben.

Im Falle **unendlicher Investitionsketten** hat jede Einzelinvestition unendlich viele Nachfolger, sodass schon auf Grund von Plausibilitätsüberlegungen deutlich wird, dass auch die Nutzungsdauer t für alle Investitionen gleich sein muss. Der Barwert bw in (2.33) ist somit von t abhängig,

$$(2.36) \qquad bw(t) = \sum_{k=0}^{\infty} kw_n(t) \cdot q^{-t \cdot k} = kw_n(t) \sum_{k=0}^{\infty} (q^{-t})^k$$

$$= kw_n(t) \cdot \frac{1}{1 - q^{-t}} \qquad = kw_n(t) \cdot \frac{q^t}{q^t - 1} \qquad = kw_n(t) \cdot \frac{WF_{it}}{i}.$$

Der Gesamtkapitalwert der unendlichen Investitionskette ist dann ebenfalls

$$(2.33a) \qquad Kw_n(t) = kw_n(t) + kw_n(t) \cdot \frac{WF_{it}}{i} \cdot q^{-t}$$

$$= kw_n(t) \left(1 + \frac{q^t}{q^t - 1} \cdot q^{-t} \right) = kw_n(t) \cdot \frac{WF_{it}}{i}.$$

Unter Berücksichtigung von

$$WF_{i,t-1} = \frac{i \cdot q^{t-1}}{q^{t-1} - 1} = \frac{i \cdot q^{t-1}}{q^{t-1} - 1} \cdot \frac{(q^t - 1)\, q}{(q^t - 1)\, q} = \frac{i \cdot q^t\, (q^t - 1)}{(q^t - 1)\, (q^t - q)} = WF_{it} \cdot \frac{q^t - 1}{q^t - q}$$

ergibt sich die Kapitalwertdifferenz für unendliche Investitionsketten

$$(2.37) \qquad \Delta Kw_n(t - 1) = kw_n(t)\, \frac{WF_{it}}{i} - kw_n(t - 1)\, \frac{WF_{i,t-1}}{i}$$

$$= kw_n(t)\, \frac{WF_{it}}{i} - kw_n(t - 1)\, \frac{WF_{it}}{i} \cdot \frac{q^t - 1}{q^t - q}$$

$$= \frac{WF_{it}}{i} \left(kw_n(t) - kw_n(t - 1) \cdot \frac{q^t - 1}{q^t - q} \right).$$

Mit:
$$\frac{q^t - 1}{q^t - q} = \frac{q^t - q + i}{q^t - q} = \frac{q^t - q}{q^t - q} + \frac{i}{q^t - q} = 1 + \frac{i}{q^t - q}$$

$$= 1 + \frac{i}{q\,(q^{t-1} - 1)} = 1 + \frac{i \cdot q^{t-1}}{q^t\,(q^{t-1} - 1)}$$

$$= 1 + WF_{i,t-1} \cdot q^{-t}$$

erhält man

(2.37a) $\Delta Kw_n(t - 1) = \dfrac{WF_{it}}{i}\left(kw_n(t) - kw_n(t - 1)\,(1 + WF_{i,t-1} \cdot q^{-t})\right)$

$\qquad\qquad\quad = \dfrac{WF_{it}}{i}\left(kw_n(t) - kw_n(t - 1) - kw_n(t - 1) \cdot WF_{i,t-1} \cdot q^{-t}\right)$

$\qquad\qquad\quad = \dfrac{WF_{it}}{i}\left((e_{nt} + l_{nt} - l_{n,t-1} \cdot q)\,q^{-t} - kw_n(t - 1) \cdot WF_{i,t-1} \cdot q^{-t}\right)$

$\qquad\qquad\quad = \dfrac{WF_{it}}{i \cdot q^t}\left(e_{nt} + l_{tn} - l_{n,t-1} \cdot q - kw_n(t - 1) \cdot WF_{i,t-1}\right).$

Hieraus ergibt sich wegen $WF_{it} > 0$, $i > 0$ und $q > 0$ die Spezifizierung der Optimalitätsbedingungen (2.35):

(2.35a) $e_{nt^*} + l_{nt^*} - l_{n,t^*-1} \cdot q - WF_{i,t^*-1} \cdot kw_n(t^* - 1) > 0$

$\qquad\quad e_{n,t^*+1} + l_{n,t^*+1} - l_{nt^*} \cdot q - Wf_{it^*} \cdot kw_n(t^*) < 0.$

Beispiel

Die in den Zeilen 9 und 10 von Tab. 5.9 angegebenen Werte zeigen, dass für die betrachtete Investition das Maximum des Kapitalwerts (Zeile 11) der unendlichen Kette mit $Kw_5 = 421{,}43$ für $t^* = 2$ erzielt wird.

Das **Ersatzproblem** unterscheidet sich von der Aufgabenstellung, optimale Investitionsketten zu ermitteln, dadurch, dass an die Stelle der Zahlungsreihe der Erstinvestition die von einer vorhandenen (alten) Anlage während der technisch möglichen Restnutzungsdauer verursachten Zahlungen und erwarteten Liquidationserlöse treten. Im Zeitpunkt des Ersatzes erfolgt die Beschaffung einer neuen Anlage, wobei eine einzelne Investition, eine endliche oder eine unendliche Kette identischer Investitionen unterstellt werden können. Welche dieser Varianten gewählt wird, ist für das Ersatzproblem im Prinzip unerheblich, da lediglich die Höhe des auf den Ersatzzeitpunkt bezogenen Barwerts bw der Folgeinvestitionen variiert und somit die Beziehung (2.33) angewendet werden kann. Es sei INV_a die zu ersetzenden Anlage, dann gilt für den Gesamtkapitalwert

(2.33b) $Kw_a(t_a) = kw_a(t_a) + bw \cdot q^{-t_a}$ $(t_a = 0(1)T_a)$,

wenn t_a den Ersatzzeitpunkt, $kw_a(t_a)$ den Restkapitalwert und T_a die maximale Restnutzungsdauer der alten Anlage angeben. In die Berechnung des Restkapital-

werts gehen allein die entscheidungsrelevanten Zahlungen ein, d. h. für den Zeitpunkt t_a = 0, sofortiger Ersatz, nur der Liquidationserlös l_{a0}, da die Zahlung e_{a0}
unabhängig von der Ersatzentscheidung anfällt. Die Optimalitätskriterien für das
Kapitalwertmaximum an der Stelle t_a^* entsprechen den Kriterien (2.35).

Beispiel

Unterstellt man während der verbleibenden maximalen Restnutzungsdauer von T_a = 3
Perioden die in den Zeilen 12 und 13 von Tab. 5.9 wiedergegebenen Einzahlungsüberschüsse bzw. erzielbaren Liquidationserlöse der alten Anlage und geht davon aus,
dass sich eine unendliche Kette identischer Investitionen INV_5 mit jeweils optimaler
Nutzungsdauer t* = 2 anschließt, dann kann den Zeilen 14 und 15 entnommen werden,
dass ein sofortiger Ersatz nicht optimal ist. Vielmehr ist, wenn die vorhandene Anlage
eine weitere Periode genutzt wird, der Kapitalwert mit $Kw_a(1)$ = 528,57 (Zeile 16) maximal.

Die in Abschn. 2.2.3 behandelten Probleme werden u. a. von *Kern* [Investitions-
rechnung], *Jacob* [Investitionsrechnung], *Mao* [Analysis], *Moxter* [Nutzungs-
dauer], *Schneider, E.* [Wirtschaftlichkeitsrechnung], *Swoboda* [Entscheidungen],
[Investition] und *Seelbach* [Ersatztheorie] vertieft.

2.2.4   Investitionsmodelle bei unvollkommenem Kapitalmarkt und gegebener Nutzungsdauer

Die Kritik an der den Investitionsmodellen bei vollkommenem Kapitalmarkt zugrundeliegenden Prämisse eines einheitlichen Zinssatzes für Kapitalaufnahme und
-anlage sowie der daraus resultierenden fehlenden Eindeutigkeit des internen Zinssatzes bei zusammengesetzten Investitionen (vgl. Abschn. 2.2.1.4) führte zu Ansätzen mit **divergierendem Sollzinssatz** (s) für die Kapitalaufnahme und **Habenzinssatz** (h) für die Kapitalanlage. Für die Zinssätze soll stets h < s gelten. Die
Verfügbarkeit benötigter Finanzierungsmittel und die unbegrenzte Anlagemöglichkeit freier Beträge wird dagegen auch in diesen Investitionsmodellen bei unvollkommenem Kapitalmarkt vorausgesetzt (Teichroew/Robichek/Montalbano [Rates];
Henke [Vermögensrentabilität]; Kruschwitz [Zinsfußmodelle]).

In den einzelnen Modellvarianten werden unterschiedliche Annahmen zu einem
möglichen Ausgleich von negativem und positivem Vermögen sowie zur Verwendung von Zahlungsüberschüssen getroffen (vgl. Kruschwitz [Zinsfußmodelle]).
Müssen vor dem Ende der Nutzungsdauer einer Investition positives und negatives
Vermögen isoliert werden und können Einzahlungsüberschüsse nicht zur Minderung des negativen Vermögens der Vorperiode herangezogen bzw. Auszahlungsüberschüsse nicht mit einem positiven Vermögen verrechnet werden, so spricht
man von einem **Kontenausgleichsverbot**. Damit wird unterstellt, dass alle mit einer
Investition verbundenen Auszahlungsüberschüsse extern zum Sollzinssatz finanziert und die Einzahlungsüberschüsse am Kapitalmarkt zum Habenzinssatz bis

zum Ende der Nutzungsdauer bzw. des Planungszeitraumes angelegt werden müssen. Ist dagegen eine Saldierung von positiven und negativen Größen (Vermögen und Zahlungen) zugelassen oder gefordert, so heißt die Prämisse **Kontenausgleichsgebot**. In diesem Fall werden die sich aus der Saldierung ergebenden positiven oder negativen Vermögenswerte jeweils bis zur nächsten Periode mit dem Haben- bzw. Sollzinssatz aufgezinst.

Lüder [Beurteilung] berücksichtigt auch die Möglichkeit, Mischformen von Kontenausgleichsverbot und -gebot als Ausdruck der Finanzierungspolitik zuzulassen, d. h. nur einen Teil der Einzahlungsüberschüsse zur Deckung negativer Vermögen zu nutzen. Im folgenden sollen ausschließlich Investitionsmodelle bei Kontenausgleichsgebot betrachtet werden, für die die Beziehungen (1.13) und (1.14) gelten. Außerdem wird unterstellt, dass kein (positives) Anfangsvermögen zur Finanzierung der zu beurteilenden Investitionen vorhanden ist. Projektbezogen gilt damit immer $v_{n0} = e_{n0}$.

Während auf vollkommenem Kapitalmarkt die Wahl des Bezugszeitpunktes im Prinzip freigestellt ist, muss wegen der unterschiedlichen Verzinsung von positivem und negativem Vermögen, da beide in gemischter Folge auftreten können, das Ende der Nutzungsdauer der Investition bzw. – bei der Betrachtung mehrerer Investitionen – als gemeinsamer Bezugszeitpunkt das Ende des Planungszeitraumes T gewählt werden. In jeder Periode der Nutzungsdauer einer Investition ist festzustellen, ob ein negatives Vermögen vorhanden ist, dessen Finanzierung Kosten in Höhe des Sollzinssatzes verursacht, oder ob ein positives Vermögen bis zur nächsten Periode zum Habenzinssatz angelegt werden kann.

Entscheidungskriterien für die Auswahl von Investitionen sind, da der Kapitalwert bei unvollkommenem Kapitalmarkt ausscheidet, der **Vermögensendwert**, die **Entnahme** als Ausdruck des zu erzielenden Gewinns und – statt des internen Zinssatzes bei vollkommenem Kapitalmarkt – der **kritische Sollzinssatz** als Maß für die Rentabilität des gebundenen Kapitals (vgl. Kruschwitz [Zinsfußmodelle], [Investitionsrechnung] und Blohm, Lüder [Investition]).

Endwert- und Entnahmemodell entsprechen formal den Modellen (M2) und (M3) bei vollkommenem Kapitalmarkt. Im Modell des internen Zinssatzes (M4) sind für das Modell des kritischen Sollzinssatzes die Zielfunktionskoeffizienten r_n durch die kritischen Sollzinssätze sk_n für INV_n zu ersetzen. Außerdem treten an die Stelle der Bedingungen $(r_n - i) z_n \geq 0$ für $h < s$ die Restriktionen $(sk_n - s) z_n \geq 0$ ($n = 1(1)N$), damit nur Investitionen ausgewählt werden, deren kritischer Sollzinssatz mindestens gleich dem Zinssatz für Kapitalaufnahme ist. Endwert, Entnahme und kritischer Sollzinssatz sind nach (1.13) und (1.14) zu ermitteln.

Beispiel

Für die in Abschn. 2.2.1 eingeführten Investitionen INV_1, INV_2 und INV_3 (vgl. Tab. 5.2) sind die Endwerte und die kritischen Sollzinssätze, wenn keine Entnahme getätigt wird, sowie die Entnahmen bei vorgegebenem Vermögensendwert $\overline{ew} = 0$ zu bestimmen. Der Habenzinssatz betrage $h = 0{,}05$, der Sollzinssatz $s = 0{,}15$.

Die Endwerte sind wie in dem Beispiel zu (1.13) schrittweise zu berechnen. Die bei $\overline{ew}$ = 0 mögliche Entnahme ergibt sich aus derselben Beziehung. Für INV_1 erhält man z. B. die Vermögenswerte v_{1t} (t = 0(1)4) in Abhängigkeit von der Entnahme en_1:

$$v_{10} = -500$$
$$v_{11} = 220 - en_1 - 500 \cdot 1{,}15$$
$$\quad = -355 - en_1 \qquad\qquad\qquad < 0 \text{ für } en_1 \geq 0$$
$$v_{12} = 200 - en_1 + (-355 - en_1) \cdot 1{,}15$$
$$\quad = -208{,}25 - 2{,}15\, en_1 \qquad\qquad < 0 \text{ für } en_1 \geq 0$$
$$v_{13} = 180 - en_1 + (-208{,}25 - 2{,}15\, en_1) \cdot 1{,}15$$
$$\quad = -59{,}4875 - 3{,}4725\, en_1 \qquad\quad < 0 \text{ für } en_1 \geq 0$$
$$v_{14} = 150 - en_1 + (-59{,}4875 - 3{,}4725\, en_1) \cdot 1{,}15$$

$$= 81{,}5894 - 4{,}9934\, en_1 \quad \begin{cases} > 0 \text{ für } 0 \leq en_1 < 16{,}3394 \\ = 0 \text{ für } \quad en_1 = 16{,}3394 \\ < 0 \text{ für } \quad en_1 > 16{,}3394. \end{cases}$$

Der Endwert der INV_1, abhängig von der Entnahme, ist dann:

$$ew_1 = v_{15} = 100 - en_1 + \begin{cases} (81{,}5894 - 4{,}9934\, en_1) \cdot 1{,}05 \text{ für } 0 \leq en_1 < 16{,}3394 \\ 0 \qquad\qquad\qquad\qquad\qquad \text{für} \quad en_1 = 16{,}3394 \\ (81{,}5894 - 4{,}9934\, en_1) \cdot 1{,}15 \quad \text{für} \quad en_1 > 16{,}3394 \end{cases}$$

$$= \begin{cases} 185{,}6689 - 6{,}2431\, en_1 \quad \text{für } 0 \leq en_1 < 16{,}3394 \\ 100 - en_1 \qquad\qquad \text{für} \qquad en_1 = 16{,}3394 \\ 193{,}8278 - 6{,}7424\, en_1 \quad \text{für} \qquad en_1 > 16{,}3394. \end{cases}$$

Da die Entnahme en_1 = 16,3394 zu einem positiven Endwert führt, kann wegen der Monotonie der Endwertfunktion $ew_1(en_1)$ die maximale Entnahme, für die ew_1 = 0 wird, nur im zweiten Intervall für en_1 liegen. Die maximale Entnahme der INV_1 ist:

$$en_1 = \frac{193{,}8278}{6{,}7424} = 28{,}75.$$

Die kritischen Sollzinssätze für die beiden isoliert durchführbaren Investitionen INV_1 und INV_2 entsprechen, da keine Zwischenanlage freier Mittel zum Habenzinssatz erforderlich ist, den internen Zinssätzen und sind wie diese näherungsweise zu bestimmen.

Die vorliegende Struktur der Zahlungsreihe der INV_3 führt zu einer in sk_3 quadratischen Gleichung, sodass der kritische Sollzinssatzes exakt berechnet werden kann. Rekursiv erhält man:

$$\begin{aligned} ew_3 = v_{35} &= 0 & &= v_{34} \cdot 1{,}05 - 400 \\ v_{34} &= 380{,}95 & &= v_{33} \cdot 1{,}05 + 100 \\ v_{33} &= 267{,}57 & &= v_{32} \cdot 1{,}05 + 150 \\ v_{32} &= 111{,}97 & &= v_{31} (1 + sk_3) + 200 \\ v_{31} &= -88{,}03/(1 + sk_3). \end{aligned}$$

Ausgehend von v_{30} ergibt sich:

$$v_{30} = -300$$
$$v_{31} = -300 (1 + sk_3) + 230.$$

Aus der Gleichung

$$-300 (1 + sk_3)^2 + 230 (1 + sk_3) + 88{,}03 = 0$$

lässt sich der allein zulässige Wert sk_3 = 0,0469 bestimmen.

Tab. 5.10 enthält die Ergebnisse der Berechnungen.

Tabelle 5.10: Zielkriterien

INV_n	ew_n für $en_n = 0$	en_n für $ew_n = 0$	sk_n für $en_n = 0$
INV_1	185,67	28,75	0,2394
INV_2	188,63	27,98	0,2240
INV_3	–51,20	–9,08	0,0469

Isoliert betrachtet sind INV_1 und INV_2 nach allen drei Kriterien als vorteilhaft anzusehen, während INV_3 – anders als bei einheitlichem Zinssatz – wegen des niedrigeren Haben- und des höheren Sollzinssatzes zu einem negativen Endwert und einer negativen Entnahme führt. Nur bei einem zusätzlichen Finanzmitteleinsatz von 9,08 GE je Periode wird der Endwert $\overline{ew} = 0$ erreicht.

Die Wahl der optimalen Investitionsalternative entspricht nach dem Endwertkriterium und dem kritischen Sollzinssatz dem Ergebnis bei vollkommenem Kapitalmarkt. Bei Maximierung der Entnahme ist dagegen nicht INV_2, sondern INV_1 vorzuziehen.

Während bei einem einheitlichen Kalkulationszinssatz Endwert- und Entnahmemaximierung immer komplementäre Ziele bilden, kann – wie das Beispiel zeigt – bei divergierenden Soll- und Habenzinssätzen ein Zielkonflikt auftreten (vgl. z. B. Dinkelbach [Aspekte]).

Auch die Ergebnisse des Beispiels für das Modell des kritischen Sollzinssatzes gelten weitgehend allgemein. Existieren für eine isoliert durchführbare Investition interner Zinssatz und kritischer Sollzinssatz, so stimmen diese überein. Ein existierender kritischer Sollzinssatz ist immer eindeutig. Das gilt auch für zusammengesetzte Investitionen, da die Zwischenanlage freigesetzter Mittel stets zum Habenzinssatz erfolgt. Allerdings lässt sich – anders als bei INV_3 – der kritische Sollzinssatz i. a. nicht exakt, sondern nur näherungsweise berechnen (vgl. Teichroew/Robichek/Montalbano [Analysis]).

Die von *Baldwin* ([Investment]) vorgeschlagene Verzinsung kann als kritischer Sollzinssatz bei Kontenausgleichsverbot interpretiert werden (vgl. Blohm, Lüder [Investition]). Das Kontenausgleichsgebot wird dagegen in dem Ansatz von *Teichroew, Robichek* und *Montalbano* ([Rates], [Analysis]) sowie für die Verzinsung der Supplementinvestition bei *Heister* ([Rentabilitätsanalyse]) unterstellt. Diese Fassung der Sollzinssatz-Methode ist speziell als Verfahren zur eindeutigen Bestimmung der Rentabilität von zusammengesetzten Investitionen entwickelt worden.

Die Ermittlung des Vermögensendwertes bei divergierendem Soll- und Habenzinssatz ist i. d. R. mit größerem Rechenaufwand verbunden als bei Anwendung eines einheitlichen Kalkulationszinssatzes. Der zusätzliche Aufwand ist gerechtfertigt, da sich die durch unterschiedliche Zinssätze ausgedrückte größere Realitätsnähe auch in abweichenden Ergebnissen niederschlagen kann. Das folgende Beispiel zeigt, dass die Daten eines Investitionsproblems – abhängig von dem verwendeten Investitionsmodell – zu verschiedenen Entscheidungen führen können.

Beispiel

Für zwei Investitionen, INV_6 und INV_7, sind in Tab. 5.11 die Zahlungsreihen und die Endwerte – jeweils ohne Entnahme – bei vollkommenem Kapitalmarkt für einen Kalkulationszinssatz $i = 0,1$ sowie bei unvollkommenem Kapitalmarkt für $s = 0,1$ und $h = 0,05$ angegeben.

Tabelle 5.11: Endwerte bei vollkommenem und bei unvollkommenem Kapitalmarkt

INV_n	e_{n0}	e_{n1}	e_{n2}	e_{n3}	e_{n4}	e_{n5}	ew_n für $en = 0$	
							vollk.	**unvollk.**
INV_6	−500	500	200	180	150	80	655,80	603,81
INV_7	−500	180	170	155	140	600	626,10	624,92

Bei einheitlichem Kalkulationszinssatz ist die INV_6 der INV_7 vorzuziehen, während bei divergierenden Zinssätzen für Kapitalaufnahme und -anlage die Entscheidung umgekehrt ausfällt.

2.3　Entscheidungen über Investitionsprogramme

Die Problemstellung wird gegenüber den bisher behandelten Investitionsmodellen modifiziert, indem zugelassen wird, dass aus der Menge der Investitionsalternativen mehrere ausgewählt und zu einem **Investitionsprogramm** zusammengestellt werden können. Jedes Investitionsvorhaben kann höchstens einmal realisiert werden. Art und Umfang des Investitionsprogramms werden beschränkt durch

- ausschließlich im Investitionszeitpunkt begrenzt zur Verfügung stehende Finanzmittel (Abschn. 2.3.1) oder
- auch in späteren Perioden des Planungszeitraumes zu berücksichtigende Finanzierungsgrenzen (Abschn. 2.3.2).

Für die Kapitalaufnahme und -anlage gilt wieder ein einheitlicher Zinssatz.

2.3.1　Budgetbegrenzung im Investitionszeitpunkt

Ohne Beachtung eventueller Engpässe in späteren Perioden des Planungszeitraumes ist ein Investitionsprogramm zu bestimmen, dessen Investitionsausgaben einen zu Beginn des Planungszeitraumes bereitstehenden Finanzmittelbetrag (autonome Einzahlung ea_0) nicht überschreiten. Unter dieser Voraussetzung ist das **Kapitalwertmodell**

(M6)　　(Z1)　$\sum_{n=1}^{N} kw_n \cdot z_n \rightarrow \max!$

u. d. N.   (F1) $-\sum\limits_{n=1}^{N} e_{n0} \cdot z_n \leq ea_0$ bzw. $\sum\limits_{n=1}^{N} e_{n0} \cdot z_n + ea_0 \geq 0$

   (B1) $z_n \in \{0,1\}$ (n = 1(1)N).

Vernachlässigt man die geforderte Ganzzahligkeit der Investitionsvorhaben, d. h., lässt man auch eine teilweise Realisierung zu, so kann das optimale Investitionsprogramm bestimmt werden, indem man die Alternativen mit positiven Kapitalwerten nach nicht steigenden Kapitalwerten je Geldeinheit, $kw_n/\text{-}e_{n0}$, auswählt, bis der Finanzmittelbetrag erschöpft ist. Anders verhält es sich im Allgemeinen dagegen, wenn für die Investitionsvariablen Ganzzahligkeit gefordert wird. Modell (M6) weist die Struktur des **ganzzahligen Knapsackproblems** auf, zu dessen Lösung i. d. R. Algorithmen der ganzzahligen linearen Programmierung, insbesondere auf der Basis von Branch-and-Bound-Verfahren, heranzuziehen sind.

Für die **interne Verzinsung** als Entscheidungskriterium lautet das Investitionsmodell:

(M7)   (Z6) $\sum\limits_{n=1}^{N} - e_{n0} \cdot r_n \cdot z_n \to$ max!

u. d. N.   (F1) $\sum\limits_{n=1}^{N} e_{n0} \cdot z_n + ea_0 \geq 0$

   (B2) $z_n \in \{0,1\}$ (n = 1(1)N)
        $(r_n - i)\, z_n \geq 0$ (n = 1(1)N).

Die Auswahl nach nicht steigenden internen Zinssätzen der Investitionen – mit $r_n \geq i$ – führt nur dann generell zum optimalen Investitionsprogramm, wenn beliebige Teilbarkeit der Alternativen zugelassen ist.

Die Ergebnisse der Modelle (M6) und (M7) können voneinander abweichen, außer wenn der Verfügungsbetrag ea_0 ausreicht, alle Investitionsobjekte mit positiven Kapitalwerten und damit internen Zinssätzen, die größer als der Kalkulationszinssatz sind, zu realisieren.

Beispiel

Der EH-Bau plant im Zeitpunkt t = 0 die Teilnahme an einem Erschließungsprojekt. Das Unternehmen hat die Möglichkeit, bis zu 6 Teilgebiete zum Zwecke der Bebauung zu übernehmen. Für jedes Teilgebiet werden im Zeitpunkt t = 1 (Baukosten) Auszahlungen fällig. Nach Ablauf einer weiteren Periode, in t = 2, ist mit dem Eingang der aus dem Verkauf der Eigenheime erzielbaren Einzahlungen zu rechnen.

Tab. 5.12 enthält für jedes Teilgebiet die in den Zeitpunkten t = 0 und t = 1 fälligen Auszahlungen. Außerdem sind die Einzahlungen in t = 2, die Kapitalwerte für i = 0,1 sowie die relativen Kapitalwerte und die internen Zinssätze angegeben.

Die im Investitionszeitpunkt zu beachtende Finanzierungsbedingung lautet, wenn ea_0 = 200 GE bereitgestellt werden können:

$100\, z_1 + 40\, z_2 + 10\, z_3 + 55\, z_4 + 80\, z_5 + 25\, z_6 \leq 200.$

Tabelle 5.12: Daten (in GE bzw. dimensionslos) der Investitionsalternativen

Teilgebiet n	1	2	3	4	5	6
e_{n0}	−100	−40	−10	−55	−80	−25
e_{n1}	−40	−35	−5	−35	−50	−30
e_{n2}	431,2	183,7	47,85	238,15	405,9	135,85
kw_n	220	80	25	110	210	60
$kw_n/-e_{n0}$	2,2	2,0	2,5	2,0	2,625	2,4
r_n	0,8861	0,7497	0,9517	0,7869	0,9616	0,8071

Ohne Ganzzahligkeitsbedingung erhält man nach dem Kapitalwertkriterium das Investitionsprogramm

$$z_3 = z_5 = z_6 = 1, \, z_1 = 0{,}85, \text{ und es ist } z_2 = z_4 = 0.$$

Die INV_1 ist nur mit einem Anteil von 0,85 enthalten, da nach Festlegung der anderen Investitionen nur noch 85 GE verfügbar sind. Der Gesamtkapitalwert beträgt 482 GE.

Die Forderung nach Ganzzahligkeit der Investitionsvariablen bewirkt eine Reduktion des Kapitalwerts auf 460 GE und eine Strukturänderung des Programms, mit

$$z_2 = z_4 = z_5 = z_6 = 1 \text{ und } z_1 = z_3 = 0$$

und einem Finanzbedarf von 200 GE.

Die Auswahl der Investitionen anhand des internen Zinssatzes ohne Ganzzahligkeitsbedingungen führt zu dem Investitionsprogramm

$$z_1 = z_3 = z_5 = 1, \, z_6 = 0{,}4, \text{ mit } z_2 = z_4 = 0,$$

bei dem INV_6 nur mit einem Anteil von 0,4 ihres Gesamtvolumens finanziert werden kann. Wird die Forderung nach Ganzzahligkeit der Entscheidungsvariablen beachtet, so können im optimalen Programm nur die Investitionen 1, 3 und 5 berücksichtigt werden. Die finanziellen Mittel werden mit 190 GE nicht voll genutzt.

2.3.2   Budgetbegrenzungen in allen Perioden

Für einen Planungszeitraum von zwei Perioden haben *Lorie* und *Savage* ([Problems]) zur Bestimmung des kapitalwertmaximalen Investitionsprogramms ein Näherungsverfahren auf der Grundlage der Lagrangeschen Methode entwickelt, wenn Kapitalbegrenzungen in beiden Perioden zu beachten sind. *Weingartner* ([Programming]) hat diesen Ansatz für mehr als zwei Perioden verallgemeinert, wobei in Periode t ein Betrag ea_t bereitsteht:

(M8)   (Z1) $\displaystyle\sum_{n=1}^{N} kw_n \cdot z_n \to \max!$

u. d. N.   (F2) $\displaystyle\sum_{n=1}^{N} -e_{nt} \cdot z_n \leq ea_t$ bzw. $\displaystyle\sum_{n=1}^{N} e_{nt} \cdot z_n + ea_t \geq 0$ $(t = 0(1)T)$

(B1) $z_n \in \{0,1\}$ $(n = 1(1)N)$.

Beispiel

Soll für das in Abschn. 2.3.1 eingeführte Beispiel zusätzlich eine Liquiditätsbedingung für Periode 1 berücksichtigt werden – eine Restriktion für Periode 2 erübrigt sich, da nur Einzahlungsüberschüsse auftreten –, so lautet das zu lösende lineare bzw. ganzzahlige Programm, falls $ea_1 = 110$ GE zur Deckung des Finanzbedarfs bereitgestellt werden:

$$220\, z_1 + 80\, z_2 + 25\, z_3 + 110\, z_4 + 210\, z_5 + 60\, z_6 \to max!$$

u. d. N. $100\, z_1 + 40\, z_2 + 10\, z_3 + 55\, z_4 + 80\, z_5 + 25\, z_6 \le 200$

$$40\, z_1 + 35\, z_2 + 5\, z_3 + 35\, z_4 + 50\, z_5 + 30\, z_6 \le 110$$

und $z_n \in \{0,1\}$ $(n = 1(1)6)$

oder $0 \le z_n \le 1$ $(n = 1(1)6)$, falls keine Ganzzahligkeit für z_n gefordert wird.

Das bei voller Nutzung aller finanziellen Mittel mit einem Kapitalwert von 479,75 GE optimale Investitionsprogramm ohne Ganzzahligkeitsbedingungen ist:

$$z_1 = 0{,}9625,\ z_3 = z_5 = 1,\ z_6 = 0{,}55,\ z_2 = z_4 = 0.$$

Als kapitalwertmaximale ganzzahlige Lösung erhält man:

$$z_1 = z_3 = z_5 = 1,\ z_2 = z_4 = z_6 = 0.$$

Der erzielbare Kapitalwert verringert sich auf 455 GE. Die Finanzmittel werden in beiden Zeitpunkten nicht ausgeschöpft.

Bei einer Formulierung als ganzzahliges Programm lassen sich außerdem Abhängigkeiten zwischen den Investitionsvorhaben berücksichtigen (Weingartner [Budgeting]). Die finanziellen Mittel ea_t können in diesem Ansatz nur in der jeweiligen Bereitstellungsperiode genutzt werden. Ist es möglich, nicht benötigte Beträge ya_t in die folgende Periode zu transferieren, dann erhält man ein weiteres von Weingartner formuliertes Modell, das sich von Modell (M8) durch die Finanzierungsbedingungen

$$(F3) \qquad \sum_{n=1}^{N} e_{nt} \cdot z_n + ya_{t-1} + ea_t = ya_t \qquad (t = 0(1)T)$$

mit $ya_t \ge 0$ $(t = 0(1)T)$ unterscheidet.[1]

Da bei der Berechnung von Kapitalwerten vorausgesetzt wird, dass freie Mittel zum Kalkulationszinssatz i angelegt werden, sind die Liquiditätsbedingungen (F3) um die Zinserträge zu ergänzen und werden dann zu

$$(F4) \qquad \sum_{n=1}^{N} e_{nt} \cdot z_n + (1 + i)\, ya_{t-1} + ea_t = ya_t \qquad (t = 0(1)T).$$

---

[1] Hier und im Folgenden gilt: $ya_{t-1} = 0$ für $t = 0$.

3   Simultane Investitionsplanung

Simultane Investitionsmodelle lassen sich einteilen in

- **kapitaltheoretische** Ansätze, deren Ziel die gleichzeitige Bestimmung von Investitions- und Finanzierungsprogramm ist, und
- **produktionstheoretische** Modelle, die primär der simultanen Ermittlung von Investitions- und Produktionsprogrammen dienen (Seelbach [Planungsmodelle]).

Auf der Grundlage dieser Ansätze sind dann auch Modelle entwickelt worden, die diese und noch weitere Unternehmensbereiche gemeinsam berücksichtigen. Abweichend von Prämisse 1 beziehen sich die Entscheidungsvariablen nicht nur auf Investitionsalternativen, sondern auch auf Finanzierungsarten (Abschn. 3.1) oder Produktarten (Abschn. 3.2). Wenn auch Desinvestitionen unter Berücksichtigung altersabhängiger Liquidationserlöse vor dem Ende der maximal zulässigen Nutzungsdauer zugelassen werden, bilden diese eine zusätzliche Variablengruppe. Auf weitere Änderungen der Prämissen wird in den anschließenden Ausführungen eingegangen.

3.1   Investition und Finanzierung

Die Unvollkommenheit des Kapitalmarktes drückt sich im Allgemeinen nicht allein in einer absoluten Begrenzung des zu einem einheitlichen Kostensatz verfügbaren Kapitals aus. Vielmehr kann aus F zu unterschiedlichen Konditionen verfügbaren Finanzierungsarten ($f = 1(1)F$) das Finanzierungsprogramm gestaltet werden. Die Entscheidung, welche der Finanzierungsalternativen ausgewählt werden, hängt von der Ertragskraft und dem Kapitalbedarf der Investitionsvorhaben sowie den Kosten und den Verfügungsbeträgen $\overline{y}_f$ der Finanzierungsalternativen ab.

3.1.1   Budgetbegrenzung im Planungszeitpunkt

Das erste, 1951 von *Dean* ([Budgeting]) formulierte Modell zur simultanen Bestimmung von Investitions- und Finanzierungsprogrammen enthält nur eine Finanzierungsbegrenzung für den Investitions- und Planungszeitpunkt. Das optimale Programm wird auf der Grundlage der internen Verzinsung der Entscheidungsalternativen ermittelt. Bezeichnet man mit y_f den Finanzmittelbetrag, der von der f-ten Finanzierungsart aufgenommen wird, und mit rk_f deren interne Verzinsung (Kapitalkosten), so kann Modell (M7) um Kosten und Liquiditätswirkungen der Finanzierungsbeträge zu

$$(M9) \quad (Z7) \quad \sum_{n=1}^{N} - e_{n0} \cdot r_n \cdot z_n - \sum_{f=1}^{F} rk_f \cdot y_f \to \text{max!}$$

$$\text{u. d. N.} \quad (F5) \quad \sum_{n=1}^{N} e_{n0} \cdot z_n + \sum_{f=1}^{F} y_f \geq 0$$

(B4) $0 \leq z_n \leq 1$ $\qquad$ (n = 1(1)N)

$\quad\quad\; 0 \leq y_f \leq \overline{y}_f$ $\qquad$ (f = 1(1)F).

erweitert werden.

Die Lösung dieses Investitions- und Finanzierungsmodells lässt sich bestimmen, indem die Investitionsvorhaben wiederum nach nicht steigenden und die Finanzierungsalternativen nach nicht fallenden Zinssätzen geordnet werden und gerade noch das Vorhaben realisiert wird, dessen interne Verzinsung die Kapitalkosten der letzten noch eingesetzten Geldeinheit überschreitet. Auch hier ist für das Reihungsverfahren beliebige Teilbarkeit der Alternativen vorauszusetzen.

3.1.2   Budgetbegrenzungen in allen Perioden

Wie für die Planungsmodelle zur Vorbereitung isolierter Investitionsentscheidungen hat sich für die simultane Investitions- und Finanzplanung als Zielsetzung die langfristige Gewinnmaximierung in Form der Kapitalwert-, der Endwert- oder Entnahmemaximierung im Schrifttum durchgesetzt.

Wählt man den **Kapitalwert** als Entscheidungskriterium, so muss dieser – auf die zu definierende Finanzierungseinheit bezogen – für jede der Finanzierungsalternativen ermittelt werden (Albach [Investition]). Bei gegebenen Aufnahme-, Zins- und Tilgungskonditionen lassen sich die mit einer Einheit der f-ten Finanzierungsart verbundenen Zahlungsreihen als Einzahlungsüberschüsse ek_{ft} $(t = 0(1)Tk_f)$ bestimmen, wobei Tk_f der Zeitpunkt der letzten durch die f-te Finanzierungsalternative verursachten Zahlung ist. Hieraus ergibt sich der Kapitalwert:

$$kwk_f := \sum_{t=0}^{Tk_f} ek_{ft} \cdot q^{-t} \qquad (f = 1(1)F).$$

Beispiel

Ein Darlehen (f = 1) weist folgende Konditionen auf:

Nomineller Zinssatz auf Restschuld   12 %;
Auszahlungskurs   95 %;
Tilgung zum Nominalwert, beginnend nach 4 Jahren, in 4 gleichen Raten;
Höchstbetrag   1 000 000 €.

Wählt man als Basiseinheit (1 GE) 100 €, so muss die Zahlungsreihe die finanziellen Auswirkungen der Aufnahme von 100 € Kredit enthalten (vgl. Tab. 5.13).

Tabelle 5.13: Zahlungsreihe (in GE)

t	0	1	2	3	4	5	6	7 = Tk_f
ek_{1t}	95	–12	–12	–12	–37	–34	–31	–28

Für die Entscheidungsvariable y_1 muss eine Obergrenze von 10 000 GE eingeführt werden. Der Kapitalwert für i = 0,1 beträgt kwk_1 = –13,09.

Die Kapitalwertfunktion (Z1) ist um die Summe der Kapitalwerte und die Liquiditätsbedingungen sind um die Einzahlungsüberschüsse aller Finanzierungsmöglichkeiten zu ergänzen. Da in simultanen Investitionsmodellen zugelassen wird, dass die verschiedenen Investitionsobjekte auch mehrfach realisiert werden, gibt die Variable $z_n \in \mathbb{N}_0 := \{0, 1, 2, \ldots\}$ die Häufigkeit an, mit der INV$_n$ durchgeführt wird. Oft wird – wie im folgenden Modell (M10) – auf die Ganzzahligkeit der Investitionsvariablen verzichtet. Wenn zusätzlich feste Finanzierungsbeträge (autonome Einzahlungen, ea$_t$) und obere Grenzen für Investitions- ($\overline{z}_n$) sowie Finanzierungsalternativen ($\overline{y}_f$) zu berücksichtigen sind, lautet das **Kapitalwertmodell**:

(M10)   (Z8) $\displaystyle\sum_{n=1}^{N} kw_n \cdot z_n + \sum_{f=1}^{F} kwk_f \cdot y_f \rightarrow$ max!

(F6) $\displaystyle\sum_{n=1}^{N} e_{nt} \cdot z_n + \sum_{f=1}^{F} ek_{ft} \cdot y_{ft} + (1 + i)\, ya_{t-1} + ea_t = ya_t$ (t = 0(1)T)

(B5) $0 \leq z_n \leq \overline{z}_n$ (n = 1(1)N)

$\quad\ \ 0 \leq y_f \leq \overline{y}_f$ (f = 1(1)F)

Vorausgesetzt wird, dass alle mit einer Investitions- bzw. Finanzierungsalternative verbundenen Zahlungen lineare Funktionen der Zahl der Investitionsobjekte bzw. Finanzierungseinheiten sind.

Die Einbeziehung von Finanzierungsentscheidungen in Investitionsmodelle lässt die Interpretation des für die Ermittlung der Kapitalwerte erforderlichen Kalkulationszinssatzes als Kapitalkostensatz nicht mehr zu. Einen solchen – durchschnittlichen oder marginalen – Kostensatz kann man erst nach der Bestimmung des optimalen Investitions- und Finanzierungsprogrammes angeben (Charnes, Cooper, Miller [Application]; Weingartner [Programming]; vgl. auch Hax [Finanzplanung]). Ein vorgegebener Kalkulationszinssatz darf sich deshalb nicht an den Finanzierungs-, sondern muss sich – analog zu der Vermögensendwert-Methode – an den Investitionsmöglichkeiten nicht benötigter Kapitalbeträge orientieren. Der Vorschlag von *Albach* ([Investition]), den Kalkulationszinssatz als «langfristige durchschnittliche Rentabilität des Unternehmens» zu verstehen, ist in der Literatur kritisiert worden (Moxter [Programmieren]; Hax [Finanzplanung]). Zum einen wird mit ihm nur eine globale alternative Anlagemöglichkeit berücksichtigt, zum anderen kann diese Rentabilität langfristig nicht konstant sein, da i.d.R. Investitions- und Finanzierungsprogramme mit positiven Gesamtkapitalwerten ausgewählt werden, die eine Erhöhung der durchschnittlichen Unternehmensrentabilität bewirken. Dieser Kritik am Kapitalwertmodell trägt *Weingartner* ([Programming]) Rechnung, indem er erstmalig für simultane Investitions- und Finanzierungsmodelle den Vermögensendwert als zu maximierendes Zielkriterium wählt.

Der Zusammenhang zwischen Kapitalwert- und Endwertmodellen wird besonders deutlich, wenn neben den Investitionsalternativen und der als unbegrenzte einperiodige Finanzanlage (ya$_t$) zum Habenzinssatz h interpretierten Kassenhaltung ausschließlich ein nicht limitierter kurzfristiger Kredit (yk_t) zum Sollzinssatz s berücksichtigt wird, der jeweils in der Folgeperiode einschließlich Zinsen zu tilgen ist. Wählt man außerdem die Länge des Planungszeitraumes $T = \max\{T_n | n = 1(1)N\}$, so ist das **Endwertmodell**[1]

(M11)   (Z9) $ya_T - yk_T \to \max!$

u. d. N.   (F7) $\sum\limits_{n=1}^{N} e_{nt} \cdot z_n - ya_t + yk_t + (1 + h) ya_{t-1} - (1 + s) yk_{t-1} = 0$ (t = 0(1)T)

(B6) $0 \leq z_n \leq 1$ (n = 1(1)N)

$ya_t \geq 0$ (t = 0(1)T)

$yk_t \geq 0$ (t = 0(1)T).

Weil die Finanzanlage und der Kredit in der Höhe nicht limitiert sind, entspricht die Lösung des Endwertmodells stets der des Kapitalwertmodells, wenn Soll- und Habenzinssatz übereinstimmen und als Kalkulationszinssatz verwendet werden. Die Variable yk_T wird stets den Wert Null annehmen, es sei denn, dass abweichend von den hier gewählten Nebenbedingungen (B6) Investitionen erzwungen werden, die einen negativen Endwert aufweisen (Nichtrenditeinvestitionen).

3.1.3   Mehrperiodige Entscheidungen

Die Bedeutung mehrperiodiger Planungsmodelle und die notwendigen Änderungen der zugrundeliegenden Prämissen wurden bereits für Nutzungsdauerentscheidungen im Rahmen der isolierten Investitionsplanung angesprochen. Mehrperiodige Investitions- und Finanzierungsmodelle lassen sich, solange keine Desinvestitionsentscheidungen zugelassen werden, in gleicher Form darstellen wie die einperiodigen Kapital- und Endwertmodelle; denn Investitions- und Finanzierungsalternativen lassen sich nicht nur nach ihrer Art, sondern auch nach dem geplanten Zeitpunkt ihrer Realisation differenzieren (vgl. die Modelle von Albach [Investition]; Weingartner [Programming]; Hax [Finanzplanung]).

In mehrperiodigen Modellen kann das Endvermögen des Investitions- und Finanzierungsprogramms nicht mehr allein durch den Zahlungsüberschuss der letzten Periode des Planungszeitraumes wiedergegeben werden, da sich die Auswirkungen von Entscheidungen späterer Perioden über den Planungshorizont hinaus erstrecken können. Weil davon auszugehen ist, dass genauere Informationen über Investitions- und Finanzierungsalternativen jenseits des Planungshorizontes fehlen, sollen nach einem Vorschlag von *Weingartner* ([Programming]) die noch gebundenen positiven und negativen Werte, die Teil des Endvermögens sind, in auf den Zeitpunkt T bezogenen Barwerten der nach dem Ende des Planungszeitraumes anfallenden Zahlungen erfasst werden. Der Nachteil, hierfür wieder den für simultane Investitions- und Finanzierungsmodelle kritisierten Kalkulationszins heranzie-

---

[1] Wie für ya_{t-1} gilt: $yk_{t-1} := 0$ für $t = 0$.

hen zu müssen, wird durch die Tatsache gemildert, dass der Einfluss dieser Restwerte auf die maßgeblichen Entscheidungen der ersten Teilperiode wesentlich geringer als bei Kapitalwertmaximierung ist.

Der Vermögensendwert eines entsprechenden von *Hax* ([Finanzplanung]) formulierten Modells, in dem die Menge der Investitionsalternativen Sach- und Finanzinvestitionen enthält, setzt sich folglich aus allen Einzahlungsüberschüssen der letzten Periode sowie den Barwerten bw_{nT} der Investitionen,

$$bw_{nT} := \sum_{t=T+1}^{T_n} e_{nt} \cdot q^{T-t} \qquad (n = 1(1)N),$$

und den analog berechneten Barwerten der Finanzierungsalternativen, bwk_{fT}, zusammen. Zusätzlich werden Entnahmen für alle Perioden des Planungszeitraumes vorgeben.

In einer Modifikation des Endwertmodells wird dagegen ein in allen Perioden gleicher Entnahmebetrag en unter Einhaltung eines Mindestendvermögens $\overline{ew}$ maximiert. Das **Entnahmemodell** lautet, wenn ein Finanzmittelanfangsbestand ea_0 gegeben ist,

(M12)   (Z10) en $\rightarrow$ max!

u. d. N.   (F8) $\sum\limits_{n=1}^{N} e_{n0} \cdot z_n + \sum\limits_{f=1}^{F} ek_{f0} \cdot y_f + ea_0 \geq 0$

$\sum\limits_{n=1}^{N} e_{nt} \cdot z_n + \sum\limits_{f=1}^{F} ek_{ft} \cdot y_f - en \geq 0 \qquad (t = 1(1)T)$

(B7) $\sum\limits_{n=1}^{N} (bw_{nT} + e_{nT}) z_n + \sum\limits_{f=1}^{F} (bwk_{fT} + ek_{fT}) y_f - en \geq \overline{ew}$

$0 \leq z_n \leq \overline{z}_n \qquad (n = 1(1)N)$
$0 \leq y_f \leq \overline{y}_f \qquad (f = 1(1)F).$

Für Sachinvestitionen gibt $\overline{z}_n$ wieder deren größtmögliche Anzahl, für Finanzinvestitionen den Höchstanlagebetrag der Art n an, und $\overline{y}_f$ ist das Limit der Finanzierungsart f. Die linke Seite der ersten Restriktion der Bedingungen (B7) beschreibt den durch das Investitions- und Finanzierungsprogramm erreichten Endwert. Dieser würde in einem Endwertmodell als Zielfunktionswert zu maximieren sein, während die Periodenentnahmen dann vorzugeben sind.

In einem von *Albach* ([Investition]) formulierten Kapitalwertmodell werden Desinvestitionen vor dem Ende der technisch maximalen Nutzungsdauer der Investitionsobjekte zugelassen, die damit verbundenen Liquidationserlöse jedoch vernachlässigt. In dieser Entscheidungssituation sind keine Desinvestitionsvariablen notwendig, sondern das Zusammenwirken von Investitionen und Desinvestitionen wird über die während der variablen Nutzungsdauer vorhandenen Investitionsobjekte erfasst. Die zeitliche Entwicklung des Bestandes an Investitionsobjekten lässt sich übersichtlicher darstellen, wenn ein Periodenindex (τ) eingeführt wird, der bei Investitionen explizit den Investitions- und bei den Finanzierungsalternativen den Bereitstellungszeitpunkt kennzeichnet. Die Investitionsvariablen sind dann $z_{n\tau}$, die Finanzierungsvariablen $y_{f\tau}$.

Um für jede der der jeweiligen Investitionsperiode τ folgenden Perioden t (t = τ+1(1)$T_{n\tau}$) die noch vorhandenen Investitionsobjekte zu erfassen, werden Bestandsvariablen für die Investitionen definiert. Mit $zb_{n\tau}$ wird dann der Bestand der INV_n in Periode t bezeichnet, die in Periode τ angeschafft wurden, und $T_{n\tau}$ ist die maximale Nutzungsdauer einer in Periode τ getätigten INV_n. Die Zahl der Investitionen $z_{n\tau}$ entspricht dem Bestand $zb_{n\tau,\tau+1}$. Zur formalen Vereinfachung lassen sich die Indexbereiche der Variablen und Zahlungsreihen mit t $\leq$ $T_{n\tau}$ < T auf den Bereich $T_{n\tau}$ < t $\leq$ T erweitern, da alle Einzahlungsüberschüsse einer in Periode τ getätigten INV_n, $e_{n\tau}$, in den Perioden t = $T_{n\tau}$ + 1(1)T den Wert Null annehmen.

Beispiel

Die in Abschn. 2.2.1 als Beispiel gewählte INV_1 kann in den Perioden 1 und 3 eines Planungszeitraumes von 7 Perioden getätigt werden. In Tab. 5.14 sind die Einzahlungsüberschüsse und die zugehörigen Investitions- bzw. Bestandsvariablen angegeben.

Tabelle 5.14: Einzahlungsüberschüsse und Entscheidungsvariablen

t	1	2	3	4	5	6	7	8
e_{11t}	−500	220	200	180	150	100	0	
Variablen	z_{11}	zb_{112}	zb_{113}	zb_{114}	zb_{115}	zb_{116}	zb_{117}	
e_{13t}	−	−	−500	220	200	180	150	100
Variablen	−	−	z_{13}	zb_{134}	zb_{135}	zb_{136}	zb_{137}	−

Der Einzahlungsüberschuss e_{138} wird im Planungszeitraum nicht liquiditätswirksam, sondern beeinflusst nur den auf T bezogenen Barwert der Variablen zb_{137}.

Da durch Investitionen und Desinvestitionen im Zeitpunkt T nur das Nutzungspotenzial des Bestandes an Investitionsobjekten nach Ende des Planungszeitraumes verändert wird, sollen diese nicht zulässig sein.

Für die Finanzierungsalternativen wird unterstellt, dass die Tilgungs- und Zinsmodalitäten festliegen und damit eine vorzeitige Rückzahlung der aufgenommenen Beträge ausscheidet. Somit genügt eine Differenzierung der Finanzierungsvariablen nach Art und Aufnahmezeitpunkt. Die mit einer Einheit einer Finanzierungsalternativen verbundene Zahlungsreihe $ek_{f\tau t}$ (t = 0(1)$Tk_{f\tau}$) ist fest gegeben. $Tk_{f\tau}$ ist der Zeitpunkt der letzten Zahlung einer in Periode τ beanspruchten Finanzierung der Art f.

Das Entscheidungsproblem soll wieder als **Endwertmodell** formuliert werden, in dem Kassenbestände zum Habenzinssatz h angelegt werden können. Die Restwerte der noch vorhandene Investitionsobjekte bzw. Finanzierungsalternativen sollen wieder durch die auf T diskontierten Barwerte, $bw_{n\tau T}$ bzw. $bwk_{f\tau T}$, der nach T anfallenden Zahlungen repräsentiert werden. Als Zinssatz soll unter der Annahme, dass es sich um positive Einzahlungsüberschüsse handelt, der Habenzinssatz verwendet werden. Mit $\bar{z}_{n\tau}$ als obere Grenze für Investitionen vom Typ n und $\bar{y}_{f\tau}$ für Finanzmittel der Art f, jeweils im Investitions- bzw. Aufnahmezeitpunkt τ, erhält man das Modell:

(M13)   (Z11) $ya_T + \sum\limits_{n=1}^{N} \sum\limits_{\tau=0}^{T-1} bw_{n\tau T} \cdot zb_{n\tau T} + \sum\limits_{f=1}^{F} \sum\limits_{\tau=0}^{T} bwk_{f\tau T} \cdot y_{f\tau} \rightarrow max!$

u. d. N.   (F9) $\sum\limits_{n=1}^{N} e_{n00} \cdot z_{n0} + \sum\limits_{f=1}^{F} ek_{f00} \cdot y_{f0} = ya_0$

$$\sum\limits_{n=1}^{N} \left(e_{ntt} \cdot z_{nt} + \sum\limits_{\tau=0}^{t-1} e_{nt\tau} \cdot zb_{nt\tau} \right) + \sum\limits_{f=1}^{F} \sum\limits_{\tau=0}^{t} ek_{ft\tau} \cdot y_{f\tau} + (1+h) ya_{t-1} = ya_t$$
$$(t = 1(1)T-1)$$

$$\sum\limits_{n=1}^{N} \sum\limits_{\tau=0}^{T-1} e_{n\tau T} \cdot zb_{n\tau T} + \sum\limits_{f=1}^{F} \sum\limits_{\tau=0}^{T} ek_{f\tau T} \cdot y_{f\tau} + (1+h) ya_{T-1} = ya_T$$

(D2) $zb_{n\tau,\tau+1} = z_{n\tau}$ $(n = 1(1)N; \tau = 0(1)T-1)$

$zb_{n\tau,t+1} \leq zb_{n\tau t}$ $(n = 1(1)N; \tau = 0(1)T-3; t = \tau + 1(1)T-2)$

$zb_{n\tau T} = zb_{n\tau,T-1}$ $(n = 1(1)N; \tau = 0(1)T-2)$

(B8) $0 \leq z_{n\tau} \leq \bar{z}_{n\tau}$ $(n = 1(1)N; \tau = 0(1)T-1)$

$0 \leq y_{f\tau} \leq \bar{y}_{f\tau}$ $(f = 1(1)F; \tau = 0(1)T)$

$ya_t \geq 0$ $(t = 0(1)T)$.

Die Finanzierungsbedingungen (F9) sind für den Planungszeitpunkt (t = 0) und den Planungshorizont (t = T) getrennt formuliert, da sich die liquiditätswirksamen Komponenten dieser Zeitpunkte von denen der übrigen Perioden (t = 1(1)T–1) unterscheiden.

3.1.4   Berücksichtigung von Absatzgrenzen

Um den Investitionsalternativen Zahlungsreihen zuordnen zu können, wird in kapitaltheoretischen, linearen Investitionsmodellen von einstufiger Produktion und festen Relationen zwischen den Produktionsmengen und den Investitionsalternativen ausgegangen. Will man nun in den Planungsansatz Absatzbeschränkungen explizit aufnehmen, so müssen die Prämissen 3 und 4 modifiziert werden; denn jede Investitionsalternative ist zusätzlich durch ihre Produktionsbeiträge zu den verschiedenen Erzeugnisarten zu beschreiben, die als fest gegeben und bekannt vorausgesetzt werden.

Mit $g_{mnt\tau}$ wird der Produktionsbeitrag einer Maschine der INV_n zur Erzeugnisart m (m = 1(1)M) in Periode t bezeichnet, wenn die Investition in Periode τ getätigt wurde. Bei Einzelaggregaten nimmt dieser Koeffizient jeweils nur für eine Produkt-Maschinen-Kombination einen positiven Wert an, während bei Mehrzweck-

aggregaten die Produktionsbeiträge für alle Erzeugnisarten, die zum Produktionsprogramm einer Investitionsalternative gehören, positiv sind. Alle übrigen Koeffizienten haben den Wert null. Da für die Produktionsmenge der Erzeugnisart m
in Periode t (x_{mt}) die Beziehung

$$x_{mt} = \sum_{n=1}^{N} \sum_{\tau=0}^{t-1} g_{mn\tau t} \cdot zb_{n\tau t} \qquad (m = 1(1)M;\ t = 1(1)T)$$

gilt, lassen sich die für die Produkte vorgegebenen Höchstabsatzmengen $\overline{x}_{mt}$ als
Absatzbedingungen

(A1) $\qquad \sum_{n=1}^{N} \sum_{\tau=0}^{t-1} g_{mn\tau t} \cdot zb_{n\tau t} \leq \overline{x}_{mt} \qquad (m = 1(1)M;\ t = 1(1)T)$

in Abhängigkeit von den Investitionsvariablen berücksichtigen. Die güterwirtschaftlichen Wirkungen einer Periode werden – wie die Zahlungen – dem Ende der
Periode zugeordnet, sodass die erste Absatzbedingung für t = 1 zu beachten ist.

3.2   Investition und Produktion

3.2.1   Produktionsvariablen

Mit der Einbeziehung eines variablen Produktionsprogramms, d. h. der Definition
von Produktionsvariablen, deren Werte simultan mit denen der Investitionsvariablen festzulegen sind, wird Prämisse 5 aufgehoben, die fordert, dass den Investitionsalternativen die Verkaufserlöse der Produkte und die Produktionskosten eindeutig zurechenbar sein müssen. Sollen außerdem – anders als im Vorabschnitt –
Liquidationserlöse bei variabler Nutzungsdauer der Investitionen berücksichtigt
werden, sind Desinvestitionsvariablen zu definieren, denen die Liquidationserlöse
zuzuordnen sind. Somit werden den (Sach-) Investitionen unmittelbar nur noch
die Investitionsauszahlungen, die produktionsmengenunabhängigen Betriebs- und
Wartungskosten sowie Beiträge zur Produktionskapazität zugerechnet. Damit wird
es auch möglich, Investitionen für den Fall mehrstufiger Produktionsprozesse in
simultanen Investitionsmodellen zu erfassen, die aus Ansätzen zur Produktionsprogrammplanung hervorgegangen sind (vgl. die Modelle von Goldschmidt [Plan-
ning]; Förstner, Henn [Produktionstheorie]). Da Produktionsbeziehungen den Kern
der simultanen Investitions- und Produktionsmodelle bilden, sollen im Folgenden
Investitionen auch als Maschinen oder maschinelle Aggregate bezeichnet werden.

Können in einem mehrstufigen Produktionsablauf auf den verschiedenen Produktionsstufen unterschiedliche Maschinentypen eingesetzt werden und unterscheiden
sich diese sowohl hinsichtlich der verursachten Produktionskosten als auch im
Kapazitätsbedarf der auf ihnen produzierten Güter, so müssen die Produktionsvariablen nach den bei der Fertigung zum Einsatz kommenden Aggregaten differenziert werden. Außerdem ist es erforderlich, zwischen den Produktionsstufen

und den zur Wahl stehenden Maschinentypen zu unterscheiden, wenn die Aggregate auf mehreren Stufen eingesetzt werden können.

Eine Möglichkeit besteht darin, die Produktarten entsprechend den zulässigen Kombinationen der auf den einzelnen Produktionsstufen einsetzbaren Maschinen aufzuspalten (vgl. z. B. Rosenberg [Investitionsplanung]). Eine so definierte «Produktart» durchläuft den gesamten Produktionsprozess als Einheit und wird erst für den Absatz wieder mit gleichen Erzeugnissen, die auf anderen Maschinen gefertigt worden sind, zusammengefasst. Wenn wie bisher mit n = 1(1)N die Maschinentypen und zusätzlich mit s = 1(1)S die Produktionsstufen bezeichnet werden und außerdem unterstellt wird, dass jede der N Maschinen auf jeder der S Produktionsstufen eingesetzt werden kann, so sind für jede Erzeugnisart N^S Variablen zu definieren.

Die Zahl der Variablen ist weniger groß, wenn sie nicht auf den gesamten Produktionsprozess bezogen, sondern produktionsstufen- und maschinenabhängig definiert werden (Jacob [Entwicklungen]; Swoboda [Planung]). Für jede Erzeugnisart werden dann $N \cdot S$ Variablen benötigt. Allerdings müssen in diesem Fall für jedes Paar aufeinanderfolgender Produktionsstufen und jede Produktart in jeder Periode Gleichgewichtsbedingungen formuliert werden, um eine Kontinuität zwischen den Produktionsmengen aller einzelnen Stufen sicherzustellen. Trotz dieser zusätzlichen Beschränkungen ist der zweite Weg zur Definition der Produktionsvariablen, gemessen an Rechenaufwand und benötigter Speicherkapazität, im Allgemeinen wesentlich vorteilhafter. Diese Aussage gilt auch, wenn auf die wirklichkeitsfremde Annahme verzichtet wird, dass alle Maschinenarten auf jeder Produktionsstufe verwendet werden können.

3.2.2   Güterwirtschaftliche Beschränkungen

Die Besonderheit produktionstheoretischer gegenüber kapitaltheoretischen Modellen besteht in der Notwendigkeit, verstärkt güterwirtschaftliche Beziehungen zwischen den Entscheidungsvariablen zu beachten. Dazu gehören

- **Kapazitätsbedingungen** zur Abstimmung von bereitgestellter und beanspruchter Produktionskapazität,
- **Desinvestitionsbedingungen**, die die Desinvestitionsmöglichkeiten auf die vorhandenen Maschinenbestände begrenzen, sowie die bereits erwähnten
- **Gleichgewichtsbedingungen** für die Produktionsmengen auf den einzelnen Produktionsstufen und
- **Absatzgrenzen** für die verschiedenen Produktarten.

(1) Kapazitätsbedingungen

Die Kapazität der zu Beginn der Periode t, d. h. im Zeitpunkt t–1, vorhandenen Investitionsobjekte kann in Periode t genutzt werden. Der Bestand an Maschinen der Art n, die in Periode τ angeschafft wurden, ergibt sich in jeder Periode t > τ des

Planungszeitraumes aus der Differenz zwischen den in τ gekauften und den zwischenzeitlich desinvestierten Aggregaten. Geht man davon aus, dass am Anfang des Planungszeitraumes Maschinen unterschiedlicher Art und unterschiedlichen Alters vorhanden sein können, so müssen auch diese desinvestiert werden können. Ist T⁻ der Investitionszeitpunkt der ältesten zu Beginn des Planungszeitraumes noch vorhandenen Maschine, bezeichnet $z_{n\tau}$ wieder die Anzahl der Maschinen der Art n, die in Periode τ (τ = T⁻ (1)T) gekauft werden, und $zd_{n\tau t}$ die Zahl der von diesen Maschinen in Periode t desinvestierten Aggregate, so ergibt sich unter der Voraussetzung, dass Desinvestitionen frühestens eine Periode nach der Investition erfolgen können, deren Bestand in Periode t:[1]

$$zb_{n\tau t} := z_{n\tau} - \sum_{\varphi=\tau+1}^{t-1} zd_{n\tau\varphi} \qquad (n = 1(1)N; \tau = T^-(1)t{-}1; t = 1(1)T).$$

Es ist offensichtlich, dass sich die Definition zusätzlicher Maschinenbestandsvariablen erübrigt, da sich die verschiedenen Maschinenbestände durch die Differenz zwischen Investitionen und nachfolgenden Desinvestitionen erfassen lassen. Weil jedoch die Modellformulierung durch die Verwendung von Bestandsvariablen übersichtlicher wird, sollen diese im Folgenden verwendet werden. Der im Planungszeitpunkt vorhandene Maschinenbestand,

$$zb_{n\tau 0} = z_{n\tau} - \sum_{\varphi=\tau+1}^{-1} zd_{n\tau\varphi} \qquad (n = 1(1)N; \tau = T^-(1){-}1),$$

ist Datum und kann erstmalig in t = 0 durch Desinvestitionsentscheidungen reduziert werden.

I. d. R. werden sich die Kapazitätsbeiträge der Maschinen im Zeitablauf verändern. So wird erst nach einer gewissen Anlaufphase die volle Auslastung möglich sein, um dann mit zunehmendem Alter z. B. wegen steigender Wartungszeiten – wieder zu sinken. Diese Abhängigkeit lässt sich berücksichtigen, indem die Kapazitätsbeiträge nach dem Alter der Maschine unterschieden werden. Ist $kap_{n\tau t}$ die Kapazität einer in Periode τ angeschafften Maschine vom Typ n in Periode t, so beträgt die Produktionskapazität aller Maschinen vom Typ n in Periode t:

$$\sum_{\tau=T^-}^{t-1} kap_{n\tau t} \cdot zb_{n\tau t} \qquad (n = 1(1)N; t = 1(1)T).$$

Der bereitgestellten ist die beanspruchte Kapazität gegenüberzustellen. Hierzu sind zunächst die Produktionsvariablen zu definieren. Entsprechend den in Abschn. 3.2.1 angestellten Überlegungen wird von mehrstufiger Fertigung mit M Produktarten ausgegangen. Da die Produktionsstufen im allgemeinen Fall der Werkstattfertigung erzeugnisspezifisch festgelegt sind, soll mit S_m die jeweils letzte Produktionsstufe bzw. der letzte Arbeitsgang für die m-te Produktart angegeben

---

[1] Es gilt für $\tau = t{-}1$: $\sum_{\varphi=t}^{t-1} zd_{n\tau\varphi} := 0$. Damit gilt stets $zb_{n\tau,\tau+1} = z_{n\tau}$.

werden. Mit x_{mnst} wird die Zahl der Einheiten von Erzeugnisart m bezeichnet, die in Periode t auf der s-ten Produktionsstufe auf einer Maschine vom Typ n bearbeitet wird, und pro_{mnst} ist der zugehörige Produktionskoeffizient.

Fasst man den Bedarf aller Produktarten auf allen Produktionsstufen zusammen, so darf dieser in keiner Periode die Maschinenkapazität einer bestimmten Art überschreiten. Die Produktionsbedingungen lauten dann:

$$(P1) \quad \sum_{m=1}^{M} \sum_{s=1}^{S_m} pro_{mnst} \cdot x_{mnst} - \sum_{\tau=T^-}^{t-1} kap_{n\tau t} \cdot zb_{n\tau t} \leq 0 \quad (n = 1(1)N; t = 1(1)T).$$

Wenn nicht alle Maschinen für alle Arbeitsgänge an allen Produkten geeignet sind oder die Nutzungsdauer eines Investitionsobjektes ohne Desinvestitionsentscheidung vor dem Ende des Planungszeitraumes endet, kann dem entweder durch Spezifizierung der mit den Variablen verbundenen Koeffizienten in Nebenbedingungen und Zielfunktion oder durch Eingrenzung der Definitionsbereiche der Entscheidungsvariablen Rechnung getragen werden.

(2) Desinvestitionsbedingungen

Die Gleichungen zur Erfassung und Fortschreibung des Anlagenbestandes,

$$(D3) \quad zb_{n\tau t} = zb_{n\tau,t-1} - zd_{n\tau,t-1} \quad (n = 1(1)N; \tau = T^-(1)t-2; t = 1(1)T)$$
$$zb_{n,t-1,t} = z_{n,t-1} \quad (n = 1(1)N; t = 1(1)T),$$

bewirken zusammen mit den Nichtnegativitätsbedingungen für Investitions-, Desinvestitions- und Bestandsvariablen, dass nur vorhandene Anlagen desinvestiert werden können.

(3) Gleichgewichtsbedingungen

Das Produktionsgleichgewicht ist gewahrt, wenn in jeder Periode die Zwischenproduktmengen jeder Stufe und die Fertigerzeugnismengen übereinstimmen, d. h. wenn gilt

$$(G1) \quad \sum_{n=1}^{N} x_{mnst} = \sum_{n=1}^{N} x_{mn,s+1,t} \quad (m = 1(1)M; s = 1(1)S_m-1; t = 1(1)T)$$

bzw., falls Zwischenlagerung zugelassen ist,

$$(G2) \quad \sum_{n=1}^{N} x_{mnst} \geq \sum_{n=1}^{N} x_{mn,s+1,t} \quad (m = 1(1)M; s = 1(1)S_m-1; t = 1(1)T).$$

(4) Absatzgrenzen

Verkaufsfähig sollen allein Erzeugnisse sein, die die letzte Produktionsstufe durchlaufen haben. Ihre Menge darf die Absatzgrenzen $\bar{x}_{mt}$ nicht überschreiten:

$$(A2) \quad \sum_{n=1}^{N} x_{mnS_mt} \leq \bar{x}_{mt} \quad (m = 1(1)M; t = 1(1)T).$$

3.2.3   Finanzierungsbedingungen

Da die produktionstheoretischen Investitionsmodelle aus der Produktionsplanung hervorgegangen sind, enthalten sie als Wertgrößen nicht Zahlungen, sondern **Kosten und Erlöse**. Um auf diesen basierend die finanziellen Konsequenzen von Produktions- und Investitionsentscheidungen darstellen zu können, wird angenommen, dass alle Erlöse und Kosten zahlungswirksam sind. In einigen Modellansätzen werden sie deshalb auch direkt als Einzahlungen bzw. Auszahlungen bezeichnet (vgl. Blohm, Lüder [Investition]; Rosenberg [Investitionsplanung]). Die Höhe des durch die Produktionskosten verursachten Finanzbedarfs hängt dann noch von der Zeitspanne ab, die zwischen den Auszahlungen für die die Kosten verursachenden Produktionsfaktoren und deren Rückflüssen in Form von Erlösen verstreicht. Dieses Intervall, das als **Kapitalbindungsdauer** bezeichnet wird, determiniert den Kapitalbedarf und über die Kapitalbedarfsveränderung in je zwei aufeinanderfolgenden Perioden den Bedarf an finanziellen Mitteln.

Jacob ([Entwicklungen]) geht von gleichmäßiger Verteilung der Kosten und Erlöse über die Perioden aus, sodass jeweils ein Kapitalbedarf in Höhe des dem Verhältnis von Kapitalbindungsdauer zu Periodenlänge entsprechenden Anteils der Kosten entsteht. Dieser Anteil, der als Finanzierungsfaktor bezeichnet wird, kann wegen der möglicherweise unterschiedlichen Kapitalbindungsdauer einzelner Produktionsfaktoren und deren Aufteilung auf die Erzeugnisse nur als Durchschnittsgröße verstanden werden, die beispielsweise von *Jacob* nach Produktarten und Perioden für die variablen Produktionskosten bzw. nach Perioden für die sog. Bestandskosten differenziert wird. *Blohm* und *Lüder* ([Investition]) ordnen die Verkaufserlöse einer Periode jeweils der Folgeperiode zu, d. h., dass eine einheitliche Kapitalbindungsdauer von einer Periode unterstellt wird.

Da diese Überlegungen vom Typ des gewählten Investitionsmodells unabhängig sind, soll hier die Annahme beibehalten werden, dass alle Zahlungen einer Periode dem Periodenende zugeordnet werden.

Auf eine detaillierte Ausgestaltung der Finanzierungsalternativen wird in den ursprünglichen produktionstheoretischen Modellen verzichtet (anders Rosenberg [Investitionsplanung]), da primär die Interdependenzen zwischen Produktion und Investition betrachtet werden. Wie in Modell (M11) (vgl. Abschn. 3.1.2) wird lediglich für jede Periode des Planungszeitraumes neben der einperiodigen Finanzanlage zum Habenzinssatz h ein ebenfalls einperiodiger Kontokorrentkredit zum Sollzinssatz s berücksichtigt. Beide sind in der Höhe nicht limitiert.

Damit setzen sich die **Finanzierungsbedingungen** aus folgenden Teilen zusammen:

- den Deckungsbeiträgen der verkauften Produkte,
- den Bestandskosten der maschinellen Aggregate,
- den Anschaffungsauszahlungen für die Investitionsobjekte,
- den Liquidationserlösen aus Desinvestitionen,

- den Finanzanlagen und deren Rückfluss,
- der Kreditaufnahme und der Rückzahlung des Kredits.

(1) Deckungsbeiträge der verkauften Produkte

Da im Produktionsprozess auf den einzelnen Produktionsstufen unterschiedliche Maschinen eingesetzt werden können, müssen die variablen Produktionskosten für die produktabhängigen Auszahlungen nach den jeweils eingesetzten Maschinen differenziert werden. Die Verkaufserlöse sind unabhängig vom Produktionsprozess. Bezeichnet man mit kv_{mnst} die variablen Stückkosten in Periode t für die Bearbeitung einer Einheit der Produktart m, wenn auf Produktionsstufe s der Maschinentyp n eingesetzt wird, und mit p_{mt} den Verkaufspreis der Produktart m in Periode t, dann ergibt sich der Gesamtdeckungsbeitrag für Periode t:

$$\sum_{m=1}^{M} \left(p_{mt} \sum_{n=1}^{N} x_{mnS_mt} - \sum_{n=1}^{N} \sum_{s=1}^{S_m} kv_{mnst} \cdot x_{mnst} \right).$$

(2) Bestandskosten der maschinellen Aggregate

Hierunter sind Kosten zu verstehen, die unabhängig vom Produktionsvolumen durch Bereitstellung der Maschinen im Betrieb entstehen. Solchen Ausgaben für Wartung und Betrieb kann man unterstellen, dass sie proportional zur Höhe des Maschinenbestandes sind und vom Alter und von der Art der Maschinen abhängen. Da die Anschaffungsausgaben für Investitionen getrennt erfasst werden, enthalten die Bestandskosten **keine Abschreibungen**. Wenn $kf_{n\tau t}$ die Bestandskosten für INV_n in Periode t sind, falls die Investition in Periode τ getätigt wurde, ergeben sich die Bestandskosten durch Multiplikation dieses Kostensatzes mit dem entsprechenden Maschinenbestand, sodass die Kosten in Periode t insgesamt in Höhe von

$$\sum_{n=1}^{N} \sum_{\tau=T^-}^{t-1} kf_{n\tau t} \cdot zb_{n\tau t}$$

anzusetzen sind.

Die Deckungsbeiträge und Bestandskosten fallen erstmalig – aus der Nutzung des zu Beginn des Planungszeitraumes vorhandenen Anlagenbestandes – in der ersten Periode an.

(3) Investitionsauszahlungen und Liquidationserlöse

Interpretiert man die im Investitionszeitpunkt t mit INV_n verbundene Zahlung, e_{ntt}, als Anschaffungsauszahlung und bleiben Investitionen in der letzten Periode, d. h. am Ende des Planungszeitraumes, ausgeschlossen, dann beanspruchen Investitionen die Liquidität in Periode t (t = 0(1)T−1) mit

$$\sum_{n=1}^{N} e_{ntt} \cdot z_{nt}.$$

Desinvestitionen sind in denselben Zeitpunkten möglich. Im Planungszeitpunkt beschränken sie sich auf den Verkauf eventuell schon vorhandener maschineller Aggregate. Wenn $l_{n\tau t}$ der Liquidationserlös für ein in Periode t desinvestiertes Aggregat des Typs n ist, das in Periode τ gekauft wurde, so sind die gesamten Liquidationserlöse in Periode t:

$$\sum_{n=1}^{N} \sum_{\tau=T^{-}}^{t-1} l_{n\tau t} \cdot zd_{n\tau t}.$$

(4) Finanzanlagen und Kreditaufnahme

Finanzanlagen und Finanzierung wirken sich auf die Liquidität der Periode t (t = 1(1)T) in gleicher Weise wie in den Finanzierungsbedingungen (F7) des Modells (M11) formuliert aus. Der Einzahlungsüberschuss ist insgesamt

$$- ya_t + yk_t + (1 + h)\, ya_{t-1} - (1 + s)\, yk_{t-1}.$$

In t = 0 entfallen der Rückfluss der Finanzanlage und die Rückzahlung des Kredits der Vorperiode.

Fasst man die finanziellen Auswirkungen der Produktions- und Finanzierungsentscheidungen der Periode vor dem Planungszeitpunkt in einer autonomen Einzahlung ea_0 zusammen, dann lassen sich die Finanzierungsbedingungen des Investitionsmodells zusammenstellen:

(F10)
$$\sum_{n=1}^{N} e_{n00} \cdot z_{n0} + \sum_{n=1}^{N} \sum_{\tau=T^{-}}^{-1} l_{n\tau 0} \cdot zd_{n\tau 0} - ya_0 + yk_0 + ea_0 = 0$$

$$\sum_{m=1}^{M} \left(p_{mt} \sum_{n=1}^{N} x_{mnS_{m}t} - \sum_{n=1}^{N} \sum_{s=1}^{S_m} kv_{mnst} \cdot x_{mnst} \right) - \sum_{n=1}^{N} \sum_{\tau=T^{-}}^{t-1} kf_{n\tau t} \cdot zb_{n\tau t}$$

$$+ \sum_{n=1}^{N} e_{nt} \cdot z_{nt} + \sum_{n=1}^{N} \sum_{\tau=T^{-}}^{t-1} l_{n\tau t} \cdot zd_{n\tau t}$$

$$- ya_t + yk_t + (1 + h)\, ya_{t-1} - (1 + s)\, yk_{t-1} = 0 \qquad (t = 1(1)T{-}1)$$

$$\sum_{m=1}^{M} \left(p_{mT} \sum_{n=1}^{N} x_{mnS_{m}T} - \sum_{n=1}^{N} \sum_{s=1}^{S_m} kv_{mnsT} \cdot x_{mnsT} \right) - \sum_{n=1}^{N} \sum_{\tau=T^{-}}^{T-1} kf_{n\tau T} \cdot zb_{n\tau T}$$

$$- ya_T + yk_T + (1 + h)\, ya_{T-1} - (1 + s)\, yk_{T-1} = 0.$$

3.2.4 Zielfunktion

Zielsetzung soll wieder die Maximierung des Vermögensendwertes sein. Dieser setzt sich aus dem Einzahlungsüberschuss der letzten Periode und den Restwerten des vorhandenen Anlagenbestandes zusammen. Da in den kapitaltheoretischen Investitionsmodellen die Zahlungen ausschließlich den Investitionsobjekten zugerechnet werden, bieten die auf T bezogenen Barwerte der noch ausstehenden Zahlungen einen Ansatz, die Restwerte zu erfassen. In produktionstheoretischen Investitionsmodellen dagegen entfällt diese Möglichkeit. Als Restwerte sollen deshalb die in T erwarteten Liquidationswerte der noch vorhandenen Anlagen verwendet werden (vgl. Blohm, Lüder [Investition]; Schweim [Unternehmensplanung]). Somit lautet die Zielfunktion:

(Z12) $ya_T - yk_T + \sum_{n=1}^{N} \sum_{\tau=T^-}^{T-1} l_{n\tau T} \cdot zb_{n\tau T} \rightarrow max!$

Höchstens eine der beiden Variablen ya_T und yk_T nimmt für h < s einen positiven Wert an, abhängig davon, ob sich das Endvermögen aus einem Einzahlungsüberschuss ($ya_T > 0$) oder aus einem Auszahlungsüberschuss ($yk_T > 0$) und eventuellen Liquidationswerten zusammensetzt.

Das aus der Zielfunktion (Z12), den Finanzierungs- (F10), den Produktions- (P1), den Gleichgewichtsbedingungen (G1), den Desinvestitions- (D3) und den Absatzbegrenzungen (A2) sowie Nichtnegativitäts- und ggf. Ganzzahligkeitsbedingungen gebildete Modell entspricht bis auf die Finanzierungsrestriktionen inhaltlich weitgehend dem von *Jacob* ([Entwicklungen]) formulierten Investitionsmodell. Formale Abweichungen ergeben sich z.B aus der Wahl von Produktionsmengen statt -zeiten als Variablen. Auch die Zielfunktion unterscheidet sich nicht inhaltlich, da die von *Jacob* gewählte Funktion, die sich auf alle Perioden des Planungszeitraumes bezieht, ebenfalls zur Maximierung des Endvermögens führt (Seelbach [Planungsmodelle]).

4 Erweiterungen

Als Erweiterungen der beschriebenen Grundmodelle der isolierten und der simultanen Investitionsplanung sollen in diesem Abschnitt zunächst Sachverhalte angesprochen werden, die in der quantitativen Investitionsplanung zusätzlich rechnerisch erfasst werden können. Anschließend wird mit der Skizzierung des Investitionscontrolling die Einbindung der Investitionsplanung in den gesamten unternehmerischen Prozess aufgezeigt.

4.1 Erweiterungen der Investitionsplanung

Zwei Erweiterungen der dargestellten Modelle sind sowohl für die isolierte als auch für die simultane Investitionsplanung von besonderer Relevanz: die Berücksichtigung von Steuerwirkungen und die Ungewissheit der bisher als sicher unterstellten Daten.

Die **Einbeziehung von Steuern** in den Investitionskalkül setzt im Prinzip eine simultane Unternehmens- und damit auch Investitionsplanung voraus, da die steuerlichen Bemessungsgrundlagen unternehmens- und nicht projektbezogen definiert sind. Will man dennoch Steuern in einer nicht-simultanen Investitionsrechnung berücksichtigen, so ist eine Vereinfachung der Bemessungsgrundlagen für die verschiedenen Steuerarten erforderlich. Ferner ist von einem projektbezogenen Verlustausgleich und einer projektbezogenen Finanzierung auszugehen (vgl. u. a. Mozer [Kalkulationszinsfuß]; Swoboda [Investition]; Schneider, D. [Investition]). Durch den weitgehenden Fortfall der Substanzsteuern – die Vermögensteuer ist seit 1997 ausgesetzt und die Gewerbekapitalsteuer ist 1998 abgeschafft worden – ist die Beschränkung auf die Einbeziehung allein projektbezogener Ertragsteuern realistischer geworden.

Die einfachste Form, diese in der Investitionsrechnung zu berücksichtigen, besteht in der ausschließlichen Modifikation des Kalkulationszinssatzes. Die Zahlungsreihe der Investition bleibt unverändert. Bei diesem als **Bruttomethode** bezeichneten Verfahren finden sich zahlreiche Varianten zur Festlegung des Kalkulationszinssatzes (vgl. Mertens [Ertragsteuerwirkung]; [Steuerlehre]; Buchner [Einfluss]; Mozer [Kalkulationszinsfuß]; Schneider, D. [Investition]).

Eine Verfeinerung stellt demgegenüber die so genannte **Nettomethode** dar, bei der auch die Zahlungsreihen durch steuerrelevante Größen korrigiert werden. *Lüder* [Beurteilung] unterteilt die Ansätze der Nettomethode danach, ob auch die Steuerwirkungen von Fremdkapitalzinsen neben den Abschreibungen explizit in der Bemessungsgrundlage als Berichtigung der Periodenzahlungen oder implizit im Kalkulationszinssatz erfasst werden (zur Nettomethode vgl. neben der zur Bruttomethode angegebenen Literatur Albach [Steuersystem]; Bitz [Investition]; Swoboda [Wirkung]; Kruschwitz, Fischer [Entscheidungen]).

Zwar weist die Nettomethode gegenüber der Bruttomethode eine größere Genauigkeit auf, da die Einflüsse von Abschreibungsverläufen und verschiedenen Finanzierungsformen exakter darstellbar sind, jedoch lassen sich Steuerwirkungen in simultanen, insbesondere in produktionstheoretischen, Investitionsmodellen genauer erfassen. Abhängig von den einbezogenen Entscheidungsalternativen können die Bemessungsgrundlagen der verschiedenen Steuerarten dargestellt werden. Die in der Literatur formulierten Modelle (vgl. Haberstock [Integrierung]; Haegert [Einfluss]; Jääskeläinen [Financing]; Waldmann [Unternehmensfinanzierung] und insbesondere Rosenberg [Investitionsplanung]) vereinfachen sich durch den erwähnten Fortfall der wichtigsten Substanzsteuern erheblich.

Die Notwendigkeit, der **Ungewissheit von Daten** in Investitionsmodellen Rechnung zu tragen, wird seit langem gesehen (vgl. Schneider, E. [Wirtschaftlichkeitsrechnung] und die dort angegebene Literatur) und hat zu zahlreichen Lösungsvorschlägen geführt. So kann für die beschriebenen Investitionsmodelle mit Hilfe der **Sensitivitätsanalyse** untersucht werden, wie weit sich einzelne Modellparameter ändern können, ohne dass die Optimalität einer gegebenen Lösung verletzt wird (Dinkelbach [Sensitivitätsanalysen]). Änderungen der Zahlungsreihe oder ihrer Basisdaten, wie z.B. Absatzmengen oder -preise, Schwankungen der Nutzungsdauer oder des Kalkulationszinssatzes sind in ihren Auswirkungen auf das jeweils gewählte Zielkriterium und damit auf die Investitionsentscheidung zu überprüfen. Die Parameterwerte, für die die Optimalität der gefundenen Lösung verletzt wird, werden **kritische Werte** genannt. Man bezeichnet diese Form der Sensitivitätsanalyse in der isolierten Investitionsplanung deshalb als **Methode der kritischen Werte** (Schneider [Wirtschaftlichkeitsrechnung]; Kilger [Werte]; Lüder [Investitionskontrolle]). Als kritischer Wert des Kalkulationszinssatzes kann auch der interne Zinssatz interpretiert werden.

Als ein einfaches die Vorteilhaftigkeitsbetrachtung von Investitionen um den Risikoaspekt ergänzendes Kriterium wird auch die **Amortisationsdauer** einer Investition herangezogen. Diese entspricht der Zeitspanne zwischen dem Planungszeitpunkt und der Periode, in der der auf den Planungszeitpunkt bezogene Vermögenswert erstmalig positiv wird. Dabei wird unterstellt, dass er dann auch positiv bleibt, sodass in späteren Perioden keine Auszahlungsüberschüsse mehr auftreten dürfen (vgl. Bitz [Investition]). Auf Grund der Annahme, dass mit wachsendem zeitlichen Abstand vom Planungszeitpunkt die Ungewissheit der geschätzten Daten zunimmt, wird die Amortisationsdauer als Maß für das mit einer Investition verbundene Risiko verwendet.

Simultane Investitionsmodelle können als **parametrische Programme** formuliert werden, in denen für die als ungewiss eingeschätzten Daten Schwankungsbereiche vorgegeben und die optimalen Entscheidungen in Abhängigkeit von den Parameterwerten ermittelt werden (vgl. zur parametrischen Programmierung Dinkelbach [Sensitivitätsanalysen], zu parametrischen Investitionsmodellen z. B. Schweim [Unternehmensplanung]; Blohm, Lüder [Investition]). Die Grenzen der Sensitivitätsanalyse und der parametrischen Programmierung werden durch die beschränkte Zahl der ungewissen Parameter gesetzt.

Sind für die zufallsabhängigen Daten die Verteilungen bekannt, dann sind die Zielfunktionswerte i. a. Zufallsvariablen, deren Verteilungen man im Rahmen der **Risikoanalyse** analytisch oder simulativ zu bestimmen sucht (vgl. Hillier [Derivation]; Hertz [Analysis]; Wagle [Analysis]; Mirani/Schmidt [Investitionsrechnung]; Rühli [Risiko]). Nur in seltenen Fällen wird anhand des Vergleichs dieser Verteilungsfunktionen die Auswahl einer Alternative möglich sein, sodass zur Lösung des stochastischen Entscheidungsproblems **Ersatzmodelle** herangezogen werden müssen. Neben den bekannten Erwartungswert- und Erwartungswert-Varianz-Modellen werden in der Literatur heute weitere Modelle genannt (Dinkelbach [Aspekte]; Bitz [Investition]), um die subjektiven Risikopräferenzen des Entscheidungsträgers zu erfassen. Zur Bestimmung von Investitionsprogrammen bieten sich zwei Ansätze an, die **Programmierung mit Wahrscheinlichkeitsrestriktionen** (vgl. u. a. Albach [Investitionsbudget]; Charnes, Cooper, Kortanek [Approach]; Hillier [Programming]; Blohm, Lüder [Investition]) und die **Portfolio-Selection** (Weingartner [Budgeting]; Peters [Produktions-Investitionsplanung]).

Als **Wahrscheinlichkeitsrestriktionen** werden stochastische Nebenbedingungen bezeichnet, deren Einhaltung mit einer vom Entscheidungsträger vorzugebenden

Mindestwahrscheinlichkeit gefordert wird. Enthalten die Wahrscheinlichkeits-restriktionen mehrere stochastische Parameter, die normalverteilt und stochastisch unabhängig sind, so lassen sie sich in deterministische Nebenbedingungen transformieren, in die neben den Erwartungswerten die von den Varianzen der Zufallsvariablen abhängigen sog. Sicherheitsäquivalente eingehen (vgl. Näslund [Budgeting]).

Stochastische Unabhängigkeit der Modellparameter wird in dem von *Markowitz* [Selection]entwickelten **Portfolio-Modell** nicht gefordert. Deshalb ist versucht worden, diesen Ansatz auf die Planung von Sachinvestitionsprogrammen zu übertragen. Die Varianzen und Kovarianzen der Zielfunktionswerte (Kapitalwerte) müssen bekannt sein. Die gleichzeitige Verfolgung zweier Zielsetzungen – **Maximierung des erwarteten Gesamtkapitalwertes** und **Minimierung der Varianz des Gesamtkapitalwertes** als Maß des Risikos – wird in zwei Ersatzmodell-Varianten erfasst. Entweder wird in einem Erwartungswert-Varianz-Modell das mit einem Gewichtungsfaktor multiplizierte Risiko als den Zielfunktionswert mindernder Bestandteil in die Zielfunktion einbezogen oder der erwartete Kapitalwert wird unter Berücksichtigung einer Obergrenze für das in Kauf zu nehmende Risiko maximiert.

Zu den Ersatzmodellen zählen auch die **Entscheidungsbaumverfahren** (vgl. Hespos, Strassmann [Decision]; Magee [Decision]; Mao [Analysis]; Hax [Investitionstheorie]) sowie die darauf basierenden Verfahren der **flexiblen Planung** (Hax, Laux [Investitionstheorie]; Laux [Investitionsplanung]). Ausgehend von alternativen Zuständen der zukünftigen Perioden, die die Entscheidungsparameter beeinflussen und deren Eintrittswahrscheinlichkeiten bekannt sind, ist eine Sequenz von Investitionsentscheidungen in Abhängigkeit von dem jeweils eingetretenen Zustand zu bestimmen. Um die mit einer Investition verbundenen Wahl- und Handlungsmöglichkeiten ebenfalls zu erfassen, wird in der neueren investitionstheoretischen Literatur diskutiert, Ansätze der **Optionspreistheorie** auf Realinvestitionen zu übertragen (vgl. Dixit, Pindyck [Investment]; Laux [Optionspreistheorie]). So kann es beispielsweise nach Ermittlung eines um den Optionswert erweiterten Kapitalwerts lohnenswert sein, eine Investition nicht sofort zu tätigen, sondern um eine Periode zu verschieben, um dann auf der Basis neu gewonnener Informationen mit größerer Planungssicherheit erneut zu entscheiden.

Um nicht nur der Interdependenz von Investitions-, Finanzierungs- und Produktionsentscheidungen Rechnung zu tragen, finden sich in der Literatur auch Ansätze zur simultanen Lagerhaltungs-, Personal- oder Absatz- und Investitionsplanung (vgl. Blumentrath [Finanzplanung]; Domsch [Investitionsplanung]; Jacob [Entwicklungen]; Waldmann [Unternehmensfinanzierung]). Eine systematische, detaillierte Modellierung der verschiedenen Unternehmensbereiche und deren Zusammenwirken bei Berücksichtigung alternativer Zielvorstellungen gibt *Rosenberg* [Investitionsplanung]. Er verzichtet wegen des zu großen Umfangs eines Planungsansatzes, der alle Ausgestaltungsmöglichkeiten erfassen würde, auf die Zusammenfassung aller Komponenten zu einem Totalmodell. Vielmehr bietet *Rosenberg* ein Spektrum von Modellelementen, aus denen – zugeschnitten auf eine konkrete Entscheidungssituation – die relevanten ausgewählt werden können.

4.2   Investitionscontrolling

Nicht zuletzt die fehlende Akzeptanz von Modellen der simultanen Planung in der Praxis und die daraus resultierende isolierte Planung der einzelnen betrieblichen Teilfunktionen hat zu einem erhöhten Koordinationsbedarf in den Unternehmen geführt, um den Interdependenzen der Teilsysteme, aber auch den zeitlichen Interdependenzen von Entscheidungen, Rechnung zu tragen. Diese auf das Unternehmensziel ausgerichtete Koordination des Führungssystems wird heute – maßgeblich von *Küpper* geprägt – als Kern des Controlling angesehen, wobei dieses sich nicht auf die Koordination der Teilplanungen beschränkt, sondern – weiter gefasst – die Koordination von Informationsbeschaffung sowie -bereitstellung, von Planung, Entscheidung, Steuerung und Kontrolle einbezieht (vgl. u. a. Küpper [Controlling], [Konzeption]). Entsprechend dient das Investitionscontrolling der Koordination innerhalb der Investitionsplanung, d. h. der Abstimmung zwischen isoliert geplanten Investitionsprojekten zum gleichen oder auch zu späteren Zeitpunkten, der Steuerung und Organisation des Realisationsprozesses sowie der Investitionskontrolle (vgl. zum Investitionscontrolling Küpper [Investitions-Controlling], Adam [Investitionscontrolling]). Darüber hinaus ist es aber auch Aufgabe des Investitionscontrolling, die Bereitstellung der für die Investitionsrechnung benötigten Daten zu koordinieren und für die Abstimmung des Investitionsbereichs mit anderen Teilbereichen des Unternehmens sowie der Organisation und Personalführung zu sorgen – ausgerichtet auf das Zielsystem des Unternehmens.

Das Ausmaß dieser Koordinierungsaufgaben zur Wahrung der mit dem Investitionsprozess bestehenden Interdependenzen wird beeinflusst durch die in der Investitionsplanung verwendeten Planungsmethoden. Je umfassender die Verfahren der Investitionsrechung sind, umso schwieriger ist die Informationsbeschaffung. Der zu hohe Aufwand für die Datenbereitstellung wird deshalb als Hauptgrund dafür genannt, dass simultane Planungsansätze nur zur Strukturierung des Koordinationsprozesses, jedoch nicht als Rechenmethoden geeignet erscheinen. Umgekehrt führt eine zunehmende Segmentierung der Entscheidungsbereiche, die sich hier in der isolierten Vorteilhaftigkeitsrechnung für einzelne Investitionsprojekte niederschlägt, ohne deren sachliche und zeitliche Interdependenzen zu beachten, zu einem steigenden Koordinierungsaufwand und damit wachsender Bedeutung des Investitionscontrolling.

Literaturhinweise

Adam, Dietrich: [Investitionscontrolling]. 3. Aufl., München, Wien 2000.

Albach, Horst: [Wirtschaftlichkeitsrechnung] bei unsicheren Erwartungen. Köln 1959.

Albach, Horst: [Investition] und Liquidität, Planung des optimalen Investitionsbudgets. Wiesbaden 1962.

Albach, Horst: Das optimale [Investitionsbudget] bei Unsicherheit. In: Zeitschrift für Betriebswirtschaft, 37. Jg. (1967), S. 503–518.

Albach, Horst: [Steuersystem] und unternehmerische Investitionspolitik. Wiesbaden 1970.

Baldwin, Robert H.: How to Assess [Investment] Proposals. In: Harvard Business Review, 37 (1959), S. 98–104.

Bitz, Michael: [Investition]. In: Vahlens Kompendium der Betriebswirtschaftslehre, Band 1, 4. Auflage, München 1998, S. 107–173.

Blohm, Hans, Klaus Lüder: [Investition]. 8. Aufl., München 1995.

Blumentrath, Ulrich: Investitions- und [Finanzplanung] mit dem Ziel der Endwertmaximierung. Wiesbaden 1969.

Buchner, Robert: Der [Einfluss] erfolgsabhängiger Steuern auf investitions- und finanzierungstheoretische Planungsmodelle. In: Zeitschrift für Betriebswirtschaft, 41. Jg. (1971), S. 671–704.

Charnes, Abraham, William W. Cooper, Kenneth O. Kortanek: A Chance-Constrained [Approach] to Capital Budgeting. In: Journal of Financial and Quantitative Analysis, 2 (1967), S. 339–364.

Charnes, Abraham, William W. Cooper, Merton H. Miller: [Application] of Linear Programming to Financial Budgeting and Costing of Funds. In: The Journal of Business, 32 (1959), S. 20–46.

Dean, Joel: Capital [Budgeting]. New York 1951.

Dinkelbach, Werner: [Sensitivitätsanalysen] und parametrische Programmierung. Berlin 1969.

Dinkelbach, Werner: Entscheidungstheoretische [Aspekte] zur Beurteilung voneinander unabhängiger Investitionsobjekte. In: Neuere Entwicklungen in der Unternehmenstheorie, hrsg. von H. Koch, Wiesbaden 1982, S. 23–48.

Dinkelbach, Werner, Ulrich Lorscheider: [Entscheidungsmodelle] und lineare Programmierung. Übungsbuch zur Betriebswirtschaftslehre. 3. Aufl., München 1994.

Dixit, Avinash K., Robert S. Pindyck: [Investment] under Uncertainty. Princeton, NJ, 1994.

Domsch, Michel: Simultane Personal- und [Investitionsplanung] im Produktionsbereich. Bielefeld 1970.

Förstner, Karl, Rudolf Henn: Dynamische [Produktionstheorie] und lineare Programmierung. Meisenheim 1957.

Goldschmidt, Henry O.: Financial [Planning] in Industry. Leiden 1956.

Grob, Heinz L.: [Investitionsrechnung] mit vollständigen Finanzplänen. München 1989.

Gutenberg, Erich: [Grundlagen] der Betriebswirtschaftslehre. 2. Bd. Der Absatz. 17. Aufl., Berlin, Heidelberg u. New York 1984.

Haberstock, Lothar: Zur [Integrierung] der Ertragsbesteuerung in die simultane Produktions-, Investitions- und Finanzierungsplanung mit Hilfe der linearen Programmierung. Köln 1971.

Haegert, Lutz: Der [Einfluss] der Steuern auf das optimale Investitions- und Finanzierungsprogramm. Wiesbaden 1971.

Hax, Herbert: Investitions- und [Finanzplanung] mit Hilfe der linearen Programmierung. In: Zeitschrift für betriebswirtschaftliche Forschung, 16. Jg. (1964), S. 430–446.

Hax, Herbert: [Investitionstheorie]. 5. Aufl., Würzburg 1993.

Hax, Herbert, Helmut Laux: [Investitionstheorie]. In. Günter Menges (Hrsg.): Beiträge zur Unternehmensforschung. Würzburg 1969, S. 227–284.

Heister, Matthias: [Rentabilitätsanalyse] von Investitionen. Köln 1962.

Henke, Manfred: [Vermögensrentabilität] – einfaches dynamisches Investitionskalkül. In: Zeitschrift für Betriebswirtschaft, 43. Jg. (1973), S. 177–198.

Hertz, David B.: Risk [Analysis] in Capital Investment. In: Harvard Business Review, 42 (1964), S. 95–106.

Hespos, Richard F., Paul A. Strassmann: Stochastic [Decision] Trees for the Analysis of Investment Decisions. In: Management Science, 11 (1964/65), S. B-245-B-259.

Hillier, Frederik S.: The [Derivation] of Probalistic Information for Evaluation of Risky Investments. In: Management Science, 9 (1962/63), S. 443–457.

Hillier, Frederik S.: Chance-constrained [Programming] with 0–1 or Bounded Continuous Decision Variables. In: Management Science, 14 (1967/1968), S. 34–57.

Jacob, Herbert: Neuere [Entwicklungen] in der Investitionsrechnung. In: Zeitschrift für Betriebswirtschaft, 34.Jg. (1964), S. 487–507, 551–594.

Jacob, Herbert: [Investitionsrechnung]. In: Herbert Jacob (Hrsg.): Allgemeine Betriebswirtschaftslehre, 5. Aufl., Wiesbaden 1993, S. 613–728.

Jääskeläinen, Veikko: Optimal [Financing] and Tax Policy of the Corporation. Helsinki 1966.

Kern, Werner: [Investitionsrechnung]. Stuttgart 1974.

Kilger, Wolfgang: Zur [Kritik] am internen Zinsfuß. In: Zeitschrift für Betriebswirtschaft, 35. Jg. (1965), S. 765–798.

Kilger, Wolfgang: Kritische [Werte] in der Investitions und Wirtschaftlichkeitsrechnung, In: Zeitschrift für Betriebswirtschaft, 35. Jg. (1965), S. 338–353.

Kruschwitz, Lutz: Finanzmathematische Endwert- und [Zinsfußmodelle]. In: Zeitschrift für Betriebswirtschaft, 46. Jg. (1976), S. 245–262.

Kruschwitz, Lutz: [Investitionsrechnung]. 6. Aufl., Berlin 1995.

Kruschwitz, Lutz, Joachim Fischer: [Entscheidungen] über Investitionsalternativen bei detaillierter Berücksichtigung von Gewinnsteuern. In: Die Betriebswirtschaft, 39. Jg. (1979), S. 443–457.

Küpper, Hans-Ulrich: [Controlling]. In: Waldemar Wittmann u. a. (Hrsg.): Handwörterbuch der Betriebswirtschaft, 5. Aufl., Stuttgart 1993, S. 647–661.

Küpper, Hans-Ulrich: Gegenstand, theoretische Fundierung und Instrumente des [Investitions-Controlling]. In: Horst Albach und Jürgen Weber (Hrsg.): Controlling. Selbstverständnis – Instrumente – Perspektiven. Zeitschrift für Betriebswirtschaft, Ergänzungsheft 3/91, Wiesbaden 1991, S. 167- 192.

Küpper, Hans-Ulrich: Controlling. [Konzeption], Aufgaben und Instrumente. 2. Aufl., Stuttgart 1997.

Küpper, Willi, Peter Knoop: [Investitionsplanung]. In: Wolfgang Müller, Joachim Krink (Hrsg.): Rationelle Betriebswirtschaft. Kapitel X. Neuwied 1973.

Laux, Christian: Handlungsspielräume im Leistungsbereich des Unternehmens: Eine Anwendung der [Optionspreistheorie]. In: Zeitschrift für betriebswirtschaftliche Forschung, 45. Jg. (1993), S. 933–958.

Laux, Helmut: Flexible [Investitionsplanung]. Opladen 1971.

Lorie, James H., Leonhard J. Savage: Three [Problems] in Capital Rationing. In: The Journal of Business, 28 (1955), S. 229–239.

Lüder, Klaus: [Investitionskontrolle]. Wiesbaden 1969.

Lüder, Klaus: Die [Beurteilung] von Einzelinvestitionen unter Berücksichtigung von Ertragsteuern. In: Zeitschrift für Betriebswirtschaft, 46. Jg. (1976), S. 539–570.

Magee, John: How to Use [Decision] Trees in Capital Investment. In: Harvard Business Review, 42 (1964), S. 79–96.

Mao, James C.T.: Quantative [Analysis] of Financial Decisions. London 1969.

Markowitz, Harry M.: Portfolio [Selection]. Efficient Diversification of Investments. New York 1959.

Mertens, Peter: [Ertragsteuerwirkung] auf die Investitionsfinanzierung. In: Zeitschrift für handelswissenschaftliche Forschung, 14. Jg. (1962), S. 570–588.

Mirani, Alfred, Heinz Schmidt: [Investitionsrechnung] bei unsicheren Erwartungen. In: Walther Busse von Colbe (Hrsg.): Das Rechnungswesen als Instrument der Unternehmensführung. Bielefeld 1969, S. 123–136.

Moxter, Adolf: Die [Bestimmung] des Kalkulationszinsfußes bei Investitionsentscheidungen. In: Zeitschrift für handelswissenschaftliche Forschung, 13. Jg. (1961), S. 186–200.

Moxter, Adolf: Lineares [Programmieren] und betriebswirtschaftliche Kapitaltheorie. Besprechungsaufsatz zu H. Albach: Investition und Liquidität. In: Zeitschrift für handelswissenschaftliche Forschung, 15. Jg. (1963), S. 285–309.

Moxter, Adolf: Zur Bestimmung der optimalen [Nutzungsdauer] von Anlagegegenständen. In: Adolf Moxter, Dieter Schneider, Waldemar Wittmann, (Hrsg.): Produktionstheorie und Produktionsplanung. Festschrift für Karl Hax, Köln 1966, S. 75–105.

Mozer, Klaus: Der [Kalkulationszinsfuß] unter Berücksichtigung der Erfolgsteuern bei Publikumskapitalgesellschaften, insbesondere im deutschen und amerikanischen Steuersystem. Diss. Berlin 1972.

Näslund, Bertil: A Model of Capital [Budgeting] under Risk. In: The Journal of Business, 39 (1966), S. 257–271.

Peters, Lutz: Simultane [Produktions-Investitionsplanung] mit Hilfe der Portfolio Selection. Berlin 1971.

Rosenberg, Otto: [Investitionsplanung] im Rahmen einer simultanen Gesamtplanung. Köln 1975.

Rühli, Edwin: Investitionsrechnung bei [Risiko] unter Verwendung der Simulationstechnik. In: Verstehen und Gestalten der Wirtschaft. Festschrift für Friedrich A. Lutz, Tübingen 1971, S. 191–213.

Sasieni, Maurice, Arthur Yaspan, Lawrence Friedman: [Methoden] und Probleme der Unternehmensforschung. Würzburg 1967.

Schneider, Dieter: [Investition], Finanzierung und Besteuerung. 7. Aufl., Wiesbaden 1992.

Schneider, Erich: [Wirtschaftlichkeitsrechnung]. Theorie der Investition. 8. Aufl., Tübingen 1973.

Schweim, Joachim: Integrierte [Unternehmensplanung]. Bielefeld 1969.

Seelbach, Horst: [Entscheidungskriterien] in der Wirtschaftlichkeitsrechnung. In: Zeitschrift für Betriebswirtschaft, 35. Jg. (1965), S. 302–315.

Seelbach, Horst: [Planungsmodelle] in der Investitionsrechnung. Würzburg 1967.

Seelbach, Horst: [Investitionsplanung]. In: HdWW, hrsg. von W. Albers, K.E. Born, E. Dürr, H. Hesse, A. Kraft, H. Lampert, K. Rose, H.-H. Rupp, H. Scherf, K. Schmidt und W. Wittmann, 2. Auflage, Stuttgart u. a. 1976, S. 293–309.

Seelbach, Horst: [Ersatztheorie]. In: Zeitschrift für Betriebswirtschaft, 54. Jg. (1984), S. 106–127.

Solomon, Ezra: The [Management] of Corporate Capital. New York 1959.

Swoboda, Peter: Die simultane [Planung] von Rationalisierungs- und Erweiterungsinvestitionen und von Produktionsprogrammen. In: Zeitschrift für Betriebswirtschaft, 35. Jg. (1965), S. 148–163.

Swoboda, Peter: Die [Wirkung] steuerlicher Abschreibungen auf den Kapitalwert bei Investitionsobjekten bei unterschiedlichen Finanzierungsformen. In: Zeitschrift für betriebswirtschaftliche Forschung, 22. Jg. (1970), S. 77–86.

Swoboda, Peter: [Entscheidungen] über Ersatzinvestitionen. In: Das Wirtschaftsstudium, 2. Jg. (1973), S. 55–60 u. S. 106–111.

Swoboda, Peter: [Investition] und Finanzierung. 4. Aufl., Göttingen 1992.

Teichroew, Daniel, Alexander A. Robichek, Michael Montalbano: Mathematical Analysis of [Rates] of Return under Certainty. In: Management Science 11 (1964/65), S. 395–403.

Teichroew, Daniel, Alexander A. Robichek, Michael Montalbano: An [Analysis] of Criteria for Investment and Financing Decisions under Certainty. In: Management Science, 12 (1965/66), S. 151–179.

Wagle, B.: A Statistical [Analysis] of Risk in Capital Investment Projects. In: ORQ, Vol. 18, 1967, S. 13–33.

Waldmann, Jürgen: Optimale [Unternehmensfinanzierung]. Wiesbaden 1972.

Weingartner, H. Martin: Mathematical [Programming] and the Analysis of Capital Budgeting Problems. Englewood Cliffs 1963.

Weingartner, H. Martin: Capital [Budgeting] of Interrelated Projects: Survey and Synthesis. In: Management Science, 12 (1965/66), S. 485–516.

Witten, Peter, Horst-Günther Zimmermann: Zur [Eindeutigkeit] des internen Zinssatzes und seiner numerischen Bestimmung. In: Zeitschrift für Betriebswirtschaft, 47. Jg. (1977), S. 99–114.

Finanzierung

Kapitel 6

Jochen Drukarczyk

1 Begriff und Finanzierungsformen

1.1 Zum Begriff Finanzierung

Begriffsdefinitionen sind unerlässlich, damit man weiß, worüber gesprochen wird. An Definitionen zum Terminus Finanzierung fehlt es nicht in der betriebswirtschaftlichen Literatur. Es ist nicht beabsichtigt, hier einen auch nur annähernd vollständigen Literaturüberblick zu geben. Nur einzelne Beiträge werden hervorgehoben. Es besteht zunächst weitgehend Konsens in der Fachwelt, dass Finanzierungsmaßnahmen der **Beschaffung von Geld** bzw. geldwerten Einlagen dienen. Privatmann P., der bei der Sparkasse einen Konsumkredit aufnimmt, die X-GmbH, die von einem ihrer Gesellschafter ein Darlehen aufnimmt, die Y-AG, die junge Aktien gegen Einlagen an der Börse platziert, und die Z-OHG, deren Gesellschafter Sacheinlagen einbringen, nehmen in diesem Sinn Finanzierungsmaßnahmen vor.

Wir charakterisieren eine Finanzierungsmaßnahme vorläufig durch einen Zahlungsstrom, der mit einer Einzahlung an das Unternehmen (bzw. den Privatmann P.) beginnt und durch Auszahlungen in späteren Perioden gekennzeichnet ist. Analog hierzu kann man eine Investition durch einen Zahlungsstrom abbilden, der mit einer Auszahlung beginnt und auf die in späteren Perioden Einzahlungen folgen. Somit werden Investitions- und Finanzierungsmaßnahmen durch Zahlungsreihen charakterisiert, deren Zahlungswirkungen entgegengesetzt sind. Eine Finanzierungsmaßnahme wird deshalb vorläufig als eine Einzahlung an das Unternehmen definiert, für die dieses zu späteren Zeitpunkten Auszahlungen an die Kapitalgeber zu leisten hat.

> **Vorläufige Definition einer Finanzierungsmaßnahme:** Eine Finanzierungsmaßnahme bewirkt eine Einzahlung an das Unternehmen, für die dieses zu späteren Zeitpunkten Auszahlungen an die Kapitalgeber zu leisten hat.

Die allein auf die Geld- oder Mittelbeschaffung abstellende Definition von Finanzierung ist jedoch nicht zweckmäßig, weil wichtige Bestandteile von Finanzierungsmaßnahmen ausgeschlossen bleiben. Wichtig ist, zu welchen **Vertragsbedingungen** ein Unternehmen finanzielle Mittel beschaffen kann. Der Vertrag kann vorsehen, dass das Unternehmen bestimmte, vertraglich fixierte Zahlungen unbedingt, d. h. immer und unter allen Umständen zu leisten hat. Dies ist z. B. bei einem standardisierten **Kreditvertrag** der Fall. Der Kontrakt kann aber auch so gestaltet sein, dass an Geldgeber nur dann präzisierte Zahlungen zu leisten sind, wenn bestimmte Bedingungen erfüllt sind. Knüpft eine solche z. B. an das Vorliegen positiver Jahresüberschüsse an, können Gewinnobligationen, Genussscheine, Stamm- oder Vorzugsaktien vorliegen. Wichtig ist weiterhin, welche Geldgeber zusätzliche Sicherungsverträge abschließen können und welche Informations- und Kontrollrechte Geldgebern vertraglich zugestanden werden.

Finanzierungsmaßnahmen dienen somit der Beschaffung von finanziellen Mitteln, die i. d. R. gewollt, in Ausnahmefällen auch ungewollt von Kapitalgebern zu bestimmten Bedingungen bereitgestellt werden. Finanzierungsentscheidungen erstrecken sich auf die Gestaltung finanzieller Beziehungen zwischen dem Kapital aufnehmenden Unternehmen und den Kapitalgebern, wobei diese Beziehungen in Bezug auf Höhe, Zeitpunkt, Sicherheitsgrad der Zahlungen und ihre Abhängigkeit vom Eintritt bestimmter Bedingungen gestaltbar sind (Swoboda [Investition] 15).

> Der Begriff **Finanzierung** umfasst alle Maßnahmen der Mittelbeschaffung und -rückzahlung und damit der Gestaltung der Zahlungs-, Informations-, Kontroll- und Sicherungsbeziehungen zwischen Unternehmen und Kapitalgebern.

1.2   Systematik der Finanzierungsformen

1.2.1   Zahlungsbeziehungen zwischen Unternehmen und Märkten

Unternehmen sind in **Finanzierungsmärkte** einerseits und Arbeits-, Güter-, Rohstoff-, Energiemärkte andererseits eingebettet. Betrachtet man die **Zahlungsbeziehungen** zwischen Unternehmen und den genannten Märkten, lassen sich die folgenden Beziehungen unterscheiden (vgl. Abb. 6.1):

(1) Einzahlungen von Nichtfinanzierungsmärkten an das Unternehmen (Produkterlöse, erhaltene Mieten etc.);

(2) Auszahlungen des Unternehmens an Nichtfinanzierungsmärkte (Auszahlungen für Grundstücke, Bauten, maschinelle Anlagen, Rohstoffe, Patente, Löhne, Energie etc.);

(3) Einzahlungen von Gläubigern an das Unternehmen (Kredite); es liegt **Fremdfinanzierung** vor;

(4) Einzahlungen von bisherigen Eigentümern an das Unternehmen (Einlagen der bisherigen Gesellschafter einer OHG; Übernahme junger Aktien ausschließlich durch die bisherigen Anteilseigner); es liegt **Eigenfinanzierung** vor;

(5) Einzahlungen von neuen Eigentümern an das Unternehmen (ein Einzelkaufmann nimmt einen Partner gegen Einlage auf; eine GmbH erweitert die Eigenkapitalbasis durch Aufnahme neuer Gesellschafter, die Gesellschaftsanteile gegen Bareinlagen übernehmen); es liegt **Beteiligungsfinanzierung** vor;

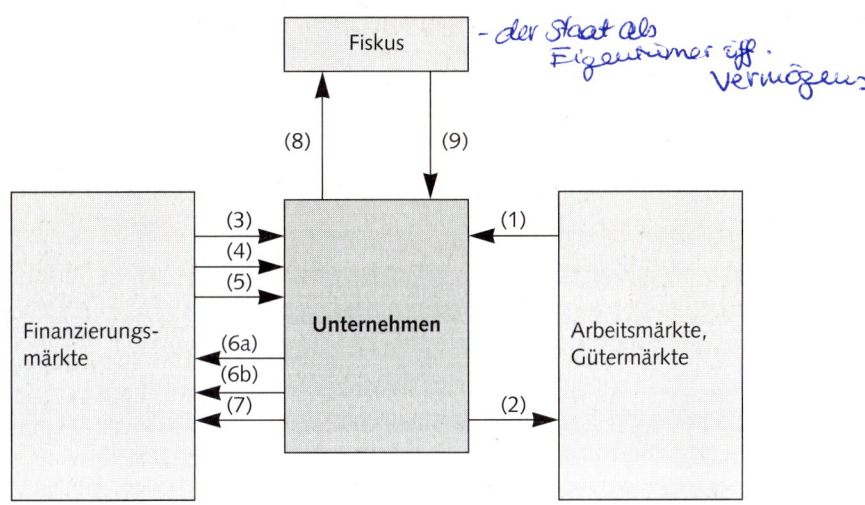

Abbildung 6.1: Zahlungsbeziehungen zwischen Unternehmen, Arbeits-, Güter- und Finanzmärkten und Fiskus

(6) Auszahlungen des Unternehmens an Gläubiger: a) Zinszahlungen; b) Tilgungs-zahlungen;

(7) Auszahlungen des Unternehmens an Eigentümer (Entnahme, Dividende, Vor-zugsdividende, Kapitalrückzahlungen, Liquidationsdividende);

(8) Steuerzahlungen des Unternehmens an den Fiskus;

(9) Subventionszahlungen an das Unternehmen.

1.2.2 Eigen- und Fremdfinanzierung

Differenziert man die Zahlungsbeziehungen nach der **Rechtsstellung** derjeni-gen, die die Mittel bereitstellen, kann man **Fremdfinanzierung** einerseits und **Eigen-** bzw. **Beteiligungsfinanzierung** andererseits unterscheiden.

Fremdmittelgeber (Gläubiger) stellen Mittel zur Verfügung gegen vertraglich fixierte und i. d. R. unbedingte Zins- und Tilgungszahlungen. Ihre Zahlungsan-sprüche gehen denjenigen der bisherigen oder neuen Eigentümer vor. Ihre Ent-scheidungskompetenzen bezüglich der im Unternehmen zu treffenden Investitions- und Finanzierungsentscheidungen sind regelmäßig sehr klein und beschränken sich auf die Vereinbarungen (Negativklauseln, Besicherungen des Kreditbetrages), die sie im Kreditvertrag haben durchsetzen können. Auch der Informationsstand der Gläubiger über die wirtschaftliche Lage des Schuldner-Unternehmens ist regelmäßig deutlich weniger gut als der der geschäftsführenden Eigentümer oder der der an-gestellten Manager (Vorstände, Geschäftsführer). Zwar ist der Informationsstand verschiedener Klassen von Gläubigern unterschiedlich – die Hausbank, die einen

Vertreter im Aufsichtsrat der AG oder im Beirat einer GmbH hat, hat regelmäßig einen besseren Informationsstand über die wirtschaftliche Lage als ein unbedeutender Lieferant –, doch ist unbestritten, dass der Informationsvorsprung von Eigentümern kaum aufholbar ist. Wegen der den Gläubigern regelmäßig versagten Entscheidungskompetenzen einerseits und ihres vergleichsweise deutlichen Wissensdefizits hinsichtlich der Ertragslage und Liquidität des Schuldnerunternehmens (und damit der Sicherheit ihrer eigenen Position) andererseits kennt die Rechtsordnung in der Bundesrepublik Deutschland eine beträchtliche Zahl von Normen, deren vorrangiger Zweck der Schutz der Gläubiger vor geplanten Schädigungen der Eigentümer ist (Drukarczyk [Überschuldungsmessung] 556–558; vgl. Abschn. «Rechnungswesen» in Bd. 2).

> **Fremdkapitalgeber (Gläubiger)** stellen Mittel gegen vertraglich fixierte und regelmäßig unbedingt zu leistende Zins- und Tilgungszahlungen zur Verfügung. Weil die Entscheidungskompetenzen über Investitions- und Finanzierungsmaßnahmen bei den Managern bzw. Eigentümern des Schuldnerunternehmens liegen und diese auch über einen Informationsvorsprung vor den Gläubigern verfügen, sind deren Ansprüche durch gesetzliche Regelungen einerseits und vertragliche Vereinbarungen andererseits verfestigt.

Kapitalgeber, die **Eigenmittel** bereitstellen, haben den Ansprüchen der Gläubiger nachgeordnete Ansprüche auf Zahlungen. Dies gilt für die Entnahmen (Ausschüttungen) pro Periode und für Kapitalrückzahlungen bei Kapitalherabsetzung oder Liquidation des Unternehmens. Ihre Entscheidungskompetenzen sind abhängig von der Rechtsform des Unternehmens und der juristischen bzw. faktischen Position, die sie im Kreis der Eigentümer einnehmen. Ihr Informationsstand ist stark korreliert mit ihren Entscheidungskompetenzen. Er reicht von dem bestinformierten Einzelkaufmann oder Großaktionär, der zugleich Vorstandsmitglied ist, bis zu dem Kleinaktionär von sog. großen Publikumsaktiengesellschaften, dessen Informationsstand sich nicht von dem der Masse der Gläubiger unterscheidet.

> **Eigenkapitalgeber** haben letztrangige Ansprüche an die Überschüsse des Unternehmens. Sie tragen i. d. R. die Hauptlast der Risiken; ihnen gehören auch die Chancen. Folgerichtig liegen die Entscheidungskompetenzen bei ihnen. Bei Rechtsformen, in denen die Trennung zwischen Eigentum und Management weit fortgeschritten bzw. vollzogen ist (z. B. große GmbHs, AGs), sind die Entscheidungskompetenzen der Eigentümer zugunsten jener des Managements stark ausgedünnt.

1.2.3 Außen- und Innenfinanzierung

Die Unterscheidung in Fremd- bzw. Eigenfinanzierung erschöpft die vielfältigen Finanzierungsmaßnahmen nicht. Diese Differenzierung untergliedert vielmehr nur den Bereich, der üblicherweise mit «**Außenfinanzierung**» bzw. «externer Finanzierung» bezeichnet wird und der die Zahlungsbeziehungen kennzeichnen soll, die zwischen dem Unternehmen und den außerhalb des Unternehmens liegenden **Finanzierungsmärkten** bestehen.

Abb. 6.1 zeigt, dass auch zwischen Unternehmen und Nichtfinanzierungsmärkten wichtige Zahlungsbeziehungen existieren. Es sind im Wesentlichen diese Zahlungsbeziehungen, die in Verbindung mit dem externen betrieblichen Rechnungswesen den Bereich von Finanzierungsmaßnahmen entstehen lassen, der mit «**Innenfinanzierung**» bzw. «interner Finanzierung» bezeichnet wird.

Um den ökonomischen Gehalt des Problembereichs «**Innenfinanzierung**» deutlich zu machen, sind erstens die Beziehungen zwischen **Ein-** und **Auszahlungen** einerseits und den relevanten Begriffen des externen Rechnungswesens **Ertrag** und **Aufwand** andererseits zu erläutern (vgl. Abschn. «Rechnungswesen» in Bd. 2). Zweitens ist die **ausschüttungssperrende Wirkung** handelsrechtlicher Rechnungslegungsvorschriften für bestimmte Rechtsformen zu skizzieren. Beides zusammen erklärt die finanziellen Konsequenzen von wichtigen, zur Innenfinanzierung gerechneten Maßnahmen.

Die Beziehungen zwischen Auszahlungen und der korrespondierenden Kategorie des externen Rechnungswesens «Aufwand» ergeben sich aus Abb. 6.2. Die Beziehungen zwischen Einzahlungen und Erträgen verdeutlicht Abb. 6.3.

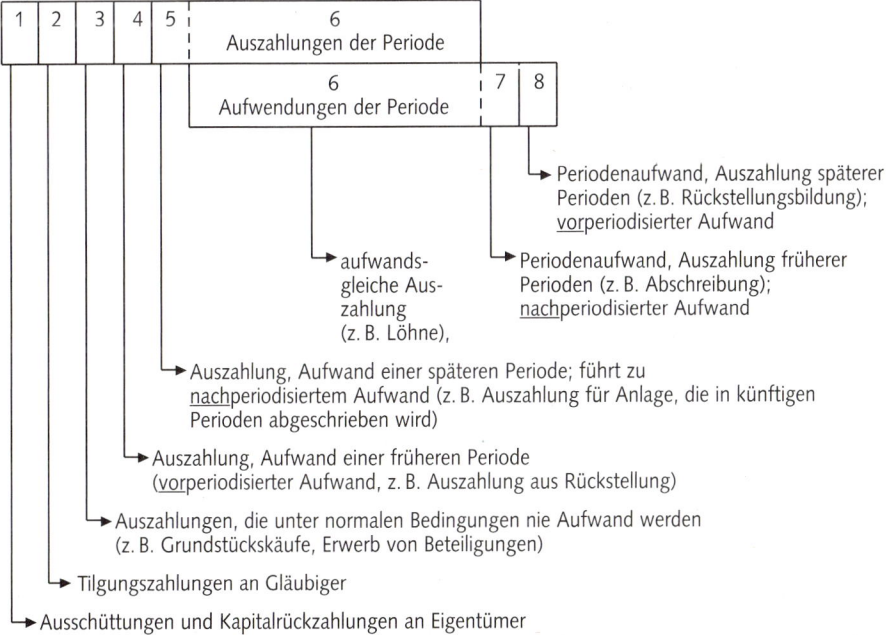

Abbildung 6.2: Beziehungen zwischen Auszahlungen und Aufwendungen

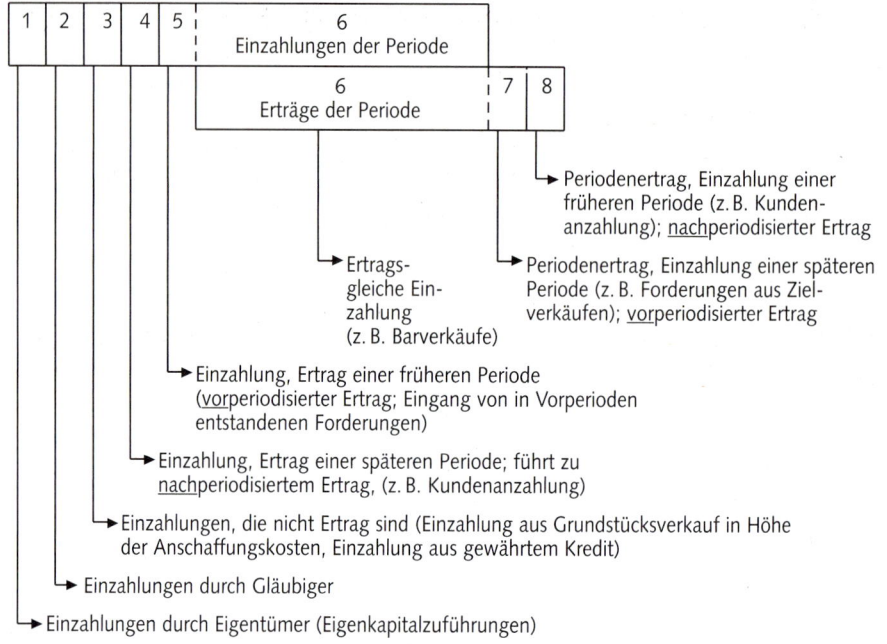

Abbildung 6.3: Beziehungen zwischen Einzahlungen und Erträgen

Für die Rechtsformen von Unternehmen, die für ihre Gesellschaftsschulden nur mit ihrem Vermögen haften, gelten besondere, vorrangig dem **Gläubigerschutz** dienende Rechnungslegungsvorschriften (vgl. etwa §§ 150–158 AktG und §§ 264–289 HGB; §§ 42–42a GmbHG und §§ 264–283 HGB). Deren Zwecke sind insbesondere die Realisierung einer **Ausschüttungssperre**, d.h. Blockierung eines Mindesthaftungsvermögens in der Gesellschaft, und die Abgabe von Mindestinformationen, deren Adressaten vor allem außenstehende Anteilseigner und Gläubiger sind (Moxter [Bilanzlehre] 51–57). Im Zusammenhang mit Maßnahmen der Innenfinanzierung ist hier die Konstruktion der Ausschüttungssperre von Bedeutung.

Sinn der bilanziell realisierten Ausschüttungssperre ist die Bindung einer Mindesthaftungsmasse im Unternehmen. Ausschüttungen (Entnahmen) sind zu begrenzen, damit eine Mindesthaftungsmasse im Unternehmen erhalten bleibt. Für Unternehmen, die für ihre Verbindlichkeiten nur mit ihrem Vermögen haften, sichert der Gesetzgeber die **Erhaltung der Mindesthaftungsmasse** auf einem einfallsreichen und zugleich einfachen Weg:

1. Er definiert über Rechnungslegungsnormen, was zu bilanzierende Vermögensgegenstände sind und wie diese zu bewerten sind. Damit ist die (bilanzielle) Vermögensmasse, die «Aktivseite», definiert (§§ 246–256, 264–283 HGB).

2. Er definiert, was zu passivierende Positionen sind und wie diese zu bewerten

sind. Damit sind die ausschüttungssperrenden Tatbestände, die «Passiven», fixiert (§ 150 AktG und §§ 246–256, 264–283 HGB).

3. Über Rechnungslegungsnormen und andere gesetzliche Vorschriften wird geklärt, welche Passiven geschaffen werden müssen und wer, wann und unter welchen Bedingungen Passiven – hier Gewinnrücklagen – erhöhen, d. h. ausschüttungssperrende Posten schaffen darf (§ 7, § 57, § 58, § 150 AktG).

4. Über Rechnungslegungsnormen und andere gesetzliche Vorschriften wird geregelt, unter welchen Bedingungen bestimmte Passiven «gesenkt» werden dürfen, d. h. wann das Grundkapital herabgesetzt werden darf, wann die **gesetzliche** und die **Kapitalrücklage** aufgelöst werden dürfen, wer wann welche Teile der **Gewinnrücklagen** auflösen, d. h. zur Ausschüttung freigeben darf etc. (§§ 222–240, § 150, § 58 AktG).

5. Ausgeschüttet (entnommen) werden darf der Überschuss der Aktiven über die Passiven, der **Bilanzgewinn** (§ 58 (4) AktG; § 268 Abs. 1 HGB). **Ausschüttungen** werden somit dann realisierbar, wenn es gelingt, die Aktiven ceteris paribus zu erhöhen, die Passiven ceteris paribus zu senken.

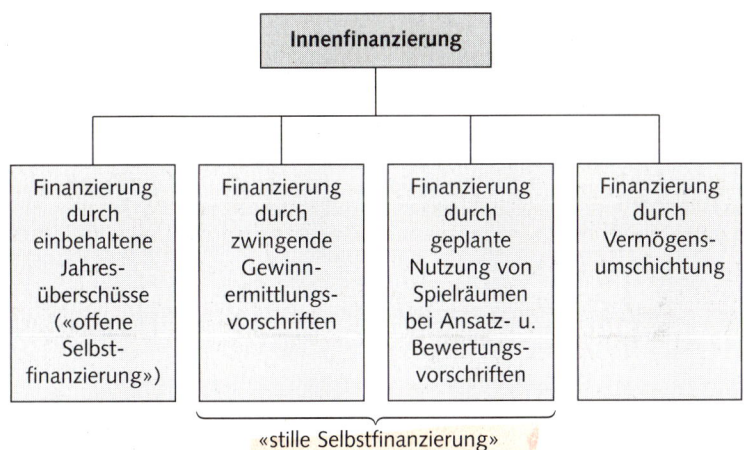

Abbildung 6.4: Innenfinanzierung

Mit Hilfe der dargestellten «Verwerfungen» zwischen Ein- bzw. Auszahlungen und Erträgen bzw. Aufwendungen in den Abb. 6.2 und 6.3 und des skizzierten Systems der **Ausschüttungssperre** lassen sich folgende zur **Innenfinanzierung** zählende Maßnahmen bzw. Finanzierungswirkungen unterscheiden:

- Finanzierung durch Einbehaltung von ausschüttungsfähigem, aber nicht ausgeschüttetem Überschuss der Aktiven über die Passiven;
- Finanzierung durch zwangsweise erfolgende Bindung von Mitteln im Unternehmen. Verrechnet ein Unternehmen, den Vorschriften des HGB folgend, **Abschreibungen** (Ab_t) auf in einer früheren Periode beschaffte Gegenstände des abnutzbaren Anlagevermögens, handelt es sich gemäß Abb. 6.2 um nachperiodisierten

Aufwand: Der Aufwand folgt einer früheren Auszahlung. Der Verrechnung des Aufwands steht in der Periode der Verrechnung keine entsprechende Auszahlung gegenüber. Da in der GuV der Periodenaufwand um Ab_t höher, in der Bilanz die Position abnutzbares Anlagevermögen um Ab_t niedriger ist, sind der Jahresüberschuss und damit ceteris paribus der Bilanzgewinn als maximale Ausschüttung um Ab_t geringer. Dieser Sachverhalt ist gemeint, wenn von der «**Finanzierung durch Abschreibungen**» gesprochen wird.

Ein in der Wirkung gleicher Effekt ist mit der Bildung von **Rückstellungen** verbunden. Gemäß Abb. 6.2 handelt es sich in der Periode der Rückstellungsbildung regelmäßig um vorperiodisierten Aufwand: Die Aufwandsverrechnung geht der Auszahlung voraus. Entspricht der Aufwandsverrechnung in der Periode keine Auszahlung, erfolgen eine Aufwandsbelastung der GuV und die Schaffung eines ausschüttungssperrenden Passivums «Rückstellung», der kein Mittelabfluss in der Periode entspricht. Da dieser (noch) nicht eingetretene Mittelabfluss ceteris paribus nicht durch eine höhere Ausschüttung (Entnahme) absorbiert werden darf (Ausschüttungssperre), liegt eine zwangsweise, durch Rechnungslegungsvorschriften erzwungene Bindung von Mitteln im Unternehmen vor. Dieser Sachverhalt ist gemeint, wenn von der «**Finanzierung durch Rückstellungen**» gesprochen wird.

- Das HGB lässt den Rechnungslegenden Spielraum bei Ansatz und Bewertung von Aktiven und Passiven. Das Innenfinanzierungsvolumen einer Periode kann über dessen Nutzung gesteuert werden.
- Finanzierung durch Vermögensumschichtung liegt gemäß der obigen Systematik vor, wenn z.B. Vermögensgegenstände des Anlagevermögens veräußert werden.

Fassen wir die Überlegungen zur «Innenfinanzierung» **zusammen**. Mittelbeschaffung durch Innenfinanzierung ist möglich durch:

- Erzielung und Einbehalt von Einzahlungen, die kraft Gesetzes ausschüttungsgesperrt sind (z.B. durch die Verrechnung von Abschreibungen). Dieser Weg des Mitteleinbehalts wird auch als **stille Selbstfinanzierung** bezeichnet, weil sie (im Gegensatz zur offenen Selbstfinanzierung) keinen ausdrücklichen Niederschlag auf der Passivseite der Bilanz findet;
- Erzielung und Einbehalt von Einzahlungen, die durch Ausschüttungssperrbeschlüsse a) des Managements und/oder b) der Eigentümer im Unternehmen zurückbehalten werden. Diese Form der Mittelbeschaffung wird wegen ihrer Dokumentation auf der Passivseite der Bilanz (Gewinnrücklagen) als **offene Selbstfinanzierung** bezeichnet;
- Einbehalt von Einzahlungen, indem ansonsten bestehende Residualansprüche von Eigentümern bzw. anderen Berechtigten (z.B. von Genussscheininhabern, Zeichnern von partiarischen Darlehen) geplant oder ungeplant in **Ansprüche Dritter** umgewandelt werden. Ungeplant entstehende Ansprüche Dritter liegen z.B. vor in Form von Garantieansprüchen von Käufern der Produkte bzw. Dienstleistungen der Gesellschaft, die auf Unternehmensebene zu Garantierück-

stellungen führen. Geplant entstehen Ansprüche Dritter, wenn die Eigentümer des Unternehmens Arbeitnehmern Leistungen im Rahmen der betrieblichen Altersversorgung zusagen. Auf Unternehmensebene werden Pensionsrückstellungen gebildet. Ein analoges Ergebnis folgt, wenn die Eigentümer des Unternehmens Arbeitnehmern eine Beteiligung am Jahresüberschuss anbieten unter der Bedingung, dass die Mittel für eine zu definierende Laufzeit im Unternehmen verbleiben und in die Form eines Mitarbeiter-Darlehens oder einer Mitarbeiter-Beteiligung gekleidet werden.

Fügen wir nun die Möglichkeiten hinzu, die Unternehmen im Wege der Außenfinanzierung haben, erhalten wir folgende Systematik der Finanzierungsformen:

Außenfinanzierung

Finanzielle Mittel oder geldwertäquivalente Vermögensgegenstände werden dem Unternehmen explizit von auf Finanzierungsmärkten (Kreditmärkte, Kapitalmärkte) operierenden Financiers zur Verfügung gestellt.

- Finanzierung durch bisherige Eigentümer in Form von
  a) Eigenkapital (Eigenfinanzierung)
  b) Fremdkapital (Gesellschafterdarlehen)
- Finanzierung durch neue Eigentümer (Beteiligungsfinanzierung)
- Finanzierung durch Gläubiger (Fremdfinanzierung)
- Finanzierung durch Financiers, die Verfügungsrechte von Eigentümern und Gläubigern kombinieren

Innenfinanzierung

Finanzielle Mittel, die dem Unternehmen in Form eines (positiven) Saldos zwischen Einzahlungen aus Nicht-Finanzierungsmärkten und Auszahlungen an diese Märkte in einer Periode zugeflossen sind, werden am Verlassen des Unternehmens gehindert durch:

- gesetzliche Ausschüttungssperrvorschriften
- explizite Ausschüttungssperrbeschlüsse des Managements bzw. der Eigentümer (offene Selbstfinanzierung)
- implizite (stille) Ausschüttungssperrbeschlüsse des Managements durch entsprechende Nutzung des Spielraums bei handelsrechtlichen Ansatz- und Bewertungsvorschriften (stille Selbstfinanzierung)
- geplante Umwandlung in künftige Ansprüche Dritter über
  a) Pensionsrückstellungen
  b) Mitarbeiter-Gewinnbeteiligung und Einkleidung der Ansprüche in eine Eigenkapitalbeteiligung
  c) Mitarbeiter-Gewinnbeteiligung und Einkleidung der Ansprüche in Mitarbeiterdarlehen
- ungeplantes Entstehen von Ansprüchen Dritter und daraus folgende bilanzielle Vorkehrungen (z. B. Garantierückstellungen)

1.3   Das Problem der optimalen Finanzierung

Idealtypisch kann man sich das **Finanzierungsproblem** eines Investors oder Unternehmens wie folgt vorstellen: Investoren bzw. Unternehmen planen Investitionsprogramme und treten an den Finanzierungsmarkt heran, um Financiers zu finden, die die geplanten Investitionsprogramme ganz oder teilweise finanzieren. Investoren bzw. Unternehmen suchen Kapitalgeber (Financiers), weil sie entweder zu geringe Eigenmittel besitzen oder das, was sie besitzen, aus Gründen der Risikostreuung nicht vollständig in einem Objekt binden wollen. Die Kapital nachfragenden Investoren bzw. Unternehmen informieren die Kapital anbietenden Investoren über die künftigen Einzahlungen aus den geplanten Investitionsobjekten. Die Kapitalanbieter stellen ihren Finanzierungsanteil unter Beachtung der am Finanzierungsmarkt herrschenden Zinssätze (Renditen) bereit. Ein Finanzierungsvertrag legt den Finanzierungsanteil des Mittelgebers am Gesamtobjekt und seine Ansprüche bezüglich der künftigen Einzahlungen, die aus dem Investitionsobjekt erwartet werden, fest.

Zur Verdeutlichung sei im Folgenden zunächst eine sehr einfache Welt angenommen: Es bestehe Sicherheit. Dies bedeutet, dass die finanziellen Konsequenzen (Einzahlungen) von geplanten Investitionsobjekten zu jedem Zeitpunkt bekannt sind. Investoren (Unternehmen) und Gläubiger haben somit gleiche Kenntnisse über alle für sie relevanten Tatbestände. Die Rendite, die am Finanzierungsmarkt für Darlehen erzielt werden kann, wird mit dem Zinssatz i bezeichnet. Auf dem hier unterstellten, umfangreichen Finanzierungsmarkt ist der Zinssatz i unabhängig von den Angebots- bzw. Aufnahmeentscheidungen einzelner: i wird somit als konstant angesehen. Der Finanzierungsmarkt ist vollkommen.

Ein Unternehmen, das die Durchführung eines Investitionsprogramms plant, erwartet aus diesem Vorhaben bestimmte finanzielle Erfolge, die mit d_t bezeichnet werden. Diese d_t sind annahmegemäß sicher. Der Wert der während der Lebensdauer des Investitionsobjektes (-programms) an das Unternehmen fließenden Erfolge d_t ergibt sich unter den gesetzten Annahmen aus:

$$(1) \qquad b_0 = \sum_{t=1}^{T} d_t \, (1 + i)^{-t}.$$

T kennzeichnet den Zeitpunkt, zu dem die letzte Einzahlung d_T anfällt. d_T schließt mögliche Liquidationserlöse ein. b_0 ist somit der Wert des Investitionsvorhabens, wenn das Unternehmen bzw. die hinter diesem stehenden Eigentümer die Anschaffungsauszahlungen für das Investitionsobjekt mit eigenen Mitteln finanzieren. Der Wert b_0 wird auch als **Bruttokapitalwert** bezeichnet.

Wie wirkt sich die Beteiligung von Fremdmitteln an der Finanzierung des geplanten Investitionsprogramms auf den Wert b_0 aus? a_0 bezeichne die Anschaffungsauszahlung für das Investitionsobjekt. F_0 sei der Betrag, den Gläubiger gemäß einer Vereinbarung mit den Eigentümern zur Finanzierung von a_0 bereitzustellen gewillt sind. Finanzieren die Eigentümer das Objekt allein, haben sie die Anschaffungsauszahlung a_0 aufzubringen. Sie erhalten dafür die Erfolge d_t, $t = 1, 2, ..., T$. Die Durchführung des Investitionsprogramms lohnt sich für sie, wenn der Wert b_0 (der **Bruttokapitalwert**) größer ist als der Anschaffungspreis a_0. Die Differenz $b_0 - a_0$ bezeichnet den **Reichtumszuwachs**, den die Eigentümer durch die Realisierung des Investitionsprogramms erzielen können. Gelingt es ihnen, Gläubiger an der Finanzierung des Objektes zu beteiligen, brauchen sie lediglich Mittel in Höhe von $a_0 - F_0$ bereitzustellen. Der Preis der Beteiligung der Gläubiger an der Finanzierung des Objektes besteht in den Zahlungen, die die Eigentümer an die Gläubiger für deren Finanzierungsbeteiligung F_0 leisten müssen. Letztere fordern Zahlungen f_t während des Vertragszeitraums, der hier zur Vereinfachung als mit dem Zeitraum t_0 bis T identisch angenommen wird. Für diese Zahlungen muss unter den oben gemachten Annahmen gelten:

$$(2) \qquad F_0 = \sum_{t=1}^{T} f_t (1 + i)^{-t}.$$

Die Gläubiger verdienen somit an ihrer Finanzierungsbeteiligung genau den Zinssatz i, die Marktrendite für Darlehensverträge. Die Eigentümer erhalten anstelle der Einzahlungen d_t, die sie bei alleiniger Eigenfinanzierung hätten, $d_t - f_t$. Die Periodeneinzahlung aus dem Investitionsprogramm ist jetzt aufgespalten: f_t fließt an die Gläubiger; der Rest, $d_t - f_t$, geht an die Eigentümer. Der mit den Gläubigern abgeschlossene Finanzierungsvertrag teilt unter Eigentümern und Gläubigern

- den Gesamtfinanzierungsbetrag a_0 und
- die finanziellen Erfolge des Investitionsprogramms d_t

auf. Finanzierungsverträge teilen Gesamtpositionen in Teilpositionen.

Welche Auswirkungen hat die Finanzierungsbeteiligung der Gläubiger auf den Reichtumszuwachs der Eigentümer? Unter den gesetzten Annahmen (Sicherheit, vollkommener Finanzierungsmarkt) hat die Finanzierungsbeteiligung der Gläubiger keinen Einfluss auf die Erfolge des Investitionsprogramms vor Zinsen und Tilgungen, wenn von Steuern abgesehen wird. Bleiben die d_t unverändert, folgt ein unveränderter Wert b_0. Vom Wert b_0 gehört den Eigentümern indessen nur noch $b_0 - F_0$; denn Zahlungen f_t, $t = 1, 2, ..., T$, im Wert von F_0 wurden an die Gläubiger abgetreten. Der Reichtumszuwachs der Eigentümer beträgt somit

$$(3) \qquad b_0 - F_0 - (a_0 - F_0) = b_0 - a_0$$

und ist so groß wie bei alleiniger Eigenfinanzierung durch die Eigentümer. Der Übergang von einer reinen Eigenfinanzierung zu einer Mischfinanzierung unter Beteiligung von Gläubigern hat somit weder den Wert des Investitionsobjektes (-programms) b_0 noch den Reichtumszuwachs der Eigentümer, $b_0 - a_0$, berührt. Die beiden hier unterschiedenen Finanzierungsformen haben unter diesen Bedingungen offenbar keine erkennbare Bedeutung auf die Höhe des Reichtums(Vermögens) Zuwachses für Eigentümer.

Das gleiche Ergebnis lässt sich ableiten, wenn die bisherigen Eigentümer anstelle von Gläubigern neue Eigentümer für die Finanzierung des Investitionsprogramms zu gewinnen suchen. Gelingt es, diese mit der Rendite i «abzuspeisen» – und bei Sicherheit und vollkommenem Finanzierungsmarkt muss dies gelingen –, beeinflusst die veränderte Finanzierungsform (Beteiligungs- anstelle von Fremdfinanzierung) weder b_0 noch den Reichtumszuwachs der Eigentümer.

Werden die Annahme der Sicherheit, d. h. der Bekanntheit aller finanziellen Konsequenzen von Investitionsprogrammen und Finanzierungsverträgen für Eigentümer und Gläubiger, aufgehoben und die Unsicherheit der Erwartungen explizit eingeführt, ändert sich dann so gut wie nichts an den abgeleiteten Ergebnissen, wenn angenommen wird, dass zwar unsichere Erwartungen bestehen, Gläubiger und Eigentümer aber gleiche (unsichere) Erwartungen haben (Haley/Schall [Theory] 215–238; Drukarczyk [Theorie und Politik] Kapitel 5 und 8). Das kann hier nur angedeutet, nicht erklärt werden.

Überblickt man diesen Stand der Dinge, muss man sich fragen, was unter diesen Bedingungen «**optimale Finanzierung**» heißen kann und wie ein Optimum an Finanzierung denn eigentlich beschaffen sein könnte. Das Problem ist, dass Finanzierung mehr ist und mehr sein muss als die zahlenmäßige Aufteilung von Gesamt- in Teilpositionen. Im Folgenden werden einige Argumente aufgeführt, die **begründen** sollen, warum dies so ist:

1. Kapitalnehmer (Geschäftsführung, bisherige Eigentümer) sind regelmäßig weit besser über die wirtschaftliche Lage ihres Unternehmens **informiert** als Kapitalgeber (Gläubiger, neue Eigentümer). Das Wissensdefizit derjenigen, die finanzielle Mittel bereitstellen, kann zwar gemindert, aber nicht vollständig abgebaut werden. Kapitalgeber werden deshalb zu Recht misstrauisch sein, d. h. die von Unternehmen (Eigentümern) gelieferten Informationen nicht für bare Münze nehmen.

2. Wenn Kapitalgeber keine (oder nur geringe) Mitwirkungsrechte bei allen belangvollen Investitions- und Finanzierungsentscheidungen des Unternehmens haben, beschränkt sich ihr **Misstrauen** nicht auf den Zeitpunkt des Vertragsabschlusses. Bei fehlenden Mitwirkungsrechten wissen z. B. Gläubiger, dass die Position, zu deren Finanzierung sie beizutragen aufgefordert sind, nicht identisch mit der sein muss, die die Eigentümer oder die beauftragten Geschäftsführer nach der Kreditgewährung letztlich realisieren. Es kann sich für diese nämlich lohnen, ganz andere Investitionsprogramme zu verwirklichen, als sie ursprünglich zu planen vorgegeben haben, weil sie damit Risiko- bzw. Vermögensverschiebungen zu Lasten der Gläubiger vornehmen können (Drukarczyk [Theorie und Politik] Kapitel 10; Brealey/Myers [Principles] Kapitel 18).

Gläubiger werden deshalb versuchen, Mittel und Wege zu finden, die solche Vermögensverschiebungen während der Vertragslaufzeit wenn nicht unterbinden so doch hemmen: Hierher gehören die Vereinbarung von **Negativklauseln**, die Bestellung von **Kreditsicherheiten**, die Verpflichtung für Schuldner, in regelmäßigen

Abständen über die wirtschaftliche Lage zu berichten, Kündigungsrechte etc. Auch solche Maßnahmen sind Bestandteil von Finanzierungsentscheidungen. Es könnte sogar im Interesse der Eigentümer sein, das Sicherungsbedürfnis der Gläubiger zu unterstützen, weil sie Fremdmittel dann möglicherweise «billiger» bekommen.

3. Auch am Ende eines Finanzierungsvertrages stellen sich Probleme. Wie ist ein **Gesellschafter abzufinden**, wenn er am Ende der vertraglichen Beteiligungszeitspanne aus der Gesellschaft ausscheidet? Erhält er sein eingezahltes Kapital zurück oder erhält er auch einen Anteil am inzwischen eingetretenen Zuwachs des Wertes des Unternehmens? Zu welchen Konditionen kann ein Gesellschafter ausscheiden, wenn er die Ziele, die er mit seiner Einlage verfolgt, als nicht mehr erreichbar ansieht? Sind Gesellschaftsanteile an (Sekundär-) Märkten frei handelbar wie etwa Aktien, ist es einfach auszusteigen. Besteht kein Sekundärmarkt, entstehen die Probleme der Käufersuche, der Bestimmung des Preises des Anteils, der Gewinnung der Zustimmung der Mitgesellschafter, des Übergangs der Haftung usw.

4. In der Realität müssen Unternehmen Steuern entrichten, wenn bestimmte steuerbare Sachverhalte vorliegen. Gälten im obigen Beispiel steuerliche Regelungen, wie dies etwa in Deutschland der Fall ist, hätte das Ergebnis anders ausgesehen. In fast allen westlichen Steuersystemen wirken steuerliche Regelungen nicht **finanzierungsneutral**, sondern begünstigen bestimmte Finanzierungsformen.

5. Besondere Probleme bestehen, wenn viele Eigentümer – im Extremfall alle Eigentümer – Außenstehende sind und alle Managementfunktionen angestellten Geschäftsführern bzw. Vorständen übertragen haben. Diese Konstellation ist typisch für die große **Publikumsaktiengesellschaft**, die keinen oder einen Großaktionär und daneben Tausende von Kleinaktionären hat. Wie verteidigen diese ihre Interessen gegen einen Großaktionär oder wenn ein solcher nicht existiert – gegen das prinzipiell von den Eigentümern beauftragte Management? Wie kann man die Verselbständigung eines Managements, das die Interessen vieler verstreuter, zur Koalitionsbildung nahezu unfähiger Aktionäre, die jeweils nur Kleinstquoten am Kapital der Gesellschaft halten, lediglich marginal zur Kenntnis nimmt, verhindern?

Die genannten Punkte legen die **vorläufigen Folgerungen** nahe:

(1) Finanzierungsprobleme bestehen nur z. T. aus Problemen der Beschaffung von finanziellen Mitteln (oder geldwerten Äquivalenten). Ein- und Auszahlungen und deren Unsicherheit bilden nicht die einzige Bewertungsbasis für Finanzierungsbeziehungen.

(2) Neben den reinen Zahlungsbeziehungen sind Informations-, Mitentscheidungs-, Kontroll- und Sicherungsrechte bzw. -beziehungen von Bedeutung.

(3) Welche Beziehungen im Vordergrund stehen und wie diese zu gestalten sind, hängt u. a. von den bestehenden gesetzlichen Normen ab, z. B. davon, wie weitgehend der Schutz von Gläubigerpositionen ausgebaut ist, welche Sicherungs-

rechte die Rechtsordnung zur Verfügung stellt und wie das Insolvenzrecht konzipiert ist.

(4) In Ergänzung zu (1) lautet das Grundproblem der Finanzierung jetzt, wie Unternehmen Kapitalgeber überzeugen können, ihnen finanzielle Mittel zur Verfügung zu stellen, und wie Vereinbarungen getroffen werden können, die Nachteile der Kapitalgeber und die der Kapitalnehmer möglichst gering halten.

(5) Allgemeine, also generell gültige, eine «optimale» Finanzierung verheißende Grundsätze und Daumenregeln können daher vernünftigerweise nicht erwartet werden.

2   Liquidität und Liquiditätsmessung

2.1   Begriff und Arten der Liquidität von Unternehmen

In Ausführungen zum Zielsystem von Unternehmen taucht die Forderung nach Erhaltung der **Liquidität** regelmäßig auf. Warum? Werden Unternehmen illiquide, d. h. auf längere Dauer zahlungsunfähig, so wird entweder auf Antrag der Organe des Unternehmens (§ 92(2) AktG, § 64(1) GmbHG) bzw. des Schuldners (§§ 13, 16, 17, 18, 19 InsO) oder auf Antrag von Gläubigern (§§ 13, 14 InsO) ein **Insolvenzverfahren** eröffnet. Ein Insolvenzverfahren bedeutet für Eigentümer, Management und Arbeitnehmer i. d. R. das Versiegen der Einkommensquelle «Unternehmen», weil Insolvenzverfahren in der Realität fast regelmäßig zur Unternehmenszerschlagung führen. Für Gläubiger bringt dies regelmäßig hohe Ausfälle an bestehenden Forderungen mit sich; für Eigentümer ist im Liquidationsfall alles verloren. Illiquidität und das sich anschließende insolvenzrechtliche Verfahren gilt es folglich zu vermeiden. Das Streben nach Liquidität nimmt dabei nicht Zielcharakter an. **Erhaltung** der **Liquidität** ist eine, allerdings wichtige **Nebenbedingung.**

Wann ist ein Unternehmen liquide? Können nur Personen oder Unternehmen liquide sein? Oder haben auch Sachen, Grundstücke, Wertpapiere die Eigenschaft der Liquidität? Setzt man an dem Begriff **Zahlungsunfähigkeit** an, wird klar, dass die Liquidität (Illiquidität) eines Unternehmens von den an das Unternehmen gerichteten Zahlungsansprüchen einerseits und dem Zahlungsvermögen des Unternehmens andererseits abhängt. Es ist daher üblich, ein Unternehmen dann als liquide zu bezeichnen, wenn es seinen bestehenden Zahlungsverpflichtungen gegenüber Gläubigern, Vermietern, Arbeitnehmern, Lieferanten, Versicherern usw. termingerecht und betragsgenau mittels finanzieller Transfers nachkommen kann. Die Eigenschaft, liquide zu sein, kann an dem Verhältnis des Zahlungsvermögens zu den bereits bestehenden Zahlungsverpflichtungen gemessen werden. Unter **Zahlungsvermögen** wird die Fähigkeit des Unternehmens verstanden, Zahlungsmittel

(z. B. Geld) bereitzustellen. Ist das Zahlungsvermögen zu jedem Zeitpunkt größer als die Zahlungsverpflichtung, bezeichnet man das Unternehmen als liquide.

Diese (übliche) Definition, die die Eigenschaft «Liquidität» an gegebenem Zahlungsvermögen und den zu einem Zeitpunkt bestehenden Zahlungsverpflichtungen mißt, berücksichtigt den zukünftigen Aspekt nur unvollkommen. Sie erfasst allein die finanziellen Aspekte, die zum gegenwärtigen Zeitpunkt bekannt sind. Zukünftige Zahlungsanforderungen hängen aber auch von Entscheidungen ab, die erst in zukünftigen Zeitpunkten gefällt werden. Will man liquiditätsmäßige Aussagen über zukünftige Zeitpunkte machen, dürfen nicht nur die Auswirkungen bereits getroffener Entscheidungen betrachtet werden, sondern es müssen auch solche zukünftiger Entscheidungen in den Planungskalkül integriert werden.

Ein Unternehmen ist **liquide** (zahlungsfähig), wenn es in der Lage ist, seinen Zahlungsverpflichtungen innerhalb eines gegebenen Planungszeitraums jederzeit vertragskonform nachzukommen.

In diesen Überlegungen hat Liquidität einen evidenten Bezug zu Zahlungsmitteln. Verkürzt könnte man sagen: Liquide ist, wer über hinreichende Zahlungsmittel (Geld) verfügt. Diese Verkürzung ist nicht ohne Nachteile. Um dies aufzuzeigen, ist es nützlich, sich eine Wirtschaft ohne geordneten Geldverkehr vorzustellen, eine Naturalwirtschaft. Gibt es hier Liquidität, mehr oder weniger liquide Personen bzw. Unternehmen?

In einer Naturalwirtschaft ist Liquidität an den Besitz von Güterbeständen gebunden, die tauschgeeignet sind. Liquide ist, wer hinreichend viele zum Tausch geeignete Güter besitzt, wer tauschbereit oder tauschfähig ist (Veit [Theorie] 3–48). Wenn Liquidität mit **Tauschbereitschaft** oder Tauschfähigkeit gleichgesetzt wird, wird ersichtlich, dass die Beschränkung der Eigenschaft, liquide zu sein, auf Geldbesitz zu eng ist. Obwohl Geld – von Ausnahmezeiten abgesehen – ein hochliquides Mittel darstellt, ist es nicht der einzige **Träger von Liquidität**. Andere Güter können einer Person oder einem Unternehmen in dem Ausmaß Liquidität verleihen, in dem diese Güter tauschfähig sind: Sie vergrößern das Zahlungsvermögen von Unternehmen.

Im Folgenden werden vier **Arten** der **Liquidität** von Unternehmen unterschieden:

- güterwirtschaftliche Liquidität,
- Liquidität durch Beleihbarkeit vorhandener Güterbestände – «verliehene Liquidität» (Stützel [Liquidität] 2515–2523),
- Liquidität durch Gewinnung von Nettoeinzahlungen im Zeitablauf – zukünftige Liquidität,
- Liquidität durch Beleihbarkeit künftiger Nettoeinzahlungen – antizipierte Liquidität.

2.1.1   Güterwirtschaftliche Liquidität

Das Zahlungsvermögen von Unternehmen hängt nicht ausschließlich von dem Bestand an Zahlungsmitteln (Geld) ab. Neben Geld verfügen Unternehmen i. d. R. auch über Wirtschaftsgüter, die mit unterschiedlicher Intensität dem Geschäftsbetrieb dienen. Diese Güter sind neben Geld ebenfalls Träger von Liquidität, d. h., sie verleihen Tauschfähigkeit. Diese Tauschfähigkeit leitet sich ab aus der Veräußerungsfähigkeit dieser Güter am Markt.

Diese in der Veräußerungsfähigkeit begründete Liquidität besteht in vielfach abgestufter Form: Güter haben einen unterschiedlichen Liquiditätsgrad. Der **Liquiditätsgrad** einer Sache hängt insbesondere ab von:

- den technischen oder institutionellen Eigenschaften des Gutes,
- den Kosten der Käufersuche am Markt und von sonstigen Transaktionskosten,
- der Zeitspanne vom Beginn der Käufersuche bis zur Verwertung am Markt und
- der Marktkonstellation, insbes. von den Überlegungen, die Käufer dazu bewegen, die Sache zu kaufen. Diese Faktoren bestimmen das Entscheidungsfeld des Käufers und damit den Angebotspreis.

Wenn wir die eben genannten Faktoren für die Beurteilung des Liquiditätsgrades von Gütern beachten, lässt sich die Eigenschaft von Unternehmen, liquide zu sein, präzisieren. Unternehmen verfügen über ein umso höheres **Zahlungsvermögen,**

- je größer die ihnen gehörende Menge an veräußerungsfähigen Gütern ist,
- je schneller diese Veräußerungsfähigkeit der Güter genutzt werden kann,
- je kleiner die Werteinbußen (Disagios) sind, die der Veräußerer bei der Liquidisierung dieser Güter hinnehmen muss.

In diesem Sinn haben folgende Vermögensgegenstände einen abnehmenden Liquiditätsgrad:

- Bargeld,
- zentralbankfähige Wechsel,
- Autoreifen der Marke *Michelin*, *Pirelli* oder *Continental*,
- Autoreifen unbekannter Hersteller,
- Halbfabrikate.

Wenn wir die Veräußerungsfähigkeit von Güterbeständen unter Berücksichtigung der notwendigen Zeitspanne, der Werteinbußen und schließlich der Transaktionskosten als güterwirtschaftliche Liquidität bezeichnen, ist das Zahlungsvermögen eines Unternehmens umso größer, je höher die güterwirtschaftliche Liquidität seiner Güterbestände ist.

2.1.2   Verliehene Liquidität

Die Liquidität eines Unternehmens kann neben der Liquidität, die in der **Veräußerungsfähigkeit** vorhandener Güterbestände begründet ist, durch einen weiteren

Weg der Liquiditätsgewinnung beeinflusst werden: Vorhandene Güterbestände können bei Kreditinstituten beliehen werden. Stützel [Liquidität] bezeichnet dies als «verliehene Liquidität». Das Zahlungsvermögen eines Unternehmens hängt insoweit auch von der **Beleihbarkeit** der Vermögensteile und der Beleihungsbereitschaft der Kreditinstitute ab.

Die Liquiditätsgewinnung durch Beleihung hat prinzipielle Vorteile. Zunächst muss der beliehene Vermögensgegenstand nicht veräußert werden. Je nach Art der vereinbarten Besicherungsform (Sicherungsübereignung, Forderungsabtretung) kann der Eigentümer den Vermögensgegenstand weiterhin nutzen. Für Güter relativ niedrigen Liquiditätsgrades muss vermutet werden, dass sie nicht schnell veräußerbar und dass bei Veräußerung hohe Werteinbußen die Folge sind. Ist Beleihungsfähigkeit gegeben, können liquide Mittel schnell und ohne Werteinbuße, aber unter Inkaufnahme von Zinsen beschafft werden. Allerdings wenden Kreditinstitute **Beleihungsgrenzen** (Beleihungsquoten) an: Diese werden sich i. d. R. am möglichen Veräußerungserlös des Gegenstandes ausrichten. Weil Banken die relevanten Absatzmärkte häufig nicht intensiv kennen und Schwankungen der Veräußerungserlöse die Regel sind, setzen sie die Beleihungsgrenzen vorsichtig an.

Der durch Beleihung beschaffbare Geldbetrag ist deshalb vermutlich eher niedriger als der bei Verkauf erzielbare. Allerdings bleibt das Vermögensgut je nach rechtlichem Rahmen häufig im Besitz des Schuldners und, wie schon gesagt, die Werteinbuße wird vermieden.

2.1.3   Zukünftige Liquidität

Die Beurteilung der Liquidität eines Unternehmens anhand seiner Güterbestände und deren güterwirtschaftlicher Liquidität zum Beurteilungszeitpunkt ist einseitig. Wenn man das Zahlungsvermögen ausschließlich über die Abschätzung der Veräußerungserlöse der vorhandenen Güterbestände oder über deren Beleihbarkeit messen wollte, rechnete man, als ob das Unternehmen in Zukunft keine weiteren Einzahlungen erzielte. Zukünftige (Netto-)Einzahlungen werden aus der Betrachtung ausgeschlossen. Diese Annahme ist nur dann zutreffend, wenn das Unternehmen liquidiert wird.

Im Regelfall des fortzuführenden Unternehmens sind die dem Unternehmen zufließenden Ein- und Auszahlungen einander gegenüberzustellen, um die zukünftige Liquidität zu messen (**Finanzplan**). Hierbei sind zu berücksichtigen die im Planungszeitpunkt bekannten, bereits vertraglich fixierten Zahlungen sowie die erwarteten Zahlungen, die aus Entscheidungen von heute und zukünftigen Perioden resultieren (Umsatzeinzahlungen, Mieteinzahlungen, erhaltene Ausschüttungen, Zinsen, Auszahlungen für Gehälter, Rohstoffe, Zinsen, Anlagen etc.).

2.1.4   Antizipierte Liquidität

Analog der Kreditgewährung durch Beleihung vorhandener Güterbestände ist die Beleihung künftiger Überschüsse (Gewinne, Nettoeinzahlungen) durch Kreditinstitute häufig: Eine Bank stellt einen Kredit ohne Besicherung durch vorhandene Güterbestände zur Verfügung im Vertrauen auf die künftigen Nettoeinzahlungen des Unternehmens.

Beleihungen künftiger Nettoeinzahlungen bedeuten die Bereitstellung von finanziellen Mitteln jetzt gegen das (unbesicherte) Versprechen des Schuldners, Zins- und Tilgungsraten in Zukunft pünktlich und betragsgenau zu leisten. Für die beleihenden Institute (Banken) stellt sich damit das Problem der Prüfung der künftigen Zahlungsfähigkeit von Kreditnehmern (**Kreditwürdigkeitsprüfung**). Wegen der besonderen Probleme der Prognose von künftigen Nettoeinzahlungen ist zu vermuten, dass Banken die Beleihungsgrenzen auch hier eher «vorsichtig» ansetzen.

2.2   Messung von Liquidität

2.2.1   Vorbemerkung

Darstellung und Kontrolle der Liquidität eines Unternehmens sind wichtig. In Abschn. 2.1 wurden die Bestimmungsgrößen, die für die Liquidität eines Unternehmens von Bedeutung sind, erörtert. Jetzt ist zu untersuchen, mit welchen **Instrumenten** die Liquidität von Unternehmen gemessen werden kann. Zwei Instrumente werden präsentiert, die zur Messung von Liquidität geeignet sein könnten: Bilanzen bzw. Jahresabschlüsse und Finanzpläne. Abschnitt 2.2 ist wie folgt aufgebaut: Wir betrachten zunächst die Eignung von Bilanzen bzw. Jahresabschlüssen zur Darstellung der Liquidität eines Unternehmens. Weil es ganz unterschiedliche Bilanzkonzeptionen gibt und diese auch verschieden gut zur Liquiditätsdarstellung geeignet sind, unterscheiden wir drei Konzeptionen. Dann betrachten wir Finanzpläne und deren Eignung, Liquidität darzustellen. Der Unterabschnitt 2.2.4 fasst alle Überlegungen zusammen: Er zeigt, dass man in der Realität Bilanzen, Gewinn- und Verlustrechnungen *und* Finanzpläne braucht, um Aussagen über die Liquidität von Unternehmen machen zu können.

2.2.2   Messung durch Bilanzen

Die Konzeption einer Bilanz wird durch folgende Vorentscheidungen festgelegt:

- Grundsatzentscheidung, ob Vermögensgegenstände des Unternehmens einzeln anzusetzen und zu bewerten sind (**Prinzip der Einzelbewertung**) oder ob das Vermögen im Rahmen einer Gesamtbewertung (Unternehmensbewertung) zu ermitteln ist;
- Regelung dessen, was auf der Aktiv- bzw. Passivseite einzeln ausgewiesen werden muss (**Ansatzvorschriften**);
- Vorschriften, wie man das, was Aktivum bzw. Passivum ist, zu bewerten hat (**Bewertungsvorschriften**);
- Regelungen zur Gliederung von Aktiv- und Passivseite (**Gliederungsvorschriften**).

Im Folgenden wird über eine Bilanz gesprochen, die auf dem Gesamtbewertungsprinzip fußt, und zwei Konzeptionen, die auf dem Prinzip der Einzelbewertung aufbauen.

2.2.2.1 Die theoretische Bilanz

Wir bezeichnen diese Bilanz als theoretisch, weil sie auf dem Gesamtbewertungsprinzip aufbaut und mit Ausnahme der Bilanzierung bei offenen Immobilienfonds praktisch nicht eingesetzt wird. Dennoch ist die theoretische Bilanz ein didaktisch sehr nützliches Konzept. Deshalb wird es hier vorgestellt.

Angenommen, es sind Sicherheit und ein vollkommener Kapitalmarkt gegeben. Ein Unternehmen hat soeben drei Investitionsobjekte realisiert: zwei maschinelle Anlagen und eine Forschungsaktivität. Die Bruttokapitalwerte (BKW) und Anschaffungsauszahlungen (A_0) seien:

	BKW	A_0
Objekt A	500	300
Objekt B	200	150
Objekt C	100	80

Alle Objekte sind vorteilhaft. Die Anschaffungsauszahlungen wurden in Höhe von 500 durch Gläubiger finanziert. Zieht das Unternehmen Bilanz und bewertet es die Vermögensgegenstände mit dem Bruttokapitalwert, ist die Bilanzsumme 800. Die «Schulden» sind 500 (F_0); das Eigenkapital (= der Wert des Eigenkapitals) ist 300 (E_0), obwohl die Eigentümer an den gesamten Anschaffungsauszahlungen nur 30 finanziert haben.

Die zugehörige Bilanz sieht somit so aus:

Aktiva		Passiva	
Objekt A	500	Eigenkapital	300
Objekt B	200	Fremdkapital	500
Objekt C	100		
	800		800

Was zeigt diese Bilanz?

- Weil das Unternehmen nur diese drei Objekte besitzt und weil die Bruttokapitalwerte *alle* künftigen den Objekten zurechenbaren Nettoeinzahlungen abbilden bzw. enthalten, entspricht die Bilanzsumme von 800 der Summe der Bruttokapitalwerte und damit dem Unternehmensgesamtwert.
- Der Unternehmensgesamtwert ist gleich dem Marktwert des Unternehmens, ebenso wie die Bruttokapitalwerte gleich den Marktwerten der Objekte sind. Das heißt, man könnte das Unternehmen zu diesem Preis verkaufen.

- Die Bilanz zeigt auch, dass das Unternehmen liquide ist: Schulden in Höhe von 500 steht ein künftiges Einkommen (künftige Nettoeinzahlungen) gegenüber, das heute 800 wert ist. Das Unternehmen kann nicht illiquide werden. Selbst wenn eine Zahlungsstockung eintreten sollte, findet das Unternehmen immer Kapitalgeber, solange der Gesamtwert größer ist als die Schulden.

Wir haben somit eine Bilanz, die den Gesamtwert des Unternehmens **und** dessen künftige Liquidität fehlerfrei misst. Liquiditätsmessung per Bilanz ist also im Prinzip möglich.

Wie sehen nun Bilanzen in der Realität aus? Wie gut messen sie die Liquidität von Unternehmen?

Wir betrachten zunächst die Liquidationsbilanz und anschließend die heutige Bilanz i. S. d. HGB.

2.2.2.2   Die Liquidationsbilanz

In Art. 31 des AHGB von 1861 war die wichtige Bewertungsvorschrift formuliert, nach der bei der Aufstellung der Bilanz «Vermögensstücke und Forderungen nach dem Werte einzusetzen (sind), welcher ihnen zur Zeit der Aufnahme beizulegen ist». Diese Formulierung war Gegenstand richterlicher Auslegung. Das *Reichsoberhandelsgericht* (ROHG) interpretierte die Vorschrift 1873 mit folgendem Ergebnis (Barth [Entwicklung] 139/140):

- Bewertung heißt Zuordnung eines Geldbetrages zu einem Vermögensgegenstand bzw. einer Schuld;
- es sei zu bewerten, als ob alle Aktiven am Bilanzstichtag einzeln veräußert, alle Passiven einzeln beglichen würden. Die Zuordnung von Geld zu einem Vermögensgegenstand erfolgt in der Höhe des Betrages, den der Markt bei Einzelveräußerung am Bilanzstichtag zubilligen würde;
- der Fiktioncharakter der «als-ob-Annahme» wird deutlich herausgestellt. Der Einfluss, den eine tatsächliche Liquidation auf die Wertansätze hätte, soll unberücksichtigt bleiben.

Die Bewertungsregel ist somit bemerkenswert einfach. Es gelten das Prinzip der **Einzelbewertung** und das Prinzip der Bewertung zum Einzelveräußerungspreis am Bilanzstichtag.

Welche Informationen liefert eine solche Bilanz, die man als **Liquidationsbilanz** bezeichnen könnte? Die Information besteht in der Antwort auf die Frage, ob das so definierte «Vermögen» die Schulden deckt. Die Information kann für die Eigentümer von Belang sein: Sie lautet, dass die güterwirtschaftliche Liquidität der vorhandenen Vermögensgegenstände ausreicht, die Schulden unter der Annahme der Soforttilgung zu decken. Die Information ist nur von zweitrangiger Bedeutung, wenn die Eigentümer die Fortführung des Unternehmens planen und Gläubiger den Anspruch auf Soforttilgung nicht erheben.

Für die Gläubiger ist die durch die Liquidationsbilanz gegebene Information von vermutlich größerer Bedeutung: Sie erhalten eine Aussage über die **Schulden-deckungsfähigkeit** des Unternehmens bei fiktiver Soforttilgung am Bilanzstichtag. Auch hier trifft zu, dass Gläubigern allein an Informationen über die güterwirtschaftliche Liquidität von Schuldnern nicht gelegen ist: Die zukünftige Liquidität ist für sie i. d. R. von größerer Bedeutung. Jedoch ist der faktische Informationsstand von Gläubigern über die zukünftige Liquidität von Schuldnern regelmäßig nicht sehr präzise. Die ergänzende Information über die güterwirtschaftliche Liquidität wird für Gläubiger daher umso wertvoller, je lückenhafter die Information über die zukünftige Liquidität von Schuldnern ist.

Als Ergebnis können wir festhalten, dass ergänzende liquidationsorientierte Bilanzen

- ausschließlich die güterwirtschaftliche Liquidität messen;
- eine beschränkte, aber im Prinzip nützliche Information für Eigentümer und insbesondere Gläubiger geben;
- indirekt eine Aussage über die Beleihbarkeit der vorhandenen Güterbestände machen;
- keine Aussagen über die künftige Liquidität von Unternehmen, d. h. die Liquidität bei Fortführung zulassen.

Liquidationsorientierte Bilanzen bilden zu einem bestimmten Zeitpunkt die güterwirtschaftliche Liquidität eines Unternehmens ab und stellen dieser die Verbindlichkeiten gegenüber. Diese Bilanz liefert eine nützliche Information über eine Art der Liquidität von Unternehmen und über die Beleihbarkeit der vorhandenen Güterbestände und Rechte.

Heute befinden sich sog. **Fortführungsbilanzen** im Zentrum der externen Rechnungslegung, für die stellvertretend der Jahresabschluss für Kapitalgesellschaften gem. §§ 264–289 HGB stehen kann. Es ist deshalb nach der Abbildung der Liquidität von Unternehmen in diesen Bilanzen zu fragen.

2.2.2.3 Die Fortführungsbilanz i. S. d. HGB

Im Vergleich zu der liquidationsorientierten Bilanz weisen Fortführungsbilanzen, für die hier die **Bilanz der Kapitalgesellschaft** i. S. d. HGB als Beispiel fungieren soll, einige wichtige Unterschiede auf. Diese beziehen sich auf Ansatz- und Bewertungsregeln und Gliederungen und Erläuterungsvorschriften.

In einer zweckkonform aufgebauten Liquidationsbilanz sind nur die Gegenstände aktivierungsfähig, die im (fiktiven) Liquidationsfall von dem Unternehmen auch veräußert werden könnten. In Bilanzen i. S. d. HGB gelten die Gegenstände als aktivierungsfähig bzw. -pflichtig, die die folgenden **Eigenschaften** aufweisen:

- Sie gehören wirtschaftlich dem Bilanzierenden;
- sie sind einzeln bewertbar;
- sie sind einzeln verkehrsfähig.

Dieses in der Tendenz geltende **Aktivierungskriterium** kann durch im HGB enthaltene Aktivierungsverbote gestützt werden, z. B. das Verbot, Aufwendungen für die Gründung und Kapitalbeschaffung zu aktivieren (§ 248(1) HGB), und das Verbot der Aktivierung immaterieller Anlagewerte, soweit sie nicht von Dritten entgeltlich erworben wurden (§ 248(2) HGB). Das genannte Aktivierungskriterium gilt jedoch nur tendenziell. Es gibt Durchbrechungen des Prinzips: Auch ausgewählte Positionen, bei denen die Einzelverkehrsfähigkeit fraglich ist, dürfen aktiviert werden (Bilanzierungshilfen): die Aufwendungen der Ingangsetzung und Erweiterung des Geschäftsbetriebes (§ 269 HGB), der sog. derivative Firmenwert (§ 255(4) HGB) und Rechnungsabgrenzungsposten der Aktivseite (§ 250 HGB).

In einer zweckkonform aufgebauten Liquidationsbilanz gilt der Einzelveräußerungspreis als zentraler Wertansatz. Die **Bewertungsvorschriften** des HGB (§§ 252–256) differenzieren wie folgt (vgl. 2. Bd., S. 501 ff.): Für Gegenstände des Anlagevermögens gilt das Anschaffungskosten- bzw. Herstellungskostenprinzip. Handelt es sich um abnutzbare Gegenstände, gilt das «planmäßig» zu handhabende Abschreibungsprinzip. Nicht planmäßige (außerplanmäßige) Abschreibungen sind für alle Gegenstände des Anlagevermögens nur in Ausnahmefällen zulässig bzw. geboten.

Für die Gegenstände des Umlaufvermögens ist unter den Alternativwerten Anschaffungs- oder Herstellungskosten, Börsen- oder Marktpreis am Abschlussstichtag, beizulegender Wert am Abschlussstichtag oder antizipierter beizulegender Wert der niedrigste anzusetzen bzw. zulässig (§ 253(3) HGB).

Tendenziell geltendes Kriterium für Passiva ist die Zugehörigkeit zu einer der im Folgenden genannten Positionen:

- Gezeichnetes Kapital, Kapital- oder Gewinnrücklagen
- Wertberichtigungen
- sichere bzw. unsichere Verbindlichkeiten («Schulden»)
- Rechnungsabgrenzungsposten der Passivseite.

Die Position «Schulden» bedarf der Erklärung. Die Rechnungslegungsvorschriften des HGB kennen den Begriff Schulden nicht. Das HGB unterscheidet Verbindlichkeiten (= sichere Schulden) und Rückstellungen (= vorperiodisierter Aufwand für künftige in Bezug auf Höhe und/oder Zahlungszeitpunkt unsichere Auszahlungen).

Auch das Ansatzkriterium für Passiva wird mehrfach durchbrochen. Passivierungspflichtig sind z. B. Rückstellungen für drohende Verluste aus schwebenden Geschäften (§ 249(1) HGB), obwohl der Schuldcharakter (erzwingbare Zahlungsverpflichtung an Dritte) nicht generell gegeben ist. Gleiches gilt für Rückstellungen für Gewährleistungen, die ohne rechtliche Verpflichtung erbracht werden (§ 249(1)

Ziff. 2), und Rückstellungen für unterlassene Instandhaltung und Abraumbeseitigung (§ 249(1) Ziff. 1). In beiden Fällen ist die «Schulden»-Definition nicht erfüllt.

Die Bilanz wird ergänzt durch eine relativ detaillierte **Gewinn- und Verlustrechnung** (§§ 275–278 HGB), einen **Anhang** (§§ 284, 285 HGB) und einen **Lagebericht** (§ 289 HGB), in dem der Geschäftsverlauf und die Lage der Gesellschaft zu erläutern sind.

Eine solche Bilanz misst nicht die zukünftige Liquidität (wie die theoretische Bilanz) und nicht die güterwirtschaftliche Liquidität (wie die Liquidationsbilanz). Die Gründe dafür sind folgende:

- Die Bewertung des Anlagevermögens ist bewusst losgelöst von den am Markt bei Einzelveräußerung erzielbaren Erlösen.
- Die Bilanz enthält Aktiven, die bei Zerschlagung i. d. R. keine positiven Erlöse zu erzielen erlauben (z. B. aktivierte Ingangsetzungskosten, aktiviertes Disagio, eigene Aktien etc.).
- Die Bilanz enthält Aktiven, über die das Unternehmen im Falle einer Liquidation nicht frei verfügen darf, weil es nicht juristischer Eigentümer ist (mit Grundschulden belegte Grundstücke, sicherungsübereignete Lagerbestände, unter Eigentumsvorbehalt von Lieferanten gelieferte Waren, an Geldgläubiger abgetretene Forderungen). Da die Rechte Dritter zum großen Teil («publizitätslose» Sicherungsrechte) aus der Bilanz nicht ersichtlich sind, ist der Einblick in die güterwirtschaftliche Liquidität getrübt.
- Die Bilanz enthält einerseits «Schulden»-Bestandteile, die keine erzwingbaren Ansprüche Dritter darstellen, andererseits Positionen, deren «Schuld»-Charakter zumindest gegeben sein kann, nicht vollständig bzw. nicht zwingend, z. B. Pensionsrückstellungen.

Die HGB-Bilanz hat auf den ersten Blick somit Nachteile in Bezug auf den Informationsgehalt, den theoretische und liquidationsorientierte Bilanz liefern. Kann die HGB-Bilanz diese hier zunächst unterstellten Defizite durch andere Informationsleistungen wettmachen?

Diese Frage beschäftigt die Literatur seit langem. **Drei Wege** sind eingeschlagen worden, um zu besseren Aussagen über die **zukünftige** Liquidität von Unternehmen zu kommen:

- Prüfung von Kennzahlen-Relationen,
- Auswertung aller neben der Bilanz verfügbaren Informationen (GuV-Rechnung, Geschäftsberichte, Veröffentlichungen gemäß dem Wertpapierhandelsgesetz, Branchenanalysen, Berichte der *Deutschen Bundesbank*, Verlautbarungen der Organe der Gesellschaft etc.),
- statistische Auswertung von Kennzahlen-Relationen von relativ umfangreichen Grundgesamtheiten solventer und insolventer Unternehmen.

Nur zu den ersten beiden Versuchen sollen hier einige Anmerkungen gemacht werden:

(1) Der Versuch, zu Aussagen über die zukünftige Liquidität eines Unternehmens über die Prüfung von **Kennzahlen** zu gelangen, erscheint zunächst als mutig. Verbreitet benutzte Kennzahlen sind z. B. folgende:

- Anlagevermögen : bilanzielles Eigenkapital,
- Anlagevermögen und sog. Bodensatz des Umlaufvermögens : Eigenkapital und langfristiges Fremdkapital,
- Umlaufvermögen : kurzfristige Verbindlichkeiten,
- Umlaufvermögen (ohne Vorräte) : kurzfristige Verbindlichkeiten,
- «cash-flow» : Fremdkapital,
- operativer Erfolg : betriebsnotwendiges Kapital,
- (Jahresüberschuss vor Steuern + Zinsen) : Gesamtkapital,
- (Jahresüberschuss vor Steuern + Zinsen) : Nettoumsatzerlöse,
- Jahresüberschuss vor Steuern : Eigenkapital.

Hinter der an zweiter Stelle genannten Strukturkennzahl steht z. B. die Vorstellung, dass Gegenstände des Anlagevermögens und Teile des Umlaufvermögens Vermögensteile sind, die im Verlauf mehrerer Perioden zu Einzahlungen führen. Weil die Geldwerdung über etliche Perioden erfolgt, müssen auch die finanziellen Mittel, die zu ihrer Beschaffung verwendet wurden und getilgt werden müssen, der Geldwerdung entsprechen, d. h., langfristig gebundene Mittel müssen auch langfristig zur Verfügung stehen. Der Argumentation liegt somit keine güterwirtschaftliche Interpretation zugrunde. Aktivpositionen werden vielmehr als Repräsentanten künftiger Einzahlungen angesehen, über deren genaue Struktur allerdings nichts Genaues bekannt ist. Es wird nur unterstellt, dass sich die Einzahlungen der Lebensdauer von Anlagegegenständen entsprechend über mehrere Perioden verteilen, und dann gefolgert, auch die Überlassungsfristen der Finanzierungsmittel müssten (gleich) lang sein.

Hinter der an letzter Stelle genannten Eigenkapitalrendite (vor Steuern) steht der Wunsch, eine präzise Aussage über die Rendite zu machen, die Eigentümer in der abgelaufenen Periode erzielt haben. Auch dieser Quotient ist mit Vorsicht zu interpretieren, weil der Jahresüberschuss durch Ausnutzung von Wahlrechten steuerbar ist, diese Rendite über die Kapitalstruktur des Unternehmens beeinflusst werden kann, der Quotient vom Alter des Sachanlagevermögens abhängt etc.

Man könnte daher vermuten, dass eine Klassifizierung von Unternehmen in liquide und nicht liquide durch Prüfung, ob als typisch angesehene Relationen einzelner Kennzahlen eingehalten sind oder nicht, nicht zu überwältigenden Prognoseerfolgen führen wird.

Diesem Schluss steht scheinbar der Hinweis entgegen, dass als vernünftig angesehene Ausprägungen von bestimmten **Bilanzkennzahlen** von der überwiegenden

Zahl der Unternehmen eingehalten werden. Erklärungsversuche der Literatur stellen dieses Ergebnis als Befolgung einer Spielregel dar (von Wysocki [Finanzkongruenz]). Die Abfolge der **Argumentationsschritte** ist etwa wie folgt:

- Kreditnachfrager bemühen sich, bestimmte Bilanzrelationen einzuhalten, weil sie meinen, dass Kreditgeber (Banken) glauben, zwischen der Ausprägung bestimmter Bilanzrelationen und der künftigen Liquidität von Unternehmen bestehe eine nachprüfbare Beziehung.

- Glauben Banken, was die Kreditnachfrager von ihnen glauben, ist die Einhaltung von bestimmten Bilanzrelationen Bedingung für die Prolongation bzw. Substitution von Krediten und damit für die zukünftige Liquidität von Unternehmen wichtig.

- Damit gilt unabhängig vom Bestehen einer nachprüfbaren Beziehung zwischen ausgewiesener «Bilanzliquidität» und effektiver künftiger Liquidität eine faktische Beziehung: Ein Unternehmen, das erwünschte Relationen einhält, erhält mit sehr hoher Wahrscheinlichkeit Verlängerungskredite und bleibt liquide.

(2) Der zweite oben genannte Weg der **Liquiditätsanalyse** versucht sehr viel mehr Informationen als die in Bilanzen bzw. Jahresabschlüssen enthaltenen zu verarbeiten. Die in der Konzeption der Bilanz liegenden bzw. vom Gesetzgeber gewollten Informationsbegrenzungen können dadurch z. T. übersprungen werden. Die Liquiditätsanalyse ist nicht auf die in Bilanzen gebotene Informationsmenge beschränkt, sondern bezieht die hierfür wichtigeren Daten der GuV und des Anhangs bzw. Lageberichts *und* andere verfügbare Informationen ein. Die Qualität der Messung künftiger Liquidität hängt hier von der Aufbereitung der Vergangenheitsdaten im Jahresabschluss und den eigenen Prognoseleistungen des Analysten ab. Wird diese Liquiditätsanalyse verknüpft mit einer Studie der Erfolgsquellen des Unternehmens und einer Performance-Messung für eine zurückliegende Zeitspanne von etwa 4–6 Jahren, dürfte das Resultat einer bloßen Kennzahlen-Analyse überlegen sein.

Als Ergebnis ist festzuhalten, dass sich **Fortführungsbilanzen** von der an der Unternehmensliquidation orientierten Darstellung der güterwirtschaftlichen Liquidität z. T. gelöst haben. Durch die Weiterentwicklung der Gewinn- und Verlustrechnung, des Anhangs und des Erläuterungsberichts werden die Bilanzinformationen in einer Weise ergänzt, dass die Abschätzung der künftigen Liquidität von Unternehmen in Verbindung mit eigenen Prognoseleistungen ermöglicht wird.

2.2.3 Messung durch Finanzpläne

Die Diskussion im vorhergehenden Abschnitt ergab:

- Eine **theoretische Bilanz** misst (unter idealen Bedingungen) die zukünftige Liquidität einwandfrei.

- Eine **Liquidationsbilanz** ist von der Konzeption her in der Lage, die güterwirtschaftliche Liquidität eines Unternehmens (eines Kaufmanns) zu einem Zeitpunkt zu messen.

- Eine **Fortführungsbilanz** i. S. d. HGB misst in Verbindung mit der zugehörigen GuV und ggf. den zusätzlichen Erläuterungen des Geschäftsberichts nur noch partiell (und damit unvollkommen) die güterwirtschaftliche Liquidität eines Unternehmens. Dieser Nachteil könnte durch eine bessere Indikation der künftigen Liquidität ausgeglichen werden. Eine zielkonforme, d. h. auch Gläubigerinteressen genügende Messung der künftigen Liquidität wird aber wesentlich behindert durch konzeptionelle Hindernisse wie etwa die vorrangige Vergangenheitsorientierung der Bilanz und andere Zwecksetzungen von Jahresabschlüssen wie z. B. die Regelung der Gewinnverteilung (Ausschüttungsbemessung), die das Anliegen der Informationsvermittlung über Vermögen, Ertragslage und Liquidität tendenziell in den Hintergrund drängen.

2.2.3.1 Anforderungen an einen Finanzplan

Es besteht daher Bedarf an einem leistungsfähigeren Messinstrument. Man benötigt einen **Finanzplan**, ein im Prinzip einfaches Instrument. Er erfasst künftige Ein- und Auszahlungen termingenau und vollständig, misst damit das, was zu messen ist, wenn Aussagen über die künftige Liquidität eines Unternehmens zu machen sind.

Bei einem Vergleich von Bilanzen bzw. Jahresabschlüssen und Finanzplänen unter dem Aspekt der Liquiditätsmessung sind insbesondere **zwei Aspekte** von Bedeutung:

- Um einen Finanzplan mit Daten (den künftigen Ein- und Auszahlungen) zu füllen, ist ein Informationsstand notwendig, den i. d. R. nur Unternehmensinterne erlangen können, weil sie auf in diesem Zusammenhang relevante Vorpläne wie Absatz-, Beschaffungs-, Personaleinsatzpläne etc. zurückgreifen können. Unternehmensexternen (Warengläubigern, Kreditgläubigern, Anteilseignern etc.) stehen diese Informationen regelmäßig nicht zur Verfügung. Dennoch müssen diese zu Urteilen über die künftige Liquidität von Unternehmen gelangen. Es ist deshalb nützlich, die Schwierigkeiten zu erkennen, die eine Liquiditätsbeurteilung, die auf Jahresabschluss-Informationen angewiesen ist, zu überwinden hat.
- Ein Finanzplan misst nur zwei, wenn auch sehr wichtige Determinanten der Liquidität: die künftige Liquidität und damit auch die durch Beleihbarkeit künftiger Nettoeinzahlungen erlangbare antizipierte Liquidität. Nicht Gegenstand der Messung ist die güterwirtschaftliche Liquidität. Der Finanzplan ersetzt somit nicht eine liquidationsorientierte Bilanz.

An Finanzpläne sind bestimmte **Anforderungen** zu stellen. Finanzpläne sind **zukunftsbezogene** Rechnungen. Neben dem Zahlungsmittelbestand bei Planungsbeginn (t_0) sind bereits getroffene Maßnahmen nur relevant, wenn diese im Planungszeitraum Ein- bzw. Auszahlungswirkung entfalten.

(a) Für die Erstellung von Finanzplänen gilt das sog. **Bruttoprinzip**. Es verlangt, dass Ein- und Auszahlungen zu den relevanten Zeitpunkten als solche ausgewiesen werden. Saldierungen von Ein- und Auszahlungen (z. B. die Einzahlung eines Kunden wird mit einer Auszahlung an den Kunden, der gleichzeitig Lieferant ist, verrechnet) sind zu unterlassen. Begründet wird dies damit, dass die Information, welche Ein- und Auszahlungen einen Zahlungsmittelüberschuss bzw. -fehlbetrag bewirken, wichtig sein kann. Diese Information ginge durch Saldierung verloren.

(b) Finanzpläne müssen vollständig sein. **Vollständigkeit** verlangt, dass alle im Planungszeitraum erwarteten Einzahlungen und alle zu leistenden und geplanten Auszahlungen erfasst werden. Damit soll hervorgehoben werden, dass Finanzpläne, die z. B. nur auf den Produktions- oder den Absatzprozess abstellen, unzweckmäßig erscheinen. Zahlungsansprüche sind immer gegen das Unternehmen als juristische Person bzw. gegen dessen Eigentümer gerichtet, und das Zahlungsvermögen des Unternehmens wird nicht allein durch den Produktions- oder den Absatzprozess, sondern durch alle seine Ein- und Auszahlungen bestimmt.

(c) Ein Finanzplan hat schließlich **termingenau** zu sein. Ein- und Auszahlungen sind zu den Zeitpunkten zu erfassen, an denen sie anfallen bzw. zu leisten sind. Die größte zeitliche Präzision ist erreicht bei tagesgenauer Erfassung der Ein- und Auszahlungen. Wegen des hohen Rechenaufwandes und wegen der mit zunehmender Länge des Planungszeitraums wachsenden Prognoseschwierigkeiten wird die tagesgenaue Rechnung i. d. R. nur für kurze Fristen (1–4 Wochen) möglich sein. Die praktische Finanzplanung geht dann in eine Wochen- oder Monatsplanung über.

2.2.3.2   Die Strukturierung eines Finanzplanes

Die Grundstruktur eines Finanzplanes ist einfach. Nach dem in Abb. 6.5 wiedergegebenen Schema werden Ein- und Auszahlungen in wenig untergliederter Form ausgewiesen. Für überschlägige Rechnungen mag dies ausreichen. Im konkreten Fall hängt die Tiefe der Untergliederung der Ein- und Auszahlungen von der Fragestellung ab. Grundsätzlich gilt, dass der Finanzplan nicht nur eine Aufstellung der vom Unternehmen passiv erwarteten Einzahlungen und der zu leistenden Auszahlungen ist, sondern der finanzielle Reflex aller Aktivitäten der Unternehmensleitung. Wenn der Finanzplan Grundlage für Entscheidungen ist, steigt sein Informationswert mit einer zweckentsprechenden Gliederung. Deshalb wird empfohlen, Ein- und Auszahlungen nach ihrer **Zurechenbarkeit** zu Produktions- und Absatzbereich (Kernaktivitäten, Nebenaktivitäten), zum sog. neutralen Bereich und zum Sektor «Beziehungen zu Finanzierungsmärkten» (= Finanzbereich) zu untergliedern.

2.2.4   Finanzplanung, Bilanzen und Gewinn- und Verlustrechnung

Wir wollen, wie oben angekündigt, erläutern, warum man für eine realistische Finanzplanung auch auf Bilanzen und GuV-Rechnungen des Unternehmens zurückgreifen muss. Hierzu benutzen wir einen vereinfachten, aber realistischen Fall.

Ein- bzw. Auszahlungen \ Planintervall (z. B. Jahr)	1	2	3	4 . . . .
1 Anfangsbestand an Zahlungsmitteln (Überschuss/Fehlbetrag)				
Einzahlungen aus . . . . 2 Summe Einzahlungen				
Auszahlungen für . . . . 3 Summe Auszahlungen				
Endbestand an Zahlungsmitteln 1 + 2 − 3 = 4 (Überschuss/Fehlbetrag)				
5 Nicht genutzte Kredite (Kontokorrentkredite, sonstige Kreditlinien)				

Abbildung 6.5: Grundstruktur eines Finanzplans

Die Y-AG, eine Familien-Aktiengesellschaft, produziert Glasfasern. Anfang 2000 wird eine seit langem geplante Erweiterungsinvestition durchgeführt. Es werden ein neues Gebäude zum Preis von 30 Mio. € und neue Maschinen zum Preis von 60 Mio. € angeschafft. Die Nutzungsdauer, die für die Berechnung der steuerlichen Abschreibungen relevant ist, beträgt 10 bzw. 5 Jahre. Bei linearer Abschreibung beträgt der periodische Aufwand 3 bzw. 12 Mio. €. Unter bestimmten Bedingungen, die von der Glasspinnerei Straubing erfüllt werden, ist auch eine einmalige Abschreibung von 75% im ersten Jahr möglich. Der restliche Betrag ist linear abzuschreiben. Wenn Verlustvorträge unbeschränkt möglich sind und wenn der Gewinnsteuersatz als konstant angenommen wird, so ist die beschleunigte Abschreibung des Restbetrages über die restliche Nutzungszeit nicht nachteilig. Beschleunigte Abschreibung wird daher unterstellt. Für 2001 beträgt der Abschreibungsaufwand für die neuen Gebäude 22 500; die Jahre 2002 bis 2010 sind mit 833 zu belasten. Für die neuen Anlagen beträgt die Abschreibung 45 000 in 2001 und in 2002–2005 3 750.

Der Finanzvorstand hat nun die Aufgabe, den **Kapitalbedarf** der nächsten 3 Jahre (2001–2003) mit Hilfe eines **Finanzplanes** zu berechnen.

Bei dessen **Aufstellung** sind folgende Interdependenzen zu beachten:

1. Eine isolierte Aufstellung ist nicht möglich. Folgende Instrumente werden zusätzlich benötigt:

   - **Gewinn- und Verlustrechnung**
     Die Ermittlung der Steuerzahlungen knüpft am bilanziellen Gewinn an. Dieser wird durch Gegenüberstellung von **Aufwands- und Ertragsgrößen** ermittelt und damit auch von Faktoren beeinflusst, die im Finanzplan nicht enthalten sind, da dieser nur **Zahlungsgrößen** enthält.

   - **Bilanz**
     Kapital bindende (z. B. Lagerbestände) und Kapital schaffende Positionen (z. B. Verbindlichkeiten aus Lieferungen und Leistungen) müssen ermittelt werden.

2. Die Gewinn- und Verlustrechnung (GuV) ist nicht isoliert aufstellbar: In der GuV sind Zinsen anzusetzen. Diese Zinszahlungen hängen wiederum vom Kapitalbedarf der Gesellschaft ab.

Deshalb empfiehlt sich ein schrittweises Vorgehen. Ausgangspunkt sind die geschätzten zukünftigen Nettoumsatzerlöse und die geschätzten Auszahlungen für Material, Löhne und Verwaltung.

Im ersten Schritt wird der «**Net operating cash-flow**» (NOCF) vor Steuern ermittelt. Er bezeichnet den Einzahlungsüberschuss (bzw. das -defizit) aus der Produktions- und Absatztätigkeit und damit aus den Kernaktivitäten des Unternehmens.

Tabelle 6.1: Ermittlung des NOCF der Y-AG (in T€) für 2001–2003

	2001	2002	2003
Nettoumsatzerlöse	270 000	331 200	406 021
– Materialauszahlungen	–72 000	–88 290	–108 264
– Löhne und Gehälter	–73 828	–81 949	–90 963
– sonstige betriebliche Aufwendungen	–83 359	–91 695	–100 865
– Veränderung des erforderlichen Betriebskapitals[1]	–5 539	–7 344	–8 979
NOCF vor Steuern	**35 274**	**61 922**	**96 950**

[1] Das erforderliche Betriebskapital bezeichnet die finanziellen Mittel, die erforderlich sind, um bei gegebenen Werten für Anlagevermögen, Eigenkapital und langfristige Verbindlichkeiten die Aktivitäten eines Unternehmens i.e.S. zu finanzieren. Im Beispiel werden angenommene Werte verwendet. Zur exakten Ermittlung vgl. Drukarczyk ([Finanzierung] S. 80–112).

Zur Finanzierung der Investitionen wird ein langfristiger Kredit in Höhe von 25 Mio. € aufgenommen. Der vereinbarte Zinssatz beträgt 8%. Die Tilgung soll in jährlichen Beträgen von 2 Mio. € erfolgen; die erste Rate ist Ende 2002 fällig.

Um die Steuerauszahlungen berechnen zu können, ist aus den erläuterten Gründen die Gewinn- und Verlustrechnung mit Hilfe der Plandaten zu erstellen.

Tabelle 6.2: Plan-Gewinn- und Verlustrechnung (in T€) für 2001–2003

	2001	2002	2003
Nettoumsatzerlöse	270 000	331 200	406 021
– Materialauszahlungen	–72 000	–88 290	–108 264
– Löhne und Gehälter	–73 828	–81 949	–90 963
– sonstige betriebliche Aufwendungen	–83 359	–91 695	–100 865
– Zinsaufwand[1]		–2 000	–1 840
– Abschreibungen auf Altanlagen[2]	–13 259	–13 259	–13 259
– Abschreibung neues Gebäude	–22 500	–833	–833
– Abschreibung neue Anlagen	–45 000	–3 750	–3 750
Gewinn/Verlust	**–39 946**	**49 424**	**86 247**
Verlustvortrag	**+39 946**		
Steuern (s = 0,5)	**–**	**4 739**[3]	**43 124**

[1] Die Y-AG sei ein bisher rein eigenfinanziertes Unternehmen.
[2] Es wird unterstellt, dass Abschreibungen auf Anfang 2001 vorhandene, abschreibungsfähige Vermögensgegenstände in der ausgewiesenen Höhe vorgenommen werden.
[3] Der Betrag ergibt sich nach Verrechnung des Verlustvortrags aus 2001.

Nachdem die Steuerauszahlungen ermittelt sind, kann nun der NOCF nach Steuern berechnet werden. In einem letzten Schritt werden die Zahlungen, die durch die Investition (Anschaffungsauszahlung) und ihre Finanzierung (Kreditbetrag, Tilgung) ausgelöst werden, in den Finanzplan einbezogen und der endgültige Mittelbedarf bzw. -überschuss berechnet.

Für das Jahr 2001 ergibt sich ein zusätzlicher Mittelbedarf in Höhe von 29 726 T€. Wenn das Unternehmen über keine liquidisierbaren Vermögenswerte verfügt, um den Bedarf zu decken, verbleiben **mehrere Möglichkeiten** zur Finanzierung des Bedarfs:

1. Es nimmt neue Anteilseigner auf (Eigenfinanzierung). Diese leisten gegen eine Beteiligung an den zukünftigen Gewinnen eine Einlage in das Gesellschaftsvermögen, mit der der Bedarf an Kapital gedeckt wird.

2. Die Alteigentümer legen zusätzliche Mittel ein. Dies könnte in Form von Eigenkapital oder in Form von Gesellschafterdarlehen realisiert werden. Da der Mittelbedarf gemäß Tabelle 6.3 kurzfristiger Natur ist, würden sich die Alteigentümer für Gesellschafterdarlehen entscheiden.

3. Das Unternehmen nimmt zusätzlichen Kredit auf (Fremdfinanzierung). Wenn es dem Finanzvorstand gelingt, eine Bank von der Richtigkeit und Verlässlichkeit

Tabelle 6.3: Gesamter Finanzplan 2001–2003 (in T€)

	2001	2002	2003
NOCF vor Steuern	35 274	61 922	96 950
– Steuern	–	–4 739	–43 124
– NOCF	35 274	57 183	53 826
Kreditaufnahme	25 000		
Tilgung		–2 000	–2 000
Zinszahlungen		–2 000	–1 840
Investitionsauszahlungen	–90 000		
Mittelbedarf	–29 726		
Mittelüberschuss		53 183	49 986

der zukünftigen Mittelüberschüsse zu überzeugen, wird ihm diese auf Grund der zukünftigen Liquidität des Unternehmens den Kredit in der erforderlichen Höhe zur Verfügung stellen.

4 Das Management könnte mit den Lieferanten der maschinellen Anlagen bzw. den die Gebäude erstellenden Bauunternehmen über Zahlungsfristen für die Anschaffungs- bzw. Herstellungskosten verhandeln, um Zahlungsstreckungen zu erreichen.

Das Beispiel zeigt, dass eine realistische Finanzplanung und damit eine Abbildung der künftigen Liquidität ohne Beachtung der künftigen Bilanzen und GuV-Rechnungen nicht möglich sind. Es belegt weiterhin, dass Innenfinanzierung eine wichtige Finanzierungsquelle darstellt. Im Referenzfall beträgt der Kapitalbedarf für Maschinen und Gebäude (ohne Umlaufvermögen) 90 Mio. €. Außenfinanziert werden Kredite über 25 Mio. €. Dennoch beläuft sich die verbleibende Finanzlücke 2001 nur auf 29,7 Mio. €. Die Differenz wird über den operativen Cash flow nach Steuern, also über Innenfinanzierung aufgebracht.

3   Rendite und Performancemessung

3.1   Einführung

Neben der Messung der Liquidität eines Unternehmens kommt der Frage, was ein Unternehmen in einer abgelaufenen Periode verdient hat, oder was es voraussichtlich in einer künftigen Periode verdienen wird, herausragende Bedeutung zu. Obwohl die Antwort auf diese Frage für Manager, Eigentümer und Kreditgeber ebenso wichtig ist wie für außenstehende Analysten, die Anlageempfehlungen verkaufen, sind klare Antworten hinsichtlich der Methode der Rendite- oder Performancemessung eher selten. Das mag den Leser überraschen: Gerade in Fragen der Renditemessung wird viel Unfug getrieben. Es empfiehlt sich deshalb, sich mit der Frage wie man Renditen relativ fehlerfrei messen kann, genauer zu beschäftigen.

Wenn man über bilanzielle Renditen und deren Messqualität spricht, benötigt man eine Bezugsgröße. Wir benutzen als Bezugsgröße den internen Zinsfuß (r).

Der **interne Zinsfuß** eines Projektes ist definiert als der Diskontierungssatz, der die erwarteten durch das Projekt ausgelösten Cash-flows (Nettoeinzahlungen) auf einen Bruttokapitalwert (BKW_0) in Höhe der Anschaffungsauszahlung (A_0) abzinst. Für den internen Zinsfuß eines Projektes gilt somit

$$(4) \qquad \underbrace{\sum_{t=1}^{n} NE_t\,(1+r)^{-t}}_{BKW_0} = A_0$$

Nach diesem Kriterium lohnt ein Investitionsprojekt, wenn der interne Zinsfuß r die Kapitalkosten (i) übersteigt. Als Kapitalkosten gelten hier vereinfachend die Kosten, zu denen ein Betrag in Höhe von A_0 beschafft werden kann oder die Rendite, die bei alternativer Anlage von Mitteln in Höhe von A_0 am Kapitalmarkt risikolos erzielt werden kann. Das Problem der Quantifizierung von bei Unsicherheit anzusetzenden Kapitalkosten wird in diesem einführenden Text nicht diskutiert. Interessierte Leser mögen sich die Arbeiten von *Richter* [Konzeption], *Schüler* [Performance-Messung] oder *Drukarczyk* [Unternehmensbewertung] anschauen.

3.2   Renditen und Bilanzdaten

Dass in Literatur und insbesondere der Praxis der Erfolgsmessung mit Renditen operiert wird, die auf Rechnungslegungs(Jahresabschluss)daten aufbauen, ist zunächst einleuchtend: *Externe* Analysten haben keine Wahl; sie sind auf die Jahresabschlussdaten, die Unternehmen veröffentlichen, angewiesen. Folglich sieht es so aus, als könnten sie nur die üblichen, Jahresabschluss-basierten Renditen berechnen. Manager und Controller haben als Insider des Unternehmens ganz andere, bessere Möglichkeiten. Sie könnten beliebig feine Messungen von Renditen vornehmen und sich nicht mit den groben Maßstäben Gesamtkapitalrendite oder Eigenkapitalrendite, die wie Triceratops aus den Anfängen der Renditemessung wirken, begnügen. Dass sie es z.T. nicht tun, hängt mit der Gewöhnung an die Systematik der Rechnungslegung zusammen, die bei der Renditemessung auf falsche Fährten führen kann. Wir werden sehen, dass diese Renditen oft verzerrte und damit missverständliche Signale geben.

Fragt man nach den Anforderungen, die an Renditekennzahlen gestellt werden, könnte man antworten: Kennzahlen sollen Informationen verdichten, d. h. «auf den Punkt bringen» und zielbezogene Aussagen erlauben. **Zielbezogene Aussagen von Renditen** könnten sein:

(a) wir sind besser (schlechter) als im Vorjahr,

(b) wir sind besser (schlechter) als der Wettbewerber,

(c) wir haben im Unternehmen in der abgelaufenen Periode mehr (weniger) verdient als wir bei Anlage der investierten Mittel auf dem Kapitalmarkt (bei gleichem Risiko) hätten verdienen können.

Sowohl (a) als auch (b) und (c) sind mögliche Referenzpunkte. (a) wählt die eigene Performance in der Vergangenheit als Bezugspunkt; war diese dünn, sieht eine weniger dünne Leistung schon gut aus; Lösung (a) ist somit unbefriedigend. Die Lösungen (b) und (c) sind weit besser. Was der härteste Bezugspunkt ist, der die meisten Leistungsanreize setzt, kann allgemein nicht gesagt werden. Schlagen die Wettbewerber den Bezugspunkt (c), ist die Wahl von (b) ein anspruchsvollerer Bezugspunkt als (c). Schlagen die Wettbewerber (c) nicht, ist die Wahl von (c) als Bezugsgröße ein höherer Ansporn als die von (b).

Rendite-Kennzahlen müssen zudem konsistent konstruiert sein. Zähler und Nenner müssen zueinander passen. Dies ist unten zu erläutern.

3.2.1   Gesamtkapitalrendite

Die Idee ist einfach. Die Erfolge *aller* Kapitalgeber werden in Beziehung gesetzt zu dem von *allen* Kapitalgebern eingesetzten Kapital. Üblich ist es, den Erfolg der Eigenkapitalgeber mit dem Jahresüberschuss gleichzusetzen und den Erfolg der Fremdkapitalgeber mit den Zinszahlungen gleich zu setzen. Das eingesetzte Kapital wird üblicherweise mit der Bilanzsumme (der Summe aller Aktiva) gleichgesetzt. Ob die Bilanzsumme zu Beginn der Periode, zum Ende der Periode oder als Durchschnitt beider Werte anzusetzen ist, wird ganz unterschiedlich beantwortet.[1]

Üblich ist es, die Definitionen der **Gesamtkapitalrendite (GKR)** vor bzw. nach Steuern zu unterscheiden. Mit (5) erhält man die GKR *vor* Steuern:

$$(5) \qquad \text{GKR (oder ROA)} = \frac{\text{EvZiS}}{\text{BS}} \text{ oder GKR} = \frac{\text{EBIT}}{\text{BS}}.[2]$$

EvZiS bedeutet Erfolg vor Zinsen und Steuern und setzt sich zusammen aus Jahresüberschuss, Zinsaufwendungen, Steuern vom Einkommen und Ertrag und sonstigen Steuern. BS steht für Bilanzsumme.

---

[1] Bei expliziter mehrperiodiger Betrachtung und Änderungen der Bilanzsumme im Zeitablauf benutzen wir die Bilanzsumme bzw. den (Eigen)Kapitaleinsatz am Ende der Vorperiode als Bezugsgröße.

[2] ROA = rate of return on assets; auch ROI = rate of return on investment; EBIT = earnings before interest and taxes.

(6) definiert die Gesamtkapitalrendite *nach* Steuern:

$$(6) \qquad GKR_S \text{ (oder } ROA_S) = \frac{EvZiS - S}{BS}$$

$$= \frac{EnZiS + Zi}{BS}$$

Zwischen EvZiS und EnZiS besteht folgende Beziehung: Der Bruttoerfolg einer Periode (EvZiS, EBIT) steht den Eigentümern (EnZiS), den Gläubigern (Zi) und dem Fiskus (S) zu. Besteuerungsgrundlage ist EvZiS – Zi. Zinsen verkürzen die steuerliche Bemessungsgrundlage. Die Steuerzahlung ergibt sich folglich aus S = s (EvZiS – Zi), wobei s den Gewinnsteuersatz bezeichnet. Der Eigentümern zurechenbare Erfolg ist somit EnZiS = (EvZiS – Zi) (1 – s).

Betrachtet man die Bestimmungsgrößen der GKR in Abb. 6.6, sieht man, dass es sich um eine Kennzahl handelt, die eine beeindruckende Informationsmenge verdichtet.

Zugleich wird deutlich, über welche Parameter die GKR beeinflusst werden kann: Eine Reduktion des Umlaufvermögens senkt unter sonst gleichen Bedingungen

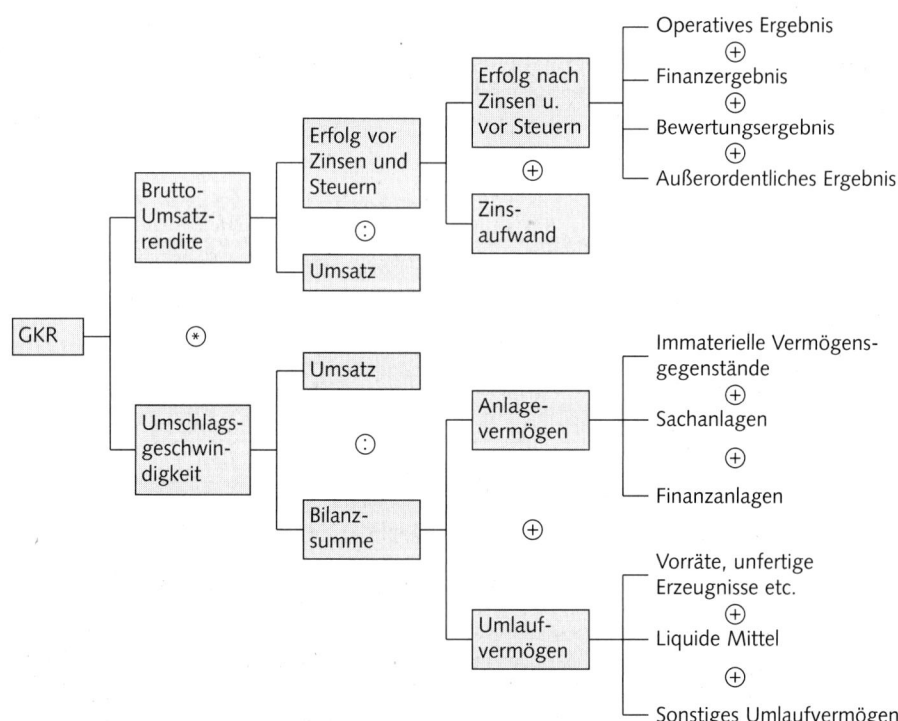

Abbildung 6.6: Bestimmungsgrößen der GKR vor Steuern

die Bilanzsumme, erhöht damit die Umschlagsgeschwindigkeit und schließlich die Gesamtkapitalrendite. Die **Umschlagsgeschwindigkeit** der gesamten Aktiva (UGA) ist definiert durch

$$(7) \qquad UGA = \frac{\text{Nettoumsatzerlöse (NU)}}{\text{Bilanzsumme (BS)}}$$

Multipliziert man die (**Brutto**)**Umsatzrendite** (BUR), definiert durch

$$(8) \qquad BUR = \frac{EvZiS}{NU},$$

mit der Umschlagsgeschwindigkeit, erhält man die GKR vor Steuern. Es gilt also (9):

$$(9) \qquad GKR = BUR \cdot UGA$$

$$= \frac{EvZiS}{NU} \cdot \frac{NU}{BS}.$$

Multipliziert man die Umsatzrendite nach Steuern (NUR), definiert durch (10)

$$(10) \qquad NUR = \frac{EvZiS + Zi}{NU} = \frac{EvZiS - S}{NU},$$

mit der Umschlagsgeschwindigkeit (UGA), erhält man die GKR nach Steuern:

$$(11) \qquad GKR_S = NUR \cdot UGA$$

$$= \frac{EvZiS - S}{NU} \cdot \frac{NU}{BS}.$$

(9) und (11) sind nicht etwa schwerfällige Schreibweisen für die GKR bzw. GKR_S, sondern zeigen, dass ein bestimmtes Ergebnis für die GKR (bzw. GKR_S) von BUR (NUR) und UGA abhängt. Diese Kennzahlenzerlegung öffnet den Weg zu einer genaueren **Ursachenanalyse** entlang den Pfaden, die Abb. 6.6 zeigt.

Nun ist entscheidend, ob die Kennzahl GKR bzw. GKR_S a) konsistent konstruiert ist und b) ob die Kennzahl die richtigen Signale gibt. Wir fragen zunächst nach dem konsistenten Aufbau der Kennzahl. Die Frage, ob und unter welchen Bedingungen GKR richtige Signale geben, wird unten in Punkt 3.3 aufgegriffen.

Wichtig ist, ob Zähler, im Fall der GKR also EvZiS bzw. EBIT und Nenner, also die Bilanzsumme, konsistent definiert sind. Das ist häufig nicht der Fall. Unterstellen wir ein Unternehmen, das Pensionszusagen an seine Arbeitnehmer macht. Dieses Unternehmen bildet Pensionsrückstellungen. Die Dotierung der (Zuführung zur) Pensionsrückstellung besteht aus einem Zinsanteil und einer periodischen Ansparrate, die der Steuergesetzgeber als «gleichbleibenden Jahresbetrag» bezeichnet. In aller Regel werden diese beiden Aufwandspositionen erfasst in der GuV-Position «soziale Abgaben und Aufwendungen für Altersversorgung und für Unterstützung»; sie kürzen damit die Größe EvZiS bzw. EBIT. In der Bilanzsumme ist die Position «Pensionsrückstellung» enthalten. Wird nun die GKR gemäß (5) oder (6) definiert, liegt keine konsistente Handhabung vor, weil ein Kapitalbetrag BS als mit «Rendite» zu bedienen ausgewiesen wird, obwohl die Erfolgsgröße EvZiS bzw. EBIT z. T bereits um «Kosten» der Pensionsrückstellung gekürzt wurde. Die Korrektur könnte darin bestehen, dass a) EvZiS um die Zinsen auf Pensionsrückstellungen und die «gleichbleibenden Jahresbeträge» erhöht wird *oder* b) die Bilanzsumme um die Position Pensionsrückstellung verkürzt wird. Eine diese und ähnliche Korrekturen reflektierende Rendite heißt ROIC (oder ROCE). ROIC bedeutet **rate of return on invested capital**, wobei invested capital als Kapitaleinsatz zu interpretieren ist, der noch mit Kapitalkosten zu bedienen ist. Abb. 6.7 verdeutlicht die Konzeption.

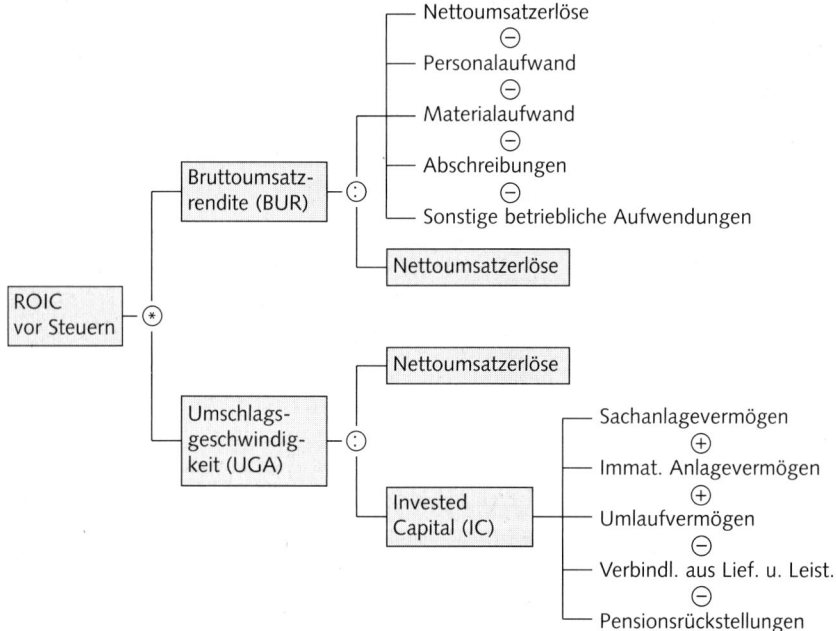

Abbildung 6.7: Einflussgrößen von ROIC

$$(12) \qquad \text{ROIC} = \frac{\text{EvZiS}}{\text{IC}} = \frac{\text{EBIT}}{\text{IC}}.$$

3.2.2   Eigenkapitalrendite

Der Eigenkapitalrendite wird i. d. R. große Aufmerksamkeit zuteil, weil man glaubt, dass es insbesondere auf die Position der Eigentümer ankäme. Letzteres ist richtig. Falsch ist aber der implizit enthaltene Hinweis, hohe Eigenkapitalrenditen deuteten auf hohe Vermögenszuwächse der Eigentümer hin.

Die bilanzielle Eigenkapitalrendite *vor* Steuern (EKR) wird gemessen durch

(13) $EKR = \dfrac{EvZiS - Zi}{EK}$.

Die bilanzielle Eigenkapitalrendite *nach* Steuern (EKR_S) ist definiert durch

(14) $EKR_S = \dfrac{EnZiS}{EK} = \dfrac{EvZiS - Zi - S}{EK}$.

Zwischen GKR und EKR besteht ein Zusammenhang, der im Folgenden zu erläutern ist.

Die Beziehung zwischen EKR und GKR kann durch (15) bzw. (16) gekennzeichnet werden:

(15) $EKR = GKR + (GKR - i)\,\dfrac{FK}{EK}$

   $i \equiv$ Fremdkapitalkosten
   $FK \equiv$ (bilanzielles) Fremdkapital
   $EK \equiv$ (bilanzielles) Eigenkapital

Wenn gilt GKR > i, übersteigt die EKR die GKR. Das ist die bekanntere Seite des so genannten **Leverage-Effektes** (Hebel-Effektes). Durch Einsatz «billigen», den Satz i kostenden Fremdkapitals kann die EKR gesteigert werden. Diese Aussage stimmt zuversichtlich. Zu beachten ist jedoch, dass das Risiko der Eigentümer-Position ebenfalls steigt, weil die GKR i.d.R. keine *sichere* Rendite ist, die immer und überall eintritt.

Die Formel (15) ergibt sich aus folgender Überlegung: Die GKR eines Unternehmens ist unabhängig von der Finanzierung (der Passivseite der Bilanz). Es gilt EvZiS = GKR(EK + FK). Wird FK, das den Satz i kostet, teilweise an die Stelle von EK gesetzt, folgt ein Überschuss der Eigentümer, nämlich GKR(EK + FK) – iFK, der auf das reduzierte EK zu beziehen ist. Es gilt

   $EKR = \dfrac{GKR\,(EK + FK) - iFK}{EK}$.

Formt man um, folgt (15).

Den gleichen Sachverhalt kann man auch so darstellen:

(16) $EKR = \dfrac{EvZiS}{BS} \cdot \left[\dfrac{EvZiS - Zi}{EvZiS} \cdot \dfrac{BS}{EK} \right]$

      $= GKR \cdot FLM.$

FLM bedeutet Finanzierungs-Leverage-Multiplikator. Er erfüllt genau die Funktion, die in (15) der zweite Term auf der rechten Seite erfüllt.

Fährt das Management den durch $\dfrac{FK}{EK}$ definierten Verschuldungsgrad hoch, kann unter der Prämisse GKR > i (bzw. ROIC > i) die EKR gesteigert werden. In der

Realität bedeutet dies zugleich, dass das *Risiko* der Eigentümer steigt, weil nämlich die GKR keine sichere Größe ist. Die Renditesteigerung zieht somit immer eine Steigerung des Risikos nach sich.

3.2.3   Umsatzrenditen

Brutto- und Nettoumsatzrenditen wurden oben bereits erwähnt. Sie werden verbreitet benutzt. Sie sind einfach zu berechnen und benutzen als Bezugsgröße die Nettoumsatzerlöse (NU). Die Bruttoumsatzrendite (BUR) ist definiert durch BUR = $\frac{\text{EvZiS}}{\text{NU}}$. NU bezeichnet die Nettoumsatzerlöse der Periode, für die Renditen berechnet werden sollen. Die Nettoumsatzrendite ist definiert durch NUR = $\frac{\text{EvZiS} - \text{S}}{\text{NU}}$.

Sie ist somit eine Nach-Steuer-Rendite. Auf die Beziehung zwischen BUR, UGA und GKR wurde oben bereits hingewiesen.

Umsatzrenditen umgehen die komplizierte Messung des Kapitaleinsatzes. Dies erscheint zunächst als Vorzug. Aber: an der Messung von Kapitalrenditen führt kein Weg vorbei, weil der Kapitaleinsatz (hohe) Kosten auslöst. Der Kern der periodischen Performancemessung besteht darin zu beantworten, ob diese Kapitalkosten gedeckt wurden oder nicht.

3.3   Zur Aussagefähigkeit von Bilanzrenditen

3.3.1   Problem und Beispiel

Eine entscheidende Frage ist die nach der Leistungsfähigkeit von Jahresabschlussbasierten Renditen. Geben sie zuverlässige Signale? Kann man an einer positiven GKR ablesen, dass die Manager ihre Sache gut gemacht haben, dass das Unternehmen Geld verdient hat?

Ein Beispiel soll das Problem verdeutlichen: Wir betrachten das Projekt Supermarkt (S).

Projekt S:

	0	1	2	3	4	5	6
A_0, NE_t	−1000	100	200	250	298	298	296,56
NKW(S) = 0;							
i = 10%							
r(S) = 10%							

S hat eine Nutzungsdauer von 6 Jahren. Ein positiver Restverkaufserlös am Ende der Nutzungsdauer wird nicht erwartet. Die obige Zahlungsreihe zeigt die Nettoeinzahlungen, die der Betreiber des Projektes S nach Deckung aller relevanten Auszahlungen entnehmen kann: NE_t bezeichnet die entnehmbaren («freien») Cash-flows. Eine Anlage von Mitteln am Kapitalmarkt bringt eine Rendite (i) von 10%. Das Projekt S hat einen Nettokapitalwert von Null. Anders ausgedrückt: die ökonomische Rendite (oder der interne Zinsfuß) des Projektes r beträgt genau 10%. Es handelt sich also um ein Projekt, dessen Realisierung die Eigentümer im Vergleich zur Alternativanlage nicht reicher macht. Das Projekt S ist der Kapitalmarktanlage gleichwertig.

Jetzt wollen wir die periodischen Bilanzrenditen (GKR) für das Projekt S berechnen. Zu diesem Zweck ermitteln wir den bilanziellen Erfolg des Projektes pro Periode und beziehen diesen auf den durch den Buchwert gemessenen Kapitaleinsatz zu Beginn der Periode. Wir unterstellen zur Vereinfachung eine vollständige Eigenfinanzierung des Projektes. Der periodische Erfolg im bilanziellen Sinn ist definiert als $NE_t - Ab_t$, wobei Ab_t die handelsrechtliche Abschreibung bezeichnet. Der bilanziell gemessene Kapitaleinsatz (BV_{t-1}) zu Beginn der Periode ergibt sich in Höhe der Anschaffungsauszahlung abzüglich der bis zu diesem Zeitpunkt vorgenommenen Abschreibungen. Steuern werden nicht beachtet.

Tabelle 6.4: GKR des Projektes Supermarkt

		0	1	2	3	4	5	6
(1) A_0, NE_t		−1.000	100	200	250	298	298	296,56
(2) Ab_t			166,67	166,67	166,67	166,67	166,67	166,67
(3) BV_t			833,33	666,67	500	333,33	166,67	0
(4) $NE_t - Ab_t$			−66,67	33,33	83,33	131,33	131,33	129,89
(5) GKR = $\dfrac{(4)}{BV_{t-1}}$			−0,067	0,040	0,125	0,263	0,394	0,779

NE_t	= Nettoeinzahlung in Periode t
Ab_t	= bilanzielle Abschreibung in Periode t
BV_t	= Bilanzvermögen in Periode t
$NE_t - Ab_t$	= bilanzieller Erfolg, wenn NE_t dem Netto-Ertrag der Periode vor Abschreibungsverrechnung entspricht
GKR	= Gesamtkapitalrendite (auch ROA)

Zeile (5) zeigt die sich ergebenden bilanziell gemessenen Renditen (Gesamtkapitalrenditen). Mit der ökonomischen Rendite des Projektes S (r = 10%) haben sie erkennbar wenig zu tun. Sie weisen das Projekt S als in den ersten Perioden der Nutzung negativ bzw. niedrig verzinst und in den späteren Perioden als extrem profitabel aus. Dies sind im Vergleich zur ökonomischen Rendite von 10% falsche Informationen. Diese falschen Informationen können unerwünschte Folgewirkungen entfalten. Angenommen, ein Geschäftsbereich (unter vielen) eines großen, dezentral organisierten Unternehmens lieferte im Zeitablauf die in (5) dargestellten Informationen an die Zentrale (die Holding, die Obergesellschaft). Welche Folgerungen zöge diese? Vermutlich die, dass die Manager des Geschäftsbereichs Überdurchschnittliches leisten, dass man dies mit Gehaltszulagen honorieren sollte, dass für Erweiterungspläne in diesem Geschäftsbereich Mittel zur Verfügung gestellt werden sollten etc. Alle Folgerungen sind unrichtig: Die Manager erzielen gerade die Alternativrendite, verdienen also keine außergewöhnlichen Belohnungen und sollten auch keine Mittel für (gleich rentable) Erweiterungsinvestitionen erhalten.

Woher kommt die Diskrepanz zwischen ökonomischer Rendite (r) und bilanzieller Gesamtkapitalrendite (GKR)? Ursache ist die konventionelle, d. h. den handelsrechtlichen Gewinnermittlungsvorschriften entsprechende Messung von Periodenerfolg (Jahresüberschuss) und Vermögen (Kapitaleinsatz).

Betrachten wir die Berechnung der Rendite in Periode 4. Gerechnet wird so:

$$GKR = \frac{NE_4 - Ab_4}{BV_3} = \frac{298 - 166{,}67}{500} = 0{,}263.$$

Ein an dem Projekt beteiligter Eigentümer würde die Rendite in Periode 4 aber so berechnen:

$$GKR = \frac{NE_4 + \text{Wertänderung in der Periode}}{\text{Wert des Projektes in } t = 3} = \frac{298 - 224}{740} = 0{,}10.$$

Wert in t = 3:   740
Wert in t = 4:   516
Wertänderung: – 224

Seine Rendite entspräche der ökonomischen Rendite r in Höhe von 10%. Die Verzerrung der GKR resultiert somit aus der Gleichsetzung der Wertänderung mit der Abschreibung auf den Buchwert (166,67) und der Messung des Kapitaleinsatzes in t = 3 durch den Buchwert (500) anstelle des Wertes des Projektes zum Zeitpunkt 3. Das Problem ist also grundlegender Natur.

3.3.2   Nettokapitalwerte und Aufwands- und Erfolgsrechnung

Wie kann man dem Problem falscher Signale in Form der oben berechneten GKR begegnen? Eine Lösung besteht darin, ein Abschreibungsverfahren zu benutzen, das eine Verzerrung zwischen ökonomischer und bilanzieller Rendite vermeidet. GKR sehen bei Verwendung dieser Abschreibungsform genauso aus wie ökonomische Renditen. Ein solches Abschreibungsverfahren muss die Restriktion einhalten, dass die Summe der verrechneten Abschreibungen die Anschaffungskosten (A_0) des Investitionsprojektes nicht übersteigt. Weil das Abschreibungsverfahren nur verhindern soll, dass GKR und ökonomische Rendite in kaum begründbarer Weise auseinanderfallen, sind handelsrechtliche oder steuerrechtliche Regeln, die die *Verteilung* von Abschreibungen über die Zeit der Nutzungsdauer regeln, zunächst unbeachtlich. Es wird nur die Bedingung eingehalten, dass die Summe der handelsrechtlichen bzw. steuerlichen Abschreibungen den Betrag A_0, also die Anschaffungskosten nicht übersteigen darf. Die Abschreibung heißt «Ertragswertabschreibung», weil sie den Ertragswert (Bruttokapitalwert) des Projektes über seine Nutzungsdauer verteilt.

Hier soll auf diese Lösung nicht näher eingegangen werden.

3.3.3   Nettokapitalwerte und Aufwands- und Ertragsrechnung

Betrachten wir noch einmal das Beispiel des Supermarktes aus Abschnitt 3.3. Der Bruttokapitalwert berechnet durch Diskontierung der Nettoeinzahlungen (NE_t) mit der Alternativrendite in Höhe von 10% ergibt 1.000. Da A_0 ebenfalls 1.000 beträgt, ist der NKW_0 des Projektes Null.

Berechnen wir den Kapitalwert des Projektes auf Basis der Periodenerfolge in Höhe von $NE_t - Ab_t$, erhalten wir bei linearer Abschreibung die folgenden Ertragsüberschüsse

	0	1	2	3	4	5	6
$NE_t - Ab_t$	–66,67	33,33	83,33	131,33	131,33	129,89

und einen Nettokapitalwert von $NKW_0^{Er} = 274{,}11$[1]. Wir wissen, dass der Bruttokapitalwert auf Basis der NE_t 1.000 und der Nettokapitalwert auf Basis der NE_t 0 ist. Nun existiert eine Vorgehensweise, die genau zu einem NKW_0^{Er} von Null führt: Voraussetzung ist, dass auf das jeweils gebundene Kapital Kapitalkosten in Höhe von iBV_{t-1} verrechnet werden. Auf unser Beispiel bezogen folgt:

Tabelle 6.5: Erfolg nach Kapitalkosten des Projektes Supermarkt

	0	1	2	3	4	5	6
(1) A_0, NE_t	–1000	100	200	250	298	298	296,56
(2) Abschreibung		166,67	166,67	166,67	166,67	166,67	166,67
(3) $i \cdot BV_{t-1}$		100	83,33	66,67	50	33,33	16,67
(4) $NE_t - Ab_t - iBV_{t-1}$		–166,67	–50	16,67	81,33	98	113,22

Berechnen wir den Barwert der Eintragungen in Zeile (4), also der um Kapitalkosten verkürzten Ertragsüberschüsse, erhalten wir einen NKW_0 in Höhe von 0. Es gilt also

$$(17) \qquad NKW_0 = \sum_{t=1}^{6} NE_t \, (1 + i)^{-t} - A_0 = \sum_{t=1}^{6} (NE_t - Ab_t - iBV_{t-1}) \, (1 + i)^{-t}.$$

Wir erhalten somit mit einer Zahlungsrechnung einerseits und einer korrigierten Ertragsrechnung andererseits *gleiche* NKW_0 und damit *gleiche* Signale über die Vorteilhaftigkeit von Projekten. Das ist ein gutes Ergebnis, weil es zeigt, dass Aufwands- und Ertragsrechnungen auch im Bereich langfristiger Projektentscheidungen eine brauchbare Rechengrundlage sein können

---

[1] Der Index Er zeigt an, dass es sich um einen Nettokapitalwert, berechnet auf Basis von Ertragsüberschüssen handelt. Bei der Berechnung wird die Größe A_0 nicht abgesetzt; sie gilt (vorläufig) als durch die Abschreibungsverrechnung berücksichtigt.

3.3.4 Residualgewinne

Wir bezeichnen die Erfolgsgröße $NE_t - Ab_t - iBV_{t-1}$ als Residualgewinn. Residualgewinne sind um Kapitalkosten auf Buchwerte reduzierte operative Erfolge. Abb. 6.8 verdeutlicht die Konzeption.

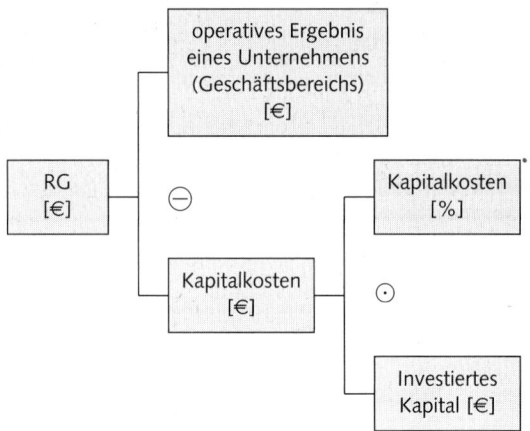

Abbildung 6.8: Konzeption des Residualgewinns

Residualgewinne sind – trotz ihrer Buchwertbasierung – ein interessantes Konzept:

(1) Es wird gezeigt, dass positive, um Kapitalkosten verkürzte Periodenerfolge Beiträge zu positiven Nettokapitalwerten bedeuten. Projekte (Unternehmen), die ausschließlich positive Beiträge i. S. v. $NE_t - Ab_t - iBV_{t-1}$, also so definierte Residualgewinne erzielen, sind vorteilhafte Projekte (rentable Unternehmen).

(2) Projekte (Unternehmen), die über lange Zeiträume negative Residualgewinne i. S. v. $NE_t - Ab_t - iBV_{t-1}$ erzielen, sind vermutlich Projekte mit negativem Nettokapitalwert.

(3) Die Formulierung des Periodenerfolgs i. S. v. $NE_t - Ab_t - iBV_{t-1}$ zeigt, dass eine positive Differenz in Höhe eines Ertragsüberschusses, also $NE_t - Ab_t > 0$, nichts Verlässliches über eine Mehrung des Vermögens der Eigentümer aussagt. Erst wenn die Differenz $NE_t - Ab_t > iBV_{t-1}$ ist, wenn also das Projekt (das Unternehmen) mehr verdient, als die Kapitalkosten (i) auf das eingesetzte Kapital zu Beginn der jeweiligen Periode (BV_{t-1}), erst dann schafft es Vermögen für die Eigentümer bzw. positive Beiträge zum BKW. Damit beachtet dieser Erfolgsmaßstab generell die alternative Rendite, die Eigentümer (Manager) bei einer anderen Verwendung der finanziellen Mittel, repräsentiert durch BV_{t-1}, hätten erzielen können.

(4) Manager tragen ihren unzufriedenen Aktionären gelegentlich vor, sie hofften, im laufenden (oder folgenden) Geschäftsjahr eine «schwarze Null» zu schreiben. Sie wollen sagen, dass sie vermutlich eine ausgeglichene Plan-Gewinn- und Verlustrechnung für den (oder die) operativen Bereich(e) erreichen wer-

den. Als Beruhigungspille ist eine solche Äußerung – im Gegensatz zur Vermutung der Manager, die diese Formulierung wählen – überhaupt nicht geeignet,
weil diese den Konventionen des Rechnungswesens folgenden Rechnungen
Kapitalkosten entweder nicht oder nur zum Teil, nämlich die Kosten des
Fremdkapitals, berücksichtigen. Ein Periodenergebnis, das die Kapitalkosten
unterschreitet, zeigt einen *Vermögensverlust* für die Eigentümer an. Eine
«schwarze Null» trägt das Attribut «schwarz» insoweit zu recht: Es handelt
sich um Ereignisse, die die Eigentümer tief traurig stimmen sollten.

(5) Da die Maximierung des BKW_0 oder des NKW_0 von Projekten (Unternehmen)
für erwerbswirtschaftliche Unternehmen eine vernünftige Zielsetzung ist, ist
eine damit verträgliche Periodenerfolgsmessung von großem Vorteil. Wenn wir
die Differenz $NE_t - Ab_t$ als operativen Erfolg eines Unternehmens (Geschäftsbereichs) bezeichnen, dann kommt es auf die Differenz des operativen Erfolgs
abzüglich der Kapitalkosten auf das eingesetzte Kapital an. Das Konzept lässt
sich somit auch zur Investitionskontrolle einsetzen. Diese Kontrolle sollte nicht
an $NE_t - Ab_t$, also dem operativen Erfolg ansetzen, sondern an $NE_t - Ab_t -$
iBV_{t-1}, dem um die Kapitalkosten verkürzten operativen Erfolg. Wir nennen
diese Größe **Residualgewinn** (RG) oder **value added** (VA).

4   Finanzierung und Risiko

4.1   Begriff des Risikos

Finanzierungsmaßnahmen beeinflussen neben der Liquidität eines Unternehmens
und Eigenkapitalrenditen auch das Risiko der Einkommenserzielung bzw. der
Nettoeinzahlungen von Unternehmen. Was ist mit **Risiko** gemeint? In der Um-
gangssprache bezeichnet man damit das mögliche Eintreten eines nachteiligen
Ereignisses. Werden die überhaupt möglichen Ereignisse auf finanzielle Ereignisse,
d. h. Ein- und Auszahlungen reduziert, kann Risiko mit der Möglichkeit des Ein-
tretens eines nachteiligen finanziellen Ereignisses gleichgesetzt werden. Bei dieser
Sprachregelung steht dem Risiko in aller Regel eine **Chance**, d. h. der mögliche
Eintritt eines vorteilhaften finanziellen Ergebnisses, gegenüber.

Damit erhebt sich die Frage nach einer Trennungslinie zwischen Risiko und
Chance; denn erst nach Festlegung dieses Nullpunktes kann die Höhe des Risikos
bzw. der Chance gemessen werden. Verschiedene Bezugsgrößen (Trennungslinien)
sind denkbar. In der hier unterstellten einperiodigen Betrachtungsweise sei ohne
weitere Diskussion festgelegt, dass Chancen dann vorliegen, wenn ein finanzielles
Ergebnis das eingesetzte Kapital übersteigt, und Risiko infolgedessen dann gegeben
ist, wenn eine eingetretene Nettoeinzahlung unterhalb des Kapitaleinsatzes liegt.

In der Literatur gibt es eine Reihe anderer Risikodefinitionen (vgl. 2. Bd.). Hier fällt die Wahl auf diese Definition, weil sie (im einperiodigen Fall) eine Darstellungsform für Risiko und Chance erlaubt, die den Vorteil hoher Anschaulichkeit hat.

4.2   Eine Darstellungsform für Risiko und Chance

Angenommen, ein bestimmtes Investitionsobjekt ist zu finanzieren. Es wird gefragt, wie die Anschaffungsauszahlung (A_0 = 100 000 €) für dieses Objekt aufgebracht werden kann und wie unterschiedliche Formen der Aufbringung des Kapitals das Risiko und die Chancen derjenigen, die an der Finanzierung teilnehmen, beeinflussen. Das Investitionsobjekt habe eine Lebensdauer von einer Periode. Die Erfolge sind unsicher. Der Eigentümer bzw. die Financiers erwarten, dass die im Folgenden angegebenen Nettoeinzahlungen mit den ebenfalls angegebenen Wahrscheinlichkeiten im Zeitpunkt 1 alternativ eintreten können:

Zustand	Nettoeinzahlung in t_1 (in T€)	Wahrscheinlichkeit
(1)	200	0,3
(2)	150	0,3
(3)	110	0,1
(4)	90	0,2
(5)	80	0,1

Eine anschauliche Darstellung der **Risiko- und Chancenstruktur**, die mit der Realisierung dieses Investitionsobjektes verbunden ist, erhält man, wenn man auf der Abszisse die kumulierten Eintrittswahrscheinlichkeiten, auf der Ordinate die Nettoeinzahlungen abträgt.

Abb. 6.9 verdeutlicht die mit diesem Investitionsobjekt verbundenen Chancen und Risiken durch Vergleich der Nettoeinzahlungen mit dem im Zeitpunkt t_0 erforderlichen Kapitaleinsatz (A_0). Sie zeigt, dass mit Sicherheit die Einzahlung von 80 T€ erzielt wird, dass mit einer Wahrscheinlichkeit von 0,9 eine solche von mindestens 90 T€ erreicht wird usw.

4.3   Risiko und Chance bei Eigenfinanzierung

Wird ein Objekt durch einen Investor mit eigenen Mitteln finanziert, hat dieser Anspruch auf alle Chancen und trägt alle Risiken. Seine Risiko- und Chancenstruktur gleichen dem Risiko und den Chancen des Investitionsobjektes.

Eine Änderung der Chancen und Risiken kann durch **Gestaltung des Finanzierungsvertrages** herbeigeführt werden. Angenommen, der Investor verfügt nur über eigene Mittel in Höhe von 50 000 €. Folglich benötigt er zur Durchführung des

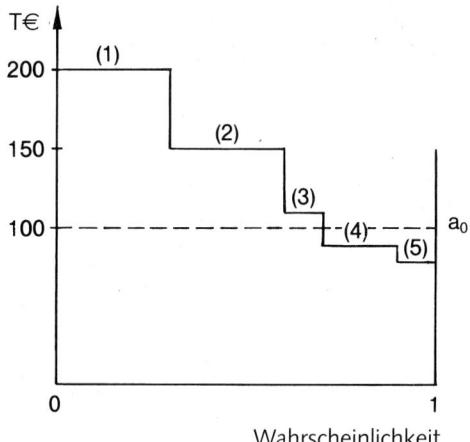

Abbildung 6.9: Risiko- und Chancenstruktur eines Investitionsobjektes

Projektes einen Partner. Dieser verlange eine Vorabrendite von 20% auf die von ihm einzubringenden Eigenmittel. Die restlichen Einzahlungen sollen «nach Köpfen» aufgeteilt werden. Berechnungsgrundlage für diese Aufteilung nach Köpfen ist somit die gesamte t_1-Einzahlung, die aber um die Vorabrendite des Partners zu kürzen ist. Akzeptiert der Investor diese Vertragsbedingungen, sehen die Zahlungsverteilungen der beiden Eigentümer wie folgt aus:

Zustand	Nettoeinzahlung des Investitionsobjektes in t_1 (in T€)	«Vorabrendite» des Partners	Aufteilung der restlichen Nettoeinzahlung nach Köpfen	
			1. Eigentümer	Partner
(1)	200	10	95	95
(2)	150	10	70	70
(3)	110	10	50	50
(4)	90	10	40	40
(5)	80	10	35	35

Betrachtet man die Aufteilung der gegebenen Nettoeinzahlungen des Investitionsobjektes auf ersten Eigentümer und Partner, wird deutlich, dass es Letzterem durch Vertragsvereinbarung gelungen ist, einen Verteilungsgewinn zu erzielen: Er hat einen größeren Anteil an den Chancen und trägt ein geringeres Risiko als der erste Eigentümer. Die in Abschnitt 1.3 abgeleitete Aussage, dass Finanzierungsverträge den Gesamtfinanzierungsbetrag (A_0) und die Erfolge des Investitionsobjektes aufteilen, gilt auch bei Unsicherheit. Hinzu kommt, dass durch Finanzierungsverträge Chancen und Risiken ungleich auf die beteiligten Financiers verteilt werden können.

4.4   Risiko und Chance bei teilweiser Fremdfinanzierung

Fremdmittelgeber erhalten i. d. R. einen vertraglich fixierten Zinssatz auf die Darlehenssumme. Eine darüber hinausgehende Beteiligung an den Chancen von Investitionsobjekten steht ihnen regelmäßig nicht zu. Wenn der Eigentümer im Beispiel anstelle eines Partners eine Bank um eine Finanzierungsbeteiligung in Höhe von 50 000 € an dem Investitionsobjekt bittet und der Zinssatz 10% beträgt, geht die Bank mit der Kreditgewährung kein Risiko ein. Gemäß den Einzahlungserwartungen wird der Kreditnehmer sowohl die Zinsen als auch die Rückzahlung des Kredites in t_1 leisten können. Die Chancen- und Risikostruktur für den Eigentümer ergibt sich bei 50%iger Fremdfinanzierung in einfacher Weise aus Abb. 6.9: Der Mitteleinsatz des Investors wird von 100 000 auf 50 000 gesenkt; alle erwarteten Einzahlungen aus dem Investitionsobjekt werden um die an die Bank zu leistende Zins- und Tilgungszahlung (55 000 €) gekürzt.

Angenommen, es gelingt dem Eigentümer, den Fremdmittelanteil an der Finanzierung des Objektes auf 90 000 € bei unverändertem Zinssatz von 10% zu erhöhen. Außerdem schaffe er es, eine persönliche Haftung gegenüber der Bank auszuschließen. Das wäre z. B. dann der Fall, wenn eine vom Eigentümer gegründete GmbH das fragliche Objekt realisierte. Für die kreditgebende Bank ergibt sich dann die aus Abb. 6.10 wiedergegebene **Risiko- und Chancenstruktur.**

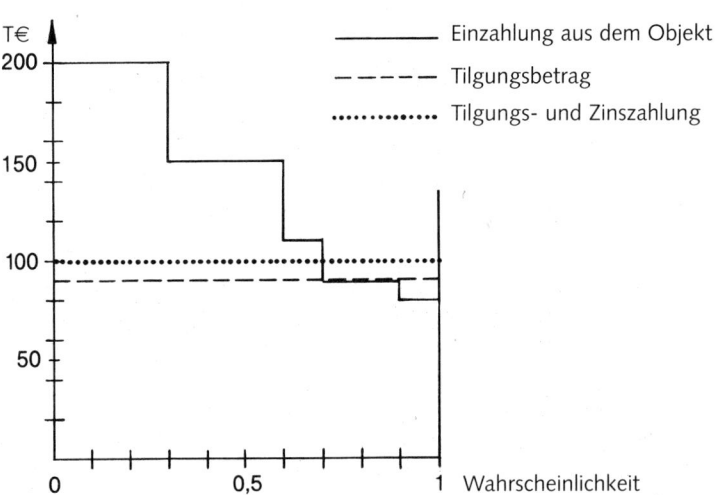

Abbildung 6.10: Risiko- und Chancenstruktur des Kreditgebers (Kredithöhe: 90 T€)

Abb. 6.10 macht deutlich, dass die Bank jetzt Risiko trägt: Zunächst muss sie mit einer Wahrscheinlichkeit von 0,1 damit rechnen, eine Tilgungszahlung von 80 000 € anstatt von 90 000 € zu erhalten. Zusätzlich muss sie befürchten, mit einer Wahrscheinlichkeit von 0,3 die vereinbarten Zinsen in Höhe von 9 000 €

nicht zu bekommen. Die Bank trägt damit ein spürbares **Ausfallrisiko.** Da es dem Eigentümer annahmegemäß gelungen ist, seine Haftung gegenüber der Bank auf das Vermögen seiner GmbH und damit auf die Nettoeinzahlungen aus dem Investitionsobjekt zu beschränken, hat er mit Erfolg Risiko auf den Fremdmittelgeber (die Bank) abgewälzt. Da das Risiko, das die Bank trägt, nicht von den Eigentümern übernommen werden muss, hat sich deren Position insgesamt verbessert.

In der realen Welt ist nicht generell damit zu rechnen, dass sich die Banken so einfach auf's Glatteis führen lassen. Einem Kreditgeber stehen verschiedene **Reaktionsmöglichkeiten** offen, wenn er eine Risikoverlagerungsabsicht wahrzunehmen glaubt:

- Die Bank kann z.B. die Darlehenssumme rationieren, d.h., sie gewährt maximal den Kreditbetrag, den der Eigentümer im Beispiel mit Sicherheit verzinsen und tilgen kann. Wenn der Kreditzinssatz 10% beträgt, beläuft sich dieser maximale nicht ausfallbedrohte Kreditbetrag im Beispiel auf 72 727 € (**Kreditrationierung**).
- Die Bank wird ihre Entscheidung über die Kreditgewährung möglicherweise nicht ausschließlich an der künftigen Liquidität, d.h. den Nettoeinzahlungen im Zeitpunkt 1 ausrichten, sondern zusätzlich die güterwirtschaftliche Liquidität der Vermögensgegenstände des Eigentümers in Betracht ziehen. Sie verlangt eine **Kreditsicherheit.** Diese kann darin bestehen, dass der Eigentümer auf den Ausschluss der persönlichen Haftung verzichtet, auch darin, dass dieser einen Dritten als Bürgen benennt. Schließlich könnte der Eigentümer der Bank ein Pfandrecht an einem Vermögensgut einräumen, dessen Wert den Kredit- und Zinsbetrag erreicht.

5   Eigen- bzw. Beteiligungsfinanzierung

Es sind jetzt einige **Finanzierungsformen**, die Unternehmen zur Verfügung stehen, zu erläutern. Die Vor- und Nachteile und damit die Beiträge einzelner Finanzierungsformen zur Zielsetzung der Eigentümer sind zu skizzieren. In einer im Umfang stark eingeengten Einführung kann in diesen Problemkreis nicht intensiv eingestiegen werden. Hier können – einer Einführung entsprechend – nur Grundzüge skizziert werden. Der interessierte Leser wird auf ergänzende Literaturhinweise im Text sowie das Literaturverzeichnis zu diesem Kapitel verwiesen. Eine wichtige Funktion dieser Einführung wäre bereits dann erfüllt, wenn es gelungen wäre, die Neugier des Lesers zu wecken.

5.1   Definition und Funktionen von Eigenkapital

Eigen- bzw. **Beteiligungsfinanzierung** liegt vor, wenn dem Unternehmen Eigenmittel (Eigenkapital) oder entsprechende Sacheinlagen durch bisherige bzw. neue Eigentümer (Einzelunternehmen, Personengesellschaft) oder bisherige bzw. neue Gesellschafter oder Anteilseigner (Kapitalgesellschaft) von außen zugeführt werden.

Werden die Mittel von den bisherigen Eigentümern (Altgesellschaftern, Altaktionären) bereitgestellt, liegt nach üblichem Sprachgebrauch **Eigenfinanzierung** vor. Stellen neu in das Unternehmen aufzunehmende Eigentümer (Gesellschafter, Aktionäre) die finanziellen Mittel zur Verfügung, handelt es sich um eine **Beteiligungsfinanzierung**.

Wir gehen so vor: Wir suchen zunächst nach einer brauchbaren Definition für Eigenkapital und beschreiben die Funktionen, die Eigenkapital in Unternehmen übernimmt. Dann beschäftigen wir uns mit der Eigenkapitalausstattung deutscher Unternehmen. Schließlich stellen wir Möglichkeiten der Eigenkapitalbeschaffung vor.

Eigenkapital präzise zu definieren und von Nicht-Eigenkapital, das wir zunächst mit dem Begriff Fremdkapital belegen wollen, klar abzugrenzen ist eine komplizierte Aufgabe. Eine Ursache dafür liegt in der Vielzahl der Finanzierungskontrakte, die wir in der Realität vorfinden und die sich unterscheiden in Bezug auf

- die Überschussabhängigkeit der Zahlungsansprüche der Financiers im Fortführungsfall,
- Art und Rang der Zahlungsansprüche der Financiers im Insolvenzfall,
- die mit den Zahlungsbeziehungen verknüpften Mitentscheidungs- und Informationsrechte der Financiers,
- die vertraglich vereinbarte Fristigkeit der Finanzierungsbeziehung einschließlich der Kündigungsmodalitäten,
- die vereinbarten, bei Vertragsverletzungen einer Partei in Gang setzbaren Sanktionen der anderen Partei.

Swoboda [Risikograd] hat verbreitete Definitionen des Begriffs Eigenkapital in der Literatur zusammengetragen und geprüft, ob sie erlaubten, bestimmte Kapitalformen eindeutig dem Eigen- oder dem Fremdkapital zuzuordnen, ob die Zuordnung durch leichte Veränderung der vertraglichen Vereinbarungen beeinflussbar sei, und schließlich, ob die Definitionen «informativ» seien, d. h. ob die Kenntnis der Definition etwas Wissenswertes über die Finanzierungsbeziehung zwischen Unternehmen und Financier aussage. *Swoboda* kommt zu einem negativen Ergebnis: Keine der bekannten Definitionen befriedigt seinen Anforderungskatalog. Er folgert, dass das bestimmende Merkmal der finanziellen Ansprüche eines Financiers das **Risiko** sei. Deshalb müsse man, wenn man vertraglich geregelte Finanzierungsbeziehungen in zwei Klassen (Eigen- versus Fremdkapital) einordnen wolle, den Risikograd der Ansprüche als Abgrenzungsmerkmal heranziehen.

Diese Aussage ist so zu verstehen, dass die konkreten vertraglichen Vereinbarungen über Höhe, Zeitpunkt, Ergebnis(un)abhängigkeit der laufenden Ansprüche, Höhe und Rang des Anspruchs im Liquidationszeitpunkt, Mitentscheidungs- und Informationsrechte, Sanktionspotenziale etc. gemeinsam den **Risikograd** der finanziellen Ansprüche festlegen, sodass alle vertraglichen Eigenschaften der Ansprüche vor dem Hintergrund der gegebenen institutionellen Arrangements (Gesellschaftsrecht, Kreditsicherungsrecht, Insolvenzrecht) sich letztlich im Risikograd niederschlagen. Die Übernahme dieser Sichtweise kann zum Ergebnis haben, dass manches, was nach herrschender Auffassung zum Fremdkapital zählt, nun zum Eigenkapital zu zählen wäre.

Beispiele

(1) Die Hausbank gewährt einem Unternehmen einen Sanierungskredit, um diesem die Beantragung eines Insolvenzverfahrens wegen der drohenden Zahlungsunfähigkeit zu ersparen. Weil alle Aktiven des Unternehmens durch Sicherungsansprüche von Gläubigern bereits belegt sind, wird der Sanierungskredit ohne Sicherheiten gegeben. Aus steuerlichen und insolvenzrechtlichen Gründen wird die Bank darauf bestehen, Fremdkapital gewährt zu haben. Gemäß den Überlegungen von *Swoboda* läge wegen des erheblichen Risikos, mit dem die Ansprüche aus dem Sanierungskredit belastet sind, Eigenkapital vor.

(2) Die Hausbank verweigert den Sanierungskredit. Daher gewähren die Gesellschafter des Unternehmens, eine GmbH, die Sanierungskredite selbst. Gemäß den Überlegungen Swobodas läge Eigenkapital vor. Die Gesellschafter werden insbesondere im möglicherweise eintretenden Insolvenzfall darauf pochen, Fremdkapital gewährt zu haben, um ihre Ansprüche als Insolvenzforderungen anmelden zu können. Eben dies versagt ihnen die Rechtsordnung: Die «Kredite» werden i. S. v. § 32a GmbHG in aller Regel in Eigenkapital umgewandelt, um den Gesellschaftern den Anspruch aus gewährten Krediten im Insolvenzverfahren zu nehmen. Hier deckt sich das von *Swoboda* vorgeschlagene Kriterium mit der Intention des Gesetzgebers.

(3) Ein Unternehmen mit großem Investitionsrisiko, hoher Verschuldung und schlechter Ertragslage habe in der Vergangenheit seinen Arbeitnehmern Zusagen auf betriebliche Altersversorgung gemacht und aus handelsrechtlichen und steuerlichen Überlegungen Pensionsrückstellungen gebildet. Die Pensionsrückstellungen in der Bilanz repräsentieren künftige Ansprüche der Arbeitnehmer. Das Unternehmen sei insolvenzbedroht. Versicherungslösungen für die Ansprüche der Arbeitnehmer (wie z. B. der Pensionssicherungsverein) sollen nicht bestehen. Ansprüche bereits ausgeschiedener Arbeitnehmer sollen im Insolvenzfall als einfache Insolvenzforderungen behandelt werden. Der Risikograd der Ansprüche der Arbeitnehmer ist unter diesen Bedingungen so groß, dass man die im Unternehmen angesammelten Mittel gemäß dem Kriterium von Swoboda zum Eigenkapital zu zählen hätte.

Die Nutzung des Risikogrades als Abgrenzungskriterium könnte auch zur Folge haben, dass nach herrschender Auffassung zum Eigenkapital zählende Kapitalformen (unter allerdings günstigen Bedingungen) Fremdkapitalcharakter hätten. Nehmen wir an, eine Gesellschaft, deren wirtschaftliche Leistungskraft über alle Zweifel erhaben ist, gibt Vorzugsaktien aus, die ergebnisabhängig mit einer Vorzugsdividende von x% zu bedienen sind und nach fünf Jahren von der Gesellschaft gekündigt und zu einem fixierten Preis aufgekauft werden. Wegen der Bonität der Gesellschaft besteht kein Zweifel, dass a) die Jahresüberschüsse während der Laufzeit ausreichen, um buchmäßig die Ausschüttung der Vorzugsdividenden in den folgenden fünf Jahren zu gestatten, sowie b) die Ausschüttungen und die Rückzahlung auch finanziert werden können. Die Ansprüche der Financiers sind so sicher wie die derjenigen, die z. B. AAA-Obligationen halten. Folglich läge Fremdkapital vor.

Die Folgen der Übernahme des Abgrenzungskriteriums «Risikograd» wären somit weitreichend. Zugleich bringt das Kriterium auch Probleme mit sich, auf die *Swoboda* selbst hinweist [Risikograd, 356]. Man muss sich auf ein Risikomaß einigen; man muss festlegen, ab welcher Risikomenge eine Kapitalform zu «Eigenkapital» zählt und somit unabhängig von steuerlichen oder juristischen Klassifikationen nicht mehr unter «Fremdkapital» fällt, und man muss die Risikomenge, die den in einem Finanzierungskontrakt definierten Ansprüchen anhaftet, relativ genau messen können. Die Einordnung von Ansprüchen in eine der beiden Klassen wird damit nicht nur informativ, sondern auch sehr kompliziert (Schneider [Risikokapital] 188) und vom Einzelfall abhängig.

Im Folgenden wollen wir der Vielfalt der Kontraktformen in der Realität insoweit aus dem Weg gehen, als wir «idealtypische» oder «reine» Grenzpositionen definieren, die für Eigen- bzw. Fremdkapital stehen.

Ansprüche von Eigenkapitalgebern seien gekennzeichnet durch
- eine vertragliche (absprachekonforme), ausschließliche Ergebnisabhängigkeit **im Fortführungsfall** (Nicht-Liquidations-Fall) in Verbindung mit einer buchmäßigen Reduktion des Kapitalbestandes im Verlustfall und dem Fehlen eines vertraglich festgelegten Rückzahlungszeitpunktes,
- die vertragliche (absprachekonforme) Platzierung des Anspruchs als Residualanspruch nach allen gesetzlich und/oder vertraglich vorrangig platzierten Ansprüchen im **(freiwilligen) Liquidationsfall** oder **(erzwungenen) Zerschlagungsfall.**

Der Betrag der von Eigenkapitalgebern als Gegenleistung für diese Ansprüche geleisteten oder weiterhin bereitgestellten Mittel bzw. der Wert der für diese Ansprüche eingebrachten Vermögensgegenstände und Rechte stellt «reines» Eigenkapital dar.

Ansprüche aus «reinem» Fremdkapital (Schneider [Risikokapital] 187) seien gekennzeichnet durch

- eine vertragliche (absprachekonforme), ausschließliche Ergebnisunabhängigkeit ohne buchmäßige Reduktion des Kapitalbestandes im Verlustfall und
- eine vertragliche Festlegung der Verzinsungs- und Rückzahlungsmodalitäten und -zeitpunkte.

«Reines» Fremdkapital ist konzipiert als risikoloses Kapital, soweit als Bezugspunkte die Leistungswilligkeit und -fähigkeit des Schuldners gewählt werden, das Risiko einer Marktzinserhöhung oder das der Beschleunigung der Inflationsrate also unbeachtet bleiben.

Die oben skizzierten Eigenschaften der Ansprüche von «reinem» Eigenkapital sind gemeint, wenn davon gesprochen wird, Eigenkapital «hafte» oder Eigenkapital übernehme eine Pufferfunktion, um «Verluste» aufzufangen. Dies ist zu erläutern. Hierzu betrachten wir das in Abschnitt 4 benutzte Investitionsobjekt.

Zustand der Welt	Nettoeinzahlungen	Wahrscheinlichkeit
1	200	0,3
2	150	0,3
3	110	0,1
4	90	0,2
5	80	0,1

Die Anschaffungskosten (A_0) seien 100. Für risikolose Positionen erzielten Gläubiger alternativ 12%. Sie fordern deshalb für «reines» Fremdkapital von den Eigentümern eine Rendite $i = 0,12$, soweit ihnen eine risikolose Position angeboten wird. Gläubiger werden es ablehnen, Fremdkapital in Höhe von $A_0 = 100$ bereitzustellen, da sie bei Eintritt der Zustände 3, 4 oder 5 erhebliche Ausfälle hätten. Diese Überlegung ist der Ausgangspunkt für die Aussage, Eigenkapitalgeber seien die Risikoträger. Je höher der Anteil des Finanzierungsbeitrages von Gläubigern (F_0) am benötigten Investitionsbetrag A_0 ist, desto höher sind die Zins- und Rückzahlungsansprüche der Gläubiger, die aus den Nettoeinzahlungen des finanzierten Objekts zu leisten sind. Mit steigendem Finanzierungsanteil der Gläubiger steigt ihr Risiko, dass ihre Zahlungsansprüche teilweise unerfüllt bleiben (Ausfallrisiko).

Je höher der Eigenkapitalanteil (E_0) an dem Investitionsbetrag A_0 ist, wobei $A_0 = F_0 + E_0$, desto mehr tragen die Eigentümer das Risiko, das mit der Unsicherheit von Nettoeinzahlungen verbunden ist. Mit steigendem Eigenkapitalanteil wird die Gläubigerposition weniger riskant und ist schließlich sicher. In diesem Sinn sind Eigenkapitalgeber **Risikoträger** im Fall der Unternehmensfortführung. Sie tragen Risiko, weil sie Restbetragsansprüche (Stützel [Aktie]) haben.

Der Sachverhalt kann auch so dargestellt werden: Gläubigern wird, wenn sie sich zur teilweisen Finanzierung eines Investitionsobjektes bereitfinden, ein bevorrechtigter Anspruch auf Zins- und Rückzahlungen eingeräumt. Gläubiger erhalten somit den «sicheren» Teil der Verteilung der Nettoeinzahlungen zu jedem Zeitpunkt t. Im obigen Beispiel wäre ein Gläubiger in t_0 bereit, zum Zinssatz i = 0,12 einen maximalen Finanzierungsbeitrag (F_0) von $80 \cdot 1{,}12^{-1}$ = 71,43 zu leisten, wenn er kein Ausfallrisiko übernehmen wollte. Kommt dieser Kreditvertrag zustande, dann ist dem Gläubiger die ergebnisunabhängige Zahlung von 80 zugesichert, gleichgültig welcher Zustand der Welt eintritt. Der Gläubiger trägt kein Risiko.

Das gesamte Risiko tragen die, die die Eigenmittel aufbringen. E_0 muss im Beispiel 28,57 betragen. Die Eigentümer haben wegen des prioritätischen Anspruchs des Gläubigers nur einen **Residualanspruch**. Bei der hier erläuterten Aufteilung von A_0 auf F_0 und E_0 tragen die Eigentümer das gesamte Risiko. Dieses verminderte sich erst, wenn F_0 den Betrag von 71,43 überstiege. Dann nämlich übernähmen auch die Gläubiger Risiko. Und der Teil des Risikos, den die Gläubiger übernehmen, muss von den Eigentümern nicht getragen werden. Die Aufteilung des zu finanzierenden Betrages A_0 auf E_0 und F_0 entscheidet somit bei gegebener Verteilung der Nettoeinzahlungen zum Zeitpunkt t, ob der Gläubiger überhaupt und, wenn ja, wie viel Risiko er übernimmt.

Die angestellten Überlegungen zum mindestens notwendigen Eigenkapital (28,57) bauen auf einigen Voraussetzungen auf: Es wurde unterstellt, dass die Investoren, die Restbetragsansprüche, und die, die Festbetragsansprüche (Stützel [Aktie]), d. h. ergebnisunabhängige Ansprüche haben, die Verteilung der möglichen Nettoeinzahlungen des Projektes gleich einschätzen. Es wurde weiterhin angenommen, Fremdkapitalgeber seien davon überzeugt, dass die Eigentümer das geplante Investitionsobjekt auch realisieren und von strategischen Zügen, Leuten mit Festbetragsansprüchen nach Abschluss des Finanzierungskontraktes dennoch Ausfallrisiken aufzubürden, absehen. Bestehen auf seiten der potenziell Betroffenen Zweifel in Bezug auf die genannten Aspekte, senken sie ihren Finanzierungsbeitrag mit der Folge, dass der Mindest-Eigenkapitaleinsatz steigen muss, wenn das Investitionsobjekt realisiert werden soll.

Betrachten wir nun den **Insolvenzfall** mit der möglichen Folge der Einleitung eines Insolvenzverfahrens. (Drohende) Zahlungsunfähigkeit oder Überschuldung des Unternehmens ist Voraussetzung für die Eröffnung eines Insolvenzverfahrens (§§ 16, 17, 18, 19 InsO). Die Einleitung eines Insolvenzverfahrens zieht sehr häufig die Zerschlagung des Unternehmens nach sich: Die diesem gehörenden Vermögensgegenstände werden durch einen Insolvenzverwalter bestmöglich verwertet, um vorrangig die Ansprüche der Gläubiger in Form ausstehender Zinsen und Rückzahlungsansprüche zu befriedigen.

Unternehmen können, wie erläutert, durch Bilanzen abgebildet werden. Unter bestimmten Voraussetzungen kann man sagen, dass die Aussichten der Gläubiger, eine befriedigende Insolvenzquote zu erhalten, umso größer sind, je höher der Anteil des bilanziellen Eigenkapitals am bilanziellen Gesamtkapital ist.

Angenommen, Unternehmen I und II haben die gleichen Aktiva, also die gleichen Vermögensgegenstände. Nur die Passivseite unterscheidet sich: Unternehmen I hat größere Verbindlichkeiten (V), und das heißt, es muss höhere Festbetragsansprüche bedienen als Unternehmen II. Es besitzt daher ein entsprechend niedrigeres bilanzielles Eigenkapital.

Bilanz Unternehmen I
$$AV \qquad EK_I$$
$$UV \qquad V_I$$

Bilanz Unternehmen II
$$AV \qquad EK_{II}$$
$$UV \qquad V_{II}$$

Angenommen, beide Unternehmen haben ein Insolvenzverfahren eingeleitet. Da die Aktiven beider Betroffenen gleich sind, verfügen die Insolvenzverwalter jeweils über die gleiche Insolvenzmasse. Zur Vereinfachung der Darstellung soll auch angenommen werden, dass die Veräußerungserlöse aus der Verwertung der Insolvenzmassen gleich sind. Die «Zerschlagungsbilanzen» I und II sehen dann so aus:

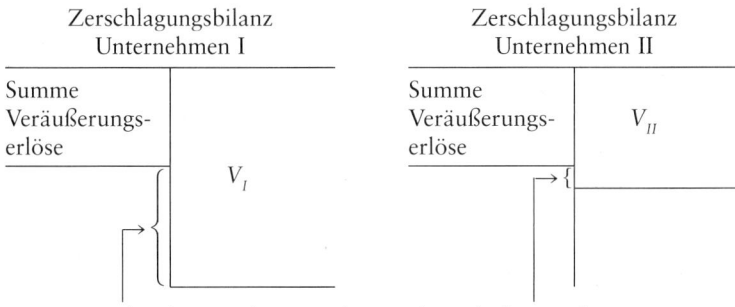

Zerschlagungsbilanz Unternehmen I — Summe Veräußerungserlöse — V_I

Zerschlagungsbilanz Unternehmen II — Summe Veräußerungserlöse — V_{II}

durch Veräußerungserlöse nicht gedeckter Teil der Ansprüche der Gläubiger

Die Fremdkapitalgeber des Unternehmens I haben hohe endgültige Zahlungsausfälle: Ihre Insolvenzquote – Gleichverteilung unter allen Gläubigern unterstellt – beträgt etwa 59%. Manche Financiers, die bei Vertragsabschluss glaubten, Festbetragsansprüche zu besitzen, haben ex post Residualansprüche, weil die «Insolvenzpufferaufgabe» (Schneider [Risikokapital] 187) vom Eigenkapital nur z. T. erfüllt wird. Die Gläubiger von Unternehmen II erhalten eine deutlich höhere Insolvenzquote. Sie liegt bei 85%. Dies ist eine Folge des geringeren Volumens an Festbetragsansprüchen bzw. des höheren Anteils an Residualansprüchen, was sich in der höheren bilanziellen Eigenkapitalquote von Unternehmen II zeigt.

5.2   Zur Eigenkapitalausstattung deutscher Unternehmen

Wie hoch sind die bilanziell gemessenen Eigenkapitalanteile an der Bilanzsumme deutscher Gesellschaften? Wie haben sich diese im Zeitablauf entwickelt? In grafischer Darstellung erhält man das Bild einer mittelschweren Skipiste mit kurzem Auslauf (Abb. 6.11).

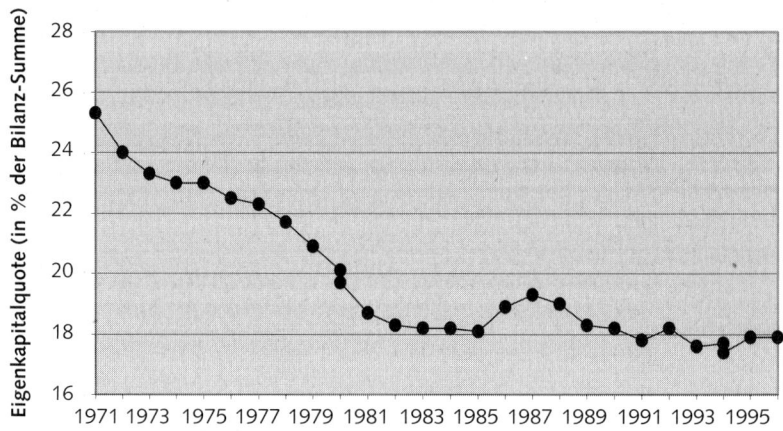

Quelle: Deutsche Bundesbank: Jahresabschlüsse westdeutscher Unternehmen 1971 bis 1996; Sonderveröffentlichung; Statistische Sonderveröffentlichung 5; 1999; Die Systematik der Wirtschaftszweige wurde 1979 und 1993 geändert, daher ergibt sich in den jeweiligen Folgejahren ein Sprung im Grafikverlauf.

Abbildung 6.11: Eigenmittelquote der deutschen Unternehmen 1971–1996

Beschränkt man sich auf Daten für deutsche Kapitalgesellschaften, fällt der Fall der vertikalen Eigenkapitalquote weniger dramatisch aus. Abb. 6.12 belegt, dass die Branchenzugehörigkeit einen erheblichen Einfluss auf die Eigenkapitalquote hat.

Drei Fragen sind in diesem Zusammenhang von Bedeutung:
1. Was sind Ursachen dieser Entwicklung?
2. Ist diese Entwicklung Besorgnis erregend und, wenn ja, warum?
3. Was kann unternommen werden, um ggf. einer zu niedrigen vertikalen Eigenkapitalquote entgegenzuwirken?

Zu 1) Die **Ursachen** für diese Entwicklung sind komplex und teilweise umstritten. Einige Argumente seien hier kurz dargestellt: Die steuerliche Abzugsfähigkeit von Fremdkapitalzinsen diskriminiert die Eigen- bzw. Selbstfinanzierung. Unter steuerlichen Gesichtspunkten ist es für Unternehmen günstig, ihren Anteil an Fremdkapital zu erhöhen. Deren im Zeitablauf gesunkene Ertragskraft führte, verstärkt durch die in Deutschland hohe Belastung

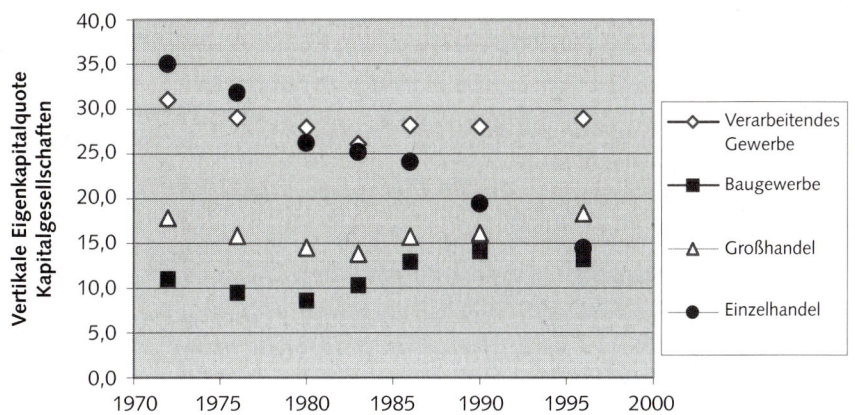

Quelle: Deutsche Bundesbank: Sonderberichte Nr. 6 1983 und 1986; Sonderveröffentlichung 1994: Verhältniszahlen aus Jahresabschlüssen westdeutscher Unternehmen für 1990; Sonderveröffentlichung 1999: Verhältniszahlen aus Jahresabschlüssen west- und ostdeutscher Unternehmen für 1996.

Abbildung 6.12: Eigenkapitalquoten deutscher Kapitalgesellschaften

durch Ertragsteuern, dazu, dass sich ihre Möglichkeiten zur Selbstfinanzierung verringerten. Hinzu kommt ein Kostenaspekt: Eigenkapitalgeber tragen, wie gezeigt, Risiko. Ihnen muss zum Ausgleich folglich eine Risikoprämie geboten werden (Drukarczyk [Theorie und Politik] Kap. 5, 8, 9). Eigenkapital ist folglich teurer als Fremdkapital, und zwar auch dann, wenn man die unterschiedliche steuerliche Behandlung nicht beachtet. Zu beachten sind auch die Probleme, die nicht börsenfähige Unternehmen bei der Beschaffung von Eigenkapital im Wege der Außenfinanzierung zu überwinden haben.

Zu 2) Eine geringe Eigenkapitalquote schwächt die Fähigkeit des Unternehmens, Ertragseinbußen aufzufangen, und erhöht somit die **Gefahr** von **Zahlungskonflikten** mit den Gläubigern. Altgläubigern wird so ein Ausfallrisiko aufgebürdet, das sie nicht übernehmen wollen.

Auch volkswirtschaftlich werden Gefahren gesehen: Die im internationalen Vergleich unterdurchschnittliche Eigenkapitalausstattung verhindere die Finanzierung und Durchführung von riskanten, jedoch volkswirtschaftlich erwünschten technischen Innovationen. Gläubiger lehnten die Finanzierung solcher Investitionsobjekte ab, da ihnen das Risiko wegen der Schwierigkeit, zukünftige Zahlungen korrekt einzuschätzen, zu groß ist und beleihbare Vermögensgegenstände (Kreditsicherheiten) für Kredite bei den Eigentümern in aller Regel nicht vorhanden sind. Vor diesem Hintergrund wird befürchtet, dass die faktische Eigenkapitalausstattung eine «Innovationslücke» nach sich ziehe.

Es bestehen also Gründe, die Entwicklung sinkender Eigenkapitalquoten aufmerksam zu verfolgen. Das Problem liegt jedoch darin, dass niemand zu sagen vermag, ab welchem Punkt die Eigenkapitalausstattung **zu gering** ist und die oben angedeuteten Folgen auftreten. Stellt man das Problem auf den Kopf, ist der Nachweis einer «Eigenkapitallücke» gleichbedeutend mit dem Beleg eines «angemessenen» Eigenkapitals für Unternehmen. Es müßte den Kritikern zu denken geben, dass noch niemand einen überzeugenden Weg für die Lösung des Problems gewiesen hat. Da die Unternehmen einer Vielzahl von unterschiedlichen Einflüssen und Gegebenheiten ausgesetzt sind (unterschiedliches Geschäftsrisiko, Diversifikationsmöglichkeiten), scheitert der Versuch einer allgemeinen Definition.

Zu 3) Auch die **zur Verbesserung der Eigenkapitalausstattung diskutierten Maßnahmen** sind teilweise umstritten. Alle zielen auf die Verbesserung der Eigenkapitalbeschaffung der Unternehmen ab. Teilweise wird vorgeschlagen, einen organisierten Kapitalmarkt für Anteile an Nicht-Aktiengesellschaften zu schaffen (Sachverständigenrat 1979); so könnten die Kosten für die Beschaffung von Eigenkapital gesenkt werden. Von juristischer Seite werden dagegen mit Hinweis auf den Anlegerschutzgedanken ernste Bedenken vorgebracht (Reuter [Maßnahmen] 1984).

Ein klares Votum für die kleine AG haben *Albach* sowie *Corte* u. a. ([Deregulierung des Aktienrechts], 1988) abgegeben. Die Autoren leiten aus einer empirischen Untersuchung ab, welche Hindernisse reduziert werden müßten, um die Akzeptanz der Rechtsform Aktiengesellschaft für kleine, dynamische Unternehmen zu erhöhen. Sie gehen davon aus, dass das Aktiengesetz seit jeher auf Großunternehmen zugeschnitten sei und die Verfassungsregeln des AktG dort abgeschmolzen werden sollen, wo die Regelungen für die kleine AG mit engem Gesellschafterkreis nicht benötigt werden bzw. die Eigentümerziele nur eine geringere Ausformung des Anlegerschutzes verlangen.

Der Gesetzgeber hat dazu am 2. 8. 1994 das «**Gesetz für kleine Aktiengesellschaften und zur Deregulierung des Aktienrechts**» erlassen (Seibert u. a. [Kleine AG] 1995). Die Ein-Personen-Gründung ist zulässig (§ 2 AktG). Die Hauptversammlung kann mit eingeschriebenem Brief einberufen werden, wenn die Aktionäre der Gesellschaft namentlich bekannt sind (§ 121 (4) AktG). Dies gilt sinngemäß für die Tagesordnung der Hauptversammlung und ein Verlangen von Minderheiten zur Bekanntmachung (§ 121 (1) AktG). Eine notarielle Beurkundung der Hauptversammlungsbeschlüsse entfällt, wenn es sich nicht um Grundlagenbeschlüsse handelt, für die das Gesetz eine 3/4- oder größere Mehrheit vorsieht und wenn die Gesellschaft nicht börsennotiert ist (§ 130 (1) AktG). Eine vom Vorsitzenden des Aufsichtsrates zu unterzeichnende Niederschrift reicht aus. Für neugegründete, kleine Aktiengesellschaften beseitigt das Gesetz den drittelparitätisch mitbestimmten Aufsichtsrat. Wie für GmbHs gilt für diese AGs, soweit sie weniger als 500 Beschäftigte haben, dass die Arbeitnehmer keine Mitglieder in den Aufsichtsrat entsenden. Dass dies nur für nach dem 2. 8. 1994 gegründete Gesellschaften gilt, ist eine Eigenschaft, die politischem Lobbyismus ihre Entstehung verdankt. Insgesamt sind die Bemühungen um eine Deregulierung erkennbar.

Zur Finanzierung von riskanten Innovationen wurden spezielle Gesellschaften ins Leben gerufen (sog. Venture-Capital-Gesellschaften), die eine größere Anzahl solcher Investitionsobjekte gleichzeitig finanzieren und so durch Portefeuillebildung das Risiko der Anlage verringern können.

Die Beteiligung von Mitarbeitern am Kapital der arbeitgebenden Unternehmung wird ebenfalls als möglicher Ausweg angesehen. Hier werden von seiten der Gewerkschaften Einwände laut: Die Beteiligung des Arbeitnehmers am Kapital der arbeitgebenden Unternehmung würde diesem neben dem Risiko des Arbeitsplatzverlustes auch noch das des Kapitalverlustes seiner Einlage aufbürden. Zusätzlich wird wegen der möglichen Annäherung der Interessen von beteiligten Arbeitnehmern an die der Eigentümer eine Schwächung der Position der Gewerkschaften befürchtet. Die Diskussion soll hier nicht weiter vertieft werden. Es wird auf weiterführende Literatur verwiesen (Albach u. a. [Deregulierung des Aktienrechts]; Reuter [Maßnahmen]; Weingart [Finanzintermediäre]).

5.3 Die Beschaffung von Eigenkapital durch Aufnahme neuer Teilhaber (Gesellschafter) bei nicht emissionsfähigen Unternehmen

Hier sind einige Probleme zu diskutieren, die für die Mehrzahl von Unternehmen' bei der Beschaffung von Eigenkapital entstehen. Mit nicht emissionsfähigen Unternehmen sind solche bezeichnet, die sich nicht durch Ausgabe von Aktien an eine Vielzahl von Kapitalgebern zusätzliche Eigenmittel beschaffen können. Hierzu zählen etwa Einzelunternehmen, die OHG, die KG, die GmbH und kleinere Aktiengesellschaften, deren Bekanntheitsgrad so gering ist, dass eine Aktienemission als riskantes Unterfangen erschiene.

Man kann unterstellen, dass bei gegebenem Eigenkapital eines Unternehmens der Aufnahme von Fremdmitteln Grenzen gesetzt sind. Wachsende Unternehmen, die neue Produkte und/oder neue Technologie entwickeln und einführen, benötigen daher auch zusätzliche Eigenmittel. Als Quellen kommen das Privatvermögen der Eigentümer (Gesellschafter) und die Einbehaltung von «verdienten» finanziellen Überschüssen in Frage. Ist das Privatvermögen erschöpft und reichen die «verdienten» Überschüsse nicht aus, um den Eigenkapitalbedarf zu decken, könnten auch neue Eigentümer (Gesellschafter) aufgenommen werden.

Beteiligungskapital und beteiligungsähnliches Kapital für wachstumsträchtige kleine Unternehmen bezeichnet man als **Venture Capital**.

Kennzeichnend für diese Finanzierungsform ist die Managementunterstützung, die parallel zur Kapitalbereitstellung erfolgt und die Langfristigkeit der Finanzierungsbeziehung. Der Venture-Capital-Geber erzielt seine geforderte Rendite weniger durch periodische Ausschüttungen als durch Kapitalgewinne beim Ausstieg aus der Beteiligung. Da bei Finanzierungsengagements in jungen Unternehmen immer das Risiko des Totalverlusts besteht, haben Venture-Capital-Gesellschaften spezielle Anreizsysteme entwickelt. So wird immer nur eine Finanzierungsrunde bis zum Erreichen eines bestimmten Entwicklungszieles (Mile Stone) finanziert. Der Unternehmensgründer (Entrepreneur) wird dadurch dazu angehalten, die Investition der Mittel genau zu planen. Auch über spezielle Finanzinstrumente, z.B. Wandelanleihen, wird versucht, Risiko auf den Entrepreneur zu verlagern.

Alternativ zu der Finanzierung über eine Venture-Capital-Gesellschaft kann der Entrepreneur versuchen, Venture Capital von **Business Angels** zu erhalten. Business Angels sind Privatleute, die Teile ihres Privatvermögens in Unternehmen investieren, die von Familienangehörigen, Verwandten, Freunden aber auch von Fremden gegründet wurden (Leopold/Frommann [Eigenkapital für den Mittelstand] 236). Häufig sind es aktive oder ehemalige Unternehmer bzw. Unternehmensgründer, die über Kapital, Know-How und Erfahrung verfügen und Jungunternehmer beraten und unterstützen können. In den USA wird von Business Angels ein mehr als doppelt so großes Investitionsvolumen bereitgestellt wie von Venture-Capital-Gesellschaften (Leopold/Frommann [Eigenkapital für den Mittelstand] 237). Auch in Deutschland haben sich in den letzten Jahren Netzwerke von Business Angels entwickelt, so z.B. BAND (Business Angels Netzwerk Deutschland).

Bei der Aufnahme neuer Eigentümer (Gesellschafter) entstehen prinzipiell drei **Problembereiche**, die zu lösen sind:

(1) Wie ist der «Eintrittspreis» für den neuen Eigentümer (Gesellschafter) zu bestimmen?

(2) Wie ist der «Eintrittspreis» aufzuteilen auf den «Kapitalanteil» des Gesellschafters, nach dem sich ein Gewinnbeteiligungsanspruch richtet, und auf den nicht gewinnberechtigten Restbetrag, den man auch mit Aufgeld oder Agio bezeichnen kann?

(3) Welche Regelungen sind in den Gesellschaftsvertrag aufzunehmen: Geschäftsführung, Kontrollrechte, Gewinnermittlung und -verteilung, Kündigung, Abfindung bei Ausscheiden etc.?

Nur die Problemkreise (1) und (2) werden hier angesprochen.

Ein Einzelunternehmer plant, wegen seines fortgeschrittenen Alters einen Partner zu gewinnen. Der Geschäftsumfang des Unternehmens soll nicht erweitert werden.

Der Einzelunternehmer möchte nur seine Arbeitsbelastung halbieren. Die künftigen Nettoeinzahlungen, d. h. die finanziellen Überschüsse des Unternehmens werden auf 250 (in 1000 €) für alle künftigen Perioden geschätzt. Der neue Teilhaber soll 50% der Anteile und damit die Hälfte aller künftigen Nettoeinzahlungen erhalten.

Der bisherige Alleininhaber wird zunächst berechnen, welchen Preis er mindestens fordern muss, wenn er seine ökonomische Position nicht verschlechtern will: Er wird seinen Grenzpreis GP_I bestimmen. Dazu muss er wissen, auf welche künftigen Nettoeinzahlungen er bei Aufnahme des Teilhabers verzichtet und wie hoch der Anlagezinssatz (i_I) ist, zu dem er Mittel alternativ bestens anlegen kann. Er verzichtet auf 125 pro Periode. Sein bester Anlagesatz sei $i_I = 0,08$. Sein Grenzpreis GP_I ist folglich:

$$GP_I = \frac{125}{0,08} = 1562,50.$$

Angenommen, es gelingt dem Inhaber, den neuen Teilhaber zu überzeugen, dass die künftigen Gewinne des Unternehmens 250 pro Periode sein werden. Er überwindet also die Probleme der Informationsübermittlung. Dann hängt der Grenzpreis des Teilhabers (GP_T) lediglich noch von dessen bester Alternativanlage ab (i_T). Beträgt i_T z. B. 6%, ergibt sich GP_T wie folgt:

$$GP_T = \frac{125}{0,06} = 2083,33.$$

Der Teilhaber wäre unter diesen Bedingungen bereit, maximal 2083,33 für einen Einkommensstrom von 125 pro Periode zu zahlen. Er ist bereit, mehr zu entrichten, als der Inhaber mindestens verlangen muss: $GP_T > GP_I$. Folglich gibt es einen Verhandlungsbereich, der durch die jeweiligen Grenzpreise abgesteckt ist. Der Eintrittspreis für den Teilhaber liegt in dieser Zone; seine Bestimmung hängt vom Verhandlungsgeschick der beiden Parteien ab.

Angenommen, der Einigungspreis ist 1800. Für den bisherigen Alleininhaber bedeutet dies, dass er seine finanzielle Position verbessert hat: Er erzielt 125 aus dem Unternehmen und 1800 · 0,08 = 144 aus einer privaten Finanzinvestition, zusammen also 269, und somit 19 mehr, als er aus dem Unternehmen als Alleininhaber erzielte.

Auch für den Teilhaber lohnt sich der Eintritt in das Unternehmen zum Preis von 1800. Da sein Alternativvertragssatz «nur» $i_T = 0,06$ ist, müßte er, um einen Einkommensstrom von 125 zu erzielen, 2083,33 anlegen. Beteiligt er sich, kommt er in den Genuss des Stromes zu einem Preis von 1800. Er kann die Differenz jetzt alternativ anlegen und erhält ein Zusatzeinkommen von (2083,33 – 1800) · 0,06 = 17, insgesamt also 142 pro Periode.

Das Beispiel soll jetzt modifiziert werden. Der Alleininhaber plant, das Unternehmen nach Aufnahme eines Teilhabers zu **erweitern**. Vor der Expansion betragen die künftigen Nettoeinzahlungen 250 pro Periode, nachher 430. Der zusätzliche Kapitalbedarf für die Unternehmenserweiterung beträgt 1500.

Der Mindest-Eintrittspreis, den der bisherige Inhaber verlangen muss, hängt von seiner **Zielsetzung** ab.

(1) Angenommen, er will seine bisherige Einkommensposition (250) halten, hat aber kein Eigenkapital, um die Erweiterungsinvestition zu finanzieren, so ist er bereit, dem Teilhaber die zusätzlichen Erfolge von 180 abzutreten gegen eine Leistung von 1500. Der Teilhaber erzielt dann eine Rendite von 180/1500 = 0,12 = 12% und somit viel mehr, als er sonst (i_T = 0,06) verdienen könnte. Der Grund ist die «bescheidene» Zielsetzung des bisherigen Eigentümers. Die Beteiligungsquoten zwischen dem bisherigen Inhaber (I) und dem Teilhaber (T) sind für I 250/430 = 0,5814 und für T 180/430 = 0,4186.

(2) Angenommen, der bisherige Eigentümer I ist zu einer Teilung der Gewinne nach Erweiterung bereit. T muss dann 1500 einbringen und erhält 215 pro Periode. Seine Rendite beträgt 215/1500 = 0,1433 und ist somit noch höher als gemäß der ersten Zielsetzung von I. Dessen Einkommensposition verschlechtert sich von 250 auf 215. Erklärbar ist das Verhalten von I z.B., wenn die Erweiterung des Unternehmens technisch oder ökonomisch zwingend ist, weil sonst die Überlebenswahrscheinlichkeit des Unternehmens sinkt und alternative Finanzierungsmöglichkeiten nicht bestehen. Möglich ist auch, dass I eine geringere Arbeitsbelastung wünscht und dafür ein geringeres Einkommen in Kauf nimmt. Denkbar ist schließlich, dass I die möglichen Konsequenzen aus seiner unbeschränkten Haftung mildern will: Mit der Aufnahme von T bestehen zwei Vollhafter. Auch eine verkürzte Haftungsbelastung kann einen Einkommensverzicht aufwiegen.

(3) Angenommen, I bietet T eine 50%ige Beteiligung an und verlangt als Eintrittspreis seinen Grenzpreis (GP_I). I gibt dann einen Einkommensstrom von 430/2 = 215 ab, der bei i_I = 0,08 2687,50 für I wert ist. I verlangt von T einen Eintrittspreis von 2687,50.

T, dessen alternativer Anlagesatz i_T = 0,06 ist, errechnet einen Grenzpreis von 3583,33 für diese Beteiligung und ist somit mit einem Preis von 2687,50 einverstanden.

Nach Erweiterung und Aufnahme von T erzielt I ein Einkommen von 215 pro Periode aus dem Unternehmen und (2687,50 − 1500) · 0,08 = 95 aus einer privaten Finanzinvestition. Sein Gesamteinkommen beläuft sich nun auf 310 nach 250 vor Erweiterung.

T erzielt 215 aus dem Unternehmen und (3583,33 − 2687,50) · 0,06 = 53,75 aus einer privaten Finanzinvestition. Auch seine Position hat sich verbessert, weil die Rendite, die er aus der Unternehmensbeteiligung bezieht – 215/2687,50 = 0,08 –, seine Alternativrendite i_T = 0,06 übersteigt.

Jetzt ist der zweite Problemkreis anzusprechen. Das Problem der Verteilung des von T eingebrachten Eintrittspreises stellt sich, weil sich die Gewinnverteilung im Rahmen des Unternehmens nach den Kapitalanteilen der Gesellschafter richtet. Dies entspricht der gesetzlichen Bestimmung des § 121 HGB und den i.d.R. in Gesellschaftsverträgen anzutreffenden Vereinbarungen. Beim Eintritt eines neuen Teilhabers sind die Kapitalkonten in ein Verhältnis zu bringen, das dem gewollten Beteiligungsverhältnis am Gewinn bzw. an den Nettoeinzahlungen entspricht.

Angenommen, die Bilanz des Unternehmens vor Erweiterung und vor Aufnahme von T hat folgendes Aussehen:

Bilanz vor Aufnahme von T

AV	1300	Eigenkapital I	1000
UV	1200		
Kasse	200	Verbindlichkeiten	1700
	2700		2700

Bei der ersten Zielannahme wollte I seine bisherige Einkommensposition halten. T hatte 1500 einzubringen. T ist mit $180 : 430 = 0,4186$, also mit 41,86% beteiligt. Sein Eigenkapitalkonto muss sich bei gegebenem Eigenkapitalkonto des I (1000) wie $41,86 : 58,14$ verhalten und somit $1000 \cdot \dfrac{41,86}{58,14} \cong 720$ betragen. Die Netto-einzahlungen (Gewinne) von 430 sind dann im Verhältnis der Kapitalkonten $1000 : 720$ aufzuteilen.

Nach Eintritt des T sieht die Bilanz so aus:

Bilanz nach Aufnahme des T

AV	1300	Eigenkapital I	1000
UV	1200	Eigenkapital T	720
Kasse	1700	Rücklagen	780
		Verbindlichkeiten	1700
	4200		4200

Die Rücklagen nehmen den Teil der Einzahlungen von T auf, der nicht gewinnberechtigt ist.

Bei der zweiten Annahme über die Zielsetzung von I wurde die Teilung der Gesamterfolge (430) unterstellt. T ist eine Beteiligung von 50% anzubieten. Das Eigenkapital von T muss daher 1000 betragen. Der Rücklage werden 500 zugeführt.

Bei der dritten Annahme über die Zielsetzung von I wurde «Einkommensmaximierung» unterstellt: I verlangt als Eintrittspreis von T den von ihm (I) errechneten Grenzpreis. Gehen wir davon aus, dass I den höheren Grenzpreis von T nicht kennt; er könnte sonst den Eintrittspreis noch höherschrauben und damit sein Einkommen weiter steigern. T zahlt für die 50%ige Beteiligung 2687,50. Davon werden nur 1500 für die Unternehmenserweiterung benötigt. 1187,50 werden von I *außerhalb* des Unternehmens angelegt: Die Zinserträge (= Nettoeinzahlungen) aus dieser Anlage dürfen nicht als Unternehmenserfolg erfasst werden, da T sonst an ihnen zu 50% beteiligt ist.

Die Bilanz nach Aufnahme von T sieht so aus:

Bilanz nach Aufnahme von *T*

AV	1300	Eigenkapital *I*	1000
UV	1200	Eigenkapital *T*	1000
Kasse	1700	Rücklagen	500
		Verbindlichkeiten	1700
	4200		4200

5.4   Die Beschaffung von Eigenkapital bei emissionsfähigen Unternehmen

Einer anderen Gruppe von Unternehmen steht zwar der Weg an die Börse offen, doch unterbleibt die Nutzung dieser Möglichkeit der Eigenkapitalbeschaffung häufig aus anderen Gründen: Aus Anlegerschutzgründen ist für die Zulassung zum Börsenhandel die Einhaltung von **Börsenzulassungsbedingungen** erforderlich. Diese stellen bestimmte Anforderungen an die Ertragskraft und Überlebensfähigkeit des Unternehmens, die häufig von jungen, kleinen und unbekannten Aktiengesellschaften nicht erfüllt werden. Doch selbst wenn diese Hürde genommen wird, bestehen noch Gründe, auf die Aufnahme von Kapital und neuen Gesellschaftern zu verzichten: Die Alteigentümer wollen häufig eine Mitbestimmung von neuen Gesellschaftern im Unternehmen durch die gesetzlich verankerten Mitgliedschaftsrechte verhindern. Insbesondere bei **Familien-Aktiengesellschaften** wird diese Interessenlage häufig gegeben sein. Hier bietet das Aktiengesetz eine Lösungsmöglichkeit an: Vorzugsaktien ohne Stimmrecht.

Im Vorfeld eines Börsengangs sollte jedes Unternehmen **Vor- und Nachteile** gegeneinander abwägen. Zum einen stellt ein Börsengang eine sehr gute Möglichkeit dar, einen hohen Eigenkapitalbedarf, z. B. für Wachstumsinvestitionen, zu decken. Auf der anderen Seite entstehen hohe Emissionskosten. Eine funktionierende Kommunikation mit dem Anlegerpublikum herzustellen, ist aufwändig. Potenzielle Investoren müssen aber nicht nur informiert, sondern auch überzeugt werden. Ein erfolgreicher Börsengang mit umfangreichem Emissionsvolumen birgt auch die Gefahr unerwünschter Mehrheiten. Viele Unternehmen ziehen es daher vor, nur Minderheitsanteile zu emittieren. Bei kleinen Unternehmen ist dies aber problematisch, da häufig Mindestemissionsvolumina nicht erreicht werden. Bei der Unternehmensnachfolge können sich erbschaftsteuerliche Nachteile ergeben, da bei Personengesellschaften Buchwerte und bei börsennotierten Kapitalgesellschaften

Marktwerte (Börsenkurs am Todestag) der Bewertung zugrunde gelegt werden. Ein börsennotiertes Unternehmen unterwirft sich mit der Teilnahme an Kapitalmärkten auch deren Kontrolle und kann sich internationalen Einflüssen auf die Kapitalmärkte und damit auch auf den eigenen Kurs nicht entziehen.

5.4.1 Börsenzulassungsbedingungen

Neben den drei gesetzlichen Marktsegmenten amtlicher Handel, geregelter Markt und Freiverkehr hat die deutsche Börse AG eigenständige, privatrechtlich organisierte Segmente geschaffen: DAX, MDAX, SMAX und Neuer Markt.

Der **amtliche Handel** und der **geregelte Markt** sind organisierte Märkte i. S. v. § 2 Abs. 5 Wertpapierhandelsgesetz. Der Handel in diesen Börsensegmenten wird von staatlich anerkannten Stellen geregelt und überwacht, er muss regelmäßig stattfinden und dem Publikum unmittelbar oder mittelbar zugänglich sein. Im **Freiverkehr** werden neben wenigen deutschen Wertpapieren zum Großteil ausländische Aktien und Optionsscheine gehandelt. Während die Notierung im amtlichen Handel ein öffentlich-rechtliches Zulassungsverfahren voraussetzt, sind die Zulassungsbedingungen zum geregelten Markt weniger streng. Die Zulassung von Wertpapieren zum Freiverkehr richtet sich nach den Freiverkehrsrichtlinien der Deutsche Börse AG. Tab. 6.6 und Tab. 6.7 geben einen Überblick über Zulassungskriterien und Folgepflichten der drei gesetzlichen Börsensegmente.

Für die Aufnahme in eines der privatrechtlich organisierten Börsensegmente DAX, MDAX oder SMAX müssen Unternehmen spezielle Anforderungen erfüllen. Der **DAX** ist das deutsche Segment der Bluechips, d. h. er umfasst die 30 größten Standardwerte, die im amtlichen Handel oder im geregelten Markt der Frankfurter Wertpapierbörse zugelassen sind.

Der **MDAX** ist das Segment der Midcaps, d. h. er enthält die 70 Werte, die nach der Größe geordnet den DAX-Werten folgen. Die Größe definiert sich über zwei Kriterien: Zum einen über den Börsenumsatz in Xetra und am Parkett Frankfurt in den letzten 12 Monaten und zum anderen über die Marktkapitalisierung zum letzten Handelstag im Monat. Die Werte müssen im amtlichen Handel oder im geregelten Markt der Frankfurter Wertpapierbörse zugelassen sein. Die Indexzusammensetzung wird beim DAX i. d. R. jährlich mit Wirkung zum September, beim MDAX halbjährlich mit Wirkung zum März bzw. September vom Vorstand der Deutsche Börse AG angepasst. Für die Gewichtung der einzelnen Titel ist die Anzahl der zum Börsenhandel zugelassenen Aktien maßgeblich. Ab Juni 2002 wird die Gewichtung nach dem Streubesitz erfolgen (http://deutsche-boerse.com, Märkte + Listing).

Der **SMAX** ist das von der Deutsche Börse AG eingerichtete Qualitätssegment für etablierte Unternehmen aus mittelständischen Branchen (smallcaps – high standards). Als eine Art Gütesiegel soll die Aufnahme in den SMAX Unternehmen auszeichnen, die sich freiwillig zur Einhaltung besonders hoher Transparenz- und

Tabelle 6.6: Zulassungskriterien der gesetzlichen Börsensegmente

Zulassungskriterien	Amtlicher Handel	Geregelter Markt	Freiverkehr
Mindestalter	3 Jahre	–	–
Emissionsvolumen	Voraussichtl. Kurswert, falls unmöglich: Mindest-Eigenkapital 1,25 Mio. €	Mindestnennwert 250 000 €	–
Mindeststückzahl Aktien	–	–	–
Aktiengattungen	Stamm- und Vorzugs-aktien	Stamm- und Vorzugs-aktien	Stamm- und Vorzugs-aktien
Streuung der Aktien	Mindestens 25 %	–	–
Zulassungs-dokument	Zulassungsprospekt, inkl. Bilanzen und GuV der letzten drei, Anhang und Lagebericht des letzten Geschäftsjahres	Unternehmensbericht mit den wesentlichen Angaben für zutreffen-des Urteil (Min. vgl. Ver-kaufsprospekt-Verord-nung), Abweichung bei jungen Unternehmen (< 1 Jahr)	Genehmigter Verkaufsprospekt mit Angaben über tatsächliche und rechtliche Verhältnisse
Publikationssprache	Deutsch (ausländische E.: Deutsch oder Englisch)	Deutsch (ausländische E.: Deutsch oder Englisch)	Deutsch (Ausl.: Dt./Englisch)
Haltepflicht Altaktionäre	–	–	–
Entscheidendes Gremium	Zulassungsstelle	Zulassungsausschuss	Vorstand Dt. Börse AG
Rechtliche Basis	Börsengesetz (§§ 36 ff.) Börsenzulassungs-verordnung Verkaufsprospekt-Gesetz	Börsengesetz (§§ 71 ff.); Börsenordnung (§§ 56 ff.); Verkaufsprospekt-Verordnung	Richtlinien für den Freiverkehr § 78 Börsengesetz
Sonstiges	Handelsüberwachung	Handelsüberwachung	Handelsüberwachung
Übernahmekodex	Akzeptanz empfohlen	Akzeptanz empfohlen	Akzeptanz empfohlen
Organisierter Markt	Ja	Ja	Nein

Quelle: http://deutsche-boerse.com, Märkte + Listing.

Liquiditätsstandards verpflichtet haben. Tab. 6.8 gibt einen Überblick über Zulassungsbedingungen und Folgepflichten der SMAX-Teilnahme.

Aus Investorensicht ist eine Berichterstattung mit größerer Zeitnähe erforderlich, da sich die Informationsbasis für Anlageentscheidungen verbessert. Der Mindest-

Tabelle 6.7: Folgepflichten im amtlichen Handel und auf dem geregelten Markt

Folgepflichten	Amtlicher Handel	Geregelter Markt
Jahresabschlüsse	Veröffentl. obligatorisch	Veröffentl. obligatorisch
Zwischenberichte	Obligatorisch, zumindest ein Halbjahresbericht	Obligatorisch, zumindest ein Halbjahresbericht
Ad-hoc-Publizität (§ 15 WpHG)	Obligatorisch	Obligatorisch
Veränderung Stimmrechtsanteil (§ 21 WpHG)	Obligatorisch	–
Publikationssprache	Deutsch (Ausl.: Englisch)	Deutsch (Ausl.: Englisch)

Quelle: http://deutsche-boerse.com, Märkte + Listing.

streubesitz und die verbindlichen Quotes sichern die ständige Kaufs- und Verkaufsmöglichkeit, was zu höheren Handelsumsätzen und damit zu geringerer Volatilität und höherer Bewertungssicherheit führt. Die Möglichkeit zu einem **IPO** (= Initial Public Offering) in diesem Segment wird als attraktive Alternative zu einem Börsengang am neuen Markt gesehen (http://deutsche-boerse.com, Märkte + Listing).

Seit Mitte der achtziger Jahre wurde die knappe Eigenkapitalausstattung deutscher Unternehmen («Eigenkapitallücke») kontrovers diskutiert (vgl. S. 404 ff.; und Drukarczyk [Korrekturen], 47 ff.). Zugleich galt als Faktum das mangelnde Interesse privater deutscher Anleger an der Aktie als Anlagemöglichkeit (Schwetzler

Tabelle 6.8: Zulassungskriterien und Folgepflichten der SMAX-Teilnahme

Zulassungskriterien	Folgepflichten
Zulassung zum amtlichen Handel/ geregelten Markt	Erstellung von Drei-, Sechs-, Neun-Monats-berichten in einem Zeitraum von 2 Monaten
Streubesitz > 20% (amtl. Handel: > 25%)	Jahresabschlusserstellung in einem Zeitraum von vier Monaten nach HGB oder IAS/ US-GAAP (engl. Version empfohlen)
Kreditinstitut oder Finanzdienstleistungs-unternehmen als designated Sponsor in Xetra, um Quotes (verbindl. Geld-Brief-Spannen) in das Xetra-Orderbuch zu stellen	Alle Berichte ab dem 31. 12. 2001 zwingend nach IAS oder US-GAAP und in englischer Sprache
Anerkennung Übernahmekodex	Jährliche Informationsveranstaltung für Analysten
Anerkennung der Grundsätze für die Zuteilung von Aktienemissionen der Börsensachverständigenkommission	Jährliche Veröffentlichung des Anteilsbesitzes von Vorstand und Aufsichtsrat

Quelle: http://deutsche-boerse.com, Märkte + Listing.

[Eigenkapitalausstattung]). Beide Probleme hoffte man durch die Errichtung neuer Börsensegmente zu mildern. Vom neuen Markt mit seinem Fokus auf junge, kleine und innovative Unternehmen erwartete man zusätzlich positive Auswirkungen auf das Wirtschaftswachstum (Plückelmann [Der Neue Markt] 71). Neben dem neuen Markt der Frankfurter Wertpapierbörse wurden mit dem Prädikatsmarkt an der bayerischen Börse in München und mit dem Mittelstandsmarkt an der Bremer Wertpapierbörse neue Börsensegmente für mittelständische Unternehmen eingerichtet. Öffentliche Aufmerksamkeit wurde aus unterschiedlichen Gründen bisher aber fast ausschließlich dem neuen Markt geschenkt.

Der **neue Markt** ist ein seit dem Frühjahr 1997 bestehendes Segment innerhalb des Freiverkehrs. Er gilt als Segment für junge und innovative Unternehmen aus zukunftsträchtigen Branchen, z. B. Multimedia, Telekommunikation, Biotechnologie, etc. In- und ausländischen Unternehmen wird die Eigenkapitalaufnahme über die Börse ermöglicht. Seit Beginn des neuen Marktes haben sich mehr als 340 Unternehmen für die Handelsaufnahme entschieden. Die Zahl der Neuemissionen wuchs von 11 in 1997 auf 40 in 1998, dann bereits 132 in 1999 und 133 in 2000. Über die Aufnahme eines neuen Wertpapiers entscheidet die deutsche Börse. Voraussetzung ist eine Zulassung der Aktien zum geregelten Markt der Frankfurter Wertpapierbörse. Während Emittenten im amtlichen Handel und am geregelten Markt bei Erfüllung der Zulassungsbedingungen einen gesetzlichen Anspruch auf Zulassung haben, kann die Deutsche Börse AG einen Antrag auf Zulassung zum neuen Markt auch dann ablehnen, wenn sie der Auffassung ist, dass das Unternehmen nicht der Zielgruppe des neuen Marktes entspricht oder die Voraussetzungen für die Bildung eines börsenmäßigen Marktes nicht erfüllt sind. Durch die Hinzufügung dieser Kriterien in objektivierter Form zu den Zulassungsbedingungen wären Vorwürfe wie Willkürlichkeit bzw. subjektive Auswahl der IPO-Kandidaten vermeidbar gewesen. Tab. 6.9 fasst die Zulassungsbedingungen am neuen Markt zusammen.

Eigenkapital erfüllt im Unternehmen wichtige Funktionen (vgl. S. 398 ff.). Ein leichterer Zugang zu Eigenkapital für junge und kleine Unternehmen ist daher eine wichtige Zielsetzung. Der neue Markt geriet, obwohl er diese sinnvolle Zielsetzung zu unterstützen schien, in die Kritik. Zunächst wurden seine Zugangsvoraussetzungen als zu hoch und die Publizitätspflichten als zu aufwändig kritisiert (Plückelmann [Der Neue Markt] 105). Auch die große Volatilität der Kurse in diesem Handelssegment führte zu Kritik. Dass am neuen Markt hochrentable, aber auch hochriskante Wertpapiere gehandelt werden, wurde spätestens nach der Wende am neuen Markt im Frühjahr 2000 durch starke Kurseinbrüche und einem dramatischen Absinken des Index NEMAX klar. Seither wird der neue Markt noch stärker, wenn auch aus anderer Richtung kritisiert: Der Anlegerschutz müsse verbessert werden. Das Regelwerk des neuen Marktes wurde vor dem Hintergrund dieser Kritik mehrfach geändert. Tab. 6.10 zeigt die wichtigsten Folgepflichten.

Tabelle 6.9: Zulassungskriterien des neuen Marktes

Zulassungskriterien	Neuer Markt
Mindestalter	Soll: 3 Jahre
Emissionsvolumen	Voraussichtl. Kurswert mind. 5 Mio. €; mind. 50% des Emissionsvolumens soll aus Kapitalerhöhung stammen
Mindeststückzahl	100 000
Aktiengattungen	Stammaktien
Streuung der Aktien	Soll: 25%; Muss: 20% (10% bei Emissionsvolumen > 100 Mio. €)
Zulassungsdokument	Emissionsprospekt nach internationalen Standards mit allen für die Beurteilung notwendigen Angaben, inkl. Bilanzen und GuV der letzten drei, Anhang u. Lagebericht des letzten Geschäftsjahres
Publikationssprache	Deutsch/Englisch nur für ausländische Emittenten
Haltepflicht	6 Monate nach Börseneinführung
Entscheidendes Gremium	Vorstand der Deutsche Börse AG
Rechtliche Basis	Regelwerk Neuer Markt der Dt. Börse AG, Börsenordnung
Sonstiges	Handelsüberwachung, mind. 2 designated Sponsors; Anerkennung der Grundsätze für die Zuteilung von Aktienemissionen
Übernahmekodex	Akzeptanz obligatorisch
Organisierter Markt	Ja

Quelle: http://deutsche-boerse.com, Märkte + Listing.

5.4.2   Stammaktie

Zentrales Instrument der Eigenkapitalbeschaffung im Wege der Außenfinanzierung ist die **Stammaktie**. Sie gewährt ihrem Inhaber eine Reihe von **Mitgliedschaftsrechten**. Hierzu gehören:

- Recht auf einen Anteil am Bilanzgewinn (an der Gesamtausschüttung);
- Recht auf einen Anteil am Liquidationserlös;
- Recht auf periodische Rechenschaft und Information über die wirtschaftliche Lage der Gesellschaft;
- Stimmrecht in Hauptversammlungen bei wichtigen Entscheidungen gemäß §§ 119, 120 AktG;
- Bezugsrecht.

Tabelle 6.10: Folgepflichten am neuen Markt

Folgepflichten	Neuer Markt
Jahresabschlüsse	Veröffentl. obligatorisch, HGB-Bilanzierung; wenn rechtlich maßgeblich nach IAS oder US-GAAP
Zwischenberichte	Obligatorisch; drei Quartalsberichte pro Geschäftsjahr; Ersatz des vierten durch Jahresabschluss
Ad-hoc-Publizität (§ 15 WpHG)	Obligatorisch
Veränderung Stimmrechtsanteil (§ 21 WpHG)	–
Sonstiges	Mind. eine Analystenveranstaltung pro Jahr; Unternehmenskalender
Meldepflichtige Wertpapier-geschäfte	Obligatorisch (Geschäfte v. Emittent/Organmitglied)
Publikationssprache	Deutsch und Englisch

Quelle: http://deutsche-boerse.com, Märkte + Listing.

Führt eine AG zur Deckung ihres Kapitalbedarfs eine **Kapitalerhöhung gegen Einlagen** durch Ausgabe von Aktien durch, so steht dem Altaktionär gemäß § 186(1) AktG ein **Bezugsrecht** für einen seinem Anteil am Grundkapital entsprechenden Anteil an den neuen Aktien zu.[1] Da der Bezugskurs B für die neuen Aktien oft längere Zeit vor dem Zeitpunkt der Emission festgelegt wird und eine Emission dann scheitert, wenn am Bezugstag der Börsenkurs K geringer ist als B, wird B i. d. R. «vorsichtig» festgelegt. Am Tag der Emission gilt also in aller Regel B < K. Der neue Kurs (Mischkurs) **nach** der Emission wird für alle Aktien somit zwischen dem Altkurs K und dem Bezugskurs B liegen. Rechnerisch ergibt sich ein Kurs pro Aktie (K_n) gemäß (18):

(18) $$K_n = \frac{a \cdot K + n \cdot B}{a + n}.$$

Dabei bedeuten:
a: Anzahl der Altaktien
n: Anzahl der Neuaktien.

Für die Altaktionäre ergibt sich somit ein Vermögensverlust pro Aktie in Höhe der Differenz $K - K_n$. Dieser Wertverlust wird durch das Recht zum Bezug der neuen Aktien ausgeglichen.

---

[1] Nach § 186(3), (4) AktG kann das Bezugsrecht unter bestimmten Bedingungen ausgeschlossen werden. Seit 1994 legt der Gesetzgeber in § 186(3) S. 3 AktG drei Bedingungen für die Zulässigkeit des Ausschlusses des Bezugsrechts fest: Es müssen Bareinlagen geplant sein; die Kapitalerhöhung darf 10% des vorhandenen Grundkapitals nicht übersteigen; der Ausgabebetrag darf nur unwesentlich unter dem Börsenpreis liegen.

Der rechnerische **Wert eines Bezugsrechts** beträgt:

$$(19) \qquad W(BR) = K - K_n = \frac{K - B}{\dfrac{a}{n} + 1}$$

Beispiel

Grundkapital der Gesellschaft (Gezeichnetes Kapital)	5 000 000 €
Anzahl der Aktien (a)	100 000
Nominalwert der Aktie[1]	50 €
Kurs der Aktie vor Emission (K)	340 €
Zahl der neuen Aktien (n)	20 000
Nominalwert der Neuaktie	50 €
Bezugskurs pro Neuaktie	100 €

Der neue Mischkurs der Aktien nach der Emission beträgt somit:

$$K_n = \frac{100\,000 \cdot 340 + 20\,000 \cdot 100}{100\,000 + 20\,000} = 300 \ €$$

Der Wert des Bezugsrechts beläuft sich auf:

$$W(BR) = K - K_n = 340 - 300 = 40 \ € \quad \text{bzw.}$$

$$W(BR) = \frac{340 - 100}{\dfrac{100\,000}{200\,000} + 1} = 40 \ €.$$

Betrachten wir nun die Reichtumsposition eines Aktionärs mit 10 Altaktien:

Position **vor** Kapitalerhöhung

10 Aktien á 340 €	= 3 400 €

Da Bezugsrechte selbständig handelbar sind, kann der Aktionär diese auch verkaufen.

a) Position **nach** Kapitalerhöhung bei Verkauf der Bezugsrechte:

10 Aktien á 300 €	= 3 000 €
Erhöhung der Kasse durch Verkauf von 10 Bezugsrechten = 10 á 40 €	= 400 €
Gesamtposition	3400 €

b) Position **nach** Kapitalerhöhung bei Ausübung des Bezugsrechts:

Das Verhältnis Alt- zu Neuaktien beträgt 5 : 1; der Aktionär benötigt also 5 Bezugsrechte für eine Aktie und erhält somit 2 Neuaktien zu je 100 €.

12 Aktien á 300 €	= 3600 €
Verminderung der Kasse durch den Bezug der Neuaktien = 2 á 100 €	= −200 €
Gesamtposition	3400 €

Die Position des Aktionärs nach der Kapitalerhöhung bleibt also gegenüber der Ausgangsposition unverändert, unabhängig davon, ob er das Bezugsrecht ausübt oder nicht.

---

[1] Der Nominalwert der Aktie muss auf mindestens einen Euro lauten (§ 8 Abs. 2 AktG).

Im Beispiel fließen der AG Mittel in Höhe von 20 000 · 100 € = 2 000 000 € zu. Das **Gezeichnete Kapital** (Grundkapital) erhöht sich um die Anzahl der ausgegebenen Aktien, multipliziert mit dem Nominalwert pro Aktie, also um 20 000 · 50 € = 1 000 000 €.

> Der Differenzbetrag zwischen Nominalwert und Bezugskurs, das **Agio**, ist gemäß § 272 (2) Nr. 1 HGB in die Kapitalrücklage der Gesellschaft einzustellen.

Für die emittierende Gesellschaft ist die **Festlegung** des **Bezugskurses** ein schwieriges Problem: Auf der einen Seite soll durch einen möglichst hohen Bezugskurs die Höhe der zufließenden Mittel maximiert werden, auf der anderen Seite muss wegen der oben erläuterten Gründe verhindert werden, dass der Bezugskurs am Emissionstag über dem Börsenkurs liegt.

Die AG weist eine Reihe von **Vorzügen** auf, die ihr im Prinzip die Eigenkapitalbeschaffung wesentlich erleichtern können:

(1) Durch die Zerlegung des **Gezeichneten Kapitals** (Grundkapitals) in Aktien mit geringem Nominalwert können große Mittelbeträge in kleiner Stückelung durch einen großen Kreis von Investoren aufgebracht werden (Größentransformation).

(2) Durch die beschränkte Haftung der Aktionäre, die nur mit dem von ihnen eingezahlten Kapital haften, kann ein großer Kreis von Anlegern an der Anlage interessiert werden, die bei unbeschränkter Haftung oder begrenzten Nachschusspflichten für die Anlage nicht zu gewinnen wären.

(3) Der geringe erforderliche Kapitaleinsatz pro Aktie wirkt im Verbund mit der beschränkten Haftung der Anteilseigner auf eine Reduktion des Informationsbedarfes hin, den Anleger für eine rationale Anlageentscheidung benötigen. Einem Investor, der Gesellschafter einer bereits bestehenden OHG werden möchte, wird jedenfalls ein weit größerer Informationsbedarf unterstellt werden können. Hierfür sprechen sein i. d. R. größerer Eigenkapitaleinsatz, seine ungünstigeren Austrittsmöglichkeiten und seine unbeschränkte Haftung.

(4) Die Trennung zwischen Eigentum und Verfügungsmacht ist weit fortgeschritten. Wirtschaftliche Eigentümer sind die Anteilseigner; geleitet wird die Gesellschaft von einem eigens dazu bestellten Vorstand (§§ 76–94 AktG). Diese Form von Arbeitsteilung könnte prinzipiell Vorteile haben.

(5) Die Existenz von Wertpapiermärkten ermöglicht den fast täglichen Kauf und Verkauf von Anteilen. Individuelle Halteperioden von Anteilseignern und langfristiger Eigenmittelbedarf der Gesellschaft werden so vereinbar (Fristentransformation).

Diesen Vorteilen stehen auch **Nachteile** gegenüber:

(1) Ein funktionierender Aktienmarkt setzt Informationen über die Faktoren voraus, von denen der Wert von Aktien abhängt, die zudem auf ihren Wahrheitsgehalt vor Verbreitung zu prüfen sind. Publizität und Prüfung sind teuer.

(2) Die Trennung von Geschäftsführung und Eigentum bedeutet nicht nur vorteilhafte Arbeitsteilung, sondern sie lässt auch neue Kosten dadurch entstehen, dass der Vorstand nicht automatisch das tut, was die Eigentümer wollen. Diese müssen folglich Mittel ersinnen, um den Vorstand in ihrem Sinn zu beeinflussen, und sie müssen ihn vor allen Dingen kontrollieren.

(3) Die Haftungsbeschränkung der Gesellschaft erhöht möglicherweise das Ausfallrisiko von Kreditgebern. Das könnte die Fremdfinanzierung verteuern.

5.4.3   Vorzugsaktie

Eine Möglichkeit, das erforderliche Eigenkapital an der Börse zu beschaffen, ohne den Verlust von Kontroll- und Entscheidungsrechten der Alteigentümer befürchten zu müssen, besteht in der **Emission** von **stimmrechtslosen Vorzugsaktien**. Gemäß § 12(1) Satz 2 AktG ist der Ausschluss des Stimmrechts nur bei Vorzugsaktien zulässig. Diese Beteiligungsform gewährt ihrem Inhaber gegenüber den Stammaktionären eine bevorzugte Position bei der Verteilung des Liquidationserlöses und/oder des Gewinns. Da die Bevorzugung bezüglich des Liquidationserlöses nur gegenüber den Stammaktionären, nicht jedoch gegenüber den Gläubigern gilt, ist ihr ökonomischer Wert gering. Weit bedeutender sind die **Vorrechte** bei der **Verteilung** des Gewinns. Hier existieren verschiedene Ausgestaltungen:

- **Limitierte Vorzugsdividende**

  Vorzugsaktionäre erhalten vom Gewinn vorweg eine bestimmte Ausschüttung. Ein nach ihrer Bedienung verbleibender restlicher Gewinn wird an die Stammaktionäre verteilt.

  Diese Ausgestaltung ist bei stimmrechtslosen Vorzugsaktien nur dann zulässig, wenn vereinbart ist, einen teilweisen oder totalen Ausfall der Vorzugsdividende in den folgenden Jahren nachzuholen (§ 139(1) AktG). Unterbleibt die Nachholung im folgenden Jahr, so lebt gemäß § 140(2) AktG das Stimmrecht des Vorzugsaktionärs auf.

- **Prioritätischer Dividendenanspruch**

  Auch hier erhalten die Vorzugsaktionäre vorweg einen bestimmten Gewinnanteil. Im Gegensatz zur limitierten Vorzugsdividende beschränkt sich der gesamte Gewinnanspruch nicht auf diesen Vorweggewinnanteil. Ist eine **generelle Überdividende** vereinbart, so wird ein verbleibender Gewinn gleichmäßig auf Stamm- und Vorzugsaktionäre verteilt. Der Gewinnanspruch der Vorzugsaktionäre ist also immer um den vorweg gezahlten Gewinnanteil höher als der der Stammaktionäre. Bei einer **Gleichverteilungsregel** dagegen erhalten die Stammaktionäre nach der Vorwegausschüttung die gleiche Gewinnauszahlung wie die Vorzugsaktionäre, sofern der verbleibende Gewinn hierzu ausreicht. Ein dann gegebenenfalls noch verbleibender Restbetrag wird gleichmäßig verteilt.

5.4.4   Der Genussschein

Genussscheine sind ein interessantes Finanzierungsinstrument, das in den letzten Jahren steigende Bedeutung gewonnen hat. Ihr verstärkter Einsatz gilt als Mittel, auch für nicht emissionsfähige Unternehmen die Beschaffung von (Risiko-) Eigenkapital zu erleichtern. Da die Ausgabe von Genussscheinen prinzipiell auch Nicht-Kapitalgesellschaften offensteht, könnte es sich um ein Finanzierungsinstrument handeln, das selbst mittelständische Unternehmen (auch wenn sie nicht die Rechtsform einer GmbH oder AG haben) mit Erfolg einsetzen könnten. Bislang wurden Genussscheine insbesondere von großen, emissionsfähigen Unternehmen und Banken ausgegeben, die ganz überwiegend die Rechtsform der AG hatten.

Genussscheine werden gelegentlich als «Aktiensurrogate» bezeichnet. Damit soll vermutlich zum Ausdruck gebracht werden, dass sie im ökonomischen Sinn Eigenkapitalcharakter haben, ohne jedoch die gleichen Rechte wie Aktien an ihre Inhaber zu übertragen. Im deutschen Aktiengesetz finden sich keine speziellen Regeln für Genussscheine. Dies öffnet der Freiheit vertraglicher Vereinbarung Tür und Tor. Die Folge ist, dass sich die mit einem Genussschein verbundenen Genussrechte nicht mit der gleichen Präzision darstellen lassen, wie dies für eine Stamm- oder Vorzugsaktie möglich erscheint.

> Welche Rechte ein **Genussschein** verbrieft, hängt vom Vertrag ab. Anlegern muss empfohlen werden, die Bedingungen sehr sorgfältig zu studieren, bevor sie kaufen.

Stellen wir zunächst die Frage, ob von Genussscheininhabern bereitgestellte Mittel im betriebswirtschaftlichen Sinn **Eigen-** oder **Fremdkapital** darstellen. Sie wird in der Literatur unterschiedlich beantwortet. Das Kreditwesengesetz zählt in § 10 (5) die **Bedingungen** auf, unter denen gegen die Gewährung von Genussrechten eingezahltes Kapital dem haftenden Eigenkapital von Kreditinstituten zugerechnet werden darf. Dies ist dann der Fall, wenn

(1) es bis zur vollen Höhe am Verlust teilnimmt,
(2) es erst nach Befriedigung der Gläubiger zurückgefordert werden kann,
(3) es mindestens für die Dauer von 5 Jahren zur Verfügung gestellt worden ist,
(4) der Rückzahlungsanspruch nicht in weniger als zwei Jahren fällig wird oder aufgrund des Vertrages fällig werden kann,
(5) das Genussrechtskapital 25% der haftenden Eigenmittel (ohne Hinzurechnung von Genussrechtskapital) nicht übersteigt.

Lässt man die Begrenzung in (5) zunächst unbeachtet, kann man verkürzend sagen, dass diese Definition abstellt auf die (buchmäßige) Aufzehrbarkeit durch Verluste bei Unternehmensfortführung, auf die Nachrangigkeit des Anspruchs hinter allen Gläubigeransprüchen bei Unternehmensliquidation und auf die Zeitspanne, für die es dem Unternehmen ohne Entziehbarkeit durch die Inhaber zur Verfügung steht.

Ergänzt man die aufgelisteten Eigenschaften um eine ergebnisabhängige Bedienung des Genussscheinkapitals, wobei «Ergebnis» als Jahresüberschuss, Bilanzgewinn, Ausschüttung, Umsatzrendite etc. definiert werden kann, liegt ein Eigenschaftsbündel vor, das nach der Diskussion in Abschnitt 5.1 der idealtypischen Position von Eigenkapital sehr nahekommt. Dabei spielt es keine Rolle, ob Ansprüche von Genussscheininhabern denen anderer Eigenkapitalgeber (Inhaber von Stamm- oder Vorzugsaktien) vor- oder nachgehen (oder ihnen gleichgeordnet sind); wichtig ist allein, dass das Genussscheinkapital dem Risiko der buchmäßigen Verlustaufrechnung unbeschränkt ausgesetzt ist. Betrachten wir die Positionen, bei denen es dazu kommen kann, nämlich

a) andere und satzungsmäßige Rücklagen,

b) gesetzliche Rücklagen,

c) Gezeichnetes Kapital,

d) Genussscheinkapital,

dann spielt es keine Rolle, ob das Genussscheinkapital die Stufe c) oder d) einnimmt. Wichtig ist allein, dass es – neben der Eigenschaft, ergebnisabhängig bedient zu werden – zu dem aus a) bis d) bestehenden, durch Verluste aufzehrbaren Block von Nominalansprüchen gehört.

Wenn die Zugehörigkeit zu diesem Block, der ergebnisabhängige Nominalansprüche anzeigt, soweit sie durch Verluste noch nicht aufgezehrt sind, zugleich die Nachrangigkeit des Anspruchs nach allen Gläubigeransprüchen (und nach den Ansprüchen, die im Insolvenzverfahren selbst entstehen) im Insolvenzverfahren bedeutet, liegt die oben definierte idealtypische Bedingung auch für den Fall der Liquidation vor. Sofern sie erfüllt ist, stellt Genussscheinkapital aus ökonomischer Sicht Eigenkapital dar.

Von Bedeutung sind **steuerliche Regelungen** für die Attraktivität von Genussscheinen. Unter bestimmten Bedingungen gelingt es, eine steuerliche Behandlung der durch die Ausgabe von Genussscheinen beschafften Mittel als Fremdkapital zu erreichen. Dieses Ergebnis mutet zunächst als Widerspruch zu dem hergeleiteten Schluss an, dass die Mittel ökonomisch (unter den oben definierten Restriktionen) als Risikokapital bzw. Eigenkapital einzustufen sind. Es liegt aber kein Widerspruch vor, wenn Betriebswirtschaftslehre und Steuerrecht unterschiedliche Abgrenzungskriterien benutzen, um Eigenkapitalpositionen von Fremdkapitalpositionen zu unterscheiden. Dies ist der Fall.

Entscheidend für die steuerliche Zuordnung ist die Bestimmung des § 8 (3) Satz 2 KStG. Dort heißt es: «Für die Ermittlung des Einkommens ist es ohne Bedeutung, ob das Einkommen verteilt wird. Auch verdeckte Gewinnausschüttungen sowie Ausschüttungen jeder Art auf Genussrechte, mit denen das Recht auf Beteiligung am Gewinn und am Liquidationserlös der Kapitalgesellschaft verbunden ist, mindern das Einkommen nicht.» Aus dieser Formulierung wird gefolgert, dass man die steuerliche Abzugsfähigkeit der Ausschüttungen auf Genussscheine dann erreicht, wenn man die Beteiligung entweder am Gewinn oder am Liquidationserlös aus-schließt. Die erste Option scheidet natürlich aus, da man ja gerade Kapitalgeber gewinnen will, die Residualansprüche halten. Folglich muss man eine (risikoäqui-valente) Gewinnbeteiligung bieten. Somit bleibt der Weg, Genussscheininhabern keinen Anteil am Liquidationserlös zuzuerkennen, um mit der herrschenden Mei-nung die steuerliche Abzugsfähigkeit der Ausschüttungen auf das Genussschein-kapital zu erreichen. Gelingt dies, kann der Vorteil nicht hoch genug eingeschätzt werden, weil man mit dem Instrument Genussschein die folgenden Vorteile kom-binieren könnte: Der Emittent bietet erstens eine ergebnisabhängige Ausschüttung und gewinnt dadurch Flexibilität: Er zahlt viel, wenn er kann; er zahlt wenig oder nichts, wenn er nicht dazu fähig ist. Zweitens gewinnt er die steuerliche Abzugs-fähigkeit für residuale Zahlungen, die ansonsten für Ausschüttungen auf GmbH-Anteile, Stamm- oder Vorzugsaktien nicht gegeben ist. Damit liegt eine sehr attrak-tive Kombination von Eigenschaften vor. Vor diesem Hintergrund verwundert es, dass von diesem Finanzierungsinstrument nicht weit häufiger Gebrauch gemacht wird. Bei der gegebenen Höhe der Sätze für Gewerbeertrag- und Körperschaft-steuer bietet die steuerliche Abzugsfähigkeit der Ausschüttungen auf Genussscheine ökonomisch relevante Vorteile, die in Form höherer Rendite z. T. an die Anleger weitergegeben werden könnten.

5.4.5   Formen der Kapitalerhöhung bei der Aktiengesellschaft

Das AktG unterscheidet folgende **Formen einer Kapitalerhöhung:**

- Kapitalerhöhung gegen Einlagen ($\doteq$ ordentliche Kapitalerhöhung (§§ 182–191 AktG)
- Genehmigtes Kapital (§§ 202–206 AktG)
- Bedingte Kapitalerhöhung (§§ 192–201 AktG)
- Kapitalerhöhung aus Gesellschaftsmitteln (§§ 207–220 AktG)

Die oben besprochene Form der Kapitalerhöhung durch Ausgabe «junger» Aktien in Form von Stammaktien oder Vorzugsaktien wird als **ordentliche Kapital-erhöhung** bezeichnet. Das genehmigte Kapital und die bedingte Kapitalerhöhung werden hier nicht behandelt (Drukarczyk [Finanzierung] 317–321).

Eine besondere Form der Kapitalerhöhung liegt bei der **Kapitalerhöhung aus Gesellschaftsmitteln** vor: Dabei fließen der Gesellschaft keine finanziellen Mittel zu. Vielmehr beschließt die Hauptversammlung der Gesellschaft die Erhöhung des **Gezeichneten Kapitals** (Grundkapitals) durch Umwandlung von Gewinn- und Kapitalrücklagen (§ 207 AktG). Die auszugebenden Aktien stehen den Aktionären im Verhältnis ihrer Beteiligungsquoten zu. Sie werden als **Berichtigungs- oder Gratisaktien** bezeichnet. Da durch eine Kapitalerhöhung aus Gesellschaftsmitteln etwas, was den Aktionären ohnehin gehört, lediglich anders verpackt wird, liegt hier kein Geschenk vor. Folglich kann sich auch der Reichtum der Aktionäre bei ansonsten optimaler Politik der Unternehmensleitung hierdurch nicht verändern (Drukarczyk [Finanzierung] 321–323).

Von Nachteil für die Anteilseigner kann eine Kapitalerhöhung aus Gesellschaftsmitteln dann sein, wenn sich die Unternehmensleitung durch eine solche Maßnahme zusätzlichen Selbstfinanzierungsspielraum beschafft (vgl. § 58 (2) Satz 3 AktG) und Selbstfinanzierung nicht im Interesse der Anteilseigner liegt. Die Anteilseigner haben hier die Möglichkeit, die Kapitalerhöhung aus Gesellschaftsmitteln in der Hauptversammlung abzulehnen (§ 207 (1), (2) AktG), soweit sie die von ihnen nicht geteilten Pläne des Managements zu einer intensiveren Nutzung der Selbstfinanzierung durchschauen.

5.4.6   Formen der Kapitalherabsetzung bei der Aktiengesellschaft

Das AktG unterscheidet folgende drei **Formen einer Kapitalherabsetzung:**

- Ordentliche Kapitalherabsetzung (§§ 222–228 AktG)
- Vereinfachte Kapitalherabsetzung (§§ 229–236 AktG)
- Kapitalherabsetzung durch Einziehung von Aktien (§§ 237–239 AktG)

Die Formen der Kapitalherabsetzungen können in diesem Beitrag nicht ausführlich behandelt werden, es ist daher auf andere Quellen zu verwiesen (Drukarczyk [Finanzierung] 329–335; Wöhe/Bilstein [Grundzüge] 85–95).

Bei der vereinfachten Kapitalherabsetzung dürfen keine Zahlungen an die Aktionäre erfolgen. Diese Form der Kapitalherabsetzung ist zulässig, wenn Wertminderungen auszugleichen bzw. Verluste zu decken sind oder wenn Beträge in die Kapitalrücklage gestellt werden. Die ordentliche Kapitalherabsetzung und die Kapitalherabsetzung durch Einziehung von Aktien können dazu genutzt werden, Kapital an die Aktionäre zurückzuzahlen. Insofern können Kapitalherabsetzungen als Alternative zur Ausschüttung betrachtet werden. Unter diesem Aspekt gehören Kapitalherabsetzungen daher bereits zu dem folgenden Kapitel.

6   Selbstfinanzierung

6.1   Begriff

Der Begriff Selbstfinanzierung ist keine glückliche Wortschöpfung, aber er hat sich eingebürgert und wird deshalb hier beibehalten. Nach herrschendem Sprachgebrauch liegt Selbstfinanzierung vor, wenn Einzahlungsüberschüsse von Unternehmen nicht an die Eigentümer der Gesellschaft ausgeschüttet werden. Der so umschriebene Sachverhalt kann aufgespalten werden in eine Selbstfinanzierung im engeren Sinn und eine solche im weiteren Sinn.

Selbstfinanzierung i. e. S. (auch offene Selbstfinanzierung) liegt vor, wenn durch Rechnungslegungsnormen als **ausschüttungsfähig** definierte Überschüsse durch Beschluss der geschäftsführenden Organe oder der Eigentümer nur zum Teil (oder nicht) ausgeschüttet und somit im Unternehmen gebunden werden.

Ihren bilanziellen Niederschlag finden solche Entscheidungen in der AG in einer entsprechenden Erhöhung der Gewinnrücklagen.

Selbstfinanzierung i. w. S. liegt vor, wenn Nettoeinzahlungen des Unternehmens auf Grund der in Abschnitt 1.2 erläuterten Periodisierungsregeln für Aufwand und Ertrag nicht zu gleich hohen Beiträgen zum Jahresüberschuss führen und damit im Unternehmen als **nicht** ausschüttungsfähig gebunden werden.

Wir betrachten im Folgenden die Selbstfinanzierung i. e. S.

6.2   Selbstfinanzierung bei Personengesellschaften

Bei **Personengesellschaften** hängt die gesetzliche Ausgestaltung der Ausschüttungsregelung bzw. des Entnahmerechts vom Umfang der Haftung der Gesellschafter ab.

Für den **unbeschränkt haftenden** Gesellschafter gilt § 122 HGB: Er darf seinen Gewinnanteil in voller Höhe entnehmen, mindestens jedoch (also auch in dem Fall, dass sein Gewinnanteil niedriger ist) 4% seines Kapitalanteils. Durch die unbeschränkte Haftung des Gesellschafters werden der Gesellschaft auch in dem Fall, in dem eine Entnahme erfolgt, ohne dass ein Gewinn vorliegt, keine haftenden Mittel entzogen.

Der **beschränkt haftende** Gesellschafter (Kommanditist) hat gemäß § 169 HGB nur ein Entnahmerecht für seinen Gewinnanteil. Dieses gilt jedoch nur dann, wenn sein Kapitalanteil nicht durch Verluste unter den Betrag der vereinbarten Einlage gesunken ist. Werden Gewinnanteile unzulässigerweise oder über den Gewinnanteil hinaus Teile seiner Einlage an den Kommanditisten ausbezahlt, so gelten diese Beträge gegenüber den Gläubigern als nicht auf die Einlage geleistet. Sinkt dadurch die geleistete Einlage unter die vereinbarte Haftsumme des Kommanditisten ab, so lebt seine Haftung für den entsprechenden Differenzbetrag wieder auf. Auf diese Weise ist gewährleistet, dass der Gesellschaft keine haftenden Mittel entzogen werden.

6.3   Selbstfinanzierung bei Kapitalgesellschaften

Bei **Kapitalgesellschaften** gilt grundsätzlich die gesetzliche Ausschüttungssperre. Um das haftende Kapital zu erhalten, ist eine Rückgewähr von Einlagen an die Gesellschafter verboten (§ 30 GmbHG, § 57 AktG).

Die Gesellschafter einer **GmbH** haben gemäß § 29 (1) GmbHG Anspruch auf den Jahresüberschuss; über dessen Verwendung (Zuführung zu den Gewinnrücklagen oder Ausschüttung) entscheiden die Gesellschafter.

Bei einer **Aktiengesellschaft** ist wegen der Vielzahl der Gesellschafter die Kompetenz der Entscheidung über die Gewinnverwendung auf verschiedene Organe der Gesellschaft verteilt. Wenn, was der Regelfall ist, Vorstand oder Aufsichtsrat den Jahresabschluss feststellen, so dürfen sie gemäß § 58 (2) Satz 1 bis zur Hälfte des Jahresüberschusses in die Gewinnrücklagen einstellen, ohne dass die Aktionäre bzw. die Hauptversammlung dagegen einschreiten können. Über die Verwendung des Bilanzgewinns (also Jahresüberschuss – Zuführungen zu den Gewinnrücklagen bzw. + Auflösung von Gewinnrücklagen) entscheidet gemäß § 119 (1) Satz 2 die Hauptversammlung.

Die Beschneidung der Entscheidungsbefugnis der Aktionäre durch § 58 (2) AktG ist dann problematisch, wenn Vorstand und Aufsichtsrat andere Interessen verfolgen als die Aktionäre. Für eine solche **Interessendivergenz** sprechen folgende Argumente:

- Aktionäre können durch Portefeuille-Bildung das mit dem Besitz von Aktien einer Gesellschaft verbundene Risiko z. T. vernichten. Manager sind dem Risiko der Gesellschaft in höherem Maße ausgesetzt, und sie wollen i. d. R. wiederbestellt werden; sie neigen daher zu vorsichtigeren Strategien, als die Aktionäre sie wünschen.

- Selbstfinanzierung ist oft auch dann im Interesse der Manager, selbst wenn die Aktionäre andere Präferenzen haben, weil die unternehmensinterne Rendite die außerhalb des Unternehmens erreichbare Rendite bei gleichem Risiko nicht erreicht.

- Es ist generell zu bezweifeln, ob die im Kontrollorgan Aufsichtsrat vertretenen Eigentümer Maßnahmen, die nicht im Eigentümerinteresse sind, aufdecken und gegebenenfalls korrigieren können.

- In der großen Publikumsaktiengesellschaft sind Anteilseignervertreter so gut wie nicht anzutreffen.

- Dass Banken- und Arbeitnehmervertreter für hohe Ausschüttungen votieren, ist so gut wie ausgeschlossen.

Es lässt sich also, ausgehend von diesen Argumenten, folgendes Konfliktszenario bezüglich Aktionären einerseits und Verwaltung der Gesellschaft andererseits entwickeln: Vorstand und Aufsichtsrat stellen auf Grund ihrer geringeren Risikoneigung höhere Beträge in die Gewinnrücklagen ein, als die Aktionäre dies wünschen. Damit erheben sich zwei **Fragen:**

1. Welchen Anteil des Jahresüberschusses schütten Aktiengesellschaften tatsächlich aus?
2. Welchen Anteil des Jahresüberschusses sollten Aktiengesellschaften ausschütten? Gibt es eine optimale Dividendenpolitik?

Die erste Frage kann nicht mit großer Präzision beantwortet werden; genaue statistische Erhebungen fehlen. Im bislang geltenden steuerlichen Anrechnungssystem, das die Ausschüttung und Wiederanlage von Mitteln in die Gesellschaften unter bestimmten Bedingungen lohnend erscheinen ließ, wurden die «zurückhaltende» Ausschüttungspolitik von Publikumsaktiengesellschaften kritisiert und eine Verstärkung der Aktionärsrechte gefordert (Pütz und Willgerodt [Beteiligungskapital] 91–118).

Eine Ausschüttungspolitik soll für die Aktionäre optimal sein, also deren Einkommen maximieren. Betrachten wir zunächst einen vollkommenen Kapitalmarkt ohne Steuern unter der Annahme der Sicherheit. Die Aktionäre können ihre Mittel alternativ zum sicheren Zinssatz i anlegen. Die Aktiengesellschaft sollte alle Investitionsobjekte realisieren, deren Nettokapitalwert, ermittelt mit dem Zinssatz i, positiv ist. Die Summe der Anschaffungsauszahlungen dieser lohnenden Investitionsobjekte entspricht dem Kapitalbedarf für diese Periode. Sind die Einzahlungen dieser Periode aus anderen, bereits realisierten Investitionsobjekten geringer als der Kapitalbedarf, so wird die Gesellschaft, wenn sie sich rational verhält, weitere Mittel aufnehmen. Ob der zusätzliche Kapitalbedarf durch Aufnahme von Fremdmitteln oder Ausgabe von neuen Aktien gedeckt wird, ist auf vollkommenem Kapitalmarkt unerheblich: Beide Finanzierungsformen kosten den Marktzinssatz i.

Übersteigen jedoch die Einzahlungen aus anderen Objekten den ermittelten Kapitalbedarf der Periode, so ist der Überschuss an die Aktionäre auszuschütten: Die Gesellschaft könnte mit diesen Mitteln nur (gemessen an der Anlagealternative der Aktionäre) unrentable Realinvestitionen oder barwertneutrale Finanzanlagen realisieren. Dividenden werden somit dann gezahlt, wenn das Unternehmen die Mittel nicht profitabler anlegen kann als die Aktionäre. Das ist der Kern des sog. **Residualprinzips** der Dividenden (Drukarczyk [Theorie und Politik] Kap. 13). Die Ausschüttungsentscheidung ist somit ein Nebenprodukt optimaler Investitionsentscheidungen. Auch unter Unsicherheit lässt sich das Residualprinzip mit einem modifizierten Vorteilhaftigkeitskriterium für Investitionsentscheidungen anwenden.

Die Einführung von Steuern in den Kalkül ändert nichts an der Richtigkeit der Handlungsempfehlung. Auch jetzt soll das Unternehmen Mittel nur dann einbehalten, wenn es diese besser anlegen kann als die Aktionäre. Der Vergleich der Vorteilhaftigkeit von Investitionsobjekten innerhalb und außerhalb des Unternehmens wird nun über die Rendite **nach** Steuern durchgeführt.

Betrachten wir die **Wirkung alternativer Steuersysteme.**

Im Folgenden bedeuten:

s_u: Steuersatz auf Unternehmensgewinne,

s_I: Einkommensteuersatz der Aktionäre (Investorebene),

h: vom Aktionär erzielbare Alternativrendite,

r: im Unternehmen erzielbare Rendite.

1. Alle Überschüsse (Gewinne) werden auf Unternehmensebene mit dem Steuersatz s_u besteuert. Eine Einkommensteuer werde nicht erhoben. Von jeder Geldeinheit Gewinn verbleibt dem Unternehmen nach Versteuerung $1 (1 - s_u)$. Bei Ausschüttung erzielen die Aktionäre durch Wiederanlage $h (1 - s_u)$. Für die Rendite der im Unternehmen realisierten Investitionsobjekte muss also mindestens gelten: $r (1 - s_u) = h (1 - s_u) \Rightarrow r = h$.

2. Im deutschen Körperschaftsteuerrecht galt bis zum Jahr 2000 das sog. **Anrechnungsverfahren**, das wie folgt angelegt war: Bei Einbehaltung wurde der Überschuss zum sog. Normaltarif s_U von 40% besteuert. Wurden Teile des Überschusses ausgeschüttet, reduzierte sich der Normaltarif von 40% auf $s_U^A = 30\%$. Inländische Empfänger erhielten neben der Barausschüttung eine **Körperschaftsteuergutschrift** in Höhe von 30% auf den vom Unternehmen verwendeten Bruttobetrag.

Das zu versteuernde Einkommen des Anteilseigners setzte sich aus der Barausschüttung und der Körperschaftsteuergutschrift zusammen. Überstieg der individuelle Einkommensteuersatz des Anlegers die Ausschüttungsbelastung von 30%, **musste** er das Einkommen aus dem Unternehmen (Barausschüttung und Körperschaftsteuergutschrift) in Höhe der Differenz der beiden Steuersätze nachversteuern. Lag der individuelle Einkommensteuersatz unter 30%, hatte der Anleger einen Erstattungsanspruch in Höhe der Differenz der beiden Steuersätze auf das aus dem Unternehmen bezogene Einkommen. Im Ergebnis wurden somit Ausschüttungen nicht doppelt und nur in Höhe des marginalen Einkommensteuersatzes des Ausschüttungsempfängers belastet.

Bei Vollausschüttung erhielten die Aktionäre $1 (1 - s_I)$. Von einer Besteuerung von Kursgewinnen wird im Weiteren abgesehen. Bei Einbehaltung verfügte das Unternehmen über $1 (1 - s_u)$. Um den Anlegern das gleiche Einkommen wie bei Vollausschüttung und privater Wiederanlage zur Verfügung stellen zu können, war folgende Mindestrendite im Unternehmen erforderlich: $r (1 - s_u) = h (1 - s_I)$.

(20) $$r = \frac{(1 - s_I)}{(1 - s_U)} \cdot h$$

Da der marginale Einkommensteuersatz s_I nicht für alle Anteilseigner gleich war und nicht alle den gleichen alternativen Anlagesatz h erzielten, waren Konflikte unter den Anteilseignern möglich.

Unter bestimmten Umständen war es in diesem Steuersystem günstiger, zunächst den gesamten Periodengewinn auszuschütten und dann den Kapitalbedarf durch

Ausgabe neuer Aktien zu decken («**Schütt-aus-hol-zurück-Politik**»). Bei Einbehaltung einer Geldeinheit standen dem Unternehmen 1 $(1 - s_u)$ zu Investitionszwecken zur Verfügung. Bei Ausschüttung erhielten die Aktionäre 1 $(1 - s_I)$. Wenn die Emission neuer Aktien Kosten in Höhe von c% verursachte, dann flossen der Gesellschaft unter Beachtung der steuerlichen Abzugsfähigkeit der Transaktionskosten $(1 - s_I) (1 - c(1 - s_u))$ wieder zu. Durch Gleichsetzen der beiden Möglichkeiten ließ sich der Grenzsteuersatz der Anteilseigner s_I^* ermitteln, für den die volle Einbehaltung und die «Schütt-aus-hol-zurück-Politik» gleich gute Alternativen sind, um den Kapitalbedarf zu decken: $(1 - s_u) = (1 - s_I) (1 - c(1 - s_u))$.

$$(21) \qquad s_I^* = \frac{s_U - c(1 - s_U)}{1 - c(1 - s_U)}$$

Setzt man $s_u = 40\%$ und $c = 5\%$, so erhält man $s_I^* = 38{,}14\%$. Wenn also die marginalen Einkommensteuersätze aller Anteilseigner kleiner sind als 38,14%, ist es im Anrechnungsverfahren günstiger, zunächst die Gewinne in voller Höhe auszuschütten und anschließend den gesamten Kapitalbedarf durch Ausgabe neuer Aktien zu decken. Die schlechtere Lösung bestünde darin, den Kapitalbedarf durch Einbehaltung von Mitteln und Ausschüttung nicht benötigter Mittel (Kapitalbedarf < zur Verfügung stehende Mittel) bzw. durch Einbehaltung des gesamten Gewinns und Aufnahme zusätzlicher Eigenmittel (Kapitalbedarf > zur Verfügung stehende Mittel) zu decken.

3. Mit dem «Steuersenkungsgesetz» (StSenkG) wurde das Anrechnungsverfahren durch das sog. **Halbeinkünfteverfahren** ersetzt. Nach einer Körperschaftsteuerdefinitivbelastung von 25% auf Unternehmensebene werden Ausschüttungen mit hälftiger Einkommensteuer belastet.

Durch die Definitivbelastung mit Körperschaftsteuer ($s_u = 0{,}25$) vereinfacht sich die Ausschüttungsgestaltung insofern, als die Abwägung Einkommensteuer (s_I) versus Körperschaftsteuer (s_u) entfällt: Die Körperschaftsteuerbelastung kann nicht mehr umgangen werden. Es bleibt jedoch die Abwägung Dividendenzahlung gegen Kapitalgewinn. Dividenden und Kapitalgewinne innerhalb der Spekulationsfrist (= 1 Jahr) werden mit $0{,}5 \, s_I$ besteuert.

Wird mehr als die residuale Dividende ausgeschüttet, tauscht der Anteilseigner Kapitalgewinne gegen Dividendenzahlungen. Nachteilig ist, dass Dividenden in jedem Fall mit $0{,}5 \, s_I$ besteuert werden und zusätzlich Transaktionskosten bei der Kapitalbeschaffung in Höhe der Mehrausschüttung entstehen. Bei Minderausschüttungen baut das Unternehmen Finanzanlagen auf; dann muss der Barwert der Finanzanlagen auf Unternehmens- mit dem auf Anteilseignerebene verglichen werden. Hier ist relevant, welche Bruttorenditen h Finanzanlagen auf Unternehmens- bzw. Anlegerebene bringen und auf welche Weise Anleger in den Genuss der auf Unternehmensebene erzielten Erträge aus Finanzanlagen kommen (Ausschüttungen oder Kapitalgewinne).

Im Vergleich zum Anrechnungsverfahren werden für Anteilseigner mit Einkommensteuersätzen $s_l < 40\%$ Ausschüttungen weniger vorteilhaft: $(1 - s_u)$ $(1 - 0.5\ s_l) <$ $(1 - s_l)$; Anteilseigner mit $s_l > 40\%$ profitieren dagegen mehr von Ausschüttungen als im alten System.

Gegen das **Residualprinzip** der Dividenden werden **Einwände** erhoben. Zwei wichtige seien hier kurz dargestellt:

1. Wegen der starken Schwankungen von Kapitalbedarf und Einzahlungsüberschüssen im Zeitablauf fluktuieren auch die Dividenden beträchtlich. Aktionäre legten jedoch Wert auf stetiges Einkommen.
2. Dividendenpolitik habe einen eigenständigen Informationswert. Das Management zahle eine Dividende, von der es glaubt, sie für die nächste Zeit durchhalten zu können, und **signalisiere** so seine Erwartungen bezüglich der zukünftigen Geschäftsentwicklung. Diese Information gehe bei einer Dividendenpolitik gemäß Residualprinzip verloren.

Welche Einkommensstruktur Aktionäre bevorzugen, ist eine Frage deren Präferenzen. Es erscheint unwahrscheinlich, dass alle Aktionäre in dieser Hinsicht über einen Kamm zu scheren sind. Und selbst für diejenigen, die stetiges Einkommen bevorzugen, muss eine stabile Dividendenpolitik nicht unbedingt vorteilhaft sein. Wenn die Gesellschaft für den Aktionär die schwankenden Gewinne in gleichbleibende Dividenden umwandelt, entstehen diesem Opportunitätskosten.

Fall a): Die Gesellschaft schüttet **weniger** aus, als nach dem Residualprinzip geboten wäre. Wenn sie die Mittel in unvorteilhafte Projekte steckt, sind die Anteilseigner ärmer, als sie bei Vollausschüttung wären.

Fall b): Die Gesellschaft schüttet vergleichsweise **mehr** aus; es wird auf die Durchführung von vorteilhaften Investitionsprojekten verzichtet oder die fehlenden Mittel werden über Eigen- oder Fremdfinanzierung (wieder)beschafft. Nun ist denkbar, dass die Kosten, die dem Aktionär entstehen, wenn er selbst eine schwankende Dividendenzahlungsreihe in stetiges Einkommen überführt (z.B. durch Verkauf/Kauf von Wertpapieren seines Portefeuilles; Aufnahme/Anlage von Mitteln auf dem Kapitalmarkt), geringer sind als diese Opportunitätskosten.

Schließlich lässt sich noch die Frage aufwerfen, warum die Gesellschaft für ihre Anteilseigner etwas tun soll (Transformation von schwankenden Zahlungen in gleichbleibende), was diese einerseits nicht generell wollen und andererseits, wenn sie es wollten, ebensogut selbst erledigen könnten.

Betrachten wir kurz den Signal-Effekt von Dividenden. Einmal stehen dem Management andere Mittel, die eigens für den Zweck der Kommunikation mit dem Kapitalmarkt konzipiert sind, zur Verfügung, um seine Einschätzung der zukünftigen Geschäftsentwicklung kundzutun: z.B. der Lagebericht gem. § 289 HGB, aktionärsorientierte Rechnungslegung und Zwischenberichte. Es ist insoweit auf die Dividendenpolitik als Informationsvermittler nicht angewiesen.

Zum anderen ist das Risiko eines Missbrauchs – oder jedenfalls der Fehlinterpretation durch die Signalempfänger – des Signals Dividendenzahlung nicht ausgeschlossen: Der Aktionär profitiert nicht von «stabilen» Ausschüttungen, wenn zugleich der Kurs wegen nachlassender Performance einbricht.

6.4   Finanzierung über Rückstellungen

Selbstfinanzierung i. w. S. liegt vor, wenn Nettoeinzahlungen des Unternehmens wegen der oben erläuterten Periodisierungsregeln für Aufwendungen und Erträge nicht zu gleich hohen Jahresüberschüssen führen und somit als nicht ausschüttungsfähig im Unternehmen gebunden werden. Die empirisch bedeutendsten Positionen in diesem Zusammenhang sind Abschreibungen und Zuführungen zu Rückstellungen. Neben den Finanzierungsbeiträgen, die oben zur offenen Selbstfinanzierung gerechnet wurden, machen diese beiden Positionen den Kernbereich der sog. Innenfinanzierung aus, die in Abb. 6.4 dargestellt wurde.

Im Kern besteht das Innenfinanzierungsvolumen einer Gesellschaft in einer Periode aus der Differenz der in der Periode erhaltenen Einzahlungen von Nichtfinanzierungsmärkten abzüglich der in der Periode geleisteten Auszahlungen an Nichtfinanzierungsmärkte (für die Beschaffung von RHB-Stoffen, Waren, Arbeitskräften, Energien, Dienstleistungen) und vertraglich festgelegten Zahlungen an Gläubiger (Zinsen und Tilgungen).

Ein **Beispiel** soll einige Zusammenhänge verdeutlichen: In einer abgelaufenen Periode betragen die

- Einzahlungen aus dem Absatz von Produkten   3.000
- Auszahlungen für RHB-Stoffe   500
- Auszahlungen für Löhne und Gehälter   700
- Auszahlungen für Zinsen   100

Die Differenz, das Innenfinanzierungsvolumen der abgelaufenen Periode, beträgt 1.700. Diese Mittel sind verwendbar für Reinvestitionen, Tilgungen, Ausschüttungen.

Nun stellen wir die abgelaufene Periode durch eine GuV-Rechnung dar. Unter vereinfachenden Bedingungen ergibt sich:

Umsatzerlöse	3.000
Materialaufwand für RHB-Stoffe	500
Löhne und Gehälter	700
Abschreibungen	300
Zinsen	100
Zuführungen zu Pensionsrückstellungen	100
Zuführungen zu Garantierückstellungen	50
(vorläufiger) Jahresüberschuss	1.250

Zusätzlich sollen die folgenden **Entscheidungen** getroffen werden:

a) Das Management bietet den Arbeitnehmern eine Gewinnbeteiligung in Höhe von 10% des vorläufigen Jahresüberschusses an, wenn die Arbeitnehmer die Gewinnanteile stehen lassen und der Umwandlung in Fremdkapitalansprüche zustimmen.

b) Das den Jahresabschluss feststellende Management (Vorstand und Aufsichtsrat) nutzt § 58 (2) AktG und stellt 50% des (endgültigen) Jahresüberschusses in Gewinnrücklagen ein.

c) Die Hauptversammlung beschließt, einen Betrag von 200 auszuschütten und den restlichen Bilanzgewinn als Gewinnvortrag stehen zu lassen.

Akzeptieren die Arbeitnehmer das Angebot unter a), gilt die Arbeitnehmerbeteiligung als Aufwand der Periode. Der Jahresüberschuss sinkt um 125 auf 1.125. Von diesem Betrag werden gemäß b) 50% (= 562,50) in Gewinnrücklagen eingestellt. Dies ist eine Selbstfinanzierungsmaßnahme des Managements. Über den Bilanzgewinn in Höhe von 562,50 entscheidet die Hauptversammlung. Sie beschließt eine Periodenausschüttung von 200 und trägt 362,50 als Gewinnvortrag vor. Dies ist eine Selbstfinanzierungsmaßnahme der Eigentümer. Betrachten wir die GuV-Rechnung und die Entscheidungen a), b) und c), stellt sich das Innenfinanzierungsvolumen der abgelaufenen Periode so dar:

- Mittelbindung durch gesetzliche Ausschüttungssperrvorschriften
  - a) Abschreibungen   300
  - b) Garantierückstellungen   50
- Mittelbindung durch Ausschüttungssperrbeschlüsse des Managements   562,50
- Mittelbindung durch Einbehaltungsbeschluss der Eigentümer   362,50
  Mittelbindung durch geplante Umwandlung in künftige Ansprüche Dritter
  - a) über Pensionsrückstellungen   100
  - b) über Mitarbeiterbeteiligung   125

Die Summe der Mittelbindungen beträgt 1.500. Fügt man die Ausschüttung an die Eigentümer in Höhe von 200 dazu, erhält man das Innenfinanzierungsvolumen (vor Ausschüttung) von 1.700, das den Ausgangspunkt des Beispiels bildete.

Das Beispiel verdeutlicht, was mit den Finanzierungseffekten von Abschreibungsverrechnungen, Rückstellungsbildungen, Arbeitnehmerbeteiligungen im Jahr der Bildung bzw. Durchführung gemeint ist: Der Saldo der Ein- und Auszahlungen von bzw. an Nichtfinanzierungsmärkte und an Gläubiger wird durch buchmäßige Rechengebote (Rechnungslegungsvorschriften) und/oder Maßnahmen des Managements (Pensionszusagen, Gewinnbeteiligung der Arbeitnehmer) verkürzt, womit i. d. R. zugleich die Ausschüttung verkürzt wird. Angemerkt sei, dass das Management die Ausschüttungsverkürzung umgehen könnte, indem es offene Gewinnrücklagen auflöst oder das Eigenkapital in Form des gezeichneten Kapitals (Stammkapitals) herabsetzt. Von diesen Möglichkeiten, die in der Realität eher selten vorkommen, soll hier abgesehen werden.

Der durch Zuführungen zu Rückstellungen bewirkte Beitrag zur Innenfinanzierung kann gemäß den Angaben in den Statistischen Jahrbüchern für die Bundesrepublik Deutschland mit etwa 13% der jährlichen Bruttoinvestitionen der Unternehmen veranschlagt werden.

Besonders deutlich wird der durch die Vorperiodisierung künftiger Auszahlungen ausgelöste Finanzierungseffekt im Fall von **Pensionsrückstellungen**. Unternehmen können sich verpflichten, ihren Arbeitnehmern eine Alters-, Invaliden- oder Hinterbliebenenversorgung zu gewähren. Sie können solchen Verpflichtungen in verschiedenen Organisationsformen nachkommen: durch Gründung einer Pensions- oder Unterstützungskasse, durch Abschluss von Versicherungsverträgen zugunsten von Arbeitnehmern und durch Bildung von Rückstellungen. Nur die zuletzt genannte Form soll hier angesprochen werden. Im Prinzip werden Pensionsrückstellungen für eine betriebliche Altersversorgung für einen Arbeitnehmer während dessen Betriebszugehörigkeit gebildet. Wird der Fall nur eines Arbeitnehmers betrachtet, werden während dessen Betriebszugehörigkeit Zuführungen zu den Pensionsrückstellungen vorgenommen, denen in der Periode der Zuführung keine Auszahlungen gegenüberstehen: Es liegt Periodenaufwand, aber keine Periodenauszahlung vor, also vorperiodisierter Aufwand. Das Unternehmen behält Mittel ein, um nach dem Ausscheiden des Arbeitnehmers die vertraglich festgelegten Altersversorgungsleistungen in der «Rentenphase» zu finanzieren. Die folgende Zeichnung verdeutlicht den Sachverhalt (Z: Jahr der Versorgungszusage, R_1: Jahr der ersten Rentenzahlung, R_n: Jahr der letzten Rentenzahlung, ΔPR_t: Zuführung zur Pensionsrückstellung).

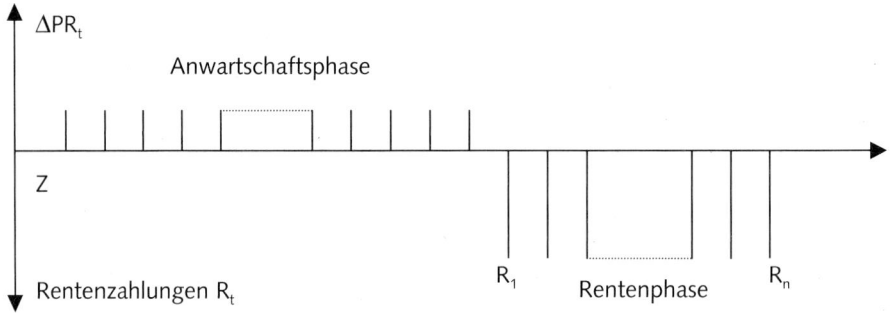

Die Zuführungen zur Pensionsrückstellung (ΔPR_t) sind in der Position 6 der GuV i. S. v. § 275 HGB (soziale Abgaben und Aufwendungen für Altersversorgung und für Unterstützung) enthalten. Diese Position kürzt den Jahresüberschuss und unter sonst gleichen Bedingungen die Ausschüttung der Periode. Außerdem kürzt sie die steuerliche Bemessungsgrundlage und damit die Ertragsteuern der Periode.

Die durch Rückstellungsbildung vor der Ausschüttung gesperrten Mittel werden im Unternehmen wieder angelegt und erzielen positive Renditen. Nimmt man an, dass die kumulierte Rückstellung zum Zeitpunkt des Ausscheidens des Arbeitnehmers aus dem Unternehmen dem Barwert der zugesagten betrieblichen Altersversorgungsbezüge entsprechen soll und dass die Rückstellung in gleichen Jahresbeträgen anzusammeln ist, hängt die erforderliche Rückstellungszuführung von der Rendite ab, die auf im Unternehmen investierte Mittel erzielbar ist. Für die Steuerbilanz schreibt der Gesetzgeber die Mindestrendite indessen vor. Der Bestand an

Pensionsrückstellungen zum Ende einer Periode ist mit 6% zu verzinsen (§ 6a EStG).

Was betriebliche Pensionszusagen die Eigentümer des Unternehmens kosten, ob und in welchem Ausmaß der Fiskus an den Kosten von betrieblichen Altersversorgungszusagen partizipiert, wie Altersversorgungszusagen den Unternehmenswert berühren, sind sehr interessante Fragen, auf die kontroverse Antworten gegeben werden. In diesem einführenden Text kann hierauf nicht näher eingegangen werden. (vgl. aber Drukarczyk [Finanzierung], Schneider, D. [Steuerersparnisse], Drukarczyk/Schüler [Unternehmenswert].

7   Fremdfinanzierung

7.1   Die Position des Fremdkapitalgebers

Die Position des Fremdkapitalgebers (Kreditinstitut, Versicherungsgesellschaft, Lieferant) wurde in den Abschnitten 1.3 und 3.4 bereits skizziert. Fremdkapitalgeber haben zwar vertraglich abgesicherte vorrangige Ansprüche auf Zins- und Tilgungszahlungen, ihre Position ist dennoch nicht sicher. Dafür gibt es mehrere **Gründe:**

(1) Gläubiger verfügen fast durchweg über quantitativ und qualitativ weniger gute **Informationen** über die wirtschaftliche Lage des Schuldners als Eigentümer bzw. Unternehmensleitung der Kredit in Anspruch nehmenden Gesellschaft. Die relevanten Informationen sind nicht gleichverteilt. Daraus resultieren Risiken für Gläubiger.

(2) Ein Unternehmen kontrahiert i. d. R. mit **mehreren** Gläubigern. Zwischen diesen Kreditgebern ist die Information über die Liquidität des Unternehmens ebenfalls nicht gleichverteilt: Es gibt gut und weniger gut informierte Gläubiger. Die Betroffenen wissen dies und suchen ihre Position durch **Sicherheiten** (Pfandrechte, Eigentumsvorbehalt, Sicherungsübereignung, Hypotheken, Grundschulden und andere vertragliche Vereinbarungen) abzusichern. Für einen Gläubiger 1, der bereits mit einem Unternehmen kontrahiert hat, gilt es zu verhindern, dass dieses einem nach ihm mit dem Unternehmen kontrahierenden Gläubiger 2 bessere Rechte einräumt. Gläubiger 1 hätte in diesem Fall nämlich ein Risiko zu übernehmen, von späteren Gläubigern abgedrängt zu werden.

(3) Wenn das **Risiko**, das Gläubiger übernehmen bzw. vermeiden wollen, von den Investitionsobjekten abhängt, die ein Unternehmen realisiert, dann ist es für Gläubiger wichtig, dass das Unternehmen genau die Investitionsprojekte (-programme) durchführt, die der Gläubiger zur Grundlage seiner Liquiditäts-

beurteilung gemacht hat. Realisiert das Unternehmen andere, riskantere Investitionen, trägt der Gläubiger möglicherweise ein zusätzliches Risiko, ohne ein Entgelt für dieses höhere Risiko zu bekommen.

Diesen Risiken sind Gläubiger grundsätzlich nicht schutzlos ausgeliefert. Das Gesellschaftsrecht kennt eine Reihe von Vorschriften, deren erklärtes Ziel der **Schutz der Gläubigerposition** vor nachträglicher Risikoverlagerung ist. Hierzu zählen etwa die Mindesteigenkapitalvorschriften für Kapitalgesellschaften, Rechnungslegungs- und Publizitätsvorschriften, Vorschriften zur Gründung von Kapitalgesellschaften, die Konstruktion einer **Ausschüttungssperre** bei Gesellschaften, die beschränkt haften (Moxter [Bilanzlehre] 51–56), die **Überschuldungsregelung** (§ 92 (2) AktG, § 64 (1) GmbHG, § 130a und § 177a HGB), (Drukarczyk [Überschuldungsmessung]), die Dokumentationsvorschriften des HGB in §§ 238–245, das Recht zur Insolvenzauslösung etc. sowie die gesetzlichen Vorschriften zu den wichtigen Sicherungsrechten. Diese **Vorschriften zum Schutz** von **Gläubigerpositionen** lassen sich etwa so systematisieren:

(1) **Allgemeine,** Gläubiger **indirekt schützende Regelungen** wie Buchführungs- und Dokumentationspflichten für Kaufleute gemäß §§ 238–245 HGB sowie diese ergänzende Strafvorschriften.

(2) Regelungen, die den **Selbstschutz** von Gläubigern ermöglichen bzw. verbessern sollen. Hierzu gehören insbesondere:
   - Vorschriften, deren Zweck der Abbau von Informationsdefiziten auf seiten der Gläubiger ist, wie z.B. Bestimmungen über Handelsregistereintragungen und -einblick sowie die periodische Abgabe von überprüften Mindestinformationen über die Vermögens-, Finanz- und Ertragslage im Rahmen des Jahresabschlusses von AGs, GmbHs und Genossenschaften;
   - gesetzliche bzw. durch Rechtsfortbildung geschaffene Regeln über die Sicherungsrechte, die Gläubigern zur Verfügung stehen, und das Antragsrecht auf Eröffnung des **Insolvenzverfahrens** über das Vermögen des Schuldners (§§ 13(1), 14 InsO).

(3) Vorschriften, deren Zweck es ist, den **Entscheidungsspielraum** der Eigentümer bzw. der für diese handelnden Organe (Vorstand, Geschäftsführer) **einzuengen,** insbesondere solche über
   - die Aufbringung des Mindesteigenkapitals und dessen Erhaltung durch definierte Ansatz- und Bewertungsregeln für Aktiven (Vermögensgegenstände) und Passiven sowie die Definition der Maximalausschüttung;
   - Gründungsvorgang, Kapitalherabsetzung, zu treffende Maßnahmen bei hohen Verlusten, Überschuldung und Zahlungsunfähigkeit (z.B. § 92 AktG, §§ 49(3), 64 GmbHG).

So wichtig diese gesetzlichen Vorschriften zugunsten von Gläubigern auch sein mögen, so verlassen sich die Betroffenen doch aus gutem Grund nicht allein auf jene, sondern machen rege von den Möglichkeiten des Selbstschutzes Gebrauch und lassen sich ihre Forderungen besichern bzw. kontrollieren intensiv die ökonomische Lage ihrer Schuldner. Die Rechtsordnung der Bundesrepublik Deutschland stellt eine Vielzahl von **Besicherungsformen** an Mobilien und Immobilien zur Verfügung, die durch die Rechtsprechung der vergangenen 30 Jahre z. T. erweitert worden sind. Der Vorteil einer Besicherung liegt darin, dass der Gläubiger bei mangelnder Zahlungswilligkeit oder -fähigkeit des Schuldners auf das Sicherungsgut zurückgreifen kann, ohne dass Drittgläubiger ihn daran zu hindern vermögen. Schätzt er den Verwertungserlös des Sicherungsgutes im Zeitpunkt des Abschlusses des Kreditvertrages richtig ein, reduziert der Gläubiger sein **Ausfallrisiko** erheblich und kann es im besten Fall ganz beseitigen. Er nimmt dann eine sichere Position ein, indem er sich auf die güterwirtschaftliche Liquididät des Sicherungsgutes verlässt.

Ein Nachteil ist, dass Konflikte unter den besicherten Gläubigern über die Priorität der Sicherung regelmäßig dann entstehen, wenn es auf die Sicherung gerade ankommt, nämlich bei Insolvenz des Schuldners. Das aber bedeutet, dass im Konfliktfall der juristische und damit der ökonomische Wert mancher Sicherheiten (verlängerter Eigentumsvorbehalt, Forderungsabtretung und Sicherungsübereignung) fraglich ist. Da die Fülle an insolvenzfesten Sicherheiten die Vermögensmasse bereits vor dem Insolvenzereignis aufteilt und den unbesicherten Gläubigern wenig bzw. nichts belässt, wurde über eine Reform des Insolvenzrechts intensiv diskutiert (Drukarczyk [Unternehmen und Insolvenz] Kap. 4 und 5). Die beschlossene neue **Insolvenzordnung** trat am 1. 1. 1999 in Kraft.

Neben einer zeitlich früher erfolgenden Ingangsetzung und Eröffnung von Insolvenzverfahren sowie der Reduzierung der finanziellen Belastungen und Zeitverluste durch Arbeitnehmerschutzregelungen war inbesondere die Erzielung höherer Befriedigungsquoten für ungesicherte Gläubiger Ziel der neuen Insolvenzordnung. Dabei hatte die Marktkonformitat der neuen Verfahrensregelungen höchste Priorität: Die Betroffenen sollten das Problem unter Beachtung ihrer vertraglichen Rechte selbst lösen, wobei sich die Mitwirkungsrechte am Wert der Beteiligungsrechte orientieren sollten.

Auch wenn die neue Insolvenzordnung sich bemüht, Nachteile für gesicherte Gläubiger zu vermeiden, werden deren Zugriffsrechte durch eine Herausgabesperre ausgesetzt. Auch sollen sie die durch ihre gesicherten Ansprüche entstehenden Kosten selbst tragen (§ 170 (1), (2) InsO). Allerdings werden während der Herausgabesperre eintretende Wertverluste am Sicherungsgut durch laufende Zahlungen ausgeglichen (§ 172 (1) InsO, Art. 20 EGInsO). Die Weiterwälzung der von den gesicherten Gläubigern zu tragenden Verwaltungs- und Verwertungskosten ist prinzipiell gestattet. Sie senkt bei gegebenem Volumen an Vermögensgegenständen das Volumen gesicherter Kredite.

7.2   Die Beschaffung von Fremdkapital

Fremdfinanzierung ist eine bedeutende Finanzierungsquelle. Die besprochene Entwicklung der bilanziellen vertikalen Eigenkapitalquote hat erkennen lassen, dass der Anteil der Fremdfinanzierung an der Gesamtfinanzierung der Unternehmen im Zeitablauf gewachsen ist. Dies gilt auch für andere westliche Länder, wenn auch in geringerem Maße als für die Bundesrepublik Deutschland. Dafür gibt es mehrere **Anstöße:**

a) Der deutsche Steuergesetzgeber privilegiert den Einsatz von Fremdkapital, indem er zulässt, dass Zinsaufwendungen und Fremdkapitalbestände die steuerlichen Bemessungsgrundlagen der Ertragsteuern (Gewerbeertragsteuer, Körperschaft- bzw. Einkommensteuer) und Substanzsteuern (Gewerbekapitalsteuer, Vermögensteuer)[1] kürzen. Wenn man den Einsatz von Eigenkapital steuerlich diskriminiert, muss man sich nicht wundern, wenn der Einsatz des steuerlich teuren Kapitals, also des Eigenkapitals, reduziert wird.

b) Die einmaligen Beschaffungskosten für im Wege der Beteiligungsfinanzierung beschaffte Eigenmittel bzw. beschaffte Fremdmittel differieren deutlich: Die Beschaffungskosten für Fremdkapital sind niedriger. Zwar nivelliert sich diese Kostendifferenz wegen der i. d. R. längeren Bindungsdauer von Eigenmitteln, doch ist sie nicht unerheblich.

c) Schließlich finden wir in der Bundesrepublik Deutschland ein System des Gesellschaftsrechts vor, das den Gläubigerschutz schon immer als vorrangiges Ziel auf seine Fahnen geschrieben hat. Man kann die Auswirkungen an vielen Konstruktionselementen erkennen: Kapitalaufbringungsregeln, Kapitalentzugssperren, Gläubigerorientierung der Rechnungslegung, Ausbau des Kreditsicherungsrechts, gläubigerschutzorientiertes Insolvenzrecht, etc. Beachtet man zusätzlich, dass Gläubigeransprüche sich vertraglich sehr eindeutig formulieren lassen und dass die Sanktionsrechte, die Gläubigern per Vertrag zugestanden werden bzw. durch gesetzliche Regeln (Kreditsicherungsrecht, Insolvenzrecht) zustehen, die Sanktionsrechte außenstehender Eigentümer weit hinter sich lassen, findet man einen institutionellen Rahmen, der Festbetragsansprüche fixierende Verträge begünstigt.

Wir stellen zunächst Formen der langfristigen und anschließend solche der kurzfristigen Fremdfinanzierung vor.

7.2.1   Die langfristige Fremdfinanzierung

In den letzten Jahren ist eine Reihe von Finanzierungsinstrumenten geschaffen worden, die sich von den bis dahin gängigen Formen z. T. deutlich abheben. Wir trennen deshalb die am Markt auftretenden Instrumente in solche eher traditioneller Bauart und in «innovative» Formen. Die hier getroffene Zuordnung sieht so aus:

---

[1] Die genannten Substanzsteuern können seit 1997 bzw. 1998 unbeachtet bleiben.

Langfristige Fremdfinanzierung	
Traditionelle Formen	**Innovative Formen**
– langfristiger Bankkredit	– Null Kupon-Anleihe (Zero Bond)
– Schuldscheindarlehen	– Floating Rate Note (FRN)
– Industrieobligation	– Indexanleihe
– Gewinnobligation	– Doppelwährungsanleihe
– Optionsanleihe	– Commercial Paper Programme
– Wandelanleihe	
– Gesellschafterdarlehen	
– Genussschein	

7.2.1.1 Der langfristige Bankkredit

Abb. 6.13 zeigt, dass die relative Bedeutung langfristiger Kredite für die Finanzierung von Unternehmen (ohne Banken, Versicherungen, Bausparkassen) im Zeitablauf gesunken ist. Ihre relative Bedeutung nimmt auch mit der Unternehmensgröße ab: Für mittelständische Unternehmen spielt der Bankkredit eine bedeutendere Rolle als für große, emissionsfähige Aktiengesellschaften.

7.2.1.2 Das Schuldscheindarlehen

Schuldscheindarlehen sind langfristige Finanzierungsinstrumente, die etwa seit 1950 steigende Bedeutung gewinnen und die die im folgenden Abschnitt zu behandelnde Industrieobligation klar zurückgedrängt haben. Schuldscheindarlehen haben bei der Deckung des langfristigen Finanzierungsbedarfs von Unternehmen und der öffentlichen Hand (Bund, *Telekom*, *Deutsche Bahn AG*, größere Kommunen) einen festen Platz.

> **Schuldscheindarlehen** kann man definieren als anleiheähnliche, langfristige Großkredite, die von bestimmten Unternehmen bei bestimmten Kapitalsammelstellen, die nicht Banken sind, aufgenommen werden.

Als Anbieter von Schuldscheindarlehen für private Unternehmen kommen Versicherungsunternehmen und hier insbesondere Lebensversicherungen und Pensionskassen in Frage. Die Sozialversicherungsträger (*Rentenversicherungsanstalt*, *Bundesanstalt für Arbeit*) gewähren Schuldscheindarlehen i.d.R. nur an öffentliche Stellen.

Der Kreis der Unternehmen, die Schuldscheindarlehen aufnehmen können, ist größer als der von Unternehmen, die als emissionsfähig (börsenfähig) gelten. Dennoch sind nur größere Unternehmen «schuldscheinfähig». Ob jemand «schuldscheinfähig» ist, richtet sich nach den Anforderungen, die die Versicherungsunternehmen bzw. ihre Aufsichtsbehörde stellen. Versicherungsunternehmen unterliegen

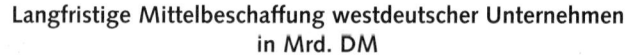

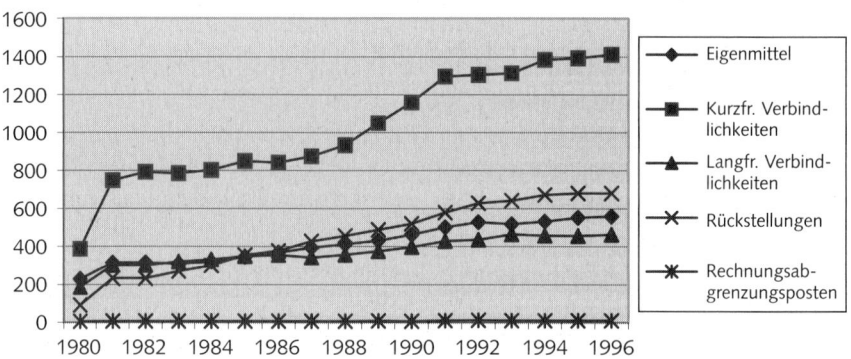

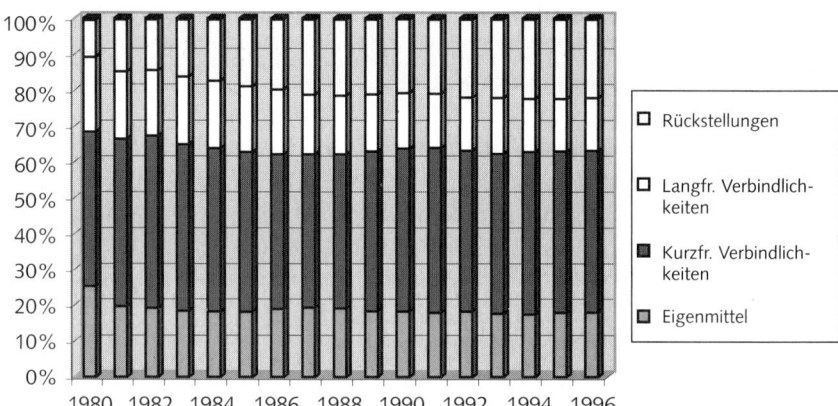

Quelle: Deutsche Bundesbank: Jahresabschlüsse westdeutscher Unternehmen 1971 bis 1996; Sonderveröffentlichung; Statistische Sonderveröffentlichung 5; 1999; Die Systematik der Wirtschaftszweige wurde 1993 geändert.

Abbildung 6.13: Langfristige Mittelbeschaffung von Unternehmen

bei der Anlage ihrer Mittel den Anlagevorschriften von §§ 54 ff. Versicherungsaufsichtsgesetz (VAG) und den Anlagerichtlinien des *Bundesaufsichtsamtes für das Versicherungswesen* (BAV). Diese legen die Anforderungen an die **Deckungsstockfähigkeit** von Anlagetiteln der Versicherungen fest, wobei mit Deckungsstock das Sondervermögen bezeichnet wird, aus dem ein Versicherungsunternehmen seine künftigen Verpflichtungen zu leisten hat. Deckungsstockfähig sind Schuldscheindarlehen, sofern durch die bisherige und zu erwartende Entwicklung des Unternehmens die vertraglich vereinbarte Verzinsung und Tilgung des Darlehens gewährleistet erscheinen **und** das Darlehen durch erstrangige Grundpfandrechte gesichert ist. Fehlt eine der Voraussetzungen, ist eine Ausnahmegenehmigung der

Aufsichtsbehörde erforderlich, die hohe Anforderungen an die Bonität des Unternehmens stellt. Zwar können auch (nicht emissionsfähige) Personengesellschaften an den Schuldscheinmarkt herantreten, doch wird nur eine relativ kleine Zahl den Bonitätsanforderungen genügen. Somit sind die Zahl der Kapitalanbieter und die der (inländischen) Kapitalnachfrager am Schuldscheinmarkt relativ klein, die Markttransparenz hoch.

Verträge über Schuldscheindarlehen kommen regelmäßig über einen Vermittler (Bank, Finanzmakler) zustande. Das «selbstvermittelte» Schuldscheindarlehen bildet die Ausnahme.

In vielen Punkten ist die Ausstattung von Schuldscheindarlehen der von Industrieobligationen angepasst. Die Laufzeit liegt meist zwischen 10 und 15 Jahren. Werden steigende Inflationsraten erwartet, besteht eine Tendenz zu kürzeren Fristen. Der Nominalzins bestimmt sich nach dem Kapitalmarktsatz für erstklassige Anlagen. Über ein Agio wird die Effektivrendite eines Vertrages meist so eingestellt, dass sie die jeweilige Kapitalmarktrendite um 1/4 bis 1/2 % übertrifft. Die Ursache dürfte darin zu suchen sein, dass die Transaktionskosten für ein Schuldscheindarlehen deutlich unter denen für eine Industrieobligation liegen. Die tilgungsfreien Zeiträume schwanken i. d. R. zwischen 3 und 5 Jahren. Ein vorzeitiges Kündigungsrecht wird dem Darlehensnehmer zumeist nicht zugebilligt.

Für den Kreditnehmer, der die Bonitätsanforderungen erfüllt, hat ein Schuldscheindarlehen **Vorteile**:

- Er kann bestimmte Kreditbedingungen wie Bereitstellung in Tranchen und Tilgungsmodalitäten individuell aushandeln; dadurch gewinnt er Flexibilität.
- Schuldscheindarlehen sind auch in Dimensionen erhältlich, in denen eine Industrieobligation, die ein Mindestvolumen erreichen muss, nicht möglich wäre. Dieser Bereich wird auf 0,25 bis 2,5 Mio. € geschätzt.
- Die Nebenkosten (Transaktionskosten) sind relativ niedrig.

Auch **Nachteile** bestehen: Die Zinsbelastung übersteigt i. d. R. die mit der Ausgabe einer Industrieobligation verbundene Belastung; außerdem ist eine vorzeitige Tilgung des Darlehens i. d. R. nicht möglich.

7.2.1.3 Die Industrieobligation

Eine langfristige Schuldverschreibung, die in Teilschuldverschreibungen gestückelt, festverzinslich und börsengängig ist, heißt **Obligation** oder **Industrieobligation.**

Die Industrieobligation galt lange Zeit als das klassische Instrument der langfristigen Fremdfinanzierung. Kreditnehmer fragen häufig Mittel nach, die die finanzielle Kapazität eines einzelnen Kreditgebers übersteigen: Mehrere Kreditgeber müssen sich zusammenschließen. Kreditnehmer wünschen zugleich häufig Laufzeiten, die den Kreditgebern zu lang sind: Die in Teilschuldverschreibungen zerlegte («gestückelte») Industrieobligation, die an der Börse gehandelt wird, löst dieses Problem der unterschiedlichen Fristenpräferenzen.

Die Teilschuldverschreibungen sind Wertpapiere, die auf einen bestimmten Nennbetrag lauten, mit einem festen Nominalzins ausgestattet sind, eine fixierte maximale Laufzeit haben und zu einer Rückzahlung in Höhe des Nominalwertes oder (Ausnahme) eines um ein Agio erhöhten Betrages berechtigen. Die häufigste Form der Rückzahlung ist die Ratentilgung: Die in Serien zerlegte Industrieobligation wird nach einer vertraglich festgelegten tilgungsfreien Zeit in einer durch Los bestimmten Reihenfolge zurückgezahlt. Ein vorzeitiges Kündigungsrecht des ausgebenden Unternehmens ist möglich, aber nicht die Regel. Als Ursache hierfür wird auch das Interesse der Kapitalsammelstellen an nicht vorzeitig kündbaren langfristigen Anlageformen genannt. Zu beachten ist auch, dass das ausgebende Unternehmen die Möglichkeit hat, die Teilschuldverschreibungen am Markt aufzukaufen. Kündigungsprämien, d. h. höhere Rückzahlungskurse bei vorzeitiger Kündigung, sind im Gegensatz zu den Vereinigten Staaten am deutschen Kapitalmarkt nicht verbreitet.

Die technische Abwicklung der Emission einer Industrieobligation erfolgt i. d. R. über ein Bankenkonsortium, das die Konditionen mit der Gesellschaft aushandelt und die Anleihe häufig fest übernimmt, um sie auf eigenes Risiko am Markt zu platzieren.

Industrieobligationen werden an einer oder mehreren Börsen zum Handel und zur amtlichen Kursnotierung eingeführt. Nach den Bestimmungen des Börsengesetzes entscheidet über die Zulassung von Wertpapieren zum Börsenhandel die Zulassungsstelle (§ 37 BörsG). Zu diesem Zweck sind Zulassungsantrag, Börsenprospekt und weitere Unterlagen von einer die Emission abwickelnden Bank bei der Zulassungsstelle der Börse einzureichen. Deren Aufgabe ist es, insbesondere zu prüfen, ob Emittent und Wertpapier den Bestimmungen entsprechen, die zum Schutz des Publikums und für einen ordnungsgemäßen Börsenhandel gemäß § 38 BörsG erlassen sind (§ 36 (3) Ziff.1 BörsG), und ob dem Antrag ein Prospekt beigefügt ist, der die in § 38 BörsG definierten erforderlichen Angaben enthält, um dem Publikum ein zutreffendes Urteil über den Emittenten und die Wertpapiere zu ermöglichen (§ 36 (3) Ziff. 2 BörsG).

Die Information der Anleger über die wertbestimmenden Faktoren eines Wertpapiers erfolgt somit über den Börsenprospekt, der vor der Einführung des Wertpapiers an der Börse zu veröffentlichen ist. Enthält ein Börsenprospekt unrichtige und/oder unvollständige Angaben, die für die Abschätzung des Wertes eines Wertpapiers erheblich sind, haften diejenigen, die den Prospekt ausgegeben haben, sowie diejenigen, von denen die Verbreitung des Prospektes ausgeht, für den Schaden, der dem auf den Prospekt vertrauenden Anleger entsteht (Prospekthaftung, § 45 BörsG). Nach der Prospektveröffentlichung kann die Anleihe in den Börsenhandel eingeführt werden.

Die Emissionskosten einer Industrieobligation setzen sich im Wesentlichen aus folgenden Einzelpositionen zusammen: Übernahme- und Vermittlungsprovision des Konsortiums, Börseneinführungsprovision, Druckkosten für Urkunden, Kosten der Veröffentlichung von Börsenprospekt und Verkaufsangebot, Kosten der Sicherheitenbestellung. Dies alles summiert sich zu 2,5–4% des Nominalwertes der Anleihe.

Neben diesen einmaligen Kosten sind jährliche Belastungen zu beachten durch Provision für Zinseinlösung der Banken, Notarkosten für die Auslosung der zu tilgenden Serien, Kosten der Auslosungsbekanntmachungen in der Presse und das Entgelt für den Treuhänder, der die Sicherheiten stellvertretend für die Vielzahl der Anleger hält: Industrieobligationen sind häufig durch erstrangige Grundschulden besichert. Tab. 6.11 stellt die Eigenschaften der Industrieobligation denen des Schuldscheindarlehens gegenüber.

Tabelle 6.11: Wichtige Merkmale von Schuldscheindarlehen und Industrieobligation

Merkmal	Schuldscheindarlehen	Industrieobligation
Kreditnehmer	bedeutende Unternehmen ohne Rechtsformbeschränkung, soweit sie die Bonitätsanforderungen erfüllen	emissionsfähige Unternehmen; i. d. R. nur bedeutende AG
Kreditgeber	Kapitalsammelstellen, Lebensversicherungen, Pensionskassen	institutionelle und private Anleger
Handelbarkeit	nur begrenzte Möglichkeiten der Forderungsabtretung für Kreditgeber	hohe Handelbarkeit, da als Wertpapier verbrieft
Zinssatz	$\frac{1}{4}\%$–$\frac{1}{2}\%$ über dem jeweiligen Kapitalmarktzins	entspricht dem Kapitalmarktzins im Ausgabezeitpunkt
Besicherung	erstrangige Besicherung an Immobilien erforderlich	i. d. R. Besicherung durch Grundschuld, in Ausnahmefällen durch Negativklausel
Laufzeit	individuelle Vereinbarung bis max. 15 Jahre	zwischen 10 und 15 Jahre; starke Tendenz zu kürzerer Laufzeit
Tilgung	im Kreditvertrag festgelegt, Kündigungsrecht des Schuldners nur in Ausnahmefällen	nach Tilgungsplan; Rückkauf über die Börse möglich; vorzeitige Kündigung durch Schuldner möglich, aber nicht häufig
Volumen	Minimum 50 000 €	wegen hoher Transaktionskosten ab ca. 2,5 Mio. € lohnend
Nebenkosten	bei Mittelaufnahme ca. 1–2% des Nominalwertes; keine laufenden Nebenkosten	Emissionskosten 2,5–4% des Nominalwertes; laufende Nebenkosten ca. 1–2% des Nominalwertes

Die Bedeutung der Industrieobligation für die langfristige Finanzierung von Unternehmen ist stark rückläufig. Ob der Wegfall der staatlichen Genehmigungspflicht daran etwas ändern wird, bleibt abzuwarten. Zum einen kommt nur eine relativ kleine Zahl von Unternehmen als emissionsfähig in Betracht. Zum anderen weichen viele bei langfristigen Finanzierungsmaßnahmen auf Schuldscheindarlehen, Bankkredit und innovative Formen der Fremdfinanzierung aus. Die technische Abwicklung ist weniger aufwändig; die Transaktionskosten sind geringer.

7.2.1.4　Die Gewinnobligation

Die Verfassung des Kapitalmarktes oder die wirtschaftliche Lage des Unternehmens, das finanzielle Mittel benötigt, können es nahelegen, Schuldverschreibungen zu emittieren, die eine Mischform zwischen einer nur Gläubigerrechte verbriefenden Obligation und einer Aktie darstellen. Eine solche Variante ist die **Gewinnobligation** (Gewinnschuldverschreibung), die neben einem fixierten Nominalzinssatz eine Beteiligung am Gewinn des Unternehmens zulässt, soweit ein solcher vorliegt, oder ausschließlich eine gewinnabhängige Zahlung bietet. Die Gewinnobligation erbringt i. d. R. eine relativ sichere Rendite, die unterhalb jener aus Schuldverschreibungen liegen wird, und eine zusätzliche Gewinnchance bei positiver Unternehmensentwicklung.

> Eine **Gewinnobligation** ist ein Wertpapier, das Gläubigeransprüche auf sichere Zins- und Tilgungszahlungen mit Ansprüchen auf Beteiligung am Gewinn des Unternehmens mischt oder die Zinszahlung vom Vorliegen eines Gewinns abhängig macht.

Die Emission von Gewinnobligationen erscheint z. B. dann erwägenswert, wenn die finanzielle Lage des Unternehmens angespannt ist und hohe zusätzliche Zinslasten nicht übernommen werden können, Illiquiditätsrisiken aber vermieden werden sollen. Da in solchen Situationen die Eigenkapitalbeschaffung teuer sein wird, könnte die Emission von Gewinnobligationen einen Ausweg darstellen. In der Bundesrepublik Deutschland erfreut sich die Gewinnobligation keiner großen Beliebtheit: Ganz wenige Emissionen sind am Markt. Dies dürfte u. a. damit zusammenhängen, dass die Emission von Gewinnobligationen, die in der Tendenz das Insolvenzrisiko senkt, häufig im Zusammenhang mit Sanierungsbemühungen erwogen wird. Nicht sanierungsbedürftige Unternehmen könnten deshalb das Finanzierungsinstrument meiden.

7.2.1.5　Die Optionsanleihe

> Eine **Optionsanleihe** bietet dem Anleger neben der (relativ) sicheren Zins- und Tilgungszahlung das Recht, Aktien der emittierenden Gesellschaft zu einem fixierten Preis innerhalb einer festgelegten Frist zu erwerben, ohne die Anleihe einzutauschen.

Die Optionsanleihe umfasst zwei Papiere, die getrennt gehandelt werden: das Gläubigerpapier (die Teilschuldverschreibung) und den **Optionsschein** («warrant»).

Auch bei Optionsanleihen liegt der Nominalzins unter dem Zinsniveau des Marktes im Ausgabezeitpunkt. Als diesen Nachteil kompensierender Anreiz wird den Anlegern die Chance geboten, innerhalb fixierter Bezugsfristen mittels des Optionsscheines und vertraglich fixierter Bezugskurse Aktien der Gesellschaft zu beziehen. Die Gesellschaft bezahlt die Anleger zu einem Teil mit einem «Wechsel auf die Zukunft».

Das Aktiengesetz gebraucht den Begriff «Optionsanleihe» oder «Optionsschuldverschreibung» nicht, sondern spricht in § 221 (1) AktG von «Schuldverschreibungen, bei denen den Gläubigern ein Umtausch- oder Bezugsrecht auf Aktien eingeräumt wird». Für beide Finanzierungsformen gelten dieselben aktienrechtlichen Vorschriften.

7.2.1.6   Die Wandelschuldverschreibung

Eine Schuldverschreibung, die dem Anleger die Möglichkeit bietet, das Gläubigerverhältnis später in eine Beteiligung umzuwandeln, wird als **Wandelschuldverschreibung** (Wandelanleihe) bezeichnet. Der Anleger hat zunächst Anspruch auf Zinszahlung und Tilgung. Die Bezugs- und Wandelbedingungen legen fest, in welchem Zeitraum (Umtauschfrist) wie viele Stücke Wandelschuldverschreibungen gegen wie viele Aktien der emittierenden Gesellschaft (Wandlungsverhältnis) gegen Zuzahlung welchen Betrages eingetauscht werden können. Der Anleger hat die Wahl, entweder die Tilgung der Anleihe abzuwarten oder bei entsprechender Entwicklung des Aktienkurses die skizzierte Option auszuüben.

Eine **Wandelschuldverschreibung** bietet dem Anleger neben der (relativ) sicheren Zins- und Tilgungszahlung das Recht, während einer festgelegten Umtauschfrist zu fixierten Bedingungen Wandelschuldverschreibungen gegen Aktien der emittierenden Gesellschaft zu tauschen (wandeln).

7.2.1.7   Das Gesellschafterdarlehen

Für Eigentümer von Kapitalgesellschaften (GmbH, AG, KGaA) gibt es Anreize, «ihren» Gesellschaften auch Darlehen zu gewähren. Eigentümer nehmen in diesem Fall auch eine Gläubigerposition ein. Insbesondere Gesellschafter (Eigentümer) von GmbHs machen in der Realität von dieser legalen Möglichkeit Gebrauch. Die Anreize, neben der Eigentümer- auch die Gläubigerposition einzunehmen, sind vielfältig. Zunächst genießen Gesellschafterdarlehen die gleichen steuerlichen Privilegien wie Fremdkapital von Dritten. Sie verminderten die Bemessungsgrundlage der Vermögensteuer und der Gewerbekapitalsteuer; die Zinsen sind bei der Körperschaftsteuer ganz und bei der Gewerbeertragsteuer – soweit es sich um steuerliche Dauerschulden handelt – zur Hälfte abzusetzen. Dies ist indessen kein Spezifikum von Gesellschafterdarlehen, da Kredite Dritter die gleichen steuerlichen Vorteile bieten. **Vorteile**, die allein Gesellschafterdarlehen anhaften, sind:

- Da die Gesellschafter selbst Darlehen gewähren, entfallen Kosten für die Kreditwürdigkeitsprüfung und sonstige Beschaffungskosten.
- Die Vertragsbedingungen können flexibel gestaltet werden.
- Unerwartete Kündigungen seitens des Darlehensgebers entfallen jedenfalls dann, wenn man Streitigkeiten unter Gesellschaftern ausschließt.
- Gesellschafterdarlehen können noch gewährt werden und damit die oben genannten steuerlichen Vorteile auslösen, wenn Dritte keine Kredite mehr geben.
- Gesellschafterdarlehen können Insolvenztatbestände wie Zahlungsunfähigkeit und, wenn ein Rangrücktritt vereinbart wird, Überschuldung beseitigen und so die legale Fortführung der Gesellschaft ermöglichen.
- Gesellschafterdarlehen könnten im Vergleich zu einer Erhöhung des Eigenkapitals eine bessere Position bei Insolvenz des Unternehmens bieten. Der Wert eines Gläubigeranspruchs hängt in diesem Fall vom Wert des Vermögens der Gesellschaft und dem Rang des Anspruchs ab, den ein Gläubiger hat. Je höher der Rang, desto höher die Wertigkeit des Anspruchs. Gesicherte Gesellschafterdarlehen hätten so gesehen auch im Insolvenzfall in aller Regel einen positiven Wert. Das gilt für Ansprüche von Eigenkapitalgebern gerade nicht.

Rechtsprechung und Gesetzgeber haben sich intensiv mit der Frage beschäftigt, unter welchen Bedingungen die Einlage von Gesellschafterdarlehen als Mißbrauch des Rechts der beschränkten Haftung anzusehen sei, der wegen der erheblich höheren Risikobelastung für Drittgläubiger, also Altgläubiger und Neugläubiger, die erst nach Gewährung des Gesellschafterdarlehens Gläubiger der Gesellschaft werden, nicht akzeptiert werden könne. Der Gesetzgeber hat die umstrittenen Vorschriften §§ 32a, 32b in das GmbHG eingefügt. Der BGH hat in Sachen Gesellschafterdarlehen zahlreiche Urteile gefällt, durch die von Gesellschaftern formal gewährte Darlehen in Eigenkapital umdefiniert wurden. Die Folge ist, dass Gesellschafterdarlehen aus Gesellschaften mit beschränkter Haftung dann nicht abgezogen werden dürfen, wenn das Stammkapital der Gesellschaft angegriffen oder aufgezehrt ist. Weiterhin werden Gesellschafterdarlehen bei Insolvenz des Unternehmens nahezu generell als Eigenkapital qualifiziert. Die Darlehensgeber haben dann keinen Anspruch auf Rückzahlung, der auf ihre Gläubigereigenschaft gestützt werden könnte. Auch Sicherungsabreden zugunsten des Darlehensanspruchs sind dann nichtig.

Mit dem **KapAEG** (Kapitalaufnahmeerleichterungsgesetz) und dem **KonTraG** (Gesetz zur Kontrolle und Transparenz im Unternehmensbereich) von 1998 erhielt das Eigenkapitalersatzrecht durch die in § 32 a Abs. 3 GmbHG eingefügten Sätze 2 und 3 zwei Neuregelungen. Die Regeln über eigenkapitalersetzende Darlehen galten nach dem Wortlaut des Gesetzes für alle direkt beteiligten Gesellschafter (§§ 32a, 32b GmbHG). Der Tatsache, dass dem geringfügig beteiligten, nicht geschäftsführenden Gesellschafter Einfluss und Insiderstellung fehlen, wird der neue § 32a Abs. 3 S. 2 GmbHG gerecht: Alle Gesellschafter, die mit 10% oder weniger am Stammkapital beteiligt sind, sind von den Eigenkapitalersatzregeln ausgenommen (Obermüller [Änderungen] 52).

Die Rechtsprechung zu kapitalersetzenden Darlehen, die bis dahin eine Vergabe von Sanierungskrediten diskriminierte (Obermüller [Änderungen] 51), wurde im § 32 Abs. 3 S. 3 GmbHG durch das sog. **Sanierungsprivileg** modifiziert: «Erwirbt ein Darlehensgeber in der Krise der Gesellschaft Geschäftsanteile zum Zweck der Überwindung der Krise, führt dies für seine bestehenden oder neugewährten Kredite nicht zur Anwendung der Regeln über den Eigenkapitalersatz.» Da keine Aussage über die Höhe des Anteilserwerbs getroffen wird, sind also auch Beteiligungen über 10% für die Nichtanwendung der Eigenkapitalersatzregeln unschädlich, sofern der Erwerb zum Zweck der Überwindung der Krise erfolgt ist. Der hier verwendete Begriff der Krise entspricht dem von Rechtsprechung und Schrifttum zu § 32a Abs. 1 S. 1 GmbHG entwickelten Zeitpunkt (Dörrie [Sanierungsprivileg] 13). Krisenüberwindung setzt die Sanierungsfähigkeit des Unternehmens und die Ergreifung zur Sanierung geeigneter Maßnahmen voraus: Verfahrensverschleppung und Gläubigertäuschung setzen dem Sanierungsprivileg Grenzen (Dörrie [Sanierungsprivileg] 14). Da die Sanierungsfähigkeit eines Unternehmens und die Eignung bestimmter Maßnahmen keine eindeutigen und deshalb leicht zu überprüfenden Voraussetzungen sind, ist dem Darlehensgeber zu raten, beides vorher objektiv prüfen zu lassen (z. B. durch Gutachten Dritter). Das Fehlschlagen der Sanierung führt jedoch nicht zu einem Wegfall des Sanierungsprivileges, sofern die beiden Voraussetzungen des § 32 Abs. 3 S. 3 GmbHG erfüllt sind.

7.2.1.8   Die Null-Kupon-Anleihe (Zero-Bond)

Zero-Bonds oder **Null-Kupon-Anleihen** bieten keine laufenden Zinszahlungen. Zinszahlungen erfolgen ausschließlich zusammen mit der endfälligen Tilgung.

Bei der echten Null-Kupon-Anleihe entspricht der Einlösebetrag (Rückzahlungsbetrag) dem Nominalwert der Anleihe, der Ausgabebetrag dem mit dem Marktzins für gleich lange Laufzeiten und Emittenten vergleichbarer Bonität abgezinsten Barwert des Einlösebetrages. Wenn der **Ausgabebetrag** dem Nominalwert gleich ist, wird die Anleihe als Aufzinsungsanleihe bezeichnet. Der Rückzahlungsbetrag (Einlösebetrag) entspricht dann dem mit dem relevanten Marktzins auf den Fälligkeitszeitpunkt aufgezinsten Endwert.

Ein Anleihetyp, der sich die Idee des Zero-Bonds zunutze macht, ist die **Annuitätenanleihe.** Bei der echten Zero-Bond-Version nimmt der Emittent den abgezinsten Barwert der Rückzahlungen auf, wobei diese über einen mehrere Perioden umfassenden Zeitraum erfolgen. Weil die Rückzahlungen gleich hoch sind, also Annuitäten darstellen, heißt die Anleihe Annuitätenanleihe.

Beispiel

Ein Unternehmen mit erstklassigem Kreditrating (AAA) benötige ca. 100 Mio. €, rückzahlbar in endfälliger Form nach 15 Jahren. Der Marktzinssatz für Mittel der genannten Laufzeit sei 7,50%. Wenn der Ausgabebetrag ca. 100 Mio. € erreichen soll (von Emissionskosten wird abgesehen), muss die Anleihe einen Rückzahlungsbetrag in Periode 15 von rund 300 Mio. € haben. Wählt die Gesellschaft den echten Zero-Bond, für den der Rückzahlungsbetrag (300 Mio. €) als Nominalwert fungiert, erhält sie einen Ausgabebetrag von 101,39 Mio. €. Bei einer Annuitätenanleihe wären z. B. 10 Jahre der gesamten Laufzeit zahlungsfrei; in den letzten fünf Jahren der Laufzeit würde die Anleihe so zurückgezahlt, dass die Effektivverzinsung von 7,5% genau erreicht wird.

	0	1	2 ... 10	11	12	13	14	15
Echter Zero-Bond	+101,39	–	–	–	–	–	–	–	–300
Annuitäten-anleihe	+101,39	–	–	–	–51,649	–51,649	–51,649	–51,649	–51,649

7.2.1.9   Die Floating Rate Note (FRN)

Floating Rate Notes (FRN) sind Anleihen mit variabler Verzinsung; diese wird in regelmäßigen Abständen (3 Monate, 6 Monate) unter Rückgriff auf einen Referenzzinssatz neu festgelegt.

Die verbreitetsten Referenzzinssätze sind LIBOR, FIBOR und LUXIBOR. Der Effektivzinssatz eines Zeitabschnitts setzt sich zusammen aus dem Referenzzinssatz und einer Marge, die sich nach der Bonität des emittierenden Unternehmens richtet. Die Margen bewegen sich in einem Rahmen von 1/16 bis 1/2%. Zeichner von sog. Floatern tragen wegen der zeitnahen Anpassung an den Marktzinssatz nur geringe Kursrisiken. Dem Risiko sich ändernder Zinssätze sind sie dagegen voll ausgesetzt. Auch die emittierende Gesellschaft ist dem Risiko steigender Zinssätze unterworfen. Eine Möglichkeit, dieses zu begrenzen, ist die Vereinbarung von Zins-Caps. Sie begrenzen die Risiken, die aus Steigerungen des Referenzzinssatzes resultieren, ohne die Chance, von sinkenden Referenzzinssätzen zu profitieren, zu schmälern. Kauft die Gesellschaft einen Zins-Cap, erhält sie eine Ausgleichszahlung vom Cap-Verkäufer immer dann, wenn der Referenzzinssatz (zuzüglich Marge) die in der Cap-Vereinbarung festgelegte Obergrenze überschreitet. Die Gesellschaft kennt damit das maximale Zinsrisiko und zahlt hierfür eine Prämie an den Cap-Verkäufer. Ein Markt für Zins-Caps besteht in Deutschland für Anleihen mit einer Laufzeit zwischen 3 und 10 Jahren.

7.2.1.10 Die Indexanleihe

Bei Indexanleihen orientiert sich die Kapitalrückzahlung an einem bestimmten Index. Dabei kann es sich um einen Aktienindex (*FAZ*-Index, *DAX*, *Commerzbank*-Index, *NEMAX*, *EUROSTOXX*), um den Preisindex für ein Edelmetall (Gold) oder den für eine Devise ($) handeln. Ein Beispiel ist die Indexanleihe der Commerzbank, die 2001 begeben wurde. Der Rückzahlungsbetrag orientiert sich am Stand des DOW JONES EUROSTOXX 50 – Aktienindex. Der Kupon der Anleihe mit zweijähriger Laufzeit beträgt 8 % p. a. Am Ende der Laufzeit wird entweder der Nennwert zu 100 % oder alternativ ein reduzierter Betrag zurückgezahlt, wenn der DOW JONES EUROSTOXX 50 – Aktienindex während der Laufzeit mindestens einmal die Kursschwelle von 3.400 Punkten erreicht bzw. unterschreitet und am Bewertungstag kurz vor Ende der Laufzeit unter dem Basispreis von 4 350 Punkten liegt. Der reduzierte Rückzahlungsbetrag wird gemäß der Formel Nennbetrag × DJ EUROSTOXX 50 am Bewertungstag / 4 350 ermittelt. Manche Anleihen werden in zwei Tranchen aufgeteilt. Der Rückzahlungsbetrag einer Tranche kann mit steigendem (fallendem) Aktienindex steigen (fallen), der der anderen mit fallendem (steigendem) Index steigen (fallen). Die Rückzahlungsmodalitäten können so gestaltet werden, dass für jeden Stand des Aktienindex die gleiche Rückzahlung zu leisten ist, der Rückzahlungsbetrag für den Emittenten also eine sichere Größe darstellt.

7.2.1.11 Die Doppelwährungsanleihe

Bei Doppelwährungsanleihen erfolgen Mittelaufbringung und Rückzahlung in unterschiedlichen Währungen. Die Zinszahlungen sind entweder in der Aufbringungs- oder in der Rückzahlungswährung zu leisten. Die genaue Spezifikation wird in den Anleihebedingungen festgelegt. Die Emissionsrendite, die im Emissionszeitpunkt erwartete Verzinsung, orientiert sich an der von Anleihen gleicher Laufzeit in den jeweiligen Währungsgebieten. Der Kurs der Anleihe wird von der Bonität des Emittenten, den Zinsänderungen am Markt und der Wechselkursentwicklung der Währung beeinflusst, in der Rückzahlung und (seltener) Zinszahlungen erfolgen.

7.2.1.12 Commercial-Paper-Programme

Die Mittelbeschaffung über Commercial-Paper-Programme unter den Formen langfristiger Finanzierung darzustellen ist nicht ganz unproblematisch, da die Laufzeit von **Tranchen** zwischen 7 Tagen (Untergrenze) und zwei Jahren schwankt. Weil aber die Rahmenabkommen i. d. R. längere Fristen erfassen, werden solche Programmvereinbarungen an dieser Stelle behandelt.

Commercial-Paper (CP)-Programme sind Rahmenvereinbarungen zwischen bonitätsstarken Unternehmen und Kreditinstituten (Konsortien von Kreditinstituten) über die Platzierung von nicht gesicherten, börsennotierten oder nicht börsennotierten Schuldverschreibungen, deren Tranchen eine Laufzeit von zwei Jahren nicht überschreiten.

Die Zerlegung des vereinbarten Volumens in einzelne Tranchen ermöglicht die Anpassung der Fremdmittelbeschaffung an den jeweiligen Bedarf ebenso wie die Aushandelbarkeit der Laufzeit der jeweiligen Tranche. Die Tranchen sind als Abzinsungspapier ausgestattet, d. h., die Rückzahlung enthält Kapitalbetrag und Zinsen.

Kreditinstitute sind nicht Kreditgeber, sondern Arrangeure, die den Rahmenvertrag aushandeln und die Platzierung der CP betreiben. Dafür erhalten sie Provision. Sie übernehmen keine Platzierungsgarantie, übernehmen Tranchen bei misslungenem Platzierungsversuch nicht selbst und bieten keine Stand-by-Kredite an, wenn eine Platzierung fehlschlagen sollte. Das Platzierungsrisiko liegt deshalb beim Emittenten. Die arrangierenden bzw. platzierenden Kreditinstitute bieten die CP institutionellen Anlegern, anderen Unternehmen und privaten (Groß-)Anlegern an. Die hohe Mindeststückelung von 250 000 € schließt «normale» Privatanleger von dieser Anlage aus. In der Bundesrepublik Deutschland teilen sich den Markt inländische Investmentfonds, Pensionskassen und Versicherungen – sie halten zusammen etwa 65% der begebenen CP –, Industrieunternehmen (20%) sowie ausländische (10%) und inländische private Anleger (5%).

Die dynamische Entwicklung von CP-Programmen in Deutschland seit Anfang 1991 – im Oktober 1992 betrug das Gesamtvolumen aller Rahmenvereinbarungen etwa 18 Mrd. € – ist aus mehreren **Gründen** von Interesse:

(1) CP-Programme gibt es an ausländischen Geld- und Kapitalmärkten schon geraume Zeit. Die Ursachen, warum sich CP-Programme am deutschen Markt nicht etablieren konnten, sind einmal die Genehmigungspflicht für die Emission inländischer Schuldverschreibungen gemäß §§ 795, 808a BGB, die bis 1990 bestand, dabei schwerfällig und kostenträchtig war, zum anderen die damalige Börsenumsatzsteuer, die beim Erwerb der CP angefallen wäre und die Rendite bei der ohnehin kurzen Laufzeit spürbar beeinträchtigt hätte.

(2) CP-Programme sind ein Beispiel für die potenziellen Vorteile der Verbriefung von Fremdkapitaltiteln (Securitization), die die Liquidität der Anleger erhöht.

(3) CP-Programe bilden einen Beleg dafür, dass die Intermeditation, also die Vermittlungsfunktion von Kreditinstituten sich verändert. Während bei einem kurz- oder mittelfristigen Bankkredit das Kreditinstitut Mittel beschafft, verzinst, mit Mindestreserven unterlegt, an Kreditnehmer ausleiht, die Kreditüberwachung übernimmt, ist die Funktion hier wesentlich verkürzt: Nur Arrangement und Vertriebsleistung werden übernommen. Die Transaktion ist für Kreditinstitute bilanzneutral.

(4) Mittel aus CP-Programmen sollten daher billiger sein als Bankkredite mit gleicher Laufzeit. Referenzgröße für den Zinssatz ist i. d. R. LIBID, der Londoner Interbankensatz (London Interbank Bid Rate), der bis zu 0,4% unter den Kosten einer volumengleichen, laufzeitgleichen Kreditfinanzierung liegen kann.

Bislang haben vorrangig große und relativ bonitätsstarke Unternehmen CP-Programme aufgelegt: *Allianz AG, Daimler Benz AG, VW AG, Bayer AG, BMW AG,*

Treuhandanstalt mit Rahmenvereinbarungen im Volumen von 250 Mio. € und mehr. Die Rechtsform ist dabei nicht von Belang; auch Nicht-Kapitalgesellschaften und kleinere Unternehmen als die genannten kommen als Emittenten grundsätzlich in Frage (z. B. *Sixt AG*, *Haindl Papier GmbH*), wenn sie Bonität aufweisen. Der Nachweis über ein entsprechendes Kreditrating wird hier vermutlich unerlässlich sein.

7.2.2 Die kurzfristige Fremdfinanzierung

7.2.2.1 Übersicht

Die Möglichkeiten der Beschaffung kurzfristiger Fremdmittel sind vielfältig.

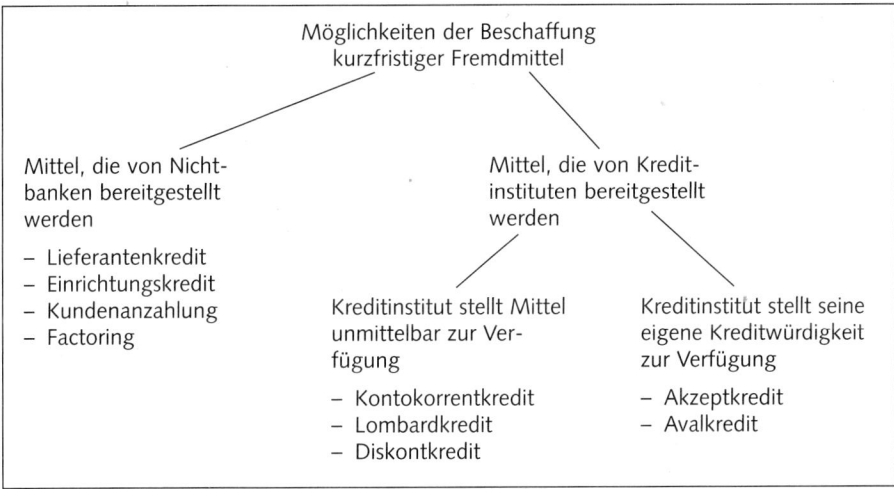

Danach können kurzfristige Fremdmittel sowohl von Nichtbanken (Lieferanten, Kunden) als auch von Kreditinstituten bereitgestellt werden. Letztere stellen i. d. R. die Mittel in Form von Geld zur Verfügung («Geldleihe»); in einigen wenigen Fällen liegt keine «Geldleihe», sondern eine «Kreditleihe» vor: Das Kreditinstitut tritt mit seiner eigenen Kreditwürdigkeit für einen Kunden ein, der diese anstelle des Einsatzes eigener finanzieller Mittel nutzt.

7.2.2.2 Kredite von Nichtbanken

7.2.2.2.1 Der Lieferantenkredit

Der bei weitem wichtigste Kredit von Nichtbanken ist der Lieferantenkredit. Der Verkäufer liefert eine Ware, gewährt dem Abnehmer ein Zahlungsziel von z. B. 30 Tagen und sichert seinen Zahlungsanspruch durch Vereinbarung eines einfachen bzw. verlängerten Eigentumsvorbehalts. Der Abnehmer kann die Ware verarbeiten oder weiterverkaufen und somit möglicherweise die Zahlungsverpflichtung ganz oder zum Teil aus seinen Umsatzeinzahlungen decken. Der Lieferantenkredit ist bequem, weil er im Vergleich zu einer Kreditgewährung durch Banken nahezu formlos gewährt wird. Diese Bequemlichkeit muss bezahlt werden.

Lieferanten räumen i. d. R. Skonto ein, d. h., wird der Rechnungsbetrag innerhalb einer Frist von z. B. 10 Tagen bezahlt, hat der Abnehmer das Recht, den vereinbarten Skontosatz – z. B. 3% – vom Rechnungsbetrag in Abzug zu bringen. Dieses Recht verfällt, wenn erst am 11., 12., ... 30. Tag die Rechnung beglichen wird. Rational handelnde Abnehmer bezahlen bei Nichtinanspruchnahme des Skontosatzes erst am 30. Tag und verlieren somit 3% auf den Rechnungsbetrag für ein zusätzliches Ziel von 20 Tagen. Wenn ZZ das Zahlungsziel (30), SF die Skontofrist (10) und S der Skontosatz sind, berechnen sich die Kreditkosten i aus

$$(22) \qquad i = \frac{S}{1 - \dfrac{S}{100}} \cdot \frac{360}{ZZ - SF}$$

und betragen im Beispiel 55,67%. Die Zeitspanne zwischen ZZ und SF muss also erheblich sein, damit der Nachteil eines Verzichts auf den Skontoabzug in die Nähe der Kosten anderer kurzfristiger Fremdfinanzierungsmöglichkeiten rückt. Die volle Ausnutzung des von Lieferanten gewährten Zahlungszieles ist somit im Gegensatz zu den Bekundungen mancher Praktiker teuer. Dass viele Abnehmer den Lieferantenkredit dennoch (ohne Skontoabzug) nutzen, hat verschiedene Ursachen: Die Verschuldung mancher Unternehmer ist so hoch, dass sie keine zusätzlichen Bankkredite bekommen. Neu gegründete Betriebe ohne nachgewiesene Ertragskraft und ohne Sicherheiten müssen ebenfalls auf Lieferantenkredite ausweichen. Mancher Manager mag sich der hohen Kosten zeitlich voll ausgenutzter Lieferantenkredite nicht ganz bewusst sein. Andere schließlich senken die Kosten, indem sie die Zahlungsziele kräftig überziehen, d. h. die Differenz ZZ – SF in (22) ausdehnen.

Eine besondere Form des Lieferantenkredits ist der Einrichtungskredit, der z. B. von Brauereien an Gaststätten und von Mineralölgesellschaften an Tankstellen gewährt wird.

7.2.2.2.2 Die Kundenanzahlung

Kundenanzahlungen sind üblich z. B. im Schiffbau, Großmaschinenbau und im Baugewerbe. Anzahlungen sind teils vor Aufnahme der Produktion, teils bei teilweiser Fertigstellung zu leisten. Sie erfüllen mehrere Funktionen. Sie reduzieren Kapitalbedarf und Höhe der Vorfinanzierungsleistung des Produzenten. Zugleich sichern sie diesen partiell vor dem Risiko, dass der Auftraggeber das Produkt nicht abnimmt, weil dieser selbst gebunden ist, oder, wenn es dazu kommt, vor dem Risiko hoher Ausfälle bei anderweitiger Verwertung. Zugleich entsteht mit der Anzahlung für den Auftraggeber das Risiko, dass der Produzent nicht liefert. Um dem entgegenzuwirken, sind Leistungsgarantien verbreitet, die die durch eine Bank gesicherte Zahlung einer Konventionalstrafe vorsehen, wenn der Produzent seinen Verpflichtungen nicht oder nicht pünktlich nachkommt.

7.2.2.2.3 Das Factoring

Ein Unternehmen, das Zahlungsziele einräumt, finanziert die Beträge vor, hat die Zahlungseingänge zu überwachen, ein Mahnsystem zu organisieren, ggf. Beitreibungsmaßnahmen einzuleiten und ein Ausfallrisiko zu übernehmen. Alle Funktionen könnten im Prinzip aus dem Unternehmen ausgegliedert werden. Übernimmt sie ein Vertragspartner, liegt ein Factoring-System vor: Ein Factor (Wöhe/Bilstein [Grundzüge] 237–241)

- kauft die Forderungen des Lieferanten an, bevorschusst sie und übernimmt damit die Finanzierungsfunktion,
- kann das Risiko des Forderungsausfalls übernehmen,
- kann das Mahnwesen betreiben und ggf. Beitreibungsmaßnahmen ergreifen.

Übernimmt der Factor alle genannten Funktionen, liegt sog. echtes Factoring vor. Verbleibt das Ausfallrisiko beim Lieferanten, handelt es sich um «unechtes Factoring».

Factoring ist kein Bankgeschäft i. S. d. Kreditwesengesetzes (KWG). Das Factoring-Volumen erreicht ca. 1% aller kurzfristigen Unternehmenskredite und stellt damit eine Finanzierungsquelle von eher marginaler Bedeutung dar.

7.2.2.3 Kredite von Kreditinstituten

7.2.2.3.1 Der Kontokorrentkredit

Der wichtigste kurzfristige Kredit, den Kreditinstitute vergeben, ist der Kontokorrentkredit.

Ein **Kontokorrentkredit** ist ein Darlehen, das vom Kreditnehmer bis zu einem vertraglich festgelegten Maximalbetrag, der Kreditlinie, in Anspruch genommen werden darf.

Formal ist ein Kontokorrentkredit kurzfristiger, faktisch i. d. R. langfristiger Natur, es sei denn, der Kreditnehmer gibt der Bank wegen mangelnder Liquidität oder wegen mehrfacher Verstöße gegen vertragliche Vereinbarungen Anlass zur Kündigung des Kredits.

Dessen **Kosten** setzen sich zusammen aus

- den Zinsen auf den in Anspruch genommenen Betrag,
- der Bereitstellungsprovision auf die nicht in Anspruch genommene Summe,
- der Überziehungsprovision für Beträge, die die Kreditlinie übersteigen, sowie
- dem Entgelt für die Führung des Kontos.

7.2.2.3.2 Der Lombardkredit

Basis eines Lombardkredits ist die **Verpfändung** beweglicher, marktgängiger Vermögensgegenstände. Genutzt wird die güterwirtschaftliche Liquidität eines Vermögensgegenstandes, der durch Übergabe an das Kreditinstitut zugleich als Sicherheit dient. Dafür in Frage kommen Effekten, Edelmetalle und Waren, Wechsel und Forderungen. Die von Kreditinstituten angesetzten Beleihungsgrenzen schwanken zwischen 50% für Waren und 80% für festverzinsliche Wertpapiere. Der Zins, der für Lombardkredite zu bezahlen ist (Lombardsatz), liegt gewöhnlich 1–1,5% über dem Diskontsatz der *Deutschen Bundesbank*.

7.2.2.3.3 Der Diskontkredit

Ein Lieferant, der Forderungen an Abnehmer hat, kann jene durch einen Wechsel i. S. des Art. 1 des Wechselgesetzes (WG), den der Schuldner akzeptiert, verbriefen. Der Wechsel kann bei einer Bank unter bestimmten Bedingungen zur Diskontierung eingereicht werden: Die noch nicht fällige Forderung an den Lieferanten wird – in Wechselform gekleidet – an die Bank verkauft. Diese schreibt dem Lieferanten den Betrag vermindert um Zinsen für die Restlaufzeit (Diskont) und Spesen gut und gewährt damit dem den Wechsel einreichenden Lieferanten Kredit.

Die Kosten des Diskontkredits bestehen aus dem Diskont, wobei der Diskontsatz der Bank abhängt vom Diskontsatz der *Deutschen Bundesbank* und der Rediskontfähigkeit des Wechsels. Die (bis 1992 gültige) Wechselsteuer ist entfallen.

7.2.2.3.4 Der Akzeptkredit

Ein **Akzeptkredit** liegt vor, wenn ein Kreditinstitut einen auf dieses gezogenen Wechsel eines Kunden (Ausstellers) akzeptiert, d. h. sich verpflichtet, den Betrag, auf den der Wechsel lautet, an den jeweiligen Inhaber zu zahlen, und der Kunde sich verpflichtet, den Wechselbetrag vor Fälligkeit des Wechsels bei der Bank bereitzustellen.

Der Kunde kann den vom Kreditinstitut akzeptierten Wechsel benutzen, um ihn diskontieren zu lassen oder um ihn an Lieferanten weiterzugeben. Durch das Akzept stellt das Kreditinstitut keine liquiden Mittel zur Verfügung, erhöht aber durch seine Unterschrift die (güterwirtschaftliche) Liquidität des Wechsels, da dieser – die Kreditwürdigkeit des akzeptierenden Kreditinstituts unterstellt – fast (!) wie Geld genutzt werden kann. Das Kreditinstitut leiht nicht Geld, sondern seinen Kredit: Es liegt eine **Kreditleihe** vor.

Die Kosten des Akzeptkredites bestehen in der Akzeptprovision. Der Akzeptkredit spielt insbesondere im Außenhandel eine Rolle, wenn die Vertragspartner ihre Kreditwürdigkeit nicht verlässlich einschätzen können (Rembourskredit).

7.2.2.3.5 Der Avalkredit

Ein **Avalkredit** entsteht durch die Bürgschaft oder Garantie einer Bank, für die Verpflichtung eines Kunden, die dieser gegenüber einem Dritten eingegangen ist, einzustehen.

Wie beim Akzeptkredit liegt auch hier eine Kreditleihe vor, da keine liquiden Mittel bereitgestellt werden, sondern ein Zahlungs- oder Leistungsversprechen des Kunden durch die Zusicherung des Kreditinstituts, bei Vorliegen zu definierender Bedingungen zu leisten, nachdrücklich gestützt wird. Der Vorteil ist darin zu sehen, dass für den Begünstigten die Sicherheit der (garantierten) Zusage steigt, ohne dass er über die Kreditwürdigkeit oder das sonstige Leistungsvermögen des Vertragspartners eigene, kostenverursachende Informationen beschaffen und auswerten muss. Zu den **Anwendungsbereichen** des Avalkredits zählen z. B.

- Zollaval: Das Kreditinstitut verbürgt sich gegenüber der Zollverwaltung für einen Importeur, die diesem dann Zahlungsaufschub für Zölle gewährt.
- Frachtaval: Unternehmen werden z. B. Frachtkosten gegenüber der Bahn AG gestundet, wenn ein Kreditinstitut eine entsprechende Bürgschaft gegenüber der *Deutschen-Verkehrs-Kredit-Bank AG*, die die Abrechnung für die *Deutsche Bahn AG* übernimmt, leistet.
- Bietungsgarantie: Bei öffentlichen Ausschreibungen besteht für den Auftraggeber das Risiko, dass das Unternehmen, das den Zuschlag erhält, den Auftrag nicht oder nicht vollständig ausführt. Die Lösung besteht in der Vereinbarung einer Konventionalstrafe, die den Auftragnehmer bindet, und in der Absicherung durch eine Bietungsgarantie eines Kreditinstituts, das die Konventionalstrafe auch dann leistet, wenn der Auftragnehmer nicht leisten will oder nicht (mehr) kann.
- Gewährleistungsgarantie: Das Kreditinstitut übernimmt hier die Verpflichtung, dass der Lieferant (Produzent) die Gewährleistung für gelieferte Waren oder erbrachte Leistungen übernimmt (Wöhe/Bilstein [Grundzüge] 261 f.).

Für die Bereitstellung von Avalkrediten berechnen Kreditinstitute eine Avalprovision, deren Höhe sich nach Risiko und Laufzeit des Engagements richtet.

8 Grundzüge einer Entscheidungsrechnung

Im ersten Abschnitt dieses Kapitels wurde die Frage gestellt, welche Kriterien eine «optimale Finanzierung» denn zu erfüllen habe. Es wurde erläutert, dass Finanzierungsbeziehungen Kontrakte sind, die den zur Finanzierung eines Investitionsobjektes erforderlichen Kapitalbedarf und die aus dem Investitionsobjekt resultierenden finanziellen Erfolge unter den finanzierenden Parteien aufteilen. Ferner wurde angedeutet, dass für Kapitalgeber und -nehmer neben den Zahlungsbeziehungen die mit dem Kontrakt festgeschriebenen Informations-, Mitentscheidungs-, Kontroll- und Sicherungsrechte von Bedeutung sind.

Wenn alternative Möglichkeiten der Finanzierung bestehen, liegt die Frage nach der **günstigsten** auf der Hand. Um zu entscheiden, welche Variante anderen überlegen ist, benötigt man Beurteilungskriterien (Entscheidungskriterien). Im Folgenden soll anhand eines **einfachen Beispiels** ein Eindruck von dem Problem vermittelt werden.

Eine AG plant eine Erweiterungsinvestition. Der hierfür erforderliche Kapitalbedarf wird auf 5 000 000 € geschätzt. Die AG hat 50 000 «alte» Aktien zum Nominalwert von 100 ausstehen. Der Börsenkurs beträgt derzeit 120 € pro Aktie. Das Gezeichnete Kapital (Grundkapital) ergibt sich mit $50\,000 \cdot 100 = 5\,000\,000$ €. In der Vergangenheit hat das Unternehmen durchschnittliche Überschüsse der Erträge über die Aufwendungen (Erfolge) vor Zinsen und Steuern (EvZiS oder EBIT[1]) von 600 000 € pro Jahr erzielt.

Die Unternehmensleitung erwartet, dass der Erfolg vor Zinsen und Steuern nach Durchführung der Erweiterungsinvestition (EvZiS, EBIT) 1 200 000 € pro Periode betragen wird. Der Vorstand erwägt vier Möglichkeiten der Beschaffung der Investitionssumme von 5 000 000 €:

I. Emission von 50 000 «jungen» Stammaktien zum Ausgabekurs von 100. Von Emissionskosten wird hier abgesehen.

II. Emission von 25 000 «jungen» Stammaktien zum Ausgabekurs von 100 und Ausgabe einer Industrieobligation: 25 000 Teilschuldverschreibungen zum Nominalwert von 100, Zins 5%, Rückzahlung nach 15 Jahren zum Nominalwert; erstrangige Besicherung ist vorgesehen.

III. Aufnahme eines Schuldscheindarlehens in Höhe von 5 000 000 € zum Zins von 6% mit einer Laufzeit von 20 Jahren.

IV. Ausgabe von 25 000 «jungen» Stammaktien zum Ausgabekurs von 100 und Ausgabe von 25 000 Vorzugsaktien zum Bezugskurs von ebenfalls 100, ausgestattet mit bevorrechtigter Dividendenzahlung in Höhe von 5% und Nachholrecht, aber ohne Stimmrecht.

---

[1] EBIT = Earnings before interest and taxes

Um eine Entscheidung zu treffen, wird ein Beurteilungskriterium benötigt. Hier soll vorläufig «Erfolg pro Stammaktie» (EPA oder EPS[1]) gewählt werden. (Zur Berechnung vgl. Tab. 6.12.) Abb. 6.14 liefert einige nützliche Informationen:

Tabelle 6.12: Berechnung des EPA (EPS) bei alternativer Finanzierung

		I	II	III	IV
«Alte» Aktien (Stück)		50 000	50 000	50 000	50 000
«Junge» Aktien (Stück)		50 000	25 000	–	25 000
Vorzugsaktien (Stück)		–	–	–	25 000
Obligationen bzw. Schuldscheindarlehen	(€)	–	2 500 000	5 000 000	–
EvZiS nach Erweiterung	(€)	1 200 000	1 200 000	1 200 000	1 200 000
Zinsen	(€)	–	125 000	300 000	–
Steuern ($s_u = 0,5$)	(€)	600 000	537 500	450 000	600 000
Erfolg nach Zinsen und Steuern (EnZiS)	(€)	600 000	537 500	450 000	600 000
Ausschüttung auf Vorzugsaktien	(€)	–	–	–	125 000
Erfolg pro Aktie (EPA, EPS)	(€)	6	7,17	9	6,33

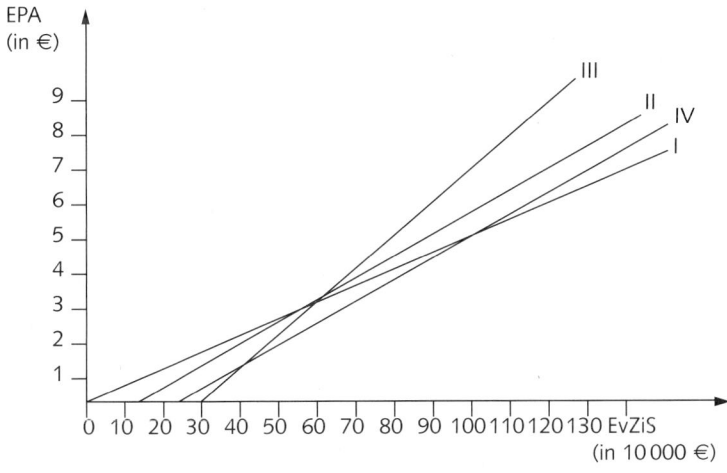

Abbildung 6.14: Zusammenhang zwischen EvZiS (EBIT) und EPA (EPS) für verschiedene Finanzstrategien

---

[1] EPS = Earnings per share

Gemessen am EPA (EPS) ist die Finanzierungsalternative III die beste. Plan II übertrifft IV, obwohl beide dieselbe Zahl von «alten» und «jungen» Stammaktien aufweisen. Grund ist die Abzugsfähigkeit der Zinszahlungen in II von der steuerlichen Bemessungsgrundlage. Die Höhe der Zinszahlung in II entspricht der Zahlung an die Vorzugsaktionäre in IV (125 000). Da aber die Zinszahlung die steuerliche Bemessungsgrundlage kürzt, belasten Zinsen die Stammaktionäre letztlich nur mit $125\,000 - s_U \cdot 125\,000$. Die Zahlungen an die Vorzugsaktionäre sind aus dem Gewinn nach Steuern zu leisten. Sie «kosten» die Stammaktionäre den vollen Betrag (125 000).

Die Beziehungen zwischen den Plänen I, II, III, IV können grafisch verdeutlicht werden. Auf der Abszisse wird EvZiS (EBIT) pro Periode, auf der Ordinate EPA (EPS) abgetragen. Die Finanzierungsstrategien I, II, III, IV können durch Geraden dargestellt werden, die den Zusammenhang zwischen EvZiS und EPA verdeutlichen.

Zunächst wird der Punkt auf der EvZiS-Achse gesucht, der einem EPA-Wert von Null entspricht. Dieser Punkt gibt die Mindesthöhe von EvZiS an, die erreicht sein muss, bevor den Stammaktionären Erfolge zugerechnet werden können. Diese Mindestbeträge sind für Strategie:

I   0   Es bestehen keine bevorrechtigten Ansprüche, wenn wir unterstellen, dass das Unternehmen bisher keine Fremdmittel aufgenommen hat.

II   125 000 Die Ansprüche der Gläubiger gehen jenen der Stammaktionäre vor.

III 300 000 wie bei II.

IV   250 000 An die Vorzugsaktionäre sind 125 000 vorab zu leisten. Da deren Ansprüche aus dem Erfolg nach Steuern zu befriedigen sind, muss bei einem Gewinnsteuersatz von 50% der EvZiS 250 000 pro Periode betragen.

Aus Tab. 6.12 sind die EPA-Werte für EvZiS = 1 200 000 bekannt. Damit liegen jeweils zwei Punkte im Koordinatensystem fest. Die Geraden können somit gezeichnet werden.

(1) Schnittpunkte zwischen zwei Geraden geben an, bei welchem Erfolg (EvZiS) die repräsentierten Finanzierungsstrategien, gemessen an EPA, gleich gut sind. So sind I und IV äquivalent, wenn EvZiS = 1 000 000 gilt. Deshalb bezeichnet man solche Berechnungen auch als **Break-even-Analysen.**

(2) Die Abszissenwerte für EPA = 0 stellen die Mindesthöhe dar, die EvZiS erreichen muss, bevor den Stammaktionären irgendwelche Erfolge zustehen. In Höhe dieser Mindestbeträge an EvZiS haben andere Beteiligte Vorrechte. Zu diesen gehören hier Gläubiger, Fiskus und Vorzugsaktionäre. Vorläufig kann die Höhe des Mindest-EvZiS-Betrages als ein Indikator für das Risiko der Stammaktionäre angesehen werden, das mit alternativen Finanzierungsstrategien verbunden erscheint. Ist bei Strategie IV EvZiS ≤ 250 000, gehen die Stammaktionäre leer aus. Bei Strategie I dagegen erzielen sie bei EvZiS =

250 000 einen EPA-Wert von 1,25. Wie groß ihr Risiko, nichts zu erhalten, ist, hängt von der Wahrscheinlichkeit ab, mit der ein Eintritt von EvZiS $\leq 250\,000$ erwartet werden kann. Benutzt man den Mindest-EvZiS-Betrag als Risiko-Indikator, sind alle Pläne riskanter als I. Es ergibt sich die Rangordnung I > II > IV > III.

Für Plan II und III zeigt die Grafik aber nur einen Teil des «Finanzierungsrisikos» der Stammaktionäre. Wenn nämlich der Erfolg bei Realisierung von Plan III kleiner als 300 000 ist, kommen die Betroffenen nicht in den Genuss einer Ausschüttung. Die AG hat überdies noch Zahlungen in Höhe von 300 000 an Gläubiger zu leisten, ganz unabhängig davon, wie hoch EvZiS ist. Könnte das Unternehmen nicht zahlen, was an der Höhe von EvZiS nicht abgelesen werden kann, riskieren die Eigentümer Konflikte mit Gläubigern und ggf. ein insolvenzrechtliches Verfahren und damit Vermögenseinbußen.

In dieser Hinsicht besteht ein deutlicher Unterschied zwischen den Plänen III und IV. In der Tab. 6.12 sieht Plan IV deutlich schlechter aus als III. Plan IV hat aber den Vorteil, dass hier kein Insolvenzrisiko besteht. Ist EvZiS < 250 000, erhalten die Vorzugsaktionäre eben keine oder nur einen Teil ihrer vereinbarten Vorzugsdividende. Sie können die AG aber nie in ein Insolvenzverfahren zwingen. Die einzigen Konsequenzen sind, dass die Vorzugsaktionäre ausgefallene Vorzugsdividenden je nach Vertrag in den Folgeperioden nachfordern können und/oder dass ihnen das Stimmrecht in der Hauptversammlung wieder zuwächst, wenn es sich wie hier um stimmrechtslose Vorzugsaktien handelt und die Dividende auch im folgenden Jahr nicht gezahlt werden kann (§ 140(2) AktG).

(3) Die Steigung der Geraden zeigt, welches Mehr an EPA ein Zuwachs an EvZiS/ Periode erbringt. Hier zeichnet sich Alternative III, die volle Fremdfinanzierung der Erweiterungsinvestition, durch die größten Werte aus. Sie ist die für die Stammaktionäre profitabelste Finanzierungsalternative, wenn das Insolvenzrisiko ausgeschlossen werden kann. Die Fremdfinanzierungskosten nach Steuern in Strategie III betragen 6% $(1-s_U)$ = 3%. Die Stammaktionäre profitieren von diesen «billigen» Fremdmitteln. Im Vergleich dazu kosten von Vorzugsaktionären bereitgestellte Gelder 5% (nach Steuern).

Eine Entscheidungsrechnung, die allein auf dem Kriterium EPA bzw. EPS aufbaut, leidet an erheblichen Schwächen. Zunächst ist EPA Resultat einer bilanziellen Messung: Der bilanzielle Erfolg (EvZiS bzw. EBIT) wird dividiert durch die Zahl der Stammaktien. Bilanzieller Erfolg und Zahlungsüberschüsse divergieren, wie aus Abschnitt 1.2 bekannt ist. Es müßte also überlegt werden, ob EPA die Zielgröße sein kann, an der Investitions- und Finanzierungsentscheidungen ausgerichtet werden sollten, wenn diese im Interesse der Eigentümer getroffen werden. Ein Ergebnis dieser Diskussion, die hier nicht geführt wird, wäre, dass EPA eine trügerische Zielgröße sein kann, die Entscheidungen als im Interesse der Eigentümer ausweist, obwohl sie es bei genauer Betrachtung nicht sind.

Eine alternative Zielsetzung, an der sich Investitions- und Finanzentscheidungen orientieren könnten, ist die Maximierung des gesamten Marktwertes des Unternehmens. In bezug auf das Beispiel wäre zu prüfen, ob (a) die geplante Erweiterungsinvestition den gesamten Marktwert des Unternehmens erhöht und ob (b) eine der vier Finanzierungsstrategien in Bezug auf diese Zielsetzung Besseres leistet als die Alternativen (Drukarczyk [Theorie und Politik] Kapitel 5, 8, 9; Brealey/Myers [Principles]; Ross/Westerfield/Jaffe [Finance]).

Ganz überschlägig kann man argumentieren, dass der Marktwert des (ursprünglich eigenfinanzierten) Unternehmens im Ausgangszustand 6 000 000 beträgt, nämlich 50 000 «alte Aktien» multipliziert mit dem Börsenkurs von 120 pro Aktie. Die Frage erscheint berechtigt, wie man den Börsenkurs von 120 pro Aktie erklären kann. Vereinfachend wollen wir annehmen, dass die tatsächlichen und potenziellen Käufer von Aktien der Gesellschaft erwarten, das Unternehmen werde weiterhin nur eigenfinanziert, es erziele wie bisher Überschüsse in Höhe von 600 000 vor Steuern und schütte diese nach Versteuerung aus. Wenn wir also **weiter vereinfachend** Unterschiede zwischen bilanziellen und finanziellen Überschüssen außer acht lassen, beträgt die Ausschüttung (nach Steuern) 300 000 pro Periode. Nehmen wir zusätzlich an, dass die Anleger unendliche uniforme Zahlungsreihen erwarten und kapitalisieren, diskontieren sie offenbar mit $k_s = 0,05$; denn die Ausschüttung pro Aktie von 6, kapitalisiert mit 0,05, ergibt den Börsenkurs von 120. Die Eigenkapitalgeber erwarten m. a. W. eine Rendite von 5% nach Steuern aus einer Geldanlage mit dem Risiko der hier betrachteten AG.

Lohnt sich unter diesem Aspekt die Erweiterungsinvestition? Dies ist dann der Fall, wenn wir annehmen, dass sich das Risiko der AG durch die Erweiterungsinvestition nicht spürbar ändert; denn die erwarteten Überschüsse aus der Erweiterungsinvestition betragen auch 600 000 vor Steuern; der Kapitaleinsatz ist 5 000 000. Setzen wir die gleichen Annahmen wie oben, übererfüllt die Investition den Renditeanspruch der Eigentümer, wenn die Investition eigenfinanziert wird. Der Barwert der zusätzlichen erwarteten Erfolge (6 000 000) übersteigt die Anschaffungskosten. Diese Überlegung gilt natürlich nur, falls es der Leitung der AG gelingt, Anleger zu überzeugen, dass die künftigen Überschüsse aus der Erweiterungsinvestition 600 000 betragen werden und sich das Risiko der AG nicht spürbar verändern wird. Unter diesen Bedingungen beliefe sich der Marktwertzuwachs der AG nach Erweiterung auf 6 000 000 bei einem zusätzlichen Kapitaleinsatz von 5 000 000.

Wendet man das Kriterium «Maximierung des gesamten Marktwertes» auf das Problem der Wahl unter verschiedenen Finanzierungsformen an, ist zu klären, wie die Marktwerte zu ermitteln sind, wenn die reine Eigenfinanzierung der Erweiterungsinvestition aufgegeben, wenn also nicht auf Strategie I zurückgegriffen wird. Betrachten wir Strategie III, können zwei entgegengesetzte Effekte ausgelöst werden. Wird der Kapitalbedarf für die Erweiterungsinvestition durch das Schuldscheindarlehen gedeckt, sind Zinsen von i = 6% vor Steuern, von i (1–s_U) = 3% nach Steuern zu zahlen. Die Eigentümer müssen aber ihr Eigenkapital nicht einsetzen und können es – so nehmen wir an – alternativ bei gleichem Risiko zu k_s = 0,05, also zu 5% nach Steuern, anlegen. Dadurch kann die erwartete Rendite auf das Eigenkapital innerhalb der AG angehoben werden. Dieser Effekt wird in der Literatur als **Leverage-Effekt** bezeichnet.

Andererseits steigt die Streuung der Überschüsse, die den Eigentümern zustehen. Angenommen, die Verteilungen der erwarteten Überschüsse mit dem Erwartungswert 600 000 vor Steuern bzw. 300 000 nach Steuern sehen pro Periode wie folgt aus:

Überschuss			
vor Steuern		nach Steuern	
900 000	0,3	450 000	0,3
600 000	0,4	300 000	0,4
300 000	0,3	150 000	0,3

Der Variationskoeffizient $\sigma_{\tilde{X}}/E[\tilde{X}]$ beträgt vor und nach Steuern 0,3873.[1]

Wird Finanzierungsstrategie III gewählt, hat die Verteilung der Residualansprüche (und hier der Ausschüttungen) der Eigentümer nach Zinsen und Steuern folgendes Aussehen:

EvZiS		Zinsen	Steuern	EnZiS
900 000	0,3	300 000	300 000	300 000
600 000	0,4	300 000	150 000	150 000
300 000	0,3	300 000	0	0
$E[\tilde{X}-Zi-S]$ = 150 000				
$\sigma_{(\tilde{X}-Zi-S)}$ = 116 189				

Der Variationskoeffizient $\sigma_{(\tilde{X}-Zi-S)}/E[\tilde{X}-Zi-S]$ beträgt 0,7746. Der Indikator für das Risiko der Eigentümer ist gestiegen (vgl. auch Abschn. 3 und 4). Damit ist bei der Ermittlung des Marktwertes dem Leverage-Effekt **und** dem erhöhten Risiko Rechnung zu tragen. Bewertungsmethoden zur Ermittlung des gesamten Marktwertes des Unternehmens für den Fall der Fremdfinanzierung existieren, sind aber nicht Gegenstand dieser Einführung (Drukarczyk [Unternehmensbewertung]; Brealey/Myers [Principles] Kapitel 9, 17, 18; Ross/Westerfield/Jaffe [Finance] Kapitel 12, 15, 16, 17).

Weitere Aspekte, die in der Break-even-Analyse zunächst keine Rolle spielten, sind in der Entscheidungssituation zu beachten. Soll Strategie III gewählt werden, stel-

---

[1] $\tilde{X}$ bezeichnet die (unsichere) Nettoeinzahlung, $E[\tilde{X}]$ den Erwartungswert von $\tilde{X}$, $\sigma_{\tilde{X}}$ die Standardabweichung.

len Gläubiger Fremdmittel in Höhe des Gezeichneten Kapitals (Grundkapitals) der AG bereit. Dies ist für deutsche Verhältnisse nicht ungewöhnlich. Da es sich um ein Schuldscheindarlehen handelt, muss es den Vorschriften über die Deckungsstockfähigkeit entsprechend besichert werden. Dies erscheint im vorliegenden Fall realisierbar, da die AG im Ausgangszustand als nicht verschuldet angenommen wurde, ungenutzte Kreditsicherheiten also vorhanden sind. Diese Prämisse ist aber ganz irreal. Strategie III kann also in der Realität scheitern, weil die erforderlichen Kredite nicht zur Verfügung gestellt werden.

Übergangen wurde bislang auch das Insolvenzrisiko. Wenn die oben unterstellte Verteilung der finanziellen Überschüsse realistisch wäre, erschiene Strategie III relativ gefährlich. Tritt der schlechteste Zustand ein, können gerade die Zinsen entrichtet werden, vertragliche Tilgungen könnten aus den laufenden Überschüssen der AG nicht finanziert werden. Tritt dieser ungünstigste Zustand ein, ist zwar nicht generell ein Insolvenzverfahren der AG die Folge, doch müssen Anpassungsmaßnahmen im Finanzierungs- und u. U. auch im Investitionsbereich erfolgen, die i. d. R. Kosten verursachen und den gesamten Marktwert u. U. erheblich senken. Ob Alternative III eine gute Strategie darstellt, hängt von der Wahrscheinlichkeit für den Eintritt des schlechtesten Zustands und der erwarteten Marktwerteinbuße ab. Diese Überlegungen machen deutlich, dass die allein auf EPA(EPS) abstellende Analyse des Entscheidungsproblems nicht befriedigen kann.

Literaturhinweise

Adelberger, Otto L.: Formen der Innenfinanzierung. In: Handbuch des Finanzmanagements, hrsg. Gebhardt, Günther; Gerke, Wolfgang; Steiner, Manfred, S. 197–228, München 1993.

Albach, Horst, Christiane Corte u. a.: Die [Deregulierung des Aktienrechts]: Das Drei-Stufen-Modell. Gütersloh 1988.

Altmann, Edward I.: Financial [Ratios], Discriminant Analysis and the Prediction of Corporate Bankruptcy. In: Journal of Finance, 23. Jg. (1968), S. 589–609.

Baetge, Jörg: [Früherkennung] negativer Entwicklungen der zu prüfenden Unternehmung mit Hilfe von Kennzahlen. In: Wirtschaftsprüfung, 33. Jg. (1980), S. 651–665.

Baetge, Jörg, Hans-Jürgen Kirsch, Stefan Thiele: Bilanzen, 5. Aufl., Düsseldorf 2001.

Barth, Kuno: Die [Entwicklung] des deutschen Bilanzrechts, Bd. I, Handelsrechtlich. Stuttgart 1953.

Beaver, William H.: Financial [Ratios] as Predictors of Failure. In: Empirical Research in Accounting, Selected Studies, University of Chicago 1967, S. 71–111.

Brealey, Richard, Stewart C. Myers: [Principles] of Corporate Finance. 6. Aufl., New York u. a. 2000.

Coenenberg, Adolf G.: Jahresabschluss und Jahresabschlussanalyse, 16. Aufl., Landsberg am Lech 2000.

Deutsche Bundesbank: Sonderveröffentlichung 1994: Verhältniszahlen aus Jahresabschlüssen westdeutscher Unternehmen für 1990.

Deutsche Bundesbank: Sonderveröffentlichung 1999: Verhältniszahlen aus Jahresabschlüssen west- und ostdeutscher Unternehmen für 1996.

Deutsche Bundesbank: Jahresabschlüsse westdeutscher Unternehmen 1971 bis 1996; Statistische Sonderveröffentlichung 5; 1999.

Dirrigl, Hans, Franz W. Wagner: Ausschüttungspolitik unter Berücksichtigung der Besteuerung. In: Handbuch des Finanzmanagements, Gebhardt, Günther; Gerke, Wolfgang; Steiner, Manfred (Hrsg.), München 1993, S. 261– 286.

Donaldson, Gordon: [Financial Goals]: Management vs. Stockholders. In: Harvard Business Review, 41. Jg. (1963), S. 116–129.

Dörrie, Robin: Das [Sanierungsprivileg] des § 32 a Abs. 3 GmbHG, in: Zeitschrift für Wirtschaftsrecht, 20. Jg. (1999), S. 12–17.

Drukarczyk, Jochen: Bilanzielle [Überschuldungsmessung] – Zur Interpretation der Vorschriften von § 92 (2) AktG und § 64 (1) GmbHG. In: Zeitschrift für Unternehmens- und Gesellschaftsrecht, 8. Jg. (1979), S. 553–582.

Drukarczyk, Jochen: [Theorie und Politik] der Finanzierung, 2. Aufl., München 1993.

Drukarczyk, Jochen: [Finanzierung]. 8. Aufl., Stuttgart 2000.

Drukarczyk, Jochen: [Unternehmensbewertung], 3. Aufl., München 2001.

Drukarczyk, Jochen: Finanzierung über Pensionsrückstellungen. In: Handbuch des Finanzmanagements, Gebhardt, Günther; Gerke, Wolfgang; Steiner, Manfred (Hrsg.), München 1993, S. 229–260.

Drukarczyk, Jochen: Kapitalerhaltungsrecht, Überschuldung und Konsistenz – Besprechung der Überschuldungs-Definition in BGH WM 1992, 1650 –. In: WM 1994, Nr. 39, 48. Jg., S. 1737–1746.

Drukarczyk, Jochen: [Korrekturen] in der Kapitalstruktur und Eigentümerinteressen. In: Betriebswirtschaftslehre und ökonomische Krise; W. Staehle und E. Stoll (Hrsg.), Wiesbaden 1984, S. 41–62.

Drukarczyk, Jochen: [Finanzierung] über Pensionsrückstellungen. In: Handbuch des Finanzmanagements, Gebhardt, Günther; Gerke, Wolfgang; Steiner, Manfred (Hrsg.), München 1993, S. 229–260.

Drukarczyk, Jochen, Andreas Schüler: Direktzusagen, Lohnsubstitution, [Unternehmenswert] und APV-Ansatz. In: Andresen, Boy-Jürgen; Förster, Wolfgang; Doetsch, Peter A. (Hrsg.): Betriebliche Altersversorgung in Deutschland im Zeichen der Globalisierung, FS für Norbert Rößler, Köln 2000, S. 33–55.

Fischer, Edwin O.: Finanzwirtschaft für Anfänger, München, Wien 1996.

Franke, Günter, Herbert Hax: Finanzwirtschaft des Unternehmens und Kapitalmarkt, 4. Aufl., Berlin, Heidelberg, New York 1999.

Gebhardt, Günther, Wolfgang Gerke, Manfred Steiner: Handbuch des Finanzmanagements, München 1993.

Gerke, Wolfgang, Matthias Bank: Finanzierung: Grundlagen für die Investitions- und Finanzierungsentscheidungen in Unternehmen, Stuttgart; Berlin; Köln 1992.

Haley, Charles W., Lawrence D. Schall: The [Theory] of Financial Decisions. 2. Aufl., New York 1979.

Hauschildt, Jürgen: Bilanzpolitik und Finanzierung. In: Hans E. Büschgen (Hrsg.): Handwörterbuch der Finanzwirtschaft, Stuttgart 1976, S. 190–199.

Hax, Herbert, Helmut Laux (Hrsg.): Die Finanzierung der Unternehmung. Köln 1975.

Hax, Herbert: Finanzierung. In: Vahlens Kompendium der Betriebswirtschaftslehre, Bitz, Michael; Dellmann, Klaus; Domsch, Michel; Wagner, Franz W. (Hrsg.), Band 1, 4. Aufl., München 1998.

Hielscher, Udo, Horst-Dieter Laubscher: [Finanzierungskosten]. 2. Aufl., Frankfurt 1989.

Van Horne, James C.: Financial Management and Policy. 11. Aufl., Upper Saddle River, N. J., 1998.

http://deutsche-boerse.com, Märkte + Listing

Kruschwitz, Lutz: Investitionsrechnung, 8. Aufl., München 2000.

Leffson, Ulrich: [Bilanzanalyse]. 3. Aufl., Stuttgart 1984.

Leopold, Günter, Holger Frommann: Eigenkapital für den Mittelstand – Venture Capital im In- und Ausland, München, 1998.

Loistl, Otto: Grundzüge der betriebswirtschaftlichen Kapitalwirtschaft. Berlin, Heidelberg 1986.

Matschke, Manfred J.: Finanzierung der Unternehmung, Herne, Berlin 1991.

Mellwig, Winfried: [Besteuerung] und Kauf/Leasing-Entscheidung. In: Zeitschrift für betriebswirtschaftliche Forschung, 35. Jg. (1983), S. 782–800.

Moxter, Adolf: [Bilanzlehre]. 2. Aufl., Wiesbaden 1976.

Obermüller, Manfred: Änderungen des Rechts der kapitalersetzenden Darlehen durch KonTraG und KapAEG, in: Zeitschrift für das gesamte Insolvenzrecht, 1. Jg., 1998, S. 51–54.

Perridon, Louis, Manfred Steiner: [Finanzwirtschaft] der Unternehmung. 10. Aufl., München 1999.

Peterhans, Oswald: Optionsanleihen – Eine empirische Untersuchung, Dissertation Regensburg 1993.

Plückelmann, Kerstin: Der Neue Markt der Deutsche Börse AG, Dissertation Osnabrück 2000.

Pütz, Paul, Hans Willgerodt: Gleiches Recht für [Beteiligungskapital]. Baden-Baden 1985.

Reuter, Dieter: Welche [Maßnahmen] empfehlen sich, insbesondere im Gesellschafts- und Kapitalmarktrecht, um die Eigenkapitalausstattung der Unternehmen langfristig zu verbessern?, Gutachten B zum 55. Deutschen Juristentag, München 1984.

Richter, Frank: [Konzeption] eines marktwertorientierten Steuerungs- und Monitoringsystems, 2. Aufl., Frankfurt a.M. 1999.

Ross, Stephen A., Randolph W. Westerfield, Jeffrey Jaffe: Corporate [Finance], 5. Aufl., Boston u. a. 1999.

Schlesinger, Helmut: [Unternehmensfinanzierung] und Wettbewerbsfähigkeit. In: Zeitschrift für betriebswirtschaftliche Forschung, 36. Jg. (1984), S. 6–15.

Schmidt, Reinhard H.: Grundformen der Finanzierung. In: Kredit und Kapital, 14. Jg. (1981), S. 186–221.

Schneider, Dieter: [Investition], Finanzierung und Besteuerung, 7. Aufl., Wiesbaden 1992.

Schneider, Dieter: Messung des Eigenkapitals als [Risikokapital]. In: Der Betrieb, 40. Jg. (1987), S. 185–191.

Schneider, Dieter: [Steuerersparnisse] bei Pensionsrückstellungen allein durch die Aufwandsvorwegnahme? In: Der Betrieb, 42. Jg. (1989), S. 1883–1887.

Schneider, Dieter: Betriebswirtschaftslehre, Band 1: Grundlagen, 2. Aufl., München, Wien 1995.

Schüler, Andreas: [Performance-Messung] und Eigentümerorientierung, Frankfurt a. M. 1998.

Schwetzler, Bernhard: [Eigenkapitalausstattung] und Investitionstätigkeit. In: Zeitschrift für Bankrecht und Bankwirtschaft, 1. Jg. (1989), S. 188–201.

Seibert, Ulrich, Beate-Katrin Köster: Die [kleine AG], 3. Aufl., Köln 1996.

Spremann, Klaus: Investition und Finanzierung, 4. Aufl., München, Wien 1991.

Stadler, Wilfried (Hrsg.): Venture Capital and Private Equity: Erfolgreich wachsen mit Beteiligungskapital, Köln 2000.

Stützel, Wolfgang: Bemerkungen zur [Bilanztheorie]. In: Zeitschrift für Betriebswirtschaft, 37. Jg. (1967), S. 314–340.

Stützel, Wolfgang: [Liquidität]. In: Erwin Grochla u. Waldemar Wittmann (Hrsg.): Handwörterbuch der Betriebswirtschaft, 4. Aufl., Stuttgart 1975, Sp. 2515–2523.

Stützel, Wolfgang: Die [Aktie] und die volkswirtschaftliche Risiken-Allokation. In: Jung, M., Lucius, R. R., Seifert, W. G. (Hrsg.), Geld und Versicherung, Karlsruhe 1981, S. 193–211.

Swoboda, Peter: [Investition] und Finanzierung. 5. Aufl., Göttingen 1996.

Swoboda, Peter: Betriebliche Finanzierung, 3. Aufl., Würzburg, Wien 1994.

Swoboda, Peter: Der [Risikograd] als Abgrenzungskriterium von Eigen- versus Fremdkapital. In: Information und Produktion. Festschrift für W. Wittmann, Stöppler, W. (Hrsg.). Stuttgart 1985, S. 343–361.

Veit, Otto: Reale [Theorie] des Geldes. Tübingen 1966.

Vormbaum, Herbert: Finanzierung der Betriebe. 9. Aufl., Wiesbaden 1995.

Wagner, Franz W., Ekkehard Wenger, Stefan Höflecher: Zero-Bonds, Wiesbaden 1986.

Weingart, Sonja: Zur Leistungsfähigkeit von Finanzintermediären, Frankfurt a. M. 1994.

Wöhe, Günter, Jürgen Bilstein: [Grundzüge] der Unternehmensfinanzierung. 8. Aufl., München 1998.

Von Wysocki, Klaus: Das Postulat der [Finanzkongruenz] als Spielregel. Veröffentlichungen der Wirtschaftshochschule Mannheim, Reihe 2: Reden, Heft 9, Stuttgart 1962.

Personalwirtschaft

Hugo Kossbiel

1 Grundlagen der Personalwirtschaft

In der weithin üblichen funktionalen Einteilung des betriebswirtschaftlichen Gegenstandsbereichs in Beschaffung, Fertigung, Absatz, Investition und Finanzierung sucht man vergebens nach Hinweisen auf das Teilgebiet Personalwirtschaft. Dieses Schicksal teilt es mit der Informations-, Material-, Energie-, Anlagen- und Kapitalwirtschaft. Der Grund für die fehlende Berücksichtigung liegt in dem verwendeten Gliederungsprinzip, das auf die Art der betrieblichen **Verrichtung** Bezug nimmt. Demgegenüber beruht die Unterscheidung von Informations-, Material-, Energie-, Anlagen-, Kapital- und Personalwirtschaft auf dem sog. **Objektgliederungsprinzip**. Mit dem Begriff «Personalwirtschaft» werden dabei Problemstellungen und Problemlösungsbemühungen assoziiert, die das Personal eines Betriebes betreffen, gleichgültig, in welchem betrieblichen Funktionsbereich sie entstanden sind bzw. unternommen werden. Solche Problemstellungen und Lösungsversuche wollen wir im Folgenden mit einem allgemeinen handlungstheoretischen Konzept angehen.

> Allgemein spricht man von **Handeln** dann, wenn menschliches Tun als ein gewolltes und kontrolliertes Mittel (Instrument) zur Erreichung eines bestimmten Zweckes (zur Lösung eines bestimmten Problems) interpretiert werden kann.

Handeln ist absichtsgeleitetes Tun, das sich stets in einer bestimmten **Situation** (unter bestimmten Bedingungen) vollzieht. Unter Bezugnahme auf personalwirtschaftliche Zwecke lässt sich personalwirtschaftliches Handeln in entsprechender Weise begrifflich fassen. Geht man weiter davon aus, dass ein bestimmter personalwirtschaftlicher Zweck prinzipiell durch verschiedene Handlungen erreicht werden kann, dass außerdem eine bestimmte Handlung prinzipiell verschiedenen personalwirtschaftlichen Zwecken dienen kann und dass schließlich Handlungen auch «*nichtbezweckte*» Wirkungen hervorrufen können, so werden **Wahlprobleme** sichtbar, die sich mit Hilfe der folgenden elementaren Kategorien charakterisieren lassen:

- personalwirtschaftliche Probleme (Ziele, Zwecke),
- personalwirtschaftliche Instrumente (Maßnahmen),
- personalwirtschaftliche Wirkungen,
- personalwirtschaftliche Bedingungen.

Mit diesen vier **Elementarkategorien** (vgl. Abb. 7.2) wollen wir uns zunächst in einer sehr grundsätzlichen Art und Weise beschäftigen.

1.1   Personalwirtschaftliche Probleme

Wir unterscheiden zwei personalwirtschaftliche Problembereiche:

- Verfügbarkeit über Personal und
- Wirksamkeit des Personals.

1.1.1   Die Verfügbarkeit über Personal

Die Erstellung von Sachgütern und Dienstleistungen sowie deren Verwertung am Markt, die Mitwirkung an der Befriedigung menschlicher Bedürfnisse also, sind zumindest gegenwärtig ohne die produktive Beteiligung menschlicher Arbeitskraft (personeller Ressourcen) nicht vorstellbar. Aus dieser Tatsache allein lassen sich allerdings noch keine personalwirtschaftlichen Probleme herleiten; denn es ist immerhin denkbar, dass dem Bedarf an menschlicher Arbeitskraft ausschließlich durch den persönlichen Einsatz des Unternehmers entsprochen wird. Personal-wirtschaftliche Probleme können überhaupt erst entstehen, wenn Unternehmer andere Personen zur Deckung des Arbeitskräftebedarfs in einer Weise in Dienst stellen (s. Direktionsrecht!), dass diese bestimmte Dispositionsbefugnisse über ihre Arbeitskraft gegen eine festgelegte Vergütung direkt (im Rahmen eines Arbeits-vertrages) oder indirekt (z. B. über ein Leih- oder Gruppenarbeitsverhältnis) auf den Unternehmer übertragen und damit zu «Personal» werden. Mit dieser Fest-stellung ist der Zugang zu einem ersten Problembereich geschaffen, mit dem sich betriebliche Personalwirtschaft zu befassen hat: der **Deckung des Bedarfs an Per-sonal**, den wir als Herstellung und Sicherung der **Verfügbarkeit (Disponibilität) über Personal** bezeichnen wollen (s. Abb. 7.3). Es bleibt allerdings die Frage, warum damit Probleme verbunden sein sollen. Zur Begründung führen wir vier **Argumente** an:

1. Menschliche Arbeitskraft ist ein knappes «Gut», was man bereits daran erkennt, dass sie einen Preis hat, den Lohn.
2. Menschliche Arbeitskraft wird in verschiedener – historisch betrachtet sich immer stärker differenzierender – Qualität nachgefragt und angeboten; nach-gefragte und angebotene Qualität sind nicht (notwendig) deckungsgleich. Im Gegenteil, es besteht ein Mismatch, das sich z. B. in einer Spaltung des Arbeits-marktes in einen Teilmarkt für Hochqualifizierte mit erheblichem Nachfrage-überhang und in einen Teilmarkt für Geringqualifizierte mit erheblichem Ange-botsüberhang verdeutlicht.
3. Der Bedarf eines Betriebes an Personal verändert sich i. d. R. im Zeitablauf quantitativ und/oder strukturell.

4. Eine zu einem bestimmten Zeitpunkt gegebene Ausstattung eines Betriebes mit Personal unterliegt im Zeitablauf quantitativen und/oder strukturellen Veränderungen, die nicht durch betriebliche Dispositionen induziert werden (z. B. Fortbildung in der Freizeit, Fluktuation).

Es ist daher zu vermuten, dass sich das sog. Verfügbarkeitsproblem nicht von selbst löst, sondern den Einsatz spezieller **Instrumente** erfordert.

1.1.2   Die Wirksamkeit des Personals

Die Deckung des Bedarfs an Personal bedeutet zunächst nur, dass gemessen am Kriterium «Bedarf» Personal in ausreichendem Umfang, mit ausreichender Befähigung, am richtigen Ort und zur richtigen Zeit bereitgestellt wird. Es impliziert noch nicht, dass sich die in diesem personellen Potenzial gebundenen Kräfte in Handlungen entfalten, die den normativen Erwartungen des Betriebes entsprechen. Mit der **Durchsetzung** der **Ansprüche** einer **Organisation** an das **Personalverhalten** ist der zweite Problembereich angesprochen, mit dem sich die betriebliche Personalwirtschaft auseinanderzusetzen hat. Wir bezeichnen ihn als Herstellung und Sicherung der **Wirksamkeit (Funktionalität) des Personals** (s. Abb. 7.3). Konkret geht es darum, dass das Personal so handelt, wie es handeln soll (bzw. muss) und darf, d. h. spezifische Erwartungen erfüllt, Beschränkungen einhält und Handlungsspielräume nutzt, bzw. wie dies sichergestellt werden kann. Inhaltlich bezieht sich die Problemstellung nicht allein auf das unmittelbar aufgabenbezogene Verhalten von Mitarbeitern, sondern auch auf deren Verhalten gegenüber anderen Personen, Gegenständen und Institutionen innerhalb der Organisation, mit denen sie über ihre Arbeitsaufgaben hinaus in Berührung kommen.

Auch hier stellt sich wieder die Frage, ob die Durchsetzung der Ansprüche an das Personal überhaupt ein Problem ist oder zu einem solchen werden kann. Unter der Voraussetzung nämlich, dass alle Mitarbeiter die jeweils an sie gerichteten Verhaltensansprüche der Organisation kennen, bereits auf Grund der Einstellungsentscheidung als hinreichend befähigt gelten können, zudem stets ausreichend motiviert und auch den Umständen nach in der Lage sind, die Erwartungen zu erfüllen, würde sich das Wirksamkeitsproblem überhaupt nicht stellen. Die **Zweifel**, dass diese Voraussetzungen allgemein erfüllt sind, erscheinen **begründet**:

1. Die Ansprüche an das Verhalten des Personals sind je nach Situation bezüglich ihres konkreten Inhalts und ihres relativen Gewichts unterschiedlich. In einer komplexen, veränderlichen und unbestimmten Umwelt sind diese Situationen jedoch kaum umfassend und genau vorhersehbar. Verhaltensnormen lassen sich daher vielfach nur für bestimmte Situationsklassen und dann entsprechend unspezifisch hinsichtlich Inhalt und Stellenwert formulieren. Dies ist gleichbedeutend mit der Ausage, dass der Abschluss vollständiger (kontingenter) Arbeitsverträge unmöglich ist.

2. Personal wird i. d. R. auf Grund von Selbstdarstellung, Fremdeinschätzung und Verhaltensstichproben ausgewählt, deren Aussagebereich (erfasste fachliche und

charakterliche Merkmale) beschränkt und deren Aussagekraft zudem häufig gering sind (s. dazu die niedrigen Validitäten gängiger Selektionsverfahren). Die Vermutung, gute Testergebnisse erlaubten bereits einen «sicheren» Schluss auf hinreichende Befähigung zur Erfüllung aller Verhaltensansprüche, erscheint jedenfalls gewagt. Das hinlänglich bekannte Ausgangsproblem wird in der Neueren Institutionenökonomie unter dem Stichwort «Qualitätsunsicherheit» auf Grund von «hidden characteristics», einer Form der asymmetrischen Informationsverteilung zwischen Arbeitsanbietern und Arbeitsnachfragern, diskutiert. Sie ermöglicht es Arbeitskräften mit niedriger Qualität, sich ohne Rücksicht auf die Interessen des Arbeitsnachfragers opportunistisch zu verhalten, d. h. ihre wahre Qualität zu verheimlichen. Die Folge: Ohne weitere Vorkehrungen kommt es zu einer Fehlauswahl von Arbeitskräften (nicht zu verwechseln mit Adverse Selection im Sinne von Akerlof [Market for «Lemons»] 493!).

3. Die Annahme, dass sich die Arbeitskräfte mit den Verhaltensansprüchen der Organisation in einer Weise identifizieren, dass ihnen deren Erfüllung zum «ureigensten» Bedürfnis oder zur selbstverständlichen Forderung an sich selbst wird, trifft – man mag das bedauern oder begrüßen – im Regelfall weder für sämtliche Verhaltensansprüche noch für alle Angehörigen eines Betriebes in gleicher Weise zu. Man muss wohl davon ausgehen, dass Verhaltenserwartungen zumindest teilweise als belastend empfunden werden und dass man sich ihnen nur zu gern entziehen möchte. In der Diktion der Neueren Institutionenökonomie droht die Gefahr des «Shirking», einer weiteren Form opportunistischen Verhaltens von Arbeitskräften. Es geht dabei um Bummelei oder Drückebergerei bei der Arbeit. Sie beruhen wiederum auf einer asymmetrischen Informationsverteilung zwischen Arbeitsanbietern und Arbeitsnachfragern, der «hidden action», bei der der Arbeitsnachfrager nicht oder nur mit prohibitiv hohem Aufwand in der Lage ist, die Arbeitsleid hervorrufende Arbeitsanstrengung des Arbeitsanbieters zu beobachten. Auch aus dem Arbeitsergebnis lassen sich keine Rückschlüsse auf die individuelle Arbeitsanstrengung ziehen, sofern dieses von exogenen Einflüssen abhängt oder durch Gruppenarbeit zustande kommt. Eine andere Form von hidden action bzw. Moral Hazard, auf die hier nur hingewiesen sei, ist die unerlaubte private Inanspruchnahme betrieblicher Ressourcen.

4. Die Erfüllung von Verhaltensansprüchen setzt nicht nur voraus, dass Mitarbeiter hinreichend **instruiert**, **qualifiziert** und **motiviert** sind, sondern sie muss ihnen auch möglich sein. Ungenügende Versorgung mit Ressourcen und Informationen oder Unverträglichkeit raum-zeitlicher Präsenzerfordernisse können verhindern, dass Mitarbeiter für die Erfüllung von Verhaltensansprüchen hinreichend **präpariert** sind.

Es ist deshalb auch hinsichtlich des Wirksamkeitsproblems anzunehmen, dass es sich nicht von selbst löst, sondern den Einsatz bestimmter **Instrumente** erfordert.

1.1.3   Interdependenzen zwischen dem Verfügbarkeits- und dem Wirksamkeitsproblem

Die Vorstellung und Begründung der beiden personalwirtschaftlichen Grundprobleme könnten den Eindruck erwecken, es handle sich um zwei streng voneinander abgegrenzte Fragenkomplexe. Tatsächlich liegt jedoch ein hohes Maß an Verbundenheit vor. Dies wird deutlich, wenn man bedenkt, dass die Feststellung des Personalbedarfs ohne eine vorweggenommene Einschätzung der Lösungsqualität des Wirksamkeitsproblems (Erfüllung von Leistungsstandards) schlechterdings nicht möglich ist. Ebenso leuchtet ein, dass die Lösung des Verfügbarkeitsproblems im Wirksamkeitsproblem nachwirkt. Die im Zuge der Deckung des Personalbedarfs vollzogenen Auswahl- und Einsatzentscheidungen fördern oder behindern die Durchsetzung von Verhaltensnormen.

1.2   Personalwirtschaftliche Instrumente

Personalwirtschaftliche Instrumente (Mittel) sind menschliche Tätigkeiten sowie Ergebnisse solcher Tätigkeiten, die als geeignet angesehen werden, personalwirtschaftliche Zwecke zu erfüllen bzw. personalwirtschaftliche Probleme zu lösen.

In diesem Sinne sind z.B. das Auswählen von Mitarbeitern im Rahmen der Personalbeschaffung oder deren Schulung, aber auch die Entwicklung von Mechanismen zur Personalkontrolle oder von Anreizsystemen bzw. deren Ergebnis, ein bestimmter Kontrollmechanismus (z.B. Stechuhr) oder ein bestimmtes Entlohnungssystem (z.B. Prämienlohnsystem) personalwirtschaftliche Instrumente. Angesichts der großen Fülle möglicher und auch eingesetzter personalwirtschaftlicher Instrumente (einschließlich der Instrumente für Instrumente, z.B. die Personalauslese als Instrument der Personalbeschaffung, Personalbeschaffung als Instrument der Personalbereitstellung etc.) erscheint es hoffnungslos, einen vollständigen Katalog entwickeln zu wollen. Statt dessen versuchen wir, Gruppen von Instrumenten zu bilden, wobei der unterschiedliche Grad ihrer Affinität zu den beiden personalwirtschaftlichen Grundproblemen als Kriterium für die Zuordnung dienen soll. Das **System personalwirtschaftlicher Instrumente** ist in Abb. 7.1 dargestellt.

Auf die einzelnen Instrumente werden wir später eingehen. Im Augenblick genügt es, auf folgendes hinzuweisen:

- Die im rechten Teil der Abb. 7.1 aufgeführten Instrumente werden – bei aller praktischen Bedeutsamkeit – deshalb **peripher** genannt, weil sie zu den personalwirtschaftlichen Grundproblemen in einer mehr mittelbaren Beziehung stehen, indem sie die informatorischen, prozessualen und rechtlichen Voraussetzungen für den Einsatz der als **zentral** bezeichneten Instrumente schaffen.

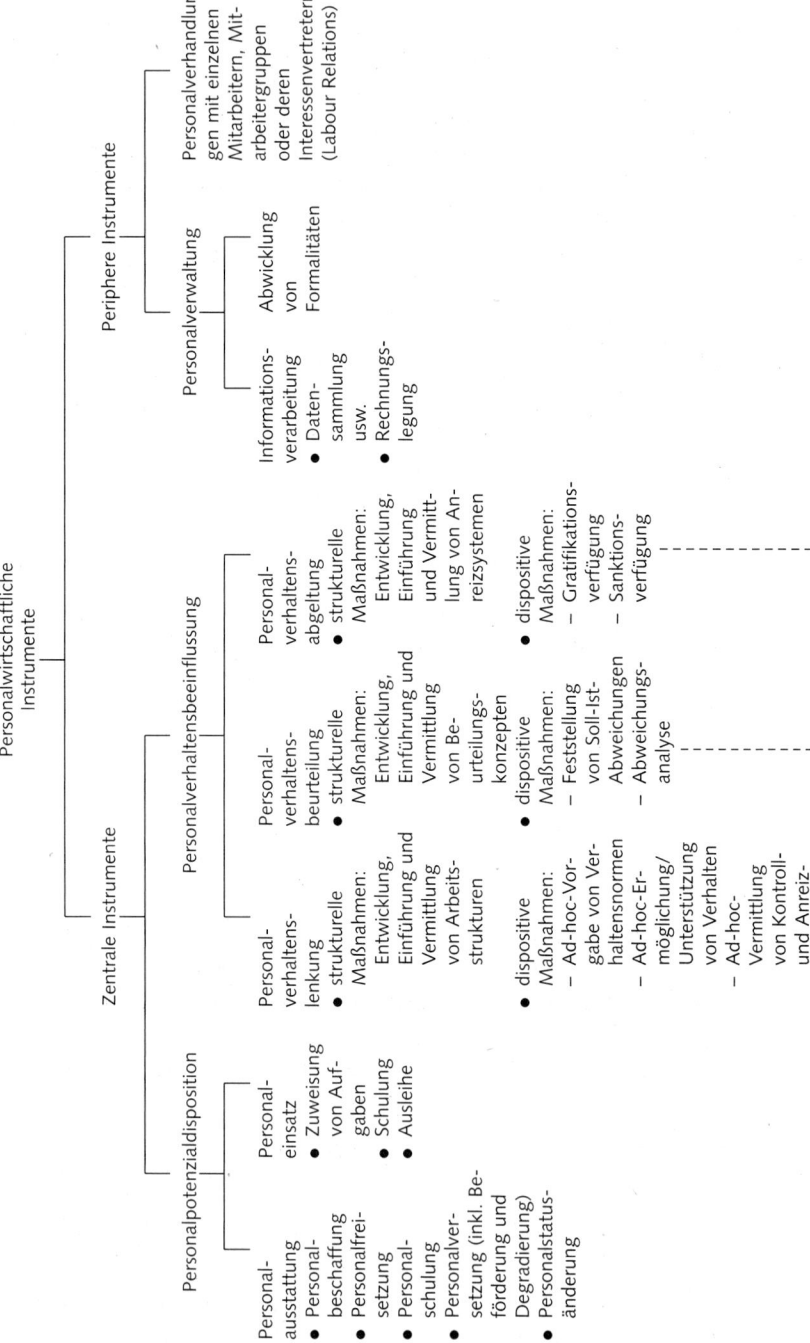

Abbildung 7.1: System der personalwirtschaftlichen Instrumente

- In neuerer Zeit taucht in der deutschsprachigen Literatur häufiger der Begriff **Personalentwicklung** auf. Gemeint ist damit i. d. R. ein Bündel personalwirtschaftlicher Einzelinstrumente, die dem Instrumentarium zur Personaldisposition und Personalbeeinflussung entnommen und unter der Zielperspektive «Harmonisierung von Betriebs- und Mitarbeiterinteressen» miteinander kombiniert werden. Der Begriffsbildung liegt demnach ein anderer Gliederungsgesichtspunkt zugrunde, als er hier – ausgehend von den personalwirtschaftlichen Problembereichen – verwendet worden ist.

1.3   Personalwirtschaftliche Wirkungen

Personalwirtschaftliche Instrumente rufen in aller Regel eine Vielzahl von Wirkungen hervor. Betrachten wir z. B. die Personalfreisetzung in der Form einer Entlassung von Arbeitskräften. Offenbar vermag diese, abgesehen von damit verbundenen Lohnkostenminderungen, einen Beitrag zur Lösung des Verfügbarkeitsproblems zu leisten. Darüber hinaus ergeben sich aber auch positive (z. B. bei Entlassung eines Störenfrieds) oder negative Effekte (z. B. Zerstörung einer sozialen Gruppe oder eines eingespielten Arbeitsteams) im Hinblick auf das Wirksamkeitsproblem.

Grundsätzlich kann ein personalwirtschaftliches Instrument im Hinblick auf die beiden genannten Problembereiche bifunktional (positive Beiträge in beiden Problembereichen) oder in der einen Hinsicht funktional, in der anderen afunktional (weder positive noch negative Beiträge) bzw. sogar dysfunktional (negative Beiträge) wirken. Die Reihe der Wirkungen eines personalwirtschaftlichen Instruments lässt sich über den durch die personalwirtschaftlichen Problembereiche gesteckten Rahmen hinaus fortsetzen: So kann die Entlassung eines Mitarbeiters für den Betrieb mit zusätzlichen Aufwendungen verbunden sein (Abfindungszahlung), beim Entlassenen selbst zu Enttäuschung und Verärgerung, bei dessen Familie zu einer Notlage, bei den Sozialversicherungsträgern zu Unterstützungszahlungen, bei der Arbeitsvermittlung zu zusätzlichen Aktivitäten führen usw.

Festzuhalten bleibt, dass ein einziges personalwirtschaftliches Instrument eine Vielzahl von Wirkungen, die teils beabsichtigt, teils unbeabsichtigt sind, auslösen kann. Über die Setzung von Zwecken werden diese Wirkungen gleichsam in zwei Klassen aufgeteilt: in die **thematisierten Funktionen** (positive Wirkungen) und **Dysfunktionen** (negative Wirkungen) sowie die **neutralisierten Wirkungen** (sog. Nebenwirkungen). Dass die Ausfüllung dieser Klassen je nach Zwecksetzung unterschiedlich sein wird, bedarf keiner besonderen Betonung. Es bleibt die Frage, welche Rolle die sog. Nebenwirkungen bei der Wahl zwischen verschiedenen Instrumenten spielen. Wir werden auf dieses Problem zurückkommen.

Erfüllen mehrere Instrumente den gleichen Zweck, so spricht man von **funktionaler Äquivalenz** (Luhmann [Funktionen] 19). Zur Verdeutlichung greifen wir

folgenden Fall heraus: Auf Grund technischen Wandels mögen sich die Anforderungen an einem bestimmten Arbeitsplatz so verändert haben, dass die Fähigkeiten des bisherigen Stelleninhabers diesen nicht mehr entsprechen. Es bieten sich zur Lösung dieses Verfügbarkeitsproblems u. a. die beiden folgenden Vorgehensweisen an:

1. Der bisherige Stelleninhaber wird entlassen und ein neuer Mitarbeiter eingestellt, der den veränderten Anforderungen genügt, oder
2. der bisherige Stelleninhaber wird im Wege einer Anpassungsfortbildung in die Lage versetzt, den veränderten Anforderungen zu entsprechen.

Beide Wege sind offenbar funktional äquivalent in dem Sinne, dass sie das akute Verfügbarkeitsproblem gleichwertig zu lösen vermögen. In entsprechender Weise existieren auch für andere personalwirtschaftliche Probleme funktional äquivalente Lösungsmöglichkeiten. Sie bilden eine notwendige Voraussetzung für Wahlhandlungen im Personalbereich; denn ohne Handlungsalternativen gibt es auch keine Entscheidungen. Ein erhebliches Problem bei der differenzierten Bewertung von Handlungen über ihre Wirkungen ergibt sich daraus, dass diese in der Regel nicht auf einem einheitlichen Skalenniveau gemessen werden können. Dies lässt sich am Beispiel der auf eine Stellenanzeige eingegangenen Bewerbungen verdeutlichen:

Die Berufszugehörigkeit der Bewerber kann man nur über eine Nominalskala (keine Rangordnung) erfassen, ihre Branchenerfahrung über eine Ordinalskala (Rangordnung, aber ohne quantifizierbare Abstände zwischen den Merkmalsausprägungen), ihre Intelligenz über eine Intervallskala (Rangordnung mit quantifizierbaren Abständen zwischen den Merkmalsausprägungen, aber ohne absoluten Nullpunkt) und ihr Lebensalter über eine Verhältnisskala (Rangordnung mit quantifizierbaren Abständen zwischen den Merkmalsausprägungen und mit absolutem Nullpunkt). Je nach Skalenniveau sind bestimmte mathematische Operationen mit den gemessenen Merkmalsausprägungen (Daten) zulässig (z. B. Quotientenbildung bei Verhältnisskalen) oder unzulässig (z. B. Quotientenbildung bei allen übrigen Skalen). Dies wiederum hat Konsequenzen für die vergleichende und zusammenfassende Beurteilung von Handlungsergebnissen und damit von Handlungen selbst.

1.4   Personalwirtschaftliche Bedingungen

Auswahl und Einsatz personalwirtschaftlicher Instrumente zur Lösung personalwirtschaftlicher Probleme vollziehen sich – wie jede Wahl und jeder Einsatz von Mitteln zur Erreichung von Zwecken – unter bestimmten Bedingungen. Diese sind Bestandteil der Handlungssituation, nicht der Handlung selbst. In Beziehung zur Handlung bilden sie die **relevante Umwelt**. Möglichkeiten, Bedingungen zu klassifizieren, gibt es viele. So lassen sich etwa unterscheiden:

- **Externe** und **interne Bedingungen.** Die Gegebenheiten auf einem Teilarbeitsmarkt gehören z. B. zu den externen, die Bereitschaft des Betriebsrates, einer beabsichtigten Einstellung zuzustimmen, zu den internen Bedingungen für die betriebliche Personalbeschaffung.

- **Kontextuelle** und **situative Bedingungen.** Die Arbeitsmarktstruktur, die Organisations- und Technostruktur eines Betriebes, die Sozial- und Persönlichkeitsstrukturen innerhalb des Personals bilden relativ überdauernde Kontextbedingungen. Demgegenüber sind die jeweiligen Knappheitsverhältnisse auf dem Arbeitsmarkt, die akuten Bedürfnisse, die momentanen Erwartungen, Meinungen, Stimmungen der Mitarbeiter relativ «flüchtige» Situationsbedingungen.

- **Faktische** und **normative Bedingungen.** Zu den faktischen sind z. B. die Größe des betrieblichen Beschaffungspotenzials auf dem Arbeitsmarkt oder die Altersstruktur der Belegschaft zu rechnen. Verpflichtungen wie die, keine Arbeitskräfte zu entlassen, sämtliche freien Stellen innerbetrieblich auszuschreiben oder den Nachwuchs aus den eigenen Reihen zu gewinnen, stellen dagegen normative Bedingungen dar. Solche normative Bedingungen spielen bei der Unterscheidung zwischen externen und internen Arbeitsmärkten eine besondere Rolle (vgl. Abschnitt 3.2.3).

- **Generelle** und **spezielle Bedingungen.** Unter den Rahmenbedingungen personalwirtschaftlichen Handelns spielen neben allgemein-technologischen, gesamtwirschaftlichen und gesellschaftlich-kulturellen Gegebenheiten und Entwicklungen vor allem politisch- rechtliche eine herausragende Rolle. Letztere betreffen nicht nur die Staats-, Gesellschafts- und Wirtschaftsordnung, sondern sie umfassen z. B. auch das für Personalentscheidungen bedeutsame Individual- und Kollektivarbeitsrecht (z. B. Arbeitsvertragsrecht, Arbeitsschutzrecht, Betriebsverfassungsund Mitbestimmungsrecht, Tarifvertrags- und Arbeitskampfrecht). Ein größeres Maß an Betriebsspezifität weisen demgegenüber die güter- und finanzwirtschaftlichen Beschränkungen auf, denen der einzelne Betrieb als Ganzes und demzufolge auch der Personalbereich unterworfen sind.

Solche Bedingungen nehmen Einfluss sowohl auf die Wahlmöglichkeiten als auch auf die Wirkungen personalwirtschaftlicher Instrumente. Beispielsweise schränken als verbindlich angesehene Postulate (mit Gebots- oder Verbotscharakter) wie etwa Einstellungsstopps und Entlassungsverbote bzw. entsprechende Obergrenzen den Handlungsraum für Anpassungen an Änderungen des Personalbedarfs ein. Andere – ebenso wie die vorangehenden, als konstitutiv zu bezeichnenden – Bedingungen (wie etwa die Genehmigung von Überstunden über das gesetzlich normalerweise zulässige Maß hinaus durch das Gewerbeaufsichtsamt) dehnen das Alternativenspektrum aus. Große Bedeutung kommt schließlich solchen Bedingungen zu, die mit modulierender Wirkung i. S. einer Verstärkung oder Abschwächung den (kausalen) Zusammenhang zwischen Handlung und Handlungswirkung beeinflussen. So hängt z. B. der «Erfolg» bestimmter Personalführungsaktivitäten durch Vorgesetzte (etwa eine Anweisung durch den Vorgesetzten) in erheblichem Maße von der Persönlichkeitsstruktur der betroffenen Mitarbeiter ab.

Angesichts des (hier nur exemplarisch belegten) Einflusses, den Bedingungen auf die Wahl und die Wirkungen personalwirtschaftlicher Instrumente ausüben, erscheint es angebracht, sie in zweierlei Weise in die personalwirtschaftliche Handlungsplanung einzubeziehen, zum Einen i. S. einer Veränderung dieser Bedingungen (Beseitigung oder Abschwächung, Schaffung oder Verstärkung), zum Anderen i. S. einer «antizipativen Verarbeitung» ihrer Folgen. Der erste Fall setzt voraus, dass der Betrieb überhaupt Einfluss auf die Bedingungen nehmen kann, was für viele interne, aber auch für einige externe Bedingungen zutreffen dürfte (Unterscheidung: betrieblicherseits **beeinflussbare** und **nicht beeinflussbare Bedingungen**). Der zweite Fall setzt voraus, dass die Bedingungen und ihr Einfluss auf Grund von Erfahrungen oder begründeten Vermutungen prognostiziert werden können (Unterscheidung: **deterministische** und **nicht deterministische Bedingungen**; letztere sind durch unsichere und/oder unscharfe Daten gekennzeichnet).

Abschließend wollen wir die in diesem Abschnitt behandelten Elementarkategorien personalwirtschaftlichen Handelns, die sich auch im Grundmodell der Entscheidungstheorie identifizieren lassen, in einer Abbildung zusammenfassen. Abb. 7.2 soll folgendes verdeutlichen: Ausgangspunkt der Betrachtung sind Ziele (Problemstellungen, Zwecke), für deren Erreichung (Lösung) mehrere Maßnahmen zur

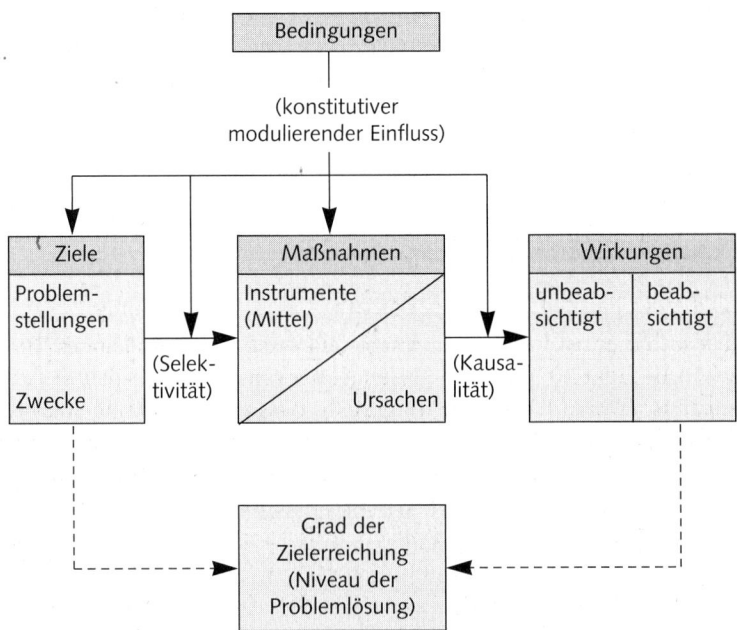

Abbildung 7.2: Elementarkategorien personalwirtschaftlichen Handelns

Verfügung stehen. Ein konkreter Ziel-Mittel-Zusammenhang wird durch einen Auswahlvorgang begründet (Selektivität). Ein so ausgewähltes und eingesetztes Instrument ist Ursache (Kausalität) für mehrere beabsichtigte oder unbeabsichtigte Wirkungen. Der Vergleich der eingetretenen beabsichtigten Wirkungen mit dem zu erreichenden Ziel (zu lösenden Problem) gibt Auskunft über den Grad der Zielerreichung (Niveau der Problemlösung). Sowohl der Ziel-Mittel- als auch der Ursache-Wirkungs-Zusammenhang, aber auch die Ziele und Maßnahmen selbst werden durch Handlungsbedingungen beeinflusst.

2 Personalwirtschaftliches Handeln als organisationales Handeln

Personalwirtschaftliches Handeln ist organisationales Handeln in dem Sinne, dass es in den Handlungszusammenhang einer Organisation (eines Betriebes) eingebunden ist, aus diesem seinen Sinn bezieht und – zumindest der Intention nach – der Erreichung von Organisationszwecken dient. Dabei agiert die Organisation nicht selbst, sondern durch Personen, die dann nicht mehr nur als Individuen handeln, sondern auch als Agenten oder Funktionäre der Organisation.

Personalwirtschaftliches Handeln ist auf Personen ausgerichtet, die Mitglieder der Organisation sind, waren oder in Zukunft sein könnten und die eigene Interessen und Ziele verfolgen. Die Zusammenhänge zwischen organisationalem und individuellem Handeln gilt es deutlicher herauszuarbeiten (vgl. dazu auch das Kap. «Organisation» in Bd. 2).

2.1 Individuelles und organisationales Handeln

2.1.1 Ein Modell individuellen Handelns

Handeln – so hatten wir zu Beginn festgestellt – ist absichtsgeleitetes Tun, wobei die Absicht auf die Erreichung von Zielen (Zwecken) bzw. die Lösung von Problemen bezogen ist. Weiter hatten wir festgestellt, dass zur Erreichung eines bestimmten Zwecks prinzipiell mehrere funktional äquivalente Handlungsmöglichkeiten bestehen. Dies gilt für organisationales ebenso wie für individuelles Handeln. Die Frage stellt sich, auf Grund welcher Überlegungen die Wahl zugunsten der einen Handlung getroffen wird, die schließlich ausgeführt wird. Für das individuelle Handeln lassen sich hierzu zwei nur mit Einschränkung als gegensätzlich zu bezeichnende Positionen vertreten. Die eine führt die Wahl von Handlungen auf das Eigeninteresse der Individuen, die andere auf das Bemühen der Individuen um Konformität mit sittlichen und sozialen Normen zurück.

Die zweite Position, die man als **Modell** des **normengeleiteten Handelns** umschreiben könnte, geht davon aus, dass das Handeln des Menschen im Wesentlichen durch soziale Normen bestimmt ist, wobei die Entstehung sozialer Normen kultur- und schichtspezifisch differiert. Die dahinterstehende Idee ist die des sozialisierten Menschen («homo sociologicus») mit dem Menschen «als Träger sozial vorgeformter Rollen» (Dahrendorf [homo sociologicus] 20; vgl. dazu allgemein die soziologische Rollentheorie). Wenn wir dieses Modell hier nicht weiterverfolgen, so u. a. deshalb, weil es uns nur dann eine Antwort auf die Frage liefern könnte, wie es letztlich zur Ausführung einer konkreten Handlung kommt, wenn Normen nur noch **eine** Handlung als sozial gerechtfertigt bzw. vertretbar erscheinen ließen. Von seltenen Ausnahmen abgesehen, dürfte dies nicht realistisch sein; vielmehr zeichnen soziale Normen aus der Menge möglicher Handlungen eine Klasse von Handlungen besonders aus, die im Normalfall mehrere Elemente umfasst (Handlungsspielraum), sodass weitere Selektion möglich, aber auch notwendig wird.

Unseren weiteren Überlegungen legen wir die erste Position, das **Modell des eigeninteressengeleiteten Handelns,** das vielfach mit eigennützigem, selbstsüchtigem und opportunistischem Verhalten gleichgesetzt wird, zugrunde (vgl. dazu allgemein die Agency-Theorie; Spremann [Agent] 3 ff.). Dabei stellt sich fast selbstverständlich die Frage, wo in diesem die sozialen Normen angesiedelt sind und welche Wirkungen sie entfalten.

Das Modell des eigeninteressengeleiteten Handelns, geht von folgender Grundannahme (Schanz [Paradigma] 259; Frey/Opp [Anomie] 282; Vanberg [Akteur] 96 ff.) aus: Ein Individuum wählt in einer gegebenen Problemsituation von den ihm ausführbar erscheinenden Handlungsalternativen diejenige aus, von der es den höchsten **Netto-Nutzen** (Nutzen minus Kosten; Kosten i. S. von bewerteten Nachteilen) erwartet. Diese These impliziert

- **weder**, dass das Individuum **explizit** einen Netto-Nutzen-Kalkül aufmacht,
- **noch**, dass das Individuum sich in einem **objektiven** Sinne rational verhält.

Die erste (ausgeschlossene) Implikation würde nämlich voraussetzen, dass das Individuum für sämtliche ihm ausführbar erscheinenden Handlungsalternativen alle zu erwartenden Konsequenzen ermittelt, diese mit Nutzen- oder Kostenwerten belegt, diese unter Berücksichtigung ihrer (subjektiven) Eintrittswahrscheinlichkeiten zum Erwartungswert des Netto-Nutzens zusammenfasst und schließlich jene Handlungsalternative auswählt, die den höchsten Netto-Nutzen-Erwartungswert verspricht. Da realistischerweise kaum angenommen werden kann, dass Individuen – ganz abgesehen von der Problematik der Nutzen- und Kostenmessung – in ihrem alltäglichen Handeln nach einem solch aufwändigen Kalkül verfahren, wird lediglich unterstellt, dass Individuen so handeln, ‹als ob› sie eine solche Nutzen-Kosten-Berechnung und -Abwägung vornähmen (Frey/Opp [Anomie] 282), d. h. mit der gemachten Einschränkung (subjektiv) rational handelten.

Die zweite (ausgeschlossene) Implikation würde voraussetzen, dass das Individuum sämtliche Handlungsalternativen kennt, alle möglichen Konsequenzen jeder Handlungsalternative übersieht, jeder Konsequenz gemäß seinen (subjektiven) Präferenzvorstellungen einen kardinalen Nutzen bzw. Kosten zuordnen sowie die Wahrscheinlichkeit für ihren Eintritt angeben kann. Gegen eine solch komplexe Prämisse (objektiv) rationalen Handelns wird zu Recht ins Feld geführt, dass sie den kognitiven «Apparat» eines Menschen überfordert (Schanz [Paradigma] 260 ff.), woraus wiederum folgt, dass der Mensch nur beschränkt rational zu handeln in der Lage ist.

Das Modell eigeninteressengeleiteten Handelns lässt zwar auch nur in Ausnahmefällen eine Prognose bestimmter individueller Handlungen zu, doch liefert es Ansatzpunkte dafür, das Spektrum möglicher, vertretbarer bzw. zulässiger individueller Handlungen auf einen Bereich «wahrscheinlicher» Handlungen einzuengen und individuelle Handlungen nachträglich zu deuten und zu beurteilen.

Die Vorstellung vom eigeninteressengeleiteten Handeln des Menschen provoziert die Frage nach den Interessen bzw. nach den dahinterstehenden **Bedürfnissen** oder **Motiven**. Hierzu gibt es eine umfangreiche psychologische Literatur. Hohen Bekanntheitsgrad haben der 20 Hauptbedürfnisse umfassende Katalog von *Murray* ([Personality]), das fünfstufige Hierarchiemodell der Bedürfnisse von *Maslow* ([Personality]) (physiologische Grundbedürfnisse, Sicherheitsbedürfnisse, soziale Bedürfnisse, Wertschätzungsbedürfnisse und Selbstverwirklichungsbedürfnisse) bzw. dessen dreistufige Version von *Alderfer* ([Human Needs]) (Existenzbedürfnisse, Kontaktbedürfnisse, Wachstumsbedürfnisse) erlangt. Vielfach sind Annahmen über die relative Bedeutung und Stärke von Bedürfnissen auch in umfassendere Persönlichkeitstheorien bzw. Menschenbilder eingearbeitet. Exemplarisch sei auf den «economic man» der Wissenschaftlichen Betriebsführung (Taylor [Principles]; Hauptmotiv: Einkommen), den «social man» der Human-Relations-Bewegung (u. a. Roethlisberger/Dickson [Management]; Hauptmotiv: Sozialbeziehungen) oder den «self-actualizing man» der humanistischen Psychologie (u. a. Argyris [Personality]; Hauptmotiv: Selbstverwirklichung) verwiesen.

Solche Bedürfnis- bzw. Motivtheorien – gelegentlich auch als Inhaltstheorien der Motivation bezeichnet – bilden die Basis der sog. Prozesstheorien der Motivation, die sich mit der Frage beschäftigen, «wie ein bestimmtes Verhalten hervorgebracht, gelenkt, erhalten und abgebrochen wird» (Staehle [Management] 232). Zu diesen Prozesstheorien sind z. B. das Erwartungsgefälle-Modell von *Heckhausen* ([Rahmentheorie]) sowie die Klasse der Erwartungs-Valenz- bzw. Weg-Ziel-Ansätze zu rechnen (u. a. Atkinson/Feather [Achievement]; Neuberger [Führungsverhalten]) einschließlich ihrer attributionstheoretischen Ergänzungen und Erweiterungen (Weiner [Motivation]. Neuere Entwicklungen der Motivationstheorien sind darum bemüht, volitionale, d. h. willensbestimmte Aspekte der Initiierung und Realisierung von Handlungsabsichten stärker zu thematisieren (s. dazu das «Rubikon-Modell» von Heckhausen [Handeln] 203 ff.).

Bei näherer Betrachtung der Grundannahme des Modells eigeninteressengeleiteten Handelns werden drei das Individuum und seine Umwelt betreffende **Vorausset-**

zungen von Handeln erkennbar, die für die Erklärung (Deutung) und Prognose prinzipiell möglicher Handlungen bedeutsam erscheinen:

- **Qualifikation:** Das Individuum vermag nur solche Handlungen erfolgreich auszuführen, für die es auf Grund der gegebenen Handlungsanforderungen und der eigenen physischen, sensorischen, kognitiven und affektiven Fähigkeiten hinreichend geeignet ist.
- **Intention:** Das Individuum versucht, über Handlungen seine Ziele zu erreichen, d. h. seine Probleme zu lösen und seine Bedürfnisse zu befriedigen. Diese Handlungen sind außer mit der möglichen Zielerreichung mit weiteren möglichen Handlungsergebnissen und durch die Handlung ausgelösten Begleiterscheinungen verbunden, die wertmäßig mit Nutzen- oder mit Kostengrößen besetzt sind.
- **Information:** Das Individuum ist einerseits auf Informationen über die handlungsrelevanten Umweltbedingungen, die die Handlungsmöglichkeiten, -anforderungen und -wirkungen sowie ihre Eintrittswahrscheinlichkeiten betreffen, angewiesen, andererseits auf ein Bewusstsein der eigenen Fähigkeiten, Bedürfnisse (Ziele) und Wertorientierung. Diese Hinweise und Bewusstseinsinhalte werden kognitiv verarbeitet und umgesetzt in Erwartungen und Erwartungsemotionen (Hoffnungen, Befürchtungen), mit einer bestimmten Handlung sowohl das angestrebte Ziel erreichen zu können als auch weitere Konsequenzen auszulösen.

Dieses Handlungsmodell ist auf solitäres Handeln wie auf interaktionelles (soziales) Handeln gleichermaßen anwendbar. Die Besonderheit des zweiten Handlungstyps besteht darin, dass die Partner oder Gegner mit ihren Absichten, Fähigkeiten, Bewertungen, Erwartungen und Aktivitäten wechselseitig für den jeweils anderen Bedingungen für die Handlungsauswahl bzw. für die Handlungswirkungen schaffen.

In ein solches Konzept können **sittliche und soziale** (einschließlich rechtliche) **Normen** als Ansprüche an das Handeln in verschiedener Weise eingearbeitet werden:

1. Als individuelle Bedürfnisse: Dies würde allerdings voraussetzen, dass die sittlichen oder sozialen Normen vom Individuum entsprechend internalisiert worden sind.
2. Als Bedingungen, die im Falle ihrer Beachtung eine Belohnung (zumindest keine Bestrafung), im Falle ihrer Nichtbeachtung eine Bestrafung erwarten lassen. Sittliche und soziale Normen werden dann über die Konsequenzen ihrer Beachtung oder Nichtbeachtung in den Netto-Nutzen-Kalkül einbezogen.
3. Als jenseits aller Vorteils-Nachteils-Überlegungen stehende Bedingungen, die a priori als Einengung der Wahlmöglichkeiten akzeptiert werden aus Einsicht, aus Gewohnheit oder weil andere dies auch tun (Nachahmung).

2.1.2   Ein Modell organisationalen Handelns

Das Modell organisationalen Handelns, das wir unseren weiteren Überlegungen zugrunde legen wollen, baut auf der Theorie korporativen Handelns von *Coleman*

([Macht]) auf, die ihrerseits auf der Theorie eigeninteressengeleiteten Handelns basiert. Entsprechend dieser Theorie werden **soziale Verbände** (u. a. Organisationen, Betriebe) als «interpersonale Beziehungsgeflechte» interpretiert, «die dadurch gekennzeichnet sind, dass mehrere (natürliche – der Verf.) Akteure bestimmte Ressourcen in einen Pool einbringen, der einer gemeinsamen Disposition und Nutzung unterliegt» (Vanberg [Akteur] 98; Modell der Ressourcen-Zusammenlegung). Indem die natürlichen Akteure ihre Ressourcen in einen Pool investieren, «stellen (sie) implizit oder explizit eine Verfassung auf, die man ... als einen Gesellschaftsvertrag zwischen ihnen betrachten kann» (ebenda 99).

Ein solcher «Vertrag» regelt die **Verpflichtungen der Beteiligten** hinsichtlich der Art und des Umfangs der einzubringenden Ressourcen sowie hinsichtlich des Ausmaßes an Dispositionsverzicht über die eingebrachten Ressourcen. Er regelt außerdem die **Ansprüche** hinsichtlich der Art und des Umfangs der Kontrolle über die Handlungen des korporativen Akteurs und hinsichtlich des Anteils an dem aus den Handlungen des korporativen Akteurs sich ergebenden Nutzen (Gegenleistung). Im Gegensatz zur einfachen Austauschbeziehung (z. B. beim Kauf), bei der sich Leistung und Gegenleistung der beiden Partner direkt wechselseitig bedingen, sind Leistung und Gegenleistung im Fall des Ressourcenpooling nicht unmittelbar miteinander verkoppelt: Mehrere Personen bringen Ressourcen verschiedener Art und verschiedenen Umfangs in den Pool ein, die über den gemeinsamen Einsatz zu einem Nutzenbündel führen, das einzelnen Ressourcen anteilsmäßig nicht zurechenbar ist, auf das aber sämtliche Beteiligten Anspruch erheben. Es bedarf daher eines Verteilungsmechanismus, der im Gesellschaftsvertrag zu regeln ist. Dabei kommt ein solcher nur zwischen Personen zustande, die sich aus der Einbringung ihrer Ressourcen in den Pool (die Organisation als Instrument!) eine Verwirklichung ihrer Ziele auf höherem Niveau, in kürzerer Zeit bzw. mit größerer Sicherheit versprechen als bei direktem selbstbestimmtem Ressourceneinsatz (vgl. dazu die ganz andere Art der Begründung der Existenz von Unternehmen, und zwar über die Reduzierung von Transaktionskosten bei Coase [Firm]). Einmal geschaffen, «entfaltet» der korporative Akteur selbst Aktivitäten (Verselbständigung des Sozialen), z. B. auch solche, die sich auf die Regulation der Größe und Struktur des Ressourcenpools beziehen (Coleman [Macht] 21 ff.).

Wendet man dieses allgemeine Organisationsmodell auf das Personal eines Betriebes an, so lassen sich die Besonderheiten wie folgt herausarbeiten: Im Rahmen eines «Austauschvertrages», spezieller: eines Arbeitsvertrages, verpflichten sich natürliche Personen, Ressourcen in der Weise in eine Organisation einzubringen, dass sie ihre Arbeitskraft in bestimmten Zeitkontingenten dem korporativen Akteur zur Nutzung anbieten (Begründung einer Arbeitspflicht), verbunden mit dem Versprechen, ihre so angebotene Arbeitskraft innerhalb gewisser Grenzen der Zulässigkeit und Zumutbarkeit dessen Direktiven entsprechend einzusetzen (Begründung einer Gehorsamspflicht). Dabei bleibt die Arbeitskraft untrennbar mit der Person des Arbeitsanbieters verbunden. Im Austausch gegen die (lediglich imaginäre) Übertragung der Nutzungsmöglichkeit und die Akzeptanz des «Dispositions-rechts» hinsichtlich ihrer Arbeitskraft erhalten die Personen einen Anspruch auf eine festgelegte Vergütung (Verteilungsregel) (Coleman [Macht] 84; Vanberg [Akteur] 104 ff.).

Die vertraglich regelbare Einbringung personeller Ressourcen (siehe: Problem der Verfügbarkeit; Abschnitt 1.1.1) ist jedoch nur **ein** Aspekt, wenngleich ein wichtiger im Rahmen des Mitgliedschaftsverhältnisses von Personal. Weitere Aspekte erge-ben sich daraus, dass der Bestand und die Effizienz des Ressourcenpools einerseits durch **Störungen** gefährdet, andererseits durch **Unterstützung** gesichert und ge-fördert werden können. Soweit derartige Störungen durch Handlungen der zu Personal gewordenen natürlichen Akteure hervorgerufen werden können (z. B. aggressives Verhalten gegenüber anderen Mitgliedern), besteht ein über die arbeits-vertragliche Regelung des Arbeitsverhaltens hinausgehendes Interesse des korpora-tiven Akteurs, auf das Handeln des Personals einzuwirken. Entsprechend muss ihm auch daran liegen, auf solche Handlungen stimulierend Einfluss zu nehmen, die sich sichernd und fördernd auf den Bestand und die Effizienz des Ressourcenpools auswirken.

Nun können die Unterlassung störender Handlungen und der Vollzug unterstüt-zender Handlungen zumindest teilweise durch **Arbeitsvertrag** bzw. durch **Rechts-ordnung** (vgl. die sog. Treuepflicht) geregelt werden. Damit ist jedoch keineswegs sichergestellt, dass auch diesen Regelungen gemäß verfahren wird; denn der Mensch gibt ja die Dispositionsgewalt über seine an die Person gebundenen Res-sourcen durch solche Vereinbarungen nicht tatsächlich auf (im Gegensatz zur Übertragung von Dispositionsbefugnissen über Sachen und Finanzmittel), sondern er verspricht, die Dispositionen über seine Arbeitskraft den Ansprüchen entspre-chend zu treffen. Damit diese Zusagen auch tatsächlich eingehalten werden (siehe Problem der Wirksamkeit; Abschnitt 1.1.2), bedarf es im Einzelfall konkreter struktureller und dispositiver Maßnahmen, die darauf gerichtet sind, die Hand-lungen der natürlichen Akteure zu beeinflussen (Vanberg [Akteur] 105).

Damit ist ein außerordentlich wichtiges Problem angesprochen, das für den Betrieb und die einzelnen Mitarbeiter gleichermaßen bedeutsam erscheint, nämlich das **der Interessensicherung**. Eine solche Interessensicherung wird auf beiden Seiten bei Fehlen beiderseitigen Vertrauens und wechselseitiger Fairness im Prinzip auf die-selbe Art und Weise versucht: durch Einsatz von Markt- und Organisationsmacht (Coleman [Macht] 62 ff.; Vanberg [Akteur] 115 ff.).

Die **Marktmacht** des korporativen Akteurs zur Durchsetzung seiner Interessen ist umso größer, je leichter es ihm gelingt, jemanden, der Ressourcen einbringt, aus dem Pool auszuschließen (siehe Kündigungsschutz, Abfindungszahlungen) und durch einen gleichwertigen oder besseren zu ersetzen (Arbeitsmarkt). Entsprechend ist die Marktmacht eines Mitarbeiters umso größer, je leichter es ihm gelingt, seine Ressourcen durch Austritt aus dem Pool abzuziehen und diese einer zumindest gleichwertigen anderen Verwendung zuzuführen (sog. exit bzw. outside option).

Dabei spielt es für die Durchsetzung von Interessen weniger eine Rolle, ob der Ausschluss oder Austritt tatsächlich vollzogen oder explizit angedroht wird, sondern dass diese Möglichkeiten bestehen und auf beiden Seiten erkannt werden.

Im Gegensatz zur Marktmacht hat die **Organisationsmacht** ihre Grundlagen innerhalb des Systems. Die Organisationsmacht des korporativen Akteurs beruht einerseits auf der Tatsache, dass ihm Dispositionsbefugnisse über Ressourcen übertragen werden bzw. die Einbringer personeller Ressourcen durch «Gehorsamkeitserklärung» auf autonome Disposition über die eigenen Ressourcen verzichten (Legitimationseinverständnis), andererseits auf einem vom korporativen Akteur kontrollierten Potenzial an Gratifikations- und Sanktionsmitteln. Die Organisationsmacht des korporativen Akteurs ist nun umso größer, je mehr der Einzelne faktisch die Möglichkeit verliert, die Handlungen des korporativen Akteurs zu beeinflussen, ein fast zwangsläufiger Vorgang bei wachsender Zahl der Mitarbeiter, und je mehr das vom korporativen Akteur kontrollierte Sanktions- und Gratifikationspotenzial für die Bedürfnisbefriedigung des Einzelnen Bedeutung hat (Dringlichkeit der Bedürfnisse, Stabilität der Bedürfnisstruktur, Alternativen der Bedürfnisbefriedigung). Die Möglichkeit, eine Gegenmacht zur Organisationsmacht des korporativen Akteurs zu bilden, besteht darin, dass sich die Träger gleichgerichteter Interessen zu Gemeinschaften (mit oder ohne Repräsentationsorgan; im Fall der Einbringer personeller Ressourcen z. B. der Betriebsrat) zusammenschließen, die mit mehr Aussicht auf Erfolg Einfluss auf die Handlungen der korporativen Akteure ausüben können (sog. collective voice option).

Mit den Modellen des eigeninteressengeleiteten Handelns von Individuen und des korporativen Handelns von Organisationen sind zwei Ansätze vorgetragen worden, die sich recht problemlos zu einem Bezugsrahmen für personalwirtschaftliche Fragestellungen verbinden lassen, da beide mit einem kompatiblen Begriffsapparat arbeiten.

2.1.3   Beziehungen zwischen individuellem und organisationalem Handeln

Bei den bisherigen Überlegungen sind individuelles und organisationales Handeln jeweils für sich betrachtet worden. In der organisationalen Wirklichkeit bestehen vielfältige Beziehungen (Übereinstimmungen und wechselseitige Abhängigkeiten) zwischen beiden Handlungskategorien. Diese sich bewusst zu machen scheint für die theoretische Analyse von Handlungen ebenso bedeutsam zu sein wie für die praktische Handlungsplanung. Sie zu vernachlässigen, indem etwa personalwirtschaftliche Maßnahmen durch Ausblendung der sie durchführenden und der von ihnen betroffenen Personen entproblematisiert werden, könnte dazu führen, dass «die Rechnung ohne den Wirt gemacht wird». Wir wollen in diesem Zusammenhang auf zwei das Verhältnis organisationalen und individuellen Handelns zueinander kennzeichnende Aspekte hinweisen:

1. **Organisationale Handlungen** sind zugleich individuelle Handlungen der sie ausführenden Agenten (Schnittfeld zweier Handlungssysteme (Luhman [Funktio-

nen] 24 ff.)). Im Falle personalwirtschaftlicher Handlungen schaffen sie zudem Bedingungen, die die Entscheidungen der Adressaten oder deren Wirkungen beeinflussen. Insofern führen Maßnahmen der Personalbereitstellung und Personalverhaltensbeeinflussung nicht etwa unmittelbar (wie die Steuerung technischer Geräte), sondern mittelbar – über die autonomen (wenngleich beeinflussbaren) Entscheidungen der Adressaten – zu den intendierten organisationalen Wirkungen.

2. **Organisationale Ziele** stimmen häufig mit den individuellen der die organisationalen Handlungen ausführenden Agenten nicht überein. Das gleiche gilt für die Bewertung der Handlungswirkungen aus der Sicht der Organisation und der für diese handelnden Individuen. Organisationale Ziele und Wirkungen haben vielmehr den Charakter von Bedingungen für die Entscheidungen der Individuen bzw. für das Eintreffen der individuellen Handlungswirkungen wie z. B. monetäre Belohnungen, die im Wege einer «künstlichen Folgenverkoppelung» (Luhmann [Zweckbegriff] 131) an die organisationalen Handlungen bzw. ihre unmittelbaren Ergebnisse gebunden sind. Umgekehrt gilt aber auch, dass individuelle Ziele Bedingungen für organisationale Handlungsentscheidungen darstellen (können).

Diese Thematik wird in der Literatur unter dem Stichwort «**(objektiver) Handlungszweck** und **(individuelles) Handlungsmotiv**» diskutiert (Gehlen [Mensch] 33 ff.; Luhmann [Funktionen] 100 ff.; Luhmann [Zweckbegriff] 68 ff., 128 ff.). Ebenso leuchtet unmittelbar ein, dass gegen die Erreichung organisationaler Ziele gerichtete individuelle Handlungsziele, -vollzüge und -wirkungen organisationales Handeln auslösen können.

2.2   Entscheidungskriterien personalwirtschaftlichen Handelns

2.2.1   Substanzziele und Formalziele

Personalwirtschaftliche Handlungen sind Mittel zur Lösung personalwirtschaftlicher Verfügbarkeits- und Wirksamkeitsprobleme. Hinter diesen relativ abstrakt formulierten Problemen lassen sich unschwer konkretere personalwirtschaftliche Probleme vermuten. Beispiele: Unter- und Überdeckung des Personalbedarfs, Unter- und Überforderung des Personals an den zugewiesenen Arbeitsplätzen, überhöhte Fehlzeiten und Fehlleistungen von Mitarbeitern, mangelnde Kooperationsbereitschaft und soziale Konflikte zwischen den Angehörigen einer Abteilung. Die Lösung solcher personalwirtschaftlicher Alltagsprobleme kann zum Ziel personalwirtschaftlichen Handelns werden. Diese Ziele nennen wir wegen ihrer Bezogenheit auf Sachprobleme **Substanzziele** (Sachziele, materiale Ziele). Ihre «Sachlichkeit» lässt sich unmittelbar aus den **personalwirtschaftlichen Grundproblemen** herleiten.

Die Lösung derartiger Probleme kann i. d. R. nicht nur von einem einzigen, sondern von einer Mehrzahl von Instrumenten erwartet werden, die, sofern sie das Problem mit gleicher Qualität und auf gleichem Niveau lösen, als funktional äquivalent bezeichnet werden. In einem nächsten Schritt ist dann zu klären, ob bzw. welche Instrumente in der betrachteten Situation überhaupt anwendbar, d. h. in diesem Sinne *technisch machbar* und auch *rechtlich zulässig* sind. Ausgehend von einer Mehrzahl technisch machbarer und rechtlich zulässiger Alternativen stellt sich die Frage, wie man zu jener Handlung kommt, die letztlich gewählt und umgesetzt wird. Diese Wahl kann offenbar nur gelingen, wenn über die bereits geprüften Kriterien der Tauglichkeit und Rechtmäßigkeit hinaus zusätzliche Kriterien in den Entscheidungsprozess eingebracht werden.

Ein solches zusätzliches Kriterium könnten die Wirkungen eines Instrumentes auf die Zufriedenheit der Mitarbeiter sein; es geht dabei um die Frage, ob eine Maßnahme *sozial vertretbar* ist. Das aus einzelwirtschaftlicher Sicht bedeutsamste Kriterium betrifft die Wirkungen eines Instruments auf den Aufwand und/oder den Ertrag einer Organisation und damit die Frage, ob der Einsatz eines Instruments *ökonomisch vernünftig* ist. Ob aus einzelwirtschaftlicher Sicht vernünftige Lösungen von Personalproblemen auch aus gesamtwirtschaftlicher Sicht ökonomisch sinnvoll sind, soll hier nur als Problem angemerkt, aber nicht weiter diskutiert werden.

Die Kriterien der sozialen Vertretbarkeit und ökonomischen Vernünftigkeit werden bei Einbeziehung in den Entscheidungsprozess u. U. zu Zielen, die im Gegensatz zu den Substanzzielen – etwas blaß – **Formalziele** (Kosiol [Unternehmung] 45 ff.) genannt werden. Mit ihrer Hilfe kann eine Entscheidung getroffen werden. Auf diese Weise gelangt man z. B. zur kostengünstigsten Art der Anwerbung von Mitarbeitern oder zur mitarbeiterfreundlichsten Art der Arbeitsverteilung.

2.2.2 Ökonomische und humane Ziele

Die Überlegungen zur Auswahl personalwirtschaftlicher Instrumente haben zu den Formalzielen als den letztlich die Handlungsauswahl bestimmenden Kriterien geführt. Versucht man nun, die inhaltliche Ausfüllung des Begriffs Formalziel auf eine allgemeine Grundlage zu stellen, so treten zwei Gruppen von **Zielen** in den Vordergrund:

- ökonomische und
- humane.

Ökonomische Ziele stellen sich inhaltlich als Streben nach Vermögens- bzw. Einkommenssicherung und -steigerung (und damit gleichzeitig nach Wirtschaftlichkeit, Kostendeckung, Gewinn, Rentabilität) dar; **humane Ziele** sind auf die Befriedigung personaler und sozialer Erhaltungs- und Entfaltungsbedürfnisse gerichtet (Remer [Personalmanagement] 25 ff.).

Die Frage, die sich im Hinblick auf diese Unterscheidung immer wieder stellt, ist die nach dem Gewicht, das beiden Zielgruppen bei der Auswahl personalwirtschaftlicher Instrumente zukommt. Vereinfacht ausgedrückt: Erfolgt die Wahl unter personalwirtschaftlichen Handlungsalternativen primär nach ökonomischen oder nach humanen Zielvorstellungen?

Die damit aufgeworfene Problematik ist ausgesprochen vielschichtig, und jede Vereinfachung verdunkelt vermutlich mehr, als sie erhellt. So bedarf die Kategorie «ökonomische Ziele» dringend einer Differenzierung nach ihren Trägern; denn nicht nur die Betriebseigner, deren wirtschaftliches Interesse sich auf Rentabilität, Gewinnerzielung, Kostendeckung oder Steigerung der Wirtschaftlichkeit richtet, sondern auch die Mitarbeiter verfolgen ökonomische Ziele, die sich im Streben nach hohen Löhnen und Gehältern, nach Gewinn- und Kapitalbeteiligung, nach Erhalt betrieblicher Sozialleistungen oder nach Sicherung des Arbeitsverhältnisses äußern. Entsprechendes gilt – mit veränderter Akzentuierung – auch für die Kategorie der «humanen Ziele». Um falsche Assoziationen zu vermeiden, wäre es vermutlich besser, statt mit dem Begriffspaar «ökonomische und humane Ziele» mit dem Begriffspaar «Betriebsziele (besser: Betriebseignerziele) und Mitarbeiterziele» zu operieren.

In bezug auf die letztgenannte Unterscheidung wäre es wiederum eine grobe Vereinfachung, die Verfolger der **Betriebsziele** an der Spitze der Betriebshierarchie zu sehen, die Verfolger von **Mitarbeiterzielen** dagegen an deren Basis ausmachen zu wollen. Betriebs- und Mitarbeiterziele werden vielmehr auf allen Ebenen der Betriebshierarchie verfolgt, wofür zum Einen in verschiedene Richtungen wirkende Zielinterpenetrationen (z. B. Vorgesetzte als «Beauftragte» der Betriebseigner und als «Interessenvertreter» ihrer Untergebenen), zum Anderen die eigene Betroffenheit sorgen (Mitarbeiter auf allen Ebenen der Betriebshierarchie verfolgen neben den betrieblichen Aufgabenzielen persönliche Erhaltungs- und Entfaltungsinteressen). Ein ebenso unzutreffendes Bild entstünde dann, wenn man trotz einer hoch entwickelten Arbeitsgesetzgebung (vgl. Betriebsverfassungs- und Mitbestimmungsgesetze; vgl. dazu Bd. 1) davon ausginge, ausschließlich an betriebsökonomischen Zielgrößen orientierte Entscheidungen mit negativen Konsequenzen für die Mitarbeiter (Versetzung, Umgruppierung, Entlassung) ließen sich problemlos, d. h. ohne Widerstand der Betroffenen und ihrer Interessenvertreter durchsetzen.

In der Wirtschaftspraxis gilt es als Binsenweisheit, dass für die Verfolgung von Betriebs- und Mitarbeiterzielen nicht ein «entweder oder», sondern ein «sowohl als auch» gilt, und zwar auf Grund eines Wirkungsverbundes beider Zielgruppen (vgl. hierzu auch die Ansätze zur Principal-Agent-Theorie; Spremann [Agent]). Das heißt, Initiativen zur Erhöhung betrieblicher Effizienz zwingen früher oder später zu Zugeständnissen im Bereich der Mitarbeiterziele (und umgekehrt). Diese Einsicht kann sich z. B. in den Verhandlungsprozessen zwischen Geschäftsleitung und Betriebsrat als den wohl augenfälligsten Formen der Abstimmung zwischen Betriebs- und Mitarbeiterzielen (**Interessenausgleich**) je nach Situation (Ausgangslage, Machtkonstellation, Informationsstand) in sehr unterschiedlicher Weise manifestieren:

- Die Geschäftsleitung versucht, im Verhandlungsprozess betriebliche Ziele auf möglichst hohem Niveau durchzusetzen, dies jedoch unter Beachtung der restringierenden Wirkung a priori bereits anerkannter sowie im Verhandlungsprozess zugestandener Mindesterfüllungsgrade für Mitarbeiterziele. Der Betriebsrat versucht dagegen, Mitarbeiterziele auf möglichst hohem Niveau durchzusetzen, dies jedoch unter Beachtung der restringierenden Wirkung a priori bereits anerkannter sowie im Verhandlungsprozess zugestandener Mindesterfüllungsgrade betrieblicher Ziele. Verhandlungsergebnis ist ein Kompromiss zwischen beiden extremen Positionen.

- Die Geschäftsleitung begnügt sich damit, das bisher befriedigende Zielerreichungsniveau zu halten (insbesondere bei günstiger Geschäftslage), und überlässt dem Betriebsrat weitgehend die Initiative, Niveauverbesserungen im Bereich der Mitarbeiterziele durchzusetzen.

- Der Betriebsrat beschränkt sich darauf, den von den Arbeitnehmern erreichten Besitzstand zu verteidigen, und überlässt der Geschäftsleitung weitgehend die Initiative, Niveauverbesserungen im Bereich der betrieblichen Ziele durchzusetzen.

Bei einer solchen Sichtweise wird man sich von der Vorstellung freimachen müssen, dass stets die Ziele oder die möglichen Zielerreichungsgrade bzw. die Zielrangfolgen selbst zum Verhandlungsgegenstand gemacht werden. Vielfach lässt sich nämlich mit mehr Aussicht auf Erfolg über konkrete Aktionen und Programme verhandeln, wobei die Partner weder die von ihnen verfolgten Absichten offenzulegen noch sich der Problematik der eigenen Position (unklare und widersprüchliche Interessen!) ganz bewusst zu werden brauchen (Cyert/March [Objectives] 76 ff.).

2.3   Personalwirtschaftliches Handeln und betriebliche Personalpolitik

Der Ausdruck «**Personalpolitik**» wird in Wissenschaft und Praxis häufig in recht unspezifischer Weise verwendet, sei es, dass er als Synonym für personalwirtschaftliches Handeln, sei es, dass er als Begründungs- bzw. Rechtfertigungsformel für Personalmaßnahmen herangezogen wird. Insbesondere bei Fällen der zuletzt genannten Art fällt auf, dass der Hinweis auf «personalpolitische Erfordernisse» nahezu beliebig in derartige Legitimationszusammenhänge «eingebaut», d. h. bezogen auf dasselbe Problem zur argumentativen Stützung geradezu gegensätzlicher Verhaltensweisen herangezogen werden kann: Ob nun ein im Betrieb in angeheitertem Zustand angetroffener Mitarbeiter entlassen, gerügt oder ohne Aufhebens weiterbeschäftigt wird, lässt sich «personalpolitisch» anscheinend mühelos rechtfertigen. Der Grund dürfte darin liegen, dass mit der Verwendung des Begriffs «Personalpolitik» der Eindruck von Augenmaß und Weitsicht vermittelt wird, ohne dass dies inhaltlich belegt werden müsste bzw. könnte.

Für unsere Erörterungen wollen wir unter **Personalpolitik** eine Menge von Grundsatzentscheidungen verstehen, durch die

- das Zielsystem (insbesondere Katalog und Rangordnung der sog. Formalziele) und
- der Handlungsraum (durch Zulässigkeits- und Anwendungsbedingungen, Richtlinien, Gebote, Verbote für Maßnahmen bzw. Verhaltensweisen)
- für die verschiedenen personalwirtschaftlichen Problembereiche
- unter Beachtung der geltenden Rahmenbedingungen (technologischer, gesamtwirtschaftlicher, gesellschaftlich-kultureller und politisch-rechtlicher Art)

festgelegt werden. Dies geschieht in der Absicht,

- den Kreis personalwirtschaftlicher Probleme abzustecken und
- Entscheidungsprämissen für die Behandlung konkreter Probleme vorzugeben.

Von grundlegender Bedeutung für die Charakterisierung der betrieblichen Personalpolitik ist die Antwort auf die Frage, ob sich die personalwirtschaftlichen Maßnahmen ausschließlich an den Erfordernissen des Betriebes bzw. inwieweit sie sich auch an den Möglichkeiten der Mitarbeiter zu orientieren haben. Abb. 7.3 soll die Konsequenzen der unterschiedlichen Orientierungen – differenziert nach den beiden personalwirtschaftlichen Hauptproblembereichen – verdeutlichen (s. dazu auch die Erweiterung des Schemas bei Spengler [Strategische Personalplanung] 70).

Erläuterungen zu Abb. 7.3:

1. Orientierung der Maßnahmen zur Lösung des Verfügbarkeitsproblems an den Erfordernissen des Betriebes. Diese manifestieren sich in (konkreten) Personalbedarfen, die durch Bereitstellung von Personalpotenzial gedeckt werden sollen.
2. Orientierung der Maßnahmen zur Lösung des Wirksamkeitsproblems an den Erfordernissen des Betriebes. Diese manifestieren sich in (expliziten) Verhaltens-

Problem Orientierung	Verfügbarkeit	Wirksamkeit
Erfordernisse des Betriebes	Deckung konkreter Personalbedarfe (Potenzial*bereitstellung*) 1.	Durchsetzung expliziter Verhaltensansprüche (Verhaltens*reglementierung*) 2.
Möglichkeiten der Mitarbeiter	Ausschöpfung der Personalpotenzialitäten (defensiv: Potenzial*verwendung*) (offensiv: Potenzial*entfaltung*) 4.	Nutzung der Verhaltensrepertoires (defensiv: Verhaltens*tolerierung*) (offensiv: Verhaltens*animierung*) 3.
	Disposition über das Personalpotenzial	Beeinflussung des Personalverhaltens

Abbildung 7.3: Orientierung im Rahmen der Personalpolitik

ansprüchen, die durch Reglementierung des Personalverhaltens durchgesetzt werden sollen.

3. Orientierung der Maßnahmen zur Lösung des Wirksamkeitsproblems an den Möglichkeiten der Mitarbeiter. Diese manifestieren sich in deren jeweiligem Verhaltensrepertoire, d. h. in jener Menge von Handlungen, für die die Mitarbeiter Kompetenz erworben haben. Nutzung der Verhaltensrepertoires kann zunächst bedeuten, dass individuelle normabweichende Verhaltensweisen der Mitarbeiter soweit geduldet werden, wie sie eine mögliche Verbesserung, zumindest keine Verschlechterung der Zielerreichung erwarten lassen (defensive Variante: Verhaltenstolerierung). Nutzung der Verhaltensrepertoires kann aber auch bedeuten, dass die Mitarbeiter ermuntert werden, ihre Handlungskompetenzen zum Vorteil des Betriebes einzusetzen (offensive Variante: Verhaltensanimierung). Im Gegensatz zu 2. spielen hier nicht explizite, sondern implizite Verhaltensansprüche die entscheidende Rolle.

4. Orientierung der Maßnahmen zur Lösung des Verfügbarkeitsproblems an den Möglichkeiten der Mitarbeiter. Diese manifestieren sich in deren Fähigkeiten, Fertigkeiten und Kenntnissen, die bisher nicht genutzt worden sind, weil sie nicht gebraucht, nicht erkannt oder nicht entwickelt worden sind. Ausschöpfung der Personalpotenzialitäten kann nun einerseits bedeuten, die Fähigkeiten, Fertigkeiten und Kenntnisse, über die die Mitarbeiter bereits verfügen, zu entdecken und zu nutzen (defensive Variante: Potenzialverwendung), andererseits latent vorhandene Fähigkeiten, Fertigkeiten und Kenntnisse zu entwickeln und zu fördern (offensive Variante: Potenzialentfaltung), und zwar unter Bezugnahme nicht auf konkrete, sondern auf eher abstrakte (potenzielle) Personalbedarfe.

Man könnte geneigt sein, die Orientierung personalwirtschaftlicher Maßnahmen an den Erfordernissen des Betriebes als Ausdruck einer traditionellen, die Orientierung an den Möglichkeiten der Mitarbeiter dagegen als Ausdruck einer modernen Konzeption von Personalpolitik zu deuten. Eine solche Auffassung wäre jedoch nicht haltbar, weil zu einfach: Keine Personalpolitik kann auf die Deckung von Personalbedarfen oder auf die Durchsetzung von Verhaltensansprüchen verzichten. Mit mehr Berechtigung könnte man behaupten, moderne Personalpolitik orientiere sich stärker an den Möglichkeiten der Mitarbeiter als eine traditionelle. Falsch wäre es auch zu meinen, eine an den Möglichkeiten der Mitarbeiter orientierte Personalpolitik räume humanen Zielen a priori den Vorrang vor ökonomischen ein: In der Personalwirtschaft geht es immer um ökonomisch legitimierbare Entscheidungen, gleichgültig, ob deren Grundlagen sicher oder unsicher, genau oder ungenau, konkret oder abstrakt sind.

Betriebliche Personalpolitik konkretisiert sich in Teilpolitiken zu einzelnen personalwirtschaftlichen Maßnahmenbereichen. **Beispiele aus dem Maßnahmenbereich** «Personaldisposition»: Personalbeschaffungs-, Personalfreisetzungs-, Personalbildungs-, Personalversetzungs-, Personalbeförderungs- und Personaleinsatzpolitik; **Beispiele aus dem Maßnahmenbereich «Personalbeeinflussung»:** Arbeitsgestaltungs-, Entlohnungs-, Betreuungs- (Sozialpolitik) und Führungsverhaltenspolitik (Führungskonzeptionen). Formuliert werden solche Teilpolitiken als Grundsätze, Leit- bzw. Richtlinien, Verfahrensanweisungen (Anordnungen, Vorschriften) u. ä.

Vor diesem Hintergrund lässt sich nun verdeutlichen, in welchem Verhältnis personalwirtschaftliches Handeln und betriebliche Personalpolitik zueinander stehen: Personalpolitik dient der **konzeptionellen Verankerung** personalwirtschaftlichen Handelns i. S. einer inhaltlichen Ausrichtung, Vereinheitlichung und Verstetigung. Für die Handelnden kann dies sowohl eine Fessel (Beschränkung der Handlungsfreiheit) als auch einen Halt (Orientierung des Handelns, Befreiung von Begründungs- und Rechtfertigungszwängen) bedeuten. Für die Betroffenen wird personalwirtschaftliches Handeln dadurch kalkulierbar (Befreiung von Willkür) und i. S. des Postulats der Gleichbehandlung auch gerechter.

Die gegenwärtigen «Proklamationen» zur Personalpolitik in deutschen (Groß-) Unternehmen lassen sich in folgenden Schlagworten zusammenfassen:

- Wendung zu proaktiven (statt reaktiven) Verhaltensweisen,
- Bevorzugung differenzierender (statt egalisierender) Vorgehensweisen (Gerechtigkeit durch Ungleichbehandlung!),
- Betonung systemischer (statt partikulärer) Aspekte,
- Verfolgung wertorientierter (statt zweckorientierter) Maximen (s. Unternehmensethik, Unternehmenskultur),
- Verstärkung der strategischen (statt operativen) Ausrichtung in der Personalarbeit.

2.4   Personalwirtschaftliches Handeln und Personalcontrolling

Nach *Horváth* ist «Controlling ... – funktional gesehen – ein Subsystem der Führung, das Planung und Kontrolle sowie Informationsversorgung systembildend und systemkoppelnd koordiniert und auf diese Weise die Adaption und Koordination des Gesamtsystems unterstützt. ... Die wesentlichen Probleme der Controllingarbeit liegen an den Systemschnittstellen» (Horvàth [Controlling] 146). Konstitutiv für das Controlling ist somit die Differenzierung des Führungssystems in interdependente Führungssubsysteme (dezentrale Führung; Weber [Bereichscontrolling] 300), die der Koordination bedürfen (Weber [Bereichscontrolling] 300).

Diese sog. «planungs- und kontrollorientierte Konzeption» des Controlling von *Horváth* (Küpper [Controlling] 650) legen wir auch dem Personalcontrolling, einem typischen Bereichscontrolling (Weber [Bereichscontrolling] 300), zugrunde. Sie hat im Vergleich zur weiter reichenden «koordinationsorientierten Konzeption» von *Küpper* ([Controlling] 650), die als Teilsysteme der Führung neben Planung, Kontrolle und Informationsversorgung auch die Organisation und die Personalführung umfasst, den Vorteil, dass sich Personalcontrolling prinzipiell auf alle Entscheidungsfelder der Personalwirtschaft beziehen lässt, d. h. die Personalführung systematisch einschließt und nicht ausgrenzt. Nach unserer Auffassung macht es nämlich keinen Sinn, um der koordinationsorientierten Konzeption willen Personalwirtschaft auf «die Prozesse der Auswahl, Bereitstellung und Bereithaltung, des Einsatzes, des Ersatzes» und der Freisetzung von Personal (Weber [Bereichscontrolling] 302) und damit auf die Disposition über das Personalpotenzial zu reduzieren. Zu den Besonderheiten des «Produktionsfaktors Arbeit» gehört nicht nur die untrennbare Verbundenheit des Nutzungspotenzials Arbeitskraft mit der Person des Trägers, sondern auch die Tatsache, dass diese Person – im Gegensatz zu allen anderen Potenzialfaktoren – mit ihrem Handeln auch eigene Interessen verfolgt. Diese Besonderheit ist einer der Gründe dafür, dass so etwas wie Verhaltensbeeinflussung im Allgemeinen und Personalführung im Besonderen überhaupt erforderlich ist.

Während *Horváth*, *Weber* und *Küpper* die Koordinationsfunktion des Controlling und damit auch des Personalcontrolling betonen, sieht Wunderer ([Personalcontrolling] 571) im Personalcontrolling «ein planungsfundiertes Evaluationsinstrument ... Der Schwerpunkt ... liegt ... eindeutig auf der Bewertung der Personalarbeit.» Der Auffassungsunterschied bzw. die Akzentverschiebung bezüglich der Rolle des Personalcontrolling erscheint uns gravierend: hier Unterstützung der Personalarbeit in der Phase der Entscheidungsvorbereitung, dort Beurteilung der Personalarbeit in der Nach-Entscheidungsphase.

Nimmt man die Koordinationsfunktion des Personalcontrolling ernst, dann besteht seine Aufgabe nicht darin, im Personalbereich selbst zu planen, selbst zu kontrollieren und ihn selbst mit den erforderlichen Informationen zu versorgen, sondern darin, die entsprechenden Führungsteilprozesse fachlich und methodisch zu unterstützen. Danach wäre der Personalcontroller eine Art Fachpromotor, der immer (nur) dann seine Dienste anbieten sollte, wenn bei Entscheidungen zur Lösung personalwirtschaftlicher Verfügbarkeits- und Wirksamkeitsprobleme bestehende Interdependenzen nicht erkannt oder zwar erkannt, aber nicht adäquat berücksichtigt werden. Hintergrund könnte ein Mangel an Expertise oder ein Mangel an Motivation des Entscheidungsträgers sein.

Das Personalcontrolling könnte beispielsweise beratend tätig werden bei der Konzeption und Implementation eines (neuen) Personalplanungssystems bzw. eines (neuen) Personalführungskonzepts oder bei dem Entwurf und der Einführung eines (neuen) Personalentwicklungskonzepts bzw. eines (neuen) Personalbeurteilungssystems. Darüber hinaus könnte das Personalcontrolling aktiv werden, wenn z. B. entdeckt wird, dass Arbeitskräfte einer bestimmten Qualifikation in einem Leistungsbereich entlassen und in einem anderen neu eingestellt werden sollen oder das Lenkungskonzept der Personalführung nicht mit dem Anreizsystem harmoniert.

Genau genommen ist das Personalcontrolling immer dann gefordert, wenn Entscheidungsträger nicht Willens oder nicht in der Lage sind, den normativen Erwartungen an das personalwirtschaftliche Handeln zu entsprechen. In solchen Fällen unterstützt es das Führungssystem des Personalbereichs mit controllingspezifischen Instrumenten wie Budget-, Kennzahlen- und Zielsystemen sowie Lenkungspreissystemen (Küpper [Controlling] 658) oder mit problemadäquatem Methodenwissen. Dem Personalcontrolling kommt dabei allerdings eher eine «Reparaturfunktion», denn eine Koordinationsfunktion zu. Anders und etwas überspitzt ausgedrückt: Personalcontrolling wird in dem Maße überflüssig, in dem es gelingt, durch sorgfältige Personalpotenzialdisposition (einschließlich Personalentwicklung) Fehlbesetzungen von Führungspositionen und durch erfolgreiche Personalverhaltensbeeinflussung (einschließlich geeigneter Anreizsysteme) Fehlverhalten von Führungskräften im Personalbereich zu vermeiden (ähnlich Drumm [Personalwirtschaft] 688). Keines der im Personalcontrolling verwendeten Instrumente könnte nicht bereits bei der Planung und Kontrolle personalwirtschaftlicher Maßnahmen eingesetzt werden.

3   Die Disposition über das Personalpotenzial

In dieser Einführung in die Betriebswirtschaftslehre, bei der es vornehmlich darum geht, eine spezifische Sicht- und Interpretationsweise für die «Personalwirtschaft» herauszuarbeiten, um damit eine Basis für die Erörterung personalwirtschaftlicher Probleme, ihrer Entstehung und Bewältigung zu schaffen, muss die Befassung mit einzelnen personalwirtschaftlichen Handlungsfeldern notgedrungen etwas in den Hintergrund treten. Insofern sollen die folgenden Ausführungen zum **personalwirtschaftlichen Instrumentarium** auch nicht mehr leisten, als in den Komplex der Bewältigung personeller Probleme im Betrieb einzuführen (vgl. Abb. 7.1). Erörtert werden die beiden zentralen personalwirtschaftlichen Instrumente:

- Personalpotenzialdisposition und
- Personalverhaltensbeeinflussung.

Das Schwergewicht wird dabei auf die Orientierung an den Erfordernissen des Betriebes gelegt.

Maßnahmen der Personalpotenzialdisposition (im Folgenden vereinfacht: Personaldisposition) dienen im weiteren Sinne der Deckung des Personalbedarfs einer Organisation. Dieser rückt damit in den Rang eines Kriteriums, an dem die Maßnahmen der Personaldisposition ausgerichtet und ihre Ergebnisse geprüft werden.

3.1   Der Personalbedarf als Kriterium der Personaldisposition

Der **Personalbedarf** einer Organisation umfasst – nach geforderten Qualifikationsstrukturen (Bedarfskategorien) gruppiert – die Gesamtheit der Arbeitskräfte, die zur Wahrnehmung aller dispositiven und exekutiven Aufgaben in allen Bereichen und auf allen Ebenen einer Organisation benötigt werden (sog. **Personalbruttobedarf**).

Genau genommen lässt sich der Personalbedarf immer nur für einen konkreten Zeitpunkt bzw. für eine Abfolge von Zeitpunkten bestimmen, vorausgesetzt, es liegen hinreichend genaue Informationen über Art und Umfang der jeweils durchzuführenden Aufgaben vor. Auf Zeiträume bezogene Personalbedarfszahlen sind Durchschnittsgrößen, die nur dann als Anhaltspunkte für die Personalbereitstellung verwendet werden können, wenn der Personalbedarf bei kontinuierlicher Zeitbetrachtung (annähernd) konstant ist.

Als **Primärdeterminanten** des Umfangs und der Zusammensetzung des Personalbedarfs können die folgenden Faktoren gelten, die ihrerseits dem Einfluss von Sekundärdeterminanten, wie z. B. den Angebots- und Nachfrageverhältnissen auf den Produkt- und Faktormärkten, der Technologie, der Organisation oder der Rechtsordnung unterliegen:

1. **Leistungsprogramm** des Betriebes, ausgedrückt durch Umfang und Struktur der pro Periode zu erbringenden Leistungseinheiten bzw. der in einer Periode zu bedienenden Bestandseinheiten (z. B. technische Anlagen),

2. **Arbeitszeitbedarf** (z. B. Mann-Stunden) pro Leistungseinheit (**Arbeitskoeffizient**) bzw. pro zu bedienender Bestandseinheit und Periode (**Besetzungskoeffizient**). Arbeitskoeffizienten hängen von der technisch-organisatorischen Gestaltung (Verfahren) der Leistungserstellung, der Nutzungsintensität der technischen Apparate sowie dem Leistungsgrad der Arbeitskräfte ab; Besetzungskoeffizienten beruhen häufig auf globalen Festlegungen.

3. **Arbeitszeit**, die eine Arbeitskraft pro Periode zur Verfügung stellt.

Dabei gilt allgemein, je umfangreicher das Leistungsprogramm, je höher der Arbeits- bzw. Besetzungskoeffizient (je niedriger also die Arbeitsproduktivität) und je kürzer die Arbeitszeit sind, desto höher ist der Personalbedarf (und umgekehrt). Dieser Zusammenhang lässt sich anhand der beiden folgenden allgemeinen **Personalbedarfsformeln** verdeutlichen:

$$1. \quad \text{Personalbedarf} = \frac{\text{Anzahl der zu erbringenden Leistungseinheiten pro Periode} \times \text{Arbeitszeitbedarf pro Leistungseinheit}}{\text{Arbeitszeit pro Arbeitskraft und Periode}}$$

$$2. \quad \text{Personalbedarf} = \frac{\text{Anzahl der zu bedienenden Einheiten} \times \text{Arbeitszeitbedarf pro Bedienungseinheit und Periode}}{\text{Arbeitszeit pro Arbeitskraft und Periode}}$$

Die qualitative Zusammensetzung des Personalbedarfs hängt – allerdings weniger eindeutig – von der Mannigfaltigkeit des Leistungsprogramms (Breite und Tiefe), von der Unterschiedlichkeit der verwendeten Technologie (Mechanisierung und Automation) sowie von Art und Grad der Arbeitsteilung (Stellenschneidung) ab. Die Wirkungen dieser Einflussfaktoren finden ihren Niederschlag in Arbeits-, Tätigkeits- bzw. **Stellenbeschreibungen**, die wiederum die Grundlage für die Ermittlung von Anforderungsprofilen (Qualifikationscharakteristiken) auf diesen Stellen bilden.

Der Personalbedarf stellt eine in hohem Maße dispositionsabhängige Größe dar. Hinsichtlich der Determinante Leistungsprogramm ist die betriebliche Einwirkungsmöglichkeit unmittelbar einsehbar. Aber auch die Arbeitskoeffizienten sind über die technisch-organisatorische Prozessgestaltung (Technologie und Stellenschneidung) und über Maßnahmen zur Beeinflussung des Leistungsgrades der Arbeitskräfte von seiten des Betriebes veränderbar. Ebenso hängt die Arbeitszeit in bestimmten Grenzen von betrieblichen Entscheidungen ab (vgl. Überarbeit und Kurzarbeit). Bei der Ermittlung von Personalbedarf kommt man zudem nicht umhin, mit Standards oder Normwerten etwa für den Arbeitskoeffizienten (z. B. Durchschnitts-, Normal-, Richtwerte) und für die Arbeitszeit (z. B. tarifliche Regelungen) zu operieren.

Den Personalbedarf, über den der Personalbereich mit den übrigen betrieblichen Funktionsbereichen verknüpft wird, hatten wir als Kriterium für Maßnahmen der Personaldisposition eingeführt. Speziell durch solche der Personalbereitstellung soll erreicht werden, dass der Personalbedarf möglichst exakt gedeckt wird. Dieser ist damit sowohl als **Obergrenze** als auch als **Untergrenze** der Personalbereitstellung – als eine Art Idealnorm – zu interpretieren, und zwar in quantitativer und – i. d. R. auch – in qualifikatorischer Hinsicht. Allerdings lässt sich die qualifikatorische Entsprechung nur schwer realisieren, da die im Personalbedarf geforderten Qualifikationen nur in Ausnahmefällen mit den auf dem Arbeitsmarkt angebotenen übereinstimmen.

Betont man die Dispositionsabhängigkeit des Personalbedarfs, so deutet sich an, dass die Forderung nach Entsprechung nicht allein durch Angleichung der Personalbereitstellung an den Personalbedarf, sondern durch wechselseitige Abstimmung erfüllt werden kann. In diesem Zusammenhang sei auf in der Praxis übliche Bemühungen um Stabilhaltung des Personalbedarfs durch Beschäftigungsglättung und Ausnutzung von Produktivitäts- und Arbeitszeitreserven hingewiesen.

Die bisherigen Überlegungen beziehen sich auf konkreten (aktuellen oder antizipierten) Personalbedarf. Mit längerer Zeitperspektive und wachsender Komplexität, Kontingenz sowie Dynamik der Umwelt werden der Personalbedarf und seine Determinanten immer unsicherer, ungenauer, unstrukturierter und auch abstrakter. Er verliert dadurch prinzipiell nicht seinen Charakter als Orientierungsgröße für die Personaldisposition, aber die Beziehungen zwischen beiden Kategorien sind offener. Die Unterscheidung zwischen konkretem und abstraktem Personalbedarf spielt vor allem im Zusammenhang mit der Maßnahmenorientierung im Problembereich «Verfügbarkeit über Personal» eine wichtige Rolle (vgl. dazu die Erläuterungen zu Abb. 7.3).

3.2 Maßnahmen der Personaldisposition

Bei der Personaldisposition geht es zum Einen um die zeit- und sachgerechte Ausstattung des Betriebes mit Arbeitskräften einschließlich der Durchführung aller dazu erforderlichen Maßnahmen, zum Anderen um die Zuordnung (Einsatz) dieser Arbeitskräfte zu einzelnen Organisationseinheiten (z. B. Stellen) oder Aufgaben.

3.2.1 Maßnahmen der Personalausstattung

Die Lösung des **personellen Ausstattungsproblems** lässt sich grob in der folgenden Weise charakterisieren:

In einem **ersten Schritt** ist zu klären, welche Kategorien von Arbeitskräften angesichts fehlender Übereinstimmung zwischen den Anforderungen betrieblicher Tätigkeiten und den Fähigkeiten von Arbeitskräften zur Deckung des Personalbedarfs überhaupt in Betracht zu ziehen sind.

In einem **zweiten Schritt** ist, ausgehend von der bisherigen Personalausstattung und der festgestellten Personalbedarfsentwicklung, unter Beachtung der geltenden personalpolitischen, arbeitsrechtlichen, arbeitsmarktbezogenen und finanziellen Restriktionen über die anzustrebende Personalausstattung zu entscheiden.

In einem **dritten Schritt** werden die zur Realisierung dieser Personalausstattung erforderlichen Maßnahmen ergriffen.

Dazu zählen als den betriebsexternen Arbeitsmarkt betreffende Maßnahmen:

- Personalbeschaffung (z. B. Einstellung oder Leihe von Arbeitskräften),
- Personalfreisetzung (z. B. Entlassung und vorzeitige Pensionierung von Arbeitskräften, Vertragsaufhebung in gegenseitigem Einvernehmen).

Den betriebsinternen Arbeitsmarkt betreffende Maßnahmen sind:

- Personalschulung (Ausbildung, Fortbildung, Umschulung),
- Personalversetzung (einschließlich Beförderung und Degradierung) sowie
- Personalstatusänderung (z. B. Umwandlung eines Werksvertrages in einen Arbeitsvertrag, eines befristeten Arbeitsverhältnisses in ein unbefristetes, einer Teilzeitbeschäftigung in eine Vollzeitbeschäftigung).

Im Folgenden wollen wir beispielhaft die Beschaffung von Arbeitskräften über den externen Arbeitsmarkt einer detaillierteren Betrachtung unterziehen.

Den **Gesamtprozess der (externen) Personalbeschaffung** untergliedern wir in vier Phasen:

(1) Anwerbung

(2) Auswahl

(3) Einstellung

(4) Eingliederung

3.2.1.1   Die Anwerbung

Zweck der Anwerbung ist die Herstellung von Kontakten zwischen dem personal-
beschaffenden Betrieb und potenziellen Bewerbern. Unabhängig von der Methode
der Kontaktherstellung hat die Anwerbung im Wesentlichen folgende Aufgaben zu
erfüllen:

- **Informationsfunktion** (Bekanntmachungsfunktion), und zwar in Bezug auf
  - Bestehen einer Vakanz (Funktions- oder Positionsbezeichnung)
  - gewünschten Besetzungstermin
  - Betrieb (z. B. Branche, Größe, Standort/Region)
  - Arbeitsgebiet (z. B. Arbeitsinhalt, Arbeitsverfahren)
  - Arbeitsumfeld (temporale, soziale, lokale, strukturale Arbeitsbedingungen)
  - Anforderungen an den künftigen Stelleninhaber (z. B. auch Lebensalter)
  - Gegenleistungen des Betriebes (z. B. Entlohnung, Erfolgsbeteiligung, Alters-
    versorgung, Vermögensbildung, freiwillige Sozialleistungen, Weiterbildungs-
    und Aufstiegschancen)
  - technisch-organisatorische Details der Bewerbung (einzureichende Unterlagen,
    anzufordernde Formulare, einzuhaltende Fristen, Adressat der Bewerbung);

- **Motivationsfunktion** (Beeinflussungsfunktion),
  d. h., die potenziellen Bewerber sollen durch Inhalt und Aufmachung der Anwerbung zur Abgabe einer Bewerbung angeregt werden;

- **Vorselektionsfunktion**,
  d. h., durch die Anwerbung sollen solche und nur solche Personen zur Abgabe
  einer Bewerbung angeregt werden, die die Voraussetzungen zur Übernahme der
  Stelle erfüllen (Zielgruppe); dies lässt sich nur erreichen, wenn weder Über- noch
  Untertreibungen hinsichtlich der Stellenanforderungen den Bewerberkreis un-
  nötigerweise einengen bzw. ausdehnen.

Methodisch können bei der Anwerbung mehrere Wege beschritten werden, die
einerseits verschieden aufwändig (Anwerbekosten), andererseits unterschiedlich er-
giebig (Anwerbeerfolg) sind. Die Wirtschaftlichkeit der einzelnen Anwerbeverfah-
ren differiert je nach Zielgruppe, Anwerbegebiet, Anwerbezeitraum und Arbeits-
marktlage. Im Einzelnen können folgende **Methoden** unterschieden werden:

- **Passive Methoden**
  - Reaktion auf Stellengesuche in regionalen und überregionalen Zeitungen sowie
    in Fachzeitschriften
  - Reaktion auf schriftliche und mündliche Anfragen von Stellensuchenden

- **Aktive Methoden**
  - Indirekte Formen
    - Anwerbung über Betriebsangehörige
    - Anwerbung über andere Unternehmen, Institute, Bildungseinrichtungen

- Anwerbung über private Arbeitsvermittler sowie Personal-/Unternehmensberater (sog. Headhunting und Executive Search)
- Anwerbung über die staatliche Arbeitsvermittlung (z. B. Arbeitsämter)
- Direkte Formen
  - Anwerbung durch Stellenanzeigen in regionalen und überregionalen Zeitungen sowie in Fachzeitschriften
  - Anwerbung über das Internet – über die Homepage des Unternehmens und/oder über elektronische Jobbörsen
  - Anwerbung durch Aushänge, Plakate, Postwurfsendungen, Flugblätter usw.
  - Anwerbung durch direkte Ansprache (z. B. Praktikanten, Werkstudenten)
  - Anwerbung durch Werbeveranstaltungen (Seminare, Informationsveranstaltungen)
  - Anwerbung durch Einsatz eigener Anwerber und Abwerber

Die in Deutschland bevorzugte Form der Anwerbung ist die **Stellenanzeige** in Zeitungen und Fachzeitschriften. Allerdings ist die Personalsuche insbesondere nach jungen qualifizierten Mitarbeitern über vergleichsweise kostengünstige **elektronische Jobbörsen** (sog. E-recruiting) stark im Vormarsch. Inzwischen weitgehend akzeptiert ist das Headhunting bzw. das Executive Search als Formen der Abwerbung von Führungskräften und Spezialisten.

Neben der allgemeinen Arbeitsmarktsituation (Verhältnis von Angebot und Nachfrage) und den gewählten Anwerbemethoden ist das vom jeweiligen Branchen- bzw. Unternehmensimage mit geprägte Arbeitgeberimage eines Unternehmens für die erfolgreiche Personalsuche von ausschlaggebender Bedeutung. Es bündelt und «kondensiert» die von Außenstehenden wahrgenommenen Entgelt-, Arbeits- und Beschäftigungsbedingungen zu dem – meist auf wenige markante Merkmale reduzierten – Bild, das die Organisation als Arbeitgeber nach außen abgibt (Rastetter [Personalmarketing] 113). Größe und Güte des bei Rekrutierungsmaßnahmen zu erwartenden Bewerberpools werden maßgeblich von ihm, dem Attraktivitätsindikator, bestimmt.

Das Arbeitgeberimage eines Unternehmens kontrastiert in der Regel sowohl mit dem Arbeitgeberimage seiner Konkurrenten am Arbeitsmarkt als auch mit dem Bild, das sich die Mitglieder der umworbenen Zielgruppe von einem idealen Arbeitgeber machen (Idealbild). Das Sinnen und Trachten geht nun dahin, eine positive Abweichung zwischen dem eigenen und dem Arbeitgeberimage der Konkurrenten zu schaffen, zu vergrößern oder zu sichern und die negative Abweichung zwischen dem eigenen Arbeitgeberimage und dem Idealimage nachhaltig zu verringern. Dies kann zum Einen durch eine tatsächliche Verbesserung der Entgelt-, Arbeits- und Beschäftigungsbedingungen, zum Anderen durch eine geschickte «Vermarktung» der unverändert fort geltenden Bedingungen geschehen. Eine weitere Möglichkeit der Imageverbesserung wird in dem Versuch gesehen, bisher unbeachtete Merkmale, die als besondere Stärken des Unternehmens gelten, als imagerelevant herauszustellen; sie wird allerdings als eine Strategie mit ungewissem Ausgang beurteilt (zu Positionierungsstrategien vgl. Süß [Externes Personalmarketing] 179–183).

3.2.1.2   Die Auswahl

Die Funktion der Personalauswahl besteht darin, aus dem Kreis der Bewerber jene herauszufinden, die für die zu besetzende Stelle am besten geeignet sind. Gleichzeitig sollen im Interesse sowohl des Betriebes als auch der Bewerber ungeeignete, d. h. deutlich über- oder unterqualifizierte Personen ausgeschlossen werden.

Der Auswahlprozess vollzieht sich i. d. R. in mindestens zwei Stufen: In der sog. **Vorauswahlphase**, in der das Bewerbungsschreiben, das Lichtbild, der Lebenslauf, die Schul- und Arbeitszeugnisse des Bewerbers und evtl. der Bewerberfragebogen ausgewertet werden, geht es darum, die für eine Stellenbesetzung eindeutig nicht in Betracht kommenden Bewerber aus dem weiteren Verfahren auszusondern. Im Falle relativ großer Bewerberzahlen wird zusätzlich versucht, die Anzahl der in die engere Wahl kommenden Personen drastisch zu verringern, indem prinzipiell geeignete, aber anderen Bewerbern offenkundig unterlegene Interessenten herausgefiltert werden.

In der auf die Vorauswahl folgenden Stufe werden im Verfahren verbliebene Bewerber einer eingehenderen Prüfung unterzogen. Das in der Praxis am häufigsten verwendete Instrument ist das sog. **Vorstellungsgespräch** oder **Einstellungsinterview**. Es dient der Gewinnung eines persönlichen Eindrucks von der äußeren Erscheinung und den Verhaltensweisen des Bewerbers (Gestik, Mimik, Gewandtheit des Auftretens, Umgangsformen, Sprachgewandtheit, Reaktion auf unangenehme Fragen usw.). Obwohl über die fehlende Objektivität und den eingeschränkten Aussagegehalt von Einstellungsinterviews kaum Zweifel bestehen, gilt das (gut vorbereitete) Vorstellungsgespräch in der Praxis als unverzichtbar.

Neben Einstellungsinterviews spielen auch **Gruppendiskussionen** zur Einschätzung der Umgangsformen, der Fairneß, der Redegewandtheit, des Verhandlungs- und Argumentationsgeschicks sowie der Führungsqualitäten des Bewerbers und **Eignungstests** im Auswahlprozess eine Rolle. Eignungstests werden bevorzugt bei der Einstellung von neu ins Berufsleben eintretenden Personen (Auszubildende, Hochschulabsolventen) sowie bei der Rekrutierung für Routineaufgaben im gewerblichen und kaufmännischen Bereich angewendet. Dabei versteht man unter einem Test «ein wissenschaftliches Routineverfahren zur Untersuchung eines oder mehrerer empirisch abgrenzbarer Persönlichkeitsmerkmale mit dem Ziel einer möglichst quantitativen Aussage über den relativen Grad der Merkmalsausprägung» (Lienert [Testaufbau] 7). Die Güte eines Tests bestimmt sich hauptsächlich nach dem Grad seiner Objektivität (d. h. seiner Unabhängigkeit vom Untersucher), seiner Reliabilität (d. h. seiner Zuverlässigkeit bei der Merkmalsmessung) und seiner Validität (d. h. seiner Gültigkeit bezüglich der zu untersuchenden Merkmale). Abb. 7.4 vermittelt einen Überblick über gebräuchliche **Testarten:**

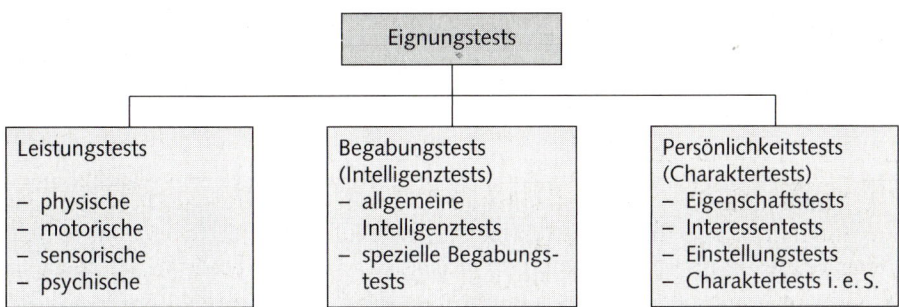

Abbildung 7.4: Arten von Eignungstests

In der Personalauswahl spielen sog. **Assessment-Centers** eine immer größere Bedeutung. Es handelt sich dabei um i. d. R. mehrtägige Beurteilungsseminare, auf denen mehrere Beobachter (sog. Assessoren) durch Kombination von Einzelinterviews, Gruppendiskussionen, aufgabenspezifischen Eignungstests und praktischen Übungen (z. B. Plan- und Rollenspiele) versuchen, ein möglichst umfassendes Bild vom positionsrelevanten Fähigkeitspotenzial jedes Einzelnen von mehreren Bewerbern zu gewinnen. Die Validität von aus Assessment-Centers gewonnenen Ergebnissen gilt im Vergleich zu anderen Auswahlinstrumenten als sehr hoch.

Noch immer haben in Deutschland bei der Besetzung höherer Positionen **graphologische Gutachten** einen beachtlichen Stellenwert, obwohl sie wissenschaftlich außerordentlich umstritten sind. Ihre Befürworter sind der Auffassung, mit Hilfe der Graphologie ließen sich Persönlichkeitsmerkmale wie «Lebenskraft», «Willensbegabung», «Erlebnisvermögen», «Intelligenz», «Selbstwertgefühl», «Vertrauenswürdigkeit», «Arbeitshaltung», «Betriebsgesinnung» und «Organisationstalent» feststellen.

Die bisher besprochenen Auswahlverfahren werden in der Informationsökonomie unter dem Begriff «**Screening-Strategien**» (screening = Durchleuchtung) zusammengefasst. Den aktiven Part übernimmt in allen Fällen das personalsuchende Unternehmen, das darum bemüht ist, die zu seinen Ungunsten bestehende Informationsasymmetrie bezüglich des Qualitätsniveaus der Bewerber (sog. hidden characteristics) zu beheben oder zumindest zu verkleinern.

Ein gänzlich anderes Vorgehen liegt sog. «**Self selection-Strategien**» zugrunde. Hier will das Unternehmen durch das Anbieten unterschiedlicher Arbeitskontrakte erreichen, dass die Bewerber durch Wahl eines der Arbeitsverträge (wissentlich oder unwissentlich) ihr Qualitätsniveau offenlegen und damit die zu Lasten des Unternehmens bestehende Informationsasymmetrie abbauen. So könnte ein Unternehmen seinen Reisenden z. B. Verträge mit hohem Fixum und niedrigem Provisionssatz oder solche mit niedrigem Fixum und hohem Provisionssatz anbieten, um deren individuelle Erfolgserwartung zu ergründen. Gleichzeitig würde eine positive Korrelation zwischen individueller Erfolgserwartung und Qualitätsniveau unterstellt.

Von entscheidender Bedeutung für das Funktionieren dieser Selbstselektion ist die Konstruktion eines Satzes von Arbeitsverträgen, sodass die Bewerber mit hoher Qualität einen anderen Vertrag wählen als die Bewerber mit niedriger Qualität. Nur dann kommt es zu einem separierenden Gleichgewicht. Wählen die Bewerber mit hoher und die mit niedriger Qualität denselben Vertrag, so liegt ein Pooling-Gleichgewicht vor; die Trennung der guten von den schlechten Bewerbern misslingt in diesem Fall (zu Einzelheiten vgl. Miyazaki [Internal Labor Markets] 394–418).

3.2.1.3   Die Einstellung

Der Auswahlphase folgt die Einstellung der neuen Mitarbeiter. Sie wird eingeleitet durch die Arbeitsvertragsverhandlungen, in deren Rahmen Vereinbarungen über Gegenstände getroffen werden, die im Auswahlprozess offengeblieben und nicht bereits durch Tarifverträge, Betriebsvereinbarungen oder Organisationsmaßnahmen abschließend geregelt sind. Darunter fallen insbesondere Kompetenzabgrenzung, (abweichende) Arbeitsbedingungen, berufliche Entwicklungsperspektiven, Lohn- und Gehaltsfragen sowie der Zeitpunkt der Arbeitsaufnahme (des Dienstantritts).

Trotz aller Bemühungen, das Arbeitsverhältnis, das bei fehlender Befristung als Dauerschuldverhältnis zu verstehen ist, zwecks Vermeidung von Auseinandersetzungen rechtlich klar zu regeln, gilt der Arbeitsvertrag als typischer Fall eines unvollständigen und impliziten und damit eines nur begrenzt justiziablen Vertrages (Schrüfer [Ökonomische Analyse] 104 ff.). Die Unvollständigkeit bezieht sich vornehmlich auf die von den Arbeitskräften zu erbringende (Arbeits-)Leistung. Sollten Arbeitsverträge in dieser Hinsicht vollständig sein, dann müßten für alle denkbaren zukünftigen Umweltentwicklungen Vereinbarungen über Art und Umfang der jeweils zu leistenden Arbeit getroffen werden. Dies scheint in einer komplexen, kontingenten und dynamischen Umwelt insbesondere bei längeren Vertragsdauern unmöglich zu sein, sodass die Festlegung der normativ erwarteten Arbeitsleistung dem Direktionsrecht des Arbeitgebers überantwortet wird.

Implizit werden Arbeitsverträge deshalb genannt, weil mit ihrem Abschluss Rechte und Pflichten verbunden sind, über die lediglich eine stillschweigende Übereinkunft zwischen den Vertragsparteien (z.B. bezüglich des Verbleibens eines Mitarbeiters, der auf Kosten des Unternehmens aus- oder weitergebildet wird, im Unternehmen nach Abschluss der Qualifizierungsmaßnahme, um (zumindest) eine (gewisse) Amortisation der Investition in das Humankapital des Mitarbeiters zu ermöglichen) besteht, deren Fortbestand allerdings meist von der beiderseitigen Vorteilhaftigkeit abhängt. Im Zusammenhang mit dem Bruch solcher stillschweigender Übereinkünfte, die sich als Lücken in den expliziten Teilen der Arbeitsverträge interpretieren lassen, spricht man in der Neueren Institutionenökonomie von Hold up-Problemen. Sie beruhen auf einer dritten Art von asymmetrischer Informationsverteilung zwischen Arbeitgeber und Arbeitnehmer, die sich auf die Absichten einer der Vertragsparteien bezieht (sog. hidden intentions).

Spätestens nach Abschluss der Vertragsverhandlungen sind der Betriebsrat über die geplante Einstellung zu unterrichten und dessen Zustimmung einzuholen (§§ 99 und 100 Betriebsverfassungsgesetz). Erst dann wird die Einstellung formell vollzogen, d. h. der Arbeitsvertrag geschlossen. Es folgen die Mitteilungen an die Abteilung (Dienststelle), der der neue Mitarbeiter zugeordnet ist, an die Organisationsabteilung, die Lohn- bzw. Gehaltsabrechnungsstelle und die Sozialversicherungsträger sowie das Anlegen einer Personalakte.

3.2.1.4   Die Eingliederung

Die Eingliederung des neuen Mitarbeiters beginnt im Zeitpunkt der Arbeitsaufnahme (des Dienstantritts) und setzt sich im Wesentlichen aus drei Komponenten zusammen: der bereichsübergreifenden, der fachlichen und der sozialen Integration. Zweck der Eingliederung ist es, den Eingestellten mit den Gegebenheiten seines Arbeitsfeldes und seines Arbeitsumfeldes vertraut zu machen, geforderte Verfahrensweisen einzuüben, soziale Distanzen schrittweise abzubauen und die wechselseitig bestehenden Erwartungen abzuklären bzw. abzustimmen. Es geht letztlich darum, die Eingestellten möglichst schnell zu fachlich und sozial akzeptierten Organisationsmitgliedern werden zu lassen und damit der Gefahr einer vorzeitigen Beendigung des Beschäftigungsverhältnisses vorzubeugen (vgl. dazu die allgemein hohe **Fluktuationsrate** neu eingestellter Mitarbeiter).

Bei der **bereichsübergreifenden Eingliederung** steht die Information über das Unternehmen im Vordergrund. Gegenstände sind z. B. die Entwicklung der Unternehmung in der Vergangenheit, ihre Stellung in Wirtschaft und Gesellschaft, ihre Beziehungen zu in- und ausländischen Unternehmungen (Konzernzugehörigkeit), ihre Aufbauorganisation sowie bestehende bereichsübergreifende Regelungen, wie Führungsgrundsätze, Beurteilungssysteme, Entlohnungsverfahren, Betriebsordnungen und (sonstige) Betriebsvereinbarungen.

Die **fachliche (tätigkeitsbezogene) Eingliederung** betrifft die Einarbeitung in das übertragene, evtl. durch Stellenbeschreibung definierte Arbeitsgebiet, die Übernahme bestehender Qualitäts- und Quantitätsstandards, das Einüben bestimmter Arbeitstechniken und das Vertrautmachen mit der Leitungs-, Kommunikations- und Kooperationsstruktur der Abteilung. Als wirkungsvoll können sich in diesem Zusammenhang das Aufstellen und Befolgen eines Einarbeitungsplanes erweisen.

Im Rahmen der **sozialen Eingliederung** (betriebliche Sozialisation) geht es um die «Einpassung» neuer Arbeitskräfte in die bestehenden sozialen Interaktionssysteme der Organisation. Dieser Vorgang ist durchaus nicht ausschließlich und einseitig als Anpassung der neuen Mitarbeiter an die Bedingungen bestehender formeller und informeller Gruppen zu verstehen. Vielmehr verändert der Beitritt auch die Situation existierender Gruppen und kann gruppendynamische Prozesse initiieren, bei denen es letztlich für jeden Betroffenen darum geht, die Balance zwischen Selbstbewahrung (sog. Individuation) und Anpassung zu finden.

Abschließend sei darauf hingewiesen, dass es im Interesse sowohl des Betriebes als auch der neuen Mitarbeiter liegen dürfte, die Eingliederung nicht dem Zufall zu überlassen, sondern bewusst zu gestalten. Planvolles Vorgehen würde dabei nicht nur die Bereitstellung von Informationsmaterial und die Bestellung eines erfahrenen möglichst gleichrangigen Ansprechpartners (Betreuer, «Pate»), sondern auch einen zeitlich und inhaltlich vorstrukturierten Ablauf des Integrationsprozesses vorsehen.

3.2.2   Maßnahmen des Personaleinsatzes

Das **Einsatzproblem** schließt sachlogisch an die Lösung des Ausstattungsproblems an. Im Mittelpunkt steht die Übertragung von Aufgaben oder Stellen an die vorhandenen Arbeitskräfte bzw. Arbeitskräftegruppen. Dabei können bisher geltende Zuordnungen als Folge struktureller Veränderungen des Personalbedarfs oder der Personalausstattung aufgehoben und durch neue ersetzt werden, ein Vorgang, der sich im Zeitablauf häufig wiederholen kann.

Für den Fall, dass für die Aufgaben (bzw. Stellen) **Anforderungsprofile** und für die verfügbaren Arbeitskräfte **Fähigkeitsprofile** ermittelt worden sind, können zur Lösung des Zuordnungsproblems verschiedene Verfahren der Eignungsbeurteilung herangezogen werden:

1. **Cut-off-Methode:** Sie benutzt Trennwerte (z. B. zu erfüllende Mindestanforderungen) für die Eignung bzw. Nicht-Eignung von Personen
2. **Profilvergleichsmethode:** Sie arbeitet mit dem Maß an Ähnlichkeit zwischen Anforderungs- und Fähigkeitsprofil (Abweichungssumme oder euklidische Distanz).

Die Profilvergleichsmethode kann unter Einbeziehung von Gewichtungsfaktoren, die aus Validitätsuntersuchungen zum Zusammenhang zwischen Fähigkeitsmerkmal und Berufserfolg gewonnen werden, komfortabler ausgestaltet werden. Außerdem können Cut-off- und Profilvergleichsmethode miteinander kombiniert werden.

Sonderformen des Personaleinsatzes sind die Entsendung von Arbeitskräften zu Schulungsveranstaltungen und das Ausleihen von Arbeitskräften an andere Betriebe. Sie bilden Alternativen zum produktiven Einsatz von Personal im (eigenen) Betrieb.

3.2.3   Personaldisposition und Personalsegmentierung

Betrachtet man – wie dies bisher überwiegend geschehen ist – die Personaldisposition ausschließlich unter dem Blickwinkel der Faktorbereitstellung (s. Potenzialbereitstellung in Abb. 7.3), so erscheint das Personal als ein **Konglomerat menschlicher Produktionsfaktoren**, dessen Zusammensetzung und Verwendung im Prinzip jederzeit – allenfalls durch arbeitsrechtliche Bedingungen und solche des Arbeitsmarktes begrenzt – zur Disposition stehen. Wir möchten nicht ausschließen, dass eine solche Auffassung von Personalbereitstellung in der Praxis geteilt wird. Sie ist jedoch weder zwingend noch durchgängig. Eine geradezu **konträre Sichtweise** findet man – zumindest galt das in der Vergangenheit – in **japanischen Großunternehmen,** die ihren Stammarbeitskräften eine im Grundsatz lebenslange Anstellung «garantieren». Dabei wird das Personal wohl kaum als ein Konglomerat menschlicher Produktionsfaktoren, sondern eher als eine Arbeits-, Lebens- und Schicksalsgemeinschaft begriffen. Auch in **deutschen Unternehmungen** dürften Ansätze eines solchen Verständnisses nachweisbar sein. Die Unterscheidung zwischen einer bestandsstabilen **Stammbelegschaft** und einer bestandslabilen **Randbelegschaft,** die auf unterschiedliche normative Bedingungen personeller Verfügbarkeit hinweist, dürfte ein Indiz dafür darstellen.

Mit dem Begriff «**Stammbelegschaft**» verbindet sich die Vorstellung eines personellen Ressourcenpools, den es auch über krisenhafte Entwicklungen hinweg zu erhalten gilt und der nur im Ernstfall einer existentiellen Gefährdung, z. B. durch nachhaltigen Beschäftigungsrückgang, von Reduktion – und dann möglichst durch Nichtersetzung ausscheidender Mitarbeiter – bedroht ist. Statt dessen konzentrieren sich die Bemühungen darauf, dieses Potenzial zu erneuern, weiterzuentwickeln und – unter der Voraussetzung dauerhafter Beschäftigungsmöglichkeiten – auch zu ergänzen. Dabei erscheint es angesichts der hohen Bestandsstabilität plausibel, dass auf das Stammpersonal bezogene Personalaktivitäten eine spezielle Ausrichtung auf Strukturaspekte, wie Altersaufbau, Vielseitigkeit und Entwicklungsfähigkeit des Personals, erfahren. Die Kontrolle des **Altersaufbaus** dient vornehmlich der Sicherung einer kontinuierlichen «natürlichen» Regeneration des Pools, der Verhinderung von Überalterung bzw. «Überjüngung» der Stammbelegschaft und damit der Erhaltung von Aufstiegschancen für den Nachwuchs. Demgegenüber zielt die Betonung der Vielseitigkeit des Personals darauf, oszillativen Strukturveränderungen im Personalbedarf mit Zuordnungsentscheidungen zu begegnen (Abkoppelung der Personalausstattungsentwicklung von der Personalbedarfsentwicklung), während trendmäßige Strukturverschiebungen durch Anpassung der Qualifikationsstruktur und damit durch Ausnutzung des Entwicklungspotenzials der Mitarbeiter aufgefangen werden.

Dagegen dürfte die Vorstellung vom Personal als einem **Konglomerat menschlicher Produktionsfaktoren** häufig auf die im Vergleich zur Stammbelegschaft unterprivilegierte **Randbelegschaft** zutreffen. Für sie gelten häufig vergleichsweise schlechtere Beschäftigungs-, Arbeits- und Entgeltbedingungen. Demografisch betrachtet sind in der Randbelegschaft u. a. gering qualifizierte, jugendliche und ausländische Arbeitskräfte unverhältnismäßig stark vertreten. Sie bildet gleichsam die Manövriermasse für quantitative Anpassungen der Personalausstattung an Veränderungen des Personalbedarfs.

Konfrontiert man die Kategorien Stamm- und Randbelegschaft mit den folgenden **vier Kriterien** zur Beurteilung existierender Personalausstattungen:

- Plastizität im Sinne von Formbarkeit von Personalausstattungen bezüglich ihres Niveaus und ihrer (z. B. qualifikatorischen) Struktur

- Persistenz im Sinne von Beständigkeit von Personalausstattungen bezüglich ihres Umfangs und ihrer Zusammensetzung
- Flexibilität im Sinne von Anpassbarkeit von Personalausstattungen in funktionaler, temporaler und lokaler Hinsicht und
- Konsistenz im Sinne von Stimmigkeit z. B. der Qualifikationen (Komplementarität), der Interessen (Kompatibilität) und der Charaktere innerhalb einer Personalausstattung,

so wird man deutliche Unterschiede feststellen können: Stammbelegschaften zeichnen sich im Vergleich zu Randbelegschaften z. B. durch eine relativ niedrige Niveau- und eine relativ hohe Strukturplastizität sowie durch eine relativ hohe Niveau- und eine relativ niedrige Strukturpersistenz aus. Mitglieder der Stammbelegschaft dürften auch zu höherer Flexibilität in funktionaler, temporaler und lokaler Hinsicht bereit sein als Angehörige der Randbelegschaft. Außerdem wird bereits in der Rekrutierungsphase der Stimmigkeit von Qualifikationen, Interessen und Charakteren (Konsistenz) bei potenziellen Mitgliedern der Stammbelegschaft mehr Bedeutung beigemessen als bei Angehörigen der Randbelegschaft (Kossbiel [Ökonomische Legitimierbarkeit] 19 ff.).

Die seit langem bekannte Differenzierung der Personalausstattung einer Unternehmung in eine Stamm- und eine Randbelegschaft (ev. ergänzt um eine Übergangsbelegschaft; vgl. Flohr [Fungibilität und Elastizität] 405 ff.) wird in der neueren Arbeitsmarkttheorie faktisch über die Aufspaltung des Arbeitsmarktes in ein internes und ein externes Segment rekonstruiert. Dabei darf die Unterscheidung zwischen dem internen und externen Arbeitsmarkt nicht verwechselt werden mit der im betriebswirtschaftlichen Schrifttum üblichen Trennung zwischen dem betriebsinternen und dem betriebsexternen Arbeitsmarkt. Während die erste Unterscheidung an dem Kriterium «Geltung spezifischer institutioneller Beschäftigungs- und Entlohnungsbedingungen» festgemacht wird, orientiert sich die zweite Unterscheidung an dem viel einfacheren Kriterium «Betriebszugehörigkeit». Das Verhältnis der beiden Begriffspaare lässt sich grafisch wie folgt verdeutlichen:

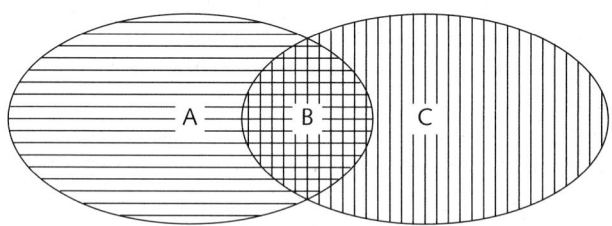

Legende:
A: = interner Arbeitsmarkt = Stammbelegschaft (horizontal schraffiert)
B: = Randbelegschaft (doppelt schraffiert)
C: = betriebsexterner Arbeitsmarkt (vertikal schraffiert)
A + B: = betriebsinterner Arbeitsmarkt
B + C: = externer Arbeitsmarkt
A + (B + C) = (A + B) + C = A + B + C: = Gesamtarbeitsmarkt aus der Sicht eines Betriebes

Während für den externen Arbeitsmarkt (annähernd) neoklassische Bedingungen (der Lohnmechanismus als einziger Allokationsmechanismus) unterstellt werden, gelten für den **internen Arbeitsmarkt** eine Reihe institutioneller, d. h. nicht-marktlicher **Regelungen** (Alewell [Interne Arbeitsmärkte] 4 f.):

- «Die Arbeitsplätze sind in eine Arbeitsplatzhierarchie eingebunden».
- «An der Basis der Arbeitsplatzhierarchie befinden sich sog. Eintrittspositionen» (einziger Zugang vom externen zum internen Arbeitsmarkt).
- «Diese Einstiegspositionen sind durch sog. Aufstiegsketten/Aufstiegsleitern mit den hierarchisch darüber angesiedelten Arbeitsplätzen verbunden» (Unterscheidung: aufgabenkontinuierliche und aufgabendiskontinuierliche Aufstiegsketten).
- Aufstiegsketten/Aufstiegsleitern sind typische Reihenfolgen von Arbeitsplätzen im Sinne von Karrierepfaden.
- «Die Besetzung freiwerdender Arbeitsplätze auf höheren Hierarchieebenen erfolgt ... (ausschließlich) durch eine Beförderung ... entlang der Aufstiegsketten»
- Als Beförderungskriterien gelten: Seniorität und/oder Leistung
- «Löhne (sind) an die Arbeitsplätze gekoppelt» (z. B. durch Anforderungslöhne) und «nicht an die individuelle Leistung»; sie sind von externen Lohnbewegungen weitgehend abgekoppelt»
- Je höher die Hierarchieebene eines Arbeitsplatzes, umso höher der gezahlte Lohn
- Es gilt «das (implizite) arbeitgeberseitige Angebot zur langfristigen Beschäftigung des einzelnen Arbeitnehmers»

Die Bedeutung interner Arbeitsmärkte, die die Stammbelegschaften von Betrieben von den Entwicklungen des Marktes für die übrigen Arbeitsanbieter abschotten, liegt vor allem darin begründet, dass sie ein Beschäftigungsdesign repräsentieren, das Arbeitnehmer und Arbeitgeber wechselseitig vor den möglichen Folgen asymmetrischer Informationsverteilung, insbesondere vor Moral hazard- und Hold up-Problemen schützt (Alewell [Interne Arbeitsmärkte] 105 ff.). Beide Seiten sind an möglichst langfristigen Beschäftigungsverhältnissen interessiert.

Nachdem der Blick bisher fast ausschließlich auf den Betrieb bzw. auf die für diesen handelnden Personen gerichtet worden ist, wollen wir ihn abschließend kurz auf die durch die Personaldispositionen angesprochenen bzw. betroffenen **Personen** lenken. Eine solche Ausweitung des Gesichtsfeldes ist personalwirtschaftlich allein schon deshalb sinnvoll, weil alle angesprochenen Personaldispositionen nur über ein Tun oder duldendes Unterlassen der Adressaten ihre angestrebte Wirkung erzielen. Sofern und soweit dieses Tun oder Unterlassen nicht erzwungen werden kann oder soll, sondern der freien (wenngleich beeinflussbaren) Entscheidung bzw. dem Einverständnis der Betroffenen anheimgestellt ist, kann sich die Annahme, die Betroffenen verhielten sich schon so, wie es von ihnen erwartet wird, als trügerisch erweisen. Bei der Mehrzahl der Personaldispositionen geht es deshalb ganz entscheidend darum, die Betroffenen für diese Maßnahmen zu gewinnen. Dies setzt voraus, dass man ihre Interessenlage und Einstellungen richtig einschätzt und durch «werbende» Aktivitäten ihr Interesse zu wecken bzw. ihr Einverständnis zu erlangen versucht. Insofern sind viele Personaldispositionen bis zu einem gewissen Grade **Maßnahmen der sozialen Beeinflussung** oder von solchen begleitet.

Diese Aspekte werden sowohl im internen als auch im externen Personalmarketing (zur Unterscheidung der beiden Formen vgl. Rastetter [Personalmarketing] 111 ff.) besonders betont. Beide repräsentieren weniger Bündel konkreter Personalstrategien als vielmehr eine bestimmte Denkhaltung beim Umgang mit aktuellen und potenziellen Mitarbeitern. Ähnlich wie ein Anbieter von Produkten – insbesondere in Käufermarktsituationen – gut daran tut, auf die Bedürfnisse und Vorstellungen seiner Kunden einzugehen, so sollte auch der Arbeitgeber als Anbieter von Arbeitsplätzen auf die Bedürfnisse und Vorstellungen seiner Mitarbeiter Rücksicht nehmen (Rastetter [Personalmarketing] 105). Im günstigsten Fall kann es darum gehen, von Maßnahmen der Personaldisposition (passiv) Betroffene zu (aktiv) Beteiligten, ja sogar zu Verbündeten zu machen (Rastetter [Personalmarketing] 107).

Diese Grundgedanken sind natürlich alles andere als neu und finden z. B. in der Führungsstildimension «Mitarbeiterorientierung» eine Entsprechung im Rahmen der Personalverhaltensbeeinflussung (vgl. Abschnitt 4.3). Letztlich geht es auch dort nicht primär um die Verwirklichung einer humanistischen Grundeinstellung, sondern um ökonomische Vernunft unter Beachtung wahrgenommener Bedürfnisse und Einstellungen aktueller bzw. potenzieller Mitarbeiter (Staude [Strategisches Personalmarketing] 177).

3.3   Die Planung der Personaldisposition

Der knapp bemessene Rahmen dieser Einführung verlangt es, nur kurz auf die vielfältigen Bemühungen einzugehen, die in den letzten dreißig Jahren unternommen worden sind, um das lange Zeit vernachlässigte Gebiet der Personalplanung aufzubereiten. Dabei gehen wir davon aus, dass im Rahmen der Personalplanung die beiden bisher vorgestellten Problemfelder «Personalbedarf» und «Personaldisposition» miteinander abgestimmt werden.

> Spaltet man das Problemfeld «Personaldisposition» auf in «Personalausstattung» und «Personaleinsatz», so kann man die **Aufgabe der Personalplanung** darin sehen, den Personalbedarf, den Personaleinsatz und die Personalausstattung unter Beachtung der für den Personalsektor geltenden Restriktionen und der zwischen dem Personalsektor und den übrigen Funktionsbereichen einer Organisation bestehenden Interdependenz optimal i. S. der betrieblichen Ziele aufeinander abzustimmen.

Abb. 7.5 enthält eine Zusammenstellung der Modelle zur Personalplanung. Da in der Wirtschaftspraxis – abweichend von unserer Terminologie – auch die Verwen-

Modelltypus		Problembereich der Personalplanung	P-Bereitstellung	
		P-Bedarf [PB]	P-Einsatz [PE]	P-Austattung [PA]
Ermittlungsmodelle	Berechnungsmodelle	1. Grundformen 2. Varianten	[keine besonderen Verfahren]	Personalskontration
	Schätzmodelle	1. Trendextrapolation 2. Analogieschluss 3. Indikatormethode 4. Expertenurteil	[keine besonderen Verfahren]	Markoff-Ketten-Modelle Erneuerungstheoretische Modelle
		S i m u l a t i o n s v e r f a h r e n		
Entscheidungsmodelle	Reine Personaleinsatzplanung $\{\overline{PB}, \overline{PA}, PE\}$		1. Heuristische Verfahren 2. Optimierungsverfahren	
	Reine Personalbereitstellungsplanung $\{\overline{PB}, PA, PE\}$		1. Grundmodelle 2. Varianten: Poolingmodelle Hiring-Firing-Modelle	
	Reine Personalverwendungsplanung $\{PB, \overline{PA}, PE\}$	[Bisher ziemlich vernachlässigtes Gebiet der Personalplanung]		
	Simultane Personalplanung $\{PB, PA, PE\}$	1. Simultane Personal- und Produktionsplanung 2. Simultane Personal- und Investitionsplanung 3. Simultane Personal- und Organisationsplanung		

Abbildung 7.5: Modelle zur Personalplanung

dung reiner Ermittlungsmodelle zur Personalplanung gerechnet wird, sind diese miterfasst. Im Einzelnen ist Abb. 7.5 wie folgt zu interpretieren: In der Kopfspalte sind die verschiedenen Modelltypen, gruppiert nach **Ermittlungsmodellen** einerseits und nach **Entscheidungsmodellen** andererseits, aufgeführt, während in der Kopfzeile die bereits angesprochenen Problembereiche der Personalplanung angeordnet sind.

Bei den Ermittlungsmodellen unterscheiden wir zwischen **Berechnungsmodellen,** die explizit auf quantifizierbare Determinanten der zu ermittelnden Größen Bezug nehmen, und **Schätzmodellen,** die i. d. R. auf Projektionen von Entwicklungen und korrelativen Zusammenhängen beruhen, die in der Vergangenheit für die zu ermittelnden Größen (statistisch) festgestellt worden sind.

In Wissenschaft und Praxis ist vor allem für den Bereich «**Personalbedarf**» eine Fülle von Verfahren zur Berechnung bzw. Schätzung entwickelt worden. Im Bereich «**Personalausstattung**» bedient man sich meist nur der Skontration (Berechnung) und der *Markoff*-Ketten-Modelle (Schätzung). Mit Hilfe von Simulationsmodellen können die personellen Wirkungen verschiedener Datenkonstellationen systematisch untersucht werden.

Entscheidungsmodelle werden nach unterschiedlichen Datensituationen differenziert. So sind **reine Personaleinsatzmodelle** dadurch gekennzeichnet, dass Personalbedarf und -ausstattung als gegeben betrachtet werden, während der Personaleinsatz zur Diskussion steht. Zur Lösung derartiger Probleme sind sowohl **heuristische** als auch **optimierende** Verfahren geeignet. Ist lediglich der (im Zeitablauf schwankende) Personalbedarf gegeben, so kommen **reine Personalbereitstellungsmodelle** zum Zuge, die eine Entscheidung über die Personalausstattung und den Personaleinsatz ermöglichen sollen. Die dafür in Frage kommenden Modelle, insbesondere die Pooling- und Hire-Fire-Modelle, basieren auf Unterschieden in der Personalbereitstellungspolitik. Bei **reinen Personalverwendungsmodellen** wird die Personalausstattungsentwicklung als bekannt vorausgesetzt. Möglicher Hintergrund könnte eine Rezession sein, in der das Unternehmen seine Personalausstattung nicht weiter reduzieren will (oder kann). Denkbar ist aber auch eine Situation, in der das Unternehmen seine Personalausstattung wegen absoluter Arbeitskräfteknappheit (gegenwärtig z. B. in der IT-Branche) nicht ausdehnen kann, obwohl es das möchte. Das zu lösende Problem besteht darin, Einsatzmöglichkeiten (Personalbedarf) zu finden bzw. auszuwählen und dem vorhandenen Personal konkrete Aufgaben zuzuordnen. Diese Modellklasse wird in der Literatur relativ selten behandelt, möglicherweise deshalb, weil sie auf einer Umkehrung der gewohnten Denkrichtung beruht: Verwendung eines verfügbaren Personalpotenzials statt Deckung eines Personalbedarfs. Demgegenüber sind **simultane Personalplanungsmodelle,** bei denen sämtliche Teilbereiche der Personalplanung aufeinander einzuregulieren sind, im Schrifttum weit verbreitet. Die eigentliche Personalplanung erfolgt dabei in Anbindung an eine Produktions-, Investitions- oder Organisationsplanung.

Zur weiteren Verdeutlichung stellen wir im Folgenden **vier Grundmodelle der Personalplanung** vor, die den Übergang von der reinen Personaleinsatzplanung zur simultanen Optimierung aller drei Teilbereiche der Personalplanung zeigen sollen:[1]

(1) Modelle der reinen Personaleinsatzplanung $\{\overline{PB}, \overline{PA}, PE\}$

Gegeben seien

a) eine Anzahl zu besetzender Stellen, die nach ihren Anforderungsprofilen q (q = 1, 2, ..., Q) gruppiert sind. Der gegebene Personalbedarf für Stellen der Art q wird mit $\overline{PB}_q$ bezeichnet.

b) eine Anzahl verfügbarer Arbeitskräfte, die nach ihren Fähigkeitsprofilen r (r = 1, 2, ..., R) gruppiert sind. Die gegebene Ausstattung mit Arbeitskräften der Art r wird mit $\overline{PA}_r$ bezeichnet.

Bekannt seien außerdem der Grad an Eignung (oder Neigung) e_{rq} von Arbeitskräften der Art r für (zu) Stellen der Art q. Gesucht ist eine Zuordnung der Arbeitskräfte zu den Stellen derart, dass die Summe der durch die Zuordnung «realisierbaren» Eignungsgrade (Neigungsgrade) maximiert (bzw. – je nach Art der Definition von e_{rq} – minimiert) wird. Der Ansatz lässt sich, unter Verwendung der Variablen PE_{rq} als Anzahl an Arbeitskräften der Art r, die bei Tätigkeiten der Art q eingesetzt werden, wie folgt formulieren:

Zielfunktion

$$\sum_r \sum_q e_{rq} PE_{rq} \rightarrow max \text{ (bzw. min)}$$

Nebenbedingungen

(1) $\qquad \sum_r PE_{rq} = \overline{PB}_q \qquad \forall\, q$

(2) $\qquad \sum_q PE_{rq} \leqq \overline{PA}_r \qquad \forall\, r$

(3) $\qquad PE_{rq} \geqq 0 \text{ und ganzzahlig} \qquad \forall\, r,q.$

Notwendige Bedingung für eine zulässige Lösung des Problems ist, dass insgesamt nicht weniger Arbeitskräfte verfügbar als Stellen zu besetzen sind:

$$\sum_r \overline{PA}_r \geqq \sum_q \overline{PB}_q$$

Dies folgt aus (1) und (2); denn:

$$\underset{(2)}{\sum_r \overline{PA}_r} \geqq \sum_r \sum_q PE_{rq} = \sum_q \sum_r PE_{rq} = \underset{(1)}{\sum_q \overline{PB}_q}.$$

---

[1] Vgl. das Symbolverzeichnis auf S. 515

Die **Bestimmung der** (voneinander unabhängigen!) **Eignungskoeffizienten** e_{rq} (vgl. dazu Abschnitt 3.2.1.2) kann als das eigentliche Problem der vorgestellten Personaleinsatzplanungsmodelle bezeichnet werden. Es vereinfacht sich erheblich, wenn nicht differenzierte Eignungsgrade, sondern lediglich Eignung und Nichteignung unterschieden werden, d. h. wenn e_{rq} nur folgende Ausprägungen annehmen kann:

$$e_{rq} = \begin{cases} 1, \text{ wenn Arbeitskräfte der Art r geeignet sind, Stellen der Art q} \\ \text{zu übernehmen,} \\ 0 \text{ sonst.} \end{cases}$$

Soll ausgeschlossen sein, dass Arbeitskräfte Stellen übernehmen, für die sie ungeeignet sind ($e_{rq} = 0$), so hat das Personaleinsatzplanungsproblem nur dann eine – in diesem Sinne – zulässige Lösung, wenn für jede beliebige Zusammenfassung des Personalbedarfs $\overline{PB}_q$ ausreichend viele geeignete Arbeitskräfte zur Verfügung stehen. Bei Erfüllung dieser Bedingungen nimmt die Zielfunktion ihren maximal möglichen Wert, nämlich $\sum_q \overline{PB}_q$, an, da dann jeder vorhandene Arbeitsplatz durch eine Arbeitskraft besetzt ist. In einem solchen Fall bedürfte es zur Lösung des Einsatzplanungsproblems keines LP-Ansatzes; es würde genügen, das folgende inhomogene lineare Gleichungssystem zu lösen:

(*) (1′) $\sum_r e_{rq} PE_{rq} = \overline{PB}_q \qquad \forall\, q$

(2′) $\sum_q e_{rq} PE_{rq} + y_r = \overline{PA}_q \qquad \forall\, r.$

Dabei fungiert y_r als eine Art Schlupfvariable.

Zur Vorbereitung der nachfolgenden Modelle, die sämtlich hinsichtlich der Arbeitseignung auf der Dichotomie «geeignet»/«nicht geeignet» basieren, formulieren wir (*) wie folgt um. Es seien:

$Q_r = \{q \in \underline{Q} \mid e_{rq} = 1\} =.$ Verwendungsspektrum von Arbeitskräften der Art r

$R_q = \{r \in \underline{R} \mid e_{rq} = 1\} =.$ Bereitstellungsspektrum für Stellen der Art q

Dann kann geschrieben werden:

(**) (1″) $\sum_{r \in R_q} PE_{rq} = \overline{PB}_q \qquad \forall\, q$

(2″) $\sum_{r \in Q_r} PE_{rq} + y_r = \overline{PA}_r \qquad \forall\, r.$

In den später zu behandelnden Ansätzen schreiben wir statt (2″):

$$\sum_{r \in Q_r} PE_{rq} \leqq \overline{PA}_r \qquad \forall\, r.$$

(2) Modelle der reinen Personalbereitstellungsplanung $\{\overline{PB}, PA, PE\}$

Im Gegensatz zur reinen Personaleinsatzplanung ist die Ausstattung des Betriebes mit Arbeitskräften der Art r bei Modellen der reinen Personalbereitstellungsplanung kein Datum, sondern eine für jede Teilperiode t zu bestimmende Variable (PA_{rt}). Sie verändert sich – so sei vereinfachend angenommen – nur durch Einstellung (PH_{rt}) und Entlassung (PF_{rt}); die Berücksichtigung von Schulung, Versetzung, Beförderung, Eigen-Kündigung von Arbeitnehmern u. ä. ist damit ausgeschlossen. Es soll also gelten:

$$PA_{rt} = \overline{PA}_r^o + \sum_{\tau=1}^{t} (PH_{rt} - PF_{rt}) \ \forall \ r,t.$$

Dabei bezeichnet $\overline{PA}_r^o$ die Personalanfangsausstattung.

Gegeben ist nach wie vor der Personalbedarf – hier differenziert nach Zeitabschnitten t. Gesucht sind die Personalausstattung und der Personaleinsatz (Personalbereitstellung), die den im Zeitablauf veränderlichen Personalbedarf personalkostenminimal decken. Der Ansatz lautet wie folgt:

Zielfunktion[1]

$$\sum_{t=1}^{T} \left\{ \sum_{r=1}^{R} \left[\left(h_{rt} + \sum_{\tau=1}^{T} g_{rt} \right) PH_{rt} + \left(f_{rt} - \sum_{\tau=1}^{T} g_{rt} \right) PF_{rt} \right] + \right.$$

Personalkostenveränderung durch Einstellungen und Entlassungen

$$\left. + \sum_{q} \tilde{g}_{qt} PBU_{qt} - \sum_{r} \hat{g}_{rt} PAO_{rt} \right\} \rightarrow min$$

Unterdeckungs- Überausstattungs-
kosten   erträge

Nebenbedingungen

(1) $\displaystyle\sum_{r \in R_q} PE_{rqt} + PBU_{qt} = \overline{PB}_{qt} \qquad \forall \ q,t$

(2)[2] $\displaystyle\sum_{q \in Q_r} PE_{rqt} + PAO_{rt} - \sum_{\tau=1}^{t} (PH_{rt} - PF_{rt}) \leqq \overline{PA}_r^o \qquad \forall \ r,t$

(3) $PE_{rqt}, PH_{rt}, PF_{rt}, PBU_{qt}, PAO_{rt} \geqq 0$ und ganzzahlig $\forall \ r,q,t$

(4) eventuelle Ober- und Untergrenzen für die Variablen PH_{rt}, PF_{rt}, PBU_{qt}, PAO_{rt}.

---

[1] Die Berücksichtigung von Personalkosten für die Anfangsausstattung in der Zielfunktion ist nicht erforderlich, da $\sum_t g_{rt}\overline{PA}_r^o$ eine konstante Größe ist.

Für Unterdeckung des Personalbedarfs und Überausstattung mit Personal wird nur je eine Art von Konsequenz für den Zielfunktionswert unterstellt.

[2] Wenn PAO_{rt} nicht nach oben beschränkt und $\hat{g}_{rt} \geqq 0 \ \forall \ r,t$ sind, kann in (2) statt des Zeichens $\leqq$ das Zeichen = gesetzt werden.

Bemerkungen

(a) Für T = 1 geht das Modell in ein statisches Einperiodenmodell über.

(b) Eine Unterklasse der Modelle der reinen Personalbereitstellungsplanung sind die sog. **Pooling-Modelle.** Sie sind dadurch gekennzeichnet, dass nur zu Beginn der Planungsperiode eine Justierung der Personalausstattung vorgenommen werden kann; es gelten also PH_{rt}, $PF_{rt} = 0$ ∀ r und t = 2, 3, …, T. Zu dieser Unterklasse werden in der Literatur zahlreiche Varianten behandelt mit speziellen Annahmen bezüglich einzelner Zielfunktionskoeffizienten (z. B. Null oder konstant über die Zeit), bezüglich der Daten (z. B. stochastischer Personalbedarf) und bezüglich einzelner Variablen (z. B. Ausschluss von Entlassungen). Vielfach erfahren einzelne Variablen auch eine spezielle Interpretation (z. B. PBU_{qt} als in Arbeitskräfte umgerechneter Überstundenbedarf). Durch Einführung von Koeffizienten für geplante Anwesenheit und Abwesenheit in die Nebenbedingungen kann auch das Problem der Schichtplanung als Pooling-Modell formuliert werden.

(c) Eine weitere Unterklasse bilden die sog. **Hiring-Firing-Modelle,** bei denen Unterdeckung des Personalbedarfs ausgeschlossen ist ($PBU_{qt} = 0$ ∀ q,t) und überschüssige Arbeitskräfte nicht anderweitig eingesetzt werden können ($\hat{g}_{rt} = 0$ ∀ r,t). Aus der Zielfunktion und den Nebenbedingungen können somit alle PBU_{qt}- und PAO_{rt}-Terme eliminiert werden.

(3) Modelle der reinen Personalverwendungsplanung {PB, $\overline{PA}$, PE}

Im Vergleich zur reinen Personaleinsatzplanung ist der Bedarf des Betriebes an Arbeitskräften für Tätigkeiten der Art q (q = 1, 2, …, Q) bei Modellen der reinen Personalverwendungsplanung keine gegebene, sondern eine gesuchte Größe (PB_{qt}). Der Einfachheit halber wird im Folgenden angenommen, dass sich der Personalbedarf PB_{qt} ausschließlich über die (bekannten) Arbeitsbedarfskoeffizienten

$$a_{qj} \left[\frac{\text{Arbeitskräfte} \times \text{Perioden}}{\text{Prozessdurchführungen}} \right]$$

und die (gesuchten) Niveaus der Produktionsprozesse

$$x_{jt} \left[\frac{\text{Prozessdurchführungen}}{\text{Perioden}} \right]$$

ermitteln lässt. Es soll also gelten:

$$PB_{qt} = \sum_j a_{qj} x_{jt}.$$

Der Personalbedarf anderer Unternehmensbereiche wird somit vernachlässigt. Gegeben ist die Entwicklung der Personalausstattung PA_{rt}, gesucht eine Verwendung des verfügbaren Personals (Einsatzmöglichkeiten und entsprechende Personalzuordnung), die den Gewinn des Unternehmens maximiert. Das **Grundmodell** kann folgendermaßen formuliert werden:

Zielfunktion[1]

$$\sum_{t=1}^{T} \left[\sum_{i=1}^{I} p_{it}v_{it} - \sum_{j=1}^{J'} k_{jt}x_{jt} - \sum_{i=1}^{I} l_{it}m_{it} + \sum_{j=J'+1}^{J} d_{jt}x_{jt} \right] \to \max.$$

Verkaufs- erlöse	Produk- tionskosten (ausge- nommen Personal- kosten)	Lager- kosten	Deckungsbeiträge von «Füllarbeiten»

Nebenbedingungen

(1) $$\sum_{j} a_{qj}x_{jt} - \sum_{r \in R_q} PE_{rqt} = 0 \qquad \forall \; q,t$$

(2) $$\sum_{q \in Q_r} PE_{rqt} \leqq \overline{PA}_{rt} \qquad \forall \; r,t$$

(3) $$m_{it} - \left[\sum_{\tau=1}^{t-1} \left(\sum_{j=1}^{J'} c_{ij}x_{j\tau} \right) - v_{i\tau} \right] - \frac{1}{2} \left[\left(\sum_{j=1}^{J'} c_{ij}x_{jt} \right) - v_{it} \right] = \bar{m}_i^{\,o} \qquad \forall \; i,t$$

kumulierte Lager-   durchschnittliche Lageränderungen
änderungen bis t−1   in Periode t

(4) $$v_{it}, \; x_{jt}, \; m_{it}, \; PE_{rqt} \geqq 0 \qquad \forall \; i,j,r,q,t$$

(5) Unter- bzw. Obergrenzen für v_{it}, x_{jt}, m_{it}; insbesondere für x_{jt} ($j = J'+1$, $J'+2, \ldots, J$), z. B.

$$\sum_{\tau=1}^{t} x_{j\tau} \leqq \bar{X}_{jt} \qquad \forall \; t.$$

Bemerkungen

(a) Für T = 1 geht das Modell in ein statisches Einperiodenmodell über.

(b) Typisch für dieses Modell sind:

1. Nichtberücksichtigung von Personalkosten, da

$$\sum_{t=1}^{t} g_{rt}\overline{PA}_{rt}$$

konstant ist (Voraussetzung: Zeitlohn) sowie Einstellungs- und Entlassungskosten entweder nicht anfallen oder entscheidungsunabhängig sind [$\overline{PA}_{rt}$(!)];

---

[1] In die Zielfunktion ist eine Gruppe von Aktivitäten j = J' + 1, ..., J aufgenommen, die nicht der Herstellung von marktfähigen Gütern dienen, sondern Einsatzmöglichkeiten des Personals bezeichnen (z. B. üblicherweise fremd vergebene Arbeiten), die wegen der Nichtberücksichtigung der Personalkosten einen positiven Deckungsbeitrag (Kosteneinsparungen) erzielen. Diese Aktivitäten haben eine gewisse Ähnlichkeit mit den anderweitigen Einsätzen überschüssiger Arbeitskräfte bei den Modellen der reinen Personalbereitstellung.

2. Berücksichtigung von Aktivitäten zur Erstellung von Marktleistungen **und** innerbetrieblichen Leistungen, die nur deshalb einen positiven Deckungsbeitrag erzielen und damit durchgeführt werden, weil die Personalausstattung vorgegeben und damit die Personalkosten fixiert sind.

(4) Modelle der simultanen Personalplanung {PB, PA, PE}

Modelle dieses Typs unterscheiden sich von den bisher behandelten dadurch, dass nicht nur der Personaleinsatz, sondern auch die Personalausstattung und der Personalbedarf gesuchte Größen sind. Das Grundmodell, ein Modell zur simultanen Personal- und Produktionsprogrammplanung, kann wie folgt formuliert werden:

Zielfunktion

$$\sum_{t=1}^{T} \left\{ \sum_{i=1}^{I} p_{it}v_{it} - \sum_{j=1}^{J} k_{jt}x_{jt} - \sum_{i=1}^{I} l_{it}m_{it} - \right.$$

$$\left. - \sum_{r} \left[\left(h_{rt} + \sum_{\tau=1}^{T} g_{r\tau} \right) PH_{rt} + \left(f_{rt} - \sum_{\tau=1}^{T} g_{r\tau} \right) PF_{rt} \right] \right\} \to \max.$$

Nebenbedingungen

(1) $\quad \sum\limits_{j} a_{qj}x_{jt} - \sum\limits_{r \in R_q} PE_{rqt} = 0 \qquad \forall\ q,t$

(2) $\quad \sum\limits_{q \in Q_r} PE_{rqt} - \sum\limits_{\tau=1}^{t} (PH_{r\tau} - PF_{r\tau}) \leqq \overline{PA_r^o} \qquad \forall\ r,t$

(3) $\quad m_{it} - \left[\sum\limits_{\tau=1}^{t-1} \left(\sum\limits_{j=1}^{J} c_{ij}x_{j\tau} \right) - v_{i\tau} \right] - \frac{1}{2} \left[\left(\sum\limits_{j=1}^{J} c_{ij}x_{jt} \right) - v_{it} \right] = \bar{m}_i^o \qquad \forall\ i,t$

(4) $\quad v_{it},\ x_{jt},\ m_{it},\ PH_{rt},\ PF_{rt},\ PE_{rqt} \geqq 0 \qquad \forall\ i,j,r,q,t$

(5) $\quad$ Unter- bzw. Obergrenzen für v_{it}, x_{jt}, m_{it}, PH_{rt}, PF_{rt}.

Bemerkungen

(a) Für $T = 1$ geht das Modell in ein statisches Einperiodenmodell über.

(b) Gilt $v_{it} = \bar{v}_{it}$ $\forall$ i,t, d.h., besteht ein fest vorgegebenes Auslieferungsprogramm, so ist

$$\sum_{t=1}^{T} \sum_{i=1}^{I} p_{it}\bar{v}_{it}$$

eine konstante Größe, die aus der Zielfunktion eliminiert werden kann. Der Ansatz fällt in den Bereich der Produktionsglättungsmodelle mit Kostenminimierung als Zielsetzung.

(c) Das Grundmodell der simultanen Produktions- und Personalplanung ist leicht so abzuwandeln, dass es auch für die simultane Investitions- und Personalplanung herangezogen werden kann. Auch lassen sich Ergänzungen vornehmen, um Schulung, Versetzung, Fluktuation, Absentismus und spontane Lernprozesse der Arbeitskräfte zu berücksichtigen.

Symbolverzeichnis

(1) **Indices und Indexmengen**

j	$= 1, 2, ..., J$	(Produktionsprozessindex)
i	$= 1, 2, ..., I$	(Produktindex)
t	$= 1, 2, ..., T$	(Periodenindex)
τ	$= 1, 2, ..., T$	(Ersatzindex für t)
r	$= 1, 2, ..., R$	(Fähigkeitsprofilindex)
q	$= 1, 2, ..., Q$	(Anforderungsprofilindex)
$\underline{R}$	$= \{1, 2, ..., R\}$	
$\underline{Q}$	$= \{1, 2, ..., Q\}$	
$\underline{\underline{\tilde{Q}}}$	$\subseteq \underline{Q}$	
$\mathfrak{P}(\underline{Q}).$	$=$ Potenzmenge über $\underline{Q}$	
$\phi.$	$=$ leere Menge	
$Q_{r}.$	$= \{q \in \underline{Q} \mid e_{rq} = 1\}$	
$R_{q}.$	$= \{r \in \underline{R} \mid e_{rq} = 1\}$	

(2) **Variablen**

$PA_r[PA_{rt}].$	$=$ Zahl der verfügbaren Arbeitskräfte der Art r (in Periode t) $\in \mathbb{N}_o$ (Personalausstattung)	
$PB_q[PB_{qt}].$	$=$ Zahl der benötigten Arbeitskräfte für Tätigkeiten der Art q (in Periode t) $\in \mathbb{N}_o$ (Personalbedarf)	
$PE_{rq}[PE_{rqt}].$	$=$ Zahl der Arbeitskräfte der Art r, die bei Tätigkeiten der Art q eingesetzt werden (in Periode t) $\in \mathbb{N}_o$	
$PH_r[PH_{rt}].$	$=$ Zahl der einzustellenden Arbeitskräfte der Art r (in Periode t) $\in \mathbb{N}_o$	
$PF_r[PF_{rt}].$	$=$ Zahl der zu entlassenden Arbeitskräfte der Art r (in Periode t) $\in \mathbb{N}_o$	
$PBU_q[PBU_{qt}].$	$=$ Personalbedarfsunterdeckung der Art q (in Periode t) $\in \mathbb{N}_o$	
$PAO_r[PAO_{rt}].$	$=$ Personalüberausstattung der Art r (in Periode t) $\in \mathbb{N}_o$	
$x_j[x_{jt}].$	$=$ Niveau des Prozesses j (in Periode t) $\in \mathbb{R}^+$	
$v_i[v_{it}].$	$=$ Absatzmenge des Produktes i (in Periode t) $\in \mathbb{R}^+$	
$m_i[m_{it}].$	$=$ durchschnittliche Lagermenge des Produktes i (in Periode t) $\in \mathbb{R}^+$	
$y_r.$	$=$ Schlupfvariable (Scheintätigkeit von Arbeitskräften der Art r) $\in \mathbb{R}^+$	

(3) Daten

a) Koeffizienten

e_{rq}.	= Eignungskoeffizient von Arbeitskräften der Art r für Tätigkeiten der Art q
$h_r(h_{rt})$.	= Einstellungskosten für eine Arbeitskraft der Art r (in Periode t)
$f_r(f_{rt})$.	= Entlassungskosten für eine Arbeitskraft der Art r (in Periode t)
$g_r(g_{rt})$.	= Personalkosten pro Arbeitskraft und Periode (in Periode t)
$\bar{g}_q(\bar{g}_{qt})$.	= Unterdeckungskosten pro fehlender Arbeitskraft für Tätigkeiten der Art q (in Periode t)
$\hat{g}_r(\hat{g}_{rt})$.	= Überausstattungserträge pro überschüssiger Arbeitskraft der Art r bei anderweitiger Verwendung (in Periode t)
$d_j(d_{jt})$.	= Deckungsbeitrag des Prozesses j (in Periode t)
$p_i(p_{it})$.	= Preis des Produktes i (in Periode t)
$l_i(l_{it})$.	= Lagerkosten pro Produkteinheit i und Periode (in Periode t)
$k_j(k_{jt})$.	= Kosten pro Durchführung des Prozesses j (in Periode t)
a_{qj}.	= Personalbedarfskoeffizient [Arbeitskräfteperioden] für Tätigkeiten der Art q bei einmaliger Durchführung des Prozesses j
c_{ij}.	= ausgebrachte Menge des Produktes i bei einmaliger Durchführung des Prozesses j

b) Sonstige Daten[1]

$\overline{PB}_q(\overline{PB}_{qt})$.	= Personalbedarf für Tätigkeiten der Art q (in Periode t)
$\overline{PA}_r(\overline{PA}_{rt})$.	= Personalausstattung der Art r (in Periode t)
$\overline{PA}_r^{\,o}$.	= Personalanfangsausstattung der Art r
$\overline{X}_{jt}$.	= Maximale Zahl an Durchführungen des Prozesses j bis zur Periode t
$\bar{v}_{it}$.	= festgelegte Auslieferungsmenge des Produktes i in Periode t
$\bar{m}_i^o$.	= Lageranfangsbestand des Produktes i

Abb. 7.6 (entnommen aus: Kossbiel [Personalbereitstellung] 1041) gibt schematisch den Aufbau eines komplexen Modells der **simultanen Personal-** und **Produktionsplanung** wieder. Der stark umrandete Teil zeigt die Abstimmung zwischen Personalbedarf, Personaleinsatz und Personalausstattung. Darüber sind die Funktionsbereiche des Betriebes, nämlich Beschaffung, Lagerung, Produktion, Absatz und Finanzierung, mit ihren Verflechtungen untereinander und den für sie geltenden Bedingungen angeordnet. Sie sind mit dem Personalbereich über den Personalbedarf (besonders deutlich im Produktionsbereich erkennbar) verbunden. Im unteren Teil der Übersicht sind exemplarisch die Restriktionen für einzelne Maßnahmen zusammengestellt.

---

[1] Generell sind überstrichene Symbole gegebene Größen (Daten).

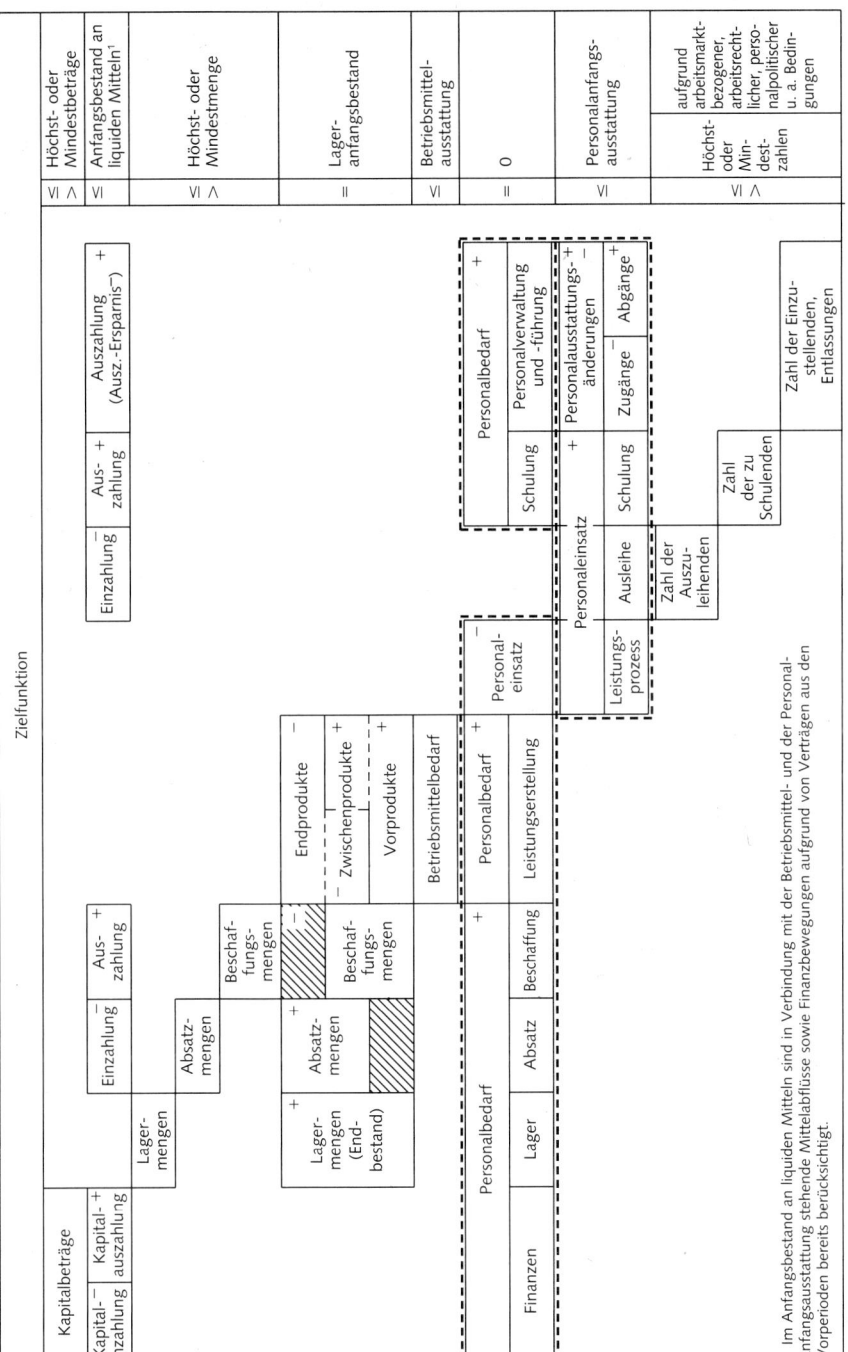

Abbildung 7.6: Zusammenhang zwischen der Personalplanung und der Planung in anderen betrieblichen Bereichen

4   Die Beeinflussung des Personalverhaltens

Maßnahmen der Personalverhaltensbeeinflussung dienen der Durchsetzung von Ansprüchen der Organisation an das Personalverhalten. Verhaltenserwartungen an das Personal sind somit Orientierungspunkte für die Personalbeeinflussungsmaßnahmen und Prüfkriterien für ihre Tauglichkeit.

4.1   Personalverhaltensansprüche als Kriterien der Personalverhaltensbeeinflussung

Den im vorangehenden Abschnitt behandelten Personalbedarf konnte man sich recht konkret als ein sich im Zeitablauf wandelndes «Aggregat» artmäßig differenzierter Teilpersonalbedarfe vorstellen, das Vermutungen hinsichtlich Abgeschlossenheit, Differenzierbarkeit und Erfassbarkeit zuließ. Analoge Bemühungen, die Gesamtheit der organisationalen Verhaltensansprüche in einem Kodex vollständig und überschneidungsfrei zusammenzustellen, scheinen dagegen bereits im Ansatz steckenzubleiben. Die organisationalen Verhaltensansprüche sind so vielgestaltig hinsichtlich Inhalt, Ausprägung, Verbindlichkeit sowie sektoraler, temporaler und sozialer Geltung, dass eine umfassende Darstellung kaum gelingen dürfte. Dennoch werden in der Praxis umfangreiche Anstrengungen unternommen, die Verhaltenserwartungen, z.B. in Betriebs- und Arbeitsordnungen, Organisationshandbüchern, Führungsgrundsätzen, Stellenbeschreibungen und Verfahrensrichtlinien zusammenzustellen. Für die theoretische Erörterung bleibt der Versuch, Inhaltsklassen **organisationaler Ansprüche** zu identifizieren und diese exemplarisch auszufüllen.

Hinsichtlich des Inhalts bietet sich zunächst eine analytische Aufteilung organisationaler Verhaltensansprüche an, und zwar in eine Klasse der **funktionalen** und in eine solche der **extrafunktionalen** Verhaltensansprüche (Dahrendorf [Fertigkeiten] 570 ff.).

(1) Unter **funktionalen** Verhaltensansprüchen werden solche Verhaltenserwartungen zusammengefasst, die sich spezifisch auf die konkreten Arbeitsaufgaben beziehen. Es handelt sich um Forderungen, die die Art, die Güte und den Umfang der zu erzielenden Arbeitsergebnisse oder die Art, die Güte und den Umfang der zu verwendenden Mittel sowie die Art und Weise ihres Einsatzes betreffen. Sie definieren und strukturieren damit gleichzeitig die aufgabenbezogenen Handlungsräume, indem sie zeigen, wo Bindungen und wo Freiheiten individueller Handlungsgestaltung im Bereich der Aufgabenerfüllung bestehen. Die folgende, in Anlehnung an *Dreitzel* vorgestellte Anspruchsdifferenzierung, die dem Adressaten unterschiedliche Eigenleistungen zugesteht, aber auch abverlangt, mag das Gemeinte exemplarisch verdeutlichen.

Dreitzel ([Leiden] 138 ff.; Türk [Personalführung] 97 ff.) unterscheidet: **Vollzugsansprüche**, die sowohl das Arbeitsergebnis als auch das Arbeitsverfahren normativ fixieren, **Qualitätsansprüche**, die lediglich Art und Güte des Arbeitsergebnisses normativ festlegen, die Mittel- und Verfahrenswahl jedoch dem Anspruchsadressaten überlassen, und **Gestaltungsansprüche**, die das Arbeitsergebnis nur allgemein und abstrakt (z. B. als zu lösendes Problem) vorgeben und bezüglich der Mittel- und Verfahrenswahl keinerlei Festlegung enthalten. Es bedarf keiner großen Phantasie, die genannten Anspruchsarten weiter aufzufächern und zu ergänzen.

(2) Demgegenüber gehören in die Klasse **extrafunktionaler** Verhaltensansprüche alle Verhaltenserwartungen, die nicht spezifisch auf die konkreten Arbeitsaufgaben bezogen sind. In diese «Restklasse» fallen insbesondere **Ansprüche an das Sozialverhalten**, wie Höflichkeit, Freundlichkeit, Verträglichkeit, Anpassungs-, Unterordnungs-, Hilfs- und Aufopferungsbereitschaft, aber auch andere Basisnormen integren Verhaltens, wie Pünktlichkeit, Ehrlichkeit, Verschwiegenheit, Zuverlässigkeit und Verantwortlichkeit. Die Vielfalt der Beispiele zu den extrafunktionalen Verhaltensansprüchen macht hinlänglich deutlich, wie schwierig sich eine umfassende Ermittlung gerade dieser Ansprüche gestaltet.

Es leuchtet unmittelbar ein, dass die genannten Verhaltensansprüche nicht für alle Betriebsmitglieder immer und überall Geltung bzw. den gleichen Stellenwert besitzen. So können ganz offensichtlich für Arbeiter, die an einem Fließband eingesetzt sind, für Wissenschaftler, die in der Forschung tätig sind, und für Personen, die Managementaufgaben zu erfüllen haben, nicht die gleichen funktionalen Verhaltensansprüche gelten. Andererseits mag ein extrafunktionaler Verhaltensanspruch wie die Pünktlichkeit zwar ein allgemein gültiges Verhaltenspostulat sein, doch hat er einen unterschiedlichen Rang, je nachdem, welche hierarchische Position der Adressat einnimmt bzw. welchen Koordinationsnotwendigkeiten die von ihm zu erledigenden Aufgaben unterliegen.

Was mit diesen Beispielen angedeutet werden sollte, ist das hohe Maß an **Situationsabhängigkeit** organisationaler Verhaltensansprüche. Mit diesem Hinweis ist ein weites Forschungsfeld angesprochen, auf dem es zunächst nicht darum gehen kann, irgendwelche Korrelationen ausfindig zu machen, sondern erst einmal darum, jene Kontextvariablen zu identifizieren, die für eine angemessene (nicht vollständige) Situationsbeschreibung und -unterscheidung notwendig, aber auch hinreichend sind. Ohne dies weiter auszuführen, scheinen in dem hier interessierenden Zusammenhang die **Technostruktur, Organisationsstruktur** und **Personalstruktur** eines Betriebes besonders wichtige situationsprägende Kontextvariablen zu sein (Türk [Personalführung] 102 ff.). Diese wiederum sind zumindest teilweise dispositionsabhängig, teilweise aber auch von Kontextfaktoren höherer Ordnung, wie z. B. dem Produktionsprogramm, den Bedingungen der Absatz- und Beschaffungsmärkte sowie der Rechts- und Wirtschaftsordnung, mitbestimmt.

Während die Unterscheidung zwischen funktionalen und extrafunktionalen Verhaltensansprüchen am Aufgabenbezug von Normen festgemacht ist, steht bei der

Unterscheidung zwischen expliziten und impliziten Verhaltensansprüchen der mit den Normen belassene Entscheidungsspielraum im Vordergrund. Sieht man von Interpretationsspielräumen ab, so zeichnen sich explizite Verhaltensansprüche dadurch aus, dass den Adressaten kein Handlungsspielraum bleibt (typisches Beispiel: Vollzugsnormen). Man spricht in diesem Fall auch von Routine- oder konditionaler Programmierung des Verhaltens.

Implizite Verhaltensansprüche geben demgegenüber nur Verhaltensziele vor und überlassen dem Adressaten die Entscheidung über die Vorgehensweise (typisches Beispiel: Gestaltungsnormen). In diesem Fall spricht man auch von Zweck- oder finaler Programmierung des Verhaltens. Die Unterscheidung zwischen expliziten und impliziten Verhaltensansprüchen spielt vor allem im Zusammenhang mit der Maßnahmenorientierung im Problembereich «Wirksamkeit des Personals» eine wichtige Rolle.

Unabhängig davon, wie die organisationalen Verhaltensansprüche entstanden, von welchen Faktoren sie beeinflusst und an welche Personen sie adressiert sind, enthalten sie eine Aufforderung an die Adressaten, sich in bestimmter Weise zu verhalten. Personalbeeinflussungsmaßnahmen werden nur dann erforderlich, wenn die Anspruchskonformität des Personalverhaltens problematisch wird, d. h. entweder nicht besteht oder bedroht ist. Die Tatsache allein, dass organisationale Verhaltensansprüche gestellt werden, macht noch keine Maßnahme der Verhaltensbeeinflussung notwendig.

4.2   Maßnahmen der Beeinflussung des Personalverhaltens

Die Maßnahmen der Verhaltensbeeinflussung lassen sich zunächst in **drei große Bereiche** gliedern:

• Verhaltenslenkung,
• Verhaltensbeurteilung und
• Verhaltensabgeltung.

Maßnahmen der Verhaltenslenkung sind auf die Vermittlung (Formulierung, Artikulierung) des normativ erwarteten Verhaltens und auf die Gestaltung der verhaltensrelevanten Bedingungen gerichtet; sie dienen der Ausrichtung des Handelns der Mitarbeiter. Festzustellen, ob und in welchem Umfang die mit der Verhaltenslenkung verfolgten Absichten erreicht worden sind, ist demgegenüber die zentrale Aufgabe der Verhaltensbeurteilung. Es geht hier darum, Übereinstimmungen und Abweichungen zwischen normativ erwartetem und tatsächlichem Verhalten (Soll-Ist-Vergleich) zu ermitteln sowie die Ermittlungsergebnisse hinsichtlich Bedeutung, Verursachung und Verantwortlichkeit zu analysieren. Maßnahmen der Verhaltensabgeltung knüpfen an den Ergebnissen der Verhaltensbeurteilung an und betreffen die Belohnung und Sanktionierung tatsächlichen Verhaltens.

Bei näherer Befassung mit den Maßnahmen zur Personalverhaltensbeeinflussung fällt auf, dass es zwei durch unterschiedliche Nähe zum konkreten Einzelfall gekennzeichnete Konzepte zur Sicherung anspruchskonformen Personalverhaltens gibt, die nicht alternativ, sondern kombinativ verwendet werden (vgl. Abb. 7.1), und zwar

- strukturelle Maßnahmen der Verhaltensbeeinflussung,
- dispositive Maßnahmen der Verhaltensbeeinflussung.

Im Folgenden werden wir uns vornehmlich mit ersteren beschäftigen. Der Grund für diese Schwerpunktsetzung ist darin zu sehen, dass die dispositiven Maßnahmen der Verhaltenslenkung, -beurteilung und -abgeltung auf den durch strukturelle Maßnahmen geschaffenen Regelungen aufbauen, diese situativ auslegen und anwenden bzw. im Bedarfsfall ergänzen und anpassen.

4.2.1 Strukturelle Maßnahmen der Verhaltensbeeinflussung

4.2.1.1 Überblick

Unter den Maßnahmen zur Verhaltensbeeinflussung gibt es solche, die nicht auf aktuelle und einmalige Problemfälle ausgerichtet, sondern gerade von solchen singulären Situationen abgehoben sind und damit eine strukturierende Wirkung entfalten. Wir nennen sie deshalb **strukturelle** oder **präsituative Maßnahmen der Verhaltensbeeinflussung**. Soweit sich mit derartigen Maßnahmen Ansprüche bestimmten Inhalts an das Personalverhalten verbinden, sind diese Ansprüche aus systematischen Gründen hier nicht von Belang; es interessiert ihr Beitrag zur Sicherung der Anspruchserfüllung durch das Personal. Dies soll an folgendem Beispiel verdeutlicht werden: Die Umsetzung eines Job-Enlargement-Programms in einem Unternehmen ist zweifellos mit spezifischen Verhaltensnormen verbunden. Diese sind jedoch im hier erörterten Zusammenhang nicht von Interesse. Es geht vielmehr um die Frage, ob die Art der Vermittlung der Normen und die Erweiterung des Tätigkeitsspielraums im Rahmen des Job-Enlargements die Mitarbeiter dazu bringen, Verhaltensnormen besser zu erfüllen.

Zu den strukturellen Maßnahmen zählen in erster Linie die organisatorischen Maßnahmen der Verhaltensbeeinflussung. Von grundlegender Bedeutung sind dabei die betrieblichen Aktivitäten zur Entwicklung (Konzeption) und Einführung (Implementation) von Arbeitsstrukturen, die sich auf die Gestaltung des Arbeitsfeldes und des Arbeitsumfeldes beziehen, von Beurteilungskonzepten (Kontrolleinrichtungen, Personalbeurteilungsverfahren) und von Anreizsystemen, in denen die positiven und negativen Anreize und Regelungen für ihre Vergabe bzw. Verhängung resp. für ihren Entzug erfasst sind.

Die organisatorischen Maßnahmen der Verhaltensbeeinflussung werden um sozialisatorische ergänzt. Im Vordergrund stehen hier nicht die Entwicklung und Einführung von (neuen) Strukturen, Konzepten und Systemen, sondern deren Vermittlung. Die Wichtigkeit sozialisatorischer Maßnahmen wird besonders bei der Einstellung neuer Mitarbeiter (vgl. Abschnitt 3.2.1.3) erkennbar, die zunächst einmal mit den organisationalen Verhaltensansprüchen, den Handlungsbedingungen und den betrieblichen Einflussmöglichkeiten auf das Verhalten im Sinne eines Kennenlernens und Einübens vertraut gemacht werden müssen. Fortgesetzt, und zwar über die Einstellungsphase hinaus, werden diese Bemühungen durch Maßnahmen, die eine Internalisierung organisationaler Verhaltensnormen bewirken sollen mit dem Ziel, Anspruchskonformität des Verhaltens über eine Selbstverpflichtung und Selbstkontrolle des Einzelnen zu sichern.

Darüber hinaus ist zu beachten, dass sich bei jeder gravierenden Neuerung in den Bereichen Arbeitsstrukturen, Beurteilungskonzepte und Anreizsysteme die Stützung durch sozialisatorische Maßnahmen empfiehlt.

Näher erläutert werden im Folgenden:

• die Arbeitsgestaltung unter Einschluss von Überlegungen zur Humanisierung der Arbeit,
• die Beurteilung des Personalverhaltens und
• die Entlohnung als Bestandteil des betrieblichen Anreizsystems.

Dabei wird die Entgeltgestaltung mit einer Ausführlichkeit behandelt, die ihr bedeutungsmäßiges Gewicht im Vergleich zu den anderen strukturellen Maßnahmen der Verhaltensbeeinflussung stark überdimensioniert erscheinen lässt. Sie rechtfertigt sich allein unter didaktischen Aspekten.

4.2.1.2   Entwicklung und Einführung von Arbeitsstrukturen

Über Ansatzpunkte betrieblicher Einflussnahme auf die Gestaltung der Arbeit informiert Abb. 7.7. Im Rahmen der in den 70-er und 80-er Jahren des vorigen Jahrhunderts verstärkt geführten Diskussion um **Humanisierung der Arbeit (HdA)**, die sich im Prinzip sowohl auf das engere Arbeitsfeld als auch auf das Arbeitsumfeld erstreckt, ist der Gestaltung des Arbeitsinhalts besondere Bedeutung beigemessen worden. Ausgangspunkt ist die Kritik an den mit *Taylor* [Principles] in Verbindung gebrachten Vorstellungen, die Arbeit müsse, um hohe Grade an Effizienz zu erreichen,

• von Organisationsexperten gestaltet,
• möglichst klar in dispositive und exekutive Aufgaben getrennt,
• möglichst weit in einfache Tätigkeiten zerlegt (geteilt) und
• möglichst dauerhaft auf einzelne Mitarbeiter übertragen (verteilt) werden.

Diese Vorstellungen enthalten – das ist kaum zu bezweifeln – einen richtigen Kern; denn Spezialisierung und Routinisierung können in der Tat die Arbeitsproduktivität erhöhen. Problematisch ist nur das «exzessive» Verfolgen der dahinterstehenden Prinzipien: Dass Leistungsmotivation, neben hinreichender Befähigung eine

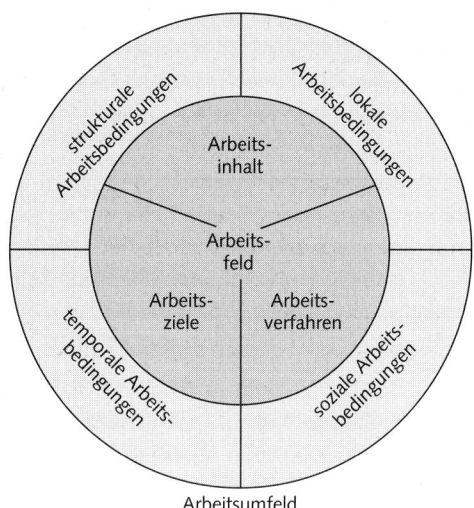

Arbeitsumfeld

Abbildung 7.7: Ansatzpunkte betrieblicher Einflussnahme auf die Arbeitsgestaltung

Legende zu Abb. 7.7:

Arbeitsfeld:

Arbeitsinhalt: Gegenstand der Arbeit als Ergebnis betrieblicher Arbeitsteilung und -verteilung (Anforderungsvielfalt, Ganzheitlichkeit, Wichtigkeit; Hackman, Oldham [Work Redesign] 77 ff.) → Inhaltsnormen

Arbeitsziele: Vorgaben bezüglich Geschwindigkeit, Menge und Güte der Arbeit (Autonomiegrad, Feedback; Hackman, Oldham [Work Redesign] 77 ff.) → Ergebnisnormen

Arbeitsverfahren: Technisch-organisatorische Gestaltung der Arbeitsabläufe (Technologie, Rhythmus); inklusive Arbeitsmittel, Arbeitsstoffe → Verfahrensnormen

Arbeitsumfeld:

Lokale
Arbeitsbedingungen: Arbeitsplatz- und Arbeitsraumgestaltung, Arbeitsschutz

Temporale
Arbeitsbedingungen: Gestaltung der Dauer, Lage und Struktur der täglichen, wöchentlichen usw. Arbeitszeit

Strukturale
Arbeitsbedingungen: Sektorale und hierarchische Einordnung der Arbeit (Stelle) unter Beachtung informeller Einflüsse

Soziale
Arbeitsbedingungen: Einzelarbeit, Gruppenarbeit, Führungsbeziehungen und Beziehungen unter Gleichgestellten.

zweite wichtige Determinante individuellen Arbeitsverhaltens, nicht allein vom Arbeitsentgelt (extrinsische Motivation), sondern z. B. auch vom Arbeitsinhalt (intrinsische Motivation) bestimmt wird, geriet dabei weitgehend aus dem Blickfeld. Die heutigen Bemühungen um Humanisierung der Arbeit sind demnach vielfach als Korrekturen vorangegangener Übertreibungen zu verstehen.

Beispiele für Humanisierungsbemühungen, die sich – wie leicht zu erkennen ist – gegen die zuvor genannten, Taylor zugeschriebenen Grundsätzen richten, sind:

- **Job rotation** als (planmäßiger) Wechsel der Übertragung von (festgelegtem) Arbeitsinhalt
- **Job enlargement** als Erweiterung von Arbeitsinhalt bzw. des Tätigkeitsspielraums («horizontale» Dimension)
- **Job enrichment** als Anreicherung ausführender Arbeit mit dispositiven Elementen, d. h. als Erweiterung des Entscheidungs- und Kontrollspielraums («vertikale» Dimension)
- **Mit-** bzw. **Selbstbestimmung** der Betroffenen bei der Arbeitsinhaltsgestaltung.

Eine unter mehreren möglichen Formen verstärkter Mitbestimmung Betroffener am Prozess der Arbeitsstrukturierung, ist die sog. **teilautonome Arbeitsgruppe**. Diese kann in den Grenzen der ihr übertragenen Gesamtaufgabe die Art und den Grad der Teilung sowie die Art und Dauer der Verteilung von Arbeiten selbstverantwortlich regeln.

4.2.1.3 Entwicklung und Einführung von Beurteilungskonzepten

Beurteilungen des Verhaltens von Mitarbeitern im Betrieb durch Personen gleichen oder verschiedenen Ranges finden unabhängig davon statt, ob es dafür elaborierte Konzepte gibt oder nicht. Vor diesem Hintergrund haben die Konzeption und Implementation von Beurteilungskonzepten den Sinn, bestimmte Formen der Personalverhaltensbeurteilung mit einem institutionellen Rahmen zu versehen, in dem die verfolgten Ziele, die zu verwendenden Kriterien, die zu wählende Vorgehensweise und der Kreis der mit der (offiziellen) Personalbeurteilung Beauftragten festgelegt werden.

Die Beurteilung des Personalverhaltens vollzieht sich in zwei Schritten:

1. Feststellung von Übereinstimmungen und Abweichungen zwischen dem normativ erwarteten und dem tatsächlichen Verhalten (Soll-Ist-Vergleich),
2. Ermittlung und Zuschreibung der Ursachen für (als bedeutsam eingeschätzte) Abweichungen (Abweichungsanalyse).

Zu 1) Gegenstand von Soll-Ist-Vergleichen können inhaltliche und prozedurale Aspekte des Verhaltens bzw. Ergebnisse des Verhaltens sein. Nach dem Grad der Kriteriendifferenzierung unterscheidet man summarische und analytische Verfahren, nach dem Grad der Standardisierung der Kriterienerfassung freie und gebundene. Letztere können je nach angestrebtem Skalenniveau in Kennzeichnungs-, Rangordnungs- und Einstufungsverfahren (bzw. Nominating-, Ranking- und Rating-Verfahren) untergliedert werden. In der Praxis werden analytische (gebundene) Einstufungsverfahren bevorzugt.

Zu 2) Der eigentlichen Abweichungsanalyse vorgeschaltet ist die Einschätzung der Bedeutung der festgestellten Abweichungen. Sie soll verhindern, dass die Personalbeurteilung in Kleinlichkeit ausartet. Bei der Untersuchung als bedeutsam eingeschätzter Abweichungen (auch unerwartete Übereinstimmungen können Gegenstand der Abweichungsanalyse sein) ist streng zu trennen zwischen der Ermittlung und der Zuschreibung von Ursachen.

Als Ursachen für negative Abweichungen kommen außer möglichen Fremdeinflüssen vor allem unzureichende Instruktion, Motivation, Qualifikation und Präparation (z. B. ungenügende Ausstattung mit Ressourcen und Informationen) der Mitarbeiter in Betracht. Ob eine als Defizit eines Mitarbeiters erkannte Ursache diesem im Sinne von Verantwortlichkeit auch zugeschrieben werden kann, ist als eine von der Ursachenermittlung abgekoppelte Frage zu behandeln. Wird etwa als Ursache für eine Verhaltensabweichung die unzureichende Qualifikation eines Mitarbeiters identifiziert, so wird man den Betroffenen in der Regel dafür nicht verantwortlich machen können. Die Ursache «mangelnde Qualifikation» eines Mitarbeiters dürfte eher dem Vorgesetzten anzulasten sein.

Als die Validität von Personalbeurteilungsverfahren tangierende Probleme, auf die hier nicht näher eingegangen werden kann, sei auf Urteilstendenzen beim Soll-Ist-Vergleich (z. B. die «Tendenz zur Mitte») und auf Attribuierungsgewohnheiten bei der Abweichungsanalyse (z. B. Fremdzuschreibung negativer Abweichungen) hingewiesen.

4.2.1.4 Entwicklung und Einführung von Anreizsystemen

4.2.1.4.1 Überblick

Ein Anreizsystem besteht aus zwei Teilmengen von Elementen, nämlich aus einer Menge von Anreizen (positiver oder negativer Art) und einer Menge von Kriterien (Bemessungsgrundlagen). Auf der (Gesamt)Menge von Anreizen und Kriterien wird durch Relationsvorschriften unter Einblendung der Zeit (sog. Kriteriums-Anreiz-Relationen) eine Struktur definiert. **Kriteriums-Anreiz-Relationen**

- sind ein- oder mehrdeutige Zuordnungen zwischen der Menge der Kriterien und der Menge der Anreize; sie
- beschreiben in zeitlich differenzierter Form die Abhängigkeitsbeziehungen zwischen Kriteriumsausprägungen (Ausprägungen der Bemessungsgrundlagen, unabhängige Variable) und Anreizausprägungen (Konsequenzen, abhängige Variable) und
- bringen damit die (künstliche) Verkoppelung von bestimmten Kriterien und bestimmten Anreizen unter Berücksichtigung der Zeit zum Ausdruck.

Die folgende Darstellung (Abb. 7.8; in Anlehnung an Kossbiel [Anreizsysteme] 84, 87) verdeutlicht dieses Verständnis von Anreizsystemen und bringt es mit wichtigen **Fragen,** die im Zusammenhang mit der Effizienz von Anreizsystemen zu stellen sind (s. die vermerkten Ziffern), in Verbindung:

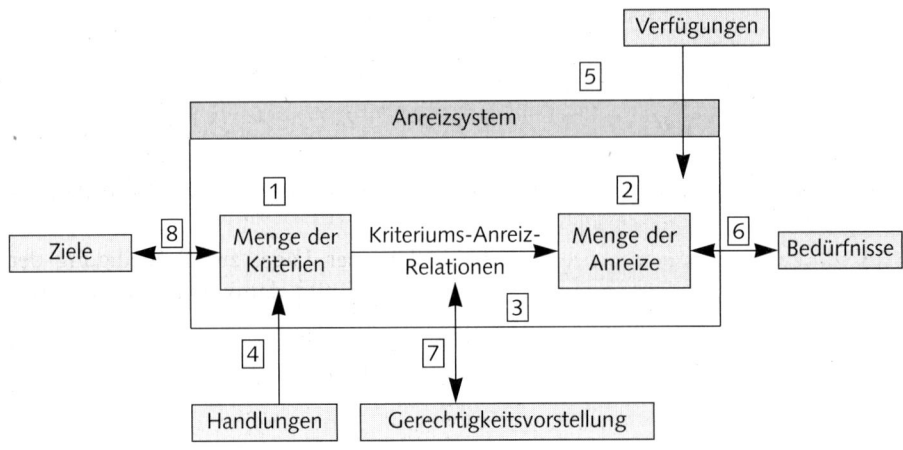

Abbildung 7.8: Anreizsystem und Effizienz

1. Fragen zur Menge der Kriterien (Bemessungsgrundlagen)
   a) Sind die Kriterien durch einen Anreizempfänger <u>maßgeblich beeinflussbar</u> (Beeinflussbarkeitsprämisse)?
   b) Sind die Ausprägungen der Kriterien <u>zuverlässig</u>, d. h. auch frei von Manipulationen, <u>feststellbar</u> (Feststellbarkeitsprämisse)?

2. Fragen zur Menge der Anreize
   a) Kann sich ein Empfänger die in Aussicht gestellten Anreize <u>vorstellen</u>, sie antizipieren (Vorstellbarkeitsprämisse)?
   b) Kann ein Empfänger damit rechnen, dass die angebotenen Anreize dem Anreizgeber rechtzeitig und in ausreichenden Maße tatsächlich <u>zur Verfügung stehen</u> (Verfügbarkeitsprämisse)?

3. Fragen zu den Kriteriums-Anreiz-Relationen
   a) Wie (z. B. stetig oder unstetig) und wie stark reagieren die Anreize auf Veränderungen der Kriterienausprägungen (Größenperspektive)?
   b) Wie groß ist der zeitliche Abstand zwischen der Kriterienerfüllung und der Anreizgewährung (Zeitperspektive)?
   c) Wie sicher kann der Anreizempfänger bei Erfüllung der Kriterien mit der Gewährung der in Aussicht gestellten Anreize rechnen (Wahrscheinlichkeitsperspektive)?

4. Fragen zur Instrumentalität der Handlungen für die Erfüllung der Kriterien in der Wahrnehmung des Anreizempfängers
   Hat der Anreizempfänger die Erwartung, mit seinen Handlungen die Erfüllung der Kriterien herbeiführen zu können (Handlungs-Kriteriums-Erwartung)?

5. Fragen zur Instrumentalität der Kriterien zur Erlangung der Anreize in der Wahrnehmung des Anreizempfängers

Hat der Anreizempfänger hinreichende Kenntnis von der Wirkungsweise und hat er Vertrauen in die Verbindlichkeit und Weitergeltung des Anreizsystems (Kriteriums-Anreiz-Erwartung)?

6. Fragen zum Zusammenhang zwischen den angebotenen Anreizen und den Bedürfnissen des Anreizempfängers

Sind die angebotenen Anreize prinzipiell in der Lage, zur Befriedigung der Bedürfnisse des Entgeltempfängers beizutragen und damit Handlungsmotivation zu bewirken (Anreiz-Bedürfnis-Zusammenhang)?

7. Fragen zum Zusammenhang zwischen Kriteriums-Anreiz-Relation und Gerechtigkeitsvorstellungen des Anreizempfängers.

a) Werden die angebotenen Anreize im Verhältnis zu den zu erfüllenden Kriterien vom Anreizempfänger als angemessen empfunden (individueller Anreiz-Kriteriums-Vergleich; s. dazu die Anreiz-Beitrags-Theorie von March/Simon [Organizations])?

b) Wird die Kriteriums-Anreiz-Relation (Input-Outcome-Relation) im Vergleich zu wahrgenommenen Kriteriums-Anreiz-Relationen anderer Anreizempfänger (Bezugspersonen) vom Anreizempfänger als gerecht empfunden (sozialer Anreiz-Kriteriums-Relationen-Vergleich; s. dazu die Theorie des sozialen Vergleichs von Adams [Inequity]; Kossbiel [Gerechtigkeit])?

8. Fragen zum Zusammenhang zwischen Kriterien und Zielen des Betriebes

Sind die verwendeten Kriterien prinzipiell in der Lage, zur Erreichung der Ziele des Betriebes beizutragen (Ziel-Kriterien-Zusammenhang)?

In den Unternehmen konkretisiert sich das Anreizsystem i. d. R. in einer Mehrzahl von **Anreizsubsystemen**, z. B. in

- Entgelt-, Entlohnungs- bzw. Vergütungssystemen
- Kapital- bzw. Vermögens- und Erfolgsbeteiligungssystemen
- Sozialleistungssystemen (einschließlich betriebliche Altersversorgungssysteme)
- Systemen von Betriebsbußen (Vertragsstrafen) u. ä.

Wir werden im Folgenden auf Vergütungs-, Erfolgsbeteiligungs- und Altersversorgungssysteme besonders eingehen.

4.2.1.4.2 Entlohnungssysteme

Unter den Anreizsubsystemen einer Unternehmung kommt den **Entgelt-, Entlohnungs-** bzw. **Vergütungssystemen** von jeher eine außerordentliche Bedeutung zu. Sie ist vor allem darauf zurückzuführen, dass das Arbeitsverhältnis (ursprünglich und auch heute noch) für die abhängig Beschäftigten wohl nicht die einzige, aber doch vielfach die bedeutendste Einkommensquelle darstellt. Dieses wichtige Merkmal der Lohnarbeit, das auf Seiten der Arbeitsanbieter einen ihre Marktposition schwächenden (Angebots-)Druck erzeugt, relativiert andere Aspekte abhängiger Beschäftigung, die heute gern in den Vordergrund gestellt werden, wie z. B. Arbeit als gesellschaftliche Norm, als soziale Veranstaltung und als Mittel zur Selbstverwirklichung.

(1) Entlohnungsinteressen

Die Betriebe erfüllen mit der Zahlung von Löhnen und Gehältern nicht nur eine gesetzlich fixierte und vertraglich konkretisierte Pflicht, sondern verfolgen darüber hinaus eine Reihe weiterer Absichten, die bei der Gestaltung der Vergütungssysteme Berücksichtigung finden. Diese Absichten bzw. Interessen lassen sich wie folgt klassifizieren:

Satisfaktionsinteressen: Zahlung von Arbeitsentgelten, die von Mitarbeitern als der erbrachten Arbeitsleistung angemessen akzeptiert werden (Vermeidung von Frustration).

Kompensationsinteressen: Zahlung von Arbeitsentgelten, die von den Mitarbeitern als den zugemuteten Arbeitsbedingungen angemessen akzeptiert werden (Vermeidung von Frustration).

Stimulationsinteressen: Zahlung von Entgelten, die die Mitarbeiter zu betrieblich erwünschten Verhaltensweisen veranlassen bzw. von unerwünschtem Verhalten (z. B. Bummelei, Unfairness) abhalten (Erzeugung von Motivation).

Akquisitionsinteressen: Zahlung von Arbeitsentgelten, die (insbesondere schwer rekrutierbare) Arbeitskräfte zum Beitritt bzw. zum Verbleib anregen (Erzeugung von Motivation).

Von diesen Interessen sind die Kompensationsinteressen vom Standpunkt der Humanisierung der Arbeit am problematischsten, da sie nicht darauf gerichtet sind, unzumutbare (belästigende und gefährdende) Arbeitsbedingungen auszuräumen, sondern ihr Ertragen zu «honorieren».

(2) Lohngerechtigkeit und Lohnzweckmäßigkeit

Obwohl zwischen den satisfaktorischen einerseits sowie den stimulatorischen und akquisitorischen **Entlohnungsinteressen** andererseits enge Beziehungen bestehen – es geht jeweils um das «richtige Verhältnis» von Lohn und Leistung –, bestimmen zwei ganz unterschiedliche und miteinander konkurrierende Prinzipien die Überlegungen in beiden Zielbereichen: **Lohngerechtigkeit** und **Lohnzweckmäßigkeit**.

Die Forderung nach dem **gerechten Lohn** hat ähnlich wie die nach dem gerechten Preis eine lange Tradition, auf die im Einzelnen einzugehen sich hier verbietet. Aus betriebswirtschaftlicher Sicht geht es dabei nicht um **den** (absolut) gerechten Lohn, für dessen Bestimmung ohnehin kein Verfahren bekannt ist, sondern um einen

Lohn, der von den Mitarbeitern im Vergleich zum geleisteten Beitrag bzw. zur Entlohnung anderer Organisationsmitglieder als gerecht (bzw. angemessen) empfunden wird. Zur Diskussion steht m. a. W. die Lohnakzeptanz bzw. Lohnzufriedenheit der Mitarbeiter.

Auch auf dem so reduzierten Anspruchsniveau ist das Prinzip der Lohngerechtigkeit nicht einfach zu handhaben. Dies wird deutlich, wenn man sich das von *Kosiol* [Leistungslohn] in die Literatur eingeführte **Äquivalenzprinzip**, die Forderung nach Gleichwertigkeit von Leistung und Gegenleistung, vor Augen führt. Solange das sog. Zurechnungsproblem der Bestimmung des Anteils der Arbeit am Wert des Ergebnisses entgegensteht, kann die gleichwertige Gegenleistung nicht festgestellt werden. Insoweit ist das Äquivalenzprinzip eine Leerformel. Was allerdings bleibt, ist die Forderung, dass für gleiche Leistung der gleiche Lohn und für eine höhere Leistung ein höherer Lohn zu zahlen sind – unabhängig davon, wie die Lohnhöhe konkret bestimmt wird.

Ein weiteres Problem im Hinblick auf das sog. Äquivalenzprinzip ergibt sich daraus, dass Arbeitsleistungen sich nicht nur dem Umfang, sondern auch der Art nach unterscheiden. Die Artverschiedenheit von Leistung ist allerdings für die Entlohnung nur insoweit von Belang, als sich damit unterschiedliche Vorstellungen von Wertigkeit verbinden. Da sich der Anteil der Arbeitsleistung am Wert des Arbeitsergebnisses jedoch nicht feststellen lässt, bedient man sich der Fiktion, der Wert der Arbeitsleistung könne über eine Bewertung der mit ihr verbundenen Anforderungen ermittelt werden. Notwendige Folge dieser Fiktion ist die Aufspaltung der ursprünglich ganzheitlichen Forderung nach Lohngerechtigkeit in die beiden Teilpostulate der «**Anforderungsgerechtigkeit**» und der «**Leistungsgerechtigkeit**» der Entlohnung.

Im Gegensatz zum Prinzip der Lohngerechtigkeit zielt **Lohnzweckmäßigkeit** nicht auf Lohnakzeptanz, sondern auf Lohneffizienz ab. Im Vordergrund steht dabei die Frage, wie Löhne und Gehälter zu gestalten sind, damit bestimmte Verfügbarkeits- und Wirksamkeitsziele des Betriebes in Bezug auf das Personal erreicht werden können. Die Kernfrage lautet, ob die gebotenen Lohnanreize prinzipiell geeignet, zeitgerecht eingesetzt und richtig dosiert sind, um bei den Adressaten die betrieblich erwünschten Verhaltensweisen auszulösen.

Aus betriebswirtschaftlicher Sicht wird das Prinzip der Lohngerechtigkeit von dem der Lohnzweckmäßigkeit dominiert. Lohngerechtigkeit ist nicht Zweck, sondern Mittel zum Zweck der Vermeidung, der Eindämmung oder des Abbaus von Unzufriedenheit. Dabei kommt den Betrieben zustatten, dass der gerechte Lohn sich ohnehin nicht exakt bestimmen lässt.

(3) Entlohnungsinstrumente

Für die Behandlung der **Entlohnungsinstrumente** erscheint es sinnvoll zu unterscheiden zwischen den

- Entlohnungsparametern, die den Zusammenhang zwischen den Löhnen und den sie bestimmenden Faktoren (insbesondere den Bemessungsgrundlagen) kennzeichnen, und den
- Entlohnungstechniken, die der Erfassung der lohnbestimmenden Faktoren und ihrer Umsetzung in individuelle Entgelte dienen.

(a) Entlohnungsparameter

Die Entlohnungsparameter betreffen die Lohnstruktur, das Lohnniveau und die Lohnmodalitäten des Betriebs.

a) Die **betriebliche Lohnstruktur** ist unter zwei Gesichtspunkten zu sehen, dem der Lohndifferenzierung und dem der Lohnproportionierung. Die **Lohndifferenzierung** thematisiert die Art, wie Löhne abgestuft werden. Neben arbeitsplatz- (bzw. arbeitsaufgaben-)bezogenen (z. B. Anforderungen an das Fachkönnen) und arbeitskraftbezogenen Kriterien (z. B. der individuelle Leistungsumfang, aber auch Lebensalter, Betriebszugehörigkeitsdauer, Fähigkeitspotenzial, Bedürfnisse) spielen auch arbeitsmarktbezogene Differenzierungsgesichtspunkte (z. B. relative Arbeitskräfteknappheit) eine Rolle. Welches Ausmaß die Lohnunterschiede auf Grund der zur Anwendung kommenden Kriterien annehmen sollen, d. h. wie stark die Lohnabstufungen sein sollen, ist demgegenüber eine Frage der **Lohnproportionierung**.

b) Das **betriebliche Lohnniveau** drückt in generalisierender Form die absolute Höhe der gezahlten Löhne aus. Es wird außer von der Lohnproportionierung von der Höhe des sog. Sockelbetrages (Lohnbasis) beeinflusst. Je stärker die Lohnbasis und je größer die Lohnspannen, desto höher ist das Lohnniveau bei gegebener Lohndifferenzierung. Differenzierung, Proportionierung und Basierung der Löhne sind Gegenstand von Verhandlungen zwischen den Tarifvertragsparteien; gleichwohl bleibt den Betrieben ein Handlungsspielraum zur individuellen Gestaltung [s. tatsächlich gezahlte Löhne (**Effektivlöhne**) vs. tariflich vereinbarte Löhne (**Tariflöhne**)], der allerdings nach unten beschränkt ist (Tariflöhne als Mindestlöhne).

c) Die **betrieblichen Lohnmodalitäten** beziehen sich auf die Art und Weise, in der die Löhne abgerechnet und «ausgezahlt» werden. In diesem Zusammenhang ist an die Unterscheidung zwischen Einzel- und Gruppenlöhnen, zwischen vorschüssigen und nachschüssigen Lohnzahlungen sowie zwischen Geld- und Sachleistungen zu denken, aber auch an die Länge von Lohnabrechnungs- und Lohnauszahlungsintervallen. Sie spielen für die Motivation der Mitarbeiter eine wichtige Rolle, da sie die Enge des Zusammenhangs zwischen individueller Leistung und individuell verfügbarem Einkommen berühren.

(b) Entlohnungstechniken

Zu den wichtigsten Entlohnungstechniken sind die Arbeitsbewertung, die Leistungsbewertung und der zwischenbetriebliche Lohnvergleich zu rechnen.

(ba) Arbeitsbewertung

Gegenstand der **Arbeitsbewertung** ist die Bestimmung der Arbeitsschwierigkeit (Arbeitswert) als Ausdruck der Anforderungen, die eine Arbeit an einen (fiktiven) Normalarbeitenden bei einer bestimmten Bezugsleistung (Normalleistung) stellt.

Sie ist ein Instrument der Lohndifferenzierung und dazu bestimmt, den Anspruch auf Anforderungs(grad)gerechtigkeit der Entlohnung einzulösen.

Während früher der Schwierigkeitsgrad einer Arbeit lediglich nach dem dafür notwendigen Ausbildungsniveau (Unterscheidung: ungelernte, angelernte, gelernte Arbeit) bemessen wurde, ist das erforderliche Fachkönnen – dies sollte durch die unterschiedlichen Ausbildungsniveaus verdeutlicht werden – in den modernen Arbeitsbewertungsverfahren nur eines unter mehreren Anforderungsmerkmalen. Als ein wichtiger Grund für die Ausweitung und Ausdifferenzierung des Merkmalskatalogs der Arbeitsbewertung kann der Übergang von mehr handwerklicher zu eher industrieller Produktionsweise angeführt werden. Dieser Wandel machte eine differenzierte Sichtweise der äußeren Arbeitsbedingungen und der mit der Arbeit verbundenen psychischen und physischen Belastungen des Menschen erforderlich. Zudem veränderte der höhere Grad an funktionaler Arbeitsteilung den Stellenwert der beruflichen Ausbildung.

Jedes Arbeitsbewertungsverfahren muss eine Antwort auf folgende **Fragen** geben:
1. Welche **Anforderungsmerkmale** sollen der Arbeitsbewertung zugrunde gelegt werden?
2. Wie soll die **Anforderungshöhe** erfasst werden?
3. Welches **Gewicht** soll den unterschiedlichen Anforderungsmerkmalen bei der Feststellung des Arbeitswerts beigemessen werden?

Zu 1. Anforderungsmerkmale

Da die **Arbeitsschwierigkeit** einer unmittelbaren Messung nicht zugänglich ist, müssen andere Wege zu ihrer Operationalisierung beschritten werden. So wird z. B. versucht, anstelle der komplexen Kategorie «Arbeitsschwierigkeit» nur eine ihrer Dimensionen (z. B. das erforderliche Fachkönnen) zu erfassen und zu bewerten (eindimensionales Verfahren). Eine andere Vorgehensweise, die bei den modernen

Arbeitsbewertungsverfahren gewählt wird, besteht darin, die Arbeitsschwierigkeit in mehrere Dimensionen bzw. Komponenten zu zerlegen (mehrdimensionale Verfahren). Ein Beispiel dafür bietet das sog. **Genfer Schema**, das einen hohen Bekanntheitsgrad erreicht hat und die in Tab. 7.1 wiedergegebene Differenzierung aufweist.

Tabelle 7.1: Genfer Schema

Kriterium	Fachkönnen	Belastung
1. Geistige Anforderungen	×	×
2. Körperliche Anforderungen	×	×
3. Verantwortung	–	×
4. Arbeitsbedingungen	–	×

Dieser zumindest in zweierlei Hinsicht kritisierbare Merkmalskatalog (psychische Anforderungen sind ungenügend repräsentiert; Arbeitsbedingungen sind keine Anforderungen, sondern Situationsvariablen, die die Höhe der geistigen, seelischen und körperlichen Anforderungen/Belastungen beeinflussen) hat sich trotz seiner Schwächen bewährt und bildet die Grundlage für viele in der Praxis entwickelte Merkmalskataloge.

Zu 2. Anforderungshöhe

Die Erfassungsmethoden für die **Anforderungshöhe** lassen sich nach zwei Gesichtspunkten differenzieren:

a) Zur Merkmalsmessung verwendete Skalen, und zwar

　α)　Ordinalskalen (Reihungsverfahren),

　β)　Intervallskalen (Stufungsverfahren).

b) Angestrebte Differenziertheit der Merkmalserfassung, und zwar

　α)　globale Erfassung (summarische Verfahren),

　β)　detaillierte Erfassung (analytische Verfahren).

Aus der Kombination beider Differenzierungskriterien ergibt sich das in Tab. 7.2 wiedergegebene Vier-Felder-Schema der in der Praxis angewendeten Verfahren.

Tabelle 7.2: Verfahren zur Erfassung der Anforderungshöhe bei der Arbeitsbewertung

Skala Differenziertheit	Ordinalskala (Reihungsverfahren)	Intervallskala (Stufungsverfahren)
global (summarische Verfahren)	Rangfolgeverfahren	Lohngruppenverfahren
detailliert (analytische Verfahren)	Rangreihenverfahren	Stufenwertzahlverfahren

- Beim **Rangfolgeverfahren** werden alle zu bewertenden Arbeitsplätze oder Tätigkeiten nach ihrer Schwierigkeit durch Paarvergleich in eine Reihenfolge gebracht. Dabei wird der Schwierigkeitsgrad eines Arbeitsplatzes bzw. einer Tätigkeit, selbst wenn verschiedene Anforderungsmerkmale in die Überlegungen einbezogen werden, nicht schrittweise ermittelt, sondern intuitiv beurteilt.
- Beim **Lohngruppenverfahren** werden die Arbeitsplätze bzw. -tätigkeiten in vorab definierte Lohngruppen, die i. d. R. nach dem Grad des erforderlichen Fachkönnens und dem der körperlichen Belastung gebildet worden sind, eingeordnet. Das Lohngruppenverfahren zählt zu den summarischen Verfahren, da keine getrennte Messung der einzelnen Anforderungshöhen mit anschließender Verdichtung der gemessenen Werte zu einem Arbeitswert erfolgt, sondern eine mehr intuitive Zuordnung von Tätigkeiten zu Lohngruppen vorgenommen wird.
- Beim **Rangreihenverfahren** werden alle zu bewertenden Arbeitsplätze oder -tätigkeiten – im Gegensatz zum Rangfolgeverfahren – für jede einzelne Anforderungsart getrennt in eine Rangreihe gebracht. Durch Addition der Einzelwerte lässt sich eine Rangfolge der Arbeitsplätze ermitteln, die jedoch höchst problematisch ist, da die vorausgehende Summenbildung über Ränge angesichts der zugrundeliegenden Ordinalskalen nicht sinnvoll erscheint.

  Um unsinnige Ergebnisse zu vermeiden, werden vielfach durch sog. Brückenbeispiele näher beschriebene Intervallskalen (z. B. 100 sog. Rangplätze bei *REFA*) in die Rangreihenverfahren einbezogen, die die Abstände zwischen den einzelnen Rängen verdeutlichen sollen. Damit wird allerdings die ursprüngliche Idee der reinen Reihung aufgegeben; man spricht von einem Rangreihenverfahren «mit eingeblendeter Feinstufung» (Böhrs [Leistungslohn] 56).
- Die Übergänge zwischen dem **Stufenwertzahlverfahren** und dem Rangreihenverfahren mit «eingeblendeter Feinstufung» sind fließend. Beim Stufenwertzahlverfahren werden alle zu bewertenden Arbeitsplätze oder Tätigkeiten bezüglich jeder Anforderungsart einer von mehreren (z. B. fünf) vorher definitorisch festgelegten Wertungsstufen zugeordnet. Den Wertungsstufen, die häufig (noch) durch Richtbeispiele erläutert werden, sind Wertzahlen (Punktzahlen) zugewiesen, die vielfach zusätzlich nach der Dauer der Beanspruchung differenziert sind.

Zu 3. Gewichtung

Obwohl die **Gewichtung** als ein allgemeines Problem mehrdimensionaler Verfahren der Arbeitsbewertung anzusehen ist, wird sie i. d. R. nur bei den analytischen Varianten thematisiert. Es geht um die Frage, wie stark der Einfluss der verschiedenen Anforderungsarten (bzw. auch der verschiedenen Anforderungshöhe) auf die Bildung des Arbeitswertes sein soll, wobei ein breiter Konsens lediglich darüber besteht, dass nicht alle Anforderungsarten von gleicher Wichtigkeit für die Arbeitsschwierigkeit sind. «Die Gewichtung ist … der zahlenmäßige Ausdruck für die Bedeutung der Anforderungsarten im Verhältnis zueinander» (REFA [Arbeitsbewertung] 87). Da es jedoch kein wissenschaftlich gesichertes Verfahren zur Bestimmung entsprechender Gewichtungsfaktoren bzw. -funktionen gibt, bleibt die Gewichtung der Anforderungsarten ein ewiger Streitpunkt der analytischen Arbeitsbewertung. Dabei spielt es selbstverständlich keine Rolle, ob die Gewichtung bereits in Wertzahlentabellen für Anforderungshöhen eingearbeitet ist (sog. gebundene Gewichtung) oder erst nach deren Feststellung eigens vorgenommen wird (sog. getrennte Gewichtung).

Zum Abschluss sollen die einzelnen Verfahrensschritte der **summarischen** und **analytischen Arbeitsbewertung** in Abb. 7.9 einander gegenübergestellt werden. Herrschende Meinung dürfte sein, dass die aufwändigen analytischen Verfahren der Arbeitsbewertung wegen ihrer größeren Transparenz höher einzuschätzen sind als die summarischen. Auf der anderen Seite ist aber auch darauf hinzuweisen, dass den analytischen Verfahren vielfach eine Objektivität und Validität zugesprochen wird, die ihnen wegen der subjektiven Einflüsse bei der Bestimmung des Merkmalskatalogs, bei der Erfassung der Merkmalsausprägungen und bei der Festlegung der Gewichtung der einzelnen Merkmale nicht zukommen. Die Bereitschaft, ein solches Verfahren zu akzeptieren, ist somit gleichbedeutend mit einem weitgehenden Verzicht auf eine argumentative Auseinandersetzung mit unterschiedlichen Auffassungen in der Sache.

(bb) Leistungsbewertung

Im Unterschied zur Arbeitsbewertung ist Gegenstand der **Leistungsbewertung** die Bestimmung der individuellen Leistungen einzelner Aufgabenträger bzw. Arbeitsplatzinhaber.

Sie ist ebenfalls ein Instrument der Lohndifferenzierung und dient der Einlösung der Forderung nach Leistungs(grad)gerechtigkeit der Entlohnung. Abgesehen von Fällen direkter Erfassbarkeit durch Zählen, Messen und Wiegen muss die Leistung geschätzt bzw. beurteilt werden. Die Vorgehensweise entspricht dabei weitgehend der bei der Arbeitsbewertung; insofern kann auf die vorangehenden Ausführungen verwiesen werden. Im Gegensatz zur Arbeitsbewertung gibt es für die Leistungsbewertung allerdings keinen breit akzeptierten Merkmalskatalog wie etwa das Genfer Schema. Als eine Art Grundmuster für die Merkmalsdifferenzierung wird man jedoch die Unterscheidung zwischen Leistungsergebnis (Quantität, Qualität, Sparsamkeit bzw. Ergiebigkeit des Faktorverbrauchs) und Leistungsverhalten (Initiative, Leistungsbereitschaft, Kooperationsbereitschaft, Zuverlässigkeit, Sorgfalt u. ä.) ansehen können.

(bc) Zwischenbetriebliche Lohnvergleiche

Zwischenbetrieblicher Lohnvergleiche bedarf es aus zwei Gründen:

1. Tariflöhne sind Mindestlöhne, die den Angebots- und Nachfrageverhältnissen auf dem Arbeitsmarkt vielfach nicht entsprechen. Insbesondere in Fällen einer

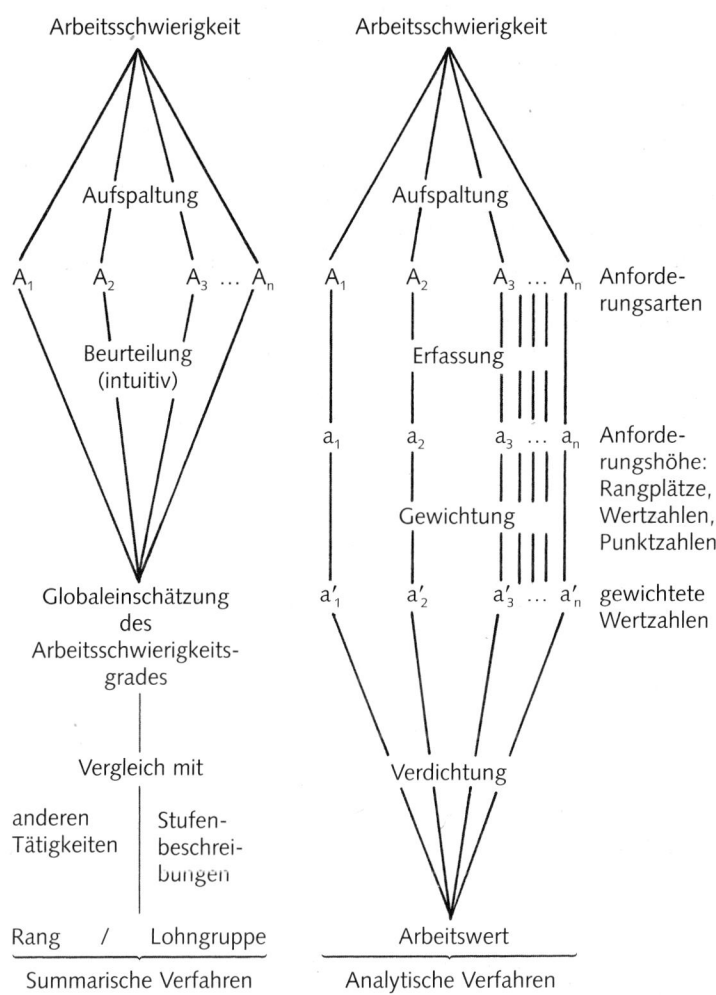

Abbildung 7.9: Gegenüberstellung der Verfahrensschritte bei summarischen und analytischen Arbeitsbewertungsverfahren

Verknappung bestimmter Arbeitskräftekategorien entsteht das Problem, dass Mitarbeiter zu Tariflöhnen nicht zu gewinnen bzw. nicht zu halten sind. Durch zwischenbetrieblichen Lohnvergleich verschaffen sich Betriebe die notwendige Vorstellung von dem erforderlichen Ausmaß an Lohnzugeständnissen zur Erreichung ihrer Verfügbarkeitsziele.

2. Im sog. außertariflichen Bereich fehlen die den tariflichen Sektor kennzeichnenden Rahmendaten für die betriebliche Entgeltgestaltung, sodass das Herantasten an die marktgerechte Gehaltshöhe im Prinzip nur über zwischenbetrieblichen Lohnvergleich gelingt.

Durchgeführt werden solche zwischenbetrieblichen Lohnvergleiche, die als Instrument der Lohnproportionierung und Lohnniveaufestlegung anzusehen sind, vielfach ad hoc und unsystematisch. Bekannt ist aber auch, dass insbesondere Großbetriebe in regelmäßigem und umfassendem Informationsaustausch über die von ihnen gezahlten Löhne und Gehälter stehen. Zudem gehören systematische Gehaltsvergleiche zum Dienstleistungsangebot von Unternehmens- und Personalberatern.

(4) Lohnformen

Die **Lohnformen**, die in der Praxis häufig Entlohnungsgrundsätze genannt werden, unterscheiden sich hinsichtlich der Art und des Umfangs, in denen sie die erbrachten (oder erwarteten) Arbeitsleistungen und die Umstände der Leistungserbringung in Arbeitsentgelte umsetzen. Dies lässt sich anhand der Bemessungsgrundlagen der Entlohnung exemplarisch verdeutlichen (vgl. Abb. 7.10; entnommen aus Kossbiel [Anreizsysteme] 79).

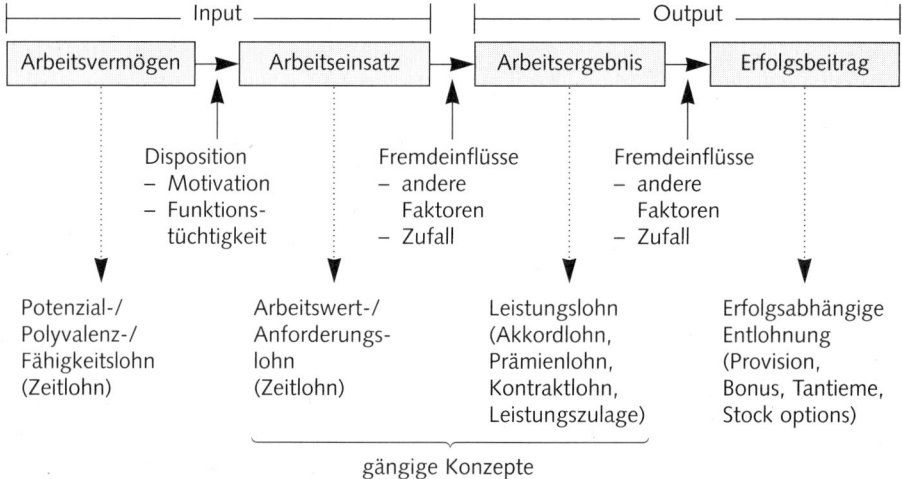

Abbildung 7.10: Bemessungsgrundlagen und Formen der Entlohnung

(a) Traditionelle Lohnformen

Im Einzelnen werden unterschieden:

Lohnformen

1. Formen der Grundvergütung
   - Zeitlohn (einschließlich Gehalt)
   - Stücklohn (insbesondere Akkordlohn)

2. Formen der Zusatzvergütung
   - Prämie
   - Zulage
   - Zuschlag

Unter einem **Prämienlohn** versteht man eine Kombination aus einer der beiden Grundvergütungsformen und einer oder mehreren Prämien.

(aa) Zeit- und Stücklohn als Grundvergütung

Zeit- und **Stücklohn** weichen hinsichtlich der Art der Berücksichtigung der Arbeitsleistung erheblich voneinander ab.

Beim **Zeitlohn** wird der individuelle Leistungsumfang implizit und inexakt über die Arbeitszeit erfasst:

Lohn pro Periode	=	Lohn pro Arbeitszeit-einheit	$\times$	Arbeitszeit-einheiten pro Periode

Beim **Stücklohn** wird die individuelle Leistung explizit und exakt durch Einbeziehung der erbrachten Leistungseinheiten in die Lohnberechnung berücksichtigt:

Lohn pro Periode	=	Lohn pro Leistungs-einheit	$\times$	Leistungs-einheiten pro Periode

(sog. **Geldakkord**)

Lohn pro Periode	=	Lohn pro Vorgabezeit-einheit	$\times$	Vorgabezeit-einheiten pro Leistungseinheit	$\times$	Leistungs-einheiten pro Periode

(sog. **Zeitakkord**).

Angewendet wird der **Zeitlohn** vor allem dann, wenn der Leistungsumfang pro Periode

- auf Grund technisch-organisatorischer Bedingungen (annähernd) konstant ist, z. B. bei Arbeiten, bei denen das Arbeitstempo durch die Maschine «diktiert» wird,
- zwar variabel, aber durch die Arbeitskraft nicht zu beeinflussen ist, z. B. bei Arbeiten, die sporadisch anfallen,
- nicht oder nur mit unverhältnismäßig hohem Aufwand qualitativ und quantitativ erfasst werden kann, z. B. bei Überwachungs- oder Reparaturarbeiten,
- wegen erhöhter Sicherheits- bzw. Qualitätserfordernisse nicht zusätzlich stimuliert werden soll, z. B. bei Bergungsarbeiten an Schiffen oder bei der Herstellung optischer Geräte mit hohen Präzisionsanforderungen.

Der besondere **Vorteil des Zeitlohnes** liegt in seiner leichten Handhabbarkeit, sofern die Arbeitszeiterfassung ausreichend gesichert ist. Sein Nachteil besteht darin, dass er wegen der fehlenden direkten Beziehung zwischen Arbeitsleistung und Arbeitsentgelt wenig Anreiz zu hoher individueller Leistung bietet. Aus diesem Grunde unterliegt die Leistung der Mitarbeiter beim Zeitlohn vielfach strengen Kontrollen.

Für die Anwendung des **Stücklohnes** gelten die Bedingungen des Zeitlohnes gleichsam mit umgekehrtem Vorzeichen: Er kommt zum Zuge bei Arbeiten, die hinsichtlich ihres Qualitätsniveaus gut einschätzbar und hinsichtlich ihres Umfangs sowohl leicht erfassbar als auch von der Arbeitskraft nennenswert individuell beeinflussbar sind. Zudem dürfen der freien Leistungsentfaltung keine überhöhten Sicherheits- und Qualitätsanforderungen entgegenstehen; Entsprechendes gilt für die in der Praxis vielfach zu beobachtende informelle Leistungsnormierung, die der ursprünglichen Idee der Stückentlohnung häufig zuwiderläuft.

Kernproblem der Stückentlohnung ist die Bestimmung einer Bezugsleistung, die für die Ermittlung der Vorgabezeit bzw. für die Festlegung des sog. Geldfaktors (Lohn pro Leistungseinheit) von ausschlaggebender Bedeutung ist. Dabei gilt: Je höher die Bezugsleistung, desto geringer die Vorgabezeit, und je geringer die Vorgabezeit, desto geringer – ceteris paribus – der Lohn. Bei *REFA* z. B. liegt der Vorgabezeitermittlung die sog. **Normalleistung** als Bezugsleistung zugrunde. Für die Ermittlung von Vorgabezeiten ist somit «eine anschauliche Vorstellung von der Normalleistung» unabdingbar (REFA [Datenermittlung] 135 ff.). Allerdings gelangt man zu «dieser anschaulichen Vorstellung» nicht auf irgendeine methodisch gesicherte Art und Weise, da die Normalleistung zwar verbal umschrieben, nicht aber auf analytischem Wege bestimmt werden kann. Dennoch handelt es sich bei der Normalleistung um eine Kategorie, mit der die Praxis offenbar über Jahrzehnte gut zurechtgekommen ist.

In den letzten Jahren wird zur Ermittlung von Vorgabezeiten verstärkt von Systemen vorbestimmter Zeiten, den sog. **Kleinstzeitverfahren**, z. B. WF-Verfahren (Work Factor) und MTM-Verfahren (Methods-Time-Measurement), Gebrauch gemacht. Mit diesen Verfahren wird die Bezugsleistungsthematik nicht ausgeräumt; sie ist nur verlagert in die die Verfahren kennzeichnenden Zeittabellen für die einzelnen Tätigkeitselemente.

(ab) Zusatzvergütungen

Unter den **Zusatzvergütungen** kommt den **Prämien**, insbesondere als Bestandteil von standardisierten Prämienlohnsystemen, wachsende Bedeutung zu. Dies ist im Wesentlichen darauf zurückzuführen, dass der Akkordentlohnung – als typische Lohnform für geringe bis mittlere Technisierungsgrade – zunehmend die Basis (individuelle Beeinflussbarkeit des Leistungsumfangs) entzogen wird. Der **Prämienlohn**, heute vorwiegend in der Version Zeitlohn + Prämie verwendet, gilt als die flexibelste Lohnform, da Prämien für sehr verschiedene Merkmale menschlicher Arbeitsleistung gezahlt werden können, z. B. für den Leistungsumfang (Mengenleistungsprämien), die Leistungsgüte (Qualitätsprämien), die Materialeinsparung (Ersparnisprämien), die Verminderung von Leerlaufzeiten (Maschinennutzungsprämien) und die Erfüllung von Zeitvorgaben (Termineinhaltungsprämien). Ähnlich wie bei der Stückentlohnung bedarf es auch bei der Prämienentlohnung der Festlegung einer Bezugsleistung (Prämienanfangsleistung), bei deren Überschreitung die Prämienzahlung beginnt.

Im Gegensatz zur Prämie werden **Zulagen** i. d. R. nicht auf der Grundlage differenziert ermittelter Einzelleistungen, sondern pauschal gewährt, z. B. als Leistungszulage auf Grund periodisch durchgeführter Leistungsbewertung bzw. Personalbeurteilung, als Funktionszulage für zeitweise Wahrnehmung höherwertiger Aufgaben, als Erschwernis-, Schmutz- oder Gefahrenzulage für Arbeiten, mit denen besondere Belästigungen oder persönliche Risiken verbunden sind, oder als Arbeitsmarktzulage auf Grund der Knappheit bestimmter Arbeitskräftekategorien.

Lohnzuschläge schließlich sind Entgeltbestandteile, die für außergewöhnliche Länge und Lage der Arbeitszeit (z. B. Überstunden-, Nachtarbeits- sowie Sonn- und Feiertagsarbeitszuschläge) oder zum Ausgleich unterschiedlicher Belastungen (z. B. Ortszuschläge) gezahlt werden.

Nicht zu den betrieblichen Lohnformen zählt der sog. **Kombilohn**. Seine Einführung ist eine der (umstrittenen) Maßnahmen der aktiven Arbeitsmarktpolitik, mit denen der Staat die Eingliederung von (Langzeit-)Arbeitslosen in das Erwerbsleben subventioniert: Ein Teil des zu zahlenden Lohnes wird von der Bundesanstalt für Arbeit übernommen.

(b) Neuere Entwicklungen auf dem Gebiet der Entlohnung

Eine in jüngerer Zeit stärker diskutierte Entlohnungsvariante ist der sog. **Kontrakt-** bzw. **Pensumlohn**. Bei dieser Entlohnungsform treffen Arbeitnehmer und Betrieb für einen längeren Zeitraum eine Vereinbarung über den durchschnittlich pro Abrechnungsperiode zu erbringenden Leistungsumfang (Bemessungsgrundlage), auf Grund deren auch bei im Zeitablauf schwankender Leistung ein konstanter Lohn gezahlt wird. Abgesehen davon, dass mit dieser Stabilhaltung der Lohnzahlungen sowohl für den Arbeitnehmer (konstantes Einkommen) als auch für den Betrieb (feste Grundlagen für Finanzdispositionen) Vorteile verbunden sind, kommt der Kontraktlohn der Idee, den Arbeitnehmern ein höheres Maß an Autonomie zuzugestehen, entgegen. Inhaltlich brauchen sich die angesprochenen Kontrakte durchaus nicht auf den Leistungsumfang zu beschränken; sie könnten sich im Prinzip auch auf thematische und zeitliche Aspekte der Arbeit erstrecken bzw. solche einbeziehen (vgl. in diesem Zusammenhang die Diskussion um Arbeitszeitflexibilisierung).

Auf längere Sicht könnte die heute noch dominierende, auf die Anforderungen von Tätigkeiten bezogene Entlohnung im stärkeren Maße durch eine **Potenzialentlohnung** abgelöst werden. Gemeint ist damit eine vorwiegend an den Fähigkeiten der Beschäftigten (als Bemessungsgrundlage) orientierte Vergütung. Die Argumente dafür sind im Zusammenhang mit der fortschreitenden Technisierung zu sehen und beziehen sich auf den Schutz vor Abgruppierung (Arbeitnehmerinteressen) und die Sicherung der personellen Einsatzflexibilität (Betriebsinteressen).

Stärkere Beachtung findet in jüngster Zeit die sog. **aufgeschobene Vergütung** (**deferred compensation**), bei der Mitarbeiter, und zwar vornehmlich gut verdienende Führungskräfte die Auszahlung eines Teils ihres Monats- bzw. Jahreseinkommens auf spätere Perioden – z. B. in die Zeit nach ihrer Pensionierung – verschieben können. Die nicht ausgezahlten Einkommensteile werden im Unternehmen wie ein Darlehen behandelt und verzinst. Neben dem einkommenserhöhenden Zinseffekt kann sich für die Mitarbeiter ein ausgabensparender Steuereffekt ergeben: Sofern der Grenzsteuersatz auf Grund des niedrigeren Einkommens im Ruhestand geringer ist als in der aktiven Phase, ist nicht nur mit einer Verschiebung, sondern auch mit einer Verminderung der Steuerbelastung zu rechnen. Mögliche Nachteile aus Sicht der Mitarbeiter resultieren aus dem allgemeinen Inflationsrisiko, dem Risiko späterer Steuererhöhungen und dem Insolvenzrisiko (Drumm [Personalwirtschaft], 589ff). Für das Unternehmen wirkt die aufgeschobene Vergütung wie die Aufnahme eines (zinsgünstigen) Kredits.

Eine gewisse Ähnlichkeit mit der aufgeschobenen Vergütung hat die im Zusammenhang mit Moral hazard- und Hold up-Problemen diskutierte **Senioritätsentlohnung**. Bei der Senioritätsentlohnung werden Arbeitskräfte zu Beginn ihrer Beschäftigung in einem Unternehmen unter ihrem Wertgrenzprodukt und später über ihrem Wertgrenzprodukt entlohnt (tendenziell ansteigendes Einkommensprofil). Der Barwert der Einkommen stimmt – über die gesamte Beschäftigungszeit betrachtet – mit dem Barwert der Wertgrenzprodukte überein.

Die in der ersten Beschäftigungsphase «angesparten» Einkommensteile können auch erst nach der aktiven Phase als (zusätzliche) Altersversorgung ausgezahlt werden, womit sich die Nähe zur aufgeschobenen Vergütung noch deutlicher zeigt. Dennoch bestehen zwischen der Senioritätsentlohnung und der aufgeschobenen Vergütung zwei gravierende Unterschiede: Im Fall der Senioritätsentlohnung ist das Unternehmen, im Fall der aufgeschobenen Vergütung der Mitarbeiter «Herr des Verfahrens». Außerdem sind die angesparten Einkommensteile bei der aufgeschobenen Vergütung von Anfang an unverfallbar, während die zunächst «vorenthaltenen» Einkommensteile bei der Senioritätsentlohnung – bei Pensionsanwartschaften bis zum Zeitpunkt ihrer Unverfallbarkeit – wie ein Pfand wirken, das der Mitarbeiter dem Unternehmen an die Hand gibt und das einbehalten wird, wenn er den Betrieb aus eigenem Antrieb vorzeitig verlässt (s. Hold up) oder wegen Bummelei verlassen muss (s. Moral hazard).

Große Bedeutung kommt gegenwärtig – jedenfalls in der öffentlichen Diskussion – der sog. **erfolgsabhängigen Entlohnung** bzw. der **variablen Vergütung** zu. Den Führungskräften bzw. den Mitarbeitern wird dabei eine Vergütung angeboten, die sich aus zwei Teilen zusammensetzt: einem festen Gehalt (Zeitlohn) und einer variablen, erfolgsabhängigen Komponente. Diese Art der Entlohnung ist durchaus nicht neu; sie wird seit langem bei der Vergütung von Außendienstmitarbeitern

(Fixum plus Provision auf den erzielten Umsatz bzw. die erzielte Wertschöpfung) oder bei der Entlohnung von Topmanagern (Festgehalt plus Tantieme) praktiziert. Auch eine Akkordentlohnung von Arbeitern, denen ein Mindestlohn garantiert wird, trägt ähnliche Züge.

Neu ist das Bemühen, den Anwendungsbereich der erfolgsabhängigen Entlohnung in den Unternehmen deutlich auszudehnen. Das Problem besteht im Wesentlichen darin, eine im Sinne der Zielsetzung des Unternehmens brauchbare Bemessungsgrundlage zu finden. Beispiele für Bemessungsgrundlagen bei der erfolgsabhängigen Entlohnung sind u. a.: Umsätze, Wertschöpfungsgrößen, Kosten (Einsparung!), Cash flows, Gewinne, Kapitalwerte oder Marktwertentwicklungen eines Unternehmens (Börsenkursentwicklungen im Fall einer Aktiengesellschaft). An die Stelle monetärer Erfolgsgrößen und Erfolgskomponenten treten in der Praxis häufig Zielerreichungsgrade auf der Basis vorgängiger Zielvereinbarungen (s. Management by objectives), und zwar dann, wenn monetäre Erfolgsgrößen oder Erfolgskomponenten nicht ermittelbar, nicht repräsentativ oder nicht zurechenbar sind und man dennoch auf eine variable Entlohnung nicht verzichten will.

Die erfolgsabhängige Entlohnung ist ein Thema, das in der Neueren Institutionenökonomie mit dem Ziel der Vermeidung von Moral hazard-Problemen, die für Principal-Agent-Beziehungen als typisch gelten, diskutiert wird. Dabei wird davon ausgegangen, dass der Erfolg außer von den (schwer kontrollierbaren) Arbeitsanstrengungen des Agent auch von den (unsicheren) Umweltentwicklungen abhängt. Um den Agent zu einem möglichst hohen Anstrengungsniveau zu führen, ist es sinnvoll, ihn am erwirtschafteten Erfolg partizipieren zu lassen. Indem er die eigenen (monetären) Ziele verfolgt, handelt er zugleich im Interesse des Principal (Laux [Risiko] 10 ff.).

Als Alternative zur erfolgsabhängigen Vergütung von Agenten wird in der Theorie die Zahlung von sog. **Effizienzlöhnen** erörtert. Effizienzlöhne (nicht zu verwechseln mit Effektivlöhnen!) sind Löhne, die über dem Marktlohn liegen. Diese wird ein Agent aufs Spiel setzen, wenn er sich nicht genügend anstrengt, dabei entdeckt und entlassen wird.

Ein Sonderfall der Entlohnung, dem ebenfalls von Seiten der Neueren Institutionenökonomie viel Aufmerksamkeit geschenkt wird, ist die **Tournamentsentlohnung**. Sie kommt in Betracht, wenn der Erfolg entweder nicht kardinal, sondern nur ordinal gemessen werden kann oder seine kardinale Messung von nachgeordnetem Interesse ist. Entlohnt wird wie bei einer Sportveranstaltung z. B. einem Reitturnier oder einem Marathonlauf, nach dem erzielten Rangplatz und damit nach der relativen und nicht nach der absoluten Leistung. Dem gleichen Muster folgt die Verteilung von Sonderprämien (sog. Incentives) an die besten Außendienstmitarbeiter. Auch die Auszeichnung der Sieger eines Ideenwettbewerbs im Unternehmen oder die Beförderung der besten Nachwuchskräfte auf höhere Positionen (Beförderung nach Leistung) haben zumindest indirekt etwas mit Tournamentsentlohnung zu tun.

In der Praxis wird seit einigen Jahren bei den Führungskräften weniger über einzelne Entlohnungskomponenten gesprochen, sondern über ganze **Vergütungspakete** (total compensation). In diese sind neben den monetären Entgelten (fixe und variable Bestandteile) auch andere geldwerte Vorteile, sog. fringe benefits, wie Firmenwohnung, Firmenfahrzeug, zinsgünstige Darlehen, zusätzliche Altersversorgung, Aktienoptionen (zu einer kritischen Würdigung: Knoll [Managerbezüge] 241 u. ä. einzurechnen. Ein Teil dieser geldwerten Vorteile ist geeignet, mit Elementen der variablen Vergütung in sog. **Cafeteria-Systeme** einbezogen zu werden, die den Führungskräften (allgemein den Mitarbeitern) den Vorteil bieten, das Vergütungspaket in gewissen Grenzen nach den eigenen Bedürfnissen zu strukturieren.

4.2.1.4.3 Erfolgsbeteiligungssysteme

Es spräche zunächst wenig dagegen, die erfolgsabhängige Entlohnung von Mitarbeitern [vgl. Abschnitt 4.2.1.4.2/4.b)] als ein Erfolgsbeteiligungssystem zu interpretieren; allerdings würde man damit in Widerspruch zu dessen landläufigem Verständnis geraten: Bei der Erfolgsbeteiligung geht es um Anreize, die einer Person nicht auf Grund individueller Bewährung geboten werden (sog. individuelle Anreize), sondern auf Grund der Tatsache, dass sie einem Unternehmen (dem System) oder einer Mitarbeitergruppe (einem Subsystem) angehört (sog. kollektive oder Systemanreize). Solche Systemanreize – Herzberg et al. [Motivation] würde von Hygienefaktoren sprechen – haben die Eigenschaft, dass sie bei positiver Ausprägung bestenfalls die Bleibemotivation, nicht aber die Beitragsmotivation steigern. Mit anderen Worten: Die (allgemeine) Erfolgsbeteiligung von Mitarbeitern fördert ein Verhalten, das die Systemmitgliedschaft nicht gefährdet, regt aber nicht zu besonderen Leistungen an. In diesem Sinne kann eine Erfolgsbeteiligung auch eine akquisitorische Wirkung auf potenzielle Mitarbeiter (Bewerber) entfalten, d. h. Beitrittsmotivation auslösen. In der Steigerung der Teilnahmemotivation scheint also der einzige ökonomische Sinn von (allgemeinen) Erfolgsbeteiligungssystemen zu liegen. Die Vermutung, dass sie die Mitarbeiter zu mehr unternehmerischem Denken und Handeln führen, erscheint uns dagegen sehr gewagt. Die Beeinflussbarkeitsprämisse als Effizienzbedingung für Anreizsysteme ist in diesem Fall nicht hinreichend erfüllt.

Die Einführung eines Erfolgsbeteiligungssystems beruht auf einer Grundsatzentscheidung der Anteilseigner eines Unternehmens, das Personal, das unabhängig von der geschäftlichen Entwicklung Anspruch auf den vertraglich vereinbarten Lohn hat, am Residuum der wirtschaftlichen Tätigkeit, dem Gewinn, zu beteiligen. Mit dieser Entscheidung verbinden sich außer der Frage nach den dahinterstehenden (möglicherweise auch humanen) Motiven folgende **Einzelprobleme:**

1. Welcher Personenkreis soll begünstigt werden: z. B. alle Mitarbeiter oder nur Mitarbeiter ab einer bestimmten Hierarchieebene oder ab einer bestimmten Betriebszugehörigkeitsdauer?

2. Welche Erfolgsgröße soll dem System zugrundeliegen: z. B. der Bilanzgewinn oder der Jahresüberschuss?

3. Welcher Anteil an der Erfolgsgröße soll an die Begünstigten ausgeschüttet werden?

4. Nach welchem Modus soll der Erfolgsanteil auf die erfolgsbeteiligten Mitarbeiter verteilt werden: z. B. Gleichverteilung (d. h. nach dem «Gießkannenprinzip») oder Differenzierung nach der Entgelthöhe?

5. In welcher Form sollen die individuellen Anteile ausgeschüttet werden: z. B. bar oder als Kapitalbeteiligung oder als unternehmensfremde Finanztitel?

6. Sollen die erfolgsbeteiligten Mitarbeiter überhaupt und – wenn ja – wie und in welchen Umfang am Verlust beteiligt werden?

Die letzte Frage ist in zweifacher Hinsicht interessant: Erstens darf eine Verlustbeteiligung den vertraglich vereinbarten Lohn eines Arbeitnehmers nicht mindern und zweites wird eine Verlustbeteiligung die Teilnahmemotivation aktueller und potenzieller Mitarbeiter vermutlich negativ beeinflussen.

Zur Beantwortung aller sechs Fragen sind sowohl in der wissenschaftlichen als auch in der praxisorientierten Literatur ein Fülle von Vorschlägen unterbreitet worden (Gaugler [Erfolgsbeteiligung] 794–807; Schultz [Erfolgsbeteiligung] 818–827; Drumm [Personalwirtschaft] 597–607), die eines gemeinsam haben: Sie lassen sich wissenschaftlich nicht bündig begründen.

4.2.1.4.4 Systeme der betrieblichen Altersversorgung

Die betriebliche Altersversorgung wird immer noch als eines der bedeutendsten Subsysteme des betrieblichen Sozialleistungssystems angesehen, obwohl nach heute herrschendem (Rechts-)Verständnis die betrieblichen Versorgungsleistungen überwiegend auf einer betrieblich veranlassten Verschiebung von Entgelten für geleistete Arbeit beruhen und damit eigentlich als ein Element der betrieblichen Entlohnungssysteme zu interpretieren sind (Heubeck [Betriebliche Altersversorgung] 23). Die Vorstellung, dass die betriebliche Altersversorgung auf einem temporären Lohnverzicht basiert, verträgt sich gut mit der Tatsache, dass die Anwärter auf ein betriebliches Altersruhegeld bereits in der Vergangenheit ihre Versorgung durch Eigenbeteiligung, d. h. einen weiteren freiwilligen Verzicht auf konsumtive Verwendung ihres Lohnes, im Rahmen der betrieblichen Altersversorgung verbessern konnten. Diese Möglichkeit ist nach der Rentenreform von 2001 systematisch über das Institut des sog. Entgeltumwandlungsanspruchs geregelt. Die Entgeltumwandlung ist im Grunde genommen nichts anderes als eine vom Mitarbeiter veranlasste Verschiebung der Vergütung (deferred compensation; vgl. Abschnitt 4.2.1.4.2), deren steuerliche und sozialabgabenbezogene Behandlung im Altersvermögensgesetz vom 11. Mai 2001 – differenziert nach Durchführungswegen der betrieblichen Altersversorgung – festgelegt ist. So gesehen ist die betriebliche Altersversorgung eigentlich nichts anderes als ein organisatorischer Rahmen, innerhalb dessen ein Teil der arbeitnehmerseitig finanzierten Alterssicherung «abgewickelt» wird.

Für die Durchführung der betrieblichen Altersversorgung gibt es – nach Einführung des Pensionsfonds durch das Altersvermögensgesetz – **fünf verschiedene Wege:**

1. Direktzusage

Träger der Altersversorgung ist im Fall der Direktzusage das Unternehmen, das sich zur einmaligen oder wiederkehrenden Zahlung eines bestimmten Betrages bei Ausscheiden eines Mitarbeiters aus Altersgründen verpflichtet. Bei Neuzusagen nach dem 1.1.1987 ist die Bildung einer Rückstellung in der Bilanz zwingend vorgeschrieben (zu Einzelheiten vgl. Heubeck [Betriebliche Altersversorgung] 25).

2. Unterstützungskasse

Träger ist eine rechtlich selbständige Einrichtung in der Rechtsform eines eingetragenen Vereins, einer GmbH oder eine Stiftung. Die Unterstützungskasse unterliegt der Mitbestimmung des Betriebsrats, nicht jedoch der Versicherungsaufsicht. Ein Rechtsanspruch der Mitarbeiter auf einmalige oder wiederkehrende Zahlungen im Alter ist satzungsgemäß zwar ausgeschlossen, faktisch aber gegeben (zu Einzelheiten vgl. Heubeck [Betriebliche Altersversorgung] 26).

3. Direktversicherung

Träger ist ein Versicherungsunternehmen, mit dem der Arbeitgeber als Versicherungsnehmer und Beitragszahler einen Lebensversicherungsvertrag zugunsten eines oder mehrerer Arbeitnehmer (Einzel- oder Gruppenvertrag) abschließt. Bezugsberechtigt hinsichtlich der Versicherungsleistung sind der Arbeitnehmer bzw. seine Hinterbliebenen (zu Einzelheiten vgl. Heubeck [Betriebliche Altersversorgung] 26 f.).

4. Pensionskasse

Träger ist eine von einem oder von mehreren Unternehmen meist in der Rechtsform des Versicherungsvereins auf Gegenseitigkeit gegründete, rechtlich selbständige Einrichtung, deren Zweck die Alters- und Hinterbliebenenversorgung der Betriebsangehörigen ist. Das oder die die Pensionskasse unterhaltenden Unternehmen haben für eine ausreichende Finanzierung zu sorgen. Pensionskassen unterliegen der Versicherungsaufsicht und – unter bestimmten Voraussetzungen – auch der betrieblichen Mitbestimmung (zu Einzelheiten vgl. Heubeck [Betriebliche Altersversorgung] 25 f.).

5. Pensionsfonds

Träger von Pensionsfonds sind ebenfalls rechtlich selbständige Einrichtungen, und zwar in der Rechtsform der Aktiengesellschaft oder des Pensionsfondsvereins auf Gegenseitigkeit. Sie haben sehr viel Ähnlichkeit mit Pensionskassen, unterliegen allerdings weniger strengen Anlagevorschriften. Wegen des erhöhten Risikos der

Geldanlage ist der Arbeitgeber bezüglich der Altersversorgung durch einen Pensionsfonds insolvenzsicherungspflichtig und er haftet für die Einhaltung der gemachten Versorgungszusagen. Als überbetriebliche Einrichtungen gelten Pensionsfonds als besonders geeignet für Klein- und Mittelunternehmen, die ihren Mitarbeitern eine Altersversorgung bieten wollen (zu Einzelheiten vgl. Recktenwald/Döring [Neue Chancen] 47 f.).

Die Rentenreform 2000/01 und in dessen Rahmen vor allem das Altersvermögensgesetz vom 11. Mai 2001, die auf eine kapitalgedeckte Zusatzversorgung zielen, haben neben der Einführung der Pensionsfonds und des Anspruchs auf Entgeltumwandlung die staatliche Förderung (sog. Riester-Förderung) insbesondere der Direktversicherung, der Pensionskassen und der Pensionsfonds sowie die Unverfallbarkeitsfristen von Anwartschaften auf betriebliche Altersversorgung neu geregelt (zu Einzelheiten vgl. Recktenwald/Döring [Neue Chancen] 46 ff.). Gerade der letztgenannte Regelungstatbestand hat die betriebliche Altersversorgung noch mehr ihres (ursprünglichen) Charakters beraubt, eine «goldene Fessel» zu sein (gemeint ist die Bindung an das Unternehmen).

4.2.2   Dispositive Maßnahmen der Verhaltensbeeinflussung

Die dem **zweiten Konzept** der Verhaltensbeeinflussung (vgl. Abschnitt 4.2) zuzurechnenden Aktivitäten einer mehr auf den Einzelfall bezogenen Personalverhaltensbeeinflussung bezeichnen wir als **dispositive** oder **situative Maßnahmen**. Hierunter fallen zunächst einmal jene Prozesse, die üblicherweise unter dem Begriff **Personalführung** zusammengefasst werden.

> **Personalführung** ist eine beabsichtigte Beeinflussung des Verhaltens von Personen (Unterstellten) durch dazu legitimierte andere Personen (Vorgesetzte), und zwar mittels instruierender, qualifizierender und motivierender Informationen (Irle [Führungsverhalten] 539; Baumgarten [Führungsstile] 14).

Die instruierenden Informationen beziehen sich im Wesentlichen auf die Vorgabe von situationsspezifischen Verhaltensnormen und auf die Erläuterung der Handlungsbedingungen, die qualifizierenden Informationen auf die Anleitung von Handeln und auf die Rückmeldung von Beurteilungsergebnissen, die motivierenden Informationen auf die Vermittlung von Kontroll- und Anreizperspektiven.

Außer der so verstandenen Personalführung gehören auch **Ad-hoc-Maßnahmen** zur Gestaltung von Handlungsbedingungen (z. B. Gewährung personeller und sachlicher Unterstützung im Einzelfall; sog. Präparation), die Feststellung und Analyse von **Soll-Ist-Abweichungen** sowie situationsbestimmte **Gratifikations-** und **Sanktionsverfügungen** zu den dispositiven Maßnahmen der Verhaltensbeeinflussung. Diese stellen sich damit als ein Komplex lenkender, beurteilender sowie abgeltender Aktivitäten dar, die von Vorgesetzten in bestimmten Situationen ergriffen werden. Sie sind teils konkretisierende, teils komplettierende, teils adaptierende

Umsetzungen der mit der Entwicklung und Einführung von Arbeitsstrukturen, Beurteilungskonzepten und Anreizsystemen verfolgten Beeinflussungsabsichten und zielen darauf, Bedingungen zu schaffen, die die Adressaten dieser Maßnahmen dazu veranlassen, so zu handeln, wie es den organisationalen Verhaltensansprüchen entspricht.

4.3   Konzeptionen der Beeinflussung des Personalverhaltens

Das Thema «Verhaltensbeeinflussung in organisierten und nicht organisierten Gruppen» ist in der Vergangenheit vornehmlich in der Sozialpsychologie und in den Sozialwissenschaften behandelt worden, und zwar unter Stichworten wie Führung, Führerrolle, sozialer Einfluss, soziale Kontrolle, Macht, Herrschaft und Autorität (für einen Überblick siehe: Cartwright [Influence]; Staehle [Management]; Wunderer/Grunwald [Führungslehre]). Die deutsche Betriebswirtschaftslehre, lange Zeit mehr mit Fragen der Willensbildung und weniger mit solchen der Willensdurchsetzung und Willenssicherung befasst, ist erst im Zuge der Entwicklung der empirischen Entscheidungs- und Organisationsforschung, der Neueren Institutionenökonomie (Property Rights-Theorie, Transaktionskosten-Theorie, Principal-Agent-Theorie) sowie der Personalwirtschaftslehre mit diesem Problemfeld stärker in Berührung gekommen.

Im Folgenden versuchen wir, mit Hilfe zweier Abbildungen einen groben Überblick über zurückliegende und laufende Bemühungen auf dem besonders intensiv bearbeiteten Gebiet der Personalführung zu vermitteln. Der Abb. 7.11 ist dabei die Aufgabe zugedacht, die theoretischen Ansätze zu benennen und zu gruppieren. Wir unterscheiden dabei zwischen sog. **Führungskontexttheorien**, die die Effizienz von Führung in Abhängigkeit von bestimmten Kontextvariablen unter weitgehender Ausblendung des Verhaltens der am Führungsprozess Beteiligten betrachten, und sog. **Führungsprozesstheorien**, die die Effizienz von Führung in Abhängigkeit vom Führungsverhalten unter weitgehender Ausblendung der Führungssituation sehen.

Zu den Führungskontexttheorien zählen zum Einen die **Eigenschaftstheorie** der Führung, die die Übernahme der Führerrolle und den Führungserfolg auf Persönlichkeitsmerkmale der «Führer» zurückzuführen versucht, zum Anderen die **Situationstheorie** der Führung, die die Übernahme der Führerrolle und den Führungserfolg aus der Situation einer Gruppe heraus erklärt. Beide Ansätze sind in der sog. **Interaktionstheorie** der Führung miteinander verknüpft worden.

Führungsprozesstheorien stellen demgegenüber stärker auf das Verhalten der am Führungsprozess beteiligten Personen ab. Während **Führungsmustertheorien** den Führungsstil bzw. die Führungstechnik der Vorgesetzten als entscheidende Größe für den Führungserfolg herausstellen und Führung vornehmlich als einen einseitigen Beeinflussungsprozess betrachten, betonen **Führungsablauftheorien** die Interaktion zwischen Vorgesetzten und Untergebenen und damit die Wechselseitigkeit

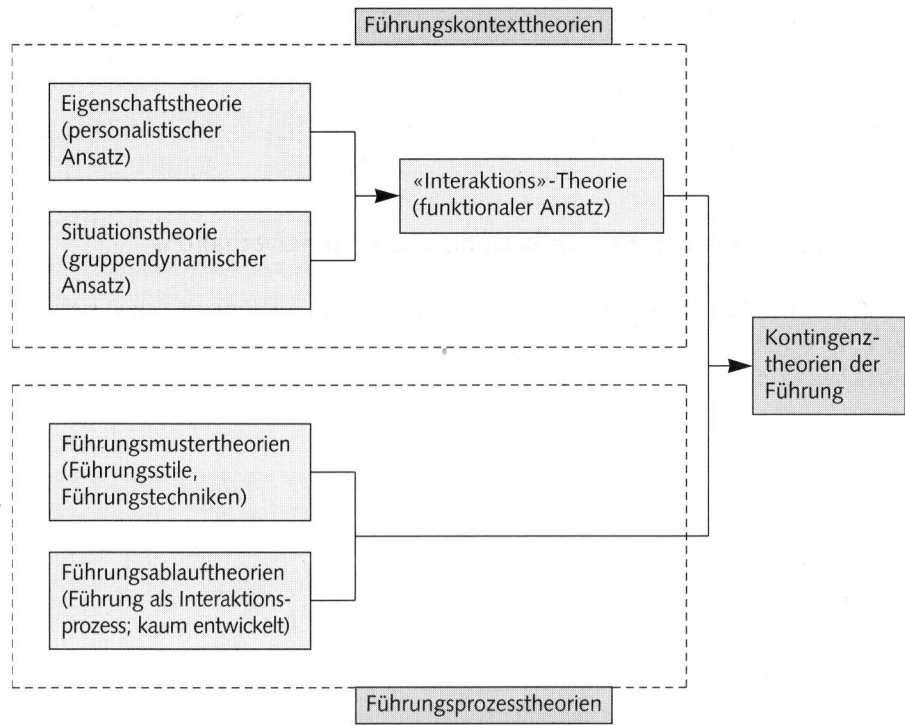

Abbildung 7.11: Erklärungsansätze zur Personalführung

der Einflussnahme. Eine umfassend angelegte Führungstheorie muss nun versuchen, die Führungskontext- und Führungsprozesstheorien zu einer **Kontingenztheorie** der Führung zu integrieren, bei der die Effizienz der Führung sowohl in Abhängigkeit von den Kontext- und Situationsfaktoren der Führung als auch vom Verhalten der «Führer» und «Geführten» untersucht wird. Solche Kontingenztheorien der Führung konkretisieren sich in einer Menge empirisch mehr oder weniger gut bestätigter **Hypothesen**, die nach folgendem Muster aufgebaut sind:

Wenn das Führungsverhalten(skonzept) V realisiert wird und der Führungskontext (Führungssituation) S vorliegt, dann treten die Führungswirkungen W ein.

Systematisch einordnen lässt sich eine solche Hypothese mit Hilfe der Abb. 7.12, die an die Abb. 7.2 anknüpft und mit ihren durchgezogenen Pfeilen den Aussagenbereich bisheriger Kontingenztheorien der Führung, mit den gestrichelten Pfeilen die ausgeblendeten Kontingenzrelationen kennzeichnet. Dabei unterscheiden sich die einzelnen Kontingenztheorien hinsichtlich der erfassten bzw. untersuchten Führungsverhaltensdimensionen, Kontextfaktoren und Wirkungskriterien. Entsprechend dieser Darstellung findet man in der Literatur Kontingenztheorien, bei denen der Kausalzusammenhang zwischen verschiedenen Führungsverhaltensweisen (z. B. Führungsstilen) und ihren Wirkungen unter Einbeziehung von Führungskontextfaktoren als intervenierenden Variablen thematisiert wird. Dagegen wird die Selektivitätsbeziehung zwischen Führungszielen und Führungsverhalten bisher kaum behandelt.

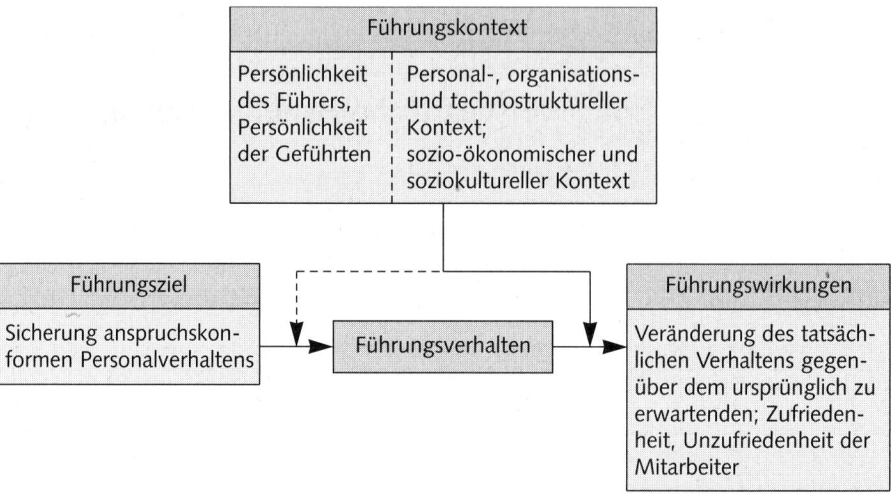

Abbildung 7.12: Der Aussagenbereich von Kontingenztheorien der Führung

Kontingenztheoretische Aussagen zur Führung lassen sich im Prinzip in einer Matrix gemäß Tab. 7.3 übersichtlich darstellen. Sie könnte dazu anregen, Führung als Entscheidungsproblem aufzufassen, wie dies – meist etwas vorschnell – durch technologische Ummünzung kontingenztheoretischer Hypothesen implizit bereits geschieht, z. B. in der folgenden Weise:

Wenn Führungssituation S_j vorliegt, dann wähle Führungsverhalten V_i, um die Führungswirkungen W zu erzielen (Vroom [Leadership]). Oder:

Wenn Führungsverhalten V_i (i. S. einer Persönlichkeitskonstanten) festgelegt ist, dann schaffe Führungssituation S_j, um die Führungswirkungen W zu erzielen (Fiedler [Kontingenzmodell]).

Tabelle 7.3: Typen kontingenztheoretischer Aussagen zur Führung

Führungsverhalten \ Führungssituation	$S_1 \dots S_j \dots S_J$
V_1	
$\vdots$	
V_j	Führungswirkungen W (V_i, S_j)
$\vdots$	
V_I	

Gerade hinsichtlich solcher Überlegungen könnte von seiten der Personalwirtschaftslehre wichtige Grundlagenforschung betrieben werden, zumal eine dabei auftretende essentiell betriebswirtschaftliche Frage, nämlich die der **Führungskosten**, bisher kaum gestellt, geschweige denn befriedigend beantwortet worden ist.

5 Periphere personalwirtschaftliche Handlungsfelder

Begründbare Entscheidungen für bestimmte Maßnahmen im Bereich der Personalbereitstellung, aber auch im Bereich der Personalführung setzen – und dies sollte aus den vorangehenden Ausführungen deutlich geworden sein – meist umfangreiche Informationen über die Handlungsalternativen, Handlungsbedingungen und Handlungswirkungen voraus. Sofern solche Informationen nicht allgemein verfügbar sind, bedarf es betrieblicher Einrichtungen, die sich mit dem Vorfeld der eigentlichen Personalmaßnahmen befassen (Domsch [Personalarbeit]). Damit ist ein wichtiges Aufgabengebiet der sog. **Personalverwaltung** angesprochen, der darüber hinaus auch der Vollzug von Abwicklungsformalitäten im Zusammenhang mit der Durchführung von Personalmaßnahmen zugerechnet werden kann. Hingewiesen sei an dieser Stelle auf die unterstützende Funktion des Personalcontrolling (vgl. Abschnitt 2.4), das sich mit der Koordination der Planung und der Kontrolle personeller Entscheidungen und einer angemessenen Informationsversorgung des Personalsektors beschäftigt, sowie von Personaldienstleistern (z. B. Personalberatung, Arbeitsvermittlung, Arbeitnehmerüberlassung).

Ein anderes, praktisch sehr bedeutsames Problem an der Peripherie personalwirtschaftlicher Maßnahmen betrifft die Mitbestimmungs- und Mitwirkungsrechte von einzelnen Mitarbeitern, Mitarbeitergruppen und gewählten **Interessenvertretern** des Personals (**Betriebsrat, Personalrat, [Gewerkschaft]**). Dieses Problem wird in Bd. 1, Kap. 3, behandelt. Die damit verbundenen Unterrichtungen, Verhandlungen und Vereinbarungen lassen die Kontur eines weiteren personalwirtschaftlichen Instrumentalbereichs erkennen.

Demgegenüber sind Fragen der organisatorischen Eingliederung und Gestaltung einer institutionalisierten betrieblichen Personalwirtschaft (eines entsprechenden Personalwesens) keine essentiell personalwirtschaftlichen Themen (zum Verhältnis Personalwirtschaft und Organisation vgl. Kossbiel, Spengler [Organisation]) und sollen deshalb hier nicht weiter verfolgt werden.

Literaturhinweise

Adams, J. S.: Toward an Understanding of [Inequity]. In: Journal of Abnormal and Social Psychology (1963), S. 422–436.

Akerlof, George A.: The [Market for «Lemmons»]: Quality Uncertainty and the Market Mechanism. In: Quarterly Journal of Economics, Vol. 90 (1976), S. 599–617.

Alderfer, C. P.: Existence, Relatedness and Growth, [Human Needs] in Organizational Settings. New York, London 1972.

Alewell, Dorothea: [Interne Arbeitsmärkte] – Eine informationsökonomische Analyse. Hamburg 1993.

Argyris, Ch.: [Personality] and Organization. New York 1957.

Atkinson, J. W., N. T Feather: A Theory of [Achievement] Motivation. New York, London, Sydney 1966.

Baumgarten, Reinhard: Führungsstile und Führungstechniken. Berlin u. New York 1977.

Berthel, Jürgen: Personalmanagement – Grundzüge für Konzeptionen betrieblicher Personalarbeit. 6. Aufl., Stuttgart 2000.

Bisani, Fritz: Personalwesen und Pesonalführung, 4. Aufl., Wiesbaden 1995.

Böhrs, Hermann: [Leistungslohn]. Wiesbaden 1959.

Bürkle, Thomas: Qualitätsunsicherheit am Arbeitsmarkt – Die Etablierung separierender Gleichgewichte in Modellen der simultanen Personal- und Organisationsplanung zur Überwindung der Qualitätsunsicherheit, München und Mering 1999.

Cartwright, Darwin: [Influence], Leadership, Control. In: James G. March (Hrsg.): Handbook of Organization. Chicago 1965, S. 1–47.

Coase, R. H.: The Nature of the [Firm]. In: Economica (1937), S. 386–405.

Coleman, James S.: [Macht] und Gesellschaftsstruktur. Tübingen 1979.

Cyert, Richard M., James G. March: A Behavioral Theory of Organization [Objectives]. In: Mason Haire (Hrsg.): Modern Organization Theory. New York u. London 1959, S. 76–90.

Dahrendorf, Ralf: [Homo sociologicus]. 11. Aufl., Köln u. Opladen 1972.

Dahrendorf, Ralf: Industrielle [Fertigkeiten] und soziale Schichtung. In: Kölner Zeitschrift für Soziologie und Sozialpsychologie, 8. Jg. (1956), S. 540–568.

Doeringer, P. B., M. J. Piore: Internal Labor Markets and Manpower Analysis. Lexington, Mass. 1971.

Domsch, Michel: Systemgestützte [Personalarbeit]. Wiesbaden 1980.

Dreitzel, Hans-Peter: Die gesellschaftlichen [Leiden] und das Leiden an der Gesellschaft. Stuttgart 1972.

Drumm, Hans Jürgen: [Personalwirtschaft]slehre. 4. Aufl., Berlin u. a. 2001.

Fehr, Hendrik: Quantitative Methoden der Personalplanung. Diss. Hamburg 1973.

Fiedler, Fred E.: Das [Kontingenzmodell]: Eine Theorie der Führungseffektivität. In: M. Kunczik (Hrsg.): Führung – Theorien und Ergebnisse. Düsseldorf u. Wien 1972, S. 179–198

Flohr Bernd: [Fungibilität und Elastizität] von Personal, Hamburg 1984.

Frey, Bruno S., Karl-Dieter Opp: [Anomie], Nutzen und Kosten – Eine Konfrontierung der Anomietheorie mit ökonomischen Hypothesen. In: Soziale Welt, 30. Jg. (1979), S. 275–294.

Fricke, Werner: Arbeitsorganisation und Qualifikation. Bonn 1975.

Gaugler, Eduard, Karl-Heinz Huber, Christian Rummel: Betriebliche Personalplanung – Eine Literaturanalyse. Göttingen 1974.

Gaugler, Eduard: [Erfolgsbeteiligung]. In: Eduard Gaugler (Hrsg.): Handwörterbuch des Personalwesens. Stuttgart 1975, Sp. 794–807.

Gehlen, Arnold: Der [Mensch] – seine Natur und seine Stellung in der Welt. 8. Aufl., Frankfurt/M. u. Bonn 1966.

Hackman, J. R., G. R. Oldham: [Work Redesign] Reading, Mass., u. a. 1980.

Hax, Herbert: Die Koordination von Entscheidungen. Köln 1965.

Heckhausen, Heinz: Eine [Rahmentheorie] der Motivation in zehn Thesen. In: Zeitschrift für angewandte und experimentelle Psychologie, Bd. X (1963), S. 604–624.

Heckhausen, Heinz: Motivation und [Handeln]. 2. Aufl., Heidelberg u. a. 1989.

Hentze, Joachim: Personalwirtschaftslehre. Bd. 1: Grundlagen, Personalbedarfsermittlung, -beschaffung, -entwicklung und -einsatz, 7. Aufl., Stuttgart u. a. 2001.

Herzberg, F., B. Mausner, B. Snyderman: The [Motivation] to Work, New York 1959.

Heubeck, Klaus: [Betriebliche Altersversorgung]. In: Eduard Gaugler und Wolfgang Weber (Hrsg.): Handwörterbuch des Personalwesens, 2. Aufl., Stuttgart 1992, Sp. 18–29.

Homans, George C.: Elementarformen sozialen Verhaltens. Köln 1968.

Horváth, Peter: [Controlling]. 3. Aufl., München 1990.

Irle, Martin: Führungsverhalten in organisierten Gruppen. In: A. Mayer und B. Herwig (Hrsg.): Handbuch der Psychologie in 12 Bänden, 9. Bd.: Betriebspsychologie. Göttingen 1970.

Joll, C., Ch. McKenna, R. McNabb, J. Shorey: Developments in Labor Analysis. London 1983.

Kern, Horst, Michael Schumann: Industriearbeit und [Arbeiterbewusstsein]. Frankfurt/M. 1970, Studienausgabe 1977.

Knoll, Leonhard: Fusionen und [Managerbezüge]: Schaffung oder Vernichtung von Shareholder Value. In: Finanz Betrieb, Heft 4 (2001), S. 239–246.

Kosiol, Erich: Die [Unternehmung] als wirtschaftliches Aktionszentrum – Einführung in die Betriebswirtschaftslehre. Reinbek 1966.

Kosiol, Erich: Die Idee des [Leistungslohnes] und ihre Verwirklichung. In: Arbeit und Lohn als Forschungsobjekt der Betriebswirtschaftslehre, Wiesbaden 1962, S. 80 ff.

Kossbiel, Hugo, Thomas Spengler: Personalwirtschaft und [Organisation]. In: Erich Frese (Hrsg.): Handwörterbuch der Organisation. 3. Aufl., Stuttgart 1992, Sp. 1949–1962.

Kossbiel, Hugo: Lohn, [Gerechtigkeit] und Eigennutz. In: Gerd Rainer Wagner (Hrsg.): Unternehmensführung, Ethik und Umwelt. Festschrift zum 65. Geburtstag von Hartmut Kreikebaum. Wiesbaden 1999, S. 402–423.

Kossbiel, Hugo: [Personalbereitstellung] und Personalführung. In: Jacob, Herbert (Hrsg.): Allgemeine Betriebswirtschaftslehre. Handbuch für Studium und Prüfung. 5. Aufl., Wiesbaden 1988, S. 1045–1257.

Kossbiel, Hugo: Personalplanung. In: W. Wittmann u. a. (Hrsg.): Handwörterbuch der Betriebswirtschaft. 5. Aufl., Stuttgart 1993, Sp. 3127–3140.

Kossbiel, Hugo: Überlegungen zur [ökonomischen Legitimierbarkeit] betrieblicher Personalausstattungen (Arbeitspapier), Frankfurt 1997.

Kossbiel, Hugo: Überlegungen zur Effizienz betrieblicher [Anreizsysteme]. In: Die Betriebswirtschaft, 54. Jg. (1994), S. 75–93.

Kossbiel, Hugo: Personalwirtschaftslehre, quo vadis? In: Die Betriebswirtschaft, 56. Jg. (1997), S. 123–127.

Küpper, Hans-Ulrich: [Controlling]. In: Waldemar Wittmann et al. (Hrsg.): Handwörterbuch der Betriebswirtschaft, 5. Aufl., Stuttgart 1993, Sp. 647–661.

Laux, Helmut: [Risiko], Anreiz und Kontrolle. Berlin, Heidelberg, New York, London, Paris, Tokyo, Hongkong 1990.

Lienert, G. A.: [Testaufbau] und Testanalyse. Weinheim 1966.

Luhmann, Niklas: [Funktionen] und Folgen formaler Organisation. 2. Aufl., Berlin 1972.

Luhmann, Niklas: [Zweckbegriff] und Systemrationalität – Über die Funktion von Zwecken in sozialen Systemen. Tübingen 1968.

March, J. G.,H. A. Simon.: [Organizations]. 7. Aufl., New York u. a.1958.

Marr, Rainer, Michael Stitzel: Personalwirtschaft – Ein konflikttheoretischer Ansatz. München 1979.

Maslow, A. H.: Motivation and [Personality]. 2. Aufl., New York, Evanston, London 1970.

Mickler, Otfried, Eckhard Dittrich, Uwe Neumann: Technik, Arbeitsorganisation und Arbeit. Frankfurt/M. 1976.

Mickler, Otfried, Wilma Mohr, Ulf Kadritzke: Produktion und Qualifikation. Bericht über die Hauptstudie im Rahmen der Untersuchung von Planungsprozessen im System der beruflichen Bildung, 2 Teile, Göttingen 1977.

Miyazaki, H.: The Rat Race and [Internal Labor Markets]. In: The Bell Journal of Economics, Vol. 8 (1977), S. 394–418.

Müller-Hagedorn, Lothar: Grundlagen einer Personalbestandsplanung. Opladen 1970.

Murray, Henry: Exploration in [Personality]. New York 1938.

Neuberger, Oswald: [Führungsverhalten] und Führungserfolg. Berlin 1976.

Oechsler, Walter A.: Personal und Arbeit – Grundlagen des Human Resource Management und det Arbeitgeber- Arbeitnehmer- Beziehungen, 7. Aufl., München u. a. 2000.

Rastetter, Daniela: [Personalmarketing], Bewerberauswahl und Arbeitsplatzsuche. Stuttgart 1996.

Recktenwald, Stefan, Vera Döring: [Neue Chancen] für die betriebliche Altersversorgung. In: Personalwirtschaft – Magazin für Human Resources, Heft 8 (2001), S. 46–51.

REFA: Methodenlehre der Betriebsorganisation: Anforderungsermittlung ([Arbeitsbewertung]). 2. Aufl., München 1991.

REFA: Methodenlehre des Arbeitsstudiums, Teil 2: [Datenermittlung]. 7. Aufl., München 1992.

Remer, Andreas: Personalmanagement – Mitarbeiterorientierte Organisation und Führung von Unternehmungen. Berlin u. New York 1978.

Roethlisberger, F., W. Dickson: [Management] and the Worker. Cambridge, Mass., 1939.

Sadowski, Dieter: Der Stand der betriebswirtschaftlichen Theorie der Personalplanung. In: Zeitschrift für Betriebswirtschaft, 51. Jg. (1981), S. 88–105.

Schanz, Günther: Ökonomische Theorie als sozialwissenschaftliches [Paradigma]? In: Soziale Welt, 30. Jg. (1979), S. 257–274.

Schanz, Günther: Personalwirtschaftslehre. Lebendige Arbeit in verhaltenswissenschaftlicher Perspektive. 3. Aufl., München 2000.

Scholz, Christian: Personalmanagement – Informationsorientierte und verhaltenstheoretische Grundlagen. 5. Aufl., München 2000.

Schrüfer, Klaus: [Ökonomische Analyse] individueller Arbeitsverhältnisse. Frankfurt, New York 1988.

Schultz, Reinhard: [Erfolgsbeteiligung] der Arbeitnehmer. In: Eduard Gaugler und Wolfgang Weber (Hrsg.): Handwörterbuch des Personalwesens. 2. Aufl., Stuttgart 1992, Sp. 818–828.

Spengler, Thomas: Grundlagen und Ansätze der [strategischen Personalplanung] mit vagen Informationen. München und Mering 1999.

Spremann, Klaus: [Agent] and Principal. In: Günter Bamberg und Klaus Spremann (Hrsg.): Agency Theory, Information and Incentives. Berlin 1987, S. 3–37.

Staehle, Wolfgang: [Management] – Eine verhaltenswissenschaftliche Einführung. 7. Aufl., München 1994.

Staude, J.: [Strategisches Personalmarketing]. In: Wolfgang Weber und Joachim Weinmann (Hrsg.): Strategisches Personalmanagement. Stuttgart 1989, S. 167–178.

Süß, Martin: [Externes Personalmarketing] für Unternehmen mit geringer Branchenattraktivität. München und Mering 1996.

Taylor, F. W.: The [Principles] of Scientific Management. New York 1911.

Türk, Klaus: [Personalführung] und soziale Kontrolle. Stuttgart 1981.

Türk, Klaus: Instrumente betrieblicher Personalwirtschaft. Neuwied 1978.

Vanberg, Viktor: Colemans Konzeption des korporativen [Akteurs] – Grundlegung einer Theorie sozialer Verbände – Nachwort zu: Coleman, James S.: Macht und Gesellschaftsstruktur. Tübingen 1979.

von Eckardstein, Dudo, Franz Schnellinger: Betriebliche Personalpolitik. 3. Aufl., München 1978.

Vroom, Victor H.: [Leadership]. In: Dunnette, M. D. (Hrsg.): Handbook of Industrial and Organizational Psychology. Chicago 1978, S. 1527 ff.

Wächter, Hartmut: Einführung in das Personalwesen. Herne u. Berlin 1979.

Weber, Jürgen: [Bereichscontrolling]. In: Waldemar Wittmann et al. (Hrsg.): Handwörterbuch der Betriebswirtschaft. 5. Aufl., Stuttgart 1993, Sp. 299–312.

Weiner, Bernard: Theorien der [Motivation]. Stuttgart 1976.

Wunderer, Rolf, Wolfgang Grunwald: [Führungslehre]. 1. Bd.: Grundlagen der Führung. Berlin u. New York 1980.

Wunderer, Rolf: [Personalcontrolling]. In: Rolf Bühner (Hrsg.): Management-Lexikon. München, Wien 2001, S. 571–572.

Stichwortverzeichnis für Band 3 der ABWL

Hinweis: Band 1 enthält ein vollständiges Stichwortverzeichnis für alle drei Bände der Allgemeinen Betriebswirtschaftslehre. Seitenhinweise beziehen sich stets auf Band 3. Verweise auf die Bände 1 und 2 erfolgen durch die römischen Ziffern I bzw. II. Hinweise auf eine ausführliche Behandlung des jeweiligen Stichworts sind fett gedruckt. Die Stichwörter werden alphabetisch nach ihrer invertierten Form (z. B. «Absatz, direkter» unter dem Buchstaben «A») und nicht nach der mechanischen Wortfolge (z.b. «direkter Absatz» unter dem Buchstaben «D») eingeordnet.

Grundwissen der Ökonomik BWL

Hrsg. von Prof. Dr. F. X. Bea und Prof. Dr. M. Schweitzer, Tübingen

Ahlert
Distributionspolitik
4. A. 2002. ca. € 19,90
(UTB 1364)

Bea/Dichtl/Schweitzer
**Allgemeine Betriebs-
wirtschaftslehre**

Band 1 · Grundfragen
8. A. 2000. € 17,90
(UTB 1081)

Band 2 · Führung
8. A. 2001. € 22,90
(UTB 1082)

Bea/Göbel
Organisation
2. A. 2002. € 27,90
(UTB 2077)

Bea/Haas
Strategisches Management
3. A. 2001. € 24,90
(UTB 1458)

Böcker
Marketing
6. A. 1996. € 21,90
(UTB 919)

Brockhoff
Produktpolitik
4. A. 1999. € 23,90
(UTB 1079)

Buchner
**Rechnungslegung und Prüfung der
Kapitalgesellschaft**
3. A. 1996. € 24,90
(UTB 1586)

Büschgen
Bankbetriebslehre
3. A. 1994. € 20,90
(UTB 917)

Drukarczyk
Finanzierung
8. A. 1999. € 24,90
(UTB 1229)

Gierl u.a.
Marketing Arbeitsbuch
2. A. 1995. € 15,90
(UTB 1801)

Göbel
Neue Institutionenökonomik
2002. € 21,90
(UTB 2235)

Göpfrich
Wirtschaftsinformatik II
5. A. 1998. € 14,90
(UTB 803)

In Verbindung mit

Göpfrich
**Arbeitsbuch Wirtschafts-
informatik II**
3. A. 1988. € 10,90
(UTB 1281)

Hammann/Erichson
Marktforschung
4. A. 2000. € 27,-
(UTB 805)

Grundwissen der Ökonomik BWL

Hrsg. von Prof. Dr. F. X. Bea und Prof. Dr. M. Schweitzer, Tübingen

Hansen/Neumann
Wirtschaftsinformatik I
8. A. 2001. € 22,90
(UTB 802)

In Verbindung mit

Hansen
Arbeitsbuch Wirtschaftsinformatik
5. A. 1997. € 17,90
(UTB 1281)

Heinhold
Kosten- und Erfolgsrechnung
2001. € 21,90
(UTB 1974)

Klimecki/Gmür
Personalmanagement
2. A. 2001. € 23,90
(UTB 2025)

Kuß/Tomczak
Käuferverhalten
2. A. 2000. € 16,90
(UTB 1604)

Meyer
**Operations Research –
Systemforschung**
4. A. 1996. € 15,90
(UTB 1231)

Perlitz
Internationales Management
4. A. 2000. € 29,-
(UTB 1560)

Scherrer
Kostenrechnung
3. A. 1999. € 28,-
(UTB 1160)

Schünemann
Wirtschaftsprivatrecht
4. A. 2002. € 29,90
(UTB 1584)

Schweiger/Schrattenecker
Werbung
5. A. 2001. € 17,90
(UTB 1370)

Troßmann
Investition
1998. € 25,90
(UTB 2013)

Trossmann/Werkmeister
Arbeitsbuch **Investition**
2001. € 16,90
(UTB 2205)

Wagner
**Betriebswirtschaftliche
Umweltökonomie**
1997. € 26,-
(UTB GR 8131)

Zahn/Schmid
Produktionswirtschaft I:
Grundlagen und operatives
Produktionsmanagement
1996. € 30,-
(UTB GR 8126)

Zahn/Schmid
Produktionswirtschaft II:
Strategisches Produktions-
management
2002. in Vorbereitung
(UTB GR 8139)

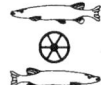

Koslowski / Kohlmeier

Controlling-Wörterbuch der Praxis

Deutsch-Englisch / Englisch-Deutsch

2001. VIII/302 S. kt. € 16,90 / sFr 31,70. ISBN 3-8282-0161-X
UTB 2204 (ISBN 3-8252-2204-7)

Dieses Controlling-Wörterbuch ist sowohl für Studenten und Dozenten als auch für die Praktiker und Manager im Unternehmen konzipiert, die mit der zunehmenden Globalisierung und der internationalen Verflechtung immer mehr Kommunikation auf Basis der englischen Sprache betreiben müssen.

Es wurde über Jahre mit Unterstützung aus der beruflichen Praxis entwickelt und beinhaltet rd. 5000 Begriffe des gesamten praxisnahen Controlling-Spektrums, vom allgemeinen Kostenstellen- und Kosten-Nutzen-Controlling über das Beschaffungs-, Produktions- und Vertriebs-Controlling bis zum Personal- und Finanz-Controlling.

Oberender/Hebborn/Zerth

Wachstumsmarkt Gesundheit

2002. IX/244 S. mit 29 Abbildungen und einem Glossar

kt. € 14,90 / sFr 25,80. ISBN 3-8282-0175-X

UTB 2231 (ISBN 3-8252-2231-4)

Die sozialen Sicherungssysteme und vor allem das System der gesetzlichen Krankenversicherung geraten zunehmend in einen Rechtfertigungszwang. Lag der durchschnittliche Beitragssatz 1970 noch bei 8,2 %, mußten 1999 im Schnitt 13,6 % des Einkommens für die Finanzierung des Gesundheitswesens bezahlt werden. Die Politiker versuchen mittels immer neuer Regulierungen und Reglementierungen diese Ausgabenentwicklung im Gesundheitswesen — häufig wird von einer Kostenexplosion gesprochen — zu bekämpfen.

Die vorliegende Darstellung hat zwei Zielsetzungen: Einmal soll eine Analyse der Mängel und Steuerungsdefizite des deutschen Gesundheitswesen vorgenommen werden, andererseits wird ein Szenario eines zukunftsfähigen Gesundheitswesens entworfen. Dabei werden theoretische Elemente der Gesundheitsökonomie praxisorientiert anhand des deutschen Gesundheitswesen diskutiert, was ein leichtes Verständnis der grundlegenden Problemstellung ermöglicht. Insbesondere sind die mannigfaltigen gesetzlichen Veränderungen berücksichtigt, so daß ein aktueller Überblick über das deutsche Gesundheitswesen geboten wird.

 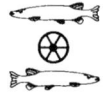

et LUCIUS
LUCIUS